Mathematische Leitfäden

Harro Heuser

Lehrbuch der Analysis
Teil 1

Mathematische Leitfäden

Herausgegeben von
Prof. Dr. Dr. h. c. mult. Gottfried Köthe
Prof. Dr. Klaus-Dieter Bierstedt, Universität-Gesamthochschule Paderborn
Prof. Dr. Günter Trautmann, Universität Kaiserslautern

Harro Heuser

Lehrbuch Analysis
Teil 1

14., durchgesehene Auflage

Mit 127 Abbildungen, 810 Aufgaben,
zum Teil mit Lösungen

B. G. Teubner Stuttgart · Leipzig · Wiesbaden

Die Deutsche Bibliothek – CIP-Einheitsaufnahme
Ein Titeldatensatz für diese Publikation ist bei
der Deutschen Bibliothek erhältlich.

1. Auflage 1980
13. Auflage 2000
14., durchges. Auflage Dezember 2001

Alle Rechte vorbehalten
© B. G. Teubner GmbH, Stuttgart/Leipzig/Wiesbaden, 2001

Der Verlag Teubner ist ein Unternehmen der Fachverlagsgruppe BertelsmannSpringer.

Das Werk einschließlich aller seiner Teile ist urheberrechtlich geschützt. Jede Verwertung außerhalb der engen Grenzen des Urheberrechtsgesetzes ist ohne Zustimmung des Verlags unzulässig und strafbar. Das gilt insbesondere für Vervielfältigungen, Übersetzungen, Mikroverfilmungen und die Einspeicherung und Verarbeitung in elektronischen Systemen.

www.teubner.de

Die Wiedergabe von Gebrauchsnamen, Handelsnamen, Warenbezeichnungen usw. in diesem Werk berechtigt auch ohne besondere Kennzeichnung nicht zu der Annahme, dass solche Namen im Sinne der Warenzeichen- und Markenschutz-Gesetzgebung als frei zu betrachten wären und daher von jedermann benutzt werden dürften.

Umschlaggestaltung: Ulrike Weigel, www.CorporateDesignGroup.de
Druck und buchbinderische Verarbeitung: Lengericher Handelsdruckerei, Lengerich/Westfalen
Gedruckt auf säurefreiem und chlorfrei gebleichtem Papier.
Printed in Germany

ISBN 3-519-52233-0

Für Isabella und Anabel, Marcus und Marius.

Hierdurch wird klar, weshalb Arithmetik und Geometrie mit weit größerer Sicherheit vor allen übrigen Wissenszweigen bestehen: weil nämlich sie allein sich mit einem so reinen und einfachen Gegenstand beschäftigen, daß sie gar nichts voraussetzen, was die Erfahrung unsicher zu machen imstande wäre, sondern gänzlich in verstandesmäßig abzuleitenden Folgerungen bestehen. Sie sind daher am leichtesten und durchsichtigsten von allen und haben einen Gegenstand, so wie wir ihn fordern, da hierbei der Irrtum, von Unaufmerksamkeit abgesehen, wohl kaum Menschenlos sein dürfte. Trotzdem darf es nicht in Verwunderung setzen, wenn sich der Geist vieler aus freien Stücken eher anderen Studien oder der Philosophie zuwendet: es kommt das nämlich daher, daß ja ein jeder es sich kecker herausnimmt, bei einem dunkeln, als bei einem klaren Gegenstand Vermutungen aufzustellen, und es weit leichter ist, bei einer beliebigen Frage irgend etwas zu mutmaßen, als bei einer noch so leichten bis zur Wahrheit selbst vorzudringen.

René Descartes, „Regeln zur Leitung des Geistes".

Vorwort

Dieses Buch ist der erste Teil eines zweibändigen Werkes über Analysis. Es ist aus Vorlesungen, Übungen und Seminaren erwachsen, die ich mehrfach an den Universitäten Mainz und Karlsruhe gehalten habe, und so angelegt, daß es auch zum Selbststudium dienen kann.

Ich widerstehe der Versuchung, dem Studenten, der jetzt dieses Vorwort liest, ausführlich die Themen zu beschreiben, die ihn erwarten; denn dazu müßte ich Worte gebrauchen, die er doch erst *nach* der Lektüre des Buches verstehen kann—*nach* der Lektüre aber sollte er selbst wissen, was gespielt worden ist. Den Kenner hingegen wird ein Blick auf das Inhaltsverzeichnis und ein rasches Durchblättern ausreichend orientieren.

Dennoch halte ich es für möglich, anknüpfend an Schulkenntnisse und Alltagserfahrung auch dem Anfänger verständlich zu machen, was der rote Faden ist, der dieses Buch durchzieht und in welchem Geist es geschrieben wurde und gelesen werden möchte.

Der rote Faden, das ständig aufklingende Leitmotiv und energisch vorwärtstreibende Hauptproblem ist die Frage, *wie man das Änderungsverhalten einer Funktion verstehen, beschreiben und beherrschen kann,* schärfer: Welche Begriffe eignen sich am besten dazu, die Änderung einer Funktion „im Kleinen" (also bei geringen Änderungen ihrer unabhängigen Variablen) zu erfassen, was kann man über die Funktion „im Großen", über ihren Gesamtverlauf sagen, wenn man Kenntnisse über ihr Verhalten „im Kleinen" hat, geben uns diese Kenntnisse vielleicht sogar die Funktion gänzlich in die Hand oder besser: Wie tief müssen diese „lokalen Kenntnisse" gehen, um uns die Funktion „global" vollständig auszuliefern. Um ein sehr alltägliches Beispiel zu nennen: Wenn ein Körper sich bewegt, so glauben wir intuitiv zu wissen, daß er in jedem Zeitpunkt eine wohlbestimmte „Momentangeschwindigkeit" besitzt, daß diese uns Auskünfte über die Änderung seiner Lage „im Kleinen" (innerhalb kurzer Zeitspannen) gibt und daß wir seinen Bewegungsverlauf „im Großen", konkreter: die seit Beginn der Bewegung von ihm zurückgelegte Strecke, vollständig rekonstruieren können, wenn wir ebendiese Momentangeschwindigkeit in jedem Zeitpunkt kennen. Ist der Körper etwa ein Automobil, so wird uns seine Momentangeschwindigkeit durch den Tachometer und sein Bewegungsverlauf (die zurückgelegte Strecke) durch den Kilometerzähler geliefert. Aber diese nützlichen Instrumente sagen uns natürlich nicht, was denn *begrifflich* die

Momentangeschwindigkeit sei und wie man *systematisch* aus einem bekannten Geschwindigkeitsverlauf den Bewegungsverlauf zurückgewinnen könne — sie setzen ganz im Gegenteil die vorgängige theoretische Besinnung über derartige Begriffe und Verfahren schon voraus.

Als das mächtige und unverzichtbare Hilfsmittel für jede in die Tiefe dringende Untersuchung solcher Fragen wird sich der Begriff des *Grenzwerts* in seinen vielfältigen Formen und Abwandlungen erweisen. Er ist das Herzstück und der Kraftquell der Analysis und wird ab dem Kapitel III gleichsam der ewig jugendliche Held des analytischen Dramas sein.

Das Studium funktionellen Änderungsverhaltens ist nicht die müßige Träumerei weltfremder Gehirne in elfenbeinernen Türmen — es wird uns ganz im Gegenteil aufgedrängt durch das tief im Menschen wurzelnde Bestreben, die uns umgebende Welt zu verstehen und aus diesem Verstehen heraus zu gestalten. Ganz folgerichtig hebt es an und geht Hand in Hand mit der Schaffung der neuzeitlichen Physik unter den Händen von Newton, Euler, Lagrange und Laplace (um nur die Großen des stürmischen Anfangs zu nennen). Es hat im engsten Bunde mit den Naturwissenschaften — von ihnen befruchtet und ihnen die Früchte zurückgebend — unsere Welt in den letzten dreihundert Jahren so tiefgreifend umgestaltet, daß die Wirkungen der großen politischen Revolutionen demgegenüber verblassen und eher oberflächlich und peripher anmuten. Wer von der Weltfremdheit der Mathematik spricht, dem muß die moderne Welt wahrlich sehr fremd geworden sein.

Damit komme ich auf den Geist zu sprechen, in dem dieses Buch geschrieben wurde. Es versteht sich heutzutage von selbst, daß jede Darstellung der Analysis gemäß der axiomatischen Methode zu erfolgen hat: *Der ganze Bestand analytischer Aussagen muß streng deduktiv aus einigen Grundeigenschaften reeller Zahlen entfaltet werden.* Jede mathematische Disziplin verdankt ihre Sicherheit, ihre Überzeugungskraft und ihre Schönheit dieser Methode. Zu sehen, wie der reiche Teppich der Analysis mit seinen unendlich mannigfaltigen Farben und Figuren aus wenigen Fäden (den Axiomen über reelle Zahlen) enger und enger geknüpft wird — das ist eine geistige Erfahrung höchsten Ranges, um die kein Student betrogen werden darf. Aber gleichzeitig lag mir noch ein anderes am Herzen: Ich wollte zeigen, *mit welcher fast unbegreiflichen Kraft diese aus dem Geist gesponnene, in sich selbst ruhende „reine" Theorie auf die „reale" Welt wirkt* — dies zu sehen ist ebenfalls eine geistige Erfahrung, um die man niemanden bringen sollte. Das Staunen darüber, daß und wie ein „reines Denken" die Wirklichkeit verstehen und gesetzmäßig ordnen kann, hat keinen Geringeren als Immanuel Kant dazu getrieben, seine gewaltige „Kritik der reinen Vernunft" zu schreiben. Es bedarf keines Wortes, daß ich die „praktischen" Auswirkungen der Theorie nur exemplarisch, nur an wenigen Beispielen zeigen konnte, aber mit Bedacht habe ich diese Beispiele aus den allerverschiedensten Wissens- und Lebensgebieten ausgewählt: aus Physik, Chemie, Biologie, Psychologie, Medizin,

Wirtschaftswissenschaft, Kriegswesen und Technik—bis hin zu so profanen Fragen wie die nach dem Abbau des Alkohols im Blut während eines Trinkgelages, und ob man ein Haus nachts durchheizen oder besser morgens aufheizen solle, aber auch bis hin zu so überraschenden Beziehungen wie die zwischen Kaninchenvermehrung und Goldenem Schnitt. Ich wollte damit nicht die Mathematik anpreisen—sie kann der Reklame sehr gut entraten—sondern dem Studenten bereits in einer frühen Phase seiner geistigen Entwicklung deutlich machen, daß abstrakte Methoden *gerade ihrer Abstraktheit wegen* universell anwendbar sind und daß nur eine *aufgeklärte* Praxis eine *wirksame* Praxis ist. Ein kluger Engländer, dessen Name mir entfallen ist, hat kurz und treffend das Nötige zur bloß praktischen Praxis gesagt: „Der praktische Mensch ist derjenige, der die Fehler seiner Vorfahren praktiziert".

Darüber hinaus schwebte mir vor, nicht nur die Auswirkungen der Theorie auf die Praxis, sondern umgekehrt auch *die stimulierenden Einwirkungen der Praxis auf die Theorie* zu zeigen, deutlich zu machen, wieviel quickes Leben die Theorie den Vitaminstößen praktischer Fragen und Probleme verdankt. Insgesamt hoffte ich, durch das Miteinander- und Ineinanderklingen von Theorie und Anwendung die Analysis gleichsam „stereophonisch" zu präsentieren und die Theorie nicht zum Trockenlauf geraten zu lassen.

Auch „rein mathematisch" gesehen ist die Analysis nicht nur ein Lehrsystem, in dem abstrakte Begriffe zu abstrakten Aussagen zusammengewoben werden. Ihre Methoden werfen eine schier unglaubliche Fülle „konkreter" mathematischer Resultate ab: verblüffende Identitäten, reizvolle Summenformeln, überraschende Beziehungen zwischen Größen, die auf den ersten Blick nichts miteinander zu tun haben usw. ohne Ende. In Vorlesungen findet man unter dem Druck der riesigen Stoffmassen kaum die Zeit, auf diese Dinge einzugehen, die eine eigene Schönheit haben. Ein Buch gewährt hier größere Freiheit, und von ihr habe ich gern und reichlich Gebrauch gemacht.

Um alle diese vielfältigen Ziele zu erreichen—den strengen axiomatischen Aufbau darzulegen, das Geben und Nehmen zwischen Theorie und Anwendung aufzuzeigen, dem „mathematisch Konkreten" sein Recht zu gönnen—und doch den Überblick zu behalten und nicht in der Fülle des Stoffes zu ertrinken, habe ich eine deutliche, schon aus den Überschriften erkennbare Scheidung in *Methodenteile* und *Anwendungsteile* vorgenommen (wobei allerdings manches Anwendungsbeispiel und manches mathematisch konkrete Detail in den Aufgabenabschnitten der Methodenteile zu finden ist). Wer also „auf die Schnelle" nur die tragenden Begriffe und Aussagen, gewissermaßen nur das methodische Skelett der Analysis kennenlernen will, kann dies dank der beschriebenen Gliederung tun, ohne in jedem Einzelfall prüfen zu müssen, ob der Stoff für seine Zwecke relevant ist oder wo die ihn interessierende theoretische Überlegung wieder aufgegriffen und fortgesetzt wird. Nach allem, was ich oben gesagt habe, bin ich jedoch weit davon entfernt, ein so asketisches, die Fleischtöpfe der Analysis beiseitelassendes Vorgehen zu empfehlen.

Der Leser wird bei der Lektüre des Buches bald bemerken, daß oftmals ein und derselbe Sachverhalt von ganz verschiedenen Seiten und auf ganz verschiedenen Methodenhöhen angegangen, beleuchtet und seziert wird. Ich wollte damit zeigen, *wie eng geknüpft* jener Teppich der Analysis ist, von dem ich oben schon gesprochen habe, wie reich und tief die inneren Beziehungen zwischen ihren Begriffen und Verfahren sind, wollte zeigen, daß mit dem Ausbau und der Verfeinerung des analytischen Instrumentariums alte Probleme leichter lösbar und neue überhaupt erst angreifbar werden—wollte also, um alles in einem Wort zu sagen, den Leser dazu überreden, in der Analysis nicht ein totes System zu sehen, sondern einen lebendigen Prozeß, offen gegen sich und die Welt.

Zum Schluß bleibt mir die angenehme Pflicht, all denen zu danken, die mich bei der Anfertigung dieses Buches unterstützt haben. Herr Prof. Dr. U. Mertins, Herr Dr. G. Schneider und Herr Dipl.-Math. H.-D. Wacker haben nie mit Rat, Anregungen und hilfreichen Bemerkungen gegeizt und haben unermüdlich alle Korrekturen gelesen; Herr Dr. A. Voigt hat durch seine klaren und sorgfältigen Zeichnungen wesentlich erhöht, was das Buch an didaktischem Wert haben mag. Frau Y. Paasche und Frau K. Zeder haben die im Grunde unlösbare Aufgabe gemeistert, ein unleserliches Manuskript von vielen hundert Seiten in ein Schreibmaschinenskript zu verwandeln; es gelang ihnen anfänglich anhand einer Lupe und dann mit Hilfe eines irgendwie entwickelten „zweiten Gesichts". Dem Teubner-Verlag schulde ich Dank für seine Geduld und Kooperationsbereitschaft und für die vortreffliche Ausstattung des Buches.

Meine Schwester, Frau Ingeborg Strohe, hat mir während der vorlesungsfreien Zeit am Rande des Taunusstädtchens Nastätten ein Refugium geboten, in dem ich ungestört an diesem Buch arbeiten konnte; an sie geht mein brüderlicher Dank.

Nastätten/Taunus, im März 1979   Harro Heuser

Vorwort zur vierzehnten Auflage

In der hier vorliegenden vierzehnten Auflage habe ich an zahlreichen Stellen Änderungen, Glättungen und Verbesserungen vorgenommen, zu denen ich hauptsächlich durch aufmerksame Leser angeregt wurde.

Karlsruhe, im September 2001   Harro Heuser

Inhalt

Einleitung 12

I Mengen und Zahlen

    1 Mengen und ihre Verknüpfungen 17
    2 Vorbemerkungen über die reellen Zahlen 26
    3 Die axiomatische Beschreibung der reellen Zahlen 32
    4 Folgerungen aus den Körperaxiomen 39
    5 Folgerungen aus den Ordnungsaxiomen 44
    6 Die natürlichen, ganzen und rationalen Zahlen 48
    7 Rekursive Definitionen und induktive Beweise. Kombinatorik . 52
    8 Folgerungen aus dem Schnittaxiom 70
    9 Die Potenz mit rationalem Exponenten 77
    10 Abstand und Betrag 81
    11 Das Summen- und Produktzeichen 89
    12 Einige nützliche Ungleichungen 95

II Funktionen

    13 Der Funktionsbegriff 102
    14 Reellwertige Funktionen. Funktionenräume und -algebren . . 111
    15 Polynome und rationale Funktionen 122
    16 Interpolation 128
    17 Der Differenzenoperator. Lineare Abbildungen 130
    18 Der Interpolationsfehler 135
    19 Mengenvergleiche 137

III Grenzwerte von Zahlenfolgen

    20 Der Grenzwertbegriff 142
    21 Beispiele konvergenter und divergenter Folgen 147
    22 Das Rechnen mit konvergenten Folgen 152
    23 Vier Prinzipien der Konvergenztheorie 155
    24 Die Dezimalbruchdarstellung der reellen Zahlen 161
    25 Die allgemeine Potenz und der Logarithmus 163
    26 Veränderungsprozesse und Exponentialfunktion 168
    27 Der Cauchysche Grenzwertsatz 176
    28 Häufungswerte einer Zahlenfolge 179
    29 Uneigentliche Grenzwerte, Häufungswerte und Grenzen . . . 183

IV Unendliche Reihen

30 Begriff der unendlichen Reihe 187
31 Konvergente und absolut konvergente Reihen 189
32 Das Rechnen mit konvergenten Reihen 195
33 Konvergenz- und Divergenzkriterien 203

V Stetigkeit und Grenzwerte von Funktionen

34 Einfache Eigenschaften stetiger Funktionen 212
35 Fixpunkt- und Zwischenwertsätze für stetige Funktionen ... 220
36 Stetige Funktionen auf kompakten Mengen 224
37 Der Umkehrsatz für streng monotone Funktionen 231
38 Grenzwerte von Funktionen für $x \to \xi$ 233
39 Einseitige Grenzwerte 238
40 Die Oszillation einer beschränkten Funktion 241
41 Grenzwerte von Funktionen für $x \to \pm\infty$ 243
42 Das Rechnen mit Grenzwerten 245
43 Uneigentliche Grenzwerte 246
44 Vereinheitlichung der Grenzwertdefinitionen. Netze 249
45 Doppelreihen 256

VI Differenzierbare Funktionen

46 Die Ableitung einer differenzierbaren Funktion 260
47 Differentiationsregeln 270
48 Die Differentiation elementarer Funktionen. Winkelfunktionen 273
49 Der Mittelwertsatz der Differentialrechnung 279
50 Die Regel von de l'Hospital 286

VII Anwendungen

51 Nochmals der Interpolationsfehler 291
52 Kurvendiskussion 293
53 Hyperbelfunktionen, Hochspannungsleitungen, Tempelsäulen . 296
54 Extremalprobleme 303
55 Exponentielle, autokatalytische und logistische Prozesse. Epidemien. Das psychophysische Grundgesetz. Mathematische Erfassung von Naturvorgängen 309
56 Fall und Wurf, Raketenflug und Vollbremsung 324
57 Schwingungen. Weitere Eigenschaften der Winkelfunktionen . 334
58 Symbiotische und destruktive Prozesse 342
59 Konvexe und konkave Funktionen als Quelle fundamentaler Ungleichungen 347

VIII Der Taylorsche Satz und Potenzreihen

60 Der Mittelwertsatz für höhere Differenzen 353
61 Der Taylorsche Satz und die Taylorsche Entwicklung 353

62 Beispiele für Taylorsche Entwicklungen 358
63 Potenzreihen 362
64 Die Summenfunktion einer Potenzreihe 367
65 Der Abelsche Grenzwertsatz 379
66 Die Division von Potenzreihen 386
67 Die Existenz der Winkelfunktionen 391
68 Potenzreihen im Komplexen 393
69 Der Nullstellensatz für Polynome und die Partialbruchzerlegung rationaler Funktionen 398

IX Anwendungen

70 Das Newtonsche Verfahren 406
71 Bernoullische Zahlen und Bernoullische Polynome 410
72 Gedämpfte freie Schwingungen 413
73 Die homogene lineare Differentialgleichung n-ter Ordnung mit konstanten Koeffizienten 422
74 Die inhomogene lineare Differentialgleichung n-ter Ordnung mit konstanten Koeffizienten und speziellen Störgliedern . . . 426
75 Resonanz 430

X Integration

76 Unbestimmte Integrale 435
77 Regeln der unbestimmten Integration 438
78 Die Integration der rationalen Funktionen 445
79 Das Riemannsche Integral 447
80 Exkurs: Arbeit und Flächeninhalt 457
81 Stammfunktionen stetiger Funktionen 460
82 Die Darbouxschen Integrale 464
83 Das Riemannsche Integrabilitätskriterium 468
84 Das Lebesguesche Integrabilitätskriterium 470
85 Integralungleichungen und Mittelwertsätze 475
86 Nochmals das Integral $\int_a^x f(t)dt$ mit variabler oberer Grenze . . 479

XI Uneigentliche und Riemann-Stieltjessche Integrale

87 Integrale über unbeschränkte Intervalle 480
88 Das Integralkriterium 483
89 Integrale von unbeschränkten Funktionen 485
90 Definition und einfache Eigenschaften des Riemann-Stieltjesschen Integrals 489
91 Funktionen von beschränkter Variation 493
92 Existenzsätze für RS-Integrale 499
93 Mittelwertsätze für RS-Integrale 502

XII Anwendungen

94 Das Wallissche Produkt 504

95 Die Eulersche Summenformel 506
96 Die Stirlingsche Formel 510
97 Räuberische Prozesse. Die Differentialgleichung mit getrennten Veränderlichen 512
98 Fremdbestimmte Veränderungsprozesse. Die allgemeine lineare Differentialgleichung erster Ordnung 518
99 Erzwungene Schwingungen. Die inhomogene lineare Differentialgleichung zweiter Ordnung mit konstanten Koeffizienten . 524
100 Numerische Integration 529
101 Potentielle und kinetische Energie 533

XIII Vertauschung von Grenzübergängen. Gleichmäßige und monotone Konvergenz

102 Vorbemerkungen zum Vertauschungsproblem 537
103 Gleichmäßige Konvergenz 542
104 Vertauschung von Grenzübergängen bei Folgen 550
105 Kriterien für gleichmäßige Konvergenz 555
106 Gleichstetigkeit. Der Satz von Arzelà-Ascoli 561
107 Vertauschung von Grenzübergängen bei Netzen 568
108 Monotone Konvergenz 577

Lösungen ausgewählter Aufgaben 583

Literaturverzeichnis 629

Symbolverzeichnis 630

Namen- und Sachverzeichnis 631

Einleitung

In diesem Abschnitt möchte ich einige Bemerkungen machen, die dem Leser helfen sollen, sich in dem Buch zurechtzufinden und aus seiner Lektüre einen möglichst großen Gewinn zu ziehen.

Psychologische Vorbemerkungen Das Studium der Mathematik stellt gerade an den Anfänger Forderungen, die kaum eine andere Wissenschaft ihren Adepten zumutet, die aber so gebieterisch aus der Natur der Sache selbst entspringen, daß sie nicht preisgegeben werden können, ohne die Mathematik als Wissenschaft aufzugeben. Seit eh und je ist dem Menschen am wohlsten in einer Art geistigen Dämmerlichts, im Ungefähren und Unbestimmten, im Läßlichen und Warm-Konkreten; er will es gar nicht „so genau wissen" — *und braucht es im täglichen Leben auch nicht*. In seiner überpointierten Art hat Nietzsche einmal verkündet, der denkende Mensch sei ein kranker Affe. Auf diesem Hintergrund empfindet man all das zunächst als unnatürlich, unmenschlich und unvollziehbar, was die Mathematik erst zur Mathematik macht: die Helle und Schärfe der Begriffsbildung, die pedantische Sorgfalt im Umgang mit Definitionen (kein Wort darf man dazutun und keines wegnehmen—auch nicht und gerade nicht unbewußt), die Strenge der Beweise (die nur mit den Mitteln der *Logik*, nicht mit denen einer wie auch immer gereinigten und verfeinerten Anschauung zu führen sind—und schon gar nicht mit den drei traditionsreichsten „Beweis"-Mitteln: Überredung, Einschüchterung und Bestechung), schließlich die abstrakte Natur der mathematischen Objekte, die man nicht sehen, hören, fühlen, schmecken oder riechen kann. Um die geistige Disziplin der Mathematik überhaupt erst akzeptieren und dann auch praktizieren zu können und um sich in der dünnen Höhenluft der Abstraktion wohlzufühlen, bedarf es nichts Geringeres als eines *Umbaus der geistigen Person;* man muß, um einen Ausdruck des Apostels Paulus in seinem Brief an die Epheser zu borgen, den alten Menschen ablegen und einen neuen Menschen anziehen. Ein solcher Umbau, finde er nun im Wissenschaftlichen oder im Religiösen statt, geht immer mit Erschütterungen und Schmerzen einher. Gerade weil sie unvermeidbar sind, habe ich mich doppelt bemüht, sie zu mindern und zu mildern. Ich habe deshalb

1. bewußt einen sehr langsamen und behutsamen Einstieg gewählt, der den Leser nur ganz allmählich an den Kern des deduktiven Verfahrens und die abstrakte Natur der mathematischen Objekte heranführt,

2. bei zentralen Begriffen nicht gespart an Beispielen, erläuternden Bemerkungen

und vielfältigen Motivationen inner- und außermathematischer Art („Bruder Beispiel ist der beste Prediger"),

3. großen Wert auf Ausführlichkeit und Faßlichkeit der Beweise gelegt,

4. fast jeden Abschnitt mit Aufgaben versehen, um das Gelernte durch Eigentätigkeit zu befestigen und bin

5. immer wieder auf den Heerstraßen praktischer Anwendungen der Theorie zurückgekehrt in die Welt konkreter Wirklichkeit, um den Leser ausruhen zu lassen und ihm Gelegenheit zu geben, die dort herrschende sauerstoffreichere Luft zu atmen.

Auf eine letzte, eher technische Schwierigkeit möchte ich noch hinweisen, an der mancher sich anfänglich stößt: das ist der Gebrauch der abkürzenden Zeichen (Symbole) anstelle verbaler Formulierungen. „Ein auffälliger Zug aller Mathematik, der den Zugang zu ihr dem Laien so sehr erschwert, ist der reichliche Gebrauch von *Symbolen*", bemerkte einmal der große Mathematiker Hermann Weyl (1885–1955; 70). Dieser Symbolismus ist kein überflüssiges Glasperlenspiel, im Gegenteil: ohne ihn wäre die Mathematik nie zu dem riesigen Bau geworden, der sie jetzt ist. Komplexe Zusammenhänge lassen sich rein verbal nicht mehr verständlich darstellen; jeder Versuch dazu erstickt in sich selbst. Als amüsanter Beleg hierfür diene folgende Passage, die ich dem überaus lesenswerten Buch von M. Kline „Mathematics in Western Culture" entnehme (ich bringe sie in Englisch, weil bei jeder Übersetzung das köstliche sprachliche Aroma verfliegen würde):

When a twelfth century youth fell in love he did not take three paces backward, gaze into her eyes, and tell her she was too beautiful to live. He said he would step outside and see about it. And if, when he got out, he met a man and broke his head—the other man's head, I mean—then that proved that his—the first fellow's—girl was a pretty girl. But if the other fellow broke his head—not his own, you know, but the other fellow's—the other fellow to the second fellow, that is, because of course the other fellow would only be the other fellow to him, not the first fellow who—well, if he broke his head, then his girl—not the other fellow's, but the fellow who was the—Look here, if A broke B's head, then A's girl was a pretty girl; but if B broke A's head, then A's girl wasn't a pretty girl, but B's girl was.

So viele Hilfen ein Autor auch einbauen mag—von *eigener Arbeit* kann er den Leser nicht befreien (und darf es auch nicht). Auf die Frage, wie er auf sein Gravitationsgesetz gekommen sei, soll Newton geantwortet haben „*diu noctuque incubando*" (indem ich Tag und Nacht darüber gebrütet habe). Viel billiger kann man eine Wissenschaft nicht haben, selbst dann nicht, wenn man nur ihren fertigen Bau durchwandern soll. Der Leser wird gut daran tun, Papier und Bleistift immer griffbereit zu haben (und fleißig zu benutzen).

Ich habe oben von der geistigen *Disziplin* gesprochen, die das Studium der Mathematik verlangt und anerzieht. Aber diese facettenreiche Wissenschaft fordert verquererweise noch eine ganz andersartige Fähigkeit heraus: die *Fantasie*. Man soll eben nicht nur richtig schließen, sondern sich auch vorgreifend vorstellen können, in welcher Richtung und mit welchen Mitteln geschlossen werden kann, man soll immer wieder durch „Einfälle" einen Sachverhalt so umformulieren und umgestalten, daß eine verfügbare Methode greifen kann (manchmal, um ein ganz dürftiges Beispiel zu nennen, indem man die Zahl a in das Produkt $1 \cdot a$ oder in die Summe $a + (b - b)$ verwandelt). Von dem berühmten deutschen Mathematiker Hilbert wird erzählt, er habe auf die Frage, wie sich einer seiner ehemaligen Schüler entwickelt habe, geantwortet: „Er ist Schriftsteller geworden, er hatte zu wenig Fantasie". Wer sich eingehender mit diesen Dingen, auch der Rolle des Unterbewußten in der Mathematik, beschäftigen möchte, der greife zu dem reizvollen Büchlein des großen französischen Mathematikers Hadamard „The psychology of invention in the mathematical field".

Verweistechnik Die 13 Kapitel dieses Buches werden mit römischen, die 108 Nummern (Abschnitte) mit arabischen Zahlen bezeichnet. Der Leser sollte nicht stutzig werden, wenn er einen Verweis auf das Kapitel XVI oder die Nummer 172 sieht; dieses Kapitel und diese Nummer befinden sich im zweiten Band, der die Numerierung des ersten einfach fortsetzt. Natürlich sind solche Vorverweise nicht zum Verständnis des gerade behandelten Sachverhalts notwendig; sie sollen nur darauf aufmerksam machen, daß gewisse Dinge später unter einem anderen Gesichtspunkt oder auch erstmalig untersucht werden sollen.
Sätze und Hilfssätze werden in jedem einzelnen Abschnitt unterschiedslos durchnumeriert und zur leichteren Auffindbarkeit mit einer vorangestellten Doppelzahl versehen (z.B. 25.1 Hilfssatz, 25.2 Satz): Die erste Zahl gibt die Nummer des Abschnitts, die zweite die Nummer des Satzes (Hilfssatzes) in diesem Abschnitt an. Bei Verweisen wird aus sprachlichen Gründen die Doppelzahl nachgestellt (z.B.: „wegen Hilfssatz 25.1..." oder „aufgrund von Satz 25.2..."). Manche Sätze haben einen „Namen", z.B. „Mittelwertsatz" oder „Cauchysches Konvergenzkriterium". Solche Sätze sind ganz besonders wichtig. Sie werden gewöhnlich unter diesem Namen, ohne Nummernangabe, zitiert. Sollte der Leser Mühe haben, sich an einen von ihnen zu erinnern oder ihn aufzufinden, so kann er die Seite, auf der er steht, im Sachverzeichnis nachschlagen.
Die Aufgaben stehen am Ende eines Abschnitts und werden in jedem einzelnen Abschnitt durchnumeriert (ohne Doppelzahl, also ohne Abschnittsangabe). Wird in einem Abschnitt etwa auf die Aufgabe 5 verwiesen, so ist damit die Aufgabe 5 in ebendiesem Abschnitt gemeint. Für Verweise auf Aufgaben in anderen Abschnitten werden Wendungen benutzt wie „s. (=siehe) Aufgabe 2 in Nr. 95" oder kürzer: „s. A 95.2" (wobei also wie bei Sätzen die erste Zahl die Nummer des Abschnitts, die zweite die Nummer der Aufgabe in diesem Abschnitt angibt).
Auf das Literaturverzeichnis wird durch den Namen des Autors und eine dahinterstehende Zahl in eckigen Klammern verwiesen. Beispiel: „Dedekind [5]"

bedeutet ein Werk von Dedekind, das unter der Nummer 5 im Literaturverzeichnis zu finden ist.

Aufgaben Die zahlreichen Aufgaben bilden einen wesentlichen Bestandteil dieses Buches. Mit ihrer Hilfe soll sich der Leser die im Haupttext dargestellten Begriffe, Sätze und Verfahren „einverseelen" und so zu dem gelangen, was der Engländer treffend und unübersetzbar *working knowledge* nennt, arbeits- oder einsatzfähiges Wissen. Zu diesem *aktiven* Wissen kommt man in der Tat nur, indem man möglichst viele Aufgaben löst. Niemand lernt Klavierspielen, indem er Klavierspielern nur zuhört und selbst keine Fingerübungen macht. Goethe sagt es so: „Überhaupt lernt niemand etwas durch bloßes Anhören, und wer sich in gewissen Dingen nicht selbst tätig bemüht, weiß die Sachen nur oberflächlich und halb." Und Demokrit, der „lachende Philosoph" (460–370 v. Chr.; 90), hat uns neben seiner bahnbrechenden Atomtheorie auch noch den tröstlichen Satz hinterlassen „Es werden mehr Menschen durch Übung tüchtig als durch ihre ursprüngliche Anlage." Da aber der Anfänger das Lösen von Aufgaben erst noch lernen muß, habe ich mit helfenden Hinweisen nicht gespart und zahlreichen „Beweisaufgaben" Musterlösungen beigefügt. Aufgaben, deren Ergebnis eine bestimmte Zahl oder Funktion ist, sind zur Selbstkontrolle des Lesers durchweg mit einer Lösung versehen. Alle diese Lösungen sind am Schluß des Buches zusammengefaßt.

Einige Aufgaben werden im Fortgang des Haupttextes benötigt; sie sind mit einem Stern vor der Aufgabennummer markiert (z.B. ^{*5}). Mit ganz wenigen Ausnahmen, wo ein Lösungshinweis völlig ausreicht, sind diese Aufgaben *alle* mit Lösungen versehen. Diejenigen ungesternten Aufgaben, die besonders interessante Aussagen enthalten, sind mit einem Pluszeichen vor der Aufgabennummer gekennzeichnet (z.B. $^+2$).

Trennung in Methoden- und Anwendungsteile Darüber wurde schon im Vorwort gesprochen. Einige wenige Dinge, die in den Anwendungsteilen behandelt werden, tauchen in den Methodenteilen wieder auf; in solchen Fällen wird zu Beginn des jeweiligen Anwendungskapitels ausdrücklich auf sie hingewiesen.

Mathematische Schulkenntnisse Sie werden für den methodischen Aufbau der Analysis nicht herangezogen. Ich habe mich jedoch nicht gescheut, zum Zwecke von Motivationen, im Rahmen von Beispielen und in den Anwendungsteilen von einfachen Tatsachen über geometrische Figuren, Winkelfunktionen, Wurzeln usw., die der Leser von der Schule her kennt, Gebrauch zu machen. Wann immer dies stattfindet, wird ausdrücklich darauf hingewiesen und mitgeteilt, wo diese Dinge in dem vorliegenden Buch streng begründet werden. Solange sie nicht begründet, sondern eben nur von der Schule her vertraut sind, gehen wir mit ihnen, wie man sagt, „naiv" oder „unbefangen" um (aber nur an den jeweils angegebenen Stellen!).

Komplexe Zahlen Dieses Buch ist grundsätzlich ein „reelles Buch": Sein Hauptinhalt ist die Entfaltung dessen, was in den wenigen Axiomen über reelle Zahlen (endliche und unendliche Dezimalbrüche) verborgen liegt. Aus zwei Gründen wurden jedoch die sogenannten *komplexen Zahlen*, die mancher Leser schon von der Schule her kennen wird, in gewissermaßen unauffälliger Weise eingebaut: 1. Weil sie für die Anwendungen in Physik und Technik schlechterdings unentbehrlich sind und frühzeitig benötigt werden; 2. weil viele „reelle Tatbestände" erst „vom Komplexen her" verständlich oder jedenfalls leichter verständlich werden. Die Prozedur ist wie folgt: Die komplexen Zahlen und ihre grundlegenden Eigenschaften werden ausführlich in Form von Aufgaben erörtert. Dabei zeigt sich, daß ihr zunächst wichtigster, ja einziger Unterschied zu den reellen Zahlen darin besteht, daß sie nicht „angeordnet" werden können (man kann von einer komplexen Zahl nicht sagen, sie sei kleiner oder größer als eine andere komplexe Zahl). Diese Tatsache hat zur Folge, daß fast alle von Anordnungseigenschaften unabhängigen Sätze der „reellen Analysis" mitsamt ihren Beweisen unverändert auch „im Komplexen" gelten, d.h., auch dann noch gelten, wenn die auftretenden reellen Größen durch komplexe ersetzt werden. Solche Sätze, die man auch „komplex" lesen kann, sind durch einen vorgesetzten kleinen Kreis markiert (Beispiel: °63.1 Konvergenzsatz für Potenzreihen). Sollte ihr „komplexer" Beweis doch eine kleine Modifikation des vorgetragenen „reellen" Beweises erfordern, so wird dies in den Aufgaben des betreffenden Abschnitts nachgetragen. Eine mit ○ versehene Aufgabe ist nur für denjenigen Leser bestimmt, der den „Unterkurs" über komplexe Zahlen mitverfolgen möchte. Einige Abschnitte (z.B. die Nummern 68 und 69) setzen die Kenntnis dieses Unterkurses voraus; wann immer dies der Fall ist, wird ausdrücklich darauf hingewiesen. Der weit überwiegende Teil des Buches kann ausschließlich „reell" gelesen werden; der Student braucht den komplexen Unterkurs zunächst nicht mitzumachen und kann ihn ohne Orientierungsschwierigkeit bei Bedarf nachholen.

Schlußbemerkungen 1. Bei den Lebensdaten habe ich (hinter einem Semikolon) immer das Lebensalter angegeben (genauer: die Differenz zwischen Todes- und Geburtsjahr). Beispiel: Leonhard Euler (1707–1783; 76). Näheres über die Entfaltung der Analysis und über das Leben ihrer wichtigsten Protagonisten findet der Leser im Schlußkapitel „Ein historischer *tour d'horizon*" des zweiten Bandes. – 2. Das Ende eines Beweises wird gewöhnlich durch ■ markiert. – 3. Ein programmierbarer Taschenrechner ist heute nicht mehr unerschwinglich. Mit seiner Hilfe zu „sehen", wie rasch oder wie langsam die Glieder einer konvergenten Folge sich ihrem Grenzwert nähern, wie eine Iterationsfolge „zum Stehen" kommt, ist ein Erlebnis, das sehr rasch ein „Gefühl" für Grenzprozesse vermittelt.

I Mengen und Zahlen

Die Zahl, des Geistes höchste Kraft.
Aischylos

Zehn mal zehn ist hundert;
Folgen unabsehbar.

Thornton Wilder

1 Mengen und ihre Verknüpfungen

Wir müssen es als eine grundlegende Fähigkeit des menschlichen Geistes ansehen, gegebene Objekte gedanklich zu einem Ganzen zusammenfassen zu können. So fassen wir z.B. die Einwohner Hamburgs zu einem Ganzen zusammen, das wir die Bevölkerung Hamburgs nennen; die unter deutscher Flagge fahrenden Handelsschiffe fassen wir zu der deutschen Handelsflotte zusammen, die Äpfel in einem Korb zu einem „Korb Äpfel" usw. Ein solches Ganzes nennen wir eine Menge; die zu einer Menge zusammengefaßten Objekte bilden die Elemente dieser Menge. Um auszudrücken, daß a ein Element der Menge M ist, benutzen wir die Bezeichnung $a \in M$ und sagen auch, a gehöre zu M oder liege in M oder auch M enthalte a. Dagegen bedeutet $a \notin M$, daß a kein Element von M ist (nicht zu M gehört, nicht in M liegt). Wollen wir mitteilen, daß a und b in M liegen, so schreiben wir kurz $a, b \in M$ (statt „$a \in M$ und $b \in M$"). Eine Menge sehen wir als definiert oder gegeben an, wenn wir wissen, aus welchen Elementen sie besteht; dementsprechend nennen wir zwei Mengen M und N gleich und schreiben $M = N$, wenn sie genau dieselben Elemente enthalten. Gibt es jedoch in einer dieser Mengen ein Element, das nicht zu der anderen gehört, so werden die beiden Mengen ungleich oder verschieden genannt, in Zeichen $M \ne N$. Schließlich verabreden wir noch, daß nur solche Objekte zu einer Menge M zusammengefaßt werden, die unter sich verschieden sind, daß also kein Element von M mehrfach in M auftritt.

Eine Gesamtheit von Dingen, die nicht notwendigerweise alle verschieden sind, nennen wir nicht Menge, sondern System, benutzen jedoch wie bei Mengen die Schreibweise $a \in S$ um auszudrücken, daß a zu dem System S gehört.

Eine Menge können wir auf zwei Arten festlegen: Wir schreiben ihre Elemente auf („aufzählende Schreibweise") oder geben, wenn dies unbequem oder unmöglich ist, eine ihre Elemente definierende Eigenschaft an. Die „Zusammenfassung" der Elemente deuten wir dadurch an, daß wir sie zwischen geschweifte Klammern („Mengenklammern") setzen. Einige Beispiele machen diese Schreibweise am raschesten klar: $\{1, 2, 3, 4\}$ ist die Menge, die aus den Zahlen 1, 2, 3 und 4 besteht; sie stimmt mit der Menge $\{4, 3, 2, 1\}$ überein (beide Mengen enthalten genau dieselben Elemente, nur in verschiedener Reihenfolge); die Menge $\{2, 4, 6, 8, 10\}$ kann auch beschrieben werden als die Menge der geraden

Zahlen zwischen 1 und 11, in Zeichen: $\{2, 4, 6, 8, 10\} = \{x : x$ ist eine gerade Zahl zwischen 1 und 11$\}$. Ganz entsprechend ist $\{a : a^2 = 1\}$ die Menge aller Zahlen a, deren Quadrat $= 1$ ist; sie stimmt mit der Menge $\{1, -1\}$ überein. Die aufzählende Schreibweise benutzen wir häufig in einer leicht modifizierten Form: $\{1, 3, 5, 7, \ldots\}$ ist die Menge aller ungeraden positiven Zahlen; die drei Punkte stehen für „und so weiter" und dürfen selbstverständlich nur gebraucht werden, wenn eindeutig feststeht, wie es weitergehen soll. Die Menge aller Primzahlen wird man also nicht ohne nähere Erläuterung in der Form $\{2, 3, 5, 7, \ldots\}$ angeben; völlig unmißverständlich läßt sie sich jedoch in der Gestalt $\{p : p$ ist Primzahl$\}$ schreiben.

Die Umgangssprache benutzt das Wort „Menge" üblicherweise, um eine Ansammlung *zahlreicher* Gegenstände zu bezeichnen („im Saal befand sich eine Menge Menschen" = im Saal befanden sich viele Menschen). Der mathematische Mengenbegriff ist jedoch von solchen unbestimmten Größenvorstellungen völlig frei: Auch eine Menge $\{a\}$, die nur *ein* Element a enthält, ist eine Menge, ja es ist sogar nützlich, eine Menge einzuführen, die *kein einziges* Element besitzt. Diese Menge nennen wir die leere Menge und bezeichnen sie mit $\emptyset$. Stellt man sich eine Menge als einen Kasten vor, der die Mengenelemente enthält, so entspricht der leeren Menge ein leerer Kasten.

Für einige häufig auftretende Mengen hat man feststehende Bezeichnungen eingeführt, die wir nun angeben wollen. Dabei benutzen wir das Zeichen $:=$ (lies: „soll sein", „bedeutet" oder „definitionsgemäß gleich"), um anzudeuten, daß ein Symbol oder ein Ausdruck erklärt werden soll. Auch das Zeichen $=:$ wird verwendet; verabredungsgemäß steht der Doppelpunkt bei dem zu definierenden Symbol (Beispiele: $M := \{1, 2, 3\}$, $\{1, 2, 3\} =: M$). Es folgen nun die angekündigten Standardbezeichnungen:

N $\quad := \quad \{1, 2, 3, \ldots\}$ (Menge der natürlichen Zahlen),
N$_0$ $\quad := \quad \{0, 1, 2, 3, \ldots\}$,
Z $\quad := \quad \{0, 1, -1, 2, -2, \ldots\}$ (Menge der ganzen Zahlen),
Q $\quad := \quad$ Menge der rationalen Zahlen, also der Brüche mit ganzzahligen Zählern und Nennern (wobei die Nenner $\neq 0$ sein müssen, da die Division durch 0 nicht möglich ist),
R $\quad := \quad$ Menge der reellen Zahlen, also der (endlichen und unendlichen) Dezimalbrüche.

Offenbar ist **N** ein „Teil" von **Z** in dem Sinne, daß jedes Element von **N** auch ein Element von **Z** ist. Allgemein nennen wir eine Menge M eine Teil- oder Untermenge der Menge N, in Zeichen $M \subset N$, wenn jedes Element von M auch zu N gehört. N heißt dann eine Obermenge von M; dafür schreiben wir $N \supset M$. Wir sagen auch, M sei in N enthalten und N enthalte oder umfasse M. M wird eine echte Teilmenge von N genannt, wenn $M \subset N$ und gleichzeitig $M \neq N$ ist. $M \not\subset N$ bedeutet, daß M keine Teilmenge von N ist (daß also *mindestens ein* Element von M *nicht* in N liegt).

Offenbar ist $\mathbf{N} \subset \mathbf{Z}$, $\mathbf{Z} \subset \mathbf{Q}$ und $\mathbf{Q} \subset \mathbf{R}$. Diese drei „Mengeninklusionen" fassen wir kurz in die „Inklusionskette" $\mathbf{N} \subset \mathbf{Z} \subset \mathbf{Q} \subset \mathbf{R}$ zusammen.

Gemäß unserer Definition ist *jede Menge M eine Teilmenge von sich selbst:* $M \subset M$. *Die leere Menge wollen wir als Teilmenge jeder Menge betrachten.* Die Mengengleichheit $M = N$ bedeutet offenbar, daß die beiden Inklusionen $M \subset N$ und $N \subset M$ bestehen. Hat man eine solche Gleichung zu beweisen, so muß man also zeigen, daß aus $x \in M$ stets $x \in N$ und umgekehrt aus $x \in N$ auch immer $x \in M$ folgt.

In den folgenden Abbildungen sind die Mengen M, N Bereiche der Ebene, die durch ihre umschließenden Kurven angedeutet werden.

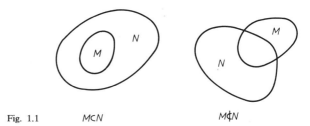

Fig. 1.1 $M \subset N$ $M \not\subset N$

Schüttet man — was natürlich nicht wörtlich zu nehmen ist — die Elemente von M und N alle in einen Topf $\cup$, so erhält man eine neue Menge, die **Vereinigung** $M \cup N$ von M mit N. Genauer: $M \cup N$ ist die Menge aller Elemente, die zu M oder zu N gehören (die also in mindestens einer der Mengen M, N liegen). Beispiel: $\{1, 2, 3\} \cup \{2, 3, 4, 5\} = \{1, 2, 3, 4, 5\}$; die Zahlen 2 und 3, die sowohl in der ersten als auch in der zweiten Menge liegen, treten in der Vereinigung jeweils *nur einmal* auf, weil verabredungsgemäß die Elemente einer Menge unter sich verschieden sein sollen. Man beachte, daß die Konjunktion „oder" in der Mathematik nicht in dem ausschließenden Sinne des „entweder — oder", sondern im Sinne des neudeutschen „und/oder" gebraucht wird. — Der **Durchschnitt** $M \cap N$ ist, grob gesprochen, der den beiden Mengen M, N gemeinsame Teil, genauer: $M \cap N$ ist die Menge aller Elemente, die sowohl in M als auch in N liegen. Beispiel: $\{1, 2, 3\} \cap \{2, 3, 4, 5\} = \{2, 3\}$. Die Mengen M, N sind **disjunkt** (fremd, „schneiden sich nicht"), wenn sie keine gemeinsamen Elemente besitzen, wenn also $M \cap N = \emptyset$ ist. In Fig. 1.2 bedeuten die schattierten Bereiche Vereinigung bzw. Durchschnitt der Mengen M, N.

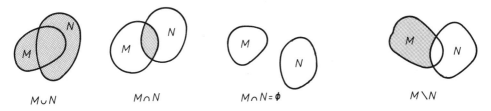

Fig. 1.2   Fig. 1.3

Die Differenz $M\setminus N$ (lies: „M ohne N") ist die Menge aller Elemente von M, die nicht zu N gehören; in Fig. 1.3 ist dies der schattierte Bereich. Ist N eine Teilmenge von M, so nennt man $M\setminus N$ gerne das Komplement von N in M, wohl auch einfach das Komplement von N, wenn die Menge M von vornherein festliegt, also nicht ausdrücklich erwähnt werden muß.

Vereinigung und Durchschnitt können wir nicht nur für zwei, sondern für beliebig viele Mengen bilden, genauer: Ist $\mathfrak{S}$ ein nichtleeres (endliches oder unendliches) System von Mengen, so besteht die Vereinigung

$$\bigcup_{M \in \mathfrak{S}} M$$

aus allen Elementen, die in mindestens einem $M \in \mathfrak{S}$ liegen (man erhält die Vereinigung also wieder, indem man alle Elemente aller $M \in \mathfrak{S}$ in einen Topf — den Vereinigungstopf $\bigcup$ — schüttet[1]). Die Vereinigung der endlich vielen Mengen $M_1, M_2, \ldots, M_n$ bzw. der unendlich vielen Mengen $M_1, M_2, \ldots$ bezeichnen wir auch mit den Symbolen

$$\bigcup_{k=1}^{n} M_k, \quad M_1 \cup M_2 \cup \cdots \cup M_n \quad \text{bzw.} \quad \bigcup_{k=1}^{\infty} M_k, \quad M_1 \cup M_2 \cup \cdots.$$

Der Durchschnitt

$$\bigcap_{M \in \mathfrak{S}} M$$

der Mengen aus $\mathfrak{S}$ besteht aus denjenigen Elementen, die in jedem $M \in \mathfrak{S}$ liegen. Für den Durchschnitt der endlich vielen Mengen $M_1, M_2, \ldots, M_n$ bzw. der unendlich vielen Mengen $M_1, M_2, \ldots$ benutzen wir auch die Bezeichnungen

$$\bigcap_{k=1}^{n} M_k, \quad M_1 \cap M_2 \cap \cdots \cap M_n \quad \text{bzw.} \quad \bigcap_{k=1}^{\infty} M_k, \quad M_1 \cap M_2 \cap \cdots.$$

Mit $M_k := \{1, 2, \ldots, k\}$ ist z.B. $\bigcup_{k=1}^{\infty} M_k = \mathbf{N}$ und $\bigcap_{k=1}^{\infty} M_k = \{1\}$.

Sind alle Mengen $M \in \mathfrak{S}$ Teilmengen einer festen „Universalmenge" U und bezeichnen wir das Komplement $U\setminus N$ einer Teilmenge N von U der Kürze halber mit N', so gelten die folgenden nach Augustus de Morgan (1806–1871; 65) benannten Morganschen Komplementierungsregeln:

$$\left(\bigcup_{M \in \mathfrak{S}} M\right)' = \bigcap_{M \in \mathfrak{S}} M' \quad \text{und} \quad \left(\bigcap_{M \in \mathfrak{S}} M\right)' = \bigcup_{M \in \mathfrak{S}} M', \tag{1.1}$$

---

[1] Dabei darf ein Element a, das gleichzeitig in mehreren Mengen des Systems $\mathfrak{S}$ vorkommt, nur einmal in den Vereinigungstopf gelegt werden; denn die Vereinigung soll ja eine Menge sein, und verabredungsgemäß sind die Elemente einer Menge alle unter sich verschieden.

1 Mengen und ihre Verknüpfungen   21

in Worten: *Das Komplement der Vereinigung ist gleich dem Durchschnitt der Komplemente, und das Komplement des Durchschnitts ist gleich der Vereinigung der Komplemente*[1].

Wir beweisen nur die erste Regel, führen aber zunächst noch eine nützliche Schreibweise ein. Bezeichnen wir die Aussage $x \in \left(\bigcup_{M \in \mathfrak{S}} M\right)'$ mit A und die Aussage $x \in \bigcap_{M \in \mathfrak{S}} M'$ mit B, so müssen wir zeigen: aus A folgt B und aus B folgt umgekehrt auch A. Einen Schluß der Art „aus A folgt B" stellen wir nun kurz in der Form $A \Rightarrow B$ dar, und die beiden Schlüsse $A \Rightarrow B$, $B \Rightarrow A$ werden abgekürzt als Doppelschluß $A \Leftrightarrow B$ geschrieben. Mit diesen logischen Pfeilen können wir nun den Beweis der ersten Morganschen Regel sehr einfach aufschreiben (der Kürze wegen lassen wir die — nunmehr selbstverständliche — Angabe „$M \in \mathfrak{S}$" unter den Zeichen $\bigcup$ und $\bigcap$ weg):

$$x \in (\bigcup M)' \Rightarrow (x \in U \text{ und } x \notin \bigcup M) \Rightarrow (x \in U \text{ und } x \notin M$$
$$\text{für alle } M \in \mathfrak{S}) \Rightarrow x \in M' \text{ für alle } M \in \mathfrak{S} \Rightarrow x \in \bigcap M'.$$

Nun kann man diese Schlußkette ohne weiteres auch in umgekehrter Richtung durchlaufen (man kann die Schlüsse „umkehren"):

$$x \in \bigcap M' \Rightarrow x \in M' \text{ für alle } M \in \mathfrak{S} \Rightarrow (x \in U \text{ und } x \notin M$$
$$\text{für alle } M \in \mathfrak{S}) \Rightarrow (x \in U \text{ und } x \notin \bigcup M) \Rightarrow x \in (\bigcup M)'.$$

Damit ist also die erste Morgansche Regel vollständig bewiesen. Den Beweis der zweiten dürfen wir dem Leser überlassen. ∎

Wir fügen noch einige Bemerkungen an. Statt die obige Schlußkette zuerst in der einen und dann in der anderen Richtung zu durchlaufen, hätten wir uns bei jedem Teilschluß vergewissern können, daß man ihn umkehren, daß man also den einfachen Pfeil durch einen Doppelpfeil ersetzen darf. Der vollständige Beweis

---

[1] Eine krude Vorform der zweiten Morganschen Regel findet man in sehr konkreter Gestalt im dritten Buch Mose (Levitikus), Kap. 11, Vers 1 bis 8: „Der Herr sprach zu Mose und Aaron: Sagt den Israeliten: Das sind die Tiere, die ihr von allem Vieh auf der Erde essen dürft: Alle Tiere, die gespaltene Klauen haben, Paarzeher sind und wiederkäuen, dürft ihr essen. Jedoch dürft ihr von den Tieren, die wiederkäuen oder gespaltene Klauen haben, folgende nicht essen: Ihr sollt für unrein halten das Kamel, weil es zwar wiederkäut, aber keine gespaltenen Klauen hat; ihr sollt für unrein halten den Klippdachs, weil er zwar wiederkäut, aber keine gespaltenen Klauen hat; ihr sollt für unrein halten den Hasen, weil er zwar wiederkäut, aber keine gespaltenen Klauen hat; ihr sollt für unrein halten das Wildschwein, weil es zwar gespaltene Klauen hat und Paarzeher ist, aber nicht wiederkäut. Ihr dürft von ihrem Fleisch nicht essen und ihr Aas nicht berühren; ihr sollt sie für unrein halten".

hätte dann äußerlich die kürzere Form angenommen:

$$x \in (\bigcup M)' \Leftrightarrow (x \in U \quad \text{und} \quad x \notin \bigcup M) \Leftrightarrow (x \in U \quad \text{und} \quad x \notin M$$
$$\text{für alle} \quad M \in \mathfrak{S}) \Leftrightarrow x \in M' \quad \text{für alle } M \in \mathfrak{S} \Leftrightarrow x \in \bigcap M'.$$

Ergibt sich aus einer Aussage A notwendigerweise die Aussage B, gilt also $A \Rightarrow B$, so sagen wir auch, A sei eine **hinreichende Bedingung** für B und B sei eine **notwendige Bedingung** für A[1]. Im Falle $A \Leftrightarrow B$ ist also A eine notwendige *und* hinreichende Bedingung für B (natürlich ist auch umgekehrt B eine notwendige und hinreichende Bedingung für A); die beiden Aussagen A, B werden dann auch gleichbedeutend, gleichwertig oder äquivalent genannt. Der Sachverhalt $A \Leftrightarrow B$ wird sehr häufig auch durch folgende Sprechweisen beschrieben: *A gilt dann und nur dann, wenn B gilt; A gilt genau dann, wenn B gilt; A ist eine genaue Bedingung für B*. Es ist vielleicht nicht überflüssig zu betonen, daß ein Schluß durchaus nicht immer umgekehrt werden kann. Für zwei Zahlen a, b folgt etwa aus $a = b$ zwar stets $a^2 = b^2$, aus $a^2 = b^2$ folgt aber keineswegs $a = b$: z.B. ist $(-1)^2 = 1^2$, daraus ergibt sich aber nicht $-1 = 1$. Auch der Schluß $x \in \mathbf{N} \Rightarrow x + 1 \in \mathbf{N}$ ist nicht umkehrbar (s. Fußnote 1).

Von dem Doppelpfeil $\Leftrightarrow$ ist das Zeichen: $:\Leftrightarrow$ zu unterscheiden, das wir ähnlich wie $:=$ beim Definieren verwenden. Beispiel: Statt zu sagen „das Symbol $m \mid n$ soll bedeuten, daß die natürliche Zahl m ein Teiler der natürlichen Zahl n ist", schreiben wir kurz

$$m \mid n :\Leftrightarrow m \in \mathbf{N} \quad \text{ist ein Teiler von} \quad n \in \mathbf{N}.$$

Im täglichen Leben nimmt man auf Schritt und Tritt **Zerlegungen** gegebener Mengen M in Teilmengen vor, und zwar gemäß gewisser, sich wechselseitig ausschließender Merkmale, welche die Elemente von M besitzen bzw. nicht besitzen. Die folgenden **Beispiele** werden deutlich machen, was damit gemeint ist:

1. Die Menge M aller gegenwärtig lebender Menschen kann man zerlegen in die Teilmenge T_1 der Menschen männlichen und die Teilmenge T_2 der Menschen weiblichen Geschlechts. Offenbar ist $M = T_1 \cup T_2$ und $T_1 \cap T_2 = \emptyset$.

2. Die Menge M des Beispiels 1 kann man auch nach Nationalitätsmerkmalen zerlegen. Sind $S_1, S_2, \ldots, S_n$ alle gegenwärtig vorhandenen Staaten, bedeutet T_ν die Menge der Bürger des Staates S_ν und faßt man die staatenlosen Menschen zu einer Menge T_{n+1}

---

[1] Die Redeweise, B sei eine notwendige Bedingung für A wird besser verständlich, wenn man bedenkt, daß A gewiß nicht gelten kann, wenn B nicht gilt (denn aus A folgt ja B), die Richtigkeit von B also notwendig für die Richtigkeit von A ist. Beispiel: Nach unseren Schulkenntnissen gilt der Schluß $x \in \mathbf{N} \Rightarrow x + 1 \in \mathbf{N}$ („wenn x eine natürliche Zahl ist, so ist auch $x + 1$ eine natürliche Zahl"). Ist also für eine gewisse reelle Zahl x die Summe $x + 1$ keine natürliche Zahl, so kann auch x selbst keine natürliche Zahl sein: Die „Natürlichkeit" von $x + 1$ ist notwendig dafür, daß x natürlich ist (sie ist übrigens nicht hinreichend, denn $0 + 1 = 1$ ist zwar eine natürliche Zahl, 0 jedoch nicht).

zusammen, so hat man M in die Teilmengen $T_1, T_2, \ldots, T_{n+1}$ zerlegt. Sieht man von der Möglichkeit doppelter Staatsbürgerschaft und anderer Komplikationen ab, die juristischer Scharfsinn konstruieren könnte, so ist

$$M = T_1 \cup T_2 \cup \cdots \cup T_{n+1} \quad \text{und} \quad T_j \cap T_k = \emptyset \quad \text{für} \quad j \neq k \; (j, k = 1, \ldots, n+1).$$

3. M sei die Menge aller an einem bestimmten Tag produzierter Automobile einer gewissen Marke (etwa Golf L). Für die Lackierung der Elemente von M mögen die Farben $F_1, F_2, \ldots, F_n$ (und keine anderen) verwendet werden. T_ν sei die Menge aller Automobile aus M, welche die Farbe F_ν haben. Dann bilden die Teilmengen $T_1, T_2, \ldots, T_n$ von M eine nach Farbmerkmalen bestimmte Zerlegung von M. Offenbar ist

$$M = T_1 \cup T_2 \cup \cdots \cup T_n, \quad T_j \cap T_k = \emptyset \quad \text{für} \quad j \neq k \; (j, k = 1, \ldots, n).$$

Das allen drei Beispielen Gemeinsame kristallisieren wir nun zu dem mathematischen Begriff der Partition:

Eine endliche oder unendliche Menge $\mathfrak{P}$ von Teilmengen einer vorgelegten Menge M heißt eine **Partition** von M, wenn gilt:

$$M = \bigcup_{T \in \mathfrak{P}} T \quad \text{und} \quad S \cap T = \emptyset \quad \text{für je zwei verschiedene Mengen } S, T \in \mathfrak{P}.$$

Anders ausgedrückt: *Eine Menge $\mathfrak{P}$ von Teilmengen von M ist genau dann eine Partition von M, wenn jedes Element von M in einer, aber auch nur einer, Menge aus $\mathfrak{P}$ liegt* (s. Fig. 1.4; dort bildet die Menge $\mathfrak{P} := \{T_1, T_2, \ldots, T_6\}$ eine Partition von M).

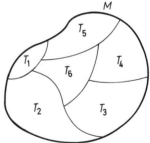

Fig. 1.4

In den obigen drei Beispielen haben wir bereits Partitionen kennengelernt. Ein weiteres Beispiel liefert die Zerlegung von $\mathbf{N}$ in die Menge $G := \{2, 4, 6, \ldots\}$ der geraden und $U := \{1, 3, 5, \ldots\}$ der ungeraden Zahlen; denn offenbar ist $\mathbf{N} = G \cup U$ und $G \cap U = \emptyset$. Dagegen bilden die Mengen $S := \{1, 2, 3, 4\}$ und $T := \{3, 4, 5, 6, \ldots\}$ keine Partition von $\mathbf{N}$. Zwar ist $\mathbf{N} = S \cup T$, aber wegen $S \cap T = \{3, 4\}$ sind S und T nicht disjunkt.

Man beachte, daß die Mengen einer Partition $\mathfrak{P}$ gewissermaßen ein extremes Verhalten zueinander haben: *Zwei Mengen S, T aus $\mathfrak{P}$ sind entweder völlig identisch ($S = T$) oder völlig verschieden ($S \cap T = \emptyset$).* Weiß man also von den Mengen S und T, daß sie mindestens ein Element gemeinsam haben, so darf man bereits auf die Gleichheit $S = T$ schließen.

Ist uns eine Partition $\mathfrak{P}$ von M gegeben und sind x, y zwei Elemente aus M, so soll das Zeichen $x \sim y$ (lies: x ist äquivalent zu y) bedeuten, daß x in derselben Menge $T \in \mathfrak{P}$ wie y liegt. Die durch $\sim$ ausgedrückte Beziehung oder Relation zwischen Elementen von M hat offenbar die folgenden Eigenschaften:

(Ä 1) $x \sim x$ ($\sim$ ist **reflexiv**);
(Ä 2)   *aus* $x \sim y$ *folgt* $y \sim x$ ($\sim$ ist **symmetrisch**);
(Ä 3)   *gilt* $x \sim y$ *und* $y \sim z$, *so ist* $x \sim z$ ($\sim$ ist **transitiv**).

Wegen (Ä 2) dürfen wir die Sprechweise „x ist äquivalent zu y" ohne weiteres durch den symmetrischen Ausdruck „*x und y sind (zueinander) äquivalent*" ersetzen.

Liegen die Elemente x und y in zwei verschiedenen (und somit disjunkten) Mengen von $\mathfrak{P}$, so werden wir natürlich sagen, sie seien nicht äquivalent.

Besteht jede Menge von $\mathfrak{P}$ nur aus einem Element (ist sie „einelementig"), so gilt $x \sim y$ offenbar genau dann, wenn $x = y$ ist. Im allgemeinen Fall, wenn also die Mengen von $\mathfrak{P}$ „mehrelementig" sein dürfen, drückt die Beziehung $x \sim y$ nicht aus, daß die Elemente x und y gleich sind, sondern nur, daß sie ein gewisses Merkmal gemeinsam haben, jenes Merkmal nämlich, auf Grund dessen die x und y enthaltende Menge $T \in \mathfrak{P}$ gebildet wurde. Ziehen wir zur Konkretisierung das obige Beispiel 3 heran, in dem M nach Farbmerkmalen partitioniert wurde! Ist x ein rotes Auto, so bedeutet $x \sim y$ nur, daß auch y rot ist; ist x ein gelbes Auto, so besagt $x \sim y$, daß auch y gelb ist. Anschaulich und etwas locker formuliert können wir also die Relation $x \sim y$ als eine Verallgemeinerung oder Abschwächung der Gleichheitsbeziehung $x = y$ deuten: Sie besagt nicht, daß die Elemente x, y „in allen Stücken gleich" sind, sondern nur, daß sie „in gewisser Hinsicht übereinstimmen". Diese „partielle Gleichheit" ist aber für den alltäglichen Umgang mit den Dingen unserer Welt meistens weitaus wichtiger als die „totale Gleichheit". Um noch einmal an das obige Beispiel 3 anzuknüpfen: Wer einen roten Golf L kaufen will, wird sich nicht auf ein ganz bestimmtes Exemplar kaprizieren, sondern wird alle roten Golf L für seine Zwecke als „gleich" oder „gleichwertig" ($=$ äquivalent) ansehen.

Wir kehren nun die Betrachtungen, die uns von einer vorgegebenen Partition $\mathfrak{P}$ zu der zugehörigen Relation $\sim$ mit den Eigenschaften (Ä 1) bis (Ä 3) geführt haben, um. Wir nehmen also an, für gewisse, nicht notwendig alle Paare von Elementen x, y einer nichtleeren Menge M sei auf irgendeine, uns nicht näher interessierende Weise eine Relation $x \sim y$ erklärt, welche die Eigenschaften (Ä 1) bis (Ä 3) haben möge (das einfachste — aber für unsere Zwecke unergiebigste — Beispiel ist die Gleichheit: $x \sim y :\Leftrightarrow x = y$). Eine solche Relation nennen wir eine **Äquivalenzrelation** auf M, und wie oben sagen wir, die Elemente x, y von M seien (zueinander) äquivalent, wenn sie in der Beziehung $x \sim y$ stehen. Für ein festes $x \in M$ betrachten wir nun die Menge $T_x := \{u \in M : u \sim x\}$. Trivialerweise ist T_x eine Teilmenge von M, und wegen (Ä 1) gehört x zu T_x. Angenommen, die Mengen T_x und T_y seien nicht disjunkt, vielmehr enthalte ihr Durchschnitt mindestens ein Element, etwa z. Dann ist $z \sim x$ und $z \sim y$. Sei nun u ein beliebiges Element von T_x, also $u \sim x$. Da mit $z \sim x$ wegen (Ä 2) auch $x \sim z$ gilt, haben wir die beiden Beziehungen $u \sim x$ und $x \sim z$. Nach (Ä 3) folgt aus ihnen

$u \sim z$. Da aber auch $z \sim y$ gilt, liefert eine nochmalige Anwendung von (Ä 3), daß $u \sim y$, also $u \in T_y$ und somit $T_x \subset T_y$ ist. In derselben Weise (man braucht nur x und y die Rollen tauschen zu lassen) sieht man die umgekehrte Inklusion $T_y \subset T_x$ ein. Insgesamt ist also $T_x = T_y$. Zwei Mengen der Form T_x, T_y sind somit entweder identisch oder disjunkt. Ist nun $\mathfrak{P}$ die Gesamtheit der unter sich verschiedenen Mengen T_x, so können wir alles Bisherige zusammenfassend sagen, daß $\mathfrak{P}$ eine Partition von M ist. $\mathfrak{P}$ erzeugt in der oben geschilderten Weise eine Äquivalenzrelation auf M, die wir mit $\widetilde{\mathfrak{P}}$ bezeichnen wollen. Aus der Definition dieser Relation einerseits und der Definition der Mengen von $\mathfrak{P}$ andererseits ergibt sich ohne Umstände die Aussage $x \sim y \Leftrightarrow x \widetilde{\mathfrak{P}} y$. Die von $\mathfrak{P}$ erzeugte Äquivalenzrelation stimmt also mit der ursprünglich vorhandenen überein.

Die Menge T_x nennt man die **Äquivalenzklasse** von x (bezüglich der gegebenen Äquivalenzrelation $\sim$). Statt von der durch $\sim$ erzeugten Partition der Menge M zu reden, sagt man auch gerne, M werde durch die Äquivalenzrelation $\sim$ in (paarweise disjunkte) Äquivalenzklassen zerlegt.

Das Hauptergebnis der letzten Betrachtungen wollen wir noch einmal schlagwortartig zusammenfassen: *Jede Partition erzeugt eine Äquivalenzrelation und jede Äquivalenzrelation erzeugt eine Partition.*

Die sogenannte Mengenlehre ist von Georg Cantor (1845–1918; 73) begründet worden; von ihr haben wir in diesem Abschnitt nur die ersten Anfangsgründe, eigentlich kaum mehr als einige Bezeichnungen kennengelernt. Ihre tieferen Untersuchungen unendlicher Mengen haben zu so seltsamen und schockierenden Resultaten geführt und gleichzeitig ein so helles Licht über den von alters her dunklen Begriff des Unendlichen ausgegossen, daß starke und dauernde Wirkungen auf die Entwicklung der Mathematik, Logik und Philosophie von ihr ausgegangen sind; einige elementare Ergebnisse dieser Art werden wir in Nr. 19 kennenlernen. An dieser Stelle wollen wir jedoch darauf hinweisen, daß unsere „naive" Vorstellung von Mengen zu überraschenden Widersprüchen, den sogenannten **Antinomien der Mengenlehre** führt, die gegen Ende des vorigen Jahrhunderts eine tiefe Krise der Mathematik auslösten. Als ein bestürzendes Beispiel legen wir die **Russellsche Antinomie** (nach Bertrand Russell, 1872–1970; 98) dar. Unser Mengenbegriff schließt nicht aus, daß eine Menge *sich selbst* als Element enthält; eine Menge aber, die sich *nicht* als Element enthält, werden wir als „normaler" ansehen, und wir wollen sie kurz *normal* nennen. Normalität einer Menge M bedeutet also, daß $M \notin M$ ist. Nun betrachten wir die Menge $\mathfrak{M}$ aller normalen Mengen und fragen, *ob $\mathfrak{M}$ selbst normal ist.* Wäre $\mathfrak{M}$ normal ($\mathfrak{M} \notin \mathfrak{M}$), so müßte $\mathfrak{M}$ in der Menge aller normalen Mengen, also in $\mathfrak{M}$ liegen, d.h. es gälte $\mathfrak{M} \in \mathfrak{M}$, kurz: $\mathfrak{M} \notin \mathfrak{M} \Rightarrow \mathfrak{M} \in \mathfrak{M}$. Ganz entsprechend erhalten wir aber auch den Schluß $\mathfrak{M} \in \mathfrak{M} \Rightarrow \mathfrak{M} \notin \mathfrak{M}$; denn wäre $\mathfrak{M}$ nicht normal ($\mathfrak{M} \in \mathfrak{M}$), so würde $\mathfrak{M}$ ja nicht zu der Menge $\mathfrak{M}$ aller normalen Mengen gehören, wir hätten also in der Tat $\mathfrak{M} \notin \mathfrak{M}$. Insgesamt haben wir also das ganz absurde Resultat $\mathfrak{M} \in \mathfrak{M} \Leftrightarrow \mathfrak{M} \notin \mathfrak{M}$. Da diese Antinomie sich unmittelbar aus unserem Mengenbegriff ergibt, muß ihre Behebung an ebendiesem Begriff ansetzen. Wie man hierbei vorzugehen hat, können wir nicht darlegen; wir wollen nur darauf hinweisen, daß wir den mengentheoretischen Antinomien dadurch entgehen, daß wir Mengen nicht hemmungslos bilden: Unsere Mengen werden immer nur Teilmengen einer im vorhinein festgelegten „Grundmenge" sein.

Einen bequemen Zugang zur Mengenlehre und ihren Grundlagenproblemen findet man in

Fraenkel [7]. Auf knappem Raum bringt Kamke [11] eine Fülle von Informationen. Wer an der Mengenlehre interessiert ist, sollte unter allen Umständen einen Blick in die meisterlichen Originalarbeiten Georg Cantors werfen: man findet sie in Cantor [4]. Sehr lesenswert ist das Büchlein von Bernhard Bolzano [2] (1781–1848; 67), den man als geistvollen Vorläufer Cantors ansehen kann.

Aufgaben

1. Welche der folgenden Ausdrücke sind gemäß der verabredeten Schreibweise Mengen?

a) $\{1, 7, 9, 10\}$,   b) $\{A\}$,   c) (r, q, s),   d) $\{0, 11, 15, 16, 0, 3\}$,
e) $\{\emptyset, \{1, 2\}, a\}$,   f) $\{\{\emptyset\}\}$,   g) $[4, Z, w]$.

2. Gib die folgenden Mengen reeller Zahlen in der aufzählenden Schreibweise an:

$A := \{x : x + 2 = 5\}$, $B := \{x : x^2 - 2 = 2\}$, $C := \{x : x^3 = -8\}$,
$D := \{x : (x-3)^2 = 36\}$, $E := \{x : x^3 - 3x^2 + 2x = 0\}$.

3. Sei $M := \{1, 2\}$, $N := \{2, 3, 4\}$. Welche der folgenden Aussagen sind richtig?

a) $M \subset N$,   b) $N \subset M$,   c) $M = N$,   d) $M \neq N$,   e) $\{2, 4\} \subset N$,
f) $2 \in M$,   g) $3 \subset N$,   h) $\{2, \{3, 4\}\} \subset N$.

4. Bestimme die folgenden Mengen:

a) $\{1, 3, 5, 7\} \cup \{2, 4, 6, 8\}$,   b) $\{b, c, a\} \cup \{a, d\}$,
c) $\{1, 3, 5\} \cup \{2, 4, 6\} \cup \{3, 5, 7\}$,   d) $\{\alpha, \beta, \gamma, \delta\} \cap \{\gamma, \delta, \varepsilon\}$,
e) $\{1, 3, 5, 7, \ldots\} \cap \{0, 2, 4, 6, \ldots\}$,

f) $\bigcup\limits_{k=1}^{\infty} M_k$ mit $M_k := \{-k, -(k-1), \ldots, 0, 1, 2, 3, \ldots\}$,

g) $\bigcap\limits_{k=1}^{\infty} M_k$ mit $M_k := \left\{0, \dfrac{1}{k}, \dfrac{1}{k+1}, \dfrac{1}{k+2}, \ldots\right\}$.

5. Bestimme alle Teilmengen der folgenden Mengen und stelle ihre jeweilige Anzahl fest:

a) $\emptyset$,   b) $\{1\}$,   c) $\{1, 2\}$,   d) $\{1, 2, 3\}$,   e) $\{1, 2, 3, 4\}$.

⁺6. Beweise die folgenden Aussagen über Mengen:

a) $M \cup M = M$; $M \cap M = M$.   b) $M \cup \emptyset = M$; $M \cap \emptyset = \emptyset$.
c) $M \subset N \Rightarrow M \cup N = N$ und $M \cap N = M$.
d) $M \subset M \cup N$; $M \cap N \subset M$.   e) $L \subset N$ und $M \subset N \Rightarrow L \cup M \subset N$ und $L \cap M \subset N$.
f) $L \subset M$ und $M \subset N \Rightarrow L \subset N$ (Transitivität der Inklusion).
g) $M \cup N = N \cup M$; $M \cap N = N \cap M$ (Kommutativgesetze).
h) $L \cup (M \cup N) = (L \cup M) \cup N$; $L \cap (M \cap N) = (L \cap M) \cap N$ (Assoziativgesetze).
i) $L \cap (M \cup N) = (L \cap M) \cup (L \cap N)$; $L \cup (M \cap N) = (L \cup M) \cap (L \cup N)$ (Distributivgesetze).

2 Vorbemerkungen über die reellen Zahlen

Sehr allgemein kann man die Analysis als die Wissenschaft von den Beziehungen zwischen Zahlen beschreiben. Diese dünnblütige und nachgerade nichtssagende

Erklärung läßt immerhin doch eines deutlich werden: daß die Zahlen das Fundament der Analysis bilden. *Was aber sind Zahlen?* In Nr. 1 haben wir unbefangen von den natürlichen, ganzen, rationalen und reellen Zahlen gesprochen, ganz so, als wüßten wir, von was wir redeten. Und in der Tat ist durch den langen und alltäglichen Umgang mit den natürlichen, den ganzen und den rationalen Zahlen in uns die Überzeugung gewachsen, jedenfalls mit *diesen* Objekten völlig vertraut zu sein. Wir können sie hinschreiben (z.B. 1, −3, 4/5) und wissen, wozu sie dienen: zum Zählen von Gegenständen, zur Angabe von Temperaturen (auch unterhalb des Nullpunkts), zur Festlegung von „Bruchteilen" (etwa bei der Messung von Längen oder der Verteilung von Schokolade). Sehr viel problematischer erscheint uns eine Zahl wie $\sqrt{2}$. Wir haben in der Schule gelernt, daß sie diejenige positive Zahl ist, die mit sich selbst multipliziert 2 ergibt. *Aber wie sieht diese Zahl aus, wie kann man sie hinschreiben — kann man sie überhaupt hinschreiben?* In der Schule haben wir immer nur „Näherungswerte" für $\sqrt{2}$ kennengelernt, etwa 1,41 oder 1,41421, aber niemals haben wir $\sqrt{2}$ gewissermaßen „vollständig" vor uns gesehen (es sei denn in derjenigen Gestalt, um deren Verständnis wir uns gerade bemühen: nämlich in der Gestalt des Zeichens $\sqrt{2}$ selbst). Ist $\sqrt{2}$ vielleicht doch „vollständig angebbar" in der Form p/q mit ungemein großen (etwa 100 000-stelligen) natürlichen Zahlen p und q, und hat man uns diese „vollständige Angabe" nur deshalb vorenthalten, weil sie viel zu mühsam aufzuschreiben ist (vielleicht braucht man dazu kilometerlange Tafeln und viele Stunden Zeit)? Mit anderen Worten: ist $\sqrt{2}$ doch nichts anderes als eine rationale Zahl, wenn auch eine unhandliche, widerborstige? Diese Frage liegt ja auch deshalb so nahe, weil wir im alltäglichen Leben immer mit den rationalen Zahlen auskommen und ein Bedürfnis nach nichtrationalen Zahlen deshalb gar nicht entsteht. Sie ist dennoch zu verneinen: $\sqrt{2}$ *ist keine rationale Zahl*, anders ausgedrückt: *Es gibt keine rationale Zahl p/q, deren Quadrat $= 2$ ist.* Wir wollen den Beweis für diese Behauptung aus drei Gründen führen: 1. um darzulegen, daß das System der rationalen Zahlen — so schmiegsam und leistungsfähig es auch ist — doch nicht allen Bedürfnissen genügt (z.B. kann man in ihm die einfache Gleichung $x^2 = 2$ nicht lösen), 2. um ein Beispiel für einen „Unmöglichkeitsbeweis" zu geben (wir zeigen, daß es *unmöglich* ist, unter den unendlich vielen rationalen Zahlen auch nur eine zu finden, deren Quadrat $= 2$ ist; wir zeigen dies, obwohl es offenbar nicht angeht, für *jede einzelne* rationale Zahl r die Ungleichung $r^2 \neq 2$ nachzuweisen), 3. um eine wichtige Beweismethode, nämlich die Methode des Widerspruchsbeweises zu verdeutlichen. Um einen Widerspruchsbeweis für eine Behauptung B zu führen, *nimmt man an, B sei falsch*, es gelte also „non-B" (die Verneinung von B), *und versucht nun, aus dieser Annahme einen Widerspruch zu einer der zugrundeliegenden Voraussetzungen oder zu einer schon als wahr bekannten Aussage abzuleiten*. Ein solcher Widerspruch zeigt dann, daß man die Annahme „non-B" verwerfen und somit die Richtigkeit von B zugeben muß. — Bei dem Beweis unserer Behauptung „$r^2 \neq 2$ für alle $r \in \mathbf{Q}$" werden wir die bekannten Regeln des Zahlenrechnens zunächst „naiv" benutzen. Ferner erinnern wir den Leser daran, daß eine ganze

28 I Mengen und Zahlen

Zahl *gerade* bzw. *ungerade* genannt wird, je nachdem sie durch 2 teilbar bzw. nicht teilbar ist. Mit anderen Worten: Eine gerade Zahl hat die Form $2m$ und eine ungerade die Form $2m+1$ mit $m \in \mathbf{Z}$ (die Zahlen $0, \pm 2, \pm 4, \ldots$ sind also gerade, die Zahlen $\pm 1, \pm 3, \pm 5, \ldots$ ungerade). Wegen

$$(2m)^2 = 4m^2 = 2(2m^2) \quad \text{und} \quad (2m+1)^2 = 4m^2 + 4m + 1 = 2(2m^2 + 2m) + 1$$

ist das Quadrat einer ganzen Zahl z genau dann gerade, wenn z selbst gerade ist. — Um nun unseren Satz „$r^2 \neq 2$ für alle $r \in \mathbf{Q}$" durch Widerspruch zu beweisen, nehmen wir an, er sei falsch, es gebe also doch eine gewisse rationale Zahl p/q mit $(p/q)^2 = 2$ (die Zahlen p, q liegen — gemäß der Definition der rationalen Zahlen — beide in $\mathbf{Z}$). Wir dürfen und wollen voraussetzen, daß der Bruch p/q in gekürzter Form vorliegt, d.h., daß p und q keinen gemeinsamen Teiler besitzen. Aus $(p/q)^2 = 2$ folgt nun $p^2 = 2q^2$, also ist p^2 gerade, und somit muß — nach unserer Vorbemerkung — auch p gerade, also $= 2m$ mit einem $m \in \mathbf{Z}$ sein. Tragen wir dies in die Gleichung $p^2 = 2q^2$ ein, so folgt $4m^2 = 2q^2$, also $2m^2 = q^2$. Somit ist q^2, also auch q selbst, gerade: $q = 2k$. Der Bruch $p/q = 2m/2k$ liegt daher, *entgegen unserer Voraussetzung*, doch nicht in gekürzter Form vor (p, q haben den gemeinsamen Teiler 2). Dieser Widerspruch zeigt, daß wir die Annahme, unser Satz sei falsch, fallen lassen müssen. Vielmehr ist der Satz richtig und unser Beweis beendet.

Dieses merkwürdige Ergebnis können wir uns folgendermaßen veranschaulichen. Legen wir auf einer Geraden einen „Nullpunkt" O und rechts von ihm einen „Einheitspunkt" E fest, so können wir jede rationale Zahl in gewohnter Weise durch einen Punkt („rationalen Punkt") auf unserer „Zahlengeraden" darstellen, insbesondere repräsentiert der Nullpunkt die Zahl 0 und der Einheitspunkt die Zahl 1 (s. Fig. 2.1). Diese Veranschaulichung wird so häufig benutzt, daß wir zwischen den rationalen Zahlen einerseits und den sie

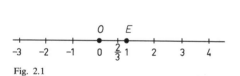

Fig. 2.1   Fig. 2.2

repräsentierenden rationalen Punkten andererseits gar nicht mehr unterscheiden und z.B. von dem „Punkt 2/3" oder von den „rationalen Zahlen auf der Einheitsstrecke OE" reden. Zwischen zwei verschiedenen rationalen Zahlen r, s liegen stets unendlich viele rationale Zahlen, z.B. — aber nicht nur — die Zahlen $r_1 := (r+s)/2$, $r_2 := (r+r_1)/2$, $r_3 := (r+r_2)/2, \ldots$. Errichten wir nun über der Einheitsstrecke OE das Einheitsquadrat (siehe Fig. 2.2), so hat seine Diagonale nach dem Satz des Pythagoras (570?—497? v.Chr.; 73?) die Länge $\sqrt{2}$; klappen wir diese Diagonale herunter auf die Zahlengerade, so ist ihr Endpunkt P also kein rationaler Punkt: Unsere „rationale Zahlengerade" hat somit gewissermaßen Löcher, genauer: *Nicht an jedem Punkt der Zahlengeraden steht eine rationale Zahl angeschrieben.*

Es lohnt sich, diese Verhältnisse noch unter einem anderen Blickwinkel zu betrachten. Der alltägliche Vorgang der Längenmessung läßt sich in seiner einfachsten Form etwa folgendermaßen beschreiben: Man stellt fest, wie oft eine gegebene Einheitsstrecke S_1 — etwa ein „Zollstock" der Länge 1 Meter — in die zu messende Strecke S geht; ist dies l-mal der Fall, so nennt man l die Länge (oder genauer die Maßzahl der Länge) von S bezüglich S_1. Nun wird aber i.allg. die Einheitsstrecke S_1 gar nicht in S „aufgehen"; in diesem Falle liegt es nahe, S_1 so in q gleiche Teile zu zerlegen, daß jedenfalls ein solches Teilstück in S aufgeht. Paßt es genau p-mal in S hinein, so wird man die (rationale) Zahl p/q als Länge von S (immer bezüglich S_1) bezeichnen und sagen, daß man S mit Hilfe von S_1 messen könne. Die antiken Griechen, die Schöpfer der beweisenden Mathematik, waren unter dem Einfluß der pythagoreischen Schule lange der Meinung, jede Strecke S lasse sich mit Hilfe jeder vorgegebenen Einheitsstrecke S_1 in diesem Sinne messen (die pythagoreische Schule vertrat die waghalsige Lehre, daß die Welt sich durch die natürlichen Zahlen und deren Verhältnisse — also durch rationale Zahlen — erklären lasse). Die Entdeckung, daß man jedoch die Diagonale eines Quadrats nicht mit Hilfe seiner Seite messen kann — das haben wir oben gesehen — war für die Griechen ein tiefer Schock; den frevelhaften Entdecker dieser Ungeheuerlichkeit — pikanterweise ein Mitglied der pythagoreischen Schule selbst — sollen seine pythagoreischen Genossen denn auch zur Strafe während einer Seefahrt ins Meer geworfen haben.

Den besseren griechischen Mathematikern schien jedoch das Diagonalproblem damit noch nicht aus der Welt geschafft zu sein. Es ist eine der bahnbrechenden Leistungen des Eudoxos von Knidos (408?–355? v. Chr.; 53?), den viele als den größten antiken Mathematiker nach Archimedes von Syrakus (287–212 v. Chr.; 75) einschätzen, mittels seiner Proportionenlehre die Schwierigkeiten „irrationaler" (d.h. nicht-rationaler) Streckenverhältnisse gemeistert zu haben. Streift man die geometrische Einkleidung dieser Lehre ab, so gewinnt man fast unmittelbar diejenige Theorie der Irrationalzahlen, welche zweitausend Jahre später Richard Dedekind (1831–1916; 85) mit dem Blick auf Eudoxos geschaffen hat; s. Dedekind [5], [6]. Ihr Grundgedanke ist von bestechender Einfachheit: Jeder Punkt P der Zahlengeraden bewirkt eine Verteilung der rationalen Punkte auf zwei Klassen A, B derart, daß jeder Punkt von A links von jedem Punkt von B liegt (ist P selbst rational, so kann man ihn nach Belieben zu A oder B schlagen); s. Fig. 2.3. *Teilt man umgekehrt die rationalen Punkte nach irgendeinem Gesichtspunkt so in zwei Klassen A, B ein, daß jeder Punkt von A links von jedem*

Fig. 2.3

Punkt von B liegt, so verlangt unsere Vorstellung von der „Lückenlosigkeit" der Geraden gebieterisch, daß diese Einteilung, dieser „Dedekindsche Schnitt $(A \mid B)$" *von einem eindeutig bestimmten* Trennungspunkt *erzeugt wird.* Ist dieser Punkt selbst rational, d.h., ist er eine rationale Zahl a, so dürfen wir ihn, da er völlig eindeutig durch den Schnitt $(A \mid B)$ bestimmt wird, mit demselben identifizieren, dürfen also schreiben $a = (A \mid B)$: Der Schnitt ist in dieser Auffassung nur eine andere *Darstellung* oder *Beschreibung* von a, ganz so, wie auch 0,5 nur eine andere Darstellung des Bruches 1/2 ist. Ist der Trennungspunkt jedoch nicht rational, so werden wir den Schnitt $(A \mid B)$ als eine neue „Zahl" auffassen, die nun nicht mehr rational, sondern eben *irrational* ist (zahlreiche mathematische Zeitgenossen Dedekinds haben diese „Zahlen" zunächst als Monstrositäten angesehen). Die rationalen und die irrationalen Zahlen bilden zusammen die reellen Zahlen, und wir haben diese gerade so konstruiert, daß sie die Zahlengerade lückenlos ausfüllen: *An jedem Punkt der Zahlengeraden steht eine reelle Zahl angeschrieben (nämlich der durch diesen Punkt erzeugte Schnitt), und umgekehrt läßt sich jede reelle Zahl $(A \mid B)$ durch einen Punkt, nämlich den Trennungspunkt des Schnittes repräsentieren.* Wir müssen nun allerdings sofort eingestehen, daß der letzte Satz an dem Übelstand krankt, ohne irgendeine Definition der Geraden eine Behauptung über die Gerade ausgesprochen zu haben. Wir haben uns bislang durchweg mit der anschaulichen Vorstellung einer Geraden begnügt, einer Vorstellung, die letztlich nicht auf einem klaren Begriff beruht, sondern durch die vielen dünnen Striche suggeriert wird, die wir im Laufe unseres Lebens schon mit Bleistift und Lineal gezeichnet haben. *Und mit dieser Vorstellung wollen wir es auch bewenden lassen!* Der Begriff der Geraden wird nicht in der Analysis geklärt und behandelt, sondern in der Geometrie. Was aber für uns noch viel wichtiger, ja ausschlaggebend ist: *Wir benutzen geometrische Gebilde wie Geraden, Ebenen usw. niemals, um Begriffe zu definieren oder Sätze zu beweisen, vielmehr bauen wir die Analysis rein arithmetisch auf, d.h., wir stützen uns ausschließlich auf diejenigen Eigenschaften der reellen Zahlen, die wir in dem nächsten Abschnitt angeben werden.* Geometrische Gebilde, genauer gesagt: landläufige Vorstellungen von geometrischen Gebilden und damit verbundene geometrische Sprechweisen, dienen uns nur dazu, schon definierte Begriffe und schon bewiesene Sätze zu „veranschaulichen" und so unser intuitives Verständnis zu fördern. Komplizierte Sachverhalte werden damit leichter überschaubar und prägen sich besser dem Gedächtnis ein. *Last but not least* regt die Anschauung kräftig dazu an, neue Begriffe zu bilden, neue Sätze zu vermuten und neue Beweisideen zu erfinden. Ihre Strenge verdankt die Analysis der arithmetischen Begründung, ihre Lebendigkeit jedoch der Anschauung. Man erinnere sich hierbei auch des berühmten Wortes von Immanuel Kant (1724–1804; 80): *„Begriffe ohne Anschauung sind leer, Anschauung ohne Begriffe ist blind."*

Wir kehren zur Dedekindschen Definition der reellen Zahlen zurück. Von Zahlen erwarten wir, daß man sie der Größe nach vergleichen und daß man sie addieren und multiplizieren kann. Da in dem nunmehr erklärten Begriff der reellen Zahlen über diese Dinge aber nichts gesagt ist, muß man nachträglich definieren, was es heißen soll, ein Schnitt sei kleiner als ein anderer, ein Schnitt sei die Summe oder das Produkt von zwei anderen. Diese Definitionen können nicht willkürlich gegeben werden; vielmehr wird man sie so abfassen müssen, daß die schon bestehenden Beziehungen zwischen rationalen Zahlen sich unverändert auf die korrespondierenden „rationalen" Schnitte übertragen. Konkreter: Werden die rationalen Zahlen a_1, a_2 durch die Schnitte $(A_1 \mid B_1)$, $(A_2 \mid B_2)$ dargestellt, so muß die Größenanordnung zwischen Schnitten so festgesetzt werden, daß die beiden Aussagen „a_1 ist kleiner als a_2" und „$(A_1 \mid B_1)$ ist kleiner als $(A_2 \mid B_2)$" völlig gleichwertig sind. Und Entsprechendes ist für Summen und Produkte rationaler Schnitte zu fordern.

Wir wollen diese Überlegungen hier nicht ausführen. Sie sind weniger schwierig als langwierig. Der interessierte Leser findet sie in wünschenswerter Vollständigkeit in Landau [12]. Wir dürfen uns ihrer umso eher entheben, als wir uns im nächsten Abschnitt auf einen ganz anderen, den sogenannten **axiomatischen Standpunkt** stellen werden. Nur einige Schlußbemerkungen seien uns noch gestattet. Die irrationale Zahl $\sqrt{2}$, die den Anstoß zu unseren Betrachtungen gegeben hat, ist der Schnitt $(A \mid B)$, wo B aus denjenigen positiven rationalen Zahlen besteht, deren Quadrat größer als 2 ist, während A alle anderen rationalen Zahlen enthält (wir nehmen diese Aussage ohne Begründung hin; ein Beweis müßte zeigen, daß $(A \mid B)$ positiv und $(A \mid B) \cdot (A \mid B) = 2$ ist — das können wir aber nicht darlegen, weil wir etwa die Produktdefinition gar nicht gegeben haben). Diese Darstellung von $\sqrt{2}$ mittels zweier Zahlenmengen ist weitaus weniger abstrakt, als sie auf den ersten Blick erscheinen mag. Sie ist sogar eminent praktisch; denn sie liefert uns mit jedem $a \in A$ einen „unteren" und mit jedem $b \in B$ einen „oberen" Näherungswert für $\sqrt{2}$, und der Fehler, mit dem jede dieser Näherungen behaftet ist (also die Differenz $\sqrt{2} - a$ bzw. $b - \sqrt{2}$) ist höchstens $b - a$, kann also durch geeignete Wahl von a und b beliebig klein gemacht werden (der Leser versuche nicht, diese scheinbar so einleuchtenden Aussagen zu beweisen). Die Schnittdefinition von $\sqrt{2}$ liefert uns also „beliebig gute" untere und obere (rationale) Näherungswerte für $\sqrt{2}$ zusammen mit einer Fehlerangabe — mehr kann man billigerweise nicht verlangen.

Schließlich wird man noch die folgende Frage stellen: Wenn man durch Schnitte im Bereich der *rationalen* Zahlen (also durch Schnitte $(A \mid B)$ mit $A \subset \mathbf{Q}$ und $B \subset \mathbf{Q}$) neue Zahlen schaffen konnte, kann man dann nicht auch durch Schnitte im Bereich der *reellen* Zahlen (also durch Schnitte $(C \mid D)$ mit $C \subset \mathbf{R}$ und $D \subset \mathbf{R}$) über diesen Bereich hinausgelangen? Es ist eine der fundamentalen Aussagen der Dedekindschen Theorie, daß dies nicht möglich ist: **R** *kann durch Schnitte nicht mehr angereichert werden,* **R** *ist „vollständig".*

In Nr. 1 hatten wir **R** als die Menge aller endlichen und unendlichen *Dezimalbrüche* eingeführt, dagegen sollen wir nun **R** als die Menge aller *Schnitte* im Bereich der rationalen Zahlen auffassen. Wie reimt sich dies zusammen? In prinzipiell sehr einfacher Weise: Die Dedekindsche Theorie liefert einige Grundaussagen über reelle Zahlen (Schnitte), aus denen wir in Nr. 24 schließen werden, daß Schnitte und Dezimalbrüche nur verschiedene Schreibweisen für dieselbe Sache sind.

Aufgaben

1. Erfinde Widerspruchsbeweise des Alltagslebens (z.B.: Es hat nicht geregnet. Denn hätte es geregnet, so wäre die Straße naß. Sie ist aber trocken).

2. Beweise: Für Summen und Produkte gerader und ungerader Zahlen gelten die Regeln

gerade + gerade   = gerade,
gerade + ungerade = ungerade,
ungerade + gerade   = ungerade,
ungerade + ungerade = gerade,

gerade   · gerade   = gerade,
gerade   · ungerade = gerade,
ungerade · gerade   = gerade,
ungerade · ungerade = ungerade.

Noch kürzer läßt sich dies in den folgenden, wohl unmittelbar verständlichen „Verknüpfungstafeln" darstellen:

+	g	u
g	g	u
u	u	g

·	g	u
g	g	g
u	g	u

3. Jede ganze Zahl läßt sich in einer der Formen $3m, 3m+1, 3m+2$ mit einem geeigneten $m \in \mathbf{Z}$ darstellen; genau die Zahlen $3m$ sind durch 3 teilbar. Zeige:
a) $k \in \mathbf{Z}$ ist durch 3 teilbar $\Leftrightarrow k^2$ ist durch 3 teilbar.
b) $\sqrt{3}$ ist irrational, mit anderen Worten: Für keine rationale Zahl r ist $r^2 = 3$.
Entdecke selbst einige irrationale Zahlen!

4. „Irrationale Zahlen sind für die Praxis bedeutungslos; im praktischen Leben treten — schon wegen der begrenzten Meßgenauigkeit — immer nur rationale Zahlen auf". Diskutiere diesen Satz an Hand des Problems, den Flächeninhalt des Quadrats über der Diagonale des Einheitsquadrats zu bestimmen (für den Theoretiker hat die Diagonale die Länge $\sqrt{2}$, für einen besonders gewissenhaften Praktiker etwa die Länge 1,4142135).

3 Die axiomatische Beschreibung der reellen Zahlen

Im vorhergehenden Abschnitt haben wir uns auf den Standpunkt gestellt, wir wüßten, was die rationalen Zahlen sind und wie mit ihnen umzugehen ist. Davon ausgehend haben wir dann angedeutet, wie die reellen Zahlen konstruiert werden können. *Dürfen wir aber die rationalen Zahlen wirklich ohne weiteres als gegeben hinnehmen? Sind wir tatsächlich mit ihnen so vertraut wie wir glauben?* Warum ist eigentlich 2/3 = 4/6 oder 1/2 + 1/3 = 5/6? Gewiß, diese Gleichungen sind richtig nach den Regeln der Bruchrechnung—aber warum sind diese Regeln richtig? Eine solche Frage läßt sich sicherlich nicht ohne eine deutliche Vorstellung von dem Wesen der rationalen Zahlen beantworten, schärfer: Ohne eine klare Definition des Begriffes „rationale Zahl" läßt sich keine Aussage über rationale Zahlen beweisen. Eine schulgerechte Definition erklärt das zu definierende Objekt mit Hilfe schon bekannter Objekte. Was sind die bekannten Objekte, mit denen wir die rationalen Zahlen p/q erklären können? Offenbar doch wohl die ganzen, letztlich also die natürlichen Zahlen. Dürfen wir uns nun bei dem Gedanken beruhigen, die natürlichen Zahlen seien etwas so Fundamentales, unsere Vorstellung von ihnen sei so klar und präzise, daß eine Definition jedenfalls *dieser* Zahlen überflüssig oder gar unmöglich sei? „Die natürlichen Zahlen hat der liebe Gott geschaffen, alles andere ist Menschenwerk" soll der große Zahlentheoretiker Leopold Kronecker (1823–1891; 68) kategorisch erklärt haben. Aber der bloße Hinweis auf die Zahlenmystik, die sich wuchernd durch alle Jahrhunderte zieht, sollte uns mißtrauisch machen: Auch die Zahlenmystiker glaubten, wie abstrus auch immer ihre Gedanken waren, eine genaue Vorstellung von dem Wesen der natürlichen Zahlen zu haben. Sollten wir also doch eine Definition der natürlichen Zahlen fordern? Aber was wären dann die schon bekannten Objekte, mit deren Hilfe die natürlichen Zahlen zu erklären sind, und inwiefern sind uns diese „bekannten Objekte" bekannt? Müssen sie nicht auch erklärt werden—und so weiter ohne Ende? Man spürt, daß man auf diese Weise eine Wissenschaft nicht aufbauen kann, weil man nicht einmal dazu kommt, mit dem Bauen auch nur anzufangen. *Irgendeine Grundlage, irgendeinen Ausgangspunkt wird man als gegeben ansehen müssen, und das wissenschaftliche Verfahren kann dann nur noch darin bestehen, diese Grundlage deutlich als solche zu bezeichnen, sie in allen Einzelheiten offen zu legen und von nun an nur noch Gründe gelten zu lassen, die—mittelbar oder unmittelbar—eben dieser Grundlage entnommen sind*, und zwar entnommen in einsehbarer, nachvollziehbarer Weise, gleichsam in hellem Tageslicht vor den Augen der Öffentlichkeit.

Will man gemäß diesem Programm die natürlichen Zahlen dem Aufbau des Zahlsystems zugrunde legen, so wird man also nicht mehr von einer Definition dieser Zahlen ausgehen. Man wird nicht mehr fragen: was sind die natürlichen Zahlen, was ist ihr Wesen?—*vielmehr wird man einige Grundeigenschaften derselben, einige Grundbeziehungen zwischen ihnen angeben und alles weitere allein aus diesen Aussagen entwickeln.* Dieses Verfahren, an den Anfang einer Theorie einige Grund-Sätze, sogenannte Axiome, zu stellen (die man nicht mehr diskutiert, nicht mehr „hinterfragt", sondern einfach hinnimmt) und aus ihnen durch logisches Schließen (durch Deduktion) den ganzen Aussagebestand der Theorie zu gewinnen, nennt man die axiomatische oder deduktive Methode. Sie ist der Lebensnerv der Mathematik, das, wodurch die Mathematik zur Wissenschaft wird. Sie geht vermutlich auf den großen Eudoxos zurück und findet ihre erste volle Entfaltung in den „Elementen" des Euklid von Alexandria (um 300 v. Chr.). Seit diesem epochalen Werk ist sie konstitutiv für die Mathematik und vorbildlich für die exakten Wissenschaften geworden. Isaac Newton (1642–1727; 85) hat in seiner gewaltigen „Philosophiae naturalis principia mathematica" die Mechanik aus seinen drei berühmten Gesetzen entwickelt; Baruch de Spinoza (1632–1677; 45) hat seine „Ethik" *more geometrico* (nach geometrischer, d.h. deduktiver Weise) geschrieben, und David Hilbert (1862–1943; 81), unbestritten einer der bedeutendsten Mathematiker nicht nur der letzten hundert Jahre, war der Meinung, daß jede reif gewordene Wissenschaft der Axiomatisierung anheimfalle. Das axiomatische Verfahren ist wohl die ehrlichste Methode, die je ersonnen wurde: Ihr moralischer Kern besteht darin, daß man alle seine Voraussetzungen offen darlegt, daß man im Laufe des Spieles keine Karten aus dem Ärmel holt und daß man somit alle seine Behauptungen überprüfbar macht. Sie darf als der größte Beitrag angesehen werden, den das erstaunliche Volk der Griechen der Mathematik zugebracht hat.

Wir kehren zu den natürlichen Zahlen zurück. Der italienische Mathematiker Giuseppe Peano (1858–1932; 74) hat für sie ein System von fünf Axiomen vorgeschlagen:

1. 1 ist eine natürliche Zahl.
2. Jeder natürlichen Zahl n ist eine—und nur eine—natürliche Zahl n' zugeordnet, die der Nachfolger von n genannt wird.
3. 1 ist kein Nachfolger.
4. Sind die natürlichen Zahlen n, m verschieden, so sind auch ihre Nachfolger n', m' verschieden (kurz: $n \neq m \Rightarrow n' \neq m'$).
5. Enthält eine Menge M natürlicher Zahlen die Zahl 1 und folgt aus $n \in M$ stets $n' \in M$, so besteht M aus *allen* natürlichen Zahlen (d.h., es ist $M = \mathbf{N}$).

Die Peanoschen Axiome können als Fundamente des Zahlsystems und damit der Analysis dienen. Man kann diese Fundamente *noch tiefer legen*, d.h., man kann einen Ausgangspunkt wählen, von dem aus die Peanoschen Axiome zu beweisbaren Sätzen werden; die Mengenlehre stellt hierfür die Mittel bereit. Im Geiste der axiomatischen Methode kann man aber auch—wir mißhandeln nun die Sprache—die Fundamente *höher legen*, d.h., man kann auf einer höherliegenden Begründungsebene beginnen, man kann z.B., statt von Grund-Sätzen (Axiomen) über natürliche Zahlen (das Peanosche Verfahren) oder von Grund-Sätzen über rationale Zahlen (das Dedekindsche Verfahren) auszugehen, ebensogut auch *von Grund-Sätzen über die reellen Zahlen selbst ausgehen*. Entscheidend ist nur, daß man im deduktiven Prozeß dann nichts anderes mehr benutzt als diese Grund-Sätze (und was aus ihnen schon gefolgert wurde). Ob man die Grund-Sätze ansieht als Folgerungen aus der Peano-Dedekindschen Konstruktion des Zahlsystems, oder als vertraute Bekannte aus dem Schulalltag, oder ob man sie sich einfach gefallen läßt und nicht fragt, warum sie gelten, sondern was aus ihnen folgt—das ist der axiomatischen Methode ganz gleichgültig. Diese Methode sagt nur: „Hier sind gewisse Objekte, genannt reelle Zahlen und bezeichnet mit Buchstaben $a, b, \ldots$; gehe mit diesen Objekten um nach gewissen Regeln, die in den Axiomen fixiert sind, und sieh zu, welche Folgerungen Du durch regel-rechtes Schließen gewinnen kannst. *Was diese Objekte sind, was ihr „Wesen" ist, braucht Dich im übrigen nicht zu kümmern".*

Dieses Verfahren, von Axiomen über die reellen Zahlen selbst auszugehen, hat Hilbert vorgeschlagen und hat die Vorzüge desselben vor dem langwierigen **genetischen** Verfahren (das die reellen Zahlen etwa aus den natürlichen *konstruiert*) gepriesen. Der geistvolle Russell hat dazu gemeint, diese Vorzüge seien denen ähnlich, die der Diebstahl vor ehrlicher Arbeit hat: Man eignet sich mühelos die Früchte fremder Leistung an.

Wir versuchen nicht, dem Reiz der mühelosen Aneignung zu widerstehen und folgen deshalb dem Hilbertschen Rat. Zunächst stellen wir die Axiome über die Menge **R** der reellen Zahlen, in drei Gruppen eingeteilt, zusammen. *Sie werden uns als Fundament für den Aufbau der Analysis dienen.* Kleine lateinische Buchstaben $a, b, c, \ldots$ bedeuten im folgenden reelle Zahlen.

Die Körperaxiome

Diese Axiome formulieren die Grundregeln für die „Buchstabenalgebra". Wir gehen davon aus, daß in **R** eine **Addition** und eine **Multiplikation** erklärt ist, d.h., daß je zwei reellen Zahlen a, b eindeutig eine reelle Zahl $a+b$ (ihre **Summe**) und ebenso eindeutig eine weitere reelle Zahl ab—auch $a \cdot b$ geschrieben—(ihr **Produkt**) zugeordnet ist. *Wie diese Summen und Produkte zu bilden sind, spielt keine Rolle*; entscheidend ist ganz allein, daß sie den folgenden Axiomen genügen:

(A 1)   **Kommutativgesetze**: $a+b=b+a$ *und* $ab=ba$.
(A 2)   **Assoziativgesetze**: $a+(b+c)=(a+b)+c$ *und* $a(bc)=(ab)c$.
(A 3)   **Distributivgesetz**: $a(b+c)=ab+ac$.
(A 4)   **Existenz neutraler Elemente**: *Es gibt eine reelle Zahl 0 („Null") und eine hiervon verschiedene reelle Zahl 1 („Eins"), so daß für jedes a gilt*
$$a+0=a \quad und \quad a \cdot 1 = a.$$
(A 5)   **Existenz inverser Elemente**: *Zu jedem a gibt es eine reelle Zahl $-a$ mit*
$$a+(-a)=0;$$
ferner gibt es zu jedem **von 0 verschiedenen** *a eine reelle Zahl a^{-1} mit*
$$a \cdot a^{-1} = 1.$$

Die Ordnungsaxiome

Hier gehen wir davon aus, daß in **R** eine „**Kleiner-Beziehung**" $a<b$ erklärt ist (lies: „a ist kleiner als b" oder kürzer, aber sprachvergewaltigend: „a kleiner

b"). Das Zeichen $a > b$ (lies: „a ist größer als b" oder kürzer: „a größer b") soll nur eine andere Schreibweise für $b < a$ sein (merke: „die kleinere Zahl wird gestochen"). Eine Zahl heißt **positiv** bzw. **negativ**, je nachdem sie >0 bzw. <0 ist. Die Menge aller positiven reellen Zahlen bezeichnen wir mit $\mathbf{R}^+$. *Wie die Kleiner-Beziehung im übrigen definiert ist, bleibt dahingestellt*; für uns ist einzig und allein interessant, daß sie den folgenden Axiomen genügt:

(A 6) **Trichotomiegesetz:** *Für je zwei reelle Zahlen a, b gilt stets eine, aber auch nur eine, der drei Beziehungen*

$$a < b, \quad a = b, \quad a > b.$$

(A 7) **Transitivitätsgesetz:** *Ist $a < b$ und $b < c$, so folgt $a < c$.*

(A 8) **Monotoniegesetze:** *Ist $a < b$, so gilt*

$$a + c < b + c \quad \text{für jedes} \quad c$$

und $\quad ac < bc \quad$ *für jedes* $\quad c > 0$.

Bevor wir das nächste (und letzte) Axiom formulieren, führen wir noch einige bequeme Bezeichnungen ein.

Das Zeichen $a \leqslant b$ (lies: „a kleiner als b oder gleich b", kürzer „a kleiner gleich b") bedeutet, daß $a < b$ oder $a = b$ ist, negativ ausgedrückt: a ist nicht größer als b. Aus $a < b$ folgt stets $a \leqslant b$, aber nicht umgekehrt (die Aussage $a \leqslant b$ ist „schwächer" als die Aussage $a < b$). Ist jedoch $a \leqslant b$ und gleichzeitig $a \neq b$, so gilt $a < b$. Das Zeichen $a \geqslant b$ ist nur eine andere Schreibweise für $b \leqslant a$. Wir nennen eine Zahl a **nichtnegativ** bzw. **nichtpositiv**, je nachdem $a \geqslant 0$ bzw. $\leqslant 0$ ist. Zwei Ungleichungen der Form $a < b$, $b < c$ fassen wir zu einer Ungleichungskette $a < b < c$ zusammen. Wie Ungleichungsketten der Gestalt $a < b \leqslant c$, $a \leqslant b \leqslant c$, $a > b > c$ usw. zu interpretieren sind, dürfte nun klar sein. Niemals fassen wir jedoch die zwei Ungleichungen $a < b$, $b > c$ zu einer Kette $a < b > c$ zusammen, mit anderen Worten: Wir verketten immer nur gleichsinnige Ungleichungen. Statt „$a > 0$ und $b > 0$" schreiben wir auch kürzer „$a, b > 0$"; es dürfte nun klar sein, was die Zeichen „$a, b < 0$", „$a, b \geqslant 0$" oder auch „$a_1, a_2, \ldots, a_n > 0$" u.ä. bedeuten. Die Ungleichung $a < b$ beschreiben wir gelegentlich durch Redewendungen wie „a unterbietet b", „a liegt unterhalb von b", „b übertrifft a", „b liegt oberhalb von a".

Das Schnittaxiom

Hier knüpfen wir an die Betrachtungen der Nr. 2 an. Ein (Dedekindscher) Schnitt $(A \mid B)$ liegt vor, wenn folgendes gilt:

1. A und B sind nichtleere Teilmengen von $\mathbf{R}$,
2. $A \cup B = \mathbf{R}$,

3. für alle $a \in A$ und alle $b \in B$ ist $a < b$.

Eine Zahl t heißt Trennungszahl des Schnittes $(A \mid B)$, wenn

$a \leq t \leq b$ für alle $a \in A$ und alle $b \in B$

ist. Unser letztes Axiom lautet nun folgendermaßen:

(A 9) Schnittaxiom oder Axiom der Ordnungsvollständigkeit: *Jeder Dedekindsche Schnitt besitzt eine, aber auch nur eine, Trennungszahl.*

Es ist hier der Ort, auf eine Eigentümlichkeit der mathematischen Ausdrucksweise aufmerksam zu machen. Wenn wir sagen, daß es eine Zahl mit einer gewissen Eigenschaft gibt, so bedeutet dies genauer, daß es *mindestens eine* Zahl dieser Art (vielleicht aber auch *mehrere*) gibt. In (A 4) wird z.B. nicht ausgeschlossen, daß es neben der Zahl 0 noch eine weitere Zahl, etwa $\bar{0}$ gibt, so daß $a + \bar{0} = a$ für jedes a gilt. Wir können jedoch mit Hilfe des Kommutativgesetzes (A 1) beweisen, daß ein solches $\bar{0}$ mit 0 übereinstimmen muß: Ist nämlich $a + \bar{0} = a$ für jedes a, so ist insbesondere $0 + \bar{0} = 0$, andererseits ist $0 + \bar{0} = \bar{0} + 0 = \bar{0}$, infolgedessen haben wir in der Tat $\bar{0} = 0$. Es gibt also nach (A 4) mindestens ein neutrales Element der Addition (die Null), nach dem eben Bewiesenen aber auch nur eines oder höchstens eines. Wir sagen in einem solchen Falle kurz: „Es gibt ein und nur ein Element" oder „es gibt genau ein Element" der beschriebenen Art. Der Leser wird nun sehr leicht selbst beweisen können, daß es ein und nur ein (genau ein) neutrales Element der Multiplikation (nämlich die Eins) gibt. Das Schnittaxiom lautet in dieser Sprechweise: *Jeder Dedekindsche Schnitt besitzt eine und nur eine (genau eine) Trennungszahl.* Und entsprechend kann man das Trichotomiegesetz (A 6) auch so formulieren: *Für je zwei reelle Zahlen a, b gilt stets eine und nur eine (genau eine) der drei Beziehungen $a < b$, $a = b$, $a > b$.* Will man nachweisen, daß es genau eine Zahl mit einer gewissen Eigenschaft gibt, so hat man, wie oben im Falle der Null, immer zwei Dinge zu tun: Man muß erstens zeigen, daß es überhaupt eine Zahl α mit dieser Eigenschaft gibt, und man muß zweitens darlegen, daß jede Zahl dieser Art mit α übereinstimmt. Man sagt dann auch, α sei *eindeutig bestimmt.*

Wir vereinbaren noch einige Abkürzungen, nämlich

$$-a := (-a), \quad a - b := a + (-b), \quad \frac{1}{a} := a^{-1},$$

$$\frac{a}{b} := ab^{-1} \quad (\text{falls } b \neq 0)^{1)},$$

$$a^2 := aa, \quad a + b + c := a + (b + c) = (a + b) + c,$$

$$abc := a(bc) = (ab)c.$$

---

[1] Statt $\frac{a}{b}$ benutzen wir auch häufig die raumsparende Schreibweise a/b.

Die dreigliedrigen Summen $a+b+c$ bzw. Produkte abc sind offensichtlich von der Reihenfolge der Summanden bzw. Faktoren unabhängig.

Kann man für die Elemente einer (nichtleeren) Menge **K**, die nicht notwendigerweise aus Zahlen zu bestehen braucht, eine „Summe" $a+b$ und ein „Produkt" $a \cdot b$ so erklären, daß die Gesetze (A 1) bis (A 5) gelten (wobei „reelle Zahl" natürlich zu ersetzen ist durch „Element von **K**"), so nennt man **K** einen K ö r p e r. *In diesem Sinne ist also* **R** *ein Körper.* Daß es neben **R** noch weitere Körper gibt, werden wir bald sehen (s. etwa Aufgabe 1). Gelten in einem Körper **K** auch noch die Ordnungsaxiome (A 6) bis (A 8), so nennt man **K** einen a n g e o r d n e t e n K ö r p e r. Und ist überdies auch das Schnittaxiom (A 9) erfüllt, so heißt **K** o r d n u n g s v o l l s t ä n d i g. Die Aussage, daß für **R** die Axiome (A 1) bis (A 9) gültig sind, können wir also in dem einen Satz zusammenfassen: **R** *ist ein ordnungsvollständiger Körper.*

Aufgaben

1. Definiere auf einer beliebigen zweielementigen Menge $\{\bar{0}, \bar{1}\}$ Addition und Multiplikation vermöge der Verknüpfungstafeln in A 2.2, wobei g durch $\bar{0}$ und u durch $\bar{1}$ zu ersetzen sind (addiere und multipliziere also die Elemente $\bar{0}, \bar{1}$, als ob sie für „gerade" und „ungerade" stünden). Zeige, daß $\{\bar{0}, \bar{1}\}$ ein Körper ist, *der jedoch nicht angeordnet werden kann.*

***2.** Zeige, daß in jedem Körper **K**, insbesondere in **R**, die folgenden Aussagen gelten (benutze also nur die Körperaxiome und evtl. schon bewiesene Aussagen; gib bei jedem Schluß genau an, auf welches Axiom bzw. auf welche der schon bewiesenen Aussagen er sich stützt):

a) das additiv inverse Element $-a$ ist eindeutig durch a bestimmt;
b) das multiplikativ inverse Element a^{-1} ist eindeutig durch a bestimmt (hierbei muß $a \neq 0$ sein);
c) $-(-a)=a$; d) $(a^{-1})^{-1}=a$, falls $a \neq 0$; e) $a+b=a+c \Rightarrow b=c$;
f) $ab=ac \Rightarrow b=c$, falls $a \neq 0$; g) $a \cdot 0 = 0$ und $(-1)a=-a$;
h) die Gleichung $a+x=b$ besitzt genau eine Lösung in **K**, nämlich $x:=b-a$;
i) falls $a \neq 0$ ist, besitzt die Gleichung $ax=b$ genau eine Lösung in **K**, nämlich $x:=b/a$.

Die Aussagen a) bis i) sind dem Leser von der Schule her wohlvertraut. Die Aufgabe soll nur verdeutlichen, daß und wie diese Aussagen durch einfache Schlüsse aus den Körperaxiomen gewonnen werden können (und daß sie demgemäß in *jedem* Körper gelten).

***3.** Zeige, daß für das Zeichen $\leq$ in **R** die folgenden Regeln gelten:

a) für je zwei reelle Zahlen a, b ist $a \leq b$ oder $b \leq a$;
b) es ist stets $a \leq a$; c) gilt $a \leq b$ und $b \leq a$, so ist $a=b$;
d) gilt $a \leq b$ und $b \leq c$, so ist $a \leq c$.

4. Nimm an, in **R** sei eine Beziehung „$a \leq b$" erklärt, die den Regeln a) bis d) in Aufgabe 3 genügt (man vergesse die früher festgelegte Bedeutung des Zeichens $\leq$ in **R**!). Definiere das Zeichen $<$ nun folgendermaßen: $a < b$ bedeutet, daß $a \leq b$ und gleichzeitig $a \neq b$ ist. Zeige, daß die Beziehung $a < b$ den Axiomen (A 6) und (A 7) genügt.

5. Die Mengen $A, B, \ldots$ seien alle Teilmengen einer festen Universalmenge U. Man erinnere sich, daß für die Mengeninklusion $\subset$ die folgenden Regeln gelten, die den Regeln b), c), d) in Aufgabe 3 völlig analog sind:
α) es ist stets $A \subset A$; β) gilt $A \subset B$ und $B \subset A$, so ist $A = B$;
γ) gilt $A \subset B$ und $B \subset C$, so ist $A \subset C$.
Zeige: Es gilt nicht ausnahmslos die Aussage: Für je zwei Mengen A, B ist $A \subset B$ oder $B \subset A$.

6. In dieser Aufgabe gehen wir mit den natürlichen Zahlen „naiv" um, d.h. so, wie wir es in der Schule gelernt haben (die Naivität wird in Nr. 6 aufgehoben werden). $a, b, \ldots$ sind durchweg natürliche Zahlen. $a \mid b$ bedeutet, daß a ein **Teiler** von b ist, d.h., daß eine Gleichung der Form $b = ac$ besteht. Zeige, daß für die Teilerbeziehung die folgenden Regeln gelten, die den Regeln b), c), d) in Aufgabe 3 und den Regeln α), β), γ) in Aufgabe 5 entsprechen:
α) es ist stets $a \mid a$; β) gilt $a \mid b$ und $b \mid a$, so ist $a = b$;
γ) gilt $a \mid b$ und $b \mid c$, so ist $a \mid c$.
Es gilt jedoch nicht ausnahmslos die Aussage: Für je zwei natürliche Zahlen a, b ist $a \mid b$ oder $b \mid a$.

+7. Wir beschreiben zunächst, was den Aufgaben 3, 5 und 6 strukturell gemeinsam ist: Für gewisse (nicht notwendigerweise alle) Paare von Elementen a, b einer nichtleeren Menge $\mathfrak{M}$ ist eine Beziehung (eine „Relation") $a \prec b$ (lies: „a vor b") erklärt, die folgenden Axiomen genügt:
α) $a \prec a$ für jedes $a \in \mathfrak{M}$; β) gilt $a \prec b$ und $b \prec a$, so ist $a = b$;
γ) gilt $a \prec b$ und $b \prec c$, so ist $a \prec c$.
Eine solche Relation heißt eine **Halb-** oder **Teilordnung** auf $\mathfrak{M}$. $\mathfrak{M}$ selbst wird eine **halb-** oder **teilgeordnete Menge** genannt. Die Halbordnung heißt eine **Ordnung**, $\mathfrak{M}$ eine **geordnete Menge**, wenn zwei Elemente a, b aus $\mathfrak{M}$ stets **vergleichbar** sind, d.h., wenn $a \prec b$ oder $b \prec a$ gilt. Zeige, daß man auf jeder nichtleeren Menge $\mathfrak{M}$ eine triviale Halbordnung durch $a \prec b :\Leftrightarrow a = b$ erklären kann. Man nennt diese Halbordnung etwas paradox die „totale Unordnung".

4 Folgerungen aus den Körperaxiomen

Aus den Körperaxiomen (A 1) bis (A 5) ergeben sich in einfacher Weise alle Regeln der „Buchstabenrechnung", die der Leser in der Schule gelernt hat; einige dieser Regeln haben wir in A 3.2 zusammengestellt. Wir dürfen uns deshalb damit begnügen, hier nur noch die **Vorzeichenregeln**

$$(-a)b = a(-b) = -(ab), \quad (-a)(-b) = ab,$$

die **Annullierungsregel**

$$ab = 0 \Leftrightarrow a = 0 \quad oder \quad b = 0$$

40 I Mengen und Zahlen

und die **Regeln der Bruchrechnung** zu erwähnen:

$$\frac{a}{b} \pm \frac{c}{d} = \frac{ad \pm bc}{bd}, \quad \text{falls } b \neq 0 \text{ und } d \neq 0,$$

$$\frac{a}{b} \cdot \frac{c}{d} = \frac{ac}{bd}, \quad \text{falls } b \neq 0 \text{ und } d \neq 0,$$

$$\frac{\frac{a}{b}}{\frac{c}{d}} = \frac{ad}{bc}, \quad \text{falls } b \neq 0, \ c \neq 0 \text{ und } d \neq 0.$$

Die Vorzeichenregeln ergeben sich mit A 3.2g und A 3.2c so:

$(-a)b = ((-1)a)b = (-1)(ab) = -(ab),$
$a(-b) = a((-1)b) = (-1)(ab) = -(ab),$
$(-a)(-b) = (-a)((-1)b) = ((-1)(-a))b = (-(-a))b = ab.$

Die Annullierungsregel ergibt sich in der Richtung $\Leftarrow$ aus A 3.2g und damit sofort auch in der umgekehrten Richtung $\Rightarrow$: Ist nämlich $ab = 0$ und einer der Faktoren, etwa a, von Null verschieden, so ist jedenfalls $b = (a^{-1}a)b = a^{-1}(ab) = a^{-1} \cdot 0 = 0$, es muß somit der andere Faktor „verschwinden" (d.h. $= 0$ sein).
Die Regeln der Bruchrechnung wird der Leser nach den zahlreichen Beweisproben nun leicht selbst begründen können. ∎

Die *multiplikative Sonderrolle der Null* drückt sich darin aus, daß sie kein multiplikativ inverses Element besitzt; andernfalls wäre $0 \cdot 0^{-1}$ sowohl $= 1$ als auch $= 0$. Man beschreibt diese Tatsache auch durch den Satz, die Division durch 0 sei unmöglich oder sie sei „verboten" (die—im Falle $a \neq 0$ eindeutig mögliche—Auflösung der Gleichung $ax = b$ bezeichnet man bekanntlich als Division von b durch a; was unter Subtraktion zu verstehen ist, brauchen wir wohl nicht mehr zu erläutern). *Man gewöhne sich an, vor jedem Dividieren zu prüfen, ob der Divisor $\neq 0$ ist.*

Die Quintessenz dieses Abschnitts ist ebenso einfach wie erfreulich: *Von nun an dürfen wir die „Buchstabenrechnung" unbefangen so handhaben, wie wir es von der Schule her gewohnt sind.* Bezüglich der vier Grundrechnungsarten haben wir nichts Neues gelernt, sondern nur Bekanntes begründet.

Und doch stimmt dieser letzte Satz nicht ganz. Wir haben sehr wohl etwas Neues gelernt, nämlich *daß die vertraute Buchstabenrechnung in jedem Bereich praktiziert werden kann, in dem die Körperaxiome gelten, also in jedem Körper.* Zwar haben wir neben **R** bisher nur den glanzlosen zweielementigen Körper in A 3.1 kennengelernt, aber bereits in Aufgabe 2 dieses Abschnitts werden wir den wichtigen Körper **C** der komplexen Zahlen definieren, in dem wir dank unserer Sätze rechnen können „wie gewohnt".

Aufgaben

1. Untersuche das Lösbarkeitsverhalten der Gleichung $0 \cdot x = b$ in einem Körper **K**.

°2. **Komplexe Zahlen** Sie verdanken ihr Leben einem Manne, den seine Mutter (wie er selbst berichtet) abtreiben wollte; der sich dann zu einem Wüstling, Streithansl, magisch-mystischen Mathematiker und europaweit gefeierten Arzt entwickelte; ein Mann, der als Student Rektor der Universität Padua und als Greis Insasse des Gefängnisses von Bologna war; der sich erdreistete, das Horoskop Jesu zu stellen und in seinem Buch „Über das Würfelspiel" Betrugsanleitungen zu geben, und der nebenbei auch noch die „Cardanische Aufhängung" erfand: Geronimo Cardano (1501-1576; 75), ein vollblütiger Sohn der italienischen Renaissance. In seiner *Ars magna sive de regulis algebraicis* („Die große Kunst oder über die algebraischen Regeln", Nürnberg 1545) führt ihn die unverfängliche Aufgabe, eine Strecke der Länge 10 so in zwei Stücke zu zerlegen, daß das aus ihnen gebildete Rechteck die Fläche 40 hat, zu der quadratischen Gleichung $x(10-x)=40$ und zu ihren absurden Lösungen $x_{1,2} := 5 \pm \sqrt{-15}$, absurd, weil man aus negativen Zahlen keine (reellen) Quadratwurzeln ziehen kann. Aber nun geschieht etwas Entscheidendes: Cardano setzt die „geistigen Qualen", die ihm diese Gebilde bereiten, beiseite und findet durch keck-formales Rechnen, daß tatsächlich $x_1 + x_2 = 10$ und $x_1 x_2 = 40$ ist. Sein ironischer Kommentar: „So schreitet der arithmetische Scharfsinn voran, dessen Ergebnis ebenso subtil wie nutzlos ist". Die „komplexen" (zusammengesetzten) Ausdrücke $\alpha + \sqrt{-\beta}$ oder $\alpha + i\sqrt{\beta}$ mit der „imaginären Einheit" $i := \sqrt{-1}$ sind dann nicht mehr aus der Mathematik verschwunden, so sehr sie auch als schein- und gespensterhaft empfunden wurden. Denn sie lieferten nicht nur „Lösungen" aller quadratischen und kubischen Gleichungen — und zwar solche, die erbaulicherweise den vertrauten Wurzelsätzen des François Vieta (1540-1603, 63) genügten —, vielmehr ergab unverdrossenes (und unverstandenes) Rechnen mit diesen windigen „Zahlen" sogar Sätze „im Reellen", die sich in jedem Falle nachträglich durch „rein reelle" Beweise bestätigen ließen. Das Mirakulöseste aber war, daß mittels dieser wesenlosen Gebilde Beziehungen zwischen beherrschenden Größen der Analysis hergestellt werden konnten, die bisher fremd nebeneinander gestanden hatten — wodurch denn dieser Analysis ganz neue Lichter aufgesteckt wurden. Das frappierendste Beispiel hierfür ist die nach Leonhard Euler (1707-1783; 76) benannte **Eulersche Formel** $e^{i\alpha} = \cos\alpha + i\sin\alpha$, die vermöge des schattenhaften i drei der allerwichtigsten Funktionen aufs engste zusammenbindet, und aus der für $\alpha = \pi$ die wunderbar einfache und im Reellen nie zu erwartende Beziehung $e^{\pi i} + 1 = 0$ zwischen den Fundamentalzahlen 0, 1, e und π folgt[1]. Alle diese Umstände drängten immer energischer zu einer begrifflichen Klärung der ebenso mächtigen wie mysteriösen „komplexen Zahlen", eine Klärung, die schließlich 1831 von Carl Friedrich Gauß (1777-1855; 78) in *geometrischer* und 1837 von William R. Hamilton (1805-1865; 60) in *arithmetischer* Einkleidung gegeben wurde. Genau im Jahre der Gaußschen Arbeit hatte übrigens de Morgan in seinem Buch *On the Study and Difficulties of Mathematics* noch geschrieben: *We have shown the symbol $\sqrt{-a}$ to be void of meaning, or rather self-contradictory and absurd.* Seit Gauß und Hamilton sind jedoch die komplexen Zahlen ebensowenig *void of meaning* wie etwa die Punkte der Ebene, in präzisierbarem Sinne sind sie sogar nichts anderes als eben diese Punkte, zusammen mit einfachen Verfahren, sie zu Summen und Produkten zu verknüpfen.

---

[1] e ist die berühmte Eulersche Zahl (s. S. 149), π die Kreismessungszahl. Das Symbol i wurde 1777 von Euler eingeführt.

Die „traditionelle" komplexe Zahl $\alpha_1 + i\alpha_2$ ist zusammengesetzt aus den zwei reellen Zahlen α_1 und α_2; man kennt sie, wenn man ihren Realteil α_1 und Imaginärteil α_2 kennt, genauer: Zwei komplexe Zahlen $\alpha_1 + i\alpha_2$, $\beta_1 + i\beta_2$ werden herkömmlicherweise als gleich bezeichnet, wenn $\alpha_1 = \beta_1$ und $\alpha_2 = \beta_2$ ist. Diese *Tradition* verwandeln wir nun in eine präzise *Definition:* Unter einer komplexen Zahl verstehen wir ein Paar (α_1, α_2) reeller Zahlen α_1, α_2, wobei zwei komplexe Zahlen (α_1, α_2), (β_1, β_2) genau dann als gleich angesehen werden, wenn sie „komponentenweise übereinstimmen", d.h., wenn $\alpha_1 = \beta_1$ und $\alpha_2 = \beta_2$ ist. Legen wir in einer Ebene ein rechtwinkliges (cartesisches) Koordinatensystem fest, so können wir jede komplexe Zahl (α_1, α_2) durch den Punkt mit den Koordinaten α_1, α_2 darstellen, und im Sinne dieser Darstellung füllen die komplexen Zahlen die ganze Ebene aus, die man ihrerseits dann auch die komplexe Zahlenebene oder die Gaußsche Zahlenebene oder kurz die Zahlenebene nennt. Vor Gauß und Hamilton rechnete man mit den traditionellen komplexen Zahlen wie mit reellen Größen, nur ersetzte man i^2 immer durch -1 und faßte zum Schluß die von i freien und die mit i behafteten Glieder jeweils für sich zusammen. Man addierte und multiplizierte „komplexe Zahlen" also folgendermaßen:

$$(\alpha_1 + i\alpha_2) + (\beta_1 + i\beta_2) = (\alpha_1 + \beta_1) + i(\alpha_2 + \beta_2),$$
$$(\alpha_1 + i\alpha_2) \cdot (\beta_1 + i\beta_2) = (\alpha_1\beta_1 - \alpha_2\beta_2) + i(\alpha_1\beta_2 + \alpha_2\beta_1).$$

Und jetzt liegt nichts näher, als die Summe und das Produkt der oben als Zahlenpaare erklärten komplexen Zahlen ganz unmysteriös wie folgt zu definieren:

$$(\alpha_1, \alpha_2) + (\beta_1, \beta_2) := (\alpha_1 + \beta_1, \alpha_2 + \beta_2),$$
$$(\alpha_1, \alpha_2) \cdot (\beta_1, \beta_2) := (\alpha_1\beta_1 - \alpha_2\beta_2, \alpha_1\beta_2 + \alpha_2\beta_1).$$

Der Leser zeige nun:

a) Addition und Multiplikation der komplexen Zahlen $a = (\alpha_1, \alpha_2)$, $b = (\beta_1, \beta_2)$, ... genügen den Körperaxiomen (A 1) bis (A 5). Die neutralen Elemente der Addition bzw. der Multiplikation (die „Null" und die „Eins") sind $(0, 0)$ bzw. $(1, 0)$. Das additiv bzw. multiplikativ inverse Element zu (α_1, α_2) ergibt sich, indem man die Gleichung $(\alpha_1, \alpha_2) + (\xi_1, \xi_2) = (0, 0)$ bzw. die Gleichung $(\alpha_1, \alpha_2) \cdot (\xi_1, \xi_2) = (1, 0)$ „in Komponenten zerlegt"; man erhält dann zwei „reelle" Gleichungen zur Bestimmung von ξ_1, ξ_2 (beachte, daß im multiplikativen Falle stillschweigend $(\alpha_1, \alpha_2) \neq (0, 0)$ vorausgesetzt wird und somit $\alpha_1^2 + \alpha_2^2 > 0$ ist—wir benutzen hier vorgreifend A 5.1).—*Die Menge der komplexen Zahlen bildet also einen Körper, den wir hinfort mit* **C** *bezeichnen.* Man halte sich nun vor Augen, daß die Regeln der Buchstabenrechnung, die wir in A 3.2 und in Nr. 4 allein aus den Körperaxiomen deduziert hatten, ohne weiteres auch in **C** gelten—man muß nur 0 durch $(0, 0)$ und 1 durch $(1, 0)$ ersetzen. Man kann also in der Tat in **C** rechnen wie in **R**.

b) $(\alpha, 0) + (\beta, 0) = (\alpha + \beta, 0)$, $(\alpha, 0) \cdot (\beta, 0) = (\alpha\beta, 0)$: Addition und Multiplikation der komplexen Zahlen mit verschwindender zweiter Komponente laufen also gerade auf die Addition und Multiplikation der ersten Komponenten hinaus. Das bedeutet, daß zwischen der reellen Zahl α und der komplexen Zahl $(\alpha, 0)$ vom algebraischen Standpunkt aus kein Unterschied besteht. *Infolgedessen dürfen wir* $(\alpha, 0)$ *einfach als eine neue Bezeichnung für die reelle Zahl* α *ansehen und* (α, 0) = α *setzen.* Insbesondere ist dann (0, 0) = 0 und (1, 0) = 1. **R** ist also eine Teilmenge von **C**, anders formuliert: **C** *ist eine Erweiterung des reellen Zahlbereichs.*

c) Setzt man i := (0, 1), so ist (0, α) = (α, 0)(0, 1) = αi.

d) $i^2 = -1$, d.h. ausführlich: $(0, 1)^2 = -(1, 0)$ (in jedem Körper setzt man $a^2 := a \cdot a$).

e) $(\alpha_1, \alpha_2) = (\alpha_1, 0) + (0, \alpha_2) = \alpha_1 + i\alpha_2$. *Damit haben wir die überlieferte Schreibweise der komplexen Zahlen wiedergewonnen,* aber nun auf gefestigter Grundlage. Und das Rechnen mit komplexen Zahlen vollzieht sich auf dieser Grundlage in der Tat so, wie wir es oben schon geschildert haben: Man rechnet mit den komplexen Zahlen $\alpha_1 + i\alpha_2$ wie mit reellen Größen, nur ersetzt man i^2 immer durch -1 und faßt zum Schluß die von i freien und die mit i behafteten Glieder jeweils für sich zusammen.

f) Ist $a = \alpha_1 + i\alpha_2$, so nennt man $\bar{a} := \alpha_1 - i\alpha_2$ die zu a **konjugierte Zahl**. Es ist $a\bar{a} = \alpha_1^2 + \alpha_2^2 \in \mathbf{R}$. Der Bruch b/a läßt sich am zweckmäßigsten berechnen, wenn man ihn mit dem konjugierten Nenner $\bar{a}$ erweitert: $\dfrac{b}{a} = \dfrac{b\bar{a}}{a\bar{a}}$; im zweiten Bruch ist nämlich der Nenner reell. Zeige, daß $1/i = -i$ ist und berechne ferner

$$\frac{1}{1+i}, \quad \frac{1}{1-i}, \quad \frac{1-i}{1+i}, \quad \frac{(1+2i)^2}{2+3i}, \quad \frac{1+2i}{(2+3i)^2}, \quad \left(\frac{4-i}{2+i}\right)^2.$$

„Berechnen" heißt, daß man die gegebene komplexe Zahl a in der Form $a = \alpha_1 + i\alpha_2$ darstellt, d.h. letztlich, daß man ihren Real- und Imaginärteil bestimmt, also die Zahlen

$$\operatorname{Re}(a) := \alpha_1 \quad \text{und} \quad \operatorname{Im}(a) := \alpha_2.$$

g) In jedem Körper setzt man $a^0 := 1$ (dabei ist 1 das multiplikativ neutrale Element des Körpers), $a^1 := a$ (hier ist 1 die natürliche Zahl Eins), $a^2 := a \cdot a$ (schon oben erklärt), $a^3 := a \cdot a \cdot a$ usw. Es ist

$$i^0 = 1, \quad i^1 = i, \quad i^2 = -1, \quad i^3 = -i, \quad i^4 = 1, \ldots,$$

die Potenzen von i *wiederholen sich also periodisch.* Die Lage dieser Potenzen in der Zahlenebene, die (spiegelbildliche) Lage zueinander konjugierter Zahlen und die Bedeutung der Bezeichnungen „reelle Achse" und „imaginäre Achse" kann der Leser aus Fig. 4.1 entnehmen.

h) Zeige: $\bar{\bar{a}} := \overline{(\bar{a})} = a$, $\overline{a+b} = \bar{a} + \bar{b}$, $\overline{ab} = \bar{a}\bar{b}$, $\overline{\left(\dfrac{1}{b}\right)} = \dfrac{1}{\bar{b}}$, $\overline{\left(\dfrac{a}{b}\right)} = \dfrac{\bar{a}}{\bar{b}}$

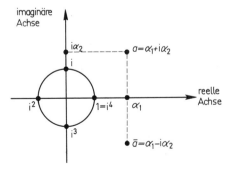

Fig. 4.1

(in den beiden letzten Gleichungen ist natürlich $b \neq 0$ vorauszusetzen). Zeige ferner:
$$\operatorname{Re}(a) = \frac{a + \bar{a}}{2}, \quad \operatorname{Im}(a) = \frac{a - \bar{a}}{2i}$$
und schließe, *daß die komplexe Zahl a genau dann reell ist, wenn $a = \bar{a}$ gilt.*

°3. Löse die folgenden linearen Gleichungssysteme und mache die Probe:
a) $ix - 3y = 1$ b) $(1/i)x + (1 + i)y = 0$
   $2x + iy = 2i$ $2x + (1 - i)y = 1$.

°4. Zeige, daß die komplexen Zahlen $(2, 2)$ und $(2, -2)$ Lösungen der quadratischen Gleichung $x^2 - 4x + 8 = 0$ sind. Rechne mit Zahlenpaaren! Rechne dann mit ihren Darstellungen $2 + 2i$, $2 - 2i$ und vergleiche den Aufwand.

5 Folgerungen aus den Ordnungsaxiomen

Da das Rechnen mit Ungleichungen i.allg. weniger geläufig ist als die Buchstabenalgebra, werden wir die für alles weitere grundlegenden Folgerungen aus den Ordnungsaxiomen (A 6) bis (A 8) sorgfältig formulieren und beweisen. Von den Körperaxiomen und den aus ihnen schon gewonnenen Aussagen (Nr. 3 und 4), also von der Buchstabenrechnung, werden wir ohne ausdrückliche Verweise freien Gebrauch machen. Die Buchstaben $a, b, \ldots$ bedeuten durchweg reelle Zahlen. Wir beginnen mit dem einfachen

5.1 Satz
1) $a < b \Leftrightarrow b - a > 0$,
2) $a < 0 \Leftrightarrow -a > 0$,
3) $a > 0 \Leftrightarrow -a < 0$,
4) $a < b \Leftrightarrow -b < -a$.

Beweis. 1) Aus $a < b$ folgt mit (A 8), dem Monotoniegesetz, $0 = a + (-a) < b + (-a) = b - a$, also $b - a > 0$. Ist umgekehrt $b - a > 0$, so ergibt sich ebenso $b - a + a > 0 + a$, also $b > a$. — 2) folgt aus 1) für $b = 0$. — 3) folgt aus 2), wenn man a durch $-a$ ersetzt und $-(-a) = a$ beachtet. — 4) folgt aus 1): $a < b \Leftrightarrow b - a > 0 \Leftrightarrow (-a) - (-b) > 0 \Leftrightarrow -b < -a$. ∎

Nun befassen wir uns mit der Addition von Ungleichungen.

5.2 Satz *Gleichsinnige Ungleichungen „dürfen" addiert werden, genauer: Aus $a < b$ und $c < d$ folgt $a + c < b + d$ oder, in leicht verständlicher Symbolik,*

$$\begin{array}{c} a < b \\ c < d \\ \hline a + c < b + d. \end{array}$$

Mit Hilfe des Monotoniegesetzes (A 8) erhalten wir nämlich

$$a<b \Rightarrow a+c<b+c, \quad c<d \Rightarrow b+c<b+d$$

und daraus wegen des Transitivitätsgesetzes (A 7) die Behauptung. ∎

Eine Ungleichung $a<b$ nennt man auch gerne eine **Abschätzung** und sagt, man habe a **nach oben** durch b und umgekehrt b **nach unten** durch a abgeschätzt. Eine Abschätzung $a<b$ von a nach oben wird „vergröbert", indem man „b vergrößert", d.h., indem man b durch eine Zahl $c>b$ ersetzt; nach dem Transitivitätsgesetz gilt dann erst recht die Abschätzung $a<c$. Aus Satz 5.2 erhalten wir nun sofort die einfache

Merkregel *Die Abschätzung $a<b$ wird vergröbert, wenn man eine positive Größe zu b addiert.*

Gleichsinnige Ungleichungen dürfen nicht ohne weiteres subtrahiert oder multipliziert werden. Die Multiplikation von Ungleichungen bereiten wir vor durch

5.3 Satz $ab>0 \Leftrightarrow$ *die Faktoren a, b sind entweder beide >0 oder beide <0.*

Ist nämlich $a, b>0$, so folgt aus dem Monotoniegesetz $ab>0 \cdot b = 0$. Ist jedoch $a, b<0$, so folgt aus Satz 5.1,2) sofort $-a, -b>0$ und nach dem eben Bewiesenen $ab=(-a)(-b)>0$. Damit haben wir die Richtung $\Leftarrow$ des Satzes bewiesen. Nun greifen wir $\Rightarrow$ an. Aus $ab>0$ folgt zunächst, daß beide Faktoren $\neq 0$ sind. Wäre nun die Behauptung falsch, so müßte demnach ein Faktor positiv, der andere negativ sein. Ohne Beschränkung der Allgemeinheit dürfen wir annehmen, daß $a>0$ und $b<0$ ist. Wegen Satz 5.1,2) wäre dann $-b>0$, also $-(ab)=a(-b)>0$ und nach Satz 5.1,2) somit $ab<0$, im Widerspruch zu unserer Voraussetzung. Also muß die Behauptung doch zutreffen. ∎

Ganz entsprechend gilt:

$$ab<0 \Leftrightarrow \text{einer der Faktoren ist positiv, der andere negativ.}$$

Eine unmittelbare Konsequenz des Satzes 5.3 ist

5.4 Satz $a \neq 0 \Rightarrow a^2 > 0$. *Insbesondere ist $1>0$.*

Mit diesem Satz steht übrigens jetzt fest, daß die Gleichung $x^2+1=0$ *keine reelle Lösung besitzt.*
Es ist nicht überflüssig, auf die Tatsache hinzuweisen, daß eine Zahl der Form $-a$ nicht schon deshalb negativ ist, weil vor ihr das „Minuszeichen" steht. Jede Zahl b läßt sich wegen $b=-(-b)$ in dieser Form schreiben, und $-(-1)=1$ ist z.B. positiv. Wenn wir gelegentlich sagen, eine Zahl a habe das positive bzw. negative Vorzeichen, so meinen wir damit nichts anderes, als daß a positiv bzw. negativ sei.

5.5 Satz *Ist $a<b$, so gilt*

$$ac>bc \text{ für jedes negative } c.$$

Wegen Satz 5.1,2) folgt aus $c<0$ nämlich $-c>0$, nach (A 8) ist daher

$$-(ac) = a(-c) < b(-c) = -(bc), \quad \text{also} \quad -(ac) < -(bc),$$

und mit Satz 5.1,4) erhalten wir daraus $bc < ac$ oder also $ac > bc$. ∎

Das multiplikative Monotoniegesetz aus (A 8) und den Satz 5.5 fassen wir zusammen zu der ganz besonders wichtigen

Merkregel *Eine Ungleichung „darf" man mit* positiven *Zahlen multiplizieren. Bei Multiplikation mit* negativen *Zahlen kehrt sich ihre „Richtung" um.*

5.6 Satz *Gleichsinnige Ungleichungen „dürfen" immer dann miteinander multipliziert werden, wenn alle Glieder positiv sind, kurz:*

$$\frac{\begin{array}{c} 0 < a < b \\ 0 < c < d \end{array}}{ac < bd.}$$

Denn aus $a < b$ folgt $ac < bc$, aus $c < d$ ebenso $bc < bd$, also gilt $ac < bd$. ∎

5.7 Satz $a/b > 0 \Leftrightarrow$ *Zähler und Nenner sind entweder beide >0 oder beide <0.*

Aus $b(1/b) = 1 > 0$ folgt nämlich wegen Satz 5.3, daß b und $1/b$ beide >0 oder beide <0 sind. Die Behauptung ergibt sich nun, indem man noch einmal den Satz 5.3 heranzieht. ∎

5.8 Satz *Ist $p_1 < p_2$ und $q > 0$, so gilt*

$$\frac{p_1}{q} < \frac{p_2}{q}.$$

Ist $0 < q_1 < q_2$ und $p > 0$, so gilt

$$\frac{p}{q_2} < \frac{p}{q_1}, \quad \textit{insbesondere ist} \quad \frac{1}{q_2} < \frac{1}{q_1}.$$

Da $1/q$ wegen Satz 5.7 positiv ist, ergibt sich die erste Behauptung aus (A 8). Zum Beweis der zweiten Behauptung geben wir nur die Anweisung, die Ungleichung $q_1 < q_2$ mit dem positiven Faktor $p/q_1 q_2$ zu multiplizieren. ∎

Aus dem letzten Satz gewinnen wir die ungemein nützliche

Merkregel *Einen Bruch mit positivem Zähler und Nenner kann man vergrößern, indem man den Zähler vergrößert oder den Nenner verkleinert (aber stets positiv hält).*

Für Differenzen gilt schließlich die leicht einsehbare

Merkregel *$a - b$ kann man vergrößern, indem man a vergrößert oder b verkleinert.*

Veranschaulichen wir uns die reellen Zahlen als Punkte auf der Zahlengeraden, so finden wir die positiven Zahlen *rechts*, die negativen *links* vom Nullpunkt.

$a < b$ bedeutet, daß der Punkt a *links* von dem Punkt b liegt (deshalb beschreiben wir die Ungleichung $a < b$ auch durch Redewendungen wie „a liegt *links* von b", „b liegt *rechts* von a"), $a < x < b$ drückt aus, daß x sich *zwischen* a und b befindet[1]. Der Übergang von a zu $-a$ ist geometrisch eine Spiegelung am Nullpunkt. Insbesondere wird damit anschaulich klar, daß die Ungleichung $a < b$ nach Multiplikation mit -1 in $-b < -a$ übergeht (s. Fig. 5.1).

Fig. 5.1

Wir beschließen diesen Abschnitt mit einer ebenso einfachen wie fundamentalen Aussage über das **arithmetische Mittel** $(a+b)/2$ zweier Zahlen a, b. Das mathematisch bisher noch nicht erklärte Zeichen 2 bedeutet natürlich die Summe $1+1$.

5.9 Ungleichung des arithmetischen Mittels *Aus $a < b$ folgt*
$$a < \frac{a+b}{2} < b.$$

Aus $a < b$ erhalten wir nämlich $2a = a + a < a + b < b + b = 2b$ und daraus nach Division durch 2 die Behauptung. ∎

Aus dem letzten Satz folgt insbesondere, *daß zwischen zwei reellen Zahlen stets eine weitere reelle Zahl liegt.*
Die Ergebnisse dieser Nummer gehören zum unentbehrlichen Handwerkszeug des Analytikers. Wir werden sie hinfort fast unablässig verwenden, ohne noch besonders auf sie zu verweisen. *Der Leser möge sich deshalb gerade mit ihnen besonders gründlich vertraut machen.*

Aufgaben

*1. Es ist stets $a^2 + b^2 \geq 0$; das Gleichheitszeichen gilt genau dann, wenn $a = b = 0$ ist.

2. Ist $b, d > 0$, so gilt: $\frac{a}{b} < \frac{c}{d} \Leftrightarrow ad < bc$.

3. Ist $b, d > 0$ und $\frac{a}{b} < \frac{c}{d}$, so gilt $\frac{a}{b} < \frac{a+c}{b+d} < \frac{c}{d}$.

*4. Gilt $0 \leq a \leq \varepsilon$ für jede positive Zahl ε, so ist $a = 0$.

5. Die Menge $\mathbf{R}^+$ aller positiven reellen Zahlen hat die folgenden Eigenschaften:
(P 1) $a, b \in \mathbf{R}^+ \Rightarrow a + b \in \mathbf{R}^+$ und $ab \in \mathbf{R}^+$.
(P 2) $a \neq 0 \Rightarrow a \in \mathbf{R}^+$ oder $-a \in \mathbf{R}^+$, aber nicht $a, -a \in \mathbf{R}^+$.
(P 3) $0 \notin \mathbf{R}^+$.

---

[1] Daß x zwischen a und b liegt, impliziert also, daß x weder mit a noch mit b übereinstimmt.

48　I Mengen und Zahlen

Nun kehre man diese Betrachtung um: Man denke sich eine (nichtleere) Teilmenge $\mathbf{R}^+$ von $\mathbf{R}$ gegeben, die den Aussagen (P 1) bis (P 3) genügt, definiere die Relation $a<b$ als gleichbedeutend mit $b-a \in \mathbf{R}^+$ und zeige, daß sie den Axiomen (A 6) bis (A 8) genügt (natürlich soll auch hier $a>b$ nur eine andere Schreibweise für $b<a$ sein; $c>0$ bedeutet demnach, daß $c \in \mathbf{R}^+$ ist).

°6. Der Körper $\mathbf{C}$ der komplexen Zahlen kann nicht angeordnet werden, genauer: Man kann keine Relation $a<b$ auf $\mathbf{C}$ definieren, die den Axiomen (A 6) bis (A 8) genügt.

6 Die natürlichen, ganzen und rationalen Zahlen

Unser Programm, die gesamte Analysis aus dem System der Axiome (A 1) bis (A 9) zu gewinnen, hat die befremdliche Konsequenz, *daß wir beim gegenwärtigen Stand der Dinge nicht wissen* (jedenfalls vorgeben müssen, nicht zu wissen), *was die natürlichen Zahlen sind:* In der Tat taucht der Begriff oder auch nur das Wort „natürliche Zahl" nirgendwo in unserem Axiomensystem auf (man berufe sich nicht auf die Peanoschen Axiome in Nr. 3; von ihnen wollten wir gerade nicht ausgehen, wollten vielmehr die höherliegende Begründungsebene der Axiome (A 1) bis (A 9) als Fundament wählen). Wir stehen also notgedrungen vor der Aufgabe, die natürlichen Zahlen *mit den Mitteln unseres Axiomensystems* zu definieren. Naheliegend ist der folgende Weg. Man nennt die Zahl 1, deren Existenz durch (A 4) verbürgt ist, eine natürliche Zahl und definiert dann alle anderen natürlichen Zahlen sukzessiv durch $2:=1+1$, $3:=2+1$, $4:=3+1$ „und so weiter". Das Unbefriedigende dieses Verfahrens besteht nur darin, daß dem Ausdruck „und so weiter" die unabdingbare mathematische Präzision abgeht (auch im alltäglichen Leben verwendet man die Floskel „und so weiter" meistens nur, wenn man *nicht* weiß, wie es weiter geht). Wir verfahren deshalb gewissenhafter, wenn auch ein wenig umständlicher, wie folgt (man halte sich dabei das fünfte Peanosche Axiom vor Augen).

Wir nennen eine Menge M reeller Zahlen eine **Induktionsmenge** oder eine **induktive Menge**, wenn sie die folgenden Eigenschaften besitzt:
a)　1 liegt in M (kurz: $1 \in M$),
b)　liegt a in M, so liegt auch $a+1$ in M (kurz: $a \in M \Rightarrow a+1 \in M$).

Es gibt Induktionsmengen, z.B. $\mathbf{R}$ und $\mathbf{R}^+$. *Der Durchschnitt aller Induktionsmengen*—wir nennen ihn $\mathbf{N}$ (und vergessen die frühere Bedeutung dieses Zeichens)—*ist selbst wieder induktiv* (warum?). Die Elemente dieser wohlbestimmten Induktionsmenge $\mathbf{N}$ nennen wir **natürliche Zahlen**.

$\mathbf{N}$ ist trivialerweise Teilmenge jeder Induktionsmenge. Ist also eine Menge M *natürlicher* Zahlen induktiv, so muß $\mathbf{N} \subset M \subset \mathbf{N}$ und somit $M = \mathbf{N}$ sein. Diese ebenso einfache wie fundamentale Tatsache halten wir fest in dem

6.1 Induktionsprinzip *Jede induktive Menge natürlicher Zahlen stimmt mit $\mathbf{N}$ überein.*

Sei m eine beliebige natürliche Zahl. Die Menge aller $n \in \mathbf{N}$, für die $m+n$ wieder natürlich ist, erweist sich sofort als induktiv, fällt also mit $\mathbf{N}$ zusammen. Mit anderen Worten: Die Summe natürlicher Zahlen ist wiederum natürlich oder auch: $\mathbf{N}$ ist *„additiv abgeschlossen"*. Ganz ähnlich sieht man, *daß $\mathbf{N}$ auch „multiplikativ abgeschlossen" ist.* Man sagt wohl auch, Summen- und Produktbildung „führen nicht aus $\mathbf{N}$ heraus".—Die Menge $\{n \in \mathbf{N}: n \geqslant 1\}$ ist induktiv und somit $=\mathbf{N}$, d.h., *jede natürliche Zahl ist* $\geqslant 1$. Daraus folgt wegen $1>0$ (Satz 5.4), *daß jedes natürliche n positiv ist*. Infolgedessen liegen die Null und die additiven Inversen $-n$ der natürlichen n nicht in $\mathbf{N}$.

Der folgende, nur scheinbar „evidente" Satz wird in Aufgabe 2d bewiesen:

6.2 Satz *Zwischen den natürlichen Zahlen n und $n+1$ liegt keine weitere natürliche Zahl.*

Mit $\mathbf{N}_0$ bezeichnen wir die Menge $\{0\} \cup \mathbf{N}$. Die Menge $\mathbf{Z}$ der **ganzen** und die Menge $\mathbf{Q}$ der **rationalen Zahlen** führen wir—auf gefestigter Grundlage—so ein: $\mathbf{Z}$ besteht aus allen natürlichen Zahlen n, ihren additiven Inversen $-n$ und 0, $\mathbf{Q}$ aus allen Brüchen p/q mit ganzen p und $q, q \neq 0$. Wir halten uns nicht damit auf zu beweisen, *daß Addition, Subtraktion und Multiplikation nicht aus $\mathbf{Z}$ herausführen und daß $\mathbf{Q}$ sogar ein Körper* (ein „Unterkörper" von $\mathbf{R}$) *ist*. Die auf $\mathbf{R}$ schon vorhandene Ordnung macht $\mathbf{Q}$ von selbst zu einem *angeordneten Körper*. Alles Bisherige zusammenfassend können wir nun sagen: *Wir dürfen von jetzt an guten Gewissens in $\mathbf{N}$, $\mathbf{Z}$ und $\mathbf{Q}$ rechnen, wie wir es gewissenlos schon immer getan haben.*

Jede nichtrationale reelle Zahl nennen wir **irrational**. Beim gegenwärtigen Stand der Dinge wissen wir allerdings noch nicht, ob es überhaupt irrationale Zahlen gibt. Wir haben zwar in Nr. 2 erfahren, daß keine rationale Zahl existiert, deren Quadrat $=2$ ist, so daß ein $a \in \mathbf{R}$ mit $a^2=2$ notwendig irrational sein muß—ein solches a haben wir aber bisher nicht vorzeigen können. Wir werden diese Lücke erst in Nr. 9 durch die Definition der Quadratwurzel schließen.— Aus der Ungleichung des arithmetischen Mittels 5.9 ergibt sich, *daß zwischen zwei* rationalen *Zahlen stets eine weitere* rationale *Zahl liegt*. Für die reellen Zahlen hatten wir die entsprechende Eigenschaft schon in Nr. 5 festgestellt. Aus ihr folgt, daß es zu einer reellen bzw. rationalen Zahl r_1 keine *„nächstgrößere", „unmittelbar folgende"* reelle bzw. rationale Zahl r_2 geben kann, ganz im Gegensatz zu den Verhältnissen in $\mathbf{N}$ (s. Satz 6.2).

Wir sagen, daß die Zahl μ das **kleinste Element** der Menge $M \subset \mathbf{R}$ oder das **Minimum** von M ist und schreiben $\mu = \min M$, wenn μ selbst zu M gehört und $\mu \leqslant x$ für alle $x \in M$ gilt; ganz entsprechend wird das **größte Element** oder das **Maximum** von M, in Zeichen max M, erklärt. min M und max M sind—wenn überhaupt vorhanden—*eindeutig* bestimmt (warum ?). Man mache sich mit der ganz selbstverständlichen, aber doch oft übersehenen Tatsache vertraut, *daß eine*

50   I Mengen und Zahlen

Menge kein kleinstes und ebenso auch kein größtes Element zu haben braucht. Einfache Beispiele hierfür sind **R**, **Q**, **Z** und $\{x \in \mathbf{R}: 0 < x < 1\}$. Dieses Phänomen kann jedoch nur bei unendlichen Mengen auftreten; *jede nichtleere* endliche *Menge* $\{a_1, \ldots, a_n\}$ *reeller Zahlen besitzt nach Aufgabe 8 ein Minimum*

$$\min(a_1, \ldots, a_n) \quad oder\ kurz\quad \min_{k=1}^{n} a_k$$

und ein Maximum

$$\max(a_1, \ldots, a_n) \quad oder\ kurz\quad \max_{k=1}^{n} a_k.$$

Diese Begriffe und Schreibweisen benutzen wir übrigens auch dann, wenn die Zahlen $a_1, \ldots, a_n$ nicht alle untereinander verschieden sind, so daß z.B. $\min(1, 1, 3) = 1$ und $\max(1, 1, 3) = 3$ ist.

Die im folgenden Satz angesprochene Grundeigenschaft natürlicher Zahlen scheint „evident" zu sein—und erfordert doch einen durchaus nichttrivialen Beweis[1].

6.3 Wohlordnungsprinzip *Jede nichtleere Menge natürlicher Zahlen besitzt ein kleinstes Element.*

Zum Beweis nehmen wir an, daß die nichtleere Menge $M \subset \mathbf{N}$ kein Minimum besitzt. Dann kann 1 nicht in M liegen (andernfalls wäre doch 1 das kleinste Element von M). Also ist $1 < m$ für alle $m \in M$, und somit gehört 1 zu der Menge $K := \{k \in \mathbf{N}: k < m$ für alle $m \in M\}$. Ist nun k ein beliebiges Element von K, so gilt gewiß $k+1 \leq m$ für *alle* $m \in M$, weil andernfalls $k+1 > m_0$ für ein *gewisses* $m_0 \in M$ wäre, dieses m_0 also zwischen k und $k+1$ läge — und das ist wegen Satz 6.2 unmöglich. Da aber M kein Minimum besitzen sollte, muß dann für ausnahmslos alle $m \in M$ sogar $k+1 < m$ sein, und das bedeutet, daß (mit k auch) $k+1$ zu K gehört. Insgesamt hat sich K somit als Induktionsmenge erwiesen, also ist nach dem Induktionsprinzip $K = \mathbf{N}$. Greift man nun irgendein m aus M heraus — das ist möglich, weil M nicht leer ist —, so liegt m notwendigerweise auch in $K = \mathbf{N}$ und muß somit der unmöglichen Ungleichung $m < m$ genügen. Dieser Widerspruch zeigt, daß wir unsere Annahme, das Wohlordnungsprinzip sei falsch, verwerfen müssen. ■

---

[1] Der Leser wird hier—wie schon bei dem Satz 6.2 und dann wieder bei der Aufgabe 2—eine eigentümliche Hemmung verspüren, die davon herrührt, daß er die *Beweisnotwendigkeit* der angeführten Aussagen (noch) nicht einsieht. Er wird gut daran tun, die Sätze 6.2, 6.3 und die Behauptungen der Aufgabe 2 zunächst ohne Beweise einfach hinzunehmen und später, wenn seine mathematische Sensibilität höher entwickelt ist, noch einmal zu ihnen zurückzukehren.

6 Die natürlichen, ganzen und rationalen Zahlen   51

Aufgaben

1. Zeige, daß die natürlichen Zahlen den Peanoschen Axiomen in Nr. 3 genügen, wenn man jedem $n \in \mathbf{N}$ den Nachfolger $n' := n + 1$ zuordnet.

*__2.__ Beweise der Reihe nach die folgenden Behauptungen:
a) $M := \{1\} \cup \{x \in \mathbf{R}: x \geq 2\}$ ist induktiv, also $\supset \mathbf{N}$.
b) Es gibt kein $m \in \mathbf{N}$ mit $1 < m < 2$. Hinweis: a).
c) $N := \{n \in \mathbf{N}: n - 1 \in \mathbf{N}_0\}$ ist induktiv, also $= \mathbf{N}$.
d) $K := \{n \in \mathbf{N}:$ es gibt kein $m \in \mathbf{N}$ mit $n < m < n+1\}$ ist induktiv, also $= \mathbf{N}$. Hinweis: Benutze b) und c).
e) m und n seien natürliche Zahlen mit $m < n + 1$. Dann ist $m \leq n$. Hinweis: Widerspruchsbeweis mit Hilfe von d).

⁺**3.** Für diese Aufgabe benötigen wir A 3.6. Alle vorkommenden Zahlen seien natürlich. Ein Teiler t von n heißt **echter Teiler**, wenn t von 1 und n verschieden ist. p wird **Primzahl** genannt, wenn $p \neq 1$ ist und keine echten Teiler, also keine Teiler außer 1 und p besitzt. p heißt **Primteiler** von n, wenn p Primzahl und Teiler von n ist. Zeige:
a) $t \mid n \Rightarrow t \leq n$; ist t ein echter Teiler, so gilt $t < n$.
b) Jedes $n > 1$ besitzt mindestens einen Primteiler. Hinweis: Die Menge der Teiler >1 von n besitzt ein kleinstes Element.
c) Jede natürliche Zahl >1 ist ein Produkt aus Primzahlen (dabei sind auch „Produkte" zugelassen, die nur aus einem Faktor bestehen). Hinweis: Widerspruchsbeweis mit Wohlordnungsprinzip.

*__4.__ Sei m eine feste natürliche Zahl. Dann gibt es für jedes natürliche n nichtnegative ganze Zahlen q und r, so daß

$$n = qm + r, \quad 0 \leq r < m$$

ist; q und r sind eindeutig bestimmt („Division mit Rest"). Hinweis: Die so darstellbaren n bilden eine Induktionsmenge.

⁺**5.** Zu jeder rationalen Zahl r gibt es ein natürliches $n > r$ ($\mathbf{Q}$ ist „**archimedisch angeordnet**"). Man versuche noch nicht, diesen Satz für ein beliebiges reelles r zu beweisen.

⁺**6.** Zu jeder rationalen Zahl $\varepsilon > 0$ gibt es ein natürliches m, so daß $1/m < \varepsilon$ ausfällt. Für jedes natürliche $n > m$ ist dann erst recht $1/n < \varepsilon$.

7. Der Leser mache sich mit der einfachen aber den Anfänger oft befremdenden Tatsache vertraut, daß etwa die Ungleichung $1 \leq 2$ ebenso richtig ist wie $1 < 2$ und deshalb unbedenklich hingeschrieben werden kann (sie bedeutet nur, daß 1 *nicht größer* als 2 ist, und dies trifft doch gewiß zu). Die erste Ungleichung ist lediglich „weniger scharf", sie enthält weniger Information als die zweite (sie informiert uns nicht, daß $1 \neq 2$ ist).

*__8.__ Zeige mit Hilfe des Induktionsprinzips, daß jede nichtleere *endliche* Menge reeller Zahlen ein kleinstes und ein größtes Element besitzt.

9. Warum ist der folgende „Beweis" für die Gleichung $2 = 1$ falsch?

$$a = b \Rightarrow a^2 = ab \Rightarrow a^2 - b^2 = ab - b^2 \Rightarrow (a+b)(a-b) = b(a-b)$$
$$\Rightarrow a + b = b \Rightarrow 2b = b \Rightarrow 2 = 1.$$

52   I Mengen und Zahlen

°**10.** Die Menge der Zahlen $a+ib$ mit $a,b \in \mathbb{Q}$ bildet einen Körper, den Gaußschen Zahlkörper.

7 Rekursive Definitionen und induktive Beweise. Kombinatorik

Im Text- und Aufgabenteil des letzten Abschnitts haben wir mehrfach das Induktions- und Wohlordnungsprinzip verwendet, um Beweise zu führen. Wir wollen nun noch deutlicher machen und durch zahlreiche interessante Beispiele belegen, wie kraftvoll uns diese mächtigen Prinzipien beim Beweisen und Definieren unterstützen.

In den Körperaxiomen tritt zunächst nur die Summe von *zwei* Summanden auf. Zur Vereinheitlichung der Sprechweise ist es nützlich, eine Zahl a als „Summe", bestehend aus dem einen Summanden a aufzufassen (1-gliedrige Summe). Summen $a+b+c$ von *drei* Summanden hatten wir schon auf solche von zwei Summanden durch die Definition $a+b+c:=(a+b)+c$ zurückgeführt. Das Assoziativ- und Kommutativgesetz lehren, daß man die drei Summanden beliebig durch Klammern zusammenfassen und daß man ihre Reihenfolge ebenso beliebig ändern kann, kurz: daß auch ein Assoziativ- und Kommutativgesetz für dreigliedrige Summen gilt. Es ist klar, daß man nun auch schrittweise („sukzessiv") noch höhergliedrige Summen definieren kann. Allgemein ist dies so zu formulieren: Ist die Summe $a_1 + \cdots + a_n$ aus n Summanden schon erklärt, so wird die $(n+1)$-gliedrige Summe $a_1 + \cdots + a_n + a_{n+1}$ durch

$$a_1 + \cdots + a_n + a_{n+1} := (a_1 + \cdots + a_n) + a_{n+1}$$

festgesetzt. Mit Hilfe des Induktionsprinzips kann man sehen, daß damit die n-gliedrigen Summen für jedes natürliche n erklärt und *sowohl von der Beklammerung als auch von der Reihenfolge der Summanden unabhängig sind* (auf die Einzelheiten wollen wir nicht näher eingehen). Entsprechendes gilt für Produkte; man braucht nur $+$ durch $\cdot$ zu ersetzen.

Definitionen dieser Art, bei denen Begriffe oder Größen $A(n)$, die noch von der natürlichen Zahl n abhängen (wie etwa n-gliedrige Summen oder Produkte) mit Hilfe einiger oder aller der schon erklärten $A(1), \ldots, A(n-1)$ bestimmt werden, nennt man **rekursive Definitionen** (von lat. *recurrere* = zurückgehen). Man spricht auch von **Definitionen durch vollständige Induktion**, weil man das Induktionsprinzip zu dem Nachweis heranzieht, daß $A(n)$ tatsächlich für jedes $n \in \mathbb{N}$ definiert ist. Auf die allgemeine Theorie rekursiver Definitionen brauchen wir nicht einzugehen; den grundlegenden Satz findet der hieran interessierte Leser in van der Waerden [17]. — Geben wir noch ein Beispiel (viele weitere werden später folgen): Die n-te Potenz a^n (die man natürlich auch als Produkt von n gleichen Faktoren a erklären kann) läßt sich folgendermaßen rekursiv definieren (die Kurzfassung dürfte nun ohne weiteres verständlich sein):

$$a^1 := a, \quad a^{n+1} := a^n \cdot a \quad \text{für} \quad n = 1, 2, \ldots.$$

7 Rekursive Definitionen und induktive Beweise. Kombinatorik

Diese Erklärung erweitern wir noch durch die Festsetzungen

$$a^0 := 1 \quad \text{für alle } a \quad \text{und} \quad a^{-n} := \frac{1}{a^n} \quad \text{für alle } a \neq 0 \text{ und } n \in \mathbf{N}.$$

Im Falle $a \neq 0$ ist damit die Potenz a^p *für alle ganzen p* definiert. Den Beweis der bekannten **Potenzgesetze**

$$a^p a^q = a^{p+q}, \quad (a^p)^q = a^{pq}, \quad (ab)^p = a^p b^p$$

übergehen wir. Sie gelten für alle $p, q \in \mathbf{N}_0$ und, falls a und b von Null verschieden sind, sogar für alle $p, q \in \mathbf{Z}$.
Es versteht sich von selbst, daß unsere Summen-, Produkt- und Potenzdefinitionen mitsamt den erwähnten Gesetzen *in jedem Körper* Bestand haben. Schließlich erwähnen wir noch, daß die Multiplikation mehrgliedriger Summen dem *allgemeinen Distributivgesetz* gehorcht:

$$(a_1 + \cdots + a_n)(b_1 + \cdots + b_m) = a_1 b_1 + \cdots + a_n b_1 + a_1 b_2 + \cdots + a_n b_2$$
$$+ \cdots + a_1 b_m + \cdots + a_n b_m.$$

Wir üben nun die Technik der *induktiven Beweise* („Beweise durch vollständige Induktion") ein. Dabei werden wir zahlreiche wichtige Begriffe und Sätze kennenlernen.
Wir beginnen mit dem **Belegungsproblem**. Wir denken uns k Kästchen $K_1, \ldots, K_k$ nebeneinander in dieser Reihenfolge aufgestellt. Legen wir in K_1 ein Objekt a_1, dann in K_2 ein Objekt a_2 usw., so erhalten wir eine **Belegung** der Kästchen, die wir kurz mit dem Symbol $a_1 a_2 \cdots a_k$ bezeichnen. Zwei Belegungen $a_1 a_2 \cdots a_k$, $b_1 b_2 \cdots b_k$ gelten genau dann als verschieden, wenn mindestens einmal $a_\nu \neq b_\nu$ ist. Das Wort ALLTAG kann als Belegung von 6 Kästchen mit Buchstaben aufgefaßt werden, ganz entsprechend sind Morsebuchstaben wie $-\cdot-$ bzw. natürliche Zahlen wie 1344 Belegungen von Kästchen mit den Morsezeichen $\cdot$ und $-$ bzw. den Ziffern $0, 1, \ldots, 9$. Es ist durchaus möglich, daß die Belegung des r-ten Kästchens K_r von den schon vorgenommenen Belegungen der Kästchen $K_1, \ldots, K_{r-1}$ abhängt. Sind die drei ersten Kästchen etwa mit den Buchstaben ALL belegt, so darf nach den Regeln der Rechtschreibung das vierte jedenfalls nicht mehr mit L belegt werden; will man die Menge $\{1, 2, \ldots, k\}$ auf die Kästchen verteilen, und hat man in K_1 etwa schon 2 gelegt, so kann diese Zahl nicht mehr in K_2 gelegt werden (während man also bei der Belegung von K_1 k Möglichkeiten hatte, stehen zur Belegung von K_2 nur noch $k-1$ Möglichkeiten zur Verfügung). Nach diesen Vorbemerkungen formulieren wir das ebenso plausible wie hilfreiche

7.1 Abzähltheorem *Für jedes natürliche k gilt die folgende Aussage: Hat man k Kästchen $K_1, \ldots, K_k$ und*

n_1 *Möglichkeiten, K_1 zu belegen, und nach vorgenommener Belegung*

n_2 Möglichkeiten, K_2 zu belegen, und daran anschließend
n_3 Möglichkeiten, K_3 zu belegen...
......, hat man schließlich
n_k Möglichkeiten, K_k zu belegen,

so gibt es insgesamt $n_1 n_2 \cdots n_k$ Belegungen der $K_1, K_2, \ldots, K_k$.

Der Beweis erfolgt durch „Induktion nach k", d.h., indem man zeigt, daß die Menge M derjenigen k, für die das Theorem zutrifft, induktiv ist (dies genügt, weil dann nach dem Induktionsprinzip $M = \mathbf{N}$ ist, das Theorem also für alle natürlichen k gilt). Offenbar ist $1 \in M$, denn für das *eine* Kästchen K_1 haben wir voraussetzungsgemäß n_1 Belegungen. Wir nehmen nun an, ein gewisses k liege in M, d.h., es seien $n_1 n_2 \cdots n_k$ Belegungen der $K_1, K_2, \ldots, K_k$ vorhanden. Jede einzelne dieser Belegungen führt nun, kombiniert mit den n_{k+1} möglichen Belegungen eines weiteren Kästchens K_{k+1}, zu n_{k+1} Belegungen der Kästchen $K_1, K_2, \ldots, K_k, K_{k+1}$, insgesamt gibt es somit $n_1 n_2 \cdots n_k n_{k+1}$ Belegungen der $k+1$ Kästchen, das Theorem ist also auch für $k+1$ richtig, d.h., es ist $k+1 \in M$. ∎

Aus dem Abzähltheorem erhalten wir mühelos die wichtigsten Sätze der sogenannten **Kombinatorik**. Wir erklären zunächst, was unter einer geordneten endlichen Menge und einem k-Tupel zu verstehen ist.

Den allgemeinen Begriff der geordneten Menge hatten wir schon in A 3.7 kennengelernt. Im gegenwärtig allein interessierenden Falle einer endlichen Menge $A := \{a_1, a_2, \ldots, a_k\}$ wird bereits durch die Reihenfolge, in der die Elemente aufgeschrieben sind, eine Ordnung auf A definiert: a_1 ist vor a_2, a_2 vor a_3 usw., oder auch: a_1 ist das erste, a_2 das zweite, ..., a_k das k-te Element von A. Um anzudeuten, daß wir diese Ordnung von A, also die Reihenfolge der Elemente beachten wollen, schreiben wir $A = [a_1, a_2, \ldots, a_k]$ und nennen $[a_1, a_2, \ldots, a_k]$ eine (durch die Reihenfolge der Elemente) **geordnete Menge**. Zwei geordnete Mengen $[a_1, a_2, \ldots, a_k]$, $[b_1, b_2, \ldots, b_l]$ sind dann und nur dann als gleich anzusehen, wenn $k = l$ und $a_1 = b_1, a_2 = b_2, \ldots, a_k = b_k$ ist, wenn sie also dieselben Elemente *in derselben Reihenfolge* enthalten. Demnach ist z.B. zwar $\{1, 2\} = \{2, 1\}$, aber $[1, 2] \neq [2, 1]$.

Wenn eine Kommission K von 10 Personen $a_1, \ldots, a_{10}$ eine zweiköpfige Unterkommission bestimmt, so läuft dies auf die Wahl einer zweielementigen Teilmenge $\{a_p, a_q\}$ von K hinaus; die Reihenfolge von a_p, a_q ist hierbei unerheblich. Hat K aber einen Vorsitzenden und einen Protokollführer zu ernennen, so heißt dies, daß sie eine der geordneten zweielementigen Teilmengen $[a_p, a_q]$ von K auswählen muß (die Wahl $[a_1, a_{10}]$ ist etwas ganz anderes als die Wahl $[a_{10}, a_1]$, wo Vorsitzender und Protokollführer ihre Rollen vertauscht haben).

Für unsere Zwecke ist es wichtig, daß wir eine geordnete Menge $[a_1, a_2, \ldots, a_k]$ auffassen können als eine Belegung von k Kästchen mit den Gliedern einer k-elementigen (ungeordneten) Menge A. Jede derartige Belegung $a_1 a_2 \cdots a_k$ nennt man auch eine **Permutation** (der Elemente) von A. Die Menge $\{1, 2, 3\}$

besitzt z.B. insgesamt die sechs Permutationen

123　　213　　312
132　　231　　321.

Von der k-elementigen geordneten Menge ist der Begriff des k-Tupels scharf zu unterscheiden. Sind uns k nichtleere Mengen $A_1, A_2, \ldots, A_k$ gegeben, so nennen wir jede Zusammenstellung $(a_1, a_2, \ldots, a_k)$ von Elementen $a_1 \in A_1$, $a_2 \in A_2, \ldots, a_k \in A_k$ ein k-Tupel aus $A_1, A_2, \ldots, A_k$; dabei werden zwei k-Tupel $(a_1, \ldots, a_k)$, $(b_1, \ldots, b_k)$ als gleich angesehen, wenn $a_1 = b_1, \ldots, a_k = b_k$ ist. Die Reihenfolge der Komponenten a_j ist also wesentlich: Die 2-Tupel („Paare") $(1,2)$ und $(2,1)$ sind z.B. verschieden. Im Unterschied zur geordneten Menge brauchen aber in einem k-Tupel die Komponenten nicht untereinander verschieden zu sein; ist etwa $A_1 = A_2 = A_3 = \mathbb{N}$, so sind die 3-Tupel („Tripel") $(1, 2, 3)$, $(1, 1, 3)$ und $(1, 1, 1)$ alle gleichermaßen legitim. Der Fall, daß $A_1 = A_2 = \cdots = A_k = A$ ist, tritt besonders häufig auf; wir nennen dann $(a_1, a_2, \ldots, a_k)$ kurz ein k-Tupel aus A. In kombinatorischem Zusammenhang können wir ein k-Tupel aus $A_1, \ldots, A_k$ interpretieren als eine Belegung von k Kästchen $K_1, \ldots, K_k$, derart daß in K_r nur Elemente von A_r $(r = 1, \ldots, k)$ gelegt werden. Ein k-Tupel aus A entsteht in diesem Sinne, indem man sich k Exemplare („Kopien") der Menge A gegeben denkt und das r-te Kästchen mit einem Element aus dem r-ten Exemplar belegt. k-Tupel treten bei der Darstellung von Punkten der Ebene und des Raumes mittels cartesischer Koordinaten und noch viel alltäglicher bei Wörtern und Zahlen auf: Das Wort ALLTAG ist ein 6-Tupel aus der Buchstabenmenge $\{A, B, \ldots, Y, Z\}$, die Zahl 1344 ein 4-Tupel („Quadrupel") aus der Ziffernmenge $\{0, 1, \ldots, 9\}$.

Unter dem cartesischen Produkt $A_1 \times A_2 \times \cdots \times A_k$ der nichtleeren Mengen $A_1, A_2, \ldots, A_k$ versteht man die Menge aller k-Tupel aus $A_1, A_2, \ldots, A_k$. Ist $A_1 = A_2 = \cdots = A_k = A$, so schreibt man statt $A_1 \times A_2 \times \cdots \times A_k$ oder $A \times A \times \cdots \times A$ kürzer A^k. A^k ist also nichts anderes als die Menge aller k-Tupel aus A. Statt A^1 schreiben wir A und statt des 1-Tupels (a) einfach a.

Schließlich führen wir noch einige Abkürzungen ein: Für jedes natürliche n sei

$$n! := 1 \cdot 2 \cdot 3 \cdots n, \quad \text{ergänzend} \quad 0! := 1;$$

für jedes reelle α und jedes natürliche k setzen wir

$$\binom{\alpha}{k} := \frac{\alpha(\alpha-1)\cdots(\alpha-k+1)}{1 \cdot 2 \cdots k} = \frac{\alpha(\alpha-1)\cdots(\alpha-k+1)}{k!},$$

ergänzend $\binom{\alpha}{0} := 1$.

$n!$ wird gelesen „n Fakultät", $\binom{\alpha}{k}$ wird der Binomialkoeffizient „α über k" genannt. *Die Fakultäten wachsen rapide:* Es ist bereits $10! = 3628800$, $11! = 39916800$, $12! = 479001600$.

Nach diesen Vorbereitungen können wir nun mühelos die zentralen Aussagen der Kombinatorik formulieren und beweisen[1].

7.2 Satz *Es sei eine n-elementige Menge A und ein natürliches $k \leq n$ vorgelegt. Dann können aus A hergestellt werden*
a) *$n!$ Permutationen,*
b) *$n(n-1)\cdots(n-k+1)$ k-elementige geordnete Teilmengen,*
c) *$\binom{n}{k}$ k-elementige (nicht geordnete) Teilmengen und*
d) *n^k k-Tupel.*

Wir beweisen zuerst b). Jede geordnete k-elementige Teilmenge von A können wir herstellen, indem wir k Kästchen $K_1, \ldots, K_k$ mit Elementen aus A belegen. Zur Belegung von K_1 haben wir n Möglichkeiten, zur Belegung von K_2 verbleiben dann noch $n-1$ Möglichkeiten, schießlich können wir K_k auf $n-(k-1) = n-k+1$ Arten belegen. Die Aussage b) folgt nun sofort aus dem Abzähltheorem.—a) folgt aus b) für $k = n$.—Wir beweisen nun c). Nach b) gibt es $n(n-1)\cdots(n-k+1)$ k-elementige *geordnete* Teilmengen von A. Wir teilen sie in Gruppen ein: Eine Gruppe soll genau diejenigen geordneten (k-elementigen) Teilmengen enthalten, die dieselben Elemente haben, also lediglich *Umordnungen* einer festen k-elementigen Teilmenge sind. Nach a) hat jede Gruppe $k!$ Mitglieder. Ist m die Anzahl der Gruppen, so muß also $m \cdot k! = n(n-1)\cdots(n-k+1)$ und somit $m = \binom{n}{k}$ sein. Da aber m offenbar auch die gesuchte Anzahl der k-elementigen Teilmengen von A ist, haben wir damit c) bewiesen.—d) ergibt sich unmittelbar aus dem Abzähltheorem. ∎

Der Binomialkoeffizient $\binom{n}{k}$, $1 \leq k \leq n$, hat noch die folgende interessante Bedeutung: Er gibt an, *auf wieviel Arten man n unterschiedliche Objekte so auf zwei Kästchen K_1, K_2 verteilen kann, daß k Objekte in K_1 und $n-k$ Objekte in K_2 liegen.* Denn jede derartige Verteilung läßt uns in K_1 eine k-elementige Teilmenge der n-elementigen Ausgangsmenge finden, und alle k-elementigen Teilmengen können so erhalten werden.

Diese Deutung des Binomialkoeffizienten drängt zu der folgenden Verallgemeinerung. Wir denken uns k Kästchen $K_1, \ldots, K_k$, k natürliche Zahlen $n_1, \ldots, n_k$ und $n := n_1 + \cdots + n_k$ verschiedene Objekte gegeben. Verteilen wir diese Objekte so auf unsere Kästchen, daß n_1 Objekte in K_1, n_2 Objekte in $K_2, \ldots, n_k$ Objekte in K_k liegen, so erhalten wir eine Belegung der Kästchen „vom Typ $\langle n_1, n_2, \ldots, n_k \rangle$". Wir fragen nun, *wieviel verschiedene Belegungen dieses*

---

[1] Zahlreiche konkrete kombinatorische Probleme findet der Leser in den Aufgaben zu dieser Nummer.

7 Rekursive Definitionen und induktive Beweise. Kombinatorik 57

Typs möglich sind (Beispiel: Skat. K_1, K_2, K_3 sind die drei Spieler, K_4 ist der Skat, ferner ist $n_1 = n_2 = n_3 = 10$, $n_4 = 2$, und die $n_1 + \cdots + n_4 = 32$ Objekte sind die Spielkarten. Die Anzahl der verschiedenen Belegungen vom Typ $\langle 10, 10, 10, 2\rangle$ ist gerade die Gesamtzahl der verschiedenen Skatspiele; s. Aufgabe 23).

Sei
$$m := \text{Anzahl der verschiedenen Belegungen vom Typ } \langle n_1, n_2, \ldots, n_k\rangle.$$

Um m zu bestimmen, gehen wir so vor: Wir denken uns das j-te Kästchen ($j = 1, \ldots, k$) in n_j „Unterkästchen" unterteilt und verteilen nun unsere n Objekte so, daß in jedem der insgesamt $n_1 + n_2 + \cdots + n_k = n$ Unterkästchen genau ein Objekt liegt. Jede derartige Belegung der Unterkästchen erzeugt eine Belegung B der Kästchen $K_1, K_2, \ldots, K_k$ vom Typ $\langle n_1, n_2, \ldots, n_k\rangle$, und umgekehrt kann jede Belegung dieses Typs so erhalten werden. B wird nicht verändert, wenn man sich ein Kästchen K_j herausgreift und die in ihm befindlichen n_j Objekte so auf seine n_j Unterkästchen umverteilt, daß in jedem Unterkästchen wieder genau ein Objekt liegt. Nach Satz 7.2a ist die Gesamtzahl dieser Umverteilungen (Permutationen) gleich $n_j!$. Tut man dies in jedem K_j, so erhält man $n_1! \, n_2! \cdots n_k!$ Umverteilungen, die B nicht verändern. Jede andere Umverteilung (bei der also mindestens ein Objekt von einem Kästchen K_i in ein Kästchen $K_j \neq K_i$ wandert) zerstört jedoch B. Infolgedessen ist die Anzahl aller Belegungen der Unterkästchen mit jeweils einem Objekt gerade gleich der Anzahl der verschiedenen Belegungen vom Typ $\langle n_1, n_2, \ldots, n_k\rangle$, multipliziert mit $n_1! \, n_2! \cdots n_k!$, also $= m \cdot n_1! \, n_2! \cdots n_k!$. Da sie aber nach Satz 7.2a auch $= n!$ ist, haben wir $m \cdot n_1! \, n_2! \cdots n_k! = n!$ und somit $m = n!/(n_1! \, n_2! \cdots n_k!)$. Wir halten dieses Ergebnis fest:

7.3 Satz *Es seien Kästchen* $K_1, \ldots, K_k$, *natürliche Zahlen* $n_1, \ldots, n_k$ *und* $n := n_1 + \cdots + n_k$ *verschiedene Objekte vorgelegt. Dann gibt es* $\dfrac{n!}{n_1! \, n_2! \cdots n_k!}$ *Möglichkeiten, diese n Objekte so auf die k Kästchen zu verteilen, daß n_1 Objekte in K_1, n_2 Objekte in $K_2, \ldots, n_k$ Objekte in K_k liegen.*

Eine andere interessante Interpretation des Polynomialkoeffizienten $n!/(n_1! \cdots n_k!)$ findet der Leser in Aufgabe 21.

Der nächste Satz bringt eine besonders wichtige Anwendung der Binomialkoeffizienten.

°**7.4 Binomischer Satz** *Für alle Zahlen a, b und jedes natürliche n ist*

$$(a+b)^n = a^n + \binom{n}{1}a^{n-1}b + \binom{n}{2}a^{n-2}b^2 + \binom{n}{3}a^{n-3}b^3 + \cdots + \binom{n}{n-1}ab^{n-1} + b^n.$$

Der Beweis ergibt sich mühelos aus unseren kombinatorischen Betrachtungen.

Wir setzen $a_1 = a_2 = \cdots = a_n := a$, $b_1 = b_2 = \cdots = b_n := b$. Dann ist $(a+b)^n = (a_1+b_1)(a_2+b_2)\cdots(a_n+b_n)$. Dieses Produkt berechnen wir durch das übliche „Ausmultiplizieren": Zunächst wählen wir aus jedem Faktor $a_j + b_j$ einen der Summanden a_j, b_j aus und multiplizieren dann die ausgewählten n Summanden miteinander (im Falle $n=4$ entstehen so—unter anderem—z.B. die Produkte $a_1 a_2 a_3 b_4 = a^3 b$, $a_1 b_2 b_3 a_4 = a^2 b^2$). Bei festem $k \geq 0$ fassen wir nunmehr alle Produkte zusammen, die k-mal den Faktor b und damit $(n-k)$-mal den Faktor a enthalten. Insgesamt gibt es $\binom{n}{k}$ derartige Produkte; denn gemäß unserem Auswahlverfahren ist ein Produkt schon dann bestimmt, wenn wir aus $\{b_1, \ldots, b_n\}$ eine k-elementige Teilmenge ausgewählt haben (die Indizierung haben wir, wie nun deutlich wird, vorgenommen, um die Summanden wenigstens äußerlich unterscheidbar zu machen). Die geschilderte Zusammenfassung führt also zu dem Term $\binom{n}{k} a^{n-k} b^k$. Und da die Summe aller dieser Terme für $k = 0, 1, \ldots, n$ gerade unser Ausgangsprodukt $(a+b)^n$ ergibt, ist unser Satz bereits bewiesen. (Für einen Induktionsbeweis s. Aufgabe 4b). ∎

Eine n-elementige Menge besitzt $\binom{n}{0} + \binom{n}{1} + \cdots + \binom{n}{n}$ Teilmengen (beachte, daß $\binom{n}{0} = 1$ die Anzahl der leeren und $\binom{n}{n} = 1$ die Anzahl der unechten Teilmengen angibt). Setzen wir in dem binomischen Satz $a = b = 1$, so erhält man für diese Summe den Wert 2^n. Es gilt also der

7.5 Satz *Eine n-elementige Menge besitzt 2^n Teilmengen.*

Die Zeichen des Morse-Alphabets sind aus den Grundzeichen · und – zusammengesetzt (z.B. – – · oder · –); dabei ist festgelegt, daß jedes Zeichen aus höchstens 5 Grundzeichen besteht. Mit anderen Worten: Jedes Morsezeichen ist ein k-Tupel, $1 \leq k \leq 5$, aus der zweielementigen Menge $\{\cdot, -\}$. Infolgedessen gibt es insgesamt $2^1 + 2^2 + 2^3 + 2^4 + 2^5 = 62$ Morsezeichen.—Jedes Wort der deutschen Sprache ist ein k-Tupel aus der 26-elementigen Buchstabenmenge $B := \{a, b, \ldots, y, z\}$. Die Anzahl der möglichen Wörter kann man nun zwar nicht mehr exakt dadurch angeben, daß man wie im Falle der Morsezeichen die Zahl der 1-Tupel, 2-Tupel, ... aus B addiert; denn erstens ist nicht festgelegt aus wieviel Buchstaben ein Wort höchstens bestehen darf und zweitens ergibt nicht jede Buchstabenkombination ein sprachlich akzeptables Wort. Mit hinreichender Sicherheit wird man jedoch sagen dürfen, daß eine Kombination von mehr als 50 Buchstaben wohl nie als ein Wort unserer Sprache auftauchen wird, so daß wir in der Summe $S := 26^1 + 26^2 + \cdots + 26^{50}$ die Anzahl der möglichen Wörter jedenfalls grob nach oben *abgeschätzt* haben. So unhandlich diese Summe auch sein mag (wir werden sie gleich besser beherrschen können)—sie zeigt doch, daß unsere

Sprache immer nur über höchstens S Wörter und damit über höchstens S Begriffe verfügen wird—und mit diesen endlich vielen Begriffen müssen wir versuchen, unsere Welt in allen ihren Aspekten zu beschreiben! Wir legen nun allgemein eine n-elementige Menge zugrunde. Aus ihr können insgesamt $S := n^1 + n^2 + \cdots + n^p$ 1-, 2-, ..., p-Tupel gebildet werden. Wegen

$$(n-1)S = nS - S = (n^2 + \cdots + n^p + n^{p+1}) - (n + n^2 + \cdots + n^p)$$
$$= n^{p+1} - n = n(n^p - 1)$$

haben wir $S = n(n^p - 1)/(n-1)$, falls $n > 1$ ist; es gilt also der

7.6 Satz *Die Anzahl der 1-, 2-, ..., p-Tupel, die man insgesamt aus einer Menge mit $n > 1$ Elementen bilden kann, wird gegeben durch*

$$n \frac{n^p - 1}{n - 1}.$$

Wir bemerken, daß uns die Kombinatorik vor zwei aufwendige numerische Aufgaben stellt: die Berechnung von $n!$ für große n und die Berechnung von n^p für große n und p. Wie man diese Aufgaben—jedenfalls näherungsweise—lösen kann, werden wir erst später sehen, wenn wir ein leistungsfähiges analytisches Instrumentarium zur Hand haben (s. jedoch Aufgabe 12).—Der Leser möge sich übrigens an dieser Stelle daran erinnern, daß die Sätze 7.2 bis 7.6 letztlich alle aus dem Abzähltheorem gewonnen wurden und dieses wiederum sich in erstaunlich einfacher Weise aus dem Induktionsprinzip ergab. Weitere wichtige Beispiele für Induktionsbeweise bringen die nun folgenden Sätze 7.7 bis 7.9.

7.7 Satz[1] *Für alle natürlichen n ist*

a) $1 + 2 + \cdots + n = \dfrac{n(n+1)}{2}$ (Summe der n ersten natürlichen Zahlen),

b) $1 + 2^2 + \cdots + n^2 = \dfrac{n(n+1)(2n+1)}{6}$ (Summe der n ersten Quadratzahlen),

c) $1 + 2^3 + \cdots + n^3 = \dfrac{n^2(n+1)^2}{4}$ (Summe der n ersten Kubikzahlen).

In allen drei Fällen führen wir den Beweis, indem wir zeigen, daß die Menge M derjenigen natürlichen n, für welche die jeweilige Behauptung zutrifft, *induktiv* ist. Unmittelbar klar ist $1 \in M$. Im Falle a) sei nun $n \in M$ für ein gewisses n, also $1 + 2 + \cdots + n = n(n+1)/2$. Unter dieser Voraussetzung ist

$$1 + 2 + \cdots + n + (n+1) = [n(n+1) + 2(n+1)]/2 = (n+1)(n+2)/2,$$

---

[1] S. auch A 16.3, A 17.3, (71.8), A 92.2 und A 95.1 für andere Beweise und allgemeinere Aussagen.

also ist auch $n+1 \in M$. — Fall b): Auch hier sei $n \in M$ für ein gewisses n, also $1+2^2+\cdots+n^2 = n(n+1)(2n+1)/6$. Aus dieser Annahme folgt

$$1+2^2+\cdots+n^2+(n+1)^2 = [n(n+1)(2n+1)+6(n+1)^2]/6$$
$$= [(n+1)(n+2)(2(n+1)+1)]/6$$

und somit $n+1 \in M$. — Liegt im Falle c) ein gewisses n in M, gilt also für dieses n die Gleichung $1+2^3+\cdots+n^3 = n^2(n+1)^2/4$, so erhalten wir

$$1+2^3+\cdots+n^3+(n+1)^3 = [n^2(n+1)^2+4(n+1)^3]/4$$
$$= (n+1)^2(n^2+4n+4)/4$$
$$= (n+1)^2(n+2)^2/4,$$

und somit liegt auch $n+1$ in M. ∎

Die induktive Beweismethode wird häufig auch in der nachstehenden, nun sofort verständlichen Beschreibung dargestellt:

Für jedes natürliche n sei eine Aussage $A(n)$ definiert. Ist $A(1)$ richtig („Induktionsanfang") und folgt aus der Annahme, $A(n)$ sei für irgendein n richtig („Induktionsannahme"), daß auch $A(n+1)$ gilt („Induktionsschritt"), so ist $A(n)$ für jedes $n \geq 1$ richtig.

Wir überlassen dem Leser die leichte Aufgabe, durch einen Widerspruchsbeweis mit Hilfe des Wohlordnungsprinzips zu zeigen, daß man die induktive Beweismethode auch in der folgenden Modifikation verwenden kann:

Die Aussage $A(n)$ sei richtig für eine „Anfangszahl" n_0, und n sei irgendeine Zahl $\geq n_0$. Folgt aus der Annahme, $A(n)$ sei richtig oder auch aus der Annahme, jede Aussage $A(k)$, $n_0 \leq k \leq n$, sei richtig, daß auch $A(n+1)$ gilt, so ist $A(n)$ für jedes $n \geq n_0$ richtig.

7.8 Satz *Sei p eine vorgegebene natürliche Zahl und n sei ebenfalls natürlich. Dann ist*

a) $p^n > n$ *für alle $n \geq 1$, falls $p \geq 2$,*
b) $p^n > n^2$ *für alle $n \geq 1$, falls $p \geq 3$,*
c) $2^n > n^2$ *für alle $n \geq 5$.*

Die Beweise erfolgen wieder induktiv. $A(n)$ bedeutet die Aussage des jeweils betrachteten Satzteiles. — a) $A(1)$ ist richtig: $p^1 > 1$, da $p \geq 2$. Induktionsschritt: Sei $A(n)$ für irgendein n richtig, also $p^n > n$. Dann folgt durch Multiplikation mit p, daß $p^{n+1} > np$ ist, und wegen $np \geq n \cdot 2 = n+n \geq n+1$ ergibt sich daraus sofort $p^{n+1} > n+1$, also die Aussage $A(n+1)$. — b) $A(1)$ und $A(2)$ sind richtig: $p^1 > 1$ und $p^2 > 2^2$, da $p \geq 3$. Induktionsschritt: Sei $A(n)$ für irgendein $n \geq 2$ richtig, also $p^n > n^2$. Durch Multiplikation mit p folgt $p^{n+1} > pn^2 \geq 3n^2$. Es genügt nun, um $A(n) \Rightarrow A(n+1)$ zu zeigen, die Abschätzung $3n^2 \geq (n+1)^2$ nachzuweisen. Dies geschieht durch „äquivalente Umformungen":

$$3n^2 \geq (n+1)^2 \Leftrightarrow 3n^2 \geq n^2 + 2n + 1$$
$$\Leftrightarrow 2n^2 \geq 2n + 1$$
$$\Leftrightarrow n^2 + n^2 - 2n + 1 \geq 2$$
$$\Leftrightarrow n^2 + (n-1)^2 \geq 2;$$

diese Ungleichung ist aber wegen $n \geq 2$ und $(n-1)^2 \geq 0$ gewiß richtig.—c) $A(5)$ ist richtig: $2^5 = 32 > 5^2 = 25$ (wie steht es mit $A(1)$ bis $A(4)$?). Induktionsschritt: Sei $A(n)$ für ein beliebiges $n \geq 5$ richtig, also $2^n > n^2$. Durch Multiplikation mit 2 folgt $2^{n+1} > 2n^2$. Um $A(n) \Rightarrow A(n+1)$ zu zeigen, brauchen wir also nur die Ungleichung $2n^2 \geq (n+1)^2$ zu beweisen, und dies gelingt wieder durch äquivalente Umformungen:

$$2n^2 \geq (n+1)^2 \Leftrightarrow 2n^2 \geq n^2 + 2n + 1$$
$$\Leftrightarrow n^2 - 2n + 1 \geq 2$$
$$\Leftrightarrow (n-1)^2 \geq 2;$$

diese Ungleichung ist aber sogar für alle $n \geq 3$ richtig. ∎

Setzen wir in dem binomischen Satz $a = 1$, $b = x$, so erhalten wir

$$(1+x)^n = 1 + \binom{n}{1}x + \binom{n}{2}x^2 + \cdots + \binom{n}{n-1}x^{n-1} + x^n. \tag{7.1}$$

Da die hier auftretenden $\binom{n}{k}$ durchweg positiv sind und $\binom{n}{1} = n$ ist, ergibt sich aus dieser Entwicklung sofort die Abschätzung $(1+x)^n > 1 + nx$, falls nur $n \geq 2$ und $x > 0$ ist. Eine weitergehende Aussage bringt der nächste Satz, der uns eine vielfältig anwendbare Ungleichung — vielleicht die wichtigste überhaupt — in die Hand gibt.

7.9 Bernoullische Ungleichung[1] *Für jedes natürliche $n \geq 2$ und alle von Null verschiedenen $x > -1$ ist*

$$(1+x)^n > 1 + nx \quad \text{(s. auch (7.2))}.$$

Den Beweis führen wir wieder induktiv. Die Anfangszahl ist $n = 2$ ($A(1)$ ist offenbar falsch). $A(2)$ ist richtig wegen $(1+x)^2 = 1 + 2x + x^2 > 1 + 2x$ (es ist ja $x^2 > 0$). Nun nehmen wir an, $A(n)$ treffe für irgendein $n \geq 2$ zu, es sei also $(1+x)^n > 1 + nx$ für $x > -1$, $x \neq 0$. Daraus folgt durch Multiplikation

---

[1] Jakob Bernoulli (1654–1705; 51).

62 I Mengen und Zahlen

mit der *positiven* Zahl $1+x$ die Ungleichung
$$(1+x)^{n+1} > (1+x)(1+nx) = 1+nx+x+nx^2 > 1+(n+1)x$$
und somit $A(n+1)$. ∎

Als Bernoullische Ungleichung bezeichnet man auch die Abschätzung

$$(1+x)^n \geq 1+nx \text{ für alle natürlichen } n \text{ und alle } x \geq -1, \tag{7.2}$$

die der Leser genau nach dem Muster des letzten Beweises oder auch direkt mit Hilfe des Satzes 7.9 einsehen kann.

Die Induktionsmethode lehrt, Behauptungen zu *beweisen*, aber nicht, Behauptungen zu *finden* (der Leser sollte sich fast unwillig gefragt haben, wie man denn überhaupt auf den Satz 7.7 kommen konnte). Der Lehrsatz muß schon vorliegen, ehe diese Methode greifen kann, sie wird gewissermaßen nur zur Begutachtung des fertigen Produkts herangezogen. Sichere Regeln, um Sätze zu finden, gibt es dagegen nicht; oft genug wird man empirisch vorgehen, d.h., aus einigen „Erfahrungen" mit natürlichen Zahlen einen Satz vermuten, und diesen Satz wird man dann induktiv zu beweisen versuchen, man wird also zunächst eine „unvollständige" und dann erst eine „vollständige" Induktion durchführen (s. Aufgabe 18).

Noch eine weitere Bemerkung ist angebracht. Ein Induktionsbeweis besteht aus *zwei* Teilen: Man muß erstens die Richtigkeit von $A(n)$ für eine Anfangszahl $n=n_0$ bestätigen und muß zweitens den Induktionsschritt „$A(n) \Rightarrow A(n+1)$" für $n \geq n_0$" ausführen. *Der Induktionsschritt* allein *beweist nichts, wenn die Anfangsaussage $A(n_0)$ nicht zutrifft*; die Diskussion von $A(n_0)$ darf deshalb unter keinen Umständen übergangen werden. Wir geben ein Beispiel: $A(n)$ sei die Aussage $1+2+\cdots+n = \dfrac{n(n+1)}{2}+3$. Für jedes $n \geq n_0 := 1$ folgt zwar aus $A(n)$ stets $A(n+1)$, die Aussage $A(n)$ ist trotzdem falsch (s. Satz 7.7). Der „Induktionsbeweis" versagt, weil $A(1)$ nicht zutrifft.

Aufgaben

1. Der Binomialkoeffizient $\binom{\alpha}{k} = \dfrac{\alpha(\alpha-1)\cdots(\alpha-k+1)}{1 \cdot 2 \cdots k}$ ist, locker formuliert, ein Bruch, dessen Zähler aus k absteigenden und dessen Nenner aus k aufsteigenden Faktoren besteht. Man lasse es sich nicht verdrießen, einige Binomialkoeffizienten auszurechnen (und dabei *ausgiebig zu kürzen*), z.B.

$$\binom{5}{3}, \binom{10}{5}, \binom{1/2}{2}, \binom{-1/3}{4}, \binom{4}{5}, \binom{-4}{5}, \binom{-2/3}{3}, \binom{7/8}{0}.$$

Zeige: Für $\alpha \neq 0$ ist $\binom{-\alpha}{k} = (-1)^k \binom{\alpha+k-1}{k}$.

*2. Zeige für natürliches n: a) $\binom{n}{k} = \dfrac{n!}{k!(n-k)!} = \binom{n}{n-k}$, falls $0 \leq k \leq n$ (Symmetrie der

Binomialkoeffizienten),

b) $\binom{n}{k} = 0$ für $k > n$,

c) $\binom{n}{0} + \binom{n}{1} + \binom{n}{2} + \cdots + \binom{n}{n} = 2^n$ (s. Beweis von Satz 7.5),

d) $\binom{n}{0} - \binom{n}{1} + \binom{n}{2} - + \cdots + (-1)^n \binom{n}{n} = 0$.

*3. Zeige für $k \geq 2$: a) $\binom{1/2}{k} = (-1)^{k-1} \dfrac{1 \cdot 3 \cdots (2k-3)}{2 \cdot 4 \cdots (2k)}$,

b) $\binom{-1/2}{k} = (-1)^k \dfrac{1 \cdot 3 \cdots (2k-1)}{2 \cdot 4 \cdots (2k)}$, c) $\binom{2k}{k} \Big/ 2^{2k} = \dfrac{1 \cdot 3 \cdots (2k-1)}{2 \cdot 4 \cdots (2k)}$.

*4[1]. a) Zeige durch direktes Ausrechnen, aber auch durch Induktion:

$$\binom{\alpha}{k} + \binom{\alpha}{k+1} = \binom{\alpha+1}{k+1} \quad \text{für } k \geq 0. \tag{7.3}$$

Diese Formel ermöglicht eine bequeme *sukzessive* Berechnung der Binomialkoeffizienten $\binom{n}{k}$; das nachstehende Berechnungsschema wird nach Blaise Pascal (1623–1662; 39) das **Pascalsche Dreieck** genannt (jede Zeile des Schemas beginnt und endet mit 1; die restlichen Zahlen werden gemäß (7.3) als Summe nebeneinanderstehender Zahlen der vorhergehenden Zeile gebildet):

```
                1                    (0)
                                     (0)
             1     1                 (1)
                                     (k)
          1     2     1              (2)
                                     (k)
       1     3     3     1           (3)
                                     (k)
    1     4     6     4     1        (4)
                                     (k)
   ..........................
```

b) Beweise mit Hilfe von (7.3) den binomischen Satz induktiv.

c) Beweise induktiv die Gleichung $\binom{k}{k} + \binom{k+1}{k} + \cdots + \binom{n}{k} = \binom{n+1}{k+1}$ für $n = k, k+1, \ldots$ und veranschauliche sie im Pascalschen Dreieck.

d) $\binom{\alpha}{0} - \binom{\alpha}{1} + \binom{\alpha}{2} - \binom{\alpha}{3} + \cdots + (-1)^n \binom{\alpha}{n} = (-1)^n \binom{\alpha-1}{n}$. Für $\alpha = n$ erhält man die Aussage d) der Aufgabe 2. Hinweis: (7.3).

---

[1] Von dieser Aufgabe wird nur der Teil a) später noch benötigt.

64 I Mengen und Zahlen

*5. Beweise induktiv die folgende Verallgemeinerung der Sätze 5.2 und 5.6: Ist $a_k < b_k$ für $k = 1, \ldots, n$, so ist $a_1 + a_2 + \cdots + a_n < b_1 + b_2 + \cdots + b_n$; ist überdies $0 < a_k$ für alle k, so gilt auch $a_1 a_2 \cdots a_n < b_1 b_2 \cdots b_n$.

*6. Sei $m, n \in \mathbb{N}$ und $m < n$. Zeige durch direkte Rechnung:

a) $\binom{m}{k} < \binom{n}{k}$ für $k = 1, \ldots, n$, \quad b) $\frac{1}{m^k}\binom{m}{k} < \frac{1}{n^k}\binom{n}{k} \leq \frac{1}{k!} \leq \frac{1}{2^{k-1}}$ für $k = 2, \ldots, n$.

*7. Wachstums- und Abnahmeprozesse Zahlreiche Prozesse in Natur und Gesellschaft, bei denen eine gewisse Größe u im Laufe der Zeit wächst oder abnimmt, verlaufen *näherungsweise* nach dem folgenden Gesetz oder „mathematischen Modell": Innerhalb einer jeden hinreichend kleinen Zeitspanne Δt ist die Zu- oder Abnahme Δu von u *proportional zu dem vorhandenen u und der Zeitspanne Δt*, also $\Delta u = \alpha u \, \Delta t$ oder genauer, wenn wir die Abhängigkeit der Größe u von der Zeit t durch die Schreibweise $u(t)$ zum Ausdruck bringen,

$$u(t + \Delta t) - u(t) = \alpha u(t) \, \Delta t; \tag{7.4}$$

dabei ist α eine Konstante, die für einen Wachstumsprozeß positiv und für einen Abnahmeprozeß negativ ist und von Fall zu Fall empirisch bestimmt werden muß. Wir bringen zunächst vier Beispiele für derartige Prozesse, anschließend folgen die Aufgaben.

1. $u(t)$ sei die zur Zeit t vorhandene Population („Bevölkerung") eines gewissen Bereichs. Die Population kann aus Menschen, Tieren, Bakterien, Bäumen (Holzmenge) usw. bestehen. Die Umwelteinflüsse seien vernachlässigbar (z.B. sollen die Bakterien nicht medikamentös bekämpft und die Bäume nicht gefällt werden). In dieser Situation wird man häufig annehmen dürfen, daß die Anzahl der „Geburten" und der „Todesfälle" innerhalb einer hinreichend kleinen Zeitspanne Δt proportional zur gerade vorhandenen Population u und dieser Zeitspanne Δt, also $= \gamma u \, \Delta t$ bzw. $= \tau u \, \Delta t$ ist (γ heißt die Geburts-, τ die Todesrate der betrachteten Population). Die Population verändert sich dann gemäß (7.4) mit $\alpha := \gamma - \tau$, wächst also, wenn $\alpha > 0$ und nimmt ab wenn $\alpha < 0$ ist.

2. $u(t)$ gebe die zur Zeit t vorhandene Menge einer zerfallenden radioaktiven Substanz an. Hier ist $\alpha < 0$. $\lambda := -\alpha$ heißt die Zerfallskonstante der betreffenden Substanz.

3. $u(t)$ sei die zur Zeit t bestehende Differenz $T(t) - M$ zwischen der Temperatur $T(t)$ eines Körpers K und der konstant gehaltenen Temperatur M eines Mediums, in das K eingebettet ist. α ist negativ, weil der Wärmefluß zwischen K und dem umgebenden Medium die Temperaturdifferenz $u(t)$ zu vermindern sucht.

4. $u(t)$ sei die Menge einer zur Zeit t vorhandenen Substanz, die durch eine chemische Reaktion in Verbindung mit anderen Substanzen tritt. Auch hier ist $\alpha < 0$.

In den folgenden Betrachtungen nehmen wir der Einfachheit halber $\alpha = 1$ an; den Fall $\alpha \neq 1$ werden wir in Nr. 26 behandeln. Der Prozeß beginne zur Zeit $t = 0$ und ende zur Zeit $t = 1$. Um zu *kleinen Zeitspannen Δt* zu kommen, innerhalb deren der Prozeß (jedenfalls näherungsweise) nach dem Modell (7.4) verläuft, setzen wir (mit einem hinreichend großen natürlichen n) $\Delta t = 1/n$ und unterteilen die Prozeßdauer durch die Zeitpunkte $t_k := k \, \Delta t$ ($k = 0, 1, \ldots, n$) in n gleiche Teile der Länge Δt. Für jeden dieser Teile benutzen wir (7.4); zur Abkürzung sei $u_k := u(t_k)$. Zeige:

a) $u_k = (1 + 1/n)^k u_0$ für $k = 1, \ldots, n$; insbesondere ist $u_n = (1 + 1/n)^n u_0$.
b) $(1 + 1/n)^n$ hat für $n = 1, 2, 3, 4, 5$ die Werte $2; 2{,}25; 2{,}370\ldots; 2{,}441\ldots; 2{,}488\ldots$.

Die Vermutung, daß $(1+1/n)^n$ mit zunehmendem n wächst, wird bestätigt durch die Ungleichung

c) $\left(1+\dfrac{1}{m}\right)^m < \left(1+\dfrac{1}{n}\right)^n$ für $m<n$ ($m, n \in \mathbb{N}$); erst recht ist also

$$\left(1+\dfrac{1}{n}\right)^n < \left(1+\dfrac{1}{n+1}\right)^{n+1} \text{ für } n=1, 2, \dots.$$

Hinweis: Binomischer Satz und Aufgabe 6b.

8. Für alle natürlichen $n \geq 2$ ist

$$\left(1+\dfrac{1}{n-1}\right)^n > \left(1+\dfrac{1}{n}\right)^{n+1}.$$

Hinweis: Zeige, daß die Behauptung gleichbedeutend ist mit der Aussage $\left(1+\dfrac{1}{n^2-1}\right)^n > 1+\dfrac{1}{n}$. Deren Richtigkeit erkennt man mittels der Bernoullischen Ungleichung.

9. Zeige zuerst durch direkte Rechnung, dann induktiv, daß für $n \geq 2$ gilt:

$$\left(1+\dfrac{1}{1}\right)^1 \left(1+\dfrac{1}{2}\right)^2 \left(1+\dfrac{1}{3}\right)^3 \cdots \left(1+\dfrac{1}{n-1}\right)^{n-1} = \dfrac{n^n}{n!},$$

$$\left(1+\dfrac{1}{1}\right)^2 \left(1+\dfrac{1}{2}\right)^3 \left(1+\dfrac{1}{3}\right)^4 \cdots \left(1+\dfrac{1}{n-1}\right)^n = \dfrac{n^n}{(n-1)!}.$$

*10. Geometrische Summenformel Zeige zuerst nach dem Muster des Beweises von Satz 7.6, dann induktiv, daß für alle reellen $q \neq 1$ und alle natürlichen n die Gleichung

$$1+q+q^2+\cdots+q^n = \dfrac{1-q^{n+1}}{1-q}$$

gilt (da beim Beweis nur das Körperrechnen verwendet wird, bleibt diese Formel, die sich immer wieder in die allerverschiedensten Untersuchungen eindrängt, auch für *komplexe* $q \neq 1$ in Kraft).

*11. Für alle natürlichen n ist

$$\left(1+\dfrac{1}{n}\right)^n < 3 \quad \text{und} \quad \left(1+\dfrac{1}{n}\right)^{n+1} > \left(1+\dfrac{1}{n}\right)^n \geq 2.$$

Hinweis: Die erste Abschätzung kann man mit Hilfe des binomischen Satzes, Aufgabe 6b und der obigen geometrischen Summenformel, die zweite mit Aufgabe 7c beweisen.

12. Beweise mit den Aufgaben 9 (erste Gleichung) und 11 die folgende Abschätzung für $n!$ (wir werden sie später wesentlich verbessern):

$$3\left(\dfrac{n}{3}\right)^n \leq n! \leq 2\left(\dfrac{n}{2}\right)^n.$$

°**13.** Die folgende Anwendung der geometrischen Summenformel zeigt, wie nützlich der „Weg durchs Komplexe" für die Gewinnung *rein reeller* Resultate sein kann. Wir benutzen in dieser Aufgabe den Sinus und Kosinus naiv, d.h., wir stützen uns auf Schulkenntnisse, insbesondere machen wir Gebrauch von den Additionstheoremen (48.12), der Differenzformel (48.17), dem „trigonometrischen Pythagoras" (48.20), der zweiten Halbwinkelformel in A 57.1, den Gleichungen $\cos(-x) = \cos x$, $\sin(-x) = -\sin x$ und von den folgenden Beziehungen der Kreismessungszahl π zu den beiden Winkelfunktionen:

$\cos x = 0 \Leftrightarrow x = (2k+1)\dfrac{\pi}{2}$, $\sin x = 0 \Leftrightarrow x = k\pi$, $\cos x = 1 \Leftrightarrow x = 2k\pi$; dabei ist stets $k \in \mathbf{Z}$.

Eine stichhaltige Begründung dieser Dinge wird in den Nummern 48, 57 und 67 gegeben werden.

Mit der imaginären Einheit i setzen wir für alle reellen x

$$E(x) := \cos x + i \sin x;$$

der Buchstabe E möge an Euler erinnern (s. die Eulersche Formel in A 4.2). Zeige:
a) $E(x) \neq 0$ für alle x, $E(x) = 1$ genau für $x = 2k\pi$, $k \in \mathbf{Z}$.
b) $E(x)E(y) = E(x+y)$ (Additionstheorem für $E(x)$).
c) $(E(x))^n = E(nx)$ für $n \in \mathbf{N}_0$, also

$$(\cos x + i \sin x)^n = \cos nx + i \sin nx \quad \text{für } n \in \mathbf{N}_0$$

(**Moivresche Formel**, nach Abraham de Moivre, 1667–1754; 87).

d) $1 + E(x) + E(2x) + \cdots + E(nx) = \dfrac{1 - E((n+1)x)}{1 - E(x)} \cdot \dfrac{E\left(-\dfrac{x}{2}\right)}{E\left(-\dfrac{x}{2}\right)} = \dfrac{E\left(-\dfrac{x}{2}\right) - E\left(\dfrac{2n+1}{2}x\right)}{E\left(-\dfrac{x}{2}\right) - E\left(\dfrac{x}{2}\right)}$

für $x \neq 2k\pi$.

Indem man $E\left(-\dfrac{x}{2}\right) - E\left(\dfrac{x}{2}\right) = -2i \sin \dfrac{x}{2}$ beachtet und die Real- und Imaginärteile vergleicht, erhält man

e) $\dfrac{1}{2} + \cos x + \cos 2x + \cdots + \cos nx = \dfrac{\sin(2n+1)\dfrac{x}{2}}{2 \sin \dfrac{x}{2}}$, (7.5)

$\sin x + \sin 2x + \cdots + \sin nx = \dfrac{\sin \dfrac{nx}{2} \cdot \sin \dfrac{(n+1)x}{2}}{\sin \dfrac{x}{2}}$. (7.6)

f) $1 + E(x) + E(2x) + \cdots + E((n-1)x) = \dfrac{1 - E(nx)}{1 - E(x)} = \dfrac{1 - E(nx)}{E\left(\dfrac{x}{2}\right)\left[E\left(-\dfrac{x}{2}\right) - E\left(\dfrac{x}{2}\right)\right]}$

für $x \neq 2k\pi$, also

$$E\left(\frac{x}{2}\right) + E\left(x + \frac{x}{2}\right) + \cdots + E\left((n-1)x + \frac{x}{2}\right) = \frac{1 - \cos nx - i \sin nx}{-2i \sin \frac{x}{2}}$$

und somit (Vergleich der Imaginärteile!)

$$\sin \frac{x}{2} + \sin 3 \frac{x}{2} + \sin 5 \frac{x}{2} + \cdots + \sin(2n-1) \frac{x}{2} = \frac{1 - \cos nx}{2 \sin \frac{x}{2}} = \frac{\sin^2 n \frac{x}{2}}{\sin \frac{x}{2}}. \tag{7.7}$$

⁺14. **Auswirkungen von Investitionen auf das Volkseinkommen** Die nun folgende Anwendung der geometrischen Summenformel wird uns auf ein zentrales, unsere ganze spätere Arbeit beherrschendes Problem führen. Angenommen, die (produzierenden und konsumierenden) Mitglieder einer Volkswirtschaft geben durchgehend einen festen Bruchteil q $(0 < q < 1)$ ihres Einkommens für Verbrauchsgüter aus (q ist die sogenannte Grenzneigung zum Verbrauch). Nun möge ein Unternehmer eine Investition im Werte von K Mark tätigen (Bau einer Fabrik, Anschaffung von Maschinen usw.). Die *Erstempfänger* dieses Betrags (Maurer, Installateure, Maschinenbauer, ...) geben nach unserer Annahme den q-ten Teil davon, also qK Mark aus, die Empfänger *dieses* Betrages (*Zweitempfänger*) verbrauchen $q(qK) = q^2 K$ Mark usw. Nachdem die n-ten Empfänger $q^n K$ Mark ausgegeben haben, sind insgesamt Ausgaben in Höhe von

$$K + qK + q^2 K + \cdots + q^n K = K \frac{1 - q^{n+1}}{1 - q} = K \frac{1}{1-q} - K \frac{q^{n+1}}{1-q} \text{ Mark} \tag{7.8}$$

getätigt worden, und *um diesen Betrag hat sich das Volkseinkommen erhöht* (s. die „Volkswirtschaftslehre" des Nobelpreisträgers Paul A. Samuelson, 2. Aufl., Köln-Deutz 1958, S. 248 ff). Da man kaum wissen kann, wie groß n innerhalb eines gegebenen Zeitraumes ist, liegt es nahe, folgendermaßen zu argumentieren: Da q ein echter Bruch ist, wird q^{n+1} und damit auch $Kq^{n+1}/(1-q)$ für großes n sehr klein sein, und wegen (7.8) *wird also $K/(1-q)$ hinreichend gut die durch die Erstinvestition von K Mark bewirkte Erhöhung des Volkseinkommens angeben*. Bei einer Grenzneigung zum Verbrauch von $q = 2/3$ würde also eine Investition von 1 000 000 Mark zu einer Erhöhung des Volkseinkommens um etwa 3 000 000 Mark führen (hier wird die Bedeutung der Investitionen für eine Volkswirtschaft deutlich). Unser Problem ist nun, ob diese doch sehr vagen Überlegungen präzisiert und begründet werden können (was ist ein „großes n", ein „kleines q^{n+1}"; wird q^{n+1} wirklich „klein" und, wenn ja, „wie klein bei wie großem n", wird q^{n+1} vielleicht „beliebig klein", so daß $K/(1-q)$ den Zuwachs des Volkseinkommens „beliebig genau" angibt – *und was soll das alles überhaupt heißen?*). Diese Fragen werden wir im Kapitel III in voller Allgemeinheit angreifen; hier halten wir nur fest, daß sie uns durch eine sehr weltliche Anwendung der geometrischen Summenformel aufgedrängt worden sind.

*15. Sei $x \neq y$. Dann ist für jedes natürliche $n > 1$

$$\frac{x^n - y^n}{x - y} = x^{n-1} + x^{n-2} y + x^{n-3} y^2 + \cdots + xy^{n-2} + y^{n-1}.$$

Für $n = 2$ ist dies nichts anderes als die wohlbekannte Gleichung $x^2 - y^2 = (x+y)(x-y)$.

16. Beweise induktiv die Gleichung

$$(1+x)(1+x^2)(1+x^4)\cdots(1+x^{2^n}) = \frac{1-x^{2^{n+1}}}{1-x} \quad \text{für } n = 0, 1, 2, \ldots; x \neq 1.$$

17. Beweise induktiv die nachstehende *Verallgemeinerung der Bernoullischen Ungleichung*: Sind die reellen Zahlen $x_1, \ldots, x_n$ ($n \geq 2$) alle positiv oder alle negativ, aber > -1, so ist

$$(1+x_1)(1+x_2)\cdots(1+x_n) > 1 + x_1 + x_2 + \cdots + x_n.$$

18. Versuche, für die folgenden Summen einen „geschlossenen Ausdruck", also eine Summenformel zu finden und bestätige sie induktiv (berechne etwa die Summen für einige n und versuche, eine Gesetzmäßigkeit zu entdecken. Oder benutze geeignete Umformungen bzw. schon bekannte Formeln):

a) $\dfrac{1}{1\cdot 2} + \dfrac{1}{2\cdot 3} + \cdots + \dfrac{1}{n(n+1)}$, etwas allgemeiner:

$\dfrac{1}{n(n+1)} + \cdots + \dfrac{1}{(n+k-1)(n+k)}$.

b) $1 + 3 + 5 + \cdots + (2n-1)$.

c) $1 - 4 + 9 - + \cdots + (-1)^{n+1} n^2$.

d) $a_1 + a_2 + \cdots + a_n$, wobei die Differenz aufeinanderfolgender Glieder konstant $= \Delta$ sei (also $a_2 - a_1 = a_3 - a_2 = \cdots = a_n - a_{n-1} = \Delta$). Das Ergebnis ist die arithmetische Summenformel.

e) $1\cdot 2 + 2\cdot 3 + \cdots + n(n+1)$.

f) $1\cdot 2\cdot 3 + 2\cdot 3\cdot 4 + \cdots + n(n+1)(n+2)$.

⁺**19.** Zeige mit Hilfe von A 6.6: Es sei ein natürliches $p \geq 2$ gegeben. Dann existiert zu *jeder* positiven rationalen Zahl ε eine natürliche Zahl m, so daß $1/p^m < \varepsilon$ ist. Erst recht bleibt $1/p^n < \varepsilon$ für *alle* natürlichen $n \geq m$.

⁺**20.** Auch wenn n gegebene Objekte $a, b, \ldots$ nicht alle voneinander verschieden sind, nennt man jede Anordnung derselben (also jede Verteilung auf n Kästchen $K_1, \ldots, K_n$) eine **Permutation** der $a, b, \ldots$. Drei *verschiedene* Buchstaben a, b, c besitzen $3! = 6$ Permutationen, die Buchstaben a, a, b jedoch nur noch drei: aab, aba, baa. Bestimme alle (verschiedenen) Permutationen der Buchstaben a, a, a, b und ebenso der Buchstaben a, a, b, b. Zähle ab, wie viele es gibt und vgl. mit Aufgabe 21.

⁺**21.** Es seien n Objekte gegeben, die aber nicht mehr verschieden zu sein brauchen. Sie seien vielmehr eingeteilt in k Gruppen $G_1, \ldots, G_k$ jeweils gleicher Objekte (Objekte derselben Art), genauer: die Objekte jeder festen Gruppe G_p sind unter sich gleich (sind von derselben Art), die Objekte einer Gruppe G_p sind verschieden von denen der Gruppe G_q, falls $p \neq q$ ist. G_p enthalte n_p Objekte, so daß also $n_1 + n_2 + \cdots + n_k = n$ ist. Dann gibt

es insgesamt

$$\frac{n!}{n_1! n_2! \cdots n_k!}$$

verschiedene Permutationen dieser n Objekte. Hinweis: Eine Permutation ist bestimmt, wenn die n_1 Positionen für die Objekte aus G_1, die n_2 Positionen für die Objekte aus $G_2, \ldots$ festgelegt sind. Die Herstellung einer Permutation läuft also darauf hinaus, die n Positionen so auf k Kästchen zu verteilen, daß im ersten Kästchen n_1 Positionen, im zweiten n_2 Positionen sind usw.

22. Tanzparty 10 Ehepaare veranstalten eine Tanzparty. Wieviel Tanzpaare sind möglich, wenn Ehepartner nicht miteinander tanzen dürfen?

23. Skat Wieviel verschiedene Spiele beim Skat gibt es? Drei Personen mögen täglich 3 Stunden Skat spielen, jedes Spiel daure (mit Mischen, Reizen usw.) 5 Minuten. Ferner nehmen wir an, daß die Spiele verschieden ausfallen bis alle Möglichkeiten aufgebraucht sind. Wieviel Tage können die drei Personen sich mit verschiedenen Spielen unterhalten? Wieviel Jahre sind es? Löse die Aufgabe sowohl mit Satz 7.3 als auch mit Aufgabe 21.

24. Toto Wieviel Tippreihen gibt es beim Fußballtoto (13-er Wette)? (Bei der 13-er Wette wird jedem der 13 Spiele, die auf dem Totoschein aufgeführt sind, eine 0, 1 oder 2 zugeordnet.)

25. Lotto Wieviel Lottospiele gibt es, wieviel Möglichkeiten also, von den Zahlen 1, 2,..., 49 sechs anzukreuzen? Wieviel Möglichkeiten gibt es, von 6 vorgegebenen „Lottozahlen" genau eine, genau zwei,..., genau sechs richtig anzukreuzen?

26. Mehrheitsbildung In einer zehnköpfigen Kommission habe jedes Mitglied eine Stimme. Wieviel mögliche Mehrheiten (Teilmengen von mindestens 6 Elementen) gibt es? Zeige allgemein: In einer $2n$-köpfigen Kommission gibt es $\frac{1}{2}\left[2^{2n} - \binom{2n}{n}\right]$ Möglichkeiten der Mehrheitsbildung. Hinweis: Aufgabe 2c.

27. Telefonanschlüsse Jedem Telefonanschluß ist eine Vorwahlnummer und eine Telefonnummer zugeordnet. Wir nehmen vereinfachend an, die Vorwahlnummer bestehe aus fünf der „Ziffern" 0, 1,..., 9 mit der Maßgabe, daß die erste Ziffer stets = 0, die zweite stets $\neq 0$ sein soll, und die Telefonnummer bestehe aus mindestens drei, aber höchstens fünf Ziffern, wobei die erste immer $\neq 0$ sei. Wieviel Telefonanschlüsse sind grundsätzlich möglich?

+28. Polynomischer Satz Für jedes natürliche n ist $(a_1 + a_2 + \cdots + a_k)^n$ gleich der Summe aller Ausdrücke

$$\frac{n!}{n_1! n_2! \cdots n_k!} a_1^{n_1} a_2^{n_2} \cdots a_k^{n_k},$$

wobei für $n_1, n_2, \ldots, n_k$ alle Kombinationen von Zahlen aus $\mathbf{N}_0$ einzutragen sind, die der Bedingung $n_1 + n_2 + \cdots + n_k = n$ genügen. Hinweis: Verfahre ähnlich wie beim Beweis des binomischen Satzes.

8 Folgerungen aus dem Schnittaxiom

Das Schnittaxiom (A 9) in Nr. 3 präzisiert — und macht einer gewissenhaften Untersuchung erst zugänglich —, was man mit der Redeweise meint, die reellen Zahlen bildeten eine *lückenlose Menge* oder ein *Kontinuum*. Es begründet einen tiefgreifenden, unsere ganze weitere Arbeit durchdringenden und beherrschenden Unterschied zwischen **Q** und **R**. Wir dürfen es ohne Zögern das eigentlich *analytische* Axiom nennen.

Man halte sich durchgehend die selbstverständliche Tatsache vor Augen, *daß die Trennungszahl t des Schnittes $(A \mid B)$ entweder zu A oder zu B gehört*; im ersten Falle ist $t = \max A$, im zweiten $t = \min B$.

Wir bereiten nun eine Umformulierung des Schnittaxioms vor, die in vielen Fällen leichter zu handhaben ist als das Axiom selbst.

Wir hatten schon in Nr. 6 betont, daß zwar jede nichtleere *endliche* Menge, aber durchaus nicht jede *unendliche* Menge ein kleinstes bzw. ein größtes Element (ein Minimum bzw. ein Maximum) besitzt. Wir werden jetzt sehen (Prinzip 8.1), daß es bei gewissen Mengen einen *Ersatz* für das evtl. fehlende Maximum bzw. Minimum gibt. Wir treffen zunächst die unumgänglichen definitorischen Vorbereitungen.

Eine Menge M reeller Zahlen heißt **nach unten beschränkt**, wenn es ein $a \in \mathbf{R}$ gibt, so daß

$$a \leq x \quad \text{für alle } x \in M$$

ist. Jedes derartige a wird eine **untere Schranke** von M genannt. Hingegen heißt M **nach oben beschränkt**, wenn es ein $b \in \mathbf{R}$ gibt, so daß

$$x \leq b \quad \text{für alle } x \in M$$

ist, und jedes derartige b wird eine **obere Schranke** von M genannt. M heißt schlechthin **beschränkt**, wenn M sowohl nach unten als auch nach oben beschränkt ist. Wir halten uns einige einfache Beispiele und Bemerkungen vor Augen.

1. Jede Menge, die ein kleinstes Element besitzt, ist nach unten beschränkt, und ihr Minimum ist eine untere Schranke (sogar die größte). Entsprechendes gilt für Mengen, die ein größtes Element besitzen. Insbesondere ist jede nichtleere endliche Menge beschränkt.

2. Die Menge $\{1/n : n \in \mathbf{N}\} = \{1, 1/2, 1/3, \ldots\}$ ist beschränkt; sie besitzt ein größtes Element, nämlich 1, aber kein kleinstes.

3. Die Menge $\{0, 1, 1/2, 1/3, \ldots\}$ ist beschränkt; sie besitzt ein größtes und ein kleinstes Element (nämlich 1 und 0).

4. Die Mengen $\{x \in \mathbf{R} : 0 < x < 1\}$, $\{x \in \mathbf{R} : 0 \leq x < 1\}$, $\{x \in \mathbf{R} : 0 < x \leq 1\}$ und $\{x \in \mathbf{R} : 0 \leq x \leq 1\}$ sind alle beschränkt. Mit Hilfe der Ungleichung des arithmetischen Mittels erkennt man, daß die erste Menge weder ein kleinstes noch ein größtes, die zweite zwar ein kleinstes, aber kein größtes und die dritte kein kleinstes, wohl aber ein größtes Element besitzt. Die vierte Menge besitzt sowohl ein kleinstes als auch ein größtes Element. Bei jeder der vier Mengen ist 0 die größte untere Schranke, d.h., keine Zahl >0 kann noch untere Schranke sein. Entsprechend ist bei jeder dieser Mengen 1 die kleinste obere Schranke: Keine Zahl <1 kann sich noch als obere Schranke qualifizieren. Man sagt auch, 0 sei die beste untere und 1 die beste obere Schranke der vier Mengen.

5. $\{x \in \mathbf{R} : x > 1\}$ ist nach unten, jedoch nicht nach oben beschränkt (wäre nämlich $b \in \mathbf{R}$ eine obere Schranke dieser Menge M, so müßte $b>1$ und somit in M sein. Dann läge aber auch die noch größere Zahl $b+1$ in M).

6. $\{x \in \mathbf{R} : x < 1\}$ ist nicht nach unten, wohl aber nach oben beschränkt, 1 ist die kleinste obere Schranke.

7. $\mathbf{R}$ ist weder nach unten noch nach oben beschränkt.

8. $\mathbf{N}$ ist nach unten beschränkt durch die (größte) untere Schranke 1. $\mathbf{N}$ besitzt kein größtes Element; denn jedes $n \in \mathbf{N}$ wird durch $n+1 \in \mathbf{N}$ übertroffen. Trotzdem können wir nicht ohne weiteres sagen, daß $\mathbf{N}$ nach oben unbeschränkt ist. Wir haben zwar gerade gesehen, daß gewiß keine *natürliche* Zahl eine obere Schranke für $\mathbf{N}$ sein kann, aber warum sollte man nicht in dem weitaus größeren Bereich der *reellen* Zahlen eine solche Schranke finden können? (Definitionsgemäß sind doch *alle* reellen Zahlen zur Schrankenkonkurrenz zugelassen; nach A 6.5 scheiden allerdings die rationalen Zahlen bereits jetzt aus dem Wettbewerb aus). Wir werden sehen (aber erst in Satz 8.2), daß die vertraute Vorstellung von der nach oben unbeschränkten Menge $\mathbf{N}$ tatsächlich zutrifft; der Beweis hierfür kann jedoch das Schnittaxiom nicht entbehren, mit anderen Worten: Er kann nicht mit alleiniger Benutzung der Körper- und Ordnungsaxiome erbracht werden (es gibt „nichtarchimedisch" angeordnete Körper, deren „natürliche Zahlen" — die n-gliedrigen Summen $1 + 1 + \cdots + 1$, 1 das Einselement des Körpers — alle unter einem festen Körperelement liegen; s. etwa van der Waerden [17]).

9. *Ist a eine untere Schranke für M, so ist jede Zahl unterhalb von a erst recht eine untere Schranke.* Zahlen oberhalb von a können, müssen aber nicht mehr untere Schranken sein. Für $M := \{x \in \mathbf{R} : x > 1\}$ ist 0 eine untere Schranke, und gewisse Zahlen >0 sind ebenfalls untere Schranken, nämlich alle a mit $0 < a \leq 1$. Hingegen kann 1 nicht mehr vergrößert werden, ohne sich als untere Schranke zu disqualifizieren. Völlig entsprechendes gilt für obere Schranken; locker formuliert: *Obere Schranken „dürfen" unbesehen vergrößert, aber durchaus nicht immer verkleinert werden, untere Schranken „dürfen" verkleinert, aber nicht immer vergrößert werden.*

10. Die Menge M ist genau dann nach unten unbeschränkt, wenn es zu jedem reellen a ein $x \in M$ mit $x < a$ gibt; sie ist genau dann nach oben unbeschränkt, wenn zu jedem reellen b ein $y \in M$ mit $y > b$ existiert.

11. Aus der Bemerkung 10 folgt, *daß die leere Menge beschränkt ist*, allerdings in exzentrischer Weise: Ausnahmslos jede reelle Zahl ist gleichzeitig obere und untere Schranke. $\emptyset$ besitzt daher weder eine größte untere noch eine kleinste obere Schranke.

In unseren Beispielen hatte jede *nach oben* beschränkte Menge $\neq \emptyset$ eine eindeutig bestimmte *kleinste obere Schranke*, entsprechendes gilt für die nach unten beschränkten Mengen. Um die hier obwaltenden Verhältnisse zu klären, geben wir zunächst eine ausführliche Definition bislang informell benutzter Begriffe:

Eine reelle Zahl s heißt **größte untere Schranke** oder **Infimum** der Menge M, wenn

> s untere Schranke von M ist und überdies
>
> *keine* Zahl $>s$ noch untere Schranke von M sein kann, d.h.,

wenn es zu *jedem* positiven ε mindestens ein $x\in M$ mit $x<s+\varepsilon$ gibt[1].

Ganz entsprechend heißt eine reelle Zahl S **kleinste obere Schranke** oder **Supremum** von M, wenn

> S obere Schranke von M ist und überdies
>
> *keine* Zahl $<S$ noch obere Schranke von M sein kann, d.h.,

wenn es zu *jedem* positiven ε mindestens ein $y\in M$ mit $y>S-\varepsilon$ gibt[2].

Im zweiten Teil beider Definitionen liegt der Ton darauf, daß es zu jedem *noch so kleinen* $\varepsilon>0$ ein $x\in M$ mit $x<s+\varepsilon$ bzw. ein $y\in M$ mit $y>S-\varepsilon$ gibt.

Wenn eine nichtleere Menge M tatsächlich ein Supremum S besitzt, so ist dieses *eindeutig bestimmt*. Denn eine Zahl $>S$ ist nicht mehr kleinste obere Schranke, und eine Zahl $<S$ ist überhaupt nicht mehr obere Schranke. Entsprechendes gilt für das Infimum. Mit den Symbolen

$$\sup M \quad \text{bzw.} \quad \inf M$$

bezeichnen wir das Supremum bzw. Infimum einer **nichtleeren** Menge M, falls es überhaupt vorhanden ist. Besitzt M ein Maximum bzw. ein Minimum, so ist offenbar $\sup M = \max M$ bzw. $\inf M = \min M$. Die Existenz des Supremums sichert in allen Fällen, in denen wir sie überhaupt erwarten dürfen, das fundamentale

8.1 Supremumsprinzip *Jede nichtleere nach oben beschränkte Menge besitzt ein Supremum.*

Den Beweis gründen wir auf das Schnittaxiom (A 9). Sei $M \ne \emptyset$ nach oben beschränkt, B die Menge aller oberen Schranken von M und $A := \mathbf{R}\setminus B$. Da M obere Schranken besitzt, ist B nicht leer; da M mindestens ein Element z enthält, ist auch A nicht leer (alle $a<z$ gehören zu A). Konstruktionsgemäß ist $A\cup B = \mathbf{R}$ und $a<b$ für alle $a\in A$, $b\in B$. Die Mengen A, B definieren also einen Schnitt $(A\mid B)$. Besitzt M ein größtes Element, so ist nichts mehr zu beweisen. Im entgegengesetzten Fall ist $M\cap B$ leer (sonst wäre ein $x\in M$ obere Schranke und damit sogar das Maximum von M), und somit ist $M\subset A$. Da aber für die

---

[1] Man beachte, daß die Menge der Zahlen $>s$ mit der Menge $\{s+\varepsilon : \varepsilon>0\}$ übereinstimmt.
[2] Man beachte, daß die Menge der Zahlen $<S$ mit der Menge $\{S-\varepsilon : \varepsilon>0\}$ übereinstimmt.

Trennungszahl t des Schnittes, die nach (A 9) vorhanden ist, stets $a \leq t \leq b$
($a \in A$, $b \in B$) gilt, folgt daraus, daß t eine obere Schranke von M ist, also in B
liegt und somit das kleinste Element von B, d.h. die kleinste aller oberen
Schranken von M sein muß. ∎

Natürlich gilt ganz entsprechend, daß *jede nichtleere nach unten beschränkte
Menge ein Infimum besitzt* (s. Aufgabe 2). — Aus dem Supremumsprinzip kann
man umgekehrt das Schnittaxiom herleiten (s. Aufgabe 12); *Supremumsprinzip
und Schnittaxiom sind also völlig gleichwertig.* Unsere Beispiele haben gezeigt —
und wir heben dies noch einmal ganz nachdrücklich hervor —, daß *weder* sup M
noch inf M *zu* M *gehören müssen*. Diese beiden Größen sind von den korrespondierenden Zahlen max M und min M begrifflich scharf zu unterscheiden; letztere
liegen immer dann, wenn sie überhaupt existieren, in M. Aber gerade weil sie
durchaus nicht immer vorhanden sind, ist es wichtig, einen Ersatz für sie zu
haben. *Supremum und Infimum beschränkter Mengen sind der immer verfügbare
Ersatz für das nur allzu häufig fehlende Maximum und Minimum.*

Wir können nun mühelos zeigen, daß der Körper **R** „archimedisch" angeordnet
ist (s. A 6.5):

8.2 Satz des Archimedes *Jede reelle Zahl wird von einer natürlichen Zahl
übertroffen. Oder gleichbedeutend: Die Menge der natürlichen Zahlen ist nach oben
unbeschränkt.*

Die Gleichwertigkeit beider Aussagen ist offenkundig; wir beweisen die zweite.
Wäre **N** beschränkt, so wäre nach dem Supremumsprinzip $S := \sup \mathbf{N}$ vorhanden.
Gemäß der Definition des Supremums gäbe es dann ein natürliches n mit $n > S - 1$. Dies führt aber zu der Ungleichung $n + 1 > S$, die der Bedeutung von S
widerstreitet. ∎

Offenbar nur eine andere Formulierung des archimedischen Satzes ist der

8.3 Satz des Eudoxos *Zu* jedem *positiven ε gibt es ein natürliches m, so daß
$1/m < \varepsilon$ ausfällt. Für* alle *natürlichen $n > m$ ist dann erst recht $1/n < \varepsilon$.*

Die beiden letzten Sätze verdienen ihre Namen nur sehr eingeschränkt. Die Griechen kannten keine reellen Zahlen. Satz 8.2 schreibt sich denn auch von dem *geometrischen* Postulat 5
in „Kugel und Zylinder" des Archimedes her: *Die größere von zwei gegebenen Größen, sei es
Linie, Fläche oder Körper, überragt die kleinere um eine Differenz, die, genügend oft vervielfacht, jede der beiden gegebenen Größen übertrifft.* Im Vorwort zu seiner „Quadratur der
Parabel" betont Archimedes, daß „auch die früheren Geometer sich dieses Hilfssatzes bedient [haben]"; er denkt dabei vor allem an Eudoxos. S. dazu Nr. 238, insbes. die erste der
beiden „Definitionen".

8.4 Satz *Sei ρ eine reelle Zahl. Dann gibt es zu* jedem *$\varepsilon > 0$ eine rationale Zahl r,
die zwischen $\rho - \varepsilon$ und $\rho + \varepsilon$ liegt: $\rho - \varepsilon < r < \rho + \varepsilon$.*

Man hat diesen Satz im Sinn, wenn man sagt, **Q** sei *dicht* in **R** oder jede reelle Zahl lasse
sich *beliebig gut durch rationale Zahlen approximieren* (annähern). „Beliebig gut" ist eine

Kurzfassung für „bis auf einen Fehler, der kleiner ist als eine beliebige, von vornherein fest vorgegebene (positive) Fehlerschranke ε".

Zum Beweis wählen wir gemäß dem Satz des Eudoxos zunächst ein natürliches m mit $1/m < \varepsilon$ und bemerken, daß wir nun lediglich noch die Existenz eines rationalen r mit $\rho - 1/m \leq r \leq \rho + 1/m$ sicherstellen müssen. Sei zunächst $\rho \geq 0$. Nach dem Archimedischen Satz gibt es ein natürliches $n > m\rho$, und nach dem Wohlordnungsprinzip besitzt die Menge aller derartigen n ein kleinstes Element k. Somit ist $k - 1 \leq m\rho < k$; mit $r := k/m$ gilt also $r - 1/m \leq \rho < r$. Aus der linken Ungleichung folgt $r \leq \rho + 1/m$, wegen der rechten ist trivialerweise $\rho - 1/m < r$, also befriedigt r unsere Forderung. — Ist $\rho < 0$, also $-\rho > 0$, so gibt es nach dem eben Bewiesenen ein rationales r mit $-\rho - \varepsilon < r < -\rho + \varepsilon$, woraus durch Multiplikation mit -1 die Ungleichungen $\rho + \varepsilon > -r > \rho - \varepsilon$ folgen, die uns zeigen, daß die rationale Zahl $-r$ das Gewünschte leistet. ■

Die beiden nächsten Sätze haben einen eher technischen Charakter, werden uns aber vielfältig nützlich sein.

Das Supremum und Infimum sind im folgenden Sinne monoton bezüglich der Inklusion:

8.5 Satz *Ist $\emptyset \neq A \subset B$ und B nach oben bzw. nach unten beschränkt, so gilt*

$$\sup A \leq \sup B \text{ bzw. } \inf A \geq \inf B.$$

Locker formuliert besagt dies, daß sich *bei der Vergrößerung einer Menge das Supremum vergrößert und das Infimum verkleinert*.

Der Satz ist unmittelbar einsichtig, weil $a \leq \sup B$ bzw. $a \geq \inf B$ für alle $a \in A$ ist. ■

Sind A, B nichtleere Mengen reeller Zahlen, so setzen wir

$$A + B := \{a + b : a \in A, b \in B\}, \quad A \cdot B := \{ab : a \in A, b \in B\}$$

und $rA := \{ra : a \in A\}$ für $r \in \mathbf{R}$.

Supremum und Infimum sind nun im folgenden Sinne additiv und multiplikativ:

8.6 Satz *Sind die nichtleeren Mengen A, B nach oben beschränkt, so ist*
a) $\sup(A + B) = \sup A + \sup B$,
b) $\sup(rA) = r \sup A$, *falls $r \geq 0$ ist*,
c) $\sup(A \cdot B) = \sup A \cdot \sup B$, *falls alle Elemente von A und B nichtnegativ sind*.
Sind A und B nach unten beschränkt, so gilt ein entsprechender Satz für das Infimum (man braucht oben nur sup *durch* inf *zu ersetzen).*

Wir beweisen nur die Aussagen über das Supremum. Sei $\alpha := \sup A$, $\beta := \sup B$ und ε eine *beliebige* positive Zahl. a stehe für Elemente aus A, b für Elemente aus B. a) Aus $a \leq \alpha$, $b \leq \beta$ folgt $a + b \leq \alpha + \beta$, also ist $\alpha + \beta$ eine obere Schranke von $A + B$. Nach der Definition des Supremums gibt es zu der positiven Zahl $\varepsilon/2$

ein $a_0 > \alpha - \varepsilon/2$ und ein $b_0 > \beta - \varepsilon/2$. Dann ist aber $a_0 + b_0 > (\alpha + \beta) - \varepsilon$ und somit $\alpha + \beta$ sogar die *kleinste* obere Schranke von $A + B$. — b) Hier dürfen wir $r > 0$ annehmen, weil die Behauptung für $r = 0$ trivial ist. Aus $a \leq \alpha$ folgt $ra \leq r\alpha$, also ist $r\alpha$ eine obere Schranke von rA. Zu $\varepsilon/r > 0$ gibt es ein $a_0 > \alpha - \varepsilon/r$. Dann ist aber $ra_0 > r\alpha - \varepsilon$ und somit $r\alpha$ sogar die *kleinste* obere Schranke von rA. — c) Um Triviales zu vermeiden, nehmen wir $\alpha > 0$, $\beta > 0$ an. Aus $a \leq \alpha$, $b \leq \beta$ folgt wegen $a \geq 0$, $b \geq 0$, daß $ab \leq \alpha\beta$ und somit $\alpha\beta$ eine obere Schranke von $A \cdot B$ ist. Zu $\varepsilon/2\beta > 0$ gibt es ein $a_0 > \alpha - \varepsilon/2\beta$ und zu $\varepsilon/2\alpha > 0$ ein $b_0 > \beta - \varepsilon/2\alpha$. Aus $a_0 b_0 =$
$$\alpha\beta + (a_0 - \alpha)\beta + (b_0 - \beta)a_0 \geq \alpha\beta + (a_0 - \alpha)\beta + (b_0 - \beta)\alpha > \alpha\beta - \frac{\varepsilon}{2\beta}\beta - \frac{\varepsilon}{2\alpha}\alpha = \alpha\beta - \varepsilon$$
ersehen wir nun, daß $\alpha\beta$ sogar die *kleinste* obere Schranke von $A \cdot B$ ist. ∎

Der nächste Satz beschreibt ein merkwürdiges *Häufungsphänomen*, das uns später sehr eingehend beschäftigen wird.

8.7 Satz *Besitzt die nichtleere Menge A zwar ein Supremum, jedoch* kein Maximum, *so gibt es zu* jeder *positiven Zahl ε unendlich viele Elemente von A, die zwischen* $\sup A - \varepsilon$ *und* $\sup A$ *liegen, d.h., es ist*

$$\sup A - \varepsilon < a < \sup A \text{ für unendlich viele } a \in A.$$

Beweis. Sei $\alpha := \sup A$. Da A kein Maximum besitzt, ist $\alpha \neq a$ für alle $a \in A$. Nach der Definition des Supremums gibt es ein $a_1 \in A$ mit $a_1 > \alpha - \varepsilon$. Insgesamt haben wir also die Doppelungleichung $\alpha - \varepsilon < a_1 < \alpha$. Da $\varepsilon_1 := \alpha - a_1 > 0$ ist, finden wir ganz entsprechend ein $a_2 \in A$ mit $\alpha - \varepsilon_1 = a_1 < a_2 < \alpha$. So fahren wir fort und erhalten unendlich viele Elemente $a_1, a_2, a_3, \ldots$ von A mit $\alpha - \varepsilon < a_1 < a_2 < \cdots < \alpha$ (genauer: wir definieren die Zahlen $a_1, a_2, \ldots$ *rekursiv*: Ist a_n schon so bestimmt, daß $a_{n-1} < a_n < \alpha$ ist, so wählt man aus A ein a_{n+1} mit $a_{n+1} > \alpha - (\alpha - a_n)$ aus). ∎

Einige typische „sup-Situationen" findet der Leser in den Figuren 8.1 bis 8.3 dargestellt. Das Supremum wird durch einen ausgefüllten bzw. einen leeren Kreis markiert, je nachdem es zur Menge gehört oder nicht.

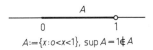

Fig. 8.1

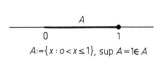

Fig. 8.2

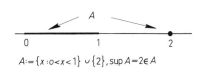

Fig. 8.3

Aufgaben

Der Leser wird dringend gebeten, sorgfältige „ε-Beweise" für die Aufgaben 3 bis 7 zu geben (nach dem Muster der Beweise zu den Sätzen 8.6 und 8.7), um sich in der Technik der „Epsilontik" zu üben, die unsere ganze Arbeit ab Kapitel III beherrschen wird.

1. Die Vereinigung endlich vieler nach oben beschränkter Mengen ist wieder nach oben beschränkt. Der Durchschnitt einer nach oben beschränkten Menge mit einer beliebigen Menge ist ebenfalls nach oben beschränkt. Entsprechendes gilt für Mengen, die nach unten beschränkt sind.

*__2.__ Eine nichtleere nach unten beschränkte Menge M besitzt ein Infimum. (Gib zwei Beweise: einen mit Hilfe des Schnittaxioms, den anderen mit Hilfe des Supremumsprinzips, indem man von M zu $(-1)M$ übergehe. Siehe dazu Aufgabe 4a).

3. Beweise die Infimum-Version des Satzes 8.6.

4. Sei $-A := (-1)A$. Beweise die folgenden Sätze unter geeigneten Beschränktheitsvoraussetzungen (welchen?) für A und B:
a) $\sup(-A) = -\inf A$, $\inf(-A) = -\sup A$.
b) $\sup(rA) = r \inf A$, $\inf(rA) = r \sup A$, falls $r \leq 0$.
c) $\sup(AB) = \inf A \cdot \inf B$, $\inf(AB) = \sup A \cdot \sup B$, falls alle Elemente von A und B nichtpositiv sind.

5. Sind alle $a \in A$ von Null verschieden, so sei $\dfrac{1}{A} := \left\{\dfrac{1}{a} : a \in A\right\}$. Zeige: Ist $\inf A > 0$, so ist $\sup \dfrac{1}{A} = \dfrac{1}{\inf A}$. Hinweis: Sei $\alpha := \inf A$; betrachte $\dfrac{1}{\alpha} - \dfrac{1}{a}$ für $a \in A$.

6. Sei $A := \{a_1, a_2, a_3, \ldots\}$, $B := \{b_1, b_2, b_3, \ldots\}$, $C := \{a_n b_n : n \in \mathbb{N}\}$. Die Elemente von A, B seien alle nichtnegativ (d.h. A, B mögen die gemeinsame untere Schranke 0 haben), A und B seien überdies nach oben beschränkt. Zeige, daß $\sup C \leq \sup A \cdot \sup B$ ist, und konstruiere Mengen A, B, so daß tatsächlich das Zeichen $<$ gilt. Worin besteht der Unterschied zu Satz 8.6c? Zeige entsprechend: $\sup\{a_n + b_n : n \in \mathbb{N}\} \leq \sup A + \sup B$.

*__7.__ Die Menge $A \neq \emptyset$ sei nach oben beschränkt, besitze aber **kein größtes Element**. Sei $\alpha := \sup A$. Zeige: Es gibt Elemente $a_1, a_2, \ldots$ aus A mit den folgenden Eigenschaften:

   1. $a_1 < a_2 < a_3 < \cdots$;   2. $\alpha - 1/n < a_n < \alpha$ für alle n.

Formuliere und beweise eine Infimum-Version dieses Satzes.

+__8.__ Beweise, daß die folgende Aussage mit dem Satz des Archimedes gleichbedeutend ist: Ist a eine positive, b eine beliebige reelle Zahl, so gibt es ein natürliches n mit $na > b$ („jede Zahl kann übertroffen werden, wenn man eine positive Zahl hinreichend oft zu sich selbst addiert").

9. Zeige die Richtigkeit der folgenden Aussage: Ist $0 \leq a \leq \dfrac{1}{n}$ für *alle* natürlichen n, so muß $a = 0$ sein (s. A 5.4).

*10. Zeige: Zu jeder reellen Zahl x gibt es genau eine ganze Zahl p mit $p \leq x < p+1$. Man nennt p die größte ganze Zahl $\leq x$ und bezeichnet sie mit $[x]$.

11. Zeige (und benutze dabei nur die Sätze des Archimedes und Eudoxos und den allein mit ihrer Hilfe bewiesenen Satz 8.4):
a) Sei $\rho \in \mathbf{R}$ und $A := \{r \in \mathbf{Q} : r \leq \rho\}$, $B := \{r \in \mathbf{Q} : r > \rho\}$. Dann ist $\sup A = \inf B = \rho$ (in Worten etwa: Jede reelle Zahl ist ein Schnitt im Bereich der *rationalen* Zahlen. Will man die reellen mittels der rationalen Zahlen konstruieren, so kann man umgekehrt diesen Satz zur Definition machen: Das ist das Dedekindsche Verfahren; s. Nr. 2).
b) Für positive Zahlen a, b, c, d ist genau dann $a/b = c/d$, wenn folgendes zutrifft (p, q bedeuten immer ganze Zahlen): $pa < qb \Rightarrow pc < qd$, $pa = qb \Rightarrow pc = qd$, $pa > qb \Rightarrow pc > qd$ (d.h.: Wenn eine der Aussagen links von $\Rightarrow$ zutrifft, dann gilt auch die zugehörige rechte Aussage). Diesen Satz hat Eudoxos umgekehrt als Definition der Gleichheit des Verhältnisses zweier „Größen" benutzt und hat damit in der metrischen Geometrie die Schwierigkeiten gemeistert, die durch die Existenz irrationaler Längenverhältnisse entstanden waren (s. Nr. 2).

12. Zeige mit Hilfe des Supremumsprinzips, daß jeder Schnitt $(A \mid B)$ genau eine Trennungszahl t besitzt. Hinweis: $t := \sup A$.

9 Die Potenz mit rationalem Exponenten

In diesem Abschnitt werden wir die Bedeutung der Ausdrücke $x^{p/q}$ und $\sqrt[q]{x^p}$ erklären. Wir beginnen mit einem Hilfssatz, der sich sofort aus A 7.5 ergibt.

9.1 Hilfssatz *Ist $x, y > 0$ und $p \in \mathbf{N}$, so gilt $x < y \Leftrightarrow x^p < y^p$.*

Es folgt nun die grundlegende Aussage dieser Nummer:

9.2 Satz und Definition *Ist $a \geq 0$ und $p \in \mathbf{N}$, so besitzt die Gleichung $x^p = a$ genau eine Lösung ≥ 0. Diese wird mit $a^{1/p}$ oder $\sqrt[p]{a}$ bezeichnet und die p-te Wurzel aus a genannt.*

Natürlich ist $\sqrt[1]{a} = a$; deshalb wird das Zeichen $\sqrt[1]{a}$ gar nicht verwendet. Statt $\sqrt[2]{a}$ schreiben wir wie üblich kürzer $\sqrt{a}$.

Um Trivialem aus dem Weg zu gehen, nehmen wir im Beweis $a > 0$ und $p > 1$ an. Die Eindeutigkeitsaussage des Satzes folgt unmittelbar aus dem obigen Hilfssatz. Die Existenzaussage beweisen wir mit Hilfe des Supremumsprinzips:
Die Menge $M := \{y \in \mathbf{R} : y \geq 0, y^p < a\}$ ist nicht leer (sie enthält 0) und nach oben beschränkt: Wegen der Bernoullischen Ungleichung 7.9 ist nämlich für jedes $y \in M$ stets $y^p < a < 1 + pa < (1+a)^p$, woraus mit dem obigen Hilfssatz $y < 1 + a$ folgt. Somit existiert $\xi := \sup M$. Wir zeigen nun, daß $\xi^p = a$ ist, indem wir jede der beiden Annahmen $\xi^p < a$, $\xi^p > a$ an einem Widerspruch scheitern lassen.

78   I Mengen und Zahlen

a) Sei zunächst $\xi^p < a$. Aus dem binomischen Satz folgt für jedes $n \in \mathbb{N}$

$$\left(\xi + \frac{1}{n}\right)^p \leq \xi^p + \frac{\alpha}{n}, \quad \alpha := \binom{p}{1}\xi^{p-1} + \binom{p}{2}\xi^{p-2} + \cdots + \binom{p}{p} > 0. \qquad (9.1)$$

Für ein hinreichend großes n fällt gewiß

$$\xi^p + \frac{\alpha}{n} < a$$

aus; wir brauchen ja n nach dem Satz des Eudoxos nur so zu wählen, daß $\frac{1}{n} < \frac{a - \xi^p}{\alpha}$ ist (der letzte Bruch ist *positiv*!). Für dieses n ist

$$\xi + \frac{1}{n} > \xi \quad \text{und gleichzeitig} \quad \left(\xi + \frac{1}{n}\right)^p < a \quad (\text{s. } (9.1))$$

– diese Zeile widerspricht jedoch der Supremumseigenschaft von ξ.

b) Nun sei $\xi^p > a$. Dank der Bernoullischen Ungleichung haben wir

$$\left(\xi - \frac{1}{n}\right)^p = \xi^p\left(1 - \frac{1}{n\xi}\right)^p > \xi^p\left(1 - \frac{p}{n\xi}\right), \quad \text{falls } -\frac{1}{n\xi} > -1, \text{ also } \frac{1}{n} < \xi$$

ist. Ein kurzes Jonglieren mit Ungleichungen lehrt ferner: Es gilt

$$\xi^p\left(1 - \frac{p}{n\xi}\right) > a, \quad \text{sofern nur} \quad \frac{1}{n} < \frac{\xi(\xi^p - a)}{p\xi^p} =: \eta$$

ausfällt. Der Satz des Eudoxos verbürgt aber die Existenz eines $n \in \mathbb{N}$, für das $1/n$ tatsächlich kleiner als *jede* der (positiven!) Zahlen ξ und η bleibt. Für ein solches n ist dann

$$0 < \xi - \frac{1}{n} < \xi \quad \text{und gleichzeitig} \quad \left(\xi - \frac{1}{n}\right)^p > a.$$

Wegen der ersten dieser Ungleichungen gibt es ein

$$y_0 \in M \quad \text{mit } y_0 > \xi - \frac{1}{n}, \quad \text{also mit} \quad y_0^p > \left(\xi - \frac{1}{n}\right)^p$$

(s. Hilfssatz 9.1), und mit der zweiten folgt nun $y_0^p > a$ — aber diese Abschätzung besagt gerade, daß $y_0 \notin M$ ist, sehr im Widerspruch zur Wahl von y_0. ∎

Zur Definition der p-ten Wurzel machen wir noch einige Bemerkungen.

1. $\sqrt[p]{a}$ ist nur für $a \geq 0$ definiert, und es ist immer $\sqrt[p]{a} \geq 0$; insbesondere ist $\sqrt{a} \geq 0$. Speziell: Es ist $\sqrt{4} = 2$, nicht jedoch $= -2$. Ganz unsinnig ist eine „Gleichung" der Form $\sqrt{4} = \pm 2$.

2. Die Aufgabe, $\sqrt[p]{a}$ zu berechnen, ist scharf zu unterscheiden von dem Problem, *sämtliche reellen Lösungen der Gleichung* $x^p = a$ *zu finden*. Ist $a > 0$, so liefert $\sqrt[p]{a}$ eine, und zwar eine *positive* Lösung dieser Gleichung. Ist p gerade, $p = 2k$, so haben wir in $-\sqrt[p]{a}$ eine zweite (diesmal negative) Lösung, weil $(-\sqrt[p]{a})^p = (-1)^{2k}(\sqrt[p]{a})^p = a$ ist. Z.B. sind $x_1 := \sqrt{4} = 2$ und $x_2 := -\sqrt{4} = -2$ zwei reelle Lösungen der quadratischen Gleichung $x^2 = 4$. Diese Lösungen gibt man gerne in der Kurzschreibweise $x_{1,2} = \pm\sqrt{4}$ an, was aber häufig zu dem Mißverständnis führt, die Quadratwurzel habe zweierlei Vorzeichen, und es sei eben $\sqrt{4} = \pm 2$.

3. Ist $a < 0$, so ist $\sqrt[p]{a}$ nicht definiert, die Gleichung $x^p = a$ kann aber dennoch reelle Lösungen besitzen. Und zwar ist dies genau dann der Fall, wenn p ungerade ist: $p = 2k + 1$. Wegen $-a > 0$ existiert nämlich $\sqrt[p]{-a} =: \eta$, und für $\xi := -\eta$ ist $\xi^p = (-1)^{2k+1}\eta^p = -(-a) = a$; mit anderen Worten: $-\sqrt[p]{-a}$ löst die Gleichung $x^p = a$.

4. Es ist zwar stets $(\sqrt[q]{a})^p = a$, jedoch nicht immer $\sqrt[q]{a^p} = a$. Z.B. ist $\sqrt{(-1)^2} \neq -1$. Die Gleichung $\sqrt[q]{a^p} = a$ gilt genau im Falle $a \geq 0$.

5. Nachdem wir jetzt wissen, daß es die reelle Zahl $\sqrt{2}$ gibt, wissen wir auch, *daß es irrationale Zahlen gibt*. Denn nach Nr. 2 ist $\sqrt{2}$ nicht rational. Infolgedessen kann in **Q** weder das Schnittaxiom noch das gleichwertige Supremumsprinzip richtig sein.

Wir definieren nun die **Potenz mit rationalem Exponenten**, indem wir für reelles $a > 0$ und positives rationales $r := p/q$ ($p, q \in$ **N**) setzen

$$a^r := \sqrt[q]{a^p}, \qquad a^{-r} := \frac{1}{\sqrt[q]{a^p}}.$$

Der Leser möge sich selbst davon überzeugen, daß unsere Definition *eindeutig* ist, d.h., daß a^r seinen Wert nicht ändert, wenn man in dem Bruch $r = p/q$ durch Erweitern oder Kürzen zu anderen natürlichen Zählern und Nennern übergeht. Da wir schon in Nr. 7 $a^0 := 1$ gesetzt hatten, ist nun a^r im Falle $a > 0$ für *alle* $r \in$ **Q** erklärt. Ergänzend sei $0^r := 0$, falls $r > 0$. Für $a, b > 0$ und alle $r, s \in$ **Q** gelten die bekannten **Potenzregeln**, mit deren Beweis wir uns nicht aufhalten wollen:

$$a^r a^s = a^{r+s}, \quad \frac{a^r}{a^s} = a^{r-s}, \quad (a^r)^s = a^{rs}, \quad a^r b^r = (ab)^r, \quad \frac{a^r}{b^r} = \left(\frac{a}{b}\right)^r. \tag{9.2}$$

In den beiden nächsten Sätzen untersuchen wir, wie sich a^r ändert, wenn man die Basis a bzw. den Exponenten r vergrößert (es versteht sich von selbst, daß alle auftretenden Exponenten *rational* sind).

9.3 Satz *Für positive Basen a, b gilt*

$$a < b \Leftrightarrow a^r < b^r, \quad \text{falls } r > 0,$$
$$a < b \Leftrightarrow a^r > b^r, \quad \text{falls } r < 0.$$

Beweis. Ist $r = p/q$ mit natürlichen p, q, so folgt aus Hilfssatz 9.1 sofort $a < b \Leftrightarrow a^{1/q} < b^{1/q} \Leftrightarrow a^{p/q} < b^{p/q}$. Die zweite Behauptung ist eine unmittelbare Konsequenz der ersten. ∎

9.4 Satz *Sei $a > 0$ und $r < s$. Dann ist*

$$a^r < a^s \Leftrightarrow a > 1,$$
$$a^r > a^s \Leftrightarrow a < 1.$$

Beweis. Da $s - r > 0$ und $1^{s-r} = 1$ ist, erhalten wir aus der ersten Aussage des Satzes 9.3

$$a > 1 \Leftrightarrow a^{s-r} > 1 \quad \text{und} \quad a < 1 \Leftrightarrow a^{s-r} < 1,$$

also

$$a > 1 \Leftrightarrow \frac{a^s}{a^r} > 1 \Leftrightarrow a^s > a^r \quad \text{und} \quad a < 1 \Leftrightarrow \frac{a^s}{a^r} < 1 \Leftrightarrow a^s < a^r. \qquad \blacksquare$$

Aufgaben

1. Beweise die Potenzregeln (9.2).

*2. Für $a>1$ ist $a>\sqrt{a}>\sqrt[3]{a}>\cdots>\sqrt[n]{a}>\cdots$, für $0<a<1$ dagegen $a<\sqrt{a}<\sqrt[3]{a}<\cdots<\sqrt[n]{a}<\cdots$.

*3. Ist $a>0$, aber $\neq 1$, und liegt s zwischen r und t, so liegt a^s zwischen a^r und a^t.

+4. Die Menge der Zahlen $\alpha_1+\alpha_2\sqrt{2}$ mit *rationalen* α_1, α_2 bildet einen Körper $\mathbf{Q}(\sqrt{2})$ (einen „Unterkörper" von **R**), insbesondere liegen also Summen und Produkte solcher Zahlen wieder in $\mathbf{Q}(\sqrt{2})$, ebenso die multiplikativen Inversen (gib diese explizit an). Zeige ferner, daß $\mathbf{Q}(\sqrt{2})$ aufgefaßt werden kann als Menge aller Paare (α_1, α_2) mit rationalen α_1, α_2, versehen mit der folgenden Summen- und Produktdefinition:

$$(\alpha_1, \alpha_2)+(\beta_1, \beta_2):=(\alpha_1+\beta_1, \alpha_2+\beta_2),$$

$$(\alpha_1, \alpha_2)\cdot(\beta_1, \beta_2):=(\alpha_1\beta_1+2\alpha_2\beta_2, \alpha_1\beta_2+\alpha_2\beta_1);$$

vgl. A 4.2 (Definition der komplexen Zahlen).
Welche Körper wurden bisher definiert? — Wenn man, wie bei **C** und $\mathbf{Q}(\sqrt{2})$, mit Zahlenpaaren rechnen will, scheint es zunächst naheliegend, nicht nur die Summe, sondern auch das Produkt *komponentenweise* zu definieren: $(\alpha_1, \alpha_2)\cdot(\beta_1, \beta_2):=(\alpha_1\beta_1, \alpha_2\beta_2)$. Welches Körperaxiom wird dann nicht erfüllt?

5. Aus dem Satz des Archimedes folgt nicht das Supremumsprinzip. Hinweis: A 6.5.

°6. Wie in A 7.13 benutzen wir den Sinus und Kosinus und ebenso die dort hergeleitete Moivresche Formel naiv. p ist eine natürliche Zahl. Zeige:
a) Die Gleichung $x^p=1$ besitzt in **C** mindestens die p Lösungen

$$x_k:=\cos\frac{2k\pi}{p}+i\sin\frac{2k\pi}{p}, \quad k=0, 1, \ldots, p-1$$

(die x_k sind die p-ten Einheitswurzeln; wo liegen sie in der komplexen Ebene?).
b) Die Gleichung $x^p=-1$ besitzt in **C** mindestens die p Lösungen

$$y_k:=\cos\left(\frac{\pi+2k\pi}{p}\right)+i\sin\left(\frac{\pi+2k\pi}{p}\right), \quad k=0, 1, \ldots, p-1.$$

c) Die Gleichung $x^p=a$ besitzt in **C** mindestens die p Lösungen

$$\sqrt[p]{a}\, x_k, \text{ falls } a>0, \quad \text{und} \quad \sqrt[p]{-a}\, y_k, \text{ falls } a<0$$

($k=0, 1, \ldots, p-1$; x_k bzw. y_k wie in a) bzw. b)). Wir werden später sehen, daß dies auch alle komplexen Lösungen sind.

°7. Bringe die quadratische Gleichung $x^2+ax+b=0$ $(a, b\in\mathbf{R})$ auf die Form $\left(x+\frac{a}{2}\right)^2=\frac{1}{4}D$, wobei $D:=a^2-4b$ die Diskriminante der Gleichung ist, und zeige mit Hilfe der Aufgabe 6, daß je nachdem $D>0$, $D=0$, $D<0$ ausfällt, die folgenden Lösungen oder „Wurzeln" in **C** vorhanden sind

$$x_{1,2}:=-\frac{a}{2}\pm\frac{1}{2}\sqrt{D}, \quad x_1:=-\frac{a}{2}, \quad x_{1,2}:=-\frac{a}{2}\pm\frac{i}{2}\sqrt{-D}.$$

Bestätige durch Einsetzen in die Gleichung, daß x_1, x_2 tatsächlich Lösungen sind. Zeige ferner, daß die **Vietaschen Wurzelsätze** gelten:

$$x_1 + x_2 = -a, \qquad x_1 x_2 = b$$

(im Falle $D = 0$ ist dabei $x_2 := x_1$ zu setzen: x_1 wird „doppelt gezählt", ist eine „Doppelwurzel").

10 Abstand und Betrag

Bisher haben wir uns mit der *algebraischen Struktur* (den Körpereigenschaften), der *Ordnungsstruktur* und der *Ordnungsvollständigkeit* von **R** beschäftigt. Mit Hilfe der Ordnungsstruktur führen wir nun eine *metrische Struktur* auf **R** ein, indem wir den **Abstand**, die **Distanz** $d(a, b)$ zwischen zwei Elementen von **R** definieren, und zwar so, wie es durch die Verhältnisse auf der Zahlengeraden suggeriert wird (deshalb nennen wir in diesem Zusammenhang die Elemente von **R** fast immer „Punkte"):

$$d(a, b) := \max(a, b) - \min(a, b) = \begin{cases} a - b, & \text{falls } a \geq b, \\ b - a, & \text{falls } a < b. \end{cases} \qquad (10.1)$$

Der Leser kann sofort bestätigen, daß $d(a, b)$ die folgenden **metrischen Axiome** erfüllt, denen intuitiverweise jeder „vernünftige" Abstand — nicht nur der Abstand zwischen Punkten auf der Zahlengeraden — genügen sollte:

(M 1) $d(a, b) \geq 0$, *wobei* $d(a, b) = 0 \Leftrightarrow a = b$ (Definitheit),

(M 2) $d(a, b) = d(b, a)$ (Symmetrie),

(M 3) $d(a, b) \leq d(a, c) + d(c, b)$ (Dreiecksungleichung)

(zum Beweis von (M 3) mache man Fallunterscheidungen gemäß den Figuren 10.1, 10.2 und 10.3).

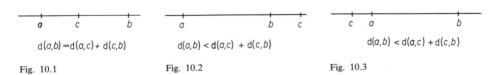

Fig. 10.1　　　　　　　Fig. 10.2　　　　　　　Fig. 10.3

Die Axiome (M 1) bis (M 3) bedeuten anschaulich der Reihe nach folgendes: Der Abstand zweier verschiedener Punkte ist positiv, während der Abstand eines Punktes von sich selbst verschwindet; der Abstand eines Punktes a von einem Punkte b ist ebenso groß wie umgekehrt der Abstand des Punktes b von dem Punkte a (deshalb dürfen wir einfach von dem Abstand „zwischen" zwei Punkten, ohne Beachtung ihrer Reihenfolge, reden); geht man von a nicht direkt zu b, sondern zuerst zu c und erst von dort zu b, so hat man jedenfalls nicht abgekürzt, ungünstigenfalls vielmehr einen Umweg gemacht (s. Fig. 10.1, 10.2, 10.3; die Bezeichnung „Dreiecksungleichung" wird erst voll verständlich, wenn man Abstände zwischen den Punkten einer Ebene betrachtet). Induktiv beweist man die allgemeine Dreiecksungleichung für n „Zwischenpunkte" $c_1, \ldots, c_n$ (wobei man nichts als (M 3) benutzt):

$$d(a, b) \leq d(a, c_1) + d(c_1, c_2) + \cdots + d(c_{n-1}, c_n) + d(c_n, b). \tag{10.2}$$

Mit ihrer Hilfe sieht man, daß für je vier Punkte a, b, u, v gilt: $d(u, v) \leq d(u, a) + d(a, b) + d(b, v)$, also

$$d(u, v) - d(a, b) \leq d(u, a) + d(b, v).$$

Vertauscht man hierin u mit a und v mit b, so erhält man

$$d(a, b) - d(u, v) \leq d(a, u) + d(v, b),$$

und damit insgesamt, wenn man noch (M 2) beachtet, die sogenannte Viereksungleichung

$$\left.\begin{array}{l} d(a, b) - d(u, v) \\ d(u, v) - d(a, b) \end{array}\right\} \leq d(a, u) + d(b, v). \tag{10.3}$$

Wir haben (10.2) und (10.3) *allein aus den metrischen Axiomen, ohne Rückgriff auf die Definition des Abstandes*, gewonnen. Diese Definition muß man jedoch heranziehen, um die folgende, anschaulich übrigens sofort einleuchtende Aussage, zu verifizieren, deren einfachen Beweis wir dem Leser überlassen:

Der Abstand ist invariant gegenüber Translationen (Verschiebungen), d.h., wir haben stets

(TI) $d(a + c, b + c) = d(a, b)$.

Den Abstand $d(a, 0)$ des Punktes a vom Nullpunkt nennt man den Betrag von a, in Zeichen $|a|$. Nach (10.1) ist also

$$|a| = \begin{cases} a, & \text{falls } a \geq 0, \\ -a, & \text{falls } a < 0. \end{cases} \tag{10.4}$$

Die Viereksungleichung läßt sich mit Hilfe des Betrags in der folgenden kompakteren Form schreiben:

$$|d(a, b) - d(u, v)| \leq d(a, u) + d(b, v). \tag{10.5}$$

Wegen der Translationsinvarianz (TI) des Abstands ist $d(a, b) = d(a - b, b - b) = d(a - b, 0)$, also

$$d(a, b) = |a - b|. \tag{10.6}$$

Mit (M 1) folgt sofort: $|a| \geq 0$; $|a| = 0 \Leftrightarrow a = 0$. Wegen (M 2) und (TI) ist $|a| = d(a, 0) = d(0, -a) = d(-a, 0) = |-a|$. Mit Hilfe von (TI), (M 3) und (M 2) ergibt sich daraus $|a+b| = d(a+b, 0) = d(a, -b) \leq d(a, 0) + d(0, -b) = d(a, 0) + d(-b, 0) = |a| + |-b| = |a| + |b|$, insgesamt also die sogenannte **Dreiecksungleichung** des Betrags: $|a+b| \leq |a| + |b|$.

Benutzt man nicht — wie wir es oben getan haben — allein die metrischen Axiome und die Translationsinvarianz, sondern die explizite Darstellung von $|a|$ durch (10.4), so kann man die Eigenschaft $|a| = |-a|$ des Betrags (die geometrisch seine Invarianz gegenüber Spiegelungen am Nullpunkt bedeutet) noch weitgehend verallgemeinern: Es ist nämlich stets $|ab| = |a| |b|$. Man beweist dies, indem man die Fälle $ab = 0$, $ab > 0$, $ab < 0$ mit Hilfe der Annullierungsregel und der Sätze 5.1 und 5.3 diskutiert (hier setzt man also ganz wesentlich die Ordnungsstruktur von **R** ein). — Wir fassen unsere Ergebnisse über den Betrag zusammen:

10.1 Satz *Der Betrag in* **R** *besitzt die folgenden Grundeigenschaften:*

(B 1) $|a| \geq 0$, *wobei* $|a| = 0 \Leftrightarrow a = 0$ (Definitheit),

(B 2) $|ab| = |a| |b|$ (Multiplikativität),

(B 3) $|a+b| \leq |a| + |b|$ (Dreiecksungleichung).

Durch Induktion bestätigt man nun:
$$|a_1 a_2 \cdots a_n| = |a_1| |a_2| \cdots |a_n|,$$
$$|a_1 + a_2 + \cdots + a_n| \leq |a_1| + |a_2| + \cdots + |a_n|. \tag{10.7}$$

10.2 Satz *Es ist* $\left|\dfrac{a}{b}\right| = \dfrac{|a|}{|b|}$, *falls* $b \neq 0$, *und*
$$||a| - |b|| \leq \begin{cases} |a-b| \\ |a+b| \end{cases}.$$

Beweis. Für $b \neq 0$ ist $b(1/b) = 1$, also nach (B 2) $|b| |1/b| = 1$ und somit $|1/b| = 1/|b|$. Wiederum mit (B 2) folgt nun $|a/b| = |a(1/b)| = |a| |1/b| = |a|(1/|b|) = |a|/|b|$. Die obere Ungleichung in der zweiten Behauptung erhält man, indem man in (10.5) $b = v = 0$ setzt und statt u nachträglich b schreibt. Die untere Ungleichung folgt aus der oberen, weil $||a| - |b|| = ||a| - |-b|| \leq |a - (-b)| = |a+b|$ ist. ∎

Wir heben noch einmal ausdrücklich die immer wieder benutzte **Spiegelungssymmetrie**

(S) $|a| = |-a|$ und somit $|a - b| = |b - a|$

hervor; in Worten etwa: Man darf „innerhalb des Betrags" das Vorzeichen umkehren (mit -1 multiplizieren). Für die Bedeutung von (S) s. Aufgaben 16 und 17.

10.3 Satz *Sei $\varepsilon > 0$. Dann gilt*:
a) $|x| < \varepsilon \Leftrightarrow -\varepsilon < x < \varepsilon$,
b) $|x - x_0| < \varepsilon \Leftrightarrow x_0 - \varepsilon < x < x_0 + \varepsilon$.
Diese Aussagen bleiben richtig, wenn überall $<$ durch $\leq$ ersetzt wird.

Beweis. a) Sei $|x| < \varepsilon$. Dann ist $x < \varepsilon$ bzw. $-x < \varepsilon$ (also $-\varepsilon < x$) je nachdem $x \geq 0$ bzw. < 0 ist, in jedem Falle gilt $-\varepsilon < x < \varepsilon$. Diese Schlüsse lassen sich umkehren. — b) folgt aus a): $|x - x_0| < \varepsilon \Leftrightarrow -\varepsilon < x - x_0 < \varepsilon \Leftrightarrow x_0 - \varepsilon < x < x_0 + \varepsilon$. — Die letzte Behauptung ist nun selbstverständlich. ∎

Ist $a < b$, so nennen wir die Punktmenge

$$(a, b) := \{x \in \mathbf{R}: a < x < b\} \text{ ein offenes,}$$
$$[a, b] := \{x \in \mathbf{R}: a \leq x \leq b\} \text{ ein abgeschlossenes Intervall.}$$

Daneben benutzen wir hin und wieder noch die (nach links bzw. nach rechts) halboffenen Intervalle

$$(a, b] := \{x \in \mathbf{R}: a < x \leq b\} \quad \text{bzw.} \quad [a, b) := \{x \in \mathbf{R}: a \leq x < b\}.$$

In allen Fällen nennen wir a und b die Randpunkte, $\dfrac{a+b}{2}$ den Mittelpunkt, $b - a$ die Länge und $\dfrac{b-a}{2}$ den Radius des betreffenden Intervalles. Ist x_0 der Mittelpunkt und r der Radius von (a, b) bzw. $[a, b]$, so ergibt sich aus Satz 10.3 unmittelbar

$$(a, b) = \{x \in \mathbf{R}: |x - x_0| < r\}, \quad [a, b] = \{x \in \mathbf{R}: |x - x_0| \leq r\}.$$

Das offene bzw. abgeschlossene Intervall um den Mittelpunkt x_0 mit dem Radius r bezeichnen wir auch mit

$$U_r(x_0) \quad \text{bzw.} \quad U_r[x_0]$$

und nennen $U_r(x_0)$ eine r-Umgebung von x_0. Schließlich definieren wir noch einseitig und zweiseitig unendliche Intervalle durch

$$(-\infty, a) := \{x \in \mathbf{R}: x < a\}, \quad (-\infty, a] := \{x \in \mathbf{R}: x \leq a\},$$
$$(a, +\infty) := \{x \in \mathbf{R}: x > a\}, \quad [a, +\infty) := \{x \in \mathbf{R}: x \geq a\}, \quad (-\infty, +\infty) := \mathbf{R}.$$

Eine Verwechslung des offenen Intervalles (a, b) mit dem Punktepaar (a, b) ist ausgeschlossen, weil aus dem Zusammenhang immer völlig eindeutig hervorgeht, was mit (a, b) gemeint ist. Gelegentlich findet man an Stelle von (a, b) das Zeichen $]a, b[$.

Wir haben gesehen, daß wir offene und abgeschlossene Intervalle allein mit Hilfe des Betrags beschreiben können. Entsprechendes ist für beschränkte Mengen möglich: Ist M beschränkt und a eine untere, b eine obere Schranke, so ist $r := \max(|a|, |b|)$ eine obere und zugleich $-r$ eine untere Schranke von M, so daß wegen Satz 10.3 $|x| \leq r$ für alle $x \in M$ gilt. Wir halten diese Ergebnisse fest (wobei wir $r > 0$ annehmen dürfen):

10.4 Satz *Eine Menge $M \subset \mathbf{R}$ ist genau dann beschränkt, wenn mit einer gewissen positiven Zahl r die Abschätzung $|x| \leq r$ für alle $x \in M$ gilt, d.h., wenn M ganz in einem abgeschlossenen Intervall um den Nullpunkt liegt.*

Zum Schluß dieses Abschnitts kehren wir noch einmal zu unserem Ausgangspunkt, dem Abstandsbegriff, zurück. In den Aufgaben 13 bis 15 werden wir sehen, daß man „Abstände" d(a, b) zwischen reellen Zahlen einführen kann, die von ganz anderer Art sind als der durch (10.1) definierte kanonische Abstand — die aber doch in dem Sinne „vernünftig" sind, daß sie den metrischen Axiomen (M 1) bis (M 3) genügen. In Aufgabe 18 werden wir einen „vernünftigen" Abstand zwischen *rationalen* Zahlen erklären, der sich wesentlich von ihrem kanonischen Abstand (10.1) unterscheidet. Intuitiverweise besitzen je zwei Punkte des Anschauungsraumes einen Abstand; wie diese Vorstellung arithmetisch zu präzisieren ist, werden wir in Satz 12.5 sehen — und dabei sogar einen Abstandsbegriff für die Elemente des $\mathbf{R}^n$ bei *beliebigem* $n \in \mathbf{N}$ gewinnen[1]. Schließlich werden wir im weiteren Verlauf unserer Arbeit Abstände mit Gewinn auch zwischen mathematischen Objekten einführen, die wir bisher überhaupt noch nicht vorgestellt haben, nämlich Folgen und Funktionen (s. etwa A 14.11 und A 59.5). Um alle diese Phänomene unter einen gemeinsamen Begriff bringen zu können, geben wir die folgende

Definition *Ist je zwei Elementen a, b einer beliebigen nichtleeren Menge A eine reelle Zahl d(a, b) so zugeordnet, daß die metrischen Axiome (M 1), (M 2) und (M 3) erfüllt sind, so sagt man, auf A sei die* Metrik *d(a, b) — kürzer: die* Metrik *d — eingeführt oder wohl auch, A sei ein* metrischer Raum. *Die Elemente eines metrischen Raumes nennt man gerne* Punkte, *und die Zahl d(a, b) heißt der* Abstand *oder die* Distanz *zwischen den Punkten a und b*[2].

Versehen mit der kanonischen Metrik (10.1) ist also $\mathbf{R}$ ein metrischer Raum. Die Abschätzungen (10.2) und (10.5) können wir offenbar ohne neuen Beweis von $\mathbf{R}$ in beliebige metrische Räume verpflanzen, genauer:

10.5 Satz *In einem metrischen Raum A mit der Metrik d gilt für je zwei Punkte a, b und beliebige „Zwischenpunkte" $c_1, \ldots, c_n$ die (verallgemeinerte)* Dreiecksungleichung

$$d(a, b) \leq d(a, c_1) + d(c_1, c_2) + \cdots + d(c_{n-1}, c_n) + d(c_n, b),$$

---

[1] Wir erinnern daran, daß $\mathbf{R}^n$ die Menge aller n-Tupel $(x_1, x_2, \ldots, x_n)$ mit reellen Komponenten x_i ist. Der Anschauungsraum läßt sich — nach Einführung cartesischer Koordinaten — durch $\mathbf{R}^3$ darstellen.

[2] In der Mathematik benutzt man gern das Wort „Raum", um eine irgendwie strukturierte Menge zu bezeichnen. Beispiele hierfür begegnen uns später noch vielfach. Natürlich haben solche „Räume" mit dem vertrauten Anschauungsraum nicht mehr viel gemeinsam.

86 I Mengen und Zahlen

und für je vier Punkte a, b, u, v die Vierecksungleichung

$$|d(a,b) - d(u,v)| \leq d(a,u) + d(b,v).$$

Aufgaben

1. Beweise die Dreiecksungleichung des Betrags unmittelbar aus (10.4). Hinweis: Es ist $\alpha, -\alpha \leq |\alpha|$; aus $\alpha, -\alpha \leq \beta$ folgt $|\alpha| \leq \beta$.

2. a) Formuliere und beweise eine genaue Bedingung dafür, daß die Dreiecksungleichung in eine Gleichung $|a+b| = |a| + |b|$ übergeht.
b) Es ist $\max(|a|, |b|) \leq |a| + |b|$, i. allg. wird man also nicht die ,,verschärfte Dreiecksungleichung'' $|a+b| \leq \max(|a|, |b|)$ erwarten dürfen. Wann gilt sie doch? (s. auch Aufgabe 18).

*3. $\quad \max(a,b) = \dfrac{a+b+|a-b|}{2}, \quad \min(a,b) = \dfrac{a+b-|a-b|}{2}.$

4. Es ist $a^2 = |a^2| = |a|^2$; $\sqrt{a^2} = |a|$ (nicht $= a$).

5. Sei $\rho > 0$ und $a \neq 0$. Dann ist $\{x \in \mathbf{R} : |ax + b| < \rho\}$ ein offenes Intervall. Bestimme seinen Mittelpunkt und Radius.

In den Aufgaben 6 bis 10 empfiehlt es sich, die von der Schule her vertrauten Schaubilder (Graphen) der auftretenden Funktionen heranzuziehen und jede Lösung durch eine Zeichnung zu kontrollieren! Den Funktionsbegriff verwenden wir zunächst ,,naiv''; seine präzise Fassung wird er im Kapitel II erhalten.

6. Die Graphen der Funktionen $y = |x|$ und $y = |2x - 4|$ (d.h., die Menge der Punkte $(x, |x|)$ und $(x, |2x-4|)$, $x \in \mathbf{R}$) sind in den Figuren 10.4 und 10.5 gezeichnet. Bestimme (Fallunterscheidungen!) die Menge aller $x \in \mathbf{R}$, die jeweils den Ungleichungen

a) $|x| \leq \dfrac{1}{2}x + 1$, \quad b) $|2x - 4| > \dfrac{1}{2}x + 1$ genügen.

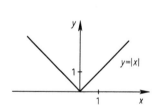

Fig. 10.4

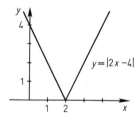

Fig. 10.5

7. Bestimme alle $x \in \mathbf{R}$, die der Ungleichung $|x - 1| \leq |3x - 6|$ genügen.

8. a) Im Falle $\alpha \geq 0$ ist $x^2 \leq \alpha \Leftrightarrow |x| \leq \sqrt{\alpha}$ (im Falle $\alpha < 0$ gibt es kein erfüllendes x).
b) Es ist (s. A 9.7)

$$\{x \in \mathbf{R}: x^2 + ax + b \leq 0\} = \begin{cases} \{x \in \mathbf{R}: |x + a/2| \leq \frac{1}{2}\sqrt{D}\}, & \text{falls } D := a^2 - 4b > 0, \\ \{-a/2\}, & \text{falls } D = 0, \\ \emptyset, & \text{falls } D < 0. \end{cases}$$

9. Bestimme rechnerisch und näherungsweise graphisch alle $x \in \mathbf{R}$, die einer der folgenden Ungleichungen genügen:
a) $x^2 - x + 1 \leq 3$, b) $2x^2 - 5x + 1 \geq 4$.
Hinweis: Um die Aufgaben zeichnerisch zu lösen, bringe man sie auf die Form $x^2 \leq \alpha x + \beta$ bzw. $x^2 \geq \alpha x + \beta$. Man benötigt dann nur die Normalparabel $y = x^2$, die jeweils mit einer Geraden zu schneiden ist.

10. Zeige (s. Aufgabe 8): Im Falle $D \leq 0$ ist $|x^2 + ax + b| = x^2 + ax + b$, im Falle $D > 0$ ist jedoch mit $x_1 := -a/2 - \sqrt{D}/2$, $x_2 := -a/2 + \sqrt{D}/2$

$$|x^2 + ax + b| = \begin{cases} x^2 + ax + b & \text{für } x \leq x_1 \text{ und } x \geq x_2, \\ -(x^2 + ax + b) & \text{für } x_1 \leq x \leq x_2 \end{cases}$$

(s. Fig. 10.6).
Stelle nun selbst und löse (rechnerisch und graphisch!) Aufgaben der Form $|x^2 + ax + b| \leq \alpha x + \beta$, $|x^2 + ax + b| \leq |\alpha x + \beta|$, $|x^2 + ax + b| \leq |x^2 + \alpha x + \beta|$ (s. Fig. 10.7).

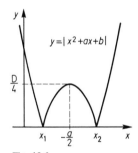

Fig. 10.6

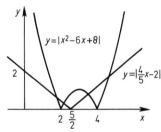

Fig. 10.7

11. Es ist $|ax + b| \leq |\alpha x + \beta| \Leftrightarrow (ax + b)^2 \leq (\alpha x + \beta)^2$. Dieser Umstand erlaubt es, die Lösungsmenge für die linke Ungleichung manchmal leichter zu finden als durch Fallunterscheidungen.

12. Sei ρ reell. Zeige: Zu jedem $\varepsilon > 0$ gibt es ein rationales r mit $|\rho - r| < \varepsilon$.

+13. Durch

$$d(a, b) := \begin{cases} 1, & \text{falls } a \neq b \\ 0, & \text{falls } a = b \end{cases}$$

wird eine (translationsinvariante) Metrik auf $\mathbf{R}$ definiert, die sogenannte diskrete Metrik. Sie läßt sich übrigens auf *jeder nichtleeren Menge A* einführen.

88   I Mengen und Zahlen

14. Wir benutzen zunächst geometrische Vorstellungen und Tatsachen, um uns zu einem weiteren Abstandsbegriff führen zu lassen. Wir projizieren die Punkte $a, b \in \mathbf{R}$ vom Einheitspunkt der y-Achse aus auf die Winkelhalbierenden der beiden ersten Quadranten (s. Fig. 10.8). Als Abstand $d_+(a, b)$ erklären wir die Entfernung der Projektionspunkte, gemessen längs den Winkelhalbierenden (in Fig. 10.8 sind die zu messenden Strecken fett ausgezogen). Bestimme den Schnittpunkt des projizierenden Strahls mit der zugehörigen Winkelhalbierenden und berechne den Abstand $d_+(a, b)$ der Schnittpunkte für den Fall $ab \geq 0$ (a, b beide links oder beide rechts von 0) nach der üblichen, auf dem Satz des Pythagoras beruhenden Abstandsformel. Man erhält

$$d_+(a,b) := \sqrt{2}\,\frac{|a-b|}{(1+|a|)(1+|b|)}.$$

Wir definieren nun *ohne weiteren anschaulichen Bezug* den Abstand zweier beliebiger Punkte a, b auf $\mathbf{R}$ durch

$$d(a,b) := \begin{cases} d_+(a, b), & \text{falls } ab \geq 0, \\ d_+(a, 0) + d_+(0, b), & \text{falls } ab < 0. \end{cases}$$

Zeige rechnerisch (anschaulich ist es evident), daß dieser Abstand den drei metrischen Axiomen genügt, aber *nicht translationsinvariant ist*.

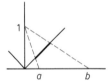
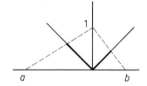

Fig. 10.8

⁺**15.** Ist $d(a, b)$ irgendeine Metrik auf $\mathbf{R}$, so ist auch $d_1(a, b) := \dfrac{d(a, b)}{1 + d(a, b)}$ eine solche. Mit d ist auch d_1 translationsinvariant. Hinweis: Aus $0 \leq s \leq t$ folgt $\dfrac{s}{1+s} \leq \dfrac{t}{1+t}$.

⁺**16.** Bestätige noch einmal: Allein aus (M 1), (M 2), (M 3) und (TI) — also ohne weiteren Rückgriff auf die Definition (10.1) des Abstands — ergeben sich, wenn $|a| := d(a, 0)$ gesetzt wird, die Grundeigenschaften (B 1) und (B 3), ferner die Spiegelungssymmetrie (S) und die Abstandsformel $d(a, b) = |a - b|$. Zeige umgekehrt: Wird jedem a eindeutig eine reelle Zahl $|a|$ so zugeordnet, daß — für $|a|$ statt $|a|$ — (B 1), (B 3) und (S) erfüllt sind, so ist $\delta(a, b) := |a - b|$ eine translationsinvariante Metrik auf $\mathbf{R}$ (die „von $|a|$ erzeugte Metrik"). Beispiele:

$$|a| := |a| \quad \text{oder} \quad := \frac{|a|}{1+|a|} \quad \text{oder} \quad := \begin{cases} 1 & \text{für } a \neq 0 \\ 0 & \text{für } a = 0 \end{cases}$$

(s. Aufgaben 13 und 15). Der erste und dritte „verallgemeinerte Betrag" ist multiplikativ ($|ab| = |a|\,|b|$), der zweite nicht.

*17. Ist $\delta(a, b) := |a - b|$ die von einem „verallgemeinerten Betrag" $|a|$ auf $\mathbf{R}$ erzeugte Metrik (s. Aufgabe 16), so gilt für beliebige $a, b \in \mathbf{R}$ die Ungleichung

$$||a| - |b|| \leq |a - b|. \tag{10.8}$$

+18. Man sagt, ein Körper $\mathbf{K}$ besitze ein (reelle) Bewertung, wenn jedem $a \in \mathbf{K}$ eine reele Zahl $|a|$ (der „Betrag" von a) so zugeordnet ist, daß die Betragsaxiome (B 1), (B 2) und (B 3) – mit $|a|$ an der Stelle von $|a|$ – gelten. $\mathbf{R}$ ist also mittels seines kanonischen Betrages $|a|$ ein bewerteter Körper, ebenso $\mathbf{Q}$. Auf $\mathbf{Q}$ lassen sich neben dem kanonischen Betrag noch weitere Beträge einführen: Sei p eine feste Primzahl. Da jede natürliche Zahl > 1 nach A 6.3 ein Produkt aus Primzahlen und diese „Primfaktorzerlegung" eindeutig ist[1], kann man jedes $a \neq 0$ aus $\mathbf{Q}$ in der Form $a = \frac{s}{t} p^n$ mit eindeutig bestimmtem $n \in \mathbf{Z}$ und ganzen Zahlen s, t darstellen, die nicht mehr durch p teilbar sind. Zeige: a) $\mathbf{Q}$ wird durch $|a|_p := p^{-n}$ für $a \neq 0$, $|0|_p := 0$ ein bewerteter Körper („p-adische Bewertung" von $\mathbf{Q}$). b) Es gilt die „verschärfte Dreiecksungleichung" $|a + b|_p \leq \max(|a|_p, |b|_p)$. c) $|n|_p \leq 1$ für alle $n \in \mathbf{N}$ (die p-adische Bewertung ist „nichtarchimedisch"). d) Durch $\delta(a, b) := |a - b|_p$ wird auf $\mathbf{Q}$ eine translationsinvariante Metrik definiert.

19. Jeder Körper erlaubt die triviale Bewertung $|0| := 0$, $|a| := 1$ für $a \neq 0$. Für den Körper $\{\bar{0}, \bar{1}\}$ aus A 3.1 ist dies die einzig mögliche.

+20. **Hamming-Distanz in der Codierungstheorie** In der Codierungstheorie nennt man einen n-Tupel aus Nullen und Einsen ein n-stelliges *Binärwort*. Die Hamming-Distanz zwischen zwei n-stelligen Binärwörtern ist *per definitionem* die Anzahl der Stellen, in denen sich die beiden Wörter unterscheiden: Zeige, daß diese Hamming-Distanz die Menge der n-stelligen Binärwörter zu einem metrischen Raum macht.

11 Das Summen- und Produktzeichen

Wir unterbrechen nun unsere mathematischen Entwicklungen durch einen recht trockenen, handwerklichen Abschnitt, in dem wir das Summen- und Produktzeichen erläutern.

Das Summenzeichen $\sum_{k=m}^{n} a_k$ definieren wir durch

$$\sum_{k=m}^{n} a_k := a_m + a_{m+1} + \cdots + a_n \quad (m, n \in \mathbf{Z} \text{ und } m \leq n),$$

gelesen: „Summe der a_k von $k = m$ bis n". $\sum_{k=m}^{n} a_k$ bedeutet also die folgende **Handlungsanweisung**: *Setze in dem „allgemeinen Glied" a_k für k nacheinander die Zahlen $m, m+1, \ldots, n$ ein und bilde die Summe der so entstehenden*

---
[1] S. etwa Scholz-Schoeneberg [14].

$n - m + 1$ *Glieder* $a_m, a_{m+1}, \ldots, a_n$. Daraus wird deutlich, daß der Summationsindex k durch jeden anderen Buchstaben ersetzt werden kann: Es ist

$$\sum_{k=m}^{n} a_k = \sum_{j=m}^{n} a_j = \sum_{\nu=m}^{n} a_\nu = \sum_{\mu=m}^{n} a_\mu,$$

denn diese Summen sind alle $= a_m + a_{m+1} + \cdots + a_n$. Zum Beispiel ist

$$\sum_{k=1}^{4} a_k = a_1 + a_2 + a_3 + a_4, \qquad \sum_{j=-2}^{1} b_j = b_{-2} + b_{-1} + b_0 + b_1,$$

$$\sum_{\nu=0}^{2} c_\nu = c_0 + c_1 + c_2, \qquad \sum_{\mu=3}^{100} d_\mu = d_3 + d_4 + \cdots + d_{99} + d_{100}.$$

Als substanziellere Beispiele bringen wir einige der früher gefundenen Summenformeln in der kompakten $\sum$-Schreibweise:

$$\sum_{k=0}^{n} \binom{n}{k} a^{n-k} b^k = (a+b)^n \qquad \text{(binomischer Satz)},$$

$$\sum_{k=1}^{n} k = \frac{n(n+1)}{2}, \qquad \sum_{k=1}^{n} k^2 = \frac{n(n+1)(2n+1)}{6},$$

$$\sum_{k=1}^{n} k^3 = \frac{n^2(n+1)^2}{4} \qquad \text{(Satz 7.7)},$$

$$\sum_{k=0}^{n} q^k = \frac{1 - q^{n+1}}{1 - q}, \qquad \text{falls } q \neq 1 \text{ (geometrische Summenformel; s. A 7.10)},$$

$$\frac{1}{2} + \sum_{k=1}^{n} \cos kx = \frac{\sin(2n+1)\frac{x}{2}}{2 \sin \frac{x}{2}}, \qquad \text{falls } x \neq 2k\pi \text{ für jedes } k \in \mathbf{Z} \text{ (s. Gl. (7.5) in A 7.13)},$$

$$\sum_{k=1}^{n} x^{n-k} y^{k-1} = \frac{x^n - y^n}{x - y}, \qquad \text{falls } x \neq y \text{ (s. A 7.15)}.$$

Die Dreiecksungleichung aus (10.7) hat in der $\sum$-Schreibweise die Gestalt

$$\left| \sum_{k=1}^{n} a_k \right| \leq \sum_{k=1}^{n} |a_k|.$$

Um Summenformeln ohne lästige Einschränkungen schreiben zu können, ist es nützlich $\sum_{k=m}^{n} a_k$ auch für $n < m$ zu erklären. Einer solchen **leeren Summe** gibt

man den Wert 0:
$$\sum_{k=m}^{n} a_k := 0, \quad \text{falls } n < m.$$

Es ist also z.B. $\sum_{k=1}^{-4} k^2 = 0$ und $\sum_{k=3}^{1} 2^k = 0$.

Statt $\sum_{k=m}^{n} a_k$ schreibt man häufig auch noch ein wenig kompakter $\sum_{m}^{n} a_k$. Schließlich soll $\sum_{k=m}^{n} a$ oder $\sum_{m}^{n} a$ im Falle $n \geq m$ die $(n-m+1)$-gliedrige Summe $a + a + \cdots + a = (n-m+1)a$, im Falle $n < m$ natürlich 0 bedeuten. Will man bei der Summation der $a_m, a_{m+1}, \ldots, a_n$ ein gewisses Glied, etwa a_p, ausfallen lassen, so schreibt man $\sum_{\substack{k=m \\ k \neq p}}^{n} a_k$. Entsprechend sind Symbole wie $\sum_{\substack{k=m \\ k \neq p,q}}^{n} a_k$, $\sum_{\substack{k=1 \\ k\mid n}}^{n} a_k$, $\sum_{k\mid n} a_k$ zu verstehen (in den beiden letzten Summen soll k genau die Teiler von n durchlaufen). Indem man die nachstehenden Summen ausschreibt (und dies sollte man wirklich tun!), bestätigt man ohne Schwierigkeiten die folgenden

°**11.1 Rechenregeln**

$$\sum_{k=m}^{n} a_k \pm \sum_{k=m}^{n} b_k = \sum_{k=m}^{n} (a_k \pm b_k), \quad \sum_{k=m}^{n} c a_k = c \sum_{k=m}^{n} a_k,$$

$$\sum_{k=m}^{n} a_k + \sum_{k=n+1}^{p} a_k = \sum_{k=m}^{p} a_k, \quad \text{wenn } m \leq n < p,$$

$$\sum_{k=m}^{n} a_k = \sum_{k=m+p}^{n+p} a_{k-p} = \sum_{k=m-q}^{n-q} a_{k+q} \quad \text{(Indexverschiebung)},$$

$$\sum_{k=m}^{n} (a_k - a_{k-1}) = a_n - a_{m-1} \quad \text{und} \quad \sum_{k=m}^{n} (a_k - a_{k+1}) = a_m - a_{n+1}, \quad \text{falls}$$

$m \leq n$ („Teleskopsummen").

Viel benutzt wird die folgende Regel zur Addition von Produkten:

°**11.2 Abelsche partielle Summation**[1] *Sind die Zahlen $a_1, \ldots, a_n$ und $b_1, \ldots, b_n$ vorgelegt, so ist*

$$\sum_{k=1}^{n} a_k b_k = A_n b_{n+1} + \sum_{k=1}^{n} A_k (b_k - b_{k+1}) \tag{11.1}$$

mit $A_k := \sum_{j=1}^{k} a_j$ und beliebigem b_{n+1}.

---

[1] Niels Henrik Abel (1802–1829; 27).

Setzen wir nämlich $A_0 := 0$, so ist $a_k = A_k - A_{k-1}$ für $k = 1, \ldots, n$, und somit haben wir

$$\sum_{k=1}^{n} a_k b_k = \sum_{k=1}^{n} (A_k - A_{k-1}) b_k = \sum_{k=1}^{n} A_k b_k - \sum_{k=1}^{n} A_{k-1} b_k$$
$$= \sum_{k=1}^{n} A_k b_k - \sum_{k=1}^{n-1} A_k b_{k+1}$$
$$= \sum_{k=1}^{n} A_k b_k - \sum_{k=1}^{n} A_k b_{k+1} + A_n b_{n+1} = \sum_{k=1}^{n} A_k (b_k - b_{k+1}) + A_n b_{n+1}. \blacksquare$$

Sollen wir die $m \cdot n$ doppeltindizierten Zahlen a_{jk} ($j = 1, \ldots, m$; $k = 1, \ldots, n$) addieren, so denken wir uns dieselben zu einem rechteckigen Schema von m horizontalen Zeilen und n vertikalen Spalten angeordnet:

$$\begin{array}{cccc} a_{11} & a_{12} & \cdots & a_{1n} \\ a_{21} & a_{22} & \cdots & a_{2n} \\ \vdots & \vdots & & \vdots \\ a_{m1} & a_{m2} & \cdots & a_{mn} \end{array}$$

(der erste Index in a_{jk} ist also der Zeilenindex, der zweite der Spaltenindex: a_{jk} steht in der j-ten Zeile und der k-ten Spalte des Schemas). Die Summe S der a_{jk} können wir nun sowohl „zeilenweise" als auch „spaltenweise" ermitteln: Im ersten Falle bilden wir für $j = 1, \ldots, m$ die Summe $s_j := \sum_{k=1}^{n} a_{jk}$ der Elemente in der j-ten Zeile (die j-te Zeilensumme) und erhalten S durch Addition aller dieser Summen:

$$S = \sum_{j=1}^{m} s_j = \sum_{j=1}^{m} \left(\sum_{k=1}^{n} a_{jk} \right) \quad \text{(zeilenweise Addition)};$$

im zweiten Falle bilden wir zuerst die k-te Spaltensumme $\sigma_k := \sum_{j=1}^{m} a_{jk}$ und gewinnen S durch Addition aller dieser Summen:

$$S = \sum_{k=1}^{n} \sigma_k = \sum_{k=1}^{n} \left(\sum_{j=1}^{m} a_{jk} \right) \quad \text{(spaltenweise Addition)}.$$

Es ist also

$$\sum_{j=1}^{m} \left(\sum_{k=1}^{n} a_{jk} \right) = \sum_{k=1}^{n} \left(\sum_{j=1}^{m} a_{jk} \right),$$

in Worten: *In einer „Doppelsumme" darf die Reihenfolge der Summationen umgekehrt werden.* Die Klammer läßt man häufig weg, schreibt also die letzte

Gleichung in der Form

$$\sum_{j=1}^{m}\sum_{k=1}^{n}a_{jk}=\sum_{k=1}^{n}\sum_{j=1}^{m}a_{jk}.$$

Die Vertauschung der Summationsreihenfolge ist meistens das einzige — und oft ein sehr wirkungsvolles — Mittel, um einer Doppelsumme Herr zu werden.

Im Falle $m=n$ (quadratisches Zahlenschema) setzt man, um noch kompakter schreiben zu können,

$$\sum_{j,k=1}^{n}a_{jk}:=\sum_{j=1}^{n}\sum_{k=1}^{n}a_{jk}.$$

Besonders wichtig sind Doppelsummen bei der Multiplikation von Summen $(a_1+\cdots+a_m)(b_1+\cdots+b_n)$. Hier lassen sich die beim Ausmultiplizieren entstehenden Produkte $\alpha_{jk}:=a_jb_k$ ganz natürlich zu dem Schema

$$\begin{array}{cccc} \alpha_{11} & \alpha_{12} & \cdots & \alpha_{1n} \\ \alpha_{21} & \alpha_{22} & \cdots & \alpha_{2n}, \\ \vdots & \vdots & & \vdots \\ \alpha_{m1} & \alpha_{m2} & \cdots & \alpha_{mn} \end{array} \quad \text{also zu dem Schema} \quad \begin{array}{cccc} a_1b_1 & a_1b_2 & \cdots & a_1b_n \\ a_2b_1 & a_2b_2 & \cdots & a_2b_n \\ \vdots & \vdots & & \vdots \\ a_mb_1 & a_mb_2 & \cdots & a_mb_n \end{array}$$

anordnen; man erhält so

$$\left(\sum_{j=1}^{m}a_j\right)\left(\sum_{k=1}^{n}b_k\right)=\sum_{j=1}^{m}\sum_{k=1}^{n}a_jb_k,$$

wobei in der rechten Doppelsumme das allgemeine Glied a_jb_k eben als die doppeltindizierte Zahl α_{jk} aufzufassen ist. Im Falle $m=n$ ist also ganz prägnant

$$\left(\sum_{j=1}^{n}a_j\right)\left(\sum_{k=1}^{n}b_k\right)=\sum_{j,k=1}^{n}a_jb_k.$$

Wir beschließen die Erläuterung des Summenzeichens mit einer weiteren Bezeichnungskonvention. Zwei Summen $\sum_{k=1}^{n}a_k$, $\sum_{k=1}^{n}b_k$ mit gleichviel Gliedern (was man notfalls durch Hinzufügen von Nullen immer erreichen kann) können denselben Wert haben, ohne daß die gleichindizierten Summanden a_k, b_k übereinstimmen. Wird die Gleichheit des Wertes jedoch durch die Gleichheit $a_k=b_k$ aller entsprechenden Summanden erreicht, sind also beide Summen völlig identisch, so drücken wir diese „stärkere Gleichheit" durch das „verstärkte" Gleichheitszeichen $\equiv$ (lies: „gliedweise gleich") aus, schreiben also

$$\sum_{k=1}^{n}a_k\equiv\sum_{k=1}^{n}b_k, \quad \text{z.B.} \quad \sum_{k=1}^{n}\frac{1}{k(k+1)}\equiv\sum_{k=1}^{n}\left(\frac{1}{k}-\frac{1}{k+1}\right).$$

Weniger wichtig als das Summenzeichen ist das **Produktzeichen**, das wir durch

$$\prod_{k=m}^{n} a_k := a_m a_{m+1} \cdots a_n \quad (m, n \in \mathbb{Z} \text{ und } m \leq n)$$

definieren. Dem **leeren Produkt** $\prod_{k=m}^{n} a_k$, $n < m$, wird der Wert 1 zugeschrieben. Die folgenden Produktformeln findet man in den Aufgaben der Nr. 7:

$$(-1)^{n-1} \frac{1}{2} \prod_{k=2}^{n} \frac{2k-3}{2k} = \binom{1/2}{n} \quad \text{für } n \geq 2,$$

$$(-1)^{n} \prod_{k=1}^{n} \frac{2k-1}{2k} = \binom{-1/2}{n} \quad \text{für } n \geq 2,$$

$$\prod_{k=1}^{n} \frac{2k-1}{2k} = \frac{1}{2^{2n}} \binom{2n}{n} \quad \text{für } n \geq 2, \qquad \prod_{k=1}^{n-1} \left(1 + \frac{1}{k}\right)^k = \frac{n^n}{n!} \quad \text{für } n \geq 1,$$

$$\prod_{k=0}^{n} (1 + x^{2^k}) = \frac{1 - x^{2^{n+1}}}{1 - x} \quad \text{für } n \geq 0, x \neq 1.$$

Von besonderer Bedeutung sind die ,,**Teleskopprodukte**''

$$\prod_{k=m}^{n} \frac{a_k}{a_{k-1}} = \frac{a_n}{a_{m-1}}, \quad \text{falls } m \leq n.$$

Die Teleskopsummen bzw. Teleskopprodukte machen es möglich, aus Eigenschaften der Differenzen $a_k - a_{k-1}$ bzw. der Quotienten $\frac{a_k}{a_{k-1}}$ auf Eigenschaften der a_k selbst zu schließen (s. Aufgaben 2 bis 4).

Aufgaben

1. Welchen Zahlenwert haben die folgenden Summen bzw. Produkte?

a) $\sum_{k=1}^{4} \frac{1}{k}$, b) $\sum_{k=1}^{999} \frac{1}{k(k+1)}$, c) $\sum_{k=3}^{10} k^3$, d) $\sum_{k=1}^{4} 3^{4-k} 2^k$,

e) $\prod_{k=1}^{100} \frac{k+1}{k}$, f) $\prod_{k=1}^{5} \left(\frac{k+1}{k}\right)^k$.

*2. Sind die Zahlen $a_0, a_1, \ldots, a_n$ alle positiv, und ist $a_{k+1}/a_k \leq q$ für $k = 0, \ldots, n-1$, so ist $a_n \leq a_0 q^n$.

3. Ist $|a_k - a_{k-1}| \leq b_k$ für $k = 1, \ldots, n$, so ist $|a_n| \leq |a_0| + \sum_{k=1}^{n} b_k$.

*4. Ist $|a_{k+1} - a_k| \leq \alpha q^k$ für $k = n, n+1, \ldots, n+m-1$, $0 < q < 1$, so ist $|a_{n+m} - a_n| \leq \alpha \frac{q^n}{1-q}$.

5. a) Was bedeutet $\tau(n) := \sum_{t|n} 1$, $\tau_1(n) := \sum_{t|n} t$? b) Bestimme $\tau(n)$ und $\tau_1(n)$ für $n = 1, \ldots, 10$. c) n heißt eine **vollkommene Zahl**, wenn $\tau_1(n) = 2n$ ist. Welche der Zahlen $1, \ldots, 10$ ist vollkommen? d) Bestimme die erste vollkommene Zahl >10.

+6. Beweise die **Lagrangesche Identität** (Joseph Louis Lagrange, 1736–1813; 77)

$$\left(\sum_{k=1}^{n} a_k b_k\right)^2 = \left(\sum_{k=1}^{n} a_k^2\right)\left(\sum_{k=1}^{n} b_k^2\right) - \sum_{\substack{j,k=1 \\ k<j}}^{n}(a_k b_j - a_j b_k)^2.$$

7. Es ist $\sum_{j,k=1}^{n}(a_j - a_k)(b_j - b_k) = 2\left[n\sum_{k=1}^{n} a_k b_k - \left(\sum_{k=1}^{n} a_k\right)\left(\sum_{k=1}^{n} b_k\right)\right].$

8. Berechne für $n \in \mathbf{N}$ den Wert der Doppelsumme $\sum_{j=0}^{n}\sum_{k=0}^{n}\binom{k}{j}\frac{1}{2^{j+k}}$.

9. Für alle reellen α ist $\sum_{\nu=0}^{n}\binom{\alpha-\nu}{k} = \binom{\alpha+1}{k+1} - \binom{\alpha-n}{k+1}$. Hinweis: Mit Hilfe von (7.3) in A 7.4 kann man die Summe in eine Teleskopsumme verwandeln.

10. Beweise induktiv die Gl. $\sum_{k=0}^{n}\frac{(-1)^k}{2k+1}\binom{n}{k} = \prod_{k=1}^{n}\frac{2k}{2k+1}$.

Hinweis: $\binom{n}{k}\frac{2n+2}{2n+3} = \binom{n+1}{k}(1 - \frac{2k+1}{2n+3})$; A 7.2d).

12 Einige nützliche Ungleichungen

Ungleichungen gehören zu den wichtigsten Werkzeugen des Analytikers. in diesem Abschnitt stellen wir einige vor. Unter welchen Bedingungen das Zeichen $\leq$ in $=$ übergeht, werden wir in Aufgabe 1 diskutieren.

12.1 Ungleichung des gewichteten arithmetischen Mittels *Sind $p_1, \ldots, p_n$ positive Zahlen* (Gewichte), *so ist*

$$\min(a_1, \ldots, a_n) \leq \frac{p_1 a_1 + \cdots + p_n a_n}{p_1 + \cdots + p_n} \leq \max(a_1, \ldots, a_n).$$

O.B.d.A. (:= ohne Beschränkung der Allgemeinheit) sei a_1 das fragliche Minimum, a_n das Maximum[1]. Dann ist $(p_1 + \cdots + p_n)a_1 \leq p_1 a_1 + \cdots + p_n a_n \leq (p_1 + \cdots + p_n)a_n$, womit bereits alles bewiesen ist. — Das (gewöhnliche) arithmetische Mittel liegt vor, wenn $p_1 = \cdots = p_n = 1$ ist. ∎

---
[1] Man kann dies durch „Umindizieren" der Zahlen $a_1, \ldots, a_n$ stets erreichen. Und da die Behauptung des Satzes hierdurch nicht tangiert wird, beschränkt unsere zusätzliche Annahme über a_1 und a_n in keiner Weise die Allgemeinheit des Satzes.

96 I Mengen und Zahlen

Unter dem geometrischen Mittel der n nichtnegativen Zahlen $a_1,\ldots,a_n$ versteht man die Größe

$$\sqrt[n]{a_1\cdots a_n}.$$

Den Terminus „Mittel" rechtfertigt die Aufgabe 4.

Wegen $0\leqslant(\sqrt{a_1}-\sqrt{a_2})^2=a_1-2\sqrt{a_1a_2}+a_2$ haben wir offenbar

$$\sqrt{a_1a_2}\leqslant\frac{a_1+a_2}{2}\quad(a_1,a_2\geqslant 0). \tag{12.1}$$

Allgemeiner gilt die ungewöhnlich kraftvolle

12.2 Ungleichung zwischen dem arithmetischen und geometrischen Mittel

$$\sqrt[n]{a_1\cdots a_n}\leqslant\frac{a_1+\cdots+a_n}{n}\quad(a_1,\ldots,a_n\geqslant 0).$$

Wir beweisen sie durch Induktion in der äquivalenten Form

$$a_1\cdots a_n\leqslant\left(\frac{a_1+\cdots+a_n}{n}\right)^n.$$

Um Triviales zu vermeiden, nehmen wir $a_1,\ldots,a_n>0$ an. Der Induktionsanfang ($n=1$) versteht sich von selbst. Angenommen, die Ungleichung gelte für je n positive Zahlen. Sind uns nun $n+1$ Zahlen $a_1,\ldots,a_{n+1}>0$ vorgelegt, so dürfen wir o.B.d.A. $a_{n+1}\geqslant a_1,\ldots,a_n$ annehmen. Nach Satz 12.1 ist dann

$$\alpha:=\frac{a_1+\cdots+a_n}{n}\leqslant a_{n+1},\quad\text{also}\quad x:=\frac{a_{n+1}-\alpha}{(n+1)\alpha}\geqslant 0.$$

Die Bernoullische Ungleichung (7.2) liefert nun:

$$\left(\frac{a_1+\cdots+a_{n+1}}{(n+1)\alpha}\right)^{n+1}=(1+x)^{n+1}\geqslant 1+(n+1)x=\frac{a_{n+1}}{\alpha}.$$

Mit der Induktionsvoraussetzung folgt daraus

$$\left(\frac{a_1+\cdots+a_{n+1}}{n+1}\right)^{n+1}\geqslant\alpha^{n+1}\frac{a_{n+1}}{\alpha}=\alpha^n a_{n+1}\geqslant a_1\cdots a_n a_{n+1}.\quad\blacksquare$$

Mit Hilfe des nachgerade trivialen Spezialfalles (12.1) beweisen wir nun die nach Augustin Louis Cauchy (1789-1857; 68) und Hermann Amandus Schwarz (1843-1921; 78) benannte

12.3 Cauchy-Schwarzsche Ungleichung

$$\sum_{k=1}^n|a_kb_k|\leqslant\left(\sum_{k=1}^n a_k^2\right)^{1/2}\left(\sum_{k=1}^n b_k^2\right)^{1/2}.$$

Beweis. Sei A die erste, B die zweite Quadratwurzel auf der rechten Seite. Da im Falle $A = 0$ alle a_k, im Falle $B = 0$ alle b_k verschwinden und dann nichts mehr zu beweisen ist, dürfen wir $A, B > 0$ annehmen. Mit $\alpha_k := |a_k|/A$, $\beta_k := |b_k|/B$ geht die Behauptung in die äquivalente Ungleichung $\sum \alpha_k \beta_k \leq 1$ über[1]. Deren Richtigkeit erkennt man sofort mittels (12.1): Es ist nämlich

$$\sum \alpha_k \beta_k = \sum \sqrt{\alpha_k^2 \beta_k^2} \leq \sum \left(\frac{\alpha_k^2}{2} + \frac{\beta_k^2}{2}\right) = \frac{1}{2} \sum \alpha_k^2 + \frac{1}{2} \sum \beta_k^2 = \frac{1}{2} + \frac{1}{2} = 1. \blacksquare$$

Aus der Cauchy-Schwarzschen Ungleichung folgt mühelos die auf Hermann Minkowski (1864–1909; 45) zurückgehende

12.4 Minkowskische Ungleichung

$$\left(\sum_{k=1}^{n} (a_k + b_k)^2\right)^{1/2} \leq \left(\sum_{k=1}^{n} a_k^2\right)^{1/2} + \left(\sum_{k=1}^{n} b_k^2\right)^{1/2}.$$

O.B.d.A. dürfen wir $\sum (a_k + b_k)^2 > 0$ annehmen. Zunächst ist

$$\sum (a_k + b_k)^2 = \sum (a_k + b_k) a_k + \sum (a_k + b_k) b_k$$
$$\leq \sum |a_k + b_k| |a_k| + \sum |a_k + b_k| |b_k|,$$

und dies ist nach der Cauchy-Schwarzschen Ungleichung wiederum

$$\leq \left(\sum (a_k + b_k)^2\right)^{1/2} \left[\left(\sum a_k^2\right)^{1/2} + \left(\sum b_k^2\right)^{1/2}\right].$$

Man erhält nun die Behauptung, indem man die ganze Ungleichungskette durch $(\sum (a_k + b_k)^2)^{1/2}$ dividiert. $\blacksquare$

Ersetzt man in der Minkowskischen Ungleichung a_k durch $a_k - c_k$ und b_k durch $c_k - b_k$, so folgt

$$\left(\sum_{k=1}^{n} (a_k - b_k)^2\right)^{1/2} \leq \left(\sum_{k=1}^{n} (a_k - c_k)^2\right)^{1/2} + \left(\sum_{k=1}^{n} (c_k - b_k)^2\right)^{1/2}. \quad (12.2)$$

Diese Ungleichung wird für unsere spätere Arbeit von entscheidender Bedeutung werden. Wir können hier schon die Gründe dafür andeuten. Sind $\mathbf{x} := (x_1, x_2)$ bzw. $:= (x_1, x_2, x_3)$ und $\mathbf{y} := (y_1, y_2)$ bzw. $:= (y_1, y_2, y_3)$ zwei Punkte der Ebene bzw. des Raumes — abstrakter gesprochen: zwei Elemente aus $\mathbf{R}^2$ bzw. $\mathbf{R}^3$ —, so ist ihr elementargeometrischer Abstand nach dem Satz des Pythagoras bekanntlich $d(\mathbf{x}, \mathbf{y}) = \left(\sum_{k=1}^{n} (x_k - y_k)^2\right)^{1/2}$, wobei $n = 2$ bzw. $= 3$ zu setzen ist. Da wir uns jedoch nur auf die Axiome (A 1) bis (A 9) und die aus ihnen gezogenen Folgerungen stützen wollen, keineswegs auf geometrische Aussagen, kehren wir

---

[1] Statt $\sum_{k=1}^{n}$ schreiben wir hier und in den folgenden Beweisen kurz $\sum$.

diese Betrachtung kurzerhand um und *definieren* den Abstand der „Punkte" x, $y \in \mathbf{R}^n$ ($n = 2, 3$) durch

$$d(x, y) := \left(\sum_{k=1}^{n} (x_k - y_k)^2 \right)^{1/2}. \tag{12.3}$$

Nun stehen wir aber vor der Aufgabe zu prüfen, ob dieser Abstand in dem Sinne „vernünftig" ist, daß er den metrischen Axiomen (M 1) bis (M 3) aus Nr. 10 genügt. Das ist in der Tat der Fall: (M 1) und (M 2) sind trivialerweise erfüllt, die Dreiecksungleichung (M 3) ist aber nichts anderes als (12.2).

Wir hatten, um ein anschauliches Substrat zu haben, die „Dimensionszahl" n auf 2 und 3 beschränkt. *Unsere Überlegungen sind aber völlig unabhängig von der Größe von n*, so daß sie in Kraft bleiben, wenn n irgendeine natürliche Zahl ist (für $n = 1$ erhalten wir übrigens gerade den üblichen Abstand auf der Zahlengeraden). Wir dürfen also zusammenfassend sagen:

12.5 Satz und Definition *Durch* (12.3) *wird eine Metrik auf* $\mathbf{R}^n$, *die sogenannte* euklidische Metrik *definiert*.

Aufgaben

⁺**1.** In den folgenden Ungleichungen steht genau dann das Gleichheitszeichen statt ≤, wenn die angegebenen Bedingungen erfüllt sind:
a) Ungleichung des gewichteten arithmetischen Mittels: $a_1 = \cdots = a_n$.
b) Ungleichung zwischen dem arithmetischen und geometrischen Mittel: $a_1 = \cdots = a_n$.
c) Cauchy-Schwarzsche Ungleichung: $|a_k| = \lambda |b_k|$ für alle k oder $|b_k| = \mu |a_k|$ für alle k ($\lambda, \mu \geq 0$).
d) Minkowskische Ungleichung: $a_k = \lambda b_k$ für alle k oder $b_k = \mu a_k$ für alle k ($\lambda, \mu \geq 0$). Hinweis: A 10.2a.

***2.** Gleichwertig mit Satz 12.3 ist die Ungleichung

$$\left| \sum_{k=1}^{n} a_k b_k \right| \leq \left(\sum_{k=1}^{n} a_k^2 \right)^{1/2} \left(\sum_{k=1}^{n} b_k^2 \right)^{1/2}; \tag{12.4}$$

daher wird auch sie als **Cauchy-Schwarzsche Ungleichung** bezeichnet. Das Gleichheitszeichen gilt genau dann, wenn $a_k = \lambda b_k$ für alle k oder $b_k = \mu a_k$ für alle k ist.

3. Gib einen zweiten Beweis für die Cauchy-Schwarzsche Ungleichung — in der Form (12.4) — mit Hilfe der Lagrangeschen Identität (s. A 11.6) und einen dritten mit Hilfe der trivialen Abschätzung $\sum_{k=1}^{n} (a_k x + b_k)^2 \geq 0$ für alle $x \in \mathbf{R}$.

4. Für nichtnegative a_k ist $\min(a_1, \ldots, a_n) \leq (a_1 \cdots a_n)^{1/n} \leq \max(a_1, \ldots, a_n)$.

5. Für $x > 0$ ist $x + \dfrac{1}{x} \geq 2$.

***6.** $\left(\sum\limits_{k=1}^{n} a_k \right)^2 \leq n \sum\limits_{k=1}^{n} a_k^2$ (Aufgabe 10 bringt eine Verallgemeinerung).

*7. $\dfrac{1}{\sqrt{n}}\sum\limits_{k=1}^{n}|a_k|\leq\left(\sum\limits_{k=1}^{n}a_k^2\right)^{1/2}\leq\sqrt{n}\,\max(|a_1|,\ldots,|a_n|).$

8. Ungleichung des quadratischen Mittels: Für nichtnegative $a_1,\ldots,a_n$ ist

$$\min(a_1,\ldots,a_n)\leq\left(\frac{a_1^2+\cdots+a_n^2}{n}\right)^{1/2}\leq\max(a_1,\ldots,a_n).$$

9. Sind die p_k Gewichte, also alle >0, und ist $a_1<a_2<\cdots$, so ist

$$M_k:=\frac{p_1a_1+\cdots+p_ka_k}{p_1+\cdots+p_k}<M_{k+1}\quad\text{für }k=1,2,\ldots.$$

+10. Beweise mit A 11.7 die **Tschebyscheffsche Ungleichung** (Pafnutij L. Tschebyscheff, 1821–1894; 73): Ist $a_1\geq a_2\geq\cdots\geq a_n$ und $b_1\geq b_2\geq\cdots\geq b_n$, so gilt

$$\frac{a_1+\cdots+a_n}{n}\cdot\frac{b_1+\cdots+b_n}{n}\leq\frac{a_1b_1+\cdots+a_nb_n}{n}.$$

*11. Der euklidische Abstand zwischen zwei Punkten $\mathbf{x}:=(x_1,x_2)$, $\mathbf{y}:=(y_1,y_2)$ der cartesischen Ebene ist ihre „Luftlinienentfernung". Für den Fußgänger in einer Stadt mit einer Schar paralleler und einer zweiten Schar dazu rechtwinkliger Straßen (näherungsweise Mannheim, s. Fig. 12.2) ist jedoch $|x_1-y_1|+|x_2-y_2|$ die wirklich zu überwindende Entfernung. Zeige: $\mathbf{x}:=(x_1,\ldots,x_n)$, $\mathbf{y}:=(y_1,\ldots,y_n)$ seien Punkte des $\mathbf{R}^n$. Dann wird durch

$$d_1(\mathbf{x},\mathbf{y}):=\sum_{k=1}^{n}|x_k-y_k|$$

eine Metrik auf $\mathbf{R}^n$ definiert.

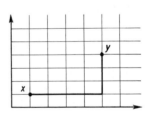

Fig. 12.2

12[1]). Man wähle in einer cartesischen Ebene einen festen Punkt $\mathbf{x}_0$ (und nenne ihn „Paris"). Definiere den Abstand $d(\mathbf{x},\mathbf{y})$ zwischen den Punkten $\mathbf{x},\mathbf{y}$ folgendermaßen: $d(\mathbf{x},\mathbf{y})$ sei der euklidische Abstand zwischen $\mathbf{x}$ und $\mathbf{y}$, falls diese beiden Punkte auf einer Geraden durch $\mathbf{x}_0$ liegen; andernfalls sei $d(\mathbf{x},\mathbf{y})$ die Summe der euklidischen Abstände zwischen $\mathbf{x},\mathbf{x}_0$ und $\mathbf{y},\mathbf{x}_0$. Zeige, daß hierdurch eine Metrik auf $\mathbf{R}^2$ erklärt wird („Metrik des französischen Eisenbahnsystems").

13. $\mathbf{x}:=(x_1,\ldots,x_n)$, $\mathbf{y}:=(y_1,\ldots,y_n)$ seien Punkte des $\mathbf{R}^n$. Zeige, daß durch

$$d_\infty(\mathbf{x},\mathbf{y}):=\max(|x_1-y_1|,\ldots,|x_n-y_n|)$$

eine Metrik auf $\mathbf{R}^n$ erklärt wird.

---

[1]) Wir benutzen hier elementare Tatsachen aus der Analytischen Geometrie.

100   I Mengen und Zahlen

*14. d_1 und d_∞ seien die in den Aufgaben 11 bzw. 13 definierten Metriken, d_2 bedeute die euklidische Metrik des $\mathbf{R}^n$. Zeige mit Hilfe der Aufgabe 7:

$$\frac{1}{\sqrt{n}} d_1(\mathbf{x}, \mathbf{y}) \leq d_2(\mathbf{x}, \mathbf{y}) \leq \sqrt{n}\, d_\infty(\mathbf{x}, \mathbf{y}) \leq \sqrt{n}\, d_1(\mathbf{x}, \mathbf{y}).$$

°**15.** Wir definieren den Abstand $d(a, b)$ zweier komplexer Zahlen $a = \alpha_1 + i\alpha_2$, $b = \beta_1 + i\beta_2$ als euklidischen Abstand zwischen den sie repräsentierenden Punkten (α_1, α_2), (β_1, β_2) der Ebene: $d(a, b) := ((\alpha_1 - \beta_1)^2 + (\alpha_2 - \beta_2)^2)^{1/2}$. Zeige: a) Der Abstand ist translationsinvariant: $d(a + c, b + c) = d(a, b)$. — b) Mit dem Betrag $|a| := d(a, 0) = (\alpha_1^2 + \alpha_2^2)^{1/2}$ ist $d(a, b) = |a - b|$. — c) Der Betrag definiert im Sinne von A 10.18 eine Bewertung in $\mathbf{C}$, d.h., es gelten die Betragsaxiome (B 1), (B 2) und (B 3). — d) Ist die Zahl a reell, so stimmen ihr „reeller" und „komplexer" Betrag überein. — e) Für den Betrag gilt Satz 10.2 (s. A 10.17). — f) $|\bar{a}| = |a| = \sqrt{a\bar{a}}$ ($\bar{a}$ ist wie immer die zu a konjugierte Zahl). — Zusammenfassung:

$$|a| \geq 0, \quad |a| = 0 \leftrightarrow a = 0,$$
$$|ab| = |a|\,|b|, \quad \left|\frac{a}{b}\right| = \frac{|a|}{|b|},$$
$$|a + b| \leq |a| + |b|, \quad ||a| - |b|| \leq |a \pm b|,$$
$$|\bar{a}| = |a|, \quad d(a, b) = |a - b|.$$

Man beachte: Im Gegensatz zum Reellen ist nicht immer $|a^2| = a^2$; z.B. ist $|i^2| \neq i^2$.

°**16.** In der Zahlenebene ist $\{z \in \mathbf{C}: |z - a| = r\}$ die Kreislinie um a mit Radius r, $U_r(a) := \{z \in \mathbf{C}: |z - a| < r\}$ bzw. $U_r[a] := \{z \in \mathbf{C}: |z - a| \leq r\}$ der Kreis um a mit Radius r aus- bzw. einschließlich seiner Peripherie (dabei ist $r > 0$). $U_r(a)$ heißt r-Umgebung von a.

°**17.** Wie in A 7.13 benutzen wir den Sinus und Kosinus naiv, ebenso den Begriff des (im Bogenmaß zu messenden) Winkels. Zwei Winkel, die sich nur um ganzzahlige Vielfache des „vollen Winkels" 2π unterscheiden, werden als gleich angesehen. Das Argument $\arg a$ einer komplexen Zahl $a \neq 0$ ist der Winkel, um den man die positive Richtung der reellen Achse im mathematisch positiven Sinne (d.h. entgegengesetzt dem Uhrzeigersinne) drehen muß, bis sie mit der Richtung des Strahles von 0 nach a zusammenfällt (s. Fig. 12.3); ergänzend setzen wir $\arg 0 := 0$. Zeige: Ist $\varphi := \arg a$, $\psi := \arg b$, so gilt

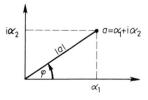

Fig. 12.3

a) $a = |a|(\cos \varphi + i \sin \varphi)$;

b) $ab = |a|\,|b|\,(\cos(\varphi + \psi) + i \sin(\varphi + \psi))$ (die Multiplikation bedeutet also anschaulich eine „Drehstreckung"—eine Drehung verbunden mit einer Streckung);

c) $a/b = (|a|/|b|)(\cos(\varphi - \psi) + i\sin(\varphi - \psi))$;   d) $1/a = (1/|a|)(\cos\varphi - i\sin\varphi)$;
e) $a^k = |a|^k (\cos k\varphi + i\sin k\varphi)$ für $k \in \mathbf{Z}$ (Moivresche Formel, s. A 7.13). — Eine exakte Begründung dieser Dinge wird in Nr. 68 gegeben werden; s. insbesondere A 68.2.

°**18.** Da **C** nicht angeordnet ist (s. A 5.6), können wir die Ungleichungen dieser Nummer nicht auf komplexe Zahlen übertragen (man beachte: *Eine Ungleichung wie* $a < b$ *oder* $b \geq c$ *setzt stillschweigend immer voraus, daß alle auftretenden Zahlen* reell *sind*). Man erhält aber sofort Ungleichungen in **C**, wenn man zu Beträgen übergeht. Zeige:

$$\left|\sum_{k=1}^{n} a_k b_k\right| \leq \sum_{k=1}^{n} |a_k b_k| \leq \left(\sum_{k=1}^{n} |a_k|^2\right)^{1/2} \left(\sum_{k=1}^{n} |b_k|^2\right)^{1/2},$$

$$\left(\sum_{k=1}^{n} |a_k + b_k|^2\right)^{1/2} \leq \left(\sum_{k=1}^{n} |a_k|^2\right)^{1/2} + \left(\sum_{k=1}^{n} |b_k|^2\right)^{1/2}.$$

°**19.** Für jedes $a \in \mathbf{C}$ ist $|\mathrm{Re}(a)| \leq |a|$ und $|\mathrm{Im}(a)| \leq |a|$.

II Funktionen

$y=f(x)$: das ist die Urgestalt aller Eindrücke...
Oswald Spengler

Damit der Hausmeier Bertoald um so eher den Tod fände, schickten sie ihn in bestimmte Gaue ... mit dem Auftrag, Funktionen einzufordern. [lat. *functiones* = Abgaben]
Aus einer Chronik des 7. Jahrhunderts

13 Der Funktionsbegriff

Dieser zentrale Begriff der Analysis ist das angemessene Mittel, die *Abhängigkeit gewisser Größen von anderen* zu beschreiben. Orientieren wir uns zunächst an Beispielen; die hierbei auftretenden Größen g und G sind die Konstante der Erdbeschleunigung bzw. die Gravitationskonstante.

1. Der Weg s, den ein Körper beim freien Fall zurücklegt, hängt von der Fallzeit t ab: $s = (1/2)gt^2$.

2. Die Schwingungsdauer τ eines mathematischen Pendels wird bei kleinen Ausschlägen von der Pendellänge l bestimmt: $\tau = 2\pi\sqrt{l/g}$.

3. Wirkt längs eines Weges eine Kraft, so hängt die geleistete Arbeit A von der Größe K der Kraft und der Länge s des Weges ab: $A = K \cdot s$.

4. Der Druck p eines Gases kann aus seinem Volumen V und seiner Temperatur T berechnet werden: $p = cT/V$ (c eine Konstante).

5. Die Anziehungskraft K, die zwischen zwei Massenpunkten wirkt, hängt von den beiden Massen m_1, m_2 und deren Entfernung r ab: $K = G\dfrac{m_1 m_2}{r^2}$ (Newtonsches Gravitationsgesetz).

6. Erfährt ein Raumbereich eine zeitlich veränderliche Wärmeeinstrahlung (z.B. durch die Sonne), so wird zur Zeit t in dem Raumpunkt (x, y, z) eine gewisse Temperatur T herrschen. Wie der räumliche und zeitliche Temperaturverlauf genau beschaffen ist, wird man formelmäßig nur in wenigen Fällen beschreiben können; grundsätzlich aber wird man sagen können, daß er in gesetzmäßiger Weise von x, y, z und t abhängt und wird diese Abhängigkeit etwa durch die Schreibweise $T = T(x, y, z, t)$ ausdrücken.

7. Wird ein Körper aus dem Nullpunkt eines cartesischen xy-Koordinatensystems unter dem Winkel φ zur horizontalen x-Achse herausgeschleudert und ist seine Anfangsgeschwindigkeit v_0, so sind seine Ortskoordinaten x, y nach Ablauf der Zeit t gegeben durch $x = v_0 t \cos\varphi$, $y = v_0 t \sin\varphi - (1/2)gt^2$.

8. Eine elektrische Punktladung der Stärke e, die im Nullpunkt eines cartesischen $x_1 x_2 x_3$-Koordinatensystems angebracht ist, erzeugt ein elektrisches Feld $\boldsymbol{E}$, das man in jedem Raumpunkt durch seine drei Komponenten E_k in Richtung der x_k-Achsen beschreibt ($k = 1, 2, 3$). Nach dem Coulombschen Gesetz sind die E_k im Punkte (x_1, x_2, x_3) gegeben durch $E_k = (ex_k)/(x_1^2 + x_2^2 + x_3^2)^{3/2}$.

In den bisherigen Beispielen hingen (eine oder mehrere) durch Zahlen angebbare Größen von (einer oder mehreren) ebenfalls zahlenmäßig angebbaren Größen in *naturgesetzlicher* Weise ab. Abhängigkeiten können aber auch durch *willkürliche Setzungen* geschaffen werden:

9. Der Preis einer Theaterkarte hängt von der Nummer der Sitzreihe ab. Diese Abhängigkeit wird durch eine Preistabelle beschrieben:

Nr. der Reihe	1	2	3	$\cdots$	n
Preis	p_1	p_2	p_3	$\cdots$	p_n

10. Das Briefporto P hängt von dem Gewicht S des Briefes ab; nach dem Gebührenheft der Deutschen Bundespost (Stand 1.4. 1989) ist, wenn P in DM und S in Gramm angegeben wird,

$$P = \begin{cases} 1{,}00 & \text{für} \quad 0 < S \leq 20, \\ 1{,}70 & \text{für} \quad 20 < S \leq 50, \\ 2{,}40 & \text{für} \quad 50 < S \leq 100, \\ 3{,}20 & \text{für} \quad 100 < S \leq 250, \\ 4{,}00 & \text{für} \quad 250 < S \leq 500, \\ 4{,}80 & \text{für} \quad 500 < S \leq 1000. \end{cases} \tag{13.1}$$

Zum Schluß erwähnen wir noch einige der Abhängigkeiten im mathematischen Bereich, die uns in großer Fülle schon in diesem Buche begegnet sind. Es hängt ab

11. die Anzahl $n!$ der Permutationen n verschiedener Objekte von n,

12. die Anzahl $\binom{n}{k}$ der k-elementigen Teilmengen einer n-elementigen Ausgangsmenge von n und k,

13. die Potenz x^r von der Basis x ($r \in \mathbf{Q}$ fest),

14. Summen $a+b$, Produkte ab und Abstände $d(a,b)$ von a und b,

15. das Supremum einer nach oben beschränkten Menge $M \subset \mathbf{R}$ von M,

16. die Länge $b-a$ eines Intervalles $[a,b]$ von $[a,b]$.

Alle diese Beispiele weisen trotz ihrer vielfältig verschiedenen Einzelzüge etwas Gemeinsames auf. In jedem Beispiel gibt es eine gewisse Menge X (die aus Zahlen, Zahlenpaaren, ...) besteht, und zu jedem $x \in X$ läßt sich in eindeutiger Weise (durch ein Naturgesetz, eine Formel, eine willkürliche Festlegung) ein Element y einer Menge Y bestimmen (oder: jedem $x \in X$ läßt sich eindeutig ein $y \in Y$ zuordnen); Y selbst besteht aus Zahlen, Zahlenpaaren, ... So wird in Beispiel 1 jedem $t \geq 0$ eindeutig die Zahl $s = (1/2)gt^2$ zugeordnet, ..., in Beispiel 15 jeder nach oben beschränkten Teilmenge M von $\mathbf{R}$ eindeutig die Zahl sup M. Das Gemeinsame aller dieser Beispiele führt uns zu der folgenden fundamentalen, unsere ganze weitere Arbeit auf Schritt und Tritt begleitenden

104   II Funktionen

Definition *X und Y seien zwei nichtleere, aber ansonsten völlig beliebige Mengen. Unter einer* Funktion *oder* Abbildung *f von X nach (oder in) Y versteht man eine Vorschrift, die jedem $x \in X$ in vollkommen eindeutiger Weise genau ein $y \in Y$ zuordnet. Dieses dem Element x zugeordnete Element y bezeichnen wir auch mit $f(x)$ und nennen es den* Wert *der Funktion f an der* Stelle *x oder das* Bild *von x unter f, während x ein* Urbild *von $f(x)$ heißt. X wird die* Definitionsmenge *oder der* Definitionsbereich, *Y die* Zielmenge *von f genannt.*

Zur präzisen Festlegung einer Funktion f muß man ausdrücklich ihre Definitionsmenge X und ihre Zielmenge Y angeben; man verwendet zu diesem Zweck gerne die Schreibweise $f: X \to Y$. Das Symbol $x \mapsto f(x)$ besagt, daß die Funktion f dem Element x das Bild $f(x)$ zuordnet. Man benutzt dieses Symbol auch zur Bezeichnung der Funktion f selbst, spricht also von der „Funktion $x \mapsto f(x)$"; in diesem Falle muß man aber die Definitions- und Zielmenge noch gesondert angeben, falls dieselben nicht aus dem Zusammenhang bekannt sind. Zur ausführlichsten und genauesten Darstellung einer Funktion f dient die Schreibweise

$$f: \begin{cases} X \to Y \\ x \mapsto f(x). \end{cases} \tag{13.2}$$

Z.B. ist

$$f: \begin{cases} [0, +\infty) \to \mathbf{R} \\ x \mapsto \sqrt{x} \end{cases}$$

diejenige Funktion f, die jeder nichtnegativen Zahl x ihre Quadratwurzel $\sqrt{x}$ zuordnet.

Selbstverständlich kann man nicht nur f, sondern jeden Buchstaben, der in der gerade stattfindenden Untersuchung noch nicht verbraucht ist, zur Bezeichnung einer Funktion verwenden. Besonders gerne zieht man zu diesem Zweck (neben f) die Buchstaben g, h, u, v, F, G, H und φ, ψ, χ heran.

Die folgende Übersicht arbeitet noch einmal die Vielfalt heraus, die bei Definitions- und Zielmengen unserer Beispiele herrscht (s. auch Aufgabe 1):

Definitionsmenge besteht aus	Zielmenge besteht aus	bei den Beispielen
Zahlen	Zahlen	1, 2, 9, 10, 11, 13
Zahlenpaaren	Zahlen	3, 4, 12, 14
Zahlentripeln	Zahlen	5
Zahlenquadrupeln	Zahlen	6
Zahlen	Zahlenpaaren	7
Zahlentripeln	Zahlentripeln	8
Teilmengen von **R**	Zahlen	15, 16

Eine Funktion $f: X \to Y$ stellt die Elemente x von X mit gewissen Elementen $y := f(x)$ von Y zu Paaren (x, y) zusammen, und zwar so, daß Paare (x_1, y_1), (x_2, y_2) *mit gleichen ersten Komponenten auch gleiche zweite Komponenten haben:* $x_1 = x_2 \Rightarrow y_1 = y_2$ (das ist nichts anderes als die Eindeutigkeit der Zuordnung $x \mapsto f(x)$). f kann deshalb geradezu als eine gewisse Teilmenge des cartesischen Produktes $X \times Y$ aufgefaßt werden. Nun sei uns umgekehrt eine Teilmenge f von $X \times Y$ mit den oben herausgeschälten Eigenschaften gegeben:

a) jedes $x \in X$ tritt als erste Komponente eines Paares aus f auf,
b) sind (x_1, y_1), (x_2, y_2) Paare aus f und ist $x_1 = x_2$, so ist auch $y_1 = y_2$.

Ordnet man nun jedem $x \in X$ die eindeutig bestimmte zweite Komponente des Paares $(x, y) \in f$ zu, so wird hierdurch eine Funktion von X nach Y definiert, die man mit $f: X \to Y$ bezeichnet. *Funktionen $f: X \to Y$ sind also im Grunde nichts anderes als Teilmengen von $X \times Y$ mit den Eigenschaften a) und b) und lassen sich deshalb geradezu als solche* definieren.

Die Paarung $(x, f(x))$ ist das abstrakte Analogon zu der Zusammenstellung der x-Werte mit den zugehörigen Funktionswerten in einer Wertetabelle (s. Beispiel 9) oder zu der üblichen Veranschaulichung einer Funktion als „Kurve", genauer: als Menge der Punkte $(x, f(x))$ in einem cartesischen Koordinatensystem, falls x und $f(x)$ reelle Zahlen sind (s. Fig. 13.1). Die von $f: X \to Y$ erzeugte Teilmenge $\{(x, f(x)) : x \in X\}$ von $X \times Y$ heißt der Graph von f.

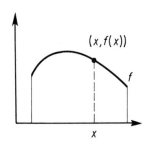

Fig. 13.1

Die Funktionen $f_1 : X_1 \to Y_1$ und $f_2 : X_2 \to Y_2$ nennt man gleich, wenn

$$X_1 = X_2, \quad Y_1 = Y_2 \quad \text{und} \quad f_1(x) = f_2(x) \quad \text{für alle} \quad x \in X_1$$

ist. Diese Gleichheit drücken wir durch das Zeichen $f_1 = f_2$ oder auch durch $f_1(x) \equiv f_2(x)$ aus.

Eine Funktion $f: X \to Y$ ordnet nicht nur jedem „Punkt" von X einen „Punkt" von Y, sondern auch jeder Teilmenge A von X eine Teilmenge $f(A)$ von Y und jeder Teilmenge B von Y eine Teilmenge $f^{-1}(B)$ von X zu, und zwar vermöge der Definition

$$f(A) := \{f(x) : x \in A\}, \quad f^{-1}(B) := \{x \in X : f(x) \in B\}. \tag{13.3}$$

$f(A)$ heißt das Bild von $A \subset X$ (unter f), $f^{-1}(B)$ das Urbild von $B \subset Y$. $f(X)$ ist der Bild- oder Wertebereich von f. Im Falle $f(X) = Y$ sagen wir, f bilde X auf Y ab oder f sei surjektiv. f heißt eine Selbstabbildung von X, wenn $f(X) \subset X$ ist.

Man beachte, daß $f(\emptyset) = f^{-1}(\emptyset) = \emptyset$ ist, und daß $f^{-1}(B)$ auch für Mengen $B \subset Y$ definiert ist, die nicht vollständig im Bildbereich von f liegen. Im Falle $B \cap f(X) = \emptyset$ ist $f^{-1}(B)$ immer leer.

Haben verschiedene Urbilder immer verschiedene Bilder, folgt also aus $x_1 \neq x_2$ stets $f(x_1) \neq f(x_2)$, so nennt man f injektiv, umkehrbar eindeutig oder kurz umkehrbar. In diesem—und nur in diesem—Falle gibt es zu jedem $y \in f(X)$ *genau ein* $x \in X$ mit $f(x) = y$. Man kann dann eine Funktion von $f(X)$ nach X durch die völlig unzweideutige Zuordnung $f(x) \mapsto x$ definieren. Diese Funktion nennt man die Umkehrfunktion oder Umkehrabbildung von f oder auch die zu f inverse Funktion und bezeichnet sie mit f^{-1} oder ganz ausführlich mit

$$f^{-1} : \begin{cases} f(X) \to X \\ f(x) \mapsto x. \end{cases} \qquad (13.4)$$

Offenbar ist

$$f^{-1}(f(x)) = x \quad \text{für alle } x \in X, \qquad f(f^{-1}(y)) = y \quad \text{für alle } y \in f(X). \qquad (13.5)$$

Die Umkehrfunktion f^{-1}, die nur für injektives f definiert ist, darf nicht mit der „Mengenabbildung" f^{-1} in (13.3) verwechselt werden, die für jedes f vorhanden ist. Um die Verwechslungsgefahr zu entschärfen, werden wir unter f^{-1} immer die Umkehrfunktion (13.4) verstehen, die erwähnte Mengenabbildung aber stets nur zusammen mit der Menge B, auf die sie wirkt, also nur in der Form $f^{-1}(B)$ auftreten lassen.

Eine Funktion $f: X \to Y$, die sowohl injektiv als auch surjektiv ist, wird bijektiv genannt; man sagt auch, f bilde X umkehrbar eindeutig auf Y ab oder sei eine Bijektion von X auf Y. In diesem Falle ist f^{-1} eine Bijektion von Y auf X.

Unter der Einschränkung $f | A$ der Funktion $f: X \to Y$ auf die (nichtleere) Teilmenge A von X versteht man diejenige Funktion, die jedem $x \in A$ den Wert $f(x)$ zuordnet:

$$f | A : \begin{cases} A \to Y \\ x \mapsto f(x) \end{cases} ;$$

f nennt man eine Fortsetzung von $f | A$ auf X.

Bei einer Funktion f ist die Frage, *wie groß* ihr Wert $f(x)$ an der Stelle x ist, meistens viel weniger interessant als die Frage, *wie sich dieser Wert ändert, wenn man x ändert*. Unter diesem Gesichtspunkt nennt man f auch gerne eine Funktion der unabhängigen Veränderlichen oder Variablen x; $y := f(x)$ heißt dann die abhängige Veränderliche oder Variable. Die unabhängige Veränderliche wird auch häufig das Argument der Funktion genannt. Sind die Werte von f stets reell, so heißt f reellwertig; ist überdies auch die unabhängige Variable nur reeller Werte fähig, so wird f kurz eine reelle Funktion genannt. Besteht der Definitionsbereich von f aus n-Tupeln $x := (x_1, \ldots, x_n)$ reeller Zahlen x_k, so heißt f eine Funktion von n reellen Veränderlichen; ihr Wert an der Stelle x wird dann auch mit $f(x_1, \ldots, x_n)$ statt mit $f(x)$ bezeichnet.

Eine reelle Funktion läßt sich, wie schon beschrieben, durch eine „Kurve" in der xy-Ebene veranschaulichen (s. Fig. 13.1); $y = f(x)$ nennt man dann auch die Gleichung dieser Kurve. Ein derartiges Schaubild macht besonders gut deutlich, ob die Funktionswerte $f(x)$ mit wachsendem x selbst wachsen oder abnehmen — oder auch nichts dergleichen tun. Ganz entsprechend kann man eine reellwertige Funktion f der beiden reellen Veränderlichen x, y durch eine „Fläche" im xyz-Raum, genauer: durch die Menge der Punkte $(x, y, f(x, y))$, veranschaulichen (s. Fig. 13.2); $z = f(x, y)$ heißt die Gleichung dieser Fläche.

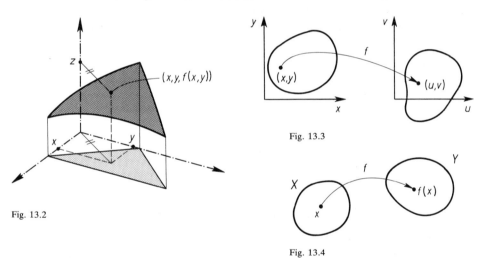

Fig. 13.2

Fig. 13.3

Fig. 13.4

Gelegentlich sind andere Veranschaulichungen angemessen. So kann man sich im Falle einer reellen Funktion f etwa an jedem Punkt x des Definitionsbereiches X, aufgefaßt als Teilmenge der Zahlengeraden, den zugehörigen Funktionswert $f(x)$ angeschrieben denken, oder man stellt zwei Zahlengeraden nebeneinander und trägt auf der ersten einige Punkte des Definitionsbereiches, auf der zweiten die zugehörigen Funktionswerte auf. Dieses Verfahren läßt sich ohne weiteres auf den Fall übertragen, daß f gewissen Zahlenpaaren (x, y) wieder Zahlenpaare (u, v) zuordnet, also Punkte der xy-Ebene auf Punkte der uv-Ebene abbildet (s. Fig. 13.3). Schließlich kann man sich auf diese Weise jede Funktion $f : X \to Y$ zumindest *symbolisch* veranschaulichen (s. Fig. 13.4).

Daß solche Veranschaulichungen trotz ihrer Informationsarmut gelegentlich nützlich sein können, zeigt die „Darstellung" der Umkehrfunktion in Fig. 13.5 oder des Kompositums zweier Funktionen, das wir nun definieren wollen (s. Fig. 13.6): Sind zwei Funktionen $g: X \to Y_1$ und $f: Y_2 \to Z$ gegeben und ist $g(X) \subset Y_2$, so kann man jedem $x \in X$ das Element

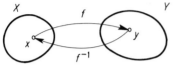

Fig. 13.5

$$(f \circ g)(x) := f(g(x)) \qquad (13.6)$$

von Z zuordnen. Die so definierte Funktion $f \circ g : X \to Z$ nennt man das Kompositum der Funktionen f, g (in dieser Reihenfolge!) oder wohl auch eine mittelbare Funktion, die aus der inneren Funktion g und der äußeren Funktion f zusammengesetzt ist. Das Symbol $f \circ g$ liest man „f nach g", weil man *zuerst* g und *dann* f anwendet.

Es ist klar, daß und wie man Komposita der Form $f_1 \circ f_2 \circ \cdots \circ f_n$ definieren kann; der Leser möge das selbst tun und sich eine geeignete Skizze anfertigen.

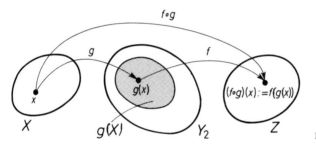

Fig. 13.6

Die identische Abbildung id_X einer Menge X wird durch

$$\mathrm{id}_X(x) := x \quad \text{für alle } x \in X \qquad (13.7)$$

erklärt. Mit Hilfe des Kompositums und der identischen Abbildung kann man (13.5) auch wie folgt schreiben: *Für injektives $f : X \to Y$ ist*

$$f^{-1} \circ f = \mathrm{id}_X \quad \text{und} \quad f \circ f^{-1} = \mathrm{id}_{f(X)}. \qquad (13.8)$$

Eine Funktion $f : \{1, \ldots, n\} \to Y$ ordnet jedem $k \in \{1, \ldots, n\}$ ein Element y_k aus Y zu. Man beherrscht diese Funktion vollständig, wenn man ihre Wertetabelle

x	1	2	$\cdots$	n
y	y_1	y_2	$\cdots$	y_n

kennt, die man noch bequemer als n-Tupel $(y_1,\ldots,y_n)$ schreibt. Weil zwei Funktionen f, g von $\{1,\ldots,n\}$ nach Y genau dann gleich sind, wenn ihre Wertetabellen, also die zugehörigen n-Tupel übereinstimmen, dürfen wir geradezu *die Funktion f mit ihrem Werte-n-Tupel* $(f(1),\ldots,f(n))$ *identifizieren* und $f=(f(1),\ldots,f(n))$ schreiben. Und da umgekehrt jedes n-Tupel $(y_1,\ldots,y_n)$ aus Y vermöge $f(k):=y_k$ $(k=1,\ldots,n)$ eine Funktion $f:\{1,\ldots,n\}\to Y$ definiert, *können wir die Gesamtheit aller n-Tupel aus Y als die Gesamtheit aller Funktionen von $\{1,\ldots,n\}$ nach Y auffassen*[1]. Natürlich kommt es nicht darauf an, daß man das n-Tupel $f=(y_1,\ldots,y_n)$ als Zeile schreibt; man kann es auch als Spalte

$$\begin{pmatrix} y_1 \\ \cdot \\ \cdot \\ \cdot \\ y_n \end{pmatrix} \text{ entsprechend der Wertetabelle}$$

x	y
1	y_1
$\cdot$	$\cdot$
$\cdot$	$\cdot$
$\cdot$	$\cdot$
n	y_n

darstellen, und diese Darstellung wird für manche Zwecke bequemer und übersichtlicher sein als die Zeilenform.

Eine Funktion $f:\mathbf{N}\to Y$ nennen wir eine **Folge aus Y**. Wir haben sie vollkommen in der Hand, wenn wir ihre Werte $y_1:=f(1), y_2:=f(2),\ldots$ kennen. Wie im Falle der n-Tupel benutzen wir deshalb das Symbol $(y_1, y_2,\ldots)$ als eine neue Schreibweise für f. Gemäß ihrer Definition sind zwei Folgen $(y_1, y_2,\ldots)$, $(z_1, z_2,\ldots)$ gleich, in Zeichen: $(y_1, y_2,\ldots)=(z_1, z_2,\ldots)$, wenn ihre gleichstelligen Glieder übereinstimmen, d.h., wenn $y_n=z_n$ für alle natürlichen n ist. Übrigens wird es gelegentlich zweckmäßig sein, die Numerierung der Folgenglieder nicht mit 1, sondern mit irgendeiner anderen ganzen Zahl p zu beginnen, also Folgen der Form $(y_p, y_{p+1},\ldots)$ zu betrachten. Keinesfalls darf man Folgen aus Y mit Teilmengen von Y verwechseln; nicht nur ist bei einer Folge die *Anordnung* ihrer Glieder wesentlich, sondern dasselbe Folgenglied kann durchaus *mehrfach* in der Folge auftreten. Um Verwechslungen vorzubeugen, schließen wir deshalb die Folgenglieder in runde—nicht in geschweifte—Klammern ein.

Eine Funktion $f:X\to Y$ (insbesondere also eine Folge) nennen wir **konstant**, wenn $f(X)=\{c\}$, also $f(x)=c$ für alle $x\in X$ ist. Um auszudrücken, daß f konstant ist, schreiben wir häufig $f=\text{const}$ oder wohl auch $f(x)\equiv\text{const}$[2].

---

[1] In diesem Sinne kann man z.B. $\mathbf{R}^n$ als die Menge aller reellwertigen Funktionen mit dem Definitionsbereich $\{1,\ldots,n\}$ deuten.
[2] const ist die Abkürzung für das lateinische *constans* (= konstant).

Aufgaben

1. Stelle fest, ob durch die folgenden Zuordnungsvorschriften Funktionen definiert werden und prüfe ggf., ob sie injektiv sind:

a) Jedem Einwohner Münchens wird sein Nachname zugeordnet.
b) Jedem Einwohner der Bundesrepublik Deutschland, der einen rechten Daumen besitzt, wird der Fingerabdruck desselben zugeordnet.
c) Jedem Patienten eines Krankenhauses wird seine Länge oder sein Gewicht zugeordnet.
d) Jedem PKW in der Bundesrepublik Deutschland wird seine KFZ-Nummer zugeordnet.
e) Jedem $x \in [-1, 1]$ wird eine Lösung der Gleichung $x^2 + y^2 = 1$ zugeordnet.
f) $x \mapsto x^2$ für alle $x \in \mathbf{R}$.
g) $x \mapsto x^2$ für alle $x \in \mathbf{R}^+$.
h) $x \mapsto x^3$ für alle $x \in \mathbf{R}$.

2. Zeichne Schaubilder der Funktionen in den Beispielen 9, 10, 11.

***3.** Gegeben sei die Funktion $f: X \to Y$. A bzw. B stehe für Teilmengen aus X bzw. Y, ferner sei $A' := X \setminus A$ und $B' := Y \setminus B$. Zeige:

a) $A_1 \subset A_2 \Rightarrow f(A_1) \subset f(A_2)$, $B_1 \subset B_2 \Rightarrow f^{-1}(B_1) \subset f^{-1}(B_2)$;

b) $f\left(\bigcup_{A \in \mathfrak{A}} A\right) = \bigcup_{A \in \mathfrak{A}} f(A)$, $\quad f\left(\bigcap_{A \in \mathfrak{A}} A\right) \subset \bigcap_{A \in \mathfrak{A}} f(A)$;

c) $f^{-1}\left(\bigcup_{B \in \mathfrak{B}} B\right) = \bigcup_{B \in \mathfrak{B}} f^{-1}(B)$, $\quad f^{-1}\left(\bigcap_{B \in \mathfrak{B}} B\right) = \bigcap_{B \in \mathfrak{B}} f^{-1}(B)$;

d) $f^{-1}(B') = (f^{-1}(B))'$.

+4. Zeige an Selbstabbildungen von X, daß $f \circ g$ nicht mit $g \circ f$ übereinzustimmen braucht: Für die Komposition gilt kein Kommutativgesetz. Dagegen gilt das Assoziativgesetz $f \circ (g \circ h) = (f \circ g) \circ h$, falls das linksstehende Kompositum existiert.

+5. Sei $f: X \to Y$ gegeben. Zeige:

a) f ist injektiv $\Leftrightarrow$ es gibt ein $g: Y \to X$ mit $g \circ f = \mathrm{id}_X$.
b) f ist surjektiv $\Leftrightarrow$ es gibt ein $h: Y \to X$ mit $f \circ h = \mathrm{id}_Y$.
c) f ist bijektiv $\Leftrightarrow$ es gibt ein $g: Y \to X$ mit $g \circ f = \mathrm{id}_X$, $f \circ g = \mathrm{id}_Y$. Dieses g ist, falls vorhanden, eindeutig bestimmt.

+6. Sind $g: X \to Y$ und $f: Y \to Z$ gegeben, so ist $(f \circ g)^{-1}(C) = g^{-1}(f^{-1}(C))$ für jedes $C \subset Z$. Sind überdies g und f bijektiv, so ist auch $f \circ g$ bijektiv und $(f \circ g)^{-1} = g^{-1} \circ f^{-1}$.

+7. Sei $f: X \to Y$ gegeben. Nenne $x_1 \in X$ äquivalent zu $x_2 \in X$, wenn $f(x_1) = f(x_2)$ ist und zeige, daß hierdurch eine Äquivalenzrelation auf X definiert wird. Zeige ferner, daß sich jede Äquivalenzrelation auf X in dieser Weise erzeugen läßt.

+8. Sei $\mathfrak{M}$ eine nichtleere Menge von Mengen $M, N, \ldots$. Nenne M äquivalent zu N, wenn es eine bijektive Abbildung $f: M \to N$ gibt. Zeige, daß hierdurch eine Äquivalenzrelation auf $\mathfrak{M}$ definiert wird. Hinweis: zweiter Teil von Aufgabe 6.

14 Reellwertige Funktionen. Funktionenräume und -algebren

In diesem Abschnitt wollen wir uns die Begriffsbildungen der Nr. 13 lebendiger und anschaulicher machen, indem wir den wichtigen Sonderfall der *reellwertigen Funktionen* $f: X \to \mathbf{R}$ näher ins Auge fassen.

Wir betrachten zunächst einige Beispiele. Die hierbei auftretenden Größen a, b, c, a_k, b_k, c_k, x sind *reelle Zahlen*:

1. Die **konstante Funktion**: $f(x) := c$ für alle x. Wir schreiben kurz $f = c$, benutzen also c auch als *Funktionszeichen*.

2. Die **identische Funktion**: $f(x) := x$ für alle x.

3. Die **lineare Funktion**: $f(x) := ax$ für alle x.

4. Die **affine Funktion**: $f(x) := ax + b$ für alle x.

5. Die **ganzrationale Funktion (Polynom)**: $f(x) := a_0 + a_1 x + \cdots + a_n x^n$ für alle x. Die Konstanten $a_0, \ldots, a_n$ werden Koeffizienten des Polynoms f genannt. Die Beispiele 1 bis 4 sind alle Polynome.

6. Die **(gebrochen) rationale Funktion**: $f(x) := \dfrac{a_0 + a_1 x + \cdots + a_n x^n}{b_0 + b_1 x + \cdots + b_m x^m}$ für alle diejenigen x, in denen der Nenner nicht verschwindet (s. Fig. 14.1 bis 14.3).

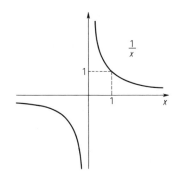

Fig. 14.1

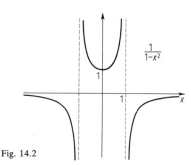

Fig. 14.2

7. Die **n-te Wurzelfunktion**: $f(x) := \sqrt[n]{x}$ für alle $x \geq 0$ ($n \in \mathbf{N}$ fest; s. Fig. 14.4).

8. Die **Betragsfunktion**: $f(x) := |x|$ für alle x (s. Fig. 14.5).

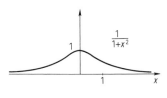

Fig. 14.3

Fig. 14.4

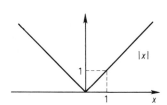

Fig. 14.5

9. Die Größte-Ganze-Funktion: $f(x) := [x]$ für alle x (s. A 8.10 und Fig. 14.6; durch • bzw. ∘ deuten wir an, daß der betreffende Punkt zum Schaubild gehört bzw. nicht dazu gehört).

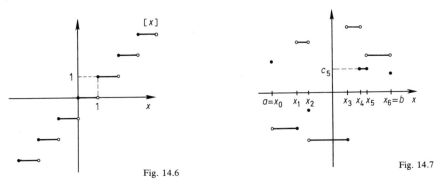

Fig. 14.6

Fig. 14.7

10. Stückweise konstante Funktionen (Treppenfunktionen): Sei f auf einem beliebigen endlichen Intervall mit den Randpunkten a, b ($a<b$) definiert. Ferner gebe es eine Zerlegung des Intervalles durch Teilpunkte $x_0, x_1, \ldots, x_n$ ($a = x_0 < x_1 < \cdots < x_n = b$), so daß $f(x) = c_k$ für alle $x \in (x_{k-1}, x_k)$, $k = 1, \ldots, n$ (in Worten: f sei auf jedem offenen Teilintervall (x_{k-1}, x_k) konstant, während über die Funktionswerte in den Teilpunkten nichts ausgesagt wird). Dann heißt f stückweise konstant oder eine Treppenfunktion. Die Größte-Ganze-Funktion ist z.B. auf jedem endlichen Intervall eine Treppenfunktion; s. auch Fig. 14.7 und beachte das ganz verschiedenartige Verhalten der Funktion in den Teilpunkten.

11. Stückweise affine Funktionen: Es sei wieder eine Intervallzerlegung wie in Beispiel 10 gegeben, und f sei auf jedem (x_{k-1}, x_k) affin, d.h., es sei $f(x) = c_k x + d_k$ für alle $x \in (x_{k-1}, x_k)$, $k = 1, \ldots, n$, während über die Funktionswerte in den Teilpunkten nichts ausgesagt wird. Dann heißt f stückweise affin auf dem Intervall von a bis b (s. Fig. 14.8). Schließen sich überdies, kurz gesagt, die „affinen Stücke" ohne Sprünge zusammen (s. Fig. 14.9), so heißt f ein **Polygonzug**.

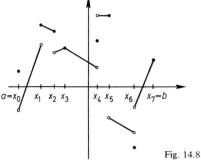
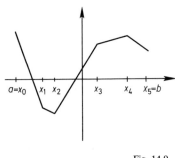

Fig. 14.8

Fig. 14.9

12. Die charakteristische Funktion χ_M einer Teilmenge M von $\mathbf{R}$:

$$\chi_M(x) := \begin{cases} 1, & \text{falls } x \in M \\ 0, & \text{falls } x \notin M \end{cases}.$$

Offenbar ist $\chi_\emptyset = 0$.

13. Die Dirichletsche Funktion $\chi_\mathbf{Q}$:

$$\chi_\mathbf{Q}(x) = \begin{cases} 1 & \text{für rationales } x, \\ 0 & \text{für irrationales } x \end{cases}$$

(Peter Gustav Lejeune-Dirichlet, 1805–1859; 54). Die Dirichletsche Funktion ist die charakteristische Funktion der Menge $\mathbf{Q}$.

Ist eine reelle Funktion mittels eines „Rechenausdrucks" definiert, z.B. durch $f(x) := x^2/\sqrt{x+2}$ oder durch $f(x) := \sqrt[4]{|x|+1/x}$, so versteht man unter ihrem natürlichen Definitionsbereich die Menge aller $x \in \mathbf{R}$, für die, kurz gesagt, $f(x)$ berechnet werden kann (im ersten Beispiel besteht der natürliche Definitionsbereich aus allen $x > -2$, im zweiten aus allen x, die ≤ -1 oder > 0 sind).

$x_0 \in X$ heißt eine Nullstelle von $f : X \to \mathbf{R}$, wenn $f(x_0) = 0$ ist (wenn also, wie man auch sagt, f in x_0 verschwindet). Ist X eine Teilmenge von $\mathbf{R}$, so ist x_0, anschaulich gesprochen, genau dann eine Nullstelle von f, wenn das Schaubild von f die x-Achse im Punkt x_0 trifft.

Sind die reellwertigen Funktionen f und g beide auf X[1] definiert, so erklärt man die **Summe** $f+g$, das **Vielfache** αf und das **Produkt** fg auf X „punktweise" durch die Festsetzungen

$$(f+g)(x) := f(x) + g(x), \quad (\alpha f)(x) := \alpha f(x),$$
$$(fg)(x) := f(x)g(x) \tag{14.1}$$

für alle $x \in X$.

Dagegen wird der **Quotient** $\dfrac{f}{g}$ durch

$$\left(\frac{f}{g}\right)(x) := \frac{f(x)}{g(x)} \tag{14.2}$$

nur für diejenigen Stellen $x \in X$ definiert, an denen $g(x)$ nicht verschwindet. Er braucht also nicht mehr eine auf ganz X erklärte Funktion zu sein.
Die Funktion $(-1)f$ bezeichnen wir kürzer mit $-f$, und statt $f+(-g)$ schreiben wir $f-g$.

---

[1] X braucht keine Teilmenge von $\mathbf{R}$ zu sein.

Die Regeln für das Rechnen mit reellen Zahlen übertragen sich unmittelbar auf Funktionen von X nach **R**; *so ist z.B.* $f+g=g+f$, $(f+g)+h=f+(g+h)$, $f(g+h)=fg+fh$ *usw. Jedoch gibt es zu einem* $f \ne 0$ *nicht notwendigerweise eine multiplikative Inverse, also eine Funktion g, die auf X definiert und mit der* $fg=1$ *ist* ($f \ne 0$ *bedeutet nur, daß* $f(x)$ *an mindestens einer Stelle* $x \in X$ *nicht verschwindet). Und somit folgt aus* $fg = 0$ *nicht mehr, daß mindestens ein Faktor* $=0$ *ist (Beispiel:* $\chi_{(0,1)} \cdot \chi_{(1,2)} = 0$).

Bezeichnen wir p-Tupel $(a_1, \ldots, a_p)$ und Folgen $(a_1, a_2, \ldots)$ kurz mit (a_n), so nehmen für sie die drei ersten Verknüpfungsdefinitionen die folgende Gestalt an:

$$(a_n)+(b_n) := (a_n+b_n), \quad \alpha(a_n) := (\alpha a_n), \quad (a_n)(b_n) := (a_n b_n). \quad (14.3)$$

Von einer Erklärung des Quotienten sehen wir ab.

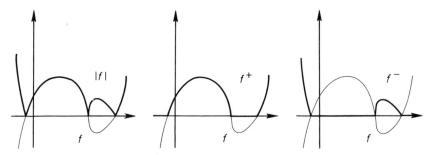

Fig. 14.10

Sind die reellwertigen Funktionen f und g auf der wiederum völlig beliebigen nichtleeren Menge X definiert, so erklären wir den **Betrag** $|f|$, den **positiven** bzw. **negativen Teil** f^+ bzw. f^-, das **Maximum** $\max(f, g)$ und das **Minimum** $\min(f, g)$ „punktweise" durch die Festsetzungen

$$|f|(x) := |f(x)|,$$

$$f^+(x) := \begin{cases} f(x), & \text{falls } f(x) \geq 0, \\ 0, & \text{falls } f(x) < 0, \end{cases} \quad f^-(x) := \begin{cases} 0, & \text{falls } f(x) \geq 0, \\ -f(x), & \text{falls } f(x) < 0, \end{cases}$$

$$(\max(f, g))(x) := \max(f(x), g(x)), \quad (\min(f, g))(x) := \min(f(x), g(x)),$$

und dies alles für alle $x \in X$ (Fig. 14.10 und 14.11).

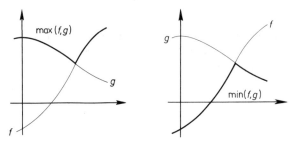

Fig. 14.11

Offenbar ist

$$f = f^+ - f^-, \quad |f| = f^+ + f^-, \quad f^+ = \frac{|f|+f}{2}, \quad f^- = \frac{|f|-f}{2}, \quad (14.4)$$

$$\max(f, g) = \frac{f+g+|f-g|}{2}, \quad \min(f, g) = \frac{f+g-|f-g|}{2}^{1)}. \quad (14.5)$$

Das Zeichen $f \leq g$ soll ausdrücken, daß für alle $x \in X$ durchweg $f(x) \leq g(x)$ ist. Die Zeichen $f < g$, $f \geq g$, $f > g$ werden ganz entsprechend („punktweise") erklärt. Ferner sagen wir, f sei **nichtnegativ** bzw. **positiv**, wenn $f \geq 0$ bzw. > 0 ist. *Die Funktionen* $|f|$, f^+ *und* f^- *sind z.B. alle nichtnegativ*. Was unter **nichtpositiven** und unter **negativen** Funktionen zu verstehen ist, dürfte nun klar sein. Durch die Relation $f \leq g$ wird eine Halbordnung in der Menge der reellwertigen Funktionen auf X definiert (s. A 3.7); diese Halbordnung braucht jedoch keine Ordnung zu sein.

In Nr. 13 hatten wir angedeutet, daß bei der Untersuchung einer Funktion häufig weniger der Funktionswert an einer bestimmten Stelle als vielmehr die *Änderung desselben bei Änderung der unabhängigen Variablen* interessiert. Eine der theoretisch wie praktisch wichtigsten Änderungen, die Funktionswerte erleiden können, ist ihr Zu- bzw. Abnehmen bei wachsendem x. Um deutliche Begriffe zu haben, nennen wir eine reelle Funktion f

(**monoton**) **wachsend auf** X, wenn für $x_1 < x_2$ stets $f(x_1) \leq f(x_2)$,

(**monoton**) **fallend auf** X, wenn für $x_1 < x_2$ stets $f(x_1) \geq f(x_2)$

ist; natürlich werden x_1, x_2 nur aus X genommen. Gilt in den rechtsstehenden Ungleichungen durchweg das Zeichen $<$ bzw. $>$, so ist f **streng** (**monoton**) **wachsend** bzw. **fallend**. Statt wachsend bzw. fallend sagen wir häufig auch **zunehmend** bzw. **abnehmend**. Eine Funktion wird **monoton** genannt, wenn sie durchweg wächst oder durchweg fällt. Eine Folge (a_n) ist genau dann wachsend bzw. streng wachsend, wenn $a_n \leq a_{n+1}$ bzw. $a_n < a_{n+1}$ für alle Indizes n ist; ganz Entsprechendes gilt für fallende Folgen. In A 7.7c bzw. A 7.8 haben wir gesehen, daß die Folge der Zahlen

$$\left(1+\frac{1}{n}\right)^n \quad \text{bzw.} \quad \left(1+\frac{1}{n}\right)^{n+1} \quad (n = 1, 2, \ldots) \text{ streng wächst bzw. streng fällt.}$$

Natürlich braucht eine Funktion nicht monoton zu sein; ein extremes Beispiel ist die Dirichletsche Funktion. Weiterhin kann die Einschränkung einer Funktion f auf eine gewisse Teilmenge A ihres Definitionsbereichs monoton sein, ohne daß f

---

[1)] S. A 10.3.

selbst monoton ist; wir sagen dann kurz, f sei auf A monoton. Z.B. ist $x \mapsto x^2$ auf $(-\infty, 0]$ streng fallend, auf $[0, +\infty)$ jedoch streng wachsend.

Eine streng monotone Funktion $f: X \to \mathbf{R}$ ist injektiv und besitzt somit eine Inverse f^{-1} auf $f(X)$. Anders ausgedrückt: Für jedes $y \in f(X)$ läßt die Gleichung $f(x) = y$ genau eine Lösung $x \in X$ zu.

Das Anwachsen einer zunehmenden Funktion f auf X kann von sehr unterschiedlicher Art sein, je nachdem es **unbeschränkt** oder **beschränkt** ist. Im ersten Fall gibt es zu *jeder* (noch so großen) Zahl $G > 0$ eine (von G abhängende) Stelle $x_0 \in X$ mit $f(x_0) > G$; wegen des monotonen Wachsens ist dann erst recht $f(x) > G$ für alle $x > x_0$ aus X. Das trivialste Beispiel hierfür ist die Funktion $x \mapsto x$. Im zweiten Fall gibt es eine Konstante K, so daß $f(x) \leq K$ für alle $x \in X$ ist; dies trifft etwa auf $x \mapsto -1/x$ für $x > 0$ und auf die Folge der Zahlen $(1 + 1/n)^n$ für $n \geq 1$ zu (s. A 7.11). Entsprechendes gilt für abnehmende Funktionen. Zur bequemen Beschreibung solcher Sachverhalte nennen wir eine reellwertige Funktion f auf X **nach oben** bzw. **nach unten beschränkt**, wenn ihr Wertebereich $f(X)$ nach oben bzw. nach unten beschränkt ist, wenn es also Zahlen α bzw. β gibt, so daß $f(x) \leq \alpha$ bzw. $f(x) \geq \beta$ für alle $x \in X$ bleibt. In diesem Falle nennen wir $\sup f(X)$ das Supremum bzw. $\inf f(X)$ das Infimum von f auf X und schreiben dafür auch

$$\sup f, \quad \sup_{x \in X} f(x) \quad \text{oder} \quad \sup\{f(x) : x \in X\},$$

bei Folgen (a_n) auch $\sup_{n=1}^{\infty} a_n$ oder einfach $\sup a_n$,

und entsprechend für das Infimum. Man beachte, daß $\sup f$ nicht zu $f(X)$ zu gehören braucht: *Eine Funktion braucht ihr Supremum nicht anzunehmen.* Tut sie es doch, gibt es also ein $x_0 \in X$ mit $f(x_0) = \sup f$, so sagt man, $\sup f$ sei das **Maximum** von f auf X und x_0 sei eine **Maximalstelle**. Entsprechend sagt man, $\inf f$ sei das **Minimum** von f auf X, wenn es ein $x_1 \in X$ mit $f(x_1) = \inf f$ gibt; ein solches x_1 nennt man eine **Minimalstelle**. Das Maximum von f auf X bezeichnet man (falls es überhaupt existiert) mit einem der Symbole

$$\max f, \quad \max_{x \in X} f(x) \quad \text{oder} \quad \max\{f(x) : x \in X\},$$

entsprechende Bezeichnungen (mit min statt max) verwendet man für das Minimum von f auf X. Ist $f(X)$ beschränkt, gibt es also eine Konstante $K > 0$, so daß $|f(x)| \leq K$ für alle $x \in X$ ist, so wird f selbst **beschränkt** genannt. In diesem Falle existiert

$$\|f\|_\infty := \sup_{x \in X} |f(x)|; \tag{14.6}$$

$\|f\|_\infty$ wird die **Norm** (genauer: die **Supremumsnorm**) von f genannt.

14 Reellwertige Funktionen. Funktionenräume und -algebren

Definitionsgemäß ist $|f(x)| \leq \|f\|_\infty$ für alle $x \in X$, und in dieser Abschätzung kann $\|f\|_\infty$ durch keine kleinere Zahl ersetzt werden.

Eine reelle Funktion ist nach oben bzw. nach unten beschränkt, wenn ihr Schaubild immer unterhalb bzw. oberhalb einer gewissen Parallele zur x-Achse bleibt; sie ist beschränkt, wenn ihr Schaubild in einen Horizontalstreifen eingesperrt werden kann (s. Fig. 14.12).

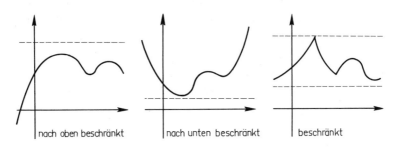

Fig. 14.12

Treten in einem Polynom f nur gerade Potenzen von x auf, hat es also die Form $f(x) = a_0 + a_2 x^2 + \cdots + a_{2n} x^{2n}$, so ist stets $f(-x) = f(x)$; besitzt es jedoch nur ungerade Potenzen von x, ist also $f(x) = a_1 x + a_3 x^3 + \cdots + a_{2n-1} x^{2n-1}$, so haben wir durchweg $f(-x) = -f(x)$. Man nennt, diese Verhältnisse verallgemeinernd, eine reelle Funktion f gerade bzw. ungerade auf X, wenn X symmetrisch zum Nullpunkt ist, d.h., mit x auch immer $-x$ zu X gehört, und überdies für alle $x \in X$

$$f(-x) = f(x) \quad \text{bzw.} \quad f(-x) = -f(x)$$

ist. *Das Schaubild einer geraden Funktion liegt spiegelbildlich zur Ordinatenachse, das einer ungeraden spiegelbildlich zum Nullpunkt* (s. Fig. 14.2 und 14.1). Solche Funktionen beherrscht man vollständig, wenn man sie auf dem nichtnegativen Teil ihres Definitionsbereiches kennt. Für Summen und Produkte gerader und ungerader Funktionen auf X gelten die folgenden Regeln in leicht verständlicher symbolischer Schreibweise:

$$g + g = g, \quad u + u = u, \quad g \cdot g = g, \quad g \cdot u = u \cdot g = u, \quad u \cdot u = g. \quad (14.7)$$

Wir nennen eine nichtleere Menge E von reellwertigen Funktionen, die alle denselben Definitionsbereich X haben, einen **linearen Funktionenraum** oder kurz einen **Funktionenraum** (auf X), wenn mit f, g auch stets die Summe $f + g$ und jedes Vielfache αf in E liegt (dann gehört auch die auf ganz X verschwindende Funktion zu E). Ein Funktionenraum E heißt eine **Funktionalgebra** (auf X), wenn mit f, g auch immer das Produkt fg zu E gehört.

Die Menge aller zunehmenden und die Menge aller abnehmenden Funktionen auf $X \subset \mathbf{R}$ sind keine Funktionenräume; die ungeraden Funktionen auf einer nullpunktsymmetrischen Menge $X \subset \mathbf{R}$ bilden zwar einen Funktionenraum, jedoch keine Funktionenalgebra. Hingegen sind die folgenden Mengen Funktionenalgebren: die Menge aller reellwertigen und aller beschränkten Funktionen auf X — letztere bezeichnen wir mit $B(X)$ —, die Menge aller Polynome, die Menge aller Treppenfunktionen auf einem festen Intervall, die Menge aller geraden Funktionen auf einer nullpunktsymmetrischen Teilmenge von $\mathbf{R}$, die Menge $\mathbf{R}^p$ aller p-Tupel $(a_1, \ldots, a_p)$ und die Menge aller reellen Zahlenfolgen $(a_1, a_2, \ldots)$.

Allgemeiner nennt man eine beliebige nichtleere Menge E einen **linearen Raum** oder **Vektorraum**, wenn für je zwei Elemente a, b aus E und jede Zahl α eine Summe $a+b$ und ein Vielfaches αa so definiert sind, daß $a+b$ und αa wieder in E liegen und die folgenden **Vektorraumaxiome** erfüllt sind:

(V 1) $a + (b+c) = (a+b) + c$,
(V 2) $a + b = b + a$,
(V 3)   in E gibt es ein Nullelement 0, so daß $a + 0 = a$ für alle $a \in E$ ist,
(V 4)   zu jedem $a \in E$ gibt es ein „additiv inverses" Element $-a \in E$, so daß $a + (-a) = 0$ ist,
(V 5) $\alpha(a+b) = \alpha a + \alpha b$,
(V 6) $(\alpha + \beta)a = \alpha a + \beta a$,
(V 7) $(\alpha \beta)a = \alpha(\beta a)$,
(V 8) $1 \cdot a = a$.

Ein linearer Raum E besitzt nur *ein* Nullelement; für jedes weitere Nullelement $0'$ ist nämlich $0' = 0' + 0 = 0 + 0' = 0$. Ferner gibt es zu $a \in E$ nur *ein* additiv inverses Element; für jedes $a' \in E$ mit $a + a' = 0$ ist nämlich $a' = a' + (a + (-a)) = (a' + a) + (-a) = (a + a') + (-a) = 0 + (-a) = (-a) + 0 = -a$. *Ein Funktionenraum E (auf X) ist immer auch ein linearer Raum;* sein Nullelement ist die auf ganz X verschwindende Funktion 0, und das zu $f \in E$ additiv inverse Element ist die Funktion $(-1)f$. *Wohl der einfachste lineare Raum ist $\mathbf{R}$.*

Jede nichtleere Teilmenge eines linearen Raumes E, zu der mit a, b auch stets die Summe $a + b$ und jedes Vielfache αa gehört, ist selbst ein linearer Raum; sie wird ein **Unterraum** oder auch **Untervektorraum** von E genannt.

Einen linearen Raum E nennt man eine **Algebra**, wenn für je zwei Elemente a, b aus E ein Produkt ab so definiert ist, daß ab stets wieder in E liegt und die folgenden Rechenregeln gelten:

(V 9) $a(bc) = (ab)c$,
(V 10) $a(b+c) = ab + ac$, $(a+b)c = ac + bc$,
(V 11) $\alpha(ab) = (\alpha a)b = a(\alpha b)$.

Die Algebra E heißt **kommutativ**, wenn durchweg $ab = ba$ ist. Ein Element e aus E mit $ae = ea = a$ für alle $a \in E$ wird **Einselement** von E genannt. In einer Algebra gibt es höchstens ein Einselement e (für jedes weitere Einselement e' ist nämlich $e' = ee' = e$). Jede nichtleere Teilmenge einer Algebra E, zu der mit a, b auch stets die Summe $a + b$, jedes Vielfache αa und das Produkt ab gehört, ist selbst eine Algebra; sie wird eine **Unteralgebra** von E genannt.

Eine Funktionenalgebra E auf X ist offenbar eine kommutative Algebra. Enthält sie die Funktion e, die auf X konstant $= 1$ ist, so ist e das Einselement von E. — Die Menge aller Funktionen $f:[0, 1] \to \mathbf{R}$, die in 0 verschwinden, ist eine Algebra mit Einselement; letzteres ist die (*nichtkonstante*) Funktion

$$x \mapsto e(x) := \begin{cases} 0 & \text{für} \quad x = 0, \\ 1 & \text{für} \quad x \in (0, 1]. \end{cases}$$

Die einfachste kommutative Algebra mit Einselement ist $\mathbf{R}$. Weitere Beispiele für Algebren werden wir in A 15.3 und in Nr. 17 kennenlernen.

Noch einige Bemerkungen zum Sprachgebrauch. Die Elemente eines linearen Raumes (Vektorraumes) nennt man häufig auch **Vektoren**. *Wir wollen dieses Wort jedoch für p-Tupel $(a_1, \ldots, a_p)$ reservieren*, die wir gelegentlich etwas genauer p-**Vektoren** nennen. Die Zahlen α, die zum Vervielfachen der Elemente eines linearen Raumes E benutzt werden, sind gemäß unserer Definition stets reell (und alle $\alpha \in \mathbf{R}$ können als Multiplikatoren auftreten). Will man diese Tatsache besonders hervorheben, so nennt man E einen **reellen linearen Raum** oder einen **linearen Raum über R**. In demselben Sinne spricht man natürlich auch von **reellen Algebren** oder **Algebren über R**.

Besteht ein Funktionenraum aus Folgen, so nennt man ihn auch einen **Folgenraum**; ganz entsprechend ist das Wort **Folgenalgebra** zu verstehen.

Aufgaben

1. Schreibe die folgenden reellen Funktionen h als Komposita $f \circ g$ zweier Funktionen f, g und gib ihre natürlichen Definitionsbereiche an:

$h(x) :=$ a) $(2x+1)^3$, b) $\sqrt{1-x^2}$, c) $\sqrt{(x-1)(x-2)}$, d) $((x+1)(x-1)(x+3))^{-1/2}$,

e) $\sqrt[3]{\dfrac{x}{\chi_{(0,1)}(x)}}$, f) $\dfrac{1}{\sqrt[4]{|x^2+4x+3|}}$.

*__2.__ A, B seien Teilmengen von $\mathbf{R}$, $A' := \mathbf{R} \setminus A$ das Komplement von A in $\mathbf{R}$. Zeige: $\chi_{A \cup B} = \chi_A + \chi_B - \chi_{A \cap B}$ (also $\chi_{A \cup B} = \chi_A + \chi_B$ für $A \cap B = \emptyset$), $\chi_{A \cap B} = \chi_A \chi_B$, $\chi_{A'} = 1 - \chi_A$, $\chi_{A \setminus B} = \chi_A (1 - \chi_B)$.

3. Zu jeder Treppenfunktion f auf dem Intervall I gibt es endlich viele charakteristische Funktionen χ_{I_k} von paarweise disjunkten Intervallen I_k ($k=1,\ldots,n$), so daß für alle $x \in I$ mit höchstens endlich vielen Ausnahmen $f(x) = c_1 \chi_{I_1}(x) + \cdots + c_n \chi_{I_n}(x)$ mit geeigneten Zahlen c_k ist.

4. Sind f, g Treppenfunktionen auf dem Intervall I, so sind auch $|f|$, f^+, f^-, $\max(f, g)$, $\min(f, g)$ Treppenfunktionen. Entsprechendes gilt für beschränkte Funktionen.

5. Sei $n \in \mathbf{N}$. Zeige, daß die Funktion $x \mapsto x^n$ bei geradem n auf $(-\infty, 0]$ abnimmt und auf $[0, +\infty)$ zunimmt, bei ungeradem n aber durchweg zunimmt. Diskutiere ebenso $x \mapsto x^{-n}$ für $x \neq 0$ und $x \mapsto x^r$ ($r \in \mathbf{Q}$) für $x > 0$.

6. Sei X symmetrisch zum Nullpunkt, $A := \{x \in X : x \leq 0\}$ und $B := \{x \in X : x \geq 0\}$. Ferner sei g eine gerade und u eine ungerade Funktion auf X. Zeige:
a) g wächst (fällt) auf $B \Rightarrow g$ fällt (wächst) auf A; b) u wächst (fällt) auf $B \Rightarrow u$ wächst (fällt) auf A; c) $u(0) = 0$, falls $0 \in X$.

7. Welche Funktionen sind a) sowohl wachsend als auch fallend, b) sowohl gerade als auch ungerade?

*8. Genau dann wächst bzw. fällt f auf X, wenn für je zwei verschiedene Punkte x_1, x_2 aus X stets $\dfrac{f(x_1) - f(x_2)}{x_1 - x_2} \geq 0$ bzw. ≤ 0 ist. Diskutiere hiermit und mit A 7.15 noch einmal das Monotonieverhalten von $x \mapsto x^n$, $n \in \mathbf{N}$ (s. Aufgabe 5) und von geraden bzw. ungeraden Funktionen (s. Aufgabe 6).

9. Stelle Situationen aus dem praktischen Leben zusammen, wo das Monotonieverhalten von Funktionen eine entscheidende Rolle spielt (z.B. Inflationsrate in Abhängigkeit von der Zeit, Benzinverbrauch in Abhängigkeit von der Geschwindigkeit usw.).

*10. Die Metriken d_1, d_2, d_∞ auf $\mathbf{R}^p$ (s. A 12.14) sind translationsinvariant, d.h., es ist $d(x+z, y+z) = d(x, y)$ für alle $x, y, z \in \mathbf{R}^p$, wenn d eine der genannten Metriken ist. Setzt man $\|x\|_1 := d_1(x, o) = |x_1| + \cdots + |x_p|$, $\|x\|_2 := d_2(x, o) = (x_1^2 + \cdots + x_p^2)^{1/2}$ und $\|x\|_\infty := d_\infty(x, o) = \max(|x_1|, \ldots, |x_p|)$, so haben wir $d_k(x, y) = \|x - y\|_k$ für $k = 1, 2, \infty$. Bedeutet $\|\cdot\|$ eine der drei „Normen" $\|\cdot\|_1, \|\cdot\|_2, \|\cdot\|_\infty$, so gilt:

(N 1) $\|x\| \geq 0$ und $\|x\| = 0 \Leftrightarrow x = o$,
(N 2) $\|\alpha x\| = |\alpha| \|x\|$ für jede Zahl α,
(N 3) $\|x + y\| \leq \|x\| + \|y\|$ (Dreiecksungleichung).

Ferner ist
(U) $\big| \|x\| - \|y\| \big| \leq \|x - y\|$,

und diese Abschätzung folgt allein aus den Normaxiomen (N 1) bis (N 3) (s. A 10.16 und A 10.17).

*11. Die Supremumsnorm für beschränkte Funktionen f auf X — wir bezeichnen sie hier kurz mit $\|f\|$ — besitzt die Eigenschaften (N 1), (N 2), (N 3), wobei natürlich die Vektoren x, y durch $f, g \in B(X)$ zu ersetzen sind; ferner gilt

(N 4) $\|fg\| \leq \|f\| \cdot \|g\|$.

(**Hinweis**: Satz 8.6b und A 8.6). Durch $d(f, g) := \|f - g\| = \sup_{x \in X} |f(x) - g(x)|$ wird eine translationsinvariante Metrik auf $B(X)$ definiert. Es gilt die Viereckungleichung
$$|d(f, g) - d(u, v)| \leq d(f, u) + d(g, v)$$
und damit auch (s. A 10.17)

(U) $|\|f\| - \|g\|| \leq \|f - g\|$.

$d(f, g)$ ist, grob gesprochen, der größte Abstand, der zwischen übereinanderliegenden Punkten der Schaubilder von f und g besteht (s. Fig. 14.13. Vgl. auch A 12.13).

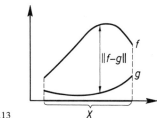

Fig. 14.13

12. Zeige, daß die folgenden Mengen von Funktionen $f: \mathbf{R} \to \mathbf{R}$ Funktionenalgebren sind:
a) Die Menge aller f, die außerhalb eines von f abhängenden abgeschlossenen Intervalls verschwinden (so daß also $f(x) = 0$ für $|x| > r(f)$ ist).
b) Die Menge aller f mit folgender Eigenschaft: Zu jedem positiven ε gibt es eine von f und ε abhängende Zahl $r(f, \varepsilon) > 0$, so daß $|f(x)| < \varepsilon$ ausfällt, wenn nur $|x| > r(f, \varepsilon)$ ist.
c) Die Menge aller *beschränkten* f, die den in a) bzw. b) formulierten Bedingungen genügen.

°**13.** Eine komplexwertige Funktion $f: X \to \mathbf{C}$ (wobei X eine völlig beliebige Menge $\neq \emptyset$ ist) kann stets in der Form $f(x) = u(x) + iv(x)$ mit reellwertigen, auf X definierten Funktionen u, v dargestellt werden (**Zerlegung in Real- und Imaginärteil**). Ist auch die unabhängige Variable nur komplexer Werte fähig (ist also auch $X \subset \mathbf{C}$), so nennt man f eine **komplexe Funktion**. Ein (komplexes) **Polynom** ist eine Funktion $z \mapsto a_0 + a_1 z + a_2 z^2 + \cdots + a_n z^n$ mit komplexen Koeffizienten a_k und komplexer Veränderlichen z, eine (komplexe) **rationale Funktion** ist ein Quotient zweier Polynome. Summen, Vielfache, Produkte und Quotienten komplexwertiger Funktionen werden wie im Reellen definiert (hierbei werden ja nur die Körpereigenschaften der reellen bzw. komplexen Zahlen benötigt). Was unter einem komplexen p-**Tupel** (einem komplexen p-**Vektor**) und einer komplexen **Folge** zu verstehen ist, braucht nun nicht mehr erklärt zu werden; die Verknüpfungsdefinitionen (14.3) werden ohne Änderung ins Komplexe übertragen. Auch $|f|$ kann wie im Reellen definiert werden.
f heißt **beschränkt** auf X, wenn $|f(x)| \leq K$ für alle $x \in X$ ist; in diesem Falle sei $\|f\|_\infty := \sup\{|f(x)| : x \in X\}$. *Jedoch entfallen alle Begriffsbildungen, die auf der Ordnungsstruktur von* $\mathbf{R}$ *beruhen*, weil $\mathbf{C}$ nicht angeordnet ist: f^+, f^-, $\max(f, g)$, $\min(f, g)$, $f \leq g$ und Monotonie können für komplexwertige Funktionen *nicht* erklärt werden. Dagegen ist der Begriff der geraden und ungeraden Funktion auch im Komplexen sinnvoll.

°**14.** Ist für je zwei Elemente a, b einer nichtleeren Menge E und jede komplexe Zahl α eine Summe $a + b$ und ein Vielfaches αa so definiert, daß $a + b$ und αa wieder in E liegen und die Vektorraumaxiome (V 1) bis (V 8) gelten, so nennt man E einen **komplexen linearen Raum (Vektorraum)** oder einen **linearen Raum (Vektorraum) über C**. Was unter einer **komplexen Algebra** oder einer **Algebra über C** zu verstehen ist, dürfte nun klar sein. Ist eine Menge komplexwertiger, auf X definierter Funktionen ein komplexer Vektorraum bzw. eine komplexe Algebra (bez. der punktweisen Multiplikation), so nennt man sie einen **komplexen Funktionenraum** bzw. eine **komplexe Funktionenalgebra** (auf X). **Komplexe Folgenräume** und **Folgenalgebren** werden ganz entsprechend erklärt. Die nachstehenden Mengen sind komplexe Funktionenalgebren: Die Menge aller komplexwertigen Funktionen auf X, die Menge aller beschränkten komplexwertigen Funktionen auf X, die Menge aller komplexen Polynome. Man mache sich klar, daß eine Menge reellwertiger Funktionen auf X, die nicht nur $f=0$ enthält, niemals ein komplexer linearer Raum ist, daß aber eine Menge komplexwertiger Funktionen sehr wohl ein reeller linearer Raum sein kann.

15 Polynome und rationale Funktionen

Unter *praktischen* Gesichtspunkten gehören die Polynome zu den einfachsten Funktionen, weil ihre Werte sich bequem berechnen lassen (s. Aufgabe 5). Sie haben aber auch hohe *theoretische* Bedeutung, weil sie von starken inneren Gesetzmäßigkeiten beherrscht werden und in engster Beziehung zu den analytischen und den stetigen Funktionen stehen, Funktionen, die in der Analysis eine zentrale Rolle spielen: Gründe genug, um sich intensiv mit Polynomen zu beschäftigen. Der Kürze wegen, und da keine Mißverständnisse zu befürchten sind, sprechen wir häufig nicht von dem Polynom $x \mapsto p(x)$, sondern einfach von dem „Polynom $p(x)$" (ohne das vorgesetzte „Polynom" bedeutet $p(x)$ jedoch immer den *Wert* des Polynoms p *an der Stelle* x). Sind in einem Polynom

$$p(x) := a_0 + a_1 x + a_2 x^2 + \cdots + a_n x^n \equiv \sum_{k=0}^{n} a_k x^k \tag{15.1}$$

alle Koeffizienten $a_k = 0$, so nennen wir es das **Nullpolynom**. Gibt es aber nichtverschwindende Koeffizienten und ist a_n derjenige unter ihnen, der den höchsten Index trägt (der **höchste Koeffizient**), so heißt n der **Grad des Polynoms** (genauer: der Grad der vorliegenden Darstellung (15.1) von p; zunächst ist nämlich nicht ausgeschlossen, daß p auch noch andere Darstellungen $b_0 + b_1 x + \cdots + b_m x^m$ mit anderen Graden besitzt). Dem Nullpolynom schreiben wir den Grad -1 zu.

Wie wir aus der Lehre von den quadratischen Gleichungen wissen, braucht das Polynom (15.1), dessen Grad gleich $n \geq 1$ sei, keine reelle Nullstelle zu besitzen (s. A 9.7). Ist jedoch eine solche, etwa x_1, vorhanden, so läßt sich der **Linearfaktor** $x - x_1$ „abdividieren", d.h., es ist

$$p(x) = (x - x_1) p_1(x) \quad \text{mit einem Polynom } p_1 \text{ vom Grade } n - 1. \tag{15.2}$$

Da für $k \geq 2$ nach A 7.15 nämlich $x^k - x_1^k = (x - x_1) q_k(x)$ mit $q_k(x) = x^{k-1} + x^{k-2} x_1 + \cdots + x x_1^{k-2} + x_1^{k-1}$ ist, haben wir

$$\begin{aligned} p(x) &= p(x) - p(x_1) = a_1(x - x_1) + a_2(x^2 - x_1^2) + \cdots + a_n(x^n - x_1^n) \\ &= (x - x_1)[a_1 + a_2 q_2(x) + \cdots + a_n q_n(x)] \\ &= (x - x_1)[b_0 + b_1 x + \cdots + b_{n-2} x^{n-2} + a_n x^{n-1}] \\ &= (x - x_1) p_1(x), \end{aligned}$$

wobei das Polynom $p_1(x)$ wegen $a_n \neq 0$ den Grad (genauer: eine Darstellung vom Grade) $n - 1$ besitzt. Ist nun dieser Grad noch ≥ 1, und ist *auch noch* $p_1(x_1) = 0$, so läßt sich $x - x_1$ wieder von p_1 abdividieren, und man erhält die Gleichung $p(x) = (x - x_1)^2 p_2(x)$ mit einem Polynom p_2 vom Grade $n - 2$. Indem man so fortfährt, gelangt man schließlich zu einer Darstellung

$$p(x) = (x - x_1)^{v_1} p_{v_1}(x)$$

mit einem Polynom p_{v_1} vom Grade $n - v_1$, für das $p_{v_1}(x_1) \neq 0$ ist.

Besitzt p eine weitere Nullstelle $x_2 \neq x_1$, so ist notwendig $p_{v_1}(x_2) = 0$, und man kann nun eine möglichst hohe Potenz des Linearfaktors $x - x_2$ von $p_{v_1}(x)$ abspalten. So fortfahrend erhält man den folgenden

°**15.1 Satz** *Ein Polynom p vom Grade $n \geq 1$ besitzt höchstens n verschiedene Nullstellen $x_1, x_2, \ldots, x_m$ und läßt sich mit deren Hilfe in der Form*

$$p(x) = (x - x_1)^{v_1} (x - x_2)^{v_2} \cdots (x - x_m)^{v_m} q(x) \tag{15.3}$$

darstellen, wobei q ein Polynom vom Grade $n - (v_1 + \cdots + v_m)$ ist, das seinerseits **keine Nullstellen** *mehr besitzt.*

Aus diesem Satz folgt nun auf einen Schlag der fundamentale

°**15.2 Identitätssatz für Polynome** *Stimmen die Werte zweier Polynome*

$$p(x) := a_0 + a_1 x + \cdots + a_n x^n, \quad q(x) := b_0 + b_1 x + \cdots + b_n x^n$$

auch nur an $n + 1$ verschiedenen Stellen überein, so sind die Polynome **vollkommen identisch**, *d.h. es ist $a_k = b_k$ für $k = 0, 1, \ldots, n$ und somit $p(x) = q(x)$ für ausnahmslos alle x*[1].

Wäre nämlich die Behauptung falsch, so gäbe es einen Index m, $0 \leq m \leq n$, mit $a_m \neq b_m$ und $a_k = b_k$ für $k = m + 1, \ldots, n$. Dann hätte das Polynom $(p - q)(x) = \sum_{k=0}^{m} (a_k - b_k) x^k$ einerseits den Grad m, andererseits $n + 1 > m$ Nullstellen, was im

---

[1] Zwei Polynome p und q lassen sich natürlich immer auf die im Satz angegebenen Formen mit derselben Endpotenz x^n bringen, notfalls dadurch, daß man das „kürzere" der beiden durch Hinzunahme von Gliedern $0 \cdot x^k$ bis herauf zu $0 \cdot x^n$ „verlängert".

Falle $m \geq 1$ dem Satz 15.1 widerspricht und im Falle $m = 0$ (konstante Funktion $\neq 0$) erst recht unmöglich ist. ∎

Ein Polynom läßt sich häufig in äußerlich ganz verschiedener Weise darstellen, z.B. ist $1 - 2x^2 + x^4 = (x^2 - 1)^2 = (x - 1)^2(x + 1)^2 = (x^2 - 2x + 1)(x + 1)^2 = (x^2 - 2x + 1)(x^2 + 2x + 1)$. Unser Satz lehrt, daß jede Darstellung eines Polynoms immer zu ein und derselben **Normalform** $a_0 + a_1 x + \cdots + a_n x^n$ führt, daß also diese *Normalform und damit auch der Grad eines Polynoms eindeutig bestimmt sind*. Auch die (natürlichen) Zahlen $v_1, \ldots, v_m$ in (15.3) liegen eindeutig fest; v_k nennt man die **Vielfachheit** der Nullstelle x_k. Ist $v_k = 1$, so sagt man, x_k sei eine **einfache Nullstelle**. Entsprechend sind die Ausdrücke „doppelte Nullstelle", „dreifache Nullstelle" usw. zu verstehen.

Auf dem Identitätssatz beruht die folgende Methode des **Koeffizientenvergleichs**: *Hat man für ein und dasselbe Polynom p zwei Normalformen $a_0 + a_1 x + \cdots + a_n x^n$, $b_0 + b_1 x + \cdots + b_m x^m$ gefunden, so „darf" man die Koeffizienten vergleichen: Es muß $n = m$ und $a_k = b_k$ für $k = 0, 1, \ldots, n$ sein.* Diese Methode führt oft genug auf ganz bequeme Weise zu interessanten Identitäten. So ist z.B. einerseits $(1 + x)^{n+1} = \sum_{k=0}^{n+1} \binom{n+1}{k} x^k$, andererseits ist aber auch

$$(1+x)^{n+1} = (1+x)(1+x)^n = (1+x) \sum_{k=0}^{n} \binom{n}{k} x^k = \sum_{k=0}^{n} \binom{n}{k} x^k + \sum_{k=0}^{n} \binom{n}{k} x^{k+1}$$

$$= \binom{n}{0} + \sum_{k=1}^{n} \left[\binom{n}{k-1} + \binom{n}{k} \right] x^k + \binom{n}{n} x^{n+1},$$

woraus die **Grundformel des Pascalschen Dreiecks** $\binom{n}{k-1} + \binom{n}{k} = \binom{n+1}{k}$ für $1 \leq k \leq n$ folgt (s. A 7.4; dort ist die Pascalsche Formel allerdings sogar für *alle*, nicht nur *natürliche*, α bewiesen).

Den Grad eines Polynoms p bezeichnen wir mit $\gamma(p)$. Für nichttriviale (d.h. vom Nullpolynom verschiedene) *Polynome p und q ist offenbar $\gamma(pq) = \gamma(p) + \gamma(q)$*.

Sei nun s ein nichttriviales und p ein beliebiges Polynom. Dann gibt es in der Menge M der $p - Qs$, wobei Q alle Polynome durchläuft, ein Polynom $r := p - qs$ von kleinstem Grad. Es ist $\gamma(r) < \gamma(s)$: Wäre nämlich $\gamma(r) \geq \gamma(s)$, so könnte man durch

$$q_1(x) := \alpha x^{\gamma(r) - \gamma(s)}, \qquad \alpha := \frac{\text{höchster Koeffizient von } r}{\text{höchster Koeffizient von } s},$$

ein Polynom q_1 definieren, mit dem das Polynom $r_1 := r - q_1 s = p - (q + q_1) s$ einerseits einen Grad $< \gamma(r)$ hätte und andererseits in M läge — im Widerspruch zur Minimalität von $\gamma(r)$. Insgesamt ergibt sich aus den Erörterungen dieses

Absatzes nun für p die Darstellung

$$p = qs + r \quad \text{mit } \gamma(r) < \gamma(s). \tag{15.4}$$

In dieser Darstellung sind q und r eindeutig bestimmt. Ist nämlich auch $p = \tilde{q}s + \tilde{r}$ mit $\gamma(\tilde{r}) < \gamma(s)$, so haben wir $(q - \tilde{q})s = \tilde{r} - r$ und somit $\gamma((q - \tilde{q})s) = \gamma(\tilde{r} - r)$. Und da offenbar $\gamma(\tilde{r} - r) < \gamma(s)$ ist, im Falle $q \neq \tilde{q}$ jedoch $\gamma((q - \tilde{q})s) = \gamma(q - \tilde{q}) + \gamma(s) \geq \gamma(s)$ wäre, muß $q = \tilde{q}$ und somit auch $r = \tilde{r}$ sein. Wir halten dieses Ergebnis fest als

°**15.3 Divisionssatz** *Ist s ein nichttriviales Polynom, so läßt sich jedes Polynom p in der Form (15.4) mit eindeutig bestimmten Polynomen q und r darstellen.*

Wie diese Division mit Rest praktisch durchgeführt wird, dürfte dem Leser aus der Schule bekannt sein. Ist der Rest $r = 0$, so sagt man, die Division durch s gehe auf oder s sei ein Teiler von p. Aus (15.2) entnehmen wir, daß p durch das Polynom $x - x_1$ geteilt werden kann, sofern nur x_1 eine Nullstelle von p ist. *In dem Polynom $p(x) := a_n x^n + a_{n-1} x^{n-1} + \cdots + a_1 x + a_0$ $(a_n \neq 0)$ überwiegt für große $|x|$ das höchste Glied $a_n x^n$* — diese wichtige Aussage wollen wir nun präzisieren. Dazu setzen wir $b_{n-k} := a_{n-k}/a_n$ für $k = 1, \ldots, n$, schreiben p in der Form

$$p(x) = a_n x^n \left(1 + b_{n-1}\frac{1}{x} + b_{n-2}\frac{1}{x^2} + \cdots + b_0 \frac{1}{x^n}\right) = a_n x^n g(x)$$

mit $\quad g(x) := 1 + b_{n-1}\dfrac{1}{x} + b_{n-2}\dfrac{1}{x^2} + \cdots + b_0 \dfrac{1}{x^n}$

und untersuchen, wie sich $g(x)$ für große $|x|$ verhält.
Sei $\beta := 1 + |b_{n-1}| + \cdots + |b_0|$. Trivialerweise ist $\beta \geq 1$, und für $|x| \geq \beta$ haben wir infolgedessen

$$h(x) := \left| b_{n-1}\frac{1}{x} + \cdots + b_0 \frac{1}{x^n} \right| \leq (|b_{n-1}| + \cdots + |b_0|) \frac{1}{|x|} \leq \frac{\beta}{|x|}.$$

Sobald also $|x| \geq 2\beta$ ist, gilt $h(x) \leq \beta/2\beta = 1/2$ und damit $g(x) \geq 1 - h(x) \geq 1/2$. Wegen $p(x) = a_n x^n g(x)$ finden wir damit, alles zusammenfassend, die Abschätzung

$$|a_0 + a_1 x + \cdots + a_n x^n| \geq (1/2)|a_n x^n|$$

für $\quad |x| \geq \rho := 2 \dfrac{|a_0| + |a_1| + \cdots + |a_n|}{|a_n|}.$ (15.5)

Sie zeigt uns, *daß $|p(x)|$ mit wachsendem $|x|$ jede noch so große Zahl übertrifft*, genauer: *Ist G eine beliebig vorgegebene positive Zahl, so wird $|p(x)| \geq G$ ausfallen, wenn nur $|x| \geq \rho$ und gleichzeitig $\geq (2G/|a_n|)^{1/n}$ gewählt wird.* Da $g(x) \geq 1/2$ für $|x| \geq \rho$ ist, wird für große x das Vorzeichen von $p(x)$ durch das Vorzeichen von

$a_n x^n$ und damit letztlich durch das von a_n bestimmt (s. Aufgabe 8). (15.5) lehrt ferner, *daß alle Nullstellen von p in dem Intervall $(-\rho, \rho)$ liegen müssen*; für eine Verbesserung dieser Aussage s. Aufgabe 6.

Wir werfen nun noch einen kurzen Blick auf die (gebrochen) rationalen Funktionen $R := P/Q$ (P, Q Polynome). R heißt **echt gebrochen**, wenn $\gamma(P) < \gamma(Q)$ ist, andernfalls **unecht gebrochen**. Der Divisionssatz lehrt unmittelbar, *daß man jedes unecht gebrochene R in der Form „Polynom + echt gebrochene rationale Funktion" darstellen kann*, so daß man sich gewöhnlich auf die Untersuchung echt gebrochener rationaler Funktionen beschränken darf.

Anders als die Polynome existieren die rationalen Funktionen $R = P/Q$ nicht immer für alle x: In den (höchstens endlich vielen) Nullstellen des Nennerpolynoms Q ist R nämlich nicht erklärt. Nun kann es aber vorkommen, daß der zu einer Nullstelle x_1 von Q gehörende Faktor $(x-x_1)^{v_1}$, v_1 die Vielfachheit von x_1, das Zählerpolynom P teilt. Dividieren wir in diesem Falle Zähler und Nenner durch $(x-x_1)^{v_1}$, so stimmt die verbleibende rationale Funktion R_1 auf dem Definitionsbereich von R mit R überein, ist darüber hinaus aber auch noch in x_1 erklärt, so daß wir kurzerhand $R(x_1) := R_1(x_1)$ setzen. Ganz entsprechend gehen wir an all denjenigen Nullstellen des Nenners vor, wo dieser Kürzungsprozeß möglich ist. Befreien wir darüberhinaus Zähler und Nenner auch noch von allen weiteren gemeinsamen Teilern, die evtl. vorhanden sind, so erhalten wir eine rationale Funktion r, von der man auch sagt, sie sei R in **reduzierter** oder **gekürzter Form**. r stimmt mit der Funktion R auf deren Definitionsbereich überein, ist aber möglicherweise noch in (endlich vielen) weiteren Punkten vorhanden. Da man in Zähler und Nenner gemeinsame Teiler immer künstlich anbringen und somit willkürlich „Definitionslücken" erzeugen kann (s. Fig. 15.1),

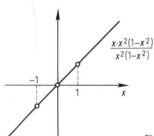

Fig. 15.1

ist umgekehrt die *Befreiung von gemeinsamen Teilern* und die evtl. dann mögliche *Fortsetzung von R* auf einige Nullstellen des Nenners ein natürlicher und gebotener Vorgang, den wir übrigens später noch unter einem ganz anderen Gesichtspunkt, nämlich als „stetige Fortsetzung" von R betrachten und würdigen werden (s. Nr. 38).

Aufgaben

1. Für festes $n \in \mathbb{N}$ ist die Menge der Polynome vom Grade $\leq n$ zwar ein Funktionenraum, jedoch keine Funktionenalgebra (im Gegensatz zur Menge aller Polynome).

2. $\left(\sum_{j=0}^{n} a_j x^j\right)\left(\sum_{k=0}^{n} b_k x^k\right) = \sum_{m=0}^{2n}\left(\sum_{j+k=m} a_j b_k\right) x^m = \sum_{m=0}^{2n} (a_0 b_m + a_1 b_{m-1} + \cdots + a_m b_0) x^m$,
wenn man $a_k = b_k := 0$ für $k = n+1, \ldots, 2n$ setzt.

*3. Sei P die Algebra aller Polynome und F die Menge aller **finiten Folgen**, d.h. die Menge aller Zahlenfolgen $(a_0, a_1, a_2, \ldots)$, bei denen ab einem (von der einzelnen Folge abhängenden) Index alle Glieder verschwinden. Zeige:
a) F ist ein Folgenraum.
b) Die Abbildung $\varphi : P \to F$, die jedem Polynom $a_0 + a_1 x + \cdots + a_n x^n$ die Folge $(a_0, a_1, \ldots, a_n, 0, 0, \ldots) \in F$ zuordnet, ist bijektiv.
c) $\varphi(p+q) = \varphi(p) + \varphi(q)$, $\varphi(\alpha p) = \alpha \varphi(p)$ für alle Polynome p, q und alle Zahlen α.
d) Definiert man die **Faltung** zweier Folgen aus F durch $(a_0, a_1, a_2, \ldots) * (b_0, b_1, b_2, \ldots) := (a_0 b_0, a_0 b_1 + a_1 b_0, \ldots, a_0 b_n + a_1 b_{n-1} + \cdots + a_n b_0, \ldots)$, so ist $\varphi(pq) = \varphi(p) * \varphi(q)$ für alle $p, q \in P$. Hinweis: Aufgabe 2.
e) Zeige einerseits durch direktes Ausrechnen, andererseits (viel kürzer) mittels der Eigenschaften von φ, daß für die Faltung die folgenden Regeln gelten ($\boldsymbol{a}, \boldsymbol{b}, \boldsymbol{c}, \ldots$ bedeuten finite Folgen, α Zahlen): $\boldsymbol{a} * \boldsymbol{b} \in F$, $\boldsymbol{a} * (\boldsymbol{b} * \boldsymbol{c}) = (\boldsymbol{a} * \boldsymbol{b}) * \boldsymbol{c}$, $\boldsymbol{a} * (\boldsymbol{b} + \boldsymbol{c}) = \boldsymbol{a} * \boldsymbol{b} + \boldsymbol{a} * \boldsymbol{c}$, $(\boldsymbol{a} + \boldsymbol{b}) * \boldsymbol{c} = \boldsymbol{a} * \boldsymbol{c} + \boldsymbol{b} * \boldsymbol{c}$, $\alpha(\boldsymbol{a} * \boldsymbol{b}) = (\alpha \boldsymbol{a}) * \boldsymbol{b} = \boldsymbol{a} * (\alpha \boldsymbol{b})$, $\boldsymbol{a} * \boldsymbol{b} = \boldsymbol{b} * \boldsymbol{a}$.
Der Folgenraum F ist also mit dem Produkt $\boldsymbol{a} * \boldsymbol{b}$ eine kommutative Algebra.

4. Für kein nichtkonstantes Polynom p ist $1/p$ wieder ein Polynom.

5. Es ist $p(x) := a_4 x^4 + a_3 x^3 + a_2 x^2 + a_1 x + a_0 = \{[(a_4 x + a_3) x + a_2] x + a_1\} x + a_0$. Infolgedessen läßt sich $p(x_0)$ bequem nach dem leicht verständlichen **Hornerschen Schema** (William G. Horner, 1756–1837; 81) berechnen:

	a_4	a_3	a_2	a_1	a_0
x_0		$\alpha_4 x_0$	$\alpha_3 x_0$	$\alpha_2 x_0$	$\alpha_1 x_0$

$\alpha_4 := a_4 \quad \alpha_3 := \alpha_4 x_0 + a_3 \quad \alpha_2 := \alpha_3 x_0 + a_2 \quad \alpha_1 := \alpha_2 x_0 + a_1 \quad \alpha_0 := \alpha_1 x_0 + a_0 = p(x_0)$

Entwirf ein Hornersches Schema für Polynome beliebigen Grades und berechne die Werte der folgenden Polynome an den Stellen $x_0 := 1, 2, 3$:
a) $p(x) := x^3 - 2x^2 + x - 1$, b) $q(x) := x^5 + x^2 - x + 2$ (beachte, daß verschwindende Koeffizienten in dem Hornerschen Schema aufgeführt werden müssen).

6. Zeige mit den Bezeichnungen des Beweises von (15.5): Für jedes $\varepsilon > 0$ gilt $|p(x)| = |a_0 + a_1 x + \cdots + a_n x^n| \geq \dfrac{\varepsilon}{1+\varepsilon} |a_n x^n|$, wenn nur $|x| \geq (1+\varepsilon)\beta$ ist. Schließe daraus, daß für jede Nullstelle x_0 von p die Abschätzung $|x_0| \leq \beta$ besteht.

°**7.** Die Aussagen der Aufgabe 6 sind auch für komplexe Polynome gültig.

8. Zeige, daß für das Polynom p mit höchstem Koeffizienten a_n die folgenden Aussagen zutreffen; die hierbei auftretende Zahl ρ ist in (15.5) erklärt:
a) n gerade, $a_n > 0 \Rightarrow p(x) > 0$ für $x \leq -\rho$ und $x \geq \rho$,
b) n gerade, $a_n < 0 \Rightarrow p(x) < 0$ für $x \leq -\rho$ und $x \geq \rho$,
c) n ungerade, $a_n > 0 \Rightarrow p(x) < 0$ für $x \leq -\rho$, $p(x) > 0$ für $x \geq \rho$,
d) n ungerade, $a_n < 0 \Rightarrow p(x) > 0$ für $x \leq -\rho$, $p(x) < 0$ für $x \geq \rho$.

9. Ein Polynom ist genau dann gerade bzw. ungerade, je nachdem in ihm nur gerade bzw. nur ungerade Potenzen von x auftreten.

10. Bringe die folgenden unecht gebrochenen rationalen Funktionen auf die Form „Polynom + echt gebrochene rationale Funktion":

a) $\dfrac{x^3 + x^2 + 1}{x - 1}$, b) $\dfrac{x^3 + x^2 + 1}{x^2 - 1}$, c) $\dfrac{x^3 + x^2 + 1}{x^3 - 1}$.

16 Interpolation

Für den praktischen Gebrauch sind uns die wichtigsten Funktionen (Winkelfunktionen, Logarithmus, Exponentialfunktion) in Tafeln angegeben, d.h., es stehen uns für endlich viele Werte $\xi_1, \xi_2, \ldots, \xi_m$ des Arguments die (gerundeten) Funktionswerte $f(\xi_1), f(\xi_2), \ldots, f(\xi_m)$ fertig berechnet zur Verfügung. Häufig benötigt man jedoch $f(\xi)$ für eine Stelle ξ, die nicht mit einer der Tafelstellen ξ_μ übereinstimmt, sondern zwischen zweien von ihnen liegt, so daß $\xi_k < \xi < \xi_{k+1}$ für ein gewisses k ist. In einem solchen Falle wird man $f(\xi)$ i.allg. nicht nach dem Tafelverfahren bestimmen, also nicht so berechnen, wie die Tafelwerte $f(\xi_\mu)$ ursprünglich berechnet worden sind, vielmehr wird man interpolieren, d.h., man wird versuchen, *mit Hilfe der schon vorhandenen Werte $f(\xi_\mu)$ einen Näherungswert für $f(\xi)$ zu gewinnen*. Im einfachsten und gebräuchlichsten Falle geschieht dies dadurch, daß man, kurz gesagt, die Funktion zwischen ξ_k und ξ_{k+1} durch ihre Sehne

$$S(x) := f(\xi_k) + \frac{f(\xi_{k+1}) - f(\xi_k)}{\xi_{k+1} - \xi_k}(x - \xi_k)$$

annähert („ersetzt") und *statt $f(\xi)$ nun den Näherungswert $S(\xi)$ benutzt*, der sich bequem aus den benachbarten Werten $f(\xi_k)$ und $f(\xi_{k+1})$ berechnen läßt (s. Fig. 16.1). Wird eine höhere Genauigkeit gewünscht, so wird man weitere Tafelwerte, etwa noch $f(\xi_{k-1})$ und $f(\xi_{k+2})$ heranziehen, wird versuchen, ein Polynom P möglichst kleinen Grades „durch $f(\xi_{k-1}), \ldots, f(\xi_{k+2})$ zu legen" (d.h. man wird P so zu bestimmen versuchen, daß $P(\xi_\mu) = f(\xi_\mu)$ für $\mu = k-1, \ldots, k+2$ ist) und *wird dann $P(\xi)$ als einen Näherungswert für $f(\xi)$ ansehen*. Polynome empfehlen sich für Interpolationszwecke einfach deshalb, weil ihre Wert bequem zu berechnen sind. Allgemein stellt sich uns so die folgende Interpolationsaufgabe:

16 Interpolation

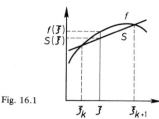

Fig. 16.1

Gegeben seien $n+1$ verschiedene Stützstellen $x_0, x_1, \ldots, x_n$ und dazu $n+1$ (nicht notwendigerweise verschiedene) Stützwerte $y_0, y_1, \ldots, y_n$. Man bestimme ein Polynom P vom Grade $\leq n$ mit $P(x_k) = y_k$ für $k = 0, 1, \ldots, n$.

Ein solches Polynom ist immer vorhanden. Für das k-te **Lagrangesche Polynom** n-ten Grades

$$L_k(x) := \frac{(x-x_0)\cdots(x-x_{k-1})(x-x_{k+1})\cdots(x-x_n)}{(x_k-x_0)\cdots(x_k-x_{k-1})(x_k-x_{k+1})\cdots(x_k-x_n)} \qquad (16.1)$$

ist nämlich

$$L_k(x_j) = \delta_{jk} := \begin{cases} 1 & \text{für } j = k, \\ 0 & \text{für } j \neq k, \end{cases} \qquad (16.2)$$

(δ_{jk} ist das sogenannte Kronecker-Symbol), und somit *löst ganz offensichtlich das* **Lagrangesche Interpolationspolynom**

$$L(x) := y_0 L_0(x) + y_1 L_1(x) + \cdots + y_n L_n(x) \qquad (16.3)$$

die gestellte Aufgabe. Wegen des Identitätssatzes 15.2 ist es auch *das einzige Polynom dieser Art*.

Häufig ist es zweckmäßiger, das (eindeutig bestimmte) Interpolationspolynom vom Grade $\leq n$ in der **Newtonschen Form**

$$\begin{aligned} N(x) := & \alpha_0 + \alpha_1(x-x_0) + \alpha_2(x-x_0)(x-x_1) \\ & + \cdots + \alpha_n(x-x_0)(x-x_1)\cdots(x-x_{n-1}) \end{aligned} \qquad (16.4)$$

anzusetzen und die Zahlen α_k aus der Forderung $y_k = N(x_k)$ für $k = 0, 1, \ldots, n$, also aus dem folgenden Gleichungssystem zu berechnen:

$$\begin{aligned} y_0 &= \alpha_0 \\ y_1 &= \alpha_0 + \alpha_1(x_1-x_0) \\ y_2 &= \alpha_0 + \alpha_1(x_2-x_0) + \alpha_2(x_2-x_0)(x_2-x_1) \\ &\vdots \\ y_n &= \alpha_0 + \alpha_1(x_n-x_0) + \alpha_2(x_n-x_0)(x_n-x_1) \\ &\quad + \cdots + \alpha_n(x_n-x_0)(x_n-x_1)\cdots(x_n-x_{n-1}). \end{aligned} \qquad (16.5)$$

Die Berechnung der α_k ist äußerst bequem, weil sie *rekursiv* erfolgt: α_0 ist y_0, α_1 läßt sich nun aus der zweiten, dann α_2 aus der dritten Gleichung bestimmen usw. Der Newtonsche Ansatz hat ferner die Annehmlichkeit, *daß die bereits ermittelten α_k unverändert erhalten bleiben, wenn man das Interpolationspolynom N nachträglich durch Hinzunahme weiterer Stützstellen „verlängert"*. Im übrigen läßt sich N auch *explizit* darstellen; dies geschieht in Gl. (17.9) der folgenden Nummer.

Aufgaben

1. Bestimme zu den Stützstellen $x_k := k$ ($k = 0, 1, 2$) die Lagrangeschen Polynome L_0, L_1, L_2 und dann die Lagrangeschen Interpolationspolynome L für die Stützwerte $y_0 := 0$, $y_1 := -1$, $y_2 := 1$ bzw. $y_0 := 2$, $y_1 := 0$, $y_2 := 1$. Berechne die Interpolationspolynome auch nach der Newtonschen Methode.

2. $x_0, x_1, \ldots, x_n$ seien $n+1$ Stützstellen. Dann ist für jedes Polynom p vom Grade $\leq n$ stets $p(x) = \sum_{k=0}^{n} p(x_k) L_k(x)$. Insbesondere gelten also die **Cauchyschen Relationen**

$$(x - \xi)^m = \sum_{k=0}^{n} (x_k - \xi)^m L_k(x) \qquad (m = 0, 1, \ldots, n; \; \xi \text{ beliebig}).$$

3. Jedes Polynom p vom Grade m kann in der Form $p(x) = \sum_{k=0}^{m} \beta_k \binom{x}{k}$ dargestellt werden, und mit dieser Darstellung gilt die folgende Summenformel:

$$S(n) := \sum_{\nu=0}^{n} p(\nu) = \sum_{k=0}^{m} \binom{n+1}{k+1} \beta_k \quad \text{für } n = 1, 2, \ldots.$$

Gewinne daraus die speziellen Summenformeln

$$\sum_{\nu=1}^{n} \nu = \binom{n+1}{2}, \quad \sum_{\nu=1}^{n} \nu^2 = \binom{n+1}{2} + 2\binom{n+1}{3},$$

$$\sum_{\nu=1}^{n} \nu^3 = \binom{n+1}{2} + 6\binom{n+1}{3} + 6\binom{n+1}{4}$$

und vgl. mit Satz 7.7. Leite weitere spezielle Summenformeln her (z.B. für $\sum_{\nu=1}^{n} \nu^4$; s. auch A 7.18). **Hinweis**: A 7.4c.

°4. Die Existenz, Eindeutigkeit und einfache Berechenbarkeit der Interpolationspolynome ist auch im Komplexen gewährleistet (d.h., wenn die $x_0, x_1, \ldots, x_n$ unter sich verschiedene, $y_0, y_1, \ldots, y_n$ irgendwelche komplexe Zahlen bedeuten dürfen; natürlich werden dann auch die Koeffizienten des Polynoms komplex ausfallen).

17 Der Differenzenoperator. Lineare Abbildungen

In dem besonders häufigen Fall äquidistanter (gleichabständiger) Stützstellen $x_\nu = x_0 + \nu h$ ($\nu = 0, 1, \ldots, n$) mit der **Schrittweite** $h \neq 0$ lassen sich

17 Der Differenzenoperator. Lineare Abbildungen

die α_k in (16.5) mit Hilfe eines Differenzenschemas sehr einfach und geradezu mechanisch bestimmen. Um diese Dinge angemessen darstellen zu können, schalten wir einige Bemerkungen über Differenzenoperatoren ein. Wir lernen dabei eine neue und wichtige Klasse von Funktionen, die sogenannten linearen Abbildungen kennen, die sich auch in unsere späteren Untersuchungen immer wieder eindrängen werden. Man wird auf diese Betrachtungen fast zwangsläufig geführt, wenn man das Gleichungssystem (16.5) bei äquidistanten Stützstellen aufzulösen versucht.

(s) sei die Menge aller Zahlenfolgen. Wir definieren eine Abbildung $D:(s) \to (s)$, indem wir jeder Folge $\mathbf{y} := (y_0, y_1, y_2, \ldots)$ ihre Differenzenfolge

$$D\mathbf{y} := (y_1 - y_0, y_2 - y_1, y_3 - y_2, \ldots) \tag{17.1}$$

zuordnen; D nennen wir den Differenzenoperator auf (s). Offensichtlich ist für alle $\mathbf{y}, \mathbf{z} \in (s)$ und alle Zahlen α

$$D(\mathbf{y} + \mathbf{z}) = D\mathbf{y} + D\mathbf{z} \quad \text{und} \quad D(\alpha \mathbf{y}) = \alpha D\mathbf{y}.$$

Abbildungen mit dieser Eigenschaft nennt man linear, genauer: Sind E und F zwei lineare Räume, so heißt die Abbildung $A: E \to F$ linear, wenn für alle $f, g \in E$ und alle Zahlen α stets

$$A(f + g) = Af + Ag \quad \text{und} \quad A(\alpha f) = \alpha Af$$

ist. Lineare Abbildungen nennt man auch gerne Operatoren; wir benutzen für sie meistens große Buchstaben und schreiben gewöhnlich kurz Af statt $A(f)$, wie wir es im Falle des Differenzenoperators bereits praktiziert haben.

Eine besonders wichtige lineare Abbildung ist uns schon in A 15.3 begegnet. Ist $x_0 < x_1 < \cdots < x_n$ und bestimmen wir zu jeder auf $[x_0, x_n]$ erklärten reellen Funktion f das Lagrangesche Interpolationspolynom $L_f(x) = \sum_{k=0}^{n} f(x_k) L_k(x)$, so ist auch die Abbildung $f \mapsto L_f$ linear; ihr Zielraum ist die Algebra aller Polynome. Mit $\mathfrak{S}(E, F)$ bezeichnen wir hinfort die Menge aller linearen Abbildungen des linearen Raumes E in den linearen Raum F. Für die Menge $\mathfrak{S}(E, E)$ aller linearen Selbstabbildungen von E schreiben wir kurz $\mathfrak{S}(E)$. Für je zwei Abbildungen $A, B \in \mathfrak{S}(E, F)$ und jede Zahl α definieren wir die Summe $A + B$ und das Vielfache αA „punktweise":

$$(A + B)f := Af + Bf, \quad (\alpha A)f := \alpha(Af).$$

$A + B$ und αA gehören wieder zu $\mathfrak{S}(E, F)$, und der Leser kann ohne Mühe bestätigen, *daß $\mathfrak{S}(E, F)$ nun ein linearer Raum ist*. Sein Nullelement ist natürlich die Nullabbildung, die jedem $f \in E$ das Nullelement von F zuordnet; das zu A additiv inverse Element $-A$ ist die Abbildung $f \mapsto -(Af)$.

Das Kompositum $B \circ A$ der linearen Abbildungen $A: E \to F$, $B: F \to G$, also die Abbildung $f \mapsto B(Af)$ von E nach G, *ist wieder linear*. $B \circ A$ wird üblicherweise kürzer mit BA bezeichnet und das Produkt von B mit A genannt (die Reihenfolge ist wichtig: Wenn BA definiert ist, braucht AB nicht erklärt zu sein, und selbst wenn beide Produkte vorhanden sind, müssen sie nicht übereinstimmen). Falls die untenstehenden Produkte existieren, gelten offenbar die folgenden Rechenregeln:

$$A(BC) = (AB)C, \qquad A(B+C) = AB + AC,$$
$$(A+B)C = AC + BC, \qquad \alpha(AB) = (\alpha A)B = A(\alpha B).$$

Da man zwei Abbildungen aus $\mathfrak{S}(E)$ stets miteinander multiplizieren kann, ergibt sich nun sofort, *daß $\mathfrak{S}(E)$ eine Algebra ist. Sie besitzt ein Einselement*, nämlich die identische Abbildung I von E: $Ix := x$ für alle $x \in E$ (gelegentlich bezeichnen wir die identische Abbildung auf E sorgfältiger mit I_E)[1]. $\mathfrak{S}(E)$ *ist i.allg.* **nicht kommutativ.**

Für unsere Zwecke ist es nun von größter Bedeutung, *daß der fundamentale binomische Satz unter gewissen Voraussetzungen auch in beliebigen Algebren gilt*. Wir bereiten ihn durch einige Bemerkungen vor. Ist a Element einer Algebra, so bedeutet a^n ($n \in \mathbb{N}$) wie üblich das Produkt der n Faktoren a (rekursive Definition: $a^1 := a$, $a^n := aa^{n-1}$ für $n = 2, 3, \ldots$)[2]. Besitzt die Algebra ein Einselement e, so setzen wir $a^0 := e$. Es ist stets $a^n a^m = a^{n+m}$ und $(a^n)^m = a^{nm}$. *Die Regel $(ab)^n = a^n b^n$ gilt jedoch nur, wenn die Elemente a, b* **vertauschbar** *sind* (**kommutieren**), d.h., wenn $ab = ba$ ist. Und nun ist

$$(a+b)^n = a^n + \binom{n}{1}a^{n-1}b + \binom{n}{2}a^{n-2}b^2 + \cdots + \binom{n}{n-1}ab^{n-1} + b^n, \qquad (17.2)$$

falls $ab = ba$.

Im Beweis des binomischen Satzes haben wir nämlich in Wirklichkeit nicht voll von den *Körper*eigenschaften der reellen Zahlen, sondern nur von ihren *Algebra*eigenschaften und der Vertauschbarkeit von a mit b Gebrauch gemacht.

Wir kehren nun zu dem Differenzenoperator D aus (17.1) zurück. Die Folge $D^1 \mathbf{y} = D\mathbf{y}$ nennen wir auch die **erste**, die Folge $D^2 \mathbf{y}$ die **zweite**, allgemein die Folge $D^k \mathbf{y}$ ($k = 1, 2, \ldots$) die **k-te Differenzenfolge** der Folge $\mathbf{y}$. Ergänzend werde $\mathbf{y} = I\mathbf{y} = D^0 \mathbf{y}$ die **nullte Differenzenfolge** genannt. Offenbar ist

$$\begin{aligned} D\mathbf{y} &= (y_1 - y_0, y_2 - y_1, \ldots), \\ D^2 \mathbf{y} &= (y_2 - 2y_1 + y_0, y_3 - 2y_2 + y_1, \ldots), \\ D^3 \mathbf{y} &= (y_3 - 3y_2 + 3y_1 - y_0, y_4 - 3y_3 + 3y_2 - y_1, \ldots) \text{ usw.} \end{aligned} \qquad (17.3)$$

---

[1] Die früher eingeführte Bezeichnung id für die identische Abbildung ist bei linearen Abbildungen weniger gebräuchlich.
[2] Ist $A \in \mathfrak{S}(E)$, so erhält man $A^n f$, indem man, kurz gesagt, A n-mal auf f anwendet: $A^n f = A \cdots Af$.

17 Der Differenzenoperator. Lineare Abbildungen

Um eine bequeme Schreibweise zu haben, definieren wir rekursiv

$$\Delta^0 y_\nu := y_\nu \quad \text{und} \quad \Delta^k y_\nu := \Delta^{k-1} y_{\nu+1} - \Delta^{k-1} y_\nu \quad \text{für } \nu \in \mathbf{N}_0, \, k \in \mathbf{N};$$

statt $\Delta^1 y_\nu$ schreiben wir einfach Δy_ν. Es ist dann

$$D\mathbf{y} = (\Delta y_0, \Delta y_1, \ldots), \quad D^2 \mathbf{y} = (\Delta^2 y_0, \Delta^2 y_1, \ldots),$$
$$D^3 \mathbf{y} = (\Delta^3 y_0, \Delta^3 y_1, \ldots) \text{ usw.},$$

mit anderen Worten: $\Delta^k y_j$ *ist die j-te Komponente der k-ten Differenzenfolge $D^k \mathbf{y}$*. Die Differenzenfolgen lassen sich am bequemsten aus dem nachstehenden Differenzenschema berechnen:

y	Dy	D^2y	D^3y	$\cdots$
y_0				
	Δy_0			
y_1		$\Delta^2 y_0$		
	Δy_1		$\Delta^3 y_0$	
y_2		$\Delta^2 y_1$		$\cdots$
	Δy_2		$\Delta^3 y_1$	
y_3		$\Delta^2 y_2$	$\cdot$	
	Δy_3	$\cdot$	$\cdot$	
y_4	$\cdot$	$\cdot$		$\cdots$
$\cdot$	$\cdot$	$\cdot$		
$\cdot$	$\cdot$	$\cdot$		
$\cdot$	$\cdot$	$\cdot$		

(17.4)

Jeder Wert in einer Spalte wird als „Lückendifferenz" berechnet, nämlich als Differenz der beiden Werte der vorhergehenden Spalte, in deren Lücke er fällt (und zwar als „*unterer Wert minus oberer Wert*").

Offenbar ist $(I+D)\mathbf{y} = \mathbf{y} + D\mathbf{y} = (y_1, y_2, y_3, \ldots)$, in Worten: *$I+D$ verschiebt die Folgenglieder um eine Stelle nach links und vernichtet dabei das nullte Glied* y_0 ($I+D$ ist ein linker Verschiebungsoperator). Daraus ergibt sich sofort

$$(I+D)^k \mathbf{y} = (y_k, y_{k+1}, y_{k+2}, \ldots) \quad \text{für } k = 0, 1, 2, \ldots. \tag{17.5}$$

Wenden wir nun

$$D^k = [-I + (I+D)]^k = \sum_{\nu=0}^{k} (-1)^\nu \binom{k}{\nu} (I+D)^{k-\nu}$$

auf **y** an, so erhalten wir mittels (17.5) für $\Delta^k y_0$ die Darstellung

$$\Delta^k y_0 = \sum_{\nu=0}^{k} (-1)^\nu \binom{k}{\nu} y_{k-\nu}. \tag{17.6}$$

Offenbar ist

$$\sum_{\nu=0}^{k-1} \binom{k}{\nu} D^\nu = \sum_{\nu=0}^{k} \binom{k}{\nu} D^\nu - D^k = (I+D)^k - D^k,$$

und wiederum wegen (17.5) folgt daraus (nach Anwendung auf **y**)

$$\sum_{\nu=0}^{k-1} \binom{k}{\nu} \Delta^\nu y_0 = y_k - \Delta^k y_0. \tag{17.7}$$

Wir kehren nun zu dem Newtonschen Interpolationspolynom (16.4) zurück und behaupten, daß im Falle äquidistanter Stützstellen $x_\nu = x_0 + \nu h$ ($\nu = 0, 1, \ldots, n$) mit der Schrittweite $h \neq 0$ die α_k gemäß der Formel

$$\alpha_k = \frac{\Delta^k y_0}{k! h^k} \quad (k = 0, 1, \ldots, n) \tag{17.8}$$

berechnet werden können (die Werte $y_0, y_1, \ldots, y_n$ denken wir uns durch irgendwelche Zahlen, etwa durch Nullen, zu einer Folge ergänzt, um unsere Theorie des Differenzenoperators anwenden zu können). Zum Beweis benutzen wir eine oft verwendete Modifikation der Induktionsmethode. Trivialerweise ist die Behauptung für $k = 0$ richtig. Wir nehmen nun an, für ein gewisses $k < n$ ließen sich alle $\alpha_0, \alpha_1, \ldots, \alpha_k$ nach (17.8) berechnen und zeigen dann, daß auch α_{k+1} durch (17.8) gegeben wird, womit der Beweis beendet ist. Wegen (16.5) haben wir

$$y_{k+1} = \alpha_0 + \alpha_1 (k+1) \cdot h + \alpha_2 (k+1) k \cdot h^2$$
$$+ \cdots + \alpha_k (k+1) k \cdots 2 \cdot h^k + \alpha_{k+1}(k+1) k \cdots 1 \cdot h^{k+1}.$$

Dank unserer Induktionsvoraussetzung ist also

$$y_{k+1} = \Delta^0 y_0 + \binom{k+1}{1} \Delta y_0 + \binom{k+1}{2} \Delta^2 y_0 + \cdots + \binom{k+1}{k} \Delta^k y_0 + \alpha_{k+1}(k+1)! h^{k+1},$$

und mit (17.7) — für $k+1$ statt k — folgt daraus

$$y_{k+1} = y_{k+1} - \Delta^{k+1} y_0 + \alpha_{k+1}(k+1)! h^{k+1}, \quad \text{also} \quad \alpha_{k+1} = \frac{\Delta^{k+1} y_0}{(k+1)! h^{k+1}}.$$

Zusammenfassend können wir nun sagen: *Das (eindeutig bestimmte) Newtonsche Interpolationspolynom vom Grade $\leq n$, das in den* äquidistanten *Stützstellen $x_\nu = x_0 + \nu h$ die Stützwerte y_ν ($\nu = 0, 1, \ldots, n$) annimmt, wird durch*

$$N(x) = y_0 + \sum_{k=1}^{n} \frac{\Delta^k y_0}{k! h^k} (x - x_0)(x - x_1) \cdots (x - x_{k-1}) \tag{17.9}$$

gegeben; die Differenzen $\Delta^k y_0$ können der obersten Schrägzeile des Schemas (17.4) entnommen werden.

Aufgaben

*1. $A: E \to F$ sei eine lineare Abbildung. Zeige: a) $A0 = 0$ (hierbei bedeutet die linke Null das Nullelement von E, die rechte das Nullelement von F). b) A ist genau dann injektiv, wenn aus $Af = 0$ stets $f = 0$ folgt. c) Der **Nullraum** $N(A) := \{f \in E : Af = 0\}$ von A ist ein Untervektorraum von E, der **Bildraum** $A(E)$ ein Untervektorraum von F. d) Ist A injektiv, so ist die Umkehrabbildung $A^{-1}: A(E) \to E$ wieder linear. e) Die Einschränkung von A auf einen Untervektorraum E_0 von E ist linear.

2. Die Menge $(s)_0$ aller Zahlenfolgen $(0, y_1, y_2, \ldots)$ ist ein Untervektorraum von (s). Die Einschränkung D_0 von D auf $(s)_0$ bildet $(s)_0$ umkehrbar eindeutig auf (s) ab, und es ist $DD_0^{-1} = I_{(s)}$.

⁺3. Definiere die lineare Abbildung $L: (s) \to (s)$ durch $L(y_0, y_1, y_2, \ldots) := (y_1, y_2, y_3, \ldots)$. Wir haben schon gesehen, daß $L = I + D$ ist. Setze $S := I + L + L^2 + \cdots + L^{n-1}$ und zeige:

a) $SL - S = SD = L^n - I = \sum\limits_{k=1}^{n} \binom{n}{k} D^k$;   b) $S = \sum\limits_{k=1}^{n} \binom{n}{k} D^{k-1}$ (s. Aufgabe 2);

c) $y_0 + y_1 + \cdots + y_{n-1} = \sum\limits_{k=1}^{n} \binom{n}{k} \Delta^{k-1} y_0$. Gewinne aus dieser *allgemeinen Summenformel* die speziellen Formeln des Satzes 7.7.

4. Berechne die Interpolationspolynome aus A 16.1 mittels (17.9).

°5. Lineare Abbildungen komplexer linearer Räume (s. A 14.14) werden wörtlich wie oben definiert, nur muß man als Multiplikatoren α *komplexe* Zahlen zulassen. Alle Betrachtungen dieser Nummer gelten auch im komplexen Fall. Verifiziere insbesondere, daß auch die Aussagen der Aufgabe 1 im komplexen Fall bestehen bleiben.

18 Der Interpolationsfehler

Die reelle Funktion f sei auf dem Intervall $[a, b]$ definiert, es sei

$$a = x_0 < x_1 < \cdots < x_n = b, \quad y_k := f(x_k)$$

und P das zu den Stützstellen x_k und den Stützwerten y_k $(k = 0, 1, \ldots, n)$ gehörende Interpolationspolynom vom Grade $\leq n$. In Nr. 16 hatten wir programmatisch erklärt, $P(x)$ als einen „Näherungswert" für $f(x)$ ansehen und benutzen zu wollen. Dieses Programm wird sich jedoch vernünftigerweise nicht ohne Einschränkungen durchführen lassen; man kann nämlich ganz offenbar Funktionen konstruieren, die zwar in jedem x_k mit dem durch x_k, y_k eindeutig festgelegten P übereinstimmen, in jedem Teilintervall (x_k, x_{k+1}) jedoch *beliebig weit* von P abweichen, so daß keine Rede davon sein kann, $P(x)$ liege „nahe" bei $f(x)$. Diese Tatsache (die letzlich eine Folge der großen Allgemeinheit unseres Funktionsbegriffes ist) drängt uns die Frage auf, unter welchen Voraussetzungen wir genauere Angaben über den **Interpolationsfehler** $|f(x) - P(x)|$ machen können; erst wenn wir solche Angaben in der Hand haben, werden wir das Interpolationsproblem unter *praktischen* Gesichtspunkten als vollständig gelöst ansehen dürfen.

136 II Funktionen

Offenbar wird man nur dann Aussagen über $|f(x)-P(x)|$ machen können, wenn man gewisse Informationen darüber besitzt, wie sich die Funktionswerte $f(x)$ ändern, falls man das Argument x ändert. Die tiefere Untersuchung solcher Änderungen kann der Hilfsmittel der Differentialrechnung nicht entraten, und aus diesen Gründen werden wir das Problem des Interpolationsfehlers in Nr. 51 wieder aufgreifen, nachdem wir die Differentialrechnung hinreichend weit entwickelt haben. Jedoch können wir bereits jetzt eine leicht nachprüfbare Bedingung für f formulieren, mit deren Hilfe wir $|f(x)-P(x)|$ bequem abschätzen können. Wir nennen die reelle Funktion g **dehnungsbeschränkt auf** $X \subset \mathbf{R}$, wenn es eine **Dehnungsschranke** K so gibt, daß

$$|g(x)-g(y)| \leq K|x-y| \quad \text{für alle } x, y \in X \tag{18.1}$$

ist. Mittels A 7.15 und Aufgabe 1 sieht man leicht, *daß jedes Polynom auf jedem Intervall* $[a, b]$ *dehnungsbeschränkt ist* (die Dehnungsschranke hängt natürlich sowohl von dem Polynom als auch von dem gewählten Intervall ab). Ist nun f dehnungsbeschränkt auf $[a, b]$ mit der Dehnungsschranke K und besitzt das Interpolationspolynom P die Dehnungsschranke M auf $[a, b]$, so ist

$$|f(x)-P(x)| \leq |f(x)-f(x_k)| + |f(x_k)-P(x_k)| + |P(x_k)-P(x)|$$
$$= |f(x)-f(x_k)| + |P(x)-P(x_k)|$$
$$\leq (K+M)|x-x_k|$$

für jedes x in $[a, b]$ und jede Stützstelle x_k. Sind insbesondere die Stützstellen *äquidistant mit der Schrittweite* $h > 0$, so ist offenbar

$$|f(x)-P(x)| \leq (K+M)\frac{h}{2} \quad \text{für alle } x \in [a, b]. \tag{18.2}$$

Aufgaben

1. Die dehnungsbeschränkten Funktionen auf $X \subset \mathbf{R}$ bilden einen Funktionenraum.

*2. Eine dehnungsbeschränkte Funktion f auf der beschränkten Menge $X \subset \mathbf{R}$ ist beschränkt; die Gesamtheit der dehnungsbeschränkten Funktionen auf einem solchen X ist eine Funktionenalgebra.

3. Das Kompositum $f \circ g$ zweier dehnungsbeschränkter Funktionen f, g ist — falls es existiert — ebenfalls dehnungsbeschränkt.

4. Die Funktion $x \mapsto 1/x$ ist auf jedem Intervall $[a, b]$ dehnungsbeschränkt, das 0 nicht enthält.

5. Die n-te Wurzelfunktion $x \mapsto \sqrt[n]{x}$ ist auf jedem Intervall $[a, b]$ mit $a > 0$ dehnungsbeschränkt.

6. Konstruiere mit Hilfe der drei letzten Aufgaben weitere dehnungsbeschränkte Funktionen.

19 Mengenvergleiche

Wir wenden uns nun einer überaus merkwürdigen und folgenreichen Anwendung des Abbildungsbegriffes zu. Ohne zu zählen (ja *ohne überhaupt zählen zu können*) kann man doch feststellen, ob in einem Omnibus ebenso viele Sitzplätze wie Passagiere vorhanden sind: Dies ist genau dann der Fall, wenn jeder Sitzplatz besetzt ist und kein Passagier mehr steht, aufwendiger ausgedrückt: wenn es eine *bijektive* Abbildung der Menge S aller Sitzplätze auf die Menge P aller Passagiere gibt. Ganz entsprechend kann man *ohne zu zählen* feststellen, ob es mehr (oder weniger) Sitzplätze als Passagiere gibt. Im zweiten Gesang der Ilias macht Agamemnon seinem versammelten Heer mittels der „Abbildungsmethode" (ohne Zahlenangaben) deutlich, daß die Achaier weitaus zahlreicher sind als die Troer:

> Wollten wir wahrlich nun beide, die Troer und auch die Achaier,
> wägen nach Stärke und Zahl, wofern nach versöhnenden Eiden
> hier die Troer versammelt, so viele im Lande gesessen,
> drüben unsere Achaier, zu je zehn Männern der Haufen,
> deren nun jeder einen der Troer zum Schenken sich wähle:
> wahrlich dann müßte manch Haufen noch ohne den Schenken bestehen,
> soviel stärker vermut ich die Zahl der achaiischen Söhne
> als die Bewohner von Troia.

Nichts ist naheliegender, als diese ganz elementare, geradezu archaische Methode, *endliche* Mengen der Größe nach zu vergleichen, auf *unendliche* Mengen zu übertragen. Wir geben zunächst die folgende Definition:

Zwei nichtleere Mengen heißen gleichmächtig *oder* äquivalent, *wenn es eine bijektive Abbildung der einen auf die andere gibt. Die leere Menge sei nur sich selbst äquivalent.* Die symmetrische Sprechweise dieser Definition ist deshalb gerechtfertigt, weil die Umkehrung einer Bijektion wieder eine Bijektion ist.

So zwangsläufig unsere Definition sich auch einstellt, so paradox sind die Folgerungen, die bei unendlichen Mengen auftreten. Schon Galileo Galilei (1564–1642; 78) hat bemerkt, daß die Menge der *natürlichen Zahlen* vermöge der Zuordnung $n \mapsto n^2$ bijektiv auf die Menge der *Quadratzahlen* abgebildet werden kann; im Sinne unserer Definition sind also diese beiden Mengen gleichmächtig, sie enthalten „gleichviel" Elemente — obwohl doch die zweite eine *echte Teilmenge* der ersten ist. Der ansonsten so beherzte Galilei zog daraus den defätistischen Schluß, daß „die Attribute des Gleichen, des Größeren und des Kleineren bei Unendlichem nicht statt haben, sondern nur bei endlichen Größen gelten". Aristoteles (384–322 v. Chr.; 62), der gewaltige Fleischbeschauer des Wissens, den das Mittelalter mit überschießender Verehrung einfach „den Philosophen" nannte, war noch defätistischer gewesen: Er wollte überhaupt kein *aktual* Unendliches gelten lassen, sondern nur ein *potentiell* Unendliches (d.h. nur ein *beliebig vermehrbares Endliches*). Ihm folgte Thomas von Aquin (1224–1274; 50) mit seinem lähmenden Diktum: „*Multitudinem actu infinitam dari, impossibile est*". Cantor und Dedekind haben dann schließlich gegen alle Tradition den kühnen Schritt getan, aus einem *Einwand* gegen das Unendliche den *Begriff* desselben zu gewinnen — nämlich eine Menge genau dann *unendlich* zu nennen, wenn sie einer ihrer echten Teilmengen äquivalent ist. Vorgearbeitet hatte ihnen Bolzano, auf dessen „Paradoxien des Unendlichen" hier noch einmal hingewiesen sei.

Eine Menge ist offenbar genau dann gleichmächtig mit **N**, wenn sie als eine Folge geschrieben werden kann, deren Glieder alle voneinander verschieden sind. Eine solche Menge nannte Cantor abzählbar und bewies den verblüffenden

19.1 Satz *Die Menge aller rationalen Zahlen ist abzählbar.*

Zum Beweis schreiben wir zunächst die positiven rationalen Zahlen wie unten angegeben auf und numerieren sie in der Richtung der Pfeile; erscheint eine Zahl mehrfach in dem Schema (z.B. 1/1, 2/2, 3/3, ...), so erhält sie nur bei ihrem ersten Auftreten eine Nummer und wird dann nicht mehr berücksichtigt (Cauchysches Diagonalverfahren):

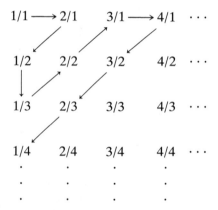

Die positiven rationalen Zahlen erscheinen nunmehr als eine Folge $r_1, r_2, r_3, \ldots$ mit den Anfangsgliedern 1, 2, 1/2, 1/3, 3, 4, 3/2, 2/3, 1/4, 1/5, ... Die Menge **Q** selbst ist dann nichts anderes als die Folge $0, r_1, -r_1, r_2, -r_2, \ldots$ und ist somit abzählbar. ∎

Im Folgenden steht der Ausdruck „höchstens abzählbar" für „endlich oder abzählbar". Hat man höchstens abzählbar viele Mengen $M_1 := \{m_{11}, m_{12}, m_{13}, \ldots\}$, $M_2 := \{m_{21}, m_{22}, m_{23}, \ldots\}, \ldots$, so kann man die Elemente ihrer Vereinigung ganz entsprechend wie oben vermöge des Schemas

m_{11} m_{12} m_{13} $\cdots$
m_{21} m_{22} m_{23} $\cdots$
$\cdot$ $\cdot$ $\cdot$
$\cdot$ $\cdot$ $\cdot$
$\cdot$ $\cdot$ $\cdot$

als eine evtl. abbrechende Folge mit paarweise verschiedenen Gliedern schreiben („abzählen") und hat damit den nachstehenden Satz bewiesen:

19.2 Satz *Die Vereinigung höchstens abzählbar vieler höchstens abzählbarer Mengen ist wieder höchstens abzählbar.*

Das folgende Beispiel möge den paradoxen Charakter des letzten Satzes verdeutlichen. Man stelle sich ein Hotel mit abzählbar vielen Zimmern vor („Hilberts Hotel"). Das Hotel sei *voll belegt*; der Gast in dem Zimmer mit der Nummer n werde mit G_n bezeichnet ($n = 1, 2, \ldots$). Ein weiterer Gast G erscheint und begehrt ein Zimmer. Der Hotelinhaber gibt G das Zimmer Nr. 1, verlegt G_1 in das Zimmer Nr. 2 usw., so daß nun die folgende Belegung entsteht, bei der jeder der Gäste in einem Zimmer untergebracht ist:

Zimmer Nr.	1	2	3	4	$\cdots$
Gast	G	G_1	G_2	G_3	$\cdots$

Ganz entsprechend kann eine beliebige endliche Anzahl zusätzlicher Gäste beherbergt werden, und unser Satz lehrt, *daß sogar abzählbar viele weitere Gäste* $g_1, g_2, g_3, \ldots$ *Zimmer in dem voll belegten Hotel erhalten können*, etwa durch die folgende Zuteilung:

Zimmer Nr.	1	2	3	4	$\cdots$
Gast	g_1	G_1	g_2	G_2	$\cdots$

Die bisher bewiesenen Sätze und die herkömmliche vage Idee des Unendlichen drängen uns zunächst die Vermutung auf, daß jede unendliche Menge abgezählt werden kann, daß es also keine *Abstufungen im Unendlichen* gibt und unser Äquivalenzbegriff somit überflüssig ist. Es ist eines der überraschendsten Ergebnisse Cantors, daß dem nicht so ist. Vielmehr gibt es **überabzählbare Mengen**, also unendliche Mengen, die nicht abgezählt werden können, weil sie zu viele Elemente enthalten. Ein überaus einfaches Beispiel hierfür ist die Menge F aller Folgen, die aus den Zahlen 0 und 1 gebildet werden können; dazu gehören etwa die Folgen $(0, 0, 0, \ldots)$, $(1, 1, 1, \ldots)$, $(0, 1, 0, 1, \ldots)$. Wäre F abzählbar und $(a_{n1}, a_{n2}, \ldots)$ die n-te Folge in einer irgendwie vorgenommenen Abzählung, so könnte man F durch das folgende Schema darstellen:

$$a_{11} \quad a_{12} \quad a_{13} \quad \cdots$$
$$a_{21} \quad a_{22} \quad a_{23} \quad \cdots$$
$$a_{31} \quad a_{32} \quad a_{33} \quad \cdots$$
$$\cdot \quad \cdot \quad \cdot$$
$$\cdot \quad \cdot \quad \cdot$$

Setzt man nun

$$b_n := \begin{cases} 1, & \text{falls } a_{nn} = 0 \\ 0, & \text{falls } a_{nn} = 1 \end{cases},$$

so gehört die Folge $(b_1, b_2, \ldots)$ zwar zu F, tritt aber nicht in dem obigen Schema auf (sie ist von der n-ten Folge verschieden, weil $b_n \ne a_{nn}$ ist). Dieser Widerspruch zeigt, daß F in der Tat überabzählbar ist. *Natürlich ist die Menge* aller *Zahlenfolgen erst recht überabzählbar.* Die hier benutzte Beweismethode nennt man das Cantorsche Diagonalverfahren.

In Nr. 24 werden wir zeigen, daß sich jede reelle Zahl aus $(0, 1]$ völlig eindeutig als *unendlicher* Dezimalbruch $0, \alpha_1 \alpha_2 \alpha_3 \ldots$ schreiben läßt (in dieser Schreibweise wird also 1/2 durch den Dezimalbruch $0,4999\ldots$, nicht durch $0,5$ dargestellt). Benutzen wir vorgreifend diese Tatsache, so sieht man mittels des Cantorschen Diagonalverfahrens ganz ähnlich wie oben, daß die Menge der reellen Zahlen in $(0, 1]$ überabzählbar sein muß. Erst recht gilt daher der

19.3 Satz *Die Menge aller reellen Zahlen ist überabzählbar.*

Aus den drei letzten Sätzen folgt sofort, *daß die Menge der irrationalen Zahlen überabzählbar ist.*

Nachdem wir nunmehr festgestellt haben, daß es — locker formuliert — verschieden große Unendlichkeiten gibt, ist die folgende Definition sinnvoll: Die Menge M besitzt eine kleinere Mächtigkeit als die Menge N, wenn M einer Teilmenge von N, aber nicht der ganzen Menge N äquivalent ist.

Eine kleine Modifikation des Cantorschen Diagonalverfahrens lehrt nun, daß es zu jeder Menge M eine Menge mit größerer Mächtigkeit gibt. Wir setzen, um Triviales zu vermeiden, M als nichtleer voraus und betrachten die Menge F aller auf M definierten Funktionen, die nur die Werte 0 und 1 annehmen. Ordnen wir jedem $m \in M$ die Funktion f_m zu, die in m den Wert 1 und an jeder anderen Stelle den Wert 0 annimmt, so ist offenbar M der Teilmenge $\{f_m : m \in M\}$ von F äquivalent. M ist jedoch nicht der ganzen Menge F äquivalent. Andernfalls gäbe es eine bijektive Abbildung $m \mapsto f^{(m)}$ von M auf F. Definieren wir nun die Funktion f auf M durch

$$f(m) := \begin{cases} 1, & \text{falls } f^{(m)}(m) = 0 \\ 0, & \text{falls } f^{(m)}(m) = 1 \end{cases},$$

so liegt f in F, stimmt aber mit keinem $f^{(m)}$ überein. Dieser Widerspruch zu unserer Annahme zeigt, daß M und F nicht gleichmächtig sind, und daß F somit eine größere Mächtigkeit als M besitzt.

Die charakteristische Funktion $\chi_A : M \to \mathbf{R}$ einer Teilmenge A von M definieren wir ganz entsprechend wie im reellen Fall (s. Nr. 14):

$$\chi_A(m) := \begin{cases} 1, & \text{falls } m \in A \\ 0, & \text{falls } m \notin A \end{cases}.$$

Die Abbildung $A \mapsto \chi_A$ ist offenbar eine Bijektion der Menge aller Teilmengen von M, der sogenannten Potenzmenge von M, auf die Menge aller χ_A; letztere ist aber gerade die oben definierte Funktionenmenge F. Unsere Betrachtungen ergeben also das folgende Resultat:

19.4 Satz *Die Potenzmenge einer nichtleeren Menge M besitzt eine größere Mächtigkeit als M selbst.*

Dieser Satz ist überaus merkwürdig. Er lehrt — stark verkürzt und vage formuliert, — daß unendlich viele Abstufungen im Unendlichen vorhanden sind, daß es *unendlich viele verschieden große Unendlichkeiten* gibt. Und diese erstaunliche Erkenntnis haben wir durch eine ganz unmittelbare und elementare Anwendung des Abbildungsbegriffs gewonnen!

Daß unendliche Mengen vermöge der Potenzmengenbildung immer mächtigere Unendlichkeiten hervorbringen, mag der Hintergrund einer hübschen Anekdote sein, die auf die bedeutende Algebraikerin Emmy Noether (1882–1935; 53) zurückgeht. Dedekind sagte einmal, er stelle sich eine Menge vor „wie einen geschlossenen Sack, der ganz bestimmte Dinge enthalte". Derartig Hausbackenes ließ den romantischen Cantor nicht ruhen. „Er richtete seine kolossale Figur auf, beschrieb mit erhobenem Arm eine großartige Geste und sagte mit einem ins Unbestimmte gerichteten Blick: «Eine Menge stelle ich mir vor wie einen Abgrund»." (Nach O. Becker: Grundlagen der Mathematik in geschichtlicher Entwicklung. Frankfurt/M. 1975).

Aufgaben

1. Jede unendliche Menge M enthält eine abzählbare Teilmenge.

2. Eine Menge paarweise disjunkter Intervalle ist höchstens abzählbar.

3. Die Menge aller reellwertigen Funktionen auf **R** besitzt eine größere Mächtigkeit als **R**.

4. Zwei Intervalle $[a, b]$, $[\alpha, \beta]$ sind stets äquivalent.

III Grenzwerte von Zahlenfolgen

Wir kommen nun zur Analysis, diesem kunstvollsten und am feinsten verzweigten Gebilde der mathematischen Wissenschaft.
David Hilbert

αναλυσιζ (*analysis*) = Auflösung, Lösung, Tod, Erlösung
Langenscheidts Taschenwörterbuch Altgriechisch

20 Der Grenzwertbegriff

Dieser Begriff ist in seinen mannigfachen Ausprägungen zentral für die Analysis und bestimmt ihren eigentümlichen Charakter. Er wird von nun an alle unsere Betrachtungen beherrschen. Wir untersuchen ihn in diesem Kapitel im Zusammenhang mit Zahlenfolgen und wollen uns zunächst durch einige Probleme auf seine Definition führen lassen.

1. In A 7.14 hatten wir gesehen, daß eine Erstinvestition im Werte von K Mark nach n Konsumschritten zu einer Erhöhung des Volkseinkommens um

$$a_n := K + qK + q^2 K + \cdots + q^n K = K \frac{1}{1-q} - K \frac{q^{n+1}}{1-q} \text{ Mark} \qquad (20.1)$$

führt; dabei ist q ($0 < q < 1$) die Grenzneigung zum Verbrauch. Wir hatten damals bereits vermutet, daß a_n für großes n „hinreichend gut" durch den ersten Term auf der rechten Seite, also durch $a := K/(1-q)$ „angenähert" wird, hatten aber warnend darauf hingewiesen, daß diese Ausdrücke sehr vage und einer Präzisierung bedürftig sind. Der Ausdruck „hinreichend gute Annäherung" kann, wenn er deutlich und bestimmt sein soll, offenbar nur das folgende bedeuten: Es wird eine gewisse, *zu Beginn der Untersuchung festzulegende Abweichung* $\varepsilon > 0$ der a_n von a als *erträglich*, als *unschädlich* für die Zwecke ebendieser Untersuchung zugelassen, und es wird dann gefragt, *ob a_n zwischen $a - \varepsilon$ und $a + \varepsilon$ liegt, wenn nur n groß genug ist*, genauer: Es wird gefragt, ob es einen Index n_0 so gibt, daß für alle $n > n_0$ ausnahmslos $a - \varepsilon < a_n < a + \varepsilon$, also $|a_n - a| < \varepsilon$ ist. Genau dann, wenn ein solches n_0 existiert, wird man a_n für *alle* $n > n_0$ bis auf den *von vornherein akzeptierten Fehler* ε durch a angeben können. Die Größe der zugelassenen Toleranz ε wird, wie schon erwähnt, von den Zwecken abhängen, die man mit der Untersuchung verfolgt und wird deshalb von Fall zu Fall verschieden sein. Wenn er den Bedürfnissen der Praxis genügen will, wird der Mathematiker daher prüfen müssen, ob es zu *jeder* Fehlerschranke $\varepsilon > 0$ einen Index n_0 gibt (der natürlich von ε abhängen wird), so daß für *alle* $n > n_0$ stets $|a_n - a| < \varepsilon$ bleibt. Anschaulicher gesprochen: Er wird prüfen müssen, ob es zu *jeder* ε-Umgebung $U_\varepsilon(a)$ von a einen Index $n_0 = n_0(\varepsilon)$ gibt, so daß *alle* a_n mit $n > n_0$ in $U_\varepsilon(a)$ liegen. Wir werden in Nr. 21 sehen, daß dies in der Tat der Fall ist. Gegenwärtig mag es genügen, unsere „Annäherungshoffnung" durch das folgende Zahlenbeispiel zu stärken. Für $K = 1$, $q = 0.5$ ist $a = 2$, und mit Hilfe eines Taschenrechners erhält man rasch

$a_1 = 1{,}5$ $a_6 = 1{,}984375$
$a_2 = 1{,}75$ $a_7 = 1{,}9921875$
$a_3 = 1{,}875$ $a_8 = 1{,}99609375$
$a_4 = 1{,}9375$ $a_9 = 1{,}998046875$
$a_5 = 1{,}96875$ $a_{10} = 1{,}999023438$

Die a_n kommen also, soweit sich *bisher* erkennen läßt, tatsächlich immer näher an $a=2$ heran. Ob sie aber im *weiteren* Fortgang der Rechnung sogar „beliebig nahe" herankommen — das ist mit all dem natürlich noch nicht ausgemacht.

2. In A 7.7 hatten wir gesehen, daß zahlreiche Wachstums- und Abnahmeprozesse für eine zeitabhängige Größe $u(t)$ näherungsweise nach dem Gesetz

$$u(t+\Delta t)-u(t)=\alpha u(t)\Delta t \quad (\alpha \text{ eine Konstante}) \quad (20.2)$$

verlaufen. Ist $\alpha=1$, dauert der Prozeß eine Zeiteinheit und unterteilt man diese in n gleiche Teile, so wird der Endzustand, der sich aus dem Anfangszustand u_0 ergibt, angenähert durch

$$u_n := \left(1+\frac{1}{n}\right)^n u_0 \quad (20.3)$$

gegeben (s. A 7.7a). (20.2) wird den Prozeßverlauf i. allg. um so genauer beschreiben, *je kleiner Δt ist;* aus diesem Grunde wird der Endzustand durch (20.3) i. allg. um so besser approximiert, *je größer n ist.* Durch diese *physikalischen* Vorüberlegungen werden wir zu der *mathematischen* Vermutung gedrängt, daß die Glieder der Folge (u_n) mit wachsendem n einer gewissen Zahl u „beliebig nahe kommen". Diese Vermutung läßt sich nun sehr einfach präzisieren und beweisen. Nehmen wir $u_0>0$ an, so ist die Folge (u_n) wegen A 7.11 nach oben beschränkt, so daß $u:=\sup u_n$ existiert. Zu *jedem* $\varepsilon>0$ gibt es also ein u_{n_0} mit $u_{n_0}>u-\varepsilon$. Da die Folge (u_n) wegen A 7.7c aber auch streng *wächst*, ist erst recht $u_n>u-\varepsilon$ für alle $n>n_0$ und somit $|u_n-u|<\varepsilon$ für *alle diese* n. In diesem präzisen „ε-Sinne" kommen also die Glieder der Folge (u_n) der wohldefinierten Zahl u tatsächlich beliebig nahe. Ganz entsprechend argumentiert man, wenn $u_0<0$ ist, während der Fall $u_0=0$ trivial ist.

Für $u_0=1$ findet der Leser einige u_n (unter dem Namen a_n) fertig ausgerechnet in A 26.1. Diese $u_n=(1+1/n)^n$ kommen zwar, wie wir *bewiesen* haben, der Zahl $e:=\sup u_n$ beliebig nahe, tun dies aber geradezu widerwillig in einem entnervenden Kriechgang. Seit Eulers berühmter *Introductio in analysin infinitorum* von 1748 weiß man, daß

$$e = 2{,}71828182845904523536028\ldots$$

ist. Man vergleiche dies mit dem zehnmillionsten Folgenglied

$$u_{10000000} = 2{,}7182816925\ldots \quad \text{(s. S. 172)}.$$

Dessenungeachtet (oder gerade deswegen) versuche sich der Leser mit einem Taschenrechner an den u_n, um „Annäherungserfahrung" zu sammeln.

3. Manche elektronische Rechenmaschinen lösen die Aufgabe, die Reziproke $1/a$ einer gegebenen Zahl $a>0$ näherungsweise zu berechnen, folgendermaßen: $1/a$ ist die Lösung der Gleichung $ax=1$ und somit die von Null verschiedene Lösung der Gleichung $x=2x-ax^2$. Anschaulich formuliert läuft also unsere Aufgabe darauf hinaus, die Abszisse des Schnittpunktes $\ne(0,0)$ der Winkelhalbierenden $x\mapsto x$ mit der Parabel

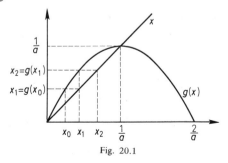

Fig. 20.1

144   III Grenzwerte von Zahlenfolgen

$x \mapsto g(x) := 2x - ax^2$ zu bestimmen; s. Fig. 20.1. Diese Figur regt das folgende „Iterationsverfahren" an, um der genannten Abszisse $1/a$ beliebig nahe zu kommen: Man wählt einen „Startpunkt" x_0, der nur der Bedingung $0 < x_0 < 1/a$ unterliegt, und definiert die Folge (x_n) rekursiv durch $x_{n+1} := g(x_n) = 2x_n - ax_n^2 (n = 0, 1, \ldots)$. Fig. 20.1 läßt nun vermuten, daß diese Folge wächst und ihre Glieder in der Tat der Reziproken $1/a$ beliebig nahe kommen. Die Wachstumsvermutung läßt sich sehr leicht beweisen. Aus $0 < x < 1/a$ folgt sofort $2 - ax > 1$ und somit $g(x) > x$, also ist gewiß $x_1 = g(x_0) > x_0$. Da andererseits $2x - ax^2 = (1/a) - a(x - 1/a)^2 < 1/a$ für alle $x \ne 1/a$ ist, muß $x_1 < 1/a$ und somit wieder $x_2 = g(x_1) > x_1$ und $x_2 < 1/a$ sein. So fortfahrend (vollständige Induktion!) ergibt sich, daß (x_n) streng wächst und überdies nach oben beschränkt ist. Und genau wie im vorhergehenden Beispiel sieht man nun, daß die Glieder x_n der Zahl $\xi := \sup x_n$ in folgendem Sinne beliebig nahe kommen: Zu *jedem* $\varepsilon > 0$ gibt es einen Index $n_0 = n_0(\varepsilon)$, so daß für *alle* $n > n_0$ stets $|x_n - \xi| < \varepsilon$ ist. Auch der Beweis, daß $\xi = g(\xi)$ und somit $\xi = 1/a$ ist, könnte an dieser Stelle bereits leicht erbracht werden, er ist jedoch noch einfacher mit den Hilfsmitteln der Nr. 22 zu führen und soll deshalb erst dort geliefert werden. Wir wollen aber hier schon festhalten, daß unser Iterationsverfahren in der Tat zum Erfolg führt: In präzisem „ε-Sinn" kann $1/a$ mit jeder vorgeschriebenen Genauigkeit durch hinreichend späte Glieder der Folge (x_n) approximiert werden.

Zahlenbeispiel: Mit $a=2$, $x_0 = 0{,}25$ liefert ein Taschenrechner der Reihe nach

$x_1 = 0{,}375$ $x_4 = 0{,}499992371$
$x_2 = 0{,}46875$ $x_5 = 0{,}5$
$x_3 = 0{,}498046875$ $x_6 = 0{,}5$, also auch $x_n = 0{,}5$ für alle $n > 6$.

4. Der Leser überzeuge sich mit Hilfe eines Taschenrechners davon, daß die ersten 6 Glieder der „Iterationsfolge"

$$x_0 := 2, \quad x_{n+1} := \frac{3x_n^4 + 2}{4x_n^3} \quad (n = 1, 2, \ldots)$$

der Zahl $\sqrt[4]{2} = 1{,}1892071\ldots$ immer näher kommen (und zwar rasch). Ob die x_n mit ständig wachsendem n „beliebig nahe" an $\sqrt[4]{2}$ herankommen, ist freilich mit diesem „experimentellen" Verfahren nicht auszumachen. S. jedoch A 23.2.

Dieses eigentümliche Approximationsverhalten, das wir bisher an mehreren Folgen beobachtet haben, führt uns zu der nachstehenden Definition, deren Bedeutung, Tragweite und Fruchtbarkeit gar nicht überschätzt werden kann und die uns einen der großen Begriffe der menschlichen Zivilisation in die Hand gibt:

°**Definition** *Die Zahlenfolge* (a_n) konvergiert *oder* strebt *gegen a, wenn es zu* jeder positiven *Zahl ε einen Index $n_0(\varepsilon)$ gibt, so daß*

für alle $n > n_0(\varepsilon)$ stets $|a_n - a| < \varepsilon$

ist. a heißt Grenzwert *oder* Limes *der Folge* (a_n). *Daß* (a_n) *gegen a konvergiert (den Grenzwert a besitzt), drückt man durch die folgenden Symbole aus:*

$$a_n \to a \text{ für } n \to \infty \quad \text{oder kürzer} \quad a_n \to a,$$

$$\lim_{n \to \infty} a_n = a \quad \text{oder kürzer} \quad \lim a_n = a.$$

Von einer Zahlenfolge, die gegen einen Grenzwert strebt (einen Grenzwert besitzt), sagt man kurz, sie konvergiere *oder sei* konvergent. *Eine Zahlenfolge, die nicht konvergiert, wird* divergent *genannt.*

Die Konvergenzdefinition läßt sich kürzer und anschaulicher formulieren, wenn wir die folgenden Redeweisen einführen: 1. Für jeden Index m heißt $(a_m, a_{m+1}, \ldots)$ ein Endstück der Folge (a_n). 2. Wir sagen, daß fast alle Glieder der Folge (a_n) in der Menge M liegen, wenn $a_n \in M$ für alle Indizes n mit höchstens endlich vielen Ausnahmen ist. — Mit diesen Sprachregelungen können wir nun sagen:

Die Folge (a_n) konvergiert gegen a, wenn in jeder ε-Umgebung $U_\varepsilon(a)$ von a ein Endstück von (a_n) liegt oder gleichbedeutend: wenn in jeder ε-Umgebung von a fast alle Glieder von (a_n) liegen (s. Fig. 20.2).

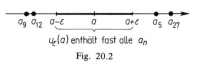

Fig. 20.2

Konvergiert $a_n \to a$ und gleichzeitig auch $\to b$, so muß $a = b$ sein. Andernfalls wäre nämlich $\varepsilon := |a-b|/2$ positiv, und jede der Umgebungen $U_\varepsilon(a)$, $U_\varepsilon(b)$ müßte ein Endstück von (a_n) enthalten; das ist aber unmöglich, weil diese beiden Umgebungen keinen Punkt gemeinsam haben. Es gilt also der

°**20.1 Satz** *Eine konvergente Folge besitzt* genau einen *Grenzwert.*

Daß die Folge (a_n) *nicht* gegen a konvergiert, bedeutet gemäß unserer Konvergenzdefinition: Nicht in *jeder* ε-Umgebung von a liegt ein Endstück von (a_n), vielmehr existiert eine „Ausnahmeumgebung" $U_{\varepsilon_0}(a)$ derart, daß jedes *noch so späte* Endstück einen „Ausreißer" enthält, also ein Glied a_n, das *nicht* in $U_{\varepsilon_0}(a)$ liegt. In $(a_1, a_2, \ldots)$ gibt es somit ein $a_{n_1} \notin U_{\varepsilon_0}(a)$, in $(a_{n_1+1}, a_{n_1+2}, \ldots)$ wiederum ein $a_{n_2} \notin U_{\varepsilon_0}(a)$ usw., mit anderen Worten: es gibt Indizes $n_1 < n_2 < n_3 < \cdots$, so daß durchweg $|a_{n_k} - a| \geq \varepsilon_0$ ist. Und ist umgekehrt diese Bedingung erfüllt, so kann die Folge (a_n) gewiß nicht gegen a konvergieren (wobei offen bleibt, ob sie divergiert oder gegen ein $b \neq a$ strebt).

Ist $(n_1, n_2, \ldots)$ irgendeine streng wachsende Folge natürlicher Zahlen, so nennen wir $(a_{n_1}, a_{n_2}, \ldots)$ eine Teilfolge der Folge $(a_1, a_2, \ldots)$. Locker formuliert erhält man also eine Teilfolge, indem man an der ursprünglichen Folge „entlanggeht" und dabei immer wieder einmal ein Glied herausgreift (wobei die so ausgewählten Glieder in *der* Reihenfolge angeordnet werden, in der sie herausgegriffen wurden, also in derselben Reihenfolge, die sie in der ursprünglichen Folge hatten). Mit dieser Begriffsbildung können wir nun sagen: *Genau dann konvergiert die Folge (a_n)* nicht *gegen a, wenn es eine ε_0-Umgebung U von a und eine gewisse Teilfolge von (a_n) gibt, die vollständig* außerhalb *von U liegt.* Hingegen übt der *Grenzwert* einer (konvergenten) Folge auf jede Teilfolge gewissermaßen eine *anziehende* Wirkung aus. Es gilt nämlich der nachstehende Satz, der sich ganz unmittelbar aus der Konvergenzdefinition ergibt:

°**20.2 Satz** *Jede Teilfolge einer konvergenten Folge* (a_n) *strebt wiederum gegen* $\lim a_n$.

Konvergiert $a_n \to a$, so liegt ein Endstück $(a_{m+1}, a_{m+2}, \ldots)$ von (a_n) in der 1-Umgebung $U_1(a)$ von a, ist also beschränkt. Dann ist aber offensichtlich auch die ganze Folge $(a_1, \ldots, a_m, a_{m+1}, a_{m+2}, \ldots)$ beschränkt (s. Fig. 20.2). Somit gilt der

°**20.3 Satz** *Jede konvergente Folge ist beschränkt.*

Zum besseren Verständnis des Grenzwert- und Konvergenzbegriffs fügen wir noch einige Bemerkungen an.

1. Solange keine weiterführenden Sätze vorhanden sind, ist es zum Beweis, daß $a_n \to a$ konvergiert, unumgänglich, zu einer Zahl ε, *von der man nichts anderes als ihre Positivität voraussetzen darf,* die Existenz eines zugehörigen $n_0(\varepsilon)$ wirklich nachzuweisen, z.B. — aber nicht notwendigerweise — durch explizite Angabe. Es wird jedoch keineswegs verlangt, den *kleinsten* Index n_0 zu bestimmen, der das Gewünschte leistet. Hat man ein geeignetes n_0 gefunden, so darf man es durch ein beliebiges $n_1 > n_0$ ersetzen. Umgekehrt besagt die Aussage „$a_n \to a$" oder „$\lim a_n = a$" nicht mehr und nicht weniger, als daß man sicher sein darf, zu *jedem* $\varepsilon > 0$ ein zugehöriges $n_0(\varepsilon)$ finden zu können. Unter keinen Umständen darf etwas anderes in sie hineininterpretiert werden. Ganz und gar sinnlos ist die Auffassung, $a_n \to a$ bedeute, daß das letzte Glied der Folge (a_n) mit a übereinstimme; denn eine Folge besitzt kein letztes Glied.

2. Die Redeweise „die Folge (a_n) *strebt* gegen a" drückt in höchst suggestiver Weise aus, daß die Folgenglieder a_n mit wachsendem n der Zahl a beliebig nahe kommen, verführt aber nur allzu leicht dazu, der Folge eine Dynamik zuzuschreiben, die sie nicht im geringsten besitzt. Man mache sich klar, daß dieses „Streben" etwas völlig Statisches ist: Die Folge (a_n) *strebt* gegen a, wenn in jeder ε-Umgebung von a ein Endstück derselben *liegt*.

3. Sei α eine fest vorgegebene positive Zahl. Da man jede positive Zahl in der Form $\alpha\varepsilon$ mit einem geeigneten $\varepsilon > 0$ schreiben kann und umgekehrt jedes derartige $\alpha\varepsilon$ positiv ist, gilt die folgende Aussage: *Genau dann strebt* $a_n \to a$, *wenn es zu* jedem $\varepsilon > 0$ *einen Index* n_0 *gibt, so daß für* alle $n > n_0$ *stets* $|a_n - a| < \alpha\varepsilon$ *ist.*

4. In der Konvergenzdefinition darf man „$|a_n - a| < \varepsilon$" ohne weiteres durch „$|a_n - a| \leq \varepsilon$" ersetzen. Gilt nämlich die erste Ungleichung für alle $n > n_0$, so ist — für dieselben n — erst recht die zweite erfüllt. Und kann man umgekehrt für *jedes* $\varepsilon > 0$ ein n_0 so finden, daß für $n > n_0$ stets $|a_n - a| \leq \varepsilon$ ist, so bestimme man zu $\varepsilon/2$ ein n_1 derart, daß $|a_n - a| \leq \varepsilon/2$ für alle $n > n_1$ ist; für diese n hat man dann $|a_n - a| < \varepsilon$. In der Formulierung der Konvergenzdefinition mittels Umgebungen darf man also die *offenen* ε-Umgebungen $U_\varepsilon(a)$ durch *abgeschlossene* ε-Umgebungen $U_\varepsilon[a]$ ersetzen. — In ähnlich einfacher Weise überzeugt man sich davon, daß man in der Konvergenzdefinition statt „$n > n_0$" ebensogut „$n \geq n_0$" schreiben darf.

5. Das Konvergenzverhalten und der evtl. vorhandene Grenzwert einer Folge hängen nur von ihren „späten" Gliedern ab, genauer: *Entsteht die Folge* (a'_n) *aus der Folge* (a_n), *indem man in der letzteren* endlich *viele Glieder ändert, so sind entweder beide Folgen konvergent oder beide divergent; im ersten Falle besitzen sie ein und denselben Grenzwert.* Denn ab einem Index m ist ja stets $a'_n = a_n$, infolgedessen stimmen die hinreichend späten Endstücke der Folge (a'_n) mit den entsprechenden der Folge (a_n) überein.

6. Wegen Satz 20.3 sind *unbeschränkte* Folgen immer *divergent*.

7. Zum Schluß noch eine Bemerkung allgemeiner Art. Strebt $a_n \to a$, so kann der Grenzwert a, wenn er uns numerisch bekannt ist, als Näherungswert für alle hinreichend späten Folgenglieder a_n dienen; das war ja seine Funktion im ersten der einführenden Beispiele. In den zwei folgenden Beispielen lagen die Dinge gewissermaßen umgekehrt: Hier waren wir im Grunde nicht an der Folge (a_n) selbst, sondern nur an ihrem Grenzwert a interessiert, von dem uns zwar seine Existenz, nicht aber seine Größe bekannt war. In diesem Falle werden wir hinreichend späte Folgenglieder a_n als Näherungswerte für a benutzen. Welche Zwecke im Vordergrund stehen – *ob man die Glieder einer „interessanten"* (*konvergenten*) *Folge durch den Grenzwert oder einen „interessanten" Grenzwert durch Folgenglieder approximieren will* – das hängt von dem jeweiligen praktischen Problem ab. Was die Theorie betrifft, sind wir in der glücklichen Lage, zwischen diesen beiden Zwecken nicht unterscheiden zu müssen: Unsere Grenzwertdefinition ist ebensogut auf den einen wie auf den anderen zugeschnitten.

Aufgaben

1. Genau dann strebt $a_n \to a$, wenn $a_n - a \to 0$ konvergiert.

2. Sei $a_n > 0$ für alle natürlichen n. Zeige, daß die folgenden Aussagen äquivalent sind:
a) Zu *jedem* (noch so großen) $G > 0$ *gibt es ein* n_0, so daß für $n > n_0$ stets $a_n > G$ ist („die a_n werden beliebig groß"),
b) $1/a_n \to 0$.

*3. Es strebe $a_n \to a$, und es sei (k_n) eine Folge natürlicher Zahlen mit $1/k_n \to 0$. Dann strebt auch $a_{k_n} \to a$. Hinweis: Aufgabe 2.

*4. Sind (a_{n_k}) und (a_{m_k}) zwei Teilfolgen von (a_n) und gehört jedes a_n einer und nur einer dieser Teilfolgen an, so sagt man, (a_n) sei in die Teilfolgen (a_{n_k}) und (a_{m_k}) zerlegt (z.B. kann man $(a_1, a_2, a_3, \ldots)$ etwa in die Teilfolgen $(a_1, a_3, a_5, \ldots)$ und $(a_2, a_4, a_6, \ldots)$ zerlegen). Konvergieren beide Teilfolgen gegen a, so strebt auch $a_n \to a$. Besitzen sie jedoch verschiedene Grenzwerte oder ist mindestens eine von ihnen divergent, so muß die Ausgangsfolge (a_n) divergieren.

°5. Die komplexe Zahlenfolge $(a_n + i b_n)$ strebt genau dann gegen $a + ib$, wenn $a_n \to a$ und $b_n \to b$ konvergiert.

21 Beispiele konvergenter und divergenter Folgen

1. Die konstante Folge $(a, a, a, \ldots)$ konvergiert gegen a.
Für jedes $\varepsilon > 0$ und alle $n \geq 1$ ist nämlich, wenn $a_n := a$ gesetzt wird,
$$|a_n - a| = 0 < \varepsilon. \qquad \blacksquare$$

2. $\dfrac{1}{n} \to 0$.

Das ist nur eine Umformulierung des Satzes von Eudoxos. $\blacksquare$

Eine gegen 0 konvergierende Folge nennt man übrigens gerne eine **Nullfolge**.

148   III Grenzwerte von Zahlenfolgen

3. $\dfrac{1}{n^p} \to 0$ für jedes feste $p \in \mathbb{N}$.

Diese Grenzwertbeziehung ergibt sich aus Satz 20.2, weil $(1/n^p)$ eine Teilfolge der Nullfolge $(1/n)$ ist. ∎

4. $\dfrac{1}{\sqrt[p]{n}} \to 0$ für jedes feste $p \in \mathbb{N}$.

Zum Beweis sei $\varepsilon > 0$ beliebig vorgegeben. Da $1/n \to 0$ strebt, gibt es zu der positiven Zahl ε^p ein n_0, so daß für $n > n_0$ stets $1/n < \varepsilon^p$ bleibt. Für alle diese n ist dann $|1/\sqrt[p]{n} - 0| = 1/\sqrt[p]{n} < \varepsilon$. ∎

5. $\sqrt[n]{n} \to 1$. (Verfolge dies mit einem Taschenrechner!)

Wir geben uns ein beliebiges $\varepsilon > 0$ vor, setzen $a_n := \sqrt[n]{n} - 1$ und müssen nun zeigen, daß ein n_0 existiert, mit dem $|a_n| = a_n < \varepsilon$ ist für alle $n > n_0$. Aus dem binomischen Satz folgt

$$n = (1 + a_n)^n = 1 + \binom{n}{1}a_n + \binom{n}{2}a_n^2 + \cdots + \binom{n}{n}a_n^n \geq 1 + \binom{n}{2}a_n^2;$$

für $n \geq 2$ erhalten wir daraus

$$a_n^2 \leq (n-1) \bigg/ \binom{n}{2} = \frac{2}{n} \quad \text{und somit} \quad a_n \leq \frac{\sqrt{2}}{\sqrt{n}}.$$

Wegen Beispiel 4 gibt es zu der positiven Zahl $\varepsilon/\sqrt{2}$ ein $n_0 \geq 2$, so daß $1/\sqrt{n} < \varepsilon/\sqrt{2}$ für $n > n_0$ ist. Für diese n gilt dann $a_n \leq \sqrt{2}/\sqrt{n} < \sqrt{2}(\varepsilon/\sqrt{2}) = \varepsilon$. ∎

Die hier verwendete Beweismethode wird uns immer wieder begegnen, und wir wollen sie deshalb ausdrücklich ins Bewußtsein heben. Um zu zeigen, daß die (nichtnegativen) Folgenglieder a_n „klein werden", haben wir sie zunächst „vergrößert" (nach oben abgeschätzt, nämlich durch $a_n \leq \sqrt{2}/\sqrt{n}$) und haben dann dargelegt, *daß sogar die vergrößerten Glieder klein werden*. Es scheint zunächst zweck*widrig* zu sein, eine Vergrößerung vorzunehmen, um ein Klein-Werden zu beweisen; dieses Verfahren ist jedoch immer dann zweck*dienlich*, wenn man den vergrößerten Gliedern *leicht* ansehen kann, daß sie klein werden.

6. $q^n \to 0$ für jedes feste q mit $|q| < 1$.

Da im Falle $q = 0$ nichts zu beweisen ist, dürfen wir $0 < |q| < 1$ annehmen. Dann ist $1/|q| = 1 + h$ mit einem $h > 0$ und somit nach der Bernoullischen Ungleichung (7.2)

$$|q^n - 0| = |q^n| = |q|^n = \frac{1}{(1+h)^n} \leq \frac{1}{1+nh} < \frac{1}{nh}.$$

Geben wir uns nun ein $\varepsilon > 0$ beliebig vor, so können wir ein $n_0 > 1/h\varepsilon$ finden (warum?) und erhalten dann für alle $n > n_0$ die Abschätzung

$$|q^n - 0| < \frac{1}{nh} < \frac{1}{n_0 h} < \varepsilon.$$

∎

Die Folge (q^n) konvergiert im Falle $|q|<1$ so rasch gegen 0, daß sogar gilt

7. $n^p q^n \to 0$ für jedes feste q mit $|q|<1$ und jedes feste $p \in \mathbf{N}$.

Wie oben dürfen wir $0<|q|<1$, also $|q|=1/(1+h)$ mit $h>0$ annehmen. Für alle $n \geq p+1$ ist dann

$$|n^p q^n - 0| = n^p |q|^n = \frac{n^p}{(1+h)^n} = \frac{n^p}{1+nh+\cdots+\binom{n}{p+1}h^{p+1}+\cdots+\binom{n}{n}h^n}$$

$$\leq \frac{n^p}{\binom{n}{p+1}h^{p+1}} = \frac{(p+1)!}{n\left(1-\frac{1}{n}\right)\left(1-\frac{2}{n}\right)\cdots\left(1-\frac{p}{n}\right)h^{p+1}}$$

$$\leq \frac{(p+1)!}{n\left(1-\frac{1}{p+1}\right)\left(1-\frac{2}{p+1}\right)\cdots\left(1-\frac{p}{p+1}\right)h^{p+1}} = \frac{\alpha}{n}, \quad \text{wobei}$$

$$\alpha := \frac{(p+1)!}{\left(1-\frac{1}{p+1}\right)\left(1-\frac{2}{p+1}\right)\cdots\left(1-\frac{p}{p+1}\right)h^{p+1}}$$

von n unabhängig ist. Zu einem beliebig gewählten $\varepsilon>0$ kann man nun wie im vorhergehenden Beispiel ein $n_0 \geq p+1$ so bestimmen, daß für $n>n_0$ stets $\frac{\alpha}{n}<\varepsilon$ ist. Für diese n ist dann erst recht $|n^p q^n - 0|<\varepsilon$. ∎

8. $1+q+q^2+\cdots+q^n \to \dfrac{1}{1-q}$ für jedes feste q mit $|q|<1$.

Nach der geometrischen Summenformel in A 7.10 ist

$$a_n := 1+q+\cdots+q^n = \frac{1-q^{n+1}}{1-q}, \quad \text{also} \quad \left|a_n - \frac{1}{1-q}\right| = \frac{|q|^{n+1}}{|1-q|}.$$

Zu beliebig vorgegebenem $\varepsilon>0$ kann man nun wegen Beispiel 6 ein n_0 so bestimmen, daß $|q|^{n+1}<|1-q|\varepsilon$ bleibt, falls $n>n_0$ ist. Für diese n gilt dann $\left|a_n - \dfrac{1}{1-q}\right|<\varepsilon$. ∎

Aus dieser Grenzwertaussage folgt ohne Mühe, daß für jede Konstante K auch $K+qK+\cdots+q^n K \to K/(1-q)$ strebt, womit nunmehr das im Beispiel 1 der Nr. 20 aufgeworfene Problem vollständig gelöst ist.

9. $\left(1+\dfrac{1}{n}\right)^n \to e := \sup\left(1+\dfrac{1}{n}\right)^n = 2{,}7182818284\ldots$ (s. Nr. 20, Beispiel 2).

Dieses e, die **Eulersche Zahl**, ist eine *Fundamentalzahl* der Analysis[1].

10. Die Folge (n) der natürlichen Zahlen divergiert, da sie nach dem Satz des Archimedes unbeschränkt ist.

11. Die Folge der Zahlen $a_n := 1 + 1/2 + 1/3 + \cdots + 1/n$ divergiert, weil sie unbeschränkt ist. Ist nämlich $G > 0$ beliebig vorgegeben, so haben wir für jedes natürliche $k > 2G$

$$a_{2^{k+1}} = 1 + \frac{1}{2} + \left(\frac{1}{3} + \frac{1}{2^2}\right) + \left(\frac{1}{2^2+1} + \cdots + \frac{1}{2^3}\right) + \cdots + \left(\frac{1}{2^k+1} + \cdots + \frac{1}{2^{k+1}}\right)$$

$$> \frac{1}{2} + \frac{2}{2^2} + \frac{2^2}{2^3} + \cdots + \frac{2^k}{2^{k+1}} = \frac{k+1}{2} > G. \quad\blacksquare$$

Dieser Beweisgedanke ist ehrwürdig: Er findet sich schon um 1350 bei Nicole Oresme (1323?-1382; 59?), Mathematiker, Theologe und gegen Ende seines Lebens Bischof von Lisieux (Dép. Calvados). Zur schneckenhaft langsamen Divergenz von (s_n) s. Aufgabe 6.

12. Die Folge der Zahlen $a_n := (-1)^{n+1}$, also die Folge $(1, -1, 1, -1, \ldots)$ divergiert. Denn die Teilfolgen (a_{2n-1}), (a_{2n}) haben die verschiedenen Grenzwerte 1, -1 (s. Satz 20.2). $\quad\blacksquare$

13. Die Folge der Zahlen $a_n := (-1)^{n+1} + 1/n$, also die Folge $(1 + 1/1, -1 + 1/2, 1 + 1/3, -1 + 1/4, \ldots)$ divergiert. Denn die Teilfolgen $(a_{2n-1}), (a_{2n})$ haben die verschiedenen Grenzwerte $1, -1$. $\quad\blacksquare$

Wir beschließen diesen Abschnitt mit einem Satz, der ein helles Licht auf die fundamentale Bedeutung des Grenzwertbegriffs für die Theorie der reellen Zahlen wirft.

21.1 Satz *Jede reelle Zahl ist Grenzwert einer Folge* rationaler *Zahlen. Diese Folge kann sogar wachsend (oder auch fallend) gewählt werden.*

Ist nämlich ρ reell, so gibt es wegen Satz 8.4 zu jedem natürlichen n ein rationales r_n mit $|r_n - \rho| < 1/n$. Nach nunmehr vertrauten Schlüssen folgt daraus $r_n \to \rho$. Eine leichte Modifikation dieses Beweises zeigt, daß auch die zweite Behauptung des Satzes zutrifft. $\quad\blacksquare$

Aufgaben

1. Beweise die folgenden Grenzwertaussagen:
a) Die „fast konstante" Folge $(a_1, a_2, \ldots, a_m, a, a, a, \ldots)$ konvergiert gegen a,

b) $\dfrac{n^2 + n + 2}{4n^3 + 1} \to 0$, c) $\dfrac{(n+1)^2 - n^2}{n} \to 2$, d) $\sqrt{n+1} - \sqrt{n} \to 0$,

---

[1] e wurde von Euler schon 1728 zur Bezeichnung der Basis der natürlichen Logarithmen (s. S. 166) verwendet (s. Eulers Opera omnia (1),8, Fußnote auf S. 128) und 1736 im § 171 des ersten Bandes seiner *Mechanica sive motus scientia analytice exposita* einem größeren Publikum mit den Worten vorgestellt: *ubi e denotat numerum, cuius logarithmus hyperbolicus est* 1. Weiteres hierzu in A 26.1.

e) $\dfrac{1+2+\cdots+n}{n^2} \to \dfrac{1}{2}$,   f) $\dfrac{1+2^2+\cdots+n^2}{n^3} \to \dfrac{1}{3}$,   g) $\dfrac{1+2^3+\cdots+n^3}{n^4} \to \dfrac{1}{4}$.

Hinweis zu e) bis g): Satz 7.7 (vgl. auch A 27.3).

h) $\sqrt[n]{a} \to 1$ für festes $a \geq 1$,   i) $\dfrac{1}{1 \cdot 2} + \dfrac{1}{2 \cdot 3} + \cdots + \dfrac{1}{n(n+1)} \to 1$,

Hinweis: $\dfrac{1}{k(k+1)} = \dfrac{1}{k} - \dfrac{1}{k+1}$. S. auch A 7.18a.

j) $\sqrt{9n^2+2n+1} - 3n \to \dfrac{1}{3}$,   k) $1 - \dfrac{1}{2} + \dfrac{1}{4} - + \cdots + \left(-\dfrac{1}{2}\right)^n \to \dfrac{2}{3}$,

l) $\left(1-\dfrac{1}{2}\right)\left(1-\dfrac{1}{3}\right)\cdots\left(1-\dfrac{1}{n}\right) \to 0$,   m) $\left(1-\dfrac{1}{2^2}\right)\left(1-\dfrac{1}{3^2}\right)\cdots\left(1-\dfrac{1}{n^2}\right) \to \dfrac{1}{2}$.

2. Strebt $a_n \to a$ und $b_n - a_n \to 0$, so strebt auch $b_n \to a$.

3. a) Zeige mittels A 7.8, daß die Folge $((1+1/n)^{n+1})$ konvergiert.
b) Zeige mit Beispiel 9 und Aufgabe 2, unabhängig von a), daß $(1+1/n)^{n+1} \to e$ strebt.
c) Beweise die Abschätzung
$$e\left(\dfrac{n}{e}\right)^n \leq n! \leq en\left(\dfrac{n}{e}\right)^n \quad \text{für } n \in \mathbb{N}.$$

Hinweis: A 7.9 (vgl. auch A 7.12).

4. Im Falle $|q| \geq 1$ ist (q^n) keine Nullfolge.

5. Die Folge $(\sqrt[n]{n})$ fällt ab $n = 3$.

6. Mit Hilfe eines programmierbaren Taschenrechners erhält man die nachstehenden (gerundeten) Werte für $a_n := \sum\limits_{k=1}^{n} \dfrac{1}{k}$; sie zeigen deutlich, daß die Folge (a_n) außerordentlich langsam wächst:

n	$a_n := \sum\limits_{k=1}^{n} \dfrac{1}{k}$
100	5,1873775
1 000	7,4854708
2 000	8,1783680
3 000	8,5837497
4 000	8,8713901
5 000	9,0945086
10 000	9,7876055

Angesichts dieser Zahlen fällt es schwer zu glauben, daß jede noch so große Zahl $G > 0$ schließlich doch von allen hinreichend späten a_n übertroffen wird — aber gerade das haben wir bewiesen.

°7. Die Grenzwertaussagen der Beispiele 1, 6, 7, gelten auch dann, wenn a, q komplex sind.

22 Das Rechnen mit konvergenten Folgen

Die Sätze dieses Abschnittes sind unentbehrlich für den Umgang mit konvergenten Folgen. Wir werden sie hinfort ohne ausdrückliche Verweise benutzen und bitten deshalb den Leser, sie besonders sorgfältig seinem Gedächtnis einzuprägen.

22.1 Vergleichssatz *Strebt* $a_n \to a$, $b_n \to b$ *und ist* **fast immer** *(d.h. durchweg ab einem gewissen Index)* $a_n \leq b_n$, *so ist auch* $a \leq b$.

Wäre nämlich $a > b$, so wäre $\varepsilon := (a-b)/2 > 0$, fast alle a_n wären in $U_\varepsilon(a)$, fast alle b_n in $U_\varepsilon(b)$ enthalten und $U_\varepsilon(a)$ würde rechts von $U_\varepsilon(b)$ liegen (s. Fig. 22.1). Im Widerspruch zur Voraussetzung hätten wir also $a_n > b_n$ für fast alle Indizes. ∎

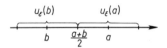

Fig. 22.1

Gilt fast immer $\alpha \leq a_n \leq \beta$, *so folgt aus dem Vergleichssatz sofort die Grenzwertabschätzung* $\alpha \leq a \leq \beta$.

Wie das Beispiel der gegen 1 konvergierenden Folgen $(1-1/n)$ und $(1+1/n)$ lehrt, kann aus $a_n < b_n$ für $n = 1, 2, \ldots$ nicht auf $a < b$, sondern eben nur auf $a \leq b$ geschlossen werden — so wenig dies auch nach dem Geschmack eines vage (aber innig) empfundenen „Kontinuitätsprinzips" sein mag.

22.2 Einschnürungssatz *Strebt* $a_n \to a$ *und* $b_n \to a$ *und ist fast immer* $a_n \leq c_n \leq b_n$, *so strebt auch* $c_n \to a$.

Wählen wir nämlich ein beliebiges $\varepsilon > 0$, so liegen fast alle a_n und fast alle b_n in $U_\varepsilon(a)$. Dann müssen aber auch fast alle c_n in $U_\varepsilon(a)$ liegen, d.h., es muß $c_n \to a$ streben. ∎

Aus dem Einschnürungssatz folgt ohne weiteres der

22.3 Satz *Gilt mit einer Nullfolge* (α_n) *fast immer* $|a_n - a| \leq \alpha_n$, *so strebt* $a_n \to a$.

Beachtet man die Ungleichung $||a_n| - |a|| \leq |a_n - a|$, so erhält man aus diesem Satz und der ersten Bemerkung zum Vergleichssatz sofort den wichtigen

°**22.4 Betragssatz** *Aus* $a_n \to a$ *folgt* $|a_n| \to |a|$. *Und ist fast immer* $|a_n| \leq \gamma$, *so gilt auch* $|a| \leq \gamma$.

Der nächste Satz besagt, daß man Nullfolgen mit beschränkten Folgen multiplizieren „darf":

°**22.5 Satz** *Strebt* $a_n \to 0$ *und ist* (b_n) *beschränkt, so strebt auch* $a_n b_n \to 0$.

Ist nämlich $|b_n| < \beta$ für alle n und bestimmt man nach Wahl von $\varepsilon > 0$ ein n_0, so daß $|a_n| < \varepsilon$ bleibt für alle $n > n_0$, so ist für diese n stets $|a_n b_n| = |a_n| |b_n| < \varepsilon \beta$, womit wegen der Bemerkung 3 nach Satz 20.3 bereits alles bewiesen ist. ∎

°**22.6 Satz** *Aus* $a_n \to a$ *und* $b_n \to b$ *folgt*

$a_n + b_n \to a + b$ (Summensatz),

$a_n - b_n \to a - b,$

$a_n b_n \to ab$ (Produktsatz),

$\alpha a_n \to \alpha a$ *für jede Konstante* α.

Ist überdies $b \neq 0$, *so sind auch fast alle* $b_n \neq 0$, *und es strebt*

$$\frac{a_n}{b_n} \to \frac{a}{b} \quad \text{(Quotientensatz)},$$

wobei die Folge (a_n/b_n) *erst bei einem Index beginnen soll, ab dem alle* $b_n \neq 0$ *sind.*

Beweis. Zu dem beliebig gewählten $\varepsilon > 0$ gibt es Indizes n_0 und n_1, so daß $|a_n - a| < \varepsilon$ für $n > n_0$ und $|b_n - b| < \varepsilon$ für $n > n_1$ ist. Für alle $n > \max(n_0, n_1)$ haben wir dann $|(a_n + b_n) - (a + b)| = |(a_n - a) + (b_n - b)| \leq |a_n - a| + |b_n - b| < 2\varepsilon$, also strebt $a_n + b_n \to a + b$. — Da $(a_n - a)$ und $(b_n - b)$ Nullfolgen sind und (b_n) wegen Satz 20.3 beschränkt ist, folgt mit Satz 22.5 und dem eben bewiesenen Summensatz, daß $a_n b_n - ab = (a_n - a)b_n + (b_n - b)a \to 0$, also $a_n b_n \to ab$ strebt. Daraus wiederum erhalten wir als Spezialfall ($b_n = \alpha$) sofort die vierte Behauptung $\alpha a_n \to \alpha a$. Aus ihr und dem Summensatz folgt $a_n - b_n = a_n + (-1)b_n \to a + (-1)b = a - b$. — Zum Beweis des Quotientensatzes nehmen wir $b \neq 0$ an. Wegen des Betragssatzes strebt dann $|b_n| \to |b| > 0$. Infolgedessen gibt es zu $\varepsilon := |b|/2$ ein n_0, so daß $|b_n| > |b| - \varepsilon = |b|/2$ für alle $n > n_0$ ist; für diese n ist somit $b_n \neq 0$ und

$$\left| \frac{1}{b_n} - \frac{1}{b} \right| = \left| \frac{b - b_n}{b_n b} \right| \leq \frac{2}{|b|^2} |b - b_n|.$$

Da nach dem Produktsatz die rechte Seite dieser Abschätzung gegen 0 strebt, folgt aus Satz 22.3 nun, daß $1/b_n \to 1/b$ und somit (nochmalige Anwendung des Produktsatzes) auch $a_n/b_n \to a/b$ konvergiert. ∎

Aus dem eben bewiesenen Satz ergibt sich, *daß die konvergenten Zahlenfolgen eine Folgenalgebra bilden, und daß die Abbildung, die jeder konvergenten Folge ihren Grenzwert zuordnet, linear ist.*

Die Aussagen des Satzes 22.6 schreibt man gerne in der Kurzform

$$\lim(a_n \pm b_n) = \lim a_n \pm \lim b_n \qquad \lim(a_n b_n) = \lim a_n \cdot \lim b_n \qquad \text{usw.}$$

So suggestiv und einprägsam diese Schreibweise ist, so sehr kann sie in die Irre führen, wenn man sich nicht daran erinnert, daß diese Formeln eigentlich *von rechts nach links* gelesen werden müssen: *Wenn* $\lim a_n$ *und* $\lim b_n$ *vorhanden sind, dann existiert auch* $\lim(a_n + b_n)$, *und es ist* $\lim(a_n + b_n) = \lim a_n + \lim b_n$ usw. Keinesfalls kann aus der Existenz von $\lim(a_n + b_n)$ geschlossen werden, daß die Summenformel gilt; denn die Folgen (a_n) und (b_n) brauchen überhaupt nicht zu konvergieren. Beispiel: Die Folgen $(1, -1, 1, -1, \ldots)$ und $(-1, 1, -1, 1, \ldots)$ sind divergent, die Summenfolge $(0, 0, 0, 0, \ldots)$ ist konvergent.

Natürlich gilt der Summensatz nicht nur für zwei, sondern für eine beliebige feste Anzahl konvergenter Folgen: *Aus* $a_n^{(1)} \to \alpha_1, \ldots, a_n^{(p)} \to \alpha_p$ *folgt stets* $a_n^{(1)} + \cdots + a_n^{(p)} \to \alpha_1 + \cdots + \alpha_p$. *Und das Entsprechende trifft für den Produktsatz zu. Insbesondere zieht* $a_n \to a$ *immer* $a_n^p \to a^p$ *nach sich.*

Eine unmittelbare Folgerung aus Satz 22.6 und der letzten Bemerkung ist der

°**22.7 Satz** *Ist P ein Polynom, R eine rationale Funktion und strebt* $x_n \to \xi$, *so gilt*

$$P(x_n) \to P(\xi) \quad und \quad R(x_n) \to R(\xi),$$

sofern nur $R(\xi)$ *erklärt ist (das Polynom im Nenner von R also an der Stelle* ξ *nicht verschwindet. In diesem Falle ist* $R(x_n)$ *für fast alle n vorhanden).*

Im dritten Beispiel der Nr. 20 hatten wir durch

$$x_{n+1} := 2x_n - ax_n^2 \qquad (0 < x_0 < 1/a)$$

rekursiv eine Folge zur Berechnung von $1/a$ bei positivem a definiert und hatten bereits gezeigt, daß (x_n) gegen einen Grenzwert $\xi > 0$ konvergiert. Aus der Rekursionsformel ergibt sich nun mit Satz 22.7, daß $\xi = 2\xi - a\xi^2$, also in der Tat $\xi = 1/a$ ist.

In A 21.1h hatten wir gesehen, daß für festes $a \geq 1$ stets $\sqrt[n]{a} \to 1$ strebt. Ist $0 < a < 1$, so strebt also $1/\sqrt[n]{a} = \sqrt[n]{1/a} \to 1$, woraus wegen Satz 22.6 sofort $\sqrt[n]{a} \to 1$ folgt. Insgesamt gilt also

$$\sqrt[n]{a} \to 1 \quad \text{für jedes feste } a > 0 \tag{22.1}$$

— eine Grenzwertbeziehung, die wir immer wieder benutzen werden.

Aufgaben

1. $\dfrac{a_0 + a_1 n + \cdots + a_p n^p}{b_0 + b_1 n + \cdots + b_q n^q} \to \begin{cases} a_p/b_q, & \text{falls } p = q \\ 0, & \text{falls } p < q \end{cases};$

dabei wird $a_p \neq 0$, $b_q \neq 0$ angenommen. Hinweis: Dividiere Zähler und Nenner durch n^q.

2. Bestimme die Grenzwerte der Zahlenfolgen mit den nachstehend angegebenen Gliedern:

a) $\dfrac{\left(1 - \dfrac{2}{\sqrt[3]{n}}\right)^4 + \left(1 + \dfrac{1}{n^3}\right)^5 \left(1 + \dfrac{1}{n}\right)^{-n}}{2 + \dfrac{1}{\sqrt[7]{n}} + \dfrac{1}{3^n}}$, b) $\dfrac{2 - n + 4n^4}{n + 2n^2 + 2n^4}$,

c) $\dfrac{n+n^3}{1+n+2n^2+3n^3+4n^4}$, d) $\left(1-\dfrac{1}{n}\right)^n$.

3. Ist immer $a_n \geq 0$ und strebt $a_n \to a$, so ist auch $a \geq 0$, und es strebt $\sqrt{a_n} \to \sqrt{a}$. Vgl. auch Aufgabe 9.

4. Zeige mit Hilfe der letzten Aufgabe:
a) $\sqrt{n}(\sqrt{n+1}-\sqrt{n}) \to 1/2$, b) $n(1-\sqrt{(1-a/n)(1-b/n)}) \to (a+b)/2$.

5. Ist fast immer $a_n \neq 0$ und $|a_{n+1}/a_n| \leq q$ $(0 < q < 1)$, so strebt $a_n \to 0$.

6. Aus $a_n \to a$, $b_n \to b$ folgt $\max(a_n, b_n) \to \max(a, b)$ und $\min(a_n, b_n) \to \min(a, b)$. Hinweis: A 10.3.

7. (a_n) konvergiert genau dann, wenn die beiden Folgen $(\max(a_n, 0))$, $(\min(a_n, 0))$ konvergieren. Hinweis: Aufgabe 6.

*8. Ist M eine nichtleere nach oben beschränkte Menge, so gibt es eine wachsende Folge, deren Glieder alle in M liegen und die gegen $\sup M$ konvergiert. Entsprechendes gilt, wenn M nach unten beschränkt ist. Hinweis: A 8.7.

*9. Sind alle x_n positiv und strebt $x_n \to x > 0$, so strebt für festes rationales r stets $x_n^r \to x^r$. Hinweis: Im Falle $r \notin \mathbf{Z}$ nehme man zunächst $r = 1/q$ mit natürlichem $q \geq 2$ an und setze $\xi_n := x_n^{1/q}$, $\xi := x^{1/q}$. Nach A 7.15 ist dann $x_n - x = (\xi_n - \xi)[\xi_n^{q-1} + \xi_n^{q-2}\xi + \cdots + \xi^{q-1}]$ mit $[\cdots] \geq \xi^{q-1} > 0$.

10. Ist die Folge (a_k) beschränkt, so strebt $\sqrt[n]{\sum_{k=1}^{n}|a_k|^n} \to \sup_{v=1}^{\infty}|a_v|$ für $n \to \infty$.

11. Ist $a_p \neq 0$, so strebt $|a_0 + a_1 n + \ldots + a_p n^v|^{1/n} \to 1$ für $n \to \infty$.

12. Sei $a_n > = 0$ und $0 < a < a_n^n < b$ für $n = 1, 2, \ldots$. Dann strebt $a_n \to 1$.

23 Vier Prinzipien der Konvergenztheorie

Die Sätze dieses Abschnitts sind ebenso einfach wie fundamental. Sie ergeben sich alle mehr oder weniger direkt aus dem Supremumsprinzip, sind also letztlich Sätze, die auf der *Ordnungsvollständigkeit* des Körpers **R** beruhen. Das nun folgende Monotonieprinzip haben wir in speziellen Fällen schon *ad hoc* benutzt, etwa im Beispiel 2 der Nr. 20; den dort gegebenen Beweis werden wir ohne Änderung übernehmen können.

23.1 Monotonieprinzip *Eine* monotone *Folge konvergiert genau dann, wenn sie* beschränkt *ist. In diesem Falle strebt sie gegen ihr Supremum, wenn sie wächst, und gegen ihr Infimum, wenn sie fällt.*

Zum Beweis sei (a_n) zunächst wachsend und beschränkt und $a := \sup a_n$. Dann gibt es nach Wahl von $\varepsilon > 0$ ein n_0 mit $a_{n_0} > a - \varepsilon$; für alle $n > n_0$ ist also erst recht $a_n > a - \varepsilon$ (denn für diese n ist doch stets $a_n \geq a_{n_0}$). Und da überdies auch immer $a_n \leq a$ bleibt, müssen alle a_n mit einem Index $> n_0$ in $U_\varepsilon(a)$ liegen, also strebt die Folge (a_n) gegen ihr Supremum. Ganz entsprechend sieht man, daß eine fallende und beschränkte Folge gegen ihr Infimum konvergiert. Daß umgekehrt im Konvergenzfalle die Folge beschränkt ist, wurde schon im Satz 20.3 festgestellt. ∎

Offenbar ist eine Folge (a_n) wachsend oder fallend, je nachdem die Differenz $a_{n+1} - a_n$ durchweg ≥ 0 bzw. ≤ 0 ist. Sind alle a_n positiv, so wächst (a_n), wenn die Quotienten a_{n+1}/a_n stets ≥ 1 sind, fällt jedoch, wenn sie immer ≤ 1 bleiben.

Das Symbol „$a_n \nearrow a$" soll hinfort ausdrücken, daß die Folge (a_n) wächst und gegen a strebt (daß sie „wachsend gegen a strebt"). Entsprechend ist „$a_n \searrow a$" zu verstehen.

Als nächstes zeigen wir, *daß jede Folge (a_n) eine monotone Teilfolge enthält*. Zu diesem Zweck nennen wir m eine **Gipfelstelle** von (a_n), wenn für $n > m$ stets $a_n < a_m$ bleibt (wenn also alle *hinter* a_m liegenden Glieder auch *unter* a_m liegen). Besitzt unsere Folge unendlich viele Gipfelstellen $m_1 < m_2 < \cdots$, so ist $a_{m_1} > a_{m_2} > \cdots$, (a_{m_k}) ist also eine fallende Teilfolge von (a_n). Gibt es aber nur endlich viele Gipfelstellen, so ist gewiß ein Index n_1 vorhanden, der größer als *alle* Gipfelstellen und somit *keine* Gipfelstelle ist. Infolgedessen gibt es ein $n_2 > n_1$ mit $a_{n_2} \geq a_{n_1}$. Und da auch n_2 keine Gipfelstelle sein kann, muß ein $n_3 > n_2$ mit $a_{n_3} \geq a_{n_2}$ existieren. So fortfahrend erhält man eine wachsende Teilfolge.

Aus der hiermit gesicherten Existenz monotoner Teilfolgen ergibt sich vermöge des Monotonieprinzips nun auf einen Schlag das unentbehrliche

°**23.2 Auswahlprinzip von Bolzano-Weierstraß**[1] *Jede beschränkte Folge enthält eine konvergente Teilfolge.*

Wir fassen als nächstes eine höchst bemerkenswerte „Verdichtungseigenschaft" konvergenter Folgen ins Auge.

Strebt $a_n \to a$, so gibt es nach Wahl von $\varepsilon > 0$ ein n_0, so daß für $n > n_0$ stets $|a_n - a| < \varepsilon/2$ bleibt. Sind also die Indizes m, n beide $> n_0$, so ist $|a_m - a_n| \leq |a_m - a| + |a - a_n| < \varepsilon/2 + \varepsilon/2 = \varepsilon$, locker formuliert: späte Glieder einer konvergenten Folge liegen beliebig dicht beieinander. Eine derart „verdichtete" Folge nennen wir eine Cauchyfolge, genauer: Die Folge (a_n) heißt **Cauchyfolge**, wenn es zu *jedem* $\varepsilon > 0$ einen Index $n_0 = n_0(\varepsilon)$ gibt, so daß

$$\text{für } alle \; m, n > n_0 \text{ stets } |a_m - a_n| < \varepsilon \tag{23.1}$$

---

[1] Karl Weierstraß (1815-1897; 82). Auf ihn geht die „Epsilontik" zurück, ohne die wir uns heutzutage die Analysis nicht mehr denken können.

bleibt. Eine konvergente Folge ist also eine Cauchyfolge; von größter Bedeutung ist aber, daß hiervon auch die Umkehrung, insgesamt also der nachstehende Satz gilt:

°**23.3 Cauchysches Konvergenzprinzip** *Eine Folge konvergiert genau dann, wenn sie eine Cauchyfolge ist.*

Wir brauchen nur noch zu zeigen, daß eine Cauchyfolge (a_n) einen Grenzwert besitzt. Dazu bemerken wir zunächst, daß (a_n) beschränkt ist: Zu $\varepsilon = 1$ gibt es nämlich ein n_0, so daß für $m, n > n_0$ stets $|a_m - a_n| < 1$ ausfällt. Wegen $||a_m| - |a_n|| \leq |a_m - a_n|$ ist also erst recht $|a_m| - |a_n| < 1$. Somit gilt, wenn wir für n speziell den Index $N := n_0 + 1$ wählen, daß für $m > n_0$ immer $|a_m| < 1 + |a_N|$ bleibt. Dann ist aber für alle n offenbar $|a_n| \leq \max(|a_1|, \ldots, |a_{n_0}|, 1 + |a_N|)$, also ist (a_n) in der Tat beschränkt. Infolgedessen besitzt (a_n) nach dem Auswahlprinzip eine Teilfolge (a'_n), die gegen einen Grenzwert a konvergiert. Und nun genügt es zu zeigen, daß sogar die Gesamtfolge (a_n) gegen a strebt. Zu diesem Zweck bestimmen wir nach Wahl von $\varepsilon > 0$ ein n_0 mit $|a_m - a_n| < \varepsilon/2$ für alle $m, n > n_0$ und ein Folgenglied a_N mit $N > n_0$ und $|a_N - a| < \varepsilon/2$ (ein solches a_N ist gewiß vorhanden, weil $a'_n \to a$ konvergiert). Für alle $n > n_0$ ist dann $|a_n - a| \leq |a_n - a_N| + |a_N - a| < \varepsilon/2 + \varepsilon/2 = \varepsilon$, also strebt $a_n \to a$. ∎

Das Monotonieprinzip und das Cauchysche Konvergenzprinzip sind **Konvergenzkriterien**, d.h. Mittel, die es uns gestatten, allein aus den *inneren* Eigenschaften einer Folge Rückschlüsse auf ihr Konvergenzverhalten zu ziehen. Bisher konnten wir nur entscheiden, ob eine Folge *gegen eine gewisse Zahl* konvergiert oder ob sie das nicht tut — von nun an können wir feststellen, ob sie einen Grenzwert *besitzt*, ohne denselben — falls er überhaupt existiert — zu kennen.

Das Cauchysche Konvergenzprinzip läßt auch erkennen, wann eine Folge (a_n) *divergiert*. Dies ist genau dann der Fall, wenn es nicht zu *jedem* $\varepsilon > 0$ ein n_0 derart gibt, daß die Cauchybedingung (23.1) erfüllt ist; wenn vielmehr ein „Ausnahme-ε", etwa $\varepsilon_0 > 0$, vorhanden ist, *so daß man zu jedem n_0 Indizes $m, n > n_0$ finden kann, für die $|a_m - a_n| \geq \varepsilon_0$ ausfällt* (wenn es also hinter jedem noch so späten Folgenglied immer wieder Glieder gibt, die sich mindestens um ein festes ε_0 unterscheiden).

Als letztes Prinzip bringen wir einen Satz, der sich als ebenso elegantes wie kraftvolles Hilfsmittel erweist, wenn Existenzbeweise zu führen sind. Eine Folge abgeschlossener Intervalle $I_n := [a_n, b_n]$ heißt **Intervallschachtelung**, wenn $I_1 \supset I_2 \supset I_3 \supset \cdots$ ist (oder gleichbedeutend: wenn die Folge der linken Endpunkte a_n wächst und gleichzeitig die Folge der rechten Endpunkte b_n fällt) und wenn überdies die Folge der Intervallängen $b_n - a_n$ gegen 0 strebt. Eine solche Intervallschachtelung bezeichnen wir auch mit dem Symbol $\langle a_n \mid b_n \rangle$ und beweisen nun das

23.4 Prinzip der Intervallschachtelung *Jede Intervallschachtelung $\langle a_n \mid b_n \rangle$ erfaßt eine wohlbestimmte Zahl a, d.h., es gibt eine und nur eine Zahl a, die in allen Intervallen $[a_n, b_n]$ der Schachtelung liegt. Es strebt $a_n \nearrow a$ und $b_n \searrow a$.*

Der Beweis ist überaus einfach. Da die Folgen (a_n) und (b_n) einerseits monoton, andererseits auch beschränkt sind — sie liegen ja in $[a_1, b_1]$ —, existieren nach dem Monotonieprinzip die Grenzwerte $a := \lim a_n$ und $b := \lim b_n$. Da ferner $(b_n - a_n)$ sowohl gegen $b - a$ als auch gegen 0 strebt, muß $a = b$ sein. Und weil für alle n nun $a_n \leq \sup a_k = a = b = \inf b_k \leq b_n$ ist, liegt a in jedem Intervall $[a_n, b_n]$. Ist dies auch für die Zahl c der Fall, ist also $a_n \leq c \leq b_n$ für alle n, so muß auch $a \leq c \leq a$, also $c = a$ sein. ∎

Intervallschachtelungen werden besonders häufig mittels der Halbierungs- bzw. Zehnteilungsmethode konstruiert. Bei der ersten Methode halbiert man das Ausgangsintervall $[a_1, b_1]$, wählt eine der Hälften

$$[a_1, (a_1 + b_1)/2], [(a_1 + b_1)/2, b_1]$$

aus und bezeichnet diese mit $[a_2, b_2]$. Nun halbiert man $[a_2, b_2]$, wählt wieder eine der Hälften aus und bezeichnet sie mit $[a_3, b_3]$. So fährt man fort. Da $b_n - a_n = (b_1 - a_1)/2^{n-1} \to 0$ strebt, erhält man auf diese Weise in der Tat eine Intervallschachtelung $\langle a_n \mid b_n \rangle$. Die Zehnteilungsmethode unterscheidet sich von der Halbierungsmethode nur darin, daß man statt der Halbierungen nunmehr Unterteilungen in zehn gleiche Teile vornimmt. — Natürlich kann man ganz entsprechend auch die Drittelungsmethode, Viertelungsmethode usw. erklären und benutzen.

Wir bringen nun einige Anwendungen des Monotonieprinzips und des Cauchyschen Konvergenzprinzips.

1. Das Monotonieprinzip hatten wir (neben seiner eingangs schon erwähnten Anwendung) *ad hoc* im dritten Beispiel der Nr. 20 bei der näherungsweisen Berechnung von $1/a$ für ein gegebenes $a > 0$ benutzt. Wir hatten zu diesem Zweck die Gleichung $ax = 1$ auf die Form $x = 2x - ax^2$ gebracht, hatten einen Startpunkt $x_0 \in (0, 1/a)$ beliebig gewählt und die Folge (x_n) rekursiv durch $x_{n+1} := 2x_n - ax_n^2$ definiert. Von dieser Folge konnten wir dann zeigen, daß sie in der Tat gegen $1/a$ strebt. Ganz ähnlich behandeln wir nun die Aufgabe, $\sqrt{a}$ für ein gegebenes $a > 0$ näherungsweise zu berechnen, also die positive Lösung der Gleichung $x^2 = a$ zu approximieren. Diese Gleichung ist äquivalent mit der Gleichung $x = \dfrac{1}{2}\left(x + \dfrac{a}{x}\right)$, die genau wie oben wieder die Gestalt eines „Fixpunktproblems" $x = f(x)$ hat, d.h., auf die Aufgabe hinausläuft, einen Punkt x zu bestimmen, der bei Anwendung von f fest („fix") bleibt, sich also nicht ändert. Und nun gehen wir genauso vor wie oben: Wir wählen einen beliebigen Startpunkt $x_0 > 0$ und definieren die „Iterationsfolge" (x_n) durch

$$x_{n+1} := \frac{1}{2}\left(x_n + \frac{a}{x_n}\right) \quad (n = 0, 1, 2, \ldots). \tag{23.2}$$

Durch Induktion sieht man sofort, daß alle x_n vorhanden und positiv sind. Wegen der Ungleichung (12.1) zwischen dem arithmetischen und geometrischen Mittel ist $\sqrt{a} = \sqrt{x_n(a/x_n)} \leq (x_n + a/x_n)/2 = x_{n+1}$. Für $n = 1, 2, \ldots$ ist also $a \leq x_n^2$ und daher $a/x_n \leq x_n$, so daß wir aus (23.2) die Abschätzung $x_{n+1} \leq x_n$ für $n \in \mathbb{N}$ erhalten. Insgesamt ist somit die Folge $(x_1, x_2, \ldots)$ fallend und durch $\sqrt{a}$ nach unten beschränkt, muß also einen Grenzwert ξ besitzen. Aus (23.2) ergibt sich für $n \to \infty$, daß $\xi = \frac{1}{2}\left(\xi + \frac{a}{\xi}\right)$, also $\xi = \sqrt{a}$ ist. Die Glieder der Iterationsfolge kommen daher mit wachsendem n dem gesuchten Wert $\sqrt{a}$ beliebig nahe. Für ein numerisches Beispiel s. Aufgabe 12.

Bevor wir weitergehen, schälen wir noch den Kern der hier behandelten **Fixpunktprobleme** heraus. Gegeben ist eine reelle Funktion f, und gesucht wird ein **Fixpunkt** von f, d.h. eine Lösung der Gleichung $x = f(x)$. Man wählt einen Startpunkt x_0 aus dem Definitionsbereich X von f, definiert die Folge (x_n) rekursiv (**iterativ**) durch $x_{n+1} := f(x_n)$, $n = 0, 1, 2, \ldots$ (was immer dann möglich ist, wenn jedes x_n in X liegt), und untersucht zunächst, ob (x_n) gegen einen Grenzwert $\xi \in X$ konvergiert. Ist dies der Fall, so konvergiert natürlich auch die Folge der $f(x_n)$ — es ist ja $f(x_n) = x_{n+1}$ —, und nun wird alles darauf ankommen, *ob $f(x_n) \to f(\xi)$ strebt*. Denn nur, wenn dies gesichert ist, können wir aus $x_{n+1} = f(x_n)$ durch Grenzübergang die Gleichung $\xi = f(\xi)$ gewinnen, die ξ als Fixpunkt ausweist. Daß $(f(x_n))$ gegen den „richtigen" Wert $f(\xi)$ konvergiert, wird gewiß immer dann der Fall sein, wenn für *jede* Folge (a_n) aus X, die gegen einen Grenzwert $a \in X$ strebt, stets auch $f(a_n) \to f(a)$ konvergiert. Funktionen mit dieser theoretisch wie praktisch hochbedeutsamen Eigenschaft werden wir später „stetig" nennen und gründlich untersuchen. Wegen Satz 22.7 und A 22.3 können wir aber hier schon sagen, *daß jedenfalls rationale Funktionen und die Quadratwurzelfunktion* $x \mapsto \sqrt{x}$ *stetig sind*. Auch eine dehnungsbeschränkte Funktion f ist stetig, wie sich sofort aus $|f(a_n) - f(a)| \leq K |a_n - a|$ ergibt.

2. Im Beispiel 11 der Nr. 21 haben wir gesehen, daß die Folge der Zahlen $a_n := 1 + 1/2 + \cdots + 1/n$ divergiert (weil sie unbeschränkt ist). Mit Hilfe des Cauchyschen Konvergenzprinzips ergibt sich diese Tatsache folgendermaßen: Wählt man $\varepsilon_0 = 1/2$ und betrachtet man irgendeinen noch so großen Index n_0, so ist für $n > n_0$ und $m = 2n$ stets

$$a_m - a_n = \frac{1}{n+1} + \frac{1}{n+2} + \cdots + \frac{1}{2n} > \frac{n}{2n} = \frac{1}{2} = \varepsilon_0,$$

die Cauchybedingung (23.1) ist also für $\varepsilon = \varepsilon_0$ nicht erfüllbar. — Umso bemerkenswerter ist nun, daß die (nichtmonotone) Folge der Zahlen

$$a_n := 1 - \frac{1}{2} + \frac{1}{3} - \frac{1}{4} + \cdots + \frac{(-1)^{n-1}}{n} \tag{23.3}$$

konvergiert. Wir weisen dies mit Hilfe des Cauchyschen Konvergenzprinzips nach.

Dazu nehmen wir in (23.1) o.B.d.A. $m > n$, also $m = n + k$ an und untersuchen

$$a_{n+k} - a_n = (-1)^n \left(\frac{1}{n+1} - \frac{1}{n+2} + \frac{1}{n+3} - + \cdots + \frac{(-1)^{k-1}}{n+k} \right).$$

Schreibt man den Ausdruck innerhalb der Klammer in der Form $\left(\frac{1}{n+1} - \frac{1}{n+2} \right) + \left(\frac{1}{n+3} - \frac{1}{n+4} \right) + \cdots$, so sieht man, daß er *positiv* ist (denn nur bei ungeradem k bleibt der letzte Summand $\frac{(-1)^{k-1}}{n+k}$ unbeklammert übrig, aber dieser ist positiv). Schreibt man ihn jedoch in der Form $\frac{1}{n+1} - \left(\frac{1}{n+2} - \frac{1}{n+3} \right) - \left(\frac{1}{n+4} - \frac{1}{n+5} \right) - \cdots$, so erkennt man ganz ähnlich, daß er $< \frac{1}{n+1}$ ist. Infolgedessen ist für jedes k

$$|a_{n+k} - a_n| = \frac{1}{n+1} - \frac{1}{n+2} + \frac{1}{n+3} - + \cdots + \frac{(-1)^{k-1}}{n+k} < \frac{1}{n+1},$$

woraus sofort folgt, daß (a_n) der Cauchyschen Konvergenzbedingung genügt. ∎

Aufgaben

1. Sei $0 < a_0 < b_0$ und $a_1 := \sqrt{a_0 b_0}$, $b_1 := (a_0 + b_0)/2$, $a_2 := \sqrt{a_1 b_1}$, $b_2 := (a_1 + b_1)/2$, allgemein $a_{n+1} := \sqrt{a_n b_n}$, $b_{n+1} := (a_n + b_n)/2$. Zeige, daß die Folgen (a_n), (b_n) wachsend bzw. abnehmend gegen einen gemeinsamen Grenzwert (das sogenannte **arithmetisch-geometrische Mittel der Zahlen** a_0, b_0) konvergieren.

2. Sei $a > 0$ und p eine natürliche Zahl ≥ 2. Wähle ein positives x_0 mit $x_0^p > a$ und definiere (x_n) rekursiv durch

$$x_{n+1} := x_n - \frac{x_n^p - a}{p x_n^{p-1}} = \frac{(p-1)x_n^p + a}{p x_n^{p-1}}.$$

Zeige, daß $x_n \searrow \sqrt[p]{a}$ strebt. Hinweis: Mit Hilfe der Bernoullischen Ungleichung erkennt man, daß $\left(x - \frac{x^p - a}{p x^{p-1}} \right)^p \geq a$, also $x_n^p \geq a$ ist.

3. Die Folge der Zahlen $a_n := 1 - \frac{1}{3} + \frac{1}{5} - \frac{1}{7} + \cdots + \frac{(-1)^{n-1}}{2n-1}$ ist konvergent. Hinweis: Konvergenzbeweis ab (23.3).

*4. Strebt $\alpha_n \searrow 0$, so ist die Folge der Zahlen $a_n := \alpha_1 - \alpha_2 + \alpha_3 - \alpha_4 + \cdots + (-1)^{n-1} \alpha_n$ konvergent. Hinweis: Konvergenzbeweis ab (23.3).

5. Ist die Folge der Zahlen $a_n := \frac{1}{n+1} + \frac{1}{n+2} + \cdots + \frac{1}{2n}$ konvergent?

6. Sei $a_0 := 0$, $a_1 := 1$ und $a_n := (a_{n-1} + a_{n-2})/2$ für $n = 2, 3, \ldots$. Zeige zuerst induktiv, daß $a_{n+1} - a_n = (-1)^n/2^n$ ist und beweise dann die Konvergenz der Folge (a_n) sowohl mit Hilfe des Cauchyschen Konvergenzprinzips als auch mit Hilfe von A 21.1k. Der zweite Weg liefert auch den Wert von lim a_n. Wie groß ist er?

7. Sei $\alpha > 0$, $a_1 := \sqrt{\alpha}$, $a_2 := \sqrt{\alpha + a_1}$, ..., $a_{n+1} := \sqrt{\alpha + a_n}$ für $n = 1, 2, \ldots$. Zeige induktiv, daß (a_n) wächst und durch $1 + \sqrt{\alpha}$ nach oben beschränkt ist. Benutze A 22.3, um lim a_n zu berechnen.

+8. Ist die Funktion $f:[a, b] \to [a, b]$ wachsend und dehnungsbeschränkt auf $[a, b]$, so besitzt sie mindestens einen Fixpunkt, der als Grenzwert einer Iterationsfolge gewonnen werden kann.

+9. Sei $f(x) := -x$ für alle $x \in \mathbf{R}$. Zeige: a) f besitzt genau einen Fixpunkt. b) Für jeden Startpunkt $x_0 \neq 0$ divergiert die zugehörige Iterationsfolge (x_n), $x_{n+1} := f(x_n)$ für $n \in \mathbf{N}_0$.

°**10.** Das Monotonieprinzip gilt im Komplexen ebensowenig wie das Prinzip der Intervallschachtelung — diese beiden Sätze können im Komplexen nicht einmal formuliert werden, weil **C** nicht angeordnet ist (s. jedoch die nächste Aufgabe). *Dagegen gelten das Auswahlprinzip von Bolzano–Weierstraß und damit das Cauchysche Konvergenzprinzip wörtlich auch für komplexe Zahlenfolgen.* Hinweis: A 20.5.

°**11.** Die Folge der abgeschlossenen Kreise $K_n := \{z \in \mathbf{C} : |z - a_n| \leq r_n\}$ in der Gaußschen Zahlenebene heißt eine **Kreisschachtelung**, wenn $K_1 \supset K_2 \supset \cdots$ ist und $r_n \to 0$ strebt. Zeige, daß es zu der Kreisschachtelung (K_n) genau einen Punkt a gibt, der in allen K_n liegt und daß $a_n \to a$ strebt (**Prinzip der Kreisschachtelung**). Vgl. auch A 36.14 (Quadratschachtelung).

12. Das Iterationsverfahren (23.2) liefert mit Hilfe eines guten Taschenrechners für $\sqrt{2} = 1{,}41421356\ldots$ bereits im *vierten* Iterationsschritt den Näherungswert $1{,}4142136$, wenn man von dem Startpunkt $x_0 = 1$ ausgeht. Benutzt man den ganz ungünstigen, geradezu abwegigen Startwert $x_0 = 0{,}001$, so erhält man denselben Näherungswert doch schon im vierzehnten Iterationsschritt. Dieses Beispiel läßt die vorzügliche Konvergenz des Iterationsverfahrens (23.2) ahnen; wir werden später näher auf diese Dinge eingehen.

24 Die Dezimalbruchdarstellung der reellen Zahlen

Ist z_0 eine nichtnegative ganze Zahl und $(z_1, z_2, \ldots)$ eine Folge von **Ziffern** — eine Ziffer ist eine Zahl aus $\{0, 1, \ldots, 9\}$ —, so ist die Folge der Zahlen

$$a_n := z_0 + \frac{z_1}{10} + \frac{z_2}{10^2} + \cdots + \frac{z_n}{10^n} \quad (n = 0, 1, 2, \ldots) \tag{24.1}$$

wachsend und wegen

$$a_n \leq z_0 + \frac{9}{10} + \frac{9}{10^2} + \cdots + \frac{9}{10^n} = z_0 + \frac{9}{10}\left(1 + \frac{1}{10} + \cdots + \frac{1}{10^{n-1}}\right)$$

$$= z_0 + \frac{9}{10} \cdot \frac{1 - \frac{1}{10^n}}{1 - \frac{1}{10}} < z_0 + \frac{9}{10} \cdot \frac{1}{1 - \frac{1}{10}} = z_0 + 1 \tag{24.2}$$

162   III Grenzwerte von Zahlenfolgen

nach oben beschränkt, konvergiert also gegen einen Grenzwert a. Man drückt dies kurz durch die Schreibweise

$$a = z_0, z_1 z_2 z_3 \ldots$$

aus und nennt das Gebilde $z_0, z_1 z_2 z_3 \ldots$ einen **Dezimalbruch** oder genauer eine **Dezimalbruchdarstellung** von a. Ein Dezimalbruch $z_0, z_1 z_2 z_3 \ldots$ definiert also in sehr knapper Form eine Zahlenfolge — nämlich die Folge der a_n in (24.1) — und bedeutet den immer vorhandenen Grenzwert derselben. Er heißt **endlich** oder **abbrechend**, wenn ab einer Stelle alle Ziffern verschwinden, andernfalls wird er **unendlich** oder **nichtabbrechend** genannt.
Wir zeigen nun zunächst mittels der Zehnteilungsmethode, daß sich jedes $a \in (0, 1]$ als unendlicher Dezimalbruch darstellen läßt. Zu diesem Zweck teilen wir $I_0 := [0, 1]$ in zehn gleiche Teile und bemerken, daß a genau in einem der halboffenen Intervalle $(0, 1/10], (1/10, 2/10], \ldots, (9/10, 1]$ liegt, daß es also genau eine Ziffer z_1 gibt, so daß

$$\frac{z_1}{10} < a \leq \frac{z_1 + 1}{10}$$

ist. Das Intervall $I_1 := [z_1/10, (z_1 + 1)/10]$ teilen wir wieder in zehn gleiche Teile. a liegt dann in genau einem der halboffenen Intervalle $(z_1/10 + k/10^2, z_1/10 + (k+1)/10^2]$, $k = 0, 1, \ldots, 9$, d.h., es gibt genau eine Ziffer z_2, so daß

$$\frac{z_1}{10} + \frac{z_2}{10^2} < a \leq \frac{z_1}{10} + \frac{z_2 + 1}{10^2}$$

ist. Das Intervall $[z_1/10 + z_2/10^2, z_1/10 + (z_2 + 1)/10^2]$ nennen wir I_2. Es dürfte nun klar sein, wie das Verfahren weitergeht, und daß wir eine Intervallschachtelung erhalten, *die a erfaßt*. Insbesondere strebt die Folge der linken Intervallendpunkte

$$\frac{z_1}{10} + \frac{z_2}{10^2} + \cdots + \frac{z_n}{10^n} \to a, \qquad (24.3)$$

es ist also in der Tat $a = 0, z_1 z_2 z_3 \ldots$. Dieser Dezimalbruch kann nicht abbrechen, weil die linke Seite in (24.3) immer $< a$ bleibt (unsere Konstruktion stellt also z.B. 1/2 nicht durch 0,5, sondern durch 0,4999... dar). — Ist nun a eine *beliebige* positive Zahl, so bestimmen wir zunächst diejenige nichtnegative ganze Zahl z_0, für die $z_0 < a \leq z_0 + 1$ ist, entwickeln $a - z_0 \in (0, 1]$ in einen unendlichen Dezimalbruch $0, z_1 z_2 z_3 \ldots$ und haben dann $a = z_0, z_1 z_2 z_3 \ldots$. Diese Darstellung von a durch einen unendlichen Dezimalbruch ist eindeutig, d.h.: Stellt auch der unendliche Dezimalbruch $\xi_0, \xi_1 \xi_2 \xi_3 \ldots$ die Zahl a dar, so ist $z_k = \xi_k$ für $k = 0, 1, 2, \ldots$. Andernfalls gäbe es nämlich ein kleinstes $m \geq 0$ mit $z_m \neq \xi_m$, wobei wir ohne Beschränkung der Allgemeinheit $z_m < \xi_m$, also $z_m + 1 \leq \xi_m$ annehmen dürfen. Durch eine Abschätzung, die der in (24.2) ganz ähnlich ist, wird man nun auf den folgenden Widerspruch geführt:

$$a = z_0, z_1 \ldots z_{m-1} z_m z_{m+1} \ldots \leq z_0, z_1 \ldots z_m 99 \ldots$$
$$= z_0, z_1 \ldots z_{m-1} + \frac{z_m + 1}{10^m}$$
$$\leq \xi_0, \xi_1 \ldots \xi_{m-1} \xi_m < \xi_0, \xi_1 \ldots \xi_m \xi_{m+1} \ldots = a;$$

die letzte Abschätzung gilt, weil mindestens eine der Zahlen $\xi_{m+1}, \xi_{m+2}, \ldots$ von Null verschieden ist. Insgesamt haben wir also festgestellt:

Jede positive Zahl läßt sich durch einen völlig eindeutig bestimmten unendlichen Dezimalbruch darstellen.

Ist $a < 0$, so entwickelt man $-a$ in einen unendlichen Dezimalbruch $z_0, z_1 z_2 z_3 \ldots$ und hat dann in $a = -z_0, z_1 z_2 z_3 \ldots$ die eindeutige Darstellung von a durch einen unendlichen „negativen Dezimalbruch".

Statt der Zehnteilungsmethode hätte man in den obigen Betrachtungen ebensogut auch die Halbierungsmethode oder die Drittelungsmethode, allgemein die Methode der Unterteilung eines Intervalles in g gleiche Teile anwenden können, wobei g eine feste natürliche Zahl ≥ 2 ist. Man hätte dann die Darstellung von $a > 0$ durch einen sogenannten g-adischen Bruch $z_0, z_1 z_2 z_3 \ldots$ gewonnen, wobei z_0 eine nichtnegative ganze Zahl, z_k für $k \geq 1$ eine g-adische Ziffer, also eine Zahl aus $\{0, 1, \ldots, g-1\}$ ist, und die Gleichung $a = z_0, z_1 z_2 z_3 \ldots$ bedeutet, daß

$$z_0 + \frac{z_1}{g} + \frac{z_2}{g^2} + \cdots + \frac{z_n}{g^n} \to a$$

strebt. Im Falle $g = 2$ spricht man von dyadischen Brüchen.

Aufgabe

⁺Sei $a \geq 0$ und z_0 diejenige ganze Zahl ≥ 0, für die $z_0 \leq a < z_0 + 1$ ist. Wendet man auf das Intervall $[z_0, z_0 + 1]$ die Zehnteilungsmethode an, wobei man aber nicht — wie oben — nach *links* halboffene, sondern nunmehr nach *rechts* halboffene Intervalle herausgreift, so erhält man wiederum eine Dezimalbruchdarstellung von a. Diese Darstellung kann abbrechen, und zwar ist dies genau dann der Fall, wenn a eine rationale Zahl ist, deren Nenner als Zehnerpotenz geschrieben werden kann.

25 Die allgemeine Potenz und der Logarithmus

In Nr. 9 hatten wir die Potenz a^r ($a > 0$) für alle *rationalen* Exponenten r definiert, im vorliegenden Abschnitt werden wir die Bedeutung des Zeichens a^ρ

für *beliebiges reelles* ρ erklären, werden also darlegen, was z.B. unter $2^{\sqrt{2}}$ zu verstehen ist. Grundlage dieser Erklärung ist der

25.1 Hilfssatz *Sind alle r_n rational und strebt $r_n \to r \in \mathbb{Q}$, so strebt für jedes feste $a > 0$ stets $a^{r_n} \to a^r$.*

Zum Beweis dürfen wir $a \neq 1$ annehmen. Wir betrachten zuerst den Fall $r_n \to 0$ und zeigen, daß $a^{r_n} \to a^0 = 1$ konvergiert. Nach (22.1) strebt $a^{1/n} \to 1$ und $a^{-1/n} = (1/a)^{1/n}$ ebenfalls $\to 1$. Nach Wahl von $\varepsilon > 0$ gibt es also gewiß einen Index m mit $a^{1/m}, a^{-1/m} \in U_\varepsilon(1)$. Nun kann man weiterhin ein n_0 so bestimmen, daß für $n > n_0$ immer $-1/m < r_n < 1/m$ ist. Mit Satz 9.4 folgt daraus, daß für diese n die Potenz a^{r_n} stets zwischen $a^{-1/m}$ und $a^{1/m}$ und somit erst recht in $U_\varepsilon(1)$ liegt. Also strebt tatsächlich $a^{r_n} \to 1$. – Strebt jedoch $r_n \to r \neq 0$, so konvergiert jedenfalls $r_n - r \to 0$, nach dem eben Bewiesenen strebt also $a^{r_n} = a^{r_n - r} \cdot a^r \to 1 \cdot a^r = a^r$. ∎

Dieser Hilfssatz legt es nahe, bei der Definition der Potenz a^ρ ($a > 0$) für beliebiges reelles ρ folgendermaßen vorzugehen: Man wählt eine Folge rationaler Zahlen r_n, die gegen ρ konvergiert (eine solche Folge ist nach Satz 21.1 immer vorhanden), zeigt, daß $\lim a^{r_n}$ existiert und von der speziellen Wahl der approximierenden Folge (r_n) unabhängig ist — und setzt dann $a^\rho := \lim a^{r_n}$. Diesen Plan führen wir nun durch, bemerken vorher aber noch, *daß im Falle eines rationalen ρ die neue Erklärung von a^ρ wegen des obigen Hilfssatzes mit der alten übereinstimmt*.

Sei (s_n) eine feste Folge rationaler Zahlen, die wachsend gegen ρ konvergiert (s. Satz 21.1). Wegen Satz 9.4 ist dann die Folge (a^{s_n}) monoton und beschränkt und somit konvergent. Nun sei ferner (r_n) eine beliebige gegen ρ strebende Folge aus $\mathbb{Q}$. Dann konvergiert wegen unseres Hilfssatzes $a^{r_n} = a^{r_n - s_n} a^{s_n} \to \lim a^{s_n}$, der Grenzwert der Folge (a^{r_n}) ist also immer vorhanden und hängt überdies nicht von der Wahl der Folge (r_n) ab (sofern diese nur gegen ρ strebt). Wir sind also in der Tat zu der Definition

$$a^\rho := \lim a^{r_n} \quad (a > 0, r_n \text{ rational}, r_n \to \rho)$$

berechtigt. Ergänzt wird sie durch die Festsetzung

$$0^\rho := 0 \quad \text{für jedes positive } \rho\,^{[1)]}.$$

Wir prüfen nun, ob die Potenzregeln aus Nr. 9 und die Sätze 9.3 und 9.4 auch für Potenzen mit beliebigen reellen Exponenten gelten. Im folgenden seien a und b positive, r_n und s_n rationale Zahlen, und es strebe $r_n \to \rho$, $s_n \to \sigma$. Dann folgt aus $a^{r_n} a^{s_n} = a^{r_n + s_n}$ durch Grenzübergang sofort $a^\rho a^\sigma = a^{\rho + \sigma}$. Insbesondere ist $a^\rho a^{-\rho} =$

[1)] Der Leser halte sich folgendes deutlich vor Augen: Stoßen wir in irgendeinem Zusammenhang auf den Ausdruck a^ρ und wird dabei über den Exponenten ρ *nichts vorausgesetzt* (darf er also irgendeine reelle Zahl sein), so nehmen wir immer stillschweigend die Basis a als *positiv* an.

$a^{\rho-\rho} = a^0 = 1$, also $a^\rho \neq 0$. Und da wegen $a^{r_n} > 0$ gewiß $a^\rho \geq 0$ sein muß, gilt sogar $a^\rho > 0$. Aus $a^{r_n}/a^{s_n} = a^{r_n - s_n}$ ergibt sich, wenn man $n \to \infty$ gehen läßt, die Beziehung $a^\rho/a^\sigma = a^{\rho-\sigma}$. Ganz entsprechend gewinnt man die Gleichungen $a^\rho b^\rho = (ab)^\rho$ und $a^\rho/b^\rho = (a/b)^\rho$. — Sei nun $a < b$ (also $b/a > 1$), $\rho > 0$ und r eine rationale Zahl zwischen 0 und ρ. Für alle hinreichend großen n ist dann $r_n > r$, so daß wir mit Satz 9.4 die Ungleichung $1 = (b/a)^0 < (b/a)^r < (b/a)^{r_n}$ erhalten. Für $n \to \infty$ folgt daraus $1 < (b/a)^r \leq (b/a)^\rho$, also $a^\rho < b^\rho$. Ist jedoch $\rho < 0$, also $-\rho > 0$, so ergibt sich mit dem gerade Bewiesenen, daß $1/a^\rho < 1/b^\rho$ und somit $a^\rho > b^\rho$ ist. Insgesamt ist also die Funktion $x \mapsto x^\rho$ auf $(0, +\infty)$ streng wachsend oder streng abnehmend, je nachdem ρ positiv bzw. negativ ist (für $\rho = 0$ ist sie natürlich $\equiv 1$). Aus dieser Bemerkung ergibt sich, wenn $a > 1$ und $\rho < \sigma$ ist, die Ungleichung $1 = 1^{\sigma-\rho} < a^{\sigma-\rho} = a^\sigma/a^\rho$, also gilt $a^\rho < a^\sigma$. Ist jedoch $0 < a < 1$ (aber immer noch $\rho < \sigma$), so führt das eben Bewiesene zu der Ungleichung $1/a^\rho = (1/a)^\rho < (1/a)^\sigma = 1/a^\sigma$, also haben wir jetzt $a^\rho > a^\sigma$. Alle diese *Monotonieeigenschaften* fassen wir in dem folgenden Satz zusammen:

25.2 Satz *Die* Potenzfunktion *$x \mapsto x^\rho$ ($\rho \in \mathbf{R}$ fest) ist auf $\mathbf{R}^+$ positiv und*

streng wachsend,   falls $\rho > 0$,

streng abnehmend,   falls $\rho < 0$.

Die Exponentialfunktion *$x \mapsto a^x$ ($a > 0$ fest) ist auf $\mathbf{R}$ positiv und*

streng wachsend,   falls $a > 1$,

streng abnehmend,   falls $0 < a < 1$.

Fast wörtlich wie den Hilfssatz 25.1 beweist man jetzt den

25.3 Satz *Strebt die Folge reeller Zahlen $x_n \to x$, so strebt für jedes feste $a > 0$ stets $a^{x_n} \to a^x$.*

Nun sind wir in der Lage, auch noch die Potenzregel $(a^\rho)^\sigma = a^{\rho\sigma}$ zu beweisen. Dank A 22.9 strebt für festes k stets $(a^{r_n})^{s_k} \to (a^\rho)^{s_k}$, wegen $(a^{r_n})^{s_k} = a^{r_n s_k}$ aber auch $\to a^{\rho s_k}$, also ist $(a^\rho)^{s_k} = a^{\rho s_k}$. Für $k \to \infty$ folgt daraus mit Satz 25.3 die behauptete Gleichung $(a^\rho)^\sigma = a^{\rho\sigma}$. Zusammenfassend können wir also sagen, *daß in der Tat die geläufigen Potenzregeln auch für Potenzen mit beliebigen reellen Exponenten gelten.*

Die Definition der allgemeinen Potenz a^ρ macht es möglich, alle Gleichungen der Form $x^\alpha = a$ ($a > 0$, α reell) aufzulösen: Es ist $x = a^{1/\alpha}$. Wir werden sofort sehen, daß man auch „Potenzgleichungen" der Form $g^x = a$ unter gewissen natürlichen Voraussetzungen stets lösen kann.

25.4 Satz und Definition *Ist $g > 1$ und $a > 0$, so besitzt die Gleichung $g^x = a$ genau eine Lösung. Sie wird mit ${}^g\!\log a$ bezeichnet und der* Logarithmus *von a zur* Basis *oder* Grundzahl *g genannt. Liegt die Basis fest, so schreiben wir gewöhnlich $\log a$ statt ${}^g\!\log a$.*

Die Eindeutigkeit der Lösung folgt unmittelbar aus dem zweiten Teil des Satzes 25.2; wir beweisen nun ihre Existenz. Wegen $g>1$ strebt $(1/g)^n \to 0$, und da $a>0$ ist, gibt es also einen Index m derart, daß $(1/g)^m$ sowohl $\leq a$ als auch $\leq 1/a$ ausfällt. Infolgedessen ist $g^{-m} \leq a \leq g^m$. Nun setzen wir $x_1 := -m$, $y_1 := m$ und wenden auf das Intervall $[x_1, y_1]$ die Halbierungsmethode an — und zwar so, daß wir eine Intervallschachtelung $\langle x_n \mid y_n \rangle$ mit $g^{x_n} \leq a \leq g^{y_n}$ für $n = 1, 2, \ldots$ erhalten. Diese Schachtelung erfaßt einen Punkt x, und wegen $x_n \to x$, $y_n \to x$ folgt nun mit Satz 25.3, daß $g^x \leq a \leq g^x$, also $g^x = a$ ist. ∎

Unmittelbar aus der Definition des Logarithmus erhalten wir

$$^g\!\log g = 1 \quad \text{und} \quad ^g\!\log 1 = 0.$$

Ferner heben wir ausdrücklich hervor, *daß $^g\!\log a$ im Falle $a \leq 0$ nicht erklärt ist*—und im Reellen auch nicht erklärt werden kann—, weil g^x ständig positiv bleibt.

Die Beweise der nachstehenden Aussagen ergeben sich so unmittelbar aus den entsprechenden Sätzen über Potenzen, daß wir ihre nähere Durchführung dem Leser überlassen dürfen (a, b sind positive Zahlen, die Basis g geben wir nicht mehr explizit an):

$$\log(ab) = \log a + \log b, \qquad \log \frac{a}{b} = \log a - \log b, \qquad \log a^\rho = \rho \log a;$$

die Logarithmusfunktion $x \mapsto \log x$ *ist auf* $(0, +\infty)$ *streng wachsend*;

es ist $\log a < 0$ *für* $a < 1$ *und* $\log a > 0$ *für* $a > 1$.

Schließlich gilt auch ein Analogon zu Satz 25.3, nämlich der

25.5 Satz *Sind alle x_n positiv und strebt $x_n \to x > 0$, so strebt $\log x_n \to \log x$.*

Wir beweisen den Satz zunächst für den Fall $x = 1$. Dazu bestimmen wir nach Wahl von $\varepsilon > 0$ ein n_0, so daß für $n > n_0$ stets $g^{-\varepsilon} < x_n < g^\varepsilon$ bleibt (dies ist möglich, weil $g^{-\varepsilon} < 1$ und $g^\varepsilon > 1$ ist). Durch „Logarithmieren" dieser Abschätzung folgt dann $-\varepsilon < \log x_n < \varepsilon$ für $n > n_0$, also $\log x_n \to 0 = \log 1$. — Ist nun x eine beliebige positive Zahl, so strebt $x_n/x \to 1$, nach dem eben Bewiesenen muß also $\log x_n - \log x = \log(x_n/x) \to 0$ und somit $\log x_n \to \log x$ konvergieren. ∎

Nun erhalten wir ohne die geringste Mühe den

25.6 Satz *Sind alle x_n positiv und strebt $x_n \to x > 0$, so strebt für festes reelles ρ stets $x_n^\rho \to x^\rho$.*

Aus $x_n \to x$ folgt nämlich $\log x_n \to \log x$, daraus $\rho \log x_n \to \rho \log x$, also $\log x_n^\rho \to \log x^\rho$ und somit auch $x_n^\rho = g^{\log x_n^\rho} \to g^{\log x^\rho} = x^\rho$. ∎

Wir machen noch eine terminologische Bemerkung. Die Logarithmen, deren Basis die Eulersche Zahl e ist, nennt man natürliche Logarithmen. Der natürliche Logarithmus von x wird mit $\ln x$ bezeichnet (in der Literatur findet man häufig auch die Bezeichnung log x). Offenbar ist für $a > 0$ und jedes x

$$a^x = e^{x \ln a}.$$

Wir beschließen diesen Abschnitt mit einem Satz, der uns später noch von erheblichem Nutzen sein wird[1].

25.7 Satz *Die Zahlen $a_1, a_2, \ldots$ seien durchweg ≥ 0 und mögen der Bedingung*

$$a_{m+n} \leq a_m a_n \text{ für alle } m, n \in \mathbf{N}$$

genügen. Dann strebt

$$\sqrt[n]{a_n} \to \inf_{k=1}^{\infty} \sqrt[k]{a_k}.$$

Zum Beweis setzen wir

$$\lambda := \inf_{k=1}^{\infty} \sqrt[k]{a_k}$$

und wählen ein beliebiges $\varepsilon > 0$. Nach der Definition des Infimums gibt es ein natürliches m, so daß

$$\sqrt[m]{a_m} < \lambda + \varepsilon, \quad \text{also} \quad a_m < (\lambda + \varepsilon)^m$$

ist. Dieses m halten wir fest und bestimmen nun zu jedem $n \in \mathbf{N}$ Zahlen $p_n, q_n \in \mathbf{N}_0$ mit

$$n = p_n m + q_n, \quad 0 \leq q_n < m$$

(,,Division mit Rest"; s. A 6.4). Setzen wir noch $M := \max(a_1, \ldots, a_m)$, so finden wir die für $n = 1, 2, \ldots$ gültige Abschätzung

$$a_n = a_{p_n m + q_n} \leq a_{p_n m} a_{q_n} \leq a_m^{p_n} a_{q_n} < (\lambda + \varepsilon)^{m p_n} a_{q_n} \leq (\lambda + \varepsilon)^{m p_n} M.$$

Folglich gilt für alle $n \in \mathbf{N}$

$$\lambda \leq \sqrt[n]{a_n} < (\lambda + \varepsilon)^{m p_n / n} M^{1/n} = (\lambda + \varepsilon)^{1 - q_n / n} M^{1/n} = (\lambda + \varepsilon) \frac{M^{1/n}}{(\lambda + \varepsilon)^{q_n / n}}. \quad (25.1)$$

Da $0 \leq q_n < m$ ist, strebt $\dfrac{q_n}{n} \to 0$ und somit der Bruch auf der rechten Seite der obigen Abschätzungskette $\to 1$ (s. Hilfssatz 25.1). Infolgedessen kann man ihn unter die Zahl $(\lambda + 2\varepsilon)/(\lambda + \varepsilon)$ herabdrücken, denn diese ist > 1. Genauer: es gibt einen Index n_0, so daß für alle $n > n_0$ stets

$$\frac{M^{1/n}}{(\lambda + \varepsilon)^{q_n / n}} < \frac{\lambda + 2\varepsilon}{\lambda + \varepsilon}$$

---

[1] Beim ersten Lesen kann dieser Satz ohne Schaden übergangen werden.

bleibt. Für diese n ist also

$$(\lambda + \varepsilon) \frac{M^{1/n}}{(\lambda + \varepsilon)^{a_n/n}} < \lambda + 2\varepsilon,$$

und aus (25.1) folgt nun sofort

$$\lambda \leq \sqrt[n]{a_n} < \lambda + 2\varepsilon \quad \text{für alle } n > n_0.$$

Diese Abschätzung bedeutet aber gerade, daß $\sqrt[n]{a_n} \to \lambda$ strebt. ∎

Aufgaben

*1. Beweise der Reihe nach die folgenden Aussagen, wobei $\rho > 0$ ist: a) Sind alle $x_n \geq 0$ und strebt $x_n \to 0$, so konvergiert $x_n^\rho \to 0$. b) Zu jedem $\varepsilon > 0$ gibt es ein x_0, so daß für $x > x_0$ stets $1/x^\rho < \varepsilon$ bleibt. c) Zu jedem (noch so großen) $G > 0$ gibt es ein x_0, so daß für $x > x_0$ immer $x^\rho > G$ ist („x^ρ wird mit wachsendem x beliebig groß").

*2. Zeige: a) Sei $0 < a < 1$. Dann gibt es zu jedem $\varepsilon > 0$ ein x_0, so daß für $x > x_0$ stets $a^x < \varepsilon$ ausfällt. b) Sei $a > 1$. Dann gibt es zu jedem (noch so großen) $G > 0$ ein x_0, so daß für $x > x_0$ immer $a^x > G$ ist („a^x wird mit wachsendem x beliebig groß" — wenn $a > 1$ ist).

*3. Beweise der Reihe nach die folgenden Aussagen: a) Zu jedem (noch so großen) $G > 0$ gibt es ein n_0, so daß für $n > n_0$ stets $\log n > G$ bleibt. Für jedes $x > n_0 + 1$ ist dann auch $\log x > G$ („$\log x$ wird mit wachsendem x beliebig groß"). b) Zu jedem $\varepsilon > 0$ gibt es ein x_0, so daß für $x > x_0$ stets $1/\log x < \varepsilon$ ausfällt. c) $1/\log n \to 0$.

+4. $(\log n)/n \to 0$ („$\log n$ wächst wesentlich langsamer als n"). Hinweis: Beispiel 5 in Nr. 21.

5. Für $x, y > 0$ ist $\dfrac{\log x + \log y}{2} \leq \log \dfrac{x+y}{2}$.

6. Sei $g_1, g_2 > 1$ und $M := {}^{g_1}\!\log g_2$. Dann ist ${}^{g_1}\!\log a = M({}^{g_2}\!\log a)$.

7. ${}^{g}\!\log a$ läßt sich, sofern nur $a > 0$ ist, auch für eine Grundzahl $g \in (0, 1)$ erklären. Führe dies durch, beweise die Logarithmenregeln und untersuche das Monotonieverhalten der Funktion $x \mapsto {}^{g}\!\log x$. In diesem Buch werden wir, wie bisher, immer nur Grundzahlen > 1 verwenden.

26 Veränderungsprozesse und Exponentialfunktion

In A 7.7 hatten wir gesehen, daß zahlreiche Wachstums- und Abnahmeprozesse für eine zeitabhängige Größe $u(t)$ innerhalb kleiner Zeitspannen Δt näherungsweise nach dem Gesetz

$$u(t + \Delta t) = u(t) + \alpha u(t) \Delta t = (1 + \alpha \Delta t) u(t) \tag{26.1}$$

verlaufen (α eine Konstante $\neq 0$). Die Gl. (26.1) wird dabei den Prozeß um so

26 Veränderungsprozesse und Exponentialfunktion

besser beschreiben, je kleiner Δt ist. Natürlich erhebt sich nun sofort die Frage, ob man mit Hilfe dieses „im Kleinen" oder „lokal" gültigen Änderungsgesetzes (26.1) nicht auch den Endzustand eines *längerdauernden* Prozesses berechnen kann. Um etwas Bestimmtes vor Augen zu haben, nehmen wir an, der Prozeß beginne zur Zeit $t=0$ und habe die Dauer $T>0$. Um zu kleinen Zeitspannen zu kommen, innerhalb deren er (jedenfalls in guter Näherung) gemäß (26.1) verläuft, unterteilen wir das Intervall $[0, T]$ durch die Zeitpunkte $t_k := k(T/n)$ ($k = 0, 1, \ldots, n$) in n gleiche Teile der Länge (oder Dauer) $\Delta t = T/n$. Setzen wir zur Abkürzung $u_k := u(t_k)$ und bedeutet das Zeichen $a \approx b$, daß a näherungsweise gleich b ist so erhalten wir durch sukzessive Anwendung von (26.1) auf die Teilintervalle $[t_0, t_1], [t_1, t_2], \ldots, [t_{n-1}, t_n]$ für die Prozeßzustände $u_1, \ldots, u_n$ die folgenden Näherungsgleichungen:

$$u_1 \approx \left(1 + \alpha \frac{T}{n}\right) u_0,$$

$$u_2 \approx \left(1 + \alpha \frac{T}{n}\right) u_1 \approx \left(1 + \alpha \frac{T}{n}\right)^2 u_0,$$

$$\vdots$$

$$u(T) = u_n \approx \left(1 + \alpha \frac{T}{n}\right) u_{n-1} \approx \left(1 + \alpha \frac{T}{n}\right)^n u_0.$$

Da $\left(1 + \alpha \frac{T}{n}\right)^n u_0$ den Endzustand $u(T)$ umso besser beschreiben wird, je kleiner $\Delta t = T/n$, je größer also n gewählt wurde, wird man vermuten, daß

$$u(T) = \lim_{n \to \infty} \left(1 + \frac{\alpha T}{n}\right)^n u_0 \tag{26.2}$$

ist. Die Aufgabe des Mathematikers besteht nun darin, die *Existenz* dieses Limes nachzuweisen und seinen *Wert* zu berechnen, der Naturforscher wird anschließend empirisch zu bestätigen versuchen, *daß die Vermutung* (26.2) *der Wirklichkeit entspricht*.
Schreiben wir

$$\left(1 + \frac{\alpha T}{n}\right)^n = \left[\left(1 + \frac{\alpha T}{n}\right)^{n/\alpha T}\right]^{\alpha T},$$

so ist der Ausdruck innerhalb der eckigen Klammer ganz ähnlich gebaut wie $(1 + 1/n)^n$: In beiden Fällen wird die Summe „$1 + $ *Nullfolgenglied*" mit dem Reziproken des Nullfolgenglieds potenziert. Wir untersuchen deshalb gleich das Verhalten von Folgen, deren Glieder die Form $(1 + x_n)^{1/x_n}$ haben, wobei $x_n \to 0$

170   III Grenzwerte von Zahlenfolgen

strebt, und werden vermuten, daß sie gegen $\lim(1+1/n)^n = e$ konvergieren (s. Beispiel 9 in Nr. 21). In der Tat gilt der

26.1 Satz *Ist (x_n) eine Nullfolge, deren Glieder alle $\neq 0$ und > -1 sind, so strebt*

$$(1+x_n)^{1/x_n} \to e.$$

Zum Beweis seien zunächst alle x_n positiv. Der Index m werde so bestimmt, daß für $n \geq m$ stets $x_n \leq 1$, also $1/x_n \geq 1$ ist. Zu diesen n gibt es $k_n \in \mathbf{N}$ mit

$$k_n \leq \frac{1}{x_n} < k_n + 1, \quad \text{also mit} \quad \frac{1}{k_n+1} < x_n \leq \frac{1}{k_n}. \tag{26.3}$$

(Diese Einschließung ist der tragende Beweisgedanke: sie führt $(1+x_n)^{1/x_n}$ letztlich auf $(1+1/n)^n$ zurück). Aus (26.3) folgt die Abschätzung

$$\left(1+\frac{1}{k_n+1}\right)^{k_n} < (1+x_n)^{1/x_n} < \left(1+\frac{1}{k_n}\right)^{k_n+1},$$

die man auch in der Form

$$\left(1+\frac{1}{k_n+1}\right)^{k_n+1}\left(1+\frac{1}{k_n+1}\right)^{-1} < (1+x_n)^{1/x_n} < \left(1+\frac{1}{k_n}\right)^{k_n}\left(1+\frac{1}{k_n}\right) \tag{26.4}$$

schreiben kann. Da wegen (26.3) aber $(1/(k_n+1))$ und somit auch $(1/k_n)$ eine Nullfolge ist, strebt nach A 20.3 die linke Seite dieser Ungleichung ebenso wie die rechte gegen $e \cdot 1$; mit dem Einschnürungssatz 22.2 folgt aus (26.4) nun

$$(1+x_n)^{1/x_n} \to e.$$

Ganz ähnlich erkennt man aus der Abschätzung

$$\left(1-\frac{1}{k_n}\right)^{k_n+1} < (1-x_n)^{1/x_n} < \left(1-\frac{1}{k_n+1}\right)^{k_n},$$

daß $(1-x_n)^{1/x_n} \to 1/e$, also $(1-x_n)^{-1/x_n} \to e$ strebt; man beachte nur, daß $\lim(1-1/n)^n = 1/e$ ist (s. Lösung von A 22.2d). — Damit haben wir nun offenbar unseren Satz bewiesen, falls die x_n *fast immer positiv* oder *fast immer negativ* sind. Enthält aber (x_n) unendlich viele positive *und* unendlich viele negative Glieder, so können wir (x_n) in zwei Teilfolgen (x'_n) und (x''_n) zerlegen, von denen die erste nur positive, die zweite nur negative Glieder enthält. Nach dem bisher Bewiesenen strebt $(1+x'_n)^{1/x'_n} \to e$ und $(1+x''_n)^{1/x''_n} \to e$, woraus sich wegen A 20.4 die Behauptung unseres Satzes ergibt. ∎

26.2 Satz *Für jedes x strebt* $\left(1+\dfrac{x}{n}\right)^n \to e^x.$

Zum Beweis dürfen wir $x \neq 0$ annehmen. Dann strebt aber nach dem letzten Satz

$(1+x/n)^{n/x} \to e$; wegen Satz 25.6 gilt also

$$\left(1+\frac{x}{n}\right)^n = \left[\left(1+\frac{x}{n}\right)^{n/x}\right]^x \to e^x. \qquad \blacksquare$$

Für den eingangs betrachteten Veränderungsprozeß wird also gemäß (26.2) der Zustand nach Ablauf der Zeit T vermutungsweise durch

$$u(T) = u_0 e^{\alpha T} \qquad (26.5)$$

angegeben, wobei $u_0 = u(0)$ der „Anfangszustand" ist. Diese theoretische Aussage ist in vielen Fällen empirisch gut bestätigt, besonders für den Zerfall radioaktiver Substanzen (s. jedoch Aufgabe 7).

Die für alle x erklärte Exponentialfunktion $x \mapsto e^x$ wird e-Funktion oder auch *die* Exponentialfunktion genannt. Nach Satz 25.2 ist sie *positiv und streng wachsend*. Näheres über diese bemerkenswerte Funktion, die eine überragende Rolle in der Mathematik und ihren Anwendungen spielt, werden wir später erfahren. Statt e^x schreiben wir gelegentlich auch $\exp x$.

Wir beschließen diesen Abschnitt mit zwei Grenzwertaussagen, die wir in der Differentialrechnung benötigen werden. Aus Satz 26.1 folgt durch Logarithmieren sofort

$$\frac{{}^g\!\log(1+x_n)}{x_n} \to {}^g\!\log e, \text{ falls } x_n \to 0 \text{ strebt und alle } x_n \neq 0 \text{ und } > -1 \text{ sind}. \qquad (26.6)$$

Als nächstes zeigen wir: *Bei festem $a > 0$ konvergiert*

$$\frac{a^{x_n}-1}{x_n} \to \ln a, \text{ falls } x_n \to 0 \text{ strebt und alle } x_n \neq 0 \text{ sind}. \qquad (26.7)$$

Da die Behauptung für $a = 1$ trivial ist, nehmen wir $a \neq 1$ an. Für $x \neq 0$ ist $a^x = e^{x \ln a} > 0$ und $\neq 1$, also ist für alle n

$$y_n := a^{x_n} - 1 > -1 \text{ und } \neq 0, \text{ ferner strebt } y_n \to 0.$$

Wegen (26.6) konvergiert also

$$\frac{a^{x_n}-1}{x_n} = \frac{y_n}{\ln(1+y_n)} \cdot \ln a \to \frac{\ln a}{\ln e} = \ln a. \qquad \blacksquare$$

Aufgaben

1. $s_n := 1 + \frac{1}{1!} + \frac{1}{2!} + \cdots + \frac{1}{n!} \to e.$

Anleitung: a) $e' := \lim s_n$ existiert.

b) $a_n := \left(1+\frac{1}{n}\right)^n = \sum_{k=0}^{n} \binom{n}{k} \frac{1}{n^k} \leq s_n$, also $e \leq e'.$

c) Für $m > n$ ist $a_m \geq 1 + 1 + \left(1 - \frac{1}{m}\right)\frac{1}{2!} + \cdots + \left(1 - \frac{1}{m}\right)\left(1 - \frac{2}{m}\right) \cdots \left(1 - \frac{n-1}{m}\right)\frac{1}{n!}$, also $e \geq s_n$ und somit $e \geq e'$.

Bemerkung: Mit Hilfe eines leistungsfähigen Taschenrechners kann sich der Leser leicht vor Augen führen, daß die Folge (s_n) *sehr rasch*, die Folge $\left(\left(1 + \frac{1}{n}\right)^n\right)$ dagegen *außerordentlich langsam* gegen $e = 2{,}718281828 \ldots$ konvergiert. Wir bringen einige Beispiele, wobei man beachte, daß die Zahlen mit den Rundungsfehlern des Rechners behaftet sind:

n	$s_n := \sum_{k=0}^{n} \frac{1}{k!}$	$a_n := \left(1 + \frac{1}{n}\right)^n$
2	2,5	2,25
4	2,7083333333	2,4414062500
6	2,7180555555	2,5216263717
8	2,7182787698	2,5657845139
10	2,7182818011	2,5937424600
12	2,7182818282	2,6130352901

Die beiden nächsten Ergebnisse machen die schlechte Konvergenz der Folge (a_n) besonders sinnfällig (alle angegebenen Stellen sind korrekt):

$$a_{10000} = 2{,}7181459268 \ldots, \quad a_{10000000} = 2{,}7182816925 \ldots$$

S. auch W. Rautenberg: Zur Approximation von e durch $(1 + 1/n)^n$. Math. Semesterber. **XXXIII/2** (1986) 227–236. Mittels (s_n) hat Euler e auf 23 Dezimalen berechnet, „wo auch die letzte Ziffer noch genau ist" (*Introductio in analysin infinitorum*, § 122). Und weiter: *Ponamus autem brevitatis gratia pro numero hoc* 2,718281828459 *etc. constanter* [ständig] *litteram e*. Damit war die Bezeichnung e für die „Eulersche Zahl" endlich kanonisch geworden. S. dazu Fußnote auf S. 150.

2. $n(\sqrt[n]{a} - 1) \to \ln a$ für jedes $a > 0$.

Benutze in den Aufgaben 3 bis 10 die Näherungswerte $e \approx 2{,}7183$; $e^2 \approx 7{,}3891$; $\ln 10 \approx 2{,}3026$; $\ln 100 \approx 4{,}6052$; $\ln 0{,}6 \approx -0{,}5108$; $e^{-1,2} \approx 0{,}3012$.

3. Eine Bakterienpopulation der Anfangsgröße $u_0 = 10000$ habe eine tägliche Wachstumsrate von 10% (unter günstigen Bedingungen weisen Läusepopulationen ein ähnlich rasches Wachstum auf). Wieviel Bakterien sind nach 10 bzw. nach 20 Tagen vorhanden? **Hinweis:** (26.5) mit $\alpha = 1/10$ und $T = 10$ bzw. $= 20$.

4. Nach wieviel Tagen hat sich die Bakterienpopulation aus Aufgabe 3 verzehnfacht bzw. verhundertfacht?

5. Eine exponentiell wachsende Bakterienpopulation der Anfangsgröße $u_0 = 10000$ habe nach 10 Tagen die Größe $u(10) = 25000$. Wie groß ist sie nach 30 Tagen?

6. Eine exponentiell wachsende Bakterienpopulation bestehe nach 3 Tagen aus 124 und nach 6 Tagen aus 992 Mitgliedern. Was war ihre Anfangsgröße u_0? Wie groß ist sie nach 12 Tagen?

7. Doppelwertzeit und Bevölkerungsexplosion. Euler, Adam und Eva Zeige: Wächst eine Population P exponentiell, also gemäß $u(t) = u_0 e^{\alpha t}$ ($\alpha > 0$), so wird die Zeit δ, innerhalb derer $u(t)$ sich verdoppelt, durch $(\ln 2)/\alpha$ gegeben. Diese sogenannte **Doppelwertzeit** der Population P ist also *unabhängig* von $u(t)$: Die Population braucht, gleichgültig wie groß sie gerade ist, immer dieselbe Zeit δ, um sich zu verdoppeln. Die (menschliche) Erdbevölkerung hat sich seit geraumer Zeit etwa alle 35 Jahre verdoppelt. Nimmt man für sie das exponentielle Wachstumsgesetz (26.5) an, so ergibt sich $\alpha \approx 0{,}02/\text{Jahr}$. Ende 1986 gab es rund 5 Milliarden Menschen. Berechne mit (26.5) die Größe der Menschheit in den Jahren 2000, 2050, 2501. — Der feste Teil der Erdoberfläche ist etwa $149 \times 10^{12} \text{ m}^2$ groß. Wieviel Quadratmeter fester Erde werden im Jahre 2501 auf *einen* Menschen entfallen?

Die herausgerechneten Horrorzahlen zeigen, *daß das exponentielle Wachstumsgesetz nicht immer realistisch ist*. Ein besseres Gesetz, das *logistische*, findet man in Nr. 55.

Euler hat 1748 in seiner *Introductio in analysin infinitorum* (§ 110) die Aufgabe gestellt, „die jährliche Vermehrung der Menschen zu finden, wenn sich deren Anzahl alle hundert [!] Jahre verdoppelt." Die Antwort des glaubensstarken Kalvinisten (prüfe sie nach!): „Es hätte sich daher die Zahl der Menschen jährlich um den 144sten Teil vermehren müssen, und es sind somit die Einwürfe derjenigen Leute recht lächerlich, welche nicht zugeben wollen, daß die ganze Erde von einem Menschenpaare aus in so kurzer Zeit [seit der Schöpfung] habe bevölkert werden können." (Im 17. Jahrhundert hatte der Alttestamentler John Lightfoot, eine Zierde der Universität Cambridge, ausgerechnet, der Schöpfungsakt habe am 23. Oktober des Jahres 4004 v. Chr., und zwar um 9 Uhr morgens, stattgefunden. Beim Erscheinen der *Introductio* zählte die Welt also gerade 5752 Jahre.)

8. Halbwertzeit Unterliegt eine Population oder Substanz einem exponentiellen Abnahmeprozeß $u(t) = u_0 e^{-\beta t}$ ($\beta > 0$), so ist die Zeit τ, innerhalb derer $u(t)$ sich um die Hälfte vermindert, durch $\tau = (\ln 2)/\beta$ gegeben, ist also insbesondere *unabhängig* von dem gerade vorhandenen Zustand $u(t)$. τ heißt die **Halbwertzeit** der betrachteten Population oder Substanz. Dieser Begriff spielt eine zentrale Rolle beim Studium des Zerfalls radioaktiver Stoffe. Die Halbwertzeit des Thoriums ist z.B. $1{,}8 \cdot 10^{10}$ Jahre, die des Radiums dagegen nur 1590 Jahre.

9. Altersbestimmung von Fossilien Die hier dargestellte, ausgiebig benutzte Methode zur Altersbestimmung von Fossilien und abgestorbener organischer Substanzen beruht auf den folgenden physikalischen und biologischen Tatsachen: a) Das stabile Kohlenstoffatom C^{12} besitzt ein radioaktives Isotop C^{14}, das unter Ausstrahlung zweier Neutronen in C^{12} übergeht. b) C^{14} hat eine Halbwertzeit von ungefähr 5580 Jahren (s. Aufgabe 8). c) Das Verhältnis von C^{12} zu C^{14} in der Atmosphäre ist im wesentlichen konstant (C^{14} zerfällt zwar laufend, wird aber auch durch den Einfluß der Weltraumstrahlung laufend neu erzeugt). d) Lebende Pflanzen und Tiere unterscheiden nicht zwischen C^{12} und C^{14}; das Verhältnis von C^{12} zu C^{14} in einem lebenden Organismus ist also dasselbe wie in der Atmosphäre. e) Sobald der Organismus gestorben ist, beginnt sich dieses Verhältnis zu ändern, weil C^{14} zerfällt, aber nicht mehr neu aufgenommen wird.

Sei u_0 die im Organismus zur Zeit seines Todes vorhandene Menge von C^{14}; t Jahre danach wird sich diese Menge auf $u(t) = u_0 e^{-\beta t}$ reduziert haben. Nach Aufgabe 8 ist

$$\beta = \frac{\ln 2}{5580} \approx 0{,}0001242 \qquad (\ln 2 \approx 0{,}6931).$$

Der Zerfallsprozeß für C^{14} verläuft also nach der Gleichung

$$u(t) = u_0 e^{-0{,}0001242 t}.$$

Angenommen, in einem Fossil F stelle man nur 60% desjenigen C^{14}-Gehalts fest, den ein lebender Organismus entsprechender Größe besitzt. Wieviel Jahre sind seit dem Tode von F verstrichen?
Die hier beschriebene Methode hat z.b. ergeben, daß die berühmten Schriftrollen vom Toten Meer etwa um Christi Geburt angefertigt worden sind.

10. Funktionstest der Bauchspeicheldrüse Um die Funktion der Bauchspeicheldrüse zu testen, wird ein bestimmter Farbstoff in sie eingespritzt und dessen Ausscheiden gemessen. Eine gesunde Bauchspeicheldrüse scheidet pro Minute etwa 4% des jeweils noch vorhandenen Farbstoffs aus. Wir nehmen an, daß 0,2 Gramm des Farbstoffs injiziert werden und daß nach Ablauf von 30 Minuten noch 0,1 Gramm vorhanden sind. Funktioniert die Bauchspeicheldrüse normal?

11. Die Poissonsche Approximation der Binomialverteilung Ein sogenanntes Bernoulliexperiment ist ein Experiment mit genau zwei möglichen Ausgängen; den einen nennen wir „Erfolg", den anderen „Mißerfolg". Das gängigste Beispiel hierfür ist das Werfen einer Münze mit den beiden möglichen Ausgängen „Zahl oben" und „Wappen oben". Bei einmaliger Ausführung des Bernoulliexperiments sei die Wahrscheinlichkeit für einen Erfolg gleich p; die Wahrscheinlichkeit für einen Mißerfolg ist dann $= 1 - p$. Wir können uns hier nicht auf eine Diskussion des Wahrscheinlichkeitsbegriffs einlassen; nur soviel sei gesagt, daß die Wahrscheinlichkeit immer eine Zahl im Intervall $[0, 1]$ ist und daß man in einem Bernoulliexperiment die Erfolgswahrscheinlichkeit p jedenfalls näherungsweise bestimmen kann, indem man die Anzahl k der Erfolge bei n-maliger Wiederholung des Experiments durch n dividiert, wobei n „groß" sein soll, kurz: $p \approx k/n$ bei großem n. Für ein genaueres Studium dieser Dinge verweisen wir auf die Lehrbücher der Wahrscheinlichkeitstheorie. Ihnen entnehmen wir auch, daß die Wahrscheinlichkeit $b(k;n,p)$ dafür, daß bei n-maliger Wiederholung eines Bernoulliexperiments (mit Erfolgswahrscheinlichkeit p) der Erfolg genau k-mal eintritt, durch

$$b(k;n,p) = \binom{n}{k} p^k (1-p)^{n-k} \tag{26.8}$$

gegeben wird. In der Praxis hat man es häufig mit Wiederholungen („Serien") von Bernoulliexperimenten zu tun, bei denen n sehr groß und p sehr klein ist (Beispiele: Ausschußware bei Massenproduktion, Artilleriebeschuß von Punktzielen, Falschverbindung in Telefonzentralen, Auftreten von Druckfehlern in einem Buch, Todesfälle bei relativ harmlosen Grippeepidemien, ärztliche Kunstfehler bei Routineoperationen usw., die „Erfolge" sind in diesen Beispielen perverserweise fast stets die *unerwünschten* Ausgänge der Experimente). In solchen Fällen ist die Berechnung von $b(k;n,p)$ sehr aufwendig, und man wird sich daher nach *Näherungsformeln* umsehen. Zeige:

Ist λ eine nichtnegative Konstante und $p_n := \lambda/n$, so strebt bei festem k

$$\binom{n}{k} p_n^k (1-p_n)^{n-k} \to e^{-\lambda} \frac{\lambda^k}{k!} \quad \text{für } n \to \infty.$$

Man sieht deshalb den rechtsstehenden Grenzwert als eine Approximation für die

"Binomialverteilung" $b(k; n, p)$ an, "wenn n groß und p klein" ist; für λ ist in diesem Falle das Produkt np einzutragen. Diese Approximation heißt nach Denis Poisson (1781–1840; 59) die **Poissonsche Approximation der Binomialverteilung**. Es liegt hier ein besonders wichtiges Beispiel dafür vor, *daß der Grenzwert eines Ausdrucks als Näherung für ebendiesen Ausdruck dient und nicht umgekehrt.* Konkrete Anwendungen der Poissonschen Approximation findet der Leser in der nächsten Aufgabe.

12. Geburtstage, Ausschußware, Mongolismus, Tod durch Narkose, ärztliche Kunstfehler, Schutzimpfung Zur Lösung der folgenden Probleme benötigen wir neben der Aufgabe 11 zwei Formeln der Wahrscheinlichkeitstheorie, die intuitiv sofort einleuchten: Die Wahrscheinlichkeit, bei n Wiederholungen eines Bernoulliexperiments (mit Erfolgswahrscheinlichkeit p) *höchstens* r Erfolge zu haben ($0 \leq r \leq n$), wird gegeben durch

$$P(k \leq r; n, p) := \sum_{k=0}^{r} \binom{n}{k} p^k (1-p)^{n-k}, \tag{26.9}$$

die Wahrscheinlichkeit für *mindestens* r Erfolge dagegen durch

$$P(k \geq r; n, p) := \sum_{k=r}^{n} \binom{n}{k} p^k (1-p)^{n-k}. \tag{26.10}$$

Wegen

$$\sum_{k=r}^{n} \binom{n}{k} p^k (1-p)^{n-k} = \sum_{k=0}^{n} \binom{n}{k} p^k (1-p)^{n-k} - \sum_{k=0}^{r-1} \binom{n}{k} p^k (1-p)^{n-k}$$

$$= (p + (1-p))^n - \sum_{k=0}^{r-1} \binom{n}{k} p^k (1-p)^{n-k} = 1 - \sum_{k=0}^{r-1} \binom{n}{k} p^k (1-p)^{n-k}$$

ist

$$P(k \geq r; n, p) = 1 - P(k \leq r-1; n, p); \tag{26.11}$$

diese Formel erleichtert oft die Berechnung von $P(k \geq r; n, p)$ bei großem n und kleinem r. Die folgenden Aufgaben interpretiere man als Wiederholungen von Bernoulliexperimenten in der Poisson-Situation (großes n, kleines p). Gemäß Aufgabe 11 und den obigen Erörterungen benutze der Leser deshalb zu ihrer Lösung die Näherungsformeln

$$P(k \leq r; n, p) \approx e^{-\lambda} \sum_{k=0}^{r} \frac{\lambda^k}{k!},$$

$$P(k \geq r; n, p) \approx e^{-\lambda} \sum_{k=r}^{n} \frac{\lambda^k}{k!} \approx 1 - e^{-\lambda} \sum_{k=0}^{r-1} \frac{\lambda^k}{k!} \quad \text{mit } \lambda := np.$$

Dabei bediene man sich der folgenden Näherungswerte:

$$e^{-1} \approx 0{,}3679, \quad e^{-2} = 0{,}1353, \quad e^{-4} \approx 0{,}0183, \quad e^{-5} \approx 0{,}0067, \quad e^{-6} \approx 0{,}0025.$$

Um die Arbeitsersparnis zu beurteilen, welche die Poissonsche Approximation mit sich bringt, lasse man sich die Mühe nicht verdrießen, die Lösungen auch in den exakten Formen (26.9) bis (26.11) aufzuschreiben und wenigstens eine von ihnen nach dieser Methode wirklich auszurechnen.

a) An einer Versammlung zum 1. Mai nehmen 1460 Menschen teil. Wie groß ist die Wahrscheinlichkeit, daß mindestens zwei von ihnen an diesem Tag Geburtstag haben? Für p nehme man den Wert 1/365 (warum ist das vernünftig?).

b) Eine Fabrik stelle Glühbirnen unter gleichbleibenden Produktionsbedingungen her. Die Wahrscheinlichkeit, daß eine Glühbirne defekt ist, sei 0,005. Wie groß ist die Wahrscheinlichkeit, daß eine Sendung von 1000 Glühbirnen höchstens eine defekte enthält?

c) Etwa eines von 700 neugeborenen Kindern leidet am Down-Syndrom (Mongolismus). Angenommen, in einem Krankenhaus werden in einem gewissen Jahr 3500 Kinder geboren. Wie groß ist die Wahrscheinlichkeit, daß mindestens drei von ihnen das Down-Syndrom haben?

d) Bei der Anwendung eines Narkosemittels N besteht immer eine geringe Gefahr, daß der Patient stirbt. Zahlenmäßig wird diese Gefahr durch den sogenannten Mortalitätskoeffizienten von N erfaßt; er gibt die Wahrscheinlichkeit dafür an, daß der Patient die Anwendung von N nicht überlebt. Angenommen, N habe den Mortalitätskoeffizienten 1/8000 und werde in den Krankenhäusern einer Großstadt in einem gewissen Jahr bei 16000 Patienten benutzt. Wie groß ist die Wahrscheinlichkeit, daß mindestens ein Patient infolge der Anwendung von N in diesem Jahr stirbt? (Für nähere Angaben über Mortalitätskoeffizienten vgl. H. W. Opderbecke: „Anaesthesie und ärztliche Sorgfaltspflicht". Berlin-Heidelberg-New York 1978).

e) Angenommen, die Wahrscheinlichkeit, daß ein Patient durch ärztliche Kunstfehler bei einer Operation dauernde Schädigungen oder sogar den Tod erleidet, sei 1/6000. Wenn in den Krankenhäusern einer Stadt in einem gewissen Jahr 12000 Operationen durchgeführt werden, wie groß ist dann die Wahrscheinlichkeit, daß mindestens ein Patient in diesem Jahr durch ärztliche Kunstfehler für dauernd geschädigt wird oder stirbt?

f) Angenommen, ein Grippeimpfstoff erzeuge in 99,99% aller Fälle Immunität und werde an 10000 Personen gegeben. Wie groß ist die Wahrscheinlichkeit, daß mindestens zwei Personen keine Immunität erlangen?

27 Der Cauchysche Grenzwertsatz

Die folgende heuristische (und sehr im Vagen verbleibende) Überlegung wird uns zu dem ebenso einfachen wie fruchtbaren Cauchyschen Grenzwertsatz führen. Strebt $a_n \to 0$, so liegen für hinreichend große n, etwa für alle $n > m$, die Glieder a_n „dicht bei 0", kurz: $a_n \approx 0$ für $n > m$. Dasselbe wird dann auch für jedes der arithmetischen Mittel $(a_{m+1} + \cdots + a_n)/(n-m)$ gelten $(n > m)$. Erst recht wird also $(a_{m+1} + \cdots + a_n)/n \approx 0$ sein. Und da $(a_1 + \cdots + a_m)/n \to 0$ strebt für $n \to \infty$ (m ist ja *fest*, im Zähler dieses Bruches steht also eine Konstante), werden wir erwarten, daß $(a_1 + \cdots + a_n)/n = (a_1 + \cdots + a_m)/n + (a_{m+1} + \cdots + a_n)/n \approx 0$ ist für alle hinreichend großen n, schärfer: *daß* $(a_1 + \cdots + a_n)/n \to 0$ *strebt für* $n \to \infty$. Dies ist in der Tat der Fall, und der exakte Beweis hierfür ist sehr leicht: Wegen $\lim a_n = 0$ gibt es zu beliebig vorgeschriebenem $\varepsilon > 0$ ein m derart, daß für $k > m$ stets $|a_k| < \varepsilon/2$ bleibt. Dann ist auch

$$\frac{|a_{m+1} + \cdots + a_n|}{n-m} \leq \frac{|a_{m+1}| + \cdots + |a_n|}{n-m} < \frac{(n-m)\frac{\varepsilon}{2}}{n-m} = \frac{\varepsilon}{2},$$

erst recht gilt also

$$\frac{|a_{m+1}+\cdots+a_n|}{n} < \frac{\varepsilon}{2} \quad \text{für alle } n > m.$$

Da m fest ist, strebt $(a_1+\cdots+a_m)/n \to 0$ für $n \to \infty$; infolgedessen gibt es ein $n_0 > m$, so daß

$$\frac{|a_1+\cdots+a_m|}{n} < \frac{\varepsilon}{2} \quad \text{für alle } n > n_0$$

ist. Aus diesen beiden Abschätzungen folgt sofort, daß für $n > n_0$

$$\left|\frac{a_1+\cdots+a_n}{n}\right| \leq \frac{|a_1+\cdots+a_m|}{n} + \frac{|a_{m+1}+\cdots+a_n|}{n} < \frac{\varepsilon}{2}+\frac{\varepsilon}{2} = \varepsilon$$

ausfällt, daß also tatsächlich $(a_1+\cdots+a_n)/n \to 0$ strebt. Diese Grenzwertaussage läßt sich in naheliegender Weise sofort verallgemeinern: Strebt nämlich $a_n \to a$ (wobei nun $a \neq 0$ sein darf), so konvergiert $a_n - a \to 0$, und daher strebt nach dem eben Bewiesenen

$$\frac{a_1+\cdots+a_n}{n} - a = \frac{(a_1-a)+\cdots+(a_n-a)}{n} \to 0.$$

Es gilt also der

°**27.1 Grenzwertsatz von Cauchy** *Aus $a_n \to a$ folgt* $\dfrac{a_1+\cdots+a_n}{n} \to a$.

Nehmen wir statt des gewöhnlichen arithmetischen Mittels $(a_1+\cdots+a_n)/n$ ein gewichtetes Mittel $(p_1 a_1+\cdots+p_n a_n)/(p_1+\cdots+p_n)$ mit den (positiven) Gewichten $p_1, p_2, \ldots$, so können wir den oben geführten Beweis fast wörtlich übernehmen, sofern nur $1/(p_1+\cdots+p_n) \to 0$ strebt. Wir gewinnen so den

°**27.2 Satz** *Sind die Zahlen $p_1, p_2, \ldots$ alle positiv und strebt $1/(p_1+\cdots+p_n) \to 0$, so folgt aus $a_n \to a$ immer* $\dfrac{p_1 a_1+\cdots+p_n a_n}{p_1+\cdots+p_n} \to a$.

Nun erhält man mühelos den

°**27.3 Satz** *Ist (b_n) eine streng wachsende und unbeschränkte Folge positiver Zahlen und strebt $\dfrac{a_n-a_{n-1}}{b_n-b_{n-1}} \to c$, so strebt auch $\dfrac{a_n}{b_n} \to c$.*

Setzen wir nämlich $a_0 = b_0 := 0$, $p_k := b_k - b_{k-1}$ für $k = 1, 2, \ldots$, so folgt aus Satz 27.2

$$\frac{p_1 \dfrac{a_1 - a_0}{b_1 - b_0} + \cdots + p_n \dfrac{a_n - a_{n-1}}{b_n - b_{n-1}}}{p_1 + \cdots + p_n} = \frac{a_n}{b_n} \to c$$

(man beachte, daß $1/b_n \to 0$ strebt). ∎

Der Cauchysche Grenzwertsatz hat ein Analogon für die Folge der *geometrischen Mittel*:

27.4 Satz *Strebt die Folge positiver Zahlen a_n gegen a, so strebt auch*

$$\sqrt[n]{a_1 \cdots a_n} \to a.$$

Wir nehmen zunächst $a > 0$ an. Aus $a_n \to a$ folgt dann $\ln a_n \to \ln a$, daraus

$$\alpha_n := \ln \sqrt[n]{a_1 \cdots a_n} = \frac{\ln a_1 + \cdots + \ln a_n}{n} \to \ln a$$

und somit schließlich

$$\sqrt[n]{a_1 \cdots a_n} = e^{\alpha_n} \to e^{\ln a} = a.$$

Im Falle $a = 0$ ergibt sich die Behauptung am einfachsten mit Hilfe des Cauchyschen Grenzwertsatzes aus der Ungleichung zwischen dem arithmetischen und geometrischen Mittel (Satz 12.2). Für einen anderen Beweis s. Aufgabe 11. ∎

Aufgaben

1. $\dfrac{1 + \dfrac{1}{2} + \dfrac{1}{3} + \cdots + \dfrac{1}{n}}{n} \to 0$.

2. Aus $a_n \to a$ folgt $\dfrac{a_1 + 2a_2 + \cdots + na_n}{n^2} \to \dfrac{a}{2}$ (vgl. Aufgabe 4).

3. $\dfrac{1^p + 2^p + \cdots + n^p}{n^{p+1}} \to \dfrac{1}{p+1}$ für jedes feste $p \in \mathbb{N}$. Hinweis: Satz 27.3.

4. Aus $a_n \to a$ folgt $\dfrac{a_1 + 2^p a_2 + \cdots + n^p a_n}{n^{p+1}} \to \dfrac{a}{p+1}$ für $p \in \mathbb{N}$. Hinweis: Satz 27.3.

5. Aus $a_n \to a$ folgt $\dfrac{a_0 + 2^1 a_1 + 2^2 a_2 + \cdots + 2^n a_n}{2^{n+1}} \to a$.

⁺6. Strebt $a_n \to a$ und $b_n \to b$, so strebt $\dfrac{a_0 b_n + a_1 b_{n-1} + \cdots + a_n b_0}{n+1} \to ab$. Hinweis: $a_k b_{n-k} = (a_k - a) b_{n-k} + a b_{n-k}$.

7. Zeige mit Hilfe des Satzes 27.4, daß $\sqrt[n]{n} \to 1$ strebt.

8. $\lim \sqrt[n]{\binom{2n}{n}} = 4$. Hinweis: A 7.3c.

*9. $\lim \dfrac{1}{\sqrt[n]{n!}} = 0$.

10. $\lim \dfrac{n}{\sqrt[n]{n!}} = e$. Hinweis: A 7.9. — Beweise die Behauptung auch mit A 21.3c.

11. Beweise den Satz 27.4 für den Fall $a=0$, ohne die Ungleichung zwischen dem arithmetischen und geometrischen Mittel zu benutzen. Hinweis: $0 < a_n < \varepsilon$ für $n > m \Rightarrow$ $0 < \sqrt[n]{a_1 \cdots a_n} < \sqrt[n]{a_1 \cdots a_m} \sqrt[n]{\varepsilon^{n-m}}$. Lasse nun $n \to \infty$ gehen.

28 Häufungswerte einer Zahlenfolge

Nach dem Auswahlprinzip von Bolzano-Weierstraß besitzt eine beschränkte Folge (a_n) eine konvergente Teilfolge (a'_n). In *jeder* ε-Umgebung von $\lim a'_n$ liegen also *fast alle* Glieder von (a'_n) und damit jedenfalls *unendlich viele* Glieder der Gesamtfolge (a_n). Diese Erscheinung gibt Anlaß zu einer grundlegenden

°**Definition** *Eine Zahl* α *heißt* Häufungswert *der Folge* (a_n), *wenn in* jeder ε-*Umgebung von* α unendlich viele *Folgenglieder liegen, wenn es also zu* jedem $\varepsilon > 0$ unendlich viele *Indizes n gibt, für die*

$$a_n \in U_\varepsilon(\alpha) \quad \text{oder also} \quad |a_n - \alpha| < \varepsilon \text{ ist.}$$

Wir haben eben gesehen, daß der Grenzwert einer konvergenten Teilfolge von (a_n) Häufungswert von (a_n) ist. Hiervon gilt auch die Umkehrung. Ist nämlich α ein Häufungswert von (a_n), so kann man der Reihe nach Indizes $n_1 < n_2 < \cdots$ derart bestimmen, daß a_{n_k} in $U_{1/k}(\alpha)$ liegt. Die Teilfolge (a_{n_k}) strebt dann gegen α, und insgesamt gilt somit der

°**28.1 Satz** *Die Zahl* α *ist genau dann Häufungswert einer gegebenen Folge, wenn sie Grenzwert einer Teilfolge derselben ist.*

Das Auswahlprinzip von Bolzano–Weierstraß ist somit dem folgenden Satz völlig gleichwertig, der auch gerne als *Satz von Bolzano-Weierstraß* bezeichnet wird:

°**28.2 Satz** *Jede beschränkte Folge besitzt mindestens einen Häufungswert.*

Unbeschränkte Folgen, wie etwa (n), brauchen keinen Häufungswert zu besitzen. *Der einzige Häufungswert einer konvergenten Folge ist ihr Grenzwert*; mehrere verschiedene Häufungswerte können also nur bei divergenten Folgen vorkommen. *Tritt ein Folgenglied unendlich oft auf, so ist es Häufungswert.* — Die Folge $(1, -1, 1, -1, \ldots)$ besitzt die (einzigen) Häufungswerte 1 und -1, dasselbe gilt für die Folge der Zahlen $(-1)^{n+1}+1/n$. Schreiben wir die rationalen Zahlen gemäß Satz 19.1 als eine Folge, so ist jede reelle Zahl Häufungswert derselben (s. Satz 21.1).—Man mache sich den einschneidenden Unterschied deutlich, der zwischen den Ausdrücken „für fast alle n" und „für unendlich viele n" besteht. Wir betrachten nun eine beschränkte, etwa in $[a, b]$ liegende Folge (a_n). Offenbar gehört dann auch jeder Häufungswert von (a_n) zu $[a, b]$, die (nichtleere) Menge H aller Häufungswerte von (a_n) ist also beschränkt und besitzt somit ein Infimum α und ein Supremum α'. Es ist eine Tatsache von grundsätzlicher Bedeutung, daß α und α' wieder Häufungswerte von (a_n) sind (also zu H gehören). Wir zeigen dies nur für α. Zu jedem $\varepsilon > 0$ gibt es ein $\beta \in H$ mit $\alpha \le \beta < \alpha + \varepsilon$. Ist $\alpha = \beta$, so sind wir fertig. Ist aber $\alpha < \beta$, so gibt es ein $\delta > 0$ mit $\alpha < \beta - \delta < \beta + \delta < \alpha + \varepsilon$, und da in $U_\delta(\beta)$ unendlich viele a_n liegen, muß dies erst recht für $U_\varepsilon(\alpha)$ zutreffen: α ist also in der Tat ein Häufungswert von (a_n). Ganz ähnlich zeigt man, daß α' in H liegt. Wir fassen zusammen:

28.3 Satz und Definition *Jede beschränkte Folge (a_n) besitzt einen* größten *und einen* kleinsten *Häufungswert. Der erstere wird* Limes superior *von (a_n) — in Zeichen:* $\limsup a_n$ *—, der letztere* Limes inferior *von (a_n) — in Zeichen:* $\liminf a_n$ *— genannt.*

Für jede konvergente Teilfolge (a'_n) von (a_n) ist $\liminf a_n \le \lim a'_n \le \limsup a_n$, und es sind immer Teilfolgen vorhanden, die gegen $\liminf a_n$ bzw. $\limsup a_n$ konvergieren.

Eine „ε-Charakterisierung" des Limes inferior und Limes superior bringt der folgende Satz (eine weitere Charakterisierung findet der Leser in der Aufgabe 5):

28.4 Satz *Die Zahl α ist genau dann der Limes inferior der beschränkten Folge (a_n), wenn für jedes $\varepsilon > 0$ die Ungleichung*

$$a_n < \alpha + \varepsilon \text{ für unendlich viele } n,$$

die Ungleichung

$$a_n < \alpha - \varepsilon \text{ jedoch nur für höchstens endlich viele } n$$

gilt. Und entsprechend ist die Zahl α' genau dann der Limes superior von (a_n), wenn für jedes $\varepsilon > 0$ die Ungleichung

$$a_n > \alpha' - \varepsilon \text{ für unendlich viele } n,$$

die Ungleichung

$$a_n > \alpha' + \varepsilon \text{ jedoch nur für höchstens endlich viele } n$$

besteht.

Wir beweisen lediglich die Aussage über den Limes inferior. Es sei zunächst die „ε-Bedingung" erfüllt und $U_\varepsilon(\alpha)$ eine beliebige ε-Umgebung von α. Dann gilt offenbar $a_n \in U_\varepsilon(\alpha)$ für unendlich viele n, so daß α gewiß ein Häufungswert von (a_n) ist. Hingegen kann eine Zahl $\gamma < \alpha$ niemals Häufungswert von (a_n) sein: Zu $\varepsilon := (\alpha - \gamma)/2$ gibt es nämlich höchstens endlich viele n mit $a_n < \alpha - \varepsilon = \gamma + \varepsilon$, erst recht gilt also $a_n \in U_\varepsilon(\gamma)$ auch nur für höchstens endlich viele n. Insgesamt erweist sich somit α in der Tat als der kleinste Häufungswert von (a_n). — Nun sei $\alpha := \liminf a_n$ und ε eine beliebig vorgegebene positive Zahl. Da α ein Häufungswert von (a_n) ist, gilt die Ungleichung $a_n < \alpha + \varepsilon$ trivialerweise für unendlich viele n. Hingegen kann die Ungleichung $a_n < \alpha - \varepsilon$ nur für höchstens endlich viele n richtig sein: Träfe sie nämlich für unendlich viele n zu, so besäße (a_n) eine Teilfolge (a_{n_k}) mit $a_{n_k} < \alpha - \varepsilon$ für alle k. Diese (trivialerweise beschränkte) Teilfolge hätte nach Satz 28.2 einen Häufungswert, der $\leq \alpha - \varepsilon$ und offenbar ein Häufungswert von (a_n) sein müßte — im Widerspruch zur Definition von α. Insgesamt ergibt sich also, daß die „ε-Bedingung" erfüllt ist. ∎

Aus unseren bisherigen Resultaten gewinnen wir ohne weiteres Zutun den

28.5 Satz *Eine Folge (a_n) konvergiert genau dann, wenn sie beschränkt ist und nur einen Häufungswert besitzt. In diesem Falle ist* $\lim a_n = \liminf a_n = \limsup a_n$.

Auf die Sätze 27.1 und 27.4 fällt nunmehr ein neues Licht durch den

28.6 Satz[1] *Für jede beschränkte Folge (a_n) ist*

$$\liminf a_n \leq \liminf \frac{a_1 + \cdots + a_n}{n} \leq \limsup \frac{a_1 + \cdots + a_n}{n} \leq \limsup a_n; \qquad (28.1)$$

sind überdies alle a_n positiv, so ist auch

$$\liminf a_n \leq \liminf \sqrt[n]{a_1 \cdots a_n} \leq \limsup \sqrt[n]{a_1 \cdots a_n} \leq \limsup a_n. \qquad (28.2)$$

Wir beweisen zunächst den linken Teil der Ungleichung (28.1) und setzen zur Abkürzung $\alpha := \liminf a_n$, $\beta := \liminf \dfrac{a_1 + \cdots + a_n}{n}$. Zu zeigen ist also $\alpha \leq \beta$. Nach Wahl von $\varepsilon > 0$ gibt es ein m, so daß für $n > m$ stets $a_n > \alpha - \varepsilon/4$ ausfällt (s. Satz 28.4). Infolgedessen ist auch

$$\frac{a_{m+1} + \cdots + a_n}{n - m} > \alpha - \frac{\varepsilon}{4}, \quad \text{erst recht also} \quad \frac{a_{m+1} + \cdots + a_n}{n} > \frac{n-m}{n}\left(\alpha - \frac{\varepsilon}{4}\right).$$

Da für $n \to \infty$ aber $\dfrac{n-m}{n}\left(\alpha - \dfrac{\varepsilon}{4}\right) \to \alpha - \dfrac{\varepsilon}{4}$ strebt, gibt es ein $n_0 > m$ derart, daß

$$\frac{a_{m+1} + \cdots + a_n}{n} > \alpha - \frac{\varepsilon}{2} \quad \text{für alle } n > n_0$$

---

[1] Dieser und der nächste Satz können beim erstmaligen Lesen übergangen werden.

182 III Grenzwerte von Zahlenfolgen

ist. Und da für $n \to \infty$ schließlich $(a_1 + \cdots + a_m)/n \to 0$ konvergiert, also für alle hinreichend großen n gewiß $> -\varepsilon/2$ bleibt, gibt es ein $n_1 > n_0$, so daß

$$\frac{a_1 + \cdots + a_m + a_{m+1} + \cdots + a_n}{n} > \alpha - \varepsilon \quad \text{für alle } n > n_1$$

ist. Infolgedessen muß in der Tat $\beta \geq \alpha$ sein. Der rechte Teil der Ungleichung (28.1) wird ganz ähnlich bewiesen; der mittlere Teil ist selbstverständlich. — Auch beim Beweis der Ungleichung (28.2) beschränken wir uns auf deren linken Teil und dürfen dabei, um Triviales zu vermeiden, $\liminf a_n > 0$ annehmen, so daß die Folge $(\ln a_n)$ beschränkt ist. Wegen (28.1) haben wir dann

$$\liminf(\ln a_n) \leq \liminf \frac{\ln a_1 + \cdots + \ln a_n}{n} = \liminf(\ln \sqrt[n]{a_1 \cdots a_n}).$$

Offenbar ist nun unsere Behauptung bewiesen, wenn wir in dieser Ungleichung den Logarithmus „herausziehen" können, wenn also für jede Folge (α_n) mit $0 < r_1 \leq \alpha_n \leq r_2$ stets

$$\liminf(\ln \alpha_n) = \ln(\liminf \alpha_n)$$

ist. Um dies zu zeigen, setzen wir den Satz 28.1 ein. Wir wählen zunächst eine Teilfolge $(\ln \alpha_{n_k})$ aus, die gegen $\beta := \liminf(\ln \alpha_n)$ konvergiert; dann strebt $\alpha_{n_k} \to e^\beta$, also ist $\liminf \alpha_n \leq e^\beta$ und somit $\gamma := \ln(\liminf \alpha_n) \leq \beta$. Nun strebe $\alpha_{n_l} \to \liminf \alpha_n$. Dann konvergiert $\ln \alpha_{n_l} \to \gamma$, also ist $\beta \leq \gamma$, insgesamt somit $\beta = \gamma$. ∎

Mühelos ergibt sich nun ein Satz, der in der Theorie der unendlichen Reihen von Bedeutung ist:

28.7 Satz *Sind alle α_n positiv und ist die Folge der Quotienten α_{n+1}/α_n beschränkt, so gilt die Ungleichung*

$$\liminf \frac{\alpha_{n+1}}{\alpha_n} \leq \liminf \sqrt[n]{\alpha_n} \leq \limsup \sqrt[n]{\alpha_n} \leq \limsup \frac{\alpha_{n+1}}{\alpha_n}.$$

Man setze in (28.2) nur $a_n := \alpha_{n+1}/\alpha_n$, wobei man α_1 notfalls durch 1 ersetzen darf (endlich viele Änderungen beeinflussen weder den lim inf noch den lim sup). ∎

Aufgaben

1. Für die nachstehenden Folgen der Zahlen a_n bestimme man $\liminf a_n$ und $\limsup a_n$:
a) $a_n := 1/n$, falls n ungerade, $:= 1$, falls n gerade.
b) $a_n := (1 + 1/n)^n$, falls n ungerade, $:= (1 + 1/n)^{n+1}$, falls n gerade.
c) $a_n := (-1)^n \sqrt[n]{n} + 1/\sqrt[n]{n!}$.
d) $a_n := \begin{cases} 1 + 1/2^n & \text{für } n = 3k, \\ 2 + (n+1)/n & \text{für } n = 3k+1, \\ 2 & \text{für } n = 3k+2 \end{cases} \quad (k = 0, 1, 2, \ldots).$

2. Sei (a_n) eine beschränkte Folge. Gilt die Ungleichung $a_n \leq \gamma$ für unendlich viele n, so besitzt (a_n) einen Häufungswert $\leq \gamma$; gilt sie für fast alle n, so ist $\limsup a_n \leq \gamma$.

3. Für beschränkte Folgen (a_n) ist stets $\inf a_n \leq \liminf a_n \leq \limsup a_n \leq \sup a_n$. Man gebe eine Folge (a_n) an, für die in dieser Ungleichung überall „<" steht und zeige: Das Supremum einer beschränkten Folge ist gewiß dann Häufungswert (und zwar der Limes superior) derselben, wenn es entweder überhaupt nicht oder unendlich oft in der Folge auftritt. Entsprechendes gilt für das Infimum.

*4. (a_n) und (b_n) seien beschränkte Folgen mit nichtnegativen Gliedern. Dann ist

$$\limsup(a_n b_n) \leq (\limsup a_n)(\limsup b_n),$$
$$\limsup(a_n b_n) = (\lim a_n)(\limsup b_n) - \text{dieses jedoch nur, falls } (a_n) \text{ konvergiert.}$$

*5. Ist (a_n) eine beschränkte Folge, so strebt

$$\alpha_n := \inf_{k \geq n} a_k \nearrow \liminf a_n \quad \text{und} \quad \alpha'_n := \sup_{k \geq n} a_k \searrow \limsup a_n,$$

kurz: $\liminf a_n = \lim_{n \to \infty}(\inf_{k \geq n} a_k)$ und $\limsup a_n = \lim_{n \to \infty}(\sup_{k \geq n} a_k)$.

29 Uneigentliche Grenzwerte, Häufungswerte und Grenzen

Divergenten Folgen haben wir bisher wenig Aufmerksamkeit geschenkt. Unsere Beispiele lehren nur, daß sie *in sehr verschiedener Weise* divergieren können. Es lohnt sich, ein ganz bestimmtes, sehr übersichtliches Divergenzverhalten mit einem besonderen Namen zu belegen:

Wir sagen, die Folge (a_n) **divergiere gegen** $+\infty$ bzw. $-\infty$, in Zeichen: $a_n \to +\infty$ bzw. $a_n \to -\infty$, wenn es zu *jeder* positiven Zahl G einen Index n_0 gibt, so daß

für *alle* $n > n_0$ stets $a_n > G$ bzw. $a_n < -G$

ist. Im Falle $a_n \to +\infty$ sagt man, $+\infty$ sei der **uneigentliche Grenzwert** der Folge (a_n) und schreibt wohl auch $\lim a_n = +\infty$. Entsprechend verfährt man, wenn $a_n \to -\infty$ divergiert. Solche Folgen nennt man auch **bestimmt divergent**. Von ihnen wollen wir jedoch niemals sagen, daß sie gegen $+\infty$ bzw. $-\infty$ *konvergieren* oder *streben*. Ganz ausdrücklich: Wenn wir sagen, (a_n) konvergiere oder strebe gegen a, so ist unter a immer eine wohlbestimmte Zahl, ein **eigentlicher Grenzwert**, niemals eines der Zeichen $+\infty$ oder $-\infty$ zu verstehen.

Die Symbole $+\infty$, $-\infty$ *sind keine Zahlen*, infolgedessen kann man auch nicht mit ihnen rechnen. Gleichungen wie $a + (+\infty) = +\infty$, $(+\infty) + (+\infty) = +\infty$ usw., die man gelegentlich findet, sind nur als besonders handliche und gedächtnisstützende Kurzfassungen von Aussagen über bestimmt divergente Folgen zu verstehen.[1]

---
[1] Das wichtige und viel mißbrauchte Symbol ∞ wurde von dem Oxford-Professor John Wallis (1616–1703; 87) eingeführt. Wallis gehörte zu den ersten, die den Grenzwertbegriff erahnten.

Wir konkretisieren diese Bemerkungen durch die nachstehenden Beispiele; die Beweise dürfen wir getrost dem Leser überlassen:

Divergiert $a_n \to +\infty$, $b_n \to +\infty$ und konvergiert $c_n \to c$, so gelten die folgenden Aussagen:

$$a_n + b_n \to +\infty, \quad \text{kurz } (+\infty) + (+\infty) = +\infty,$$

$$a_n + c_n \to +\infty, \quad \text{kurz } (+\infty) + c = +\infty,$$

$$\alpha a_n \to \begin{cases} +\infty & \text{für } \alpha > 0 \\ -\infty & \text{für } \alpha < 0 \end{cases}, \quad \text{kurz } \alpha \cdot (+\infty) = \begin{cases} +\infty & \text{für } \alpha > 0 \\ -\infty & \text{für } \alpha < 0 \end{cases},$$

$$a_n b_n \to +\infty, \quad \text{kurz } (+\infty) \cdot (+\infty) = +\infty,$$

$$\frac{\alpha}{a_n} \to 0 \text{ für jedes } \alpha, \quad \text{kurz } \frac{\alpha}{+\infty} = 0.$$

Wie die folgenden „Gleichungen" zu verstehen sind, dürfte jetzt klar sein:

$$(-\infty) + (-\infty) = -\infty, \quad (-\infty) + c = -\infty, \quad \alpha \cdot (-\infty) = \begin{cases} -\infty & \text{für } \alpha > 0 \\ +\infty & \text{für } \alpha < 0 \end{cases},$$

$$(-\infty) \cdot (-\infty) = +\infty, \quad (+\infty) \cdot (-\infty) = (-\infty) \cdot (+\infty) = -\infty, \quad \frac{\alpha}{-\infty} = 0.$$

Divergieren die Folgen (a_n) und (b_n) gegen $+\infty$, so kann über das Verhalten von $(a_n - b_n)$ nicht von vornherein etwas Bestimmtes gesagt werden, wie die nachstehenden Beispiele belegen:

$$\sqrt{n+1} - \sqrt{n} \to 0, \quad \sqrt{9n^2 + 2n + 1} - 3n \to 1/3 \quad \text{(s. A 21.1d, j)},$$

$$n^2 - n \to +\infty, \quad n - n^2 \to -\infty.$$

Auch über das Verhalten von (a_n/b_n) kann nur von Fall zu Fall entschieden werden:

$$\frac{n}{n^2} \to 0, \quad \frac{1 + 2 + \cdots + n}{n^2} \to \frac{1}{2} \quad \text{(s. A 21.1e)}, \quad \frac{n^2}{n} \to +\infty.$$

Entsprechendes gilt für $(a_n b_n)$ im Falle $a_n \to 0$, $b_n \to +\infty$ (man verwende die eben gegebenen Beispiele). *Den Ausdrücken* $(+\infty) - (+\infty)$, $\dfrac{\pm\infty}{\pm\infty}$ *und* $0 \cdot (\pm\infty)$ *kann infolgedessen kein bestimmter Sinn zugeschrieben werden. Man nennt sie* unbestimmte Ausdrücke.

Ist (a_n) lediglich unbeschränkt, ohne doch bestimmt divergent zu sein, so braucht $(1/a_n)$ nicht gegen 0 zu konvergieren, wie die Folge $(1, 2, 1, 3, 1, 4, \ldots)$ lehrt. Ist (α_n) eine Nullfolge, so wird $1/\alpha_n \to +\infty$ bzw. $-\infty$ divergieren, falls fast alle $\alpha_n > 0$ bzw. < 0 sind. Enthält jedoch (α_n) unendlich viele positive und unendlich viele negative Glieder, so ist $(1/\alpha_n)$ zwar unbeschränkt, aber nicht mehr bestimmt divergent (Beispiel: $\alpha_n := (-1)^n/n$). Eine wachsende (abnehmende) Folge divergiert genau dann gegen $+\infty$ ($-\infty$), wenn sie unbeschränkt ist. Jede Teilfolge einer bestimmt divergenten Folge ist wieder bestimmt divergent, und zwar gegen den ursprünglichen (uneigentlichen) Grenzwert.

Dem Beispiel 11 der Nr. 21, den Aufgaben 1 bis 4 der Nr. 25 und A 27.9 können wir die folgenden Divergenzaussagen entnehmen:

$$1 + \frac{1}{2} + \cdots + \frac{1}{n} \to +\infty, \qquad n^\rho \to +\infty \text{ für jedes } \rho > 0,$$
$$a^n \to +\infty \text{ für jedes } a > 1, \qquad \log n \to +\infty, \qquad (29.1)$$
$$\frac{n}{\log n} \to +\infty, \qquad \sqrt[n]{n!} \to +\infty.$$

Zum Schluß führen wir noch **uneigentliche Häufungswerte** und **uneigentliche Suprema und Infima** ein. Wir setzen

$$\limsup a_n = \sup a_n = +\infty, \quad \text{falls } (a_n) \text{ nicht nach oben beschränkt ist,}$$
$$\liminf a_n = \inf a_n = -\infty, \quad \text{falls } (a_n) \text{ nicht nach unten beschränkt ist.}$$

Offenbar ist $\limsup a_n$ genau dann $= +\infty$, wenn (a_n) eine Teilfolge enthält, die gegen $+\infty$ divergiert. Entsprechendes gilt im Falle $\liminf a_n = -\infty$.
Wie bei Folgen setzen wir bei Zahlenmengen M und Funktionen $f: X \to \mathbf{R}$

$\sup M = +\infty$ bzw. $\sup f = +\infty$, wenn M bzw. f nicht nach oben beschränkt ist,
$\inf M = -\infty$ bzw. $\inf f = -\infty$, wenn M bzw. f nicht nach unten beschränkt ist.

Für das Kleiner-Zeichen treffen wir die Vereinbarungen

$$-\infty < +\infty \quad \text{und} \quad -\infty < a < +\infty \text{ für jedes } a \in \mathbf{R}.$$

Aufgaben

1. Eine Folge (a_n) ist genau dann beschränkt, wenn jede ihrer Teilfolgen eine konvergente Teilfolge enthält.

+2. Euler-Mascheronische Konstante Die Folge $\left(1 + \frac{1}{2} + \cdots + \frac{1}{n} - \ln n\right)$ konvergiert. Ihr Grenzwert wird **Euler-Mascheronische Konstante** genannt und gewöhnlich mit C bezeichnet (es ist C = 0,57721...).[1] **Hinweis:** Aus

$$\left(1 + \frac{1}{k}\right)^k < e < \left(1 + \frac{1}{k}\right)^{k+1} \text{ folgt } 0 < a_k := \frac{1}{k} - \ln\frac{k+1}{k} < \frac{1}{k} - \frac{1}{k+1} \quad (k = 1, 2, \ldots).$$

---
[1] Lorenzo Mascheroni (1750–1800; 50). Sein Name haftet an C, weil er die Eulersche Berechnung dieser Zahl — 15 richtige Dezimalstellen — auf 32 Stellen hochgetrieben hat; freilich konnten nur die ersten 19 die Zeitläufte überleben. *In this capricious world, nothing is more capricious than posthumous fame.* (Bertrand Russell)

Betrachte nun $s_n := a_1 + \cdots + a_n$. — In A 88.8 und A 95.2 werden wir diese Dinge auf höherer Ebene noch einmal aufgreifen.

+3. Die Folge (a_n) sei nach unten, nicht jedoch nach oben beschränkt. Dann können zwei Fälle eintreten:

a) (a_n) besitzt einen Häufungswert. In diesem Falle existiert ein kleinster Häufungswert; dieser wird wieder der Limes inferior von (a_n) genannt und mit $\liminf a_n$ bezeichnet.

b) (a_n) besitzt keinen Häufungswert. Dann setzt man $\liminf a_n = +\infty$.

Entsprechend versteht man unter dem Limes superior einer nach oben, nicht jedoch nach unten beschränkten Folge (a_n) den größten Häufungswert von (a_n), wenn überhaupt Häufungswerte vorhanden sind; anderenfalls wird $\limsup a_n = -\infty$ gesetzt.

Mit diesen Erklärungen gilt für jede — beschränkte oder unbeschränkte — Folge, die Ungleichung

$$\inf a_n \leq \liminf a_n \leq \limsup a_n \leq \sup a_n.$$

+4. Beweise mit Hilfe der Aufgabe 3: Die Folge (a_n) ist genau dann konvergent oder bestimmt divergent, wenn ihr Limes inferior mit ihrem Limes superior übereinstimmt. In diesem Falle ist $\lim a_n = \liminf a_n = \limsup a_n$.

Für die Aufgaben 5 und 6 sind die in Aufgabe 3 vorgestellten Begriffe heranzuziehen.

+5. Für jede Folge (a_n) und jedes reelle $\lambda > 0$ ist

$$\limsup (\lambda a_n) = \lambda \limsup a_n$$

mit der Vereinbarung $\lambda \cdot (+\infty) := +\infty, \lambda \cdot (-\infty) := -\infty$.

+6. (a_n) und (b_n) seien Folgen mit nichtnegativen Gliedern. Dann ist

$$\limsup (a_n b_n) \leq (\limsup a_n)(\limsup b_n),$$

falls rechter Hand kein Ausdruck der Form $0 \cdot (+\infty)$ oder $(+\infty) \cdot 0$ auftritt und die folgenden Vereinbarungen getroffen werden:

$$\lambda \cdot (+\infty) = (+\infty) \cdot \lambda = +\infty \quad \text{für } 0 < \lambda \leq +\infty.$$

Hinweis: A 28.4.

+7. (α_n) sei eine „subadditive" Folge reeller Zahlen, d.h., für alle $m, n \in \mathbf{N}$ sei

$$\alpha_{m+n} \leq \alpha_m + \alpha_n.$$

Dann gilt $\dfrac{\alpha_n}{n} \to \inf\limits_{k=1}^{\infty} \dfrac{\alpha_k}{k}$. Hinweis: Setze $\alpha_n = \ln a_n$ und benutze Satz 25.7.

IV Unendliche Reihen

Die mathematische Analysis [ist] gewissermaßen eine einzige Symphonie des Unendlichen.
David Hilbert

Suchen wir unsere Zuflucht bei den Reihen!
Leonhard Euler

30 Begriff der unendlichen Reihe

Die Frage, wie sich eine Investition volkswirtschaftlich auswirkt, hat uns in A 7.14 auf eine Folge geführt, deren Glieder s_n im wesentlichen durch

$$s_n := 1 + q + q^2 + \cdots + q^n \quad (n = 0, 1, 2, \ldots)$$

gegeben sind. In Nr. 24 haben wir gesehen, daß die Dezimalbruchdarstellung $z_0, z_1 z_2 z_3 \cdots$ der Zahl a bedeutet, daß die Folge mit den Gliedern

$$s_n := z_0 + \frac{z_1}{10} + \frac{z_2}{10^2} + \cdots + \frac{z_n}{10^n} \quad (n = 0, 1, 2, \ldots)$$

gegen a konvergiert. Und in A 26.1 haben wir erkannt, daß die wichtige Zahl e Grenzwert einer Folge ist, deren Glieder s_n nach der Vorschrift

$$s_n := 1 + \frac{1}{1!} + \frac{1}{2!} + \cdots + \frac{1}{n!} \quad (n = 0, 1, 2, \ldots)$$

gebildet werden. Alle diese Folgen haben ein gemeinsames Bauprinzip: *Ausgehend von einer Folge* $(a_0, a_1, a_2, \ldots)$ — im ersten Beispiel (q^k), im zweiten $(z_k/10^k)$, im dritten $(1/k!)$ — *bildet man eine neue Folge* $(s_0, s_1, s_2, \ldots)$ *nach der Vorschrift*

$$s_n := a_0 + a_1 + \cdots + a_n \quad (n = 0, 1, 2, \ldots), \tag{30.1}$$

so daß

$$s_0 = a_0, \quad s_1 = a_0 + a_1, \quad s_2 = a_0 + a_1 + a_2, \ldots \text{ ist.}$$

Derart gebaute Folgen (s_n) treten in der Mathematik so häufig auf und sind so wertvoll, daß sie einen eigenen Namen verdienen: Sie werden unendliche Reihen genannt, genauer: *Die* u n e n d l i c h e R e i h e — *oder auch kurz die* R e i h e — *mit den* G l i e d e r n $a_0, a_1, a_2, \ldots$, *in Zeichen*

$$\sum_{k=0}^{\infty} a_k \quad \text{oder} \quad a_0 + a_1 + a_2 + \cdots,$$

bedeutet eine Folge, nämlich die Folge der T e i l s u m m e n $s_n := a_0 + a_1 + \cdots + a_n$ $(n = 0, 1, 2, \ldots)$. Keinesfalls ist $a_0 + a_1 + a_2 + \cdots$ als eine „Summe von unendlich vielen Summanden" aufzufassen — ein Unbegriff, der nur Verwirrung stiftet.

188 IV Unendliche Reihen

Die Indizierung braucht nicht immer mit $k=0$ zu beginnen; z.B. wird $\sum_{k=1}^{\infty} a_k$ die Folge der Teilsummen $s_n := a_1 + a_2 + \cdots + a_n$, $\sum_{k=p}^{\infty} a_k$ die Folge der Teilsummen $s_n := a_p + a_{p+1} + \cdots + a_n$ bedeuten. Wie bei endlichen Summen $\sum_{k=0}^{n} a_k$ kommt es auf die Bezeichnung des „Summationsindex" nicht an: Die Reihen $\sum_{k=0}^{\infty} a_k$, $\sum_{j=0}^{\infty} a_j$, $\sum_{\nu=0}^{\infty} a_\nu$ bedeuten alle dasselbe, nämlich die Folge der Teilsummen $s_n :=$ $a_0 + a_1 + \cdots + a_n$ $(n=0, 1, 2, \ldots)$. Häufig werden wir kurz $\sum a_k$ schreiben, wenn es — wie bei Konvergenzuntersuchungen — gleichgültig ist, mit welchem Index die „Summation" beginnt. Schließlich besagt $\sum a_k \equiv \sum b_k$, daß die beiden Reihen identisch sind, d.h., daß für alle vorkommenden Indizes k ausnahmslos $a_k = b_k$ ist; man sagt dann auch, die beiden Reihen stimmten gliedweise überein. Die eingangs aufgeführten Folgen lassen sich nun kurz so schreiben:

$$\sum_{k=0}^{\infty} q^k, \quad \sum_{k=0}^{\infty} \frac{z_k}{10^k}, \quad \sum_{k=0}^{\infty} \frac{1}{k!}.$$

Eine *Reihe* ist, um es noch einmal zu sagen, nichts anderes als eine neue Schreibweise für eine wohldefinierte *Folge* (nämlich die Folge der Teilsummen). Umgekehrt kann jede vorgelegte *Folge* $(x_0, x_1, x_2, \ldots)$ auch als *Reihe* aufgefaßt werden. Setzt man nämlich $a_0 := x_0$ und $a_k := x_k - x_{k-1}$ für $k = 1, 2, \ldots$, so hat man $x_n = a_0 + a_1 + \cdots + a_n$, und somit ist $\sum_{k=0}^{\infty} a_k$ gerade die Folge (x_n). Kurz gesagt: *Reihen und Folgen sind dieselbe Sache unter verschiedenen Gestalten.* Jedoch kommen weitaus die meisten interessanten Folgen der Analysis von vornherein als Reihen zur Welt, und damit entsteht in natürlicher Weise das Bedürfnis, die Gesetze aufzufinden, die das Reich der unendlichen Reihen beherrschen. Die Grundaufgabe wird hierbei sein, aus dem Verhalten der *Reihenglieder* a_k Erkenntnisse über die Reihe $\sum_{k=0}^{\infty} a_k$, also über die *Folge der* $s_n := a_0 + a_1 + \cdots + a_n$ zu gewinnen. Das Eigentümliche der Reihenlehre besteht somit darin, Aussagen über eine vorgegebene Folge (s_n) nicht durch unmittelbare Betrachtungen der Glieder s_n, sondern durch Untersuchung einer *Hilfsfolge*, nämlich der Folge $(a_n) \equiv (s_n - s_{n-1})$ zu gewinnen. Zur Verdeutlichung geben wir ein sehr einfaches (und doch sehr wichtiges) Beispiel: Die Teilsummenfolge der Reihe $\sum a_k$ *wächst* genau dann, wenn alle Reihenglieder, *nichtnegativ* sind. Wir führen noch einige Beispiele unendlicher Reihen an, von denen uns einige — in Gestalt der Teilsummenfolgen — bereits vorgekommen sind (die Teilsummen s_n schreiben wir ebenfalls auf):

1. $\sum_{k=1}^{\infty} \frac{1}{k} \equiv 1 + \frac{1}{2} + \frac{1}{3} + \cdots; \quad s_n = 1 + \frac{1}{2} + \cdots + \frac{1}{n}.$

Diese Reihe wird **harmonische Reihe** genannt, jedoch gibt man diesen Namen auch den Reihen des nächsten Beispiels.

2. $\sum_{k=1}^{\infty} \frac{1}{k^{\alpha}} \equiv 1 + \frac{1}{2^{\alpha}} + \frac{1}{3^{\alpha}} + \cdots; \quad s_n = 1 + \frac{1}{2^{\alpha}} + \cdots + \frac{1}{n^{\alpha}}.$

3. $\sum_{k=1}^{\infty} \frac{(-1)^{k-1}}{k} \equiv 1 - \frac{1}{2} + \frac{1}{3} - \frac{1}{4} + \cdots; \quad s_n = 1 - \frac{1}{2} + \frac{1}{3} - + \cdots + \frac{(-1)^{n-1}}{n}.$

4. $\sum_{k=0}^{\infty} \frac{(-1)^k}{2k+1} \equiv 1 - \frac{1}{3} + \frac{1}{5} - \frac{1}{7} + \cdots; \quad s_n = 1 - \frac{1}{3} + \frac{1}{5} - + \cdots + \frac{(-1)^n}{2n+1}.$

5. $\sum_{k=1}^{\infty} \frac{1}{k(k+1)} \equiv \frac{1}{1 \cdot 2} + \frac{1}{2 \cdot 3} + \frac{1}{3 \cdot 4} + \cdots; \quad s_n = \frac{1}{1 \cdot 2} + \frac{1}{2 \cdot 3} + \cdots + \frac{1}{n(n+1)} = 1 - \frac{1}{n+1}$

(s. A 7.18a).

6. $\sum_{k=0}^{\infty} (-1)^k \equiv 1 - 1 + 1 - 1 + \cdots; \quad s_n = \underbrace{1 - 1 + \cdots + (-1)^n}_{n+1 \text{ Glieder}} = \begin{cases} 1 & \text{für gerades } n, \\ 0 & \text{für ungerades } n. \end{cases}$

Zum Schluß erwähnen wir noch, daß die Reihe

$$\sum_{k=0}^{\infty} q^k \equiv 1 + q + q^2 + \cdots$$

geometrische Reihe genannt wird. *Sie ist eine der bemerkenswertesten und unentbehrlichsten Reihen der Analysis.*

31 Konvergente und absolut konvergente Reihen

Da eine unendliche Reihe nichts anderes bedeutet als die Folge ihrer Teilsummen, liegt die nachstehende Definition auf der Hand.

°**Definition** *Die Reihe* $\sum_{k=0}^{\infty} a_k$ *heißt* **konvergent**, *wenn die Folge der Teilsummen* $s_n := a_0 + a_1 + \cdots + a_n$ *konvergiert. Strebt* $s_n \to s$, *so sagt man, die Reihe* **konvergiere gegen** s, *schreibt*

$$\sum_{k=0}^{\infty} a_k = s$$

und nennt *s* den Wert *oder wohl auch die* Summe *der Reihe. Eine nichtkonvergente Reihe wird* divergent *genannt.* Man sagt auch, die Reihe $\sum_{k=0}^{\infty} a_k$ existiere *oder* existiere nicht, *um auszudrücken, daß sie konvergiert bzw. divergiert.*

Durch diese Definition hat das Symbol $\sum_{k=0}^{\infty} a_k$ eine *zweite Bedeutung* erhalten: Es bezeichnet nicht nur die Folge der Teilsummen $s_n := a_0 + \cdots + a_n$, sondern auch deren Grenzwert — falls er überhaupt existiert.

Wollen wir ausdrücken, daß zwei Reihen $\sum_{k=0}^{\infty} a_k$ und $\sum_{k=0}^{\infty} b_k$ konvergieren und denselben Wert haben, so schreiben wir

$$\sum_{k=0}^{\infty} a_k = \sum_{k=0}^{\infty} b_k;$$

dagegen soll — wie schon erwähnt —

$$\sum_{k=0}^{\infty} a_k \equiv \sum_{k=0}^{\infty} b_k$$

bedeuten, daß beide Reihen identisch sind d.h. gliedweise übereinstimmen — gleichgültig, ob sie konvergieren oder divergieren.

Daß man den Wert einer konvergenten Reihe auch deren *Summe* nennt, ist von alters her üblich, darf aber keinesfalls dazu verleiten, eine unendliche Reihe als eine „Summe von unendlich vielen Summanden" aufzufassen. Die Summe einer konvergenten Reihe ist vielmehr der *Grenzwert* einer Folge „endlicher" Summen (der Teilsummen).

Wir beleben nun unsere Definition durch einige Beispiele:

1. Für die *geometrische Reihe* gilt wegen Beispiel 8 in Nr. 21

$$\sum_{k=0}^{\infty} q^k \equiv 1+q+q^2+\cdots = \frac{1}{1-q}, \quad \text{falls } |q|<1 \text{ ist}^{[1]}. \qquad (31.1)$$

2. $\sum_{k=1}^{\infty} \frac{1}{k(k+1)} \equiv \frac{1}{1\cdot 2}+\frac{1}{2\cdot 3}+\frac{1}{3\cdot 4}+\cdots = 1$ (s. Beispiel 5 in Nr. 30).

3. $\sum_{k=0}^{\infty} \frac{1}{k!} \equiv 1+\frac{1}{1!}+\frac{1}{2!}+\cdots = e$ (s. A 26.1).

4. $\sum_{k=1}^{\infty} \frac{(-1)^{k-1}}{k} \equiv 1-\frac{1}{2}+\frac{1}{3}-\frac{1}{4}+\cdots$ ist konvergent (s. (23.3)).

---

[1] Diese Konvergenztatsache spielt in der Analysis eine beherrschende Rolle. Sie wurde schon 1593 von Vieta gefunden (freilich ohne haltbaren Konvergenzbegriff). Mit einiger Überinterpretation kann man sie ihm Spezialfall $q=1/4$ sogar auf Archimedes zurückführen.

5. $\sum_{k=0}^{\infty} \dfrac{(-1)^k}{2k+1} \equiv 1 - \dfrac{1}{3} + \dfrac{1}{5} - \dfrac{1}{7} + \cdots$ ist konvergent (s. A 23.3).

6. Die *harmonische Reihe* $\sum_{k=1}^{\infty} \dfrac{1}{k} \equiv 1 + \dfrac{1}{2} + \dfrac{1}{3} + \dfrac{1}{4} + \cdots$ ist divergent (s. Beispiel 11 in Nr. 21).

7. $\sum_{k=0}^{\infty} (-1)^k \equiv 1 - 1 + 1 - 1 + \cdots$ ist divergent (s. Beispiel 6 in Nr. 30).

Aus dem Cauchyschen Konvergenzprinzip bzw. dem Monotonieprinzip erhalten wir auf einen Schlag die folgenden beiden, für alles Weitere grundlegenden Konvergenzkriterien.

°**31.1 Cauchykriterium** *Die Reihe* $\sum_{k=0}^{\infty} a_k$ *konvergiert genau dann, wenn sie eine* Cauchyreihe *ist, d.h., wenn ihre Teilsummen eine Cauchyfolge bilden. Und dies wiederum bedeutet: Zu jedem* $\varepsilon > 0$ *gibt es einen Index* $n_0(\varepsilon)$, *so daß*

für alle $n > n_0(\varepsilon)$ *und alle natürlichen* p *stets*

$|a_{n+1} + a_{n+2} + \cdots + a_{n+p}| < \varepsilon$ *bleibt.*

31.2 Monotoniekriterium *Eine Reihe mit* nichtnegativen *Gliedern konvergiert genau dann, wenn die Folge ihrer Teilsummen* beschränkt *ist.*

Nennen wir eine Summe der Form $a_{n+1} + a_{n+2} + \cdots + a_{n+p}$ ein Teilstück der Reihe $\sum a_k$, so können wir das Cauchykriterium etwas locker auch so formulieren: *Eine Reihe ist dann und nur dann konvergent, wenn nach Wahl von* $\varepsilon > 0$ *jedes hinreichend späte Teilstück derselben betragsmäßig unterhalb von* ε *bleibt — völlig gleichgültig, wie lang es ist.* Man erkennt daraus, *daß eine konvergente Reihe konvergent bleibt, wenn man* endlich viele *Glieder willkürlich abändert* (und Entsprechendes gilt für eine divergente Reihe); denn hinreichend späte Teilstücke der Reihe werden von solchen Änderungen ja überhaupt nicht betroffen. Insbesondere ist mit $\sum_{k=0}^{\infty} a_k$ auch jede der Reihen $\sum_{k=m}^{\infty} a_k$ ($m \in \mathbf{N}$) konvergent bzw. divergent. *Bei Konvergenzuntersuchungen kommt es also nicht darauf an, mit welchem Index die „Summation" beginnt* — und deshalb dürfen wir in diesem Falle eine vorgelegte Reihe kurz mit $\sum a_k$ bezeichnen. Der *Wert* einer konvergenten Reihe $\sum_{k=0}^{\infty} a_k$ wird jedoch durch Abänderung endlich vieler Glieder sehr wohl beeinflußt; insbesondere ist für natürliches m stets

$$\sum_{k=m}^{\infty} a_k = \sum_{k=0}^{\infty} a_k - (a_0 + a_1 + \cdots + a_{m-1}).$$

Ferner ergibt sich aus dem Cauchykriterium, daß man im Konvergenzfalle einerseits $|a_{n+1}| < \varepsilon$ für alle $n > n_0(\varepsilon)$ hat (man wähle $p = 1$), und daß andererseits (man lasse nun $p \to +\infty$ gehen) für diese n auch $\left|\sum\limits_{k=n+1}^{\infty} a_k\right| \leq \varepsilon$ ist. Es gilt somit der

°**31.3 Satz** *Bei einer konvergenten Reihe $\sum a_k$ bilden sowohl die* **Glieder** a_n *als auch die* **Reste** $r_n := \sum\limits_{k=n+1}^{\infty} a_k$ *stets eine* **Nullfolge**.

Die Bedingung „$a_n \to 0$" ist eine *notwendige* Konvergenzbedingung (d.h., sie folgt aus der Konvergenz von $\sum a_k$), *keinesfalls ist sie hinreichend für die Konvergenz von $\sum a_k$*, wie das Beispiel der divergenten harmonischen Reihe lehrt. Weiß man also von einer vorgelegten Reihe $\sum a_k$ nur, daß $a_n \to 0$ strebt, so kann man über ihr Konvergenzverhalten noch nichts Bestimmtes sagen; hat man jedoch festgestellt, daß (a_n) *nicht* gegen 0 konvergiert, *so muß sie notwendig divergieren*.

Eine *genaue Divergenzbedingung* erhält man im übrigen sofort aus dem Cauchykriterium: Die Reihe $\sum a_k$ ist genau dann divergent, wenn ein $\varepsilon_0 > 0$ (ein „Ausnahme-ε") vorhanden ist, zu dem es bei jeder Wahl von n_0 einen Index $n > n_0$ und ein natürliches p gibt, so daß $|a_{n+1} + a_{n+2} + \cdots + a_{n+p}| \geq \varepsilon_0$ ausfällt.

Wie das Beispiel der konvergenten Reihe $\sum (-1)^{k-1}/k$ und der divergenten Reihe $\sum 1/k$ zeigt, kann es sehr wohl vorkommen, daß $\sum a_k$ konvergent und gleichzeitig $\sum |a_k|$ divergent ist. Weiß man jedoch, daß $\sum |a_k|$ konvergiert, so darf man auch der Konvergenz von $\sum a_k$ gewiß sein. Denn in diesem Falle gibt es nach dem Cauchykriterium zu jedem $\varepsilon > 0$ einen Index n_0, so daß

$$|a_{n+1}| + |a_{n+2}| + \cdots + |a_{n+p}| < \varepsilon \quad \text{für alle } n > n_0 \text{ und alle } p \in \mathbf{N}$$

ausfällt. Wegen

$$|a_{n+1} + a_{n+2} + \cdots + a_{n+p}| \leq |a_{n+1}| + |a_{n+2}| + \cdots + |a_{n+p}|$$

ist für diese n und p aber erst recht $|a_{n+1} + a_{n+2} + \cdots + a_{n+p}| < \varepsilon$, und nun lehrt wiederum das Cauchykriterium, daß $\sum a_k$ konvergieren muß.

Nennen wir eine Reihe $\sum a_k$ **absolut konvergent**, wenn die Reihe $\sum |a_k|$ konvergiert, so haben wir also gezeigt, daß (kurz gesagt) aus der absoluten Konvergenz die Konvergenz folgt. Für eine absolut konvergente Reihe $\sum\limits_{k=0}^{\infty} a_k$ ergibt sich übrigens aus

$$|a_0 + a_1 + \cdots + a_n| \leq |a_0| + |a_1| + \cdots + |a_n|$$

für $n \to \infty$ sofort noch die Abschätzung $\left|\sum\limits_{k=0}^{\infty} a_k\right| \leq \sum\limits_{k=0}^{\infty} |a_k|$. Wir fassen nun diese wichtigen Ergebnisse in Satzform zusammen:

°**31.4 Satz** *Eine* **absolut** *konvergente Reihe* $\sum\limits_{k=0}^{\infty} a_k$ *ist erst recht konvergent, und es* *gilt für sie die verallgemeinerte Dreiecksungleichung*

$$\left|\sum_{k=0}^{\infty} a_k\right| \leq \sum_{k=0}^{\infty} |a_k|.$$

Erst im nächsten Abschnitt wird uns die grundsätzliche Bedeutung der absoluten Konvergenz völlig deutlich werden. Hier begnügen wir uns mit der Bemerkung, daß konvergente Reihen mit nichtnegativen Gliedern und die geometrische Reihe $1+q+q^2+\cdots$ im Falle $|q|<1$ trivialerweise auch absolut konvergent sind, und daß der folgende Satz nur eine Umformulierung des Monotoniekriteriums ist.

°**31.5 Satz** *Die Reihe* $\sum_{k=0}^{\infty} a_k$ *konvergiert genau dann absolut, wenn die Folge ihrer* Absolutteilsummen $\sigma_n := |a_0|+|a_1|+\cdots+|a_n|$ *beschränkt ist.*

Wir beschließen diesen Abschnitt mit zwei paradoxen Bemerkungen, von denen die erste durch die Konvergenzaussage (31.1) über die *geometrische Reihe* gestützt, die zweite durch ebendieselbe Konvergenzaussage widerlegt wird.

I. Die Menge **Q** der rationalen Zahlen ist in gewissem Sinne „klein": Sie ist zwar unendlich, aber doch *nur abzählbar*. In einem anderen Sinne ist **Q** jedoch „groß": **Q** „liegt dicht in **R**", d.h. in jeder ε-Umgebung jeder reellen Zahl befindet sich eine rationale Zahl (s. Satz 8.4). Nun wollen wir zeigen, daß unter einem dritten Gesichtspunkt **Q** in ganz überraschender Weise wiederum „klein" ist. Sei $\varepsilon > 0$ willkürlich gewählt und **Q** in abgezählter Form $\{r_1, r_2, r_3, \ldots\}$ dargestellt. Dann liegt r_k in dem Intervall

$$I_k := (r_k - \varepsilon/2^{k+1}, r_k + \varepsilon/2^{k+1}),$$

und somit ist $\mathbf{Q} \subset \bigcup_{k=1}^{\infty} I_k$ (man sagt, **Q** werde von den Intervallen I_k *überdeckt*). Die Länge λ_k von I_k ist $\varepsilon/2^k$, und da

$$\sum_{k=1}^{n} \lambda_k = \frac{\varepsilon}{2}\left(1+\frac{1}{2}+\cdots+\frac{1}{2^{n-1}}\right) \to \frac{\varepsilon}{2} \cdot 2 = \varepsilon$$

strebt, ist $\sum_{k=1}^{\infty} \lambda_k = \varepsilon$. Anschaulich gesprochen — aber diese Anschauung ist schwer zu bewerkstelligen — kann also die Menge **Q**, die doch dicht in **R** liegt, *von abzählbar vielen Intervallen mit beliebig kleiner „Längensumme" vollständig überdeckt werden*. Mengen mit dieser bemerkenswerten Eigenschaft werden wir später Nullmengen nennen; sie spielen in der Integrationstheorie eine beherrschende Rolle. *Offenbar sind alle* endlichen *und* (nach dem eben geführten Beweis) *auch alle* abzählbaren *Teilmengen von* **R** *Nullmengen*.

II. Der griechische Philosoph Parmenides (540?–470? v.Chr.; 70?) hatte in einem dunklen Gedicht die Lehre von dem unveränderlichen Sein aufgestellt. Sein Schüler Zenon (495?–435? v.Chr.; 60?) versuchte sie zu erhärten, indem er durch seine berühmten *Paradoxa* die Unmöglichkeit aller Bewegung „bewies". Leider sind keine der Zenonschen Schriften erhalten. Die früheste Darstellung seiner Bewegungsparadoxa finden wir in der *Physik* und *Topik* des Aristoteles (384–322 v.Chr.; 62). Diese Darstellung ist knapp und dunkel, und infolgedessen gibt es keinen Mangel an Interpretationen. Eines der Paradoxa (die *Dichotomie*) liest sich in der *Physik* so: „Der erste Beweis dafür, daß Bewegung nicht stattfindet, ist der, daß das Bewegte früher zur Hälfte des Weges gelangt sein muß als zu dessen Ende." Im Licht einer Stelle der *Topik* („Zenon [beweist], daß keine Bewegung möglich ist, und daß man das Stadion nicht durcheilen kann") deutet der berühmte Altphilologe H. Fränkel die Dichotomie (in unseren Worten) so:

Ein Sprinter, der mit konstanter Geschwindigkeit läuft, kann niemals das Ende der Rennbahn erreichen. Denn zuerst muß er die Hälfte der Bahn zurücklegen, dann die Hälfte der verbleibenden Hälfte, dann die Hälfte des verbleibenden Viertels usw. – und so kommt er nie ans Ziel (s. Fußnote 23 bei H. Fränkel: „Zenon von Elea im Kampf gegen die Idee der Vielheit" in „Um die Begriffswelt der Vorsokratiker", Wissenschaftliche Buchgesellschaft, Darmstadt 1968. Dieselbe Deutung bei F. Cajori: „The History of Zenon's Arguments on Motion", American Math. Monthly XXII, Number 1, January 1915; s. dort S. 2).

Daß der Sprinter nie ans Ziel kommt, bedeutet natürlich, daß die Zeit, die er zum Durchlaufen aller oben angegebenen Teilstrecken benötigt, unendlich ist. Zenon war also wohl der Meinung, daß die „Addition" unendlich vieler Zeitintervalle, auch wenn diese immer kleiner werden, notwendig eine unendliche Zeit ergibt. Wie stellen sich uns diese Dinge heute dar? Wir wählen die Zeit, die der Sprinter zum Durchlaufen der ersten Bahnhälfte benötigt, als Zeiteinheit. Um die Hälfte der nächsten Hälfte, also das nächste Viertel, zurückzulegen, benötigt er somit die Zeit $1/2$. Zur Überwindung des nächsten Achtels muß er die Zeit $1/4 = 1/2^2$ aufwenden, usw. Das Durchlaufen der ersten n Abschnitte erfordert also $t_n := 1 + 1/2 + \cdots + 1/2^{n-1}$ Zeiteinheiten. Da $t_n = (1 - 1/2^n)/(1 - 1/2) < 2$ ist, übertrifft die Laufzeit niemals zwei Zeiteinheiten – ganz im Gegensatz zur Zenonschen Auffassung. Als ihre Dauer wird man den Grenzwert $\lim_{n \to \infty} t_n = \sum_{k=0}^{\infty} 1/2^k = 2$ ansehen müssen – in perfekter Übereinstimmung mit der trivialen Tatsache, daß der Sprinter die doppelte Zeit für die doppelte Strecke braucht.

Zenon hätte sein Sprinterparadoxon schwerlich auf den Markt der Meinungen zu bringen gewagt, wenn ihm bewußt gewesen wäre, *daß eine streng wachsende Zahlenfolge sehr wohl nach oben beschränkt sein kann.*

Die Antike hatte ihre liebe Not mit dem unkonventionellen Mann. Er schien „unüberwindlich im Streit, über die meisten Phantasmen erhaben, nur wenigen trauend". Und am allerwenigsten traute er den Duodeztyrannen seiner Zeit, bekämpfte sie leidenschaftlich, verlor dabei sein Leben und erwies sich alles in allem „als trefflicher Mann ... besonders auch darin, daß er Höheren mit überlegenem Stolze begegnete" (Diogenes Laertios).

Aufgaben

*1. Im Falle $|q| \geq 1$ ist die geometrische Reihe $1 + q + q^2 + \cdots$ divergent. *Sie konvergiert also genau dann* (*und zwar* absolut), *wenn* $|q| < 1$ *ist.*

*2. Die *Teleskopreihen* $\sum_{k=1}^{\infty} (x_k - x_{k-1})$ und $\sum_{k=1}^{\infty} (x_k - x_{k+1})$ sind genau dann konvergent, wenn $\lim x_n$ existiert. In diesem Falle ist

$$\sum_{k=1}^{\infty} (x_k - x_{k-1}) = \lim x_n - x_0 \quad \text{und} \quad \sum_{k=1}^{\infty} (x_k - x_{k+1}) = x_1 - \lim x_n.$$

3. Zeige, daß die folgenden Reihen die angegebenen Werte haben. Hinweise: geometrische Reihe; Aufgabe 2; $\dfrac{1}{k(k+1)} = \dfrac{1}{k} - \dfrac{1}{k+1}$; bei g) benutze man f).

a) $\sum\limits_{k=0}^{\infty} \dfrac{(-1)^k}{2^k} = \dfrac{2}{3}$, b) $\sum\limits_{k=2}^{\infty} \dfrac{1}{3^{k-1}} = \dfrac{1}{2}$, c) $\sum\limits_{k=1}^{\infty} \dfrac{3}{4^k} = 1$,

d) $\sum\limits_{k=0}^{\infty} \dfrac{(-3)^k}{4^k} = \dfrac{4}{7}$, e) $\sum\limits_{k=1}^{\infty} \dfrac{1}{4k^2-1} = \dfrac{1}{2}$, f) $\sum\limits_{k=1}^{\infty} \dfrac{1}{k(k+1)(k+2)} = \dfrac{1}{4}$,

g) $\sum\limits_{k=1}^{\infty} \dfrac{k}{(k+1)(k+2)(k+3)} = \dfrac{1}{4}$, h) $\sum\limits_{k=2}^{\infty} \dfrac{\ln\left(1+\dfrac{1}{k}\right)}{\ln(k^{\ln(k+1)})} = \dfrac{1}{\ln 2}$.

+4. Die harmonischen Reihen $\sum\limits_{k=1}^{\infty} 1/k^{\alpha}$ sind für $\alpha \leq 1$ divergent und für $\alpha > 1$ konvergent. Anleitung für den Konvergenzbeweis:

$$1 + 1/2^{\alpha} + \cdots + 1/(2^k-1)^{\alpha} = 1 + (1/2^{\alpha} + 1/3^{\alpha}) + (1/4^{\alpha} + \cdots + 1/7^{\alpha})$$
$$+ \cdots + (1/(2^{k-1})^{\alpha} + \cdots + 1/(2^k-1)^{\alpha}).$$

*5. Ist $\sum a_k$ konvergent und (α_k) eine beschränkte Folge, so braucht $\sum \alpha_k a_k$ nicht mehr konvergent zu sein (Beispiel?). Ist jedoch $\sum a_k$ sogar absolut konvergent, so muß auch $\sum \alpha_k a_k$ absolut konvergieren („*die Glieder einer absolut konvergenten Reihe dürfen mit beschränkten Faktoren multipliziert werden*").

6. Sind alle $a_k \geq 0$ und divergiert $\sum a_k$, so divergiert auch $\sum b_k := \sum a_k/(1+a_k)$. Hinweis: Aufgabe 5.

°7. Die „komplexe Reihe" $\sum a_k$ (Reihe mit komplexen Gliedern) ist genau dann konvergent (absolut konvergent), wenn die „reellen Reihen" $\sum \mathrm{Re}(a_k)$ und $\sum \mathrm{Im}(a_k)$ beide konvergieren (absolut konvergieren). Im Konvergenzfalle ist $\sum a_k = \sum \mathrm{Re}(a_k) + i \sum \mathrm{Im}(a_k)$.

8. Die Folge (a_n) sei rekursiv definiert durch

$$a_1 := 1 \quad \text{und} \quad a_{n+1} := 1 \bigg/ \sum_{k=1}^{n} a_k \quad (n \geq 1).$$

Zeige, daß die Reihe $\sum\limits_{k=1}^{\infty} a_k$ divergiert und $a_n \to 0$ strebt.

32 Das Rechnen mit konvergenten Reihen

Aus den Rechenregeln für konvergente Folgen in Nr. 22 ergibt sich ohne Umstände der

°**32.1 Satz** *Konvergente Reihen „darf" man gliedweise addieren, subtrahieren und mit einer Konstanten multiplizieren, genauer: Sind die Reihen* $\sum\limits_{k=0}^{\infty} a_k$ *und* $\sum\limits_{k=0}^{\infty} b_k$ *beide*

196   IV Unendliche Reihen

konvergent, so ist

$$\sum_{k=0}^{\infty}(a_k+b_k)=\sum_{k=0}^{\infty}a_k+\sum_{k=0}^{\infty}b_k, \qquad \sum_{k=0}^{\infty}(a_k-b_k)=\sum_{k=0}^{\infty}a_k-\sum_{k=0}^{\infty}b_k,$$

$$\sum_{k=0}^{\infty}(\alpha a_k)=\alpha\sum_{k=0}^{\infty}a_k.$$

Bezüglich der angegebenen Rechenoperationen verhalten sich unendliche Reihen also genau wie „endliche" Summen. Die beiden folgenden Sätze zeigen jedoch, wie rasch die Analogie zwischen Reihen und Summen zusammenbricht.

°**32.2 Satz** *Die Glieder einer konvergenten Reihe* $\sum_{k=0}^{\infty}a_k$ *„dürfen" beliebig durch Klammern zusammengefaßt werden, genauer: Setzt man, wenn* $0\leqslant k_1<k_2<\cdots$ *ist,*

$$A_1:=a_0+\cdots+a_{k_1}, \qquad A_2:=a_{k_1+1}+\cdots+a_{k_2},\ldots, \tag{32.1}$$

so ist

$$\sum_{\nu=1}^{\infty}A_\nu=\sum_{k=0}^{\infty}a_k. \tag{32.2}$$

Schon vorhandene Beklammerungen in einer konvergenten Reihe dürfen jedoch dann und nur dann weggelassen werden, wenn die so entstehende (unbeklammerte) Reihe wieder konvergiert.

Der Beweis der ersten Behauptung wird einfach durch die Bemerkung erbracht, daß die Folge der Teilsummen $A_1+\cdots+A_m$ eine Teilfolge der Folge der Teilsummen $a_0+a_1+\cdots+a_n$ ist; nun braucht man nur noch den Satz 20.2 heranzuziehen. — Geht man andererseits von einer konvergenten Reihe $\sum_{\nu=1}^{\infty}A_\nu$ aus, deren Glieder durch (32.1) definiert sind, und ist die Reihe $\sum_{k=0}^{\infty}a_k$, die nach Streichung der Beklammerungen entsteht, konvergent, so gilt nach dem eben Bewiesenen die Gleichung (32.2). Ist jedoch $\sum_{k=0}^{\infty}a_k$ divergent, so ist (32.2) von vornherein sinnlos. — Das Beispiel der konvergenten Reihe $(1-1)+(1-1)+(1-1)+\cdots \equiv 0+0+0+\cdots$ zeigt, daß der Fortfall der Beklammerungen sehr wohl zu einer *divergenten* Reihe führen kann, im vorliegenden Falle zu der Reihe $1-1+1-1+\cdots$. ∎

Wir wenden uns nun der Frage zu, ob für eine konvergente Reihe ein „Kommutativgesetz" in dem Sinne gilt, daß beliebige Umordnungen ihrer Glieder weder die Konvergenz noch die Summe beeinflussen — oder aber, *ob die*

Reihenfolge *der Glieder für das Konvergenzverhalten und den Wert der Reihe wesentlich ist*. Um für die nachfolgenden Betrachtungen deutliche Begriffe zu haben, erklären wir zunächst, was unter Reihenumordnungen und unbedingter Konvergenz zu verstehen ist.

Es sei $(n_1, n_2, n_3, \ldots)$ eine Folge natürlicher Zahlen, in der jede natürliche Zahl einmal, aber auch nur einmal, auftritt (oder also: die Abbildung $k \mapsto n_k$ sei eine Bijektion von **N** auf **N**). Dann heißt die Reihe $\sum_{k=1}^{\infty} a_{n_k}$ eine Umordnung der Reihe $\sum_{k=1}^{\infty} a_k$. Ganz entsprechend erklärt man Umordnungen der Reihen $\sum_{k=p}^{\infty} a_k$, wobei p eine beliebige ganze Zahl ist. Und nun nennen wir eine konvergente Reihe mit der Summe s unbedingt konvergent, wenn *jede* ihrer Umordnungen wieder konvergiert, und zwar *wieder gegen s*[1]. Eine Reihe, die zwar konvergent, aber nicht unbedingt konvergent ist, heißt bedingt konvergent. Der folgende überraschende Satz zeigt, daß unbedingte Konvergenz nichts anderes als absolute Konvergenz ist — und zeigt also auch, daß es bedingt konvergente Reihen wirklich gibt, z.B. die Reihe $\sum (-1)^{k-1}/k$.

°**32.3 Satz** *Absolut konvergente Reihen — und nur diese — sind auch unbedingt konvergent.*

Zum Beweis nehmen wir zunächst an, die Reihe $\sum_{k=0}^{\infty} a_k$ konvergiere absolut, s sei ihre Summe und $\sum_{k=0}^{\infty} a_{n_k}$ eine ihrer Umordnungen. Ferner seien

$$s_m := a_0 + a_1 + \cdots + a_m \quad \text{und} \quad s'_m := a_{n_0} + a_{n_1} + \cdots + a_{n_m}$$

die Teilsummen der jeweiligen Reihen. Da $\sum |a_k|$ konvergiert, existiert gemäß dem Cauchykriterium nach Wahl von $\varepsilon > 0$ ein Index K, so daß

$$\text{für jedes natürliche } p \text{ stets } |a_{K+1}| + \cdots + |a_{K+p}| < \varepsilon \tag{32.3}$$

bleibt. Zu diesem K kann man weiterhin einen Index k_0 derart bestimmen, daß $\{0, 1, \ldots, K\} \subset \{n_0, n_1, \ldots, n_{k_0}\}$ ist; trivialerweise muß dann $k_0 \geq K$ sein. Ist also $m > k_0$, so treten die Zahlen $a_0, a_1, \ldots, a_K$ sowohl in der Summe s_m als auch in der Summe s'_m auf und kommen somit in der Differenz $s_m - s'_m$ nicht mehr vor. Daher hat $s_m - s'_m$ die Form

$$\delta_{K+1} a_{K+1} + \delta_{K+2} a_{K+2} + \cdots + \delta_{K+p} a_{K+p}, \qquad \delta_j \in \{-1, 0, 1\},$$

so daß $|s_m - s'_m| \leq |a_{K+1}| + \cdots + |a_{K+p}|$ ist, woraus mit (32.3) sofort $|s_m - s'_m| < \varepsilon$ folgt. $(s_m - s'_m)$ ist daher eine Nullfolge, und weil $s_m \to s$ strebt, ergibt sich nun

$$s'_m = (s'_m - s_m) + s_m \to s, \text{ also } \sum_{k=0}^{\infty} a_{n_k} = s.$$

---

[1] Siehe hierzu Aufgabe 6.

Jetzt nehmen wir an, daß zwar die Reihe $\sum_{k=0}^{\infty} a_k$, nicht jedoch die Reihe $\sum_{k=0}^{\infty} |a_k|$ konvergent ist. Unter dieser Voraussetzung werden wir zeigen, *daß eine gewisse Umordnung von* $\sum_{k=0}^{\infty} a_k$ *gegen eine* willkürlich vorgegebene *Zahl S konvergiert* — womit dann der Beweis beendet ist. Ohne Beschränkung der Allgemeinheit wollen wir dabei annehmen, daß alle $a_k \neq 0$ sind. Wir setzen nun

$$a_k^+ := \frac{|a_k| + a_k}{2} = \begin{cases} a_k, & \text{falls } a_k > 0 \\ 0, & \text{falls } a_k < 0 \end{cases},$$
$$a_k^- := \frac{|a_k| - a_k}{2} = \begin{cases} 0, & \text{falls } a_k > 0 \\ -a_k, & \text{falls } a_k < 0 \end{cases}.$$
(32.4)

Die Zahlen a_k^+, a_k^- sind alle ≥ 0, und für jedes k ist

$$a_k = a_k^+ - a_k^- \quad \text{und} \quad |a_k| = a_k^+ + a_k^-.$$

Wäre eine der beiden Reihen $\sum a_k^+, \sum a_k^-$ konvergent, so würden die Gleichungen $a_k^+ = a_k + a_k^-$, $a_k^- = a_k^+ - a_k$ lehren, daß auch die andere konvergiert. Dann wäre wegen $|a_k| = a_k^+ + a_k^-$ aber auch $\sum |a_k|$ konvergent — was wir doch ausdrücklich ausgeschlossen hatten. *Also sind die Reihen $\sum a_k^+$ und $\sum a_k^-$ beide divergent.*
Streichen wir aus der Folge (a_k^+) alle Nullen, so erhalten wir gerade die Teilfolge (p_k) aller positiven Glieder von (a_k). Unterdrücken wir ebenso in (a_k^-) sämtliche Nullen, so entsteht eine Folge (q_k), und offenbar ist $(-q_k)$ nichts anderes als die Teilfolge der negativen Glieder von (a_k). Da voraussetzungsgemäß alle $a_k \neq 0$ sind, tritt also jedes Glied von (a_k) in einer und nur einer der Teilfolgen (p_k) und $(-q_k)$ auf.
Natürlich sind auch die Reihen $\sum p_k$ und $\sum q_k$ divergent, für $n \to +\infty$ gilt also

$$\sum_{k=0}^{n} p_k \to +\infty, \quad \sum_{k=0}^{n} q_k \to +\infty \quad \text{und damit} \quad \sum_{k=0}^{n} (-q_k) \to -\infty.$$

Infolgedessen gibt es zunächst einen kleinsten Index n_0 mit

$$\sum_{k=0}^{n_0} p_k > S,$$

dann einen kleinsten Index n_1 mit

$$\sum_{k=0}^{n_0} p_k + \sum_{k=0}^{n_1} (-q_k) < S$$

und nun wieder einen kleinsten Index n_2 mit

$$\sum_{k=0}^{n_0} p_k + \sum_{k=0}^{n_1} (-q_k) + \sum_{k=n_0+1}^{n_2} p_k > S.$$

Es ist klar, wie dieses Verfahren weitergeht und daß die so entstehende Reihe

$$p_0 + \cdots + p_{n_0} + (-q_0) + \cdots + (-q_{n_1}) + p_{n_0+1} + \cdots + p_{n_2} + \cdots \tag{32.5}$$

eine Umordnung der Ausgangsreihe $\sum_{k=0}^{\infty} a_k$ ist. Mit Hilfe der Minimaleigenschaft der Indizes $n_1, n_2, \ldots$ sieht man ferner ohne Mühe, daß man den Unterschied zwischen S und den Teilsummen von (32.5) spätestens ab der Teilsumme $p_0 + \cdots + (-q_{n_1})$ betragsmäßig durch die Zahlen $q_{n_1}, p_{n_2}, q_{n_3}, p_{n_4}, \ldots$ nach oben abschätzen kann. Da aber die Folgen $(q_{n_1}, q_{n_3}, \ldots)$ und $(p_{n_2}, p_{n_4}, \ldots)$ gegen 0 streben, erhalten wir daraus sofort, daß die Umordnung (32.5) von $\sum_{k=0}^{\infty} a_k$ tatsächlich gegen S konvergiert. ∎

In dem vorstehenden Beweis haben wir gezeigt, daß sogar der folgende, nach Bernhard Riemann (1826–1866; 40) benannte Satz gilt:

32.4 Riemannscher Umordnungssatz *Eine* bedingt *konvergente Reihe besitzt immer eine Umordnung, die gegen eine* willkürlich vorgegebene *Zahl konvergiert.*

Wir wenden uns nun der *Multiplikation unendlicher Reihen* zu. Hat man die Summe $a_0 + a_1 + \cdots + a_m$ mit der Summe $b_0 + b_1 + \cdots + b_n$ zu multiplizieren, so verfährt man folgendermaßen: Man multipliziert jedes Glied der ersten mit jedem Glied der zweiten Summe — bildet also alle Produkte $a_j b_k$ —, ordnet diese Produkte in beliebiger Weise zu einer endlichen Folge $p_0, p_1, \ldots, p_s$ an und bildet dann $p_0 + p_1 + \cdots + p_s$. Dieses Verfahren läßt sich nicht ohne Vorsichtsmaßnahmen auf die Multiplikation zweier (konvergenter) Reihen $a_0 + a_1 + a_2 + \cdots$, $b_0 + b_1 + b_2 + \cdots$ übertragen. Selbstverständlich kann man alle Produkte $a_j b_k$ bilden und kann diese auch zu einer Folge $p_0, p_1, p_2, \ldots$ anordnen und somit eine sogenannte Produktreihe $p_0 + p_1 + p_2 + \cdots$ bilden — etwa indem man auf das Schema

$$\begin{array}{llll} a_0 b_0 & a_0 b_1 & a_0 b_2 & \cdots \\ a_1 b_0 & a_1 b_1 & a_1 b_2 & \cdots \\ a_2 b_0 & a_2 b_1 & a_2 b_2 & \cdots \\ \cdot & \cdot & \cdot \\ \cdot & \cdot & \cdot \\ \cdot & \cdot & \cdot \end{array}$$

das *Cauchysche Diagonalverfahren* anwendet (s. Beweis der Sätze 19.1, 19.2). Aber nun stehen wir vor der Schwierigkeit, daß die „Summe der Produkte p_ν", also die Produktreihe $p_0 + p_1 + p_2 + \cdots$ überhaupt nicht zu konvergieren braucht — und daß im Falle bedingter Konvergenz eine Umordnung dieser Reihe (also doch nur eine andere Anordnung der Produkte $a_j b_k$) ihre Summe verändern kann, mit anderen Worten: *Die gewünschte Gleichung*

$$(a_0+a_1+a_2+\cdots)(b_0+b_1+b_2+\cdots)=p_0+p_1+p_2+\cdots$$

ist im Divergenzfalle sinnlos und wird im Falle bedingter Konvergenz nur bei geschickter Anordnung der Produkte $a_j b_k$ zu erreichen sein (nach dem Riemannschen Umordnungssatz ist übrigens eine solche Anordnung immer vorhanden). Der nächste Satz zeigt, daß unter gewissen Voraussetzungen diese Schwierigkeiten verschwinden.

°**32.5 Satz** *Sind die Reihen $\sum_{k=0}^{\infty} a_k$ und $\sum_{k=0}^{\infty} b_k$ beide* absolut *konvergent, so konvergiert jede ihrer Produktreihen absolut gegen das Produkt $\left(\sum_{k=0}^{\infty} a_k\right) \cdot \left(\sum_{k=0}^{\infty} b_k\right)$.*

Für die n-te Absolutteilsumme der (*beliebigen*) Produktreihe $\sum_{k=0}^{\infty} p_k$ gilt nämlich

$$|p_0|+|p_1|+\cdots+|p_n| \leq (|a_0|+|a_1|+\cdots+|a_m|) \cdot (|b_0|+|b_1|+\cdots+|b_m|),$$

wenn nur m hinreichend groß ist. Erst recht ist also — und zwar für alle n —

$$|p_0|+|p_1|+\cdots+|p_n| \leq \left(\sum_{k=0}^{\infty} |a_k|\right) \cdot \left(\sum_{k=0}^{\infty} |b_k|\right),$$

woraus mit Satz 31.5 die absolute Konvergenz unserer Produktreihe folgt. Wegen Satz 32.3 müssen also *alle* Produktreihen gegen $s:=\sum_{k=0}^{\infty} p_k$ konvergieren (denn sie sind alle nur Umordnungen von $\sum_{k=0}^{\infty} p_k$). Nun bilden wir eine *spezielle* Produktreihe $\sum_{k=0}^{\infty} q_k$, indem wir die $a_j b_k$ gemäß dem nachstehenden Schema anordnen:

$$\begin{array}{cccc} a_0 b_0 & a_0 b_1 & a_0 b_2 & \cdots \\ & \downarrow & \downarrow & \\ a_1 b_0 & \leftarrow a_1 b_1 & a_1 b_2 & \cdots, \quad \text{kürzer:} \\ & & \downarrow & \\ a_2 b_0 & \leftarrow a_2 b_1 & \leftarrow a_2 b_2 & \cdots \\ \vdots & \vdots & \vdots & \end{array}$$

Dann strebt
$$q_0+q_1+\cdots+q_{(n+1)^2-1}=(a_0+a_1+\cdots+a_n)(b_0+b_1+\cdots+b_n)$$
$$\to \left(\sum_{k=0}^{\infty} a_k\right)\cdot\left(\sum_{k=0}^{\infty} b_k\right),$$

nach dem eben Bewiesenen aber auch $\to s$, also ist in der Tat

$$s=\left(\sum_{k=0}^{\infty} a_k\right)\cdot\left(\sum_{k=0}^{\infty} b_k\right). \blacksquare$$

Ordnet man die Produkte $a_i b_k$ des obigen Schemas gemäß dem Cauchyschen Diagonalverfahren an und faßt die aus den Gliedern der n-ten Schräglinie bestehende Summe $c_n := a_0 b_n + a_1 b_{n-1} + \cdots + a_n b_0$ noch durch eine Klammer zusammen, so erhält man das **Cauchyprodukt**

$$\sum_{n=0}^{\infty} c_n \equiv \sum_{n=0}^{\infty} (a_0 b_n + a_1 b_{n-1} + \cdots + a_n b_0)$$

der beiden Reihen $\sum_{k=0}^{\infty} a_k$, $\sum_{k=0}^{\infty} b_k$. Aus den Sätzen 32.5 und 32.2 folgt nun ohne weiteres der

°**32.6 Satz** *Sind die Reihen* $\sum_{k=0}^{\infty} a_k$ *und* $\sum_{k=0}^{\infty} b_k$ *beide* **absolut** *konvergent, so konvergiert auch ihr Cauchyprodukt* **absolut***, und es ist*

$$\sum_{n=0}^{\infty}(a_0 b_n + a_1 b_{n-1} + \cdots + a_n b_0) = \left(\sum_{k=0}^{\infty} a_k\right)\cdot\left(\sum_{k=0}^{\infty} b_k\right).$$

Ein tiefer eindringendes Studium der Cauchyprodukte findet der Leser in den Aufgaben 7 bis 9, am Ende der Nr. 65 und in A 65.9.

Aufgaben

1. Man zeige, daß die folgenden Reihen die angegebenen Werte haben (vgl. A 31.3):

a) $\sum_{k=0}^{\infty}\left(\frac{1}{2^k}+\frac{(-1)^k}{3^k}\right)=\frac{11}{4}$,

b) $\sum_{k=1}^{\infty}\frac{k+3}{k(k+1)(k+2)}=\frac{5}{4}$,

c) $\sum_{k=1}^{\infty}\frac{4k+1}{(2k-1)(2k)(2k+1)(2k+2)}=\frac{1}{4}$,

d) $\sum_{k=0}^{\infty}(k+1)x^k = 1/(1-x)^2$ für $|x|<1$,

e) $\sum_{k=1}^{\infty} kx^k = x/(1-x)^2$ für $|x|<1$,

f) $\sum_{k=2}^{\infty}\ln\left(1-\frac{1}{k^2}\right)=\ln\frac{1}{2}$.

2. Die Summe der konvergenten Reihe $\sum_{k=1}^{\infty} 1/k^2$ sei s (vgl. A 31.4). Zeige, daß $\sum_{k=1}^{\infty} 1/(2k-1)^2 = 3s/4$ ist.

3. Die Reihe $\sum a_k$ ist genau dann absolut konvergent, wenn ihre Glieder in der Form $a_k = b_k - c_k$ geschrieben werden können, wobei die b_k und c_k alle ≥ 0 und die Reihen $\sum b_k$ und $\sum c_k$ konvergent sind.

4. Ist $\sum a_k$ absolut konvergent und (α_k) eine Nullfolge, so strebt $a_n\alpha_0 + a_{n-1}\alpha_1 + \cdots + a_0\alpha_n \to 0$. Hinweis: S. Beweis des Cauchyschen Grenzwertsatzes 27.1.

5. Man zeige, daß eine bedingt konvergente Reihe stets eine divergente Umordnung besitzt. Hinweis: Man gehe ähnlich vor wie im zweiten Teil des Beweises von Satz 32.3.

+6. *Eine Reihe ist bereits dann unbedingt konvergent, wenn jede ihrer Umordnungen konvergiert* (über die *Summen* dieser Umordnungen braucht nichts vorausgesetzt zu werden). Hinweis: Aufgabe 5.

+7. Sei $a_0 := 0$ und $a_k := (-1)^{k-1}/\sqrt{k}$ für $k \geq 1$. Dann ist die Reihe $\sum_{k=0}^{\infty} a_k$ zwar konvergent, aber nicht absolut konvergent (s. A 23.4 und A 31.4). Das Cauchyprodukt $\sum_{n=0}^{\infty} c_n$ dieser Reihe mit sich selbst ist divergent. Hinweis: $|c_n| \geq 1$ für $n \geq 2$.

+8. Konvergiert $\sum a_k$ absolut gegen a und konvergiert $\sum b_k$ (möglicherweise *nicht absolut*) gegen b, so konvergiert das Cauchyprodukt $\sum c_n$ dieser Reihen gegen ab. Hinweis: A_n, B_n und C_n seien die Teilsummen der drei Reihen. Mit $r_n := B_n - b$ ist

$$C_n = a_0 B_n + a_1 B_{n-1} + \cdots + a_n B_0 = A_n b + (a_0 r_n + a_1 r_{n-1} + \cdots + a_n r_0).$$

Benutze nun Aufgabe 4.

+9. Ist das Cauchyprodukt $\sum c_n$ der beiden konvergenten Reihen $\sum a_k$ und $\sum b_k$ selbst konvergent, so gilt bereits $\sum c_n = (\sum a_k) \cdot (\sum b_k)$. Hinweis: Mit den Bezeichnungen aus Aufgabe 8 ist

$$C_0 + C_1 + \cdots + C_n = A_0 B_n + A_1 B_{n-1} + \cdots + A_n B_0.$$

Wende nun zuerst A 27.6 und dann den Cauchyschen Grenzwertsatz 27.1 an.

+10. Die Mengen K und A aller Folgen $(a_0, a_1, a_2, \ldots)$, für die $\sum a_k$ konvergiert bzw. absolut konvergiert, sind Folgenräume. In beiden Fällen ist die Abbildung Φ, die der Folge $(a_0, a_1, a_2, \ldots)$ den Reihenwert $\sum_{k=0}^{\infty} a_k$ zuordnet, linear. Mit der **Faltung**

$$(a_0, a_1, \ldots) * (b_0, b_1, \ldots) := (a_0 b_0, a_0 b_1 + a_1 b_0, \ldots, a_0 b_n + a_1 b_{n-1} + \cdots + a_n b_0, \ldots)$$

als Multiplikation wird A sogar eine kommutative Algebra mit dem Einselement $(1, 0, 0, \ldots)$. Für alle $(a_k), (b_k) \in A$ ist $\Phi((a_k) * (b_k)) = \Phi((a_k)) \cdot \Phi((b_k))$ (kurz: „Die Faltung geht in die Multiplikation über"). Vgl. A 15.3.

°11. Beweise den Satz 32.3 für komplexe Reihen. Hinweis: A 31.7 und die obige Aufgabe 5.

33 Konvergenz- und Divergenzkriterien

Die grundlegenden Konvergenzkriterien sind das Cauchykriterium 31.1 und das Monotoniekriterium 31.2. Das Cauchykriterium gibt eine notwendige und hinreichende Konvergenzbedingung an, grundsätzlich kann man also mit seiner Hilfe bei *jeder* Reihe entscheiden, ob sie konvergiert oder divergiert. Diese — theoretisch ungemein befriedigende — universelle Anwendbarkeit wirkt sich in der Praxis jedoch oft genug höchst nachteilig aus: Weil das Cauchykriterium so allgemein ist, kann es nicht unmittelbar auf *Besonderheiten* einer Reihe ansprechen, die zur Konvergenzuntersuchung vorgelegt ist. Gerade aus solchen Besonderheiten kann man jedoch das Konvergenzverhalten häufig am leichtesten erkennen. Das Monotoniekriterium trägt dieser Tatsache bereits in gewissem Umfange Rechnung: Es berücksichtigt eine spezielle Eigenschaft, die Reihenglieder haben können (nämlich Nichtnegativität). Die Kriterien dieses Abschnittes gehen in ähnliche Richtung: *Sie ziehen den besonderen Bau einer Reihe heran, um die Konvergenzfrage zu entscheiden.* Sie sind weniger allgemein als das Cauchykriterium, dafür aber leichter zu handhaben. Ein typisches Beispiel ist die

33.1 Leibnizsche Regel[1)] *Strebt* $a_n \searrow 0$, *so ist die* alternierende Reihe $\sum_{n=0}^{\infty} (-1)^n a_n \equiv a_0 - a_1 + a_2 - + \cdots$ *konvergent.*

Einen ersten Beweis haben wir mit Hilfe des Cauchykriteriums bereits in A 23.4 erbracht; einen zweiten werden wir im Anschluß an das Dirichletsche Kriterium 33.14 liefern.

Der nächste Satz führt das Konvergenzverhalten gewisser Reihen auf das von zugeordneten Hilfsreihen zurück.

33.2 Cauchyscher Verdichtungssatz *Sind die Glieder einer Reihe* $\sum a_n$ *nichtnegativ und nimmt überdies* (a_n) *ab, so ist* $\sum a_n$ *genau dann konvergent, wenn dies für die „verdichtete Reihe"* $\sum 2^n a_{2^n}$ *zutrifft. Im Konvergenzfalle strebt somit* $2^n a_{2^n} \to 0$.

Der Beweis schließt sich eng an die Untersuchung der harmonischen Reihen in A 31.4 an. Konvergiert $\sum a_n$ gegen s, so ist

$$s \geq a_1 + a_2 + (a_3 + a_4) + (a_5 + \cdots + a_8) + \cdots + (a_{2^{n-1}+1} + \cdots + a_{2^n})$$
$$\geq \frac{1}{2} a_1 + a_2 + 2a_4 + 4a_8 + \cdots + 2^{n-1} a_{2^n},$$

also $a_1 + 2a_2 + \cdots + 2^n a_{2^n} \leq 2s$, woraus mit dem Monotoniekriterium die Konvergenz der verdichteten Reihe folgt. Setzen wir jetzt umgekehrt $\sum 2^n a_{2^n}$ als

---

[1)] Gottfried Wilhelm Leibniz (1646–1716; 70).

konvergent voraus, so ist, wenn nur $2^k \geq n$ gewählt wird,

$$a_1+a_2+\cdots+a_n \leq a_1+(a_2+a_3)+(a_4+\cdots+a_7)$$
$$+\cdots+(a_{2^k}+\cdots+a_{2^{k+1}-1})$$
$$\leq a_1+2a_2+4a_4+\cdots+2^k a_{2^k},$$

und nun liefert wiederum das Monotoniekriterium die Behauptung. Die Aussage über $(2^n a_{2^n})$ folgt sofort aus Satz 31.3. ∎

Der Verdichtungssatz läßt auf einen Schlag das Konvergenzverhalten der *harmonischen Reihen* $\sum 1/n^\alpha$ erkennen. Da nämlich die (geometrische) Reihe $\sum 2^n/(2^n)^\alpha \equiv \sum (1/2^{\alpha-1})^n$ für $\alpha \leq 1$ divergiert und für $\alpha > 1$ konvergiert, gilt dasselbe für $\sum 1/n^\alpha$. Und ganz entsprechend sieht man nun, daß auch $\sum \dfrac{1}{n(\ln n)^\alpha}$ divergiert oder konvergiert, je nachdem $\alpha \leq 1$ oder >1 ist $\left(\text{denn es ist } \dfrac{2^n}{2^n(\ln 2^n)^\alpha} = \dfrac{1}{n^\alpha(\ln 2)^\alpha}\right)$. Wir halten diese Ergebnisse fest (und denken daran, daß ihre eigentliche Quelle das Konvergenzverhalten der *geometrischen Reihe* ist):

33.3 Satz *Die Reihen* $\sum \dfrac{1}{n^\alpha}$ *und* $\sum \dfrac{1}{n(\ln n)^\alpha}$ *sind für* $\alpha \leq 1$ d i v e r g e n t *und für* $\alpha > 1$ k o n v e r g e n t.

Ohne jede Mühe folgt aus dem Monotoniekriterium das überaus flexible

°**33.4 Majorantenkriterium** *Ist* $\sum c_n$ *eine konvergente Reihe mit nichtnegativen Gliedern und gilt fast immer* $|a_n| \leq c_n$, *so muß auch* $\sum a_n$ *konvergieren — und zwar sogar* a b s o l u t.

Ab einem Index m ist nämlich für $n > m$ stets $\sum_{k=m}^{n} |a_k| \leq \sum_{k=m}^{n} c_k \leq \sum_{k=m}^{\infty} c_k$ und somit $\sum_{k=m}^{\infty} |a_k|$ konvergent. ∎

Durch einen auf der Hand liegenden Widerspruchsbeweis erhält man aus dem Majorantenkriterium sofort das

33.5 Minorantenkriterium *Ist* $\sum d_n$ *eine divergente Reihe mit nichtnegativen Gliedern und gilt fast immer* $a_n \geq d_n$, *so muß auch* $\sum a_n$ *divergieren.*

Die Reihe $\sum c_n$ im Majorantenkriterium wird auch gerne eine (konvergente) M a j o r a n t e, die Reihe $\sum d_n$ im Minorantenkriterium eine (divergente) M i n o r a n t e der Reihe $\sum a_n$ genannt.

Besonders leicht zu handhaben ist das

33.6 Grenzwertkriterium *Sind* $\sum a_n$ *und* $\sum b_n$ *zwei Reihen mit positiven Gliedern und strebt die Folge der Quotienten* a_n/b_n *gegen einen* p o s i t i v e n *Grenzwert, so*

haben die beiden Reihen dasselbe Konvergenzverhalten. Strebt $a_n/b_n \to 0$, so kann man immerhin aus der Konvergenz der zweiten Reihe die der ersten folgern.

Strebt nämlich $a_n/b_n \to \gamma > 0$, so liegen fast alle a_n/b_n zwischen den positiven Zahlen $\alpha := \gamma/2$ und $\beta := 3\gamma/2$, es ist also fast immer $0 < \alpha b_n < a_n < \beta b_n$. Nunmehr braucht man nur noch das Majorantenkriterium ins Spiel zu bringen, um die erste Behauptung des Satzes einzusehen. Strebt jedoch $a_n/b_n \to 0$, so ist fast immer $a_n/b_n \leq 1$, also $a_n \leq b_n$, und die Behauptung ergibt sich wiederum aus dem Majorantenkriterium. ∎

Da ein Polynom, dessen höchster Koeffizient >0 ist, für alle hinreichend großen positiven Werte seiner Veränderlichen ständig positiv bleibt (s. A 15.8), ist die Reihe

$$\sum_{n=m}^{\infty} \frac{1}{(a_p n^p + \cdots + a_2 n^2 + a_1 n + a_0)^\alpha} \quad (a_p > 0)$$

jedenfalls für ein geeignetes m definiert, und weil

$$\frac{1}{(a_p n^p + \cdots + a_1 n + a_0)^\alpha} : \frac{1}{n^{\alpha p}} = \frac{1}{\left(a_p + \dfrac{a_{p-1}}{n} + \cdots + \dfrac{a_1}{n^{p-1}} + \dfrac{a_0}{n^p}\right)^\alpha} \to \frac{1}{a_p^\alpha}$$

strebt, wird sie sich nach dem letzten Satz wie $\sum \dfrac{1}{n^{\alpha p}}$ verhalten, sie wird also divergieren oder konvergieren, je nachdem $\alpha p \leq 1$ oder >1 ist.

Unentbehrlich für die Praxis sind die beiden nächsten von Cauchy bzw. von Jean Baptiste le Rond d'Alembert (1717-1783; 66) gefundenen Kriterien. Sie ergeben sich aus Satz 33.4 mit der *geometrischen Reihe* als Majorante.

°**33.7 Wurzelkriterium** *Ist mit einer festen positiven Zahl $q < 1$ fast immer*

$$\sqrt[n]{|a_n|} \leq q,$$

so muß die Reihe $\sum a_n$ konvergieren — und zwar sogar **absolut**. *Gilt jedoch fast immer oder auch nur* **unendlich oft**

$$\sqrt[n]{|a_n|} \geq 1,$$

so ist $\sum a_n$ divergent. (S. auch Aufgabe 6 für eine Umformulierung.)

Gilt nämlich die erste Bedingung, so ist fast immer $|a_n| \leq q^n$, die geometrische Reihe $\sum q^n$ ist also (da $|q| < 1$ ist) eine konvergente Majorante für $\sum a_n$. — Aus der zweiten Bedingung folgt, daß unendlich oft $|a_n| \geq 1$ ist, (a_n) also keine Nullfolge und somit $\sum a_n$ nicht konvergent sein kann. ∎

°**33.8 Quotientenkriterium** *Ist mit einer festen positiven Zahl $q < 1$ fast immer*

$$\left|\frac{a_{n+1}}{a_n}\right| \leq q,$$

so muß die Reihe $\sum a_n$ konvergieren — und zwar sogar **absolut**. Gilt jedoch fast immer

$$\left|\frac{a_{n+1}}{a_n}\right| \geq 1,$$

so ist $\sum a_n$ divergent[1]. (S. auch Aufgabe 7 für eine Umformulierung.)

Die Konvergenzbehauptung kann man wieder mit Hilfe der geometrischen Reihe als Majorante erledigen, weil ab einer gewissen Stelle m das Produkt

$$\frac{|a_{m+1}|}{|a_m|} \cdot \frac{|a_{m+2}|}{|a_{m+1}|} \cdots \frac{|a_n|}{|a_{n-1}|} \quad \text{einerseits} = \frac{|a_n|}{|a_m|}, \quad \text{andererseits} \leq q^{n-m},$$

also $|a_n| \leq (|a_m|/q^m)q^n$ ist. — Aus der zweiten Bedingung folgt, daß ab einem Index die Folge der positiven Zahlen $|a_n|$ ständig wächst und somit keine Nullfolge ist. $\sum a_n$ kann daher nicht konvergieren. ∎

Warnung Wir machen hier nachdrücklich auf einen Fehler aufmerksam, der dem Anfänger leicht unterläuft. Will man das Wurzel- oder Quotientenkriterium anwenden, so darf man sich *nicht* mit dem Nachweis begnügen, daß $\sqrt[n]{|a_n|}$ bzw. $|a_{n+1}|/|a_n|$ fast immer <1 ist; es ist vielmehr *unumgänglich*, eine feste positive Zahl q aufzufinden, die kleiner als 1 ist und die ab einer Stelle nicht mehr von $\sqrt[n]{|a_n|}$ bzw. $|a_{n+1}|/|a_n|$ übertroffen wird. Wenn die besagten Wurzeln bzw. Quotienten zwar <1 sind, *aber doch beliebig nahe an 1 herankommen, versagen die beiden Kriterien* (sie bringen keine Entscheidung): $\sum 1/n$ divergiert, $\sum 1/n^2$ konvergiert — aber in beiden Fällen strebt sowohl die Wurzel- als auch die Quotientenfolge gegen 1.

Besonders handlich sind die folgenden Spezialfälle der letzten beiden Kriterien:

°**33.9 Satz** *Strebt die Wurzelfolge ($\sqrt[n]{|a_n|}$) oder die Quotientenfolge ($|a_{n+1}|/|a_n|$) gegen einen Grenzwert α, so ist die Reihe $\sum a_n$ konvergent, wenn $\alpha < 1$, jedoch divergent, wenn $\alpha > 1$ ist. Im Falle $\alpha = 1$ wird man ohne nähere Untersuchung keine Entscheidung herbeiführen können: Die Reihe kann konvergent, sie kann aber auch divergent sein.*

Strebt nämlich $\sqrt[n]{|a_n|} \to \alpha < 1$, so ist fast immer $\sqrt[n]{|a_n|} \leq q := \alpha + (1-\alpha)/2$, womit wegen $0 < q < 1$ die Konvergenz von $\sum a_n$ bereits bewiesen ist. Strebt aber $\sqrt[n]{|a_n|} \to \alpha > 1$, so ist fast immer $\sqrt[n]{|a_n|} \geq 1$, also $\sum a_n$ divergent. Der Beweis im „Quotientenfall" verläuft völlig analog. Den Fall $\alpha = 1$ haben wir oben schon diskutiert. ∎

---

[1] Hierbei wird stillschweigend vorausgesetzt, daß *fast immer* $a_n \neq 0$ *ist*. Entsprechendes gilt bei den zwei nächsten Kriterien.

Ein neues Licht fällt auf das Quotientenkriterium durch seine *Verfeinerung*, das

°**33.10 Kriterium von Raabe**[1] *Ist fast immer*

$$\left|\frac{a_{n+1}}{a_n}\right| \leq 1 - \frac{\beta}{n} \text{ mit einer Konstanten } \beta > 1,$$

so ist die Reihe $\sum a_n$ **absolut** *konvergent. Sie divergiert jedoch, wenn fast immer*

$$\frac{a_{n+1}}{a_n} \geq 1 - \frac{1}{n}$$

ausfällt.

Beweis. Die Konvergenzbedingung besagt, wenn man noch $\alpha_n := |a_n|$ setzt, daß fast immer $\frac{\alpha_{n+1}}{\alpha_n} \leq \frac{n-\beta}{n}$, also $n\alpha_{n+1} \leq n\alpha_n - \beta\alpha_n$ und somit

$$(\beta - 1)\alpha_n \leq (n-1)\alpha_n - n\alpha_{n+1}$$

ist. Wegen $\beta > 1$ folgt daraus $0 < (n-1)\alpha_n - n\alpha_{n+1}$, also $(n-1)\alpha_n > n\alpha_{n+1}$. Die Folge $(n\alpha_{n+1})$ ist daher ab einer Stelle fallend, und da sie überdies nach unten durch 0 *beschränkt* ist, besitzt sie einen Grenzwert. Die Teleskopreihe $\sum b_n \equiv \sum [(n-1)\alpha_n - n\alpha_{n+1}]$ ist somit konvergent (s. A 31.2), und wegen $(\beta - 1)\alpha_n \leq b_n$ konvergiert nach dem Majorantenkriterium nun auch $\sum a_n$. — Aus der Divergenzbedingung folgt zunächst, daß ab einer Stelle alle a_n einerlei Vorzeichen (etwa das positive) haben, und dann, daß ab dieser Stelle $n a_{n+1} \geq (n-1) a_n > 0$ sein muß. Die Folge $(n a_{n+1})$ ist also ab einer Stelle wachsend und positiv. Somit liegt $n a_{n+1}$ schließlich oberhalb einer festen positiven Zahl α, d.h., es ist fast immer $a_{n+1} > \alpha/n$ und daher $\sum a_n$ nach dem Minorantenkriterium divergent. ∎

Im Rest dieses Abschnitts beschäftigen wir uns mit Reihen der Form $\sum a_n b_n$ und beweisen zunächst die

33.11 Cauchy-Schwarzsche Ungleichung *Sind die Reihen* $\sum\limits_{n=0}^{\infty} a_n^2$ *und* $\sum\limits_{n=0}^{\infty} b_n^2$ *beide konvergent, so konvergiert* $\sum\limits_{n=0}^{\infty} a_n b_n$ **absolut**, *und es gilt*

$$\left|\sum_{n=0}^{\infty} a_n b_n\right| \leq \sum_{n=0}^{\infty} |a_n b_n| \leq \left(\sum_{n=0}^{\infty} a_n^2\right)^{1/2} \left(\sum_{n=0}^{\infty} b_n^2\right)^{1/2}.$$

Der Beweis ergibt sich mit Hilfe des Monotoniekriteriums sofort aus der Cauchy-Schwarzschen Ungleichung 12.3 für Summen (man lasse dort die obere Summationsgrenze $\to +\infty$ gehen). ∎

Der folgende Satz ist eine völlig triviale Folgerung aus der Formel der Abelschen partiellen Summation 11.2; aus ihm werden wir durch einfache Spezialisierungen die überaus brauchbaren Kriterien von Abel und Dirichlet gewinnen.

---
[1] Josef Ludwig Raabe (1801–1859; 58).

°**33.12 Satz** *Es sei die Reihe* $\sum_{k=1}^{\infty} a_k b_k$ *vorgelegt, und es werde* $A_k := \sum_{j=1}^{k} a_j$ *gesetzt. Ist dann sowohl die Folge* $(A_n b_{n+1})$ *als auch die Reihe* $\sum_{k=1}^{\infty} A_k(b_k - b_{k+1})$ *konvergent, so konvergiert auch* $\sum_{k=1}^{\infty} a_k b_k$.

°**33.13 Abelsches Kriterium** *Ist die Reihe* $\sum a_k$ *konvergent und die Folge* (b_k) *monoton und beschränkt, so konvergiert* $\sum a_k b_k$[1].

Zum Beweis setzen wir wie oben $A_n := \sum_{j=1}^{n} a_j$ und stellen zunächst fest, daß (A_n) und (b_n) konvergente Folgen sind. Infolgedessen konvergiert auch die Folge $(A_n b_{n+1})$ und die Teleskopreihe $\sum (b_k - b_{k+1})$, diese sogar absolut, weil ihre Glieder stets ≥ 0 oder stets ≤ 0 sind. Man „darf" diese Glieder also mit den beschränkten Faktoren A_k multiplizieren, d.h., $\sum A_k(b_k - b_{k+1})$ ist immer noch konvergent (s. A 31.5). Der Satz 33.12 lehrt nun die Richtigkeit unserer Behauptung. ∎

°**33.14 Dirichletsches Kriterium** *Sind die Teilsummen der Reihe* $\sum a_k$ *beschränkt und strebt* (b_k) *monoton gegen* 0, *so konvergiert* $\sum a_k b_k$[1].

Setzen wir nämlich wieder $A_n := \sum_{j=1}^{n} a_j$, so strebt $A_n b_{n+1} \to 0$, und aus demselben Grund wie im letzten Beweis konvergiert $\sum A_k(b_k - b_{k+1})$. Wegen Satz 33.12 ist damit alles bewiesen. ∎

Für $a_k := (-1)^k$ erhält man aus dem Dirichletschen Kriterium mit einem Schlag die Leibnizsche Regel 33.1 (wobei die dortigen a_k jetzt mit b_k bezeichnet werden). In Nr. 88 werden wir ein weiteres wichtiges Konvergenzkriterium, das sogenannte Integralkriterium angeben.

Aufgaben

1. Stelle fest, ob die folgenden Reihen konvergieren oder divergieren[2]:

a) $\sum (-1)^{n-1}/n^\alpha$, b) $\sum (-1)^{n+1}/\sqrt[n]{n}$, c) $1 + \frac{1}{3^\alpha} + \frac{1}{5^\alpha} + \frac{1}{7^\alpha} + \cdots$,

d) $\frac{1}{2^\alpha} + \frac{1}{4^\alpha} + \frac{1}{6^\alpha} + \cdots$, e) $\sum a^{\ln k}$, f) $\sum 1/(\ln k)^p$ ($p \in \mathbf{N}$),

---
[1] Man beachte, daß auch beim Übergang ins Komplexe die Folge (b_k) *reell* bleiben muß, weil andernfalls die Monotonievoraussetzung sinnlos wäre.
[2] Tritt eine unspezifizierte Größe α, a oder p auf, so ist festzustellen, für welche Werte dieser Größe Konvergenz und für welche Werte Divergenz stattfindet.

g) $\sum k/(\ln k)^k$, h) $\sum \dfrac{1}{(\ln k)^{\ln k}}$, i) $\sum \dfrac{n!}{n^n}$,

j) $\sum (-1)^{n+1} \dfrac{\sqrt[n]{n}}{n}$, k) $\sum (-1)^k \dfrac{\ln k}{k}$, l) $\sum \dfrac{\sqrt{n+1}-\sqrt{n}}{n^{3/4}}$,

m) $\sum \dfrac{\sqrt{n+1}-\sqrt{n}}{\ln(n^{\sqrt{n}})}$, n) $\sum (\sqrt[n]{a}-1)$, o) $\sum (-1)^n \left[e - \left(1+\dfrac{1}{n}\right)^n\right]$,

p) $\sum \dfrac{1}{n}\left[e - \left(1+\dfrac{1}{n}\right)^n\right]$, q) $\sum \left(\dfrac{n}{n+1}\right)^{n^2}$, r) $\sum \binom{2n}{n} 2^{-3n-1}$,

s) $\sum n^2/2^n$, t) $\sum 1 \Big/ \binom{4n}{3n}$, u) $\sum (n!)^2/(2n)!$,

v) $\sum n^4 e^{-n^2}$, w) $\sum (-1)^n \left(1+\dfrac{1}{n}\right)^n \Big/ n$, x) $\sum (\sqrt[n]{n} - \sqrt[n+1]{n+1})/n$.

2. $\sum a_n$ konvergiert, wenn $a_1 = 1$ und $\dfrac{a_{n+1}}{a_n} = \dfrac{3}{4} + \dfrac{(-1)^n}{2}$ ist.

3. Zeige, daß $\dfrac{1}{2} \cdot \dfrac{2 \cdot 4 \cdots (2n-2)}{3 \cdot 5 \cdots (2n-1)} < \dfrac{1 \cdot 3 \cdot 5 \cdots (2n-1)}{2 \cdot 4 \cdot 6 \cdots (2n)} < \dfrac{2 \cdot 4 \cdots (2n)}{3 \cdot 5 \cdots (2n+1)}$ ist, gewinne daraus die Ungleichung $\dfrac{1}{2\sqrt{2n}} < \dfrac{1 \cdot 3 \cdot 5 \cdots (2n-1)}{2 \cdot 4 \cdot 6 \cdots (2n)} < \dfrac{1}{\sqrt{2n}}$ und beweise nun die folgenden Behauptungen:

a) $\sum \dfrac{1 \cdot 3 \cdot 5 \cdots (2n-1)}{2 \cdot 4 \cdot 6 \cdots (2n)} \cdot \dfrac{1}{2n+1}$ konvergiert,

b) $\sum \dfrac{1 \cdot 3 \cdot 5 \cdots (2n-1)}{2 \cdot 4 \cdot 6 \cdots (2n)} \cdot \dfrac{1}{\sqrt{n}}$ divergiert,

c) $\sum \left(\dfrac{1 \cdot 3 \cdot 5 \cdots (2n-1)}{2 \cdot 4 \cdot 6 \cdots (2n)}\right)^\alpha$ divergiert für $\alpha \leq 2$ und konvergiert für $\alpha > 2$.

4. $\dfrac{1}{\sqrt{2}-1/\sqrt{2}} - \dfrac{1}{\sqrt{2}+1/\sqrt{3}} + \dfrac{1}{\sqrt{3}-1/\sqrt{3}} - \dfrac{1}{\sqrt{3}+1/\sqrt{4}} + \dfrac{1}{\sqrt{4}-1/\sqrt{4}} - \dfrac{1}{\sqrt{4}+1/\sqrt{5}} + - \cdots$
ist eine konvergente Reihe.

5. Ist die Folge der positiven Zahlen a_n wachsend und beschränkt, so konvergiert $\sum \left(\dfrac{a_{n+1}}{a_n} - 1\right)$.

*6. Wurzelkriterium $\sum a_n$ ist (absolut) konvergent oder divergent, je nachdem $\alpha := \limsup_n \sqrt[n]{|a_n|} < 1$ oder > 1 ist. Im Falle $\alpha = 1$ kann Konvergenz oder Divergenz vorliegen.

210 IV Unendliche Reihen

+7. Quotientenkriterium $\sum a_n$ ist (absolut) konvergent oder divergent, je nachdem

$$\limsup \left|\frac{a_{n+1}}{a_n}\right| < 1 \quad \text{oder} \quad \liminf \left|\frac{a_{n+1}}{a_n}\right| > 1 \text{ ist.}$$

+8. Wenn die Konvergenz der Reihe $\sum a_n$ mit Hilfe des Quotientenkriteriums erkannt werden kann, so kann sie auch über das Wurzelkriterium festgestellt werden (Hinweis: Aufgabe 6 und 7, Satz 28.7). Es gibt jedoch Reihen, die sich nach dem Wurzelkriterium als konvergent erweisen, bei denen aber das Quotientenkriterium versagt. Ein sehr einfaches Beispiel hierfür ist die Reihe

$$\sum_{n=1}^{\infty} \frac{2+(-1)^n}{2^{n-1}} \equiv 1 + \frac{3}{2} + \frac{1}{2^2} + \frac{3}{2^3} + \frac{1}{2^4} + \frac{3}{2^5} + \cdots.$$

Kurz zusammenfassend kann man also sagen, *daß das Wurzelkriterium leistungsfähiger (jedoch meistens schwerer zu handhaben) ist als das Quotientenkriterium.*

9. Wenn $\sum a_n$ absolut konvergiert, so konvergiert auch $\sum a_n^2$. Die Umkehrung ist nicht richtig.

10. Sind alle Glieder der konvergenten Reihe $\sum a_n$ nichtnegativ, so konvergiert $\sum \sqrt{a_n}/n^\alpha$ für $\alpha > 1/2$. Für $\alpha = 1/2$ kann Divergenz eintreten (Beispiel?).

*11. Minkowskische Ungleichung Sind die Reihen $\sum\limits_{k=1}^{\infty} a_k^2$ und $\sum\limits_{k=1}^{\infty} b_k^2$ beide konvergent, so konvergiert auch $\sum\limits_{k=1}^{\infty} (a_k+b_k)^2$, und es gilt

$$\left(\sum_{k=1}^{\infty} (a_k+b_k)^2\right)^{1/2} \leq \left(\sum_{k=1}^{\infty} a_k^2\right)^{1/2} + \left(\sum_{k=1}^{\infty} b_k^2\right)^{1/2}.$$

*12. Für jede Folge (α_k) konvergiert $\sum\limits_{k=1}^{\infty} \frac{1}{2^k} \frac{|\alpha_k|}{1+|\alpha_k|}$, und für alle $(\alpha_k), (\beta_k)$ gilt

$$\sum_{k=1}^{\infty} \frac{1}{2^k} \frac{|\alpha_k+\beta_k|}{1+|\alpha_k+\beta_k|} \leq \sum_{k=1}^{\infty} \frac{1}{2^k} \frac{|\alpha_k|}{1+|\alpha_k|} + \sum_{k=1}^{\infty} \frac{1}{2^k} \frac{|\beta_k|}{1+|\beta_k|}.$$

Hinweis: Die Funktion $t \mapsto t/(1+t)$ ist für $t > -1$ (streng) wachsend.

+13. Ist $\sum a_k$ konvergent und $\sum (b_k - b_{k+1})$ absolut konvergent, so konvergiert $\sum a_k b_k$.

+14. Sind die Teilsummen von $\sum a_k$ beschränkt, strebt $b_n \to 0$ und ist $\sum (b_k - b_{k+1})$ absolut konvergent, so konvergiert $\sum a_k b_k$.

15. Die Positivität der Reihenglieder in Satz 33.6 ist wesentlich: Sei $a_n := \frac{(-1)^n}{n} + \frac{1}{n \ln n}$, $b_n := \frac{(-1)^n}{n}$. Dann strebt $a_n/b_n \to 1$, $\sum a_n$ divergiert, $\sum b_n$ jedoch konvergent.

°16. Die Cauchy-Schwarzsche Ungleichung (Satz 33.11) lautet im Komplexen so: Sind

$\sum\limits_{n=0}^{\infty} |a_n|^2$ und $\sum\limits_{n=0}^{\infty} |b_n|^2$ konvergent, so konvergiert $\sum\limits_{n=0}^{\infty} a_n b_n$ absolut, und es gilt

$$\left|\sum_{n=0}^{\infty} a_n b_n\right| \leq \sum_{n=0}^{\infty} |a_n b_n| \leq \left(\sum_{n=0}^{\infty} |a_n|^2\right)^{1/2} \left(\sum_{n=0}^{\infty} |b_n|^2\right)^{1/2}.$$

Unter denselben Voraussetzungen existiert auch

$$\left(\sum_{n=0}^{\infty} |a_n + b_n|^2\right)^{1/2} \text{ und ist } \leq \left(\sum_{n=0}^{\infty} |a_n|^2\right)^{1/2} + \left(\sum_{n=0}^{\infty} |b_n|^2\right)^{1/2}$$

(Minkowskische Ungleichung; s. Aufgabe 11).

Poetisch-theologisch-mathematische Anmerkung
Jakob Bernoulli, der auf Drängen seines Vaters Theologie und auf eigene Faust Mathematik studiert hatte, pflegte einen rührend innigen Umgang mit den unendlichen Reihen. Seine 1689 in Basel erschienenen *Arithmetische Sätze über unendliche Reihen und deren endliche Summe* [s. Ostwald's Klassiker der exakten Wissenschaften 171] leitet er ein mit einem (lateinischen) Gedicht aus eigener Feder, in dem Mathematisches und Theologisches wunderlich durcheinandergehen:

> Wie die unendliche Reihe sich fügt zur endlichen Summe
> Und der Grenze sich beugt, was dir grenzenlos scheint,
> So im bescheidenen Körper verbirgt der unendlichen Gottheit
> Spur sich, und grenzenlos wird, was doch so eng ist begrenzt.
> Welche Wonne, zu schau'n im Unermessnen das Kleine
> Und im Kleinen zu schau'n ihn, den unendlichen Gott!

Das Vorwort schließt er profaner, aber nicht weniger bewegend, mit den Worten:

> Wie notwendig übrigens und zugleich nützlich diese Betrachtung der Reihen ist, das kann dem nicht unbekannt sein, der es erkannt hat, daß eine solche Reihe bei ganz schwierigen Problemen, an deren Lösung man verzweifeln muß, gewissermaßen ein Rettungsanker ist, zu dem man als zu dem letzten Mittel seine Zuflucht nehmen darf, wenn alle anderen Kräfte des menschlichen Geistes Schiffbruch gelitten haben.

Wir werden noch sehen, wie wahr das ist. Hingegen haben wir schon in *diesem* Kapitel gesehen, wie wahr die folgende Bemerkung Abels aus dem Jahre 1826 ist:

> Man wendet gewöhnlich die Operationen der Analysis auf unendliche Reihen genauso an, als seien die Reihen endlich; *das scheint mir ohne besonderen Beweis nicht erlaubt zu sein.* (Hervorhebung von mir.)

V Stetigkeit und Grenzwerte von Funktionen

Die neuere Mathematik datiert von dem Augenblick, als *Descartes* von der rein algebraischen Behandlung der Gleichungen dazu fortschritt, die Größenveränderungen zu untersuchen, welche ein algebraischer Ausdruck erleidet, indem eine in ihm allgemein bezeichnete Größe eine ststige Folge von Werten durchläuft.
Hermann Hankel

Man kann den Menschen nicht richtig verstehen, wenn man nicht erkennt, daß die Mathematik aus derselben Wurzel entspringt wie die Poesie: aus der Gabe der Imagination.
Ortega y Gasset

34 Einfache Eigenschaften stetiger Funktionen

Im Verlauf unserer Untersuchungen ist uns schon mehrmals eine Eigenschaft begegnet, die eine Funktion f haben und die man kurz so beschreiben kann: aus $x_n \to \xi$ folgt stets $f(x_n) \to f(\xi)$. Eine derartige Funktion nannten wir „stetig", ohne uns im übrigen mit einer sorgfältigen Definition dieses Begriffes aufzuhalten. Das vorliegende Kapitel hat nun gerade die Aufgabe, „Stetigkeit" präzis zu erklären und die wertvollen Eigenschaften stetiger Funktionen ans Licht zu ziehen.

°**Definition** *Man sagt, die Funktion f sei an einer Stelle ξ ihres Definitionsbereichs X* s t e t i g, *wenn für* jede *Folge* (x_n) *aus X, die gegen ξ strebt, immer auch*

$$f(x_n) \to f(\xi)$$

konvergiert.

Aus den Sätzen 22.4, 22.7, 25.3, 25.5, 25.6 und A 25.1a folgt sofort der

34.1 Satz *Die Betragsfunktion, Polynome, rationale Funktionen, Exponentialfunktionen, Logarithmusfunktionen und Potenzfunktionen sind ausnahmslos an jeder Stelle ihres jeweiligen Definitionsbereichs stetig.*

Völlig trivial ist, *daß eine dehnungsbeschränkte Funktion $f: X \to \mathbf{R}$ an jeder Stelle von X stetig ist.* Eine solche Funktion f nennt man auch gerne Lipschitzstetig[1] (auf X). Dagegen wird es den Leser zunächst befremden, daß auch Funktionen $f: \mathbf{N} \to \mathbf{R}$ (also doch *Folgen*) an jeder Stelle $\xi \in \mathbf{N}$ stetig sind. Konvergiert nämlich eine Folge (x_n) aus $\mathbf{N}$ (also eine Folge natürlicher Zahlen) gegen ξ, so muß x_n *fast immer* $= \xi$ sein — und dann strebt trivialerweise $f(x_n) \to f(\xi)$. Diesen Sachverhalt können wir leicht verallgemeinern. Wir nennen einen Punkt $\xi \in X$ einen isolierten Punkt von X, wenn eine gewisse ε-Umgebung von ξ keinen Punkt von X außer ξ selbst enthält (z.B. ist jedes $n \in \mathbf{N}$ ein isolierter Punkt von $\mathbf{N}$, 1 ist ein isolierter Punkt von $\{1\} \cup [2, 3]$). Und wie eben sieht man nun,

---

[1] Rudolf Lipschitz (1832–1903; 71).

daß jede Funktion: $f: X \to \mathbf{R}$ *an jeder* isolierten *Stelle von X stetig ist* (natürlich braucht X keine isolierten Punkte zu haben). Diese Bemerkung zeigt, daß der mathematische Stetigkeitsbegriff sich doch wesentlich von den Vorstellungen unterscheidet, die man alltäglicherweise mit dem Wort „stetig" verbindet. In diesen Zusammenhang gehört auch der Hinweis, daß unsere Definition nur von Stetigkeit in Punkten des *Definitionsbereichs* einer Funktion spricht, auf Punkte *außerhalb* dieses Bereichs kann der Stetigkeitsbegriff gar nicht angewandt werden. Die Funktion $x \mapsto 1/x$ ist auf $\mathbf{R}\setminus\{0\}$ definiert, ihr Graph ist in 0 „zerrissen" (s. Fig. 14.1), sie ist aber im Punkte 0 nicht unstetig, auch nicht stetig — sondern nur nicht definiert.

Unstetigkeit der Funktion f in einem Punkte ξ ihres Definitionsbereiches X bedeutet, *daß es eine gegen ξ strebende Folge (x_n) aus X gibt, für die $(f(x_n))$ entweder überhaupt nicht oder gegen einen Wert $\neq f(\xi)$ konvergiert*. Die Funktion $f: \mathbf{R} \to \mathbf{R}$, definiert durch

$$f(x) := \begin{cases} -1 & \text{für } x \leq 0, \\ 1 & \text{für } x > 0, \end{cases}$$

(s. Fig. 34.1) ist in 0 unstetig, weil z.B. $1/n \to 0$, aber $f(1/n)$ nicht $\to f(0)$ strebt. Die Dirichletsche Funktion (s. Beispiel 13 in Nr. 14) ist in jedem Punkt von $\mathbf{R}$ unstetig, wie der Leser mühelos mittels „Ausnahmefolgen" feststellen kann.

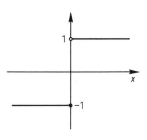

Fig. 34.1

Wie leicht die Anschauung *bei Stetigkeitsfragen versagen kann*, zeigt das Beispiel

$$f(x) := \begin{cases} 0 & \text{für irrationales } x > 0, \\ 1/q & \text{für rationales } x = p/q \text{ (p, q natürliche Zahlen ohne} \\ & \text{gemeinsame Teiler).} \end{cases} \quad (34.1)$$

Diese für alle positiven x erklärte Funktion f, deren Schaubild man sich nur in groben Zügen vorstellen kann, *ist an den rationalen Stellen ihres Definitionsbereichs unstetig, an den irrationalen jedoch stetig*. Ist nämlich $\xi := p/q$ rational, so sind die Zahlen $x_n := \xi + \sqrt{2}/n$ alle irrational und es gilt $x_n \to \xi$, aber die identisch verschwindende Folge der $f(x_n)$ strebt *nicht* gegen $f(\xi) = 1/q \neq 0$. Nun sei ξ irrational, $\lim x_n = \xi$ und $c > \xi$. Zu vorgegebenem $\varepsilon > 0$ gibt es nur endlich viele natürliche q mit $q \leq 1/\varepsilon$ und daher nur endlich viele rationale $p/q \in (0, c)$ mit $q \leq 1/\varepsilon$. Anders gesagt: Bei fast allen rationalen Zahlen $p/q \in (0, c)$ ist

$q > 1/\varepsilon$, also $f(p/q) = 1/q < \varepsilon$. Und da für irrationale $x \in (0, c)$ definitionsgemäß $f(x) = 0$ ist, muß insgesamt $f(x) < \varepsilon$ für fast alle $x \in (0, c)$ sein. Beachten wir noch, daß wegen $x_n \to \xi$ fast alle x_n in $(0, c)$ liegen, so folgt, daß fast immer $f(x_n) < \varepsilon$ bleibt. Also strebt $f(x_n) \to 0 = f(\xi)$.

Ist $f: X \to \mathbf{R}$ in ξ stetig und X_0 eine ξ enthaltende Teilmenge von X, so ist offensichtlich auch die Einschränkung $f|X_0$ in ξ stetig. Eine Fortsetzung g von f auf eine Menge $X_1 \supset X$ braucht aber in ξ nicht mehr stetig zu sein. Ist z.B. g die Funktion in Fig. 34.1 und $f := g|(-\infty, 0]$, so ist zwar f, nicht jedoch g in 0 stetig. Unsere Stetigkeitsdefinition nimmt eben ausdrücklich Bezug auf den Definitionsbereich X der Funktion: Wir müssen *alle* Folgen (x_n) aus X betrachten, die gegen ξ streben, und prüfen, ob für *jede* von ihnen $f(x_n) \to f(\xi)$ konvergiert. Bei Vergrößerung von X vergrößert sich die Menge dieser Folgen — und hierbei entsteht die Gefahr, daß *stetigkeitszerstörende Folgen* auftreten. Um ganz präzise zu sein, müßte man also etwa sagen, $f: X \to \mathbf{R}$ sei stetig in ξ bezüglich X. — Konvergiert für jede Folge (x_n) aus X, die *von rechts her* gegen ξ strebt (kurz: $\xi \leq x_n \to \xi$) immer $f(x_n) \to f(\xi)$, so nennt man f **rechtsseitig stetig an der Stelle** ξ und ganz entsprechend erklärt man die **linksseitige Stetigkeit**. *f ist also rechts- oder linksseitig stetig in ξ, je nachdem die Einschränkung von f auf $X \cap \{x : x \geq \xi\}$ oder auf $X \cap \{x : x \leq \xi\}$ in ξ stetig ist.* Mittels A 20.4 sieht man sofort ein, *daß eine Funktion genau dann an einer gewissen Stelle stetig ist, wenn sie dort sowohl rechts- als auch linksseitig stetig ist* (die Funktion in Fig. 34.1 ist in 0 zwar linksseitig, jedoch nicht rechtsseitig stetig).

Die alltägliche Stetigkeitsvorstellung besagt u.a., daß „stetige" Veränderungen oder Abläufe keinen abrupten, jähen Schwankungen unterworfen sind. Der nächste Satz spricht etwas Ähnliches quantitativ und präzise aus (der Leser möge sich übrigens, um seine Ideen zu fixieren, bei den Sätzen dieses Abschnittes unter dem Definitionsbereich X zunächst immer ein Intervall vorstellen).

34.2 Satz *$f: X \to \mathbf{R}$ sei in $\xi \in X$ stetig und $f(\xi)$ sei $> a$. Dann gibt es eine δ-Umgebung U von ξ, so daß für alle $x \in U \cap X$ immer noch $f(x) > a$ ist. Und Entsprechendes gilt im Falle $f(\xi) < a$.*

Wäre nämlich ein solches U nicht vorhanden, so gäbe es in jeder δ-Umgebung von ξ ein „Ausnahme-x", also ein x mit $f(x) \leq a$. Insbesondere gäbe es in jedem $U_{1/n}(\xi)$ ein x_n mit $f(x_n) \leq a$. Dann strebte gewiß $x_n \to \xi$ und infolgedessen existierte auch $\lim f(x_n)$. Aber dieser Grenzwert wäre $\leq a$ und somit $\neq f(\xi)$, im Widerspruch zur Stetigkeitsvoraussetzung. Also muß doch ein U von der beschriebenen Art vorhanden sein. ∎

Der nächste Satz besagt, daß Stetigkeit bei algebraischen Verknüpfungen erhalten bleibt. Er folgt in trivialer Weise aus Satz 22.6.

°**34.3 Satz** *Sind die Funktionen f und g auf X definiert und in ξ stetig, so sind auch die (auf X erklärten) Funktionen $f + g$, $f - g$, αf und fg in ξ stetig. Und ist überdies $g(\xi) \neq 0$, so ist die auf $\{x \in X : g(x) \neq 0\}$ definierte Funktion f/g ebenfalls in ξ stetig.*

Ebenso mühelos ergibt sich der

°**34.4 Satz** *Das Kompositum $f \circ g$ möge existieren, g sei in ξ und f in $g(\xi)$ stetig. Dann ist auch $f \circ g$ in ξ stetig.*

Aus $x_n \to \xi$ folgt nämlich zunächst $g(x_n) \to g(\xi)$ und dann
$$(f \circ g)(x_n) = f(g(x_n)) \to f(g(\xi)) = (f \circ g)(\xi). \qquad \blacksquare$$

Beachtet man noch (14.4) und (14.5), so ergibt sich aus den Sätzen dieses Abschnitts sofort der

34.5 Satz *Sind die Funktionen f und g auf X definiert und in ξ stetig, so sind auch die (auf X erklärten) Funktionen $|f|$, f^+, f^-, $\max(f, g)$ und $\min(f, g)$ in ξ stetig.*

Wir vertiefen unser Verständnis stetiger Funktionen durch die sogenannte

°**34.6 $\varepsilon\delta$-Definition der Stetigkeit** *Die auf X definierte Funktion f ist genau dann in ξ stetig, wenn es zu jedem $\varepsilon > 0$ ein $\delta = \delta(\varepsilon) > 0$ gibt, so daß*

für alle $x \in X$ mit $|x - \xi| < \delta$ immer $|f(x) - f(\xi)| < \varepsilon$ ausfällt. (34.2)

Oder völlig gleichbedeutend: f ist genau dann in ξ stetig, wenn zu jeder ε-Umgebung V von $f(\xi)$ immer eine δ-Umgebung U von ξ existiert, so daß

$$f(U \cap X) \subset V \text{ ist.} \qquad (34.3)$$

Beweis. Wir nehmen zunächst an, die „$\varepsilon\delta$-Bedingung" des Satzes sei erfüllt und (x_n) strebe gegen ξ. Nach Wahl von $\varepsilon > 0$ bestimmen wir dann ein $\delta > 0$, so daß (34.2) gilt. Zu diesem δ gibt es einen Index $n_0 = n_0(\delta)$, so daß für $n > n_0$ stets $|x_n - \xi| < \delta$ ausfällt. Gemäß der $\varepsilon\delta$-Bedingung ist jetzt $|f(x_n) - f(\xi)| < \varepsilon$ für $n > n_0$, also strebt $f(x_n) \to f(\xi)$, d.h., f ist in ξ stetig. — Nun sei umgekehrt f in ξ stetig. Wir führen einen Widerspruchsbeweis, nehmen also an, die $\varepsilon\delta$-Bedingung sei nicht erfüllt. Das bedeutet, daß ein „Ausnahme-ε", etwa $\varepsilon_0 > 0$, mit folgender Eigenschaft existiert: Zu jedem $\delta > 0$ gibt es ein gewisses $x(\delta) \in X$, so daß zwar $|x(\delta) - \xi| < \delta$, aber doch $|f(x(\delta)) - f(\xi)| \geq \varepsilon_0$ ist. Insbesondere gibt es also zu jedem natürlichen n ein $x_n \in X$ mit

$$|x_n - \xi| < \frac{1}{n} \quad \text{und} \quad |f(x_n) - f(\xi)| \geq \varepsilon_0.$$

Daraus folgt aber, daß zwar $x_n \to \xi$, aber $f(x_n)$ nicht $\to f(\xi)$ strebt, im Widerspruch zu unserer Voraussetzung. Die $\varepsilon\delta$-Bedingung muß also doch erfüllt sein. ∎

Anschaulich gesprochen bedeutet somit Stetigkeit von f im Punkte ξ, daß man zu jedem horizontalen ε-Streifen um $f(\xi)$ stets einen vertikalen δ-Streifen um ξ finden kann, so daß das Schaubild von f um $(\xi, f(\xi))$ herum den zugehörigen $\varepsilon\delta$-Kasten nicht verlassen kann (s. Fig. 34.2). Und dabei liegt der Akzent auf der Möglichkeit, das Schaubild von f in einen *beliebig niedrigen* Kasten einsperren zu können (je niedriger man den Kasten wählt, umso schmaler wird man ihn i. allg. allerdings machen müssen). Eine andere geometrische Deutung der Stetigkeit wird durch die $\varepsilon\delta$-Bedingung in der Form (34.3) nahegelegt. Dazu

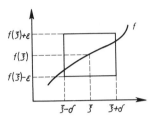
Fig. 34.2

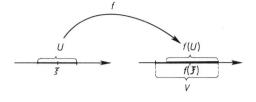
Fig. 34.3

veranschaulichen wir uns die Funktion f, indem wir zwei Zahlengeraden nebeneinander stellen und uns auf der ersten die Punkte des Definitionsbereichs, auf der zweiten die zugehörigen Funktionswerte aufgetragen denken. Stetigkeit im Punkte ξ bedeutet dann (s. Fig. 34.3): Wählt man *völlig willkürlich* eine Umgebung V von $f(\xi)$, so kann man immer eine Umgebung U von ξ finden, *deren Punkte* (sofern sie zu X gehören) *durch f in V hineingeworfen werden*.

Wir hatten früher schon betont, daß wir uns i. allg. weniger für den Wert einer Funktion an einer bestimmten Stelle als vielmehr für die *Veränderungen interessieren, welche die Funktionswerte erleiden, wenn man das Argument ändert*. Völlig willkürliche, „unberechenbare" Änderungen sind natürlich wissenschaftlich kaum faßbar; ohne die Annahme gewisser *Änderungsgesetze* wird man schwerlich bemerkenswerte Einsichten gewinnen können. Wichtige gesetzmäßige Änderungsmodi einer Funktion sind z.B. die Monotonie und die Dehnungsbeschränktheit, ein anderer ist die Stetigkeit. Durch die Stetigkeit einer Funktion f an der Stelle ξ sind die Funktionswerte $f(x)$ für nahe bei ξ gelegene Argumente x an den Wert $f(\xi)$ in gewisser Weise gebunden: Sie weichen wenig von $f(\xi)$ ab, wenn x wenig von ξ abweicht oder genauer: $f(x)$ *weicht* b e l i e b i g w e n i g *von $f(\xi)$ ab, wenn x* h i n r e i c h e n d w e n i g *von ξ abweicht*.

Entscheidend ist bei der $\varepsilon\delta$-Definition, daß man zuerst eine Variationsbreite, eine Toleranzgrenze für die Funktionswerte *vorgibt* (gemessen durch ε), und anschließend versucht, die unabhängige Veränderliche x so zu beschränken (durch die δ-Umgebung von ξ), daß die zugehörigen Funktionswerte $f(x)$ innerhalb der *a priori* zugelassenen Abweichung von $f(\xi)$ bleiben, d.h., daß $f(\xi)-\varepsilon<f(x)<f(\xi)+\varepsilon$ ist. Es sind gerade die Erfordernisse der Praxis, die auf solche Betrachtungen führen. Wollen wir nämlich einen Funktionswert $f(\xi)$ — etwa $\sqrt{\xi}$, e^ξ, $\ln\xi$ usw. — wirklich *berechnen*, so stoßen wir sofort auf den unbefriedigenden Umstand, daß uns schon ξ i. allg. nicht exakt gegeben ist, wir vielmehr nur einen Näherungswert ξ' etwa in Form eines endlichen Dezimalbruches mit wenigen Stellen in Händen haben. Andererseits wird uns aber durch die Zwecke unserer Rechnung i. allg. *nur eine gewisse,* v o n v o r n h e r e i n f e s t s t e h e n d e *Abweichung der Näherung $f(\xi')$ von dem wahren Wert $f(\xi)$ als unschädlich oder akzeptabel gestattet sein*, und in dieser Situation müssen wir uns fragen, ob unser Näherungswert ξ' „gut genug" ist — gut genug in dem Sinne, *daß $f(\xi')$ nicht weiter als a priori erlaubt von $f(\xi)$ abweicht*.

Ist nun f in ξ stetig, so darf man sicher sein, bei jeder *noch so kleinen Toleranzgrenze* doch stets *akzeptable Näherungswerte $f(\xi')$* berechnen zu können, wenn man mit ξ' nur hinreichend dicht bei ξ bleibt — die Stetigkeitsdefinition ist ja genau auf diesen Fall zugeschnitten. Und gerade diese Tatsache ist einer der Gründe für die große praktische Bedeutung der stetigen Funktionen.

34 Einfache Eigenschaften stetiger Funktionen   217

Bisher haben wir nur Funktionen betrachtet, die in einem gewissen *Punkt* stetig sind. *Ist eine Funktion an jeder Stelle ihres Definitionsbereichs X stetig, so sagen wir, sie sei* stetig auf *X oder einfach, sie sei* stetig. Nach dem bisher Bewiesenen ist unmittelbar klar, *daß die Menge aller auf X stetigen Funktionen eine Funktionenalgebra auf X bildet (die überdies mit f und g auch noch $|f|$, f^+, f^-, max(f, g) und min(f, g) enthält)*. Diese Algebra bezeichnen wir mit $C(X)$; in dem besonders wichtigen Falle $X=[a, b]$ oder $=(a, b)$ verzichten wir auf die Klammern um X und schreiben kurz $C[a, b]$ bzw. $C(a, b)$.
Ebenso ist klar, *daß jede Einschränkung einer stetigen Funktion wieder stetig ist*. Eine Fortsetzung der stetigen Funktion $f: X \to \mathbf{R}$ braucht jedoch nicht mehr in allen Punkten von X stetig zu sein. Setzen wir etwa $f(x):=1$ für alle $x \in [a, b]$, so ist f stetig; definieren wir nun eine Fortsetzung g von f durch

$$g(x) := \begin{cases} 0 & \text{für } x < a \\ f(x) & \text{für } a \leq x \leq b \\ 0 & \text{für } x > b \end{cases}$$

(s. Fig. 34.4), so ist g an den Stellen a und b nicht mehr stetig. In der Folge werden wir häufig Anlaß finden, eine Funktion $f: X \to \mathbf{R}$ lediglich auf einer gewissen Teilmenge T von X zu betrachten. Wenn wir dann sagen, f *sei auf T stetig, so meinen wir damit, daß die Einschränkung $f \mid T$ stetig auf T ist*. Nach dem eben Bemerkten braucht dies nicht zu bedeuten, daß f selbst in jedem Punkte von T stetig (bezüglich X) ist. Es besagt eben nur, daß aus $\xi \in T$, $x_n \in T$, $x_n \to \xi$ stets $f(x_n) \to f(\xi)$ folgt, wobei die einschränkende Bedingung „$x_n \in T$" wohl zu beachten ist. Die oben definierte Funktion $g: \mathbf{R} \to \mathbf{R}$ (s. Fig. 34.4) ist z.B. in den Punkten a und b unstetig, dennoch ist sie gemäß unserer Sprechweise auf $[a, b]$ stetig, weil $g \mid [a, b]$ dort stetig ist.

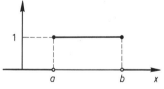

Fig. 34.4

Überraschend einfach läßt sich die Stetigkeit einer Funktion beschreiben, wenn man den Begriff der offenen Menge heranzieht. Eine Teilmenge G von $\mathbf{R}$ heißt offen, wenn jedes $\xi \in G$ eine ε-Umgebung besitzt, die noch *ganz in G enthalten ist*. Trivialerweise ist $\mathbf{R}$ *offen, aber auch $\emptyset$ ist offen* (andernfalls gäbe es einen Punkt ξ_0 in $\emptyset$, so daß kein $U_\varepsilon(\xi_0) \subset \emptyset$ ist; ein solches ξ_0 ist aber einfach deshalb nicht vorhanden, weil es in $\emptyset$ überhaupt keine Punkte gibt). *Jedes offene Intervall (a, b) ist eine offene Menge*: Ist nämlich $\xi \in (a, b)$ und $\varepsilon := \min(\xi - a, b - \xi)$, so liegt $U_\varepsilon(\xi)$ in (a, b). Entsprechend sieht man, *daß alle Intervalle der Form $(-\infty, a)$*,

218 V Stetigkeit und Grenzwerte von Funktionen

$(a, +\infty)$ *offen sind*. Liegt eine feste Menge $X \subset \mathbf{R}$ vor, so heißt eine Teilmenge G derselben X-offen (oder relativ offen bezüglich X oder auch kurz relativ offen), wenn es zu jedem $\xi \in G$ eine ε-Umgebung U derart gibt, daß zwar vielleicht nicht U selbst, aber jedenfalls doch die „*Relativumgebung*" $U \cap X = \{x \in X : |x - \xi| < \varepsilon\}$ *noch ganz in G liegt*[1]. Mit diesen Begriffsbildungen gilt nun der

°**34.7 Satz** *Die Funktion f ist genau dann stetig auf X, wenn das Urbild jeder offenen Menge X-offen ist.*

Zum Beweis sei zunächst f stetig und G eine beliebige offene Menge; wir müssen zeigen, daß $f^{-1}(G)$ X-offen ist. Das ist klar, wenn $f^{-1}(G)$ leer ist. Sei also jetzt $f^{-1}(G) \neq \emptyset$ und ξ ein beliebiger Punkt in $f^{-1}(G)$. Dann liegt $f(\xi)$ in G, und da G offen ist, gibt es eine ε-Umgebung V von $f(\xi)$ mit $V \subset G$. Zu diesem V existiert nach Satz 34.6 eine δ-Umgebung U von ξ mit $f(U \cap X) \subset V$, so daß also $U \cap X \subset f^{-1}(V)$ und somit erst recht $U \cap X \subset f^{-1}(G)$ ist. Daher muß $f^{-1}(G)$ X-offen sein. — Nun sei umgekehrt die Bedingung des Satzes erfüllt, ξ ein beliebiger Punkt aus X und V eine willkürlich gewählte ε-Umgebung von $f(\xi)$. V ist offen, und somit ist nach unserer Voraussetzung das Urbild $f^{-1}(V)$ X-offen. Insbesondere besitzt ξ also eine δ-Umgebung U mit $U \cap X \subset f^{-1}(V)$. Das bedeutet aber, daß $f(U \cap X) \subset V$ und f somit — nach Satz 34.6 — in ξ stetig ist. Da ξ ein völlig beliebiger Punkt von X sein durfte, ist also f in der Tat stetig auf X. ∎

Die beiden wichtigsten Eigenschaften offener Mengen beschreibt der

°**34.8 Satz** *Der Durchschnitt* **endlich vieler** *und die Vereinigung* **beliebig vieler** *offener Mengen ist wieder offen.*

Beweis. Sind $G_1, \ldots, G_n$ offene Mengen und ist $\xi \in G := G_1 \cap \cdots \cap G_n$, so gibt es für jedes $\nu = 1, \ldots, n$ eine ε_ν-Umgebung $U_{\varepsilon_\nu}(\xi) \subset G_\nu$. Setzt man $\varepsilon := \min(\varepsilon_1, \ldots, \varepsilon_n)$, so liegt $U_\varepsilon(\xi)$ in jedem G_ν, also auch in G, somit ist G offen. — Ist nun G die Vereinigung beliebig vieler offener Mengen und $\xi \in G$, so gehört ξ mindestens einer Menge G_0 dieser Vereinigung an, damit liegt aber auch eine gewisse ε-Umgebung U von ξ in G_0 — erst recht liegt dann U in G, d.h., G ist offen. ∎

Zum Schluß vereinbaren wir noch eine Vereinfachung der Sprechweise und Bezeichnung. Statt umständlicher Redewendungen wie „wir betrachten die Funktion f, die durch $f(x) := \cdots$ auf X definiert ist" oder „die Funktion f, definiert durch $f(x) := \cdots$, ist stetig auf X" usw. wollen wir kürzer sagen: „Wir betrachten die Funktion $f(x) := \cdots$, $x \in X$" bzw. „die Funktion $f(x) := \cdots$ ist stetig auf X" usw. Ohne das vorausgesetzte Wort „Funktion" bedeutet $f(x)$ jedoch nach wie

---

[1] Bei dieser Relativierung der Offenheit vergißt man gewissermaßen, daß es noch Punkte außerhalb von X gibt.

vor nicht die Funktion f, sondern *deren Wert an der Stelle x*. Diese Spracherleichterung hatten wir uns früher schon bei den Polynomen gewährt. Ähnlich wie dort werden wir von nun an einfach von der Logarithmusfunktion $\ln x$, der Wurzelfunktion $\sqrt[n]{x}$, der Größte-Ganze-Funktion $[x]$ usw. reden statt von der Funktion $x \mapsto \ln x$, $x \mapsto \sqrt[n]{x}$, $x \mapsto [x]$ usw.

Aufgaben

1. a) Die Größte-Ganze-Funktion $[x]$ ist genau an den Stellen $\xi \in \mathbf{Z}$ unstetig. b) Die Funktion 0^x $(x \geq 0)$ ist genau im Nullpunkt unstetig.

2. Eine Treppenfunktion ist höchstens in den Teilpunkten der zugrundeliegenden Intervallzerlegung unstetig (s. Beispiel 10 in Nr. 14).

3. Sei $\{x_1, x_2, \ldots\}$ eine abzählbare Teilmenge von $\mathbf{R}$ mit $x_n \to x_0$. Ferner strebe die Folge $(y_1, y_2, \ldots)$ gegen y_0. Setze $f(x_k) := y_k$ für $k = 0, 1, \ldots$. Dann ist f auf $X := \{x_0, x_1, x_2, \ldots\}$ stetig.

4. Sei $\quad f(x) := \begin{cases} x & \text{für rationales } x \\ 0 & \text{für irrationales } x \end{cases}$.

Dann ist f genau in 0 stetig.

5. Bilde Funktionen wie $\dfrac{\sqrt{e^x}}{x}$, $\ln(x^2 - 2x + 1)$, $\dfrac{e^{\sqrt{x}} + \sqrt[3]{x^2 + 1}}{\ln \sqrt{x}}, \ldots$ und stelle fest, wo sie definiert und stetig sind.

6. f sei auf $(0, 1]$ wie folgt definiert: $f\left(\dfrac{1}{2n-1}\right) := 0$, $f\left(\dfrac{1}{2n}\right) := 1$ für $n \in \mathbf{N}$, in jedem Intervall $\left[\dfrac{1}{n+1}, \dfrac{1}{n}\right]$ sei f affin (Skizze!). Ferner sei $g(0) := 0$, $g(x) := f(x)$ für $x \in (0, 1]$. Zeige, daß g in 0 unstetig, sonst aber stetig ist, während $x \mapsto xg(x)$ auf $[0, 1]$ stetig ist (s. auch Aufgabe 7).

7. Ist g auf $[0, 1]$ definiert und beschränkt, so ist $x \mapsto xg(x)$ in 0 stetig.

$^+$**8.** Sind die Funktionen f, g auf $[a, b]$ definiert und stetig und stimmen sie in allen *rationalen* Punkten von $[a, b]$ überein, so sind sie *identisch*. Die Werte der stetigen Funktion f sind also so stark aneinander gebunden, daß f bereits durch seine Werte in den rationalen Punkten völlig eindeutig bestimmt ist.

$^+$**9.** Sei f eine gerade oder ungerade Funktion auf $[-a, a]$, $a > 0$. Ist f stetig auf $[0, a]$, so ist f auch stetig auf $[-a, a]$.

10. $f: \mathbf{R} \to \mathbf{R}$ genüge für alle $x, y \in \mathbf{R}$ der „Funktionalgleichung" $f(x + y) = f(x) + f(y)$. Zeige der Reihe nach: a) $f(0) = 0$, b) $f(-x) = -f(x)$, c) $f(x - y) = f(x) - f(y)$, d) $f\left(\dfrac{1}{q} x\right) = \dfrac{1}{q} f(x)$ für $q \in \mathbf{N}$, e) $f(rx) = rf(x)$ für $r \in \mathbf{Q}$, f) ist f stetig in 0, so ist f stetig (auf $\mathbf{R}$), g) ist f stetig, so ist $f(x) = ax$ mit $a := f(1)$.

220 V Stetigkeit und Grenzwerte von Funktionen

11. Die Funktionen $f_1, f_2, \ldots$ seien alle stetig auf X und für jedes feste $x \in X$ sei die Folge $(f_1(x), f_2(x), \ldots)$ nach oben beschränkt. Dann ist die Funktion $g(x) := \sup(f_1(x), f_2(x), \ldots)$ zwar auf X definiert, braucht aber nicht mehr stetig zu sein (Beispiel?).

12. Der Durchschnitt unendlich vieler offener Mengen braucht nicht mehr offen zu sein (Beispiel?).

⁺**13.** Zeige der Reihe nach: a) Genau die Mengen der Form $M \cap X$ mit offenem M sind X-offen. b) Ist X offen, so ist eine Teilmenge G von X genau dann X-offen, wenn sie offen ist. c) Ist X offen, so ist die Funktion $f: X \to \mathbf{R}$ genau dann stetig auf X, wenn das Urbild jeder offenen Menge selbst wieder offen ist.

°**14.** Die Definition der offenen und relativ offenen Menge läßt sich wörtlich ins Komplexe übertragen. Mit Hilfe der Dreiecksungleichung zeigt man, daß eine ε-Umgebung stets offen ist (diese Tatsache wird beim Beweis des „komplexen" Satzes 34.7 benötigt).

35 Fixpunkt- und Zwischenwertsätze für stetige Funktionen

Die Aufgabe, die Reziproke $1/a$ und die Quadratwurzel $\sqrt{a}$ in praktisch brauchbarer Weise beliebig genau zu berechnen, hatte uns auf die Frage geführt, wann „Fixpunktgleichungen" $x = f(x)$ lösbar sind und ob eine Lösung „iterativ" (d.h. als Grenzwert einer Iterationsfolge) gewonnen werden kann (s. die Erörterungen in Nr. 23 kurz nach dem Prinzip der Intervallschachtelung). In A 23.8 war uns zuerst ein allgemeiner Satz in dieser Richtung begegnet. Die Analyse seines Beweises führt uns ohne Umwege zu dem

35.1 Satz *Ist die Funktion $f: [a, b] \to [a, b]$ wachsend und stetig und definiert man die* Iterationsfolge (x_n) *durch die Festsetzung*

$$x_{n+1} := f(x_n) \text{ für } n = 0, 1, 2, \ldots \text{ mit beliebigem } x_0 \in [a, b], \tag{35.1}$$

so strebt (x_n) monoton gegen einen Fixpunkt von f.

Beweis. Da f das Definitionsintervall $[a, b]$ in sich abbildet, sieht man induktiv, daß alle x_n existieren und in $[a, b]$ liegen; insbesondere ist (x_n) beschränkt. Falls $x_1 \leq x_0$ ist, gilt auch $f(x_1) \leq f(x_0)$, also $x_2 \leq x_1$, und derselbe Schluß lehrt, daß nun auch $x_3 \leq x_2$ und allgemein $x_{n+1} \leq x_n$ sein muß (Induktion!). (x_n) konvergiert dann wegen des Monotonieprinzips (fallend) gegen einen Grenzwert ξ, der wegen $a \leq x_n \leq b$ in $[a, b]$ liegt. Und wegen der Stetigkeit von f folgt nun aus (35.1) durch Grenzübergang ($n \to +\infty$), daß $\xi = f(\xi)$, also ξ ein Fixpunkt von f ist. Haben wir aber nicht, wie eben angenommen, $x_1 \leq x_0$, sondern $x_1 > x_0$, so sieht man ganz entsprechend, daß (x_n) nunmehr wachsend gegen einen Fixpunkt von f strebt. (Das Beispiel der Funktion $f(x) := x$ zeigt übrigens, daß f mehrere, ja sogar unendlich viele Fixpunkte besitzen kann.) ∎

35 Fixpunkt- und Zwischenwertsätze für stetige Funktionen

In den Anwendungen treten besonders häufig dehnungsbeschränkte Funktionen $f: X \to \mathbf{R}$ mit Dehnungsschranken <1 auf:

$$|f(x) - f(y)| \leq q |x - y| \text{ für alle } x, y \in X \text{ mit einem festen } q < 1. \quad (35.2)$$

Solche Funktionen werden **kontrahierend** genannt, und für sie gilt der wichtige und stark verallgemeinerungsfähige

35.2 Kontraktionssatz *Eine kontrahierende Selbstabbildung f des Intervalls $[a, b]$ besitzt genau einen Fixpunkt ξ. Dieser Fixpunkt ist Grenzwert der Iterationsfolge (x_n) in (35.1). Überdies gilt die Fehlerabschätzung*

$$|\xi - x_n| \leq \frac{q^n}{1-q} |x_1 - x_0|$$

mit der **Kontraktionskonstanten** *q in (35.2).*

Wie am Anfang des Beweises zu Satz 35.1 sieht man zunächst, daß (x_n) wohldefiniert ist und in $[a, b]$ liegt. Ferner folgen aus (35.2) sukzessiv die Abschätzungen $|x_2 - x_1| = |f(x_1) - f(x_0)| \leq q |x_1 - x_0|$, $|x_3 - x_2| = |f(x_2) - f(x_1)| \leq q |x_2 - x_1| \leq q^2 |x_1 - x_0|$, allgemein

$$|x_{n+1} - x_n| \leq q^n |x_1 - x_0|.$$

Mit Hilfe der geometrischen Summenformel aus A 7.10 ergibt sich daraus für alle natürlichen k

$$|x_{n+k} - x_n| = \left| \sum_{\nu=1}^{k} (x_{n+\nu} - x_{n+\nu-1}) \right| \leq \sum_{\nu=1}^{k} |x_{n+\nu} - x_{n+\nu-1}|$$
$$\leq \left(\sum_{\nu=1}^{k} q^{n+\nu-1} \right) |x_1 - x_0|$$
$$= q^n \frac{1 - q^k}{1 - q} |x_1 - x_0| \leq \frac{q^n}{1-q} |x_1 - x_0|. \quad (35.3)$$

Wegen $0 \leq q < 1$ entnimmt man dieser Abschätzung, daß (x_n) eine Cauchyfolge ist und daher einen Grenzwert ξ besitzt; wegen $a \leq x_n \leq b$ muß ξ in $[a, b]$ liegen. Und genau wie im letzten Beweis sieht man nun, daß $\xi = f(\xi)$ ist. Gilt für $\eta \in [a, b]$ ebenfalls $\eta = f(\eta)$, so folgt aus $|\xi - \eta| = |f(\xi) - f(\eta)| \leq q |\xi - \eta|$ sofort $|\xi - \eta| = 0$, also $\eta = \xi$, somit ist ξ in der Tat der einzige Fixpunkt von f. Die behauptete Fehlerabschätzung erhalten wir sofort aus (35.3), indem wir dort $k \to +\infty$ gehen lassen. ∎

Geht man den eben geführten Beweis noch einmal durch, so sieht man, daß wir von dem Definitionsbereich $X = [a, b]$ unserer Funktion in Wirklichkeit nur die folgende Eigenschaft benutzt haben: Der Grenzwert jeder konvergenten Folge aus X liegt wieder in X. Jede derartige Teilmenge X von $\mathbf{R}$ nennen wir **abgeschlossen**. Und ohne neuen Beweis können wir nun sagen, *daß der*

*Kontraktionssatz wörtlich erhalten bleibt, wenn wir das abgeschlossene Intervall
[a, b] durch einen beliebigen* abgeschlossenen *Definitionsbereich X ersetzen.*
Ganz entsprechend sieht man, daß Satz 35.1 *auch dann noch gilt, wenn* [a, b]
gegen eine abgeschlossene und beschränkte *Menge ≠ ∅ ausgetauscht wird.
Offenbar sind ∅ und* **R**, *alle endlichen Teilmengen von* **R**, *alle abgeschlossenen
Intervalle* [a, b] *und alle Intervalle der Form* (−∞, a], [a, +∞) *abgeschlossene
Mengen.* Die wichtigsten Eigenschaften abgeschlossener Mengen beschreibt

35.3 Satz *A ⊂* **R** *ist genau dann abgeschlossen, wenn das Komplement* **R**\A *offen
ist. Der Durchschnitt* beliebig vieler *und die Vereinigung* endlich vieler
abgeschlossener Mengen ist wieder abgeschlossen.

Beweis. Sei A abgeschlossen und ξ ein beliebiger Punkt aus **R**\A. Würde jede
ε-Umgebung von ξ Punkte aus A enthalten, so gäbe es insbesondere in jedem
$U_{1/n}(\xi)$ ein $x_n \in A$. Die Folge (x_n) würde gegen ξ konvergieren und somit müßte ξ
in A liegen. Dieser Widerspruch zur Annahme ξ ∉ A zeigt, daß es eine ε-
Umgebung von ξ geben muß, die A nicht schneidet, die also vollständig in **R**\A
liegt. Damit ist aber **R**\A als offen erkannt. Nun sei umgekehrt **R**\A offen und
(x_n) eine konvergente Folge aus A. Läge ihr Grenzwert ξ nicht in A (sondern in
R\A), so gäbe es eine ε-Umgebung von ξ, die noch ganz in **R**\A liegt, also keinen
Punkt von A und somit erst recht kein einziges x_n enthält — was doch wegen
$x_n \to \xi$ völlig absurd ist. Also muß ξ zu A gehören und folglich A abgeschlossen
sein. — Die beiden letzten Behauptungen folgen nun mit einem Schlag aus Satz
34.8, wenn man noch die Morganschen Komplementierungsregeln (1.1) heranzieht (sie lassen sich aber auch in einfacher Weise unmittelbar aus der Definition
gewinnen). ∎

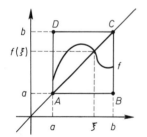

Fig. 35.1

Nach dieser Abschweifung kehren wir wieder zur Diskussion des Fixpunktproblems zurück. Fig. 35.1 drängt uns die Vermutung auf, daß das („unzerris-
sene") Schaubild einer stetigen Selbstabbildung f von [a, b] mindestens einmal die
Diagonale des Quadrats ABCD (und damit die Gerade y = x) treffen, f also
mindestens einen Fixpunkt haben muß. Daß die Anschauung in diesem Falle
tatsächlich nicht fehlgeht (oder umgekehrt: *daß der mathematische Stetigkeitsbegriff wesentliche intuitive Forderungen erfüllt*), lehrt der nächste Satz.

35.4 Allgemeiner Fixpunktsatz *Jede stetige Selbstabbildung des Intervalls $[a, b]$ besitzt mindestens einen Fixpunkt.*

Für eine solche Abbildung g ist nämlich stets $a \leq g(x) \leq b$, und da wir nichts mehr zu beweisen brauchen, wenn $a = g(a)$ oder $b = g(b)$ ist, läuft alles darauf hinaus zu zeigen, daß die Funktion $f(x) := x - g(x)$ in (a, b) eine Nullstelle besitzt, wenn $f(a) < 0$ und $f(b) > 0$ ist. Daß dies in der Tat der Fall ist, besagt der fundamentale

35.5 Nullstellensatz von Bolzano *Ist die Funktion f auf dem Intervall $[a, b]$ stetig und ist überdies $f(a) < 0$ und $f(b) > 0$ (oder auch $f(a) > 0$ und $f(b) < 0$), so besitzt sie mindestens eine Nullstelle in (a, b).*

Den Beweis führen wir unter der Annahme $f(a) < 0$, $f(b) > 0$. Die Menge $A := \{x \in [a, b] : f(x) \leq 0\}$ ist nichtleer und beschränkt, so daß sie ein (endliches) Supremum ξ besitzt; ξ liegt offenbar in $[a, b]$. Nach A 22.8 gibt es eine Folge (x_n) in A, die $\to \xi$ strebt. Wegen der Stetigkeit von f muß dann $f(x_n) \to f(\xi)$ konvergieren, und da alle $f(x_n) \leq 0$ sind, wird auch $f(\xi) \leq 0$ (und somit $\xi < b$) sein. Wäre $f(\xi) < 0$, so gäbe es wegen Satz 34.2 noch Punkte $x \in (\xi, b]$ mit $f(x) < 0$ — im Widerspruch zur Definition von ξ. In Wirklichkeit muß also $f(\xi)$ verschwinden[1]. ∎

Die Fixpunktsätze 35.1 und 35.2 gelten, wie betont, auch dann noch, wenn das Definitionsintervall $[a, b]$ etwa durch eine *beschränkte und abgeschlossene Menge* ersetzt wird. Für den allgemeinen Fixpunktsatz ist eine solche Lockerung der Voraussetzungen jedoch nicht statthaft: Ist $a < b < c < d$ und $X := [a, b] \cup [c, d]$, so ist X zwar beschränkt und abgeschlossen, und die Funktion

$$f(x) := \begin{cases} c & \text{für } a \leq x \leq b \\ a & \text{für } c \leq x \leq d \end{cases}$$

ist eine stetige Selbstabbildung von X — sie besitzt aber keine Fixpunkte. *Im allgemeinen Fixpunktsatz ist es somit wesentlich, daß der Definitionsbereich ein Intervall ist.*

Aus dem Nullstellensatz folgt mühelos der

35.6 Zwischenwertsatz von Bolzano *Eine stetige Funktion $f : [a, b] \to \mathbf{R}$ nimmt jeden Wert zwischen $f(a)$ und $f(b)$ an.*

Im Falle $f(a) = f(b)$ ist nichts zu beweisen. Sei nun $f(a) < f(b)$ und η ein beliebiger Punkt aus $(f(a), f(b))$. Dann folgt die Behauptung ohne Umstände, indem man den Nullstellensatz auf die Funktion $g(x) := f(x) - \eta$ anwendet. Und entsprechend verfährt man im Falle $f(a) > f(b)$. ∎

Man wird geneigt sein zu vermuten, daß der Zwischenwertsatz für stetige Funktionen charakteristisch ist. Dem ist jedoch nicht so. Z.B. ist die Funktion

$$f(x) := \begin{cases} x & \text{für rationales } x \\ 1 - x & \text{für irrationales } x \end{cases} \quad (0 \leq x \leq 1)$$

nur im Punkte $1/2$ stetig, *sie nimmt aber dennoch jeden Wert zwischen $f(0) = 0$ und $f(1) = 1$ an.*

---

[1] Die (näherungsweise) Berechnung von ξ kann mit Hilfe der Halbierungsmethode geschehen.

Aufgaben

1. Sei α eine feste positive Zahl und $f(x) := \sqrt{\alpha + x}$, $x \in I := [0, 1 + \sqrt{\alpha}]$. Zeige: a) f ist eine stetige Selbstabbildung von I. b) f ist genau für $\alpha > 1/4$ kontrahierend. c) f besitzt genau einen Fixpunkt; dieser kann iterativ gewonnen werden. — Vgl. auch A 23.7.

2. Durch $f(x) := (x+2)/(x+1)$ wird eine kontrahierende Selbstabbildung des Intervalls $[1, 2]$ definiert. Bestimme eine Kontraktionskonstante q und den Fixpunkt ξ von f in $[1, 2]$. Zeige ferner, daß f auf $[1, 2]$ streng abnimmt.

⁺**3.** Ein Polynom ungeraden Grades besitzt mindestens eine Nullstelle. Hinweis: A 15.8.

*__4.__ Ist die abgeschlossene Menge $A \neq \emptyset$ nach oben (unten) beschränkt, so besitzt sie ein Maximum (Minimum). Hinweis: A 22.8.

*__5.__ Ist f stetig auf dem abgeschlossenen Definitionsbereich X, so sind die folgenden Mengen für alle a, b abgeschlossen: a) die Nullstellenmenge $\{x \in X : f(x) = 0\}$, allgemeiner die „a-Stellenmenge" $\{x \in X : f(x) = a\}$. b) $\{x \in X : f(x) \geq a\}$. c) $\{x \in X : f(x) \leq a\}$. d) $\{x \in X : a \leq f(x) \leq b\}$. e) Das Urbild $f^{-1}(A)$ jeder abgeschlossenen Menge $A \subset \mathbf{R}$ (daraus folgen übrigens die ersten vier Aussagen).

6. Sei X eine feste Teilmenge von $\mathbf{R}$. $F \subset X$ heißt X-abgeschlossen (oder relativ abgeschlossen bezüglich X oder auch kurz relativ abgeschlossen), wenn der Grenzwert jeder Folge aus F, die gegen ein Element von X konvergiert, sogar in F liegt. Zeige: a) F ist X-abgeschlossen $\Leftrightarrow X \setminus F$ ist X-offen. b) F ist X-abgeschlossen $\Leftrightarrow$ es ist $F = A \cap X$ mit abgeschlossenem A. c) Ist X selbst abgeschlossen, so gilt: $F \subset X$ ist X-abgeschlossen $\Leftrightarrow F$ ist abgeschlossen.

⁺**7.** Die Funktion f ist genau dann stetig auf X, wenn das Urbild jeder abgeschlossenen Menge X-abgeschlossen ist. Hinweis: Satz 34.7, Aufgabe 6a und A 13.3d.

8. Zeige durch ein Beispiel, daß die Vereinigung unendlich vieler abgeschlossener Mengen nicht abgeschlossen zu sein braucht.

9. M sei eine beliebige Teilmenge von $\mathbf{R}$ und $\overline{M}$ die Menge aller Grenzwerte konvergenter Folgen aus M. Zeige: $\overline{M}$ enthält M, ist abgeschlossen und stimmt mit dem Durchschnitt aller abgeschlossenen Obermengen von M überein.

*__10.__ Die Funktion $f : X \to \mathbf{R}$ sei kontrahierend, es gelte also $|f(x) - f(y)| \leq q|x - y|$ für alle $x, y \in X$ mit einem festen $q < 1$. Zu dem Punkt $x_0 \in X$ gebe es ein Intervall $I := [x_0 - r, x_0 + r]$ mit $I \subset X$, $|f(x_0) - x_0| \leq (1 - q)r$. Dann existiert die Folge der Zahlen $x_{n+1} := f(x_n)$ ($n = 0, 1, \ldots$) und konvergiert gegen einen Fixpunkt $\xi \in I$ von f. ξ ist überdies der einzige Fixpunkt von f in X.

°**11.** Abgeschlossene Mengen und kontrahierende Abbildungen werden im Komplexen wörtlich wie im Reellen definiert. Zeige, daß der Kontraktionssatz auch im Komplexen gilt, wenn $[a, b]$ durch eine nichtleere abgeschlossene Menge $X \subset \mathbf{C}$ ersetzt wird.

36 Stetige Funktionen auf kompakten Mengen

Die folgende einfache Beobachtung führt uns ohne Umwege zu einem fundamentalen Begriff und Satz.

Es sei $f:[a,b] \to \mathbf{R}$ stetig und $(f(x_n))$ irgendeine Folge aus dem Wertebereich W von f. Dann ist die Urbildfolge (x_n) beschränkt — sie liegt ja in $[a,b]$ —, besitzt also nach dem Auswahlprinzip von Bolzano-Weierstraß eine konvergente Teilfolge (x_{n_k}). Deren Grenzwert ξ liegt in $[a,b]$, da $[a,b]$ abgeschlossen ist. Infolgedessen strebt $f(x_{n_k}) \to f(\xi) \in W$. W ist also im Sinne der folgenden Definition „kompakt":

° **Definition** *Die Zahlenmenge K heißt* kompakt, *wenn jede Folge aus K eine konvergente Teilfolge besitzt, deren Grenzwert wieder zu K gehört.*

Ganz offenbar wären wir mit den oben benutzten Schlüssen auch dann zur Kompaktheit von W gelangt, wenn der Definitionsbereich von f nicht das Intervall $[a,b]$, sondern irgendeine nichtleere kompakte Menge gewesen wäre. Es gilt also der folgende Satz, der in der Theorie der stetigen Funktionen schlechthin unentbehrlich ist:

° **36.1 Satz** *Ist der Definitionsbereich einer stetigen Funktion kompakt, so trifft dasselbe für ihren Bildbereich zu. Oder ganz kurz: Das „stetige Bild" einer kompakten Menge ist wieder kompakt.*

Wir werden also Aufschlüsse über die Struktur des Bildbereiches einer stetigen Funktion gewinnen können, wenn wir wissen, wie kompakte Mengen beschaffen sind. Es ist klar, *daß die leere Menge und jede endliche Menge kompakt ist.* Das Auswahlprinzip von Bolzano-Weierstraß lehrt mittels des eingangs durchgeführten Schlusses, daß jedes (beschränkte und abgeschlossene) Intervall $[a,b]$ und sogar jede beschränkte und abgeschlossene Menge notwendig kompakt ist. Hiervon gilt aber auch die Umkehrung, insgesamt also der

° **36.2 Satz** *Eine Zahlenmenge ist genau dann kompakt, wenn sie beschränkt und abgeschlossen ist.*

Wir brauchen nur noch zu zeigen, daß eine kompakte Menge K beschränkt und abgeschlossen ist. Unbeschränkt kann sie nicht sein, weil sie sonst eine Folge (x_n) mit $|x_n| > n$ enthalten würde und jede Teilfolge derselben unbeschränkt und somit divergent wäre. Die Abgeschlossenheit von K ist ebenso trivial: Strebt nämlich die Folge (x_n) aus K gegen x, so strebt eine gewisse Teilfolge von (x_n) einerseits gegen ein Element aus K, andererseits — wie jede Teilfolge von (x_n) — gegen x. Also liegt x in K. ∎

Aufgrund des letzten Satzes *ist ein* Intervall *genau dann kompakt, wenn es die Form $[a,b]$ hat.* Um seine Vorstellungen zu fixieren, möge der Leser sich unter einer kompakten Menge zunächst immer ein kompaktes Intervall vorstellen.

Mit A 35.4 ergibt sich aus den beiden letzten Sätzen nun auf einen Schlag der entscheidende

36.3 Extremalsatz *Eine stetige Funktion f mit kompaktem Definitionsbereich X ist beschränkt und besitzt sogar ein* Minimum *und ein* Maximum. *Anders gesagt:*

Es gibt in X eine Minimalstelle x_1 und eine Maximalstelle x_2, so daß

$$f(x_1) \leq f(x) \leq f(x_2) \text{ für alle } x \in X \text{ ist.}$$

Wie die Funktion $1/x$ ($0<x<1$) lehrt, kann eine stetige Funktion auf einer nichtkompakten Menge sehr wohl unbeschränkt sein.

Sei $f:[a, b] \to \mathbf{R}$ stetig und x_1 eine Minimal-, x_2 eine Maximalstelle von f. Im Falle $f(x_1) = f(x_2)$ ist $f([a, b]) = \{f(x_1)\}$. Im Falle $f(x_1) \neq f(x_2)$ sieht man mit Hilfe des Zwischenwertsatzes, daß $f([a, b]) = [f(x_1), f(x_2)]$ sein muß. Somit gilt der

36.4 Satz *Das stetige Bild eines kompakten Intervalls ist wieder ein kompaktes Intervall oder eine einpunktige Menge.*

In der $\varepsilon\delta$-Definition der Stetigkeit hängt δ i.allg. nicht nur von ε, sondern auch von dem Punkt ξ ab. Das folgende Beispiel wird dies deutlicher machen. Das Polynom x^2 ist stetig auf $\mathbf{R}$. Wir fassen einen Punkt ξ ins Auge, geben uns ein $\varepsilon > 0$ vor und bestimmen nun ein $\delta > 0$, so daß

$$|x^2 - \xi^2| = |x - \xi| \, |x + \xi| < \varepsilon \text{ ausfällt, falls nur } |x - \xi| < \delta \text{ ist.} \tag{36.1}$$

Ist insbesondere $\xi > 0$, so gilt also:

$$0 \leq x - \xi < \delta \Rightarrow (x - \xi)(x + \xi) < \varepsilon.$$

Ersetzt man hierin x durch $x_n := \xi + \delta - \delta/n$ und läßt $n \to +\infty$ gehen, so folgt $\delta(\xi + \delta + \xi) = 2\xi\delta + \delta^2 \leq \varepsilon$, erst recht ist also $2\xi\delta < \varepsilon$ und somit notwendig $\delta < \varepsilon/(2\xi)$. Mit wachsendem ξ muß also (bei gleichbleibendem ε) die Zahl δ nicht nur immer kleiner werden — *es kann sogar* **kein kleinstes** *positives* δ *geben, mit dem* (36.1) *für* **alle** ξ *richtig wäre*. Daß δ sowohl von ε als auch von ξ abhängt, bringt man gerne durch die Schreibweise $\delta = \delta(\varepsilon, \xi)$ zum Ausdruck.

Bei manchen Funktionen hängt δ jedoch in Wirklichkeit *nicht* von ξ ab. Dies ist trivialerweise bei den konstanten und affinen Funktionen der Fall. Stetige Funktionen, bei denen δ nur von ε, nicht jedoch von ξ abhängt, bei denen man also, kurz gesagt, nach Wahl von ε mit einem einzigen δ auskommt, nennt man gleichmäßig stetig. Wir geben die ausführliche

°**Definition** *Die Funktion f heißt* gleichmäßig stetig auf X, *wenn es zu jedem $\varepsilon > 0$ ein $\delta > 0$ gibt, so daß*

$$\text{für alle } x, y \in X \text{ mit } |x - y| < \delta \text{ immer } |f(x) - f(y)| < \varepsilon \text{ ist.} \tag{36.2}$$

Eine gleichmäßig stetige Funktion ist erst recht stetig; wie wir oben gesehen haben, gilt jedoch nicht die Umkehrung. Umso bemerkenswerter ist der

°**36.5 Satz** *Jede stetige Funktion mit* kompaktem *Definitionsbereich ist sogar gleichmäßig stetig.*

Beweis. Sei f stetig auf der kompakten Menge X. Wir führen einen Widerspruchsbeweis, nehmen also an, f sei nicht gleichmäßig stetig auf X. Das bedeutet: Nicht zu jedem $\varepsilon > 0$ gibt es ein $\delta > 0$, so daß (36.2) gilt, vielmehr existiert ein „Ausnahme-ε", etwa $\varepsilon_0 > 0$, mit folgender Eigenschaft: Zu jedem (noch so kleinen) $\delta > 0$ gibt es stets Punkte $x(\delta)$, $y(\delta) \in X$, für die zwar $|x(\delta) - y(\delta)| < \delta$, aber doch $|f(x(\delta)) - f(y(\delta))| \geq \varepsilon_0$ ist. Insbesondere gibt es zu jedem $\delta = 1/n$ ($n \in \mathbf{N}$) Punkte x_n, y_n mit $|x_n - y_n| < 1/n$ und $|f(x_n) - f(y_n)| \geq \varepsilon_0$. Die Folge (x_n) besitzt wegen der Kompaktheit von X eine konvergente Teilfolge (x_{n_k}), deren Grenzwert ξ in X liegt. Dann strebt aber wegen $x_n - y_n \to 0$ auch $y_{n_k} = x_{n_k} - (x_{n_k} - y_{n_k}) \to \xi$ und somit konvergiert sowohl $f(x_{n_k}) \to f(\xi)$ als auch $f(y_{n_k}) \to f(\xi)$ — im Widerspruch zu $|f(x_{n_k}) - f(y_{n_k})| \geq \varepsilon_0$. Die Annahme, f sei nicht gleichmäßig stetig, muß also verworfen werden. ∎

Der nächste Satz handelt nicht von stetigen Funktionen, er handelt von Funktionen, über die *gar nichts* vorausgesetzt wird — außer eben, daß sie auf *kompakten* Mengen definiert sind. Daß man über solche Funktionen überhaupt Aussagen machen kann, wirft ein helles Licht auf die Bedeutung, welche die Kompaktheit des Definitionsbereichs für das Verhalten von Funktionen hat.

36.6 Satz *Sei X kompakt und f eine völlig beliebige Funktion auf X. Dann gibt es eine Stelle ξ in X, so daß für jede ε-Umgebung U von ξ stets*

$$\sup f(U \cap X) = \sup f(X)$$

ist (f besitzt also auf jedem $U \cap X$ dasselbe Supremum wie auf X). Und ein entsprechender Satz gilt mit inf *statt* sup.

Wir beweisen nur die erste Behauptung. Zur Abkürzung sei $\eta := \sup f(X)$ und $\eta' := \sup f(U \cap X)$. Gleichgültig, ob η endlich oder $= +\infty$ ist, stets gibt es eine Folge (x_n) aus X mit $f(x_n) \to \eta$ (für endliches η siehe A 22.8; der Fall $\eta = +\infty$ ist trivial). Weil X kompakt ist, besitzt (x_n) eine Teilfolge (x_n'), die gegen ein $\xi \in X$ konvergiert. Sei zunächst η endlich und δ eine beliebige positive Zahl. Dann gibt es gewiß einen Index m, so daß $\eta - \delta < f(x_m')$ und $x_m' \in U$, also $f(x_m') \leq \eta'$ ist. Aus diesen beiden Ungleichungen folgt $\eta - \delta \leq \eta'$. Weil aber trivialerweise $\eta' \leq \eta$ ist, haben wir $\eta - \delta \leq \eta' \leq \eta$ für alle $\delta > 0$ und somit $\eta' = \eta$. Ist jedoch $\eta = +\infty$, so gibt es zu jeder (noch so großen) Zahl $G > 0$ ein $x_m' \in U$ mit $f(x_m') > G$, also ist $\sup f(U \cap X) = +\infty$ und somit wieder $= \eta$. ∎

Wir bereiten nun eine Charakterisierung der kompakten Mengen vor, deren Bedeutung uns im Laufe unserer Untersuchungen immer nachdrücklicher bewußt werden wird.

Es sei eine Menge $M \subset \mathbf{R}$ vorgelegt, und jedes $x \in M$ möge in einer gewissen offenen Menge G_x liegen, so daß $M \subset \bigcup_{x \in M} G_x$ ist. In diesem Falle nennen wir das Mengensystem $\mathfrak{G} := \{G_x : x \in M\}$ eine **offene Überdeckung** von M. Gibt es in $\mathfrak{G}$ ein endliches Teilsystem $\mathfrak{E} := \{G_{x_1}, \ldots, G_{x_m}\}$, das bereits M überdeckt, mit dem also $M \subset \bigcup_{\mu=1}^{m} G_{x_\mu}$ ist, so sagt man, $\mathfrak{G}$ *enthalte eine endliche Überdeckung* (*von M*). Wir beleben diese (zugegebenermaßen befremdliche und dünnblütige) Begriffsbildung zunächst durch einige Beispiele:

1. M sei eine ganz beliebige Teilmenge von $\mathbf{R}$. Dann ist $\mathfrak{G} := \{\mathbf{R}\}$ eine offene Überdeckung von M (jedes $x \in M$ gehört ja zu $G_x := \mathbf{R}$). $\mathfrak{G}$ enthält trivialerweise eine endliche Überdeckung, nämlich $\mathfrak{G}$ selbst.

2. Sei $M := \{1, 2, \ldots, m\}$ und $G_k := (k-1, k+1)$ für $k = 1, \ldots, m$. Dann ist $\mathfrak{G} := \{G_1, \ldots, G_m\}$ eine offene Überdeckung von M, die natürlich eine endliche Überdeckung, nämlich $\mathfrak{G}$, enthält.

3. Ist $M := \mathbf{N}$ und $G_k = (k-1, k+1)$, so ist $\mathfrak{G} := \{G_1, G_2, \ldots\}$ eine offene Überdeckung von M, die nun aber *keine endliche Überdeckung enthält*.

4. Sei $M := (0, 1)$. Dann bildet das System der Mengen $G_x := (x/2, 3x/2)$, $x \in M$, eine offene Überdeckung von M. *Kein endliches Teilsystem kann M überdecken*. Ist nämlich $0 < x_1 < x_2 < \cdots < x_m < 1$, so gehört z.B $x_1/3$ nicht zu $G_{x_1} \cup \cdots \cup G_{x_m}$.

5. Ganz anders liegen die Verhältnisse, wenn wir zu $(0, 1)$ noch die Randpunkte $0, 1$ hinzunehmen und das eben betrachtete System der G_x etwa durch $G_0 := (-1/10, 1/10)$ und $G_1 := (9/10, 11/10)$ ergänzen. Dieses erweiterte System ist eine offene Überdeckung von $[0, 1]$ und enthält zahlreiche endliche Überdeckungen, z.B. das System der Mengen $G_0 = (-1/10, 1/10)$, $G_{1/6} = (1/12, 1/4)$, $G_{2/5} = (1/5, 3/5)$, $G_{9/10} = (9/20, 27/20)$.

6. Die Menge $M := \left\{\dfrac{1}{n} : n \in \mathbf{N}\right\}$ wird von dem System $\mathfrak{G}$ der offenen Mengen $G_1 := \left(\dfrac{1}{2}, \dfrac{3}{2}\right)$, $G_n := \left(\dfrac{1}{n+1}, \dfrac{1}{n-1}\right)$, $n \geq 2$, überdeckt, *ohne daß irgendein endliches Teilsystem von $\mathfrak{G}$ Entsprechendes leisten könnte*.

7. Die Lage ändert sich sofort, wenn wir zu $\{1/n : n \in \mathbf{N}\}$ noch den Punkt 0 hinzunehmen und das eben betrachtete System $\mathfrak{G}$ etwa durch $G_0 := (-1/1000, 1/1000)$ zu einer offenen Überdeckung $\mathfrak{G}'$ von $M' := \{0, 1, 1/2, 1/3, \ldots\}$ erweitern. Nunmehr liegen alle Zahlen $1/n$ mit $n > 1000$ in G_0, so daß $M' \subset G_0 \cup G_1 \cup G_2 \cup \cdots \cup G_{1000}$ ist.

8. *Jede* offene Überdeckung $\mathfrak{G}$ der gerade betrachteten Menge M' enthält eine endliche Überdeckung. Denn 0 gehört zu einem gewissen $G_0 \in \mathfrak{G}$, und da nun wegen der Offenheit von G eine geeignete ε-Umgebung von 0 noch ganz in G liegt, gibt es nur endlich viele Zahlen $1/n$ außerhalb von G. Deren Gesamtheit wird trivialerweise von endlich vielen Mengen $G_1, \ldots, G_m$ aus $\mathfrak{G}$ überdeckt, so daß $\mathfrak{E} := \{G_0, G_1, \ldots, G_m\}$ das Gewünschte leistet.

Die eben beobachtete Eigentümlichkeit der Menge M' (daß nämlich *jede* ihrer offenen Überdeckungen eine *endliche* Überdeckung enthält) ist nun eine charakteristische Eigenschaft *kompakter* Mengen. Das besagt der sehr technisch anmutende, aber ungemein folgenreiche

°**36.7 Überdeckungssatz von Heine–Borel**[1] *Eine Teilmenge von $\mathbf{R}$ ist genau dann kompakt, wenn jede ihrer offenen Überdeckungen eine endliche Überdeckung enthält.*

---

[1] Eduard Heine (1821–1881; 60); Emile Borel (1871–1956; 85).

36 Stetige Funktionen auf kompakten Mengen

Im ersten Teil des Beweises setzen wir voraus, $K \subset \mathbf{R}$ sei kompakt. Wir führen einen Widerspruchsbeweis, nehmen also an, es gebe eine gewisse offene Überdeckung $\mathfrak{G}$ von K, die keine endliche Überdeckung enthält. K ist beschränkt (Satz 36.2), liegt also in einem kompakten Intervall I_1. Mindestens eine der beiden Hälften I_1', I_1'' von I_1 enthält einen Teil von K, der sich *nicht* durch endlich viele Mengen aus $\mathfrak{G}$ überdecken läßt (ließen sich nämlich, kurz gesagt, die beiden „Halbteile" $K \cap I_1'$ und $K \cap I_1''$ endlich überdecken, so enthielte $\mathfrak{G}$ ja auch eine endliche Überdeckung der Menge $(K \cap I_1') \cup (K \cap I_1'') = K$). Eine solche „singuläre Hälfte" von I_1 wählen wir aus und bezeichnen sie mit I_2. Auf I_2 wenden wir dieselbe Operation und Überlegung wie auf I_1 an (Halbierung, Auswahl einer singulären Hälfte I_3). Durch Fortsetzung dieses Verfahrens erhalten wir eine Intervallschachtelung (I_n) mit folgender Eigenschaft: Keine *der Mengen* $K \cap I_n$ *kann durch ein* endliches *Teilsystem von* $\mathfrak{G}$ *überdeckt werden*. Die Schachtelung erfaßt einen Punkt ξ. Greift man nun aus $K \cap I_n$ ein beliebiges Element x_n heraus, so muß $x_n \to \xi$ streben und somit ξ zu K gehören (s. Satz 36.2). Dann liegt aber ξ in einer gewissen Menge $G \in \mathfrak{G}$, und da G offen ist, gibt es eine ε-Umgebung $U := (\xi - \varepsilon, \xi + \varepsilon)$ von ξ mit $U \subset G$. Ferner liegt ein gewisses I_m in U (denn fast alle linken und rechten Randpunkte der I_n gehören zu U). Wir haben also $K \cap I_m \subset I_m \subset U \subset G$ und somit die Inklusion $K \cap I_m \subset G$. Sie beinhaltet den gesuchten Widerspruch; denn sie besagt, daß sich $K \cap I_m$ durch das endliche Teilsystem $\mathfrak{E} := \{G\}$ von $\mathfrak{G}$ überdecken läßt, im Gegensatz zur Konstruktion der $K \cap I_n$. Wir schließen daraus, daß K doch die im Satz formulierte Überdeckungseigenschaft haben muß.

Nun setzen wir voraus, jede offene Überdeckung einer gewissen Menge $K \subset \mathbf{R}$ enthalte eine endliche Überdeckung. (x_n) sei eine Folge aus K. Wir müssen zeigen, daß sie eine Teilfolge enthält, die gegen einen Punkt aus K konvergiert. Wir führen einen Widerspruchsbeweis, nehmen also an, keine Teilfolge von (x_n) habe einen Grenzwert in K. Wegen Satz 28.1 bedeutet dies, daß (x_n) keinen Häufungswert in K besitzt. Ist also y ein beliebiger Punkt aus K, so gibt es eine $\varepsilon(y)$-Umgebung $U_{\varepsilon(y)}$ von y, so daß die Beziehung $x_n \in U_{\varepsilon(y)}$ für höchstens endlich viele Indizes n gilt. Das System aller $U_{\varepsilon(y)}$, $y \in K$, überdeckt K. Voraussetzungsgemäß können wir also endlich viele $y \in K$, etwa $y_1, \ldots, y_m$ finden, so daß bereits die Umgebungen $U_{\varepsilon(y_1)}, \ldots, U_{\varepsilon(y_m)}$ ganz K überdecken. Daraus folgt aber einerseits, daß die Beziehung $x_n \in \bigcup_{k=1}^{m} U_{\varepsilon(y_k)}$ für *alle* n, andererseits, daß sie nur für *endlich viele* n gilt. Dieser Widerspruch zeigt, daß es doch eine Teilfolge von (x_n) geben muß, die gegen einen Punkt von K konvergiert, womit nun endlich der Beweis abgeschlossen ist. ∎

Der Heine-Borelsche Überdeckungssatz erlaubt „Endlichkeitsschlüsse" beim Umgang mit kompakten Mengen (vgl. den zweiten Teil seines Beweises und Aufgabe 11). In der Tat ist es nicht gänzlich abwegig, die kompakten Mengen als Verallgemeinerungen der endlichen aufzufassen.

Aufgaben

1. Beweise den Satz 36.5 mit Hilfe des Heine-Borelschen Überdeckungssatzes.

*2. Ist f stetig auf der kompakten Menge X und ständig positiv, so gibt es ein $\alpha > 0$ mit $f(x) \geq \alpha$ für alle $x \in X$.

*3. Sei $f:[a,b] \to \mathbf{R}$ stetig und $\varepsilon > 0$ beliebig vorgegeben. Konstruiere eine Treppenfunktion T auf $[a,b]$ mit $|f(x) - T(x)| < \varepsilon$ für alle $x \in [a,b]$.

4. Sei f stetig auf X und (x_n) eine Cauchyfolge aus X. Zeige, daß die Bildfolge $(f(x_n))$ keine Cauchyfolge zu sein braucht, daß sie aber immer dann eine solche sein muß, wenn f sogar gleichmäßig stetig ist.

5. Eine auf X dehnungsbeschränkte Funktion ist dort gleichmäßig stetig.

6. Die Funktion $1/x$ ist auf jedem Intervall $[a, +\infty)$ $(a > 0)$, aber nicht mehr auf $(0, +\infty)$ gleichmäßig stetig.

7. Eine gleichmäßig stetige Funktion auf einer beschränkten Menge ist beschränkt.

+8. Die auf X gleichmäßig stetigen Funktionen bilden einen Funktionenraum und, falls X beschränkt ist, sogar eine Funktionenalgebra. Hinweis: Aufgabe 7.

9. g sei gleichmäßig stetig auf X, f sei gleichmäßig stetig auf Y und $g(X) \subset Y$. Dann ist das Kompositum $f \circ g$ gleichmäßig stetig auf X.

*10. Ist A abgeschlossen und $\xi \notin A$, so gibt es eine ε-Umgebung U von ξ, die A nicht schneidet.

11. Sind K_1, K_2 kompakte und disjunkte Mengen, so gibt es offene Mengen G_1, G_2, so daß gilt:
$$K_1 \subset G_1, \quad K_2 \subset G_2 \quad \text{und} \quad G_1 \cap G_2 = \emptyset.$$
Hinweis: Diskutiere zuerst den Fall $K_2 = \{\xi\}$. Benutze, daß je zwei verschiedene Punkte disjunkte Umgebungen besitzen.

+12. Jede nichtleere kompakte Menge entsteht, indem man aus einem kompakten Intervall höchstens abzählbar viele (evtl. keine) offene, paarweise disjunkte Intervalle entfernt, und jede so konstruierte Menge ist auch kompakt.

*13. **Kompakte Schachtelung** Ist M beschränkt und nicht leer so heißt $d(M) := \sup\{|x-y| : x, y \in M\}$ der **Durchmesser** von M (was ist der Durchmesser eines endlichen Intervalls?). Man sagt, daß die Mengenfolge $(K_1, K_2, \ldots)$ eine **kompakte Schachtelung** bildet, wenn alle K_n kompakt und nicht leer sind, $K_1 \supset K_2 \supset K_3 \supset \ldots$ ist und $d(K_n) \to 0$ strebt (Verallgemeinerung der Intervallschachtelung). Zeige, daß es genau einen Punkt a gibt, der allen Mengen einer kompakten Schachtelung gemeinsam ist, und daß jede Folge (a_n) mit $a_n \in K_n$ gegen a strebt.

°14. Der Heine-Borelsche Überdeckungssatz gilt auch im Komplexen (mit **C** statt **R**). Hinweis: Die Aussage der Aufgabe 13 gilt wörtlich im Komplexen (und wird wörtlich so bewiesen). Spezialisiere sie für den Fall, daß die K_n abgeschlossene Quadrate sind („Quadratschachtelung") und K_{n+1} durch „Vierteilung" aus K_n hervorgeht („Vierteilungsmethode", das Analogon der Halbierungsmethode bei Intervallen).

37 Der Umkehrsatz für streng monotone Funktionen

In diesem Abschnitt verschmelzen wir zum ersten Mal die beiden wichtigsten funktionellen Änderungsgesetzlichkeiten, die wir bisher kennengelernt haben: *Monotonie und Stetigkeit*. Das Ergebnis ist der weittragende

37.1 Umkehrsatz für streng monotone Funtionen *Die Funktion f sei auf dem völlig beliebigen (endlichen oder unendlichen) Intervall I streng wachsend. Dann ist ihre Umkehrfunktion f^{-1} auf $f(I)$ vorhanden, streng wachsend und stetig. Ist f selbst stetig, so muß $f(I)$ ein Intervall mit den (evtl. unendlichen) Randpunkten $\inf f$ und $\sup f$ sein. In diesem Falle ist $f(I)$ genau dann links bzw. rechts abgeschlossen, wenn I links bzw. rechts abgeschlossen ist.*
Ein entsprechender Satz gilt für streng abnehmende Funktionen.

Beweis. Da f streng wächst, gilt für $x_1, x_2 \in I$ offenbar: $x_1 < x_2 \Leftrightarrow f(x_1) < f(x_2)$. Daraus folgt bereits, daß f injektiv und die Umkehrfunktion f^{-1} streng wachsend auf ihrem Definitionsbereich $f(I)$ ist. Wir zeigen nun, daß f^{-1} an einer beliebigen Stelle $\eta \in f(I)$ stetig ist.
Sei $\xi := f^{-1}(\eta)$. Der Punkt ξ liegt in I, und wir nehmen zunächst an, daß er kein Randpunkt von I sei. Dann existiert ein abgeschlossenes Intervall $[\xi - r, \xi + r]$ ($r > 0$), das noch ganz in I liegt. Wir geben uns nun eine positive Zahl $\varepsilon \leq r$ beliebig vor. Dann gehören die Punkte $\xi - \varepsilon$ und $\xi + \varepsilon$ zu I, und wegen des strengen Wachsens von f haben wir $f(\xi - \varepsilon) < \eta < f(\xi + \varepsilon)$. Infolgedessen gibt es ein $\delta > 0$, so daß auch

$$f(\xi - \varepsilon) < \eta - \delta < \eta + \delta < f(\xi + \varepsilon)$$

ist. Für jedes $y \in U_\delta(\eta) \cap f(I)$ gilt also erst recht $f(\xi - \varepsilon) < y < f(\xi + \varepsilon)$, und wegen des strengen Wachsens von f^{-1} folgt daraus sofort

$$\xi - \varepsilon < f^{-1}(y) < \xi + \varepsilon, \quad \text{also} \quad |f^{-1}(y) - \xi| < \varepsilon.$$

Da $\xi = f^{-1}(\eta)$ ist, läuft dies auf die Abschätzung $|f^{-1}(y) - f^{-1}(\eta)| < \varepsilon$ hinaus, die gerade besagt, daß f^{-1} an der Stelle η stetig ist.
Wir nehmen nun an, ξ sei der linke Randpunkt von I (was natürlich nur eintreten kann, wenn I links abgeschlossen ist). Dann liegt ein gewisses Intervall $[\xi, \xi + r]$ ($r > 0$) noch ganz in I. Ist ε wieder irgendeine positive Zahl $\leq r$, so gehört $\xi + \varepsilon$ zu I, und wir haben $f(\xi) = \eta < f(\xi + \varepsilon)$. Infolgedessen gibt es ein $\delta > 0$, so daß auch

$$f(\xi) < \eta + \delta < f(\xi + \varepsilon)$$

ist. Für jedes $y \in U_\delta(\eta) \cap f(I)$ haben wir also erst recht $f(\xi) \leq y < f(\xi + \varepsilon)$, und indem wir nun ganz ähnlich wie oben schließen, sehen wir, daß auch jetzt wieder f^{-1} in η stetig ist. Den Fall, daß ξ der rechte Randpunkt von I ist (falls I überhaupt rechts abgeschlossen ist), dürfen wir jetzt dem Leser überlassen.

Nun nehmen wir an, f selbst sei stetig. Da f streng wächst, ist sicher

$$\alpha := \inf f < \beta := \sup f.$$

Zu jedem $\eta \in (\alpha, \beta)$ gibt es nach der Definition des Infimums und Supremums Punkte x_1, x_2 aus I mit $f(x_1) < \eta < f(x_2)$. Aus dem Zwischenwertsatz, angewandt auf die Einschränkung $f \mid [x_1, x_2]$, folgt nun, daß η ein Wert von f ist. Somit haben wir $(\alpha, \beta) \subset f(I)$. Da aber gewiß kein Funktionswert $f(x)$ links von α oder rechts von β liegen kann, muß $f(I)$ mit einem der Intervalle $[\alpha, \beta]$, $[\alpha, \beta)$, $(\alpha, \beta]$ oder (α, β) übereinstimmen, also, wie behauptet, ein Intervall mit den Randpunkten $\inf f$ und $\sup f$ sein.

Nun sei I etwa links abgeschlossen, so daß also der linke Randpunkt von I — wir nennen ihn a — noch zu I gehört. Für alle $x \in I$ gilt dann $\alpha \leq f(a) \leq f(x)$ und somit auch $\alpha \leq f(a) \leq \alpha$. Also ist $\alpha = f(a)$, der linke Randpunkt von $f(I)$ gehört daher zu $f(I)$ und somit ist $f(I)$ links abgeschlossen. Wird umgekehrt diese Aussage vorausgesetzt, gibt es also ein $x_0 \in I$ mit $f(x_0) = \alpha$, so muß $x_0 = a$ sein, weil im Falle $a < x_0$ ein $x_1 < x_0$ in I vorhanden und mit ihm $f(x_1) < f(x_0) = \alpha$ wäre — im Widerspruch zur Definition von α. Entsprechend geht man vor, wenn I rechts abgeschlossen ist.

Der Fall einer streng abnehmenden Funktion f kann sofort auf das schon Bewiesene zurückgeführt werden, indem man zu der streng wachsenden Funktion $-f$ übergeht. Damit ist unser Satz in allen Einzelheiten bewiesen. ∎

Die p-te Wurzelfunktion $\sqrt[p]{x}$ bzw die Logarithmusfunktion $\ln x$ ist die Umkehrung der Funktion x^p bzw. e^x. Daß die beiden erstgenannten Funktionen für alle nichtnegativen bzw. alle positiven x existieren, streng wachsen und stetig sind — alles das können wir nun auf einen Schlag dem Umkehrsatz in Verbindung mit den Monotonieeigenschaften von x^p und e^x entnehmen. Der Leser vergleiche dieses Vorgehen mit dem elementaren Zugang in den Abschnitten 9 und 25. Wir werden später auf höherer Ebene noch einmal zu diesen Dingen zurückkehren.

Aufgaben

*1. Eine injektive und stetige Funktion f auf einem Intervall I ist streng monoton. Der Satz wird falsch, wenn f nicht stetig oder der Definitionsbereich kein Intervall ist.

⁺2. Die Umkehrung einer injektiven und stetigen Funktion $f: X \to \mathbf{R}$ ist immer dann stetig, wenn X kompakt oder offen ist. Hinweis: Benutze Aufgabe 1, falls X offen ist.

3. Die Funktion f sei auf dem Intervall I streng monoton. Dann ist, wie wir wissen, auch f^{-1} streng monoton. Warum wäre es eine falsche Anwendung des Umkehrsatzes, wenn man daraus schließen würde, die Umkehrfunktion von f^{-1}, also f, sei stetig?

4. Sei $f(x) := (ax+b)/(cx+d)$ und mindestens eine der Zahlen c, d sei $\neq 0$. Zeige: Die Funktion f ist auf ihrem Definitionsbereich konstant oder injektiv, je nachdem $ad - bc = 0$ oder $\neq 0$ ist.

38 Grenzwerte von Funktionen für $x \to \xi$

Bei der Definition der Exponentialfunktion a^x ($a>0$) hatten wir in Nr. 25 den folgenden Weg eingeschlagen. Wir waren davon ausgegangen, daß uns a^x für alle *rationalen* x schon bekannt ist. Für irrationales ξ konnten wir zeigen, daß $\lim a^{x_n}$ für jede Folge rationaler Zahlen x_n, die gegen ξ strebt, vorhanden und von der Wahl der Folge (x_n) unabhängig ist. Diese Tatsache legitimierte die Festsetzung $a^\xi := \lim a^{x_n}$. Die so auf ganz **R** definierte Exponentialfunktion erwies sich dann als stetig. Dieses Vorgehen wollen wir nun in voller Allgemeinheit beschreiben und untersuchen.

Die Funktion f sei auf X definiert, ξ gehöre nicht zu X, es möge aber Folgen aus X geben, die gegen ξ konvergieren (Beispiel: $X := (0, 1)$, $\xi := 1$). Dann können zwei Fälle eintreten:

I. Für *jede* gegen ξ konvergierende Folge (x_n) aus X *konvergiert* auch die Folge $(f(x_n))$.
II. Es gibt *mindestens eine* derartige Folge (x_n), für die $(f(x_n))$ *divergiert*.

Im Falle I *ist* $\lim f(x_n)$ *unabhängig von* (x_n). Strebt nämlich auch die Folge (y_n) aus X gegen ξ, so gilt dasselbe für die „gemischte Folge" $(x_1, y_1, x_2, y_2, \ldots)$, der Grenzwert von $(f(x_1), f(y_1), f(x_2), f(y_2), \ldots)$ stimmt aber mit $\lim f(x_n)$ und mit $\lim f(y_n)$ überein und infolgedessen sind diese beiden Limites gleich[1]. Durch $g(x) := f(x)$ für $x \in X$, $g(\xi) := \lim f(x_n)$ mit (x_n) aus X und $x_n \to \xi$, wird also völlig unzweideutig eine Funktion g auf $X \cup \{\xi\}$ definiert.

g ist in ξ stetig. Strebt nämlich die Folge (z_n) aus $X \cup \{\xi\}$ gegen ξ, so ist gewiß $\lim g(z_n) = g(\xi)$, wenn fast alle z_n mit ξ zusammenfallen oder auch, wenn fast alle $z_n \ne \xi$ sind. Tritt keiner dieser Fälle ein, so kann man z_n derart in zwei Teilfolgen (z'_n) und (z''_n) zerlegen, daß immer $z'_n = \xi$ und $z''_n \ne \xi$ ist. Nun streben die beiden Folgen $(g(z'_n))$ und $(g(z''_n))$ gegen $g(\xi)$, also ist wieder $\lim g(z_n) = g(\xi)$.

Im Falle II *kann f jedoch in keiner Weise so auf $X \cup \{\xi\}$ fortgesetzt werden, daß man Stetigkeit in ξ erhält*.

Eine ähnliche Situation liegt vor, wenn ξ zwar zu X gehört, f jedoch in ξ *unstetig* ist. Es kann dann immer noch sein, daß für jede Folge (x_n) aus $X\setminus\{\xi\}$, die gegen ξ strebt, $\lim f(x_n)$ vorhanden (und dann auch von der speziellen Folge (x_n) unabhängig) ist. Setzt man in diesem Falle

$$g(x) := f(x) \quad \text{für} \quad x \in X\setminus\{\xi\} \quad \text{und} \quad g(\xi) := \lim f(x_n)$$

mit

$$x_n \in X\setminus\{\xi\}, \quad x_n \to \xi,$$

---

[1] Die *Methode der Folgenmischung* wird häufig bei Eindeutigkeitsbeweisen angewandt. Wir werden ihr noch oft begegnen.

so ist g auf X definiert, stimmt auf $X\setminus\{\xi\}$ mit f überein und ist in ξ stetig. Gibt es jedoch auch nur *eine* Folge (x_n) aus $X\setminus\{\xi\}$, die gegen ξ strebt, während $(f(x_n))$ divergiert, so kann man durch keine Abänderung von $f(\xi)$ Stetigkeit in ξ erzwingen. Im ersten Falle sagt man, f habe in ξ eine **hebbare Unstetigkeit**, während im zweiten Falle eine **nicht-hebbare Unstetigkeit** vorliegt.

Die eingangs rekapitulierte Erklärung der Exponentialfunktion erweist sich nun als *zwangsläufig; sie kann gar nicht anders vorgenommen werden, wenn die Exponentialfunktion eine* **stetige** *Funktion sein soll,* sie ist die natürliche „**Definition durch stetige Fortsetzung**". — Haben die Funktionen f_1 und f_2 den gemeinsamen Definitionsbereich X, und ist $N:=\{x\in X: f_2(x)=0\}$, so ist $F:=f_1/f_2$ auf $X\setminus N$ definiert. Existiert nun für ein gewisses $\xi\in N$ der Grenzwert $\lim F(x_n)$ für jede gegen ξ strebende Folge (x_n) aus $X\setminus N$, so wird man, kurz gesagt, $F(\xi):=\lim F(x_n)$ setzen und auf diese Weise F „stetig in ξ hinein fortsetzen" — und wiederum ist diese Erklärung *zwangsläufig, wenn man nicht auf Stetigkeit in ξ verzichten will.* Im speziellen Fall einer rationalen Funktion P/Q (P, Q Polynome) ist dieses Verfahren der Sache nach nichts anderes als die Fortsetzungsmethode, die wir gegen Ende der Nr. 15 geschildert haben und der somit nun alle Willkür genommen ist, die ihr damals vielleicht anzuhaften schien.

Die Funktion

$$f(x):=\begin{cases}1 & \text{für } x\neq 0\\ 0 & \text{für } x=0\end{cases}$$

(s. Fig. 38.1) ist in 0 unstetig. Trivialerweise konvergiert aber für jede Nullfolge (x_n) aus $\mathbf{R}\setminus\{0\}$ die Folge $(f(x_n))$ gegen 1. Man kann also, wie man kurz sagt, durch die „Neufestsetzung" $f(0):=1$ die Funktion f so „umdefinieren", daß sie nunmehr in 0 stetig ist.

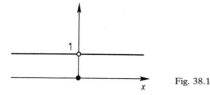

Fig. 38.1

Um die bisher studierten Phänomene bequem und einheitlich beschreiben zu können, erklären wir zunächst, was unter dem Häufungspunkt einer Menge und der Konvergenz einer Funktion zu verstehen ist.

Wir nennen ξ einen **Häufungspunkt** der Menge $M\subset\mathbf{R}$, wenn es eine Folge (x_n) aus M gibt, die gegen ξ konvergiert, deren Glieder aber alle $\neq\xi$ sind[1].

---

[1] Genauso definiert man auch die Häufungspunkte einer Menge $M\subset\mathbf{C}$.

Häufungspunkte traten, ohne daß dieser Name gebraucht wurde, bereits in den obigen Untersuchungen auf. *ξ ist genau dann Häufungspunkt von M, wenn in jeder ε-Umgebung von ξ mindestens ein Punkt x ≠ ξ von M liegt.* Daß ein Häufungspunkt ξ von M dieser Bedingung genügt, leuchtet unmittelbar ein. Ist sie umgekehrt erfüllt, so kann man aus jeder Umgebung $U_{1/n}(\xi)$ ein $x_n \in M$ herausgreifen, das $\neq \xi$ ist. Da $x_n \to \xi$ strebt, erweist sich nun ξ als ein Häufungspunkt von M.

Ein Häufungspunkt von M kann, braucht aber nicht zu M zu gehören (0 und 1 sind Häufungspunkte von $M := (0, 1]$; 1 liegt in M, 0 nicht). *Ein isolierter Punkt einer Menge ist niemals Häufungspunkt derselben.* — Der Leser unterscheide sorgfältig zwischen „Häufungs*punkt* einer *Menge*" und „Häufungs*wert* einer *Folge*".

Ist die Funktion f auf X definiert und ist ξ ein Häufungspunkt von X (der zu X gehören oder auch nicht gehören mag), so sagen wir, *f* konvergiere (strebe) gegen η für $x \to \xi$ oder auch, *f* besitze den Grenzwert η für $x \to \xi$, wenn für *jede* Folge (x_n) aus X, die gegen ξ strebt und deren Glieder alle ≠ ξ sind, *stets* $f(x_n) \to \eta$ *konvergiert*. Wir beschreiben dieses Verhalten von f durch die Symbole

$$f(x) \to \eta \quad \text{für } x \to \xi \quad \text{oder} \quad \lim_{x \to \xi} f(x) = \eta.$$

Kann man garantieren, daß für jede Folge (x_n) der oben beschriebenen Art stets $\lim f(x_n)$ existiert, so haben nach der eingangs schon verwendeten Methode der Folgenmischung alle diese Limites denselben Wert und infolgedessen *existiert auch* $\lim_{x \to \xi} f(x)$.

Der Satz 26.1 und die Grenzwertaussagen (26.6) und (26.7) nehmen in unserer neuen Sprechweise die prägnante Form an

$$\lim_{x \to 0}(1+x)^{1/x} = e, \quad \lim_{x \to 0}\frac{{}^g\log(1+x)}{x} = {}^g\log e, \quad \lim_{x \to 0}\frac{a^x - 1}{x} = \ln a. \qquad (38.1)$$

Unsere eingangs angestellten Überlegungen können wir mit diesen terminologischen Vereinbarungen nun kurz und einheitlich so zusammenfassen:

Ist f auf X definiert und ξ ein Häufungspunkt von X, so ist die Funktion

$$g(x) := \begin{cases} f(x) & \text{für } x \in X \setminus \{\xi\} \\ \eta & \text{für } x = \xi \end{cases}$$

genau dann in ξ stetig, wenn $\lim_{x \to \xi} f(x)$ *existiert und* $= \eta$ *ist.*

Die εδ-Definition der Stetigkeit 34.6, angewandt auf g, liefert jetzt ganz direkt die

°**38.1 εδ-Definition des Grenzwerts** *Die Funktion f sei auf X definiert und ξ sei ein Häufungspunkt von X. Genau dann strebt* $f(x) \to \eta$ *für* $x \to \xi$, *wenn es zu* jedem

236 V Stetigkeit und Grenzwerte von Funktionen

$\varepsilon > 0$ ein $\delta > 0$ gibt, so daß

für alle $x \in X$ mit $0 < |x - \xi| < \delta$ immer $|f(x) - \eta| < \varepsilon$ ist.

Wir betonen noch einmal sehr nachdrücklich, daß man bei der Untersuchung der Frage, ob $\lim_{x \to \xi} f(x)$ existiert und wie groß er ggf. ist, den Punkt ξ nicht zu „betreten" braucht, *ja gar nicht betreten darf.* Welchen Wert die Funktion f im Punkte ξ hat, ob sie überhaupt dort definiert ist — alles das spielt bei dieser Frage nicht die geringste Rolle. Entscheidend ist ganz allein das Verhalten von f in den sogenannten **punktierten δ-Umgebungen** $\dot{U}_\delta(\xi) := U_\delta(\xi) \setminus \{\xi\}$ von ξ.

Die Aussage $\lim_{x \to \xi} f(x) = \eta$ bedeutet anschaulich, daß die Funktionswerte $f(x)$ beliebig nahe bei η liegen, wenn die Argumente x hinreichend wenig von ξ abweichen (ohne je mit ξ zusammenzufallen). Oder auch: In der Nähe des Punktes (ξ, η) kann man das Schaubild von f — mit der möglichen Ausnahme des Punktes $(\xi, f(\xi))$ — in einen beliebig niedrigen und hinreichend schmalen $\varepsilon\delta$-Kasten einsperren (s. Fig. 38.2 und 38.3).

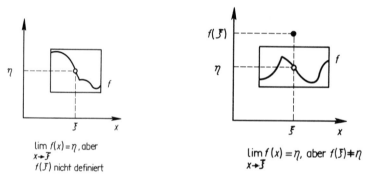

Fig. 38.2

Fig. 38.3

Ebenso selbstverständlich wie der letzte Satz ist der

°**38.2 Satz** *Die Funktion f ist an einer Stelle ξ ihres Definitionsbereichs X genau dann stetig, wenn ξ ein isolierter Punkt von X oder $\lim_{x \to \xi} f(x)$ vorhanden und $= f(\xi)$ ist.*

Die Stetigkeit einer rationalen Funktion R, der Potenz-, Exponential- und Logarithmusfunktion an einer beliebigen Stelle ξ ihres jeweiligen Definitionsbereichs drückt sich also durch die folgenden Beziehungen aus:

$$\lim_{x \to \xi} R(x) = R(\xi), \quad \lim_{x \to \xi} x^\rho = \xi^\rho, \quad \lim_{x \to \xi} a^x = a^\xi, \quad \lim_{x \to \xi} {}^g\!\log x = {}^g\!\log \xi.$$

Wie bei Folgen haben wir auch bei Funktionen das

°**38.3 Konvergenzkriterium von Cauchy** ξ *sei ein Häufungspunkt des Definitionsbereichs X von f. Genau dann existiert* $\lim_{x \to \xi} f(x)$, *wenn es zu* jedem $\varepsilon > 0$ *ein* $\delta > 0$ *gibt, so daß*

$$\text{für alle } x, y \in \dot{U}_\delta(\xi) \cap X \text{ stets } |f(x) - f(y)| < \varepsilon \text{ ist.} \tag{38.2}$$

Beweis. Sei zuerst $\lim_{x \to \xi} f(x)$ vorhanden und $= \eta$. Dann gibt es nach Wahl von $\varepsilon > 0$ ein $\delta > 0$, so daß für $z \in \dot{U}_\delta(\xi) \cap X$ immer $|f(z) - \eta| < \varepsilon/2$ bleibt. Für $x, y \in \dot{U}_\delta(\xi) \cap X$ ist also $|f(x) - f(y)| \leq |f(x) - \eta| + |\eta - f(y)| < \varepsilon/2 + \varepsilon/2 = \varepsilon$. — Nun sei umgekehrt die $\varepsilon\delta$-Bedingung (38.2) erfüllt und (x_n) eine Folge aus X, die gegen ξ strebt und deren Glieder alle $\neq \xi$ sind. Man bestimme nach Wahl von $\varepsilon > 0$ ein $\delta > 0$ gemäß (38.2) und dann zu diesem δ einen Index n_0, so daß für $k > n_0$ jedes x_k in $\dot{U}_\delta(\xi)$ liegt. Aus (38.2) folgt dann, daß für alle $m, n > n_0$ die Abschätzung $|f(x_m) - f(x_n)| < \varepsilon$ gilt: $(f(x_n))$ ist somit eine Cauchyfolge, also konvergent. Mehr brauchen wir aber nicht zu beweisen (s. Bemerkung nach der „Folgendefinition" des Grenzwertes von f). ∎

Aufgaben

*1. Für jedes $\xi \in \mathbb{R}$ und $k \in \mathbb{N}$ ist $\lim_{x \to \xi} \dfrac{x^k - \xi^k}{x - \xi} = k\xi^{k-1}$.

2. Berechne die folgenden Grenzwerte:

a) $\lim_{x \to 1} \dfrac{x^3 + x^2 - x - 1}{x + 1}$,   b) $\lim_{x \to 1} \dfrac{x^3 + x^2 - x - 1}{x - 1}$,   c) $\lim_{x \to 1} \dfrac{x^3 + x^2 - x - 1}{x^2 - 1}$,

d) $\lim_{x \to 0} \dfrac{1 - \sqrt{1 - x^2}}{x^2}$,   e) $\lim_{x \to 0} \dfrac{x^2}{|x|}$.

3. Die in A 34.6 definierte Funktion $f:(0, 1] \to \mathbb{R}$ besitzt für $x \to 0$ keinen Grenzwert.

4. Existiert $\lim_{x \to \xi} f(x)$, so ist f in einer hinreichend kleinen Umgebung von ξ beschränkt.

5. Die Funktionen $1/x$, $1/\sqrt{x}$, $1/x^2$, $\ln x$ besitzen für $x \to 0$ keine Grenzwerte. Hinweis: Aufgabe 4.

+6. Ist ξ Häufungspunkt von M, so liegen in jeder ε-Umgebung um ξ unendlich viele Punkte von M, und es gibt eine Folge unter sich und von ξ verschiedener Elemente aus M, die gegen ξ konvergiert.

+7. Eine Menge M ist genau dann abgeschlossen, wenn sie jeden ihrer Häufungspunkte enthält.

+8. Die Menge aller Häufungspunkte von M ist abgeschlossen.

+9. **Satz von Bolzano-Weierstraß** Jede unendliche und beschränkte Menge besitzt mindestens einen Häufungspunkt.

39 Einseitige Grenzwerte

In Nr. 34 hatten wir die *einseitige* Stetigkeit einer Funktion erklärt; ganz ähnlich definieren wir nun *einseitige* Grenzwerte:
Die Funktion f sei auf X erklärt, und ξ sei nicht nur ein Häufungspunkt von X, sondern sogar von

$$X_l := \{x \in X : x < \xi\} \quad \text{bzw. von} \quad X_r := \{x \in X : x > \xi\}.$$

Im ersten Fall sei

$$f_l := f \mid X_l, \quad \text{im zweiten} \quad f_r := f \mid X_r.$$

Strebt

$$f_l(x) \to \eta_l \quad \text{für } x \to \xi \quad \text{bzw.} \quad f_r(x) \to \eta_r \quad \text{für } x \to \xi,$$

so sagen wir, f besitze

$$\text{für } x \to \xi- \quad \text{bzw.} \quad \text{für } x \to \xi+$$

den **linksseitigen Grenzwert** η_l bzw. den **rechtsseitigen Grenzwert** η_r, in Zeichen:

$$\lim_{x \to \xi-} f(x) = \eta_l \quad \text{bzw.} \quad \lim_{x \to \xi+} f(x) = \eta_r,$$

oder auch

$$f(x) \to \eta_l \quad \text{für } x \to \xi- \quad \text{bzw.} \quad f(x) \to \eta_r \quad \text{für } x \to \xi+.$$

Und um eine ganz kurze Schreibweise zur Verfügung zu haben, setzen wir

$$f(\xi-) := \lim_{x \to \xi-} f(x) \quad \text{und} \quad f(\xi+) := \lim_{x \to \xi+} f(x)$$

(falls diese Limites überhaupt existieren).

Da die einseitigen Grenzwerte von f nichts anderes sind als die Grenzwerte gewisser Funktionen (nämlich der Einschränkungen f_l und f_r), *können wir für sie die Folgendefinition, die $\varepsilon\delta$-Definition und das Cauchysche Konvergenzkriterium im wesentlichen unverändert übernehmen*; wir haben nur sinngemäß X durch X_l bzw. X_r zu ersetzen. Als Beispiel diene das **Cauchysche Konvergenzkriterium**: f sei auf X definiert und ξ sei ein Häufungspunkt von $X_l := \{x \in X : x < \xi\}$. Genau dann existiert $\lim_{x \to \xi-} f(x)$, wenn es zu jedem $\varepsilon > 0$ ein $\delta > 0$ gibt, so daß

$$\text{für alle } x, y \in U_\delta(\xi) \cap X_l \quad \text{stets} \quad |f(x) - f(y)| < \varepsilon$$

ist, wenn also aus

$$0 < \xi - x < \delta, \quad 0 < \xi - y < \delta \quad \text{immer} \quad |f(x) - f(y)| < \varepsilon \text{ folgt.}$$

Eine triviale Folgerung aus der (ein- und zweiseitigen) $\varepsilon\delta$-Definition ist der

39.1 Satz *Die Funktion f sei auf X definiert und ξ sei ein Häufungspunkt sowohl von $\{x \in X : x < \xi\}$ als auch von $\{x \in X : x > \xi\}$. Genau dann ist $\lim\limits_{x \to \xi} f(x)$ vorhanden und $= \eta$, wenn die beiden einseitigen Limites $f(\xi-)$ und $f(\xi+)$ existieren und $= \eta$ sind.*

Kombiniert man die Sätze 38.2 und 39.1, so erhält man sofort den

39.2 Satz *Die Funktion f sei auf X definiert und $\xi \in X$ sei ein Häufungspunkt sowohl von $\{x \in X : x < \xi\}$ als auch von $\{x \in X : x > \xi\}$. Genau dann ist f in ξ stetig, wenn die einseitigen Grenzwerte $f(\xi-)$ und $f(\xi+)$ existieren und $= f(\xi)$ sind.*

Die Voraussetzung, daß ξ ein Häufungspunkt sowohl von $\{x \in X : x < \xi\}$ als auch von $\{x \in X : x > \xi\}$ sei, ist insbesondere immer dann erfüllt, wenn ξ ein **innerer Punkt** von X ist, d.h., wenn eine ganze ε-Umgebung von ξ in X liegt. *Jeder Punkt von (a, b) ist innerer Punkt sowohl von (a, b) als auch von $[a, b]$, jeder Punkt einer offenen Menge ist innerer Punkt derselben.* Die Vereinigung aller inneren Punkte einer Menge M nennt man das **Innere** $\overset{\circ}{M}$ von M. *Das Innere des abgeschlossenen Intervalls $[a, b]$ ist das offene Intervall (a, b).*
Gemäß Satz 39.2 ist die Funktion $f : (a, b) \to \mathbf{R}$ genau dann in $\xi \in (a, b)$ unstetig, wenn einer der folgenden Fälle vorliegt: Die Grenzwerte $f(\xi-)$ und $f(\xi+)$

existieren und stimmen überein, sind aber $\neq f(\xi)$;

sie existieren und sind verschieden;

wenigstens einer von ihnen existiert nicht.

In den beiden ersten Fällen nennt man ξ eine **Unstetigkeitsstelle erster Art** oder auch eine **Sprungstelle**, im letzten Fall eine **Unstetigkeitsstelle zweiter Art**. Ist ξ eine Sprungstelle und $\sigma := f(\xi+) - f(\xi-) \neq 0$, so heißt σ der **Sprung** von f an der Stelle ξ.
Nicht ganz so mühelos wie die beiden letzten Sätze, aber immer noch sehr einfach ergibt sich aus der (einseitigen) $\varepsilon\delta$-Definition der

39.3 Satz *Eine auf $[a, b]$ monotone Funktion f besitzt in jedem Punkt von $[a, b]$ alle einseitigen Grenzwerte, die sinnvollerweise vorhanden sein können, d.h., es existieren die Limites*

$$f(\xi-) \text{ für alle } \xi \in (a, b] \text{ und } f(\xi+) \text{ für alle } \xi \in [a, b).$$

Und zwar ist für **wachsendes** *f*

$$f(\xi-) = \sup\{f(x) : x \in [a, \xi)\} \text{ und } f(\xi+) = \inf\{f(x) : x \in (\xi, b]\}.$$

Für **fallendes** *f erhält man entsprechende Gleichungen; man braucht nur* sup *und* inf *die Rollen tauschen zu lassen.*

240 V Stetigkeit und Grenzwerte von Funktionen

Es wird genügen, den Satz für *wachsendes f* zu beweisen. Sei zunächst $a<\xi\leq b$ und $\eta:=\sup\{f(x):x<\xi\}$. Zu beliebig vorgegebenem $\varepsilon>0$ gibt es dann ein $x_0\in[a,\xi)$ mit $\eta-\varepsilon<f(x_0)\leq\eta$, erst recht ist also $\eta-\varepsilon<f(x)\leq\eta$ für alle $x\in(x_0,\xi)$. Mit anderen Worten: Für alle $x\in[a,b]$ mit $0<\xi-x<\delta:=\xi-x_0$ gilt $|f(x)-\eta|<\varepsilon$, und dies besagt, daß $f(\xi-)$ vorhanden und $=\eta$ ist. — Im Falle $a\leq\xi<b$ zeigt man ganz ähnlich, daß $f(\xi+)$ existiert und $=\inf\{f(x):x>\xi\}$ ist. ∎

Aus diesem Beweis ergibt sich noch, daß bei *wachsendem* $f:[a,b]\to\mathbf{R}$

$$f(a)\leq f(a+),\quad f(\xi-)\leq f(\xi)\leq f(\xi+)\quad \text{für } \xi\in(a,b)\quad\text{und}\quad f(b-)\leq f(b)$$

ist. Bei *fallendem f* gelten die entsprechenden Ungleichungen; man hat nur „$\leq$" überall durch „$\geq$" zu ersetzen. Mit Satz 39.2 folgt aus dieser Bemerkung ohne weiteres der

39.4 Satz *Die monotone Funktion $f:[a,b]\to\mathbf{R}$ ist genau dann in $\xi\in(a,b)$ stetig, wenn die (stets vorhandenen) Grenzwerte $f(\xi-)$ und $f(\xi+)$ übereinstimmen. In den Randpunkten a und b hat man Stetigkeit genau dann, wenn $f(a+)=f(a)$ bzw. $f(b-)=f(b)$ ist. Kurz: Eine monotone Funktion hat nur* sprunghafte *Unstetigkeiten.*

Die Funktion f sei wachsend auf $[a,b]$ und U sei die Menge ihrer Unstetigkeitsstellen in (a,b). Nach dem letzten Satz ist

$$U=\{x\in(a,b):f(x-)<f(x+)\}.$$

Zu jedem $x\in U$ können wir also eine rationale Zahl $r(x)$ mit $f(x-)<r(x)<f(x+)$ bestimmen. Die Abbildung $x\mapsto r(x)$ von U in $\mathbf{Q}$ ist offenbar injektiv, und infolgedessen ist U höchstens abzählbar. Dasselbe gilt dann auch für die Menge der Unstetigkeitsstellen in $[a,b]$. Da wir im Falle einer abnehmenden Funktion ganz ähnlich argumentieren können, gilt also der bemerkenswerte

39.5 Satz *Eine auf $[a,b]$ monotone Funktion besitzt höchstens abzählbar viele Unstetigkeitsstellen.*

Aufgaben

1. Diskutiere die einseitigen Grenzwerte der Größte-Ganze-Funktion $[x]$.

2. Von welcher Art sind die Unstetigkeitsstellen einer Treppenfunktion im Innern ihres Definitionsintervalls?

3. Für die Dirichletsche Funktion ist jeder Punkt eine Unstetigkeitsstelle zweiter Art.

*****4.** Ist f wachsend auf (a,b) und nach unten bzw. nach oben beschränkt, so existiert $f(a+)$ bzw. $f(b-)$.

⁺5. Eine auf einem völlig beliebigen Intervall monotone Funktion besitzt höchstens abzählbar viele Unstetigkeitsstellen.

40 Die Oszillation einer beschränkten Funktion

Eine tiefere und für die Integralrechnung bedeutsame Untersuchung des Stetigkeitsverhaltens beschränkter Funktionen ermöglicht der Begriff der Oszillation, dem wir uns in diesem Abschnitt widmen. Wir erinnern daran, daß $B[a, b]$ die Menge aller beschränkten Funktionen auf $[a, b]$ bedeutet.

Ist $f \in B[a, b]$ und T eine nichtleere Teilmenge von $[a, b]$, so heißt

$$\Omega_f(T) := \sup f(T) - \inf f(T)$$
$$= \sup\{f(x) - f(y) : x, y \in T\}$$
$$= \sup\{|f(x) - f(y)| : x, y \in T\}$$

die **Oszillation von f auf T**. Für jedes feste $x \in [a, b]$ ist

$$\delta \mapsto \Omega_f(U_\delta(x) \cap [a, b])$$

eine wachsende (und nichtnegative) Funktion auf $(0, +\infty)$; nach A 39.4 existiert also

$$\omega_f(x) := \lim_{\delta \to 0+} \Omega_f(U_\delta(x) \cap [a, b]).$$

Diese nichtnegative Zahl $\omega_f(x)$ nennt man die **Oszillation von f im Punkte x**, und mit ihrer Hilfe kann man das Stetigkeitsverhalten von f sehr elegant beschreiben. Es gilt nämlich der schöne

40.1 Satz *$f \in B[a, b]$ ist genau dann in ξ stetig, wenn $\omega_f(\xi)$ verschwindet.*

Beweis. Sei zuerst f stetig in ξ. Nach Wahl von $\varepsilon > 0$ existiert also ein $\delta > 0$, so daß für alle $z \in V_\delta := U_\delta(\xi) \cap [a, b]$ stets $|f(z) - f(\xi)| < \varepsilon/2$ bleibt. Für je zwei Punkte x, y aus V_δ ist also

$$|f(x) - f(y)| \leq |f(x) - f(\xi)| + |f(\xi) - f(y)| < \varepsilon.$$

Daraus folgt $\Omega_f(V_\delta) \leq \varepsilon$ und somit erst recht $\omega_f(\xi) \leq \varepsilon$. Da aber ε eine beliebige positive Zahl ist, muß $\omega_f(\xi)$ verschwinden. — Nun setzen wir umgekehrt $\omega_f(\xi) = 0$ voraus. Zu beliebig vorgegebenem $\varepsilon > 0$ gibt es dann ein $\delta > 0$, so daß $\Omega_f(V_\delta) < \varepsilon$ ausfällt. Für alle $x \in V_\delta$ ist also auch $|f(x) - f(\xi)| < \varepsilon$, d.h., f ist tatsächlich stetig in ξ. ∎

$\Delta(f)$ sei die Menge aller Unstetigkeitspunkte von $f \in B[a, b]$ und

$$\Delta_\varepsilon(f) := \{x \in [a, b] : \omega_f(x) \geq \varepsilon\}, \quad \varepsilon > 0.$$

Aus dem letzten Satz folgt sofort

$$\Delta(f) = \bigcup_{n=1}^{\infty} \Delta_{1/n}(f). \tag{40.1}$$

Mit dem nächsten Satz ergibt sich daraus eine interessante Strukturaussage: *$\Delta(f)$ ist die Vereinigung abzählbar vieler kompakter Mengen.* Es gilt nämlich der

40.2 Satz *Für $f \in B[a, b]$ ist $\Delta_\varepsilon(f)$ kompakt.*

242　V Stetigkeit und Grenzwerte von Funktionen

Da die Menge $\Delta_\varepsilon(f)$ in $[a, b]$ liegt, also beschränkt ist, brauchen wir wegen Satz 36.2 nur noch zu zeigen, daß sie abgeschlossen ist, daß also kein $\xi \in [a, b]\setminus\Delta_\varepsilon(f)$ Grenzwert einer Folge aus $\Delta_\varepsilon(f)$ sein kann. Wegen $\xi \notin \Delta_\varepsilon(f)$ ist $\omega_f(\xi) < \varepsilon$; für ein hinreichend kleines $\delta > 0$ ist also auch $\Omega_f(U_\delta(\xi) \cap [a, b]) < \varepsilon$; erst recht muß daher $\omega_f(x) < \varepsilon$ für alle $x \in U_\delta(\xi) \cap [a, b]$ sein. Infolgedessen kann kein Punkt von $U_\delta(\xi)$ in $\Delta_\varepsilon(f)$ liegen, womit bereits alles bewiesen ist. ■

Aufgaben

1. Für eine auf (a, b) monotone Funktion f ist $\omega_f(x) = |f(x+) - f(x-)|$.

2. Sei $f \in B[a, b]$ und $\xi \in [a, b]$. Zeige, daß es zu jedem $\varepsilon > 0$ ein $\delta > 0$ gibt, so daß für alle $x \in U_\delta(\xi) \cap [a, b]$ stets $\omega_f(x) < \omega_f(\xi) + \varepsilon$ ausfällt. Hinweis: S. Beweis von Satz 40.2.

+3. Halbstetige Funktionen Aufgabe 2 gibt Anlaß zu der folgenden Definition: Die Funktion $f: X \to \mathbf{R}$ heißt in $\xi \in X$ nach oben bzw. nach unten halbstetig, wenn es zu jedem $\varepsilon > 0$ ein $\delta > 0$ gibt, so daß für alle $x \in U_\delta(\xi) \cap X$ stets $f(x) < f(\xi) + \varepsilon$ bzw. $f(x) > f(\xi) - \varepsilon$ ist ($x \mapsto \omega_f(x)$ ist also in jedem Punkt von $[a, b]$ nach oben halbstetig). Offenbar ist die Funktion f genau dann in ξ stetig, wenn sie dort sowohl nach oben als auch nach unten halbstetig ist. Sie heißt schlechthin nach oben (unten) halbstetig, wenn sie in jedem Punkt von X nach oben (unten) halbstetig ist. Zeige:
a) f ist in $\xi \in X$ nach oben halbstetig $\Leftrightarrow$ für jede Folge (x_n) aus X mit $x_n \to \xi$ ist $\limsup f(x_n) \leq f(\xi)$.
b) Die Funktion $f(x) := 1$ für $x \leq 0$ und $:= 0$ für $x > 0$ ist nach oben halbstetig, nicht jedoch die Funktion $g(x) := 1$ für $x < 0$ und $:= 0$ für $x \geq 0$.
c) f ist nach unten halbstetig $\Leftrightarrow$ $-f$ ist nach oben halbstetig (deshalb genügt es im wesentlichen, sich mit nach oben halbstetigen Funktionen zu beschäftigen).
d) f ist nach oben halbstetig $\Leftrightarrow$ für jedes a ist $\{x \in X : f(x) < a\}$ eine X-offene Menge $\Leftrightarrow$ für jedes a ist $\{x \in X : f(x) \geq a\}$ eine X-abgeschlossene Menge (s. A 35.6). Daraus ergibt sich übrigens ein neuer Beweis für Satz 40.2.
e) Eine Teilmenge M von $\mathbf{R}$ ist genau dann abgeschlossen, wenn ihre charakteristische Funktion χ_M nach oben halbstetig ist.
f) Ist die Funktion f auf der *kompakten* Menge X nach oben halbstetig, so ist sie nach oben beschränkt und besitzt sogar ein Maximum.

4. Die Funktionen f, g seien auf X nach oben halbstetig. Dann ist auch $f + g$ und αf für jedes $\alpha \geq 0$ nach oben halbstetig.

5. Ist $f \in B[a, b]$, so existieren die Funktionen

$$M_f(\xi) := \lim_{\delta \to 0+} (\sup \{f(x) : x \in U_\delta(\xi) \cap [a, b]\}),$$

$$m_f(\xi) := \lim_{\delta \to 0+} (\inf \{f(x) : x \in U_\delta(\xi) \cap [a, b]\})$$

auf $[a, b]$; die erste ist nach oben, die zweite nach unten halbstetig; offenbar ist

$$\omega_f(\xi) = M_f(\xi) - m_f(\xi).$$

41 Grenzwerte von Funktionen für $x \to \pm\infty$

Unsere bisherigen Untersuchungen über Stetigkeit und Grenzwerte machen die folgende Definition nachgerade unvermeidlich:
Die Funktion f sei auf einer nach rechts unbeschränkten Menge X erklärt. Strebt dann für jede Folge (x_n) aus X mit $x_n \to +\infty$ die Folge der Funktionswerte $f(x_n)$ stets gegen einen (und somit immer gegen ein und denselben) Grenzwert η, so sagt man, *f strebe oder konvergiere gegen η für $x \to +\infty$* oder auch, *f besitze den Grenzwert η für $x \to +\infty$* und drückt dies durch die Symbole

$$f(x) \to \eta \quad \text{für } x \to +\infty \quad \text{oder} \quad \lim_{x \to +\infty} f(x) = \eta$$

aus.
Natürlich hätte die folgende Definition ebenso nahegelegen:
f strebt gegen η für $x \to +\infty$, wenn es zu jedem $\varepsilon > 0$ *eine Stelle* $x_0 = x_0(\varepsilon)$ *gibt, so daß für alle* $x > x_0$ *aus X stets* $|f(x) - \eta| < \varepsilon$ *ist.*
In Wirklichkeit sind die beiden Definitionen völlig gleichwertig. Der Leser kann dies leicht selbst einsehen; er braucht nur den Beweis des Satzes 34.6 ein wenig zu modifizieren.
Anschaulich bedeutet die Aussage $\lim_{x \to +\infty} f(x) = \eta$, daß nach Vorgabe eines „ε-Streifens" um die Gerade $y = \eta$ das Schaubild von f rechts von einer gewissen Stelle x_0 ganz in diesem Streifen verläuft (s. Fig. 41.1). Nach dieser Deutung ist es klar, *daß f zwar nicht notwendig auf ganz X, aber doch auf einem hinreichend weit rechts gelegenen Endstück $X \cap (a, +\infty)$ beschränkt sein muß.*

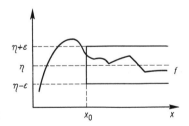

Fig. 41.1

Als Beispiele geben wir die folgenden, leicht einsehbaren Beziehungen an:

$$\lim_{x \to +\infty} \frac{1}{x^\alpha} = 0 \quad \text{für } \alpha > 0, \quad \lim_{x \to +\infty} (\sqrt{x+a} - \sqrt{x}) = 0, \quad \lim_{x \to +\infty} \frac{2x-1}{3x+4} = \frac{2}{3}.$$

Die beiden folgenden Sätze kann der Leser fast wörtlich wie das Monotonieprinzip bzw. den Satz 38.3 beweisen.

41.1 Monotoniekriterium *Ist die Funktion f auf einer nach rechts unbeschränkten Menge X definiert, monoton und beschränkt, so existiert* $\lim_{x \to +\infty} f(x)$.

41.2 Cauchysches Konvergenzkriterium *Ist die Funktion f auf einer nach rechts unbeschränkten Menge X definiert, so existiert* $\lim_{x \to +\infty} f(x)$ *genau dann, wenn die folgende* Cauchybedingung *erfüllt ist:* Zu jedem $\varepsilon > 0$ gibt es eine Stelle x_0, so daß

für alle $x, y > x_0$ *aus X stets* $|f(x) - f(y)| < \varepsilon$ *ausfällt.*

Das Konvergenzverhalten einer Funktion f für $x \to -\infty$ können wir jetzt kurz abtun. Ist f auf einer nach links unbeschränkten Menge X definiert und strebt für jede Folge (x_n) aus X mit $x_n \to -\infty$ die Folge der Funktionswerte $(f(x_n))$ stets gegen einen (und somit immer gegen ein und denselben) Grenzwert η, so sagt man, *es strebe* $f(x) \to \eta$ *für* $x \to -\infty$, oder es sei $\lim_{x \to -\infty} f(x) = \eta$. Dies ist genau dann der Fall, wenn es zu jedem $\varepsilon > 0$ eine Stelle $x_0 = x_0(\varepsilon)$ gibt, so daß für alle $x < x_0$ aus X stets $|f(x) - \eta| < \varepsilon$ ist.

Das Monotoniekriterium und das Cauchysche Konvergenzkriterium für die Bewegung $x \to -\infty$ wird sich der Leser mühelos selbst zurechtlegen können.

Aufgaben

1. Existiert $\lim_{x \to +\infty} f(x)$ und strebt $f(x_n) \to \eta$ für irgendeine Folge (x_n) mit $x_n \to +\infty$, so ist $\lim_{x \to +\infty} f(x) = \eta$.

2. Ist f monoton auf $(0, +\infty)$ und strebt $f(n) \to \eta$ für $n \to +\infty$, so ist $\lim_{x \to +\infty} f(x)$ vorhanden und $= \eta$.

3. Genau dann strebt $f(x) \to \eta$ für $x \to +\infty$, wenn $g(x) := f(1/x) \to \eta$ strebt für $x \to 0+$. Infolgedessen ist z.B.

$$\lim_{x \to +\infty} \left(1 + \frac{1}{x}\right)^x = e.$$

+4. a) $\lim_{x \to +\infty} a^x = 0$ für $0 < a < 1$ (s. A 25.2), b) $\lim_{x \to +\infty} 1/\log x = 0$ (s. A 25.3).

5. Berechne die folgenden Grenzwerte:

a) $\lim_{x \to +\infty} (\sqrt{4x^2 + 2x - 1} - 2x)$, b) $\lim_{x \to -\infty} \frac{8x^3 + 2x^2 + 1}{2x^3 + 7x}$,

c) $\lim_{x \to +\infty} \sqrt{x}(\sqrt{x+1} - \sqrt{x})$, d) $\lim_{x \to +\infty} \frac{(-1)^{[x]}}{x}$.

42 Das Rechnen mit Grenzwerten

Die Grenzwertbeziehung $f(x) \to \eta$ haben wir für die fünf **Bewegungen**

$$x \to \xi, \quad x \to \xi-, \quad x \to \xi+, \quad x \to +\infty \quad \text{und} \quad x \to -\infty$$

mittels zugeordneter Folgen $(f(x_n))$ definiert. Diese Tatsache macht es möglich, aus den Rechenregeln für konvergente Folgen in Nr. 22 mit einem Schlag die nachstehenden Sätze zu gewinnen, bei denen sich x immer in ein und derselben, aber nun nicht mehr ausdrücklich spezifizierten Weise bewegen soll.

42.1 Satz *Aus $f(x) \to \eta$ und $g(x) \to \zeta$ folgt stets*

$$f(x)+g(x) \to \eta+\zeta, \quad f(x)-g(x) \to \eta-\zeta,$$
$$f(x)g(x) \to \eta\zeta, \quad af(x) \to a\eta \text{ für jede Konstante } a,$$
$$f(x)/g(x) \to \eta/\zeta - \text{dies jedoch nur, falls } \zeta \neq 0 \text{ ist} -^{1)},$$
$$|f(x)| \to |\eta|.$$

Ist für alle in Betracht kommenden Werte von x

$$f(x) \leq g(x) \quad bzw. \quad |f(x)| \leq \gamma,$$

so ist auch

$$\eta \leq \zeta \quad bzw. \quad |\eta| \leq \gamma.$$

42.2 Satz *Strebt $f(x) \to \eta$ und $g(x) \to \eta$ und ist für alle in Betracht kommenden Werte von x immer $f(x) \leq h(x) \leq g(x)$, so strebt auch $h(x) \to \eta$.*

42.3 Satz *Strebt $f(x) \to 0$ und ist g beschränkt, so strebt auch $f(x)g(x) \to 0$.*

Anwendungen dieser Sätze bei der Berechnung unbekannter Grenzwerte aus bekannten bringen die Aufgaben. Hier möge ein Beispiel genügen. Für $x \to +\infty$ und $\to -\infty$ strebt

$$\frac{a_0+a_1x+\cdots+a_px^p}{b_0+b_1x+\cdots+b_px^p} = \frac{\dfrac{a_0}{x^p}+\dfrac{a_1}{x^{p-1}}+\cdots+\dfrac{a_{p-1}}{x}+a_p}{\dfrac{b_0}{x^p}+\dfrac{b_1}{x^{p-1}}+\cdots+\dfrac{b_{p-1}}{x}+b_p} \to \frac{a_p}{b_p},$$

falls $b_p \neq 0$ ist.

---
[1] Bei der Bewegung $x \to \xi$ ist dann für alle x in einer hinreichend kleinen punktierten Umgebung von ξ auch $g(x) \neq 0$, so daß dort $f(x)/g(x)$ definiert ist. Entsprechendes gilt im Falle der anderen vier Bewegungen.

Aufgaben

1. Berechne die folgenden Grenzwerte:

a) $\lim\limits_{x \to +\infty} \dfrac{x^4 - 2x^3 + 1}{2x^5 + x^3 + x}$,

b) $\lim\limits_{x \to +\infty} \dfrac{\left(2 - \dfrac{3}{\sqrt{x}}\right)^3 \left(1 + \dfrac{1}{x}\right)^x - 1}{1 + \dfrac{1}{2^x} - \dfrac{2}{\sqrt[4]{x}}}$,

c) $\lim\limits_{x \to +\infty} (-1)^{[x]}/\ln x$.

2. Aus $f(x) \to \eta$, $g(x) \to \zeta$ folgt
$$\max(f(x), g(x)) \to \max(\eta, \zeta) \quad \text{und} \quad \min(f(x), g(x)) \to \min(\eta, \zeta).$$
Hinweis: A 22.6.

°3. Die Sätze 42.1 und 42.3 gelten auch im Komplexen, wobei man sich natürlich auf die Bewegung $x \to \xi$ beschränken muß (die anderen Bewegungen sind in **C** ja nicht erklärt).

43 Uneigentliche Grenzwerte

Wenn eine Funktion f bei einer bestimmten der Bewegungen
$$x \to \xi, \quad x \to \xi-, \quad x \to \xi+, \quad x \to -\infty, \quad x \to +\infty$$
nicht konvergiert, so sagt man, sie **divergiere** (bei dieser Bewegung). Wie bei Zahlenfolgen zeichnen wir zwei besonders übersichtliche Divergenzformen mit eigenen Namen aus:
Ist ξ ein Häufungspunkt des Definitionsbereiches X von f und divergiert $f(x_n) \to +\infty$ für *jede* Folge (x_n) aus X mit $x_n \neq \xi$ und $x_n \to \xi$, so sagen wir, f **divergiere gegen** $+\infty$ für $x \to \xi$ und schreiben
$$f(x) \to +\infty \quad \text{für } x \to \xi \quad \text{oder} \quad \lim\limits_{x \to \xi} f(x) = +\infty;$$
$+\infty$ wird dann wohl auch der **uneigentliche Grenzwert** von f für $x \to \xi$ genannt. Ganz entsprechend wird die Bedeutung der Zeichen
$$f(x) \to -\infty \quad \text{für } x \to \xi \quad \text{und} \quad \lim\limits_{x \to \xi} f(x) = -\infty$$
(Divergenz gegen $-\infty$) erklärt.
Der Leser wird ohne Mühe zeigen können, daß die Beziehung $\lim\limits_{x \to \xi} f(x) = +\infty$ bzw. $\lim\limits_{x \to \xi} f(x) = -\infty$ der folgenden Aussage völlig gleichwertig ist: *Zu jedem (noch so großen) $G > 0$ gibt es ein $\delta > 0$, so daß für alle $x \in \dot{U}_\delta(\xi) \cap X$ stets $f(x) > G$ bzw. $< -G$ ausfällt* (**$G\delta$-Definition**).

43 Uneigentliche Grenzwerte

Ist X nach rechts unbeschränkt und divergiert $f(x_n) \to +\infty$ für jede Folge (x_n) aus X mit $x_n \to +\infty$, so sagen wir, f **divergiere gegen** $+\infty$ **für** $x \to +\infty$, in Zeichen

$$f(x) \to +\infty \quad \text{für } x \to +\infty \quad \text{oder} \quad \lim_{x \to +\infty} f(x) = +\infty.$$

Und eine entsprechende Erklärung gibt man für die Symbole

$$f(x) \to -\infty \quad \text{für } x \to +\infty \quad \text{und} \quad \lim_{x \to +\infty} f(x) = -\infty.$$

Wiederum wird der Leser ganz mühelos die Äquivalenz der Beziehung $\lim_{x\to+\infty} f(x) = +\infty$ bzw. $\lim_{x\to+\infty} f(x) = -\infty$ mit der folgenden Aussage beweisen können:
Zu jedem (noch so großen) $G > 0$ gibt es eine Stelle x_0, so daß für alle $x > x_0$ aus X stets $f(x) > G$ bzw. $< -G$ ist (Gx_0-**Definition**).
Es wäre ermüdend, wollten wir die Folgendefinition der Grenzwertbeziehungen $\lim f(x) = +\infty$, $\lim f(x) = -\infty$ und die ihnen entsprechenden $G\delta$- und Gx_0-Charakterisierungen auch noch für die übrigen Bewegungen von x niederschreiben; der Leser wird sich zweifellos diese Dinge selbst zurechtlegen können. Dasselbe gilt für die Übertragung der Ausführungen in Nr. 29 auf Funktionen. Wir wollen nur noch einige Grenzwertbeziehungen festhalten, die entweder evident oder uns schon früher der Sache nach begegnet sind:

$$\lim_{x \to 0+} \frac{1}{x} = +\infty, \quad \lim_{x \to 0-} \frac{1}{x} = -\infty, \quad \lim_{x \to 0} \frac{1}{x^2} = +\infty, \quad \lim_{x \to +\infty} \sqrt{x} = +\infty,$$

$$\lim_{x \to +\infty} a^x = +\infty \quad \text{und} \quad \lim_{x \to -\infty} a^x = 0, \text{ falls } a > 1,$$

$$\lim_{x \to +\infty} \ln x = +\infty, \quad \lim_{x \to 0+} \ln x = -\infty$$

(s. A 25.2 und A 25.3; die letzte Beziehung folgt wegen $\ln x = -\ln(1/x)$ aus der vorletzten zusammen mit der ersten),

$$\lim_{x \to +\infty} (a_0 + a_1 x + \cdots + a_n x^n) = \begin{cases} +\infty, & \text{falls } a_n > 0, \\ -\infty, & \text{falls } a_n < 0, \end{cases}$$

$$\lim_{x \to -\infty} (a_0 + a_1 x + \cdots + a_n x^n) = \begin{cases} +\infty, & \text{falls } n \text{ gerade und } a_n > 0 \\ & \text{oder } n \text{ ungerade und } a_n < 0, \\ -\infty, & \text{falls } n \text{ gerade und } a_n < 0 \\ & \text{oder } n \text{ ungerade und } a_n > 0 \end{cases}$$

(s. (15.5) und A 15.8).

248   V Stetigkeit und Grenzwerte von Funktionen

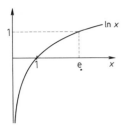
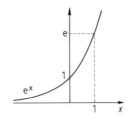

Fig. 43.1   Fig. 43.2

Ist die Funktion f monoton und bleibt sie bei einer bestimmten Bewegung von x nicht beschränkt (wie z.B. $1/x$ bei $x \to 0+$ oder x^2 bei $x \to +\infty$), *so divergiert sie (bei dieser Bewegung) gegen* $+\infty$ *oder gegen* $-\infty$.

Grenzwertaussagen können beim Zeichnen des Schaubildes einer Funktion nützlich sein. Kombiniert man etwa die Monotonieeigenschaften der Exponential- und Logarithmusfunktion (s. Nr. 25) mit den obigen Grenzwertaussagen, so erhält man die Schaubilder in den Fig. 43.1–43.3, die man sich gut einpräge möge.

Wachsende (und ebenso natürlich abnehmende) Funktionen können ein sehr verschiedenartiges Verhalten zeigen: Sie können beschränkt oder unbeschränkt und in mannigfacher Weise „gekrümmt" sein; die Fig. 43.4 gibt einige Andeutungen.

Daß die Schaubilder in den Fig. 43.1–43.3 so gekrümmt sind, wie wir angegeben haben, trifft zwar zu, kann aber noch nicht gesichert, sondern nur auf Grund der Lage wirklich eingetragener Punkte $(x_k, f(x_k))$ *vermutet* werden. Die Differentialrechnung wird uns später in diesen Fragen zur vollen Klarheit verhelfen (s. Nr. 49); bis dahin wollen wir uns nicht daran stören, daß die Fig. 43.1 bis 43.3 einige bloß empirisch verbürgte Bestandteile enthalten.

Aufgaben

1. Formuliere die Folgen- und $G\delta$-Definition für $\lim\limits_{x \to \xi+} f(x) = +\infty$.

2. Untersuche das Verhalten rationaler Funktionen

$$r(x) := (a_0 + a_1 x + \cdots + a_p x^p)/(b_0 + b_1 x + \cdots + b_q x^q) \quad \text{für } x \to +\infty$$

und $\to -\infty$ (dabei sei $a_p \neq 0$, $b_q \neq 0$; man unterscheide die Fälle $p <, =, > q$).

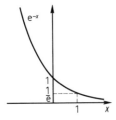

Fig. 43.3   Fig. 43.4

3. Für $x \to +\infty$ gilt $e^x + e^{-x} \to +\infty$, $e^x - e^{-x} \to +\infty$ und $(e^x - e^{-x})/(e^x + e^{-x}) \to 1$. Wie verhalten sich diese Funktionen für $x \to -\infty$?

44 Vereinheitlichung der Grenzwertdefinitionen. Netze

Die bisher gegebenen Definitionen der eigentlichen und uneigentlichen Grenzwerte von Folgen und Funktionen lassen sich in eine einzige Erklärung zusammenfassen, wenn man die drucktechnischen Zeichen $+\infty$ und $-\infty$, die bisher nur der kompakten Beschreibung von Grenzprozessen dienten, als Elemente einer Menge $\bar{\mathbf{R}} := \mathbf{R} \cup \{+\infty, -\infty\}$ betrachtet und *Umgebungen* von $+\infty$ und $-\infty$ so einführt, wie es unsere bisherigen Untersuchungen nahelegen. Wir nennen für $\varepsilon > 0$ die Mengen

$$U_\varepsilon(+\infty) := \{x \in \bar{\mathbf{R}} : \varepsilon < x \le +\infty\}, \qquad U_\varepsilon(-\infty) := \{x \in \bar{\mathbf{R}} : -\infty \le x < -\varepsilon\}$$

ε-Umgebungen von $+\infty$ bzw. von $-\infty$; die Mengen

$$\dot{U}_\varepsilon(+\infty) := \{x \in \mathbf{R} : \varepsilon < x < +\infty\}, \qquad \dot{U}_\varepsilon(-\infty) := \{x \in \mathbf{R} : -\infty < x < -\varepsilon\}$$

heißen dementsprechend **punktierte** ε-Umgebungen von $+\infty$ bzw. $-\infty$. Ist die Menge $M \subset \mathbf{R}$ nach oben bzw. nach unten unbeschränkt, so weist man ihr $+\infty$ bzw. $-\infty$ als uneigentlichen Häufungspunkt zu. Sei nun eine reellwertige Funktion f auf $X \subset \mathbf{R}$, ein Häufungspunkt $\xi \in \bar{\mathbf{R}}$ von X und ein $\eta \in \bar{\mathbf{R}}$ gegeben[1]. Dann ist die Beziehung $\lim_{x \to \xi} f(x) = \eta$ (in der also auch die Fälle $\eta = \pm\infty$ und die Bewegungen $x \to \pm\infty$ enthalten sind) nach den Betrachtungen der Nummern 20, 29, 38, 41 und 43 mit der folgenden Aussage völlig gleichwertig: *Zu jedem* $\varepsilon > 0$ *gibt es ein* $\delta > 0$, *so daß für alle* $x \in \dot{U}_\delta(\xi) \cap X$ *stets* $f(x) \in U_\varepsilon(\eta)$ *ist*. Die einseitigen Grenzwerte (wobei $\xi \in \mathbf{R}$ ist) erhält man, indem man die $U_\delta(\xi)$ als „links"- bzw. „rechtsseitige" δ-Umgebungen von ξ interpretiert, d.h. als Mengen der Form $\{x \in \mathbf{R} : |x - \xi| < \delta, x < \xi\}$ bzw. $\{x \in \mathbf{R} : |x - \xi| < \delta, x > \xi\}$.

Eine andersartige Vereinheitlichung der Grenzwertdefinitionen gewinnt man, indem man weniger die Verhältnisse bei *Funktionen* als vielmehr die bei *Folgen* nachzubilden versucht, d.h., *indem man die Position der unabhängigen Veränderlichen beim Grenzübergang nicht mittels* Umgebungen, *sondern durch eine* Ordnungsbeziehung *beschreibt*. Zur deutlichen Entwicklung dieses Gedankens benötigen wir den Begriff der gerichteten Menge und des Netzes.

Eine nichtleere Menge X heißt **gerichtet**, wenn für gewisse (nicht notwendigerweise alle) Paare von Elementen $x, y \in X$ eine Relation $x \prec y$ (eine „Richtung")[2]

---

[1] Im Falle $X = \mathbf{N}$ ist f natürlich eine Folge.
[2] Lies etwa: „x vor y" oder „y hinter x".

erklärt ist, die den folgenden Bedingungen genügt:

(R 1) $x < x$ *gilt für jedes* $x \in X$,
(R 2) *aus* $x < y$ *und* $y < z$ *folgt* $x < z$,
(R 3) *zu je zwei Elementen* x, y *aus* X *gibt es ein* $z \in X$, *für das* $x < z$ *und gleichzeitig* $y < z$ (*kurz*: $x, y < z$) *ist*.

$y > x$ bedeute $x < y$.

Um anzugeben, daß X durch die Relation „<" gerichtet ist, schreiben wir manchmal sorgfältiger $(X, <)$ statt X. Der Leser vergleiche gerichtete Mengen mit halbgeordneten (s. A 3.7) und beachte ihre Verschiedenheiten. Wir konkretisieren unsere neue Definition zunächst durch einige Beispiele.

1. $X = \mathbf{N}$; $m < n$ bedeute $m \leq n$.
2. $X \subset \mathbf{R}$ sei nach oben unbeschränkt; $x < y$ bedeute wieder $x \leq y$.
3. $X \subset \mathbf{R}$ sei nach unten unbeschränkt; $x < y$ stehe diesmal für $x \geq y$.
4. $X \subset \mathbf{R}$ sei nicht leer, ξ sei ein fester Punkt aus $\mathbf{R}$ und $x < y$ besage nun, daß y „näher bei ξ liegt" als x, d.h., daß $|y - \xi| \leq |x - \xi|$ ist (X ist „auf ξ gerichtet").
5. X sei die Menge $\mathbf{N}_0 \times \mathbf{N}_0$ der Gitterpunkte (m, n) des ersten Quadranten. $(m, n) < (p, q)$ wird als „komponentenweises Kleinersein" $m \leq p$, $n \leq q$ interpretiert.

Sind auf ein und derselben Menge X zwei Richtungen $<$ und $\ll$ erklärt und folgt aus $x \ll y$ stets $x < y$, so sagen wir, $\ll$ **sei stärker als** $<$ oder auch, $<$ sei **schwächer als** $\ll$. Ein besonders wichtiges Beispiel hierfür findet der Leser in Aufgabe 6. Wir betonen nachdrücklich, daß zwei Richtungen auf X durchaus nicht immer „vergleichbar" sein müssen; es kann sehr wohl vorkommen, daß keine von ihnen stärker als die andere ist.

Eine reellwertige Funktion f auf einer gerichteten Menge X nennt man ein Netz *oder auch eine* verallgemeinerte Folge. In diesem Zusammenhang bezeichnet man den Funktionswert $f(x)$ gewöhnlich mit f_x das Netz selbst mit (f_x) oder genauer mit $(f_x): X \to \mathbf{R}$, um die Analogie zu Folgen (a_n) zu betonen. Man halte sich deutlich vor Augen, *daß zum Begriff des Netzes unabdingbar die* Richtung *des Definitionsbereichs X gehört* (ein Netz ändert sich, wenn man zwar die Funktion auf X beibehält, aber X anders richtet, etwa indem man in Beispiel 4 das Richtungszentrum ξ verlagert). Wir sagen, das Netz (f_x) auf X habe den (**eigentlichen** oder **uneigentlichen**) **Grenzwert** η und drücken dies durch die Symbole

$$f_x \to \eta, \quad \lim f_x = \eta \quad \text{oder} \quad \lim_X f_x = \eta$$

aus, *wenn es zu* jedem $\varepsilon > 0$ *ein von ε abhängiges* $x_0 \in X$ *gibt, so daß*

für *alle* $x > x_0$ *aus* X *stets* $f_x \in U_\varepsilon(\eta)$

gilt. Ist η eine Zahl (ein eigentlicher Grenzwert), so sagen wir auch, (f_x) **konvergiere** oder **strebe gegen** η; ist η jedoch $= +\infty$ oder $= -\infty$, so sprechen wir nicht von Konvergenz, sondern von **Divergenz gegen** η[1].

Die folgenden Beispiele 1' bis 5' werden zeigen, daß diese Erklärung alle unsere bisherigen Grenzwertdefinitionen enthält (dem Beispiel n' liegt die gerichtete Menge X des obigen Beispiels n zugrunde, $n = 1, \ldots, 5$).

1'. Eine Folge (a_n) ist ein Netz auf $\mathbf{N}$. Die früher definierte Beziehung $a_n \to \eta \in \overline{\mathbf{R}}$ bedeutet ganz offensichtlich, daß η Grenzwert des *Netzes* (a_n) ist.

2'. Entsprechendes gilt im Falle $f(x) \to \eta \in \overline{\mathbf{R}}$ für $x \to +\infty$ und ebenso im Falle

3'. $f(x) \to \eta \in \overline{\mathbf{R}}$ für $x \to -\infty$.

4'. $\xi \in \mathbf{R}$ sei ein Häufungspunkt von X, der selbst nicht zu X gehört, f eine Funktion auf X und (f_x) das zugehörige Netz (die Annahme $\xi \notin X$ ist keine Beschränkung der Allgemeinheit; notfalls entferne man ξ aus X — hierdurch wird weder die Richtung von X noch der Inhalt der Aussage $\lim_{x \to \xi} f(x) = \eta$ verändert).

Gilt $f(x) \to \eta \in \overline{\mathbf{R}}$ für $x \to \xi$, so gibt es zu jedem $\varepsilon > 0$ ein $\delta > 0$, so daß für alle $x \in V := U_\delta(\xi) \cap X$ stets $f(x) \in U_\varepsilon(\eta)$ ist. Sei x_0 ein beliebiger, aber fester Punkt aus V. Dann liegen alle $x > x_0$ aus X ebenfalls in V, für diese x ist also sicher $f_x = f(x) \in U_\varepsilon(\eta)$: Das Netz (f_x) besitzt den Grenzwert η. Ganz entsprechend sieht man, daß umgekehrt aus $f_x \to \eta$ stets $f(x) \to \eta$ (für $x \to \xi$) folgt: Nach Wahl von $\varepsilon > 0$ gibt es nämlich ein $x_0 \in X$ mit $f_x \in U_\varepsilon(\eta)$ für alle $x > x_0$ aus X; setzt man nun $\delta := |x_0 - \xi|$, so ist definitionsgemäß $x > x_0$ für alle $x \in U_\delta(\xi) \cap X$, für diese x gilt also ausnahmslos $f(x) \in U_\varepsilon(\eta)$.

Damit sind alle bisherigen Grenzwertbegriffe unter den Begriff des Netzgrenzwerts subsumiert.

5'. Dieses Beispiel bringt etwas sachlich Neues. Ein Netz auf $\mathbf{N}_0 \times \mathbf{N}_0$ ordnet jedem $(m, n) \in \mathbf{N}_0 \times \mathbf{N}_0$ eine Zahl a_{mn} zu und wird deshalb gerne eine **Doppelfolge** genannt und kurz mit (a_{mn}) bezeichnet. Aus der Definition der Netzkonvergenz ergibt sich, daß die Doppelfolge (a_{mn}) genau dann gegen a strebt, in Zeichen:

$$a_{mn} \to a \quad \text{für} \quad m, n \to \infty \quad \text{oder} \quad \lim_{m, n \to \infty} a_{mn} = a,$$

wenn es zu jedem $\varepsilon > 0$ ein natürliches $p_0 = p_0(\varepsilon)$ gibt, so daß

für alle $m, n > p_0$ stets $|a_{mn} - a| < \varepsilon$

ist. Z.B. strebt die Doppelfolge $(1/(m + n + 1))$ gegen 0, und *eine Folge (x_k) ist genau dann eine Cauchyfolge, wenn die Doppelfolge $(x_m - x_n)$ gegen 0 konvergiert.* — Wie die Beziehungen $a_{mn} \to +\infty$ und $\to -\infty$ durch eine „Gp_0-Formulierung" zu beschreiben sind, wird der Leser sich mühelos zurechtlegen können.

---

[1] $\lim f_x = +\infty$ bzw. $= -\infty$ bedeutet demnach: Zu jedem $G > 0$ gibt es ein $x_0 \in X$, so daß für alle $x > x_0$ aus X immer $f_x > G$ bzw. $< -G$ ausfällt.

Eine Doppelfolge (a_{mn}) stellt man gerne durch das Schema

$$\begin{array}{cccc} a_{00} & a_{01} & a_{02} & \cdots \\ a_{10} & a_{11} & a_{12} & \cdots \\ a_{20} & a_{21} & a_{22} & \cdots \\ \cdot & \cdot & \cdot & \\ \cdot & \cdot & \cdot & \cdots \\ \cdot & \cdot & \cdot & \end{array} \qquad (44.1)$$

dar. Der Leser mache sich klar, wo das „Endstück" $\{a_{mn}: m, n > p_0\}$ in diesem Schema liegt.

Wir bringen nun einige einfache Sätze aus der allgemeinen Theorie der Netze. Sie enthalten die entsprechenden Sätze über Folgen und Funktionen, und ihre Beweise sind den Beweisen bei Folgen so ähnlich, daß wir uns meistens mit Andeutungen begnügen dürfen[1]. Als Probe — und um die Rolle der Richtungsaxiome ins rechte Licht zu rücken — beweisen wir den Satz 44.1, schicken aber zunächst eine Definition voraus.

Ein Netz (f_x) auf X heißt **beschränkt**, wenn es eine positive Konstante K und eine Stelle x_0 in X gibt, so daß für alle $x > x_0$ aus X ständig $|f_x| \le K$ bleibt (vgl. die Bemerkung zu Fig. 41.1). Man beachte, *daß die Beschränktheit eines* **Netzes** (f_x) *nicht dasselbe ist wie die Beschränktheit der zugehörigen* **Funktion** f: Mit f ist zwar auch (f_x) beschränkt, die Umkehrung braucht jedoch nicht zu gelten[2].

Die im folgenden auftretenden Netze seien alle auf einer (gerichteten) Menge X erklärt. Die Elemente $x, x_0, x_1, y, \ldots$ gehören durchweg zu diesem X.

°**44.1 Satz** *Ein konvergentes Netz besitzt genau einen Grenzwert und ist immer beschränkt.*

Beweis. Es strebe $f_x \to \eta$ und gleichzeitig $\to \xi \ne \eta$. Dann gibt es disjunkte Umgebungen $U_\varepsilon(\eta)$ und $U_\varepsilon(\xi)$ und dazu Stellen x_0 und x_1, so daß gilt:

$$f_x \in U_\varepsilon(\eta) \quad \text{für alle } x > x_0 \quad \text{und} \quad f_x \in U_\varepsilon(\xi) \quad \text{für alle } x > x_1.$$

Nun folgt die typische Anwendung der Richtungsaxiome: Wegen (R 3) gibt es ein $x_2 > x_0, x_1$, und nach (R 2) folgt aus $x > x_2$ stets $x > x_0, x_1$, somit ist für alle $x > x_2$ ausnahmslos $f_x \in U_\varepsilon(\eta) \cap U_\varepsilon(\xi)$, eine Beziehung, die wegen $U_\varepsilon(\eta) \cap U_\varepsilon(\xi) = \emptyset$ absurd ist. Also muß die Annahme $\xi \ne \eta$ preisgegeben werden (vgl. den Beweis des Satzes 20.1). — Strebt $f_x \to \eta$, so gibt es zu $\varepsilon = 1$ eine Stelle x_0, so daß für alle $x > x_0$ stets $|f_x - \eta| < 1$, also auch $|f_x| < 1 + |\eta|$ bleibt. Das Netz (f_x) ist also bebeschränkt. ∎

Die drei folgenden Sätze werden fast wörtlich so bewiesen, wie die entsprechenden Sätze in Nr. 22 (s. auch die Sätze der Nr. 42).

---
[1] Man braucht gewöhnlich nur a_n durch f_x und n_0 durch x_0 zu ersetzen.
[2] Warum wir für Netze einen *schwächeren* Beschränktheitsbegriff als für Funktionen verwenden, wird durch den Beweis der Beschränktheitsaussage des Satzes 44.1 verständlich werden.

44.2 Satz *Strebt $f_x \to \eta$, $g_x \to \zeta$ und ist $f_x \leq g_x$ für alle $x > x_0$, so ist auch $\eta \leq \zeta$.*

44.3 Satz *Strebt $f_x \to \eta$ und $g_x \to \eta$ und ist $f_x \leq h_x \leq g_x$ für alle $x > x_0$, so strebt auch $h_x \to \eta$.*

°**44.4 Satz** *Strebt $f_x \to \eta$ und $g_x \to \zeta$, so strebt*

$$f_x + g_x \to \eta + \zeta, \quad f_x - g_x \to \eta - \zeta,$$
$$f_x g_x \to \eta\zeta, \quad af_x \to a\eta \text{ für jede Konstante } a,$$
$$\frac{f_x}{g_x} \to \frac{\eta}{\zeta} \text{ — dies jedoch nur, falls } \zeta \neq 0 \text{ ist —,}$$
$$|f_x| \to |\eta|.$$

Ist für alle $x > x_0$ stets $|f_x| \leq \gamma$, so gilt auch $|\eta| \leq \gamma$.

Das Netz (f_x) heißt **wachsend** oder **zunehmend**, wenn aus $x < y$ stets $f_x \leq f_y$ folgt. Entsprechend wird der Begriff des **fallenden** oder **abnehmenden** Netzes erklärt. Ein Netz wird **monoton** genannt, wenn es entweder wachsend oder fallend ist. Für monotone Netze gilt das Analogon des Monotonieprinzips – und wird fast wörtlich so bewiesen wie dieses[1] –, nämlich das

44.5 Monotoniekriterium *Jedes monotone und beschränkte Netz (f_x) ist konvergent, und zwar strebt*

$$f_x \to \sup\{f_x : x \in X\} \quad \text{oder} \quad \to \inf\{f_x : x \in X\},$$

je nachdem (f_x) wächst oder fällt.

Das Netz (f_x) wird ein **Cauchynetz** genannt, *wenn es zu jedem $\varepsilon > 0$ eine Stelle x_0 gibt, so daß für alle $x, y > x_0$ stets $|f_x - f_y| < \varepsilon$ bleibt.*

Wir beweisen nun das

°**44.6 Konvergenzkriterium von Cauchy** *Das Netz (f_x) konvergiert genau dann, wenn es ein Cauchynetz ist.*

Beweis. Ist (f_x) konvergent und $\lim f_x = \eta$, so gibt es nach Wahl von $\varepsilon > 0$ ein x_0 mit $|f_z - \eta| < \varepsilon/2$ für alle $z > x_0$. Für beliebige $x, y > x_0$ ist also

$$|f_x - f_y| \leq |f_x - \eta| + |\eta - f_y| < \varepsilon,$$

somit ist (f_x) ein Cauchynetz. Nun sei umgekehrt (f_x) ein Cauchynetz. Dann gibt es zu jedem natürlichen k ein x_k mit

$$|f_x - f_y| < \frac{1}{k} \quad \text{für alle } x, y > x_k. \tag{44.2}$$

Wir setzen $z_1 := x_1$ und bestimmen ein $z_2 > z_1, x_2$, dann ein $z_3 > z_2, x_3$ usw. Konstruktionsgemäß ist

$$z_1 < z_2 < \cdots \quad \text{und} \quad x_k < z_k. \tag{44.3}$$

---

[1] Man mache sich mit Hilfe von (R 3) klar, daß die Wertmenge $\{f_x : x \in X\}$ eines wachsenden (fallenden) und beschränkten Netzes (f_x) nach oben (unten) beschränkt ist.

Wir geben uns nun ein $\varepsilon > 0$ vor und fixieren ein natürliches $k > 1/\varepsilon$. Dank (44.3) ist

$$z_n \succ z_m \succ z_k \succ x_k \quad \text{für} \quad n > m > k, \tag{44.4}$$

und mit (44.2) folgt nun

$$|f_{z_n} - f_{z_m}| < \frac{1}{k} < \varepsilon \quad \text{für diese } n, m.$$

(f_{z_n}) ist also eine Cauchyfolge, und daher existiert

$$\eta := \lim_{n \to \infty} f_{z_n}.$$

Aus (44.2) und (44.4) resultiert sofort

$$|f_x - f_{z_n}| < \frac{1}{k} < \varepsilon \quad \text{für alle } x \succ x_k \text{ und alle } n > k.$$

Lassen wir hier $n \to \infty$ rücken, so erhalten wir die Abschätzung

$$|f_x - \eta| < \varepsilon \quad \text{für alle } x \succ x_k$$

– und sie besagt, daß (f_x) tatsächlich konvergiert (nämlich gegen η). ∎

Grenzprozesse bei Funktionen konnten wir mit Hilfe von Folgen beschreiben, in der Tat haben wir ja immer zuerst die ,,Folgendefinitionen" gegeben und dann erst die $\varepsilon\delta$-, $G\delta$-Definitionen usw. Eine ähnliche Beherrschung der Grenzübergänge bei Netzen mittels Folgen ist zwar nicht stets, aber doch in einigen besonders wichtigen Fällen möglich, nämlich immer dann, wenn die zugrundeliegende gerichtete Menge X sogenannte konfinale Folgen enthält. Die Folge (x_n) aus X heißt **konfinal**, wenn sie, grob gesagt, jedes Element von X ,,überholt" oder ,,hinter sich läßt", schärfer: *wenn es zu jedem $x \in X$ einen Index $n(x)$ gibt, so daß*

für alle $n \geq n(x)$ stets $x_n \succ x$

ist. X braucht keine konfinalen Folgen zu enthalten (s. Aufgabe 6). Um so interessanter ist, daß in den Mengen X der Beispiele 1 bis 5 (auf S. 250) derartige Folgen vorhanden sind (im Beispiel 4 nehmen wir dabei an, ξ sei Häufungspunkt von X und $\notin X$): In den Beispielen 1 bis 4 ist jede Folge aus X konfinal, die beziehentlich den Grenzwert $+\infty$, $+\infty$, $-\infty$ oder ξ besitzt; in Beispiel 5 ist die Folge der ,,Diagonalglieder" (n, n) konfinal. – Für Netze auf derartigen gerichteten Mengen gilt der folgende Satz, der alle unsere Untersuchungen über das Verhältnis von ,,Folgendefinitionen" zu $\varepsilon\delta$-, $G\delta$-Definitionen usw. prägnant zusammenfaßt und überdies auch noch verallgemeinert:

°**44.7 Satz** *Gibt es in der gerichteten Menge X konfinale Folgen, so besitzt das Netz (f_x) auf X genau dann einen (eigentlichen oder uneigentlichen) Grenzwert, wenn*

$\lim\limits_{n\to\infty} f_{x_n}$ *für jede* konfinale *Folge* (x_n) *vorhanden ist. In diesem Falle haben alle* (f_{x_n}) *ein und denselben Grenzwert — und dieser ist gerade* $\lim f_x$.

Der Beweis verläuft in den Bahnen, die uns schon von den Sätzen 34.6 und 38.1 (um nur einige zu nennen) vertraut sind. Sei zunächst $\lim f_x$ vorhanden und $= \eta \in \overline{\mathbf{R}}$. Nach Wahl von $\varepsilon > 0$ existiert dann ein u_0, so daß für alle $x > u_0$ stets $f_x \in U_\varepsilon(\eta)$ ist. Sei nun (x_n) irgendeine konfinale Folge aus X. Dann gibt es zu u_0 einen Index n_0 mit $x_n > u_0$ für alle $n \geq n_0$. Für diese n ist aber $f_{x_n} \in U_\varepsilon(\eta)$, also haben wir $\lim\limits_{n\to\infty} f_{x_n} = \eta$. — Nun besitze umgekehrt (f_{x_n}) für jede konfinale Folge (x_n) einen Grenzwert in $\overline{\mathbf{R}}$. Mit (y_n) und (z_n) ist auch die gemischte Folge $(y_1, z_1, y_2, z_2, \ldots)$ konfinal, und da der Grenzwert von $(f_{y_1}, f_{z_1}, f_{y_2}, f_{z_2}, \ldots)$ mit den Limites der Teilfolgen (f_{y_n}), (f_{z_n}) übereinstimmt, müssen die letzteren gleich sein. Dieser, allen (f_{x_n}) gemeinsame Grenzwert sei η. Wir nehmen nun an, die Beziehung $\lim f_x = \eta$ sei falsch. Dann ist ein „Ausnahme-ε", etwa $\varepsilon_0 > 0$, mit folgender Eigenschaft vorhanden: Zu jedem x existiert ein $y(x) > x$ mit $f_{y(x)} \notin U_{\varepsilon_0}(\eta)$. Sei nun (x_n) irgendeine konfinale Folge aus X. Nach der letzten Überlegung gibt es dann zu jedem x_n ein $y_n > x_n$, so daß $f_{y_n} \notin U_{\varepsilon_0}(\eta)$ ist. (y_n) entpuppt sich sofort als eine konfinale Folge, die jedoch — wegen der letzten $\notin$-Beziehung — *nicht* den Grenzwert η besitzt — sehr im Gegensatz zu dem bereits Bewiesenen. Infolgedessen dürfen wir die Aussage $\lim f_x = \eta$ nicht verwerfen. ∎

Die Betrachtungen dieses Abschnitts zeigen vorderhand nicht viel mehr als die enorme Flexibilität und Schmiegsamkeit mathematischer Begriffsbildungen, ihr erstaunliches Vermögen, ganz verschiedenartig aussehende Phänomene „auf einen gemeinsamen Nenner zu bringen". Nur der Hinweis auf die Doppelfolgen läßt ahnen, daß wir nicht nur vorhandenes Wissen geordnet und gebündelt, sondern auch Neuland betreten haben — in das wir im nächsten Abschnitt weiter vorstoßen werden, um ein einfaches aber wichtiges Beispiel für die Anwendbarkeit unserer Sätze über Netzkonvergenz zu geben.

Aufgaben

1. Beweise die Sätze 44.2 bis 44.5 in allen Einzelheiten.

2. Wie lautet das Monotoniekriterium und das Cauchysche Konvergenzkriterium für Doppelfolgen?

*3. Die Doppelfolge (a_{mn}) konvergiere gegen a, und die „Zeilenlimites" $\alpha_m := \lim\limits_{n\to\infty} a_{mn}$ seien alle vorhanden. Dann existiert $\lim\limits_{m\to\infty} \alpha_m$ und ist $= a$, kurz: $\lim\limits_{m\to\infty}\left(\lim\limits_{n\to\infty} a_{mn}\right) = \lim\limits_{m,n\to\infty} a_{mn}$.

Sind alle „Spaltenlimites" $\alpha'_n := \lim\limits_{m\to\infty} a_{mn}$ vorhanden, so strebt (α'_n) ebenfalls gegen a, kurz:

256 V Stetigkeit und Grenzwerte von Funktionen

$$\lim_{n\to\infty}\left(\lim_{m\to\infty} a_{mn}\right) = \lim_{m,n\to\infty} a_{mn}.$$ Existieren sowohl alle Zeilen- als auch alle Spaltenlimites, so ist infolgedessen

$$\lim_{m\to\infty}\left(\lim_{n\to\infty} a_{mn}\right) = \lim_{n\to\infty}\left(\lim_{m\to\infty} a_{mn}\right) = \lim_{m,n\to\infty} a_{mn}.$$

Für $a_{mn} := (-1)^{m+n}(1/m + 1/n)$ ist $\lim_{m,n\to\infty} a_{mn} = 0$, aber keiner der Zeilen- und keiner der Spaltenlimites existiert.

4. Definiere Tripelfolgen, Quadrupelfolgen usw. und untersuche ihr Konvergenzverhalten (Konvergenzdefinition, Konvergenzkriterien).

5. (f_x) sei ein Netz auf X und Y eine nichtleere Teilmenge von X mit folgenden Eigenschaften: a) Y ist mit der von X herrührenden Richtung selbst eine gerichtete Menge. b) Zu jedem $x \in X$ existiert ein $y \in Y$ mit $y \succ x$. Dann heißt die Einschränkung des Netzes (f_x) auf Y, also das Netz $y \mapsto f_y$ ($y \in Y$) ein **Teilnetz** von (f_x). Zeige: *Aus* $\lim_X f_x = \eta$ *folgt stets* $\lim_Y f_y = \eta$. Diese Aussage ist die Netzversion des Satzes 20.2.

*6. Ist $a = x_0 < x_1 < x_2 < \cdots < x_n = b$, so nennt man $Z := \{x_0, x_1, \ldots, x_n\}$ eine **Zerlegung** des Intervalles $I := [a, b]$. Zeige: a) Durch $Z_1 \ll Z_2 :\Leftrightarrow Z_1 \subset Z_2$ wird die Menge $\mathfrak{Z}$ aller Zerlegungen von I gerichtet. $\mathfrak{Z}$ besitzt keine konfinalen Folgen. b) Sei $|Z| := \max_{k=1}^{n}(x_k - x_{k-1})$. Durch $Z_1 \prec Z_2 :\Leftrightarrow |Z_1| \geq |Z_2|$ erhält $\mathfrak{Z}$ eine neue Richtung; diesmal besitzt $\mathfrak{Z}$ konfinale Folgen. c) $\ll$ ist stärker als $\prec$.

+7. Auf X seien eine Richtung $\prec$, eine *stärkere* Richtung $\ll$ und eine reellwertige Funktion f erklärt. Mit $f_x := f(x)$ gilt dann:

$$\text{Aus} \quad \lim_{(X,\prec)} f_x = \eta \quad \text{folgt} \quad \lim_{(X,\ll)} f_x = \eta.$$

°8. Der Begriff des Netzes und seines Grenzwertes bleibt im Falle komplexwertiger Funktionen wörtlich erhalten, es entfallen nur die uneigentlichen Grenzwerte $+\infty$ und $-\infty$, da zu ihrer Definition auf die Anordnungseigenschaften der reellen Zahlen nicht verzichtet werden kann. Ist $f: X \to \mathbf{C}$ auf der gerichteten Menge X erklärt und $f(x) = u(x) + iv(x)$ die Zerlegung in Real- und Imaginärteil, so ist (f_x) genau dann beschränkt, konvergent oder ein Cauchynetz, wenn das Entsprechende für die beiden Netze (u_x) und (v_x) zutrifft; im Konvergenzfalle ist $\lim f_x = \lim u_x + i \lim v_x$.

45 Doppelreihen

Ist eine Doppelfolge (a_{jk}) vorgelegt, so versteht man unter der **Doppelreihe** $\sum_{j,k=0}^{\infty} a_{jk}$ die Doppelfolge der **Teilsummen**

$$s_{mn} := \sum_{j=0}^{m} \sum_{k=0}^{n} a_{jk} = (a_{00} + a_{01} + \cdots + a_{0n}) + (a_{10} + a_{11} + \cdots + a_{1n})$$
$$+ \cdots + (a_{m0} + a_{m1} + \cdots + a_{mn}).$$

Strebt $s_{mn} \to s$ für $m, n \to \infty$, so sagt man, die Doppelreihe **konvergiere gegen** s oder habe den **Wert** (die **Summe**) s und schreibt dann

$$\sum_{j,k=0}^{\infty} a_{jk} = s.$$

Aus dem Monotoniekriterium 44.5 ergibt sich sofort, *daß eine Doppelreihe mit nichtnegativen Gliedern immer dann konvergiert, wenn ihre Teilsummen alle unter einer festen Schranke bleiben.* Ist die Doppelreihe $\sum a_{jk}$ **absolut konvergent**, d.h. konvergiert $\sum |a_{jk}|$, so ist sie erst recht konvergent: Die Doppelreihen

$$\sum{}' := \sum \frac{1}{2}(|a_{jk}| + a_{jk}) \quad \text{und} \quad \sum{}'' := \sum \frac{1}{2}(|a_{jk}| - a_{jk})$$

konvergieren nämlich, weil ihre Glieder nichtnegativ und ihre Teilsummen durch $\sum |a_{jk}|$ beschränkt sind, infolgedessen ist auch $\sum a_{jk} = \sum' - \sum''$ konvergent.

Wir nennen die Reihen

$$\sum_{k=0}^{\infty} a_{jk} \quad (j = 0, 1, \ldots) \quad \text{und} \quad \sum_{j=0}^{\infty} a_{jk} \quad (k = 0, 1, \ldots)$$

Zeilen- bzw. **Spaltenreihen** und ihre Werte, falls sie überhaupt vorhanden sind, **Zeilen-** bzw. **Spaltensummen**; diese Bezeichnung liegt nahe, wenn man die Doppelfolge (a_{jk}) durch das Schema (44.1) darstellt. Und nun drängt sich sofort die Frage auf, ob man nicht den Wert einer konvergenten Doppelreihe erhalten kann, indem man, locker gesagt, alle Zeilensummen oder auch alle Spaltensummen „addiert", d.h., ob nicht

$$\sum_{j,k=0}^{\infty} a_{jk} = \sum_{j=0}^{\infty} \left(\sum_{k=0}^{\infty} a_{jk} \right) = \sum_{k=0}^{\infty} \left(\sum_{j=0}^{\infty} a_{jk} \right) \tag{45.1}$$

ist? Daß diese Beziehung in der Tat unter natürlichen Voraussetzungen gilt, besagt der äußerst einfach zu beweisende

°**45.1 Satz** *Konvergiert nicht nur die Doppelreihe* $\sum_{j,k=0}^{\infty} a_{jk}$, *sondern darüber hinaus auch jede Zeilenreihe* $\sum_{k=0}^{\infty} a_{jk}$, *so konvergiert auch die* **iterierte Reihe** $\sum_{j=0}^{\infty} \left(\sum_{k=0}^{\infty} a_{jk} \right)$, *und es ist*

$$\sum_{j,k=0}^{\infty} a_{jk} = \sum_{j=0}^{\infty} \left(\sum_{k=0}^{\infty} a_{jk} \right). \tag{45.2}$$

Ein entsprechender Satz gilt, wenn die Konvergenz aller Spaltenreihen vorausgesetzt wird. Infolgedessen besteht die Beziehung (45.1) *gewiß dann, wenn die Doppelreihe selbst und ihre sämtlichen Zeilen- und Spaltenreihen konvergieren.*

258 V Stetigkeit und Grenzwerte von Funktionen

Wir beweisen nur die erste Behauptung. Sei

$$s_{mn} := \sum_{j=0}^{m} \sum_{k=0}^{n} a_{jk}, \quad s := \lim_{m,n \to \infty} s_{mn} = \sum_{j,k=0}^{\infty} a_{jk} \quad \text{und} \quad \sigma_m := \sum_{j=0}^{m} \left(\sum_{k=0}^{\infty} a_{jk} \right).$$

Bei festem m strebt $s_{mn} \to \sigma_m$ für $n \to \infty$, und nach A 44.3 — angewandt auf (s_{mn}) — ist infolgedessen $\lim \sigma_m = \sum_{j=0}^{\infty} \left(\sum_{k=0}^{\infty} a_{jk} \right)$ vorhanden und $= s$. ∎

Ohne Mühe erhalten wir nun den unentbehrlichen

°**45.2 Doppelreihensatz von Cauchy** *Die Beziehung* (45.1) *gilt immer dann, wenn eine der beiden iterierten Reihen absolut konvergent ist (also auch dann noch konvergiert, wenn man alle a_{jk} durch $|a_{jk}|$ ersetzt); die andere iterierte Reihe und die Doppelreihe sind dann ebenfalls absolut konvergent.*

Zum Beweis nehmen wir zunächst an, $A := \sum_{j=0}^{\infty} \left(\sum_{k=0}^{\infty} |a_{jk}| \right)$ sei vorhanden. Dann ist jede Zeilenreihe $\sum_{k=0}^{\infty} a_{jk}$ und wegen $\sum_{j=0}^{m} \sum_{k=0}^{n} |a_{jk}| \leq A$ für alle m, n auch die Doppelreihe $\sum_{j,k=0}^{\infty} a_{jk}$ (sogar absolut) konvergent; dasselbe gilt wegen $\sum_{j=0}^{m} |a_{jk}| \leq A$ ($m = 0, 1, \ldots$) auch für jede Spaltenreihe $\sum_{j=0}^{\infty} a_{jk}$. Nach Satz 45.1 gilt also die Gl. (45.1). Ganz entsprechend verfährt man, wenn die Konvergenz von $\sum_{k=0}^{\infty} \left(\sum_{j=0}^{\infty} |a_{jk}| \right)$ vorausgesetzt wird. ∎

Der Cauchysche Doppelreihensatz wird häufig in folgender Weise angewandt: Es sei eine *konvergente* Reihe $\sum_{j=0}^{\infty} z_j$ gegeben und jedes z_j werde in eine *absolut konvergente* Zeilenreihe $z_j = \sum_{k=0}^{\infty} a_{jk}$ entwickelt. *Konvergiert dann auch noch* $\sum_{j=0}^{\infty} \left(\sum_{k=0}^{\infty} |a_{jk}| \right)$ *— was z.B. von selbst der Fall ist, wenn alle $a_{jk} \geq 0$ bleiben —, so sind alle Spaltenreihen* $s_k := \sum_{j=0}^{\infty} a_{jk}$ *absolut konvergent, und es ist*

$$\sum_{j=0}^{\infty} z_j = \sum_{k=0}^{\infty} s_k$$

(vgl. auch Aufgabe 5).

Aufgaben

1. Zeige, daß die Doppelreihe $\sum_{j,k=2}^{\infty} \frac{1}{j^k}$ konvergiert und berechne ihren Wert. Hinweis: Beispiel 2 in Nr. 31.

2. Die Reihe $\sum_{j=0}^{\infty} a_j$ konvergiere absolut, und für $k = 0, 1, 2, \ldots$ sei

$$b_k := (a_0 + 2a_1 + \cdots + 2^k a_k)/2^{k+1}.$$

Dann konvergiert $\sum_{k=0}^{\infty} b_k$ absolut, und es ist $\sum_{j=0}^{\infty} a_j = \sum_{k=0}^{\infty} b_k$.

3. Zeige, daß die Reihe $\sum_{n=0}^{\infty} \binom{n+2}{2} x^n$ für $|x| < 1$ konvergiert und bestimme ihre Summe.

Hinweis: Betrachte die Doppelreihe

$$\sum_{j,k=0}^{\infty} a_{jk} x^k \quad \text{mit } a_{jk} := \begin{cases} j+1, & \text{falls } j \leq k \\ 0, & \text{falls } j > k \end{cases}$$

und ziehe A 32.1e heran.

4. Nach A 26.1 strebt $s_n := \sum_{k=0}^{n} \frac{1}{k!} \to e$. Zeige mit Hilfe dieser Tatsache, daß die Reihe $\sum_{n=0}^{\infty} (e - s_n)$ konvergiert und berechne ihren Wert.

Hinweis: $\dfrac{1}{k!} = \dfrac{k+1}{(k+1)!} = \dfrac{1}{(k+1)!} + \cdots + \dfrac{1}{(k+1)!}$ ($k+1$ Summanden).

5. (a_{jk}) sei eine Doppelfolge, für die $z_j := \sum_{k=0}^{\infty} a_{jk}$, $s_k := \sum_{j=0}^{\infty} a_{jk}$ und $\sum_{j=0}^{\infty} z_j$ vorhanden sei. Zeige: $\sum_{j=0}^{\infty} z_j = \sum_{k=0}^{\infty} s_k$ gilt genau dann, wenn $r_n := \sum_{j=0}^{\infty} \left(\sum_{k=n}^{\infty} a_{jk} \right) \to 0$ strebt.

°**6.** Unser Beweis für „absolute Konvergenz $\Rightarrow$ Konvergenz" läßt sich nicht auf absolut konvergente Doppelreihen mit komplexen Gliedern übertragen. Liefere einen Beweis durch Zerlegung der Glieder in Real- und Imaginärteil.

VI Differenzierbare Funktionen

Alles ist in Fluß.
Heraklit

Die unbestimmten Größen betrachte ich ... als in stetiger Bewegung wachsend und abnehmend, d.h. als fließend oder abfließend.
Isaac Newton

46 Die Ableitung einer differenzierbaren Funktion

Wir hatten bereits mehrmals betont, daß es bei der Untersuchung einer Funktion meistens weit weniger darauf ankommt, ihre *Werte* an vorgegebenen Stellen als vielmehr die *Veränderung dieser Werte bei Veränderung des Arguments* zu kennen. Mit zwei besonders wichtigen Änderungsmodi — Monotonie und Stetigkeit — haben wir uns schon intensiv beschäftigt. Im vorliegenden Abschnitt nimmt unser Studium der Veränderungsphänomene eine ganz neue und, wie sich zeigen wird, alles Weitere beherrschende Wendung: Wir werden die Änderung der Funktion f in der Nähe der Stelle ξ, also die Differenz $f(x)-f(\xi)$, mit der Änderung der einfachsten nichtkonstanten Funktion, nämlich $g(x):=x$, vergleichen, d.h., wir werden den sogenannten Differenzenquotienten $\dfrac{f(x)-f(\xi)}{x-\xi}$ betrachten und aus seinem Verhalten Rückschlüsse auf $f(x)$ in der Nähe von ξ zu ziehen versuchen.

Erste Ansätze dieses Vorgehens sind uns schon früher begegnet. So haben wir z.B. dehnungsbeschränkte Funktionen f auf X betrachtet, also Funktionen, die durch eine Abschätzung der Form

$$\left|\frac{f(x)-f(y)}{x-y}\right| \leq K \quad \text{für je zwei verschiedene Punkte } x, y \in X$$

charakterisiert sind (und haben dieselben bei der Untersuchung des Interpolationsfehlers in Nr. 18 und im Kontraktionssatz 35.2 mit Nutzen einsetzen können). In A 14.8 haben wir ferner die einfache Bemerkung gemacht, daß eine Funktion f genau dann auf X wächst bzw. fällt, wenn

$$\frac{f(x)-f(y)}{x-y} \geq 0 \text{ bzw.} \leq 0 \quad \text{für je zwei verschiedene Punkte } x, y \in X$$

ist (und konnten damit in bequemer Weise das Monotonieverhalten der Funktion x^n, $n \in \mathbb{N}$, und der geraden und ungeraden Funktionen klären). Rein technisch und zunächst sehr oberflächlich gesehen hat der Differenzenquotient $\dfrac{f(x)-f(y)}{x-y}$ den Nachteil, daß er nicht mehr eine Funktion der *einen* Veränderlichen x allein ist, sondern von den *beiden* Variablen x und y abhängt. Diese Schwierigkeit kann man durch die folgende, zunächst noch locker formulierte Überlegung zu beheben versuchen: Man lösche die Veränderliche x aus, indem man von dem Differenzenquotienten zu seinem Grenzwert

$$\lim_{x \to y} \frac{f(x)-f(y)}{x-y}$$

übergeht (falls letzterer überhaupt vorhanden ist). Die bloße *Existenz* dieses Grenzwerts garantiert bereits, daß sich der Differenzenquotient, also auch f selbst, in der Nähe des Punktes y nicht völlig irregulär verhalten kann. Und kennt man dann noch gewisse „individuelle" Eigenschaften des Grenzwerts, so wird man daraus Rückschlüsse auf das Verhalten des Differenzenquotienten und der Funktion f, jedenfalls in einer hinreichend kleinen Umgebung von y, ziehen können. Wir werden sofort durch ein Beispiel deutlich machen, wie dies zu verstehen ist, geben aber zunächst, um uns bequem ausdrücken zu können, eine Definition, die als eine der wichtigsten und fruchtbarsten der ganzen Mathematik angesehen werden muß:

Definition *Die reelle Funktion f sei auf dem (völlig beliebigen) Intervall I definiert. Wir sagen, f sei* differenzierbar im Punkte $\xi \in I$, *wenn*

$$\lim_{x \to \xi} \frac{f(x)-f(\xi)}{x-\xi} \quad oder, \text{ was dasselbe ist,} \quad \lim_{h \to 0} \frac{f(\xi+h)-f(\xi)}{h} \tag{46.1}$$

existiert und endlich ist; dieser Limes wird mit $f'(\xi)$ bezeichnet und die Ableitung *von f an der Stelle ξ genannt.*

Daß f an der Stelle ξ die Ableitung $f'(\xi)$ besitzt, bedeutet demnach, daß für jede Folge (x_n) aus I, die gegen ξ konvergiert und deren Glieder alle $\neq \xi$ sind, stets

$$\frac{f(x_n)-f(\xi)}{x_n-\xi} \to f'(\xi) \tag{46.2}$$

strebt oder auch, daß die Funktion

$$F_\xi(x) := \begin{cases} \dfrac{f(x)-f(\xi)}{x-\xi} & \text{für } x \neq \xi, \\ f'(\xi) & \text{für } x = \xi \end{cases} \tag{46.3}$$

in ξ stetig ist.

Ist ξ ein *Randpunkt* von I, so ist (46.1) natürlich als *einseitiger* Grenzwert zu verstehen; in einem solchen Falle nennt man $f'(\xi)$ die einseitige (rechts- bzw. linksseitige) Ableitung von f an der Stelle ξ. Rechts- und linksseitige Ableitungen lassen sich selbstverständlich auch für *innere* Punkte ξ von I erklären, indem man die entsprechenden einseitigen Limites des zugehörigen Differenzenquotienten betrachtet (falls diese überhaupt existieren).

Ist f in ξ differenzierbar, so ergibt sich aus (46.2) sofort, daß für jede der dort zugelassenen Folgen (x_n) stets

$$f(x_n)-f(\xi) = \frac{f(x_n)-f(\xi)}{x_n-\xi}(x_n-\xi) \to f'(\xi)\cdot 0 = 0$$

strebt, also gilt der

46.1 Satz *Die Funktion f ist in jedem Punkte stetig, in dem sie differenzierbar ist.*

Dieser Satz ist nicht umkehrbar: Die Betragsfunktion $|x|$ ist im Nullpunkt zwar stetig, dort aber nicht differenzierbar, weil z.B.

$$\frac{|1/n|-0}{1/n-0} = \frac{1/n}{1/n} \to 1, \quad \text{aber} \quad \frac{|-1/n|-0}{-1/n-0} = \frac{1/n}{-1/n} \to -1$$

strebt. Kurz gesagt: *Differenzierbarkeit ist eine stärkere Eigenschaft als Stetigkeit.*

Satz 46.1 zeigt, daß die bloße Existenz des Grenzwertes (46.1) ein völlig irreguläres Verhalten der Funktion f in der Nähe der Stelle ξ ausschließt, wie wir schon angedeutet hatten. Ist überdies etwa $f'(\xi)>0$, so gibt es wegen Satz 34.2, angewandt auf die Funktion F_ξ in (46.3), eine gewisse δ-Umgebung U von ξ, so daß für alle $x \in \dot{U} \cap I$ stets $\dfrac{f(x)-f(\xi)}{x-\xi}>0$ bleibt. Für $x \in \dot{U} \cap I$ folgt daraus

$$f(x)<f(\xi) \text{ oder } >f(\xi), \text{ je nachdem } x<\xi \text{ oder } >\xi \tag{46.4}$$

ist, eine Aussage, die wir etwa durch die Worte „*f wächst streng im Punkte ξ*" beschreiben können. Diese Betrachtungen mögen ein erstes Beispiel dafür sein, *wie man aus Existenz und Eigenschaften der Ableitung $f'(\xi)$ Schlüsse auf das Änderungsverhalten der Funktion f in der Nähe von ξ ziehen kann.* Es wird eine unserer wichtigsten Aufgaben sein, aus dem „lokalen" Verhalten der Funktion f (ihrem Verhalten „im Kleinen"), über das uns die Ableitung belehrt, Auskünfte über ihr „globales" Verhalten (ihr Verhalten „im Großen") zu gewinnen. Wir werden diese Aufgabe in Nr. 49 in Angriff nehmen. Zunächst aber wollen wir uns noch davon überzeugen, daß Grenzwerte der Form (46.1), also Ableitungen, sich in völlig natürlicher Weise bei der Behandlung zahlreicher Probleme, ja bereits bei dem Versuch, sie präzise zu formulieren, ganz von selbst einstellen.

1. Ein Massenpunkt P bewege sich auf der Zahlengerade. Seine Koordinate zur Zeit t sei $s(t)$; die Funktion $t \mapsto s(t)$ nennt man auch das **Weg-Zeitgesetz** der Bewegung. Unsere Anschauung drängt uns zu der Auffassung, P habe zur Zeit t_0 eine gewisse Geschwindigkeit. Was aber heißt das? Empirisch bestimmbar ist doch nur die **mittlere Geschwindigkeit** zwischen den Zeitpunkten t_0 und $t \neq t_0$, also der Quotient $\dfrac{s(t)-s(t_0)}{t-t_0}$. Dieser hängt aber von der willkürlichen, vom Beobachter getroffenen Wahl des Zeitpunktes t ab und ist damit kein „inneres", beobachterunabhängiges, allein dem Weg-Zeitgesetz entspringendes Charakteristikum des Bewegungsvorganges, wie es die Geschwindigkeit „zur Zeit t_0" gemäß unserer Intuition doch wohl sein soll. Die Empirie selbst lehrt uns jedoch, wie wir ihre Beschränktheit sprengen und zu einem *Begriff* der momentanen Geschwindigkeit, der Geschwindigkeit in einem bestimmten Zeitpunkt t_0, kommen können. Sie zeigt uns nämlich, daß bei den gemeinhin vorkommenden Bewegungsvorgängen die mittleren Geschwindigkeiten $\dfrac{s(t)-s(t_0)}{t-t_0}$ „stabil" sind, d.h., sich kaum noch oder nur im Rahmen der Meßgenauigkeit ändern, wenn sich nur t hinreichend dicht bei t_0 befindet, und legt somit die folgende Definition der Geschwindigkeit $v(t_0)$ im Zeitpunkt t_0 nahe:

$$v(t_0):=\lim_{t\to t_0}\frac{s(t)-s(t_0)}{t-t_0}, \quad \text{also} \quad v(t_0):=s'(t_0) \qquad (46.5)$$

(vorausgesetzt, daß die Ableitung $s'(t_0)$ überhaupt existiert).

Für den sogenannten „freien Fall" (Fall eines Körpers im Vakuum) erhält man empirisch das Weg-Zeitgesetz $s(t)=\dfrac{1}{2}gt^2$ (g ist die Konstante der Erdbeschleunigung; mißt man Entfernungen in Meter und Zeiten in Sekunden, so ist für g der Wert 9,81 m/sec² zu verwenden). Infolgedessen ist die Fallgeschwindigkeit im Zeitpunkt t_0 definitionsgemäß

$$v(t_0)=\lim_{t\to t_0}\frac{1}{2}g\frac{t^2-t_0^2}{t-t_0}=\frac{1}{2}g\lim_{t\to t_0}\frac{(t-t_0)(t+t_0)}{t-t_0}=\frac{1}{2}g\lim_{t\to t_0}(t+t_0)=gt_0. \qquad (46.6)$$

2. Die in (46.5) definierte momentane **Geschwindigkeit** des Massenpunktes P ist selbst eine Funktion der Zeit, kurz: $v=v(t)$. Die **mittlere Beschleunigung** von P zwischen den Zeitpunkten t_0 und $t\ne t_0$ ist der Differenzenquotient $\dfrac{v(t)-v(t_0)}{t-t_0}$, und ganz ähnliche Überlegungen wie im ersten Beispiel führen dazu, die **momentane Beschleunigung** $b(t_0)$ zum Zeitpunkt t_0 durch

$$b(t_0):=\lim_{t\to t_0}\frac{v(t)-v(t_0)}{t-t_0}=v'(t_0) \qquad (46.7)$$

zu definieren. Beim freien Fall ist wegen (46.6)

$$b(t_0)=\lim_{t\to t_0}g\frac{t-t_0}{t-t_0}=g.$$

Erst die präzise Definition (46.7) der Beschleunigung macht es möglich, das fundamentale *Newtonsche Kraftgesetz* („Kraft = Masse mal Beschleunigung") sinnvoll auszusprechen und analytisch zu handhaben. Wir werden später Beispiele dafür kennenlernen (s. Nr. 56 und 57).

3. In A 7.7 hatten wir gesehen, daß zahlreiche Wachstums- und Abnahmeprozesse für eine zeitabhängige Größe $u(t)$ näherungsweise nach dem Gesetz

$$u(t+\Delta t)=u(t)+\alpha u(t)\Delta t, \quad \text{anders geschrieben:} \quad \frac{u(t+\Delta t)-u(t)}{\Delta t}=\alpha u(t),$$

verlaufen, wobei α eine Konstante und Δt eine hinreichend kleine Zeitspanne ist. Man wird daher vermuten, daß man das *exakte Verlaufsgesetz* durch den Grenzübergang Δt → 0 erhält, daß es also durch

$$u'(t) = \alpha u(t) \tag{46.8}$$

gegeben wird. Diese bemerkenswerte Gleichung beschreibt den Prozeßverlauf, indem sie die (unbekannte) Funktion $u(t)$ mit ihrer Ableitung $u'(t)$ verknüpft. Solche Gleichungen nennt man Differentialgleichungen; sie gehören zu unseren wichtigsten Mitteln, *Naturgesetze zu formulieren und Naturvorgänge zu beherrschen*. Wie man aus der Differentialgleichung (46.8) den Prozeßverlauf $u(t)$ gewinnen kann, werden wir in Nr. 55 sehen.

Wir wollen hier noch anmerken, daß der Gl. (46.8) die idealisierende Annahme zugrunde liegt, *der Prozeß lasse sich durch eine* differenzierbare *Funktion u beschreiben*. Dies ist jedoch nicht immer der Fall (vgl. etwa Bevölkerungswachstum oder Vermehrung von Bakterien; hier liegt der Wertebereich von u in $\mathbf{N}_0$, so daß von Stetigkeit oder gar Differenzierbarkeit überhaupt keine Rede sein kann). Die Differentialgleichung (46.8) muß deshalb zurückhaltend lediglich als ein *mathematisches Modell*, eine *approximative Beschreibung der Wirklichkeit* aufgefaßt werden. Ob die Lösungen von (46.8) die empirischen Verhältnisse genau genug wiedergeben, kann letzten Endes nur die Empirie entscheiden oder anders gesagt: Ein mathematisches Modell rechtfertigt sich weniger durch seine *Herleitung* als vielmehr durch seinen *Erfolg*.

4. Ist eine Gerade γ durch die Gleichung $y = ax + b$ gegeben, so ist für je zwei verschiedene Abszissen x_0, x_1 und die zugehörigen Ordinaten $y_k = ax_k + b$ ($k = 0, 1$) stets $\dfrac{y_1 - y_0}{x_1 - x_0} = a$. Aus elementargeometrisch einsichtigen Gründen (s.

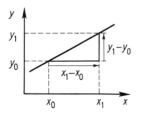

Fig. 46.1

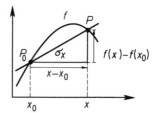

Fig. 46.2

Fig. 46.1) nennt man a die Steigung von γ (unsere Überlegung lehrt übrigens, daß die affine Funktion $g(x) := ax + b$ in jedem Punkt x_0 von $\mathbf{R}$ differenzierbar ist und dort die Ableitung $g'(x_0) = a$ besitzt). Nun sei uns eine Funktion f auf dem Intervall I und ein fester Punkt $x_0 \in I$ gegeben. Dann ist für jedes von x_0 verschiedene $x \in I$ der Quotient $\dfrac{f(x) - f(x_0)}{x - x_0}$ die Steigung der „Sehne" σ_x, die durch die Punkte $P_0 := (x_0, f(x_0))$ und $P := (x, f(x))$ des Graphen von f geht (s. Fig. 46.2); diese Steigung von σ_x nennt man auch die mittlere Steigung von f

zwischen x_0 und x. Ist f in x_0 differenzierbar, so streben diese mittleren Steigungen gegen $f'(x_0)$, wenn $x \to x_0$ rückt. Es ist daher naheliegend, $f'(x_0)$ die **Steigung der Funktion** f (oder des Graphen von f) **im Punkte** x_0 zu nennen. Die Gerade durch P_0 mit der Steigung $f'(x_0)$, also die Gerade

$$y = f(x_0) + f'(x_0)(x - x_0) \tag{46.9}$$

heißt die **Tangente an** f (oder an den Graphen von f) **im Punkte** P_0. Die manchmal zu hörende Redeweise, die Tangente sei die „Grenzlage" der Sehnen σ_x, wenn $x \to x_0$ geht, ist zwar sehr suggestiv, aber doch so unpräzis, daß wir sie nicht verwenden wollen.

Das Problem, die Tangenten einer Kurve zu bestimmen, ja überhaupt erst zu definieren, hat im 17. Jahrhundert die Entwicklung der Differentialrechnung mächtig vorangetrieben. Das Tangentenproblem war nicht nur mathematisch interessant (als eine Fortführung der antiken Tangentenkonstruktionen bei Kegelschnitten), sondern hatte gleichzeitig eine große praktische Bedeutung, z.B. bei der Herstellung optischer Linsen. Denn um das Brechungsgesetz anwenden zu können, muß man den Winkel α zwischen dem einfallenden Strahl und der sogenannten Normalen v der Linse im Einfallspunkt P kennen. Da aber v die Senkrechte auf der Linsentangente τ in P ist (s. Fig. 46.3), muß der Linsenkonstrukteur diese Tangente bestimmen können.

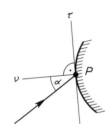

Fig. 46.3

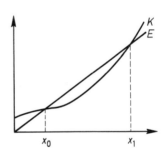

Fig. 46.4

5. $K(x)$ bedeute die Kosten, die bei der Produktion von x Einheiten eines bestimmten Gutes entstehen, $E(x)$ den Erlös bei deren Verkauf. In den meisten Fällen ist $E(x)$ proportional zu x, also $E(x) = \alpha x$ mit einer gewissen Konstanten α, während $K(x)$ häufig den in Fig. 46.4 angegebenen Verlauf hat (wir nehmen *idealisierend* an, die unabhängige und die abhängigen Variablen seien „kontinuierlich" veränderlich, nicht „diskret"; s. die Bemerkungen am Ende des Beispiels 3). $G(x) := E(x) - K(x)$ ist dann der Gewinn, den der Verkauf von x Einheiten abwirft; in Fig. 46.4 ist er nur in dem Intervall (x_0, x_1), der Gewinnzone, positiv (also ein „echter" Gewinn). Der Produzent wird sich natürlicherweise die Frage stellen, *für welches x der Gewinn $G(x)$ maximal wird*. Wir behandeln dieses Problem gleich in *allgemeiner* Form und führen zunächst die angemessenen Begriffe ein (in der Nr. 54 werden wir die *spezielle* Aufgabe der Gewinnmaximierung wieder aufgreifen und unter praxisnahen Voraussetzungen über die Kostenfunktion $K(x)$ lösen).

Wir sagen, die reelle Funktion f auf X besitze an der Stelle $\xi \in X$ ein **lokales Maximum** bzw. **Minimum**, wenn es eine δ-Umgebung U von ξ gibt, so daß

für alle $x \in U \cap X$ stets $f(x) \leq f(\xi)$ bzw. stets $f(x) \geq f(\xi)$

ist. Lokale Maxima und Minima heißen auch **lokale Extrema**. Ein lokales Maximum von f kann sehr wohl kleiner sein als das **globale** Maximum $\max_{x \in X} f(x)$ (falls letzteres überhaupt existiert); s. Fig. 46.5. Ein *globales* Extremum ist natürlich erst recht auch ein *lokales* Extremum.

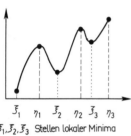

ξ_1, ξ_2, ξ_3 Stellen lokaler Minima

η_1, η_2, η_3 Stellen lokaler Maxima   Fig. 46.5

Besitzt f in dem *inneren* Punkt ξ von X etwa ein lokales Maximum, so gibt es eine ganz in X liegende δ-Umgebung U von ξ mit $f(x) \leq f(\xi)$ für alle $x \in U$. Für diese x ist

$$\frac{f(x) - f(\xi)}{x - \xi} \geq 0 \text{ oder} \leq 0, \text{ je nachdem } x < \xi \text{ oder } x > \xi \qquad (46.10)$$

ist. Nehmen wir noch an, f sei differenzierbar in ξ, so ergibt sich aus (46.10), daß $f'(\xi) \geq 0$ *und* ≤ 0, insgesamt also $= 0$ sein muß. Dasselbe Ergebnis findet man, wenn ξ Stelle eines lokalen Minimums ist. Es gilt also der

46.2 Satz *Die Funktion $f : X \to \mathbf{R}$ besitze in dem* innerem *Punkt ξ von X ein lokales Extremum und sei überdies in ξ differenzierbar. Dann ist notwendig*

$$f'(\xi) = 0.$$

Anschaulich besagt dieser Satz, daß unter den angegebenen Voraussetzungen die Funktion f an jeder lokalen Extremalstelle eine *horizontale* Tangente besitzt.

Man beachte, daß die Voraussetzung, ξ sei ein *innerer* Punkt von X, wesentlich ist. Die Funktion $f(x) := x$, $0 \leq x \leq 1$, besitzt z.B. in dem *Randpunkt* $\xi = 0$ ein lokales (sogar globales) Minimum, es ist jedoch $f'(0) = \lim\limits_{x \to 0+} \dfrac{x-0}{x-0} = 1$ und nicht $= 0$. S. zu all dem auch Fig. 46.5.

Satz 46.2 ist nicht umkehrbar: Ist ξ ein innerer Punkt von X und $f'(\xi) = 0$, so braucht ξ nicht Stelle eines lokalen Extremums zu sein. Z.B. besitzt die Funktion $f(x) := x^3$, $x \in \mathbf{R}$, in 0 kein lokales Extremum, obwohl $f'(0) = \lim\limits_{x \to 0} \dfrac{x^3 - 0}{x - 0} = 0$ ist.

46 Die Ableitung einer differenzierbaren Funktion

Ist etwa, um einen besonders einfachen Fall zu nennen, f auf dem offenen Intervall (a, b) definiert und in jedem Punkt desselben differenzierbar, so stehen nach Satz 46.2 nur die Lösungen der Gleichung $f'(x) = 0$ im *Verdacht*, Stellen lokaler Extrema zu sein. Ob sie es aber *tatsächlich sind*, muß in jedem Einzelfall gesondert geprüft werden. In Nr. 49 werden wir sehen, wie diese Prüfung bequem durchgeführt werden kann.

Nach diesen Beispielen für das vielfältige Auftreten des Ableitungsbegriffs kehren wir noch einmal zu seiner Definition zurück. Ist die Funktion $f: I \to \mathbf{R}$ in $\xi \in I$ differenzierbar, so strebt

$$\rho(h) := \frac{f(\xi+h) - f(\xi)}{h} - f'(\xi) \to 0 \quad \text{für } h \to 0,$$

und somit gilt, wenn $r(h) := \rho(h)h$ gesetzt wird, die Gleichung

$$f(\xi+h) - f(\xi) = f'(\xi)h + r(h) \quad \text{mit } \lim_{h \to 0} \frac{r(h)}{h} = 0. \tag{46.11}$$

Das sogenannte **Inkrement** $\varphi(h) := f(\xi+h) - f(\xi)$ der Funktion f an der Stelle ξ (ihre Änderung in der Nähe von ξ) ist also proportional zum **Inkrement h der unabhängigen Veränderlichen**—*bis auf einen Fehler $r(h)$, der so klein ist, daß er sogar noch nach Division durch h gegen 0 strebt, wenn h selbst $\to 0$ geht*; der Proportionalitätsfaktor ist die Ableitung $f'(\xi)$. Oder anders

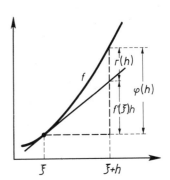

Fig. 46.6

ausgedrückt: *Bis auf einen Fehler $r(h)$ der angegebenen Art wird die Inkrementfunktion $h \mapsto \varphi(h)$ durch die* lineare *Funktion $h \mapsto f'(\xi)h$ approximiert* (s. Fig. 46.6). Nun wollen wir (ohne Differenzierbarkeitsvoraussetzungen) annehmen, $\varphi(h)$ lasse sich in der Form (46.11) darstellen, genauer: es gebe eine Zahl a und eine Funktion $h \mapsto r(h)$ mit $\lim_{h \to 0} r(h)/h = 0$, so daß $f(\xi+h) - f(\xi) = ah + r(h)$ ist. Dann strebt

$$\frac{f(\xi+h) - f(\xi)}{h} = a + \frac{r(h)}{h} \to a \quad \text{für } h \to 0,$$

also existiert $f'(\xi)$ und ist $= a$. Wir fassen zusammen:

46.3 Satz *Genau dann ist die Funktion $f: I \to \mathbf{R}$ im Punkte $\xi \in I$ differenzierbar, wenn das Inkrement $f(\xi + h) - f(\xi)$ in der Form*

$$f(\xi + h) - f(\xi) = ah + r(h) \quad \text{mit} \quad \lim_{h \to 0} \frac{r(h)}{h} = 0 \tag{46.12}$$

dargestellt werden kann; in diesem Falle ist $a = f'(\xi)$.

Dieser Satz macht den Unterschied zwischen Differenzierbarkeit und Stetigkeit besonders sinnfällig. Stetigkeit von f in ξ bedeutet ja nur, daß $f(\xi + h) - f(\xi) \to 0$ strebt für $h \to 0$; wählt man also irgendeine Zahl a und setzt man $f(\xi + h) - f(\xi) = ah + r(h)$, so ist f genau dann in ξ stetig, wenn $\lim_{h \to 0} r(h) = 0$ ist. Es kann jedoch keine Rede davon sein, daß a eindeutig bestimmt und sogar $\lim_{h \to 0} r(h)/h = 0$ ist. Sehr grob gesagt: Eine differenzierbare Funktion ändert sich in der Nähe von ξ weitaus schwächer als eine, die nur stetig ist.

Zum Schluß vereinbaren wir noch einige Redeweisen und Bezeichnungen. Wir sagen, die Funktion f sei **auf dem Intervall I differenzierbar**, wenn f in jedem Punkt von I differenzierbar ist; in einem zu I gehörenden Randpunkt von I ist damit natürlich nur die einseitige Differenzierbarkeit gemeint. Ist f auf I differenzierbar, so wird durch $x \mapsto f'(x)$ eine Funktion auf I definiert, die wir mit f' bezeichnen und schlechthin die **Ableitung von f** (auf I) nennen. Ist die Funktion f' in $\xi \in I$ selbst differenzierbar, so bezeichnen wir ihre Ableitung an dieser Stelle mit $f''(\xi)$, nennen sie die **zweite Ableitung von f** in ξ und sagen auch, f sei in ξ **zweimal differenzierbar**. Existiert $f''(x)$ für jedes $x \in I$, so wird die Funktion $x \mapsto f''(x)$ mit f'' bezeichnet und die **zweite Ableitung von f** (auf I) genannt. Wie die **n-te Ableitung $f^{(n)}(\xi)$ von f an der Stelle ξ** und die **n-te Ableitung $f^{(n)}$ von f auf I** für $n = 3, 4, \ldots$ zu definieren ist, dürfte nun klar sein. Die **nullte Ableitung $f^{(0)}$** soll die Funktion f selbst sein. Eine Funktion n-mal zu differenzieren, heißt, ihre n-te Ableitung zu bilden.

Die Abbildung D, die jeder auf I differenzierbaren Funktion f ihre Ableitung f' zuordnet, heißt **Differentiationsoperator**[1]. Mit seiner Hilfe können wir f' in der Form $D(f)$ oder kürzer Df schreiben. Die Ableitung $f'(\xi)$ von f an der Stelle ξ ist dann durch $(Df)(\xi)$ oder, bei Einsparung zweier Klammern, durch $Df(\xi)$ darstellbar. Die höheren Ableitungen $f'', f''', \ldots$ bzw. ihre Werte $f''(\xi), f'''(\xi), \ldots$ an der Stelle ξ schreiben wir gelegentlich in der Form $D^2 f, D^3 f, \ldots$ bzw. $D^2 f(\xi)$, $D^3 f(\xi), \ldots$.

Manchmal ist es zweckmäßig, die von Leibniz stammende Bezeichnung

$$\frac{df}{dx} \quad \text{(lies: df nach dx)}, \quad \frac{df(x)}{dx} \quad \text{oder auch} \quad \frac{d}{dx} f(x)$$

---

[1] Der Leser wird nicht in Gefahr geraten, den Differentiationsoperator D mit dem (kursiv gedruckten) Differenzenoperator *D* aus Nr. 17 zu verwechseln.

46 Die Ableitung einer differenzierbaren Funktion

für die Ableitung f' zu verwenden; insbesondere dann, wenn die Variable hervorgehoben werden soll, von der f und damit auch f' abhängt. Die höheren Ableitungen f'', f''', ... werden mit

$$\frac{d^2f}{dx^2}, \frac{d^3f}{dx^3}, \ldots \quad \text{oder} \quad \frac{d^2f(x)}{dx^2}, \frac{d^3f(x)}{dx^3}, \ldots$$

bezeichnet. Leibniz faßte den Differentialquotienten $\frac{df}{dx}$ in sehr vager Weise als den Quotienten „unendlich kleiner" (infinitesimaler) Größen, der „Differentiale" df und dx, auf. Cauchy dagegen verstand ganz unmystisch unter dem Differential dx der unabhängigen Veränderlichen x irgendeine Zahl und definierte das zugehörige Differential df der Funktion f an der Stelle ξ durch $df := f'(\xi)dx$. Wir schließen uns vorderhand der Cauchyschen Auffassung an und werden sie erst in Nr. 212 vertiefen. Mit dieser Erklärung der Differentiale ist nun tatsächlich $f'(\xi) = \frac{df}{dx}$ ein echter Quotient; um die Stelle ξ hervorzuheben, an der die Ableitung gebildet werden soll, schreibt man auch gerne $\left.\frac{df}{dx}\right|_{x=\xi}$. Wegen Satz 46.3 *approximiert das Differential $f'(\xi)dx$ die Differenz $f(\xi+dx)-f(\xi) = f'(\xi)dx + r(dx)$ beliebig gut, wenn nur dx hinreichend klein ist*; aus diesem Grund wird in den außermathematischen Anwendungen die Differenz $f(\xi+dx)-f(\xi)$ häufig kommentarlos durch $f'(\xi)dx$ ersetzt. — Das Differential dx der unabhängigen Veränderlichen bezeichnet man auch gerne mit h oder Δx (wir selbst haben dies schon mehrmals getan). Das Differential der Funktion f wird jedoch immer mit df bezeichnet; Δf bedeutet *stets* die Differenz $f(\xi+h)-f(\xi)$ für eine gewisse Stelle ξ und ein gewisses Differential h (ξ und h müssen dabei gesondert angegeben werden oder aus dem Zusammenhang ersichtlich sein).

In der Physik werden für die Ableitungen einer von der Zeit t abhängenden Funktion $f(t)$ gerne die von Newton eingeführten Bezeichnungen $\dot{f}(t), \ddot{f}(t), \ldots$ benutzt. In dieser Schreibweise ist also $\dot{s}(t)$ die Geschwindigkeit und $\ddot{s}(t)$ die Beschleunigung eines Körpers, dessen Weg-Zeitgesetz durch die Funktion $s(t)$ gegeben wird.

Eine weitere Konvention betrifft die Bezeichnung der Ableitung „formelmäßig" oder „durch Rechenausdrücke" gegebener Funktionen. Wir erläutern sie am besten durch ein Beispiel. In der Aufgabe 2 werden wir sehen, daß die Funktion $f(x) := x^n$ ($n \in \mathbb{N}$) an jeder Stelle $x \in \mathbb{R}$ die Ableitung $f'(x) = nx^{n-1}$ besitzt. Diese Tatsache drücken wir kurz durch die Schreibweise

$$(x^n)' = nx^{n-1} \quad \text{für alle } x \in \mathbb{R}$$

aus. Entsprechend sind die Beziehungen

$$(e^x)' = e^x \quad \text{für alle } x \in \mathbb{R}, \qquad (\ln x)' = \frac{1}{x} \quad \text{für alle } x > 0$$

zu verstehen, die wir neben vielen weiteren dieser Art in Nr. 48 beweisen werden.

Aufgaben

1. Sei ξ ein innerer Punkt des Intervalls I. Die Funktion $f: I \to \mathbf{R}$ ist genau dann in ξ differenzierbar, wenn ihre rechts- und linksseitigen Ableitungen in ξ existieren und übereinstimmen.

*2. Die Funktion $f(x) := x^n$ ($n \in \mathbf{N}$) ist an jeder Stelle $x \in \mathbf{R}$ differenzierbar, und ihre Ableitung ist $f'(x) = nx^{n-1}$, also kurz: $(x^n)' = nx^{n-1}$ für alle $x \in \mathbf{R}$.

3. Ist $f: I \to \mathbf{R}$ in $\xi \in I$ differenzierbar, so gibt es eine Konstante K und eine δ-Umgebung U von ξ derart, daß für alle $x \in \dot{U} \cap I$ stets $|f(x) - f(\xi)| < K|x - \xi|$ bleibt (woraus sich ein neuer Beweis für Satz 46.1 ergibt).

4. Ist $f: I \to \mathbf{R}$ in einem inneren Punkt ξ von I differenzierbar, so ist $\lim\limits_{h \to 0} \dfrac{f(\xi + h) - f(\xi - h)}{2h}$ vorhanden und $= f'(\xi)$. Zeige an einem Beispiel, daß aus der Existenz *dieses* Limes jedoch nicht die Differenzierbarkeit in ξ folgt.

5. Sei g eine beschränkte Funktion auf $[-1, 1]$ und $f(x) := x^2 g(x)$. Zeige, daß $f'(0)$ existiert und $= 0$ ist.

6. Die Funktion x^2, $0 \leq x \leq 1$, besitzt in 0 ein Minimum und in 1 ein Maximum. Die Ableitung verschwindet in 0, nicht jedoch in 1.

°7. Die komplexe Funktion f sei auf der offenen Menge $G \subset \mathbf{C}$ definiert. Differenzierbarkeit und Ableitung von f in $\xi \in G$ werden wörtlich wie im Reellen erklärt; die Sätze 46.1 und 46.3 gelten im wesentlichen unverändert (man hat nur das Intervall I durch die offene Menge G zu ersetzen). Dagegen wird Satz 46.2 sinnlos.

47 Differentiationsregeln

47.1 Satz *Die Funktionen f und g seien auf dem Intervall I definiert und in $\xi \in I$ differenzierbar. Dann sind auch $f + g$, $f - g$, αf, fg und f/g in ξ differenzierbar (f/g allerdings nur, wenn $g(\xi) \neq 0$ ist), und die Ableitungen werden durch die folgenden Formeln gegeben, in denen als Argument ξ einzutragen ist:*

$$(f + g)' = f' + g', \qquad (f - g)' = f' - g', \qquad (\alpha f)' = \alpha f',$$

$$(fg)' = fg' + gf', \qquad \left(\frac{f}{g}\right)' = \frac{gf' - fg'}{g^2}.$$

Beweis. Aus den Rechenregeln 42.1 für Grenzwerte und dem Stetigkeitssatz 46.1 folgt für $x \to \xi$ sofort

$$\frac{[f(x) + g(x)] - [f(\xi) + g(\xi)]}{x - \xi} = \frac{f(x) - f(\xi)}{x - \xi} + \frac{g(x) - g(\xi)}{x - \xi} \to f'(\xi) + g'(\xi),$$

$$\frac{[f(x) - g(x)] - [f(\xi) - g(\xi)]}{x - \xi} = \frac{f(x) - f(\xi)}{x - \xi} - \frac{g(x) - g(\xi)}{x - \xi} \to f'(\xi) - g'(\xi),$$

$$\frac{\alpha f(x)-\alpha f(\xi)}{x-\xi}=\alpha\frac{f(x)-f(\xi)}{x-\xi}\to\alpha f'(\xi),$$

$$\frac{f(x)g(x)-f(\xi)g(\xi)}{x-\xi}=f(x)\frac{g(x)-g(\xi)}{x-\xi}+g(\xi)\frac{f(x)-f(\xi)}{x-\xi}$$
$$\to f(\xi)g'(\xi)+g(\xi)f'(\xi),$$

$$\frac{\frac{f(x)}{g(x)}-\frac{f(\xi)}{g(\xi)}}{x-\xi}=\frac{1}{g(x)g(\xi)}\left[g(\xi)\frac{f(x)-f(\xi)}{x-\xi}-f(\xi)\frac{g(x)-g(\xi)}{x-\xi}\right]$$
$$\to\frac{g(\xi)f'(\xi)-f(\xi)g'(\xi)}{(g(\xi))^2}. \qquad\blacksquare$$

Die *konstante Funktion* $f(x)=c$ besitzt wegen $f(x)-f(\xi)=c-c=0$ eine *überall verschwindende Ableitung*. Aus der Quotientenregel des Satzes 47.1 folgt daher die nützliche *Reziprokenregel*

$$\left(\frac{1}{g}\right)'=-\frac{g'}{g^2}, \text{ wenn g in } \xi \text{ differenzierbar und } \neq 0 \text{ ist.} \qquad (47.1)$$

Ferner sieht man sofort: *Die auf I differenzierbaren Funktionen bilden eine Funktionenalgebra, und der Differentiationsoperator D ist eine lineare Abbildung dieser Algebra in den Funktionenraum F(I) aller auf I definierten Funktionen.*

Die ersten drei Regeln des Satzes 47.1 kann man in der folgenden Formel zusammenfassen und gleichzeitig verallgemeinern (die genaue Formulierung der Voraussetzungen überlassen wir dem Leser):

$$\left(\sum_{k=1}^{n}\alpha_k f_k\right)'=\sum_{k=1}^{n}\alpha_k f'_k \quad \text{für beliebige Zahlen } \alpha_k. \qquad (47.2)$$

Eine der wichtigsten Differentiationsregeln ist die

47.2 Kettenregel *Die Funktion u sei auf dem Intervall I_u, die Funktion f auf dem Intervall $I_f \supset u(I_u)$ erklärt. u sei in ξ, f in $u(\xi)$ differenzierbar. Dann ist $f\circ u$ in ξ differenzierbar, und es gilt*

$$(f\circ u)'(\xi)=f'(u(\xi))\,u'(\xi).$$

Beweis. Wir setzen $\eta:=u(\xi)$ und schreiben gemäß Satz 46.3

$$u(\xi+h)-u(\xi)=u'(\xi)h+r_1(h), \qquad \frac{r_1(h)}{h}=:\varrho_1(h)\to 0 \quad \text{für } h\to 0,$$

$$f(\eta+k)-f(\eta)=f'(\eta)k+r_2(k), \qquad \frac{r_2(k)}{k}=:\varrho_2(k)\to 0 \quad \text{für } k\to 0.$$

272 VI Differenzierbare Funktionen

Aus diesen Darstellungen folgt

$$\begin{aligned}(f \circ u)(\xi+h)-(f \circ u)(\xi)&=f(u(\xi+h))-f(u(\xi))\\&=f'(\eta)[u(\xi+h)-u(\xi)]+r_2(u(\xi+h)-u(\xi))\\&=f'(\eta)[u'(\xi)h+r_1(h)]+r_2(u'(\xi)h+r_1(h))\\&=f'(\eta)u'(\xi)h+r(h)\end{aligned} \qquad (47.3)$$

mit $\quad\begin{aligned}r(h):&=f'(\eta)r_1(h)+r_2(u'(\xi)h+r_1(h))\\&=f'(\eta)h\varrho_1(h)+[u'(\xi)h+r_1(h)]\varrho_2(u'(\xi)h+r_1(h)).\end{aligned}$

Offenbar strebt $\dfrac{r(h)}{h}\to 0$ für $h\to 0$, und daraus folgt dank der Darstellung (47.3) und des Satzes 46.3 die Behauptung. ∎

In der Leibnizschen Symbolik nimmt die Kettenregel eine unwiderstehlich suggestive Form an: *Macht man aus $f(u)$ durch die Substitution $u=u(x)$ eine (mittelbare) Funktion von x, so ist*

$$\frac{\mathrm{d}f}{\mathrm{d}x}=\frac{\mathrm{d}f}{\mathrm{d}u}\frac{\mathrm{d}u}{\mathrm{d}x}.$$

47.3 Satz über die Umkehrfunktion *f sei streng monoton und stetig auf dem Intervall I, so daß die Umkehrfunktion f^{-1} auf dem Intervall $f(I)$ existiert. Ist in $\xi\in I$ die Ableitung $f'(\xi)$ vorhanden und $\neq 0$, so kann f^{-1} in $\eta:=f(\xi)$ differenziert werden, und es gilt*

$$(f^{-1})'(\eta)=\frac{1}{f'(\xi)}=\frac{1}{f'(f^{-1}(\eta))}.$$

Der Beweis ist äußerst einfach. Ist (y_n) eine beliebige Folge aus $f(I)$, die gegen η strebt und deren Glieder alle $\neq\eta$ sind, so liegen die $x_n:=f^{-1}(y_n)$ alle in I, sind $\neq\xi$, und wegen der Stetigkeit von f^{-1} strebt $x_n\to f^{-1}(\eta)=\xi$. Also konvergiert

$$\frac{f^{-1}(y_n)-f^{-1}(\eta)}{y_n-\eta}=\frac{x_n-\xi}{f(x_n)-f(\xi)}=\frac{1}{\dfrac{f(x_n)-f(\xi)}{x_n-\xi}}\to\frac{1}{f'(\xi)}. \qquad ∎$$

In der Leibnizschen Notation nimmt sich der Umkehrsatz für $y=f(x)$, $x=f^{-1}(y)$ wie eine Platitude aus:

$$\frac{\mathrm{d}x}{\mathrm{d}y}=\frac{1}{\dfrac{\mathrm{d}y}{\mathrm{d}x}}.$$

Aufgaben

*1. Beweise induktiv die *Leibnizsche Formel* für die n-te Ableitung eines Produkts:

$$(fg)^{(n)}=\sum_{k=0}^{n}\binom{n}{k}f^{(k)}g^{(n-k)}. \qquad\text{Hinweis: Gl. (7.3) in A 7.4.}$$

2. Beweise induktiv die Regel
$$(f_1 f_2 \cdots f_n)' = f_1' f_2 \cdots f_n + f_1 f_2' f_3 \cdots f_n + \cdots + f_1 \cdots f_{n-1} f_n'.$$
Aus ihr folgt
$$\frac{(f_1 f_2 \cdots f_n)'}{f_1 f_2 \cdots f_n} = \frac{f_1'}{f_1} + \frac{f_2'}{f_2} + \cdots + \frac{f_n'}{f_n}$$
für alle x mit $(f_1 \cdots f_n)(x) \neq 0$. Den linken Quotienten nennt man die **logarithmische Ableitung** von $f_1 f_2 \cdots f_n$ (s. (48.22)). Die logarithmische Ableitung einer einzelnen Funktion f ist dementsprechend durch f'/f gegeben.

3. Die Funktionen f und g seien auf dem Intervall $I := (-r, r)$ $(r > 0)$ differenzierbar, es sei $f(x) g(x) = x$ auf I und $f(0) = 0$. Zeige, daß $g(0) \neq 0$ sein muß.

°**4.** Die Sätze 47.1 und 47.2 gelten auch im Komplexen, wenn man nur die Intervalle durch offene Teilmengen von **C** ersetzt.

48 Die Differentiation elementarer Funktionen. Winkelfunktionen

Wir haben schon gesehen, daß die Ableitung jeder konstanten Funktion identisch verschwindet und daß

$$(x^n)' = nx^{n-1} \quad \text{für } n \in \mathbf{N} \text{ und alle } x \tag{48.1}$$

ist (s. A 46.2). Mit (47.2) erhalten wir daraus die *Ableitung eines beliebigen Polynoms*:

$$(a_0 + a_1 x + a_2 x^2 + \cdots + a_n x^n)' = a_1 + 2a_2 x + \cdots + na_n x^{n-1} \quad \text{für alle } x. \tag{48.2}$$

Mit (47.1) folgt $(x^{-n})' = (1/x^n)' = -nx^{n-1}/x^{2n}$, also

$$(x^{-n})' = -nx^{-n-1} \quad \text{für } n \in \mathbf{N} \text{ und alle } x \neq 0, \tag{48.3}$$

insbesondere ist

$$\left(\frac{1}{x}\right)' = -\frac{1}{x^2} \quad \text{für alle } x \neq 0. \tag{48.4}$$

(48.1) und (48.3) können wir in einer Formel zusammenfassen:

$$(x^k)' = kx^{k-1} \quad \text{für } \begin{cases} \text{alle } x, & \text{falls } k = 1, 2, \ldots, \\ \text{alle } x \neq 0, & \text{falls } k = -1, -2, \ldots. \end{cases} \tag{48.5}$$

Mit (48.2) folgt aus der Quotientenregel, *daß eine rationale Funktion in jedem Punkt ihres Definitionsbereichs auch differenzierbar ist*.

274 VI Differenzierbare Funktionen

Ist a eine feste positive Zahl, so ist wegen (38.1) für jedes x

$$\lim_{h\to 0} \frac{a^{x+h}-a^x}{h} = \lim_{h\to 0} a^x \cdot \frac{a^h-1}{h} = a^x \ln a,$$

also haben wir

$$(a^x)' = a^x \ln a, \quad \text{insbesondere} \quad (e^x)' = e^x \quad \text{für alle } x. \tag{48.6}$$

Die Funktion $\ln x$ ist die Umkehrung der e-Funktion; da e^x ständig positiv bleibt, folgt aus Satz 47.3 und der Gl. (48.6), daß $(\ln x)' = 1/e^{\ln x}$ ist. Also gilt

$$(\ln x)' = \frac{1}{x} \quad \text{für alle } x > 0. \tag{48.7}$$

Für positive x und festes reelles α ist $x^\alpha = e^{\alpha \ln x}$; mit (48.6), (48.7) und der Kettenregel folgt daraus $(x^\alpha)' = e^{\alpha \ln x}(\alpha/x) = \alpha x^\alpha/x$, also

$$(x^\alpha)' = \alpha x^{\alpha-1} \quad \text{für } \alpha \in \mathbf{R} \text{ und alle } x > 0, \tag{48.8}$$

insbesondere ist für alle positiven x

$$(\sqrt[n]{x})' = \frac{1}{n\sqrt[n]{x^{n-1}}} \quad \text{und ganz speziell} \quad (\sqrt{x})' = \frac{1}{2\sqrt{x}}. \tag{48.9}$$

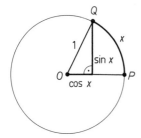

Fig. 48.1

Aus der Schule sind dem Leser die **Winkelfunktionen** $\sin x$ und $\cos x$ geläufig. Sie werden gewöhnlich am Einheitskreis definiert, wie es Fig. 48.1 angibt; dabei ist x die Länge des Kreisbogens PQ, das sogenannte **Bogenmaß** des Winkels $\angle QOP$. Aus dieser Definition ergeben sich ohne große Mühe die nachstehenden Aussagen (die außer (48.12) auch anschaulich einleuchten):

Die Funktionen $\sin x$ *und* $\cos x$ *sind auf* $\mathbf{R}$ *definiert und stetig,* (48.10)

$\sin x$ *ist eine ungerade,* $\cos x$ *eine gerade Funktion,* (48.11)

$$\sin(x+y) = \sin x \cos y + \cos x \sin y,$$
$$\cos(x+y) = \cos x \cos y - \sin x \sin y, \tag{48.12}$$

48 Die Differentiation elementarer Funktionen. Winkelfunktionen

$$\lim_{x \to 0} \frac{\sin x}{x} = 1, \tag{48.13}$$

$$\cos 0 = 1. \tag{48.14}$$

Wir wollen diese Aussagen nicht beweisen — und zwar einfach deshalb nicht, weil die oben gegebene Erklärung der Winkelfunktionen zutiefst unbefriedigend ist: Sie stützt sich auf den bisher undefinierten, ganz und gar nicht elementaren Begriff der *Länge eines Kurvenstücks* (der Leser mache sich deutlich, in welche Schwierigkeiten er geraten würde, wenn er die Länge des Kreisbogens *PQ* exakt bestimmen sollte!). Stattdessen schlagen wir wieder den *axiomatischen* Weg ein: Wir nehmen an, *es gebe zwei Funktionen, bezeichnet mit* sin *x und* cos *x, welche die Eigenschaften* (48.10) *bis* (48.14) *besitzen*[1]. Allein gestützt auf diese Eigenschaften gewinnen wir alle weiteren Aussagen über sin *x* und cos *x* und beweisen schließlich, *daß es solche Funktionen in der Tat gibt* (dies wird allerdings erst in Nr. 67 geschehen). In diesem Abschnitt untersuchen wir nur die Differenzierbarkeit der Winkelfunktionen.

Da wegen (48.11)

$$\sin(-x) = -\sin x \quad \text{und} \quad \cos(-x) = \cos x$$

ist, folgen aus den Additionstheoremen (48.12) sofort die Gleichungen

$$\begin{aligned}\sin(x-y) &= \sin x \cos y - \cos x \sin y, \\ \cos(x-y) &= \cos x \cos y + \sin x \sin y.\end{aligned} \tag{48.15}$$

Mit (48.12) und (48.15) erhalten wir

$$\sin x = \sin\left(\frac{x+y}{2} + \frac{x-y}{2}\right) = \sin\left(\frac{x+y}{2}\right)\cos\left(\frac{x-y}{2}\right) + \cos\left(\frac{x+y}{2}\right)\sin\left(\frac{x-y}{2}\right),$$

$$\sin y = \sin\left(\frac{x+y}{2} - \frac{x-y}{2}\right) = \sin\left(\frac{x+y}{2}\right)\cos\left(\frac{x-y}{2}\right) - \cos\left(\frac{x+y}{2}\right)\sin\left(\frac{x-y}{2}\right)$$

und daraus durch Subtraktion

$$\sin x - \sin y = 2 \cos\left(\frac{x+y}{2}\right) \sin\left(\frac{x-y}{2}\right). \tag{48.16}$$

Ganz ähnlich gewinnt man die Beziehung

$$\cos x - \cos y = -2 \sin\left(\frac{x+y}{2}\right) \sin\left(\frac{x-y}{2}\right). \tag{48.17}$$

---

[1] Diese Eigenschaften sind nicht alle voneinander unabhängig; z.B. folgt (48.14) aus (48.10) bis (48.13).

276 VI Differenzierbare Funktionen

Aus den beiden letzten Gleichungen erhält man nun mit (48.10) und (48.13) sofort die folgenden Grenzwertaussagen: Für $h \to 0$ strebt

$$\frac{\sin(x+h)-\sin x}{h} = \frac{2\cos\left(x+\frac{h}{2}\right)\sin\frac{h}{2}}{h} = \cos\left(x+\frac{h}{2}\right)\frac{\sin\frac{h}{2}}{\frac{h}{2}} \to \cos x,$$

$$\frac{\cos(x+h)-\cos x}{h} = -\frac{2\sin\left(x+\frac{h}{2}\right)\sin\frac{h}{2}}{h} = -\sin\left(x+\frac{h}{2}\right)\frac{\sin\frac{h}{2}}{\frac{h}{2}} \to -\sin x.$$

Infolgedessen ist

$$(\sin x)' = \cos x \quad \text{und} \quad (\cos x)' = -\sin x \quad \text{für alle } x. \tag{48.18}$$

Wegen (48.11) ist übrigens $\sin 0 = \sin(-0) = -\sin 0$, also

$$\sin 0 = 0. \tag{48.19}$$

Aus (48.14) und (48.15) — für $y=x$ — folgt sofort

$$\sin^2 x + \cos^2 x = 1 \quad \text{für alle } x \quad \text{(„trigonometrischer Pythagoras")} \tag{48.20}$$

und daraus die *Beschränktheit* des Sinus und Kosinus, schärfer:

$$|\sin x| \le 1 \quad \text{und} \quad |\cos x| \le 1 \quad \text{für alle } x. \tag{48.21}$$

Weitere Eigenschaften der Winkelfunktionen findet der Leser in Nr. 57.

Wir bringen nun einige **Differentiationsbeispiele**.

1. $\left(\dfrac{x^2-2x+1}{x+2}\right)' = \dfrac{(x+2)(2x-2)-(x^2-2x+1)\cdot 1}{(x+2)^2} = \dfrac{x^2+4x-5}{(x+2)^2},\ x \ne -2.$

2. $\left(\dfrac{2}{x^3}+\dfrac{4}{x^2}-3+5x\right)' = -\dfrac{6}{x^4}-\dfrac{8}{x^3}+5,\ x \ne 0.$

3. $(x^4 e^x)' = x^4 e^x + 4x^3 e^x = (x^4+4x^3)e^x,\ x$ beliebig.

4. $(x \ln x)' = x\dfrac{1}{x}+1\cdot \ln x = 1+\ln x,\ x>0.$

5. $(x \ln x - x)' = (x \ln x)' - 1 = \ln x,\ x>0.$

6. $\left(\dfrac{\ln x}{x}\right)' = \dfrac{1}{x^2}\left(x\dfrac{1}{x}-1\cdot \ln x\right) = \dfrac{1-\ln x}{x^2},\ x>0.$

7. $\left(\dfrac{1}{\ln x}\right)' = -\dfrac{1/x}{(\ln x)^2} = -\dfrac{1}{x(\ln x)^2},\ x>0,\ \text{aber} \ne 1.$

8. $(e^{2x+3})' = e^{2x+3}(2x+3)' = 2e^{2x+3},\ x$ beliebig.

9. $(e^{\sin x})' = e^{\sin x}(\sin x)' = e^{\sin x}\cos x,\ x$ beliebig.

48 Die Differentiation elementarer Funktionen. Winkelfunktionen

10. $(\cos(\ln x))' = -\sin(\ln x)(\ln x)' = -\dfrac{1}{x}\sin(\ln x),\ x>0.$

11. $(x^x)' = (e^{x\ln x})' = e^{x\ln x}(x\ln x)' = x^x(1+\ln x),\ x>0$

(s. Beispiel 4). Entsprechend geht man vor, wenn man eine Funktion der Form $f(x)^{g(x)}$ zu differenzieren hat: Man schreibt

$$f(x)^{g(x)} = e^{g(x)\ln f(x)} \quad \text{und wendet die Kettenregel an.}$$

12. $\dfrac{d}{dx}\sin(e^{x^2}) = \cos(e^{x^2})\cdot(e^{x^2})' = \cos(e^{x^2})\cdot e^{x^2}\cdot(x^2)'$

$\qquad\qquad = \cos(e^{x^2})\cdot e^{x^2}\cdot 2x,\ x$ beliebig.

13. $\dfrac{d}{dx}\ln\sqrt{1+\cos^2 x} = \dfrac{1}{\sqrt{1+\cos^2 x}}\dfrac{d}{dx}\sqrt{1+\cos^2 x}$

$\qquad\qquad = \dfrac{1}{\sqrt{1+\cos^2 x}}\cdot\dfrac{1}{2\sqrt{1+\cos^2 x}}\cdot(1+\cos^2 x)'$

$\qquad\qquad = \dfrac{1}{2(1+\cos^2 x)}\cdot 2\cos x\cdot(\cos x)'$

$\qquad\qquad = -\dfrac{\sin x\cos x}{1+\cos^2 x},\ x$ beliebig.

14. $\dfrac{d}{dx}\sin^2(x^3+\cos(x^2)) = 2\sin(x^3+\cos(x^2))\cdot\dfrac{d}{dx}\sin(x^3+\cos(x^2))$

$\qquad\qquad = 2\sin(x^3+\cos(x^2))\cdot\cos(x^3+\cos(x^2))\cdot\dfrac{d}{dx}(x^3+\cos(x^2))$

$\qquad\qquad = 2\sin(x^3+\cos(x^2))\cdot\cos(x^3+\cos(x^2))\cdot(3x^2-\sin(x^2)\cdot 2x),$

x beliebig.

15. $\dfrac{d}{dx}\sqrt{x^x+\cos^2\sqrt{x}} = \dfrac{1}{2\sqrt{x^x+\cos^2\sqrt{x}}}\dfrac{d}{dx}(x^x+\cos^2\sqrt{x})$

$\qquad\qquad = \dfrac{1}{2\sqrt{x^x+\cos^2\sqrt{x}}}\cdot\left[x^x(1+\ln x)+2\cos\sqrt{x}\cdot\dfrac{d}{dx}\cos\sqrt{x}\right]$

$\qquad\qquad = \dfrac{1}{2\sqrt{x^x+\cos^2\sqrt{x}}}\cdot\left[x^x(1+\ln x)+2\cos\sqrt{x}\cdot\left(-\sin\sqrt{x}\cdot\dfrac{1}{2\sqrt{x}}\right)\right],$

$x>0$ (s. Beispiel 11).

Besonders häufig werden bei positivem und differenzierbarem f die Formeln

$$\frac{d}{dx}\sqrt{f(x)} = \frac{f'(x)}{2\sqrt{f(x)}} \quad \text{und} \quad \frac{d}{dx}\ln f(x) = \frac{f'(x)}{f(x)} \tag{48.22}$$

verwendet; die letztere macht den Ausdruck „logarithmische Ableitung" verständlich, der in A 47.2 eingeführt wurde.

Aufgaben

1. a) $(x^2 e^x)' = (x^2 + 2x)e^x$,   b) $(\cos x \cdot e^{-x})^{(4)} = -4\cos x \cdot e^{-x}$,

c) $(\ln(\ln x))' = 1/(x \ln x)$,   d) $\dfrac{d}{dx}(1+x^2)^{\sin x} = (1+x^2)^{\sin x}\left(\dfrac{2x \sin x}{1+x^2} + \ln(1+x^2) \cdot \cos x\right)$,

e) $\dfrac{d}{dx}\left(\dfrac{1+x}{1-x}\right)^{x^2} = \left(\dfrac{1+x}{1-x}\right)^{x^2} 2x\left(\ln\dfrac{1+x}{1-x} + \dfrac{x}{1-x^2}\right)$,   f) $\dfrac{d}{dx}\sqrt{e^{x^2+x+1}} = \left(x+\dfrac{1}{2}\right)\sqrt{e^{x^2+x+1}}$,

g) $\dfrac{d}{dx}\dfrac{\sqrt{x}\sin x}{\ln x} = \dfrac{(2x\cos x + \sin x)\ln x - 2\sin x}{2\sqrt{x}\,(\ln x)^2}$,   h) $\dfrac{d}{dx}\sqrt{e^{\sin\sqrt{x}}} = \dfrac{\cos\sqrt{x}}{4\sqrt{x}}\sqrt{e^{\sin\sqrt{x}}}$.

2. $(x^2 e^x)^{(1000)} = (x^2 + 2000x + 999000)e^x$. Hinweis: A 47.1.

3. Bestimme die Gleichung der Tangente an das Schaubild der folgenden Funktionen in den angegebenen Punkten P:
a) $f(x) := 1/x$, $P := (1, 1)$.
b) $f(x) := e^x$, $P := (0, 1)$.
c) $f(x) := \sin x$, $P := (0, 0)$.

4. Bestimme das Polynom $p(x) := a_0 + a_1 x + a_2 x^2 + a_3 x^3 + a_4 x^4$ so, daß
$$\left.\dfrac{d^k p(x)}{dx^k}\right|_{x=0} = \left.\dfrac{d^k \cos x}{dx^k}\right|_{x=0} \text{ für } k = 0, 1, \ldots, 4 \text{ ist.}$$

5. Löse die Aufgabe 4 mit $\sin x$ an Stelle von $\cos x$.

6. Für $\alpha > 0$ ist $f(x) := x^\alpha$ auch noch im Nullpunkt definiert. Zeige, daß $f'(0) = 1$ bzw. $= 0$ ist, wenn $\alpha = 1$ bzw. > 1 ist, daß $f'(0)$ jedoch im Falle $0 < \alpha < 1$ nicht existiert.

+7. Sei $p(x) := \sum_{k=0}^{n} a_k x^k$. Zeige:

a) $a_k = p^{(k)}(0)/k!$, also $p(x) = p(0) + \dfrac{p'(0)}{1!}x + \dfrac{p''(0)}{2!}x^2 + \cdots + \dfrac{p^{(n)}(0)}{n!}x^n$.

b) $p(x_0 + h) = p(x_0) + \dfrac{p'(x_0)}{1!}h + \dfrac{p''(x_0)}{2!}h^2 + \cdots + \dfrac{p^{(n)}(x_0)}{n!}h^n$ für jedes h.

Ein Polynom n-ten Grades wird also eindeutig durch die $n+1$ Werte $p^{(k)}(x_0)$, $k = 0, 1, \ldots, n$, bestimmt.

+8. Die Nullstelle x_0 des Polynoms p vom Grade ≥ 1 besitzt genau dann die Vielfachheit v, wenn $p(x_0) = p'(x_0) = \cdots = p^{(v-1)}(x_0) = 0$, aber $p^{(v)}(x_0) \neq 0$ ist.

*9. Für alle x ist $\sin 2x = 2\sin x \cos x$ und $\cos 2x = \cos^2 x - \sin^2 x$.

10. Beweise die folgenden Formeln für natürliches $n \geq 2$:

a) $\sum_{k=1}^{n} k\binom{n}{k} = n 2^{n-1}$,   b) $\sum_{k=1}^{n}(-1)^{k-1} k\binom{n}{k} = 0$,

c) $\sum_{k=2}^{n} k(k-1)\binom{n}{k} = n(n-1)2^{n-2}$.

Hinweis: $\sum_{k=0}^{n}\binom{n}{k}x^k = (1+x)^n$.

49 Der Mittelwertsatz der Differentialrechnung

Die Ableitung $f'(\xi)$ ist definitionsgemäß der Grenzwert der „mittleren Änderung" $\dfrac{f(x)-f(\xi)}{x-\xi}$, wenn $x \to \xi$ geht, und wird deshalb auch gerne die **Änderungsrate** der Funktion f an der Stelle ξ genannt. *Kennt man die Änderungsrate von f für jede Stelle eines Intervalls, so wird man hoffen dürfen, Aussagen über das Änderungsverhalten von f in dem ganzen Intervall machen, ja f sogar vollständig beherrschen zu können.* Wir werden sehen, daß diese Hoffnungen keine Luftschlösser sind. Die Brücke vom *lokalen* zum *globalen* Änderungsverhalten einer Funktion ist der *Mittelwertsatz*, dessen zentrale Bedeutung für die Analysis wohl zuerst Cauchy erkannt hat. Dieser Satz ist wie kaum ein anderer „anschaulich evident": Er besagt im wesentlichen nur (s. Fig. 49.1), daß es auf dem Schaubild von f einen Punkt P geben muß, in dem die Tangente τ parallel zur „Sehne" σ ist, genauer:

49.1 Mittelwertsatz der Differentialrechnung *Ist die Funktion f auf dem kompakten Intervall $[a, b]$ stetig und wenigstens im* Innern *desselben differenzierbar, so gibt es mindestens einen Punkt ξ in (a, b), an dem*

$$f'(\xi) = \frac{f(b)-f(a)}{b-a} \quad \text{oder also} \quad f(b)-f(a) = f'(\xi)(b-a) \text{ ist.}$$

Wir beweisen zunächst einen einfachen Sonderfall des Mittelwertsatzes, den nach Michel Rolle (1652–1719; 67) genannten

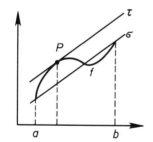
Fig. 49.1

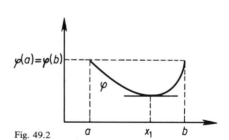
Fig. 49.2

49.2 Satz von Rolle *Ist die Funktion φ auf dem kompakten Intervall $[a, b]$ stetig, wenigstens im* Innern *desselben differenzierbar und stimmen ihre Werte $\varphi(a)$, $\varphi(b)$ in den Intervallendpunkten überein, so verschwindet ihre Ableitung an mindestens einer Stelle $\xi \in (a, b)$.*

Der Satz ist für konstantes φ trivial, wir dürfen daher von diesem Fall absehen. Ist x_1 eine Minimal- und x_2 eine Maximalstelle von φ in $[a, b]$ (s. den Extremalsatz 36.3), so ist also $\varphi(x_1) < \varphi(x_2)$, und deshalb liegt mindestens einer der Punkte x_1, x_2, etwa x_1, in (a, b). Nach Satz 46.2 ist dann aber $\varphi'(x_1) = 0$ (s. Fig. 49.2). ∎

Den Mittelwertsatz selbst erhält man nun auf einen Schlag, indem man den Satz von Rolle auf die Funktion

$$\varphi(x) := f(x) - \frac{f(b)-f(a)}{b-a}(x-a)$$

anwendet.

Eine viel benutzte Formulierung des Mittelwertsatzes ist die folgende: *Ist die Funktion f auf einem kompakten Intervall mit den Randpunkten x_0 und x_0+h stetig (wobei $h>0$ oder auch <0 sein darf) und ist sie im Innern desselben differenzierbar, so gibt es mindestens eine Zahl ϑ mit $0<\vartheta<1$, so daß gilt:*

$$f(x_0+h) = f(x_0) + f'(x_0 + \vartheta h) \cdot h. \tag{49.1}$$

Man beachte, daß ϑ sowohl von x_0 als auch von h abhängt.

Wir sind nun in der Lage, weitreichende Antworten auf die eingangs aufgeworfene Frage zu geben, ob man aus Informationen über die *lokale Änderungsrate* (die Ableitung) von f Rückschlüsse auf das *globale Änderungsverhalten* von f ziehen kann. Zuerst halten wir das fundamentale Ergebnis fest, daß eine Funktion durch ihre Ableitung im wesentlichen eindeutig bestimmt ist, schärfer:

49.3 Satz *Sind die Funktionen g_1 und g_2 auf dem beliebigen Intervall I stetig, im Innern $\mathring{I}$ desselben differenzierbar und stimmen ihre Ableitungen dort überein, so ist $g_1 = g_2 + c$ mit einer geeigneten Konstanten c. Insbesondere ist g_1 konstant, wenn g_1' auf ganz $\mathring{I}$ verschwindet.*

Zum Beweis sei x_0 eine feste Stelle in $\mathring{I}$ und $f := g_1 - g_2$, also $f' = 0$ auf $\mathring{I}$. Stellen wir nun einen beliebigen Punkt x aus I in der Form $x = x_0 + h$ dar, so ist wegen (49.1)

$$f(x) = f(x_0 + h) = f(x_0) + 0 \cdot h = f(x_0),$$

also $g_1(x) = g_2(x) + c$ mit $c := f(x_0)$.

Die zweite Behauptung folgt aus der ersten, indem man $g_2 := 0$ setzt. ∎

Eine differenzierbare Funktion f wird also durch ihre Ableitung bis auf eine additive Konstante eindeutig festgelegt. Infolgedessen muß es grundsätzlich möglich sein, f aus der Ableitung f' und einem gegebenen Funktionswert $f(x_0)$ zu rekonstruieren. Wie dies zu bewerkstelligen ist, werden wir in Kapitel X sehen. Vorderhand zeigen wir nur, daß man aus gewissen Angaben über die Änderungsrate einer Funktion f tatsächlich, wie angekündigt, Informationen über ihr globales Änderungsverhalten gewinnen kann – wobei der Mittelwertsatz ständig seine staunenswerte Kraft bewähren wird. Wir beginnen mit dem einfachen

49.4 Satz *Besitzt die Funktion f auf dem beliebigen Intervall I eine* beschränkte *Ableitung, so ist sie nicht nur stetig, sondern sogar* dehnungsbeschränkt *auf I*

mit der Dehnungsschranke $K := \sup_{x \in I} |f'(x)|$. *Insbesondere ist sie also kontrahierend, wenn $K < 1$, und beschränkt, wenn I endlich ist.*

Für zwei beliebige Punkte $x, y \in I$ ist nämlich nach dem Mittelwertsatz

$$|f(x) - f(y)| = |f'(x + \vartheta(y - x))| \, |x - y| \leq K \, |x - y|,$$

womit die erste Behauptung bereits bewiesen ist. Die zweite folgt nun aus der Definition der kontrahierenden Funktion und die dritte aus A 18.2. ∎

49.5 Satz *Ist die Funktion f auf dem beliebigen Intervall I stetig und im Innern $\mathring{I}$ desselben differenzierbar, so*

wächst *sie, wenn $f'(x) \geq 0$ auf $\mathring{I}$,*

fällt *jedoch, wenn $f'(x) \leq 0$ auf $\mathring{I}$*

ist. Gelten sogar die strengen *Ungleichungen $f'(x) > 0$ bzw. $f'(x) < 0$, so ist das Wachsen bzw. Fallen im* strengen Sinne *zu verstehen.*

Für zwei beliebige Punkte $x_1 < x_2$ aus I ist nämlich mit einem geeigneten $\xi \in (x_1, x_2)$ stets

$$f(x_2) - f(x_1) = f'(\xi)(x_2 - x_1).$$

Aus dieser Gleichung folgen alle Behauptungen völlig mühelos. ∎

Ist f auf dem offenen Intervall (a, b) differenzierbar, so können höchstens die Nullstellen von f' Stellen lokaler Extrema von f sein (s. Satz 46.2). Ob sie es *wirklich* sind, muß aber jedesmal gesondert geprüft werden. Auf Grund des letzten Satzes kann dies wiederum mit Hilfe der Ableitung f' und häufig noch bequemer mittels f'' geschehen. Es gilt nämlich der nunmehr fast triviale

49.6 Satz *Die Funktion f sei differenzierbar auf einer δ-Umgebung U von ξ, und ihre Ableitung verschwinde in ξ. Dann ist*

ξ *Stelle eines lokalen Maximums, wenn $f'(x)$ positiv für alle $x < \xi$ und negativ für alle $x > \xi$ ist;*

dagegen ist

ξ *Stelle eines lokalen Minimums, wenn $f'(x)$ negativ für alle $x < \xi$ und positiv für alle $x > \xi$ ist.*

Existiert überdies $f''(\xi)$, so ist ξ gewiß dann

Stelle eines lokalen Maximums, wenn $f''(\xi) < 0$,
Stelle eines lokalen Minimums, wenn $f''(\xi) > 0$ ausfällt[1].

Die erste Aussage ergibt sich unmittelbar aus Satz 49.5, weil nach ihm die Funktion links von ξ ansteigt und rechts von ξ fällt, also $f(x) \leq f(\xi)$ für alle $x \in U$

---
[1] Eine Ergänzung zu diesem Satz bringt A 61.5.

ist; ganz entsprechend beweist man die zweite Aussage. Die dritte folgt aus dem eben Bewiesenen zusammen mit der Tatsache, daß wegen $f''(\xi)<0$ die Funktion f' im Punkte ξ streng fällt (vgl. (46.4)) und somit $f'(x)>f'(\xi)=0$ für $x<\xi$ und $f'(x)<0$ für $x>\xi$ ist (wenn nur x hinreichend dicht bei ξ liegt); die letzte Aussage wird durch denselben Schluß bewiesen (s. auch Fig. 49.3 und 49.4). ∎

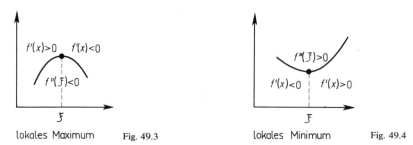

lokales Maximum Fig. 49.3   lokales Minimum Fig. 49.4

Man beachte, daß die Vorzeichenbedingungen des letzten Satzes *nur hinreichend* sind. Eine Nullstelle ξ der ersten Ableitung kann durchaus lokale Extremalstelle sein, ohne daß eine dieser Bedingungen erfüllt ist. Für die Praxis reicht der Satz 49.6 jedoch meistens aus.

Im nächsten Satz untersuchen wir das Änderungsverhalten von f, wenn f' monoton ist. Zuerst jedoch eine Definition:

Wir sagen, die Funktion f sei **konvex auf dem Intervall** I, wenn für je zwei verschiedene Punkte $x_1, x_2 \in I$ und für alle $\lambda \in (0, 1)$ stets

$$f((1-\lambda)x_1+\lambda x_2) \leq (1-\lambda)f(x_1)+\lambda f(x_2) \tag{49.2}$$

ist. Gilt dagegen die umgekehrte Ungleichung, so wird f **konkav** genannt. Steht in (49.2) das Zeichen $<$ bzw. $>$, so heißt f **streng konvex** bzw. **streng konkav**.

Konvexität und Konkavität haben eine einfache geometrische Bedeutung. Um unsere Vorstellung zu fixieren, nehmen wir $x_1<x_2$ an. Der Punkt $x(\lambda):=(1-\lambda)x_1+\lambda x_2 = x_1+\lambda(x_2-x_1)$ durchläuft das Intervall (x_1, x_2), wenn λ das Intervall $(0, 1)$ durchläuft; wegen

$$y(\lambda):=(1-\lambda)f(x_1)+\lambda f(x_2) = f(x_1)+\lambda[f(x_2)-f(x_1)]$$
$$= f(x_1)+\frac{f(x_2)-f(x_1)}{x_2-x_1}(x(\lambda)-x_1)$$

durchläuft also $(x(\lambda), y(\lambda))$ bei dieser Bewegung von λ das Geradenstück σ zwischen den Punkten $P_1:=(x_1, f(x_1))$ und $P_2:=(x_2, f(x_2))$. *Konvexität* von f bedeutet also, daß der Graph von f zwischen x_1 und x_2 immer *unterhalb von* σ, *Konkavität* jedoch, daß er immer *oberhalb von* σ verläuft—und dies, wohlgemerkt, für je zwei Punkte x_1, x_2 aus I (s. Fig. 49.5 und 49.6).

49 Der Mittelwertsatz der Differentialrechnung   283

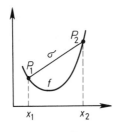
Fig. 49.5   konvexe Funktion

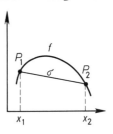
Fig. 49.6   konkave Funktion

Konvexität und Konkavität hängen mit dem Monotonieverhalten der Ableitung zusammen:

49.7 Satz *Die Funktion f sei stetig auf dem Intervall I und im Innern $\mathring{I}$ desselben differenzierbar. Dann ist f* konvex *bzw.* konkav *auf I, wenn f' auf $\mathring{I}$* wächst *bzw.* abnimmt. *Bei* strengem Wachsen *bzw.* Abnehmen *von f' ist f* streng konvex *bzw.* streng konkav.

Zum Beweis nehmen wir zunächst an, f' wachse auf I und $x_1 < x_2$ seien zwei beliebige Punkte aus I. Setzen wir $x := (1-\lambda)x_1 + \lambda x_2$, so haben wir zu zeigen, daß für $\lambda \in (0, 1)$ stets $(1-\lambda)f(x) + \lambda f(x) = f(x) \leq (1-\lambda)f(x_1) + \lambda f(x_2)$, d.h.

$$(1-\lambda)[f(x)-f(x_1)] \leq \lambda[f(x_2)-f(x)] \tag{49.3}$$

ist. Nach dem Mittelwertsatz gibt es Punkte $\xi_1 \in (x_1, x)$ und $\xi_2 \in (x, x_2)$ mit

$$f(x)-f(x_1) = f'(\xi_1)(x-x_1) \quad \text{und} \quad f(x_2)-f(x) = f'(\xi_2)(x_2-x).$$

Um (49.3) zu beweisen, brauchen wir also nur die Abschätzung

$$(1-\lambda)(x-x_1)f'(\xi_1) \leq \lambda(x_2-x)f'(\xi_2) \tag{49.4}$$

nachzuweisen. Mit Hilfe der Gleichung $(1-\lambda)x + \lambda x = x = (1-\lambda)x_1 + \lambda x_2$ sieht man, daß $(1-\lambda)(x-x_1) = \lambda(x_2-x) > 0$ sein muß. Damit erhalten wir sofort (49.4), weil $\xi_1 < \xi_2$ und somit $f'(\xi_1) \leq f'(\xi_2)$ ist. f ist also in der Tat konvex. *Strenges* Wachsen von f' hätte auf die Ungleichung $f'(\xi_1) < f'(\xi_2)$ und damit auf (49.4) und (49.3) mit $<$ statt $\leq$, also auf die *strenge* Konvexität von f geführt. — Ist nun f' fallend, so wächst $-f'$, also ist $-f$ konvex und damit f selbst konkav. Bei strengem Fallen von f' erhalten wir durch diesen Schluß natürlich strenge Konkavität von f. ∎

Kombinieren wir den Satz 49.7 mit dem Monotonietest 49.5, so erhalten wir den besonders handlichen

49.8 Satz *Ist die Funktion f auf dem Intervall I stetig und im Innern $\mathring{I}$ desselben zweimal differenzierbar, so ist sie auf I*

konvex, *wenn* $f''(x) \geq 0$ *auf $\mathring{I}$,*
konkav, *wenn* $f''(x) \leq 0$ *auf $\mathring{I}$.*

ist. Gelten sogar die strengen Ungleichungen $f''(x) > 0$ bzw. $f''(x) < 0$, so ist Konvexität bzw. Konkavität im strengen Sinne zu verstehen.

Mit Hilfe der Sätze 49.5 und 49.8 ergibt sich aus den Ableitungsformeln

$(x^n)' = nx^{n-1}$, $(x^n)'' = (n-1)nx^{n-2}$ $(n \in \mathbf{N}, x \in \mathbf{R})$,

$(x^\alpha)' = \alpha x^{\alpha-1}$, $(x^\alpha)'' = (\alpha-1)\alpha x^{\alpha-2}$ $(\alpha \in \mathbf{R}, x > 0)$,

$(\ln x)' = \dfrac{1}{x}$, $(\ln x)'' = -\dfrac{1}{x^2}$ $(x > 0)$,

$(e^x)' = e^x$, $(e^x)'' = e^x$ $(x \in \mathbf{R})$,

$(e^{-x})' = -e^{-x}$, $(e^{-x})'' = e^{-x}$ $(x \in \mathbf{R})$

die folgende Beschreibung der aufgeführten Funktionen (die erst die Schaubilder in den Fig. 43.1 bis 43.3 voll rechtfertigt):

Funktion	Monotonie	Konvexität/Konkavität
$x^2, x^4, x^6, \ldots$	streng fallend auf $(-\infty, 0]$, streng wachsend auf $[0, +\infty)$	streng konvex auf $\mathbf{R}$
$x^3, x^5, x^7, \ldots$	streng wachsend auf $\mathbf{R}$	streng konkav auf $(-\infty, 0]$, streng konvex auf $[0, +\infty)$
$x^\alpha, 0 < \alpha < 1$	streng wachsend auf $[0, +\infty)$	streng konkav auf $[0, +\infty)$
$x^\alpha, \alpha > 1$	streng wachsend auf $[0, +\infty)$	streng konvex auf $[0, +\infty)$
$\ln x$	streng wachsend auf $(0, +\infty)$	streng konkav auf $(0, +\infty)$
e^x	streng wachsend auf $\mathbf{R}$	streng konvex auf $\mathbf{R}$
e^{-x}	streng fallend auf $\mathbf{R}$	streng konvex auf $\mathbf{R}$

Wir waren zu dem Begriff der Ableitung gekommen, indem wir die Änderung der Funktion f mit der Änderung der einfachsten nichtkonstanten Funktion, nämlich $g(x) := x$, verglichen. Man wird sich fragen, ob man nicht eine wesentlich neue und allgemeinere Theorie erhält, wenn man bei diesem Vergleich eine *beliebige* Funktion g zuläßt. Der nächste Satz besagt, daß dies nicht der Fall ist, wenn nur g einigermaßen „vernünftig" ist.

49.9 Verallgemeinerter Mittelwertsatz der Differentialrechnung *Sind die Funktionen f und g auf dem kompakten Intervall $[a, b]$ stetig und wenigstens im Inneren desselben differenzierbar, so gibt es mindestens eine Stelle ξ in (a, b), an der*

$$[f(b) - f(a)]g'(\xi) = [g(b) - g(a)]f'(\xi) \tag{49.5}$$

ist. Haben wir überdies $g'(x) \neq 0$ auf (a, b), so können wir Gl. (49.5) auch so schreiben:

$$\frac{f(b)-f(a)}{g(b)-g(a)} = \frac{f'(\xi)}{g'(\xi)}{}^{1)}. \tag{49.6}$$

Der Beweis ist äußerst einfach. Gl. (49.5) erhält man, indem man den Satz von Rolle auf die Funktion

$$\varphi(x) := [f(b)-f(a)]g(x) - [g(b)-g(a)]f(x), \ x \in [a, b],$$

anwendet. Ist $g'(x) \neq 0$ auf (a, b), so ist nach dem Mittelwertsatz auch $g(b) - g(a) \neq 0$, so daß (49.6) unmittelbar aus (49.5) folgt. ∎

Einfache Beispiele lehren, daß die Ableitung einer differenzierbaren Funktion *nicht stetig* zu sein braucht (s. etwa A 57.15). Umso bemerkenswerter ist der

49.10 Zwischenwertsatz für Ableitungen *Wenn die Funktion f auf dem kompakten Intervall $[a, b]$ differenzierbar und $f'(a) \neq f'(b)$ ist, so nimmt die Ableitung f' in (a, b) jeden Wert zwischen $f'(a)$ und $f'(b)$ an.*

Zum Beweis setzen wir zunächst $f'(a)>0$ und $f'(b)<0$ voraus und zeigen, daß f' in einem gewissen $\xi \in (a, b)$ verschwindet. Aus $f'(a)>0$ folgt mit (46.4), daß für alle hinreichend dicht bei a liegenden $x>a$ stets $f(x)>f(a)$ ist, und ganz entsprechend sieht man, daß für gewisse $x<b$ auch $f(x)>f(b)$ gilt, so daß $\mu := \max_{x\in[a,b]} f(x) > f(a), f(b)$ sein muß. Ist ξ eine Maximalstelle von $f^{2)}$, so muß also ξ im Innern (a, b) von $[a, b]$ liegen und $f'(\xi)$ somit nach Satz 46.2 verschwinden. Das entsprechende Ergebnis hätten wir auch unter der Annahme $f'(a)<0$, $f'(b)>0$ erhalten. — Setzen wir nun lediglich $f'(a) \neq f'(b)$ voraus und ist λ irgendeine zwischen $f'(a)$ und $f'(b)$ liegende Zahl, so braucht man das bisher Bewiesene nur auf die Funktion $g(x) := f(x) - \lambda x$ anzuwenden, um die volle Behauptung des Zwischenwertsatzes zu erhalten. ∎

Zum Schluß eine Sprachregelung. Wir sagen, eine Funktion f sei auf dem Intervall I **stetig differenzierbar**, wenn ihre Ableitung f' auf I vorhanden und stetig ist. f heißt **n-mal stetig differenzierbar** auf I, wenn die n-te Ableitung $f^{(n)}$ auf I existiert und stetig ist.

Aufgaben

1. Mit festem $K>0$ und $\alpha >1$ gelte $|f(x)-f(y)| \leq K|x-y|^\alpha$ für alle $x, y \in [a, b]$. Dann ist f konstant auf $[a, b]$.

---

[1] Nach dem Mittelwertsatz 49.1 gibt es gewiß Stellen ξ_1 und ξ_2 in (a, b), so daß $(f(b)-f(a))/(g(b)-g(a)) = f'(\xi_1)/g'(\xi_2)$ ist. Der ganze Akzent der Gl. (49.6) ruht darauf, daß es *zusammenfallende* Stellen ξ_1, ξ_2 gibt.
[2] Eine solche ist nach dem Extremalsatz 36.3 immer vorhanden.

2. Berechne die folgenden Grenzwerte mit Hilfe des Mittelwertsatzes:
a) $\lim\limits_{n\to\infty} n(1-\cos(1/n))$, b) $\lim\limits_{n\to\infty} (\sqrt[3]{n^2+a^2}-\sqrt[3]{n^2})$,

c) $\lim\limits_{x\to a} (x^\alpha - a^\alpha)/(x^\beta - a^\beta)$ $(a>0, \beta\neq 0)$.

*3. f und g seien stetig auf $[a,b]$ und differenzierbar auf (a,b), ferner sei $f(a)=g(a)$ und $0\leq f'(x)<g'(x)$ auf (a,b). Dann ist $f(x)<g(x)$ für alle $x\in(a,b]$.

*4. f sei stetig auf dem Intervall I, n-mal auf dem Inneren $\mathring{I}$ differenzierbar und verschwinde an $n+1$ Stellen $x_0<x_1<\cdots<x_n$ in I. Dann gibt es ein $\xi\in\mathring{I}$ mit $f^{(n)}(\xi)=0$.

5. f sei auf dem Intervall I stetig, und zu dem Punkt $x_0\in I$ gebe es eine δ-Umgebung U mit folgender Eigenschaft: f ist auf $\dot{U}\cap I$ differenzierbar, und es strebt $f'(x)\to\eta$ für $x\to x_0$, $x\in\dot{U}\cap I$. Dann existiert auch $f'(x_0)$ und ist $=\eta$.

6. Sei $0<a\leq 1$. Zeige, daß für jeden Wert von b das Polynom $ax^3-3ax+b$ höchstens eine Nullstelle (ohne Berücksichtigung der Vielfachheit) in dem Intervall $[-a,a]$ besitzt.

*7. Ist die Funktion f auf dem Intervall I konvex, so gilt für je n Punkte $x_1,\ldots,x_n$ aus I und beliebige positive Zahlen $\lambda_1,\ldots,\lambda_n$ mit $\lambda_1+\cdots+\lambda_n=1$ stets

$$f(\lambda_1 x_1+\cdots+\lambda_n x_n)\leq \lambda_1 f(x_1)+\cdots+\lambda_n f(x_n).$$

Ein entsprechender Satz gilt für konkave Funktionen.

*8. Sei $f''(x)>0$ für alle $x\in I$ (also f streng konvex in I) und $x_0\in I$. Dann ist

$$f(x_0)+f'(x_0)(x-x_0)<f(x) \quad \text{für alle } x\neq x_0 \text{ in } I,$$

d.h., die Tangente an das Schaubild von f in $(x_0, f(x_0))$ liegt streng unterhalb desselben. Ist $f''(x)<0$ für alle $x\in I$, so gilt die umgekehrte Ungleichung.

9. Beweise mit Hilfe der Aufgabe 8 die folgenden Ungleichungen:
a) $e^x>1+x$ für alle $x\neq 0$. b) $\ln x<x-1$ für alle positiven $x\neq 1$.
c) $\alpha x^{\alpha-1}(x-y)<x^\alpha-y^\alpha<\alpha y^{\alpha-1}(x-y)$, falls $0<\alpha<1$ ist und die Zahlen x,y positiv und verschieden sind.
d) $\alpha x^{\alpha-1}(x-y)>x^\alpha-y^\alpha>\alpha y^{\alpha-1}(x-y)$, falls $\alpha<0$ oder $\alpha>1$ ist und die Zahlen x,y positiv und verschieden sind.

+10. f sei auf dem Intervall I differenzierbar und mit einer positiven Konstanten $q<1$ gelte $|f'(x)|\leq q$ für alle $x\in I$. Zu dem Punkt $x_0\in I$ gebe es ein kompaktes Intervall $I_0:=[x_0-r,x_0+r]$ mit $I_0\subset I$, $|f(x_0)-x_0|\leq(1-q)r$. Dann existiert die Folge der Zahlen $x_{n+1}:=f(x_n)$ $(n=0,1,\ldots)$ und konvergiert gegen einen Fixpunkt $\xi\in I_0$ von f. ξ ist der einzige Fixpunkt von f in I. Hinweis: A 35.10 und Satz 49.4.

50 Die Regel von de l'Hospital

Die Bestimmung des Grenzwerts $\lim\limits_{x\to a} f(x)/g(x)$ kann erhebliche Schwierigkeiten bereiten, wenn Zähler *und* Nenner für $x\to a$ gegen 0 streben. Sie ist jedoch völlig mühelos, wenn zusätzlich $f'(a)$ und $g'(a)$ existieren und $g'(a)\neq 0$ ist. In diesem

Falle ist $f(a) = g(a) = 0$ (weil f und g in a stetig sind) und somit strebt

$$\frac{f(x)}{g(x)} = \frac{f(x)-f(a)}{g(x)-g(a)} = \frac{\dfrac{f(x)-f(a)}{x-a}}{\dfrac{g(x)-g(a)}{x-a}} \to \frac{f'(a)}{g'(a)} \text{ für } x \to a.$$

Eine weitreichende Verallgemeinerung dieser einfachen Bemerkung bringt die

50.1 Regel von de l'Hospital[1] *Die Funktionen f und g seien differenzierbar auf dem Intervall (a, b) mit $a, b \in \overline{\mathbf{R}}$, und $g'(x)$ sei immer $\neq 0$. Ferner treffe eine der folgenden Annahmen zu:*

(A 1) $\lim\limits_{x \to a+} f(x) = \lim\limits_{x \to a+} g(x) = 0$,

(A 2) $\lim\limits_{x \to a+} g(x) = +\infty$ *oder* $= -\infty$.

Dann ist

$$\lim_{x \to a+} \frac{f(x)}{g(x)} = \lim_{x \to a+} \frac{f'(x)}{g'(x)},$$

falls der rechtsstehende Limes im eigentlichen oder uneigentlichen Sinne existiert. Ein entsprechender Satz gilt für die Bewegung $x \to b-$.

B e w e i s. a) Sei zunächst

$$\eta := \lim_{x \to a+} \frac{f'(x)}{g'(x)} \in [-\infty, +\infty).$$

Wir geben uns eine Zahl $y_0 > \eta$ beliebig vor, wählen dann ein y_1 mit $\eta < y_1 < y_0$ und bestimmen zu y_1 ein $x_1 \in (a, b)$, so daß

$$\frac{f'(x)}{g'(x)} < y_1 \quad \text{für alle } x \in (a, x_1) \tag{50.1}$$

ausfällt. Zu je zwei verschiedenen Punkten x, u in (a, x_1) gibt es nach dem verallgemeinerten Mittelwertsatz 49.9 eine Stelle ξ, die zwischen x und u liegt, und für die

$$\frac{f(x)-f(u)}{g(x)-g(u)} = \frac{f'(\xi)}{g'(\xi)}$$

ist. Mit (50.1) erhalten wir daraus

$$\frac{f(x)-f(u)}{g(x)-g(u)} < y_1 < y_0 \quad \text{für alle } x, u \in (a, x_1). \tag{50.2}$$

---

[1] Guillaume François Antoine Marquis de l'Hospital (1661–1704; 43), Verfasser des ersten Lehrbuches der Differentialrechnung: *Analyse des infiniment petits* (1696). — Das „Folgenanalogon" zu dieser Regel ist der Satz 27.3.

Gilt nun (A 1), so folgt aus (50.2), wenn $x \to a$ rückt, daß

$$\frac{f(u)}{g(u)} \leq y_1 < y_0 \quad \text{für alle } u \in (a, x_1) \tag{50.3}$$

ist. Gilt jedoch (A 2), so bestimmen wir zu einem festen $u \in (a, x_1)$ ein $x_2 \in (a, u)$, so daß

$$g(x) > \max(0, g(u)) \quad \text{bzw.} \quad g(x) < \min(0, g(u)) \quad \text{für alle } x \in (a, x_2)$$

bleibt, je nachdem $\lim\limits_{x \to a+} g(x) = +\infty$ oder $= -\infty$ ist. In *jedem* Falle ist $[g(x) - g(u)]/g(x)$ in (a, x_2) *positiv*, so daß aus (50.2) durch Multiplikation mit diesem Bruch die Ungleichung

$$\frac{f(x) - f(u)}{g(x)} < y_1 \frac{g(x) - g(u)}{g(x)} \quad \text{und somit} \quad \frac{f(x)}{g(x)} < y_1 - y_1 \frac{g(u)}{g(x)} + \frac{f(u)}{g(x)}$$

für alle $x \in (a, x_2)$ folgt. Rückt $x \to a$, so strebt die rechte Seite dieser Abschätzung gegen y_1; wegen $y_1 < y_0$ gibt es also ein $x_3 \in (a, x_2)$, so daß

$$\frac{f(x)}{g(x)} < y_0 \quad \text{für alle } x \in (a, x_3) \tag{50.4}$$

ist. Wir fassen (50.3) und (50.4) zusammen: *Unter jeder der Annahmen (A 1) und (A 2) gibt es zu jedem $y_0 > \eta$ ein x_0, so daß*

$$\frac{f(x)}{g(x)} < y_0 \quad \text{für alle } x \in (a, x_0) \tag{50.5}$$

ist. — b) Nun sei $\eta \in (-\infty, +\infty]$. Dann sehen wir wie im ersten Beweisteil, *daß es zu jedem $\tilde{y}_0 < \eta$ ein $\tilde{x}_0$ gibt, so daß*

$$\tilde{y}_0 < \frac{f(x)}{g(x)} \quad \text{für alle } x \in (a, \tilde{x}_0) \tag{50.6}$$

ist. — c) Aus (50.5) und (50.6) folgt nun ganz leicht die Behauptung des Satzes (gleichgültig ob η endlich oder unendlich ist): Denn der Fall $\eta = -\infty$ bzw. $= +\infty$ wird bereits durch (50.5) bzw. (50.6) erledigt; ist jedoch η endlich, so gibt es, wenn man die genannten Abschätzungen kombiniert, zu jedem $\varepsilon > 0$ ein $\bar{x}_0$, so daß $\eta - \varepsilon < f(x)/g(x) < \eta + \varepsilon$ für alle $x \in (a, \bar{x}_0)$, also $\lim\limits_{x \to a+} f(x)/g(x) = \eta$ ist. ∎

Ohne weiteres Zutun wirft uns nun die Regel von de l'Hospital eine Fülle der bemerkenswertesten Grenzwertaussagen in den Schoß. Wir bringen einige

Beispiele:

1. $\lim\limits_{x \to +\infty} \dfrac{e^{\alpha x}}{x} = \lim\limits_{x \to +\infty} \dfrac{\alpha e^{\alpha x}}{1} = +\infty$ für jedes $\alpha > 0$.

Wegen $e^{\alpha x}/x^{\beta} = (e^{(\alpha/\beta)x}/x)^{\beta}$ folgt daraus sofort

2. $\lim\limits_{x \to +\infty} \dfrac{e^{\alpha x}}{x^{\beta}} = +\infty$ für jedes $\alpha, \beta > 0$, in Worten etwa: *Jede* noch so kleine (*positive*) *Potenz von* e^x *geht für* $x \to +\infty$ *wesentlich schneller gegen* $+\infty$ *als jede noch so große Potenz von x*. Daraus folgt unmittelbar

3. $\lim\limits_{x \to +\infty} p(x) e^{-\alpha x} = 0$ für jedes Polynom p und jedes $\alpha > 0$.

4. $\lim\limits_{x \to +\infty} \dfrac{\ln x}{x^{\alpha}} = \lim\limits_{x \to +\infty} \dfrac{1/x}{\alpha x^{\alpha-1}} = \lim\limits_{x \to +\infty} \dfrac{1}{\alpha x^{\alpha}} = 0$ für jedes $\alpha > 0$.

Daraus folgt wie im zweiten Beispiel

5. $\lim\limits_{x \to +\infty} \dfrac{(\ln x)^{\beta}}{x^{\alpha}} = 0$ für jedes $\alpha, \beta > 0$, in Worten etwa: *Jede* noch so große *Potenz von* $\ln x$ *geht für* $x \to +\infty$ *wesentlich langsamer gegen* $+\infty$ *als jede noch so kleine* (*positive*) *Potenz von x* (s. A 25.4).

6. $\lim\limits_{x \to 0+} x^{\alpha} \ln x = \lim\limits_{x \to 0+} \dfrac{\ln x}{x^{-\alpha}} = \lim\limits_{x \to 0+} \dfrac{1/x}{-\alpha x^{-\alpha-1}} = \lim\limits_{x \to 0+} \left(-\dfrac{1}{\alpha} x^{\alpha}\right) = 0$ für jedes $\alpha > 0$.

Daraus ergibt sich wie im zweiten Beispiel

7. $\lim\limits_{x \to 0+} x^{\alpha} (\ln x)^{\beta} = 0$ für jedes $\alpha > 0, \beta \in \mathbf{N}$. Und daraus erhalten wir

8. $\lim\limits_{x \to 0+} x^x = \lim\limits_{x \to 0+} \exp(x \ln x) = \exp\left(\lim\limits_{x \to 0+} x \ln x\right) = \exp(0) = 1$.

Die Beispiele 9 bis 11 dienen dazu, die *mehrfache Hintereinanderausführung der Regel von de l'Hospital* einzuüben.

9. $\lim\limits_{x \to 0} \dfrac{1 - \cos\dfrac{x}{2}}{1 - \cos x} = \lim\limits_{x \to 0} \dfrac{\dfrac{1}{2} \sin\dfrac{x}{2}}{\sin x} = \lim\limits_{x \to 0} \dfrac{\dfrac{1}{4} \cos\dfrac{x}{2}}{\cos x} = \dfrac{1}{4}$.

10. $\lim\limits_{x \to 0} \left(\dfrac{1}{\sin x} - \dfrac{1}{x}\right) = \lim\limits_{x \to 0} \dfrac{x - \sin x}{x \sin x}$

$= \lim\limits_{x \to 0} \dfrac{1 - \cos x}{x \cos x + \sin x} = \lim\limits_{x \to 0} \dfrac{\sin x}{x(-\sin x) + 2 \cos x} = 0.$

11. $\lim\limits_{x \to 0} \dfrac{\sin x - x \cos x}{x \sin x} = \lim\limits_{x \to 0} \dfrac{x \sin x}{x \cos x + \sin x} = \lim\limits_{x \to 0} \dfrac{x \cos x + \sin x}{x(-\sin x) + 2 \cos x} = 0.$

Warnungen Versucht man, $\lim\limits_{x \to +\infty} \dfrac{e^x - e^{-x}}{e^x + e^{-x}}$ mit Hilfe der Regel von de l'Hospital zu bestimmen, so erhält man Quotienten, *bei denen stets Zähler und Nenner* $\to +\infty$ *gehen*. Die Regel ist also nicht anwendbar. Die Umformung $\dfrac{e^x - e^{-x}}{e^x + e^{-x}} = \dfrac{1 - e^{-2x}}{1 + e^{-2x}}$ zeigt jedoch ganz elementar, daß der gesuchte Grenzwert $= 1$ ist.

290 VI Differenzierbare Funktionen

Auch der Versuch, $\lim\limits_{x\to 0}\dfrac{x^2\cos(1/x)}{\sin x}$ mittels der Regel von de l'Hospital zu berechnen, läuft ins Leere. Diesmal besitzt nämlich der Ableitungsquotient

$$\frac{f'(x)}{g'(x)}=\frac{\sin(1/x)+2x\cos(1/x)}{\cos x}$$

überhaupt keinen Grenzwert für $x\to 0$. Aus der Umformung $\dfrac{x^2\cos(1/x)}{\sin x}=\dfrac{x}{\sin x}\cdot\left(x\cos\dfrac{1}{x}\right)$ ergibt sich hingegen mit einem einzigen Blick, daß der gesuchte Limes $=0$ ist. S. auch Aufgabe 11.

Ein sehr wirkungsvolles Mittel, Grenzwerte zu bestimmen, werden uns später die Potenzreihen an die Hand geben (s. etwa A 64.6 und A 66.2). Der dem Anfänger so teure Glaube an die Wunderkräfte der Regel von de l'Hospital, ist irrig und wird nicht selten mit entnervenden Rechnungen gebüßt.

Aufgaben

1. $\lim\limits_{x\to 0}(e^x+e^{-x}-2)/(1-\cos x)=2$. **2.** $\lim\limits_{x\to 0}(\sqrt{1+x\sin x}-\cos x)/\sin^2(x/2)=4$.

3. $\lim\limits_{x\to +\infty} x\ln(1+1/x)=1$. **4.** $\lim\limits_{x\to 0}(\sqrt{\cos ax}-\sqrt{\cos bx})/x^2=(b^2-a^2)/4$.

5. $\lim\limits_{x\to 1-}\ln x\cdot\ln(1-x)=0$. **6.** $\lim\limits_{x\to 0}((\sin x)/x)^{3/x^2}=e^{-1/2}$.

7. $\lim\limits_{x\to 1}\dfrac{x^x-x}{1-x+\ln x}=-2$. **8.** $\lim\limits_{x\to 0}\dfrac{2\cos x+e^x+e^{-x}-4}{x^4}=\dfrac{1}{6}$.

9. Die Funktion $f(x):=\begin{cases}e^{-1/x^2} & \text{für } x\neq 0\\ 0 & \text{für } x=0\end{cases}$ ist auf **R** beliebig oft differenzierbar; alle ihre Ableitungen verschwinden im Nullpunkt. Hinweis: $f^{(n)}(x)$ läßt sich für $x\neq 0$ in der Form $p_n(1/x)e^{-1/x^2}$ mit einem geeigneten Polynom p_n darstellen.

10. $n^2\left[\left(1-\dfrac{1}{n}\right)^\alpha-\left(1-\dfrac{\alpha}{n}\right)\right]\to\binom{\alpha}{2}$ für $n\to\infty$ (α beliebig). Daraus folgt

$$\left(1-\frac{1}{n}\right)^\alpha=1-\frac{\alpha}{n}+\frac{b_n}{n^2}\quad\text{mit }|b_n|\leq C\text{ für alle }n\in\mathbf{N}.$$

Hinweis: Berechne $\lim\limits_{x\to 0}\dfrac{(1-x)^\alpha-(1-\alpha x)}{x^2}$.

+11. Eine Warnung von Otto Stolz (1842–1905; 63. Siehe Math. Ann. **15** (1879) 556–559). Für $f(x):=x+\sin x\cos x$, $g(x)=f(x)\,e^{\sin x}$ ist $\lim\limits_{x\to +\infty}f(x)/g(x)$ *nicht* vorhanden, obwohl

$$\lim_{x\to +\infty}\frac{f'(x)}{g'(x)}=\lim_{x\to\infty}\frac{2\cos x}{x+\sin x\cos x+2\cos x}\,e^{-\sin x}\quad\text{existiert}.$$

(Dieser Limes ist $=0$). Wo steckt der Fehler? S. auch R. P. Boas, Am. Math. Mon. **93** (1986) 644–645.

VII Anwendungen

Wer naturwissenschaftliche Fragen ohne Hilfe der Mathematik behandeln will, unternimmt etwas Unausführbares.
Galileo Galilei

Indem Gott rechnet, entsteht die Welt.
Gottfried Wilhelm Leibniz

In diesem Kapitel werden wir einen ersten Eindruck von der enormen Leistungsfähigkeit der wenigen bisher bereitgestellten Begriffe und Sätze der Differentialrechnung gewinnen, eine Leistungsfähigkeit, die sich nicht nur im *mathematischen*, sondern auch — und gerade — im *außermathematischen* Bereich in schlechterdings stupender Weise auswirkt. Ein Leser, der stärker an der raschen Entwicklung der Theorie als an ihren Anwendungen interessiert ist, sollte auf jeden Fall die Ausführungen über die Hyperbel- und Winkelfunktionen in den Nummern 53 und 57 (einschließlich der zugehörigen Aufgaben) studieren, weil diese Dinge später laufend benötigt werden. Den Satz 55.3 (der nur eine Umformulierung des Satzes 49.3 ist) sollte er zur Kenntnis nehmen. Die Nr. 59 ist auch von großem *theoretischen* Interesse.

51 Nochmals der Interpolationsfehler

Zuerst greifen wir noch einmal das Problem des Interpolationsfehlers an, das wir bereits in Nr. 18 diskutiert hatten.

Es sei die Funktion f auf dem Intervall $[a, b]$ definiert, ferner sei

$$a \leq x_0 < x_1 < \cdots < x_n \leq b, \qquad y_k := f(x_k)$$

und P_n das zu den Stützstellen x_k und den Stützwerten y_k gehörende Interpolationspolynom vom Grade $\leq n$. Unser Ziel ist, eine für alle $x \in [a, b]$ gültige Abschätzung des Interpolationsfehlers $|f(x) - P_n(x)|$ zu finden. Zu diesem Zweck nehmen wir an, f sei $(n+1)$-mal auf $[a, b]$ differenzierbar.
Ist x ein von allen x_k verschiedener Punkt aus $[a, b]$, so besitzt die $(n+1)$-mal differenzierbare Funktion

$$F(t) := f(t) - P_n(t) - \frac{(t-x_0)(t-x_1)\cdots(t-x_n)}{(x-x_0)(x-x_1)\cdots(x-x_n)}[f(x) - P_n(x)]$$

die $n+2$ Nullstellen $x, x_0, x_1, \ldots, x_n$. Infolgedessen gibt es nach A 49.4 eine (von x abhängende) Stelle $\xi \in (a, b)$, an der

$$F^{(n+1)}(t) = f^{(n+1)}(t) - \frac{(n+1)!}{(x-x_0)(x-x_1)\cdots(x-x_n)}[f(x) - P_n(x)]$$

verschwindet, so daß also

$$f(x) - P_n(x) = \frac{(x-x_0)(x-x_1)\cdots(x-x_n)}{(n+1)!} f^{(n+1)}(\xi) \qquad (51.1)$$

ist. Diese Formel gilt trivialerweise auch dann, wenn x mit einer der Stützstellen x_k zusammenfällt und liefert uns sofort den folgenden

51.1 Satz *Ist die $(n+1)$-te Ableitung der Funktion f auf $[a, b]$ vorhanden und beschränkt, etwa $|f^{(n+1)}(x)| \leq M_{n+1}$ für alle $x \in [a, b]$, so gilt die Abschätzung*

$$|f(x) - P_n(x)| \leq \frac{(b-a)^{n+1}}{(n+1)!} M_{n+1} \qquad (51.2)$$

für das zu f gehörende Interpolationspolynom P_n vom Grade $\leq n$ mit $n+1$ Stützstellen in $[a, b]$.

Für den besonders wichtigen Fall der **quadratischen Interpolation** ($n=2$) mit äquidistanten Stützstellen x_0, $x_1 := x_0 + h$, $x_2 := x_0 + 2h$ ($h > 0$) wollen wir noch eine feinere Abschätzung herleiten, indem wir das Maximum des Betrags des kubischen Polynoms $q(x) := (x - x_0)(x - x_1)(x - x_2)$ in (51.1) auf dem Intervall $[x_0, x_2]$ bestimmen. Ohne Beschränkung der Allgemeinheit dürfen wir $x_1 = 0$ annehmen (dies bedeutet nur eine Verschiebung des Nullpunkts in x_1 hinein und ändert nicht das gesuchte Maximum). Dann wird $q(x) = (x - h)x(x + h) = x^3 - h^2 x$, ist also eine ungerade Funktion, infolgedessen muß $|q|$ eine gerade Funktion sein und ihr Maximum an einer Stelle $\xi \in (-h, 0)$ annehmen. In $(-h, 0)$ ist $|q(x)| = q(x)$; die Stelle ξ bestimmen wir nun aufgrund der Sätze 46.2 und 49.6: Die Gleichung $q'(x) = 3x^2 - h^2 = 0$ besitzt in $(-h, 0)$ nur die Lösung $\xi = -h/\sqrt{3}$; wegen $q''(\xi) = 6\xi < 0$ ist ξ Stelle eines lokalen und sogar globalen Extremums, also ist

$$\max_{x \in [-h, h]} |q(x)| = q(-h/\sqrt{3}) = -\frac{h^3}{3\sqrt{3}} + \frac{h^3}{\sqrt{3}} = \frac{2h^3}{3\sqrt{3}}.$$

Damit folgt aus Gl. (51.1) sofort:

Bei quadratischer Interpolation mit äquidistanten Stützstellen ist

$$|f(x) - P_2(x)| \leq \frac{h^3}{9\sqrt{3}} M_3 < 0{,}065 \cdot h^3 M_3; \qquad (51.3)$$

hierbei ist $h > 0$ die Schrittweite und M_3 eine obere Schranke für $|f'''(x)|$ auf dem Interpolationsintervall.

Aufgabe

*Bei **linearer Interpolation** ($n = 1$; zwei Stützstellen x_0 und $x_0 + h$, $h > 0$), wie sie häufig beim Gebrauch der Funktionentafeln benutzt wird, ist

$$|f(x) - P_1(x)| \leq \frac{h^2}{8} M_2 \qquad (M_2 \text{ eine obere Schranke für } |f''(x)| \text{ auf } [x_0, x_0 + h]).$$

52 Kurvendiskussion

Die Ergebnisse der Abschnitte 49 und 50 machen weitgehende Aussagen über den Verlauf einer Funktion f und die Gestalt ihres Schaubildes möglich. Systematisch wird man etwa folgendermaßen vorgehen:

1. Zunächst bestimmt man den *Definitionsbereich* von f. In den praktisch vorkommenden Fällen wird er ein Intervall oder die Vereinigung endlich vieler Intervalle sein (der Definitionsbereich der Funktion $1/x$ ist z.B. $(-\infty, 0) \cup (0, +\infty)$). Ferner prüfe man, ob f *Symmetrieeigenschaften* besitzt (gerade oder ungerade ist).
2. Dann bestimmt man die *Nullstellen von f, f'* und f'' (vorausgesetzt, daß f zweimal differenzierbar ist). Dieser Schritt wird meistens sehr schwierig sein, und man wird sich gewöhnlich mit Näherungswerten begnügen müssen.
3. Mit Hilfe dieser Nullstellen grenzt man die Bereiche ab, in denen f

   positiv bzw. *negativ,*

   wachsend bzw. *fallend,*

   konvex bzw. *konkav*

ist. Ausdrücklich vermerkt man
4. die *Stellen lokaler Extrema* und die *Extremwerte* selbst, ferner
5. die sogenannten *Wendepunkte* und die zugehörigen Funktionswerte. ξ heißt ein Wendepunkt von f, wenn die zweite Ableitung beim Durchgang durch ξ ihr Vorzeichen wechselt, wenn also

$$f''(x) < 0 \quad \text{für} \quad x < \xi \quad \text{und} \quad f''(x) > 0 \quad \text{für} \quad x > \xi$$

oder aber

$$f''(x) > 0 \quad \text{für} \quad x < \xi \quad \text{und} \quad f''(x) < 0 \quad \text{für} \quad x > \xi$$

ist (wobei nur die x in einer gewissen Umgebung von ξ in Betracht gezogen werden)[1]. Beim Durchgang durch einen Wendepunkt wechselt also die Funktion von konkaver zu konvexer Krümmung oder umgekehrt über (s. Fig. 52.1).

Fig. 52.1

---
[1] Nach dem Zwischenwertsatz 49.10 muß dann $f''(\xi) = 0$ sein. Mit anderen Worten: *Nur Nullstellen der zweiten Ableitung kommen als Wendepunkte in Frage* (müssen aber keine sein, weil f'' beim Durchgang durch eine solche Nullstelle keinen Vorzeichenwechsel zu erleiden braucht).

294   VII Anwendungen

6. Ist a ein Randpunkt des Definitionsbereiches, der nicht zu demselben gehört, so wird man auch noch *versuchen*, $\lim_{x\to a} f(x)$ *und* $\lim_{x\to a} f'(x)$ *zu bestimmen,* um eine Vorstellung von dem Verlauf der Funktion in der Nähe von a zu bekommen. Die folgenden Beispiele sollen dieses Schema mit Leben erfüllen.

1. $f(x) := (1+x)\sqrt{1-x^2}$.

f ist für $|x| \le 1$ definiert und ist weder gerade noch ungerade. Für $|x| < 1$ ist

$$f'(x) = \frac{-2x^2 - x + 1}{\sqrt{1-x^2}} \quad \text{und} \quad f''(x) = \frac{2x^3 - 3x - 1}{(1-x^2)\sqrt{1-x^2}}.$$

Die Nullstellen von f sind $x_1 := -1$ und $x_2 := +1$; zwischen ihnen ist f positiv.
Die Nullstellen von f' erhält man, indem man diejenigen Nullstellen von $-2x^2 - x + 1$ bestimmt, die in $(-1, 1)$ liegen. Als einzige Nullstelle findet man $x_1' := 1/2$. Auf $(-1, 1/2)$ ist f' positiv, also f streng wachsend, während auf $(1/2, 1)$ f' negativ, also f streng fallend ist.
Zur Bestimmung der Nullstellen von f'' löse man die Gleichung $2x^3 - 3x - 1 = 0$. Eine ihrer Lösungen, nämlich -1, findet man durch Raten. Wegen $(2x^3 - 3x - 1) : (x + 1) = 2x^2 - 2x - 1$ sind die beiden anderen Lösungen $(1+\sqrt{3})/2$ und $(1-\sqrt{3})/2$. Von allen diesen Zahlen liegt nur $x_1'' := (1-\sqrt{3})/2$ in $(-1, 1)$, also ist x_1'' die einzige Nullstelle von f''. Auf $(-1, x_1'')$ ist f'' positiv, also f konvex, während auf $(x_1'', 1)$ f'' negativ, also f konkav ist.
x_1' ist Stelle eines lokalen Maximums von f; das zugehörige Maximum ist $f(x_1') = 3\sqrt{3}/4$. Andere lokale Extrema sind nicht vorhanden.
x_1'' ist der einzige Wendepunkt von f. Der zugehörige Funktionswert $f(x_1'')$ ist näherungsweise 0,59.
Offenbar ist $\lim_{x\to 1-} f'(x) = -\infty$; mit Hilfe der Regel von de l'Hospital findet man $\lim_{x\to -1+} f'(x) = 0$.
Auf Grund der bisher ermittelten Eigenschaften der Funktion f ist es nun ein Leichtes, ihr Schaubild zu zeichnen (s. Fig. 52.2).

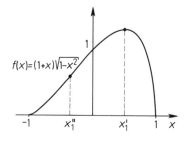

Fig. 52.2

2. $f(x) := x^x = e^{x \ln x}$.

f ist auf $\mathbf{R}^+$ definiert, und dort ist

$$f'(x) = x^x (1 + \ln x), \qquad f''(x) = x^{x-1} + x^x (1 + \ln x)^2.$$

f ist immer positiv. f' besitzt die einzige Nullstelle $x_1' := 1/e$ und ist negativ auf $(0, 1/e)$, positiv auf $(1/e, +\infty)$; infolgedessen ist f auf $(0, 1/e)$ streng fallend, auf $(1/e, +\infty)$ streng wachsend, und x_1' ist Stelle eines lokalen Minimums von f; das zugehörige Minimum $f(x_1')$ ist näherungsweise 0,69. Da f'' positiv ist, muß f streng konvex sein. Schließlich ist

$$\lim_{x\to 0+} f(x)=1, \quad \lim_{x\to +\infty} f(x)=+\infty, \quad \lim_{x\to 0+} f'(x)=-\infty \quad \text{und} \quad \lim_{x\to +\infty} f'(x)=+\infty.$$

Berechnet man noch einige Funktionswerte, so erhält man nunmehr das in Fig. 52.3 gezeichnete Schaubild.

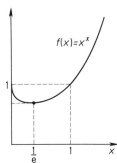

Fig. 52.3

Aufgaben

Diskutiere die in den Aufgaben 1 bis 4 angegebenen Funktionen.

1. $f(x) := (x^2-1)/(x^2+x-2)$.

2. $f(x) := xe^{-1/x}$.

3. $f(x) := x^2 e^{-1/x^2}$.

4. $f(x) := \dfrac{x}{2} - \dfrac{x+2}{4}\ln(x+1)$.

5. Die Gleichung $Ce^x = 1 + x + \dfrac{x^2}{2}$ besitzt für jedes $C>0$ genau eine Lösung.

6. Die Gleichung $(1-\ln x)^2 = x(3-2\ln x)$ besitzt genau zwei Lösungen.

7. Diskutiere die Funktion $f(x) := x^{1/x}$. Hinweis: Benutze Aufgabe 6.

53 Hyperbelfunktionen, Hochspannungsleitungen, Tempelsäulen

Hängt man ein homogenes Seil ohne Biegesteifigkeit (etwa eine Hochspannungsleitung) an zwei symmetrisch zur y-Achse liegenden Punkten auf, so nimmt es die Gestalt der sogenannten **Kettenlinie** oder **Seilkurve**

$$y = a \frac{e^{x/a} + e^{-x/a}}{2} \tag{53.1}$$

an; hierbei ist a eine positive Konstante, die geometrisch den tiefsten Punkt des Seiles angibt (s. Fig. 53.1); physikalisch ist

$$a = \frac{H}{q} := \frac{\text{Spannkraft des Seiles in der } x\text{-Richtung}}{\text{Gewicht der Längeneinheit des Seiles}} \tag{53.2}$$

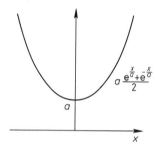

Fig. 53.1

(s. etwa Heuser [9], S. 521f). Die Steigung der Kettenlinie wird durch ihre Ableitung

$$y' = \frac{e^{x/a} - e^{-x/a}}{2} \tag{53.3}$$

gegeben. Funktionen der Form (53.1) und (53.3) treten so häufig in der Mathematik und ihren Anwendungen auf, daß sie eigene Bezeichnungen und Namen verdienen: Man nennt

$$\cosh x := \frac{e^x + e^{-x}}{2} \quad \text{bzw.} \quad \sinh x := \frac{e^x - e^{-x}}{2} \quad (x \in \mathbf{R}) \tag{53.4}$$

(lies: *cosinus hyperbolicus* bzw. *sinus hyperbolicus* von x) den **hyperbolischen Kosinus** bzw. den **hyperbolischen Sinus** von x. Mit diesen Bezeichnungen ist also $y = a \cosh(x/a)$ die Gleichung der Kettenlinie und $\sinh(x/a)$ ihre Steigung. Aus (53.4) ergibt sich ohne Umschweife, *daß $\cosh x$ eine gerade und $\sinh x$ eine ungerade differenzierbare Funktion und*

$$(\cosh x)' = \sinh x, \quad (\sinh x)' = \cosh x \tag{53.5}$$

ist; infolgedessen haben wir

$$(\cosh x)^{(n)} = \begin{cases} \sinh x & \text{für ungerades } n \\ \cosh x & \text{für gerades } n \end{cases},$$

$$(\sinh x)^{(n)} = \begin{cases} \cosh x & \text{für ungerades } n \\ \sinh x & \text{für gerades } n \end{cases}.$$
(53.6)

Mittels einer überaus einfachen Kurvendiskussion kann sich der Leser mühelos davon überzeugen, daß die beiden Hyperbelfunktionen die in den Fig. 53.2 und 53.3 angegebenen Schaubilder haben (die er sich gut einprägen möge).

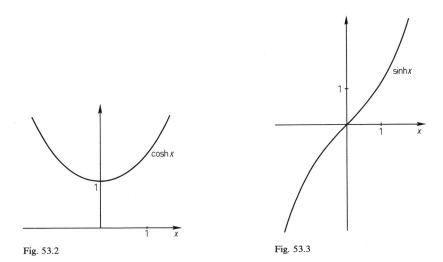

Fig. 53.2   Fig. 53.3

Und durch ganz elementare Rechnungen sieht er die folgenden fundamentalen Beziehungen ein:

$$\cosh x + \sinh x = e^x, \tag{53.7}$$

$$\cosh^2 x - \sinh^2 x = 1, \tag{53.8}$$

$$\begin{aligned}\cosh(x+y) &= \cosh x \cosh y + \sinh x \sinh y, \\ \sinh(x+y) &= \sinh x \cosh y + \cosh x \sinh y.\end{aligned} \tag{53.9}$$

Die bisher aufgetretenen Analogien zu den Winkelfunktionen rechtfertigen die Bestandteile „Kosinus" und „Sinus" in den Namen der Hyperbelfunktionen. Die „Hyperbel"-Komponente erklärt sich aus der Tatsache, daß wegen (53.8) die Punkte (cosh *t*, sinh *t*) den rechten Ast der gleichseitigen Hyperbel $x^2 - y^2 = 1$ durchwandern, wenn *t* die Zahlengerade durchläuft.

Mit Hilfe des hyperbolischen Kosinus behandeln wir nun ein Problem, das für die Konstruktion der Hochspannungsmasten von entscheidender Bedeutung ist (s.

[16], S. 183). Zwischen zwei Hochspannungsmasten, die um $d = 100$ m voneinander entfernt seien, hänge eine Leitung, deren **spezifische Belastung** (Gewicht der Längeneinheit) $q = 0{,}2$ kp/m und deren **Durchhang** $\delta = 0{,}5$ m betrage (s. Fig. 53.4). Wir fragen, *welche Zugkräfte an den Masten auftreten?*

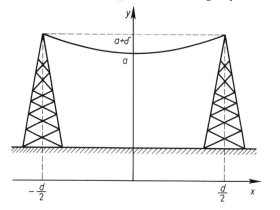

Fig. 53.4

In dem Koordinatensystem der Fig. 53.4 nimmt die Leitung die Gestalt einer Kettenlinie

$$y(x) = a \cosh \frac{x}{a} \qquad (53.10)$$

mit einer uns zunächst noch unbekannten Konstanten $a > 0$ an. Die Statik lehrt, daß die **Zugkraft** S am Mast durch

$$S = qy\left(\frac{d}{2}\right) = q \cdot (a + \delta) \qquad (53.11)$$

gegeben wird; *alles läuft also darauf hinaus, a zu berechnen.*[1] Aus

$$a + \delta = y\left(\frac{d}{2}\right) = a \cosh \frac{d}{2a} \quad \text{oder also} \quad 1 + \frac{\delta}{a} = \cosh \frac{d}{2a}$$

folgt mit

$$u := \frac{d}{2a} \qquad (53.12)$$

die Gleichung

$$1 + \frac{2\delta}{d} u = \cosh u, \quad \text{also} \quad 1 + \frac{1}{100} u = \cosh u \qquad (53.13)$$

---

[1] Geometrisch gibt a an, wie tief der Nullpunkt unseres Koordinatensystems unter den Durchhängepunkt der Leitung gelegt werden muß, um ihre Gestalt durch die Gl. (53.10) beschreiben zu können.

53 Hochspannungsleitungen und Hyperbelfunktionen

zur Bestimmung von u; nach der Bedeutung von u sind wir nur an *positiven* Lösungen, nicht an der trivialen Lösung 0 interessiert. Fig. 53.5 läßt vermuten, daß es genau eine derartige Lösung $\bar{u}$ geben wird, und der strenge Beweis hierfür ist nicht schwer: Setzen wir nämlich

$$f(u) := \left(1 + \frac{1}{100} u\right) - \cosh u,$$

so zeigt eine sehr einfache Kurvendiskussion, daß das Schaubild von f aus dem Nullpunkt kommend zunächst (streng) *ansteigt* und dann ständig (streng) *fällt*; wegen des rapiden Anwachsens der e-Funktion (s. Beispiel 2 in Nr. 50) werden bei diesem Fallen gewiß auch *negative* Werte erreicht. Es springt jetzt in die Augen, daß es genau ein positives $\bar{u}$ mit $f(\bar{u}) = 0$, also tatsächlich *genau eine positive Lösung $\bar{u}$ der Gl.* (53.13) geben muß. Durch Intervallschachtelung erhält man $\bar{u} \approx 0{,}02$ (s. auch A 70.3) und wegen (53.12) $a \approx 2500$ m. Mit (53.11) folgt nun, *daß die gesuchte Zugkraft S am Mast etwa* $0{,}2(2500+0{,}5)$ kp, *also abgerundet* 500 kp *beträgt* — ein ganz überraschendes Ergebnis, wenn man bedenkt, daß die Leitung nur ein Gesamtgewicht von etwa 20 kp besitzt. Die aufwendige Konstruktion der Hochspannungsmasten wird hierdurch verständlich.

Fig. 53.5

Griechische Tempelsäulen weisen häufig eine leichte Schwellung, die sog. *Entasis*, auf (s. Fig. 53.5: Säulen des Heratempels in Paestum bei Salerno). Sorgfältige Messungen haben ergeben, daß sich diese Entasis durch eine Seilkurve wiedergeben läßt[1]. Natürlich kannten die antiken Baumeister weder Begriff noch Gleichung der Seilkurve, aber die bloße *Gestalt* eines durchhängenden Seiles gehörte ohne Zweifel zu ihrer Alltagserfahrung. Untersuchungen am Tempel von Segesta in Sizilien sprechen dafür, daß die Entasis tatsächlich mit Hilfe durchhängender Seile hergestellt wurde.

---

[1] Siehe Dieter Mertens: „Zur Entstehung der Entasis griechischer Säulen". Saarbrücker Studien zur Archäologie und alten Geschichte **3** (1988) 307–318.

300   VII Anwendungen

Wir kehren nun zur Theorie der Hyperbelfunktionen zurück. *Auf dem Intervall* $I:=[0,+\infty)$ *ist die Funktion* $f(x):=\cosh x$ *streng wachsend und stetig*; ihr Infimum auf I ist 1 und ihr Supremum $+\infty$. Nach dem Umkehrsatz 37.1 besitzt sie also eine inverse Funktion f^{-1}, die das Intervall $[1,+\infty)$ streng wachsend und stetig auf $[0,+\infty)$ abbildet (man beachte, daß wir — kurz gesagt — nur den *rechten* Zweig des hyperbolischen Kosinus umkehren). Statt $f^{-1}(y)$ oder $\cosh^{-1}(y)$ schreibt man gewöhnlich Arcosh$y$ (lies: *Area cosinus hyperbolicus* von y). Die Umkehrung des *linken* Zweiges von $\cosh x$ führt offenbar zu $-\text{Arcosh}\,y$. Da für $x>0$ auch $(\cosh x)'>0$ ist, finden wir mit Hilfe des Satzes 47.3 und der Beziehung (53.8) die Differentiationsformel

$$(\text{Arcosh}\,y)' = \frac{1}{\sinh(\text{Arcosh}\,y)} = \frac{1}{\sqrt{\cosh^2(\text{Arcosh}\,y)-1}} = \frac{1}{\sqrt{y^2-1}} \quad \text{für } y>1.$$

Aus ihr ergibt sich, daß die zweite Ableitung für alle $y>1$ negativ, die Area-Funktion also durchweg streng konkav ist (s. Satz 49.8). Bezeichnen wir die unabhängige Veränderliche wieder wie üblich mit x statt mit y, so können wir unsere Ergebnisse folgendermaßen zusammenfassen (s. Fig. 53.6):

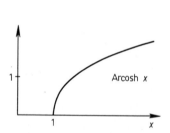

Fig. 53.6

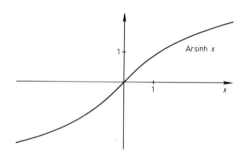

Fig. 53.7

Die Funktion Arcosh x *ist auf dem Intervall* $[1,+\infty)$ *definiert und stetig, streng wachsend und streng konkav. Ihr Wertebereich ist das Intervall* $[0,+\infty)$. *Für* $x>1$ *ist ihre Ableitung vorhanden und gegeben durch*

$$(\text{Arcosh}\,x)' = \frac{1}{\sqrt{x^2-1}}. \tag{53.14}$$

Ferner ist

$$\cosh(\text{Arcosh}\,x) = x \quad \text{für } x \geq 1 \quad \text{und} \quad \text{Arcosh}(\cosh y) = |y| \quad \text{für alle } y.$$

In ganz entsprechender Weise definiert man die Funktion Arsinh x als Umkehrung des hyperbolischen Sinus und beweist die folgenden Eigenschaften (s. Fig. 53.7):

Die Funktion Arsinh *x ist auf* **R** *definiert, stetig und streng wachsend. In* $(-\infty, 0]$ *ist sie streng konvex und in* $[0, +\infty)$ *streng konkav. Ihr Wertebereich ist* **R**. *Für alle x ist ihre Ableitung vorhanden und gegeben durch*

$$(\text{Arsinh } x)' = \frac{1}{\sqrt{x^2+1}}.$$

Ferner ist

$$\sinh(\text{Arsinh } x) = x \quad \textit{für alle } x \quad \text{und} \quad \text{Arsinh}(\sinh y) = y \quad \textit{für alle } y.$$

Weniger häufig als sinh x und cosh x treten die Funktionen

$$\tanh x := \frac{\sinh x}{\cosh x} = \frac{e^x - e^{-x}}{e^x + e^{-x}} \quad \text{für alle } x,$$

$$\coth x := \frac{\cosh x}{\sinh x} = \frac{e^x + e^{-x}}{e^x - e^{-x}} \quad \text{für alle } x \neq 0$$

(53.15)

auf (lies: *tangens hyperbolicus* bzw. *cotangens hyperbolicus* von x). Sie sind gemäß der Quotientenregel in jedem Punkt x ihres jeweiligen Definitionsbereiches differenzierbar und besitzen dort die Ableitungen

$$(\tanh x)' = \frac{1}{\cosh^2 x} = 1 - \tanh^2 x,$$

$$(\coth x)' = -\frac{1}{\sinh^2 x} = 1 - \coth^2 x.$$

(53.16)

Eine äußerst einfache Kurvendiskussion zeigt, daß die Schaubilder des hyperbolischen Tangens und Kotangens die in Fig. 53.8 und 53.9 angegebenen Gestalten haben (das Verhalten für $x \to \pm\infty$ entnehme man der Grenzwertbetrachtung am Ende der Nr. 50).

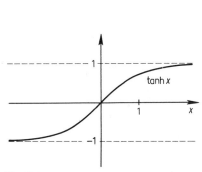

Fig. 53.8

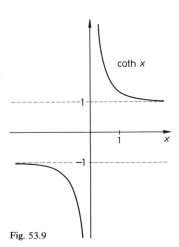

Fig. 53.9

Die Umkehrfunktion Artanh x des hyperbolischen Tangens (s. Fig. 53.10) existiert auf dem offenen Intervall $(-1, 1)$; ihre Ableitung wird gegeben durch

$$(\text{Artanh } x)' = \frac{1}{1-x^2}, \quad -1 < x < 1. \tag{53.17}$$

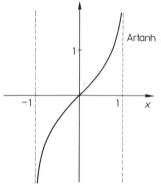

Die Umkehrung des hyperbolischen Kotangens werden wir in Aufgabe 8 diskutieren.

Fig. 53.10

Aufgaben

1. $\cosh 2x = \cosh^2 x + \sinh^2 x, \quad \sinh 2x = 2 \sinh x \cosh x.$

2. $(\cosh x + \sinh x)^k = \cosh kx + \sinh kx$ für jedes ganze k.

3. $\cosh^2 \frac{x}{2} = \frac{\cosh x + 1}{2}, \quad \sinh^2 \frac{x}{2} = \frac{\cosh x - 1}{2}.$

4. $\tanh(x+y) = \frac{\tanh x + \tanh y}{1 + \tanh x \tanh y}.$

*5. Arsinh $x = \ln(x + \sqrt{x^2 + 1})$ für alle x. Hinweis: Die beiden Funktionen stimmen für $x = 0$, ihre Ableitungen für alle x überein.

*6. Arcosh $x = \ln(x + \sqrt{x^2 - 1})$ für $x \geq 1$. Hinweis: Verfahre wie in Aufgabe 5.

*7. Artanh $x = \frac{1}{2} \ln \frac{1+x}{1-x}$ für $x \in (-1, 1)$. Hinweis: Verfahre wie in Aufgabe 5.

*8. **Umkehrung des hyperbolischen Kotangens** (Arcoth x) Die Funktion coth x besitzt eine auf $|y| > 1$ definierte Umkehrfunktion (warum?); diese wird mit Arcoth y bezeichnet. Schreibe wieder x statt y für die unabhängige Veränderliche und zeige:

a) $(\text{Arcoth } x)' = \frac{1}{1-x^2}$ für $|x| > 1$.

b) Arcoth $x = \frac{1}{2} \ln \frac{x+1}{x-1}$ für $|x| > 1$.

c) Die Funktion Arcoth x ist auf $(-\infty, -1)$ streng fallend und konkav, auf $(1, +\infty)$ streng fallend und konvex. Zeichne ein Schaubild!

9. a) $\dfrac{d}{dx}(\cosh x)^{\ln x} = (\cosh x)^{\ln x}\left(\dfrac{\ln \cosh x}{x} + \ln x \tanh x\right)$.

b) $\dfrac{d}{dx}\text{Artanh}(\ln \cosh x) = \dfrac{\tanh x}{1 - (\ln \cosh x)^2}$.

10. Diskutiere die Funktion $f(x) := \tanh(1/x)$. **Hinweis**: Die einzige positive Nullstelle von f'' ist näherungsweise 0,8.

11. Sei $f(x) := 2\ln\cosh(x/2)$, $g(x) := 2\ln(1+e^x) - x$ und $h(x) := \ln(1+\cosh x)$. Beweise mittels Differentiation, daß $f = g - \ln 4 = h - \ln 2$ ist.

54 Extremalprobleme

In diesem Abschnitt wollen wir weitere Eindrücke von der Bedeutung und Nützlichkeit der Differentialrechnung für die Praxis vermitteln. Zu diesem Zweck lösen wir einige Extremalaufgaben. Historisch ist anzumerken, daß Maximum-Minimumprobleme in der Entwicklung der Differentialrechnung eine entscheidende Rolle gespielt haben. Von den Tatsachen der elementaren Geometrie, insbesondere von den Winkelfunktionen, wollen wir bei diesen Anwendungen unbefangen Gebrauch machen.

1. Gewinnmaximierung Wir beginnen mit der Aufgabe aus dem Beispiel 5 der Nr. 46: Bestimme die Produktmenge x derart, daß der Gewinn $G(x) = E(x) - K(x)$ maximal wird. Machen wir für die Erlösfunktion wieder den Ansatz $E(x) := \alpha x$ und nehmen an, die Kostenfunktion $K(x)$ sei genügend oft differenzierbar, so werden wir diejenigen Lösungen der Gleichung $G'(x) = \alpha - K'(x) = 0$ oder also der Gleichung $K'(x) = \alpha$ bestimmen, in denen $G''(x) = -K''(x) < 0$, also $K''(x) > 0$ ist. Anschaulich gesprochen: Wir werden in den *konvexen* Teilen der Kostenkurve diejenigen Punkte bestimmen, in denen die Tangente parallel zur Erlöskurve $y = \alpha x$ ist.

Für die Kostenfunktion macht man häufig den Ansatz $K(x) := a + bx - cx^2 + dx^3$ mit positiven Koeffizienten a, b, c und d; ihr typischer Verlauf ist in Fig. 46.4 angegeben. $a = K(0)$ sind die **fixen Kosten**, die auch dann anfallen, wenn nichts produziert wird (Amortisation des eingesetzten Kapitals, Verwaltungskosten usw.), während $V(x) := bx - cx^2 + dx^3$ die von der Produktionsmenge abhängenden **variablen Kosten** angibt. $K'(x) = V'(x) = b - 2cx + 3dx^2$ ist die Änderungsrate der Kosten, der Kostenanstieg, während $K''(x) = V''(x) = -2c + 6dx$ die Änderung des Kostenanstiegs selbst mißt. Die Negativität des Koeffizienten $-2c$ sorgt dafür, daß sich in dem Intervall $[0, c/3d]$ der Kostenanstieg verlangsamt (dies spiegelt eine Grunderfahrung der Massenproduktion wider). Da $K''(x)$ genau in $(c/3d, +\infty)$ positiv ist, muß die gewinngünstigste Produktmenge in diesem Intervall liegen. Sie ist also die obere der Lösungen

$$c/3d \pm ((\alpha - b)/3d + c^2/9d^2)^{1/2}$$

der Gleichung $K'(x) = \alpha$ (wobei man $(\alpha - b)/3d + c^2/9d^2 > 0$, also $b - c^2/3d < \alpha$ voraussetzen muß).

2. Abfallminimierung Aus einem Baumstamm mit kreisförmigem Querschnitt soll ein Balken mit rechteckigem Querschnitt gefertigt werden, und zwar so, daß möglichst wenig Abfall entsteht. Diese Aufgabe läuft auf die folgende hinaus: Zeichne in einen Kreis mit dem Durchmesser δ ein Rechteck maximaler Fläche $F = gh$ ein (g ist die Grundlinie, h die Höhe des Rechtecks; s. Fig. 54.1). F ist nur scheinbar eine Funktion von zwei Veränderlichen; da nämlich $\delta^2 = g^2 + h^2$ ist, finden wir $F = F(h) = h\sqrt{\delta^2 - h^2}$, wobei h auf das offene Intervall $(0, \delta)$ zu beschränken ist. Da $F(h)$ immer positiv ist, stimmen die Maximalstellen von F mit denen von F^2 überein. Deshalb bestimmen wir die Nullstellen h_m von $(F^2)' = 2FF'$; auf diese Weise vermeiden wir die Differentiation der Wurzel. Aus

$$\frac{d}{dh} F^2(h) = \frac{d}{dh} (\delta^2 h^2 - h^4) = 2\delta^2 h - 4h^3 = 0$$

erhalten wir $h_m = \delta/\sqrt{2}$, und da die zweite Ableitung $2\delta^2 - 12h^2$ von F^2 für $h = h_m$ offenbar negativ ist, muß h_m die gesuchte Maximalstelle sein. Die zugehörige Grundlinie ist $g_m = (\delta^2 - h_m^2)^{1/2} = \delta/\sqrt{2} = h_m$: der Querschnitt des Balkens ist also *quadratisch*.

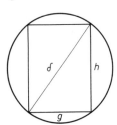

Fig. 54.1

3. Maximale Tragfähigkeit Aus einem Baumstamm mit kreisförmigem Querschnitt soll ein Balken mit rechteckigem Querschnitt hergestellt werden, der maximale Tragfähigkeit besitzt. Der Statik entnehmen wir, daß die Tragfähigkeit eines Balkens proportional zu seiner Grundlinie g und dem Quadrat seiner Höhe h ist; die Aufgabe läuft infolgedessen darauf hinaus, einem Kreis mit gegebenem Durchmesser δ ein Recketck so einzubeschreiben, daß $T := gh^2$ maximal wird (s. Fig. 54.1). Wegen $\delta^2 = g^2 + h^2$ ist $T = T(g) = g(\delta^2 - g^2)$ in Wirklichkeit eine Funktion von nur einer Veränderlichen, als die wir bequemerweise diesmal g statt h wählen; g ist auf das offene Intervall $(0, \delta)$ zu beschränken. Aus

$$T'(g) = \delta^2 - 3g^2 = 0$$

erhalten wir $g_m = \delta/\sqrt{3}$, und da $T''(g) = -6g < 0$ ist, muß g_m in der Tat die gesuchte Maximalstelle sein. Die zugehörige Balkenhöhe ist $h_m = \sqrt{\delta^2 - g_m^2} = \sqrt{2/3}\delta$; infolgedessen ist $h_m = \sqrt{2}g_m$.

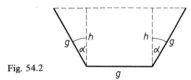

Fig. 54.2

4. Maximales Fassungsvermögen Aus drei Brettern, die alle die Breite g haben, soll eine Rinne mit maximalem Fassungsvermögen gebaut werden. Diese Aufgabe verlangt von uns, den Winkel α in Fig. 54.2 so zu bestimmen, daß der Querschnitt

$$Q = gh + 2 \cdot \frac{1}{2} hg \sin \alpha = g(h + h \sin \alpha)$$

der Rinne maximal wird. Da $h = g \cos \alpha$, also $Q = g^2(\cos \alpha + \cos \alpha \sin \alpha)$ ist, hängt Q in Wirklichkeit nur von der einen Veränderlichen α ab, die auf das halboffene Intervall $[0, \pi/2)$ zu beschränken ist (für $\alpha = \pi/2$ erhalten wir keine Rinne!). Um die in $(0, \pi/2)$ liegenden Maximalstellen zu berechnen, lösen wir die Gleichung

$$Q'(\alpha) = g^2(-\sin \alpha + \cos^2 \alpha - \sin^2 \alpha) = g^2(-\sin \alpha + 1 - 2 \sin^2 \alpha) = 0$$

auf; dies wiederum läuft darauf hinaus, zuerst die Lösungen x_1, x_2 der quadratischen Gleichung

$$-x + 1 - 2x^2 = 0$$

und dann die Lösungen der Gleichungen

$$\sin \alpha = x_1 \quad \text{und} \quad \sin \alpha = x_2 \quad \text{unter der Nebenbedingung} \quad 0 < \alpha < \pi/2$$

zu bestimmen. Man findet $x_1 = 1/2$, $x_2 = -1$. Unter der angegebenen Nebenbedingung besitzt die Gleichung $\sin \alpha = 1/2$ die einzige Lösung $\alpha_m = \pi/6$ $(= 30°)$, während die zweite Gleichung $\sin \alpha = -1$ in $(0, \pi/2)$ unlösbar ist. Da

$$Q''(\alpha) = g^2(-\cos \alpha - 4 \sin \alpha \cos \alpha), \quad \text{also} \quad Q''(\pi/6) < 0$$

ist, muß α_m die gesuchte Maximalstelle in $(0, \pi/2)$ sein. Der zugehörige Querschnitt ist

$$Q_m = g^2(\cos \alpha_m + \cos \alpha_m \sin \alpha_m) = \frac{3\sqrt{3}}{4} g^2.$$

Wegen $Q_m > g^2 = Q(0)$ ist der bisher unberücksichtigt gebliebene Winkel $\alpha = 0$ gewiß keine Lösung unseres Extremalproblems. Insgesamt haben wir somit gezeigt, daß die Rinne mit dem Winkel $\alpha = \alpha_m = \pi/6$ — und nur sie — maximales Fassungsvermögen hat.

5. Reflexionsgesetz Das nach Pierre de Fermat (1601–1665; 64) benannte *Fermatsche Prinzip* besagt folgendes: Ein Lichtstrahl, der (unter vorgegebenen Nebenbedingungen) von einem Punkt P_1 zu einem Punkt P_2 gelangen soll, schlägt immer den Weg ein, der die kürzeste oder auch die längste Zeit erfordert; i. allg. ist das erstere der Fall. Wir wollen aus diesem Prinzip zuerst das *Reflexionsgesetz* und dann im nächsten Beispiel das *Brechungsgesetz* herleiten.

Der Lichtstrahl soll von P_1 nach P_2 gelangen, indem er zuerst an der x-Achse reflektiert wird (s. Fig. 54.3). Wir nehmen an, daß er in einem Medium mit konstantem Brechungsindex verläuft, so daß auch seine Geschwindigkeit konstant ist. Nach dem Fermatschen Prinzip wird er in diesem Fall den Weg P_1PP_2 extremaler Länge wählen, also den Weg, für den

$$L(x):=\sqrt{x^2+h_1^2}+\sqrt{(x-a)^2+h_2^2} \qquad (0<x<a)$$

extremal wird. Für die x-Koordinate ξ des Reflexionspunktes muß daher die Gleichung

$$L'(\xi)=\frac{\xi}{\sqrt{\xi^2+h_1^2}}+\frac{\xi-a}{\sqrt{(\xi-a)^2+h_2^2}}=0, \quad \text{also} \quad \frac{\xi}{\sqrt{\xi^2+h_1^2}}=\frac{a-\xi}{\sqrt{(\xi-a)^2+h_2^2}}$$

und somit $\sin\alpha=\sin\beta$ gelten. Und da die Winkel α und β zwischen 0 und $\pi/2$ liegen, müssen sie selbst übereinstimmen: *Bei der Reflexion ist der Einfallswinkel gleich dem Ausfallswinkel* (Reflexionsgesetz).

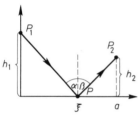

Fig. 54.3

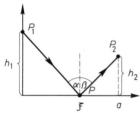

Fig. 54.4

6. Brechungsgesetz Ein Lichtstrahl soll von P_1 nach P_2 gelangen, indem er zunächst ein Medium mit konstantem Brechungsindex i_1 oberhalb der x-Achse und dann ein Medium mit konstantem, aber möglicherweise von i_1 verschiedenem Brechungsindex i_2 unterhalb der x-Achse durchläuft (s. Fig. 54.4). Seine Geschwindigkeit hängt von dem Medium ab, das er passiert; sie sei in der oberen Halbebene c_1, in der unteren c_2. Die Zeit, die er benötigt, um den Weg P_1PP_2 zu durchlaufen, ist dann

$$T(x):=\frac{1}{c_1}\sqrt{x^2+h_1^2}+\frac{1}{c_2}\sqrt{(x-a)^2+h_2^2}.$$

Wegen des Fermatschen Prinzips muß für die x-Koordinate $\xi \in (0, a)$ des Brechungspunktes die Gleichung

$$T'(\xi) = \frac{1}{c_1} \frac{\xi}{\sqrt{\xi^2 + h_1^2}} - \frac{1}{c_2} \frac{a-\xi}{\sqrt{(\xi-a)^2 + h_2^2}} = 0$$

und somit

$$\frac{1}{c_1} \sin \alpha = \frac{1}{c_2} \sin \beta \quad \text{oder also} \quad \frac{\sin \alpha}{\sin \beta} = \frac{c_1}{c_2}$$

gelten: *Das Verhältnis des Sinus des Einfallswinkels zum Sinus des Ausfallswinkels ist konstant* (Brechungsgesetz).

7. Wiensches Verschiebungsgesetz Nach dem *Planckschen Strahlungsgesetz* wird das Emissionsvermögen eines schwarzen Körpers durch

$$E(\lambda) = \frac{c^2 h}{\lambda^5} [e^{ch/k\lambda T} - 1]^{-1}$$

gegeben; dabei ist λ die Wellenlänge der Strahlung, T die absolute Temperatur des Körpers, c die Lichtgeschwindigkeit im Vakuum, h das Plancksche Wirkungsquantum und k die Boltzmannsche Konstante[1]. Wir fragen, für welche Wellenlänge das Emissionsvermögen (bei fester Temperatur T) maximal ist. Wegen

$$E'(\lambda) = -c^2 h \frac{-e^{ch/k\lambda T}(ch/k\lambda T) + 5(e^{ch/k\lambda T} - 1)}{\lambda^6 (e^{ch/k\lambda T} - 1)^2}$$

verschwindet die Ableitung von E genau dort, wo der Zähler dieses Bruches gleich Null ist; mit

$$x := ch/k\lambda T \quad (x > 0)$$

lautet diese Bedingung

$$f(x) := xe^x - 5(e^x - 1) = 0. \tag{54.1}$$

Wegen $f'(x) = (x-4)e^x$ fällt die Funktion f streng von $f(0) = 0$ bis $f(4) = -e^4 + 5 < 0$, dann wächst sie streng $\to +\infty$. Infolgedessen besitzt sie genau eine positive Nullstelle x_m, die sich näherungsweise zu 4,9651 bestimmt[2]. Die Wellenlänge

$$\lambda_m = ch/kx_m T \tag{54.2}$$

ist dann eine Nullstelle von E', und da man leicht sieht, daß $E'(\lambda) > 0$ für

---

[1] Max Planck (1858–1947; 89). Ludwig Boltzmann (1844–1906; 62).
[2] Man wende etwa auf die zu (54.1) äquivalente Gleichung $x = 5(1 - e^{-x})$ den Satz 35.1 an; s. die Diskussion von (70.7).

308   VII Anwendungen

$0<\lambda<\lambda_m$ und <0 für $\lambda>\lambda_m$ ist, muß λ_m die (einzige) Maximalstelle von E sein. Aus (54.2) ergibt sich nunmehr das wichtige *Wiensche Verschiebungsgesetz*[1])

$$\lambda_m T = \text{const.}$$

Die drei letzten Beispiele stellen uns eine erkenntnistheoretisch äußerst interessante Tatsache vor Augen: Es ist möglich, aus bekannten Naturgesetzen (Fermatsches Prinzip, Plancksches Strahlungsgesetz) *rein rechnerisch* neue Naturgesetze zu gewinnen (Reflexions- und Brechungsgesetz, Wiensches Verschiebungsgesetz). Die Natur fügt sich gewissermaßen unserem Kalkül. Wir werden diesen Gedanken im nächsten Abschnitt noch etwas weiter verfolgen.

Aufgaben

1. Zeige, daß in den Beispielen 5 und 6 der Lichtstrahl in minimaler Zeit von P_1 nach P_2 gelangt.

2. Zeige: Unter allen Rechtecken mit vorgegebenem Umfang U besitzt das Quadrat die größte Fläche. — Unvergleichlich viel schwieriger und mit unseren gegenwärtigen Hilfsmitteln gar nicht angreifbar ist das *Problem der Dido* (auch *isoperimetrisches Problem* genannt): Bestimme unter allen ebenen Flächenstücken mit vorgegebenem Umfang das flächengrößte. Anschaulich scheint es klar zu sein, daß der Kreis die Lösung sein muß — und er ist es auch —, der analytische Beweis kommt jedoch ohne tiefliegende Überlegungen nicht aus (s. Nr. 223). Das Problem hat seinen Namen von der sagenhaften Königin Dido. Vor ihrem tyrannischen Bruder aus Tyros geflohen, gründete sie eine neue Heimat in Karthago. Im ersten Gesang der Äneis berichtet Vergil[2]:

> Als sie den Ort erreicht, wo jetzt du gewaltige Mauern
> Siehst und die wachsende Burg des neuen Karthago, erwarben
> Sie den Boden, der Byrsa nach diesem Handel geheißen,
> *So viel mit einer Stierhaut sie einzuschließen vermochte.*

3. Beschreibe einem Kreis ein gleichschenkliges Dreieck mit größtem Flächeninhalt ein.

4. Wie muß man den Radius und die Höhe einer zylindrischen Konservendose mit vorgegebenem Fassungsvermögen V wählen, wenn man so wenig Blech wie möglich zu ihrer Herstellung verwenden will? (Die Oberfläche der Dose wird durch $2\pi r^2 + 2\pi rh$ gegeben, wenn r ihr Radius und h ihre Höhe ist).

5. n Messungen ein und derselben Größe mögen die Werte $a_1, \ldots, a_n$ ergeben. Die Fehlertheorie lehrt, daß unter gewissen Gesichtspunkten das Minimum der Funktion

$$f(x) := \sum_{k=1}^{n} (x - a_k)^2$$

die günstigste Näherung für die gemessene Größe ist („*Methode der kleinsten Quadrate*"). Wie groß ist es?

---

[1] Wilhelm Wien (1864–1928; 64).
[2] Vergil: Äneis. Deutsch von Thassilo von Scheffer. Carl Schünemann Verlag Bremen, 1958.

55 Exponentielle, autokatalytische und logistische Prozesse. Epidemien. Das psychophysische Grundgesetz. Mathematische Erfassung von Naturvorgängen

Exponentielle Prozesse Wenn die Zu- oder Abnahme einer zeitabhängigen Größe u innerhalb jeder hinreichend kleinen Zeitspanne näherungsweise proportional zu dieser Zeitspanne und dem momentan vorhandenen Wert $u(t)$ ist, so genügt u der Differentialgleichung

$$\dot{u} = \alpha u, \tag{55.1}$$

wobei wir die Newtonsche Punktbezeichnung $\dot{u}$ für die Ableitung du/dt von u nach der Zeit t verwenden; s. (46.8). Einige Beispiele für solche Veränderungsprozesse haben wir in A 7.7 zusammengestellt (Bevölkerungswachstum, radioaktiver Zerfall, Abkühlung, chemische Reaktionen). In Nr. 26 hatten wir aus der „Differenzengleichung" (26.1) den Prozeßverlauf

$$u(t) = u_0 e^{\alpha t}, \quad u_0 := u(0) \tag{55.2}$$

durch eine *ad hoc*-Betrachtung gewonnen; s. (26.5). Mit den nun zur Verfügung stehenden Methoden können wir dieses Ergebnis mühelos wiedergewinnen, verallgemeinern und noch durch eine Eindeutigkeitsaussage anreichern. Trivialerweise genügt nämlich die Funktion $v(t) := e^{\alpha t}$ auf ganz $\mathbf{R}$ der Differentialgleichung (55.1), d.h., für alle $t \in \mathbf{R}$ ist $\dot{v}(t) = \alpha v(t)$. Sei nun u eine Lösung von (55.1) auf dem (beliebigen) Intervall I_0. Dann ist dort

$$\frac{d}{dt}\frac{u}{v} = \frac{v\dot{u} - u\dot{v}}{v^2} = \frac{v(\alpha u) - u(\alpha v)}{v^2} = 0, \quad \text{also} \quad \frac{u}{v} = C \quad \text{und somit} \quad u = Cv$$

mit einer gewissen Konstanten C (s. Satz 49.3). Cv löst aber — gleichgültig, welchen Wert C auch haben mag — die Gl. (55.1) sogar auf ganz $\mathbf{R}$, so daß wir also u in natürlicher und völlig eindeutiger Weise zu einer Lösung von (55.1) auf $\mathbf{R}$ fortsetzen können (nämlich zu Cv). Wir halten dieses wichtige Ergebnis fest:

55.1 Satz *Genau die Funktionen $Ce^{\alpha t}$, C eine beliebige Konstante, sind Lösungen der Differentialgleichung $\dot{u} = \alpha u$ — und zwar auf ganz $\mathbf{R}$.*

Es ist physikalisch plausibel, daß der Prozeßzustand $u(t)$ in einem Zeitpunkt t durch den Zustand $u(t_0)$ in einem vorgegebenen Zeitpunkt t_0 völlig eindeutig bestimmt ist. Mathematisch sieht man dies so: Nach dem obigen Ergebnis ist $u(t) = Ce^{\alpha t}$ mit einer gewissen Konstanten C. Für $t = t_0$ ist also $u(t_0) = Ce^{\alpha t_0}$, woraus sich $C = u(t_0)e^{-\alpha t_0}$, also eindeutig

$$u(t) = u(t_0)e^{-\alpha t_0}e^{\alpha t} = u(t_0)e^{\alpha(t-t_0)}$$

als derjenige Prozeß ergibt, der zur Zeit t_0 den „Anfangszustand" $u(t_0)$ hat.

Man beherrscht also den Prozeß zu *allen* Zeiten (*vor* und *nach* t_0), wenn man nur $u(t_0)$ kennt — eine physikalisch hochbedeutsame Tatsache. Veränderungsprozesse, die der Differentialgleichung $\dot{u} = \alpha u$ genügen, nennt man **Exponentialprozesse**, eine Bezeichnung, die nach dem Gesagten naheliegend genug ist. Sie zeichnen sich durch ihr *rapides Anwachsen* bzw. *Abnehmen* aus (s. Beispiel 2 und 3 in Nr. 50). Exponentialprozesse sind gewissermaßen sich selbst überlassene, von der Umwelt unbeeinflußte Vorgänge: Ihre Veränderung oder genauer ihre Veränderungsrate $\dot{u}(t)$ zu einer Zeit t wird einzig und allein durch ihren Zustand $u(t)$ in ebendiesem Zeitpunkt bestimmt. Es treten aber auch Exponentialprozesse auf, die von außen her „gestört" werden (bei einem Abkühlungsvorgang kann man Wärme zuführen — heizen —, bei einer chemischen Reaktion kann man zusätzlich reagierende Substanz einbringen usw.). Wird der „Prozeßsubstanz" pro Zeiteinheit die „Menge" $S(t)$ zugeführt oder entzogen, so ändert sich $u(t)$ in dem (hinreichend kleinen) Zeitintervall Δt näherungsweise um

$$\Delta u := u(t+\Delta t) - u(t) = \alpha u(t)\Delta t + S(t)\Delta t = (\alpha u(t) + S(t))\Delta t.$$

Dividiert man nun diese Gleichung durch Δt und läßt dann $\Delta t \to 0$ gehen, so erhält man die *Differentialgleichung des gestörten Exponentialprozesses*

$$\dot{u} = \alpha u + S; \tag{55.3}$$

S heißt in diesem Zusammenhang auch **Störfunktion**. Ist u_p irgendeine feste (eine „**partikuläre**") Lösung der gestörten Gleichung (55.3), so ist für jede andere Lösung u

$$(u - u_p)\dot{} = \dot{u} - \dot{u}_p = \alpha u + S - (\alpha u_p + S) = \alpha(u - u_p),$$

d.h., $u - u_p$ ist eine Lösung der ungestörten Gleichung. Infolgedessen haben wir $u(t) - u_p(t) = Ce^{\alpha t}$ (s. Satz 55.1), also

$$u(t) = u_p(t) + Ce^{\alpha t}. \tag{55.4}$$

Und da umgekehrt jede Funktion dieser Bauart offenbar eine Lösung von (55.3) ist, können wir die folgende Aussage über die Struktur der Lösungsmenge von (55.3) formulieren:

55.2 Satz *Man erhält alle Lösungen der gestörten Gleichung $\dot{u} = \alpha u + S$ — und nur diese — indem man zu irgendeiner festen Lösung u_p derselben alle Lösungen der ungestörten Gleichung $\dot{u} = \alpha u$ addiert. Dabei hat man sich natürlich auf ein Intervall zu beschränken, auf dem S definiert ist.*

Aufgrund dieses Satzes beherrscht man also die Gleichung $\dot{u} = \alpha u + S$ vollständig, wenn man auch nur *eine* ihrer Lösungen kennt. Eine solche kann man sich durch die von Lagrange eingeführte **Methode der Variation der Konstanten** zu verschaffen suchen. Der paradox anmutende Name dieses Verfahrens rührt daher, daß man in der „allgemeinen Lösung" $Ce^{\alpha t}$ der ungestörten Gleichung die *Konstante C* als eine (differenzierbare) *Funktion* von t auffaßt und diese so zu bestimmen sucht, daß die Funktion

$$u_p(t) := C(t)e^{\alpha t} \tag{55.5}$$

eine Lösung der gestörten Gl. (55.3) wird. Geht man mit diesem Ansatz in (55.3) ein, so erhält man die Beziehung

$$\dot{C}(t)e^{\alpha t} + \alpha C(t)e^{\alpha t} = \alpha C(t)e^{\alpha t} + S(t), \quad \text{also} \quad \dot{C}(t) = S(t)e^{-\alpha t}, \tag{55.6}$$

aus der nun $C(t)$ zu bestimmen ist. Falls dies gelingt, ist u_p in der Tat eine Lösung von (55.3); um dies zu sehen, braucht man nur die eben durchgeführte Rechnung noch einmal zu überblicken. — Die Konstante C in (55.4) wird dazu dienen, die „allgemeine Lösung" (55.4) einer vorgegebenen **Anfangsbedingung** $u(t_0) = u_0$ „anzupassen", d.h., unter allen Lösungen diejenige zu bestimmen, die zur Zeit t_0 den vorgegebenen Wert u_0 besitzt. Dies ist (Lösbarkeit der gestörten Gleichung vorausgesetzt) immer eindeutig möglich; man braucht nur C aus der Gleichung $u_p(t_0) + Ce^{\alpha t_0} = u_0$ zu bestimmen. Daß die Lösung eindeutig durch die Anfangsbedingung bestimmt wird, ist natürlich physikalisch plausibel — und unverzichtbar, wenn man nicht die durchgängige *Determiniertheit der Naturvorgänge* preisgeben will (auf die Problematik des Kausalitätsprinzips, die durch die Quantentheorie aufgerollt wurde, können wir hier natürlich nicht eingehen).

Das ganze Problem, die gestörte Differentialgleichung $\dot{u} = \alpha u + S$ aufzulösen, hat sich nunmehr zu der Aufgabe verdichtet, *eine Funktion $C(t)$ zu finden, deren Ableitung mit einer vorgegebenen Funktion*, in unserem Falle $S(t)e^{-\alpha t}$, *übereinstimmt*. Allerdings müssen wir sofort warnend anmerken, daß es nicht zu jeder Funktion f eine Funktion F mit $F' = f$ gibt. Wählt man z.B. ein f ohne Zwischenwerteigenschaft auf dem Intervall I (etwa die Dirichletsche Funktion), so kann es wegen des Zwischenwertsatzes 49.10 kein F auf I mit $F' = f$ geben. Umso dringender wird die Frage, unter welchen Voraussetzungen man eine Funktion f als Ableitung einer anderen Funktion F auffassen und wie man gegebenenfalls dieses F tatsächlich bestimmen kann. Diese Frage kehrt die Problemstellung der Differentialrechnung gerade um: Die Differentialrechnung bestimmt — sehr pauschal gesagt — Ableitungen gegebener Funktionen, während wir nun zu gegebener Ableitung f eine Funktion F mit $F' = f$ suchen sollen. Wir werden diese neue Fragestellung, die uns von den Anwendungen der Mathematik aufgedrängt wird, in voller Breite erst im Kapitel X angehen. Gegenwärtig wollen wir uns, gestützt auf den Satz 49.3, begnügen mit

55.3 Definition und Satz *F heißt* **Stammfunktion** *zu f auf dem Intervall I, wenn $F'(x) = f(x)$ für alle $x \in I$ ist. Aus* einer *Stammfunktion F_0 zu f auf I erhält man* alle *in der Form $F_0 + C$ mit willkürlichen Konstanten C.*

Jede Differentiationsformel „$F'(x) = f(x)$ für alle $x \in I$" liefert sofort eine Formel der „Antidifferentiation": Liest man sie von rechts nach links, so besagt sie, daß auf dem Intervall I eine Stammfunktion zu f durch F gegeben wird. *Eine* Stammfunktion (nicht *die* Stammfunktion) zu x^n ($n \in \mathbf{N}$, $x \in \mathbf{R}$) auf $\mathbf{R}$ ist z.B. $x^{n+1}/(n+1)$, *eine* Stammfunktion zu $e^{\alpha x}$ auf $\mathbf{R}$ ist $e^{\alpha x}/\alpha$, falls $\alpha \neq 0$ (man bestätigt diese Behauptungen einfach durch Differentiation).

Wir betrachten als Anwendung die gestörte Differentialgleichung

$$\dot{u} = \alpha u + \beta \qquad (\beta \in \mathbf{R}) \tag{55.7}$$

(Exponentialprozeß mit zeitlich konstanter „Zufuhr" von außen; im Falle $\beta < 0$ ist diese Zufuhr in Wirklichkeit eine Entnahme. Nach diesem Modell verläuft z.B. der Abbau von Glukose, die einem Patienten durch Tropfinfusion zugeführt wird — s. Aufgabe 1 —, der Abbau von Alkohol während eines Trinkgelages und die Veränderung des Materialbestandes einer kämpfenden Armee mit konstanter Verschleißquote und konstantem Nachschub). Um eine partikuläre Lösung u_p zu finden, machen wir den Ansatz (55.5). Für $\dot{C}(t)$ finden wir dann die Gleichung $\dot{C}(t) = \beta e^{-\alpha t}$ (s. (55.6)), die offenbar von $C(t) := -(\beta/\alpha)e^{-\alpha t}$ befriedigt wird, so daß $u_p(t) = -(\beta/\alpha)$ ist — ein Ergebnis, das wir durch aufmerksames Betrachten der Differentialgleichung (55.7) leichter hätten finden können. Deren allgemeine Lösung ist nunmehr durch

$$u(t) := -(\beta/\alpha) + Ce^{\alpha t} \qquad (C \text{ eine beliebige Konstante}) \tag{55.8}$$

gegeben. Ihr können wir entnehmen, was auch anschaulich sofort einleuchtet, daß im Falle $\alpha > 0$, $C > 0$, (exponentieller Wachstumsprozeß) die konstante Außenzufuhr nach einiger Zeit nicht mehr ins Gewicht fällt ($Ce^{\alpha t} \to +\infty$ für $t \to +\infty$), während sie im Falle $\alpha < 0$, $C > 0$ (exponentieller Abnahmeprozeß) schließlich allein ausschlaggebend ist: $Ce^{\alpha t} \to 0$, also $u(t) \to -(\beta/\alpha)$ für $t \to +\infty$. Kurz: *u stabilisiert sich*.

Autokatalytische Prozesse Ein komplizierterer Typ von Veränderungsprozessen tritt uns bei den sogenannten **autokatalytischen Reaktionen** in der Chemie entgegen. Diese Reaktionen zeichnen sich dadurch aus, daß die in ihnen bereits umgewandelte Substanz *katalytisch* wirkt, also den Reaktionsablauf beschleunigt, ohne selbst dabei verändert zu werden. Ist A die anfängliche Konzentration der umzuwandelnden, $u(t)$ die zur Zeit t vorhandene Konzentration der umgewandelten Substanz, so wird man vernünftigerweise annehmen, daß in einer hinreichend kleinen Zeitspanne Δt die Änderung $\Delta u := u(t + \Delta t) - u(t)$ angenähert positiv proportional zu $u(t)$, zu $A - u(t)$ und zu Δt ist (die erste Annahme trägt der Tatsache Rechnung, daß Δu wegen der Autokatalyse mit $u(t)$ wächst, die zweite besagt, daß ohne Autokatalyse die Reaktion ein exponentieller Abnahmeprozeß für die umzuwandelnde Substanz wäre). Mit anderen Worten: man wird annehmen, daß näherungsweise $\Delta u = \alpha u(t)(A - u(t))\Delta t$ mit $\alpha > 0$ ist. Dividiert man

55 Exponentielle, autokatalytische und logistische Prozesse

diese Gleichung durch Δt und läßt dann $\Delta t \to 0$ rücken, so erhält man die *Differentialgleichung der autokatalytischen Reaktion*

$$\dot{u} = \alpha u(A-u) \quad \text{oder also} \quad \dot{u} = \alpha A u - \alpha u^2. \tag{55.9}$$

Sie läßt sich durch eine einfache Substitution auf (55.7) zurückführen. Setzt man nämlich $u = 1/v$, so ist $\dot{u} = -\dot{v}/v^2$, und damit geht (55.9) in die Beziehung

$$-\frac{\dot{v}}{v^2} = \alpha \frac{1}{v}\left(A - \frac{1}{v}\right),$$

also in die Differentialgleichung

$$\dot{v} = -\alpha A v + \alpha \tag{55.10}$$

für die Funktion v über. Nach (55.8) besitzt diese die allgemeine Lösung $v(t) = 1/A + Ce^{-\alpha At}$ (C eine beliebige Konstante). Infolgedessen hat $u(t)$ für $t \geq 0$ notwendig die Form

$$u(t) = \frac{1}{v(t)} = \frac{A}{1 + ACe^{-\alpha At}}, \tag{55.11}$$

und man bestätigt umgekehrt sofort, daß diese Funktion in der Tat die Gl. (55.9) löst. C bestimmen wir aus der gegebenen Anfangskonzentration $u_0 := u(0)$ der Resultatsubstanz: Aus (55.11) folgt

$$u_0 = \frac{A}{1+AC} \quad \text{und damit} \quad AC = \frac{A}{u_0} - 1, \quad C = \frac{1}{u_0} - \frac{1}{A}.$$

Die autokatalytische Reaktion mit dem Anfangszustand $u_0 = u(0)$ wird also eindeutig durch die Funktion

$$u(t) = \frac{A}{1 + (A/u_0 - 1)e^{-\alpha At}} \quad (t \geq 0) \tag{55.12}$$

beschrieben.

Logistische Prozesse Nicht immer wird das Wachstum (oder die Abnahme) einer definierten Population u (Menschen, Tiere, Bakterien, Holzmenge eines Waldes) realistisch genug durch das Modell $\dot{u} = \alpha u$ beschrieben (s. A 26.7). Dieses Modell setzt ja voraus, daß die Anzahl der Geburten und der Todesfälle in der Zeiteinheit proportional zu der gerade vorhandenen Population ist (s. A 7.7). Unter besonderen Verhältnissen (Seuchen, Nahrungsmangel, kriegerische Zerstörung) kann es jedoch vorkommen, daß bei unverändertem Geburtsverhalten (konstante Geburtenrate) die Zahl der Todesfälle in der Zeiteinheit stark ansteigt und etwa dem *Quadrat* der Population proportional ist, so daß wir

314   VII Anwendungen

näherungsweise

$$\Delta u := u(t+\Delta t) - u(t) = \gamma u(t)\Delta t - \tau[u(t)]^2 \Delta t \tag{55.13}$$

mit positiven Konstanten γ und τ haben (logistisches Modell). Dividieren wir diese Gleichung durch Δt und lassen $\Delta t \to 0$ gehen, so gewinnen wir die *logistische Differentialgleichung*

$$\dot{u} = \gamma u - \tau u^2 \qquad (\gamma, \tau > 0), \tag{55.14}$$

die interessanterweise aus der Differentialgleichung (55.9) der autokatalytischen Reaktion hervorgeht, wenn man dort $\alpha = \tau$ und $A = \gamma/\tau$ setzt. Infolgedessen können wir ohne weitere Rechnung die Lösung (55.12) übernehmen und festhalten, *daß die* logistische Funktion

$$u(t) := \frac{\gamma}{\tau + (\gamma/u_0 - \tau)e^{-\gamma t}} \qquad (t \geq 0) \tag{55.15}$$

die einzige Lösung der logistischen Differentialgleichung (55.14) *ist, die der Anfangsbedingung* $u(0) = u_0$ *genügt*; u_0 ist hierbei die Ausgangspopulation. Für $t \to +\infty$ strebt $u(t) \to \gamma/\tau$: *Die Population wird nach hinreichend langer Zeit im wesentlichen stabil.* Um näheren Aufschluß über das Wachstumsverhalten von u zu bekommen, bemerken wir, daß

$$\dot{u}(t) = \frac{\gamma^2(\gamma/u_0 - \tau)e^{-\gamma t}}{[\tau + (\gamma/u_0 - \tau)e^{-\gamma t}]^2} \begin{cases} > 0 & \text{für } \gamma/\tau > u_0, \\ = 0 & \text{für } \gamma/\tau = u_0, \\ < 0 & \text{für } \gamma/\tau < u_0 \end{cases} \tag{55.16}$$

ist. u wächst oder fällt also streng, je nachdem $\gamma/\tau > u_0$ oder $< u_0$ ist; dieses Ergebnis kann man auch unmittelbar aus (55.15) gewinnen. Die Ungleichung $\gamma/\tau > u_0$, also $\gamma u_0 > \tau u_0^2$, bedeutet übrigens, daß zu Beginn des Prozesses die Zahl der Geburten die der Todesfälle übersteigt; entsprechend ist $\gamma/\tau < u_0$ zu deuten. Wir bestimmen nun die Wendepunkte von u und verschaffen uns zu diesem Zweck zunächst einen Überblick über die Nullstellen von $\ddot{u}$. Aus (55.14) folgt $\ddot{u} = \gamma \dot{u} - 2\tau u \dot{u}$; in dem nichttrivialen Fall $u \neq$ const verschwindet also $\ddot{u}(t)$ genau dann, wenn

$$\frac{\gamma}{\tau} = 2u(t) = \frac{2\gamma/\tau}{1 + \left(\frac{\gamma/\tau}{u_0} - 1\right)e^{-\gamma t}} \quad \text{oder also} \quad e^{\gamma t} = \frac{\gamma/\tau}{u_0} - 1 \tag{55.17}$$

ist. Da für $t > 0$ stets $e^{\gamma t} > 1$ ist, besitzt diese Gleichung genau dann eine Lösung $t_w > 0$, wenn $\frac{\gamma/\tau}{u_0} - 1 > 1$, also

$$\gamma/\tau > 2u_0 \tag{55.18}$$

55 Exponentielle, autokatalytische und logistische Prozesse

ist; in diesem Falle finden wir

$$t_w = \frac{1}{\gamma} \ln\left(\frac{\gamma/\tau}{u_0} - 1\right). \qquad (55.19)$$

Ist (55.18) erfüllt, so folgt zunächst mit (55.16), daß $\dot{u}(t) > 0$ für alle $t \geq 0$ ist; infolgedessen haben wir $\ddot{u}(t) = \gamma \dot{u}(t) - 2\tau u(t)\dot{u}(t) > 0$ bzw. < 0 genau dann, wenn $\gamma/\tau > 2u(t)$ bzw. $< 2u(t)$, d.h., wenn $t < t_w$ bzw. $> t_w$ ist. t_w ist also ein Wendepunkt, und zwar wendet sich u von konvexer zu konkaver Krümmung, wenn t wachsend durch t_w geht. Anders ausgedrückt: Die Zuwachs*rate* der Population *wächst* bis zum Zeitpunkt t_w, um dann — bei immer noch zunehmender Population — ständig *abzunehmen*. t_w ist gewissermaßen der Punkt eines Vitalitätsknicks. Zur Zeit t_w hat die Population die Größe $u(t_w) = \gamma/2\tau$.

Ganz ähnlich sieht man, daß u im Falle $u_0 < \gamma/\tau \leq 2u_0$ durchgehend konkav und im Falle $\gamma/\tau < u_0$ durchgehend konvex ist. Abgesehen von dem trivialen Konstanzfall $\gamma/\tau = u_0$ haben wir also für den logistischen Prozeß drei verschiedene Verlaufsmöglichkeiten, die in der Fig. 55.1 dargestellt sind.

Man kann (55.14) auch wie folgt gewinnen. Der immer beschränkten „Lebensmittel" wegen kann eine Population eine gewisse Maximalgröße K — die Trägerkapazität ihres Lebensraumes — nicht überschreiten. Ihre Wachstumsrate zur Zeit t wird dann wohl proportional zu ihrer gerade vorhandenen Größe $u(t)$ und dem noch verbleibenden „Spielraum" $K - u(t)$ sein, d.h., u wird vermutlich einer Differentialgleichung der Form $\dot{u} = \lambda u(K-u)$ ($\lambda, K > 0$ konstant) genügen — und das ist gerade (55.14) mit $\gamma = \lambda K$ und $\tau = \lambda$. Weitere Anwendungen der wichtigen logistischen Differentialgleichung findet der Leser in Heuser [9] auf S. 25f, 35f und 573.

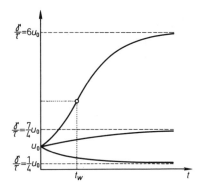

Fig. 55.1

Epidemien In einer Population Π von n Individuen breche zur Zeit $t = 0$ eine Seuche (ansteckende Krankheit) S aus. Zur Zeit $t \geq 0$ kann dann Π aufgeteilt werden in

$u(t)$ Mitglieder, die angesteckt werden können,

$v(t)$ Mitglieder, die angesteckt sind,

$w(t)$ Mitglieder, die isoliert, an der Krankheit gestorben oder nach überstandener Infektion dauerhaft immun geworden sind.

Von einer Veränderung der Population Π durch Geburten oder „natürliche"

Todesfälle (also solche, die nicht durch S verursacht werden), sehen wir ab. Es sei

$$u_0 := u(0) > 0, \quad v_0 := v(0) > 0 \quad \text{und} \quad w_0 := w(0) > 0,$$

also $u_0 + v_0 + w_0 = n$.

Ferner setzen wir $\Delta u := u(t + \Delta t) - u(t)$, und ganz entsprechend werden Δv und Δw definiert. Dann wird man annehmen dürfen, daß für hinreichend kleines Δt jedenfalls näherungsweise die folgenden Beziehungen mit gewissen positiven Konstanten α und β gelten:

$$\Delta u = -\alpha u(t) v(t) \Delta t, \quad \Delta v = [\alpha u(t) v(t) - \beta v(t)] \Delta t, \quad \Delta w = \beta v(t) \Delta t;$$

α ist die *Infektionsrate*, β die *Ausfallsrate*. Dividieren wir diese Gleichungen durch Δt und lassen $\Delta t \to 0$ rücken, so erhalten wir das System der drei Differentialgleichungen

$$\dot{u} = -\alpha uv, \quad \dot{v} = \alpha uv - \beta v, \quad \dot{w} = \beta v \qquad (55.20)$$

für die unbekannten Funktionen u, v, w. Statt zu versuchen, dieses System zu lösen, schildern wir eine neue Methode, die uns jedenfalls einen Einblick in das *qualitative Verhalten* der fraglichen Funktionen gibt. Da w in den beiden ersten Gleichungen von (55.20) nicht vorkommt, dürfen wir diese aus dem System herauslösen und für sich betrachten, mit anderen Worten: wir fassen das Teilsystem

$$\dot{u} = -\alpha uv, \quad \dot{v} = \alpha uv - \beta v \qquad (55.21)$$

ins Auge. Von ihm setzen wir voraus, daß es eine Lösung u, v besitze, für die $u(0) = u_0$ und $v(0) = v_0$ ist. Deuten wir $P(t) := (u(t), v(t))$ als Punkt in einem uv-Koordinatensystem, so durchläuft $P(t)$ mit wachsendem t eine Bahn, die wir die **Lösungsbahn des Systems (55.21)** nennen und mit L bezeichnen. Der näheren Untersuchung dieser Lösungsbahn L wenden wir uns nun zu.

Der ersten Gleichung in (55.21) entnehmen wir, daß $\dot{u} < 0$, also u streng fallend ist. Infolgedessen besitzt u eine (differenzierbare) Umkehrfunktion, die t in Abhängigkeit von u darstellt, kurz: $t = t(u)$. Wegen $v(t) = v(t(u)) =: V(u)$ wird dann v eine Funktion von u. Und das Entscheidende ist nun, daß der Punkt $(u, V(u))$ mit abnehmendem u die Lösungsbahn L durchläuft, *so daß wir L kennen, wenn uns der Graph von V, und das heißt doch: wenn uns V selbst gegeben ist.* Für V können wir aber sofort eine sehr einfache Differentialgleichung finden. Es ist nämlich, wenn wir die Differentiation nach u durch einen Strich bezeichnen,

$$V'(u) = \dot{v}(t(u)) t'(u) = \frac{\dot{v}(t(u))}{\dot{u}(t(u))};$$

mit (55.21) erhalten wir daraus

$$V'(u) = \frac{\alpha u(t(u))v(t(u)) - \beta v(t(u))}{-\alpha u(t(u))v(t(u))} = \frac{\alpha u V(u) - \beta V(u)}{-\alpha u V(u)} \quad (55.22)$$

$$= -1 + \frac{\gamma}{u} \quad \text{mit } \gamma := \frac{\beta}{\alpha}.$$

Da $-u + \gamma \ln u$ eine Stammfunktion zu $-1 + \gamma/u$ ist, muß notwendigerweise $V(u) = -u + \gamma \ln u + C$ mit einer passenden Konstanten C sein. Aus $v_0 = V(u_0) = -u_0 + \gamma \ln u_0 + C$ folgt sofort $C = u_0 + v_0 - \gamma \ln u_0$ und somit

$$V(u) = u_0 + v_0 - u + \gamma \ln \frac{u}{u_0}. \quad (55.23)$$

Eine denkbar einfache Kurvendiskussion zeigt, daß V das in Fig. 55.2 angegebene Schaubild mit einer Maximalstelle in $u = \gamma$ und einer Nullstelle $u_1 \in (0, \gamma)$ besitzt. Wegen der Bedeutung von V ist für uns nur der *über* der u-Achse liegende Teil interessant, der zur besseren Hervorhebung fett gezeichnet ist. Erinnern wir uns daran, daß $u(t)$ mit wachsendem t von u_0 aus streng abnimmt, die „Epidemiekurve" also in Richtung abnehmender u-Werte zu durchlaufen ist, so können wir der Fig. 55.2 auf einen Blick die folgenden Aussagen entnehmen:

I) Ist $u_0 \leq \gamma$, d.h. $\alpha u_0 \leq \beta$, so strebt $u(t) \searrow u_1$ und $v(t) \searrow 0$ bei wachsendem t.

II) Ist $u_0 > \gamma$, d.h. $\alpha u_0 > \beta$, so strebt zwar wieder $u(t) \searrow u_1$, aber $v(t)$ geht zunächst streng wachsend von v_0 zum Maximalwert $V(\gamma)$, und strebt dann erst $\searrow 0$.

Im ersten Fall wird die Seuche rasch verschwinden, im zweiten wird sie sich zu einer Epidemie auswachsen. Mit anderen Worten: *Eine Epidemie wird genau dann eintreten, wenn die anfängliche Anzahl der Ansteckungsfähigen größer als der Schwellenwert γ ist.* Eine Vergrößerung von γ reduziert also die Epidemiegefahr. Ein „großes" γ liegt vor, wenn z.B. durch einen effizienten Gesundheitsdienst für eine rasche und umfassende Isolierung der Infizierten gesorgt wird — oder auch, wenn die Erkrankung überwiegend tödlich verläuft.

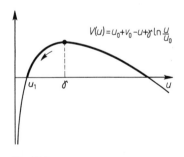

Fig. 55.2

Die Epidemie wird erst dann zurückgehen, wenn die Anzahl der Ansteckungsfähigen unter den Schwellenwert γ gesunken ist. Ferner: Ein Teil der Population wird *nicht* von der Krankheit befallen werden, denn beim Erlöschen der Epidemie sind noch $u_1 > 0$ Ansteckungsfähige vorhanden.

Um sich diese Dinge noch plastischer zu machen, konstruiere man mit Hilfe eines Taschenrechners das Schaubild von V im Falle $u_0:=1000$, $v_0:=5$ (= anfänglicher Krankenbestand) und $\gamma:=1200$ (800, 500). Man kann ihm entnehmen, daß dann insgesamt 24 (389, 800) Individuen von der Seuche befallen werden, aber höchstens 5 (27, 159) zur gleichen Zeit erkrankt sind. — Eine tiefergehende Analyse des Epidemieproblems findet man in Heuser [9], S. 559–565.

Das psychophysische Grundgesetz Verursacht ein Reiz der Intensität R (etwa Schall oder Licht) eine Empfindung der Intensität $E(R)$, so lehrt bereits die alltägliche Erfahrung, daß eine Zunahme ΔR der Reizintensität eine umso geringere Zunahme $\Delta E := E(R + \Delta R) - E(R)$ der Empfindungsintensität bewirkt, je größer R ist (eine geringe Lärmzunahme wird z.B. bei einem schon bestehenden hohen Lärmpegel kaum noch registriert, während ebendieselbe Lärmzunahme in der Stille der Nacht als sehr störend empfunden wird — eine Tatsache, die dem türeknallenden Autofahrer offenbar nicht, dem erfahrenen Einbrecher aber sehr gut bekannt ist). Bezeichnen wir mit R_0 den sogenannten *Schwellenwert des Reizes*, d.h. diejenige Reizintensität, für die $E(R_0) = 0$ und $E(R) > 0$ für $R > R_0$ ist, so wird man den geschilderten Sachverhalt näherungsweise durch eine Gleichung der Form

$$\Delta E = \alpha \frac{\Delta R}{R} \quad \text{für } R \geq R_0 \quad (\alpha \text{ eine positive Konstante})$$

zu beschreiben versuchen (R_0 dürfen wir dabei offenbar als positiv annehmen). Ersetzen wir in gewohnter Weise ΔE durch das Differential $E'(R)\Delta R$, so erhalten wir die Beziehung

$$E'(R) = \frac{\alpha}{R} \quad (R \geq R_0).$$

Aus ihr folgt, daß $E(R)$ für $R \geq R_0$ durch $E(R) = \alpha \ln R + C$ mit einer gewissen Konstanten C gegeben wird. Setzen wir $R = R_0$, so ist $0 = \alpha \ln R_0 + C$, also $C = -\alpha \ln R_0$. Damit erhalten wir nun das sogenannte *psychophysische Grundgesetz* in der Form

$$E(R) = \alpha \ln \frac{R}{R_0} \quad (R \geq R_0).$$

Es wird nach seinen Entdeckern Ernst Heinrich Weber (1795–1878; 83) und Gustav Theodor Fechner (1801–1887; 86) auch das *Weber-Fechnersche Gesetz* genannt. Genauere Untersuchungen haben gezeigt, daß es in der Tat die Empfindungsintensität gut wiedergibt, solange die Reizintensität in einem mittleren Bereich verbleibt.

Da der Logarithmus sich nur wenig mit seinem Argument ändert, lehrt das psychophysische Grundgesetz, *daß man die Reizintensität R ganz erheblich verringern muß, wenn man die Empfindungsintensität $E(R)$ merklich senken will*. Der

Leser wird diese qualitative Bemerkung leicht selbst quantifizieren können. Ihre Bedeutung etwa für die Bekämpfung der Lärmbelästigung ist so offenkundig, daß sie keines weiteren Kommentars bedarf.

Wir beschließen diesen Abschnitt mit einigen

Bemerkungen über die mathematische Erfassung von Naturvorgängen Um unsere Ideen zu fixieren, betrachten wir wieder einen zeitabhängigen Prozeß $u(t)$. Das alles entscheidende Faktum ist nun, daß wir häufig in der Lage sind, den Prozeß „im Kleinen" zu beherrschen, d.h. genauer, *daß wir uns realitätsnahe Vorstellungen darüber machen können, wie sich $u(t)$ in einer* hinreichend kleinen *Zeitspanne Δt ändert*. Ganz allgemein gesprochen, wird diese Änderung abhängen von dem Zeitpunkt t, zu dem sie einsetzt, dem bestehenden Zustand $u(t)$ und der Länge der Zeitspanne Δt. Die erste, noch ganz generelle, aber tief bedeutsame Annahme ist, daß zu jedem festen Zeitpunkt t die Änderung von $u(t)$ proportional zu Δt ist (sehr naiv gesagt: bei Verdoppelung der Zeitspanne verdoppelt sich die Änderung). Zusammengefaßt führen diese drei Hypothesen dazu, die Änderung Δu in der Form

$$\Delta u := u(t+\Delta t) - u(t) = f(t, u(t))\Delta t \tag{55.24}$$

mit einer gewissen Funktion f von zwei Veränderlichen zu schreiben. *Jetzt erst beginnt der Versuch, aus dem konkreten Prozeß heraus Vorstellungen über die Beschaffenheit von f zu entwickeln*; wir haben dies für die exponentiellen, autokatalytischen und logistischen Prozesse explizit durchgeführt. Hat man nun f durch physikalische, chemische, biologische oder andere Überlegungen gewonnen, so setzt eine mathematische Idealisierung ein: *Wir nehmen an, u sei eine differenzierbare Funktion und erhalten nun in gewohnter Weise aus* (55.24) *die* Differentialgleichung $\dot u(t) = f(t, u(t))$, die man kürzer in der Form

$$\dot u = f(t, u) \tag{55.25}$$

zu schreiben pflegt (wohlgemerkt, alle diese Betrachtungen sind approximativer Art, und die Gleichheitszeichen sind deshalb *cum grano salis* zu nehmen). (55.25) beschreibt die Änderungsrate von u als Funktion der Zeit t und des zu dieser Zeit bestehenden Zustandes $u(t)$, und *die eigentlich mathematische Aufgabe besteht nun darin, die Differentialgleichung* (55.25) *zu lösen, d.h., Funktionen u zu finden, für die $\dot u(t) = f(t, u(t))$ während der gesamten Prozeßdauer ist*. Aus der Annahme, Naturvorgänge seien streng determiniert, ergibt sich, daß der gemäß (55.25) ablaufende Prozeß durch seinen Zustand $u_0 := u(t_0)$ in einem gegebenen Zeitpunkt t_0 eindeutig bestimmt sein muß (mit anderen Worten: man beherrscht ihn, wenn man seinen Anfangszustand *und* seine Änderungsrate kennt). Das naturwissenschaftliche Determinationsprinzip stellt uns umgekehrt vor die *mathematische Aufgabe, nachzuweisen, daß es zu vorgegebenem Zeitpunkt t_0 und „Anfangswert"*

u_0 genau eine Funktion u mit

$$\dot{u} = f(t, u) \quad \text{und} \quad u(t_0) = u_0 \tag{55.26}$$

gibt. Unser mathematisches Arsenal ist noch nicht reichhaltig genug, um jetzt schon auf breiter Front den Angriff auf dieses zentrale Problem eröffnen zu können; wir werden deshalb zunächst, wie wir es in diesem Abschnitt schon getan haben, mit *ad hoc*-Betrachtungen arbeiten müssen. Als warnendes Beispiel dafür, daß es in der Mathematik jedoch anders zugehen kann als in der Natur, diene die Aufgabe 12.

Hat der Mathematiker das „Anfangswertproblem" (55.26) gelöst, so wird nun wieder der Naturwissenschaftler prüfen müssen, *ob die Lösung u mit der Wirklichkeit, d.h. mit seinen Meßwerten, hinreichend gut übereinstimmt*. Ist dies nicht der Fall, so wird das Modell (55.25) — also doch die Überlegung, die zu ihm geführt hat — revidiert, verfeinert oder auch ganz verworfen werden müssen. Wird jedoch u als befriedigend empfunden, so sieht man auch (55.25) als eine angemessene Beschreibung des Prozesses an — jedenfalls so lange, wie keine neuen Daten, die nicht mehr mit u zu vereinbaren sind, Bedenken wecken und eine Überprüfung des mathematischen Modells erheischen.

Der Übergang von der Differenz Δu zu dem Differential $\dot{u}(t)\Delta t$, also der Übergang von der Differenzengleichung (55.24) zu der Differentialgleichung (55.25) bringt zunächst, rein technisch gesehen, den gar nicht hoch genug zu schätzenden Vorteil, daß uns nun der einfach zu handhabende (und gerade dieser Einfachheit wegen so schlagkräftige) Apparat der Differentialrechnung zur Verfügung steht. Das Rechnen mit Differenzen führt sehr schnell zu bandwurmartigen, unübersichtlichen Ausdrücken, und jeder Versuch, die Natur mit *diesem* Mittel durchleuchten zu wollen, würde nach wenigen Schritten in hoffnungslosen Komplikationen ersticken. Man betrachte nur die Differenzenquotienten für die beiden einfachen Funktionen $u_1(t) := t^2$ und $u_2(t) := t^3$. Es ist

$$\frac{\Delta u_1}{\Delta t} = \frac{(t+\Delta t)^2 - t^2}{\Delta t} = \frac{t^2 + 2t\Delta t + (\Delta t)^2 - t^2}{\Delta t} = 2t + \Delta t,$$

$$\frac{\Delta u_2}{\Delta t} = \frac{(t+\Delta t)^3 - t^3}{\Delta t} = \frac{t^3 + 3t^2\Delta t + 3t(\Delta t)^2 + (\Delta t)^3 - t^3}{\Delta t} = 3t^2 + 3t\Delta t + (\Delta t)^2;$$

die Summe ist

$$\frac{\Delta u_1}{\Delta t} + \frac{\Delta u_2}{\Delta t} = 3t^2 + 2t + (3t+1)\Delta t + (\Delta t)^2.$$

Die entsprechenden Ableitungen (Differentialquotienten) sind jedoch einfach

$$\dot{u}_1(t) = 2t, \quad \dot{u}_2(t) = 3t^2 \quad \text{und} \quad \dot{u}_1(t) + \dot{u}_2(t) = 3t^2 + 2t.$$

Rein formal gewinnt man sie aus den Differenzenquotienten, indem man alle Glieder mit Δt unterdrückt — und dieses kecke Vereinfachungsverfahren war für

Fermat und Newton die akzeptierte, wenn auch gelegentlich Gewissensbisse verursachende Differentiationsmethode; sie wurde erst viel später durch Cauchys Theorie der Grenzprozesse glänzend gerechtfertigt (s. noch einmal Satz 46.3). Tiefer geht die Bemerkung, daß die Wahl einer Zeitspanne Δt immer *willkürlich* ist und dem objektiven Naturvorgang ein subjektives, menschliches Element beimischt (es sei denn, die Zeit habe eine „körnige" Struktur, d.h., es gäbe eine kleinste, ununterschreitbare Zeitspanne, eine sogenannte *Elementarzeit*). Von dieser verfälschenden, die inneren Eigenschaften des Vorganges verdeckenden Zutat, kann man sich offenbar nur durch den Grenzübergang $\Delta t \to 0$, d.h. durch den Übergang von der Differenzengleichung (55.24) zu der Differentialgleichung (55.25), befreien. Man erinnere sich hier noch einmal der diesbezüglichen Bemerkungen im Beispiel 1 der Nr. 46.

Für ein tiefer eindringendes Studium der hier berührten Fragen verweisen wir den Leser auf Aris [1].

Aufgaben

1. Künstliche Ernährung Sie wird bei Patienten, die zur Nahrungsaufnahme nicht fähig sind, durch Infusion von Glukose (Traubenzucker) in die Blutbahn bewerkstelligt. $u(t)$ bezeichne den Glukosegehalt im Blut eines Kranken zur Zeit t, und es sei $u_0 := u(0)$. Wir nehmen an, daß dem Patienten Glukose mit der konstanten Rate von β Gramm pro Minute zugeführt wird. Der Abbau der Glukose erfolgt mit einer Rate, die proportional zu dem vorhandenen Glukosegehalt ist, also in der Form $-\alpha u(t)$ mit einer positiven Konstanten α anzusetzen ist. Bestimme $u(t)$ für $t \geq 0$. Der Glukosegehalt nähert sich mit zunehmender Zeit einem Gleichgewichtszustand. Wie groß ist er?

2. Absorption in homogenen Medien Geht Energie durch ein Medium (z.B. Licht durch Luft oder Wasser), so nimmt sie wegen Umwandlung in andere Energieformen ab (*Absorption*). In einem homogenen Medium geht diese Abnahme auf einem Weg längs der x-Achse gewöhnlich nach dem Näherungsgesetz $\Delta u := u(x + \Delta x) - u(x) = -\beta u(x) \Delta x$ vor sich. Man mache sich dieses Gesetz plausibel, gewinne aus ihm eine Differentialgleichung für u, löse sie, definiere die „Halbwertlänge" (s. A 26.8) und berechne sie. β heißt der *Absorptionskoeffizient* des Mediums für die betrachtete Energie.

3. Absorption in gewissen inhomogenen Medien (s. dazu Aufgabe 2) In einem inhomogenen Medium ist die Absorption für eine gegebene Energieform räumlich veränderlich. Wir nehmen an, sie hänge nur von x ab und bezeichnen sie mit $\beta(x)$. (Beispiel: Atmosphärensäule; die variable Dichte und Verschmutzung der Luft macht die Absorption räumlich veränderlich). Stelle eine Differentialgleichung für die Energie $u = u(x)$ auf, wenn sie längs der x-Achse das Medium durchsetzt. Löse sie mit der Anfangsbedingung $u(0) = u_0$ für den Fall $\beta(x) := \beta x$ ($\beta > 0$ konstant).

4. Barometrische Höhenformel $p(x)$ bezeichne den Druck, $\varrho(x)$ die Dichte der Atmosphäre in der Höhe x über der Erde. Eine Atmosphärensäule der Grundfläche 1 und der Höhe Δx hat also das Gewicht $g\varrho(x)\Delta x$ (g die Konstante der Erdbeschleunigung), somit ist näherungsweise die Druckänderung $\Delta p := p(x + \Delta x) - p(x) = -g\varrho(x)\Delta x$. Nach dem

Boyle-Mariotteschen Gesetz ist in einem idealen Gas von überall gleicher Temperatur p/ϱ konstant, also gleich p_0/ϱ_0 mit $p_0 := p(0)$, $\varrho_0 := \rho(0)$ (Druck und Dichte unmittelbar über der Erdoberfläche). Stelle eine Differentialgleichung für p auf und zeige, daß

$$p(x) = p_0 e^{-(\varrho_0 g/p_0)x} \quad \text{für } x \geq 0$$

ist (*barometrische Höhenformel*). Durch Logarithmieren erhält man die Höhe

$$x = \frac{p_0}{\varrho_0 g} \ln \frac{p_0}{p(x)},$$

die also durch Luftdruckmessung mittels eines Barometers (jedenfalls angenähert) bestimmt werden kann.

5. Das Newtonsche Abkühlungsgesetz Ein Körper mit der Temperatur $u(t)$ befinde sich in einem Medium mit der Temperatur $A(t)$. Dann findet Wärmeaustausch in Richtung der niedrigeren Temperatur statt. Damit ändert sich $u(t)$, und zwar ist $\Delta u := u(t + \Delta t) - u(t)$ für kleine Δt etwa proportional der Temperaturdifferenz $u(t) - A(t)$ und dem Zeitintervall Δt, also näherungsweise $= -\beta(u(t) - A(t))\Delta t$ mit einer positiven Konstanten β (das Beispiel 3 in A 7.7 ist ein Sonderfall hiervon für $A(t)$ konstant $= M$, wobei noch der Nullpunkt der Temperaturskala nach M gelegt wurde). Daraus ergibt sich das *Newtonsche Abkühlungsgesetz*

$$\dot{u} = -\beta(u - A) \quad \text{oder also} \quad \dot{u} = -\beta u + \beta A \tag{55.27}$$

(gestörter Exponentialprozeß). Löse diese Differentialgleichung mit der Anfangsbedingung $u(0) = u_0$ für den Fall $A(t) := A_0 - \gamma t$ ($A_0 := A(0)$, γ eine positive Konstante; dies entspricht etwa der nächtlichen Abkühlung der Luft). Hinweis: $(1/\beta)te^{\beta t} - (1/\beta^2)e^{\beta t}$ ist eine Stammfunktion zu $te^{\beta t}$.

6. Die Vorteile der Wärmeisolierung In einem isolierten Haus (Quader mit konstanter Wandstärke l) herrsche die Temperatur $u(t)$, während die umgebende Luft die Temperatur $A(t)$ habe; $Q(t)$ sei die im Innern des Hauses enthaltene Wärmemenge ($Q(t)$ ist proportional der Innentemperatur: $Q(t) = cu(t)$, $c > 0$). Durch die Außenwände des Hauses, deren Gesamtfläche q sei, findet Wärmeaustausch statt. Für $\Delta Q := Q(t + \Delta t) - Q(t)$ wird man realistischerweise den Ansatz $\Delta Q = -\lambda(q/l)[u(t) - A(t)]\Delta t$ mit einer positiven Konstanten λ machen, die von dem Material der Wände abhängt und die *Wärmeleitfähigkeit* desselben genannt wird. Dieser Ansatz führt zu der Gleichung

$$\dot{Q} = -\lambda \frac{q}{l}(u - A),$$

und da $\dot{Q} = c\dot{u}$ ist, erhält man für u die Differentialgleichung

$$\dot{u} = -\lambda \frac{q}{cl}(u - A),$$

also das Newtonsche Abkühlungsgesetz (55.27) mit $\beta = (q/cl)\lambda$. Zur Zeit $t = 0$ (etwa 21 Uhr) schalte man die Heizung aus. Berechne den Temperaturverlauf u_λ bzw. $u_{\lambda/n}$ im Falle der Wärmeleitfähigkeit λ bzw. der durch verbesserte Isolierung auf ein n-tel reduzierten Wärmeleitfähigkeit λ/n, und zwar unter der Annahme $A(t) := A_0 - \gamma t$, $\gamma > 0$ (s. Aufgabe 5;

das dort gefundene Ergebnis kann man übernehmen). Zeige, daß $u_{\lambda/n}(t) - u_\lambda(t) \to (n-1)c l\gamma/\lambda q$ strebt, wenn $t \to +\infty$ geht (lange Winternächte!). Diese Temperaturdifferenz hat eine entsprechende Einsparung bei den Heizungskosten zur Folge. Man beachte, daß sie umso größer ist, je rascher die Außentemperatur abfällt — solange dies nach dem angegebenen linearen Gesetz geschieht.

7. Es sei dieselbe Situation wie in Aufgabe 6 gegeben. Berechne u_λ und $u_{\lambda/n}$ für einen exponentiellen Temperaturabfall $A(t) = (A_0 - B_0)e^{-\gamma t} + B_0$ ($\gamma > 0$) und zeige, daß diesmal $u_{\lambda/n}(t) - u_\lambda(t) \to 0$ strebt für $t \to +\infty$.

8. Soll man eine Wohnung nachts durchheizen oder morgens aufheizen? Wir legen wieder die Situation der Aufgabe 6 zugrunde. $w(t)$ sei der Betrag der Wärmeenergie, die bis zur Zeit t von der Heizung des Hauses abgegeben wurde. Dann ist näherungsweise $\Delta w := w(t + \Delta t) - w(t) = \dot{w}(t)\Delta t$, und da sich durch die Zuführung der Wärmemenge Δw die Temperatur um $\Delta w/c = \dot{w}(t)\Delta t/c$ verändert, finden wir, gestützt auf das Newtonsche Abkühlungsgesetz, daß die gesamte Änderung der Innentemperatur u in der Zeitspanne Δt näherungsweise durch

$$\Delta u := u(t + \Delta t) - u(t) = -\beta[u(t) - A(t)]\Delta t + \dot{w}(t)\Delta t/c$$

gegeben wird. Daraus erhalten wir das *Heizungsgesetz*

$$\dot{u} = -\beta(u - A) + \frac{\dot{w}}{c} \quad \text{oder also} \quad \dot{u} = -\beta u + \beta A + \frac{\dot{w}}{c}. \tag{55.28}$$

Will man eine konstante Innentemperatur u_0 aufrechterhalten, so muß $\dot{u}(t) = 0$ für alle t sein, und aus (55.28) folgt nun, daß die Rate der Wärmezufuhr gemäß der Gleichung

$$\dot{w} = c\beta(u_0 - A) \tag{55.29}$$

zu regulieren ist. Wir nehmen für A wieder einen linearen Abfall $A(t) := A_0 - \gamma t$ ($\gamma > 0$) ab einer gewissen Abendstunde an (die wir als Nullpunkt der Zeitmessung wählen) und beschränken t auf die nächtliche Abkühlungsperiode.

a) Zeige: Die bis zur Zeit t zur Aufrechterhaltung der konstanten Innentemperatur u_0 benötigte Wärmeenergie ist

$$w(t) = cu_0 + c\beta(u_0 - A_0)t + c\beta\gamma t^2/2$$

($cu_0 = w(0)$ ist die Energie, die benötigt wird, um die Anfangstemperatur u_0 zu erzeugen).

b) Schaltet man zur Zeit $t = 0$ die Heizung für die Nacht aus, so wird der Temperaturverlauf innerhalb des Hauses durch

$$u(t) := (u_0 - A_0 - \gamma/\beta)e^{-\beta t} + A_0 + \gamma/\beta - \gamma t \quad \text{für } t \geq 0$$

gegeben (s. Aufgabe 5 und 6); der Energieverlust durch Abkühlung bis zur Zeit t ist $c[u_0 - u(t)]$. Zeige:

$$c[u_0 - u(t)] \leq w(t) \quad \text{für } t \geq 0,$$

falls $A_0 \leq u_0$ ist, und

$$w(t)/c[u_0 - u(t)] \to +\infty \quad \text{für } t \to +\infty.$$

Infolgedessen ist es vorteilhafter, die Heizung nachts auszuschalten. Entsprechendes gilt natürlich auch für die Heizung von Freibädern. Hilfe für den Beweis der Ungleichung: Benutze A 49.3 (beginne damit, die zweiten Ableitungen zu vergleichen).

9. Extreme Notzeiten Unter besonders verheerenden Bedingungen kann die Zahl der Todesfälle in der Zeiteinheit dem Kubus der Population proportional sein, während die Geburtsrate immer noch konstant ist. Dieser Prozeß wird durch die Differentialgleichung $\dot u = \gamma u - \tau u^3$ (γ, τ positive Konstanten) beschrieben. Löse sie und diskutiere die Lösung. Beachte insbesondere, daß $u(t) \to (\gamma/\tau)^{1/2}$ strebt für $t \to +\infty$, so daß auch diesmal die Population stabil wird. Hinweis: Substitution $v := 1/u^2$.

10. Verminderte Regeneration Ist die Zahl der Geburten in einer Population nur noch der Wurzel aus derselben proportional, während die Todesrate konstant ist, so wird der Wachstums- bzw. Schrumpfungsprozeß der Population durch die Differentialgleichung $\dot u = \gamma \sqrt{u} - \tau u$ (γ, τ positive Konstanten) beschrieben. Löse sie, diskutiere die Lösung und beachte, daß wiederum die Population (wachsend oder schrumpfend) stabil wird: $u(t) \to (\gamma/\tau)^2$ für $t \to +\infty$. Hinweis: Substitution $v := \sqrt{u}$.

$^+$**11.** Die beim logistischen Prozeß und in den Aufgaben 9 und 10 auftretenden Differentialgleichungen haben die Gestalt

$$\dot u = \alpha u + \beta u^\rho \quad \text{mit } \alpha, \beta, \rho \in \mathbf{R}; \tag{55.30}$$

die Funktion u war ihrer Bedeutung nach ständig positiv. Für $\rho = 0, 1$ liegt ein gestörter bzw. ungestörter Exponentialprozeß vor. Zeige, daß im Falle $\rho \ne 0, 1$ die Differentialgleichung (55.30) (unter der Positivitätsannahme für u) durch die Substitution $v := u^{1-\rho}$ in den gestörten Exponentialprozeß $\dot v = (1-\rho)\alpha v + (1-\rho)\beta$ übergeht und gebe alle ihre Lösungen an.

$^+$**12.** Definiere für jedes $\lambda \in (0, 1)$ die Funktion u_λ durch

$$u_\lambda(t) := \begin{cases} 0 & \text{für } 0 \le t \le \lambda, \\ [2(t-\lambda)/3]^{3/2} & \text{für } \lambda < t \le 1 \end{cases}$$

und bestätige, daß *jedes* u_λ auf dem Intervall $[0, 1]$ der Differentialgleichung $\dot u = u^{1/3}$ genügt und den Anfangswert $u_\lambda(0) = 0$ besitzt. Zeichne Schaubilder für einige λ-Werte!

56 Fall und Wurf, Raketenflug und Vollbremsung

Physikalische Grundlage für diesen und den nächsten Abschnitt ist das berühmte *„zweite Newtonsche Gesetz"* aus den *Principia*, das wir schon in der Kurzfassung „Kraft = Masse mal Beschleunigung" erwähnt haben. Bewegt sich ein Massenpunkt längs der x-Achse und ist $x(t)$ seine Position zur Zeit t, so ist seine Geschwindigkeit $v(t)$ bzw. seine Beschleunigung $b(t)$ zur Zeit t die erste bzw. zweite Ableitung des Weges nach der Zeit, genauer:

$$v(t) = \dot x(t) \quad \text{und} \quad b(t) = \dot v(t) = \ddot x(t)$$

(s. Beispiele 1 und 2 in Nr. 46). Besitzt der Punkt die Masse m und bewegt er sich unter dem Einfluß einer Kraft, die mit der Stärke K längs der x-Achse wirkt, so ist also

$$K = m\ddot{x}. \qquad (56.1)$$

Für die Anwendung dieses Gesetzes ist die Tatsache entscheidend, daß wir häufig Aussagen darüber machen können, wie die Kraft K von der Zeit t, dem Ort x und der Geschwindigkeit $\dot{x}$ abhängt, d.h., daß wir K als eine wohlbestimmte Funktion $f(t, x, \dot{x})$ darstellen und somit aus (56.1) eine Differentialgleichung

$$\ddot{x} = \frac{1}{m} f(t, x, \dot{x}) \qquad (56.2)$$

zur Bestimmung der Funktion $x(t)$ gewinnen können. (56.2) ist eine Differentialgleichung zweiter Ordnung (die höchste auftretende Ableitung ist die zweite), während die bisher von uns betrachteten Differentialgleichungen nur von erster Ordnung waren (sie enthielten lediglich Ableitungen erster Ordnung). Es ist physikalisch plausibel, daß die Lage $x(t)$ eines Körpers zu jeder Zeit t eindeutig bestimmt ist, wenn man sein Bewegungsgesetz (56.2), seine Anfangslage $x_0 := x(t_0)$ und seine Anfangsgeschwindigkeit $v_0 := \dot{x}(t_0)$ zu einer gewissen Anfangszeit t_0 kennt. Mathematisch bedeutet dies: Wir dürfen erwarten (müssen es aber — unter gewissen Voraussetzungen über f — beweisen), *daß eine und nur eine Funktion $x(t)$ existiert, die der Differentialgleichung (56.2) und den* Anfangsbedingungen $x(t_0) = x_0$, $\dot{x}(t_0) = v_0$ *mit vorgegebenen Werten t_0, x_0 und v_0 genügt*. Wir werden vorläufig dieses Existenz- und Eindeutigkeitsproblem nur für einzelne Gleichungen *ad hoc* lösen und erst später zu seiner allgemeinen Untersuchung schreiten.

Wir erinnern bei dieser Gelegenheit an einige physikalische Maßeinheiten. Im sogenannten MKS-System ist die Längeneinheit 1 Meter (1 m), die Masseneinheit 1 Kilogramm (1 kg; das ist die Masse des in Breteuil bei Paris aufbewahrten „Urkilogramms" aus Platin-Iridium) und die Zeiteinheit 1 Sekunde (1 sec). Die Dimension der Geschwindigkeit ist m · sec^{-1}, der Beschleunigung m · sec^{-2}, der Kraft kg · m · sec^{-2}. Die Einheit der Kraft ist 1 Newton (1 N); das ist die Kraft, die einer Masse von 1 kg die Beschleunigung 1 m · sec^{-2} erteilt.

Freier Fall Ein Körper der Masse m falle allein unter dem Einfluß der Schwerkraft (also ohne Berücksichtigung der Luftreibung) zur Erde. Im Zeitpunkt $t = 0$ (Beginn der Messung) habe er die Geschwindigkeit v_0. Welchen Weg legt er in der Zeit t zurück?

Die zunächst rein empirische Antwort auf diese Frage gibt, jedenfalls wenn $v_0 = 0$ ist, das *Galileische Fallgesetz*: Der in der Zeit t zurückgelegte Weg ist $gt^2/2$, wobei g eine Konstante ist, die näherungsweise den Wert 9,81 m · sec^{-2} besitzt. Aus dem Fallgesetz hatten wir im Beispiel 2 der Nr. 46 rein mathematisch geschlossen, daß die Beschleunigung des fallenden Körpers konstant = g ist, weshalb man g auch die Konstante der Erdbeschleunigung nennt. Wir schlagen nun den umgekehrten Weg ein: Wir nehmen erstens an, es existiere eine gewisse Kraft, **Schwerkraft** oder auch **Anziehungskraft der Erde** genannt, die bewirkt, daß ein über der Erde befindlicher und frei beweglicher Körper senkrecht zur Erdoberfläche herabfällt[1]. Zweitens nehmen wir an, daß diese Schwerkraft proportional zur Masse des Körpers ist, an dem sie angreift; die (für alle Körper gleiche) Proportionalitätskonstante nennen wir g. Nun machen wir den Punkt, an dem der fallende Körper sich zur Zeit $t=0$ befindet, zum Nullpunkt einer senkrecht auf die Erdoberfläche weisenden x-Achse; wegen (56.1) ist dann unter all diesen Annahmen die auf den Körper wirkende Kraft $K = mg = m\ddot{x}$, und somit nimmt (56.2) die besonders einfache Gestalt

$$\ddot{x} = g \tag{56.3}$$

an: *Die Beschleunigung frei fallender Körper ist konstant und für alle Körper, unabhängig von ihrer Masse, dieselbe.* Der physikalische Teil unserer Betrachtungen ist damit beendet; es beginnt nun die mathematische Analyse, die sich auch diesmal, wie schon früher in Nr. 55, auf den entscheidenden Satz 55.3 stützen wird (ohne ihn jedesmal ausdrücklich zu zitieren). Aus $\ddot{x} = g$ folgt $\dot{x}(t) = gt + C_1$; und da nach unserer Voraussetzung $C_1 = \dot{x}(0) = v_0$ ist, erhalten wir für die Geschwindigkeit $v(t) = \dot{x}(t)$ zur Zeit t die Gleichung

$$v(t) = gt + v_0. \tag{56.4}$$

Daraus folgt $x(t) = gt^2/2 + v_0 t + C_2$; wegen $C_2 = x(0) = 0$ ist also

$$x(t) = \frac{1}{2} gt^2 + v_0 t. \tag{56.5}$$

Damit haben wir aus der Differentialgleichung $\ddot{x} = g$ *rein mathematisch* das Weg-Zeitgesetz des frei fallenden Körpers hergeleitet. Für $v_0 = 0$ geht es in das Galileische Fallgesetz über, mit dem die moderne Physik beginnt („Über einen sehr alten Gegenstand bringen wir eine ganz neue Wissenschaft").

Wir merken noch an, daß es ungleich einfacher ist, das Gesetz (56.5) nun, da es formuliert ist, durch Messungen empirisch zu bestätigen, als es aus einem Wust von Meßdaten zu gewinnen, *ohne überhaupt zu wissen, wie es aussehen könnte.* Der Nutzen der Mathematik für die Naturwissenschaften besteht zum großen Teil darin, intelligente (und leicht nachprüfbare) Vermutungen zu liefern — und mehr als ein *educated guess* ist auch das Gesetz (56.5) solange nicht, als es nicht den Test der Messungen bestanden hat (es beruht ja letztlich auf einigen physikalischen Annahmen, über die man streiten kann und gestritten hat; die mathematische Analyse entfaltet nur die Konsequenzen dieser Annahmen, ohne deren Wahrheits- oder Falschheitsgehalt im geringsten zu beeinflussen).

---

[1] Dieser Gedanke ist uns heute ganz selbstverständlich — und doch mußte erst ein Newton kommen, um ihn nach dunklen Vorahnungen vieler anderer, darunter auch Kepler, endgültig und in präziser Form durchzusetzen. Aristoteles, nach Dante „der Meister derer, die da wissen", hegte völlig andere Vorstellungen: Jeder Körper hat einen bestimmten, seinem Wesen (?) entsprechenden Ort; wird er aus ihm entfernt, so strebt er zu ihm zurück. Die schweren Körper haben ihren natürlichen Ort im Weltmittelpunkt, der Erde, — deshalb *fallen* sie: die feurigen haben ihn im Himmel — deshalb *steigen* sie. Galilei gab nur eine mathematische *Beschreibung* des freien Falles, auf eine Diskussion von *Kräften* ließ er sich bewußt nicht ein (s. S. XXII* f in der Neuausgabe des Galileischen *Dialogs über die beiden hauptsächlichen Weltsysteme*, Stuttgart 1982).

Fall mit Berücksichtigung der Luftreibung Der Reibungswiderstand, den ein Körper bei der Bewegung durch ein flüssiges oder gasförmiges Medium erleidet, ist proportional zu seiner Geschwindigkeit, solange diese nicht zu groß ist; der Proportionalitätsfaktor hängt von der Art des Mediums und der Gestalt des Körpers ab. Benutzen wir dasselbe Koordinatensystem wie oben, so lautet die Newtonsche Bewegungsgleichung für einen durch die Luft (allgemeiner durch irgendein Gas oder eine Flüssigkeit) fallenden Körper der Masse m also $K = m\ddot{x} = mg - \rho\dot{x}$, und somit wird (56.2) zur Differentialgleichung

$$\ddot{x} = -\frac{\rho}{m}\dot{x} + g \quad (\rho > 0); \tag{56.6}$$

das negative Zeichen bei $\dot{x}$ berücksichtigt, daß die Reibungskraft $\rho\dot{x}$ der Schwerkraft mg entgegengerichtet ist. Da $\dot{x} = v$ ist, geht (56.6) in die Differentialgleichung

$$\dot{v} = -\frac{\rho}{m}v + g \tag{56.7}$$

für die Geschwindigkeit v über — und diese ist genau vom Typ der Gleichung (55.7). Infolgedessen können wir die allgemeine Lösung (55.8) der letzteren übernehmen und erhalten

$$v(t) = C_1 e^{-\rho t/m} + \frac{mg}{\rho}, \quad \text{wegen} \quad v(0) = C_1 + \frac{mg}{\rho} = v_0 \quad \text{also}$$

$$v(t) = \left(v_0 - \frac{mg}{\rho}\right)e^{-\rho t/m} + \frac{mg}{\rho}. \tag{56.8}$$

Daraus folgt sofort $x(t) = (v_0 - mg/\rho)(-m/\rho)e^{-\rho t/m} + (mg/\rho)t + C_2$. Die Konstante C_2 ergibt sich aus der Anfangsbedingung $x(0) = 0$ zu $(v_0 - mg/\rho)m/\rho$, so daß wir schließlich in

$$x(t) = \frac{m}{\rho}\left(v_0 - \frac{mg}{\rho}\right)(1 - e^{-(\rho/m)t}) + \frac{mg}{\rho}t \tag{56.9}$$

das Weg–Zeitgesetz des Körpers vor Augen haben. Aus (56.8) folgt die interessante (und von vornherein plausible) Tatsache, *daß nach hinreichend langer Fallzeit die Fallgeschwindigkeit sich stabilisiert*: Es strebt nämlich $v(t) \to mg/\rho$ für $t \to +\infty$ (eine „Grenzgeschwindigkeit", die übrigens ganz unabhängig von der Anfangsgeschwindigkeit v_0 ist).

Wir wollen noch ausdrücklich festhalten, daß die Substitution $v = \dot{x}$ die Grundgleichung (56.2) immer dann auf eine *Differentialgleichung* erster Ordnung *für die Geschwindigkeit v* reduziert, wenn die Ortskoordinate x nicht explizit in der rechten Seite von (56.2) auftritt.

Wurf Bei diesen Betrachtungen machen wir unbefangen Gebrauch von unseren Schulkenntnissen über Winkelfunktionen und über die Zerlegbarkeit von Kräften und Geschwindigkeiten in Komponenten parallel zu den Koordinatenachsen (Parallelogramm der Kräfte und Geschwindigkeiten).

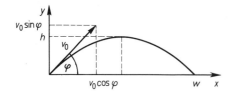

Fig. 56.1

Ein Körper der Masse m verlasse zur Zeit $t=0$ den Nullpunkt eines xy-Koordinatensystems mit einer Anfangsgeschwindigkeit vom Betrage v_0 unter dem Winkel φ ($0 < \varphi \leq \pi/2$); s. Fig. 56.1. Zur Zeit t befinde er sich im Punkte $(x(t), y(t))$. Sehen wir vom Luftwiderstand ab, so wirkt in der horizontalen Richtung *keine* und in der vertikalen, nach unten weisenden Richtung nur die *Kraft der Schwere* auf ihn, es ist also $m\ddot{x}=0$ und $m\ddot{y}=-mg$ und somit

$$\ddot{x}=0 \quad \text{und} \quad \ddot{y}=-g. \tag{56.10}$$

Die Anfangsgeschwindigkeit in der x-Richtung bzw. in der y-Richtung ist $v_0 \cos \varphi$ bzw. $v_0 \sin \varphi$ (s. Fig. 56.1). Genau wie beim freien Fall (man ersetze dort nur g einmal durch 0 und zum anderen durch $-g$) folgt aus diesen beiden Gleichungen

$$x(t)=(v_0 \cos \varphi)t, \quad y(t)=(v_0 \sin \varphi)t - \frac{1}{2}gt^2. \tag{56.11}$$

Die *Steighöhe h* des Körpers ist das Maximum von $y(t)$; wir gewinnen sie, indem wir aus der Gleichung $\dot{y}(t)=0$ zunächst die *Steigzeit* t_h berechnen und diese dann in die zweite der Gleichungen (56.11) eintragen[1]. Wir erhalten so

$$t_h = \frac{v_0 \sin \varphi}{g} \quad \text{und} \quad h = \frac{v_0^2 \sin^2 \varphi}{2g}. \tag{56.12}$$

Die gesamte *Wurfzeit* t_w ist $=2v_0(\sin \varphi)/g$; dies ergibt sich, indem wir die positive Lösung der Gleichung $y(t)=0$ bestimmen. Die *Wurfweite w* erhalten wir nun, indem wir die Wurfzeit in die erste der Gleichungen (56.11) eintragen und dabei noch A 48.9 berücksichtigen; insgesamt finden wir so

$$t_w = \frac{2v_0 \sin \varphi}{g} \quad \text{und} \quad w = \frac{v_0^2 \sin 2\varphi}{g}. \tag{56.13}$$

---

[1] Anschaulich gesprochen ist t_h die Zeit, nach deren Ablauf der Körper aufhört zu steigen, also die Steiggeschwindigkeit $\dot{y}(t)=0$ besitzt.

56 Fall und Wurf, Raketenflug und Vollbremsung

Die Wurfweite hängt von dem Wurfwinkel φ ab. Den Winkel, der zur größten Wurfweite führt, erhalten wir aus $w'(\varphi) = (2v_0^2/g)\cos 2\varphi = 0$; wegen der Nebenbedingung $0 < \varphi \leq \pi/2$ ist er $= \pi/4$ (hier benutzen wir naiv, daß $\cos \alpha$ im Intervall $[0, \pi/2]$ nur für $\alpha = \pi/2$ verschwindet; dies wird bereits im nächsten Abschnitt bewiesen). Also: *Der Abwurf in Richtung der Winkelhalbierenden führt zur größten Wurfweite*

$$w_m = \frac{v_0^2}{g} \tag{56.14}$$

(hier benutzen wir wiederum naiv, daß $\sin(\pi/2) = 1$ ist).

Die Gl. (56.13) macht die große Bedeutung der Anfangsgeschwindigkeit für die Wurfweite (und damit z.B. für die Reichweite von Ferngeschützen) deutlich: Die Wurfweite „geht mit dem Quadrat" der Anfangsgeschwindigkeit; sie vervierfacht sich, wenn v_0 verdoppelt, und verneunfacht sich, wenn v_0 verdreifacht wird.

Über die *Gestalt der Wurfbahn* brauchen wir im Falle $\varphi = \pi/2$ (Wurf senkrecht nach oben) nichts zu sagen. Ist jedoch $\varphi \neq \frac{\pi}{2}$, also $\cos \varphi \neq 0$, so erhalten wir aus der ersten Gleichung in (56.11) $t = x(t)/(v_0 \cos \varphi)$; tragen wir dies in die zweite ein, so folgt, daß der Körper den nichtnegativen Teil der quadratischen Parabel

$$y = \frac{\sin \varphi}{\cos \varphi} x - \frac{g}{2v_0^2 \cos^2 \varphi} x^2 \tag{56.15}$$

durchläuft, kurz (und etwas ungenau): *Die Wurfbahn ist eine quadratische Parabel* (s. Fig. 56.1). Auch dieses Resultat stammt von Galilei (Theorem I im Vierten Tag seiner *Discorsi* von 1638). Er gewann es, indem er sein Fallgesetz mit der Kegelschnittlehre des Apollonios von Perge (262?–190? v.Chr.; 72?) kombinierte, und wußte seine Leistung sehr wohl zu schätzen („Wahrlich, diese Betrachtung ist neu, geistvoll und schlagend").
Der Wurf mit Luftwiderstand wird in Aufgabe 3 behandelt.

Raketenantrieb Raketen werden durch den Ausstoß von Verbrennungsgasen angetrieben. Daß eine solche Antriebsart überhaupt möglich ist, liegt an dem Newtonschen *Satz von der Erhaltung des Impulses*, den wir nur in seiner einfachsten, für unsere Zwecke aber ausreichenden Form angeben wollen: *Bewegen sich zwei Massen m_1 und m_2 mit den respektiven Geschwindigkeiten v_1 und v_2 längs der x-Achse und wirken keine äußeren Kräfte auf dieses System, so ist die Summe $m_1v_1 + m_2v_2$ der* Impulse m_jv_j *konstant.* Verändert sich also der Impuls m_1v_1 der ersten Systemkomponente (durch Veränderung der Masse m_1 oder der Geschwindigkeit v_1), so muß der Impuls der zweiten sich in demselben Umfang, nur mit umgekehrtem Vorzeichen, ändern: Einem Impuls*gewinn* der einen Komponente steht ein gleich großer Impuls*verlust* der anderen gegenüber. Wir nehmen nun an, eine Rakete bewege sich in Richtung der positiven x-Achse; zur Zeit t befinde sie sich im Punkte $x(t)$ und habe (einschließlich ihres Treibstoffs) die Masse $m(t)$ und die Geschwindigkeit $v(t)$ (die Masse einer Rakete nimmt während der Verbrennung des Treibstoffs natürlich laufend ab). Die Geschwindigkeit der Verbrennungsgase relativ zur Rakete sei $u(t)$, so daß ihre Geschwindigkeit relativ zur x-Achse $v(t)+u(t)$ ist. Während einer (kleinen) Zeitspanne Δt ändert sich der Impuls der Rakete um $m(t+\Delta t)v(t+\Delta t)-m(t)v(t)$, der Impuls des ausgestoßenen Gases angenähert um $[m(t+\Delta t)-m(t)][v(t)+u(t)]$; nach dem Impulserhaltungssatz ist also näherungsweise, wenn keine äußeren Kräfte einwirken,

$$m(t+\Delta t)v(t+\Delta t)-m(t)v(t)=[m(t+\Delta t)-m(t)][v(t)+u(t)],$$

also $\quad m(t+\Delta t)[v(t+\Delta t)-v(t)]=[m(t+\Delta t)-m(t)]u(t).$

Nach Division durch Δt liefert nun der Grenzübergang $\Delta t \to 0$ wegen $\dot v = \ddot x$ die *Grundgleichung der freien Raketenbewegung*

$$m\ddot x = \dot m u. \tag{56.16}$$

Nach dem Newtonschen Kraftgesetz ist $m\ddot x$ die auf die Rakete wirkende, ihre Bewegung verursachende Kraft; wegen Gl. (56.16) ist dies der sogenannte *Schub* $\dot m u$ der Rakete. Treten noch äußere Kräfte K_a auf (z.B. Gravitationskräfte), so muß man offenbar statt (56.16) die Gleichung

$$m\ddot x = \dot m u + K_a \tag{56.17}$$

ansetzen.

Wir nehmen nun an, die x-Achse stehe senkrecht auf der Erdoberfläche und ihr Nullpunkt liege auf der letzteren (Vertikalstart der Rakete). Die Rakete beginne ihre Bewegung zur Zeit $t=0$ mit der Anfangslage $x(0)=0$, der Anfangsgeschwindigkeit $\dot x(0)=v(0)=0$ und der Startmasse $m_0:=m(0)$; darin ist die anfängliche Treibstoffladung mit der Masse L enthalten. Ferner nehmen wir an, daß die Ausströmungsgeschwindigkeit u der Gase (relativ zur Rakete) konstant $=-c$ und die Verbrennungsrate des Treibstoffs konstant $=\alpha$ sei (in der Zeiteinheit werden also stets α Masseneinheiten Treibstoff verbraucht). Nach Ablauf der Zeit t ist somit der Treibstoffverbrauch durch αt und die Raketenmasse durch $m(t)=m_0-\alpha t$ gegeben, infolgedessen ist $\dot m(t)=-\alpha$. Dabei beschränken wir t auf das Intervall $[0, T]$, wo $T:=L/\alpha$ die *Brenndauer* bedeutet, also die Zeit, nach deren Ablauf der gesamte Treibstoff verbraucht ist. Sehen wir vom Luftwiderstand ab, so wirkt als einzige äußere Kraft K_a die Schwerkraft $-m(t)g$ auf die Rakete. Mit all diesen Annahmen geht (56.17) in die Gleichung

$$\ddot x = -c\frac{\dot m}{m} - g = \frac{\alpha c}{m_0 - \alpha t} - g \quad (0 \leq t \leq T) \tag{56.18}$$

über. Wir fragen, wie groß die *Brennschlußgeschwindigkeit* und die *Brennschlußhöhe* der Rakete, also ihre Geschwindigkeit und Höhe zur Zeit T ist?

56 Fall und Wurf, Raketenflug und Vollbremsung

Nach (56.18) ist $\dot{v} = -c\dfrac{\dot{m}}{m} - g = -c\dfrac{d}{dt}\ln m - g$, also $v(t) = -c \ln m(t) - gt + C$.
Wegen $v(0) = 0$ findet man $C = c \ln m_0$; somit ist

$$v(t) = c \ln \frac{m_0}{m(t)} - gt = c \ln \frac{m_0}{m_0 - \alpha t} - gt \qquad (0 \leq t \leq T). \tag{56.19}$$

Bedeutet $m_1 := m_0 - L$ die *Nettomasse* der Rakete, so ergibt sich aus (56.19) *die Brennschlußgeschwindigkeit $v(T)$* zu

$$v(T) = c \ln \frac{m_0}{m_1} - \frac{gL}{\alpha}. \tag{56.20}$$

Wiederum wegen (56.19) ist

$$\dot{x}(t) = -c \ln \frac{m_0 - \alpha t}{m_0} - gt = -c \ln\left(-\frac{\alpha}{m_0} t + 1\right) - gt \quad \text{für } t \in [0, T]. \tag{56.21}$$

Nun ist es nicht mehr ganz so einfach wie bisher, eine Stammfunktion zum ersten Summanden

$$-c \ln\left(-\frac{\alpha}{m_0} t + 1\right) = -c \ln \frac{m_0 - \alpha t}{m_0}$$

zu finden. Der Leser kann jedoch durch Differenzieren leicht bestätigen, daß jedenfalls

$$c \frac{m_0 - \alpha t}{\alpha} \left[\ln \frac{m_0 - \alpha t}{m_0} - 1\right]$$

eine solche ist (in Nr. 77 werden wir lernen, derartige Probleme intelligenter anzugehen). Aus (56.21) folgt nun sofort

$$x(t) = c \frac{m_0 - \alpha t}{\alpha} \left[\ln \frac{m_0 - \alpha t}{m_0} - 1\right] - \frac{1}{2} gt^2 + C.$$

Aus der Anfangsbedingung $x(0) = 0$ erhalten wir $C = cm_0/\alpha$ und damit schließlich

$$x(t) = \frac{c(m_0 - \alpha t)}{\alpha} \ln \frac{m_0 - \alpha t}{m_0} - \frac{1}{2} gt^2 + ct \quad \text{für } t \in [0, T]. \tag{56.22}$$

Die gesuchte Brennschlußhöhe ist also

$$x(T) = \frac{cm_1}{\alpha} \ln \frac{m_1}{m_0} - \frac{1}{2} \frac{gL^2}{\alpha^2} + \frac{cL}{\alpha} \qquad (m_1 := m_0 - L). \tag{56.23}$$

332 VII Anwendungen

Da für alle Körper das Verhältnis Masse/Gewicht dasselbe ist, sieht man sofort ein, daß man in den Formeln (56.19) bis (56.23) statt der Maßzahlen für die Massen m_0, m_1, $m(t)$ und L auch deren Gewichte (in irgendeinem Maßsystem) eintragen darf.

Fluchtgeschwindigkeit einer Rakete Nach dem Brennschluß, in den wir nun den Nullpunkt unserer Zeitmessung legen, beginnt die Rakete ihren antriebslosen Aufstieg mit der Brennschlußhöhe x_0 als Anfangshöhe und der Brennschlußgeschwindigkeit v_0 als Anfangsgeschwindigkeit. Legt man (bei kleinem x_0 und v_0) eine weiterhin konstant bleibende Erdanziehung zu Grunde, so unterliegt die Rakete den bereits behandelten Gesetzen des Wurfes (mit dem Wurfwinkel $\varphi = \pi/2$). Mit wachsender Entfernung vom Erdmittelpunkt vermindert sich jedoch die an der Rakete angreifende Schwerkraft K_a sehr rasch. *Nach dem Newtonschen Gravitationsgesetz ist nämlich $K_a = -\gamma m_1/x^2$*, wobei γ eine positive Konstante, m_1 die Nettomasse der Rakete und x ihr Abstand vom Erdmittelpunkt ist; *in letzteren verlegen wir nunmehr den Nullpunkt der x-Achse* und betrachten im übrigen nur die Verhältnisse nach dem Brennschluß. Um an die obigen Überlegungen anzuschließen, nehmen wir an, daß in der Höhe $x_1 := R + x_0$ (R der Erdradius) noch die Schwerkraft $-m_1 g$ wirke, daß also

$$\frac{\gamma m_1}{x_1^2} = m_1 g \quad \text{und somit} \quad \gamma = g x_1^2$$

sei. Nach dem Newtonschen Kraftgesetz ist dann

$$m_1 \ddot{x} = -\frac{g x_1^2 m_1}{x^2}, \quad \text{also} \quad \ddot{x} = -\frac{g x_1^2}{x^2}.$$

Multiplizieren wir diese Gleichung mit $2\dot{x}$, so erhalten wir $2\dot{x}\ddot{x} = -2g x_1^2 \frac{\dot{x}}{x^2}$ und damit die Beziehung

$$\frac{d}{dt}(\dot{x}^2) = \frac{d}{dt}\left(2g x_1^2 \frac{1}{x}\right).$$

Bezeichnen wir die Geschwindigkeit $\dot{x}$ wieder mit v, so folgt daraus

$$v^2 = 2g x_1^2 \frac{1}{x} + C.$$

Aus den Anfangsbedingungen $x(0) = x_1$, $v(0) = v_0$ ergibt sich $C = v_0^2 - 2g x_1$, und somit haben wir

$$v^2 = v_0^2 - 2g x_1 + \frac{2g x_1^2}{x}.$$

Ist $v_0^2 - 2g x_1 < 0$, so verschwindet für $x_2 := 2g x_1^2/(2g x_1 - v_0^2)$ die rechte Seite, also auch v: Nach Erreichen der Höhe x_2 hört die Rakete auf zu steigen und beginnt, zur Erde zurückzufallen. Ist jedoch $v_0^2 - 2gx_1 \geq 0$, so ist durchweg $v > 0$: Die Rakete steigt immer weiter und „entflieht" schließlich dem Schwerefeld der Erde. Die kleinste Brennschlußgeschwindigkeit, bei der dieser Fall eintritt, ergibt sich aus $v_0^2 - 2gx_1 = 0$ zu $\sqrt{2gx_1}$; sie heißt die *Fluchtgeschwindigkeit der Rakete*. Setzen wir x_1 gleich dem Erdradius $R = 6{,}37 \cdot 10^6$ m, so erhalten wir für die Fluchtgeschwindigkeit den Näherungswert 11,18 km/sec.

Vollbremsung In bemerkenswertem Gegensatz zu der Reibung, die ein Körper bei seiner Bewegung durch ein flüssiges oder gasförmiges Medium erfährt, hängt die *Reibung zwischen aufeinander gleitenden festen Flächen* kaum von der relativen Geschwindigkeit der letzteren ab; die Reibungskraft K_r ist vielmehr der Kraft K proportional, mit der die beiden Flächen aufeinander gedrückt werden:

$$K_r = \mu K.$$

Der *Reibungskoeffizient* μ hängt von dem Material und der Oberflächenstruktur der aufeinander gleitenden Körper ab. Für die Vollbremsung eines Automobils der Masse m auf ebener Straße (blockierende Räder, kein Motorantrieb) gilt somit die Bewegungsgleichung

$$m\ddot{x} = -\mu m g, \quad \text{also} \quad \ddot{x} = -\mu g.$$

Sie entspricht genau der Gleichung des vertikalen Wurfes (Wurfwinkel $\varphi = \pi/2$); man hat in (56.10) nur y durch x und g durch μg zu ersetzen. Der *Bremsweg B* ist das Gegenstück der Steighöhe h in (56.12); infolgedessen finden wir ohne weitere Rechnung

$$B = \frac{v_0^2}{2\mu g} \quad (v_0 \text{ die Geschwindigkeit zu Beginn der Vollbremsung}).$$

Für die Reibung von Gummi auf Asphalt bei Trockenheit ist μ etwa 1/2 und infolgedessen $B = v_0^2/g$. Benutzen wir für g den aufgerundeten Wert 10 m/sec^2 und bedeutet $\bar{v}_0$ die Anfangsgeschwindigkeit in km/Stunde, so ist näherungsweise

$$B = \frac{\bar{v}_0^2}{129{,}6} \text{ m}.$$

Dieses Ergebnis macht die Faustformel verständlich, die der Fahrschüler zu lernen pflegt:

$$\text{Bremsweg (in Meter)} = \frac{\text{Geschwindigkeit}}{10} \cdot \frac{\text{Geschwindigkeit}}{10}.$$

Aufgaben

1. Begründe die Näherungsformel $s = 5t^2$ Meter für die Strecke s, die ein Körper nach t Sekunden in freiem Fall aus der Ruhelage zurücklegt. Wie hoch ist ein Turm ungefähr, wenn ein Stein 4 sec braucht, um von seiner Spitze auf die Erde zu fallen?

2. Welche Zeit t benötigt ein Körper beim freien Fall mit der Anfangsgeschwindigkeit 0, um von der Höhe h aus auf die Erde zu gelangen? Wie groß ist seine Aufschlaggeschwindigkeit v? Auf welche Höhe h muß man ihn heben, damit seine Aufschlaggeschwindigkeit einen vorgegebenen Wert v besitzt? Aus welcher Höhe muß ein Auto fallen, damit es mit einer Geschwindigkeit $v_1:=50$ km/Stunde bzw. $v_2:=100$ km/Stunde auf der Erde aufschlägt (rechne mit runden Zahlen)?

3. Wurf mit Berücksichtigung der Luftreibung Wir benutzen dieselben Bezeichnungen und Voraussetzungen wie in der Theorie des Wurfes ohne Luftwiderstand. Die Bewegungsgleichungen lauten nun $m\ddot{x}=-\rho\dot{x}$, $m\ddot{y}=-mg-\rho\dot{y}$. Berechne daraus $x(t)$ und $y(t)$. Die Punkte $(x(t), y(t))$ bilden eine sogenannte *ballistische Kurve*; ein Bild findet man in Heuser [9], Fig. 5.5. In A 10.20 des genannten Buches werden auch Geschoßbahnen im (realistischeren) Falle eines zur Geschoßgeschwindigkeit *quadratisch*-proportionalen Luftwiderstandes diskutiert (s. die dortige Fig. 10.7).

4. Ein Fallschirmspringer habe zusammen mit seinem Fallschirm die Masse 100 kg. Er springe aus großer Höhe aus dem Flugzeug, der Fallschirm entfalte sich sofort, und das System Springer–Fallschirm habe den Reibungskoeffizienten $\rho=196$ kg/sec (s. Gl. (56.6)). Wie groß ist näherungsweise die Aufschlaggeschwindigkeit des Fallschirmspringers?

57 Schwingungen. Weitere Eigenschaften der Winkelfunktionen

Ein Massenpunkt M sei an einer horizontalen Feder befestigt und liege auf einer ebenfalls horizontalen x-Achse. Bei ungespannter Feder befinde sich M im Nullpunkt (Gleichgewichtslage). Verschiebt man M, so übt die (ausgedehnte oder zusammengedrückte) Feder eine sogenannte *Rückstellkraft* K aus, die M in die Gleichgewichtslage zurückzutreiben sucht. Bei kleinen Auslenkungen x ist in guter Näherung $K=-k^2x$ mit einer positiven Konstanten k. Besitzt der Massenpunkt M die Masse m und befindet er sich zur Zeit t im Punkte $x(t)$, so gilt also nach dem Newtonschen Kraftgesetz $m\ddot{x}=-k^2x$, falls wir annehmen, daß sich M reibungsfrei auf der x-Achse bewegt. Diese Bewegungsgleichung schreibt man gewöhnlich in der Form

$$\ddot{x}=-\omega^2 x \quad \text{mit} \quad \omega:=k/\sqrt{m} \tag{57.1}$$

und nennt sie die *Gleichung des harmonischen Oszillators*. Offenbar wird sie von allen Funktionen $C_1\sin\omega t+C_2\cos\omega t$ mit beliebigen Konstanten C_1, C_2 befriedigt. Wir fragen, ob wir mit Hilfe dieser Funktionen das Anfangswertproblem

$$\ddot{x}=-\omega^2 x, \quad x(t_0)=x_0, \quad \dot{x}(t_0)=v_0 \tag{57.2}$$

bei willkürlich vorgegebener Anfangslage x_0 und Anfangsgeschwindigkeit v_0 zur Zeit t_0 lösen können und ob ggf. die Lösung eindeutig bestimmt ist?
Sind die für alle $t\in\mathbf{R}$ definierten Funktionen $y(t)$ und $z(t)$ Lösungen von (57.2), so genügt $w:=y-z$ den Beziehungen

$$\ddot{w}=-\omega^2 w, \quad w(t_0)=\dot{w}(t_0)=0.$$

Aus der ersten dieser Gleichungen folgt $\frac{d}{dt}(\dot{w}^2+\omega^2 w^2)=2\dot{w}(\ddot{w}+\omega^2 w)=0$, also $\dot{w}^2+\omega^2 w^2 = \text{const}$, und mit der zweiten Gleichung ergibt sich daraus $\dot{w}^2+\omega^2 w^2 = 0$ und somit $w=0$, d.h. $y=z$. Das Anfangswertproblem (57.2) besitzt also höchstens eine Lösung auf **R**. Wir setzen sie in der Form

$$x(t):=C_1 \sin \omega t + C_2 \cos \omega t \tag{57.3}$$

an und versuchen, die Konstanten C_1, C_2 so zu bestimmen, daß $x(t_0)=x_0$ und $\dot{x}(t_0)=v_0$ ist. Dies führt zu dem linearen Gleichungssystem

$$\begin{aligned} C_1 \sin \omega t_0 + C_2 \cos \omega t_0 &= x_0 \\ C_1 \cos \omega t_0 - C_2 \sin \omega t_0 &= \frac{v_0}{\omega}. \end{aligned} \tag{57.4}$$

Da wegen des „trigonometrischen Pythagoras" (48.20) aber $\sin^2 \omega t_0 + \cos^2 \omega t_0 = 1$ ist, wird die Lösung von (57.4) offenbar durch

$$C_1 = x_0 \sin \omega t_0 + \frac{v_0}{\omega} \cos \omega t_0, \quad C_2 = x_0 \cos \omega t_0 - \frac{v_0}{\omega} \sin \omega t_0 \tag{57.5}$$

gegeben, und die mit diesen Zahlen C_1, C_2 gemäß (57.3) gebildete Funktion $x(t)$ ist die *einzige* Lösung des Anfangswertproblems (57.2). Trägt man nun die C_1, C_2 tatsächlich in (57.3) ein und benutzt man noch die Additionstheoreme (48.15), so erhält man das folgende zusammenfassende Ergebnis:

Das Anfangswertproblem (57.2) besitzt genau eine Lösung. Sie wird gegeben durch

$$x(t) = x_0 \cos \omega(t-t_0) + \frac{v_0}{\omega} \sin \omega(t-t_0). \tag{57.6}$$

Ein tieferes Verständnis des Bewegungsvorganges (57.6) ist ohne ein gründliches Studium der Winkelfunktionen nicht möglich. Ihm wenden wir uns nun zu, erinnern aber den Leser zunächst noch einmal daran, *daß unsere Untersuchung der Winkelfunktionen im Geiste der axiomatischen Methode vorgeht: Sie stützt sich nicht auf irgendeine Definition der Sinus- und Kosinusfunktion, sondern ganz allein auf die Grundaussagen (48.10) bis (48.14) — und benutzt natürlich auch die aus ihnen bereits deduzierten Eigenschaften.* Solche sind bis jetzt die Gleichungen (48.15) bis (48.20), die Abschätzungen (48.21) und die beiden Gleichungen in A 48.9:

$$\sin 2t = 2\sin t \cos t, \quad \cos 2t = \cos^2 t - \sin^2 t \quad \text{für alle } t. \tag{57.7}$$

Aus der anschaulichen „Definition" der Winkelfunktionen, die wir in Nr. 48 erwähnten und verwarfen, ergibt sich, daß dieselben die Periode 2π besitzen, d.h., daß $\sin(t+2\pi)=\sin t$ und $\cos(t+2\pi)=\cos t$ für alle $t \in \mathbf{R}$ ist; dabei bedeutet 2π

den (bis jetzt noch gar nicht definierten) Umfang des Einheitskreises. Das wichtigste Ziel der folgenden Untersuchungen ist, diese Periodizitätseigenschaft exakt zu beweisen. Um es zu erreichen, müssen wir zunächst die fundamentale Zahl π *unabhängig von Umfangsbetrachtungen* definieren. Diese Aufgabe nehmen wir nun in Angriff.

Nach (48.14) ist $\cos 0$ positiv (nämlich $= 1$). Wir nehmen nun an, für *alle* $t \geq 0$ sei $\cos t > 0$. Wegen $d(\sin t)/dt = \cos t$ ist dann der Sinus eine auf $\mathbf{R}^+ \cup \{0\}$ streng wachsende Funktion; insbesondere kann er, da $\sin 0 = 0$ ist, auf $\mathbf{R}^+$ nur positive Werte annehmen. Wegen $d(\cos t)/dt = -\sin t$ folgt daraus, daß der Kosinus eine auf $\mathbf{R}^+$ streng fallende Funktion ist. Dank der Beschränktheit des Sinus und Kosinus ergibt sich nun, daß die Grenzwerte

$$s := \lim_{t \to +\infty} \sin t \quad \text{und} \quad c := \lim_{t \to +\infty} \cos t \tag{57.8}$$

existieren und $s > 0$ ist. Läßt man jetzt in (57.7) $t \to +\infty$ gehen, so folgt, daß $s = 2sc$, $c = c^2 - s^2$ sein muß. Aus der ersten dieser Gleichungen erhalten wir $c = 1/2$, die zweite führt dann aber zu der unmöglichen Beziehung $1/2 = 1/4 - s^2$. Dieser Absurdität können wir nur entgehen, indem wir die Annahme „$\cos t > 0$ für alle $t \geq 0$" fallen lassen. Es muß also ein $t_0 > 0$ mit $\cos t_0 \leq 0$ und nach dem Nullstellensatz 35.5 dann auch ein $t_1 > 0$ mit $\cos t_1 = 0$ vorhanden sein. Mit A 35.5 und A 35.4 ergibt sich nun die *Existenz einer kleinsten positiven Nullstelle τ des Kosinus, und die Zahl π definieren wir jetzt durch* $\pi := 2\tau$. $\pi/2$ ist also die kleinste positive Nullstelle des Kosinus:

$$\cos t > 0 \quad \text{für} \quad 0 \leq t < \frac{\pi}{2}, \quad \cos \frac{\pi}{2} = 0. \tag{57.9}$$

Mittels Methoden, die wir noch kennenlernen werden, ergibt sich

$$\pi = 3{,}14159265\ldots\text{.}^{1)}$$

Die Bezeichnung π wurde erstmals 1706 von William Jones (1675-1749; 74) benutzt (*Synopsis palmariorum matheseos or new introduction to the mathematics*, London 1706, S. 243). Euler gebrauchte sie, wenn auch nicht durchgängig, in seiner zweibändigen *Mechanica sive motus scientia analytice exposita* von 1736; s. etwa § 613 des ersten Bandes (Opera omnia (2), 1, S. 203). Kanonisch wurde sie wohl erst durch seine einflußreiche *Introductio in analysin infinitorum*. Im § 126 gibt er den halben Umfang des Kreises mit Radius 1 auf 127 Stellen hinter dem Komma an und sagt dann: *pro quo numero brevitatis ergo scribam* π. Dieses π, der erste Buchstabe des griechischen περιφέρεια (Kreislinie), hat das früher (auch von Euler) viel benutzte p ($=$ erster Buchstabe des lateinischen *peripheria*) abgelöst.

Aus (57.9) ergibt sich, wenn wir noch (48.20) heranziehen:

---

[1] Yasumasa Kaneda und Daisuke Takahashi (Universität Tokio) haben 1995 π auf 3,22 Milliarden Stellen hinter dem Komma berechnet.

57 Schwingungen. Weitere Eigenschaften der Winkelfunktionen

$\sin t$ *wächst auf* $[0, \pi/2]$ *streng von* $\sin 0 = 0$ *bis* $\sin \pi/2 = 1$. (57.10)

Aus (57.9) und (57.10) können wir nun schließen:

$\cos t$ *fällt auf* $[0, \pi/2]$ *streng von* $\cos 0 = 1$ *bis* $\cos \pi/2 = 0$. (57.11)
Kosinus und Sinus sind auf $[0, \pi/2]$ *streng konkav.*

Mit Hilfe der Identitäten (57.7) erhalten wir der Reihe nach

$$\sin \pi = 0, \quad \cos \pi = -1, \quad \sin 2\pi = 0, \quad \cos 2\pi = 1. \tag{57.12}$$

Ziehen wir noch die Additionstheoreme (48.12) heran, so gewinnen wir die für alle $t \in \mathbf{R}$ gültigen Beziehungen

$$\sin\left(t + \frac{\pi}{2}\right) = \cos t, \quad \cos\left(t + \frac{\pi}{2}\right) = -\sin t, \tag{57.13}$$

$$\sin(t + \pi) = -\sin t, \quad \cos(t + \pi) = -\cos t, \tag{57.14}$$

$$\sin(t + 2\pi) = \sin t, \quad \cos(t + 2\pi) = \cos t. \tag{57.15}$$

Nennen wir eine Funktion f **periodisch mit der Periode** $p \neq 0$ (kurz: *p*-**periodisch**), wenn $f(t+p) = f(t)$ für alle t ihres Definitionsbereichs ist, so besagen die Gln. (57.15) gerade, *daß der Sinus und der Kosinus 2π-periodische Funktionen sind.*

In der Aufgabe 8 werden wir sehen, *daß 2π die kleinste positive Periode des Sinus und Kosinus ist.* Eine p-periodische Funktion hat man vollständig in der Hand, wenn man sie in irgendeinem Intervall $[a, a+|p|]$ kennt. Den Sinus und Kosinus beherrschen wir dank (57.10) und (57.11) jedenfalls auf dem Intervall $[0, \pi/2]$; die Gln. (57.13) und (57.14) machen es aber möglich, diese Kenntnisse zunächst auf das Intervall $[\pi/2, \pi]$ und dann auf das Intervall $[\pi, 2\pi]$ auszudehnen und so zu einer Vorstellung über den Verlauf der beiden Winkelfunktionen auf dem Intervall $[0, 2\pi]$ und damit auch auf ganz $\mathbf{R}$ zu kommen (s. Fig. 57.1 und 57.2; einige spezielle Funktionswerte sind in der Aufgabe 6 zusammengestellt).

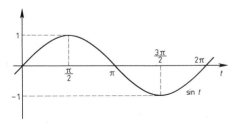

Fig. 57.1

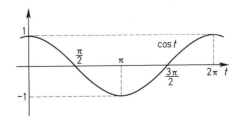

Fig. 57.2

Ausdrücklich wollen wir noch die folgende Bemerkung festhalten:

$$\sin t = 0 \Leftrightarrow t = k\pi \quad (k \in \mathbb{Z}),$$

$$\cos t = 0 \Leftrightarrow t = (2k+1)\frac{\pi}{2} \quad (k \in \mathbb{Z}).$$

Wir beschließen diese Untersuchung der Winkelfunktionen mit dem wichtigen

57.1 Satz *Gilt für die Zahlen x, y die Beziehung $x^2 + y^2 = 1$, so gibt es in $[0, 2\pi)$ genau ein t mit $x = \cos t, y = \sin t$.*

Anschaulich besagt dieser Satz, daß der Punkt $(\cos t, \sin t)$ genau einmal den Einheitskreis der xy-Ebene durchläuft, wenn t das Intervall $[0, 2\pi)$ durchläuft. Seinen einfachen Beweis erbringen wir durch Fallunterscheidungen:
Sei zunächst $x = 1$, also $y = 0$. Dann gibt es offenbar genau ein $t \in [0, 2\pi)$ mit $x = \cos t, y = \sin t$, nämlich $t = 0$, womit dieser Fall schon erledigt ist. Jetzt sei $0 \leq x < 1$, also $y \neq 0$. Die Gleichung $\cos t = x$ besitzt nun genau zwei Lösungen t_1, t_2 in $[0, 2\pi)$. Die eine, etwa t_1, liegt in $(0, \pi/2]$, die andere, t_2, in $[3\pi/2, 2\pi)$; s. Fig. 57.2. Es ist also $\sin t_1 > 0$ und $\sin t_2 < 0$. Ist nun $y > 0$, also $y = (1 - x^2)^{1/2}$, so haben wir $\sin t_1 = (1 - \cos^2 t_1)^{1/2} = (1 - x^2)^{1/2} = y$, während trivialerweise $\sin t_2 \neq y$ sein muß. Ist jedoch $y < 0$, also $y = -(1 - x^2)^{1/2}$, so finden wir $\sin t_2 = -(1 - \cos^2 t_2)^{1/2} = -(1 - x^2)^{1/2} = y$, wohingegen diesmal $\sin t_1 \neq y$ ist. Es gibt also auch im Falle $0 \leq x < 1$ genau ein $t \in [0, 2\pi)$ mit $x = \cos t, y = \sin t$, nämlich $t = t_1$ bzw. $t = t_2$, je nachdem y positiv oder negativ ist. Die Diskussion des Falles $-1 \leq x < 0$ wollen wir dem Leser überlassen. ■

Die Winkelfunktionen Tangens und Kotangens und die Umkehrungen der geeignet eingeschränkten vier Winkelfunktionen, also die sogenannten Arcus-Funktionen, werden in den Aufgaben 10 bis 13 behandelt, auf die wir den Leser ausdrücklich hinweisen.

Wir kehren nun wieder zu dem Anfangswertproblem (57.2) zurück. Wir haben gesehen, daß seine eindeutig bestimmte Lösung sich stets in der Form $x(t) = C_1 \sin \omega t + C_2 \cos \omega t$ darstellen läßt, wobei die Konstanten C_1, C_2 sich aus den Anfangsdaten gemäß (57.5) berechnen lassen. Ist wenigstens ein $C_k \neq 0$, so können wir die Lösung $x(t)$ in der Form

$$x(t) = A\left(\frac{C_1}{A} \sin \omega t + \frac{C_2}{A} \cos \omega t\right) \quad \text{mit } A := \sqrt{C_1^2 + C_2^2}$$

schreiben, und da $(C_1/A)^2 + (C_2/A)^2 = 1$ ist, gibt es nach Satz 57.1 genau ein $\varphi \in [0, 2\pi)$, mit dem $x(t) = A(\cos \varphi \sin \omega t + \sin \varphi \cos \omega t)$, also

$$x(t) = A \sin(\omega t + \varphi) \tag{57.16}$$

ist. Eine solche Darstellung ist (nachträglich) auch im Falle $C_1 = C_2 = 0$ möglich (man wähle $A = 0$ und φ beliebig). Sie zeigt, daß der Massenpunkt M zwischen den Maximalausschlägen $-A$ und A hin- und herschwingt und *innerhalb der Zeit*

$T := 2\pi/\omega$ *eine volle Schwingung ausführt*. A nennt man die *Amplitude* der Schwingung, T die *Schwingungsdauer*; letztere hängt nur von der Masse m und der Federkonstanten k, nicht jedoch von der Amplitude ab. Die Anzahl der Schwingungen in der Zeiteinheit wird mit ν bezeichnet und *Schwingungsfrequenz* genannt. Definitionsgemäß ist $\nu = 1/T$; somit haben wir $\nu = \omega/2\pi$ und $\omega = 2\pi\nu$. Auch ω wird häufig Schwingungsfrequenz, meistens jedoch *Kreisfrequenz* genannt. φ heißt *Phasenkonstante*. Wegen $\dot{x}(t) = A\omega \cos(\omega t + \varphi)$ ist $A\omega$ die Maximalgeschwindigkeit des Massenpunktes.

Aufgaben

1. Für alle $t \in \mathbf{R}$ ist $\cos^2 \dfrac{t}{2} = \dfrac{1 + \cos t}{2}$ und $\sin^2 \dfrac{t}{2} = \dfrac{1 - \cos t}{2}$.

2. Zeige mit Hilfe der Aufgabe 1, daß $\sin(\pi/4) = \cos(\pi/4) = \sqrt{2}/2$ ist.

3. Für alle $t \in \mathbf{R}$ ist $\cos 3t = 4 \cos^3 t - 3 \cos t$.

4. Für alle $t \in \mathbf{R}$ ist $\sin 3t = -4 \sin^3 t + 3 \sin t$.

5. Zeige zuerst mit Hilfe der Aufgabe 3, daß $\cos(\pi/6) = \sqrt{3}/2$ und dann mit (48.20), daß $\sin(\pi/6) = 1/2$ ist.

6. Zeige mit Hilfe der Aufgabe 5, daß $\cos(\pi/3) = 1/2$ und $\sin(\pi/3) = \sqrt{3}/2$ ist. — Die Zusammenstellung der bisher berechneten Sinus- und Kosinuswerte ergibt die folgende einprägsame Tabelle:

t	0	$\pi/6$	$\pi/4$	$\pi/3$	$\pi/2$
$\sin t$	$\sqrt{0}/2$	$\sqrt{1}/2$	$\sqrt{2}/2$	$\sqrt{3}/2$	$\sqrt{4}/2$
$\cos t$	$\sqrt{4}/2$	$\sqrt{3}/2$	$\sqrt{2}/2$	$\sqrt{1}/2$	$\sqrt{0}/2$

7. Die Funktion f habe die Perioden p und q. Dann ist auch jede der Zahlen $kp + lq$ ($k, l \in \mathbf{Z}$), sofern sie $\neq 0$ ist, eine Periode von f.

8. Mit einem $q \in [0, 2\pi)$ sei $\sin(t + q) = \sin t$ für alle $t \in \mathbf{R}$. Dann ist $q = 0$. 2π ist also die kleinste positive Periode des Sinus. Ganz entsprechend ist 2π die kleinste positive Periode des Kosinus.

9. Genau die Zahlen $2k\pi$ ($k \in \mathbf{Z}, k \neq 0$) sind Perioden des Sinus (Kosinus). Hinweis: Aufgaben 7 und 8.

*10. **Umkehrung des Sinus (arcus sinus)** Die Einschränkung der Funktion $\sin t$ auf das Intervall $[-\pi/2, \pi/2]$ ist stetig und wächst streng von -1 bis 1. Infolgedessen existiert ihre Umkehrfunktion $\arcsin x$ („*arcus sinus* von x") auf dem Intervall $[-1, 1]$, ist dort stetig und wächst streng von $-\pi/2$ bis $\pi/2$ (s. Fig. 57.3). Es ist

$$(\arcsin x)' = 1/\sqrt{1 - x^2} \quad \text{für} \quad -1 < x < 1.$$

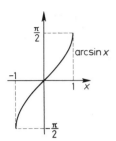
Fig. 57.3

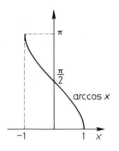
Fig. 57.4

*11. **Umkehrung des Kosinus (arcus cosinus)** Die Einschränkung der Funktion cos t auf das Intervall $[0, \pi]$ ist stetig und fällt streng von 1 bis -1. Infolgedessen existiert ihre Umkehrfunktion arccos x („*arcus cosinus* von x") auf dem Intervall $[-1, 1]$, ist dort stetig und fällt streng von π bis 0 (s. Fig. 57.4). Es ist

$$(\arccos x)' = -1/\sqrt{1-x^2} \quad \text{für} \quad -1 < x < 1.$$

*12. **Tangens und Kotangens** werden definiert durch

$$\tan t := \frac{\sin t}{\cos t} \quad \text{für} \quad t \neq (2k+1)\frac{\pi}{2}, \qquad \cot t := \frac{\cos t}{\sin t} \quad \text{für} \quad t \neq k\pi$$

(in beiden Fällen durchläuft k alle ganzen Zahlen). Auf ihren jeweiligen Definitionsbereichen ist

$$\frac{d \tan t}{dt} = \frac{1}{\cos^2 t} = 1 + \tan^2 t, \qquad \frac{d \cot t}{dt} = -\frac{1}{\sin^2 t} = -(1 + \cot^2 t),$$

$$\tan(t + \pi) = \tan t, \qquad \cot(t + \pi) = \cot t$$

(Tangens und Kotangens sind also π-*periodische Funktionen*). Ferner ist $\tan(\pi/4) = \cot(\pi/4) = 1$. Eine einfache Kurvendiskussion führt zu den folgenden Schaubildern (Fig. 57.5 und Fig. 57.6):

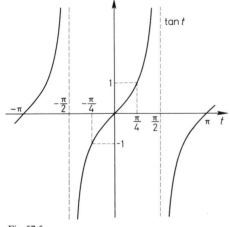
Fig. 57.5

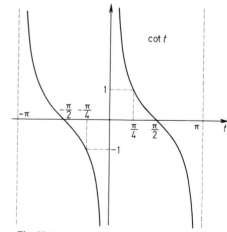
Fig. 57.6

*13. Umkehrung des Tangens und Kotangens (arcus tangens, arcus cotangens) a) Die Einschränkung der Funktion $\tan t$ auf das Intervall $[-\pi/2, \pi/2]$ ist stetig und streng wachsend; ihr Wertebereich ist **R**. Infolgedessen existiert ihre Umkehrfunktion $\arctan x$ („*arcus tangens* von x") auf **R**, ist dort stetig, streng wachsend und hat den Wertebereich $(-\pi/2, \pi/2)$ (s. Fig. 57.7). Ferner ist

$$(\arctan x)' = 1/(1+x^2) \quad \text{für alle} \quad x \in \mathbf{R}.$$

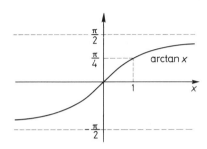

Fig. 57.7

b) Die Einschränkung der Funktion $\cot t$ auf das Intervall $(0, \pi)$ ist stetig und streng fallend; ihr Wertebereich ist **R**. Infolgedessen existiert ihre Umkehrfunktion $\text{arccot } x$ („*arcus cotangens* von x") auf **R**, ist dort stetig, streng fallend und hat den Wertebereich $(0, \pi)$. Ferner ist

$$(\text{arccot } x)' = -\frac{1}{1+x^2} \quad \text{für alle} \quad x \in \mathbf{R}.$$

Zeichne ein Schaubild!

14. Die Funktion $f(t) := t \sin(1/t)$ für $t \neq 0$ und $:= 0$ für $t = 0$ ist im Nullpunkt stetig, jedoch nicht differenzierbar.

15. Die Funktion $g(t) := t^2 \sin(1/t)$ für $t \neq 0$ und $:= 0$ für $t = 0$ ist überall differenzierbar. Ihre Ableitung ist jedoch im Nullpunkt unstetig.

16. Beweise durch Differentiation die folgenden Identitäten:

a) $\arctan x + \arctan(1/x) = \pi/2$ für $x > 0$ (beachte $\arctan 1 = \pi/4$).

b) $2 \arctan x = \arcsin \dfrac{2x}{1+x^2}$ für $-1 \leq x \leq 1$.

c) $\arcsin x = \arctan(x/\sqrt{1-x^2})$ für $|x| < 1$.

d) $2 \,\text{arccot} \sqrt{(1-\cos x)/(1+\cos x)} = \pi - x$ für $0 \leq x < \pi$.

17. Berechne die Ableitungen der folgenden Funktionen auf ihren Differenzierbarkeitsbereichen:

a) $\tan x + 1/\cos x$, b) $\tan^2 \sqrt{x}$, c) $\ln \tan x$,

d) $\ln \tan(x/2)$, e) $\ln \sin x$, f) $\ln \cos x$,

g) $\arcsin \dfrac{1-x^2}{1+x^2}$,

h) $\tan x + \dfrac{1}{3}\tan^3 x$,

i) $1/(\cos \ln x)^2$,

j) $e^{ax}(a\cos bx + b\sin bx)$,

k) $\arctan(1/\tan x)$,

l) $x \arctan x - \dfrac{1}{2}\ln(1+x^2)$,

m) $\arctan \dfrac{x-2}{2\sqrt{x^2+x-1}}$,

n) $\arcsin \sqrt{\dfrac{1-x}{1+x}}$.

18. Bestimme die folgenden Grenzwerte:

a) $\lim\limits_{x\to 0}\left(\dfrac{1}{\sin x} - \cot x\right)$,

b) $\lim\limits_{x\to 0} \dfrac{\arcsin x - x - x^3/6}{3x^5}$.

58 Symbiotische und destruktive Prozesse

Symbiotische Prozesse Unter *Symbiose* versteht man das wechselseitig förderliche Zusammenleben zweier Populationen P und Q. Ist $x(t)$ bzw. $y(t)$ die Größe von P bzw. Q zur Zeit t, so wird man die symbiotische Wachstumsförderung innerhalb einer kleinen Zeitspanne Δt näherungsweise durch den Ansatz

$$x(t+\Delta t) - x(t) = \alpha y(t)\Delta t,$$
$$y(t+\Delta t) - y(t) = \beta x(t)\Delta t \qquad (\alpha, \beta \text{ positive Konstanten}) \qquad (58.1)$$

zu erfassen versuchen. Nimmt man wieder die inzwischen vertraut gewordene Idealisierung vor, die Funktionen $x(t)$ und $y(t)$ als (hinreichend oft) differenzierbar anzusehen und exekutiert man nach Division durch Δt den Grenzübergang $\Delta t \to 0$, so führt unser Ansatz zu einem System von zwei Differentialgleichungen erster Ordnung, das als mathematisches Modell des **symbiotischen Prozesses** angesehen werden kann:

$$\begin{aligned}\dot{x} &= \alpha y \\ \dot{y} &= \beta x\end{aligned} \qquad (\alpha, \beta > 0). \qquad (58.2)$$

Aus ihm folgt $\ddot{x} = \alpha \dot{y} = \alpha\beta x$, also die Differentialgleichung zweiter Ordnung

$$\ddot{x} = \omega^2 x \quad \text{mit} \quad \omega := \sqrt{\alpha\beta}, \qquad (58.3)$$

die sich von der Gleichung (57.1) des harmonischen Oszillators nur durch das Vorzeichen der rechten Seite unterscheidet.

Offenbar sind die Funktionen

$$e^{\omega t}, e^{-\omega t} \quad \text{und allgemeiner} \quad C_1 e^{\omega t} + C_2 e^{-\omega t}$$

mit beliebigen Konstanten Lösungen von (58.3). Wie in Nr. 57 sieht man, daß durch geeignete Festlegung dieser Konstanten willkürlich vorgegebene Anfangsbedingungen $x(t_0) = x_0$, $\dot{x}(t_0) = v_0$ erfüllt werden können: In der Tat ist die Funktion

$$x(t) := \frac{x_0 + v_0/\omega}{2} e^{-\omega t_0} e^{\omega t} + \frac{x_0 - v_0/\omega}{2} e^{\omega t_0} e^{-\omega t} \tag{58.4}$$

eine Lösung des Anfangswertproblems

$$\ddot{x} = \omega^2 x, \quad x(t_0) = x_0, \quad \dot{x}(t_0) = v_0. \tag{58.5}$$

Wir zeigen nun, *daß sie auch die einzige ist.*

Sind die für alle $t \in \mathbf{R}$ definierten Funktionen $z_1(t)$ und $z_2(t)$ Lösungen von (58.5), so genügt $w := z_1 - z_2$ den Beziehungen

$$\ddot{w} = \omega^2 w, \quad w(t_0) = \dot{w}(t_0) = 0.$$

Aus der ersten dieser Gleichungen folgt

$$\frac{d}{dt}(\dot{w}^2 - \omega^2 w^2) = 2\dot{w}(\ddot{w} - \omega^2 w) = 0,$$

also $\dot{w}^2 - \omega^2 w^2 = (\dot{w} - \omega w)(\dot{w} + \omega w) = \text{const}$, und mit der zweiten Gleichung ergibt sich daraus

$$(\dot{w} - \omega w)(\dot{w} + \omega w) = 0. \tag{58.6}$$

Angenommen, für ein $t_1 \in \mathbf{R}$ sei $\dot{w}(t_1) - \omega w(t_1) \neq 0$. Dann ist auch für alle t einer gewissen ε-Umgebung von t_1 stets $\dot{w}(t) - \omega w(t) \neq 0$ (Satz 34.2). Sei I die Vereinigung aller ε-Umgebungen von t_1 mit dieser Eigenschaft. I ist ein offenes Intervall, das t_0 nicht enthält und somit zwei endliche Randpunkte a, b besitzt. Wegen (58.6) muß $\dot{w}(t) + \omega w(t) = 0$ für alle $t \in I$ sein. Nach Satz 55.1 ist also $w(t) = C e^{-\omega t}$ für $t \in I$ mit einer geeigneten Konstanten C. In mindestens einem der Randpunkte a, b von I muß $\dot{w} - \omega w$ verschwinden (andernfalls könnte man I im Widerspruch zu seiner Konstruktion über beide Randpunkte hinaus vergrößern); sei etwa $\dot{w}(a) - \omega w(a) = 0$. Dann ist auch

$$0 = \lim_{t \to a+} [\dot{w}(t) - \omega w(t)] = \lim_{t \to a+} [-\omega C e^{-\omega t} - \omega C e^{-\omega t}] = -2\omega C e^{-\omega a},$$

also $C = 0$ und somit $w = 0$ auf I — und daher auch $\dot{w}(t) - \omega w(t) = 0$ für alle $t \in I$, ganz im Gegensatz zur Konstruktion von I. Ein Punkt t_1 der oben angegebenen

Art kann also nicht existieren; vielmehr muß $\dot{w}(t) - \omega w(t) = 0$ für *alle* $t \in \mathbf{R}$ sein. Daraus ergibt sich aber mit Satz 55.1 und der Anfangsbedingung $w(t_0) = 0$, daß $w = 0$ und somit $z_1 = z_2$ ist. ∎

Wir kehren nun wieder zu dem symbiotischen Prozeß (58.2) zurück und nehmen an, im Zeitpunkt t_0 habe die Population P bzw. Q die Anfangsgröße x_0 bzw. y_0. Die weitere zeitliche Entwicklung der beiden Populationen wird dann beschrieben durch die Lösung $x(t), y(t)$ des Anfangswertproblems

$$\begin{aligned}\dot{x} &= \alpha y \\ \dot{y} &= \beta x\end{aligned}, \quad x(t_0) = x_0, \, y(t_0) = y_0 \quad (\alpha, \beta \in \mathbf{R}^+), \tag{58.7}$$

falls dieses Problem überhaupt eindeutig lösbar ist. Angenommen, es besitze eine Lösung $x(t), y(t)$. Wegen der ersten Gleichung in (58.2) ist dann $\dot{x}(t_0) = \alpha y(t_0) = \alpha y_0$; aufgrund der obigen Überlegungen hat also $x(t)$ notwendigerweise die Gestalt (58.4) mit $v_0 = \alpha y_0$. Wiederum wegen der ersten Gleichung in (58.2) muß $y(t) = \frac{1}{\alpha}\dot{x}(t)$ sein, also ist auch $y(t)$ eindeutig bestimmt. Durch eine einfache Rechnung bestätigt man nun umgekehrt, daß die so festgelegten Funktionen $x(t), y(t)$ tatsächlich eine Lösung von (58.7) bilden. Alles zusammenfassend können wir also das folgende Ergebnis formulieren:

Das Anfangswertproblem (58.7) *besitzt genau eine Lösung* x, y. *Mit* $\omega := \sqrt{\alpha\beta}$ *ist sie gegeben durch*

$$\begin{aligned}x(t) &= \frac{x_0 + \alpha y_0/\omega}{2}e^{\omega(t-t_0)} + \frac{x_0 - \alpha y_0/\omega}{2}e^{-\omega(t-t_0)}, \\ y(t) &= \frac{\omega}{\alpha}\left[\frac{x_0 + \alpha y_0/\omega}{2}e^{\omega(t-t_0)} - \frac{x_0 - \alpha y_0/\omega}{2}e^{-\omega(t-t_0)}\right]\end{aligned} \tag{58.8}$$

oder, in einer symmetrischeren Form, durch

$$\begin{aligned}x(t) &= \frac{1}{2\sqrt{\beta}}[(\sqrt{\beta}x_0 + \sqrt{\alpha}y_0)e^{\omega(t-t_0)} + (\sqrt{\beta}x_0 - \sqrt{\alpha}y_0)e^{-\omega(t-t_0)}], \\ y(t) &= \frac{1}{2\sqrt{\alpha}}[(\sqrt{\alpha}y_0 + \sqrt{\beta}x_0)e^{\omega(t-t_0)} + (\sqrt{\alpha}y_0 - \sqrt{\beta}x_0)e^{-\omega(t-t_0)}].\end{aligned} \tag{58.9}$$

Dieses Resultat zeigt, daß *im symbiotischen Prozeß die beiden Populationen im wesentlichen exponentiell wachsen*. Damit wird aber auch deutlich, daß unser mathematisches Modell (58.2) recht grob ist; denn eine *Beschränkung* des Wachstums ist in seinem Rahmen nicht möglich — eine solche Beschränkung wird aber in irgendeiner Weise immer durch die Natur erzwungen werden.

Prozesse wechselseitiger Zerstörung Ganz anders liegen die Dinge, wenn sich

58 Symbiotische und destruktive Prozesse

zwei Populationen P, Q der Größe $x(t)$, $y(t)$ nicht wechselseitig fördern, sondern vielmehr *schädigen* (wie es etwa bei kriegführenden Armeen der Fall ist). Das einfachste mathematische Modell hierfür ist das Anfangswertproblem

$$\begin{aligned}\dot{x} &= -\alpha y\\ \dot{y} &= -\beta x\end{aligned}, \quad x(t_0)=x_0,\, y(t_0)=y_0 \quad (\alpha, \beta \in \mathbf{R}^+). \tag{58.10}$$

α ist ein Maß für die Zerstörungskraft (etwa die Feuerkraft einer Kompanie), mit der eine Einheit der Population Q ausgestattet ist; entsprechend ist β zu deuten. Die Überlegungen, die wir anläßlich der symbiotischen Prozesse angestellt haben, gelten im wesentlichen unverändert auch für das Anfangswertproblem (58.10), nur ist in (58.8) α durch $-\alpha$ zu ersetzen. Wir erhalten somit das folgende Ergebnis:

Das Anfangswertproblem (58.10) besitzt genau eine Lösung x, y. Mit $\omega := \sqrt{\alpha\beta}$ ist sie gegeben durch

$$\begin{aligned}x(t) &= \frac{1}{2\sqrt{\beta}}[(\sqrt{\beta}x_0 - \sqrt{\alpha}y_0)e^{\omega(t-t_0)} + (\sqrt{\beta}x_0 + \sqrt{\alpha}y_0)e^{-\omega(t-t_0)}],\\ y(t) &= \frac{1}{2\sqrt{\alpha}}[(\sqrt{\alpha}y_0 - \sqrt{\beta}x_0)e^{\omega(t-t_0)} + (\sqrt{\alpha}y_0 + \sqrt{\beta}x_0)e^{-\omega(t-t_0)}].\end{aligned} \tag{58.11}$$

In der folgenden Diskussion wollen wir, um die Schreibweise zu vereinfachen, $t_0 = 0$ setzen (dies bedeutet nur eine Verschiebung der Zeitskala) und x_0, y_0 als positiv annehmen.
Das Verhalten der Lösung hängt nun entscheidend davon ab, ob die Differenz $\Delta := \sqrt{\beta}x_0 - \sqrt{\alpha}y_0 > 0$, $= 0$ oder < 0 ist. Sei zunächst $\Delta > 0$. Dann ist $x(t)$ für alle t positiv (die Population P geht nicht völlig zugrunde), und daher $\dot{y}(t) = -\beta x(t)$ stets negativ: Die Population Q nimmt streng ab; im Zeitpunkt

$$T := \frac{1}{2\sqrt{\alpha\beta}} \ln \frac{\sqrt{\alpha}y_0 + \sqrt{\beta}x_0}{\sqrt{\beta}x_0 - \sqrt{\alpha}y_0}$$

verschwindet sie. Im Intervall $[0, T]$ nimmt auch die Population P streng ab; während aber, wie schon gesagt, $y(T) = 0$ ist, haben wir

$$x(T) = \sqrt{x_0^2 - \frac{\alpha}{\beta} y_0^2} > 0.$$

Ist $\Delta = 0$, so nehmen beide Populationen exponentiell ab, ohne jedoch gänzlich zu verschwinden; im Falle $\Delta < 0$ schließlich vertauschen P und Q ihre oben beleuchteten Rollen. Kurz zusammenfassend können wir also sagen: *Ist $\beta x_0^2 > \alpha y_0^2$, so siegt P; ist $\beta x_0^2 = \alpha y_0^2$, so sind P und Q gleich stark; ist $\beta x_0^2 < \alpha y_0^2$, so unterliegt P.*

Die Größen βx_0^2, αy_0^2 sind also ein Maß für die „Schlagkraft" der Populationen P, Q.

Dieses Ergebnis wird in dem sogenannten N^2-*Gesetz von Lanchester* (1868–1946; 78) folgendermaßen formuliert: *Eine Armee, die aus N Einheiten der Feuerkraft φ besteht, hat die Schlagkraft φN^2*. Eine Verdoppelung der Zahl der Einheiten ist also einer Vervierfachung ihrer Feuerkraft gleichwertig. Bei gleicher Feuerkraft ist die größere Zahl deutlich überlegen: ein Punkt, auf den Clausewitz (1780–1831; 51) in seinem berühmten Werk „Vom Kriege" nachdrücklich hinweist („Die Zahl ist der wichtigste Faktor in dem Resultat eines Gefechtes").

Prozesse einseitiger Zerstörung (räuberische Prozesse) Als grobes mathematisches Modell für die Beziehungen zwischen einer Raubpopulation R der Größe $x(t)$ und einer Beutepopulation B der Größe $y(t)$ kann das folgende Anfangswertproblem dienen:

$$\begin{aligned}\dot{x}&=\alpha y\\\dot{y}&=-\beta x\end{aligned}, \quad x(t_0)=x_0,\ y(t_0)=y_0 \quad (\alpha,\beta\in\mathbf{R}^+). \tag{58.12}$$

Es folgt $\ddot{x} = \alpha\dot{y} = \alpha(-\beta x)$, also die Gleichung des harmonischen Oszillators

$$\ddot{x} = -\omega^2 x \quad \text{mit} \quad \omega := \sqrt{\alpha\beta}; \tag{58.13}$$

s. (57.1). Ihre Lösung wird durch die Anfangsbedingungen $x(t_0) = x_0$, $\dot{x}(t_0) = \alpha y_0$ mit $y_0 := y(t_0)$ eindeutig festgelegt und durch (57.6) gegeben; dabei ist $v_0 = \alpha y_0$ zu setzen. Da ferner $y = \dot{x}/\alpha$ ist, erhält man nach einfachen Umrechnungen *die eindeutig bestimmte Lösung x, y des Anfangswertproblems* (58.12) *in folgender Gestalt*:

$$\begin{aligned}x(t)&=\frac{1}{\sqrt{\beta}}[\sqrt{\beta}x_0\cos\omega(t-t_0)+\sqrt{\alpha}y_0\sin\omega(t-t_0)],\\[4pt]y(t)&=\frac{1}{\sqrt{\alpha}}[\sqrt{\alpha}y_0\cos\omega(t-t_0)-\sqrt{\beta}x_0\sin\omega(t-t_0)].\end{aligned} \tag{58.14}$$

Der Einfachheit wegen setzen wir wieder $t_0 = 0$, ferner sei $x_0, y_0 > 0$. Für $t \geq 0$ nimmt die Beutepopulation streng ab; sie verschwindet, wenn

$$(\sqrt{\alpha}y_0)/(\sqrt{\beta}x_0) = \sin\omega t/\cos\omega t = \tan\omega t$$

ist; dies tritt zum Zeitpunkt

$$T := \frac{1}{\omega}\arctan\left(\sqrt{\frac{\alpha}{\beta}}\frac{y_0}{x_0}\right)$$

ein. Die Raubpopulation dagegen wächst streng im Intervall $[0, T]$. — In Nr. 97 werden wir ein sehr viel feineres und realistischeres Modell räuberischer Prozesse aufstellen und untersuchen.

59 Konvexe und konkave Funktionen als Quelle fundamentaler Ungleichungen

Im Anschluß an Satz 49.8 haben wir gesehen, daß die Logarithmusfunktion $\ln x$ auf dem Intervall $(0, +\infty)$ konkav ist. Sind die Zahlen $a_1, \ldots, a_n$ und $\lambda_1, \ldots, \lambda_n$ alle positiv und ist überdies $\lambda_1 + \cdots + \lambda_n = 1$, so gilt also wegen A 49.7 die Abschätzung $\ln(\lambda_1 a_1 + \cdots + \lambda_n a_n) \geq \lambda_1 \ln a_1 + \cdots + \lambda_n \ln a_n$ und damit auch die Ungleichung $\ln(\lambda_1 a_1 + \cdots + \lambda_n a_n) \geq \ln(a_1^{\lambda_1} \cdots a_n^{\lambda_n})$. Da die Logarithmusfunktion auf $(0, +\infty)$ streng wächst, folgt daraus $\lambda_1 a_1 + \cdots + \lambda_n a_n \geq a_1^{\lambda_1} \cdots a_n^{\lambda_n}$, eine Ungleichung, die trivialerweise in Kraft bleibt, wenn eine oder mehrere der Zahlen $a_1, \ldots, a_n$ verschwinden. $\lambda_1 a_1 + \cdots + \lambda_n a_n$ ist offenbar nichts anderes als ein gewichtetes arithmetisches Mittel der $a_1, \ldots, a_n$; entsprechend nennt man $a_1^{\lambda_1} \cdots a_n^{\lambda_n}$ ein **gewichtetes geometrisches Mittel**; das gewöhnliche geometrische Mittel erhält man für $\lambda_1 = \cdots = \lambda_n := 1/n$. Das Ergebnis unserer Betrachtungen ist eine der gehaltvollsten Ungleichungen der Analysis, nämlich die

59.1 Ungleichung zwischen dem gewichteten arithmetischen und geometrischen Mittel *Sind die Zahlen $\lambda_1, \ldots, \lambda_n$ positiv mit Summe 1, so gilt für je n nichtnegative Zahlen $a_1, \ldots, a_n$ die Ungleichung*

$$a_1^{\lambda_1} \cdots a_n^{\lambda_n} \leq \lambda_1 a_1 + \cdots + \lambda_n a_n. \tag{59.1}$$

Für $\lambda_1 = \cdots = \lambda_n := 1/n$ erhält man die *Ungleichung zwischen dem arithmetischen und geometrischen Mittel* (Satz 12.2), diesmal aber kraft eines *analytischen* Beweises.

Aus Satz 59.1 folgt ohne sonderliche Mühe die nach Ludwig Otto Hölder (1859–1937; 78) benannte

°**59.2 Höldersche Ungleichung** *Ist $p > 1$ und $\dfrac{1}{p} + \dfrac{1}{q} = 1$, so gilt stets*

$$\sum_{k=1}^{n} |a_k b_k| \leq \left(\sum_{k=1}^{n} |a_k|^p \right)^{1/p} \left(\sum_{k=1}^{n} |b_k|^q \right)^{1/q}. \tag{59.2}$$

Zum Beweis dürfen wir annehmen, daß mindestens ein a_k und mindestens ein b_k nicht verschwindet, daß also

$$A := \sum_{k=1}^{n} |a_k|^p \quad \text{und} \quad B := \sum_{k=1}^{n} |b_k|^q$$

positive Zahlen sind. Wegen (59.1) ist dann

$$\left(\frac{|a_k|^p}{A} \right)^{1/p} \left(\frac{|b_k|^q}{B} \right)^{1/q} \leq \frac{1}{p} \frac{|a_k|^p}{A} + \frac{1}{q} \frac{|b_k|^q}{B} \quad \text{für } k = 1, \ldots, n,$$

woraus durch Summation über k die Abschätzung

$$\sum_{k=1}^{n} \frac{|a_k|}{A^{1/p}} \frac{|b_k|}{B^{1/q}} \leq \frac{1}{p}\frac{A}{A} + \frac{1}{q}\frac{B}{B} = \frac{1}{p} + \frac{1}{q} = 1$$

und damit die Behauptung $\sum_{k=1}^{n} |a_k b_k| \leq A^{1/p} B^{1/q}$ folgt. ∎

Für $p = q = 2$ geht die Höldersche in die Cauchy–Schwarzsche Ungleichung über. Mit Hilfe der Hölderschen Ungleichung erhalten wir eine Verallgemeinerung der Minkowskischen Ungleichung 12.4; sie heißt ebenfalls

° **59.3 Minkowskische Ungleichung**

$$\left(\sum_{k=1}^{n} |a_k + b_k|^p\right)^{1/p} \leq \left(\sum_{k=1}^{n} |a_k|^p\right)^{1/p} + \left(\sum_{k=1}^{n} |b_k|^p\right)^{1/p}, \quad falls\ p \geq 1.$$

Zum Beweis dürfen wir $p > 1$ annehmen (da wir für $p = 1$ ja nur die Dreiecksungleichung vor uns haben). q genüge der Gleichung

$$\frac{1}{p} + \frac{1}{q} = 1 \quad \text{oder also} \quad (p-1)q = p.$$

Ferner dürfen wir voraussetzen, daß $A := \sum |a_k + b_k|^p > 0$ ist (die Summationsgrenzen lassen wir fort). Mit Hilfe der Dreiecksungleichung und der Hölderschen Ungleichung erhalten wir nun die Abschätzungskette

$$A = \sum |a_k + b_k| |a_k + b_k|^{p-1} \leq \sum |a_k| |a_k + b_k|^{p-1} + \sum |b_k| |a_k + b_k|^{p-1}$$
$$\leq \left(\sum |a_k|^p\right)^{1/p} \left(\sum |a_k + b_k|^{(p-1)q}\right)^{1/q} + \left(\sum |b_k|^p\right)^{1/p} \left(\sum |a_k + b_k|^{(p-1)q}\right)^{1/q},$$

also die Ungleichung

$$A \leq \left[\left(\sum |a_k|^p\right)^{1/p} + \left(\sum |b_k|^p\right)^{1/p}\right] A^{1/q},$$

aus der nach Division durch $A^{1/q}$ die Behauptung folgt. ∎

Bemerkenswerterweise haben sich die drei letzten Ungleichungen alle mehr oder weniger direkt aus der Konkavität der Logarithmusfunktion ergeben.

Im Folgenden sei $\boldsymbol{\lambda} := (\lambda_1, \ldots, \lambda_n)$ immer ein **Gewichtsvektor**, d.h., die Zahlen $\lambda_1, \ldots, \lambda_n$ seien alle positiv mit Summe 1. Ferner sei $\boldsymbol{a} := (a_1, \ldots, a_n)$; die Schreibweise $\boldsymbol{a} > 0$ bedeute, daß alle a_k positiv sind. Für jedes $t \neq 0$ und $\boldsymbol{a} > 0$ nennt man

$$M_t(\boldsymbol{a}, \boldsymbol{\lambda}) := \left(\sum_{k=1}^{n} \lambda_k a_k^t\right)^{1/t} \tag{59.3}$$

das **gewichtete** (genauer: das **λ-gewichtete**) **Mittel t-ter Ordnung** der Zahlen

59 Konvexe und konkave Funktionen als Quelle fundamentaler Ungleichungen

$a_1, \ldots, a_n$; dabei setzen wir $\boldsymbol{a} > 0$ voraus, um die Potenzen a_k^t auch für negative t bilden zu können. Die Funktion $t \mapsto M_t(\boldsymbol{a}, \boldsymbol{\lambda})$ ist für alle $t \neq 0$ stetig und differenzierbar. Nach der Regel von de l'Hospital ist

$$\lim_{t \to 0} \ln M_t(\boldsymbol{a}, \boldsymbol{\lambda}) = \lim_{t \to 0} \frac{\ln \sum \lambda_k a_k^t}{t} = \lim_{t \to 0} \frac{\sum \lambda_k a_k^t \ln a_k}{\sum \lambda_k a_k^t}$$
$$= \sum \lambda_k \ln a_k = \ln(a_1^{\lambda_1} \cdots a_n^{\lambda_n}),$$

also *strebt $M_t(\boldsymbol{a}, \boldsymbol{\lambda})$ für $t \to 0$ gegen das gewichtete geometrische Mittel $a_1^{\lambda_1} \cdots a_n^{\lambda_n}$*. Wir ergänzen deshalb die Definition (59.3) durch die Festsetzung

$$M_0(\boldsymbol{a}, \boldsymbol{\lambda}) := a_1^{\lambda_1} \cdots a_n^{\lambda_n}.$$

Das Mittel 1. Ordnung ist natürlich nichts anderes als das gewichtete arithmetische Mittel; das Mittel der Ordnung -1, also

$$M_{-1}(\boldsymbol{a}, \boldsymbol{\lambda}) = \frac{1}{\dfrac{\lambda_1}{a_1} + \cdots + \dfrac{\lambda_n}{a_n}}$$

wird das gewichtete harmonische Mittel der Zahlen $a_1, \ldots, a_n$ genannt; im Falle $\lambda_1 = \cdots = \lambda_n := 1/n$ erhält man ihr (gewöhnliches) harmonisches Mittel

$$\frac{n}{\dfrac{1}{a_1} + \cdots + \dfrac{1}{a_n}}.$$

Der Name „Mittel" wird gerechtfertigt durch die

59.4 Ungleichung des t-ten Mittels

$$\min(a_1, \ldots, a_n) \leq M_t(\boldsymbol{a}, \boldsymbol{\lambda}) \leq \max(a_1, \ldots, a_n).$$

Beweis. Ohne Beschränkung der Allgemeinheit sei a_1 die kleinste und a_n die größte der Zahlen $a_1, \ldots, a_n$, ferner sei zunächst $t > 0$. Dann ist wegen $a_1 \leq a_k \leq a_n$ auch $a_1^t \leq a_k^t \leq a_n^t$ für $k = 1, \ldots, n$, woraus $a_1^t = \sum \lambda_k a_1^t \leq \sum \lambda_k a_k^t \leq \sum \lambda_k a_n^t = a_n^t$ und damit sofort auch die Behauptung folgt. Den Fall $t = 0$ kann man nun durch den Grenzübergang $t \to 0+$ erledigen. Die Diskussion für $t < 0$ überlassen wir dem Leser. ∎

Weitaus wichtiger als der eben bewiesene Satz ist die

59.5 Ungleichung zwischen den t-ten Mitteln

Für $t_1 < t_2$ ist $M_{t_1}(\boldsymbol{a}, \boldsymbol{\lambda}) \leq M_{t_2}(\boldsymbol{a}, \boldsymbol{\lambda})$

oder auch: *Die Funktion $t \mapsto M_t(\boldsymbol{a}, \boldsymbol{\lambda})$ wächst auf $\mathbf{R}$.*

Beweis. Die Funktion $f(x) := x \ln x$ besitzt auf $\mathbf{R}^+$ die positive zweite Ableitung

350 VII Anwendungen

$1/x$, ist dort also konvex. Wegen A 49.7 haben wir daher

$$\left(\sum_{k=1}^{n} \lambda_k a_k^t\right) \ln \sum_{k=1}^{n} \lambda_k a_k^t \leq \sum_{k=1}^{n} \lambda_k a_k^t \ln a_k^t \quad \text{für alle } t \in \mathbf{R}. \tag{59.4}$$

Für $t \neq 0$ ist, wenn wir $M_t' := dM_t(\mathbf{a}, \boldsymbol{\lambda})/dt$ setzen,

$$\frac{M_t'}{M_t} = (\ln M_t)' = \frac{d}{dt} \frac{\ln \sum \lambda_k a_k^t}{t} = \frac{1}{t^2}\left[t \frac{\sum \lambda_k a_k^t \ln a_k}{\sum \lambda_k a_k^t} - \ln \sum \lambda_k a_k^t\right],$$

woraus mit (59.4) die Abschätzung

$$t^2 \frac{M_t'}{M_t} \sum \lambda_k a_k^t = \sum \lambda_k a_k^t \ln a_k^t - \left(\sum \lambda_k a_k^t\right) \ln \sum \lambda_k a_k^t \geq 0$$

und damit $M_t' \geq 0$ folgt. $M_t(\mathbf{a}, \boldsymbol{\lambda})$ wächst also in $(-\infty, 0)$ und in $(0, +\infty)$. Und da $M_0(\mathbf{a}, \boldsymbol{\lambda}) = \lim_{t \to 0} M_t(\mathbf{a}, \boldsymbol{\lambda})$ ist, muß $M_t(\mathbf{a}, \boldsymbol{\lambda})$ sogar auf ganz $\mathbf{R}$ wachsen. ∎

Nach Satz 59.5 ist $M_{-1}(\mathbf{a}, \boldsymbol{\lambda}) \leq M_0(\mathbf{a}, \boldsymbol{\lambda}) \leq M_1(\mathbf{a}, \boldsymbol{\lambda})$, ausführlicher:

Sind die Zahlen $\lambda_1, \ldots, \lambda_n$ positiv mit Summe 1, so gilt für je n positive Zahlen $a_1, \ldots, a_n$ die folgende Ungleichung zwischen dem gewichteten harmonischen, geometrischen und arithmetischen Mittel:

$$\frac{1}{\frac{\lambda_1}{a_1} + \cdots + \frac{\lambda_n}{a_n}} \leq a_1^{\lambda_1} \cdots a_n^{\lambda_n} \leq \lambda_1 a_1 + \cdots + \lambda_n a_n \text{ [1]}. \tag{59.5}$$

Insbesondere ist also

$$\frac{n}{\frac{1}{a_1} + \cdots + \frac{1}{a_n}} \leq \sqrt[n]{a_1 \cdots a_n} \leq \frac{a_1 + \cdots + a_n}{n}. \tag{59.6}$$

Aufgaben

1. Beweise die Höldersche Ungleichung mit Hilfe der Tatsache, daß die Funktion x^p für $p > 1$ auf $\mathbf{R}^+$ konvex ist.

+2. **Höldersche Ungleichung für Reihen** Sei $p > 1$ und $1/p + 1/q = 1$. Sind die Reihen $\sum_{k=1}^{\infty} |a_k|^p$ und $\sum_{k=1}^{\infty} |b_k|^q$ konvergent, so konvergiert auch $\sum_{k=1}^{\infty} |a_k b_k|$, und es ist

$$\sum_{k=1}^{\infty} |a_k b_k| \leq \left(\sum_{k=1}^{\infty} |a_k|^p\right)^{1/p} \left(\sum_{k=1}^{\infty} |b_k|^q\right)^{1/q}.$$

---

[1] Damit haben wir für die Ungleichung (59.1) einen neuen Beweis geliefert.

+3. Minkowskische Ungleichung für Reihen Sei $p \geq 1$. Sind die Reihen $\sum_{k=1}^{\infty} |a_k|^p$ und $\sum_{k=1}^{\infty} |b_k|^p$ konvergent, so konvergiert auch $\sum_{k=1}^{\infty} |a_k + b_k|^p$, und es ist

$$\left(\sum_{k=1}^{\infty} |a_k + b_k|^p\right)^{1/p} \leq \left(\sum_{k=1}^{\infty} |a_k|^p\right)^{1/p} + \left(\sum_{k=1}^{\infty} |b_k|^p\right)^{1/p}.$$

*4. Für jedes $p \geq 1$ und jedes $\boldsymbol{x} := (x_1, \ldots, x_n) \in \mathbf{R}^n$ setze man $\|\boldsymbol{x}\|_p := (\sum_{k=1}^{n} |x_k|^p)^{1/p}$. Zeige, daß $\|\boldsymbol{x}\|_p$ den Normaxiomen (N 1) bis (N 3) in A 14.10 genügt, und daß durch $d_p(\boldsymbol{x}, \boldsymbol{y}) := \|\boldsymbol{x} - \boldsymbol{y}\|_p$ eine Metrik auf $\mathbf{R}^n$ definiert wird. Es ist $\lim_{p \to \infty} \|\boldsymbol{x}\|_p = \|\boldsymbol{x}\|_\infty$, wobei $\|\boldsymbol{x}\|_\infty := \max(|x_1|, \ldots, |x_n|)$ die in A 14.10 bereits definierte Maximumsnorm bedeutet.

*5. a) l^p ($p \geq 1$) bedeute die Menge aller Zahlenfolgen $\boldsymbol{x} := (x_1, x_2, \ldots)$, für die $\sum_{k=1}^{\infty} |x_k|^p$ konvergiert, und für jedes $\boldsymbol{x} \in l^p$ sei $\|\boldsymbol{x}\|_p := \left(\sum_{k=1}^{\infty} |x_k|^p\right)^{1/p}$. Zeige, daß l^p ein Folgenraum ist, daß $\|\boldsymbol{x}\|_p$ den Normaxiomen (N 1) bis (N 3) in A 14.10 genügt, und daß durch $d_p(\boldsymbol{x}, \boldsymbol{y}) := \|\boldsymbol{x} - \boldsymbol{y}\|_p$ eine Metrik auf l^p definiert wird. b) l^∞ sei der lineare Raum $B(\mathbf{N})$ aller beschränkten Zahlenfolgen $\boldsymbol{x} := (x_1, x_2, \ldots)$, versehen mit der Supremumsnorm $\|\boldsymbol{x}\|_\infty := \sup_{k=1}^{\infty} |x_k|$ (s. A 14.11). Zeige, daß für $\boldsymbol{x} \in l^\infty$ stets $\|\boldsymbol{x}\|_\infty = \lim_{n \to \infty} \left[\lim_{p \to \infty} \left(\sum_{k=1}^{n} |x_k|^p\right)^{1/p}\right]$ ist.
Hinweis: Aufgabe 4.

+6. Jensensche Ungleichung[1] Ist $0 < p < q$, so gilt für beliebige Zahlen $a_1, \ldots, a_n$

$$\left(\sum_{k=1}^{n} |a_k|^q\right)^{1/q} \leq \left(\sum_{k=1}^{n} |a_k|^p\right)^{1/p}.$$

Hinweis: O.B.d.A. sei $\alpha^p := \sum_{k=1}^{n} |a_k|^p > 0$. Dann ist $|a_k|/\alpha \leq 1$, also

$$\sum_{k=1}^{n} (|a_k|/\alpha)^q \leq \sum_{k=1}^{n} (|a_k|/\alpha)^p = 1.$$

+7. Jensensche Ungleichung für Reihen Sei $0 < p < q$. Ist die Reihe $\sum_{k=1}^{\infty} |a_k|^p$ konvergent, so konvergiert auch $\sum_{k=1}^{\infty} |a_k|^q$, und es gilt

$$\left(\sum_{k=1}^{\infty} |a_k|^q\right)^{1/q} \leq \left(\sum_{k=1}^{\infty} |a_k|^p\right)^{1/p}.$$

+8. Mit den Bezeichnungen der Aufgabe 4 gilt für $\boldsymbol{x} \in \mathbf{R}^n$ stets
$\|\boldsymbol{x}\|_q \leq \|\boldsymbol{x}\|_p$, falls $1 \leq p < q \leq \infty$.

---

[1] Johann Ludwig Jensen (1859–1925; 66).

⁺**9.** Mit den Bezeichnungen der Aufgabe 5 gilt:
$$1 \leq p < q \leq \infty \Rightarrow l^p \subset l^q \quad \text{und} \quad \|x\|_q \leq \|x\|_p \quad \text{für jedes } x \in l^p.$$

10. Für $p \geq 2$ und alle Zahlen ξ, η ist $|\xi+\eta|^p + |\xi-\eta|^p \leq 2^{p-1}(|\xi|^p + |\eta|^p)$.

Hinweis: Für $p=2$ gilt trivialerweise das Gleichheitszeichen. Ist $p>2$, so haben wir nach der Jensenschen Ungleichung in Aufgabe 6 also $(|\xi+\eta|^p + |\xi-\eta|^p)^{1/p} \leq \sqrt{2}(|\xi|^2 + |\eta|^2)^{1/2}$. Wende nun auf $|\xi|^2 \cdot 1 + |\eta|^2 \cdot 1$ die Höldersche Ungleichung mit $p/2$ an Stelle von p und $p/(p-2)$ an Stelle von q an.

⁺**11.** Sei $x, y \in l^p$ ($1 \leq p < \infty$). Dann ist (für die Bezeichnungen s. Aufgabe 5)
$$\|x+y\|_2^2 + \|x-y\|_2^2 = 2(\|x\|_2^2 + \|y\|_2^2),$$
$$\|x+y\|_p^p + \|x-y\|_p^p \leq 2^{p-1}(\|x\|_p^p + \|y\|_p^p), \quad \text{falls } p > 2.$$

Hinweis: Aufgabe 10.

VIII Der Taylorsche Satz und Potenzreihen

$(P+PQ)^{\frac{m}{n}} = P^{\frac{m}{n}} + \frac{m}{n}AQ + \frac{m-n}{2n}BQ + \frac{m-2n}{3n}CQ + $ etc.

Newtons Binomialreihe; sie schmückt seinen Sarkophag in der Westminster Abbey.

Gerade durch die Lehre von den unendlichen Reihen hat die höhere Analysis sehr bedeutende Erweiterungen erfahren.

Leonhard Euler

60 Der Mittelwertsatz für höhere Differenzen

In dieser Nummer werden wir eine einfache Beziehung zwischen „höheren Differenzenquotienten" und höheren Differentialquotienten aufdecken, die uns auf direktem Weg zu einem der wichtigsten Sätze der Analysis, dem Taylorschen Satz, führen wird.

Es sei ein natürliches n und ein reelles $h \ne 0$ vorgegeben, und die Funktion f sei (mindestens) auf einem Intervall erklärt, das die Punkte $x_0, x_0+h, \ldots, x_0+nh$ enthält. Dann sind die Zahlen

$$y_0 := f(x_0),\ y_1 := f(x_0+h),\ \ldots,\ y_n := f(x_0+nh)$$

und $\Delta^n y_0 = \Delta^n f(x_0)$ wohldefiniert (s. (17.3) und (17.6)), und es gilt der folgende

60.1 Mittelwertsatz für höhere Differenzen *Mit den obigen Bezeichnungen sei a die kleinste und b die größte der Zahlen x_0, x_0+nh. Ist dann $f^{(n-1)}$ auf dem Intervall $[a, b]$ vorhanden und stetig und wenigstens noch im Innern desselben differenzierbar, so gibt es eine Stelle $\xi \in (a, b)$, an der*

$$f^{(n)}(\xi) = \frac{\Delta^n f(x_0)}{h^n} \quad \text{oder also} \quad \Delta^n f(x_0) = f^{(n)}(\xi) h^n \text{ ist.}$$

Den Beweis führen wir induktiv. Für $n = 1$ geht unser Satz in den Mittelwertsatz 49.1 über, ist also richtig. Im Falle $n > 1$ nehmen wir an, er gelte, wenn n durch $m := n-1$ ersetzt wird. Setzen wir nun $g(x) := f(x+h) - f(x)$, so gibt es wegen dieser Annahme ein ξ_1 zwischen x_0 und x_0+mh mit

$$\Delta^n f(x_0) = \Delta^m g(x_0) = g^{(m)}(\xi_1) h^m = [f^{(m)}(\xi_1+h) - f^{(m)}(\xi_1)] h^m. \tag{60.1}$$

Da aber nach dem Mittelwertsatz zwischen ξ_1 und ξ_1+h (und damit zwischen a und b) ein ξ liegt, mit dem die eckige Klammer in (60.1) gleich $f^{(n)}(\xi)h$ ist, erhalten wir nun $\Delta^n f(x_0) = f^{(n)}(\xi) h^n$. ∎

61 Der Taylorsche Satz und die Taylorsche Entwicklung

Für das Folgende ist ein neues Intervallsymbol nützlich, nämlich das Symbol

$$\langle a, b \rangle := [\min(a, b), \max(a, b)], \quad \text{falls } a \ne b.$$

354 VIII Der Taylorsche Satz und Potenzreihen

Die Funktion f besitze auf $I := \langle x_0, x \rangle$ (x fest) eine stetige Ableitung der Ordnung $n+1$ ($n \in \mathbf{N}_0$), und $h \neq 0$ sei so klein gewählt, daß die Punkte $x_0, x_1 := x_0 + h, \ldots, x_n := x_0 + nh$ alle in I liegen. Ist P_n das zu den Stützstellen x_k und den Stützwerten $y_k := f(x_0 + kh)$ ($k = 0, 1, \ldots, n$) gehörende Interpolationspolynom vom Grade $\leq n$, so haben wir nach (51.1)

$$f(x) = P_n(x) + \frac{(x-x_0)(x-x_1)\cdots(x-x_n)}{(n+1)!} f^{(n+1)}(\tilde{\xi})$$

mit einem geeigneten $\tilde{\xi} \in \mathring{I}$. Und da wegen (17.9)

$$P_n(x) = y_0 + \sum_{k=1}^{n} \frac{\Delta^k y_0}{h^k} \frac{(x-x_0)(x-x_1)\cdots(x-x_{k-1})}{k!}$$

ist, gibt es dank dem eben bewiesenen Mittelwertsatz 60.1 Zahlen $\xi_1, \ldots, \xi_n$ zwischen x_0 und x_n, mit denen nunmehr

$$f(x) = f(x_0) + \sum_{k=1}^{n} \frac{f^{(k)}(\xi_k)}{k!} (x-x_0)(x-x_1)\cdots(x-x_{k-1})$$
$$+ \frac{(x-x_0)(x-x_1)\cdots(x-x_n)}{(n+1)!} f^{(n+1)}(\tilde{\xi}) \quad (61.1)$$

ist. Die Größen $\xi_1, \ldots, \xi_n, \tilde{\xi}$ hängen natürlich von h ab. Für $h \to 0$ strebt

$$\sum_{k=1}^{n} \frac{f^{(k)}(\xi_k)}{k!} (x-x_0)(x-x_1)\cdots(x-x_{k-1}) \to \sum_{k=1}^{n} \frac{f^{(k)}(x_0)}{k!} (x-x_0)^k$$

und

$$\frac{(x-x_0)(x-x_1)\cdots(x-x_n)}{(n+1)!} \to \frac{(x-x_0)^{n+1}}{(n+1)!};$$

wegen (61.1) muß dann auch $f^{(n+1)}(\tilde{\xi})$ einen Grenzwert besitzen. Aus Satz 36.1 folgt, daß dieser in $f^{(n+1)}(I)$ liegt, also $= f^{(n+1)}(\xi)$ mit einem geeigneten $\xi \in I$ ist. Insgesamt gilt dann

$$f(x) = \sum_{k=0}^{n} \frac{f^{(k)}(x_0)}{k!} (x-x_0)^k + \frac{(x-x_0)^{n+1}}{(n+1)!} f^{(n+1)}(\xi). \quad (61.2)$$

Für diese Formel — eine der bemerkenswertesten der gesamten Analysis — geben wir noch einen zweiten Beweis, der unter *schwächeren Voraussetzungen* sogar ein etwas *schärferes Ergebnis* liefert. Wir nehmen jetzt nur an, daß $f^{(n)}$ auf I stetig und $f^{(n+1)}$ auf $\mathring{I}$ vorhanden sei. Trivialerweise gibt es dann genau eine Zahl ρ, so daß

$$f(x) = \sum_{k=0}^{n} \frac{f^{(k)}(x_0)}{k!} (x-x_0)^k + \frac{(x-x_0)^{n+1}}{(n+1)!} \rho$$

ist — und unsere Aufgabe besteht gerade darin, eine Aussage über die Größe von ρ zu machen. Zu diesem Zweck bemerken wir, daß die Funktion

$$F(t) := f(x) - \sum_{k=0}^{n} \frac{f^{(k)}(t)}{k!} (x-t)^k - \frac{(x-t)^{n+1}}{(n+1)!} \rho$$

auf I stetig und auf $\mathring{I}$ differenzierbar ist, und daß $F(x)$ trivialerweise, $F(x_0)$ jedoch gemäß der Wahl von ρ verschwindet. Nach dem Satz von Rolle besitzt also F' in $\mathring{I}$ eine Nullstelle ξ. Da

$$F'(t) = -f'(t) - \sum_{k=1}^{n} \left[\frac{f^{(k+1)}(t)}{k!} (x-t)^k - \frac{f^{(k)}(t)}{(k-1)!} (x-t)^{k-1} \right] + \frac{(x-t)^n}{n!} \rho$$

$$= -\frac{f^{(n+1)}(t)}{n!} (x-t)^n + \frac{(x-t)^n}{n!} \rho$$

ist, ergibt sich aus $F'(\xi) = 0$ sofort $\rho = f^{(n+1)}(\xi)$ und damit wieder (61.2) — diesmal jedoch mit der Verschärfung, daß die Stelle ξ nicht nur in I, sondern sogar in $\mathring{I}$ liegt. Es gilt also der berühmte

61.1 Satz von Taylor[1] *Die Funktion f besitze auf dem kompakten Intervall $I := \langle x_0, x \rangle$ eine stetige Ableitung n-ter Ordnung, während $f^{(n+1)}$ wenigstens im* Innern $\mathring{I}$ *von I vorhanden sei. Dann gibt es in $\mathring{I}$ mindestens eine Zahl ξ, so daß*

$$f(x) = f(x_0) + \frac{f'(x_0)}{1!} (x-x_0) + \frac{f''(x_0)}{2!} (x-x_0)^2$$

$$+ \cdots + \frac{f^{(n)}(x_0)}{n!} (x-x_0)^n + \frac{f^{(n+1)}(\xi)}{(n+1)!} (x-x_0)^{n+1}$$

ist. Oder auch: Es gibt mindestens eine Zahl ϑ zwischen 0 und 1, so daß gilt:

$$f(x) = \sum_{k=0}^{n} \frac{f^{(k)}(x_0)}{k!} (x-x_0)^k + \frac{f^{(n+1)}(x_0 + \vartheta(x-x_0))}{(n+1)!} (x-x_0)^{n+1}.$$

Für $n = 0$ geht der Taylorsche Satz in den Mittelwertsatz über. Das Polynom

$$T_n(x) := f(x_0) + \frac{f'(x_0)}{1!} (x-x_0) + \frac{f''(x_0)}{2!} (x-x_0)^2 + \cdots + \frac{f^{(n)}(x_0)}{n!} (x-x_0)^n$$

heißt das n-te **Taylorpolynom** von f an der Stelle x_0, während

$$R_n(x) := \frac{f^{(n+1)}(\xi)}{(n+1)!} (x-x_0)^{n+1} \qquad (61.3)$$

das **Lagrangesche Restglied** der Taylorschen Formel genannt wird[2]. Man

---
[1] Brook Taylor (1685–1731; 46).
[2] Weitere Darstellungen des Restglieds findet der Leser in der Aufgabe 4 dieser Nummer und in A 168.2.

beachte, daß bei gegebenem f die Zwischenstelle ξ (auf deren Existenz doch der ganze Akzent des Taylorschen Satzes ruht) *von n, x_0 und x abhängt*. Ändert sich auch nur eine dieser Größen, so wird man mit einer Änderung von ξ rechnen müssen. Um diese Abhängigkeit deutlich hervorzuheben, schreibt man häufig $\xi(n, x_0, x)$ oder $\xi_n(x_0, x)$ statt ξ.
Obwohl man die Zahl ξ i. allg. nicht genau kennt (sondern eben nur weiß, daß sie zwischen x_0 und x liegt), läßt sich doch häufig der Betrag $|R_n(x)|$ des Restglieds nach oben abschätzen, so daß man eine Aussage darüber machen kann, *wie gut $T_n(x)$ den Funktionswert $f(x)$ approximiert*. Ist z.B. $|f^{(n+1)}(t)| \leq M_{n+1}$ für alle $t \in \mathring{I}$, so gilt offenbar

$$|f(x) - T_n(x)| \leq \frac{M_{n+1}}{(n+1)!} |x - x_0|^{n+1} \qquad (61.4)$$

(vgl. Satz 51.1). Von besonderer Wichtigkeit ist in diesem Zusammenhang der Fall, daß f beliebig oft auf I differenzierbar ist und Konstanten α und C vorhanden sind, mit denen die Abschätzungen $|f^{(n)}(t)| \leq \alpha C^n$ für alle $t \in I$ und alle $n \in \mathbf{N}$ bestehen. Unter diesen Voraussetzungen ist nämlich

$$|f(x) - T_n(x)| \leq \alpha \frac{|x - x_0|^{n+1}}{(n+1)!} C^{n+1} \quad \text{für } n = 1, 2, \ldots. \qquad (61.5)$$

Wegen A 27.9 strebt aber $a/\sqrt[n]{n!} \to 0$ für jedes feste a; insbesondere ist also $|a|/\sqrt[n]{n!} \leq 1/2$ und somit $|a|^n/n! \leq (1/2)^n$ für alle hinreichend großen n. Daraus folgt, daß auch

$$\frac{a^n}{n!} \to 0 \qquad (61.6)$$

strebt. Ein Blick auf (61.5) zeigt uns nun, daß $T_n(x) \to f(x)$ strebt, daß also

$$f(x) = \sum_{k=0}^{\infty} \frac{f^{(k)}(x_0)}{k!} (x - x_0)^k \qquad (61.7)$$

ist. Natürlich ist diese Taylorsche Entwicklung von $f(x)$ nicht nur unter den eben benutzten Voraussetzungen möglich, sondern bereits dann — aber auch nur dann —, wenn $R_n(x) \to 0$ strebt für $n \to \infty$. Wir fassen diese Ergebnisse zusammen:

61.2 Satz *Besitzt die Funktion f auf dem kompakten Intervall $I := \langle x_0, x \rangle$ Ableitungen jeder Ordnung, so gilt die Taylorsche Entwicklung (61.7) genau dann, wenn das Restglied $R_n(x)$ der Taylorschen Formel für $n \to \infty$ gegen 0 strebt. Dies ist gewiß immer dann der Fall, wenn es Konstanten α und C gibt, so daß*

$$\text{für alle } t \in I \text{ und alle } n \in \mathbf{N} \text{ stets } |f^{(n)}(t)| \leq \alpha C^n \text{ bleibt.} \qquad (61.8)$$

Die enorme Bedeutung des Satzes 61.2 liegt auf der Hand; denn sobald die

Entwicklung (61.7) gilt, kann man $f(x)$ mit jeder gewünschten Genauigkeit berechnen — und zwar allein mit Hilfe der Funktions- und Ableitungswerte an ein und derselben Stelle x_0. Wir werden im nächsten Abschnitt sehen, daß uns hierdurch erst die Möglichkeit eröffnet wird, die bisher recht abstrakt definierten elementaren Funktionen praktisch und theoretisch voll zu beherrschen.

Aufgaben

1. f sei im Punkte x_0 n-mal differenzierbar, und p sei ein Polynom vom Grade $\leq n$ mit $p^{(k)}(x_0) = f^{(k)}(x_0)$ für $k = 0, 1, \ldots, n$. Dann ist p das n-te Taylorpolynom von f an der Stelle x_0. Hinweis: A 48.7.

2. Die Funktionen f und g seien im Punkte x_0 n-mal differenzierbar ($n \geq 1$), es sei $g(x_0) = 0$ und $f(x) = p(x) + (x - x_0)^n g(x)$ mit einem Polynom p vom Grade $\leq n$. Dann ist p das n-te Taylorpolynom von f an der Stelle x_0. Hinweis: Aufgabe 1 und A 47.1.

3. Aus der Gleichung $1/(1-x) = 1 + x + \cdots + x^n + x^{n+1}/(1-x)$ folgt mit Hilfe der Aufgabe 2, daß $1 + x + \cdots + x^n$ das n-te Taylorpolynom der Funktion $1/(1-x)$ an der Stelle 0 ist.

⁺**4. Restglieder von Schlömilch und Cauchy** f genüge den Voraussetzungen des Taylorschen Satzes und p sei eine natürliche Zahl. Dann gibt es ein $\vartheta \in (0, 1)$, so daß

$$f(x) = \sum_{k=0}^{n} \frac{f^{(k)}(x_0)}{k!}(x - x_0)^k + \frac{f^{(n+1)}(x_0 + \vartheta \cdot (x - x_0))}{n! p}(1 - \vartheta)^{n+1-p}(x - x_0)^{n+1}$$

ist. Der letzte Term dieser Gleichung heißt das Schlömilchsche Restglied[1]. Für $p := n + 1$ geht es in das Lagrangesche, für $p = 1$ in das sogenannte Cauchysche Restglied

$$\frac{f^{(n+1)}(x_0 + \vartheta \cdot (x - x_0))}{n!}(1 - \vartheta)^n (x - x_0)^{n+1}$$

über (man beachte, daß ϑ auch von p abhängt). Hinweis: Setze

$$G(t) := f(x) - \sum_{k=0}^{n} \frac{f^{(k)}(t)}{k!}(x - t)^k, \quad g(t) := (x - t)^p$$

und wende auf $\dfrac{G(x) - G(x_0)}{g(x) - g(x_0)}$ den verallgemeinerten Mittelwertsatz der Differentialrechnung in der Form (49.6) an. Beachte, daß $G(x) = g(x) = 0$ und $G(x_0)$ das Restglied ist.

⁺**5. Stellen lokaler Extrema** (Ergänzung zu Satz 49.6): Die Funktion f besitze auf einer δ-Umgebung U von x_0 stetige Ableitungen bis zur Ordnung $n \geq 3$, und es sei

$$f'(x_0) = \cdots = f^{(n-1)}(x_0) = 0, \quad \text{jedoch} \quad f^{(n)}(x_0) \neq 0.$$

Dann ist x_0 keine Extremalstelle, falls n ungerade ist. Sei nun n gerade. Dann ist x_0 im strengen Sinne eine

Maximalstelle, wenn $f^{(n)}(x_0) < 0$,

Minimalstelle, wenn $f^{(n)}(x_0) > 0$ ausfällt.

---

[1] O. Schlömilch (1823–1901, 78).

62 Beispiele für Taylorsche Entwicklungen

In den nun folgenden Anwendungen der Sätze 61.1 und 61.2 wählen wir $x_0 = 0$. Die Funktionen

$$f_1(t) := e^t, \quad f_2(t) := \sin t \quad \text{und} \quad f_3(t) := \cos t$$

sind auf ganz **R** beliebig oft differenzierbar, und zwar ist für jedes ganze $k \geq 0$

$$f_1^{(k)}(t) = e^t, \quad \text{also} \quad f_1^{(k)}(0) = 1;$$
$$f_2^{(2k)}(t) = (-1)^k \sin t, \quad f_2^{(2k+1)}(t) = (-1)^k \cos t,$$
also $\quad f_2^{(2k)}(0) = 0, \quad f_2^{(2k+1)}(0) = (-1)^k;$
$$f_3^{(2k)}(t) = (-1)^k \cos t, \quad f_3^{(2k+1)}(t) = (-1)^{k+1} \sin t,$$
also $\quad f_3^{(2k)}(0) = (-1)^k, \quad f_3^{(2k+1)}(0) = 0.$

Aufgrund des Taylorschen Satzes erhält man also für jedes reelle x und jedes natürliche n die folgenden Darstellungen, wobei ϑ eine geeignete Zahl zwischen 0 und 1 ist, die von x, n und der betrachteten Funktion f_m abhängt[1]:

$$e^x = 1 + x + \frac{x^2}{2!} + \frac{x^3}{3!} + \cdots + \frac{x^n}{n!} + \frac{x^{n+1}}{(n+1)!} e^{\vartheta x}, \tag{62.1}$$

$$\sin x = x - \frac{x^3}{3!} + \frac{x^5}{5!} - \frac{x^7}{7!} + \cdots + (-1)^{n-1} \frac{x^{2n-1}}{(2n-1)!} + (-1)^n \frac{x^{2n+1}}{(2n+1)!} \cos(\vartheta x), \tag{62.2}$$

$$\cos x = 1 - \frac{x^2}{2!} + \frac{x^4}{4!} - \frac{x^6}{6!} + \cdots + (-1)^{n-1} \frac{x^{2n-2}}{(2n-2)!} + (-1)^n \frac{x^{2n}}{(2n)!} \cos(\vartheta x). \tag{62.3}$$

Gestützt auf die hinreichende Konvergenzbedingung (61.8) des Satzes 61.2 erhalten wir nun auf einen Schlag die *für alle x gültigen Taylorschen Entwicklungen*

$$e^x = 1 + x + \frac{x^2}{2!} + \frac{x^3}{3!} + \cdots \equiv \sum_{k=0}^{\infty} \frac{x^k}{k!}, \tag{62.4}$$

$$\sin x = x - \frac{x^3}{3!} + \frac{x^5}{5!} - \frac{x^7}{7!} + - \cdots \equiv \sum_{k=0}^{\infty} (-1)^k \frac{x^{2k+1}}{(2k+1)!}, \tag{62.5}$$

$$\cos x = 1 - \frac{x^2}{2!} + \frac{x^4}{4!} - \frac{x^6}{6!} + - \cdots \equiv \sum_{k=0}^{\infty} (-1)^k \frac{x^{2k}}{(2k)!}. \tag{62.6}$$

---

[1] Im Falle $x = 0$ kann man für ϑ natürlich irgendeine Zahl aus $(0, 1)$, ja sogar aus **R** wählen; denn die angegebenen Darstellungen reduzieren sich dann trivialerweise auf ihr jeweils erstes Glied. Diese Bemerkung möge der Leser auch späterhin beachten.

Insbesondere ist

$$e = 1 + 1 + \frac{1}{2!} + \frac{1}{3!} + \cdots \equiv \sum_{k=0}^{\infty} \frac{1}{k!}, \qquad (62.7)$$

eine Darstellung, die schon in A 26.1 in ganz anderer Weise (und wesentlich mühsamer) bewiesen wurde. Sie ist vorzüglich zur *numerischen Berechnung* von e geeignet, ganz im Gegensatz zu der sehr langsam konvergierenden Folge der Zahlen $(1+1/n)^n$ (s. A 26.1). Die Reihe in (62.4) nennt man **Exponentialreihe**.

Die Funktionen

$$f_4(t) := \ln(1+t), \qquad f_5(t) := (1+t)^\alpha$$

sind auf $(-1, +\infty)$ beliebig oft differenzierbar, und zwar ist für jedes natürliche k

$$f_4^{(k)}(t) = (-1)^{k-1} \frac{(k-1)!}{(1+t)^k}, \qquad \text{also} \qquad \frac{f_4^{(k)}(0)}{k!} = \frac{(-1)^{k-1}}{k},$$

$$f_5^{(k)}(t) = \alpha(\alpha-1)\cdots(\alpha-k+1)(1+t)^{\alpha-k}, \qquad \text{also} \qquad \frac{f_5^{(k)}(0)}{k!} = \binom{\alpha}{k}.$$

Für jedes reelle $x > -1$ und jedes natürliche n bestehen also die folgenden Darstellungen, wobei ϑ wieder eine geeignete Zahl zwischen 0 und 1 ist, die von x, n und der jeweils betrachteten Funktion abhängt:

$$\ln(1+x) = x - \frac{x^2}{2} + \frac{x^3}{3} - \frac{x^4}{4} + \cdots + (-1)^{n-1} \frac{x^n}{n} + (-1)^n \frac{x^{n+1}}{n+1} \frac{1}{(1+\vartheta x)^{n+1}}, \qquad (62.8)$$

$$(1+x)^\alpha = 1 + \binom{\alpha}{1} x + \binom{\alpha}{2} x^2 + \cdots + \binom{\alpha}{n} x^n + \binom{\alpha}{n+1} x^{n+1} (1+\vartheta x)^{\alpha-n-1}. \qquad (62.9)$$

Um Taylorentwicklungen für $\ln(1+x)$ und $(1+x)^\alpha$ zu gewinnen, können wir diesmal nicht die hinreichende Konvergenzbedingung (61.8) des Satzes 61.2 heranziehen, wir müssen vielmehr *ad hoc* prüfen, für welche Werte von x die Folge der Restglieder $R_n(x)$ gegen 0 strebt.

Wir greifen zunächst das Entwicklungsproblem für $\ln(1+x)$ an. Für $0 \leq x \leq 1$ haben wir

$$|R_n(x)| = \left| (-1)^n \frac{x^{n+1}}{n+1} \frac{1}{(1+\vartheta x)^{n+1}} \right| \leq \frac{1}{n+1},$$

für diese x ist also $\lim_{n \to \infty} R_n(x) = 0$, und somit gilt

$$\ln(1+x) = x - \frac{x^2}{2} + \frac{x^3}{3} - \frac{x^4}{4} + \cdots \equiv \sum_{k=1}^{\infty} (-1)^{k+1} \frac{x^k}{k} \quad \text{für } 0 \leq x \leq 1. \qquad (62.10)$$

Die rechtsstehende Reihe wird **Logarithmusreihe** genannt.

360　VIII Der Taylorsche Satz und Potenzreihen

Für $x=1$ gewinnen wir aus (62.10) die schöne Summenformel

$$1-\frac{1}{2}+\frac{1}{3}-\frac{1}{4}+\cdots = \ln 2. \tag{62.11}$$

Um das Restglied für *negative* x zu untersuchen, zieht man zweckmäßigerweise seine Cauchysche Form aus A 61.4 heran. Wir wollen jedoch diese Betrachtungen nicht durchführen; stattdessen werden wir in Nr. 64 ungleich müheloser zeigen, *daß die Entwicklung (62.10) auch noch im Falle* $-1<x<0$ *besteht*.
Ganz ähnliche Betrachtungen geben uns die Entwicklung der Funktion $(1+x)^\alpha$ in die Hand. Nach (62.9) ist

$$R_n(x) = \binom{\alpha}{n+1} x^{n+1} (1+\vartheta x)^{\alpha-(n+1)},$$

und offenbar gilt

$$0 < (1+\vartheta x)^{\alpha-(n+1)} \leq 1 \quad \text{für } x \geq 0 \text{ und } n+1 > \alpha.$$

Wenn also für irgendein $x \geq 0$ die Folge der Zahlen $a_n := \binom{\alpha}{n} x^n$ gegen Null strebt, so strebt für ebendasselbe x auch $R_n(x) \to 0$. Für beliebige $x \neq 0$ konvergiert aber

$$\frac{a_{n+1}}{a_n} = \frac{\alpha-n}{n+1} x \to -x, \tag{62.12}$$

nach dem Quotientenkriterium in der Form des Satzes 33.9 ist also die Reihe $\sum \binom{\alpha}{n} x^n$ im Falle $0<|x|<1$ und damit natürlich für alle $x \in (-1, 1)$ konvergent, somit strebt

$$\binom{\alpha}{n} x^n \to 0, \quad \text{falls } |x|<1. \tag{62.13}$$

Mit unserer eingangs angestellten Überlegung folgt daraus, daß für $0 \leq x < 1$ tatsächlich $R_n(x) \to 0$ strebt, also die Taylorsche Entwicklung

$$(1+x)^\alpha = 1 + \binom{\alpha}{1} x + \binom{\alpha}{2} x^2 + \binom{\alpha}{3} x^3 + \cdots \quad \text{für } 0 \leq x < 1 \tag{62.14}$$

besteht; die hierin auftretende Reihe heißt **Binomialreihe** oder auch **binomische Reihe**. Um das Restglied für negative x zu untersuchen, benutzt man am besten seine Cauchysche Form; man sieht dann, *daß (62.14) auch noch für* $-1<x<0$ *gilt*. Für einen ganz andersartigen Beweis dieser Tatsache vertrösten wir den Leser auf Nr. 64. *Abschließende Konvergenzresultate bringt* (65.9). Im Falle $\alpha \in \mathbb{N}$ geht die binomische Entwicklung in den binomischen Satz über und gilt dann natürlich für ausnahmslos alle x.

Im Fortgang unserer Arbeit werden wir sehen, daß der theoretische und praktische Wert der Taylorschen Entwicklungen für e^x, $\sin x$, $\cos x$, $\ln(1+x)$ und $(1+x)^\alpha$ nur schwer zu überschätzen ist; *der Leser sollte sie sich gut einprägen.* Im übrigen war der Wunsch, wichtige Funktionen durch Reihenentwicklungen beherrschbar zu machen, schon seit Newton eine der energischsten Antriebskräfte der Analysis. In den nächsten Abschnitten werden wir tiefer in die hier obwaltenden Gesetzmäßigkeiten eindringen.

Aufgaben

*1. **Entwicklung von sinh x und cosh x** Mit Hilfe der Exponentialreihe gewinnt man die für alle x gültigen Entwicklungen

$$\sinh x = x + \frac{x^3}{3!} + \frac{x^5}{5!} + \cdots \equiv \sum_{k=0}^{\infty} \frac{x^{2k+1}}{(2k+1)!},$$

$$\cosh x = 1 + \frac{x^2}{2!} + \frac{x^4}{4!} + \cdots \equiv \sum_{k=0}^{\infty} \frac{x^{2k}}{(2k)!}.$$

2. $\ln \dfrac{1}{1-x} = x + \dfrac{x^2}{2} + \dfrac{x^3}{3} + \dfrac{x^4}{4} + \cdots$ für $-1 \leq x \leq 0$.

3. Mit Hilfe von A 7.3 erhält man aus (62.14) die für $0 \leq x < 1$ gültigen Entwicklungen

a) $\sqrt{1+x} = 1 + \dfrac{1}{2}x + \sum_{k=2}^{\infty} (-1)^{k-1} \dfrac{1 \cdot 3 \cdots (2k-3)}{2 \cdot 4 \cdots (2k)} x^k$,

b) $\dfrac{1}{\sqrt{1+x}} = 1 - \dfrac{1}{2}x + \sum_{k=2}^{\infty} (-1)^k \dfrac{1 \cdot 3 \cdots (2k-1)}{2 \cdot 4 \cdots (2k)} x^k$,

c) $\dfrac{1}{\sqrt{1+x^2}} = 1 - \dfrac{1}{2}x^2 + \sum_{k=2}^{\infty} (-1)^k \dfrac{1 \cdot 3 \cdots (2k-1)}{2 \cdot 4 \cdots (2k)} x^{2k}$. Diese Gleichung gilt sogar für $|x|<1$.

+4. **Die Eulersche Zahl e ist irrational** Hinweis: Wäre $e = p/q$ mit $p, q \in \mathbf{N}$, so gäbe es zu $n := \max(3, q)$ ein $\vartheta \in (0, 1)$ mit

$$1 + 1 + 1/2! + \cdots + 1/n! + e^\vartheta/(n+1)! = p/q.$$

Multiplikation mit $n!$ führt auf einen Widerspruch.

+5. Die Logarithmusreihe und die Binomialreihe sind beide jedenfalls für $|x|<1$ konvergent und für $|x|>1$ divergent (bei der Binomialreihe lassen wir natürlich die trivialen α-Werte $0, 1, 2, \ldots$ außer Betracht). Allerdings ist damit noch längst nicht ausgemacht, daß die *Entwicklungen* (62.10) und (62.14) auch im Falle $-1 < x < 0$ gelten.

6. Beweise die folgenden Verbesserungen der Abschätzungen in A 49.9a,b:

a) $e^x > 1 + x + \dfrac{x^2}{2!} + \cdots + \dfrac{x^{2n-1}}{(2n-1)!}$ für $n \geq 1$ und alle $x \neq 0$.

b) $\ln x < (x-1) - \dfrac{(x-1)^2}{2} + \dfrac{(x-1)^3}{3} - + \cdots + \dfrac{(x-1)^{2n-1}}{2n-1}$ für $n \geq 1$ und alle positiven $x \neq 1$.

63 Potenzreihen

Die in der Taylorschen Entwicklung einer Funktion f auftretende Reihe $\sum_{n=0}^{\infty} \frac{f^{(n)}(x_0)}{n!}(x-x_0)^n$ ist von der Form

$$\sum_{n=0}^{\infty} a_n(x-x_0)^n \equiv a_0 + a_1(x-x_0) + a_2(x-x_0)^2 + a_3(x-x_0)^3 + \cdots \quad (63.1)$$

mit gewissen Zahlen $a_0, a_1, a_2, \ldots$. Jede derartige Reihe nennt man eine **Potenzreihe mit dem Mittelpunkt** x_0 **und den Koeffizienten** a_n. Insbesondere hat eine Potenzreihe mit dem Mittelpunkt 0 die Gestalt

$$\sum_{n=0}^{\infty} a_n x^n \equiv a_0 + a_1 x + a_2 x^2 + a_3 x^3 + \cdots. \quad (63.2)$$

Da man (63.1) durch die Substitution $\xi := x - x_0$ immer auf die Form (63.2) — mit ξ an Stelle von x — bringen kann, darf man sich gewöhnlich auf die Betrachtung von Potenzreihen mit dem Mittelpunkt 0 beschränken.

Potenzreihen gehören zu den wichtigsten Erkenntnis*objekten* und Erkenntnis*mitteln* der Analysis. Es ist deshalb unumgänglich, sie gründlich zu diskutieren. Am Anfang einer solchen Diskussion muß natürlich die Frage stehen, für welche Werte von x eine vorgelegte Potenzreihe überhaupt konvergiert. Nach dem Wurzelkriterium in der Form von A 33.6 ist die Potenzreihe (63.1) (absolut) konvergent oder divergent, je nachdem

$$\limsup \sqrt[n]{|a_n||x-x_0|^n} \equiv \limsup (\sqrt[n]{|a_n|}|x-x_0|) < 1 \quad \text{oder} \quad > 1$$

ausfällt. Alles kommt nun an auf die Größe

$$\alpha := \limsup \sqrt[n]{|a_n|}.$$

Sei $\alpha = +\infty$. Für jedes $x \neq x_0$ ist dann auch $\limsup (\sqrt[n]{|a_n|}|x-x_0|) = +\infty$ und somit (63.1) divergent (für $x = x_0$ jedoch trivialerweise konvergent).
Sei $\alpha < +\infty$. Dann ist die Folge $(\sqrt[n]{|a_n|})$ beschränkt, und nach A 28.4 gilt

$$\limsup (\sqrt[n]{|a_n|}|x-x_0|) = \alpha |x-x_0|.$$

Daraus folgt: Im Falle $\alpha = 0$ konvergiert (63.1) für *alle* x (und zwar *absolut*). Im Falle $\alpha > 0$ haben wir dagegen (absolute) Konvergenz oder Divergenz, je nachdem

$$|x-x_0| < \frac{1}{\alpha} \quad \text{oder} \quad > \frac{1}{\alpha}$$

ist. Alle diese Aussagen fassen wir nun zusammen in dem fundamentalen

°**63.1 Konvergenzsatz für Potenzreihen** *Es sei die Potenzreihe* (63.1) *vorgelegt, und es werde ihr* Konvergenzradius r *durch*

$$r := \frac{1}{\limsup \sqrt[n]{|a_n|}} \quad \text{mit} \quad \frac{1}{0} := +\infty \text{ und } \frac{1}{+\infty} := 0 \tag{63.3}$$

definiert. Fällt r positiv aus, so ist die Reihe

absolut konvergent, wenn $|x - x_0| < r$,

divergent, wenn $|x - x_0| > r$

ist. Im Falle $r = 0$ konvergiert sie nur für $x = x_0$[1].
Wenn $r > 0$ ist, nennt man das (endliche oder unendliche) Intervall

$$K := \{x : |x - x_0| < r\}$$

um den Mittelpunkt x_0 das **Konvergenzintervall** der Potenzreihe (63.1)[2]. Für alle $x \in K$ findet absolute Konvergenz statt, für jedes $x < x_0 - r$ oder $> x_0 + r$ haben wir jedoch Divergenz. Stimmt x mit einem der Randpunkte $x_0 \pm r$ von K überein, so kann man ohne nähere Untersuchung **keine Aussage** *über das Konvergenzverhalten machen.* So besitzen z.B. die Reihen

$$\sum_{n=0}^{\infty} x^n, \quad \sum_{n=1}^{\infty} \frac{x^n}{n} \quad \text{und} \quad \sum_{n=1}^{\infty} \frac{x^n}{n^2}$$

alle das Konvergenzintervall $(-1, 1)$, weil $\lim \sqrt[n]{1} = \lim \sqrt[n]{1/n} = \lim \sqrt[n]{1/n^2} = 1$ ist; die erste Reihe konvergiert in *keinem* der Randpunkte ± 1, die zweite in *einem* (nämlich -1) und die dritte in *beiden*. Die Fig. 63.1 diene zur Einprägung dieser Sachverhalte. Wir bemerken noch, daß man eine Potenzreihe **beständig konvergent** nennt, wenn sie für alle x konvergiert.

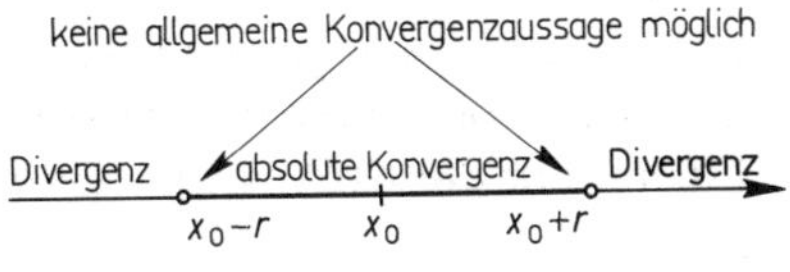

Fig. 63.1

Aus dem Konvergenzsatz ergibt sich sofort die folgende, häufig benutzte Tatsache: *Konvergiert die Potenzreihe (63.1) für ein gewisses $x_1 \neq x_0$, so konvergiert sie erst recht (und zwar sogar absolut) für alle x, die näher bei x_0 liegen als x_1, d.h. für alle x mit $|x - x_0| < |x_1 - x_0|$. Divergiert sie jedoch für irgendein x_2, so divergiert sie auch für alle x, die weiter von x_0 entfernt sind als x_2, also für alle x mit $|x - x_0| > |x_2 - x_0|$.*

---

[1] Man nennt diese Reihe dann auch gerne *nirgends konvergent*.
[2] Haben wir es mit **komplexen Potenzreihen** zu tun, so ist K die offene Kreisscheibe in der Gaußschen Ebene mit dem Mittelpunkt x_0 und dem (evtl. unendlichen) Radius r. In diesem Falle wird K der **Konvergenzkreis** der Potenzreihe (63.1) genannt. In den Sätzen dieses und des nächsten Abschnittes ist dann „Konvergenzintervall" stets durch „Konvergenzkreis" zu ersetzen.

Die Bestimmung des Konvergenzradius der Potenzreihe (63.1) erfordert nicht immer die (manchmal doch recht mühselige) Berechnung von $\limsup \sqrt[n]{|a_n|}$. Ganz allgemein kann man sagen: *Hat man auf irgendeine Weise ein $r \in [0, +\infty]$ mit der Eigenschaft gefunden, daß (63.1) im Falle $|x-x_0|<r$ konvergiert, im Falle $|x-x_0|>r$ jedoch divergiert, so muß r der Konvergenzradius von (63.1) sein.* Besonders nützlich ist in diesem Zusammenhang das Quotientenkriterium in der Form des Satzes 33.9. Sind nämlich in (63.1) fast alle Koeffizienten $a_n \ne 0$ und existiert der (eigentliche oder uneigentliche) Grenzwert $\lim |a_{n+1}|/|a_n|$, so haben wir im Falle $x \ne x_0$ Konvergenz oder Divergenz, je nachdem

$$\lim \frac{|a_{n+1}(x-x_0)^{n+1}|}{|a_n(x-x_0)^n|} = \lim \left|\frac{a_{n+1}}{a_n}\right| |x-x_0| < 1 \quad \text{bzw.} \quad > 1$$

ausfällt. Und nun erhalten wir durch dieselben Überlegungen, die uns zum Satz 63.1 führten, den handlichen

°**63.2 Satz** *Sind fast alle Koeffizienten der Potenzreihe (63.1) von Null verschieden, so ist ihr Konvergenzradius gleich $\lim |a_n/a_{n+1}|$, falls dieser Grenzwert im eigentlichen oder uneigentlichen Sinne vorhanden ist.*

Wir hatten oben schon festgestellt, daß die geometrische Reihe $\sum\limits_{n=0}^{\infty} x^n$ und die logarithmische Reihe $\sum\limits_{n=1}^{\infty} (-1)^{n+1} \frac{x^n}{n}$ beide den Konvergenzradius 1 besitzen. Dasselbe gilt für die Binomialreihe $\sum\limits_{n=0}^{\infty} \binom{\alpha}{n} x^n$, wenn $\alpha \notin \mathbf{N}_0$ ist (im Falle $\alpha \in \mathbf{N}_0$ bricht die Reihe ab und ist dann trivialerweise *beständig* konvergent). Man kann diese Konvergenztatsachen jetzt viel schneller mit Hilfe des Satzes 63.1 beweisen. Völlig unabhängig von den Überlegungen in Nr. 62 sieht man mit den Hilfsmitteln dieses Abschnitts, *daß die Reihen*

$$\sum_{n=0}^{\infty} \frac{x^n}{n!}, \quad \sum_{n=0}^{\infty} (-1)^n \frac{x^{2n+1}}{(2n+1)!} \quad \text{und} \quad \sum_{n=0}^{\infty} (-1)^n \frac{x^{2n}}{(2n)!} \qquad (63.4)$$

allesamt beständig konvergieren; man stütze sich zu diesem Zweck auf den Konvergenzsatz und die Beziehung $\lim 1/\sqrt[n]{n!} = 0$ (s. A 27.9) oder ziehe den Satz 63.2 heran (bei den beiden letzten Reihen in der modifizierten Form der Aufgabe 7). Trivialerweise sind auch Polynome beständig konvergente Potenzreihen. Die Reihen $\sum\limits_{n=0}^{\infty} n^n x^n$ und $\sum\limits_{n=0}^{\infty} n! x^n$ konvergieren nur für $x=0$: Wegen $\lim \sqrt[n]{n^n} = \lim \sqrt[n]{n!} = +\infty$ sind nämlich ihre Konvergenzradien $= 0$.

Aus den Sätzen 32.1 und 32.6 ergibt sich ohne Umschweife der

°**63.3 Satz** *Haben die Potenzreihen $\sum\limits_{n=0}^{\infty} a_n(x-x_0)^n$ und $\sum\limits_{n=0}^{\infty} b_n(x-x_0)^n$ beziehent-*

lich die positiven Konvergenzradien r_a und r_b, so ist für alle x mit $|x-x_0|<$ min(r_a, r_b)

$$\sum_{n=0}^{\infty} a_n(x-x_0)^n \pm \sum_{n=0}^{\infty} b_n(x-x_0)^n = \sum_{n=0}^{\infty} (a_n \pm b_n)(x-x_0)^n$$

und

$$\sum_{n=0}^{\infty} a_n(x-x_0)^n \cdot \sum_{n=0}^{\infty} b_n(x-x_0)^n = \sum_{n=0}^{\infty} (a_0 b_n + a_1 b_{n-1} + \cdots + a_n b_0)(x-x_0)^n.$$

Die Division von Potenzreihen werden wir in Nr. 66 erörtern. Ist $\sum_{n=0}^{\infty} a_n x^n$ eine Potenzreihe mit dem positiven Konvergenzradius r und beachtet man, daß $\frac{1}{1-x} = \sum_{n=0}^{\infty} x^n$ für $|x|<1$ gilt, so erhält man aufgrund der letzten Aussage des Satzes 63.3 sofort die nützliche Identität

$$\frac{1}{1-x} \sum_{n=0}^{\infty} a_n x^n = \sum_{n=0}^{\infty} (a_0 + a_1 + \cdots + a_n) x^n \quad \text{für } |x| < \min(1, r). \tag{63.5}$$

Zum Schluß beweisen wir noch den Satz über die Transformation einer Potenzreihe auf einen neuen Mittelpunkt:

°**63.4 Transformationssatz** *Die Potenzreihe* $\sum_{n=0}^{\infty} a_n(x-x_0)^n$ *habe den positiven Konvergenzradius* r, *und* x_1 *sei ein beliebiger Punkt ihres Konvergenzintervalls K. Dann gilt mindestens für alle x mit $|x-x_1| < r - |x_1 - x_0|$[1] die Gleichung*

$$\sum_{n=0}^{\infty} a_n (x-x_0)^n = \sum_{k=0}^{\infty} b_k (x-x_1)^k \quad \text{mit} \quad b_k := \sum_{n=k}^{\infty} \binom{n}{k} a_n (x_1 - x_0)^{n-k}. \tag{63.6}$$

Beweis. Für jedes $x \in K$ haben wir zunächst

$$\sum_{n=0}^{\infty} a_n (x-x_0)^n = \sum_{n=0}^{\infty} a_n [(x-x_1) + (x_1 - x_0)]^n$$

$$= \sum_{n=0}^{\infty} \sum_{k=0}^{n} a_n \binom{n}{k} (x_1 - x_0)^{n-k} (x-x_1)^k. \tag{63.7}$$

Da aber

$$\sum_{k=0}^{n} |a_n| \binom{n}{k} |x_1 - x_0|^{n-k} |x - x_1|^k = |a_n| (|x - x_1| + |x_1 - x_0|)^n$$

---
[1] Im Falle $r = +\infty$ sei $r - |x_1 - x_0|$ ebenfalls $= +\infty$.

ist und die Reihe $\sum_{n=0}^{\infty} |a_n|(|x-x_1|+|x_1-x_0|)^n$ gewiß für $|x-x_1|+|x_1-x_0|<r$, also für $|x-x_1|<r-|x_1-x_0|$ konvergiert, dürfen wir bei der iterierten Reihe in (63.7) gemäß dem Cauchyschen Doppelreihensatz die Summationsreihenfolge vertauschen, solange wir uns auf die x-Werte mit $|x-x_1|<r-|x_1-x_0|$ beschränken. Beachten wir noch, daß $\binom{n}{k}$ für alle $k>n$ verschwindet, so erhalten wir also für diese x die Gleichung

$$\sum_{n=0}^{\infty} \sum_{k=0}^{n} a_n \binom{n}{k}(x_1-x_0)^{n-k}(x-x_1)^k = \sum_{n=0}^{\infty} \sum_{k=0}^{\infty} a_n \binom{n}{k}(x_1-x_0)^{n-k}(x-x_1)^k$$

$$= \sum_{k=0}^{\infty} \sum_{n=0}^{\infty} a_n \binom{n}{k}(x_1-x_0)^{n-k}(x-x_1)^k$$

$$= \sum_{k=0}^{\infty} \left(\sum_{n=k}^{\infty} a_n \binom{n}{k}(x_1-x_0)^{n-k} \right)(x-x_1)^k$$

und damit nach einem Blick auf (63.7) die Behauptung des Satzes. ∎

Aufgaben

1. Bestimme die Konvergenzradien der folgenden Potenzreihen:

a) $\sum \left(\dfrac{n!}{3 \cdot 5 \cdots (2n+1)} \right)^2 x^n$,   b) $\sum n^{(\ln n)/n} x^n$,   c) $\sum \binom{2n}{n} x^n$,

d) $\sum (n^4 - 4n^3) x^n$,   e) $\sum \dfrac{e^n + e^{-n}}{2} x^n$,   f) $\sum \left(1 + \dfrac{1}{2} + \cdots + \dfrac{1}{n}\right) x^n$,

g) $\sum b^{\sqrt{n}} x^n \ (b>0)$,   h) $\sum a^{n^2} x^n$,   i) $\sum \left(\prod_{k=1}^{n} \left(1+\dfrac{1}{k}\right)^k \right) x^n$,

j) $\sum (-1)^n \binom{1/2}{n} 2^{-n} x^n$,   k) $\sum \dfrac{(2n-1)^{2n-1}}{2^{2n}(2n)!} x^n$,   l) $\sum n(\sqrt[n]{2}-1) x^n$ (s. A 26.2).

2. Bei jeder beständig konvergenten Potenzreihe $\sum a_n(x-x_0)^n$ strebt $\sqrt[n]{|a_n|} \to 0$. Daraus ergibt sich erneut, daß $\lim 1/\sqrt[n]{n!}=0$ ist. Hinweis: Satz 63.1.

3. $\dfrac{1}{(1-x)^{k+1}} = \sum_{n=0}^{\infty} \binom{n+k}{n} x^n$, falls $k \in \mathbf{N}_0$ und $|x|<1$.

*4. Zeige mittels Reihenmultiplikation, daß $e^x e^y = e^{x+y}$ ist (Additionstheorem der Exponentialfunktion).

5. Zeige an einfachen Beispielen, daß Summen und Produkte von Potenzreihen Konvergenzradien haben können, die größer sind als das in Satz 63.3 auftretende $\min(r_a, r_b)$.

6. a) $\sin^2 x = x^2 - \dfrac{1}{3} x^4 + \dfrac{2}{45} x^6 + \cdots$ für alle x.

b) $\sin^3 x = x^3 - \frac{1}{2}x^5 + \frac{13}{120}x^7 + \cdots$ für alle x.

c) $\frac{\cos x}{1-x} = 1 + x + \left(1 - \frac{1}{2!}\right)x^2 + \left(1 - \frac{1}{2!}\right)x^3 + \left(1 - \frac{1}{2!} + \frac{1}{4!}\right)x^4 + \cdots$ für $|x| < 1$.

d) $e^{-x} \sin x = x - x^2 + \frac{1}{3}x^3 - \frac{1}{30}x^5 + \cdots$ für alle x.

+7. Sind fast alle $a_n \neq 0$ und ist $\lim |a_n/a_{n+1}|$ vorhanden und $= r$, so besitzen die Reihen $\sum_{n=0}^{\infty} a_n(x-x_0)^{2n}$ und $\sum_{n=0}^{\infty} a_n(x-x_0)^{2n+1}$ beide den Konvergenzradius $\sqrt{r}$ ($\sqrt{\infty} := \infty$).

+8. Transformiere die geometrische Reihe $\sum x^n$ auf den Mittelpunkt $x_1 := -1/2$ und zeige, daß der Konvergenzradius der transformierten Reihe größer ist als die im Satz 63.4 angegebene Zahl $r - |x_1 - x_0| = 1 - 1/2 = 1/2$. Hinweis: Aufgabe 3.

9. Unter einfachen Konvergenzvoraussetzungen ist

$$\left(\sum_{n=0}^{\infty} a_n x^{2n}\right) \cdot \left(\sum_{n=0}^{\infty} b_n x^n\right) = \sum_{n=0}^{\infty} \left(\sum_{k=0}^{[n/2]} a_k b_{n-2k}\right) x^n. \quad \left(\text{Zu } \left[\frac{n}{2}\right] \text{ s. A 8.10.}\right)$$

64 Die Summenfunktion einer Potenzreihe

Hinfort betrachten wir nur noch Potenzreihen, deren Konvergenzradius $\neq 0$ ist. Eine derartige Reihe

$$\sum_{n=0}^{\infty} a_n(x-x_0)^n \tag{64.1}$$

definiert auf ihrem Konvergenzintervall[1]) K vermöge

$$f(x) := \sum_{n=0}^{\infty} a_n(x-x_0)^n \quad (x \in K) \tag{64.2}$$

eine Funktion f, die man als Summenfunktion oder auch kurz als Summe der Reihe (64.1) bezeichnet. Zahlreiche Beispiele hierfür findet man in Nr. 62. Dort war unser Gesichtspunkt allerdings ein anderer: Wir gingen nicht von einer Potenzreihe, sondern umgekehrt von einer Funktion f aus, und versuchten, eine Potenzreihe (die Taylorsche Entwicklung) zu finden, deren Summe gerade f war (wir versuchten, wie man auch sagt, *f in eine Potenzreihe zu entwickeln* oder *durch eine Potenzreihe darzustellen*).

In diesem Abschnitt wird es darum gehen, *die analytischen Eigenschaften der Summenfunktionen aufzudecken.* Wir beginnen mit dem ebenso einfachen wie weittragenden

---
[1]) Haben wir es mit *komplexen* Potenzreihen zu tun, so ist, wie schon früher gesagt, in den Sätzen dieses Abschnitts „Konvergenzintervall" durch „Konvergenzkreis" zu ersetzen. Konvergenzintervalle und Konvergenzkreise sind stets offen; *ihre Randpunkte bleiben bei den Untersuchungen dieser Nummer gänzlich außer Betracht.*

°**64.1 Stetigkeitssatz** *Die Summe f der Potenzreihe $\sum_{n=0}^{\infty} a_n(x-x_0)^n$ ist auf dem ganzen Konvergenzintervall K stetig.*

Beweis. Sei x_1 ein beliebiger Punkt aus K. Nach dem Transformationssatz kann man f in einer hinreichend kleinen δ-Umgebung $U \subset K$ von x_1 in eine Potenzreihe mit dem Mittelpunkt x_1 entwickeln:

$$f(x) = \sum_{k=0}^{\infty} b_k(x-x_1)^k \quad \text{für alle } x \quad \text{mit} \quad |x-x_1| < \delta. \tag{64.3}$$

Und nun brauchen wir nur noch zu zeigen, daß $\lim_{x \to x_1} f(x) = f(x_1) = b_0$ ist. Zu diesem Zweck wählen wir irgendeine positive Zahl $\rho < \delta$ und bemerken, daß die Reihe $\sum_{k=0}^{\infty} |b_k| \rho^k$ konvergiert. Infolgedessen existiert $\sigma := \sum_{k=1}^{\infty} |b_k| \rho^{k-1}$. Die für $|x-x_1| \leq \rho$ gültige Abschätzung

$$|f(x) - b_0| = \left|(x-x_1) \sum_{k=1}^{\infty} b_k(x-x_1)^{k-1}\right| \leq |x-x_1| \sigma$$

lehrt nun, daß in der Tat $\lim_{x \to x_1} f(x) = b_0$ ist. ∎

°**64.2 Differenzierbarkeitssatz** *Die Summe f der Potenzreihe*

$$a_0 + a_1(x-x_0) + a_2(x-x_0)^2 + \cdots$$

ist auf dem ganzen Konvergenzintervall K beliebig oft differenzierbar[1]*, und ihre Ableitungen können durch* gliedweise Differentiation *erhalten werden: Für jedes $x \in K$ ist*

$$f'(x) = a_1 + 2a_2(x-x_0) + 3a_3(x-x_0)^2 + \cdots \equiv \sum_{n=0}^{\infty} (n+1)a_{n+1}(x-x_0)^n,$$

$$f''(x) = 2a_2 + 2 \cdot 3a_3(x-x_0) + 3 \cdot 4a_4(x-x_0)^2 + \cdots$$

$$\equiv \sum_{n=0}^{\infty} (n+2)(n+1)a_{n+2}(x-x_0)^n,$$

allgemein

$$f^{(k)}(x) = \sum_{n=0}^{\infty} (n+k)(n+k-1) \cdots (n+1) a_{n+k}(x-x_0)^n. \tag{64.4}$$

Beweis. Ist x_1 wieder ein beliebiger Punkt von K, so folgt aus der Darstellung (64.3) und dem Stetigkeitssatz die Beziehung

$$\frac{f(x) - f(x_1)}{x - x_1} = b_1 + b_2(x-x_1) + b_3(x-x_1)^2 + \cdots \to b_1 \quad \text{für } x \to x_1,$$

---

[1] Wir sagen auch kurz, die Potenzreihe selbst sei auf K beliebig oft differenzierbar.

die gerade besagt, daß $f'(x_1)$ vorhanden und $= b_1$ ist. Ziehen wir die in (63.6) gegebene Darstellung von b_1 heran, so haben wir, wie behauptet,

$$f'(x_1) = \sum_{n=1}^{\infty} n a_n (x_1 - x_0)^{n-1} = \sum_{n=0}^{\infty} (n+1) a_{n+1} (x_1 - x_0)^n.$$

Nachdem so die (einmalige) gliedweise Differenzierbarkeit einer Potenzreihe sichergestellt ist, ergibt sich (64.4) mühelos durch Induktion. ∎

Aus (64.4) folgt

$$f^{(k)}(x_0) = k(k-1) \cdots 1 \cdot a_k, \quad \text{also} \quad a_k = \frac{f^{(k)}(x_0)}{k!} \quad \text{für } k = 1, 2, \ldots.$$

Da außerdem $a_0 = f(x_0)$ ist, gewinnen wir für f die Darstellung

$$f(x) = \sum_{n=0}^{\infty} \frac{f^{(n)}(x_0)}{n!} (x - x_0)^n \tag{64.5}$$

und damit den

°**64.3 Satz** *Jede Potenzreihe ist die Taylorsche Entwicklung ihrer Summe.*

Wegen $\lim \sqrt[n]{n+1} = 1$ besitzen die Potenzreihen

$$\sum_{n=0}^{\infty} a_n (x - x_0)^n \quad \text{und} \quad \sum_{n=0}^{\infty} \frac{a_n}{n+1} (x - x_0)^{n+1}$$

denselben Konvergenzradius und damit dasselbe Konvergenzintervall (s. A 28.4). Gliedweise Differentiation der zweiten Reihe ergibt die erste. Es gilt also der

°**64.4 Satz** *Die Summe f der Potenzreihe $\sum_{n=0}^{\infty} a_n (x - x_0)^n$ besitzt auf dem Konvergenzintervall K eine Stammfunktion. Eine solche ist z.B. die Funktion*

$$F(x) := \sum_{n=0}^{\infty} \frac{a_n}{n+1} (x - x_0)^{n+1} \qquad (x \in K)[1].$$

Im Lichte der letzten Sätze behandeln wir einige Beispiele:

1. Zunächst greifen wir das Problem auf, die Funktion $\ln(1+x)$ in eine Potenzreihe mit dem Mittelpunkt 0 zu entwickeln, ein Problem, das wir durch (62.10) gewissermaßen nur zur Hälfte gelöst hatten. Da für $|x| < 1$

$$\frac{d}{dx} \ln(1+x) = \frac{1}{1+x} = 1 - x + x^2 - x^3 + x^4 - + \cdots \equiv \sum_{n=0}^{\infty} (-1)^n x^n$$

---

[1] Der Kürze wegen sagen wir auch oft, die Potenzreihe selbst besitze eine Stammfunktion auf K, und F sei eine solche.

ist und die Funktion

$$F(x) := x - \frac{x^2}{2} + \frac{x^3}{3} - \frac{x^4}{4} + \frac{x^5}{5} - + \cdots \equiv \sum_{n=0}^{\infty} (-1)^n \frac{x^{n+1}}{n+1}$$

auf dem Intervall $K := (-1, 1)$ eine Stammfunktion der Potenzreihe $\sum_{n=0}^{\infty} (-1)^n x^n$ ist, muß mit einer gewissen Konstanten c die Gleichung $\ln(1+x) = F(x) + c$ für alle $x \in K$ bestehen. Setzt man hierin $x = 0$, so folgt $c = 0$ und damit

$$\ln(1+x) = \sum_{n=0}^{\infty} (-1)^n \frac{x^{n+1}}{n+1} \quad \text{für } |x| < 1. \tag{64.6}$$

Wir haben also in ganz einfacher und durchsichtiger Weise, ohne mühsame Restgliedbetrachtungen, die Entwicklung (62.10) wiedergewonnen — zwar (noch) nicht für den Punkt $x = 1$, dafür aber zusätzlich für alle $x \in (-1, 0)$. Den Fall $x = 1$ werden wir in der nächsten Nummer aufgreifen.

2. Ganz entsprechend verfahren wir mit der Funktion $\arctan x$. Für $|x| < 1$ ist

$$\frac{d}{dx} \arctan x = \frac{1}{1+x^2} = 1 - x^2 + x^4 - x^6 + - \cdots \equiv \sum_{n=0}^{\infty} (-1)^n x^{2n},$$

also

$$\arctan x = \sum_{n=0}^{\infty} (-1)^n \frac{x^{2n+1}}{2n+1} + c.$$

Setzt man hierin $x = 0$, so folgt $c = 0$ und damit

$$\arctan x = \sum_{n=0}^{\infty} (-1)^n \frac{x^{2n+1}}{2n+1} \equiv x - \frac{x^3}{3} + \frac{x^5}{5} - \frac{x^7}{7} + - \cdots \quad \text{für } |x| < 1. \tag{64.7}$$

Diese Entwicklung gilt sogar für $|x| \leq 1$; s. (65.3).

3. Nach Nr. 63 (s. auch A 62.5) besitzt die binomische Reihe den Konvergenzradius 1, definiert also eine Funktion

$$f(x) := \sum_{n=0}^{\infty} \binom{\alpha}{n} x^n \quad \text{für } |x| < 1.$$

Wegen (62.14) gilt

$$f(x) = g(x) := (1+x)^\alpha \quad \text{für } x \in [0, 1).$$

Wir werden nun zeigen, daß diese Beziehung sogar auf dem Intervall $(-1, 1)$ besteht. Zu diesem Zweck bilden wir die Ableitung von f durch gliedweise Differentiation der definierenden Potenzreihe. Für alle $x \in (-1, 1)$ erhalten wir so

$$f'(x) = \sum_{n=0}^{\infty} (n+1) \binom{\alpha}{n+1} x^n = \sum_{n=0}^{\infty} \alpha \binom{\alpha-1}{n} x^n$$

und damit

$$(1+x)f'(x) = \alpha + \alpha\left[\binom{\alpha-1}{1}+\binom{\alpha-1}{0}\right]x + \alpha\left[\binom{\alpha-1}{2}+\binom{\alpha-1}{1}\right]x^2$$
$$+ \cdots + \alpha\left[\binom{\alpha-1}{n}+\binom{\alpha-1}{n-1}\right]x^n + \cdots.$$

Da nach A 7.4a für $n \geq 1$ stets $\binom{\alpha-1}{n}+\binom{\alpha-1}{n-1} = \binom{\alpha}{n}$ ist, muß diese Reihe $= \alpha \sum_{n=0}^{\infty} \binom{\alpha}{n} x^n$ sein. Demnach gilt $(1+x)f'(x) = \alpha f(x)$ für alle $x \in (-1, 1)$. Da für ebendieselben Werte von x auch $(1+x)g'(x) = \alpha g(x)$ ist, finden wir die Beziehung $f'(x)/g'(x) = f(x)/g(x)$; den trivialen Fall $\alpha = 0$ lassen wir dabei außer Betracht. Daraus folgt sofort, daß auf $(-1, 1)$ die Differenz $f'(x)g(x) - f(x)g'(x)$ und damit auch die Ableitung von $f(x)/g(x)$ verschwindet. Die Funktion $f(x)/g(x)$ ist also auf $(-1, 1)$ konstant, und nun braucht man nur $x = 0$ zu setzen, um zu sehen, daß $f(x) = g(x)$, also

$$(1+x)^\alpha = \sum_{n=0}^{\infty} \binom{\alpha}{n} x^n \quad \text{für } |x| < 1 \tag{64.8}$$

gilt.

4. Ersetzt man in (64.8) x durch $-x^2$ und α durch $-1/2$, so folgt mit A 7.3b

$$\frac{d}{dx} \arcsin x = \frac{1}{\sqrt{1-x^2}} = 1 + \frac{1}{2}x^2 + \frac{1\cdot 3}{2\cdot 4}x^4 + \frac{1\cdot 3\cdot 5}{2\cdot 4\cdot 6}x^6 + \cdots \quad \text{für } |x| < 1,$$

woraus sich mit der inzwischen vertrauten Schlußweise die Entwicklung

$$\arcsin x = x + \frac{1}{2}\frac{x^3}{3} + \frac{1\cdot 3}{2\cdot 4}\frac{x^5}{5} + \frac{1\cdot 3\cdot 5}{2\cdot 4\cdot 6}\frac{x^7}{7} + \cdots \quad \text{für } |x| < 1 \tag{64.9}$$

ergibt. *Diese Entwicklung gilt sogar für $|x| \leq 1$*; s. (65.5).

Nach Satz 64.3 sind die Potenzreihen in (64.6) bis (64.9) beziehentlich die **Taylorschen Entwicklungen** der Funktionen $\ln(1+x)$, $\arctan x$, $(1+x)^\alpha$ und $\arcsin x$. Die Kraft und Eleganz der Potenzreihenmethode wird erst dann ganz deutlich, wenn man versucht, diese Entwicklungen in der *herkömmlichen* Weise zu gewinnen (Berechnung der Ableitungen im Nullpunkt und Restgliedbetrachtungen). Der Leser lasse es sich nicht verdrießen, einige Zeit an diesen Versuch zu wenden.

Wir kehren nun wieder zur allgemeinen Theorie zurück. Ist die Funktion f an der Stelle x_0 beliebig oft differenzierbar, so kann man an dieser Stelle formal ihre sogenannte **Taylorreihe**

$$\sum_{n=0}^{\infty} \frac{f^{(n)}(x_0)}{n!}(x-x_0)^n$$

372 VIII Der Taylorsche Satz und Potenzreihen

bilden. Diese Reihe konvergiert zwar trivialerweise für $x = x_0$ gegen $f(x_0)$, braucht aber für keinen anderen Wert von x die Summe $f(x)$ zu haben, anders gesagt: Die Taylorsche Reihe einer Funktion f wird nicht immer f darstellen, oder auch: *Eine unendlich oft differenzierbare Funktion braucht keine Taylorsche Entwicklung zu besitzen* (s. Aufgabe 7). Umso bemerkenswerter ist die Tatsache, daß Summenfunktionen von Potenzreihen nicht nur beliebig oft differenzierbar sind, sondern sogar Taylorsche Entwicklungen besitzen (nämlich gerade die Potenzreihen, durch die sie definiert werden). Der Schleier, der die Frage der Entwickelbarkeit in Potenzreihen bedeckt, kann allerdings erst in der Theorie der Funktionen einer komplexen Veränderlichen ganz weggezogen werden (s. Satz 187.6).

Einen noch tieferen Blick in die starken inneren Gesetzmäßigkeiten der Summenfunktionen von Potenzreihen lassen uns die nun folgenden Überlegungen tun. Es sei

$$f(x) = \sum_{n=0}^{\infty} a_n(x-x_0)^n, \qquad g(x) = \sum_{n=0}^{\infty} b_n(x-x_0)^n,$$

und beide Reihen mögen das gemeinsame Konvergenzintervall K haben. Stimmen nun die Funktionen f und g auf irgendeiner δ-Umgebung von x_0 überein — sie mag so klein sein wie sie wolle —, so müssen sie bereits auf ganz K gleich sein. Denn aufgrund unserer Voraussetzung ist

$$f^{(n)}(x_0) = g^{(n)}(x_0) \quad \text{für } n = 0, 1, 2, \ldots,$$

nach Satz 64.3 haben wir also

$$f(x) = \sum_{n=0}^{\infty} \frac{f^{(n)}(x_0)}{n!}(x-x_0)^n \equiv \sum_{n=0}^{\infty} \frac{g^{(n)}(x_0)}{n!}(x-x_0)^n = g(x)$$

für alle $x \in K$.

Aber noch viel überraschender als dieses Resultat ist der tiefgreifende

°**64.5 Identitätssatz für Potenzreihen** *Es sei*

$$f(x) = \sum_{n=0}^{\infty} a_n(x-x_0)^n, \qquad g(x) = \sum_{n=0}^{\infty} b_n(x-x_0)^n,$$

und beide Reihen mögen das gemeinsame Konvergenzintervall K haben. Stimmen dann die Funktionen f und g auch nur auf irgendeiner Folge $(x_1, x_2, \ldots)$ überein, deren Glieder $\neq x_0$ sind, aber $\to x_0$ streben, gilt also nur

$$f(x_k) = g(x_k) \quad \text{für } k = 1, 2, \ldots, \tag{64.10}$$

so müssen beide Funktionen und beide Reihen vollständig identisch *sein, es muß also gelten*

$$f(x) = g(x) \quad \text{für alle } x \in K \quad \text{und} \quad a_n = b_n \quad \text{für alle } n \in \mathbf{N}_0.$$

Der (induktive) Beweis dieses kraftvollen Satzes ist verblüffend einfach. Aus (64.10) folgt mit dem Stetigkeitssatz zunächst

$$f(x_0) = \lim_{k\to\infty} f(x_k) = \lim_{k\to\infty} g(x_k) = g(x_0), \quad \text{also } a_0 = b_0.$$

Als Induktionsvoraussetzung nehmen wir nun an, für ein gewisses $n \geq 0$ seien die Identitäten $a_0 = b_0, a_1 = b_1, \ldots, a_n = b_n$ schon bewiesen. Die Potenzreihen

$$f_1(x) = a_{n+1} + a_{n+2}(x - x_0) + a_{n+3}(x - x_0)^2 + \cdots,$$
$$g_1(x) = b_{n+1} + b_{n+2}(x - x_0) + b_{n+3}(x - x_0)^2 + \cdots$$

konvergieren beide auf K, und für alle $x \neq x_0$ ist

$$f_1(x) = \frac{f(x) - \sum_{\nu=0}^{n} a_\nu (x - x_0)^\nu}{(x - x_0)^{n+1}} \quad \text{und} \quad g_1(x) = \frac{g(x) - \sum_{\nu=0}^{n} b_\nu (x - x_0)^\nu}{(x - x_0)^{n+1}}.$$

Aus (64.10) und der Induktionsvoraussetzung folgt also $f_1(x_k) = g_1(x_k)$ für alle $k \in \mathbb{N}$, und der eben schon benutzte Stetigkeitsschluß belehrt uns jetzt, daß auch $a_{n+1} = b_{n+1}$ sein muß. Damit ist induktiv gezeigt, daß $a_k = b_k$ für alle $k \in \mathbb{N}_0$ ist. Dann gilt aber trivialerweise auch $f(x) = g(x)$ für alle $x \in K$. ∎

Es ist hier der Ort, noch einmal daran zu denken, daß uns beim Studium der Funktionen in erster Linie ihr *Änderungsverhalten* interessiert — daß also die Frage im Vordergrund steht: *Wie ändern sich die Werte einer Funktion bei Änderung ihres Arguments?* Um dieses Problem überhaupt angreifen zu können, muß man gewisse Änderungsgesetzlichkeiten postulieren, und die eigentliche Aufgabe wird dann sein, die tieferliegenden Eigenschaften der Funktionen aus diesen Postulaten zu entfalten. Als wichtigste Änderungsgesetzlichkeiten haben wir bisher Monotonie, Stetigkeit und Differenzierbarkeit sowohl einzeln für sich als auch in ihrem Zusammenspiel betrachtet. Durchgehend zeigte sich, daß diese Gesetzlichkeiten mehr oder weniger starke *Bindungen zwischen den Funktionswerten* stiften; man denke etwa nur an A 34.8 (Identitätssatz für stetige Funktionen) und die Sätze 34.2, 36.5 und 39.5, vor allem aber an den Mittelwertsatz und den Taylorschen Satz. Den Identitätssatz für Potenzreihen dürfen wir ohne Zögern als den Höhepunkt dieser Entwicklung ansprechen: Er zeigt, *daß die Werte einer Potenzreihe* (oder also ihrer Summenfunktion) *so starken Bindungen unterliegen, daß ihre Gesamtheit durch relativ wenige unter ihnen völlig eindeutig bestimmt ist* (nämlich durch diejenigen, welche die Potenzreihe auf irgendeiner nichttrivial gegen ihren Mittelpunkt konvergierenden Folge annimmt). Ein ähnlich enges Aneinanderhaften der Funktionswerte ist uns bisher nur bei Polynomen entgegengetreten (s. Satz 15.2).

Der Identitätssatz für Potenzreihen liefert die Grundlage für die sogenannte **Methode des Koeffizientenvergleichs**: *Hat man ein und dieselbe Funktion in zwei Potenzreihen* $\sum_{n=0}^{\infty} a_n(x - x_0)^n$ *und* $\sum_{n=0}^{\infty} b_n(x - x_0)^n$ *entwickelt, so „darf" man gleichstellige Koeffizienten vergleichen, schärfer: es ist* $a_n = b_n$ *für* $n = 0, 1, 2, \ldots$. Diese Methode ist die Quelle vieler interessanter Identitäten, die auf anderem

374 VIII Der Taylorsche Satz und Potenzreihen

Wege oft genug nur äußerst mühsam zu erlangen wären (s. etwa die Aufgaben 9 und 15).

Blicken wir noch einmal auf die Sätze dieses Abschnitts zurück, so sehen wir, daß sie alle mehr oder weniger direkt dem Transformationssatz entstammen. Dieser ergab sich seinerseits fast unmittelbar aus dem *Cauchyschen Doppelreihensatz* und der Tatsache, daß eine Potenzreihe in ihrem Konvergenzkreis *absolut* konvergiert. Die beiden letztgenannten Sachverhalte machen also zusammen das Fundament aus, auf dem die weitreichenden Aussagen dieser Nummer ruhen.

Aufgaben

1. Die Potenzreihenentwicklungen für $\sqrt{1+x}$ und $1/\sqrt{1+x}$ in A 62.3 gelten sogar für $|x|<1$. Für „kleine" x erhält man daraus die Näherungsformeln

$$\sqrt{1+x} \approx 1 + \frac{1}{2}x \quad \text{und} \quad \frac{1}{\sqrt{1+x}} \approx 1 - \frac{1}{2}x.$$

+2. $\ln\dfrac{1+x}{1-x} = 2\left(x + \dfrac{x^3}{3} + \dfrac{x^5}{5} + \cdots\right)$ für $|x|<1$ (s. A 62.2).

+3. $\operatorname{Artanh} x = x + \dfrac{x^3}{3} + \dfrac{x^5}{5} + \dfrac{x^7}{7} + \cdots$ für $|x|<1$.

Liefere zwei Beweise: einen durch Entwickeln von $(\operatorname{Artanh} x)'$, den anderen mit Hilfe von A 53.7 in Verbindung mit der obigen Aufgabe 2.

+4. $\operatorname{Arsinh} x = x - \dfrac{1}{2}\dfrac{x^3}{3} + \dfrac{1\cdot 3}{2\cdot 4}\dfrac{x^5}{5} - \dfrac{1\cdot 3\cdot 5}{2\cdot 4\cdot 6}\dfrac{x^7}{7} + - \cdots$ für $|x|<1$.

Hinweis: A 62.3. — Die Entwicklung gilt sogar für $|x|\leq 1$; s. A 65.1.

5. Bestimme die Konvergenzradien und die Summen der folgenden Potenzreihen:

a) $\displaystyle\sum_{n=0}^{\infty}(2n+1)(2x)^{2n}$, b) $\displaystyle\sum_{n=1}^{\infty}(3n+2)x^n$, c) $\displaystyle\sum_{n=0}^{\infty}\frac{x^n}{3n+3}$.

6. Bestimme mit Hilfe von Potenzreihen die folgenden Grenzwerte (versuche auch, sie mit der Regel von de l'Hospital zu berechnen und vgl. den Arbeitsaufwand):

a) $\displaystyle\lim_{x\to 0}\frac{x-\sin x}{e^x-1-x-x^2/2}$, b) $\displaystyle\lim_{x\to 0}\frac{\ln^2(1+x)-\sin^2 x}{1-e^{-x^2}}$, c) $\displaystyle\lim_{x\to 0}\frac{x^3\sin x}{(1-\cos x)^2}$,

d) $\displaystyle\lim_{x\to 0}\frac{e^{x^4}-1}{(1-\cos x)^2}$, e) $\displaystyle\lim_{x\to 0}\frac{\sqrt{\cos ax}-\sqrt{\cos bx}}{x^2}$ (s. A 50.4),

f) $\displaystyle\lim_{x\to 0}\frac{\pi^2}{32x}\left[\frac{15x^2-35x+8}{2(1-x)^3(4-x)}\frac{\sin\pi\sqrt{x}}{\pi\sqrt{x}}-\frac{\cos\pi\sqrt{x}}{(1-x)^2}\right]$.

+7. Eine Warnung Cauchys Die beliebig oft auf **R** differenzierbare Funktion in A 50.9 besitzt keine Potenzreihenentwicklung um den Nullpunkt.

*8. Die Funktion $f(x) = \sum_{n=0}^{\infty} a_n x^n$ ist genau dann gerade, wenn die Potenzreihe nur gerade Potenzen von x enthält (wenn also $a_1 = a_3 = a_5 = \cdots = 0$ ist); sie ist genau dann ungerade, wenn nur ungerade Potenzen auftreten (wenn also $a_0 = a_2 = a_4 = \cdots = 0$ ist). Diese Tatsache läßt die Bezeichnungen „gerade" und „ungerade" erst voll verständlich werden.

9. Beweise mittels der Methode des Koeffizientenvergleichs die Identität

$$\binom{\alpha}{0}\binom{\beta}{n} + \binom{\alpha}{1}\binom{\beta}{n-1} + \cdots + \binom{\alpha}{n}\binom{\beta}{0} = \binom{\alpha+\beta}{n}$$

für beliebiges α, β und jedes $n \geq 0$. Durch Spezialisierung erhält man

$$\binom{n}{0}^2 + \binom{n}{1}^2 + \cdots + \binom{n}{n}^2 = \binom{2n}{n}.$$

⁺10. Ein natürlicher Zugang zur Exponentialreihe Es sei die Differentialgleichung $\dot{u} = \alpha u$ durch eine Funktion $u(t)$ mit $u(0) := u_0$ zu lösen (s. Nr. 55). Wir versuchen, diese Lösung mittels der Methode der unbestimmten Koeffizienten zu gewinnen. Dazu machen wir den Ansatz $u(t) := \sum_{n=0}^{\infty} a_n t^n$, gehen mit ihm in die Differentialgleichung ein, erhalten durch Koeffizientenvergleich die Rekursionsformeln $(n+1)a_{n+1} = \alpha a_n$ für $n = 0, 1, \ldots$ und daraus $a_n = (\alpha^n/n!)a_0$ mit zunächst noch unbestimmtem a_0. Da die Reihe $a_0 \sum_{n=0}^{\infty} \frac{(\alpha t)^n}{n!}$ auf $\mathbf{R}$ konvergiert und gliedweise differenziert werden darf, ergibt sich nun *nachträglich*, daß sie für jedes a_0 die Differentialgleichung löst. Aus der Anfangsbedingung folgt $a_0 = u_0$. Dieses Verfahren setzt die Kenntnis der Exponentialfunktion und -reihe nicht voraus—es führt gerade umgekehrt auf sehr natürliche Weise zur letzteren.

11. Eine der Lösungen der **Besselschen Differentialgleichung**[1]

$$x^2 y'' + x y' + (x^2 - 1) y = 0$$

wird durch die beständig konvergente Potenzreihe

$$y(x) := \sum_{n=0}^{\infty} (-1)^n \frac{x^{2n+1}}{n!(n+1)! 2^{2n+1}}$$

gegeben. Bestätige dies und gewinne $y(x)$ vermittels der Methode der unbestimmten Koeffizienten (s. Aufgabe 10).

12. Bestimme mit Hilfe von Potenzreihen die folgenden Summen:

a) $\dfrac{1}{2^1 \cdot 1} - \dfrac{1}{2^2 \cdot 2} + \dfrac{1}{2^3 \cdot 3} - \dfrac{1}{2^4 \cdot 4} + - \cdots,$ b) $1 + \dfrac{2}{2} + \dfrac{3}{2^2} + \dfrac{4}{2^3} + \cdots,$

c) $\dfrac{1}{2!} + \dfrac{2}{3!} + \dfrac{3}{4!} + \dfrac{4}{5!} + \cdots,$ d) $\sum_{n=1}^{\infty} (-1)^{n+1} \dfrac{n}{2^n} \binom{1/2}{n}.$

13. Das volkswirtschaftliche Gesetz des abnehmenden Ertrags Zeige mit Hilfe von A 61.5: Die Funktion f habe in x_0 ein lokales Extremum und sei in eine Potenzreihe mit dem

---
[1] Friedrich Wilhelm Bessel (1784–1846; 62). Eine tiefergehende Untersuchung der Besselschen Differentialgleichung und der „Besselschen Funktionen" findet man in Heuser [9].

Mittelpunkt x_0 entwickelbar. Genau dann besitzt f in x_0 ein lokales Maximum im strengen Sinne, wenn in einer gewissen punktierten δ-Umgebung von x_0 ständig $f''(x)<0$ bleibt. Die folgenden Betrachtungen liefern uns eine praktisch außerordentlich wichtige Anwendung dieses Ergebnisses.

Zahlreiche, ja die meisten funktionalen Abhängigkeiten (Prozesse), die uns in der Wirklichkeit begegnen, lassen sich exakt oder mit ausreichender Genauigkeit durch Potenzreihen beschreiben. Besitzt ein solcher Prozess f also ein lokales Maximum in x_0, so wird er sich ihm, locker formuliert, *konkav nähern*: Er wird — *von links an x_0 herankommend* — *zwar wachsen, aber die Zuwächse werden immer geringer ausfallen* (s. Fig. 49.3). Diese einfache Tatsache führt in den Wirtschaftswissenschaften zu dem berühmten Gesetz des abnehmenden Ertrags. Angenommen, wir haben einen *fixen* Produktionsfaktor, etwa Boden, der durch Einsatz eines *variablen* Produktionsfaktors, etwa Arbeit, einen Ertrag abwirft; $f(x)$ sei der Ertrag, der durch den Einsatz von x Arbeitseinheiten erwirtschaftet wird. Die Funktion f besitzt offenbar ein Maximum im strengen Sinne: Zunächst steigt der Ertrag durch zusätzlichen Arbeitseinsatz, spätestens dann jedoch, wenn soviel Arbeiter auf dem Boden tätig sind, daß sie sich gegenseitig behindern, beginnt er zu fallen. Nach den obigen Erörterungen wird also f in einer Umgebung der Maximalstelle konkav sein. In der Sprache der Wirtschaftswissenschaftler liest sich das so (Gesetz des abnehmenden Ertrags): *Der zunehmende Einsatz eines variablen Produktionsfaktors auf einem fixen Produktionsfaktor führt ab einem gewissen Punkt zu abnehmenden Ertragszuwächsen* (man sollte also besser von dem Gesetz des abnehmenden Ertrags*zuwachses* reden).

14. Die Malthusianische Bevölkerungstheorie und die Engelssche Kritik In seinem aufsehenerregenden, von Pessimismus durchtränkten und Pessimismus erzeugenden ,,Essay on the Principles of Population'' (1798) vertrat der englische Pfarrer Thomas Robert Malthus (1766–1834; 68) die Lehre, daß die Erdbevölkerung dazu tendiere, sich ,,in geometrischer Progression'' (wir würden sagen: exponentiell) zu vermehren. Aufgrund des oben dargelegten *Gesetzes vom abnehmenden Ertrag* könne jedoch die Nahrungsmittelproduktion, da sie auf den fixen Produktionsfaktor Boden angewiesen sei, mit dieser Bevölkerungsvermehrung nicht Schritt halten. Der Ausgleich werde entweder durch *repressive Gegenkräfte* hergestellt, welche die Sterblichkeit steigern (Epidemien, Kriege, Naturkatastrophen, Hungersnöte), oder müsse durch *präventive Gegenkräfte* bewirkt werden, welche die Geburtenziffer senken (wobei er seine ganze Hoffnung auf ,,moralische Enthaltsamkeit'' und ,,tugendhafte Ehelosigkeit'' setzte). Dessenungeachtet schmücken seinen Grabstein die Worte: *He lived a serene and happy life.*

1844 griff Friedrich Engels (1820–1895; 75) in seiner Schrift ,,Umrisse einer Kritik der Nationalökonomie'' leidenschaftlich die düstere Lehre der Principles of Population an. Wir zitieren die wichtigste Stelle[1]:

,,Kommen wir indes, um der allgemeinen Übervölkerungsfurcht alle Basis zu nehmen, noch einmal auf das Verhältnis der Produktionskraft zur Bevölkerung zurück. Malthus stellt eine Berechnung auf, worauf er sein ganzes System basiert. Die Bevölkerung vermehre sich in geometrischer Progression: $1+2+4+8+16+32$ usw., die Produktionskraft des Bodens in arithmetischer: $1+2+3+4+5+6$. Die Differenz ist augenschein-

---

[1] Nach dem zweiten Band der Marx–Engels Studienausgabe, herausgegeben von Iring Fetscher. Fischer-Bücherei, Frankfurt/M., 1966.

lich, ist schreckenerregend; aber ist sie richtig? Wo steht erwiesen, daß die Ertragsfähigkeit des Bodens sich in arithmetischer Progression vermehre? Die Ausdehnung des Bodens ist beschränkt, gut. Die auf diese Fläche zu verwendende Arbeitskraft steigt mit der Bevölkerung; nehmen wir selbst an, daß die Vermehrung des Ertrags durch Vermehrung der Arbeit nicht immer im Verhältnis der Arbeit steigt, so bleibt noch ein drittes Element, das dem Ökonomen freilich nie etwas gilt, die Wissenschaft, und deren Fortschritt ist so unendlich und wenigstens ebenso rasch als der der Bevölkerung. Welchen Fortschritt verdankt die Agrikultur dieses Jahrhunderts allein der Chemie, ja allein zwei Männern — Sir Humphrey Davy und Justus Liebig? Die Wissenschaft aber vermehrt sich mindestens wie die Bevölkerung; diese vermehrt sich im Verhältnis zur Anzahl der letzten Generation; die Wissenschaft schreitet fort im Verhältnis zu der Masse der Erkenntnis, die ihr von der vorhergehenden Generation hinterlassen wurde, also unter den allergewöhnlichsten Verhältnissen auch in geometrischer Progression — und was ist der Wissenschaft unmöglich? Es ist aber lächerlich, von Übervölkerung zu reden, solange ‚das Tal des Mississippi wüsten Boden genug besitzt, um die ganze Bevölkerung von Europa dorthin verpflanzen zu können', solange überhaupt erst ein Drittel der Erde für bebaut angesehen und die Produktion dieses Drittels selbst durch die Anwendung jetzt schon bekannter Verbesserungen um das Sechsfache und mehr gesteigert werden kann".

a) Ist es richtig, von Vermehrung „in geometrischer Progression $1+2+4+8+16+32$ usw". zu reden? Was ist damit wirklich gemeint? (Vgl. Beginn der Nr. 26).
b) Was ist mit „Vermehrung in arithmetischer Progression $1+2+3+4+5+6$" gemeint?
c) Zeige, daß Engels ein exponentielles Wachstum der Wissenschaft annimmt.
d) Angenommen, die Bevölkerung u und die Wissenschaft w wachsen exponentiell, es gelte also $\dot{u} = \alpha u$ und $\dot{w} = \beta w (\alpha, \beta > 0)$, angenommen ferner, die Nahrungsmittelproduktion sei proportional zu w, in welcher Beziehung muß dann β zu α stehen, um das Verhungern der Bevölkerung zu verhindern?

+**15. Kaninchenvermehrung und Fibonaccizahlen** Leonardo von Pisa (Leonardo Pisano, 1170?-1250?; 80?), besser unter dem Namen Fibonacci bekannt, stellte in seinem wichtigsten Werk, dem *Liber Abbaci* von 1202, eine „Kaninchenaufgabe", die harmlos genug aussah und doch ganz unerwartete Folgen haben sollte:

> Jemand brachte ein Kaninchenpaar in einen gewissen, allseits von Wänden umgebenen Ort, um herauszufinden, wieviel [Paare] aus diesem Paar in einem Jahr entstehen würden. Es sei die Natur der Kaninchen, pro Monat ein neues Paar hervorzubringen und im zweiten Monat nach der Geburt [erstmals] zu gebären. [Todesfälle jedoch mögen nicht eintreten.][1]

Um die Naturnähe der Fibonaccischen Fortpflanzungskonstruktion wollen wir uns hier nicht sorgen. Um unsere Ideen zu fixieren, nehmen wir noch an, das „Urpaar" sei unmittelbar nach seiner Geburt in das Zeugungsgehege eingesperrt worden. Dort finden wir dann von Monat zu Monat die folgenden Anzahlen von Kaninchenpaaren: 1 (das Urpaar), 1 (immer noch das Urpaar), 2 (das Urpaar und das erste Nachwuchspaar), 3, 5, 8, 13, 21, 34, 55, 89, 144, ... Diese sogenannten **Fibonaccizahlen** $a_1, a_2, \ldots$ werden offenbar durch die nachstehende Rekursionsvorschrift gegeben:

$$a_1 = a_2 := 1, \quad a_{n+2} := a_{n+1} + a_n \quad (n = 1, 2, \ldots).$$

---
[1] Siehe B. Boncompagni (Hrsg.): *Scritti di Leonardo Pisano*, Roma 1857, vol. 1, S. 283.

Glanz und Ruhm der Fibonaccizahlen entstammen freilich weniger ihrer eher dubiosen Rolle in der Kaninchenprokreation, als vielmehr der Tatsache, daß nach und nach eine schier unglaubliche Fülle interessanter Resultate über sie entdeckt worden ist; seit 1963 gibt es denn auch eine Zeitschrift, *The Fibonacci Quarterly*, die sich mit Haut und Haaren diesen faszinierenden Zahlen verschrieben hat. Auch in den Naturwissenschaften (aus denen sie ja *via* „Kaninchenaufgabe" ursprünglich gekommen sind) finden sie immer zahlreichere und immer wichtigere Anwendungen — von den „Phyllotaxis" (= Anordnung der Pflanzenblätter) über elektrische Netzwerke bis hinein in die moderne Virusforschung (zum letzteren s. etwa M. Eigen: „Perspektiven der Wissenschaft", Stuttgart 1988, S. 180f.) *„The Fibonacci numbers have the strange habit of appearing where least expected"*, schreibt S. L. Basin in seinem Aufsatz *„The Fibonacci sequence as it appears in nature"* (Fibonacci Quarterly **1** (1963), Heft 1, 53–56). Im folgenden wollen wir eine explizite Darstellung der a_n erarbeiten. Beweise zu diesem Zweck die nachstehenden Aussagen:

a) Die Fibonaccifolge (a_n) nimmt ab $n=2$ streng zu, und für alle n ist $a_{n+1}/a_n \leq 2$.

b) $f(x) := \sum_{n=0}^{\infty} a_{n+1} x^n$ konvergiert mindestens für $|x| < 1/2$. (64.11)

c) Für $|x| < 1/2$ ist $f(x) - xf(x) - x^2 f(x) = 1$, also: $f(x) = -\dfrac{1}{x^2 + x - 1}$.

d) $\quad x_1 := \dfrac{-1+\sqrt{5}}{2}$ und $x_2 := \dfrac{-1-\sqrt{5}}{2}$

sind die Nullstellen des Polynoms $x^2 + x - 1$, und mit ihnen gilt

$$f(x) = \frac{1}{\sqrt{5}} \left(\frac{1}{x-x_2} - \frac{1}{x-x_1} \right) = \frac{1}{\sqrt{5}} \left(\frac{1}{x_1} \frac{1}{1-\frac{x}{x_1}} - \frac{1}{x_2} \frac{1}{1-\frac{x}{x_2}} \right).$$

e) Für hinreichend kleine $|x|$ ist

$$f(x) = \frac{1}{\sqrt{5}} \sum_{n=0}^{\infty} \left(\frac{1}{x_1^{n+1}} - \frac{1}{x_2^{n+1}} \right) x^n = \frac{1}{\sqrt{5}} \sum_{n=0}^{\infty} \left[\left(\frac{1+\sqrt{5}}{2} \right)^{n+1} - \left(\frac{1-\sqrt{5}}{2} \right)^{n+1} \right] x^n.$$

f) Für alle $n \in \mathbf{N}$ gilt:

$$a_n = \frac{\left(\dfrac{1+\sqrt{5}}{2} \right)^n - \left(\dfrac{1-\sqrt{5}}{2} \right)^n}{\sqrt{5}}.$$

Wie der Beweis zeigt, ist dieses überraschende Ergebnis eine neue Frucht des Identitätssatzes.

⁺16. Goldener Schnitt und Fibonaccizahlen In der Architektur der Antike und der italienischen Renaissance spielte der berühmte *Goldene Schnitt* (auch *göttliche Teilung* genannt) eine hervorragende Rolle. Man sagt, eine Strecke *AB* sei durch den Punkt *T* nach dem Goldenen Schnitt geteilt, wenn $TB:AT = AT:AB$ ist (s. Fig. 64.1). Wähle die

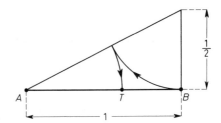

Fig. 64.1

Längeneinheit so, daß AB die Maßzahl 1 hat. τ sei die Maßzahl von AT und (a_n) die Fibonaccifolge (s. Aufgabe 15). Zeige:

a) $\tau = (-1+\sqrt{5})/2 \approx 0{,}618$.   b) $a_n/a_{n+1} \to \tau$.   c) $\tau =$ Konvergenzradius von (64.11).

Diese Beziehung zwischen Fibonaccizahlen und Goldenem Schnitt hat schon Kepler erahnt. Siehe B.-O. Küppers (Hrsg.): „Ordnung aus dem Chaos", München 1987, S. 179ff und S. 193.

65 Der Abelsche Grenzwertsatz

Im letzten Abschnitt hatten wir uns ganz auf das Verhalten der Potenzreihe $\sum_{n=0}^{\infty} a_n(x-x_0)^n$ innerhalb ihres offenen Konvergenzintervalls K konzentriert. Nun wissen wir aber, daß eine Potenzreihe sehr wohl auch in gewissen *Randpunkten* von K konvergieren kann. In diesem Falle ist ihre Summenfunktion f ganz von selbst auch in diesen Randpunkten definiert, und damit stellt sich die Frage nach dem analytischen Verhalten von f an diesen Stellen. Eine erste und für unsere Zwecke ausreichende Antwort gibt der

65.1 Grenzwertsatz von Abel[1] *Hat die Potenzreihe $\sum_{n=0}^{\infty} a_n x^n$ den endlichen Konvergenzradius r und konvergiert sie auch noch im rechten Endpunkt r ihres Konvergenzintervalls, so ist ihre Summenfunktion*

$$f(x) := \sum_{n=0}^{\infty} a_n x^n$$

im Punkte r (linksseitig) stetig, *mit anderen Worten: Es ist*

$$\lim_{x \to r-} f(x) = \sum_{n=0}^{\infty} a_n r^n.$$

Ein entsprechender Satz gilt, wenn $\sum_{n=0}^{\infty} a_n x^n$ für $x = -r$ konvergiert.

---

[1] Der Einfachheit halber formulieren wir ihn nur für Potenzreihen mit dem Mittelpunkt 0. Wie bisher sei der Konvergenzradius $\neq 0$. Übrigens kann der Leser einen zweiten, methodisch ganz anderen Beweis dieses wichtigen Satzes in A 105.5 finden.

380 VIII Der Taylorsche Satz und Potenzreihen

Im Beweis dürfen wir ohne Beschränkung der Allgemeinheit $r=1$ annehmen. Nach Voraussetzung existiert dann $s:=\sum_{n=0}^{\infty} a_n$, und zu zeigen ist die Beziehung $\lim_{x\to 1-} f(x)=s$. Setzen wir $s_n:=a_0+a_1+\cdots+a_n$, so gilt wegen (63.5) für $|x|<1$

$$\sum_{n=0}^{\infty} a_n x^n = (1-x) \sum_{n=0}^{\infty} s_n x^n, \quad \text{also}$$

$$s-f(x) = \left[(1-x)\sum_{n=0}^{\infty} x^n\right]s - (1-x)\sum_{n=0}^{\infty} s_n x^n$$

(man beachte hierbei, daß nach der Summenformel (31.1) der geometrischen Reihe der Inhalt der eckigen Klammer $=1$ ist). Damit haben wir

$$s-f(x) = (1-x)\sum_{n=0}^{\infty}(s-s_n)x^n, \quad \text{falls } |x|<1. \tag{65.1}$$

Zu beliebig vorgegebenem $\varepsilon>0$ gibt es ein N, so daß für $n>N$ stets $|s-s_n|<\varepsilon/2$ bleibt. Für alle $x\in(0,1)$ finden wir dann mit (65.1) die Abschätzung

$$|s-f(x)| \leq (1-x) \sum_{n=0}^{\infty} |s-s_n| x^n$$

$$\leq (1-x) \sum_{n=0}^{N} |s-s_n| x^n + \frac{\varepsilon}{2}(1-x)\sum_{n=N+1}^{\infty} x^n$$

$$\leq (1-x) \sum_{n=0}^{N} |s-s_n| + \frac{\varepsilon}{2}.$$

Und da man offenbar zu dem gewählten ε ein $\delta\in(0,1)$ so bestimmen kann, daß für alle $x\in(1-\delta,1)$ stets $(1-x)\sum_{n=0}^{N}|s-s_n|<\varepsilon/2$ ausfällt, ist für diese x nunmehr $|s-f(x)|<\varepsilon/2+\varepsilon/2=\varepsilon$, in der Tat gilt also $\lim_{x\to 1-} f(x)=s$. ■

Die Tragweite des im Grunde ganz einfachen Abelschen Grenzwertsatzes wird sich in den nun folgenden Anwendungen erweisen.

1. ln(1+x) In Nr. 64 hatten wir auf sehr bequeme Weise, völlig unabhängig vom Taylorschen Satz, die Entwicklung

$$\ln(1+x) = \sum_{n=0}^{\infty} (-1)^n \frac{x^{n+1}}{n+1} \tag{65.2}$$

gefunden, allerdings nur für $|x|<1$; s. (64.6). Da aber die rechtsstehende Reihe nach dem Leibnizschen Kriterium auch für $x=1$ konvergiert, folgt aus dem

Abelschen Grenzwertsatz

$$\sum_{n=0}^{\infty}(-1)^n\frac{1}{n+1}=\lim_{x\to 1-}\ln(1+x)=\ln 2,$$

so daß (65.2) auch noch für $x=1$, insgesamt also für $-1<x\leq 1$ gilt[1].

2. arctan x In Nr. 64 hatten wir die Entwicklung

$$\arctan x=\sum_{n=0}^{\infty}(-1)^n\frac{x^{2n+1}}{2n+1}\quad\text{für}\quad |x|<1$$

hergeleitet; s. (64.7). Da aber die Reihe nach dem Leibnizschen Kriterium auch für $x=\pm 1$ konvergiert, folgt aus dem Abelschen Grenzwertsatz

$$\sum_{n=0}^{\infty}(-1)^n\frac{-1}{2n+1}=\lim_{x\to -1+}\arctan x=\arctan(-1),$$

$$\sum_{n=0}^{\infty}(-1)^n\frac{1}{2n+1}=\lim_{x\to 1-}\arctan x=\arctan 1.$$

(64.7) gilt also auch noch für $x=\pm 1$, insgesamt haben wir somit

$$\arctan x=\sum_{n=0}^{\infty}(-1)^n\frac{x^{2n+1}}{2n+1}\quad\text{für}\quad |x|\leq 1. \tag{65.3}$$

Und da $\arctan 1=\pi/4$ ist, gewinnen wir daraus die reizvolle Summenformel

$$1-\frac{1}{3}+\frac{1}{5}-\frac{1}{7}+-\cdots=\frac{\pi}{4}, \tag{65.4}$$

die nach Leipniz genannt wird und die Fundamentalzahl π in bestehender einfacher Weise zu den ungeraden Zahlen in Beziehung setzt. Leipnizens Kommentar: *numero deus impare gaudet* (Gott freut sich an der ungeraden Zahl).

3. arcsin x Wir wenden uns nun der Entwicklung

$$\arcsin x=x+\frac{1}{2}\frac{x^3}{3}+\frac{1\cdot 3}{2\cdot 4}\frac{x^5}{5}+\frac{1\cdot 3\cdot 5}{2\cdot 4\cdot 6}\frac{x^7}{7}+\cdots\quad (|x|<1)$$

zu, die wir in (64.9) festgehalten haben. Für die Teilsummen $s_n(x)$ dieser Reihe gilt, solange $0<x<1$ ist, trivialerweise die Abschätzung

$$s_n(x)<\arcsin x<\arcsin 1,$$

also ist $s_n(1)=\lim_{x\to 1-}s_n(x)\leq \arcsin 1$ für alle n. Nach dem Monotoniekriterium muß somit die arcsin-Reihe auch noch für $x=1$ konvergieren. Ganz entsprechend stellt man ihre Konvergenz in $x=-1$ fest. Und da $\lim_{x\to -1+}\arcsin x=\arcsin(-1)$ und

---
[1] Daß die Gl. (65.2) auch noch für $x=1$ gilt, hatten wir auf ganz andere Weise (nämlich mittels einer Restgliedabschätzung) schon in Nr. 62 gesehen.

$\lim\limits_{x\to 1-}\arcsin x=\arcsin 1$ ist, folgt nun aus dem Abelschen Grenzwertsatz, daß die obige Entwicklung auch noch für $x=\pm 1$ gilt. *Insgesamt haben wir also*

$$\arcsin x = x + \frac{1}{2}\frac{x^3}{3} + \frac{1\cdot 3}{2\cdot 4}\frac{x^5}{5} + \frac{1\cdot 3\cdot 5}{2\cdot 4\cdot 6}\frac{x^7}{7} + \cdots \quad \text{für } |x|\leq 1. \tag{65.5}$$

4. $(1+x)^\alpha$ Die Binomialreihe $\sum \binom{\alpha}{n} x^n$ reduziert sich für $\alpha \in \mathbf{N}_0$ auf eine endliche Summe und besitzt für jedes andere α den Konvergenzradius 1. Ob sie im Falle $\alpha \notin \mathbf{N}_0$ auch noch in den Punkten $x=\pm 1$ konvergiert (und welchen Wert sie ggf. dort hat), war in (64.8) offengeblieben. Wir haben nun alle Hilfsmittel beisammen, um diese Fragen erfolgreich angreifen zu können. Durchweg sei $\alpha \neq 0, 1, 2, \ldots$.

Im Falle $x=-1$ haben wir es mit der Reihe $\sum a_n \equiv \sum (-1)^n \binom{\alpha}{n}$ zu tun. Wegen

$$\frac{\binom{\alpha}{n+1}}{\binom{\alpha}{n}} = \frac{\alpha-n}{n+1} = \frac{\alpha+1}{n+1} - 1 \tag{65.6}$$

ist dann

$$\frac{a_{n+1}}{a_n} = 1 - \frac{\alpha+1}{n+1}. \tag{65.7}$$

Für $\alpha > 0$ und alle hinreichend großen n haben wir also

$$\left|\frac{a_{n+1}}{a_n}\right| = 1 - \frac{\alpha+1}{n+1} \leq 1 - \frac{\beta}{n} \quad \text{mit} \quad \beta := \frac{\alpha}{2} + 1 > 1,$$

woraus sich mit dem Raabeschen Kriterium 33.10 bereits die Konvergenz von $\sum a_n$ ergibt. Sei nun $\alpha < 0$, also $\alpha + 1 < 1$. Für $n \geq 1$ ist dann erst recht $\alpha + 1 < (n+1)/n$ und wegen (65.7) also $a_{n+1}/a_n > 1 - 1/n$. Das Raabesche Kriterium lehrt nun die Divergenz von $\sum a_n$.

Jetzt betrachten wir den Fall $x=1$, also die Reihe $\sum b_n \equiv \sum \binom{\alpha}{n}$. Aus (65.6) folgt, daß für $\alpha \leq -1$ (also $\alpha+1 \leq 0$) durchweg $b_{n+1}/b_n \leq -1$, und somit $|b_{n+1}/b_n| \geq 1$ ist; nach dem Quotientenkriterium ist also $\sum b_n$ divergent. Nun sei $\alpha > -1$ (also $\alpha+1 > 0$). Wegen (65.6) ist für alle hinreichend großen n, etwa für $n \geq m$, jedes b_{n+1}/b_n negativ. Daraus folgt, daß die Reihe $\sum\limits_{n=m}^{\infty} b_n$ alternierend ist und

$$\left|\frac{b_{n+1}}{b_n}\right| = 1 - \frac{\alpha+1}{n+1} < 1 \text{ für } n \geq m \tag{65.8}$$

sein muß; letzteres besagt aber, daß die Folge $(|b_m|, |b_{m+1}|, \ldots)$ abnimmt. Und nun brauchen wir nur noch zu zeigen, daß $b_n \to 0$ strebt, um mit dem Leibnizschen Kriterium zu erkennen, daß $\sum_{n=m}^{\infty} b_n$ und damit auch $\sum_{n=0}^{\infty} b_n$ konvergiert. Nach (65.8) ist für $n > m$

$$\frac{|b_n|}{|b_m|} = \frac{|b_{m+1}|}{|b_m|} \cdot \frac{|b_{m+2}|}{|b_{m+1}|} \cdots \frac{|b_n|}{|b_{n-1}|}$$

$$= \left(1 - \frac{\alpha+1}{m+1}\right)\left(1 - \frac{\alpha+1}{m+2}\right) \cdots \left(1 - \frac{\alpha+1}{n}\right).$$

Da wegen (62.1) für jedes x die Abschätzung $1 + x \leq e^x$ gilt, folgt daraus

$$|b_n| \leq |b_m| e^{-(\alpha+1)\sum_{k=m+1}^{n} 1/k}.$$

Und weil $(\alpha+1) \sum_{k=m+1}^{n} \frac{1}{k} \to +\infty$ divergiert, wenn $n \to \infty$ geht, ergibt sich nun, daß $b_n \to 0$ strebt und die Reihe $\sum b_n$ somit tatsächlich konvergiert.

Damit ist das Konvergenzverhalten der Binomialreihe restlos geklärt. Ziehen wir noch den Abelschen Grenzwertsatz heran und lassen wir den trivialen Fall $\alpha \in \mathbb{N}_0$ beiseite, so können wir zusammenfassend folgendes festhalten:

Ist $\alpha \neq 0, 1, 2, \ldots$, so gilt die Entwicklung

$$(1+x)^\alpha = \sum_{n=0}^{\infty} \binom{\alpha}{n} x^n, \quad \text{wenn} \quad \begin{cases} |x| < 1, \\ x = -1 \quad \text{und} \quad \alpha > 0, \\ x = 1 \quad \text{und} \quad \alpha > -1 \end{cases} \tag{65.9}$$

ist; in allen anderen Fällen divergiert die Reihe $\sum \binom{\alpha}{n} x^n$.

5. Abelscher Produktsatz In A 32.9 wurde der folgende, auf Abel zurückgehende Satz bewiesen: *Ist das Cauchyprodukt*

$$\sum_{n=0}^{\infty} c_n \equiv \sum_{n=0}^{\infty} (a_0 b_n + a_1 b_{n-1} + \cdots + a_n b_0)$$

der beiden konvergenten Reihen $\sum_{n=0}^{\infty} a_n$ und $\sum_{n=0}^{\infty} b_n$ selbst konvergent, so gilt $\left(\sum_{n=0}^{\infty} a_n\right)\left(\sum_{n=0}^{\infty} b_n\right) = \sum_{n=0}^{\infty} c_n$. Ein neuer — und makellos durchsichtiger — Beweis kann mit Hilfe des Abelschen Grenzwertsatzes so geführt werden: Die geometrische Reihe $\sum x^n$ ist für $|x| < 1$ absolut konvergent, und da die Zahlenfolgen (a_n), (b_n) und (c_n) gewiß beschränkt sind, müssen nach A 31.5 auch die Reihen $\sum a_n x^n$, $\sum b_n x^n$ und $\sum c_n x^n$ für $|x| < 1$ absolut konvergieren. Für diese x ist dann wegen

384 VIII Der Taylorsche Satz und Potenzreihen

Satz 63.3

$$\left(\sum_{n=0}^{\infty} a_n x^n\right)\left(\sum_{n=0}^{\infty} b_n x^n\right) = \sum_{n=0}^{\infty} c_n x^n,$$

woraus sich für $x \to 1-$ dank des Abelschen Grenzwertsatzes bereits die Behauptung ergibt.

Aufgaben

+1. $\operatorname{Arsinh} x = x - \dfrac{1}{2}\dfrac{x^3}{3} + \dfrac{1 \cdot 3}{2 \cdot 4}\dfrac{x^5}{5} - \dfrac{1 \cdot 3 \cdot 5}{2 \cdot 4 \cdot 6}\dfrac{x^7}{7} + - \cdots$ für $|x| \leq 1$.

Hinweis: A 64.4.

2. $1 - \dfrac{1}{2}\dfrac{1}{3} + \dfrac{1 \cdot 3}{2 \cdot 4}\dfrac{1}{5} - \dfrac{1 \cdot 3 \cdot 5}{2 \cdot 4 \cdot 6}\dfrac{1}{7} + - \cdots = \ln(1 + \sqrt{2})$.

Hinweis: Aufgabe 1 und A 53.5.

3. $1 + \dfrac{1}{2}\dfrac{1}{3} + \dfrac{1 \cdot 3}{2 \cdot 4}\dfrac{1}{5} + \dfrac{1 \cdot 3 \cdot 5}{2 \cdot 4 \cdot 6}\dfrac{1}{7} + \cdots = \dfrac{\pi}{2}$.

4. Für jedes positive α ist $\sum_{n=0}^{\infty} \binom{\alpha}{n} = 2^\alpha$ und $\sum_{n=0}^{\infty} (-1)^n \binom{\alpha}{n} = 0$
(vgl. A 7.2c,d). Daraus folgt z.B. (s. A 7.3)

$$1 + \frac{1}{2} + \sum_{n=2}^{\infty} (-1)^{n-1} \frac{1 \cdot 3 \cdots (2n-3)}{2 \cdot 4 \cdots (2n)} = \sqrt{2}$$

und $\quad 1 - \dfrac{1}{2} + \sum_{n=2}^{\infty} (-1)^{2n-1} \dfrac{1 \cdot 3 \cdots (2n-3)}{2 \cdot 4 \cdots (2n)} = 0$.

+5. Differenzierbarkeit in Randpunkten des Konvergenzintervalles Hat die Potenzreihe $\sum_{n=0}^{\infty} a_n x^n$ den endlichen Konvergenzradius r und konvergieren die beiden Reihen $\sum_{n=0}^{\infty} a_n r^n$ und $\sum_{n=0}^{\infty} (n+1) a_{n+1} r^n$, so ist die Summenfunktion $f(x) := \sum_{n=0}^{\infty} a_n x^n$ im Punkt r (linksseitig) *differenzierbar*, und ihre Ableitung daselbst ist

$$f'(r) = \sum_{n=0}^{\infty} (n+1) a_{n+1} r^n. \quad \text{Hinweis: A 49.5.}$$

6. Differentiation der Binomialreihe Ist $\alpha \neq 0, 1, 2, \ldots$, so gilt die durch gliedweise Differentiation von (65.9) gewonnene Entwicklung

$$\frac{d}{dx}(1+x)^\alpha = \sum_{n=0}^{\infty} (n+1)\binom{\alpha}{n+1} x^n, \quad \text{wenn} \quad \begin{cases} |x| < 1, \\ x = -1 \quad \text{und } \alpha > 1, \\ x = 1 \quad \text{und } \alpha > 0 \end{cases}$$

ist; in allen anderen Fällen divergiert die rechtsstehende Reihe.

$^{+}$**7. Ergänzung des Abelschen Grenzwertsatzes** Die Potenzreihe $\sum_{n=0}^{\infty} a_n x^n$ habe den endlichen Konvergenzradius r, alle ihre Koeffizienten seien ≥ 0 und $\sum_{n=0}^{\infty} a_n r^n$ *divergiere*. Dann divergiert $f(x) = \sum_{n=0}^{\infty} a_n x^n \to +\infty$ für $x \to r-$.

$^{+}$**8. Verallgemeinerter Abelscher Grenzwertsatz** Die Potenzreihe $f(x) := \sum_{n=0}^{\infty} a_n x^n$ sei für $|x| < 1$ konvergent, und es strebe
$$(s_0 + s_1 + \cdots + s_n)/(n+1) \to s \quad (s_n := a_0 + a_1 + \cdots + a_n).$$
Dann ist $\lim_{x \to 1-} f(x)$ vorhanden und $= s$ (wegen des Cauchyschen Grenzwertsatzes ist dies eine Verallgemeinerung des Abelschen). Hinweis: Aus (63.5) folgt
$$\left(\frac{1}{1-x}\right)^2 \sum_{n=0}^{\infty} a_n x^n = \sum_{n=0}^{\infty} (n+1) \frac{s_0 + s_1 + \cdots + s_n}{n+1} x^n \quad \text{für } |x| < 1. \tag{65.10}$$

$^{+}$**9. Abelsche Summierung** Ist die Potenzreihe $f(x) := \sum_{n=0}^{\infty} a_n x^n$ für $|x| < 1$ konvergent und strebt $f(x) \to s$ für $x \to 1-$, so sagt man, s sei die Abelsche Summe der (u. U. divergenten) Reihe $\sum_{n=0}^{\infty} a_n$ und schreibt A-$\sum_{n=0}^{\infty} a_n = s$. Zeige:

a) A-$\sum_{n=0}^{\infty} (-1)^n = \frac{1}{2}$ (Euler schrieb noch unbefangen die „Gleichung" $\sum_{n=0}^{\infty} (-1)^n = \frac{1}{2}$ nieder, ohne sich um Konvergenzfragen zu kümmern. Die Reihe $\sum_{n=0}^{\infty} (-1)^n$ hatte für ihn den Wert $\frac{1}{2}$, weil sie aus der Entwicklung $\frac{1}{1+x} = \sum_{n=0}^{\infty} (-1)^n x^n$ für $x = 1$ entsprang. Die lange Leidensgeschichte des Konvergenzbegriffs wird in Kapitel XXIX erzählt werden).

b) Sind die Reihen $\sum_{n=0}^{\infty} a_n$ und $\sum_{n=0}^{\infty} b_n$ konvergent, so ist
$$\left(\sum_{n=0}^{\infty} a_n\right)\left(\sum_{n=0}^{\infty} b_n\right) = \text{A-}\sum_{n=0}^{\infty} (a_0 b_n + a_1 b_{n-1} + \cdots + a_n b_0).$$
Hinweis: A_n, B_n, C_n seien die Teilsummen der Reihen
$$\sum a_n, \sum b_n, \sum (a_0 b_n + a_1 b_{n-1} + \cdots + a_n b_0).$$
Es ist $C_0 + C_1 + \cdots + C_n = A_0 B_n + A_1 B_{n-1} + \cdots + A_n B_0$.
Benutze nun A 27.6 und Aufgabe 8.

$^{+}$**10. Tauberscher Satz (teilweise Umkehrung des Abelschen Grenzwertsatzes)** Mit den Bezeichnungen der Aufgabe 9 sei A-$\sum_{n=0}^{\infty} a_n$ vorhanden und $= s$. Strebt dann $n a_n \to 0$, so konvergiert bereits $\sum_{n=0}^{\infty} a_n$ und hat den Wert s.

386　VIII Der Taylorsche Satz und Potenzreihen

Hinweis: Sei $f(x):=\sum_{n=0}^{\infty} a_n x^n$, $s_n:=a_0+a_1+\cdots+a_n$. Für alle $x\in[0,1)$ ist dann

$$|s_n-f(x)|=\left|\sum_{k=1}^{n} a_k(1-x^k) - \sum_{k=n+1}^{\infty} a_k x^k\right| \leq (1-x)\sum_{k=1}^{n} k|a_k| + \frac{1}{n}\sum_{k=n+1}^{\infty} k|a_k|x^k.$$

Setze $x:=1-1/n$ und beachte, daß nach dem Cauchyschen Grenzwertsatz auch $\frac{1}{n}\sum_{k=1}^{n} k|a_k| \to 0$ strebt.

66 Die Division von Potenzreihen

Sie wird im wesentlichen durch den folgenden Satz geklärt, den wir der Einfachheit wegen (aber ohne die Allgemeinheit einzuschränken) für Potenzreihen mit dem Entwicklungsmittelpunkt 0 formulieren.

°**66.1 Satz** *Die Potenzreihe* $f(x):=\sum_{n=0}^{\infty} a_n x^n$ *konvergiere für* $|x|<r$, *und ihr absolutes Glied* a_0 *sei von Null verschieden (oder also:* $f(0)$ *sei* $\neq 0$). *Dann läßt sich* $1/f(x)$ *in einer gewissen* ρ-*Umgebung von* 0 *wiederum durch eine Potenzreihe darstellen*:

$$\frac{1}{f(x)} = \sum_{n=0}^{\infty} b_n x^n \quad \text{für } |x|<\rho.$$

Zum Beweis dürfen wir $a_0=1$ annehmen. Nach dem Stetigkeitssatz gibt es ein $\delta\in(0,r)$, so daß für $|x|<\delta$ stets $|a_1 x + a_2 x^2 + \cdots|<1$ bleibt. Für diese x ist offenbar

$$\frac{1}{f(x)} = \frac{1}{1-(-a_1 x - a_2 x^2 - \cdots)} = \sum_{j=0}^{\infty} (-a_1 x - a_2 x^2 - \cdots)^j.$$

Die Cauchysche Multiplikation liefert

$$(-a_1 x - a_2 x^2 - \cdots)^j = \sum_{k=0}^{\infty} a_{jk} x^k \quad \text{für } j=0,1,2,\ldots,$$

also ist

$$\frac{1}{f(x)} = \sum_{j=0}^{\infty}\left(\sum_{k=0}^{\infty} a_{jk} x^k\right) \quad \text{für } |x|<\delta.$$

Dürfte man hierin die Reihenfolge der Summationen vertauschen, so fände man in $\frac{1}{f(x)} = \sum_{k=0}^{\infty}\left(\sum_{j=0}^{\infty} a_{jk}\right) x^k$ die gewünschte Entwicklung. Nach dem Cauchyschen Doppelreihensatz ist diese Vertauschung jedenfalls immer dann möglich, wenn sogar $\sum_{j=0}^{\infty}\left(\sum_{k=0}^{\infty} |a_{jk}||x|^k\right)$ konvergiert. Daß dies für hinreichend kleine $|x|$ in der Tat der Fall ist, sieht man so: Es gibt ein $\rho \in (0, \delta)$, so daß für $|x| < \rho$ stets $|a_1||x| + |a_2||x|^2 + \cdots < 1$ bleibt. Für diese $|x|$ konvergiert die Reihe

$$\sum_{j=0}^{\infty} (|a_1||x| + |a_2||x|^2 + \cdots)^j$$

und läßt sich in der Form $\sum_{j=0}^{\infty} \left(\sum_{k=0}^{\infty} \alpha_{jk} |x|^k \right)$ schreiben. Da offenbar $|a_{jk}| \leq \alpha_{jk}$ ist, ergibt sich nun, daß die Reihe $\sum_{j=0}^{\infty} \left(\sum_{k=0}^{\infty} |a_{jk}| |x|^k \right)$ jedenfalls für $|x| < \rho$ konvergiert. Damit ist alles bewiesen[1]. ∎

Sind die Potenzreihen $f(x) := \sum_{n=0}^{\infty} a_n x^n$ und $g(x) := \sum_{n=0}^{\infty} b_n x^n$ beide für $|x| < r$ konvergent und ist $g(0) = b_0 \neq 0$, so folgt aus dem obigen Satz in Verbindung mit der Produktaussage des Satzes 63.3, *daß sich der Quotient $f(x)/g(x)$ in einer gewissen ρ-Umgebung von 0 durch eine Potenzreihe darstellen läßt:*

$$\frac{f(x)}{g(x)} = \frac{\sum_{n=0}^{\infty} a_n x^n}{\sum_{n=0}^{\infty} b_n x^n} = \sum_{n=0}^{\infty} c_n x^n \quad (b_0 \neq 0).$$

Aus dieser Beziehung folgt

$$\sum_{n=0}^{\infty} a_n x^n = \left(\sum_{n=0}^{\infty} b_n x^n \right) \left(\sum_{n=0}^{\infty} c_n x^n \right) = \sum_{n=0}^{\infty} (b_0 c_n + b_1 c_{n-1} + \cdots + b_n c_0) x^n,$$

und durch Koeffizientenvergleich erhält man nun ein Gleichungssystem, aus dem sich die $c_0, c_1, c_2, \ldots$ sukzessiv berechnen lassen:

$$\begin{aligned} b_0 c_0 &= a_0 \\ b_0 c_1 + b_1 c_0 &= a_1 \\ b_0 c_2 + b_1 c_1 + b_2 c_0 &= a_2 \\ &\cdots\cdots\cdots \end{aligned} \qquad (66.1)$$

Für die beiden ersten Koeffizienten findet man so die Formeln

$$c_0 = \frac{a_0}{b_0}, \quad c_1 = \frac{a_1 - (a_0 b_1)/b_0}{b_0}.$$

Die Ausdrücke für $c_2, c_3, \ldots$ werden zunehmend unübersichtlicher; das ändert aber nichts daran, daß die Berechnungs*methode* denkbar einfach ist. Wir bringen zwei Beispiele.

---

[1] In A 187.1 werden wir einen methodisch ganz anderen Beweis des Satzes 66.1 kennenlernen.

1. Um die ungerade Funktion $\tan x = \sin x/\cos x$ zu entwickeln, wird man den Ansatz machen

$$\frac{x - \dfrac{x^3}{3!} + \dfrac{x^5}{5!} - + \cdots}{1 - \dfrac{x^2}{2!} + \dfrac{x^4}{4!} - + \cdots} = c_1 x + c_3 x^3 + c_5 x^5 + \cdots \quad \text{(s. A 64.8)}.$$

Aus der Gleichung

$$\left(1 - \frac{x^2}{2!} + \frac{x^4}{4!} - + \cdots\right)(c_1 x + c_3 x^3 + c_5 x^5 + \cdots) = x - \frac{x^3}{3!} + \frac{x^5}{5!} - + \cdots$$

folgt nun durch Koeffizientenvergleich

$$1 \cdot c_1 = 1, \quad 1 \cdot c_3 - \frac{c_1}{2!} = -\frac{1}{3!}, \quad 1 \cdot c_5 - \frac{c_3}{2!} + \frac{c_1}{4!} = \frac{1}{5!}, \ldots$$

und daraus $c_1 = 1$, $c_3 = 1/3$, $c_5 = 2/15, \ldots$, also ist

$$\tan x = x + \frac{1}{3}x^3 + \frac{2}{15}x^5 + \cdots \quad \text{für alle hinreichend kleinen } |x|. \tag{66.2}$$

In (71.6) werden wir zu einer „vollständigen" Entwicklung von $\tan x$ vorstoßen.

2. Wegen (66.2) gilt für alle betragsmäßig kleinen x

$$1 + \frac{1}{3}x^2 + \frac{2}{15}x^4 + \cdots = \begin{cases} \dfrac{\tan x}{x}, & \text{falls } x \neq 0, \\ 1, & \text{falls } x = 0. \end{cases}$$

Infolgedessen ist für diese x

$$f(x) := \frac{1}{1 + \dfrac{1}{3}x^2 + \dfrac{2}{15}x^4 + \cdots} = \begin{cases} x \cot x, & \text{falls } x \neq 0, \\ 1, & \text{falls } x = 0. \end{cases} \tag{66.3}$$

Zur Entwicklung von f machen wir den Ansatz

$$\frac{1}{1 + \dfrac{1}{3}x^2 + \dfrac{2}{15}x^4 + \cdots} = c_0 + c_2 x^2 + c_4 x^4 + \cdots \quad \text{(s. wiederum A 64.8)},$$

gewinnen daraus $\left(1 + \dfrac{1}{3}x^2 + \dfrac{2}{15}x^4 + \cdots\right)(c_0 + c_2 x^2 + c_4 x^4 + \cdots) = 1$ und finden durch Koeffizientenvergleich die Beziehungen

$$1 \cdot c_0 = 1, \quad 1 \cdot c_2 + \frac{1}{3}c_0 = 0, \quad 1 \cdot c_4 + \frac{1}{3}c_2 + \frac{2}{15}c_0 = 0, \ldots.$$

Aus ihnen ergibt sich $c_0 = 1$, $c_2 = -1/3$, $c_4 = -1/45, \ldots$. Für kleine $|x|$ ist also

$$f(x) = 1 - \frac{1}{3}x^2 - \frac{1}{45}x^4 + \cdots.$$

Mit (66.3) entnehmen wir dieser Entwicklung, daß $\lim_{x \to 0} x \cot x = f(0) = 1$ ist. Lassen wir nun (wie es der Methode der *stetigen Fortsetzung* entspricht) das bisher nicht erklärte Zeichen $0 \cot 0$ die Zahl 1 bedeuten, so haben wir die Entwicklung

$$x \cot x = 1 - \frac{1}{3}x^2 - \frac{1}{45}x^4 + \cdots \quad \text{für alle hinreichend kleinen } |x|. \tag{66.4}$$

Ein viel helleres Licht als dieses kleinwüchsige Ding wird uns (71.5) aufstecken.

Das letzte Beispiel regt zu der folgenden Vereinbarung an: Wenn sich eine Funktion g in einer *punktierten* Umgebung von x_0 durch eine Potenzreihe darstellen läßt, schärfer: wenn gilt

$$g(x) = \sum_{n=0}^{\infty} a_n (x - x_0)^n \quad \text{für } 0 < |x - x_0| < r,$$

so setzen wir immer $g(x_0) := a_0 = \lim_{x \to x_0} g(x)$ — gleichgültig, *ob* oder *wie g* früher schon im Punkte x_0 definiert war (es sei denn, wir weichen ganz ausdrücklich von dieser Vereinbarung ab). In diesem Sinne sollte ja schon die Entwicklung (66.4) gelesen werden, und so sind beispielsweise auch die folgenden Gleichungen zu verstehen:

$$\frac{\sin x}{x} = 1 - \frac{x^2}{3!} + \frac{x^4}{5!} - \frac{x^6}{7!} + - \cdots \quad \textit{für alle } x,$$

$$\frac{e^x - 1 - x}{x^2} = \frac{1}{2!} + \frac{x}{3!} + \frac{x^2}{4!} + \frac{x^3}{5!} + \cdots \quad \textit{für alle } x.$$

Aufgaben

1. Zeige, daß für alle hinreichend kleinen x die folgenden Entwicklungen gelten:

a) $\dfrac{\tan x}{\cos x} = x + \dfrac{5}{6}x^3 + \dfrac{61}{120}x^5 + \cdots,$

b) $\dfrac{e^x \sin x}{\cos^2 x} = x + x^2 + \dfrac{4}{3}x^3 + x^4 + \cdots,$

c) $\dfrac{x^2}{\sin^2 x} = 1 + \dfrac{1}{3}x^2 + \dfrac{1}{15}x^4 + \cdots,$

d) $\dfrac{x \ln \dfrac{1}{1-x}}{\sin^2 x} = 1 + \dfrac{1}{2}x + \dfrac{2}{3}x^2 + \dfrac{5}{12}x^3 + \cdots$.

2. Bestimme die folgenden Grenzwerte:

a) $\lim\limits_{x \to 0} \left(\dfrac{1}{x} - \cot x \right)$,
b) $\lim\limits_{x \to 0} \left(\coth(x^2) - \dfrac{1}{x} \coth x \right)$,
c) $\lim\limits_{x \to 0} \left(\dfrac{1}{x} - \dfrac{1}{e^x - 1} \right)$,

d) $\lim\limits_{x \to 0} \dfrac{1}{x} \left(\dfrac{\coth x \arcsin x}{x} - \dfrac{x}{\sin(x^2)} \right)$,
e) $\lim\limits_{x \to 0} \dfrac{4}{x} \left(\dfrac{\cot x}{1-x} - \dfrac{1}{x} \dfrac{\cosh(2\sqrt{x})}{1 - \ln(1-x)} \right)$.

*__3.__ Sei $p(x) := a_0 + a_1 x + \cdots + a_n x^n$ ein Polynom mit $p(0) = a_0 \ne 0$. Zeige: Zu jedem $m \in \mathbf{N}_0$ gibt es ein Polynom Q_m vom Grade $\le m$ mit $Q_m(0) \ne 0$ und ein Polynom q_m, so daß für alle x gilt: $Q_m(x) p(x) + x^{m+1} q_m(x) = 1$. Hinweis:

$$1/p(x) = \sum_{k=0}^{\infty} c_k x^k = (c_0 + c_1 x + \cdots + c_m x^m) + x^{m+1}(c_{m+1} + c_{m+2} x + \cdots).$$

*__4.__ Aus $\dfrac{1 + a_2 x^2 + a_4 x^4 + a_6 x^6 + \cdots}{1 + b_2 x^2 + b_4 x^4 + b_6 x^6 + \cdots} = 1 + c_2 x^2 + c_4 x^4 + c_6 x^6 + \cdots$ für $|x| < r$ folgt

$$\dfrac{1 - a_2 x^2 + a_4 x^4 - a_6 x^6 + - \cdots}{1 - b_2 x^2 + b_4 x^4 - b_6 x^6 + - \cdots} = 1 - c_2 x^2 + c_4 x^4 - c_6 x^6 + - \cdots \quad \text{für } |x| < r.$$

+__5. Potenzreihenentwicklung mittelbarer Funktionen__ Die Funktionen f und F seien in Potenzreihen um den Nullpunkt entwickelbar, es gelte also

$$f(x) = \sum_{n=0}^{\infty} a_n x^n \quad \text{für } |x| < r \quad \text{und} \quad F(y) = \sum_{k=0}^{\infty} b_k y^k \quad \text{für } |y| < R.$$

Ist dann $|a_0| < R$, so läßt sich die mittelbare Funktion $F(f(x))$ in einer gewissen ρ-Umgebung von 0 wiederum durch eine Potenzreihe darstellen:

$$F(f(x)) = \sum_{n=0}^{\infty} c_n x^n \quad \text{für } |x| < \rho.$$

Man erhält diese Reihe, indem man die Potenzen $\left(\sum\limits_{n=0}^{\infty} a_n x^n \right)^k$ mittels der Cauchyschen Multiplikation in Potenzreihen $\sum\limits_{n=0}^{\infty} a_{nk} x^n$ entwickelt und dann in

$$F(f(x)) = \sum_{k=0}^{\infty} b_k \left(\sum_{n=0}^{\infty} a_n x^n \right)^k = \sum_{k=0}^{\infty} b_k \left(\sum_{n=0}^{\infty} a_{nk} x^n \right)$$

die gleichen Potenzen von x zusammenfaßt, also den rechten Ausdruck durch Vertauschung der Summationsreihenfolge auf die Form

$$\sum_{n=0}^{\infty} \left(\sum_{k=0}^{\infty} b_k a_{nk} \right) x^n$$

bringt.

67 Die Existenz der Winkelfunktionen

Das mächtige Hilfsmittel der Potenzreihen setzt uns nunmehr in den Stand, eine Lücke zu schließen, die wir beim Aufbau der Theorie der Winkelfunktionen notgedrungen in Kauf nehmen mußten. Der Leser wird sich erinnern, daß wir in Nr. 48 *angenommen* hatten, es gebe zwei Funktionen, genannt Sinus und Kosinus, welche die Eigenschaften (48.10) bis (48.14) besitzen. Allein gestützt auf diese fünf Eigenschaften hatten wir dann alle wesentlichen Aussagen über diese beiden Funktionen gewinnen können, bis hin zu den Entwicklungen (62.5) und (62.6):

$$\sin x = \sum_{n=0}^{\infty} (-1)^n \frac{x^{2n+1}}{(2n+1)!}, \quad \cos x = \sum_{n=0}^{\infty} (-1)^n \frac{x^{2n}}{(2n)!}. \qquad (67.1)$$

Aber immer mußten wir dabei im Auge behalten, daß diese ganze Theorie so lange „leer" ist, bis wir die *Existenz* zweier Funktionen mit den aufgeführten fünf Grundeigenschaften garantieren können. Auch die Entwicklungen (67.1) sind deshalb nur im folgenden Sinne zu verstehen: *Wenn* es Funktionen $\sin x$ und $\cos x$ mit den Eigenschaften (48.10) bis (48.14) überhaupt gibt — *dann* gelten für sie notwendigerweise die Darstellungen (67.1). Immerhin lehrt diese Aussage, daß es höchstens *ein* Funktionenpaar geben kann, das allen Bedingungen (48.10) bis (48.14) genügt, mit anderen Worten: Die Funktionen Sinus und Kosinus sind, wenn sie denn überhaupt existieren, eindeutig durch das Bedingungssystem (48.10) bis (48.14) festgelegt. Der Existenzbeweis ist nun aber, nach unserer ausgiebigen Vorarbeit, nicht mehr schwer. In Nr. 63 hatten wir gesehen, daß die Potenzreihen $\sum (-1)^n x^{2n+1}/(2n+1)!$ und $\sum (-1)^n x^{2n}/(2n)!$ beständig konvergieren (s. die Ausführungen nach Satz 63.2). Indem wir nun die frühere Bedeutung der Symbole $\sin x$ und $\cos x$ vergessen, *definieren* wir sie jetzt vermöge ebendieser Potenzreihen, d.h., wir setzen für jedes reelle x

$$\sin x := \sum_{n=0}^{\infty} (-1)^n \frac{x^{2n+1}}{(2n+1)!} \quad \text{und} \quad \cos x := \sum_{n=0}^{\infty} (-1)^n \frac{x^{2n}}{(2n)!}. \qquad (67.2)$$

Die so auf **R** erklärten Funktionen $\sin x$ und $\cos x$ sind nach Satz 64.1 überall stetig — das ist (48.10). Trivialerweise ist $\sin x$ eine ungerade und $\cos x$ eine gerade Funktion — also ist auch (48.11) erfüllt. Die Additionstheoreme (48.12) beweist man ganz entsprechend dem Vorgehen in A 63.4 durch Reihenmultiplikation; ein anderer Beweis ist in der Aufgabe zu dieser Nummer angedeutet. (48.13) ergibt sich aus Satz 64.1:

$$\lim_{x \to 0} \frac{\sin x}{x} = \lim_{x \to 0} \left(1 - \frac{x^2}{3!} + \frac{x^4}{5!} - + \cdots \right) = 1.$$

Und da trivialerweise $\cos 0 = 1$ ist, gilt auch (48.14). Zusammenfassend können wir also sagen: *Es existiert ein Paar von Funktionen — aber auch nur eines —, das* den Bedingungen (48.10) bis (48.14) *genügt. Dieses Paar wird durch* (67.2) *gegeben.*

Damit steht nun unsere Theorie des Sinus und Kosinus auf festem Boden. Darüber hinaus wissen wir jetzt, *daß auch die Funktionen* tan x *und* cot x *und die Umkehrfunktionen* arcsin x, arccos x, arctan x *und* arccot x *wirklich vorhanden sind* (s. die Aufgaben 10 bis 13 in Nr. 57). Und fast das Wichtigste: Die Fundamentalzahl π hatten wir in Nr. 57 als das Doppelte der kleinsten positiven Nullstelle des Kosinus definiert — *jetzt erst dürfen wir gewiß sein, daß es ein solches π tatsächlich gibt* (und etwa mittels der Entwicklung in A 65.3 mit jeder gewünschten Genauigkeit berechnet werden kann). Was uns zur Abrundung noch fehlt, ist der von der Schule her vertraute Zusammenhang zwischen π und dem Inhalt oder auch dem Umfang des Einheitskreises. Ihn können wir beim gegenwärtigen Stand der Theorie noch nicht herstellen, weil uns bislang präzise Inhalts- und Längenbegriffe fehlen. Diese Dinge gehören dem Ideenfeld der Integralrechnung an und werden dort erst befriedigend geklärt werden können. Nur der bequemeren Übersicht wegen stellen wir noch einmal die wichtigsten „*trigonometrischen Formeln*" aus den Nummern 48 und 57 zusammen:

$$\begin{aligned}\sin(x+y) &= \sin x \cos y + \cos x \sin y, \\ \cos(x+y) &= \cos x \cos y - \sin x \sin y,\end{aligned} \tag{67.3}$$

$$\begin{aligned}\sin x - \sin y &= 2\cos\left(\frac{x+y}{2}\right)\sin\left(\frac{x-y}{2}\right), \\ \cos x - \cos y &= -2\sin\left(\frac{x+y}{2}\right)\sin\left(\frac{x-y}{2}\right),\end{aligned} \tag{67.4}$$

$$\sin 2x = 2 \sin x \cos x, \quad \cos 2x = \cos^2 x - \sin^2 x, \tag{67.5}$$

$$\sin^2 \frac{x}{2} = \frac{1-\cos x}{2}, \quad \cos^2 \frac{x}{2} = \frac{1+\cos x}{2}, \tag{67.6}$$

$$\sin^2 x + \cos^2 x = 1 \quad \text{(„trigonometrischer Pythagoras")}. \tag{67.7}$$

Ferner erinnern wir noch einmal daran, daß Sinus und Kosinus 2π-*periodische Funktionen* sind, deren Nullstellen folgendermaßen verteilt sind:

$$\sin x = 0 \Leftrightarrow x = k\pi, \quad \cos x = 0 \Leftrightarrow x = (2k+1)\frac{\pi}{2} \quad (k \in \mathbf{Z}). \tag{67.8}$$

Aufgabe

Beweise die Additionstheoreme (67.3) so: Zeige zuerst, daß durch (67.2) differenzierbare Funktionen mit den Ableitungen $(\sin x)' = \cos x$ und $(\cos x)' = -\sin x$ gegeben werden. Zeige nun, daß die Ableitung der Funktion

$$f(x) := [\sin(x+y) - \sin x \cos y - \cos x \sin y]^2 + [\cos(x+y) - \cos x \cos y + \sin x \sin y]^2$$

für alle x verschwindet, daß $f(0)=0$ und somit $f(x)=0$ für alle x ist. — Ein dritter (und wohl der einfachste) Beweis für (67.3) nimmt den Weg durchs Komplexe; er wird im nächsten Abschnitt dargestellt und signalisiert wieder einmal die klärende Kraft der komplexen Zahlen.

68 Potenzreihen im Komplexen

Die nächsten beiden Abschnitte wenden sich an diejenigen Leser, die den „Unterkurs" über komplexe Zahlen mitverfolgt haben und können von den anderen überschlagen werden. Wir erinnern ganz summarisch daran, daß wir die komplexen Zahlen in A 4.2, ihre Abstände und Beträge in A 12.15 eingeführt und anschließend gesehen haben, daß man mit diesen neuen Zahlen algebraisch und metrisch genau so umgehen kann wie mit den reellen. Verzichten mußten wir nur auf die von **R** vertraute Ordnungsstruktur: Komplexe Zahlen können nicht „der Größe nach" verglichen werden. Den Funktions- und Folgenbegriff haben wir in Nr. 13 so allgemein erklärt, daß er ohne weiteres komplexwertige Funktionen einer komplexen oder reellen Veränderlichen und Folgen komplexer Zahlen miterfaßt (s. A 14.13). Die Definition der konvergenten Zahlenfolge und ihres Grenzwertes in Nr. 20 kann ohne die geringste Änderung für komplexe Folgen übernommen werden; dementsprechend gelten denn auch die grundlegenden Sätze der Nummern 20 und 22, soweit in ihnen keine Ordnungsbeziehungen vorkommen, wörtlich im Komplexen. Von besonderer Bedeutung ist, daß auch das Auswahlprinzip 23.2 und das Cauchysche Konvergenzprinzip 23.3 beim Übergang zu **C** ihre Gültigkeit behalten; das mächtige Monotonieprinzip 23.1, dem wir eine Fülle von Einsichten verdanken, kann jedoch nicht gerettet werden, weil es zu intim mit der Ordnung von **R** verbunden ist. Den Begriff der konvergenten Reihe und ihrer Summe haben wir ebenso wie den Stetigkeits- und Grenzwertbegriff für Funktionen auf konvergente Folgen zurückgeführt. Alle diese Begriffe können wir infolgedessen unverändert ins Komplexe übernehmen. Es würde ermüden, noch einmal die Sätze aufzuführen, die sich an diese Begriffe knüpfen und im Komplexen weitergelten — und wäre auch unnötig; denn besagte Sätze wurden ja von vornherein mit dem Zeichen ∘ markiert. Für den Grundbegriff der differenzierbaren komplexen Funktion verweisen wir auf A 46.7; die Regeln über die Differentiation von Summen, Produkten, Quotienten und Komposita aus Nr. 47 bleiben alle in **C** bestehen, wenn man nur die in ihnen auftretenden Intervalle durch offene Teilmengen von **C** ersetzt (s. A 47.4). Dagegen müssen wir das Herz- und Prunkstück der „reellen" Theorie differenzierbarer Funktionen, die Abschnitte 49 (Mittelwertsatz) und 61 (Taylorscher Satz) preisgeben; ihr innerster Kern und Quellpunkt, der Satz von Rolle, ist zu eng mit der Ordnungsstruktur der reellen Zahlen verwoben.

Ganz anders liegen die Dinge glücklicherweise in den hochwichtigen Nummern 63 und 64 über Potenzreihen: Alle Definitionen und Sätze dieser beiden

Abschnitte gelten Wort für Wort auch für komplexe Potenzreihen — nur muß man „Konvergenzintervall", wie mehrmals in Fußnoten erwähnt, immer durch „Konvergenzkreis" ersetzen. Das Konvergenzverhalten solcher Reihen wird durch Fig. 68.1 veranschaulicht.

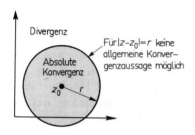

Fig. 68.1

Der Konvergenzkreis der geometrischen Reihe ist der Einheitskreis: Es ist

$$\sum_{n=0}^{\infty} z^n = \frac{1}{1-z} \quad \text{für alle } z \in \mathbf{C} \quad \text{mit } |z|<1^{1)}. \tag{68.1}$$

Dagegen sind die Reihen

$$\sum_{n=0}^{\infty} \frac{z^n}{n!}, \quad \sum_{n=0}^{\infty} (-1)^n \frac{z^{2n+1}}{(2n+1)!} \quad \text{und} \quad \sum_{n=0}^{\infty} (-1)^n \frac{z^{2n}}{(2n)!}$$

beständig (für alle $z \in \mathbf{C}$) *konvergent*. Diese Reihen sind die „Fortsetzungen ins Komplexe" der Exponential-, Sinus- und Kosinusreihe. Für jedes $z \in \mathbf{C}$ setzen wir deshalb

$$e^z := \sum_{n=0}^{\infty} \frac{z^n}{n!}, \quad \sin z := \sum_{n=0}^{\infty} (-1)^n \frac{z^{2n+1}}{(2n+1)!}, \quad \cos z := \sum_{n=0}^{\infty} (-1)^n \frac{z^{2n}}{(2n)!} \tag{68.2}$$

und nennen die so auf ganz **C** definierten komplexwertigen Funktionen beziehentlich **Exponential-, Sinus- und Kosinusfunktion**. Für reelle z gehen sie in die entsprechenden reellen Funktionen über.

Das Hauptanliegen dieses Abschnittes ist das Studium der drei Funktionen e^z, $\sin z$ und $\cos z$. Dank der Sätze 64.1 und 64.2 sind sie in jedem Punkt der Gaußschen Ebene stetig und sogar beliebig oft differenzierbar; ihre Ableitungen können durch gliedweise Differentiation der sie definierenden Potenzreihen

---

[1] Komplexe Zahlen bezeichnet man traditionellerweise gerne mit den Buchstaben z und w. Wir schließen uns diesem Brauch an.

gewonnen werden. Infolgedessen ist

$$\frac{de^z}{dz} = e^z, \quad \frac{d \sin z}{dz} = \cos z \quad \text{und} \quad \frac{d \cos z}{dz} = -\sin z.$$

Wörtlich wie in A 63.4 beweist man das alles Weitere beherrschende *Additionstheorem der Exponentialfunktion*:

$$e^{z_1} e^{z_2} = e^{z_1 + z_2} \quad \text{für alle komplexen Zahlen } z_1, z_2. \tag{68.3}$$

Die triviale Folgerung $e^z e^{-z} = e^{z-z} = e^0 = 1$ lehrt, daß e^z *niemals verschwindet*. Schreiben wir z in der Form $z = x + iy$ mit $x, y \in \mathbf{R}$, so erhalten wir ferner $e^z = e^{x+iy} = e^x e^{iy}$, und da

$$e^{iy} = \sum_{n=0}^{\infty} i^n \frac{y^n}{n!}$$

$$= \sum_{k=0}^{\infty} (-1)^k \frac{y^{2k}}{(2k)!} + i \sum_{k=0}^{\infty} (-1)^k \frac{y^{2k+1}}{(2k+1)!}$$

$$= \cos y + i \sin y$$

ist, gewinnen wir so die wichtige Darstellung

$$e^{x+iy} = e^x (\cos y + i \sin y), \tag{68.4}$$

die uns e^z numerisch völlig in die Hand gibt. Ausdrücklich halten wir die im Beweis aufgetauchte frappierende *Eulersche Formel*

$$e^{iy} = \cos y + i \sin y \tag{68.5}$$

und die für $y = 2\pi$ aus ihr folgende merkwürdige Beziehung

$$e^{2\pi i} = 1 \tag{68.6}$$

fest. Ziehen wir noch einmal das Additionstheorem (68.3) heran, so finden wir nun die Gleichung

$$e^{z+2\pi i} = e^z \quad \text{für alle komplexen } z, \tag{68.7}$$

in Worten: *Die Exponentialfunktion ist* periodisch *mit der Periode* $2\pi i$. Da letztere rein imaginär ist, macht sich die besagte Periodizität nicht im Reellen bemerkbar, vielmehr kann sie erst im Komplexen ans Tageslicht gezogen werden. Ist $z := x + iy \neq 0$, so ist auch $|z| = \sqrt{x^2 + y^2} \neq 0$, die reellen Zahlen $u := x/|z|$, $v := y/|z|$ existieren also und stehen in der Beziehung $u^2 + v^2 = 1$. Nach Satz 57.1 gibt es infolgedessen genau ein $\varphi \in [0, 2\pi)$ mit $u = \cos \varphi$, $v = \sin \varphi$. Diese eindeutig bestimmte Zahl φ heißt das Argument von z, in Zeichen: $\varphi = \arg z$. Ergänzend setzen wir $\arg 0 := 0$. Wegen $z = |z|(u + iv)$ ist nunmehr

$$z = |z|(\cos \varphi + i \sin \varphi) \quad \text{oder auch} \quad z = |z| e^{i\varphi}, \tag{68.8}$$

letzteres wegen (68.5). Diese Darstellung, die trivialerweise auch für $z=0$ in Kraft bleibt, nennt man die trigonometrische Darstellung oder Polardarstellung von z. Im Gegensatz zu der naiven Vorgehensweise in A 12.17 haben wir sie *rein arithmetisch*, ohne den geringsten anschaulichen Bezug hergeleitet und ihr überdies noch die geschmeidige Form $z=|z|\,e^{i\varphi}$ gegeben. Gemäß ihrer Herleitung gilt die Eulersche Formel (68.5) nicht nur für reelle y, vielmehr haben wir

$$e^{iz} = \cos z + i \sin z \quad \textit{für alle komplexen } z. \qquad (68.9)$$

Infolgedessen ist $e^{-iz} = \cos(-z) + i\sin(-z) = \cos z - i\sin z$. Durch Addition bzw. Subtraktion erhält man nunmehr

$$\cos z = \frac{e^{iz}+e^{-iz}}{2} \quad \text{und} \quad \sin z = \frac{e^{iz}-e^{-iz}}{2i}. \qquad (68.10)$$

Auch die drei Gleichungen in (68.9) und (68.10) nennt man **Eulersche Formeln**. (68.10) zeigt, *daß die Kosinus- und die Sinusfunktion sich bemerkenswerterweise allein mit Hilfe der Exponentialfunktion beschreiben lassen*. Infolgedessen müssen sich auch alle Aussagen über sie aus Eigenschaften der Exponentialfunktion ergeben. Wir zeigen dies nur für die *Additionstheoreme*

$$\begin{aligned}\cos(z_1+z_2) &= \cos z_1 \cos z_2 - \sin z_1 \sin z_2,\\ \sin(z_1+z_2) &= \sin z_1 \cos z_2 + \cos z_1 \sin z_2.\end{aligned} \qquad (68.11)$$

Zieht man nämlich das Additionstheorem (68.3) der Exponentialfunktion heran, so erhält man mit (68.10)

$$\cos(z_1+z_2) = \frac{e^{i(z_1+z_2)}+e^{-i(z_1+z_2)}}{2} = \frac{e^{iz_1}e^{iz_2}+e^{-iz_1}e^{-iz_2}}{2},$$

wegen (68.9) ist also

$$\cos(z_1+z_2) = \frac{(\cos z_1+i\sin z_1)(\cos z_2+i\sin z_2)+(\cos z_1-i\sin z_1)(\cos z_2-i\sin z_2)}{2}$$

$$= \cos z_1 \cos z_2 - \sin z_1 \sin z_2.$$

Ganz entsprechend ergibt sich das Additionstheorem des Sinus. Natürlich hätte man (68.11) auch mit Hilfe der Reihenmultiplikation beweisen können — allerdings erheblich mühsamer und undurchsichtiger.

Weiter wollen wir die Untersuchung der komplexen Exponential- und Winkelfunktionen nicht treiben. Ihr tieferes Studium gehört in die „Theorie der komplexen Funktionen", die wir in diesem Buch nur streifen und nicht im entferntesten erschöpfend behandeln können. Wir wollen nur noch eine Schlußbemerkung machen, um die *überragende Rolle der Exponentialfunktion* ins rechte Licht zu rücken. Vergessen wir vorübergehend die früher definierten (reellen) Funktionen e^x, $\ln x$, x^α, $\sin x$, $\cos x$, $\arcsin x$, $\arccos x$, $\sinh x$, $\cosh x$, Arsinh x, Arcosh x. Erklären wir nun e^z vermöge (68.2) für alle komplexen z, so ist damit auch e^x für reelle x festgelegt. Aus den Eigenschaften von e^z ergeben sich alle geläufigen Aussagen über die reelle Funktion e^x, insbesondere ihre Umkehrbarkeit und damit die Existenz (und die Eigenschaften) der Logarithmusfunktion $\ln x$. Nunmehr kann man x^α für positive x durch die Festsetzung $x^\alpha := e^{\alpha \ln x}$ *definieren*. $\cos x$ und $\sin x$ lassen sich durch die Eulerschen Formeln (68.10) *erklären*, und die Untersuchung ihrer Umkehrbarkeit führt zu den Funktionen $\arcsin x$ und $\arccos x$. Die Hyperbelfunktionen $\sinh x$ und $\cosh x$ wurden in (53.4) von vornherein mit Hilfe von e^x eingeführt; Arsinh x und Arcosh x sind ihre Umkehrungen. Wir sehen also, *daß alle diese Funktionen mehr oder weniger direkt von der Exponentialfunktion abstammen.* Aber ohne den Übergang ins Komplexe kann diese erstaunliche Zeugungskraft der Exponentialfunktion niemals offenbar und verständlich werden.

Aufgaben

1. Für jedes $n \in \mathbf{N}_0$ ist $(e^z)^n = e^{nz}$ (warum?), für beliebige reelle x gilt also $(e^{ix})^n = e^{inx}$. Das ist aber die *Moivresche Formel* $(\cos x + i \sin x)^n = \cos nx + i \sin nx$ (s. A 7.13c), die nunmehr ganz trivial ist.

2. Mit Aufgabe 1 folgt sofort, daß $(e^z)^k = e^{kz}$ für jedes $k \in \mathbf{Z}$ ist. Beweise nun erneut — und sehr viel müheloser — die Formeln b) bis e) in A 12.17.

+3. Für alle ganzen k ist $e^{z+2k\pi i} = e^z$. Umgekehrt: Gilt $e^w = e^z$, so muß $w = z + 2k\pi i$ mit einem geeigneten ganzen k sein.

4. $e^{i\pi/2} = i$, $e^{i\pi} = -1$, $e^{i3\pi/2} = -i$.

+5. Die Gleichung $z^n = 1$ ($n \in \mathbf{N}$) besitzt in $\mathbf{C}$ genau n verschiedene Lösungen, nämlich die sogenannten n-ten **Einheitswurzeln** $\zeta_k := e^{2k\pi i/n}$ ($k = 0, 1, \ldots, n-1$). Für jedes komplexe $a \neq 0$ mit $\arg a = \varphi$ ist die Gleichung $z^n = a$ durch die n verschiedenen Zahlen $\sqrt[n]{|a|} e^{i\varphi/n} \zeta_k$ ($k = 0, 1, \ldots, n-1$) lösbar, und dies sind alle komplexen Lösungen. Hinweis: Aufgabe 3. Vgl. auch A 9.6.

+6. Ist ζ eine n-te Einheitswurzel, so ist

$$1 + \zeta + \zeta^2 + \cdots + \zeta^{n-1} = \begin{cases} n, & \text{falls } \zeta = 1 \\ 0, & \text{falls } \zeta \neq 1. \end{cases}$$

7. Bestimme mit Hilfe der Aufgabe 5 alle komplexen Lösungen der folgenden Gleichungen:
a) $z^2 = i$, b) $z^3 = i$, c) $z^4 = -1$, d) $z^2 = -i$, e) $z^2 = 1 + i$.
Hinweis: Benutze die Tabelle in A 57.6 und die Halbwinkelformeln (67.6).

*8. Für jedes reelle φ ist $|e^{i\varphi}| = 1$, und zu jedem a mit $|a| = 1$ gibt es genau ein $\varphi \in [0, 2\pi)$ mit $e^{i\varphi} = a$. Anschaulich gesprochen: $e^{i\varphi}$ durchläuft einmal die Einheitskreislinie, wenn φ das Intervall $[0, 2\pi)$ durchläuft.

+9. Für jedes $w \neq 0$ besitzt die Gleichung $e^z = w$ unendlich viele Lösungen (die Bildmenge der Exponentialfunktion ist also $\mathbb{C}\setminus\{0\}$). Diese Tatsache eröffnet die Möglichkeit, den (komplexen) Logarithmus $\ln w$ für jedes $w \neq 0$, also auch für negative reelle w, zu definieren; hierauf wollen wir jedoch nicht eingehen.

10. Die Funktionen $\sin z$ und $\cos z$ haben wie im Reellen die Periode 2π.

11. Wie im Reellen — vgl. (67.8) — gilt: $\sin z = 0 \Leftrightarrow z = k\pi$, $\cos z = 0 \Leftrightarrow z = (2k+1)\dfrac{\pi}{2}$ ($k \in \mathbb{Z}$). Hinweis: (68.10) und Aufgabe 3.

12. Für alle $x, y \in \mathbb{R}$ ist

$$\sin(x+iy) = \sin x \cosh y + i \cos x \sinh y,$$
$$\cos(x+iy) = \cos x \cosh y - i \sin x \sinh y.$$

Diese Formeln machen $\sin z$ und $\cos z$ numerisch verfügbar. Aus ihnen folgt

$$\sinh y = -i \sin(iy) \quad \text{und} \quad \cosh y = \cos(iy).$$

13. Existiert $f(z) := \sum\limits_{n=0}^{\infty} a_n z^n$ für $|z| < r$ und sind alle Koeffizienten a_n reell, so ist $f(\bar{z}) = \overline{f(z)}$. Ganz speziell ist $e^{\bar{z}} = \overline{e^z}$ (und noch spezieller: $\overline{e^{i\varphi}} = e^{-i\varphi}$ für reelles φ), $\sin \bar{z} = \overline{\sin z}$ und $\cos \bar{z} = \overline{\cos z}$. Hinweis: $|\bar{s}_n - \bar{s}| = |s_n - s|$.

69 Der Nullstellensatz für Polynome und die Partialbruchzerlegung rationaler Funktionen

In den Untersuchungen der Nr. 15 hatten wir die Frage offenlassen müssen, ob ein vorgegebenes Polynom vom Grade $n \geq 1$ stets eine Nullstelle besitzt. Wir konnten nur beweisen, daß es höchstens n verschiedene Nullstellen haben kann (Satz 15.1), und daß in der Tat mindestens eine vorhanden sein muß, wenn n ungerade ist (s. A 35.3; diese Aussage wurde allerdings nur für Polynome mit reellen Koeffizienten bewiesen). Die Behandlung der Polynome $a_0 + a_1 z + a_2 z^2$ mit reellen a_k in A 9.7 und $z^n - a$ mit komplexem a in A 68.5 wollen wir gar nicht erwähnen, weil diese Funktionen von zu spezieller Art sind. Die Nullstellenfrage taucht aber in der Theorie und Praxis der Polynome so unablässig auf, daß wir ihrer Diskussion nicht ausweichen können. Glücklicherweise sind unsere Hilfsmittel inzwischen reichhaltig und durchschlagend genug, um den folgenden, alles klärenden Satz beweisen zu können.

69.1 Nullstellensatz für Polynome[1] *Jedes komplexe Polynom positiven Grades besitzt mindestens eine komplexe Nullstelle.*

---

[1] Auch *Fundamentalsatz der Algebra* genannt. Er war vage schon lange vorhanden, bevor ihn Gauß in seiner Dissertation 1799 endlich streng bewies.

Beweis. Vorgelegt sei das Polynom $p(z) := a_0 + a_1 z + \cdots + a_n z^n$ ($n \geq 1$) mit komplexen a_k und höchstem Koeffizienten $a_n \neq 0$[1]. Die reellwertige und stetige Funktion $|p(z)|$ ist stets ≥ 0; sie besitzt daher ein Infimum $\mu \geq 0$. Gemäß der Bemerkung nach (15.5), die dank ihrer Herleitung trivialerweise auch im komplexen Falle gilt, gibt es ein $r > 0$, so daß für $|z| > r$ ständig $|p(z)| > \mu$ bleibt. Das bedeutet aber, daß μ sogar das Infimum der *Einschränkung* von $|p|$ auf den Kreis $K := \{z \in \mathbf{C} : |z| \leq r\}$ ist. Da K nach Satz 36.2 kompakt ist, nimmt diese Einschränkung ihr Infimum an einer gewissen Stelle $\zeta \in K$ an (Satz 36.3), infolgedessen ist auch $|p(\zeta)| = \mu$. Angenommen, $p(\zeta)$ sei $\neq 0$. Dann ist

$$q(z) := p(z + \zeta)/p(\zeta)$$

ein Polynom vom Grade n mit $q(0) = 1$ und $|q(z)| \geq 1$ für alle z, das wir in der Form

$$q(z) = 1 + b_m z^m + b_{m+1} z^{m+1} + \cdots + b_n z^n \qquad (m \geq 1, b_m \neq 0)$$

schreiben. Die Zahl $-|b_m|/b_m$ hat den Betrag 1; ist φ ihr Argument und $\psi := \varphi/m$, so gilt nach (68.8)

$$-\frac{|b_m|}{b_m} = e^{i\varphi} = e^{im\psi}, \quad \text{also} \quad b_m e^{im\psi} = -|b_m|.$$

Hat z die Form $z = \rho e^{i\psi}$ ($\rho > 0$), so folgt nun wegen $|e^{i\alpha}| = 1$ für $\alpha \in \mathbf{R}$ (s. A 68.8) die Abschätzung

$$|q(\rho e^{i\psi})| \leq \left|1 - |b_m| \rho^m\right| + |b_{m+1}| \rho^{m+1} + \cdots + |b_n| \rho^n.$$

Für jedes $\rho^m < 1/|b_m|$ ist $1 - |b_m| \rho^m > 0$; für diese ρ nimmt also die letzte Abschätzung die folgende Form an:

$$|q(\rho e^{i\psi})| \leq 1 - \rho^m (|b_m| - |b_{m+1}| \rho - \cdots - |b_n| \rho^{n-m}).$$

Und da für alle hinreichend kleinen ρ der Klammerinhalt > 0 bleibt, kann offensichtlich $|q(\rho e^{i\psi})|$ unter 1 gedrückt werden — obwohl doch für alle z stets $|q(z)| \geq 1$ ist. An diesem Widerspruch zerbricht unsere Annahme, $p(\zeta)$ sei $\neq 0$: In Wirklichkeit ist ζ eine Nullstelle von p. ∎

In den Aufgaben 7 und 8 der Nr. 187 werden wir zwei weitere Beweise des Nullstellensatzes kennenlernen.

Aus dem Nullstellensatz ergibt sich in Verbindung mit Satz 15.1 sofort der

69.2 Zerlegungssatz *Jedes Polynom $p(z) := a_0 + a_1 z + \cdots + a_n z^n$ vom Grade $n \geq 1$ läßt sich mit Hilfe seiner (verschiedenen) Nullstellen $z_1, \ldots, z_m$ als ein Produkt*

$$p(z) = a_n (z - z_1)^{v_1} (z - z_2)^{v_2} \cdots (z - z_m)^{v_m} \tag{69.1}$$

---

[1] Wir erinnern daran, daß wir eine unabhängige komplexe Veränderliche vorzugsweise mit dem Buchstaben z bezeichnen.

schreiben (kanonische Produktdarstellung); *dabei sind die v_j eindeutig bestimmte natürliche Zahlen (die* Vielfachheiten *der Nullstellen z_j), deren Summe $v_1 + \cdots + v_m = n$ ist*[1].

Zählt man jede Nullstelle z_j insgesamt v_j-mal, so haben wir also das schöne Ergebnis:

Ein nichtkonstantes Polynom besitzt ebenso viele (komplexe) Nullstellen wie sein Grad angibt.

Sind alle Koeffizienten des Polynoms $p(z) := a_0 + a_1 z + \cdots + a_n z^n$ reell und ist $p(\zeta) = 0$, so ist wegen $\bar{a}_k = a_k$ (der Querstrich bedeutet wie immer die Konjugation)

$$p(\bar{\zeta}) = \sum a_k \bar{\zeta}^k = \sum \overline{a_k \zeta^k} = \overline{\sum a_k \zeta^k} = \overline{p(\zeta)} = \bar{0} = 0,$$

also ist auch $\bar{\zeta}$ eine Nullstelle von p, die sich natürlich nur dann von ζ unterscheidet, wenn Im(ζ) nicht verschwindet (wenn also, wie man auch sagt, ζ *echt komplex* ist). In diesem Falle stimmen offenbar die Vielfachheiten von ζ und $\bar{\zeta}$ überein.

Setzt man $\zeta = \alpha + i\beta$, so gilt für jedes reelle x

$$(x-\zeta)(x-\bar{\zeta}) = [(x-\alpha)-i\beta][(x-\alpha)+i\beta] = (x-\alpha)^2 + \beta^2 = x^2 + Ax + B$$

mit $A := -2\alpha$ und $B := \alpha^2 + \beta^2$. Das quadratische Polynom $x^2 + Ax + B$ besitzt die beiden echt komplexen Nullstellen ζ, $\bar{\zeta}$ und somit keine reellen. Zieht man noch den Zerlegungssatz heran, so kann man zusammenfassend sagen:

69.3 Satz *Ist $p(z) := a_0 + a_1 z + \cdots + a_n z^n$ ein Polynom mit reellen Koeffizienten, so treten die echt komplexen Nullstellen in „konjugierten Paaren" auf, schärfer: Zu jeder* echt komplexen *Nullstelle ζ gehört die Nullstelle $\bar{\zeta}$, und beide Nullstellen haben ein und dieselbe Vielfachheit. Sind $x_1, \ldots, x_r$ alle verschiedenen* reellen *Nullstellen von p, so besteht die* reelle kanonische Produktdarstellung

$$p(x) = a_n (x-x_1)^{\rho_1} \cdots (x-x_r)^{\rho_r} (x^2 + A_1 x + B_1)^{\sigma_1} \cdots (x^2 + A_s x + B_s)^{\sigma_s} \tag{69.2}$$

($x \in \mathbf{R}$), wobei die $\rho_1, \ldots, \rho_r, \sigma_1, \ldots, \sigma_s$ natürliche Zahlen mit

$$\rho_1 + \cdots + \rho_r + 2\sigma_1 + \cdots + 2\sigma_s = n$$

sind und jedes der unter sich verschiedenen Polynome $x^2 + A_j x + B_j$ reelle Koeffizienten, keines jedoch reelle Nullstellen besitzt.

---

[1] Daß die Konstante in diesem Produkt gerade $= a_n$ ist, folgt natürlich sofort aus dem Identitätssatz 15.2; a_n ist ja auch der höchste Koeffizient des (ausmultiplizierten) Produktes. — Wie im Reellen sagt man übrigens, eine Nullstelle sei **einfach**, wenn ihre Vielfachheit = 1 ist.

Aus dem Zerlegungssatz ergibt sich noch leicht die

69.4 Partialbruchzerlegung rationaler Funktionen *Es sei $r := p/q$ eine* echt gebrochene *rationale Funktion*[1], *und das Nennerpolynom habe die Produktdarstellung*

$$q(z) = a_n(z-z_1)^{v_1}(z-z_2)^{v_2} \cdots (z-z_m)^{v_m} \quad \text{mit } z_j \neq z_k \text{ für } j \neq k,$$
$$v_1 + \cdots + v_m = n. \tag{69.3}$$

Dann besitzt r eine Summendarstellung der Form

$$\begin{aligned}
r(z) = &\frac{a_{11}}{z-z_1} + \frac{a_{12}}{(z-z_1)^2} + \cdots + \frac{a_{1v_1}}{(z-z_1)^{v_1}} \\
&+ \frac{a_{21}}{z-z_2} + \frac{a_{22}}{(z-z_2)^2} + \cdots + \frac{a_{2v_2}}{(z-z_2)^{v_2}} \\
&+ \cdots \cdots \cdots \cdots \cdots \cdots \cdots \cdots \cdots \\
&+ \frac{a_{m1}}{z-z_m} + \frac{a_{m2}}{(z-z_m)^2} + \cdots + \frac{a_{mv_m}}{(z-z_m)^{v_m}},
\end{aligned} \tag{69.4}$$

wobei die a_{jk} komplexe Zahlen sind.

Den Beweis führen wir durch Induktion nach dem Grad n des Nennerpolynoms q. Im Falle $n=1$ (Induktionsanfang) ist p eine Konstante c (r sollte doch *echt* gebrochen sein) und deshalb

$$r(z) = \frac{c}{a_1(z-z_1)} = \frac{a_{11}}{z-z_1} \quad \text{mit } a_{11} := \frac{c}{a_1},$$

womit dieser Fall schon abgetan ist. Nun bedeute n irgendeine natürliche Zahl >1, und wir nehmen an, der Satz sei bereits für alle echt gebrochenen rationalen Funktionen P/Q bewiesen, bei denen der Grad von Q kleiner als n ist (Induktionsvoraussetzung). Schreiben wir $q(z)$ in der Form

$$q(z) = (z-z_1)^{v_1} s(z) \quad \text{mit } s(z) := a_n(z-z_2)^{v_2} \cdots (z-z_m)^{v_m},$$

so ist für jedes komplexe a

$$\frac{p(z)}{q(z)} - \frac{a}{(z-z_1)^{v_1}} = \frac{p(z) - a s(z)}{(z-z_1)^{v_1} s(z)}. \tag{69.5}$$

Da $s(z_1) \neq 0$ ist, kann man speziell $a = p(z_1)/s(z_1)$ wählen. Tut man dies, so wird $p(z_1) - as(z_1) = 0$. Verschwindet nun $p(z) - as(z)$ sogar für *alle* z, so sind wir bereits fertig: Wegen (69.5) ist dann nämlich $p(z)/q(z) = a/(z-z_1)^{v_1}$. Ist jedoch $p(z) - as(z)$ nicht das Nullpolynom, so können wir nach dem Zerlegungssatz jedenfalls den Linearfaktor $z-z_1$ abspalten, d.h., mit einem gewissen Polynom $P(z)$ ist $p(z) - as(z) = (z-z_1)P(z)$, und somit folgt aus (69.5) die Darstellung

---
[1] Die Polynome p und q seien selbstverständlich wieder komplex.

$$r(z) = \frac{p(z)}{q(z)} = \frac{a}{(z-z_1)^{v_1}} + \frac{P(z)}{Q(z)}$$

mit $Q(z) := (z-z_1)^{v_1-1} s(z) = a_n (z-z_1)^{v_1-1}(z-z_2)^{v_2} \cdots (z-z_m)^{v_m}$.

Mit ihr ist aber auch schon alles bewiesen; denn $P(z)/Q(z)$ gestattet gemäß der Induktionsvoraussetzung eine Zerlegung in „Partialbrüche" $a_{jk}/(z-z_j)^k$ ($j = 1,\ldots,m$), wobei für festes $j \neq 1$ der Nennerexponent k die Zahlen $1, 2, \ldots, v_j$, für $j = 1$ jedoch die Zahlen $1, 2, \ldots, v_1 - 1$ durchläuft (wenn überhaupt $v_1 > 1$ ist; andernfalls tritt in der Zerlegung von P/Q kein Term der Form $A/(z-z_1)^k$ auf). ∎

Die Koeffizienten a_{jk} in der Zerlegung (69.4) können in mannigfacher Weise berechnet werden. Multipliziert man etwa (69.4) mit dem Nennerpolynom q durch, so erhält man links und rechts (nach Kürzen) ein Polynom, dessen Koeffizienten so gebaut sind, daß *Koeffizientenvergleich* zwischen linker und rechter Seite zu einem linearen Gleichungssystem für die a_{jk} führt; aus ihm kann man nunmehr dieselben berechnen. Ein anderes lineares Gleichungssystem für die a_{jk} läßt sich gewinnen, indem man in (69.4) für z nacheinander *n verschiedene (und möglichst bequem gewählte) spezielle Werte* $\xi_1, \ldots, \xi_n$ einsetzt. Gewöhnlich ist aber das folgende Vorgehen am zweckmäßigsten: Die „höchsten Koeffizienten" a_{jv_j} ($j = 1, \ldots, m$) — sie stehen in (69.4) in der letzten Spalte — erhält man ganz rasch, indem man (69.4) mit $(z-z_j)^{v_j}$ durchmultipliziert und dann $z \to z_j$ gehen läßt (was einfach darauf hinausläuft, nach ausgeführter Multiplikation zu kürzen und dann $z = z_j$ zu setzen). Schafft man nunmehr die „höchsten Terme" $a_{jv_j}/(z-z_j)^{v_j}$ auf die linke Seite (wodurch dort eine rationale Funktion entsteht, deren Nennerpolynom die Nullstelle z_j höchstens ($v_j - 1$)-mal aufweist), so kann man die „zweithöchsten Koeffizienten" a_{jv_j-1} ($j = 1, \ldots, m$) ganz entsprechend bestimmen: Man multipliziert mit $(z-z_j)^{v_j-1}$ durch, kürzt und setzt $z = z_j$. So fortfahrend erhält man schließlich alle a_{jk}. Besonders leichtes Spiel hat man natürlich, wenn alle z_j die Vielfachheit 1 haben. Zum besseren Verständnis dieser Grenzwertmethode bringen wir zwei Beispiele:

1. $r(z) := (z+1)/(z^4 - z^3 + z^2 - z)$. Offenbar sind 0 und 1 Nullstellen des Nenners. Indem man den korrespondierenden Faktor $z(z-1)$ abdividiert, erhält man das Polynom $z^2 + 1$ mit den Nullstellen $\pm i$. Die Produktdarstellung des Nenners ist also $z(z-1)(z-i)(z+i)$. Dementsprechend machen wir den Partialbruchansatz

$$r(z) = \frac{z+1}{z(z-1)(z-i)(z+i)} = \frac{a}{z} + \frac{b}{z-1} + \frac{c}{z-i} + \frac{d}{z+i}.$$

Multiplikation mit z gibt

$$\frac{z+1}{(z-1)(z-i)(z+i)} = a + z\left(\frac{b}{z-1} + \frac{c}{z-i} + \frac{d}{z+i}\right),$$

und für $z = 0$ erhält man $a = -1$. Multipliziert man mit $z-1$, so folgt (etwas verkürzt

geschrieben)
$$\frac{z+1}{z(z-\mathrm{i})(z+\mathrm{i})} = b + (z-1)(\cdots),$$

woraus sich für $z=1$ sofort $b=1$ ergibt. Ganz entsprechend erhält man $c=\mathrm{i}/2$, $d=-\mathrm{i}/2$ und damit die Partialbruchzerlegung

$$\frac{z+1}{z^4-z^3+z^2-z} = -\frac{1}{z} + \frac{1}{z-1} + \frac{1}{2}\frac{\mathrm{i}}{z-\mathrm{i}} - \frac{1}{2}\frac{\mathrm{i}}{z+\mathrm{i}}.$$

2. $r(z) := (z^2+1)/(z^3-2z^2+z)$. Die Produktdarstellung des Nenners ist $z(z-1)^2$, infolgedessen machen wir den Ansatz

$$r(z) = \frac{z^2+1}{z(z-1)^2} = \frac{a}{z} + \frac{b}{z-1} + \frac{c}{(z-1)^2}.$$

Durch Multiplikation mit z erhält man

$$\frac{z^2+1}{(z-1)^2} = a + z(\cdots),$$

woraus für $z=0$ unmittelbar $a=1$ folgt. Multiplikation mit $(z-1)^2$ liefert nun

$$\frac{z^2+1}{z} = \frac{(z-1)^2}{z} + (z-1)b + c,$$

und für $z=1$ erhalten wir daraus $c=2$. Jetzt muß

$$r(z) - \frac{1}{z} - \frac{2}{(z-1)^2} = \frac{b}{z-1} \tag{69.6}$$

sein. Eine ganz kurze Rechnung zeigt aber, daß die linke Seite $=0/z(z-1)^2$ ist; infolgedessen muß $b=0$ und somit

$$\frac{z^2+1}{z^3-2z^2+z} = \frac{1}{z} + \frac{2}{(z-1)^2}$$

die gesuchte Partialbruchzerlegung sein. b hätte man noch leichter bestimmen können, indem man in (69.6) für z einen speziellen Wert, etwa $z=2$, eingesetzt hätte. Diese Bemerkung zeigt, daß es vorteilhaft sein kann, *die oben geschilderten Berechnungsmethoden zu kombinieren*.

Hat man es mit einer *reellen* rationalen Funktion $r(x) := p(x)/q(x)$ zu tun (so daß also die Variable x und die Koeffizienten des Zähler- und Nennerpolynoms alle reell sind) und will man *ganz im Reellen bleiben*, so muß man sich mit der folgenden Darstellung zufrieden geben, der leider die elegante Einfachheit der Partialbruchzerlegung (69.4) abgeht und die der Leser mit Hilfe des Satzes 69.3 ohne jede Schwierigkeit aus dem Satz 69.4 gewinnen kann:

69.5 Satz *Es sei $r(x) := p(x)/q(x)$ eine* echt *gebrochene* reelle *rationale Funktion, und das Nennerpolynom habe die Produktdarstellung*

$$q(x) = a(x-x_1)^{\rho_1} \cdots (x-x_r)^{\rho_r} \cdot (x^2 + A_1 x + B_1)^{\sigma_1} \cdots (x^2 + A_s x + B_s)^{\sigma_s}$$

gemäß Satz 69.3. *Dann besitzt r eine Summendarstellung der Form*

$$r(x) = \frac{a_{11}}{x-x_1} + \frac{a_{12}}{(x-x_1)^2} + \cdots + \frac{a_{1\rho_1}}{(x-x_1)^{\rho_1}}$$

$$+ \cdots\cdots\cdots\cdots\cdots\cdots\cdots\cdots$$

$$+ \frac{a_{r1}}{x-x_r} + \frac{a_{r2}}{(x-x_r)^2} + \cdots + \frac{a_{r\rho_r}}{(x-x_r)^{\rho_r}} \qquad (69.7)$$

$$+ \frac{\alpha_{11}x+\beta_{11}}{x^2+A_1x+B_1} + \frac{\alpha_{12}x+\beta_{12}}{(x^2+A_1x+B_1)^2} + \cdots + \frac{\alpha_{1\sigma_1}x+\beta_{1\sigma_1}}{(x^2+A_1x+B_1)^{\sigma_1}}$$

$$+ \cdots\cdots\cdots\cdots\cdots\cdots\cdots\cdots$$

$$+ \frac{\alpha_{s1}x+\beta_{s1}}{x^2+A_sx+B_s} + \frac{\alpha_{s2}x+\beta_{s2}}{(x^2+A_sx+B_s)^2} + \cdots + \frac{\alpha_{s\sigma_s}x+\beta_{s\sigma_s}}{(x^2+A_sx+B_s)^{\sigma_s}},$$

wobei die a_{jk}, $\alpha_{\nu\mu}$ *und* $\beta_{\nu\mu}$ reelle Zahlen sind.

Die Berechnung der Koeffizienten a_{jk}, $\alpha_{\nu\mu}$ und $\beta_{\nu\mu}$ kann wieder durch *Koeffizientenvergleich* oder durch *Einsetzen von speziellen Werten* bewerkstelligt werden; beide Methoden führen zu einem linearen Gleichungssystem für die genannten Größen. Die *Grenzwertmethode* kann nur (sollte aber auch immer) eingesetzt werden, um die a_{jk} zu bestimmen; die restlichen Koeffizienten müssen dann nach einem der beiden anderen Verfahren berechnet werden. Die Vorschaltung der wirkungsvollen Grenzwertmethode macht sich bezahlt: Man hat es anschließend mit kleineren linearen Gleichungssystemen zu tun, drückt also den Rechenaufwand erheblich herab. Zur Verdeutlichung bringen wir ein Beispiel:

Das Nennerpolynom in $r(x) := (x+1)/(x^4-x)$ hat die reelle Produktdarstellung

$$x(x-1)(x^2+x+1),$$

wobei der quadratische Faktor keine reellen Nullstellen besitzt. Demzufolge machen wir den Zerlegungsansatz

$$r(x) = \frac{x+1}{x(x-1)(x^2+x+1)} = \frac{a}{x} + \frac{b}{x-1} + \frac{\alpha x+\beta}{x^2+x+1}. \qquad (69.8)$$

a und b werden mit der Grenzwertmethode bestimmt, die wir kurz abtun:

$$\frac{x+1}{(x-1)(x^2+x+1)} = a + x(\cdots) \Rightarrow a = -1,$$

$$\frac{x+1}{x(x^2+x+1)} = b + (x-1)(\cdots) \Rightarrow b = \frac{2}{3}.$$

Zwei Gleichungen zur Bestimmung von α und β erhalten wir nun, indem wir in (69.8) für x spezielle Werte einsetzen, etwa $x = -1$ und $x = 2$ (und dabei natürlich berücksichtigen, daß wir a und b schon kennen). Es folgt

$$0 = 1 - \frac{1}{3} - \alpha + \beta \qquad \alpha - \beta = \frac{2}{3}$$
$$\frac{3}{14} = -\frac{1}{2} + \frac{2}{3} + \frac{2}{7}\alpha + \frac{1}{7}\beta \quad \text{also} \quad 2\alpha + \beta = \frac{1}{3},$$

woraus sich $\alpha = 1/3$, $\beta = -1/3$ und somit insgesamt die Darstellung

$$\frac{x+1}{x^4 - x} = -\frac{1}{x} + \frac{2}{3}\frac{1}{x-1} + \frac{1}{3}\frac{x-1}{x^2 + x + 1} \tag{69.9}$$

ergibt.

Aufgaben

1. Bestimme die Partialbruchzerlegung (69.4) der folgenden komplexen rationalen Funktionen:

a) $\dfrac{1}{z^3 - iz^2 - z + i}$, b) $\dfrac{z-1}{z^4 + z^2}$.

2. Bestimme die Zerlegung (69.7) der folgenden reellen rationalen Funktionen:

a) $\dfrac{1}{x^3 - 2x^2 + x}$, b) $\dfrac{x^2 + 1}{x^5 + 2x^4 + 2x^3 + x^2}$, c) $\dfrac{x+2}{x^6 + x^4 - x^2 - 1}$.

3. Löse die Aufgaben A 31.3e,f,g mittels Partialbruchzerlegung.

+4. Vietascher Wurzelsatz Das (komplexe) Polynom $z^n + a_{n-1}z^{n-1} + \cdots + a_0$ habe die Nullstellen $z_1, \ldots, z_n$ (jede Nullstelle wird so oft aufgeführt, wie es ihre Vielfachheit verlangt). Dann gilt der *Vietasche Wurzelsatz* (vgl. A 9.7):

$-a_{n-1}$ = Summe der z_j,

a_{n-2} = Summe der Produkte je zweier z_j,

$-a_{n-3}$ = Summe der Produkte je dreier z_j,

. . .

$(-1)^n a_0$ = Produkt aller z_j.

5. Sei $r(z) := p(z)/(z - z_1) \cdots (z - z_n)$ eine echt gebrochene rationale Funktion mit $z_j \ne z_k$ für $j \ne k$. Dann ist die Ableitung des Nenners q in jedem z_j von Null verschieden, und die Partialbruchzerlegung von r hat die Form

$$r(z) = \frac{p(z_1)}{q'(z_1)}\frac{1}{z - z_1} + \frac{p(z_2)}{q'(z_2)}\frac{1}{z - z_2} + \cdots + \frac{p(z_n)}{q'(z_n)}\frac{1}{z - z_n}.$$

IX Anwendungen

Einstein did not need help in physics. But contrary to popular belief, Einstein did need help in mathematics.
John Kemeny

Die Mathematik ist eines der herrlichsten menschlichen Organe.
Johann Wolfgang von Goethe

70 Das Newtonsche Verfahren

In diesem Buch, insbesondere in seinem Kapitel VII über Anwendungen der Differentialrechnung, sahen wir uns immer wieder vor die Aufgabe gestellt, Gleichungen der Form $f(x)=0$ aufzulösen (man erinnere sich etwa an die Bestimmung der Extremalstellen einer Funktion; überhaupt ist das Gleichungsproblem eines der ältesten Probleme der Mathematik, dem jede höhere Zivilisation bereits auf der Stufe ihrer ersten Entfaltung begegnet und das wir denn auch ganz folgerichtig schon bei den Babyloniern um 3000 v. Chr. antreffen). Im Abschnitt 35 hatten wir schon einige Mittel zur Bewältigung von Gleichungen bereitgestellt; insbesondere ist hier der Kontraktionssatz und der Bolzanosche Nullstellensatz zu nennen. Auf dem nunmehr erreichten Entwicklungsstand sind wir in der Lage, ein Verfahren zur (näherungsweisen) Auflösung von Gleichungen vorzustellen und zu begründen, das wegen seiner raschen Konvergenz von eminenter Bedeutung für die Praxis ist und weittragende Verallgemeinerungen gestattet (s. Nr. 189).

Das Verfahren geht auf Newton zurück und ist anschaulich ganz naheliegend. Die Gleichung $f(x)=0$ aufzulösen, bedeutet doch, den Schnittpunkt (oder die Schnittpunkte) des Schaubildes von f mit der x-Achse zu bestimmen (s. Fig. 70.1). Hat man nun bereits eine Näherungslösung x_0 gefunden, so ersetze man, kurz gesagt, die Funktion f durch ihre Tangente im Punkte $(x_0, f(x_0))$ und bringe diese zum Schnitt mit der x-Achse (s. wieder Fig. 70.1). Die Gleichung der

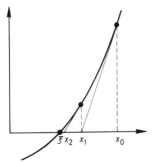

Fig. 70.1

Tangente ist $y = f(x_0) + f'(x_0)(x - x_0)$; infolgedessen berechnet sich die fragliche Schnittabszisse x_1 aus der Bedingung $f(x_0) + f'(x_0)(x_1 - x_0) = 0$ zu

$$x_1 = x_0 - \frac{f(x_0)}{f'(x_0)}.$$

x_1 wird in vielen Fällen eine „Verbesserung" von x_0 sein. Wendet man nun dieselbe Überlegung auf x_1 an, so findet man eine weitere „Verbesserung" $x_2 := x_1 - f(x_1)/f'(x_1)$. So fortfahrend erhält man sukzessiv die Zahlen

$$x_{n+1} := x_n - \frac{f(x_n)}{f'(x_n)} \quad (n = 0, 1, 2, \ldots), \tag{70.1}$$

wobei freilich stillschweigend vorausgesetzt wurde, daß die x_n unbeschränkt gebildet werden können. Ist nun f' stetig und *konvergiert* die Newtonfolge (x_n) gegen ein ξ mit $f'(\xi) \neq 0$, so folgt aus (70.1) sofort

$$\xi = \xi - \frac{f(\xi)}{f'(\xi)}, \quad \text{also} \quad f(\xi) = 0: \ \lim_{n \to \infty} x_n \text{ löst die Gleichung } f(x) = 0.$$

Mit der Konvergenz der Newtonfolge (x_n) ist es aber manchmal nichts. Diesen peinlichen Umstand offenbart uns etwa die Funktion $f(x) := -x^4 + 6x^2 + 11$ mit den reellen Nullstellen $\pm 2{,}7335\ldots$. Ausgehend von $x_0 := 1$ ist hier ständig $x_{2n} = 1$ und $x_{2n+1} = -1$; von Konvergenz der *vollen* Folge (x_n) kann also gewiß nicht die Rede sein. Um so wohltuender wirkt der

70.1 Satz *Die Funktion $f:[a,b] \to \mathbf{R}$ erfülle die folgenden Voraussetzungen:*
a) *f'' ist vorhanden, stetig und ≥ 0 bzw. ≤ 0 (f ist also konvex bzw. konkav).*
b) *f' hat keine Nullstellen (f selbst ist also streng monoton).*
c) *Es ist $f(a)f(b) < 0$.*
Dann besitzt die Gleichung $f(x) = 0$ in $[a, b]$ genau eine Lösung ξ. Die zugehörige Newtonfolge (x_n) konvergiert immer dann — und zwar sogar monoton — gegen ξ, wenn man ihren Startpunkt x_0 folgendermaßen wählt:
In den beiden Fällen
(α) $f(a) < 0, f'' \leq 0$ und (β) $f(a) > 0, f'' \geq 0$
sei $x_0 \in [a, \xi]$, z.B. $x_0 := a$. Es strebt dann $x_n \nearrow \xi$.
In den zwei restlichen Fällen
(γ) $f(a) < 0, f'' \geq 0$ und (δ) $f(a) > 0, f'' \leq 0$
sei $x_0 \in [\xi, b]$, z.B. $x_0 := b$. Es strebt dann $x_n \searrow \xi$.
In allen diesen Fällen haben wir für jedes x_n die Fehlerabschätzung

$$|x_n - \xi| \leq \frac{|f(x_n)|}{\mu} \quad \text{mit} \quad \mu := \min_{a \leq x \leq b} |f'(x)|. \tag{70.2}$$

Besitzt f auf $[a, b]$ überdies auch noch eine stetige Ableitung dritter Ordnung, so konvergiert (x_n) sogar „quadratisch" gegen ξ, d.h. so schnell, daß gilt:

$$|x_{n+1}-\xi| \leqslant K(x_n-\xi)^2 \quad \text{für } n=0, 1, 2, \ldots \text{ mit konstantem } K. \tag{70.3}$$

Beweis. Aus b) und dem Zwischenwertsatz 49.10 für Ableitungen folgt, daß f' entweder >0 oder <0 ist. f selbst ist also (wie im Satz schon vermerkt) *streng monoton*. Mit c) ergibt sich daraus, daß f tatsächlich eine und nur eine Nullstelle ξ besitzt.

Wir betrachten zunächst den Fall (α), wählen x_0 wie vorgeschrieben aus dem Intervall $[a, \xi]$ und zeigen nun induktiv, daß

$$a \leqslant x_n \leqslant \xi \quad \text{und} \quad x_n \leqslant x_{n+1} \quad \text{für alle } n \in \mathbb{N}_0 \tag{70.4}$$

ist. Sei $n=0$. Die Ungleichung $a \leqslant x_0 \leqslant \xi$ gilt gemäß der Wahl von x_0, und da f unter den bestehenden Voraussetzungen monoton *wächst*, muß $f(x_0) \leqslant 0$ und folglich $x_1 = x_0 - f(x_0)/f'(x_0) \geqslant x_0$ sein. Damit ist der Induktionsanfang erledigt. Wir nehmen nun an, für ein gewisses $n \geqslant 0$ sei $a \leqslant x_n \leqslant \xi$ und $x_n \leqslant x_{n+1}$ (Induktionsvoraussetzung). Trivialerweise ist dann $x_{n+1} \geqslant a$. Ferner haben wir dank des Mittelwertsatzes

$$-f(x_n) = f(\xi) - f(x_n) = (\xi - x_n) f'(\eta) \quad \text{mit } x_n \leqslant \eta \leqslant \xi.$$

Da $f'' \leqslant 0$, also f' fallend (nach wie vor aber *positiv*) ist, folgt daraus

$$-f(x_n) \leqslant (\xi - x_n) f'(x_n) \quad \text{und somit} \quad -\frac{f(x_n)}{f'(x_n)} \leqslant \xi - x_n,$$

also $\quad x_{n+1} = x_n - \dfrac{f(x_n)}{f'(x_n)} \leqslant x_n + (\xi - x_n) = \xi.$

Infolgedessen muß $f(x_{n+1}) \leqslant 0$ und daher $x_{n+2} = x_{n+1} - \dfrac{f(x_{n+1})}{f'(x_{n+1})} \geqslant x_{n+1}$ sein. Damit ist der Induktionsbeweis für (70.4) bereits beendet. Mit dem Monotonieprinzip folgt nun aus (70.4), daß $\lambda := \lim x_n$ vorhanden ist und in $[a, b]$ liegt. Nach unserer Bemerkung vor Satz 70.1 löst λ die Gleichung $f(x) = 0$, muß also mit ihrer *einzigen* Lösung ξ übereinstimmen. Damit ist der Fall (α) abgetan.

Den Fall (β) kann man auf (α) zurückführen, indem man anstelle von f die Funktion $-f$ betrachtet; die Newtonfolge wird hierdurch nicht verändert.

Auch (γ) läßt sich auf (α) zurückführen: man gehe über zu $F(x) := -f(-x)$, $x \in [-b, -a]$. (δ) schließlich ergibt sich aus (γ), indem man f durch $-f$ ersetzt.

Die Fehlerabschätzung (70.2) folgt äußerst einfach aus dem Mittelwertsatz; denn nach ihm ist $|f(x_n)| = |f(x_n) - f(\xi)| \geqslant \mu |x_n - \xi|$.

Wir fassen nun (70.3) ins Auge (f''' ist jetzt vorhanden und stetig!). Sei

$$g(x) := x - \frac{f(x)}{f'(x)} \quad \text{für } a \leqslant x \leqslant b. \tag{70.4}$$

Nach dem Taylorschen Satz gibt es zu jedem $x\in[a,b]$ ein η zwischen x und ξ, so daß gilt:

$$g(x)-g(\xi)=g'(\xi)(x-\xi)+\frac{g''(\eta)}{2}(x-\xi)^2. \qquad (70.5)$$

Nach der Definition (70.4) von g ist offenbar

$$g(x_n)=x_{n+1}, \quad g(\xi)=\xi \quad \text{und} \quad g'(\xi)=\frac{f(\xi)f''(\xi)}{[f'(\xi)]^2}=0.$$

Damit folgt aber aus (70.5) für $x=x_n$ sofort (70.3) mit $K:=\dfrac{1}{2}\max\limits_{a\leqslant x\leqslant b}|g''(x)|$. ∎

Beispiel Bei der Diskussion des Wienschen Verschiebungsgesetzes in Nr. 54 waren wir auf die Gleichung

$$f(x):=xe^x-5(e^x-1)=0 \quad \text{oder also} \quad g(x):=x-5(1-e^{-x})=0 \qquad (70.6)$$

gestoßen (s. (54.1)) und hatten gesehen, daß sie genau eine positive Nullstelle ξ (damals x_m genannt) besitzt. Da $f(4)=-e^4+5<0$ und $f(5)=5$ ist, muß ξ zwischen 4 und 5 liegen. Wegen

$$g(4)<0, \; g(5)>0, \; g'(x)=1-5e^{-x}>0 \text{ und } g''(x)=5e^{-x}>0 \text{ in } [4,5]$$

können wir auf die Gleichung $g(x)=0$ das Newtonsche Verfahren bez. des Intervalles $[4,5]$ anwenden (Fall (γ) des Satzes 70.1). Mit $x_0:=5$ erhalten wir

$$x_1=4{,}965135696, \quad |x_1-\xi|\leqslant 2{,}3\cdot 10^{-5},$$
$$x_2=4{,}965114232, \quad |x_2-\xi|\leqslant 10^{-10}.$$

Die Gleichung $g(x)=0$ läßt sich auch auf die Fixpunktform

$$x=h(x) \quad \text{mit} \quad h(x):=5(1-e^{-x}) \qquad (70.7)$$

bringen. h wächst auf $[0,5]$ streng von $h(0)=0$ bis $h(5)<5$. Auf die Fixpunktgleichung (70.7) kann man also den Satz 35.1 mit seiner einfachen Iterationsvorschrift $\xi_{n+1}:=h(\xi_n)$ anwenden. Indem wir wie oben von dem Startpunkt 5 ausgehen, erhalten wir

$$\xi_1=4{,}966310265, \qquad \xi_3=4{,}965115686,$$
$$\xi_2=4{,}965155931, \qquad \xi_4=4{,}965114282.$$

Eine Fehlerabschätzung stellt uns der Satz 35.1 leider nicht zur Verfügung.

Aufgaben

1. Gib ein Iterationsverfahren zur Berechnung von $\sqrt[p]{a}$ an ($p\geqslant 2$, $a>0$; vgl. A 23.2).

2. Man bestimme die Lösungen der folgenden Gleichungen bis auf einen Fehler $\leqslant 10^{-3}$:
a) $x^3+2x-5=0$, b) $2\cos x-x^2=0$.

3. Bei der Diskussion der Hochspannungsleitungen in Nr. 53 waren wir auf die Gleichung $\cosh x-x/100-1=0$ gestoßen (s. (53.13) und die daran anschließende Erörterung). Um die einzige *positive* Lösung ξ zu finden, kann man das Newtonsche Verfahren bez.

des Intervalles [1/100, 3/100] anwenden. Bestätige so den auf S. 299 angegebenen Näherungswert 0,02 (ein besserer Wert ist 0,019999). Der Satz 35.1 führt diesmal nicht zu ξ, gleichgültig, ob man mit $x_0 < \xi$ oder mit $x_0 > \xi$ beginnt. Untersuche die hier obwaltenden Verhältnisse (zunächst „experimentell", d.h. mittels Berechnung einiger x_n).

4. Eine Variante des Satzes 70.1 f erfülle auf $I:=[x_0-r, x_0+r]$ die folgenden Voraussetzungen: f''' sei vorhanden und stetig, f' sei nullstellenfrei, es gebe ein positives $q < 1$ mit $|f(x)f''(x)|/[f'(x)]^2 \leq q$ und $|f(x_0)/f'(x_0)| \leq (1-q)r$. Dann besitzt die Gleichung $f(x) = 0$ in I genau eine Lösung ξ, und die zugehörige Newtonfolge strebt gegen ξ. Hinweis: Wende A 35.10 auf $g(x) := x - f(x)/f'(x)$ an.

5. Eine weitere Variante des Satzes 70.1 Auf $[a, b]$ sei f' nullstellenfrei und f'' stetig. $[a, b]$ enthalte eine Lösung ξ der Gleichung $f(x) = 0$ und alle Glieder einer Newtonfolge (x_n). Ist

$$\frac{M}{2\mu}|x_0-\xi| < 1 \quad \text{mit} \quad M := \max_{a \leq x \leq b} |f''(x)|, \quad \mu := \min_{a \leq x \leq b} |f'(x)|,$$

so strebt $x_n \to \xi$, und es gilt die Fehlerabschätzung $\quad |x_n - \xi| \leq \frac{2\mu}{M} \left(\frac{M|x_0-\xi|}{2\mu} \right)^{2^n}.$

Hinweis: Beweise die Fehlerabschätzung (induktiv) mit Hilfe des Taylorschen Satzes.

71 Bernoullische Zahlen und Bernoullische Polynome

Nach Satz 66.1 kann man die Funktion

$$\frac{x}{e^x - 1} = \frac{1}{1 + \frac{x}{2!} + \frac{x^2}{3!} + \cdots}$$

in eine Potenzreihe $\sum_{n=0}^{\infty} b_n x^n$ entwickeln. Setzen wir $B_n := n! b_n$, also $b_n = B_n/n!$, so erhalten wir aus der für alle hinreichend kleinen $|x|$ gültigen Identität

$$\left(B_0 + \frac{B_1}{1!} x + \frac{B_2}{2!} x^2 + \cdots \right) \left(1 + \frac{x}{2!} + \frac{x^2}{3!} + \cdots \right) = 1 \quad \text{in gewohnter Weise}$$

$$B_0 = 1, \quad B_0 \frac{1}{2!} + B_1 = 0 \tag{71.1}$$

und (durch Vergleich der Koeffizienten von x^{n-1})

$$B_0 \frac{1}{n!} + \frac{B_1}{1!} \frac{1}{(n-1)!} + \frac{B_2}{2!} \frac{1}{(n-2)!} + \cdots + \frac{B_{n-1}}{(n-1)!} \frac{1}{1!} = 0 \quad \text{für } n = 2, 3, \ldots.$$

Wegen $\frac{1}{k!(n-k)!} = \frac{1}{n!} \frac{n!}{k!(n-k)!} = \frac{1}{n!} \binom{n}{k}$ ist die letzte Gleichung äquivalent mit

$$\sum_{k=0}^{n-1} \binom{n}{k} B_k = 0 \quad \text{für } n = 2, 3, \ldots. \tag{71.2}$$

Aus (71.1) und (71.2) ergeben sich die nach Jakob Bernoulli genannten **Bernoullischen Zahlen** B_n der Reihe nach zu

$$B_0 = 1, \quad B_1 = -\frac{1}{2}, \quad B_2 = \frac{1}{6}, \quad B_3 = 0, \quad B_4 = -\frac{1}{30}, \quad B_5 = 0,$$
$$B_6 = \frac{1}{42}, \quad B_7 = 0, \quad B_8 = -\frac{1}{30}, \quad B_9 = 0, \quad B_{10} = \frac{5}{66}, \ldots. \tag{71.3}$$

Ihrer Berechnungsweise nach müssen sie alle *rational* sein. (71.3) drängt zu der Vermutung

$$B_{2n+1} = 0 \quad \text{für} \quad n = 1, 2, \ldots. \tag{71.4}$$

Dies trifft in der Tat zu und ergibt sich einfach aus dem Umstand, daß die Funktion

$$\frac{t}{e^t - 1} + \frac{t}{2} = \frac{t}{2} \frac{\cosh(t/2)}{\sinh(t/2)} \quad \text{gerade und} \quad = B_0 + \sum_{n=2}^{\infty} \frac{B_n}{n!} t^n$$

ist. — Tragen wir hier die Entwicklung der Hyperbelfunktionen aus A 62.1 ein, so folgt mit $x := t/2$ die Gleichung

$$x \frac{\sum_{n=0}^{\infty} \frac{x^{2n}}{(2n)!}}{\sum_{n=0}^{\infty} \frac{x^{2n+1}}{(2n+1)!}} = \frac{\sum_{n=0}^{\infty} \frac{x^{2n}}{(2n)!}}{\sum_{n=0}^{\infty} \frac{x^{2n}}{(2n+1)!}} = \sum_{n=0}^{\infty} \frac{B_{2n}}{(2n)!} (2x)^{2n}.$$

Mit A 66.4 erhalten wir daraus

$$\frac{\sum_{n=0}^{\infty} (-1)^n \frac{x^{2n}}{(2n)!}}{\sum_{n=0}^{\infty} (-1)^n \frac{x^{2n}}{(2n+1)!}} = \sum_{n=0}^{\infty} (-1)^n \frac{B_{2n}}{(2n)!} (2x)^{2n},$$

und da linkerhand offenbar die Funktion $x \cot x$ steht, haben wir deren Potenzreihenentwicklung nun in der übersichtlichen Form

$$x \cot x = \sum_{n=0}^{\infty} (-1)^n \frac{2^{2n} B_{2n}}{(2n)!} x^{2n} \tag{71.5}$$

vor Augen — in wohltuendem Unterschied zu der gewissermaßen unfertigen Darstellung (66.4). Mittels der leicht zu verifizierenden Formel $\cot x - 2 \cot 2x = \tan x$ folgt nun auch noch auf einen Schlag die Entwicklung

$$\tan x = \sum_{n=1}^{\infty} (-1)^{n-1} \frac{2^{2n}(2^{2n} - 1) B_{2n}}{(2n)!} x^{2n-1}, \tag{71.6}$$

die sich uns in (66.2) nur wie von ferne gezeigt hatte.

Wir bringen noch ein weiteres Beispiel für das hilfreiche Eingreifen der Bernoullischen Zahlen. Mittels der geometrischen Summenformel erhält man für jedes natürliche n und jedes $x \neq 0$ die Gleichung

$$\sum_{k=0}^{n} e^{kx} = \sum_{k=0}^{n} (e^x)^k = \frac{e^{(n+1)x} - 1}{e^x - 1} = \frac{e^{(n+1)x} - 1}{x} \cdot \frac{x}{e^x - 1}. \qquad (71.7)$$

Die beiden äußersten Enden dieser Gleichungskette stimmen aber auch noch für $x = 0$ überein, so daß (71.7) nachträglich sogar für alle x gilt. Reihenentwicklung liefert:

$$\sum_{k=0}^{n} e^{kx} = \sum_{k=0}^{n} \sum_{p=0}^{\infty} \frac{(kx)^p}{p!} = \sum_{p=0}^{\infty} \left(\frac{1}{p!} \sum_{k=0}^{n} k^p \right) x^p \quad \text{für alle } x,$$

$$\frac{e^{(n+1)x} - 1}{x} \cdot \frac{x}{e^x - 1} = \sum_{p=0}^{\infty} \frac{(n+1)^{p+1}}{(p+1)!} x^p \cdot \sum_{p=0}^{\infty} \frac{B_p}{p!} x^p$$

$$= \sum_{p=0}^{\infty} \left(\frac{n+1}{1!} \frac{B_p}{p!} + \frac{(n+1)^2}{2!} \frac{B_{p-1}}{(p-1)!} + \cdots + \frac{(n+1)^{p+1}}{(p+1)!} \frac{B_0}{0!} \right) x^p$$

für alle hinreichend kleinen $|x|$. Wegen (71.7) müssen die gleichstelligen Koeffizienten in diesen Entwicklungen übereinstimmen; für $p = 1, 2, \ldots$ ist daher

$$\frac{1}{p!}(1 + 2^p + 3^p + \cdots + n^p) = \frac{n+1}{1!} \frac{B_p}{p!} + \frac{(n+1)^2}{2!} \frac{B_{p-1}}{(p-1)!} + \cdots + \frac{(n+1)^{p+1}}{(p+1)!} \frac{B_0}{0!},$$

also

$$1 + 2^p + 3^p + \cdots + n^p = \frac{1}{p+1} \left[\binom{p+1}{1} (n+1) B_p + \binom{p+1}{2} (n+1)^2 B_{p-1} + \cdots \right.$$
$$\left. + \binom{p+1}{p+1} (n+1)^{p+1} B_0 \right]. \qquad (71.8)$$

Für $p = 1, 2, 3$ erhält man daraus von neuem die Summenformeln aus Satz 7.7 — diesmal aber in der Form eines durchsichtigen Bildungsgesetzes[1].

Die obigen Beispiele lassen die Behauptung begreiflich erscheinen, daß die Bernoullischen Zahlen — neben den Binomialkoeffizienten — zu den interessantesten und beziehungsreichsten Zahlen der Analysis gehören. Diese These wird noch glaubwürdiger durch die frappierende Summenformel

$$\sum_{n=1}^{\infty} \frac{1}{n^{2p}} = (-1)^{p-1} \frac{B_{2p}(2\pi)^{2p}}{2(2p)!} \qquad (p \in \mathbf{N}),$$

---

[1] Insgesamt haben wir sie damit auf vier ganz verschiedene Weisen hergeleitet; s. A 16.3 und A 17.3c. Weitere Beweise sind in A 92.2 und A 95.1 zu finden.

die wir erst in Nr. 148 beweisen werden und aus der sich z.B. die bemerkenswerten Gleichungen

$$\sum_{n=1}^{\infty} \frac{1}{n^2} = \frac{\pi^2}{6} \quad \text{und} \quad \sum_{n=1}^{\infty} \frac{1}{n^4} = \frac{\pi^4}{90}$$

ergeben.

Aufgaben

*1. **Bernoullische Polynome** Setze $f(x, t) := \dfrac{xe^{tx}}{e^x - 1}$. Dann kann man eine für alle t und hinreichend kleinen $|x|$ gültige Entwicklung der Form $f(x, t) = \sum\limits_{n=0}^{\infty} \dfrac{B_n(t)}{n!} x^n$ ansetzen. Aus $f(x, t) = \dfrac{x}{e^x - 1} e^{tx}$ folgt durch Reihenmultiplikation und Koeffizientenvergleich

$$B_n(t) = t^n + \binom{n}{1} B_1 t^{n-1} + \binom{n}{2} B_2 t^{n-2} + \cdots + \binom{n}{n-1} B_{n-1} t + B_n.$$

Die $B_n(t)$ sind also Polynome in t, die sogenannten **Bernoullischen Polynome**. Es ist

$$B_0(t) = 1, \quad B_1(t) = t - \frac{1}{2}, \quad B_2(t) = t^2 - t + \frac{1}{6}, \quad B_3(t) = t^3 - \frac{3}{2} t^2 + \frac{1}{2} t.$$

Es ist $B_n(0) = B_n$ für $n \geq 0$, $B_0(1) = B_0$, $B_1(1) = -B_1$ und $B_n(1) = B_n$ für $n \geq 2$.

*2. Für die in Aufgabe 1 definierten Bernoullischen Polynome gilt

$$\frac{d}{dt} B_{n+1}(t) = (n+1) B_n(t) \quad (n = 0, 1, 2, \ldots).$$

°3. Der Konvergenzradius r der Reihe $\sum\limits_{n=0}^{\infty} \dfrac{B_n}{n!} x^n$ ist $\leq 2\pi$ (in A 187.11 werden wir sehen, daß $r = 2\pi$ ist). **Hinweis**: a) Die Reihe muß (trivialerweise) auch für alle *komplexen* x mit $|x| < r$ konvergieren und eine stetige Summe haben; b) $e^{2\pi i} = 1$.

72 Gedämpfte freie Schwingungen

Die enorm leistungsfähigen Methoden des letzten Kapitels machen es möglich, einen der wichtigsten physikalischen Prozesse, den *allgemeinen Schwingungsvorgang*, in einfacher und mathematisch völlig befriedigender Weise zu durchleuchten. In Nr. 57 hatten wir die reibungsfreie Bewegung eines Punktes der Masse m unter dem Einfluß einer der Auslenkung proportionalen Rückstellkraft untersucht. Wir hatten gefunden, daß diese Bewegung der Differentialgleichung

$$m\ddot{x} = -k^2 x \tag{72.1}$$

genügt; dabei ist k eine positive Konstante, während $x(t)$ die Lage des Massenpunktes zur Zeit t angibt (für die Ableitung verwenden wir wieder die Newtonsche Punktbezeichnung). Im folgenden gehen wir nun einen Schritt weiter und stellen die (grundsätzlich immer vorhandenen) Reibungskräfte in unsere Rechnung ein. Nehmen wir an, daß der Massenpunkt einer *geschwindigkeitsproportionalen Reibung* unterliegt, so muß nach dem Newtonschen Kraftgesetz (56.1) die rechte Seite in (72.1) durch die Reibungskraft $-r\dot{x}$ ($r>0$) ergänzt werden; dies führt zu der *Differentialgleichung der gedämpften Schwingung*

$$m\ddot{x} = -k^2 x - r\dot{x} \quad \text{oder auch} \quad m\ddot{x} + r\dot{x} + k^2 x = 0 \tag{72.2}$$

mit *positiven* Konstanten r und k.

Unser physikalisches Problem lautet nun in mathematischer Formulierung so: *Kann die Anfangswertaufgabe*

$$m\ddot{x} + r\dot{x} + k^2 x = 0, \quad x(t_0) = x_0, \quad \dot{x}(t_0) = v_0 \tag{72.3}$$

mit willkürlich vorgegebener Anfangslage x_0 und Anfangsgeschwindigkeit v_0 eindeutig gelöst werden — und wie sind die Lösungen (also die Bewegungsformen unseres Massenpunktes) *beschaffen*?

Statt (72.3) nehmen wir gleich das allgemeinere Anfangswertproblem

$$\ddot{x} + a\dot{x} + bx = 0, \quad x(t_0) = x_0, \quad \dot{x}(t_0) = v_0 \tag{72.4}$$

mit *beliebigen* reellen Konstanten a, b in Angriff; die hierin auftretende Differentialgleichung

$$\ddot{x} + a\dot{x} + bx = 0 \tag{72.5}$$

heißt **homogene lineare Differentialgleichung zweiter Ordnung mit konstanten Koeffizienten**. Wenn nicht ausdrücklich etwas anderes gesagt wird, sind Zahlen und Funktionen — insbesondere also die Lösungsfunktionen $x(t)$ von (72.5) — stets reell.

Es sei J irgendein offenes Intervall der t-Achse, $L(J)$ die Menge aller auf J definierten Lösungen von (72.5) und $C^\infty(J)$ der lineare Raum der auf J erklärten und dort unendlich oft differenzierbaren Funktionen. Da (72.5) immer die triviale Lösung $x := 0$ (d.h. $x(t) = 0$ für alle $t \in J$) besitzt, ist $L(J) \ne \emptyset$. Darüber hinaus ist $L(J)$ sogar ein *Funktionenraum auf J*; denn ganz offenbar sind mit x und y auch $x + y$ und αx für jedes reelle α Elemente aus $L(J)$. Für jedes $x \in L(J)$ ist $\ddot{x} = -a\dot{x} - bx$, infolgedessen ist auch $\dddot{x}$ auf J vorhanden und $= -a\ddot{x} - b\dot{x}$, und induktiv sieht man nun, *daß x sogar unendlich oft auf J differenziert werden kann — daß also $L(J) \subset C^\infty(J)$ gilt* — und daß

$$\frac{d^n x}{dt^n} = -a \frac{d^{n-1} x}{dt^{n-1}} - b \frac{d^{n-2} x}{dt^{n-2}} \quad \text{für } n = 2, 3, \ldots$$

ist. Unter Verwendung des Differentiationsoperators D (s. Nr. 46) können wir diese Beziehung noch prägnanter in der Form

$$D^n x = -a D^{n-1} x - b D^{n-2} x \quad \text{für alle } x \in L(J) \tag{72.6}$$

schreiben. Wir wollen übrigens vereinbaren, in diesem Abschnitt dem Symbol D eine etwas engere Bedeutung als sonst zu geben: D sei der *auf $C^\infty(J)$ eingeschränkte* Differentiationsoperator, also diejenige Abbildung, die jedem $x \in C^\infty(J)$ die Funktion $Dx := \dot{x}$ zuordnet. Offenbar ist D eine lineare Selbstabbildung von $C^\infty(J)$. Wie früher sei $D^n x(t_0)$ eine klammersparende Kurzfassung von $(D^n x)(t_0)$. Die Differentialgleichung (72.5) können wir natürlich in der Form

$$D^2 x + a Dx + bx = 0 \quad \text{oder auch} \quad (D^2 + aD + bI)x = 0 \tag{72.7}$$

schreiben; dabei ist I die identische Abbildung von $C^\infty(J)$.

Nach diesen Vorbemerkungen zeigen wir als erstes, daß unser Anfangswertproblem (72.4) höchstens *eine* Lösung auf J besitzt (natürlich sei hierbei $t_0 \in J$). Angenommen, x und y seien zwei derartige Lösungen. Dann löst $u := x - y$ das Anfangswertproblem

$$\ddot{u} + a\dot{u} + bu = 0, \quad u(t_0) = \dot{u}(t_0) = 0. \tag{72.8}$$

Wir beweisen jetzt — und damit ist dann alles erledigt—, daß notwendig $u = 0$ sein muß. Sei t irgendein Punkt $\neq t_0$ aus J. Auf dem kompakten Intervall $J_0 := \langle t_0, t \rangle$ sind die Funktionen u und $\dot{u}$ beschränkt; es sei M eine gemeinsame obere Schranke für ihre Beträge, also

$$|u(s)|, |\dot{u}(s)| \leq M \quad \text{für alle } s \in J_0.$$

Ferner sei

$$A := \max\left(|a|, |b|, \frac{1}{2}\right).$$

Wir beweisen nun induktiv die (grobe) Abschätzung

$$|D^n u(s)| \leq (2A)^n M \quad \text{für alle } s \in J_0 \text{ und alle } n \geq 2. \tag{72.9}$$

Wegen $|\ddot{u}(s)| = |-a\dot{u}(s) - bu(s)| \leq AM + AM = 2AM \leq (2A)^2 M$ ist sie gewiß für die Anfangszahl $n = 2$ richtig (hier haben wir benutzt, daß definitionsgemäß $2A \geq 1$ ist). Trifft sie aber für irgendein $n \geq 2$ zu, so folgt mit (72.6) für alle $s \in J_0$

$$|D^{n+1} u(s)| = |-a D^n u(s) - b D^{n-1} u(s)| \leq A(2A)^n M + A(2A)^{n-1} M$$
$$\leq A(2A)^n M + A(2A)^n M = (2A)^{n+1} M,$$

womit der Induktionsbeweis schon beendet ist. Mit Satz 61.2 folgt nun aus (72.9) unmittelbar, daß $u(t)$ die Taylorsche Entwicklung $u(t) = \sum_{n=0}^{\infty} \frac{D^n u(t_0)}{n!} (t - t_0)^n$ besitzt. Da sich aber aus (72.6), zusammen mit den Anfangsbedingungen für u in

(72.8), sofort ergibt, daß $D^n u(t_0)$ für alle $n \in \mathbf{N}_0$ verschwindet, erkennen wir nun mit einem einzigen Blick, daß $u(t) \equiv 0$ sein muß. Damit ist der Eindeutigkeitsbeweis abgeschlossen. ∎

Die Kraft der „Taylorschen Methoden" dieses Kapitels wird dem Leser besonders klar werden, wenn er noch einmal zu den Eindeutigkeitsbeweisen zurückgeht, die wir mit den damaligen, weitaus bescheideneren Mitteln gesondert und ad hoc für die einfachen Sonderfälle (57.2) und (58.5) unseres Anfangswertproblems (72.4) geführt haben.

Die bisherige Untersuchung hat gelehrt, daß die Lösungen der Differentialgleichung (72.5) — wenn sie denn überhaupt vorhanden sind — nicht nur Ableitungen jeder Ordnung, sondern sogar Potenzreihendarstellungen besitzen. Sie fallen also grundsätzlich der Methode der unbestimmten Koeffizienten anheim, die wir schon in A 64.10, 11 eingesetzt hatten. Sie besteht darin, eine Lösung $x(t)$ als Potenzreihe anzusetzen, mit dieser Reihe via gliedweiser Differentiation in (72.5) einzugehen und die „unbestimmten Koeffizienten" durch Koeffizientenvergleich festzulegen. Nachträglich hat man dann noch zu prüfen, ob (genauer: für welche t) die so gewonnene Reihe konvergiert. Innerhalb ihres Konvergenzintervalls ist sie dann konstruktionsgemäß gewiß eine Lösung der Differentialgleichung. Im vorliegenden Falle führt dieses Verfahren jedoch sehr rasch zu verwickelten und unübersichtlichen Ausdrücken für die Koeffizienten. Wir schlagen deshalb einen anderen Weg ein. Wie so viele der bequemen Heerstraßen der Mathematik führt auch er durchs Komplexe. Der Leser, der ihn nicht gehen mag, kann die nächsten Absätze überschlagen und den Satz 72.1 *nachträglich verifizieren*, indem er mit den angegebenen Funktionen in das Anfangswertproblem eingeht.

Den Übergang ins Komplexe bewerkstelligen wir durch die Einführung komplexwertiger Funktionen $x(t)$ der (reellen) Veränderlichen $t \in J$. $x(t)$ läßt sich in der Form schreiben

$$x(t) = u(t) + iv(t) \quad \text{mit reellen Funktionen } u(t) \text{ und } v(t).$$

Die Definition der Ableitung $\dot{x}(t)$ kann man ohne die geringste Änderung aus Nr. 46 übernehmen. Offenbar ist x genau dann differenzierbar, wenn u und v es sind; in diesem Falle ist $\dot{x} = \dot{u} + i\dot{v}$. Es gelten die Summen-, Produkt- und Quotientenregeln (s. Satz 47.1), ferner ist für jedes komplexe λ und jedes reelle t

$$\frac{d}{dt} e^{\lambda t} = \lambda e^{\lambda t}. \tag{72.10}$$

Um diese für alles weitere grundlegende Formel einzusehen, setze man $\lambda = \alpha + i\beta$ ($\alpha, \beta \in \mathbf{R}$), differenziere die Funktion

$$e^{\lambda t} = e^{(\alpha + i\beta)t} = e^{\alpha t} e^{i\beta t} = e^{\alpha t} \cos \beta t + i e^{\alpha t} \sin \beta t$$

„gliedweise" und fasse dann wieder mittels der Eulerschen Formel zusammen.

Die Funktion $x: J \to \mathbf{C}$ heißt **komplexwertige Lösung** von (72.5) auf J, wenn $\ddot{x}(t) + a\dot{x}(t) + bx(t) = 0$ für alle $t \in J$ gilt. $x = u + iv$ *ist genau dann eine komplexwer-*

tige Lösung, wenn u und v reelle Lösungen sind; es ist nämlich

$$\ddot{x} + a\dot{x} + bx = (\ddot{u} + a\dot{u} + bu) + i(\ddot{v} + a\dot{v} + bv),$$

und weil a und b reell sind, steht rechts die Zerlegung der linken Seite in Real- und Imaginärteil, die linke Seite verschwindet also genau dann, wenn jeder der rechten Klammerausdrücke dasselbe tut — womit unsere Bemerkung schon bewiesen ist. *Jede komplexwertige Lösung liefert uns also ganz von selbst zwei reelle Lösungen*, eine Tatsache, die uns den Weg aus dem Komplexen heraus ins Reelle bahnen wird. $L_c(J)$ und $C_c^\infty(J)$ bezeichnen beziehentlich die Menge aller komplexwertigen Lösungen von (72.5) auf J und die Menge aller unendlich oft differenzierbaren komplexwertigen Funktionen auf J. Natürlich ist $L(J) \subset L_c(J)$ und $C^\infty(J) \subset C_c^\infty(J)$, und wie im reellen Falle sieht man, daß $L_c(J) \subset C_c^\infty(J)$ ist, und daß $L_c(J)$ und $C_c^\infty(J)$ (komplexe) Funktionenräume sind (s. A 14.14). Den Differentiationsoperator $D: C^\infty(J) \to C^\infty(J)$ setzen wir durch die Definition $Dx := \dot{x}$ für $x \in C_c^\infty(J)$ in natürlicher Weise auf $C_c^\infty(J)$ fort; er ist dann im Sinne von A 17.5 eine lineare Selbstabbildung von $C_c^\infty(J)$. Endlich sei

$$p(D) := a_n D^n + a_{n-1} D^{n-1} + \cdots + a_0 I$$

für jedes komplexe Polynom $p(\lambda) := a_n \lambda^n + a_{n-1} \lambda^{n-1} + \cdots + a_0$[1].

$p(D)$ ist wieder eine lineare Selbstabbildung von $C_c^\infty(J)$, und zwar ist für jedes Element x dieses Raumes

$$p(D)x = a_n D^n x + a_{n-1} D^{n-1} x + \cdots + a_1 Dx + a_0 x.$$

Die Menge aller „*Polynome in* D" ist offensichtlich eine (komplexe) kommutative Algebra mit dem Einselement I.

Hat das obige Polynom p den Grad $n \geq 1$, so besitzt es nach Satz 69.2 die Produktdarstellung

$$p(\lambda) = a_n(\lambda - \lambda_1)(\lambda - \lambda_2) \cdots (\lambda - \lambda_n), \tag{72.11}$$

wobei $\lambda_1, \ldots, \lambda_n$ die n Nullstellen von p sind, jede so oft aufgeführt, wie es ihre Vielfachheit verlangt. In diese Darstellung „darf" man D einsetzen, d.h., es gilt

$$p(D) = a_n(D - \lambda_1 I)(D - \lambda_2 I) \cdots (D - \lambda_n I), \tag{72.12}$$

und zwar einfach deshalb, weil man in (72.11) von der rechten zur linken Seite kommt, indem man nur nach Regeln rechnet, die in jeder Algebra gelten (die Körpereigenschaften von **C** werden nicht voll herangezogen). Infolgedessen ändert sich an dieser Rechnung nicht das Geringste, wenn man statt λ irgendein Element einer (komplexen) Algebra einsetzt — z.B. *den Differentiationsoperator* D, der ja in der Algebra aller linearen Selbstabbildungen von $C_c^\infty(J)$ liegt. Im Grunde nimmt man damit nur eine Umbenennung vor: Man gibt λ den neuen Namen D (die *Bedeutung* von D tritt beim formalen Rechnen gänzlich in den Hintergrund).

---

[1] Beachte, daß $a_0 = a_0 \lambda^0$ ist; bei der Ersetzung von λ durch D wird daraus $a_0 D^0 = a_0 I$.

418 IX Anwendungen

Nach diesen begrifflichen Vorbereitungen sind wir nun gerüstet, die Frage nach der Lösbarkeit der Differentialgleichung (72.5) und des Anfangswertproblems (72.4) einer raschen Entscheidung zuzuführen. Wir suchen zunächst komplexwertige Lösungen, bewegen uns also im Funktionenraum $C_c^\infty(J)$; die Differentialgleichung schreiben wir in der Form (72.7):

$$(D^2 + aD + bI)x = 0. \tag{72.13}$$

Die Abbildung in der Klammer ist $= p(D)$ mit

$$p(\lambda) := \lambda^2 + a\lambda + b. \tag{72.14}$$

Die Nullstellen λ_1 und λ_2 von p werden je nach dem Vorzeichen von

$$d := a^2 - 4b \tag{72.15}$$

durch die folgenden Formeln gegeben (s. A 9.7):

$$\lambda_{1,2} = \begin{cases} -a/2 \pm \sqrt{d}/2, & \text{falls } d > 0 \text{ (zwei verschiedene reelle Wurzeln)}, \\ -a/2, & \text{falls } d = 0 \text{ (eine reelle Doppelwurzel)}, \\ -a/2 \pm i\sqrt{-d}/2, & \text{falls } d < 0 \text{ (zwei verschiedene konjugiert komplexe Wurzeln)}. \end{cases} \tag{72.16}$$

Wegen (72.12) geht jetzt die Differentialgleichung (72.13) über in

$$(D - \lambda_1 I)(D - \lambda_2 I)x = 0 \quad \text{oder auch} \quad (D - \lambda_2 I)(D - \lambda_1 I)x = 0. \tag{72.17}$$

Daraus folgt sofort: Löst die Funktion $x \in C_c^\infty(J)$ eine der Differentialgleichungen $(D - \lambda_2 I)x = 0$, $(D - \lambda_1 I)x = 0$, so löst sie (auf J) auch die ursprüngliche Gleichung (72.13). Die Differentialgleichung

$$(D - \lambda I)x = 0, \quad \text{mit anderen Worten:} \quad \dot{x} = \lambda x,$$

besitzt aber wegen (72.10) für beliebiges λ jedenfalls die Lösung $e^{\lambda t}$, somit sind die Funktionen $e^{\lambda_1 t}$, $e^{\lambda_2 t}$, also auch alle Funktionen $C_1 e^{\lambda_1 t} + C_2 e^{\lambda_2 t}$ mit beliebigen komplexen Konstanten C_1, C_2 Lösungen von (72.13) — und dies nicht nur auf J, sondern offensichtlich sogar auf ganz $\mathbf{R}$[1]. Wenn die Nullstellen λ_1, λ_2 verschieden sind, kann man in der Lösung $x(t) := C_1 e^{\lambda_1 t} + C_2 e^{\lambda_2 t}$ die Konstanten C_1, C_2 immer so bestimmen, daß die Anfangsbedingungen

$$\begin{aligned} x(t_0) &= C_1 e^{\lambda_1 t_0} + C_2 e^{\lambda_2 t_0} = x_0, \\ \dot{x}(t_0) &= \lambda_1 C_1 e^{\lambda_1 t_0} + \lambda_2 C_2 e^{\lambda_2 t_0} = v_0 \end{aligned} \tag{72.18}$$

erfüllt sind (dabei dürfen die Zahlen $t_0 \in \mathbf{R}$ und x_0, $v_0 \in \mathbf{C}$ völlig willkürlich

---

[1] Wir dürfen und wollen deshalb von nun an $J = \mathbf{R}$ setzen. — Zu eben diesen Lösungen gelangt man übrigens direkter, indem man mit dem *Ansatz* $x(t) := e^{\lambda t} (\lambda \in \mathbf{C})$ in (72.5) eingeht und λ geeignet bestimmt (nämlich zu λ_1, λ_2). Freilich bleibt dabei im dunkeln, wie man überhaupt auf einen solchen Ansatz — er stammt von Euler — geraten kann.

vorgegeben werden): Die Lösung

$$C_1 := \frac{\lambda_2 x_0 - v_0}{\lambda_2 - \lambda_1} e^{-\lambda_1 t_0}, \quad C_2 := \frac{v_0 - \lambda_1 x_0}{\lambda_2 - \lambda_1} e^{-\lambda_2 t_0} \tag{72.19}$$

des Gleichungssystems (72.18) leistet das Gewünschte.

Das Komplexe hat damit seine Schuldigkeit im wesentlichen schon getan; wir treten nun den Rückweg ins Reelle an.

Sind λ_1 und λ_2 selbst schon reell und verschieden (*Fall* d>0), und sind auch die Anfangswerte x_0 und v_0 reell, so werden sowohl die Funktionen $e^{\lambda_1 t}$, $e^{\lambda_2 t}$ als auch die nach (72.19) berechneten Konstanten C_1, C_2 reell sein. Die mit diesen Konstanten gebildete Funktion $x(t) := C_1 e^{\lambda_1 t} + C_2 e^{\lambda_2 t}$ ist also eine reelle Lösung — und gemäß den anfänglichen Eindeutigkeitsuntersuchungen sogar die einzige — des Anfangswertproblems (72.4).

Nun seien λ_1 und λ_2 konjugiert komplex und verschieden (*Fall* d<0). Mit

$$\alpha := \mathrm{Re}(\lambda_1) = -\frac{a}{2}, \quad \beta := \mathrm{Im}(\lambda_1) = \frac{1}{2}\sqrt{-d} = \frac{1}{2}\sqrt{4b - a^2} \tag{72.20}$$

(s. (72.16) und (72.15)) ist also $\lambda_{1,2} = \alpha \pm i\beta$, und wegen

$$e^{(\alpha + i\beta)t} = e^{\alpha t}(\cos \beta t + i \sin \beta t)$$

sind jetzt die Funktionen

$$e^{\alpha t} \cos \beta t \quad \text{und} \quad e^{\alpha t} \sin \beta t \tag{72.21}$$

zwei reelle Lösungen von (72.5). Die konjugierte Nullstelle $\alpha - i\beta$ erzeugt ganz entsprechend die reellen Lösungen $e^{\alpha t} \cos \beta t$ und $-e^{\alpha t} \sin \beta t$, liefert also nichts Neues. Sind die Anfangswerte x_0 und v_0 reell und definiert man die (komplexe) Lösung $x(t) = u(t) + iv(t)$ von (72.4) durch $x(t) := C_1 e^{\lambda_1 t} + C_2 e^{\lambda_2 t}$ mit den aus (72.18) bestimmten Konstanten (72.19), so ist wegen (72.18)

$$u(t_0) = \mathrm{Re}\, x(t_0) = x_0 \quad \text{und} \quad \dot{u}(t_0) = \mathrm{Re}\, \dot{x}(t_0) = v_0,$$

infolgedessen ist $u(t) = \mathrm{Re}(C_1 e^{\lambda_1 t} + C_2 e^{\lambda_2 t})$ eine reelle Lösung — und damit wieder die einzige — des Anfangswertproblems (72.4). Eine kurze Rechnung[1] zeigt, daß diese Lösung als Linearkombination der Funktionen (72.21), d.h. in der Form

$$\tilde{C}_1 e^{\alpha t} \cos \beta t + \tilde{C}_2 e^{\alpha t} \sin \beta t \quad \text{mit reellen Konstanten } \tilde{C}_1, \tilde{C}_2 \tag{72.22}$$

geschrieben werden kann, und wie in Nr. 57 sieht man, daß sie auch die Darstellung besitzt

$$A e^{\alpha t} \sin(\beta t + \varphi) \quad \text{mit reellen Konstanten } A \text{ und } \varphi. \tag{72.23}$$

---

[1] In $u(t) = \mathrm{Re}(\cdots)$ setze man einfach $C_k = \gamma_k + i\delta_k$ und $e^{\lambda_{1,2} t} = e^{\alpha t}(\cos \beta t \pm i \sin \beta t)$.

Jetzt bleibt nur noch der *Fall* d = 0 (zusammenfallende reelle Nullstellen: $\lambda_1 = \lambda_2 \in \mathbf{R}$). Aus (72.16) entnehmen wir, daß die Differentialgleichung (72.13) nunmehr die Gestalt

$$(D - \lambda_1 I)(D - \lambda_1 I)x = (D - \lambda_1 I)^2 x = 0 \tag{72.24}$$

besitzt. Wir werden sie (ganz im Reellen bleibend) folgendermaßen lösen: Genau wie im Anschluß an (72.16) sieht man, daß jedenfalls die Funktion $e^{\lambda_1 t}$ der Gl. (72.24) genügt. Eine weitere Lösung können wir gewinnen, indem wir

zunächst $(D - \lambda_1 I)y = 0$, dann $(D - \lambda_1 I)x = y$

auflösen; wegen $(D - \lambda_1 I)(D - \lambda_1 I)x = (D - \lambda_1 I)y = 0$ ist dann x gewiß eine Lösung von (72.24). Die Funktion $y(t) := e^{\lambda_1 t}$ befriedigt die Gl. $(D - \lambda_1 I)y = 0$; eine Lösung der (gestörten) Gl. $(D - \lambda_1 I)x = y$ oder also $\dot{x} = \lambda_1 x + y$ können wir nun ganz rasch durch den Ansatz $x(t) := C(t)e^{\lambda_1 t}$ finden (Methode der Variation der Konstanten; s. (55.5)). Nach (55.6) ist $\dot{C}(t) = y(t)e^{-\lambda_1 t} = e^{\lambda_1 t}e^{-\lambda_1 t} = 1$; infolgedessen ist die Funktion $te^{\lambda_1 t}$ eine zweite Lösung von (72.24). Und schließlich sieht man durch eine ganz einfache Rechnung ein, daß die Lösung

$$C_1 e^{\lambda_1 t} + C_2 t e^{\lambda_1 t}$$

auch den vorgeschriebenen Anfangsbedingungen genügt, wenn man nur

$$C_1 = [(1 + \lambda_1 t_0)x_0 - t_0 v_0]e^{-\lambda_1 t_0} \quad \text{und} \quad C_2 = (v_0 - \lambda_1 x_0)e^{-\lambda_1 t_0}$$

wählt. Alles bisherige zusammenfassend können wir also sagen:

72.1 Satz *Das Anfangswertproblem*

$$\ddot{x} + a\dot{x} + bx = 0, \quad x(t_0) = x_0, \quad \dot{x}(t_0) = v_0 \quad (a, b \text{ reelle Konstanten})$$

besitzt stets eine — aber auch nur eine — (reelle) Lösung x. Dieselbe kann, je nach dem Vorzeichen der Diskriminante $d := a^2 - 4b$, in einer der folgenden Formen dargestellt werden:

I) $x(t) = C_1 e^{\lambda_1 t} + C_2 e^{\lambda_2 t}$ *mit* $\lambda_{1,2} := -\dfrac{a}{2} \pm \dfrac{1}{2}\sqrt{d}$, *falls* d > 0,

II) $x(t) = (C_1 + C_2 t)e^{-(a/2)t}$, *falls* d = 0,

III) $x(t) = e^{\alpha t}(C_1 \cos \beta t + C_2 \sin \beta t)$ *oder auch* $= A e^{\alpha t} \sin(\beta t + \varphi)$

mit $\alpha := -\dfrac{a}{2}$, $\beta := \dfrac{1}{2}\sqrt{-d}$, *falls* d < 0.

Erteilt man in I *bis* III *den Konstanten* C_1, C_2 *alle möglichen (reellen) Werte, so erhält man ausnahmslos alle Lösungen der Differentialgleichung* $\ddot{x} + a\dot{x} + bx = 0$.

Dieser *mathematische* Satz beantwortet bis in alle Einzelheiten die eingangs aufgeworfene *physikalische* Frage nach den möglichen Bewegungen eines elastisch angebundenen und Reibungskräften unterworfenen Massenpunktes. Sehen

72 Gedämpfte freie Schwingungen

wir uns die Bewegungsformen, d.h. die Lösungen der Differentialgleichung

$$m\ddot{x} + r\dot{x} + k^2 x = 0 \quad \text{oder also} \quad \ddot{x} + 2\rho\dot{x} + \omega_0^2 x = 0$$

mit $\rho := \dfrac{r}{2m}, \quad \omega_0 := \dfrac{k}{\sqrt{m}}$

noch etwas näher an! Mit den Bezeichnungen des letzten Satzes ist

$$a = 2\rho \geq 0, \quad b = \omega_0^2 > 0 \quad \text{und} \quad d = 4(\rho^2 - \omega_0^2)$$

(wir lassen jetzt auch $\rho = 0$ zu, um die *ungedämpfte* Bewegung mit zu erfassen). Die Bewegungsformen klassifizieren wir wie oben nach dem Vorzeichen von d:

I) $d > 0$, d.h. $\rho > \omega_0$ („große Reibung"): Hier ist

$$x(t) = C_1 e^{\lambda_1 t} + C_2 e^{\lambda_2 t} \quad \text{mit} \quad \lambda_{1,2} := -\rho \pm \sqrt{\rho^2 - \omega_0^2} < 0,$$

infolgedessen ist $\lim\limits_{t \to +\infty} x(t) = 0$. Die Geschwindigkeit des Massenpunktes ist $\dot{x}(t) = C_1 \lambda_1 e^{\lambda_1 t} + C_2 \lambda_2 e^{\lambda_2 t}$; im nichttrivialen Falle (wenigstens eine der Konstanten C_1 und C_2, etwa C_1, von Null verschieden) ist sie also genau dann = 0, wenn $e^{(\lambda_1 - \lambda_2)t} = -C_2 \lambda_2 / C_1 \lambda_1$ gilt. Das kann jedoch höchstens einmal (für höchstens einen Wert von t) eintreten. Insgesamt liegt somit eine *aperiodische Bewegung* vor, bei der unser Massenpunkt höchstens einmal seine anfängliche Bewegungsrichtung umkehrt, also *höchstens einmal über den Nullpunkt hinauswandert und sich im übrigen demselben „asymptotisch nähert"*.

II) $d = 0$, d.h. $\rho = \omega_0$: Nun ist

$$x(t) = (C_1 + C_2 t) e^{-\rho t}.$$

Wieder ist $\lim\limits_{t \to +\infty} x(t) = 0$, und wieder besitzt $\dot{x}$ höchstens eine Nullstelle: *Wir haben also denselben Bewegungsverlauf wie unter I*. In beiden Fällen kann natürlich von „Schwingungen" im landläufigen Sinne nicht die Rede sein; die große Reibungskraft erstickt alle Ansätze dazu im Keime. Ganz anders liegen die Dinge im (interessantesten) Fall

III) $d < 0$, d.h. $\rho < \omega_0$ („kleine Reibung"): Jetzt haben wir

$$x(t) = A e^{-\rho t} \sin(\omega_1 t + \varphi) \quad \text{mit} \quad \omega_1 := \sqrt{\omega_0^2 - \rho^2}. \tag{72.25}$$

Für $\rho = 0$ (keine Reibung) liegt die schon in Nr. 57 diskutierte (periodische) Schwingung mit der Amplitude A und der Schwingungsdauer $T = 2\pi/\omega_0$ vor, die man auch eine *ungedämpfte Schwingung* nennt. Ist jedoch ρ positiv, so strebt $x(t) \to 0$ für $t \to +\infty$: *Der Massenpunkt schwingt mit exponentiell abnehmenden Ausschlägen um den Nullpunkt hin und her (gedämpfte Schwingung*, s. Fig. 72.1).

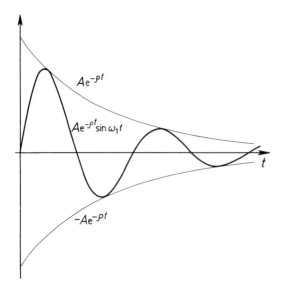

Fig. 72.1

Aufgaben

1. Bestimme alle Lösungen der folgenden Differentialgleichungen:
a) $\ddot{x}+13\dot{x}+40x=0$,   b) $\ddot{x}-12\dot{x}+36x=0$,   c) $\ddot{x}+6\dot{x}+34x=0$.

2. Elektrischer Schwingungskreis Ein (geschlossener) elektrischer Schwingungskreis bestehe aus einem Kondensator der Kapazität C, einem Widerstand R und einer Induktivität L. Herrscht am Kondensator eine gewisse Anfangsspannung, so entsteht im Schwingungskreis ein Strom von zeitlich veränderlicher Spannung $U(t)$. Die Physik lehrt, daß U der Differentialgleichung

$$\ddot{U}+\frac{R}{L}\dot{U}+\frac{1}{LC}U=0$$

genügt. Diskutiere den Spannungsverlauf.

73 Die homogene lineare Differentialgleichung n-ter Ordnung mit konstanten Koeffizienten

Man braucht die bisher so erfolgreiche „Operatorenmethode" (das Rechnen mit dem Differentiationsoperator D) nur ein wenig weiter zu treiben, um auch der überschriftlich genannten Differentialgleichung

$$D^n x + a_{n-1} D^{n-1} x + \cdots + a_1 D x + a_0 x = 0 \tag{73.1}$$

für eine von der *reellen* Veränderlichen t abhängende Funktion x Herr zu

73 Die homogene lineare Differentialgleichung n-ter Ordnung

werden[1]. Dabei vereinbaren wir, daß die Koeffizienten a_k *komplex* und die Lösungen x *komplexwertig* sein sollen — falls nicht ausdrücklich etwas anderes gesagt wird. Dieser (und der folgende) Abschnitt wendet sich deshalb nur an diejenigen Leser, die den Unterkurs über komplexe Zahlen mitverfolgt haben.

Zunächst sieht man wie in Nr. 72, daß jede auf einem offenen Intervall J definierte Lösung von (73.1) dort sogar beliebig oft differenzierbar sein muß, und daß $L_c(J)$ — *die Menge der (komplexwertigen) Lösungen von* (73.1) — *ein (komplexer) Funktionenraum ist*. Mit Hilfe des **charakteristischen Polynoms**

$$p(\lambda) := \lambda^n + a_{n-1}\lambda^{n-1} + \cdots + a_1\lambda + a_0 \tag{73.2}$$

der Differentialgleichung (73.1) schreiben wir letztere in der Form

$$p(D)x = 0. \tag{73.3}$$

Sind $\lambda_1, \ldots, \lambda_m$ die unter sich verschiedenen Nullstellen des charakteristischen Polynoms und $v_1, \ldots, v_m$ deren Vielfachheiten, so ergibt sich aus dem Satz 69.4 über die Partialbruchzerlegung sofort die Darstellung

$$\frac{1}{p(\lambda)} = \frac{q_1(\lambda)}{(\lambda - \lambda_1)^{v_1}} + \cdots + \frac{q_m(\lambda)}{(\lambda - \lambda_m)^{v_m}} \quad \text{mit gewissen Polynomen } q_1, \ldots, q_m$$

und daraus die für alle $\lambda \in \mathbf{C}$ gültige Polynombeziehung

$$1 = q_1(\lambda)p_1(\lambda) + \cdots + q_m(\lambda)p_m(\lambda) \quad \text{mit } p_k(\lambda) := \prod_{\substack{j=1 \\ j \neq k}}^m (\lambda - \lambda_j)^{v_j}. \tag{73.4}$$

Durch Einsetzen von D erhalten wir demnach die Gleichung

$$I = q_1(D)p_1(D) + \cdots + q_m(D)p_m(D)$$

und daraus die alles weitere beherrschende und *für jedes* $x \in C_c^\infty(J)$ *gültige Darstellung* $x = q_1(D)p_1(D)x + \cdots + q_m(D)p_m(D)x$ oder also

$$x = x_1 + \cdots + x_m \quad \text{mit} \quad x_k := q_k(D)p_k(D)x. \tag{73.5}$$

Sei nun x eine Lösung von (73.1), also $p(D)x = 0$.

Für $x_k = q_k(D)p_k(D)x$ erhalten wir dann die Gleichung

$$(D - \lambda_k I)^{v_k} x_k = (D - \lambda_k I)^{v_k} q_k(D) p_k(D) x$$
$$= q_k(D)(D - \lambda_k I)^{v_k} p_k(D)x = q_k(D)p(D)x = q_k(D)0 = 0.$$

---

[1] Die Differentialgleichung heißt **homogen**, weil auf ihrer rechten Seite 0 steht. Befindet sich dort stattdessen eine Störfunktion $s(t)$, so wird die Gleichung **inhomogen** genannt. Einfache Beispiele hierfür haben wir in Nr. 55 kennengelernt.

x_k ist also eine Lösung der k-ten „Teilgleichung"

$$(D-\lambda_k I)^{v_k} x_k = 0 \quad (k=1,\ldots,m). \tag{73.6}$$

Aus (73.5) ergibt sich nun mit einem Schlag, daß jede Lösung x der ursprünglichen Differentialgleichung (73.1) Summe von Lösungen der m Teilgleichungen (73.6) ist. Da umgekehrt jede Lösung x_k von (73.6) wegen $p(D)x_k = p_k(D)(D-\lambda_k I)^{v_k} x_k = 0$ auch Lösung von (73.1) sein muß und $L_c(J)$ ein Funktionenraum ist, gilt insgesamt der folgende

73.1 Satz *Es sei $p(\lambda)=(\lambda-\lambda_1)^{v_1}\cdots(\lambda-\lambda_m)^{v_m}$ die kanonische Produktdarstellung des charakteristischen Polynoms von (73.1). Dann ist jede Summe von Lösungen der Teilgleichungen (73.6) eine Lösung der ursprünglichen Differentialgleichung (73.1), und jede Lösung der letzteren wird auch auf diese Weise erhalten.*

Bedeutet L_{c,λ_k} die Lösungsmenge der Gl. (73.6), so ist also in kurzer und leicht verständlicher Symbolik

$$L_c(J) = L_{c,\lambda_1}(J) + \cdots + L_{c,\lambda_m}(J).$$

Die Frage nach den Lösungen von (73.1) hat sich damit zugespitzt auf das Problem, eine Differentialgleichung der Form

$$(D-\lambda I)^m x = 0 \quad (\lambda \in \mathbf{C}, m \in \mathbf{N}) \tag{73.7}$$

vollständig zu lösen. Dies gelingt in einfachster Weise mit dem folgenden

73.2 Hilfssatz *Sei $\varepsilon(\alpha)$ die Funktion $t \mapsto e^{\alpha t}$ ($\alpha \in \mathbf{C}$ fest, $t \in \mathbf{R}$). Dann ist*

$$D^m(\varepsilon(\alpha)x) = \varepsilon(\alpha)(D+\alpha I)^m x \quad \text{für jedes } x \in C_c^\infty(J) \text{ und jedes } m \in \mathbf{N}_0.$$

Beweis. Mit Hilfe der Leibnizschen Differentiationsformel

$$(fg)^{(m)} = \sum_{k=0}^{m} \binom{m}{k} f^{(k)} g^{(m-k)} \quad \text{(s. A 47.1)}$$

erhalten wir

$$D^m(\varepsilon(\alpha)x) = \sum_{k=0}^{m} \binom{m}{k} D^k \varepsilon(\alpha) \cdot D^{(m-k)} x$$

$$= \varepsilon(\alpha) \sum_{k=0}^{m} \binom{m}{k} \alpha^k D^{m-k} x = \varepsilon(\alpha)(D+\alpha I)^m x,$$

womit bereits alles abgetan ist. ∎

$x \in C_c^\infty(J)$ genügt genau dann der Gl. (73.7), wenn $\varepsilon(-\lambda)(D-\lambda I)^m x = 0$ ist, wegen Hilfssatz 73.2 also genau dann, wenn gilt

$$D^m(\varepsilon(-\lambda)x) = 0. \tag{73.8}$$

Damit ist unser Problem noch einmal ganz entscheidend vereinfacht; denn die Lösungen der Gl. (73.8) lassen sich ohne große Umstände bestimmen. Aus

$D^m y = 0$ folgt ja doch mit Hilfe des Satzes 55.3 der Reihe nach

$$D^{m-1}y(t) = C_1, \quad D^{m-2}y(t) = C_1 t + C_2,$$
$$D^{m-3}y(t) = \frac{1}{2}C_1 t^2 + C_2 t + C_3, \ldots,$$

schließlich erkennt man, daß y ein Polynom vom Grade $\leq m-1$ ist. Und da umgekehrt für jedes derartige Polynom die m-te Ableitung überall verschwindet, sind genau die Polynome vom Grade $\leq m-1$ die sämtlichen Lösungen der Differentialgleichung $D^m y = 0$. Wegen der Bemerkung vor (73.8) wissen wir also nun, daß die Funktionen der Form $(c_0 + c_1 t + \cdots + c_{m-1} t^{m-1})e^{\lambda t}$ — und keine anderen — der Gl. (73.7) genügen; dabei dürfen die c_μ beliebige komplexe Zahlen sein. Wegen Satz 73.1 fallen uns nun ohne weiteres Zutun alle Lösungen der Differentialgleichung (73.1) in den Schoß:

73.3 Satz *Es seien $\lambda_1, \ldots, \lambda_m$ die verschiedenen Nullstellen des charakteristischen Polynoms der Differentialgleichung (73.1) und $v_1, \ldots, v_m$ ihre Vielfachheiten. Dann erhält man sämtliche komplexwertigen Lösungen von (73.1) — aber auch nur diese — in der Form*

$$(C_{10} + C_{11} t + \cdots + C_{1,v_1-1} t^{v_1-1}) e^{\lambda_1 t} + (C_{20} + C_{21} t + \cdots + C_{2,v_2-1} t^{v_2-1}) e^{\lambda_2 t}$$
$$+ \cdots + (C_{m0} + C_{m1} t + \cdots + C_{m,v_m-1} t^{v_m-1}) e^{\lambda_m t},$$

wobei die C_{jk} beliebige komplexe Zahlen bedeuten dürfen.

Sind alle Koeffizienten der Differentialgleichung (73.1) reell, so treten die echt komplexen Nullstellen ihres charakteristischen Polynoms in konjugierten Paaren auf (Satz 69.3). Berücksichtigt man dies und zerlegt man die Produkte $C_{jk} e^{\lambda_j t}$ in Real- und Imaginärteil (vgl. den Beweis von (72.22)), so erhält man die folgende *reelle Version* des letzten Satzes:

73.4 Satz *Die Koeffizienten der Differentialgleichung (73.1) seien alle reell. Dann erzeugt jede reelle Nullstelle r mit Vielfachheit v des charakteristischen Polynoms (73.2) die v reellen Lösungen*

$$e^{rt}, \ te^{rt}, \ldots, t^{v-1} e^{rt}$$

der Differentialgleichung (73.1), und jedes konjugierte Nullstellenpaar $\alpha \pm i\beta$ mit Vielfachheit v liefert die $2v$ reellen Lösungen

$$e^{\alpha t} \cos \beta t, \quad te^{\alpha t} \cos \beta t, \ldots, \quad t^{v-1} e^{\alpha t} \cos \beta t,$$
$$e^{\alpha t} \sin \beta t, \quad te^{\alpha t} \sin \beta t, \ldots, \quad t^{v-1} e^{\alpha t} \sin \beta t.$$

Führt man diese Konstruktion für alle (verschiedenen) reellen Nullstellen und konjugierten Nullstellenpaare durch, so gewinnt man insgesamt n reelle Lösungen $x_1, \ldots, x_n$ der Differentialgleichung (73.1), und alle reellen Lösungen der letzteren — aber auch nur diese — erhält man in der Form $c_1 x_1 + \cdots + c_n x_n$, wobei die c_k beliebige reelle Zahlen bedeuten dürfen.

Die **Anfangswertaufgabe** für die Differentialgleichung (73.1) verlangt, eine Lösung x zu finden, die an einer gegebenen Stelle t_0 mitsamt ihren ersten $n-1$ Ableitungen vorgeschriebene Anfangswerte $\xi_0, \xi_1, \ldots, \xi_{n-1}$ annimmt, für die also $D^k x(t_0) = \xi_k \, (k=0, 1, \ldots, n-1)$ ist. Diese Aufgabe ist in der Tat lösbar, und zwar *eindeutig*. Den Beweis könnten wir hier schon leicht mit Hilfe der „Taylorschen Methoden" erbringen (s. etwa Heuser [9], S. 169f). Wir ziehen es jedoch vor, ihn in Nr. 120 auf ganz andere Weise in einem allgemeineren Zusammenhang zu führen.

Aufgaben

1. Bestimme alle *komplexen* Lösungen der folgenden Differentialgleichungen:
a) $\ddot{x} + 4\dot{x} = 0$, b) $D^4 x - D^3 x + D^2 x - Dx = 0$,
c) $D^4 x - 4 D^3 x + 15 D^2 x - 22 Dx + 10 x = 0$.

2. Bestimme alle *reellen* Lösungen der Differentialgleichungen a), b) und c) in Aufgabe 1.

3. Bestimme diejenige reelle Lösung der Differentialgleichung $\ddot{x} + 4\dot{x} = 0$, die einer der folgenden Anfangsbedingungen genügt:
a) $x(0) = \dot{x}(0) = 0$, $\ddot{x}(0) = 1$. b) $x(0) = \ddot{x}(0) = 0$, $\dot{x}(0) = 1$.

4. Mit den Bezeichnungen des Hilfssatzes 73.2 gilt für jedes Polynom p und jedes $x \in C_c^\infty(J)$ die Gleichung $p(D)(\varepsilon(\alpha)x) = \varepsilon(\alpha) p(D + \alpha I)x$.

5. Sei A eine lineare Selbstabbildung des linearen Raumes E. Definiere „Polynome $p(A)$ in A" und formuliere (und beweise) einen Satz über die Lösungsmenge der Gleichung $p(A)x = 0$, der genau dem Satz 73.1 entspricht.

74 Die inhomogene lineare Differentialgleichung n-ter Ordnung mit konstanten Koeffizienten und speziellen Störgliedern

In diesem Abschnitt werfen wir einen kurzen Blick auf die Gleichung

$$D^n x + a_{n-1} D^{n-1} x + \cdots + a_1 Dx + a_0 x = s \quad \text{oder} \quad p(D)x = s, \qquad (74.1)$$

wobei $p(\lambda) := \lambda^n + a_{n-1} \lambda^{n-1} + \cdots + a_1 \lambda + a_0$ das charakteristische Polynom der zu (74.1) gehörenden **homogenen Gleichung**

$$D^n x + a_{n-1} D^{n-1} x + \cdots + a_1 Dx + a_0 x = 0 \qquad (74.2)$$

ist (man sagt natürlich auch, p sei das charakteristische Polynom der Gl. (74.1)). s bedeutet eine auf dem Intervall J erklärte „Störfunktion". Die Koeffizienten a_k sind komplexe Zahlen; s darf komplexwertig sein. Auch die Lösungen von (74.1) sind komplexwertig. Fast wörtlich wie den Satz 55.2 beweist man den

74.1 Satz *Man erhält alle Lösungen der inhomogenen Differentialgleichung*

(74.1) — und nur diese —, indem man zu irgendeiner festen Lösung derselben alle Lösungen der zugehörigen homogenen Differentialgleichung (74.2) addiert. Dabei muß man sich selbstverständlich auf ein Intervall beschränken, auf dem die Störfunktion s definiert ist.

Da wegen Satz 73.3 über die homogene Gleichung kein Wort mehr zu verlieren ist, kommt nun alles darauf an, irgendeine („*partikuläre*") Lösung x_p der inhomogenen Gleichung aufzufinden. Wir behandeln dieses Problem nur für die Störungstypen $s(t) := b_0 + b_1 t + \cdots + b_m t^m$ und $s(t) := e^{at}$, wobei b_μ und a komplex sein dürfen (s. jedoch auch Aufgabe 6).[1] Der Fall $s(t) := e^{at}$ ist unter dem Gesichtspunkt der Anwendungen einer der wichtigsten; er enthält z.B. (abgesehen von einem jederzeit anbringbaren Zahlenfaktor) die gedämpfte Schwingung eines Massenpunktes, auf den noch eine periodische äußere Kraft der Form $C \sin \omega t$ wirkt (die sogar noch exponentiell abklingen darf; s. Aufgabe 4). Für Polynomstörungen gilt der einfache

74.2 Satz *Ist* $s(t) := b_0 + b_1 t + \cdots + b_m t^m$ *(alle* b_μ *komplex,* $b_m \neq 0$*), so führt der folgende Ansatz immer zu einer Lösung der Gl.* (74.1):

$x(t) := A_0 + A_1 t + \cdots + A_m t^m$, *falls* $p(0) \neq 0$,

$x(t) := t^v (A_0 + A_1 t + \cdots + A_m t^m)$, *falls* 0 *eine* v-*fache Nullstelle von* p *ist.*

Die Koeffizienten A_μ *werden bestimmt, indem man mit diesem Ansatz in die Gl.* (74.1) *eingeht.*

Beweis. Sei zunächst $p(0) \neq 0$. Dann gibt es nach A 66.3 ein Polynom Q_m mit $Q_m(0) \neq 0$ und ein weiteres Polynom q_m, so daß $p(\lambda) Q_m(\lambda) + q_m(\lambda) \lambda^{m+1} = 1$ für alle λ ist. Diese Identität liefert die Gleichung $p(D) Q_m(D) + q_m(D) D^{m+1} = I$, insbesondere gilt also $p(D)[Q_m(D)s] + q_m(D)[D^{m+1}s] = Is = s$. Und da s ein Polynom vom Grade m ist, muß $D^{m+1} s = 0$, also $p(D)[Q_m(D)s] = s$ sein. Das bedeutet aber, daß $Q_m(D)s$ eine Lösung von (74.1) ist. Trivialerweise ist $Q_m(D)s$ ein Polynom vom Grade $\leq m$; wegen $Q_m(0) \neq 0$ muß übrigens sein Grad sogar mit m übereinstimmen. — Nun sei 0 eine v-fache Nullstelle von p, also

$$p(\lambda) = \lambda^n + a_{n-1} \lambda^{n-1} + \cdots + a_v \lambda^v \quad (a_v \neq 0).$$

Die Differentialgleichung (74.1) hat dann die Gestalt

$$D^n x + a_{n-1} D^{n-1} x + \cdots + a_v D^v x = s \quad (a_v \neq 0). \tag{74.3}$$

Setzen wir $y := D^v x$, so geht sie in die Differentialgleichung

$$D^{n-v} y + a_{n-1} D^{n-v-1} y + \cdots + a_{v+1} D y + a_v y = s$$

---

[1] Allgemeinere Störfunktionen und die *Methode der Variation der Konstanten* (um einer bloß *stetigen* Störfunktion Herr zu werden) werden in Nr. 16 von Heuser [9] zur Sprache gebracht; in Nr. 17 wird die *Methode der Laplacetransformation*, in Nr. 18 die der *Fourierentwicklung* dargelegt.

für y über, die wegen $a_v \neq 0$ nach dem eben Bewiesenen eine Lösung $y(t) := \tilde{A}_m t^m + \tilde{A}_{m-1} t^{m-1} + \cdots + \tilde{A}_0$ besitzt. Es folgt, daß (74.3) durch ein Polynom

$$x(t) := A_m t^{m+v} + A_{m-1} t^{m+v-1} + \cdots + A_0 t^v + B_{v-1} t^{v-1} + \cdots + B_1 t + B_0$$

gelöst wird. Hierbei brauchen wir jedoch das „Restpolynom" $r(t) := B_{v-1} t^{v-1} + \cdots + B_1 t + B_0$ nicht mitzuschleppen: Da nämlich in (74.3) nur Ableitungen der Ordnung $\geq v$ auftreten, ist $p(D)r = 0$ und somit besitzt (74.3) bereits eine Lösung der Form $A_m t^{m+v} + \cdots + A_0 t^v = t^v (A_m t^m + \cdots + A_0)$. ∎

74.3 Satz *Ist $s(t) := e^{at}$ ($a \in \mathbb{C}$), so führt der folgende Ansatz immer zu einer Lösung der Gl. (74.1):*

$$x(t) := C e^{at}, \quad \text{falls } p(a) \neq 0,$$
$$x(t) := C t^v e^{at}, \quad \text{falls } a \text{ eine } v\text{-fache Nullstelle von } p \text{ ist.}$$

C wird bestimmt, indem man mit diesem Ansatz in die Gl. (74.1) eingeht.

Beweis. Sei zunächst $p(a) \neq 0$. Offenbar ist (wenn wir uns einer etwas unpräzisen, aber leicht verständlichen Schreibweise bedienen)

$$(D - \lambda I)^m e^{at} = (a - \lambda)^m e^{at}.$$

Infolgedessen haben wir

$$p(D) e^{at} = (D - \lambda_1 I)^{v_1} \cdots (D - \lambda_m I)^{v_m} e^{at} = (a - \lambda_1)^{v_1} \cdots (a - \lambda_m)^{v_m} e^{at}$$
$$= p(a) e^{at},$$

also $p(D)[e^{at}/p(a)] = e^{at}$. Das bedeutet aber, daß die Funktion $e^{at}/p(a)$ eine Lösung unserer inhomogenen Differentialgleichung ist. Den Fall $p(a) = 0$ überlassen wir dem Leser. ∎

Zum Schluß sollte sich der Leser noch einmal bewußt machen, daß uns die Erkenntnisse der drei letzten Nummern im wesentlichen aus drei Quellen zugeflossen sind: dem Nullstellensatz 69.1, den Eigenschaften der (komplexen) Exponentialfunktion und dem Umstand, daß der Differentiationsoperator D zu einer Algebra linearer Abbildungen gehört.

Aufgaben

1. Bestimme alle *komplexen* Lösungen der folgenden Differentialgleichungen:
a) $\ddot{x} - x = 1 + t^2$, b) $\ddot{x} - \dot{x} = t - 1$.

2. Bestimme alle *reellen* Lösungen der Differentialgleichungen a) und b) in Aufgabe 1.

3. Bestimme alle *komplexen* Lösungen der folgenden Differentialgleichungen:
a) $\dddot{x} - \ddot{x} + \dot{x} - x = 2e^{-t}$, b) $\dddot{x} - \ddot{x} + \dot{x} - x = 2e^t$,
c) $\dddot{x} - \ddot{x} + \dot{x} - x = e^{it}$.

74 Die inhomogene lineare Differentialgleichung n-ter Ordnung

+4. Störfunktionen $e^{\alpha t}\cos\beta t$, $e^{\alpha t}\sin\beta t$ In jedem der Störungsfälle $s(t):=e^{\alpha t}\cos\beta t$ und $s(t):=e^{\alpha t}\sin\beta t$ $(\alpha,\beta\in\mathbf{R})$ führt der folgende Ansatz immer zu einer reellen Lösung der Gl. (74.1), falls deren Koeffizienten alle reell sind:

$$x(t):=e^{\alpha t}(C_1\cos\beta t+C_2\sin\beta t), \quad \text{falls } p(\alpha+i\beta)\neq 0,$$

$$x(t):=t^v e^{\alpha t}(C_1\cos\beta t+C_2\sin\beta t), \quad \text{falls } \alpha+i\beta \text{ eine } v\text{-fache Nullstelle von } p \text{ ist.}$$

C_1 und C_2 werden bestimmt, indem man mit diesem Ansatz in die Gl. (74.1) eingeht.
Hinweis: Satz 74.3 mit $s(t):=e^{(\alpha+i\beta)t}$. Anschließend Zerlegung in Real- und Imaginärteil.

5. Bestimme alle *reellen* Lösungen der folgenden Differentialgleichungen:
a) $\ddot{x}+2\dot{x}+2x=\cos t$,   b) $\ddot{x}+4\dot{x}=\cos 2t$,   c) $\ddot{x}-2\dot{x}+2x=e^t\cos t$.
Hinweis: Aufgabe 4.

+6. Störfunktionen $(b_0+b_1 t+\cdots+b_m t^m)e^{at}$ Im Falle $s(t):=(b_0+b_1 t+\cdots+b_m t^m)e^{at}$ (alle b_μ und a komplex) führt der folgende Ansatz immer zu einer Lösung der Gl. (74.1):

$$x(t):=(A_0+A_1 t+\cdots+A_m t^m)e^{at}, \quad \text{falls } p(a)\neq 0,$$

$$x(t):=t^v(A_0+A_1 t+\cdots+A_m t^m)e^{at}, \quad \text{falls } a \text{ eine } v\text{-fache Nullstelle von } p \text{ ist.}$$

Hinweis: Mache den Ansatz $x(t):=e^{at}u(t)$ mit einem $u\in C_c^\infty(\mathbf{R})$, und setze $S(t):=b_0+b_1 t+\cdots+b_m t^m$. Mit A 73.4 folgt (in der schon erwähnten unpräzisen Schreibweise) $p(D)x=e^{at}p(D+aI)u$. Wenn dies $=s(t)=S(t)e^{at}$ sein soll, muß u der Differentialgleichung $p(D+aI)u=S$ genügen. Es ist

$$p(D+aI)=D^n+\frac{p^{(n-1)}(a)}{(n-1)!}D^{n-1}+\cdots+p'(a)D+p(a)I \quad \text{(s. A 48.7).}$$

Wende nun Satz 74.2 an (und beachte, daß a genau dann eine Nullstelle der Vielfachheit v von p ist, wenn $p(a)=\cdots=p^{(v-1)}(a)=0$, aber $p^{(v)}(a)\neq 0$ ist; vgl. A 48.8).

7. Bestimme partikuläre Lösungen der folgenden Differentialgleichungen:
a) $\ddot{x}-x=te^{2t}$,   b) $\ddot{x}-x=te^t$.   Hinweis: Aufgabe 6.

+8. Gegeben seien die linearen Räume E, F und die lineare Abbildung $A:E\to F$ mit dem Nullraum $N(A):=\{x\in E:Ax=0\}$ (vgl. A 17.1). Besitzt die Gleichung $Ax=y$ ($y\in F$ fest) eine Lösung $x_0\in E$, so ist $x_0+N(A):=\{x_0+x:x\in N(A)\}$ die Gesamtheit ihrer Lösungen (vgl. Satz 74.1. Ein weiteres, sehr triviales Beispiel: A sei die lineare Abbildung, die jeder konvergenten Folge ihren Grenzwert zuordnet; die Lösungen der Gleichung $Ax=\xi$ sind dann genau die Folgen $x=(x_1,x_2,\ldots)$ mit $\lim x_n=\xi$. $x_0:=(\xi,\xi,\ldots)$ ist eine Lösung; jede andere geht aus ihr durch Addition einer Nullfolge hervor. — Auch der Satz 55.3 über die Gesamtheit der Stammfunktionen zu einer gegebenen Funktion f ist ein Beispiel für die obige Aussage).

+9. Wie in Aufgabe 8 sei die lineare Abbildung $A:E\to F$ gegeben. Ferner sei $y:=\alpha_1 y_1+\cdots+\alpha_n y_n$ ($y_k\in F$, α_k Zahlen). Ist $Ax_k=y_k$, so löst $\alpha_1 x_1+\cdots+\alpha_n x_n$ die Gleichung $Ax=y$. Wende dieses **Superpositionsprinzip** auf die Gl. (74.1) an, wenn $s(t):=b_0+b_1 t+\cdots+b_m t^m+ce^{at}$ ist.

75 Resonanz

Die Ergebnisse der letzten Nummern führen uns auf direktem Weg zum Verständnis der *Resonanzphänomene*, die in Physik, Technik und täglichem Leben eine wichtige Rolle spielen. Wir betrachten wieder einen elastisch angebundenen und Reibungskräften unterliegenden Massenpunkt. Seine Bewegung wird nach Nr. 72 durch die homogene Differentialgleichung

$m\ddot{x} + r\dot{x} + k^2 x = 0$, also durch

$$\ddot{x} + 2\rho\dot{x} + \omega_0^2 x = 0 \quad \text{mit } \rho := \frac{r}{2m} \quad \text{und} \quad \omega_0 := \frac{k}{\sqrt{m}} \quad (k > 0) \tag{75.1}$$

beschrieben. Gemäß unserer Diskussion am Ende der Nr. 72 ergibt sich daraus ein Weg-Zeitgesetz[1]

$$t \mapsto y(t) \quad \text{mit } \lim_{t \to +\infty} y(t) = 0. \tag{75.2}$$

Wir werden sehr bald sehen, daß für unsere Zwecke nur der *Fall kleiner Reibung*, genauer: der Fall $\rho < \omega_0/\sqrt{2}$, interessant ist. In diesem Falle ist erst recht

$$\rho < \omega_0, \quad \text{also} \quad d := 4(\rho^2 - \omega_0^2) < 0. \tag{75.3}$$

Unter dieser Voraussetzung führt der Massenpunkt gemäß (72.25) *echte Schwingungen*

$$y(t) = A e^{-\rho t} \sin(\omega_1 t + \varphi) \quad \text{mit } \omega_1 := \sqrt{\omega_0^2 - \rho^2} \tag{75.4}$$

aus. ω_0 ist die Frequenz der ungedämpften Schwingung ($\rho = 0$), die sogenannte Eigenfrequenz unseres „schwingungsfähigen Systems", während ω_1 die Frequenz der gedämpften Schwingung ist. Offenbar gilt $\omega_1 < \omega_0$: Im Dämpfungsfalle schwingt der Massenpunkt langsamer als im ungedämpften Falle (was anschaulich sofort einleuchtet, durch (75.4) jedoch *quantitativ* beschrieben wird).
Nun wirke auf den Massenpunkt noch eine periodische „äußere Kraft" oder „Zwangskraft" $K(t)$ der einfachen Form $K(t) = a \cos \omega t$ mit der (positiven) Amplitude a und der (positiven) Frequenz ω[2]. Nach dem Newtonschen Kraftgesetz ist dann $m\ddot{x} = -k^2 x - r\dot{x} + a \cos \omega t$, also

$$\ddot{x} + 2\rho\dot{x} + \omega_0^2 x = \alpha \cos \omega t \quad \text{mit } \alpha := \frac{a}{m}. \tag{75.5}$$

Da wir dank der Nr. 72 bereits über alle Lösungen der zu (75.5) gehörenden homogenen Gleichung (75.1) verfügen, brauchen wir wegen Satz 74.1 unser Augenmerk nur noch auf die Gewinnung einer partikulären Lösung der in-

---

[1] Wir schreiben diesmal $y(t)$ statt $x(t)$.
[2] Den Fall einer allgemeinen periodischen Zwangskraft werden wir in Nr. 145 behandeln.

homogenen Gl. (75.5) zu richten. Dies kann etwa nach A 74.4 geschehen. Rechnerisch einfacher ist jedoch der folgende Weg: Man löse gemäß Satz 74.3 die Gleichung

$$\ddot{x} + 2\rho\dot{x} + \omega_0^2 x = \alpha e^{i\omega t} \tag{75.6}$$

und nehme den Realteil der Lösung — dieser ist dann gewiß eine Lösung der „reellen Gl." (75.5). Setzen wir $\rho > 0$ (also das Vorhandensein von Reibung) voraus, so ist $i\omega$ keine Nullstelle des charakteristischen Polynoms $p(\lambda) = \lambda^2 + 2\rho\lambda + \omega_0^2$, infolgedessen ist

$$z_p(t) := \frac{\alpha}{p(i\omega)} e^{i\omega t} = \frac{\alpha}{\omega_0^2 - \omega^2 + 2\rho\omega i} e^{i\omega t}$$

$$= \alpha \frac{\omega_0^2 - \omega^2 - 2\rho\omega i}{(\omega_0^2 - \omega^2)^2 + 4\rho^2\omega^2} (\cos \omega t + i \sin \omega t)$$

eine Lösung von (75.6) und

$$x_p(t) := \mathrm{Re}(z_p(t)) = \alpha \frac{\omega_0^2 - \omega^2}{(\omega_0^2 - \omega^2)^2 + 4\rho^2\omega^2} \cos \omega t + \alpha \frac{2\rho\omega}{(\omega_0^2 - \omega^2)^2 + 4\rho^2\omega^2} \sin \omega t \tag{75.7}$$

eine Lösung von (75.5). Wie in Nr. 57 vorgeführt, kann man diese Funktion auf die Form $A_0 \sin(\omega t + \psi)$ bringen, wobei

$$A_0 = \left[\alpha^2 \frac{(\omega_0^2 - \omega^2)^2}{((\omega_0^2 - \omega^2)^2 + 4\rho^2\omega^2)^2} + \alpha^2 \frac{4\rho^2\omega^2}{((\omega_0^2 - \omega^2)^2 + 4\rho^2\omega^2)^2} \right]^{1/2}$$

$$= \frac{\alpha}{\sqrt{(\omega_0^2 - \omega^2)^2 + 4\rho^2\omega^2}} \tag{75.8}$$

ist. Alles zusammenfassend können wir also sagen, daß der Massenpunkt dem Weg-Zeitgesetz

$$x(t) = y(t) + \frac{\alpha}{\sqrt{(\omega_0^2 - \omega^2)^2 + 4\rho^2\omega^2}} \sin(\omega t + \psi)$$

genügt. Da für große t („nach einem *Einschwingvorgang*") der erste Summand gemäß (75.2) vernachlässigbar klein ist, wird die Bewegung im wesentlichen durch die partikuläre Lösung

$$x_p(t) = \frac{\alpha}{\sqrt{(\omega_0^2 - \omega^2)^2 + 4\rho^2\omega^2}} \sin(\omega t + \psi) \tag{75.9}$$

beschrieben. Der Massenpunkt schwingt also — und zwar mit der „Erregerfrequenz" ω und einer von ω abhängigen, aber zeitlich konstanten Amplitude

$$F(\omega) := \frac{\alpha}{\sqrt{(\omega_0^2 - \omega^2)^2 + 4\rho^2\omega^2}}. \tag{75.10}$$

Um die Abhängigkeit der Amplitude $F(\omega)$ von ω zu untersuchen, nehmen wir uns zuerst den Radikanden

$$f(\omega) := (\omega_0^2 - \omega^2)^2 + 4\rho^2\omega^2$$

vor. Mittels der Ableitung $df/d\omega$ sieht man sofort, daß im Falle $\rho \geq \omega_0/\sqrt{2}$ die Funktion $f(\omega)$ auf $\mathbf{R}^+$ streng gegen $+\infty$ wächst; umgekehrt wird also die Amplitude $F(\omega) \to 0$ streben für $\omega \to +\infty$: *Sehr hohe Erregerfrequenzen bewirken bei „großer Reibung" praktisch ein Aufhören der Bewegung.* Ist jedoch $0 < \rho < \omega_0/\sqrt{2}$ (erst recht also $\rho < \omega_0$, so daß der *ungestörte* Massenpunkt echte Schwingungen gemäß (75.4) ausführt), so fällt die Funktion $f(\omega)$ streng bis zur Stelle

$$\omega_R := \sqrt{\omega_0^2 - 2\rho^2} \tag{75.11}$$

und wächst dann streng und unbeschränkt. Umgekehrt: Die Amplitude $F(\omega)$ wächst streng auf $(0, \omega_R]$, erreicht ihren Maximalwert

$$F_{\max} = \frac{\alpha}{2\rho\sqrt{\omega_0^2 - \rho^2}} \tag{75.12}$$

an der Stelle $\omega = \omega_R$ und strebt dann für $\omega \to +\infty$ streng fallend gegen 0. *Dieses Phänomen, daß die Amplitude $F(\omega)$ der „erzwungenen Schwingung" stark ansteigt, wenn die Erregerfrequenz ω von links her in die Nähe der Eigenfrequenz ω_0 kommt, nennt man* Resonanz; *die Frequenz ω_R, für die $F(\omega)$ maximal wird, heißt* Resonanzfrequenz. Wegen der Reibung *ist die Resonanzfrequenz kleiner als die Eigenfrequenz*. Resonanz kann gemäß unseren Überlegungen nur auftreten, wenn die Reibung noch kleiner ist als erfordert wird, um echte Schwingungen zu ermöglichen: Es muß nicht nur $\rho < \omega_0$, sondern sogar $\rho < \omega_0/\sqrt{2}$ sein.

Das Resonanzphänomen tritt natürlich auch bei schwingungsfähigen Systemen auf, die weitaus komplizierter sind als unser elastisch angebundener Massenpunkt. Das starke Anwachsen der erregten Amplitude kann zu schweren Schäden, den sogenannten *Resonanzkatastrophen*, führen. Sehr milde Formen solcher Katastrophen sind das heftige Klappern loser Autoteile bei bestimmten Umdrehungszahlen des Motors oder das Zerspringen von Gläsern bei Tönen einer gewissen Höhe[1]. Weitaus ernsthafter sind die Beschädigungen von Gebäuden mit einer Eigenfrequenz ω_0 durch Vibrationen, deren Frequenz in der Nähe von ω_0 liegt; solche Vibrationen können durch Maschinen mit entsprechender Drehzahl oder durch Verkehrsströme erzeugt werden. Brücken können einstürzen, wenn

---

[1] Günter Grass wertet dieses Phänomen in seinem Roman „Die Blechtrommel" literarisch aus. Der Hauptfigur dieses Werkes, Oskar Matzerath, verleiht er eine „glaszersingende Stimme", die Oskar so beschreibt: „··· wenn mir die Trommel genommen wurde, schrie ich, und wenn ich schrie, zersprang Kostbarstes: ich war in der Lage, Glas zu zersingen, mein Schrei tötete Blumenvasen; mein Gesang ließ Fensterscheiben ins Knie brechen und Zugluft regieren ···".

Kolonnen sie im Gleichschritt überschreiten; im Jahre 1850 kamen auf diese Weise 226 französische Infanteristen bei Angers ums Leben. Am 16. 8. 1989 ging die Nachricht durch die Presse, bei der Entwicklung der japanischen Trägerrakete H-II seien „ernsthafte Schwierigkeiten" aufgetreten. Tests hätten gezeigt, „daß es in den ... Turbinenschaufeln der Turbopumpe, die flüssigen Wasserstoff in die erste Stufe der Rakete bringt, zu Resonanzen und dadurch zu Rissen kommt."

Resonanz kann aber auch erwünscht sein; der Radioempfang lebt geradezu von dem Resonanzphänomen (s. Aufgabe 2).

Aufgaben

1. Diskutiere den bisher ausgeschlossenen Fall $\rho = 0$ (keine Reibung).

2. **Elektrischer Schwingungskreis** Auf den elektrischen Schwingungskreis aus A 72.2 wirke eine äußere elektromotorische Kraft $s(t)$, z.B. die Spannung, die von elektrischen Wellen erzeugt wird. Dann genügt, wie die Physik lehrt, der Spannungsverlauf $U(t)$ im Schwingungskreis der Differentialgleichung

$$\ddot{U} + \frac{R}{L}\dot{U} + \frac{1}{LC}U = \frac{1}{LC}s.$$

Diskutiere das Resonanzphänomen im einfachsten Fall $s(t) := \alpha \cos \omega t$. Durch Veränderung der Kapazität C vermöge eines Drehkondensators kann man (etwa beim Radioempfang) Resonanz herstellen; die resultierende Amplitudenverstärkung läßt die Schwingungen des gewünschten Senders zu Lasten derjenigen anderer Sender „durchschlagen" und ermöglicht so erst eine Senderwahl. Näheres findet der Leser in Heuser [9], S. 235f.

X Integration

> Der Vorteil ist der, daß wenn ein solcher Kalkül dem innersten Wesen vielfach vorkommender Bedürfnisse korrespondiert, jeder, der ihn sich ganz angeeignet hat, auch ohne die gleichsam unbewußten Inspirationen des Genies, die niemand erzwingen kann, die dahin gehörenden Aufgaben lösen, ja selbst in so verwickelten Fällen gleichsam mechanisch lösen kann, wo ohne eine solche Hilfe auch das Genie ohnmächtig wird.
>
> Carl Friedrich Gauß

Schon in der Nr. 49 hatten wir die Frage aufgeworfen, ob man Aussagen über das Änderungsverhalten einer Funktion in einem Intervall I machen kann, wenn man ihre Änderungsrate (also ihre Ableitung) in jedem Punkt von I kennt, ja *ob man sie nicht sogar aus ihrer Änderungsrate wiedergewinnen, rekonstruieren kann.* Wir stehen also vor dem folgenden Problem: Auf I ist uns eine Funktion f gegeben, von der wir wissen, daß sie die Ableitung einer (zunächst noch unbekannten) Funktion F ist: $f = F'$ auf I. Gesucht ist F[1]. Gelingt es uns nun, auf irgendeine Weise eine Stammfunktion F_0 zu f auf I zu finden, so gibt es nach Satz 55.3 eine Konstante C, mit der $F = F_0 + C$ ist (denn F ist ja selbst eine Stammfunktion zu f auf I). Kennen wir noch den Wert von F an irgendeiner Stelle x_0 von I, so muß $F(x_0) = F_0(x_0) + C$, also $C = F(x_0) - F_0(x_0)$ und somit $F = F_0 + [F(x_0) - F_0(x_0)]$ sein. *Wir können also in der Tat die Funktion F aus ihrer vorgegebenen Änderungsrate f wiedergewinnen, falls wir eine Stammfunktion zu f bestimmen können und uns überdies ein Funktionswert $F(x_0)$ bekannt ist.* Rekonstruktionsaufgaben dieser Art haben wir in einigen Fällen auch schon erfolgreich bearbeitet (wir erinnern nur an die Nummern 55 und 56), unserem Vorgehen fehlte es aber gänzlich an Systematik und Methode: Die benötigten Stammfunktionen haben wir, kurz und ehrlich gesagt, nur *erraten*.

Ein weiteres Problem, auf das wir in diesem Zusammenhang gestoßen sind, ist das folgende. Bei vielen Untersuchungen drängt sich die Frage auf, *ob eine vorgelegte Funktion f, von der man nicht a priori weiß, ob sie eine Ableitung ist, doch als eine solche aufgefaßt werden kann, die Frage also, ob eine Stammfunktion zu f existiert.* Wir erinnern nur an die Behandlung des gestörten Exponentialprozesses $\dot u = \alpha u + S$ in Nr. 55 mittels der Methode der Variation der Konstanten: Hier war es entscheidend, ob man die Funktion $S(t)e^{-\alpha t}$ als eine Ableitung ansehen durfte. In aller Schärfe stellt sich dieses Problem dann, wenn man im Rahmen einer *allgemeinen* Diskussion des gestörten Exponentialprozesses sich die Funktion $S(t)$ *gar nicht explizit gegeben denkt,* sondern von ihr nur voraussetzt, daß sie gewisse Eigenschaften habe, etwa *stetig* sei. Die Frage, ob die Differentialgleichung $\dot u = \alpha u + S$ durch Variation der Konstanten gelöst werden kann, läuft dann auf die Frage hinaus, ob die Funktion $S(t)e^{-\alpha t}$ für stetiges S eine Stammfunktion besitzt. Aufgrund des Zwischenwertsatzes für Ableitungen hatten wir übrigens schon in

---

[1] Vor dieser Aufgabe stehen wir z.B., wenn wir aus der (bekannten) Geschwindigkeit eines Massenpunktes sein Weg-Zeitgesetz bestimmen wollen.

Nr. 55 (kurz vor Definition und Satz 55.3) gesehen, daß es durchaus *nicht zu jeder Funktion eine Stammfunktion gibt.*

Zusammenfassend ist also zu sagen, daß uns der Gang unserer Untersuchungen und die Bedürfnisse der Anwendungen ganz von selbst vor *zwei Hauptprobleme* geführt haben, ohne deren befriedigende Behandlung wir keine rechten Fortschritte mehr erzielen können:

1. *Wie kann man eine Funktion F aus ihrer als bekannt angenommenen Änderungsrate rekonstruieren?* Wir haben gesehen, daß dieses Problem im wesentlichen auf die Frage herauskommt, wie man zu gegebenem F' eine Stammfunktion bestimmen kann.

2. *Wie kann man einer vorgelegten Funktion f ansehen, ob sie überhaupt eine Stammfunktion besitzt?*

Im vorliegenden Kapitel werden wir diese Probleme auf breiter Front angreifen. Dabei sollen alle auftretenden Zahlen und Funktionen *reell* sein, falls nicht ausdrücklich etwas anderes gesagt wird.

76 Unbestimmte Integrale

Ist F auf dem Intervall I eine Stammfunktion zu der Funktion f, gilt also $F'(x) = f(x)$ für alle $x \in I$, so sagen wir auch, F sei ein **unbestimmtes Integral** von f auf I. Nach Satz 55.3 *ist dann jedes andere unbestimmte Integral von f auf I durch $F + C$ mit einer Konstanten C gegeben (und umgekehrt ist auch jede Funktion dieser Art tatsächlich ein unbestimmtes Integral von f auf I).* Eine Funktion f unbestimmt über das Intervall I zu integrieren, bedeutet einfach, irgendeine Stammfunktion, irgendein unbestimmtes Integral von f auf I zu berechnen. Unbestimmte Integrale von f bezeichnet man seit Leibniz mit den Symbolen

$$\int f(x) dx \quad \text{oder} \quad \int f dx$$

(lies: „Integral $f(x)dx$" bzw. „Integral fdx"). Eine Beziehung

$$\int f(x)dx = F(x) \quad \text{auf } I \quad \text{oder auch} \quad \int f dx = F \quad \text{auf } I \tag{76.1}$$

bedeutet also, daß F eine Stammfunktion von f auf dem Intervall I ist. Man beachte, daß mit (76.1) auch

$$\int f dx = F + C \quad \text{auf } I$$

für jede Konstante C gilt: Das Symbol $\int f dx$ darf eben *irgendeine* (und damit auch *jede*) Stammfunktion von f auf einem gewissen Intervall bedeuten. (76.1) ist deshalb so zu lesen: *Ein unbestimmtes Integral (eine Stammfunktion) zu f auf I ist F.* Hat man auf dem Intervall I die Beziehungen $\int f dx = F$ und $\int f dx = G$ gefunden, so darf man *keinesfalls schließen, es sei $F = G$; man kann vielmehr nur sicher sein, daß $F = G + C$ mit einer gewissen Konstanten C ist.* — Die „unter dem Integralzeichen" stehende Funktion f bezeichnet man als **Integranden** und ihre unabhängige Variable x als **Integrationsvariable**. Das Differential dx ist zunächst ganz bedeutungslos und könnte ebensogut unterdrückt werden; erst später wird deutlich werden, daß es gelegentlich eine nützliche Rolle spielt.

Die unbestimmte Integration ist die Umkehrung der Differentiation, genauer: *Auf dem jeweils zugrundeliegenden Intervall I ist*

$$\frac{d}{dx}\int f(x)dx = f(x) \quad \text{und} \quad \int \frac{df(x)}{dx} dx = f(x) + C,$$

wobei natürlich für die erste Gleichung stillschweigend angenommen wird, daß f eine Stammfunktion auf I besitzt und für die zweite, daß f auf I differenzierbar ist.

Eine Beziehung der Form (76.1) kann ihrer Bedeutung gemäß immer „durch Differentiation" bewiesen werden, d.h., indem man zeigt, daß $F'(x) = f(x)$ für alle $x \in I$ ist.

Jede Differentiationsformel liefert sofort eine Integrationsformel; wir erhalten so die nachstehende

Tafel der Grundintegrale

$\int c \, dx = cx \quad$ auf **R** für jede Konstante c.

$\int x^\alpha dx = \dfrac{x^{\alpha+1}}{\alpha + 1} \quad$ auf $\begin{cases}(-\infty, +\infty), \text{ falls } \alpha \in \mathbf{N}, \\ (-\infty, 0) \text{ und auf } (0, +\infty), \text{ falls } \alpha = -2, -3, \ldots, \\ (0, +\infty), \text{ falls } \alpha \text{ beliebig reell, aber } \neq -1 \text{ ist.}\end{cases}$

Insbesondere ist also

$\int \dfrac{dx}{x^2} = -\dfrac{1}{x}, \quad \int \sqrt{x} \, dx = \dfrac{2}{3}\sqrt{x^3} \quad$ und $\quad \int \dfrac{dx}{\sqrt{x}} = 2\sqrt{x} \quad$ auf geeigneten Intervallen.

$\int \dfrac{dx}{x} = \ln|x| \quad$ auf $(-\infty, 0)$ und auf $(0, +\infty)$[1].

---

[1] Diese Gleichung ist für $x > 0$ evident und ergibt sich für $x < 0$ aus $d \ln|x|/dx = d \ln(-x)/dx = (-1)/(-x) = 1/x$.

$$\int e^x dx = e^x \quad \text{auf } \mathbf{R}.$$

$$\int \cos x \, dx = \sin x \quad \text{und} \quad \int \sin x \, dx = -\cos x \quad \text{auf } \mathbf{R}.$$

$$\int \cosh x \, dx = \sinh x \quad \text{und} \quad \int \sinh x \, dx = \cosh x \quad \text{auf } \mathbf{R}.$$

$$\int \frac{dx}{1+x^2} = \arctan x \quad \text{auf } \mathbf{R}.$$

$$\int \frac{dx}{1-x^2} = \frac{1}{2} \ln \left|\frac{1+x}{1-x}\right| = \begin{cases} \text{Artanh} \, x & \text{auf } (-1, 1) \\ \text{Arcoth} \, x & \text{auf } (-\infty, -1) \text{ und } (1, +\infty) \end{cases}^{1)}.$$

$$\int \frac{dx}{\sqrt{1+x^2}} = \text{Arsinh} \, x \quad \text{auf } \mathbf{R}.$$

$$\int \frac{dx}{\sqrt{1-x^2}} = \arcsin x \quad \text{auf } (-1, 1).$$

$$\int \frac{dx}{\sqrt{x^2-1}} = \ln|x + \sqrt{x^2-1}| = \begin{cases} \text{Arcosh} \, x & \text{auf } (1, +\infty) \\ -\text{Arcosh}(-x) & \text{auf } (-\infty, -1) \end{cases}^{2)}.$$

Neben diesen Grundintegralen, die der Leser sich gut einprägen sollte, notieren wir noch einige weitere Integrationsformeln, die uns entweder in der Gestalt von Differentiationsformeln früher schon begegnet sind oder die man ganz mühelos durch Differentiation beweisen kann; auf die Angabe der Gültigkeitsintervalle wollen wir hierbei der Kürze wegen verzichten:

$$\int \frac{dx}{\cos^2 x} = \tan x, \qquad \int \frac{dx}{\sin^2 x} = -\cot x. \tag{76.2}$$

$$\int \frac{dx}{\cosh^2 x} = \tanh x, \qquad \int \frac{dx}{\sinh^2 x} = -\coth x. \tag{76.3}$$

$$\int \tan x \, dx = -\ln|\cos x|, \qquad \int \cot x \, dx = \ln|\sin x|. \tag{76.4}$$

$$\int \tanh x \, dx = \ln \cosh x, \qquad \int \coth x \, dx = \ln|\sinh x|. \tag{76.5}$$

$$\int \cos \alpha x \cdot \cos \beta x \, dx = \frac{1}{2} \left[\frac{\sin(\alpha+\beta)x}{\alpha+\beta} + \frac{\sin(\alpha-\beta)x}{\alpha-\beta}\right] \quad (|\alpha| \neq |\beta|). \tag{76.6}$$

---

[1] S. A 53.7 und A 53.8.
[2] S. A 53.6.

$$\int \sin\alpha x \cdot \sin\beta x\,dx = -\frac{1}{2}\left[\frac{\sin(\alpha+\beta)x}{\alpha+\beta} - \frac{\sin(\alpha-\beta)x}{\alpha-\beta}\right] \quad (|\alpha|\neq|\beta|). \tag{76.7}$$

$$\int \sin\alpha x \cdot \cos\beta x\,dx = -\frac{1}{2}\left[\frac{\cos(\alpha+\beta)x}{\alpha+\beta} + \frac{\cos(\alpha-\beta)x}{\alpha-\beta}\right] \quad (|\alpha|\neq|\beta|). \tag{76.8}$$

$$\int \cos^2\alpha x\,dx = \frac{\sin(2\alpha x)+2\alpha x}{4\alpha}, \quad \int \sin^2\alpha x\,dx = -\frac{\sin(2\alpha x)-2\alpha x}{4\alpha} \quad (\alpha\neq 0). \tag{76.9}$$

$$\int \sin\alpha x \cdot \cos\alpha x\,dx = \frac{\sin^2\alpha x}{2\alpha} \quad (\alpha\neq 0). \tag{76.10}$$

$$\int e^{ax}\sin(\alpha x+\beta)\,dx = \frac{a\sin(\alpha x+\beta)-\alpha\cos(\alpha x+\beta)}{a^2+\alpha^2}e^{ax} \quad (a^2+\alpha^2\neq 0). \tag{76.11}$$

$$\int e^{ax}\cos(\alpha x+\beta)\,dx = \frac{a\cos(\alpha x+\beta)+\alpha\sin(\alpha x+\beta)}{a^2+\alpha^2}e^{ax} \quad (a^2+\alpha^2\neq 0). \tag{76.12}$$

Eine Fülle von Integrationsformeln findet der Leser in den gängigen Integraltafeln. Wir verweisen etwa auf Gröbner–Hofreiter [8], Bronstein–Semendjajew [3].

Aufgaben

Verifiziere durch Differentiation die folgenden Integrationsformeln und gebe ihre Gültigkeitsintervalle an:

1. $\int x\cos x\,dx = x\sin x + \cos x$.
2. $\int x^2\cos x\,dx = x^2\sin x + 2x\cos x - 2\sin x$.
3. $\int \dfrac{dx}{x^2+2x+2} = \arctan(x+1)$.
4. $\int \dfrac{dx}{\sqrt{3-2x^2}} = \dfrac{1}{\sqrt{2}}\arcsin\left(\sqrt{\dfrac{2}{3}}\,x\right)$.
5. $\int xe^{x^2}dx = \dfrac{1}{2}e^{x^2}$.
6. $\int \dfrac{e^x-1}{e^x+1}dx = 2\ln(e^x+1) - x$.

77 Regeln der unbestimmten Integration

So wie uns jede Differentiationsformel eine Integrationsformel liefert, gibt uns auch *jede Differentiationsregel eine Integrationsregel* an die Hand. Wir führen nur die für den praktischen Gebrauch wichtigsten auf und treffen für ihre Formulierung die folgenden Verabredungen:

I. Die nachstehenden Formeln gelten für alle Intervalle I, auf denen die rechten Seiten existieren; sie behaupten, daß dann auch die linken Seiten auf I vorhanden sind, und daß die rechte Seite dort eine Stammfunktion des linken Integranden ist.
II. Treten Ableitungen auf, so wird deren Existenz stillschweigend vorausgesetzt.
III. F bedeute durchgehend eine Stammfunktion zu f.

Unter diesen Übereinkünften gelten die folgenden Aussagen, die man äußerst einfach durch Differentiation der rechten Seiten beweist:

$$\int (\alpha_1 f_1 + \cdots + \alpha_n f_n) dx = \alpha_1 \int f_1 dx + \cdots + \alpha_n \int f_n dx. \tag{77.1}$$

$$\int fg \, dx = Fg - \int Fg' dx \quad \text{(Produkt- oder Teilintegration)}, \tag{77.2}$$

eine Regel, die man auch häufig in der Form schreibt

$$\int uv' dx = uv - \int u'v \, dx. \tag{77.2a}$$

$$\int (f \circ g) g' dx = F \circ g \quad \text{oder also} \quad \int f(g(x)) g'(x) dx = F(g(x))^{1)}. \tag{77.3}$$

Zwei besonders wichtige Spezialfälle der letzten Regel seien noch ausdrücklich vermerkt:

$$\int f(ax+b) dx = \frac{1}{a} F(ax+b), \tag{77.4}$$

$$\int \frac{g'(x)}{g(x)} dx = \ln |g(x)|. \tag{77.5}$$

Wir bringen einige Beispiele. Die Bestimmung der Gültigkeitsintervalle überlassen wir dem Leser.

1. $\int (a_0 + a_1 x + \cdots + a_n x^n) dx = a_0 x + \frac{a_1}{2} x^2 + \cdots + \frac{a_n}{n+1} x^{n+1}$ (Integration eines Polynoms).

---
[1] Hat also der Integrand die spezielle Bauart $f(g(x))g'(x)$, so kann man eine Stammfunktion zu ihm bestimmen, *indem man $\int f(u) du$ berechnet und im Ergebnis $u = g(x)$ setzt.*

2. $\int x^n e^x dx = x^n e^x - n \int x^{n-1} e^x dx$ für $n = 1, 2, \ldots$. Ist $n \geq 2$, so kann man auf das Integral rechterhand wiederum Produktintegration anwenden und erhält dann

$$\int x^n e^x dx = x^n e^x - n \left[x^{n-1} e^x - (n-1) \int x^{n-2} e^x dx \right]$$

$$= x^n e^x - n x^{n-1} e^x + n(n-1) \int x^{n-2} e^x dx.$$

So fortfahrend gelangt man schließlich zu dem Grundintegral $\int e^x dx$.

3. $\int x^n \cos x \, dx = x^n \sin x - n \int x^{n-1} \sin x \, dx$ für $n = 1, 2, \ldots$. Wie in Beispiel 2 führt sukzessive Anwendung der Produktintegration schließlich zu einem der Grundintegrale $\int \sin x \, dx$ oder $\int \cos x \, dx$ (s. Aufgaben 1 und 2 in Nr. 76).

4. Genau wie in den beiden letzten Beispielen bearbeitet man die Integrale

$$\int x^n \sin x \, dx, \quad \int x^n \sinh x \, dx \quad \text{und} \quad \int x^n \cosh x \, dx.$$

5. Ist p ein Polynom, so führt die Methode der drei vorhergegangenen Beispiele auch zur Auswertung der Integrale

$$\int p(x) e^x dx, \quad \int p(x) \cos x \, dx, \quad \int p(x) \sin x \, dx,$$

$$\int p(x) \cosh x \, dx, \quad \int p(x) \sinh x \, dx.$$

Man muß nur die Produktintegration so anwenden, daß man das Polynom „herunterdifferenziert".

6. $\int \ln x \, dx = \int 1 \cdot \ln x \, dx = x \ln x - \int x \cdot \frac{1}{x} dx = x \ln x - x.$ \hfill (77.6)

7. $\int \arctan x \, dx = \int 1 \cdot \arctan x \, dx = x \arctan x - \int \frac{x \, dx}{1 + x^2} = x \arctan x - \frac{1}{2} \int \frac{2x \, dx}{1 + x^2}$

$= x \arctan x - \frac{1}{2} \ln(1 + x^2)$ (zum Schluß wurde (77.5) benutzt).

8. $\int \arcsin x \, dx = \int 1 \cdot \arcsin x \, dx = x \arcsin x - \int \frac{x \, dx}{\sqrt{1 - x^2}} = x \arcsin x + \frac{1}{2} \int \frac{(-2x) dx}{\sqrt{1 - x^2}}$

$= x \arcsin x + \frac{1}{2} \cdot 2\sqrt{1 - x^2} = x \arcsin x + \sqrt{1 - x^2}.$

Das letzte Integral wurde mittels (77.3) ausgewertet: $f(u) := 1/\sqrt{u}$, $g(x) := 1 - x^2$. In den folgenden Beispielen werden wir fortlaufend von dieser Regel und ihren Spezialfällen (77.4) und (77.5) Gebrauch machen.

9. $\int \frac{dx}{a^2 + b^2 x^2} = \frac{1}{a^2} \int \frac{dx}{1 + \left(\frac{b}{a} x\right)^2} = \frac{1}{a^2} \cdot \frac{a}{b} \arctan\left(\frac{b}{a} x\right) = \frac{1}{ab} \arctan\left(\frac{b}{a} x\right),$ falls $ab \neq 0$.

10. $\int \dfrac{dx}{4x^2-12x+13} = \int \dfrac{dx}{4+(2x-3)^2} = \dfrac{1}{4} \int \dfrac{dx}{1+\left(x-\dfrac{3}{2}\right)^2} = \dfrac{1}{4} \arctan\left(x-\dfrac{3}{2}\right).$

11. $\int \dfrac{dx}{\sqrt{a^2+b^2x^2}} = \dfrac{1}{a} \int \dfrac{dx}{\sqrt{1+\left(\dfrac{b}{a}x\right)^2}} = \dfrac{1}{a} \cdot \dfrac{a}{b} \operatorname{Arsinh}\left(\dfrac{b}{a}x\right)$

$= \dfrac{1}{b} \operatorname{Arsinh}\left(\dfrac{b}{a}x\right), \quad \text{falls } a>0 \quad \text{und} \quad b \neq 0.$

12. $\int \dfrac{dx}{\sqrt{5-4x-x^2}} = \int \dfrac{dx}{\sqrt{9-(x+2)^2}} = \dfrac{1}{3} \int \dfrac{dx}{\sqrt{1-\left(\dfrac{x+2}{3}\right)^2}}$

$= \dfrac{1}{3} \cdot 3 \arcsin \dfrac{x+2}{3} = \arcsin \dfrac{x+2}{3}.$

13. $\int x\sqrt{1-x^2}\,dx = -\dfrac{1}{2} \int \sqrt{1-x^2}(-2x)dx = -\dfrac{1}{2} \cdot \dfrac{2}{3} \sqrt{(1-x^2)^3} = -\dfrac{1}{3} \sqrt{(1-x^2)^3}.$

14. $\int \sin^4 x \cos x\,dx = \dfrac{1}{5} \sin^5 x.$ Allgemein:

$\int [g(x)]^n g'(x)dx = \dfrac{1}{n+1} [g(x)]^{n+1} \quad \text{für } n \in \mathbf{N}.$

Und entsprechend, wenn n durch ein beliebiges reelles $\alpha \neq -1$ ersetzt wird.

15. $\int \dfrac{\ln x}{x^2}dx = \int \left(\ln \dfrac{1}{x}\right)\left(-\dfrac{1}{x^2}\right)dx = \dfrac{1}{x}\ln\dfrac{1}{x} - \dfrac{1}{x} = -\dfrac{1+\ln x}{x}$ (s. (77.6)).

16. $\int \dfrac{x+5}{x^2+10x-4}dx = \dfrac{1}{2} \int \dfrac{2x+10}{x^2+10x-4}dx = \dfrac{1}{2} \ln|x^2+10x-4|.$

17. $\int \dfrac{e^x}{5+2e^x}dx = \dfrac{1}{2} \int \dfrac{2e^x}{5+2e^x}dx = \dfrac{1}{2} \ln(5+2e^x).$

18. $\int \dfrac{\sin x \cos x}{1+\sin^2 x}dx = \dfrac{1}{2} \int \dfrac{2\sin x \cos x}{1+\sin^2 x}dx = \dfrac{1}{2}\ln(1+\sin^2 x).$

19. $\int \cosh^3 x\,dx = \int \cosh^2 x \cosh x\,dx = \int (1+\sinh^2 x)\cosh x\,dx = \sinh x + \dfrac{1}{3}\sinh^3 x.$

20. $\int \dfrac{\cos x}{\sqrt{\sin x}}dx = 2\sqrt{\sin x}.$ Allgemein (s. Bemerkung in Beispiel 14):

$\int \dfrac{g'(x)}{\sqrt{g(x)}}dx = 2\sqrt{g(x)}.$

Die Regel (77.3) führt ein Integral der Form $\int f(g(t))g'(t)dt$ auf das Integral $\int f(x)dx$ zurück. Häufig wird man den umgekehrten Weg gehen: Um $\int f(x)dx$ zu berechnen, versucht man, eine umkehrbare Funktion $g(t)$ so zu finden, daß das Integral $\int f(g(t))g'(t)dt$ einfach ausgewertet werden kann; ersetzt man dann in der so gefundenen Stammfunktion $\Phi(t)$ die Variable t durch $g^{-1}(x)$, so erhält man unter geeigneten Voraussetzungen, wie wir gleich beweisen werden, eine Stammfunktion $F(x) := \Phi(g^{-1}(x))$ zu f. Mit dem vielbenutzten Symbol

$$[\varphi(t)]_{t=\psi(x)} := \varphi(\psi(x))$$

läßt sich $F(x)$ in der Form

$$F(x) = [\Phi(t)]_{t=g^{-1}(x)} = \left[\int f(g(t))g'(t)dt\right]_{t=g^{-1}(x)}$$

schreiben. Genaueres sagt die außerordentlich wichtige

77.1 Substitutionsregel *Es seien die folgenden Voraussetzungen erfüllt*:
a) *f sei auf dem Intervall I definiert*,
b) *g besitze auf dem Intervall I_0 eine niemals verschwindende Ableitung*,
c) *es sei $g(I_0) = I$*,
d) *$(f \circ g)g'$ besitze auf I_0 eine Stammfunktion Φ*.

Unter diesen Annahmen existiert die Umkehrung g^{-1} von g auf I, und die Funktion $F(x) := \Phi(g^{-1}(x))$ ist dort eine Stammfunktion zu f, kurz:

$$\int f(x)dx = \left[\int f(g(t))g'(t)dt\right]_{t=g^{-1}(x)} \quad \text{auf } I.$$

Beweis. Wegen des Zwischenwertsatzes 49.10 für Ableitungen folgt aus b), daß $g'(t)$ auf I_0 entweder ständig positiv oder ständig negativ ist. Infolgedessen ist g auf I_0 streng monoton, so daß $h := g^{-1}$ auf $g(I_0) = I$ existiert. Nach Satz 47.3 ist überdies h auf I differenzierbar und

$$h'(x) = \frac{1}{g'(h(x))} \quad \text{für alle } x \in I.$$

Bedenkt man noch, daß

$$\Phi'(t) = f(g(t))g'(t) \quad \text{und} \quad g(h(x)) = x$$

ist, so erhält man

$$F'(x) = \frac{d}{dx}\Phi(h(x)) = \Phi'(h(x))h'(x) = f[g(h(x))]g'(h(x))h'(x)$$

$$= f(x)g'(h(x))\frac{1}{g'(h(x))} = f(x) \quad \text{für alle } x \in I. \quad \blacksquare$$

Die Substitutionsmethode ist ein sehr schmiegsames Verfahren, Integrale auszuwerten, weil man eine weitgehende Freiheit in der Wahl der Substitutionsfunktion g besitzt, dieselbe also leicht den Besonderheiten des vorgelegten Integranden anpassen kann. Das Mitschleppen des Differentials dx im Integral erlaubt eine ganz mechanische Anwendung der Regel: Man setze in $\int f(x)dx$ einfach $x = g(t)$, $dx = g'(t)dt$ und werte das so entstehende Integral $\int f(g(t))g'(t)dt$ aus; im Ergebnis ersetze man dann t durch $g^{-1}(x)$. — Wir setzen nun die Reihe unserer Integrationsbeispiele mit einigen Anwendungen der Substitutionsregel fort:

21. $\int \sqrt{r^2 - x^2} dx$ mit $r > 0$: Für $t \in I_0 := (-\pi/2, \pi/2)$ setzen wir $x = r \sin t$, also $dx = r \cos t dt$. Auf $I := (-r, r)$ ist dann

$$\int \sqrt{r^2 - x^2} dx = \left[\int \sqrt{r^2(1 - \sin^2 t)} r \cos t dt \right]_{t = \arcsin(x/r)}.$$

Mit Hilfe der Formel (76.9) erhält man auf I_0

$$\int \sqrt{r^2(1 - \sin^2 t)} r \cos t dt = r^2 \int \cos^2 t dt = r^2 \frac{\sin 2t + 2t}{4} = r^2 \frac{2 \sin t \cos t + 2t}{4}$$

$$= r^2 \frac{\sin t \sqrt{1 - \sin^2 t} + t}{2} = \frac{r \sin t \sqrt{r^2 - r^2 \sin^2 t} + r^2 t}{2},$$

also ist

$$\int \sqrt{r^2 - x^2} dx = \frac{1}{2} x \sqrt{r^2 - x^2} + \frac{1}{2} r^2 \arcsin \frac{x}{r} \quad \text{auf } (-r, r)^{1)}. \tag{77.7}$$

22. $\int \frac{dx}{\sqrt{1 + x^2}^3}$: Für jedes t setzen wir $x = \sinh t$, $dx = \cosh t dt$. Dann ist

$$\int \frac{dx}{\sqrt{1 + x^2}^3} = \left[\int \frac{\cosh t dt}{\sqrt{1 + \sinh^2 t}^3} \right]_{t = \text{Arsinh} x} \quad \text{auf } \mathbf{R}.$$

Dank der Formel (76.3) ist

$$\int \frac{\cosh t dt}{\sqrt{1 + \sinh^2 t}^3} = \int \frac{dt}{\cosh^2 t} = \tanh t = \frac{\sinh t}{\sqrt{1 + \sinh^2 t}},$$

also

$$\int \frac{dx}{\sqrt{1 + x^2}^3} = \frac{x}{\sqrt{1 + x^2}}.$$

---

[1] S. dazu Aufgabe 22.

444 X Integration

Bei Integranden, die aus $\sin x$ und $\cos x$ aufgebaut sind, führen häufig die Substitutionen

$$x = \arctan t \quad \text{bzw.} \quad x = 2 \arctan t \tag{77.8}$$

zum Erfolg. Man hat dabei die folgenden Formeln zu beachten:

$x = \arctan t,\ t \in \mathbf{R}$	$x = 2\arctan t,\ t \in \mathbf{R}$
$t = \tan x,\ x \in (-\pi/2, \pi/2)$	$t = \tan \dfrac{x}{2},\ x \in (-\pi, \pi)$
$dx = dt/(1+t^2)$	$dx = 2dt/(1+t^2)$
$\sin x = \dfrac{\tan x}{\sqrt{1+\tan^2 x}} = \dfrac{t}{\sqrt{1+t^2}}$	$\sin x = \dfrac{2\tan(x/2)}{1+\tan^2(x/2)} = \dfrac{2t}{1+t^2}$
$\cos x = \dfrac{1}{\sqrt{1+\tan^2 x}} = \dfrac{1}{\sqrt{1+t^2}}$	$\cos x = \dfrac{1-\tan^2(x/2)}{1+\tan^2(x/2)} = \dfrac{1-t^2}{1+t^2}$

Wir bringen dazu zwei Beispiele:

23. $\int \dfrac{dx}{\sin^2 x \cos^4 x}$: Die Substitution $x = \arctan t$ führt zu dem Integral

$$\int \frac{(1+t^2)(1+t^2)^2}{t^2} \frac{dt}{1+t^2} = \int \left(\frac{1}{t^2} + 2 + t^2 \right) dt = -\frac{1}{t} + 2t + \frac{t^3}{3},$$

wobei man sich auf eines der Intervalle $(-\infty, 0)$ und $(0, +\infty)$ beschränken muß. Also ist

$$\int \frac{dx}{\sin^2 x \cos^4 x} = -\cot x + 2\tan x + \frac{1}{3}\tan^3 x \quad \text{auf} \ \left(-\frac{\pi}{2}, 0\right) \ \text{und} \ \left(0, \frac{\pi}{2}\right).$$

24. $\int \dfrac{dx}{\sin x}$: Die Substitution $x = 2 \arctan t$ liefert das Integral

$$\int \frac{1+t^2}{2t} \frac{2dt}{1+t^2} = \int \frac{dt}{t} = \ln|t| \quad \text{auf} \ (-\infty, 0) \ \text{und} \ (0, +\infty).$$

Also ist

$$\int \frac{dx}{\sin x} = \ln \left| \tan \frac{x}{2} \right| \quad \text{auf} \ (-\pi, 0) \ \text{und} \ (0, \pi).$$

Aufgaben

In den Aufgaben 1 bis 21 sind die angegebenen Integrale zu berechnen.

1. $\int \sqrt{2x+3}\,dx.$
2. $\int \cos(3x+1)\,dx.$
3. $\int \dfrac{dx}{\sqrt{4x-1}}.$

4. $\int x^2 \sin 2x\,dx.$
5. $\int (x^3+x^2-1)e^{2x-4}\,dx.$
6. $\int (x^2+2x)\sinh\dfrac{x}{2}\,dx.$

7. $\int \dfrac{x}{\cos^2 x}\,dx.$
8. $\int x \arctan x\,dx.$
9. $\int \dfrac{x^2\,dx}{\sqrt{1-5x^3}}.$

10. $\int \dfrac{x+1}{\sqrt{x^2+2x+2}}\,dx.$
11. $\int xe^{-x^2}\,dx.$
12. $\int \cos x\, e^{\sin x}\,dx.$

13. $\int \dfrac{\arctan x}{1+x^2}\,dx.$
14. $\int \dfrac{\ln x}{x}\,dx.$
15. $\int x^2\sqrt{1-x^2}\,dx.$

16. $\int \dfrac{dx}{\sqrt[4]{\sin^3 x \cos^5 x}}.$
17. $\int \dfrac{1+\tan x}{\sin 2x}\,dx.$
18. $\int \tan^2 x\,dx.$

19. $\int \dfrac{dx}{\cos^3 x}.$
20. $\int \dfrac{dx}{\cos x}.$
21. $\int \dfrac{4\,dx}{\sinh x \cosh x}.$

22. Die Funktionen f und F seien stetig auf $[a,b]$, und F sei auf (a,b) eine Stammfunktion zu f. Dann ist F auch eine Stammfunktion zu f auf $[a,b]$. Infolgedessen gilt (77.7) sogar auf $[-r,r]$. Hinweis: A 49.5.

23. Bestimme sämtliche Lösungen der folgenden Differentialgleichungen: a) $\dot{u}=u+t^2$, b) $\dot{u}=-2u+\cos t$. Hinweis: Methode der Variation der Konstanten.

°24. Sei $f=u+iv$ eine komplexwertige Funktion auf dem (reellen) Intervall I. Ist $F=U+iV$ eine komplexwertige Funktion auf I mit $F'(x)=f(x)$ (also $U'(x)=u(x)$ und $V'(x)=v(x)$) für alle $x\in I$, so heißt F eine Stammfunktion zu f auf I, in Zeichen: $F(x)=\int f(x)dx$ (oder auch $F=\int fdx$) auf I. Zeige: a) $\int(u+iv)dx=\int u\,dx+i\int v\,dx$, b) $\int e^{\lambda x}dx=\dfrac{1}{\lambda}e^{\lambda x}$ auf **R** für jedes komplexe $\lambda\neq 0$. Hinweis: (72.10).

+25. **Iterierte Produktintegration** Unter den erforderlichen Voraussetzungen ist

$$\int uv^{(n)}dx = uv^{(n-1)} - u'v^{(n-2)} + u''v^{(n-3)} - \ldots + (-1)^n \int u^{(n)}v\,dx.$$

78 Die Integration der rationalen Funktionen

Da man jede *unecht* gebrochene rationale Funktion durch Division auf die Form „Polynom + *echt* gebrochene rationale Funktion" bringen kann, genügt es, die Integration der echt gebrochenen rationalen Funktionen zu studieren. Jede derartige Funktion r läßt sich gemäß Satz 69.5 in einer Summe von Partialbrüchen zerlegen (wobei man ganz im Reellen bleiben kann), und infolgedessen wird man r integrieren können, sobald man über Stammfunktionen von Brüchen der Form

$$\frac{1}{(x-\xi)^m} \quad \text{und} \quad \frac{\alpha x+\beta}{(x^2+ax+b)^m} \quad \text{mit} \quad a^2<4b \quad (m=1,2,\ldots)$$

verfügt[1]. Solche Stammfunktionen werden unmittelbar oder rekursiv durch die folgenden Formeln gegeben, die man durch Differenzieren bestätigt:

$$\int \frac{dx}{(x-\xi)^m} = \begin{cases} -\dfrac{1}{m-1}\dfrac{1}{(x-\xi)^{m-1}} & \text{für } m>1, \\ \ln|x-\xi| & \text{für } m=1. \end{cases} \tag{78.1}$$

$$\int \frac{dx}{x^2+ax+b} = \frac{2}{\sqrt{4b-a^2}} \arctan \frac{2x+a}{\sqrt{4b-a^2}}. \tag{78.2}$$

$$\int \frac{dx}{(x^2+ax+b)^m} = \frac{2x+a}{(m-1)(4b-a^2)(x^2+ax+b)^{m-1}}$$
$$+ \frac{2(2m-3)}{(m-1)(4b-a^2)} \int \frac{dx}{(x^2+ax+b)^{m-1}} \quad (m \geq 2). \tag{78.3}$$

$$\int \frac{\alpha x+\beta}{x^2+ax+b} dx = \frac{\alpha}{2} \ln(x^2+ax+b) + \left(\beta - \frac{\alpha a}{2}\right) \int \frac{dx}{x^2+ax+b}. \tag{78.4}$$

$$\int \frac{\alpha x+\beta}{(x^2+ax+b)^m} dx = -\frac{\alpha}{2(m-1)(x^2+ax+b)^{m-1}}$$
$$+ \left(\beta - \frac{\alpha a}{2}\right) \int \frac{dx}{(x^2+ax+b)^m} \quad (m \geq 2). \tag{78.5}$$

Mit der Zerlegung (69.9) erhält man beispielsweise

$$\int \frac{x+1}{x^4-x} dx = -\int \frac{dx}{x} + \frac{2}{3}\int \frac{dx}{x-1} + \frac{1}{3}\int \frac{x-1}{x^2+x+1} dx$$

$$= -\ln|x| + \frac{2}{3}\ln|x-1| + \frac{1}{3}\cdot\frac{1}{2}\ln(x^2+x+1)$$
$$+ \frac{1}{3}\left(-1-\frac{1}{2}\right)\int \frac{dx}{x^2+x+1}$$

$$= -\ln|x| + \frac{2}{3}\ln|x-1| + \frac{1}{6}\ln(x^2+x+1) - \frac{1}{\sqrt{3}}\arctan\frac{2x+1}{\sqrt{3}}.$$

---

[1] Im Falle $a^2 \geq 4b$ besitzt x^2+ax+b nur reelle Nullstellen, der Term $(\alpha x+\beta)/(x^2+ax+b)^m$ kommt infolgedessen in (69.7) nicht vor.

Sollte der Leser den Unterkurs über komplexe Zahlen nicht verfolgt und sich daher nicht von der Richtigkeit des Satzes 69.5 überzeugt haben, so kann er sich dennoch guten Gewissens der Zerlegung (69.7) bedienen, und zwar folgendermaßen: Er mache für die konkret vorgegebene rationale Funktion r rein formal den Zerlegungsansatz (69.7), berechne die Koeffizienten a_{jk}, $\alpha_{\nu\mu}$ und $\beta_{\nu\mu}$ nach den in Nr. 69 geschilderten Methoden (in jedem Einzelfall wird er feststellen, daß dies möglich ist) und verifiziere nachträglich, daß die gefundenen Zahlen a_{jk}, $\alpha_{\nu\mu}$ und $\beta_{\nu\mu}$ tatsächlich das Gewünschte leisten. Der Satz 69.5 besagt im Grunde genommen nur, daß diese Verifikation (die „Probe") theoretisch überflüssig ist, weil man sicher sein darf, daß eine Zerlegung der Form (69.7) von r existiert. Daß die Probe dennoch zu empfehlen ist, um sich vor Rechenfehlern zu schützen, steht natürlich auf einem ganz anderen Blatt.

Aufgaben

In den Aufgaben 1 bis 8 sind die angegebenen Integrale zu berechnen:

1. $\int \dfrac{x\,dx}{x^2-3x+2}$.
2. $\int \dfrac{x^3\,dx}{x^3-x^2-x+1}$.
3. $\int \dfrac{dx}{(x^2+x+1)^2}$.
4. $\int \dfrac{x^7\,dx}{x^4+2}$.
5. $\int \dfrac{dx}{x^4+1}$.
6. $\int \dfrac{x^2\,dx}{x^4+1}$.
7. $\int \dfrac{dx}{2x^2+4x-1}$.
8. $\int \dfrac{x^4-x^3-3x-1}{x^4+4x^2+3}\,dx$.

In den Aufgaben 9 bis 12 sind die angegebenen Integrale zu berechnen, indem man sie durch geeignete Substitutionen auf Integrale über rationale Funktionen zurückführt:

9. $\int \dfrac{e^x-1}{e^x+1}\,dx$.
10. $\int \dfrac{x-\sqrt{x}}{x+\sqrt{x}}\,dx$.
11. $\int \dfrac{\ln^4 x-1}{x(\ln^3 x+1)}\,dx$.
12. $\int \dfrac{dx}{4\sqrt{x}+\sqrt[4]{x^3}}$.

79 Das Riemannsche Integral

Die letzten drei Nummern haben uns zwar in der Untersuchung der Frage, wie zu einer vorgegebenen Funktion eine Stammfunktion zu bestimmen sei, ein gutes Stück vorangebracht — es haftet ihnen aber etwas zutiefst Unbefriedigendes an. Dies liegt im wesentlichen daran, daß wir uns *rein technisch* damit begnügt haben, die Regeln und Formeln der Differentialrechnung einfach umzukehren, und so den eigentlichen Problemen doch nur ausgewichen sind, den Problemen nämlich, *wie eine Funktion F allgemein aus ihrer als bekannt angenommenen Änderungsrate F' zu rekonstruieren sei, und wie man einer vorgelegten Funktion f ansehen könne, ob sie überhaupt eine Stammfunktion besitzt.* Um hier zur Klarheit zu gelangen, müssen wir offenbar tiefer ansetzen als bisher. Wir gehen zu diesem Zweck folgendermaßen vor.

448　X Integration

Angenommen, die Funktion F sei auf dem Intervall $[a, b]$ differenzierbar, und ihre *Änderungsrate*, also ihre Ableitung $f := F'$ sei uns ebenso bekannt wie ihr *Anfangswert $F(a)$*. Wir werfen dann die Frage auf, *ob wir ihren Endwert $F(b)$ bestimmen können*[1].

Grundsätzlich ist dies gewiß möglich, denn nach dem Mittelwertsatz gilt ja $F(b) = F(a) + f(\eta)(b-a)$ mit einem geeigneten $\eta \in (a, b)$. Allerdings setzt uns sofort der Umstand in Verlegenheit, daß wir i. allg. nicht wissen werden, *wie groß* denn nun η tatsächlich ist. Unsere Bemerkung scheint uns also zunächst nicht weiterzuhelfen. Immerhin könnte man sich aus dieser Affäre zu ziehen versuchen, indem man das schwer greifbare η einfach durch *irgendein* $\xi \in [a, b]$ ersetzt und nun hofft, daß $F(a) + f(\xi)(b-a)$ zwar nicht *genau*, aber doch *näherungsweise* $= F(b)$ ist. Diese Hoffnung trügt jedoch immer dann, wenn f sich auf $[a, b]$ sehr stark *ändert*.

In diesem mißlichen Falle wird man daran denken, das obige, viel zu grobe Vorgehen etwas zu verfeinern, um dem störenden Einfluß starker Schwankungen von f besser Herr zu werden. Und dies wird wohl nur so geschehen können: Man stellt mit Hilfe irgendwelcher **Teilpunkte** $a = x_0 < x_1 < \cdots < x_n = b$ eine **Zerlegung** Z des Intervalles $I := [a, b]$ her, die wir hinfort kurz mit $\{x_0, x_1, \ldots, x_n\}$ bezeichnen wollen. $I_k := [x_{k-1}, x_k]$ soll das k-te **Teilintervall** von Z, $|I_k|$ die **Länge** von I_k und $|Z| := \max_{k=1}^{n} |I_k|$ das **Feinheitsmaß** von Z bedeuten. Da nun einerseits $F(b) - F(a) = \sum_{k=1}^{n} [F(x_k) - F(x_{k-1})]$, andererseits nach dem Mittelwertsatz $F(x_k) - F(x_{k-1}) = f(\eta_k) |I_k|$ mit einem geeigneten $\eta \in \mathring{I}_k$ ist, haben wir stets

$$F(b) = F(a) + \sum_{k=1}^{n} f(\eta_k) |I_k|, \tag{79.1}$$

und wenn nun jedes einzelne I_k „klein genug" oder also: wenn das Feinheitsmaß $|Z|$ „hinreichend klein" ist, werden wir mit besserem Grund als oben erwarten dürfen, daß selbst bei völlig willkürlicher Wahl eines **Zwischenpunktes** $\xi_k \in I_k$ der Term $f(\xi_k) |I_k|$ sich nur wenig von $f(\eta_k) |I_k|$ unterscheidet und dann wohl auch $F(b)$ halbwegs annehmbar durch $F(a) + \sum_{k=1}^{n} f(\xi_k) |I_k|$ approximiert wird. Und diese Approximation dürfte um so besser sein, je kleiner $|Z|$ ist. Die letzte Politur — und unabdingbare Präzision — geben wir diesen tastenden Überlegungen nun durch einen schulgerechten Grenzübergang. Dazu nehmen wir uns eine Folge von Zerlegungen

---

[1] Wenn uns dies *in allgemeiner Weise* möglich ist, können wir natürlich auch $F(x)$ für jedes $x \in (a, b)$ bestimmen; wir brauchen nur dem Punkt x die Rolle von b zu übertragen. Mit anderen Worten: *F ist uns dann vollständig bekannt.*

$$Z_j := \{x_0^{(j)}, x_1^{(j)}, \ldots, x_{n_j}^{(j)}\} \quad \text{mit} \quad |Z_j| \to 0 \quad \text{(Zerlegungsnullfolge)}$$

her und zu jedem Z_j einen Zwischenvektor

$$\boldsymbol{\xi}_j := (\xi_1^{(j)}, \xi_2^{(j)}, \ldots, \xi_{n_j}^{(j)}) \quad \text{mit} \quad \xi_k^{(j)} \in I_k^{(j)} := [x_{k-1}^{(j)}, x_k^{(j)}].$$

Zur Abkürzung setzen wir noch

$$S(Z_j, \boldsymbol{\xi}_j) := \sum_{k=1}^{n_j} f(\xi_k^{(j)}) |I_k^{(j)}|^{1)} \tag{79.2}$$

und nennen jede derartige Summe eine **Zwischensumme** oder **Riemannsche Summe**. Eine Folge Riemannscher Summen, die zu einer Zerlegungsnullfolge gehört, soll eine **Riemannfolge** (der Funktion f) heißen. Falls *alle* Riemannfolgen von f konvergieren, so streben sie gegen *ein und denselben Grenzwert*. Sind nämlich (S_j') und (S_j'') zwei derartige Folgen, so ist auch ihre „Mischung" $(S_1', S_1'', S_2', S_2'', \ldots)$ eine solche und somit konvergent. Ihr Grenzwert muß dann aber mit den Grenzwerten ihrer Teilfolgen (S_j'), (S_j'') übereinstimmen, und daher müssen auch diese beiden Limites zusammenfallen. Wählen wir nun bei vorgegebener Zerlegungsnullfolge (Z_j) zu jedem Z_j einen Zwischenvektor $\boldsymbol{\eta}_j := (\eta_1^{(j)}, \ldots, \eta_{n_j}^{(j)})$ mit

$$F(x_k^{(j)}) - F(x_{k-1}^{(j)}) = f(\eta_k^{(j)}) |I_k^{(j)}|$$

(der Mittelwertsatz macht dies möglich), so gilt wie in (79.1) für jedes j

$$F(b) = F(a) + \sum_{k=1}^{n_j} f(\eta_k^{(j)}) |I_k^{(j)}| = F(a) + S(Z_j, \boldsymbol{\eta}_j)$$

und somit *trivialerweise* $F(b) = F(a) + \lim S(Z_j, \boldsymbol{\eta}_j)$. Dann muß aber auch für jede *andere* Riemannfolge $(S(Z_j, \boldsymbol{\xi}_j))$ von f stets

$$F(b) = F(a) + \lim S(Z_j, \boldsymbol{\xi}_j) \tag{79.3}$$

sein — *immer vorausgesetzt, daß f „gutartig" genug ist, um* alle *Riemannfolgen konvergent zu machen*. In diesem Falle können wir also wirklich den *Endwert* $F(b)$ aus dem *Anfangswert* $F(a)$ und der *Änderungsrate* $F' = f$ bestimmen—, und zwar mittels eines wohldefinierten Grenzprozesses.

Alles spitzt sich nunmehr auf die Frage zu, ob — oder wann — *jede* Riemannfolge von $f = F'$ denn tatsächlich konvergiert. Für diese Konvergenz kann man sich getrost verbürgen, wenn f *stetig* ist. Denn dann wird f ja auf $[a, b]$ sogar *gleichmäßig* stetig sein (Satz 36.5), und daher gibt es nach Wahl von $\varepsilon > 0$ gewiß ein $\delta > 0$, so daß

für alle $x, y \in I$ mit $|x - y| < \delta$ stets $|f(x) - f(y)| < \varepsilon_1 := \varepsilon/(b-a)$

---

[1] Statt $S(Z_j, \boldsymbol{\xi}_j)$ schreiben wir gelegentlich sorgfältiger $S(f, Z_j, \boldsymbol{\xi}_j)$.

bleibt. Für jede Zerlegung Z mit $|Z|<\delta$ und jeden zugehörigen Zwischenvektor $\boldsymbol{\xi}:=(\xi_1,\ldots,\xi_n)$ gilt dann also wegen (79.1)

$$|F(b)-F(a)-S(Z,\boldsymbol{\xi})|=\left|\sum_{k=1}^{n}[f(\eta_k)-f(\xi_k)]|I_k|\right|<\varepsilon_1\sum_{k=1}^{n}|I_k|=\varepsilon.$$

Nehmen wir uns nun irgendeine *Riemannfolge* $(S(Z_j,\boldsymbol{\xi}_j))$ her, so gibt es zu dem obigen δ einen Index j_0, so daß für $j>j_0$ stets $|Z_j|<\delta$ und dann auch $|F(b)-F(a)-S(Z_j,\boldsymbol{\xi}_j)|<\varepsilon$ ausfällt. Das aber bedeutet nichts weniger, als daß $(S(Z_j,\boldsymbol{\xi}_j))$ *tatsächlich konvergiert* —, und zwar gegen $F(b)-F(a)$.

Bevor wir diese Ergebnisse als Satz formulieren, geben wir eine Definition, die als ebenso grundlegend angesehen werden muß wie die der Ableitung. In ihr bedeutet f eine *beliebige* Funktion, die nicht mehr, wie in den obigen Überlegungen, die Ableitung einer anderen Funktion F zu sein braucht.

Definition *Die Funktion* $f:[a,b]\to\mathbf{R}$ *heißt* Riemann-integrierbar *(kurz: R-integrierbar) auf* $[a,b]$, *wenn jede ihrer Riemannfolgen* $(S(Z_j,\boldsymbol{\xi}_j))$ *gegen einen — und damit gegen ein und denselben — Grenzwert konvergiert. Diesen gemeinsamen Grenzwert bezeichnet man mit dem Symbol*

$$\int_a^b f(x)\mathrm{d}x \tag{79.4}$$

und nennt ihn das Riemannsche Integral *(kurz: R-Integral) von f über* $[a,b]$.

Die sogenannte **Integrationsvariable** x in dem Symbol (79.4) darf natürlich (ähnlich wie ein Summationsindex) durch jeden anderen, noch nicht verbrauchten Buchstaben ersetzt werden: Es ist

$$\int_a^b f(x)\mathrm{d}x = \int_a^b f(t)\mathrm{d}t = \int_a^b f(s)\mathrm{d}s = \int_a^b f(u)\mathrm{d}u.$$

Wir fassen nun die oben gefundenen Ergebnisse zu einem ungemein leistungsfähigen Satz zusammen:

79.1 Erster Hauptsatz der Differential- und Integralrechnung *Besitzt die Funktion F auf dem Intervall $[a,b]$ eine stetige oder auch nur R-integrierbare Ableitung, so ist*

$$F(b)=F(a)+\int_a^b F'(x)\mathrm{d}x \tag{79.5}$$

und somit

$$\int_a^b F'(x)\mathrm{d}x = F(b)-F(a). \tag{79.6}$$

Gl. (79.5) besagt, daß man den Endwert $F(b)$ der Funktion F gewiß dann aus ihrem Anfangswert $F(a)$ und ihrer Änderungsrate F' rekonstruieren kann, wenn

F' R-integrierbar ist: Die Rekonstruktion gelingt in diesem Falle mittels eines konvergenten Grenzprozesses (der R-Integration). Gl. (79.6) lehrt, daß man umgekehrt ein vorgelegtes Integral $\int_a^b f(x)dx$ (Existenz vorausgesetzt) höchst einfach, *ohne den komplizierten Riemannschen Grenzprozeß* berechnen kann, wenn f eine Stammfunktion F auf $[a, b]$ besitzt (und man dieselbe kennt); wegen $f = F'$ ist dann nämlich

$$\int_a^b f(x)dx = F(b) - F(a).$$

Für die Differenz $F(b) - F(a)$ benutzen wir häufig die Abkürzung

$$[F(x)]_a^b \quad \text{oder auch} \quad [F]_a^b.$$

Mit dieser Schreibweise ist also z.B.

$$\int_2^3 x^2 dx = \left[\frac{x^3}{3}\right]_2^3 = \frac{3^3}{3} - \frac{2^3}{3} = \frac{19}{3},$$

$$\int_0^{\pi/2} \cos x \, dx = [\sin x]_0^{\pi/2} = \sin\frac{\pi}{2} - \sin 0 = 1.$$

Weitere Beispiele zur Berechnung Riemannscher Integrale mittels Stammfunktionen findet der Leser in den Aufgaben 1 bis 7.

Bemerkung Geht man die Beweisführungen dieser Nummer noch einmal durch und hält man sich die Voraussetzungen des Mittelwertsatzes vor Augen, so stellt man ohne Mühe die folgende geringfügige Verallgemeinerung des obigen Satzes fest:

Die Funktion F sei auf $[a, b]$ stetig und wenigstens auf (a, b) differenzierbar, ferner stimme F' auf (a, b) mit einer Funktion f überein, die ihrerseits auf $[a, b]$ stetig oder R-integrierbar ist. Dann gilt

$$F(b) = F(a) + \int_a^b f(x)dx \quad \text{und somit} \quad \int_a^b f(x)dx = F(b) - F(a). \tag{79.7}$$

Wir kehren wieder zum Satz 79.1 zurück. Eine auf $[a, b]$ stetige Ableitung F' ist auch auf jedem Teilintervall $[a, x]$ von $[a, b]$ stetig; aus (79.5) erhalten wir also

$$F(x) = F(a) + \int_a^x F'(t)dt \text{ für } x \in (a, b], \text{ falls } F' \text{ stetig auf } [a, b] \text{ ist}[1]. \tag{79.8}$$

Ziehen wir vorgreifend heran, daß eine auf $[a, b]$ R-integrierbare Funktion auch auf jedem abgeschlossenen Teilintervall von $[a, b]$ R-integrierbar ist (s. Satz

---

[1] Wir haben hier die Integrationsvariable mit dem Buchstaben t bezeichnet, um sie deutlich von der Funktionsvariablen x abzuheben.

84.5), so folgt aus (79.5) sogar

$$F(x) = F(a) + \int_a^x F'(t)\mathrm{d}t \text{ für } x \in (a, b], \text{ falls } F' \text{ R-integrierbar auf } [a, b] \text{ ist.} \quad (79.9)$$

Diese Gleichung löst zwar nicht immer, aber doch in den praktisch wichtigsten Fällen das erste der zu Beginn dieses Kapitels aufgeworfenen Hauptprobleme (Wiedergewinnung einer Funktion F aus ihrer Änderungsrate) — *und zwar auf* systematische *Weise, nämlich mittels eines wohldefinierten Grenzprozesses, der* R-*Integration*, nicht mit Hilfe der immer wieder auf Intuition, Raten, Probieren und nachträgliche Verifikation angewiesenen Methoden der unbestimmten Integration. Um einem häufig anzutreffenden Irrtum vorzubeugen, betonen wir aber sehr nachdrücklich, *daß dieses Rekonstruktionsverfahren nicht bei allen, sondern eben nur bei* R-integrierbaren *Ableitungen funktioniert*. Aufgabe 13 belegt, daß es sehr wohl Ableitungen F' gibt, die *nicht* R-integrierbar sind. In einem solchen Falle ist (79.9) natürlich nicht anwendbar, und ebensowenig kann das Integral $\int_a^b F'(x)\mathrm{d}x$ mittels der Gl. (79.6) berechnet werden — denn es existiert ja überhaupt nicht.

Diese Bemerkungen lassen die Frage nach genauen oder wenigstens hinreichenden Bedingungen für die R-Integrierbarkeit einer Ableitung F' (allgemeiner einer beliebigen Funktion f) dringend werden. Solche „Integrabilitätskriterien" werden wir bald intensiv studieren; gegenwärtig begnügen wir uns mit der Gewißheit, *daß jedenfalls eine* stetige *Ableitung stets* R-*integrierbar ist*.

Wir haben oben betont, daß eine Ableitung nicht R-integrierbar zu sein braucht, obwohl sie (trivialerweise) eine Stammfunktion besitzt. Ebensowenig braucht es zu einer R-integrierbaren Funktion eine Stammfunktion zu geben (s. Aufgabe 14). *Existenz einer Stammfunktion und Existenz des* R-*Integrals sind begrifflich völlig verschiedene Dinge und müssen sorgfältig auseinandergehalten werden*. Wir fassen die für die Praxis der Integralberechnung wichtige Quintessenz dieser Bemerkungen noch einmal kurz zusammen:

Die eingängige Formel $\int_a^b F'(x)\mathrm{d}x = F(b) - F(a)$ gilt nicht ausnahmslos; denn $\int_a^b F'(x)\mathrm{d}x$ braucht nicht zu existieren. Man darf nicht erwarten, das bestimmte Integral $\int_a^b f(x)\mathrm{d}x$ einer R-integrierbaren Funktion f stets durch unbestimmte Integration, also mittels der Formel

$$\int_a^b f(x)\mathrm{d}x = \left[\int f(x)\mathrm{d}x\right]_a^b$$

auswerten zu können; denn $\int f(x)\mathrm{d}x$ braucht nicht auf $[a, b]$ zu existieren. Diesen negativen Formulierungen stellen wir eine positive gegenüber: *Die Gleichungen*

$$\int_a^b F'(x)\mathrm{d}x = F(b) - F(a) \quad und \quad \int_a^b f(x)\mathrm{d}x = \left[\int f(x)\mathrm{d}x\right]_a^b$$

gelten immer dann, wenn alle in ihnen auftretenden Ausdrücke, also

$$\int_a^b F'(x)dx, \quad \int_a^b f(x)dx \quad und \quad \left[\int f(x)dx\right]_a^b$$

existieren.

Wir unterbrechen an dieser Stelle unsere Überlegungen, um einige Sprechweisen und Festsetzungen zu verabreden.

In dem Symbol (79.4) nennt man a die untere und b die obere Integrationsgrenze, $[a, b]$ das Integrationsintervall und f den Integranden. Statt (79.4) benutzt man auch häufig das Symbol $\int_a^b f dx$. Die Menge aller auf $[a, b]$ R-integrierbaren Funktionen wird mit $R[a, b]$ bezeichnet. Statt „R-integrierbar" sagt man oft auch einfach „integrierbar" und statt „R-Integral" kurz „Integral"; es muß dann allerdings aus dem Zusammenhang deutlich hervorgehen, daß man mit „Integral" nicht das *unbestimmte* Integral $\int f dx$, sondern eben das *Riemannsche* Integral $\int_a^b f dx$ meint, das man in diesem Zusammenhang auch gerne das bestimmte Integral (von f über $[a, b]$) nennt. Schließlich treffen wir noch die folgenden Vereinbarungen:

$$\int_a^a f dx := 0 \quad \text{für jede Funktion } f, \text{ die mindestens in } a \text{ definiert ist;}$$

$$\int_b^a f dx := -\int_a^b f dx \quad \text{für jedes } f \in R[a, b].$$

(79.10)

$\langle a, b \rangle$ bedeute wie früher das kompakte Intervall mit den Randpunkten $\min(a, b)$ und $\max(a, b)$. Schreiben wir einfach das Symbol $\int_a^b f dx$ ohne Zusatzbemerkung nieder, so unterstellen wir stillschweigend, daß f auf $\langle a, b \rangle$ R-integrierbar ist.

Wir werden nun das Riemannsche Integral als Grenzwert eines *Netzes* beschreiben und so die Sätze der Nr. 44 über Netzkonvergenz für die Integrationstheorie fruchtbar machen.

Das Zeichen (Z, ξ) bedeute eine Zerlegung Z des Intervalls $[a, b]$ zusammen mit einem zu Z gehörenden Zwischenvektor ξ. Die Gesamtheit $\mathfrak{Z}^*$ aller dieser (Z, ξ) wird durch die Festsetzung

$$(Z_1, \xi_1) \prec (Z_2, \xi_2) :\Leftrightarrow |Z_1| \geq |Z_2| \quad (\text{unabhängig von } \xi_1, \xi_2) \quad (79.11)$$

eine *gerichtete Menge*. $\mathfrak{Z}^*$ enthält konfinale Teilfolgen, und zwar *ist die Folge der* (Z_j, ξ_j) *offenbar genau dann konfinal, wenn* (Z_j) *eine Zerlegungsnullfolge ist.* Für jede feste Funktion $f : [a, b] \to \mathbf{R}$ wird durch $(Z, \xi) \mapsto S(f, Z, \xi)$ ein Netz auf $\mathfrak{Z}^*$, das Riemannsche Netz von f, definiert, und mit Satz 44.7 erhalten wir ohne Umstände die angekündigte *Netzcharakterisierung* des R-Integrals:

79.2 Satz *Genau dann ist* $\int_a^b f dx$ *vorhanden und* $= S$, *wenn im Sinne der Netzkonvergenz*

$$S(f, Z, \xi) \to S$$

strebt oder gleichbedeutend: *Wenn es zu jedem $\varepsilon > 0$ ein $\delta > 0$ gibt, so daß für jede Zerlegung Z von $[a, b]$ mit $|Z| < \delta$ stets $|S(f, Z, \xi) - S| < \varepsilon$ bleibt — völlig gleichgültig, wie man den Zwischenvektor ξ wählt.*

Und ebenso unmittelbar gewinnen wir nun aus dem Cauchyschen Konvergenzkriterium 44.6 folgendes

79.3 Cauchysches Integrabilitätskriterium *Die Funktion $f:[a, b] \to \mathbf{R}$ ist genau dann R-integrierbar auf $[a, b]$, wenn es zu jedem $\varepsilon > 0$ ein $\delta > 0$ gibt, so daß bei jeder Wahl der Zwischenvektoren ξ_1 und ξ_2 stets*

$$|S(f, Z_1, \xi_1) - S(f, Z_2, \xi_2)| < \varepsilon \text{ ausfällt, wenn nur } |Z_1|, |Z_2| < \delta \text{ ist.}$$

Aus den evidenten Gleichungen $S(f+g, Z, \xi) = S(f, Z, \xi) + S(g, Z, \xi)$ und $S(cf, Z, \xi) = cS(f, Z, \xi)$ folgt mit Satz 44.4 mühelos der

79.4 Satz *Mit f und g liegt auch die Summe $f+g$ und jedes Vielfache cf in $R[a, b]$, und es gilt*

$$\int_a^b (f+g)dx = \int_a^b f dx + \int_a^b g dx, \qquad \int_a^b cf dx = c\int_a^b f dx.$$

Mit anderen Worten: $R[a, b]$ ist ein Funktionenraum, und die Abbildung $f \mapsto \int_a^b f dx$ von $R[a, b]$ nach $\mathbf{R}$ ist linear.

Der nächste Satz besagt, daß die Abbildung $f \mapsto \int_a^b f dx$ ordnungserhaltend ist; man gewinnt ihn unmittelbar aus Satz 44.2.

79.5 Satz *Ist $f, g \in R[a, b]$ und $f \geq g$, so muß auch $\int_a^b f dx \geq \int_a^b g dx$ sein. Insbesondere ist $\int_a^b f dx \geq 0$, wenn $f \geq 0$ ist.*

Eine überraschende Eigenschaft des Integrals enthält der folgende Satz. Um ihn bequem formulieren zu können, sagen wir, die Teilmenge M von $X \subset \mathbf{R}$ liege **dicht in** X, wenn in *jeder* ε-Umgebung eines *jeden* Punktes von X mindestens ein Punkt aus M liegt (z.B. liegt die Menge der rationalen Punkte eines Intervalls I dicht in I).

79.6 Satz *Sind die Funktionen f und g R-integrierbar auf $[a, b]$ und stimmen sie wenigstens auf einer Menge überein, die dort dicht liegt, so ist bereits $\int_a^b f dx = \int_a^b g dx$.*

Der Beweis liegt auf der Hand. Ist nämlich (Z_j) irgendeine Zerlegungsnullfolge, so wähle man eine zugehörige Folge von Zwischenvektoren $\xi_j := (\xi_1^{(j)}, \ldots, \xi_{n_j}^{(j)})$ derart, daß stets $f(\xi_\nu^{(j)}) = g(\xi_\nu^{(j)})$ ist; auf Grund unserer Voraussetzungen ist dies ohne weiteres möglich. Dann ist aber $S(f, Z_j, \xi_j) = S(g, Z_j, \xi_j)$ für $j = 1, 2, \ldots$, woraus nun sofort die Behauptung folgt. ∎

Wir beschließen diesen Abschnitt mit dem

79.7 Satz *Eine auf $[a, b]$ integrierbare Funktion ist dort notwendig beschränkt, in Zeichen: $R[a, b] \subset B[a, b]$.*

79 Das Riemannsche Integral   455

Wir führen einen Widerspruchsbeweis, nehmen also an, die Funktion f aus $R[a, b]$ sei auf $[a, b]$ unbeschränkt. Um unsere Vorstellung zu fixieren, möge etwa $\sup f = +\infty$ sein. Dann gibt es nach Satz 36.6 eine Stelle ξ in $[a, b]$, so daß für jede ε-Umgebung U von ξ stets $\sup f(U \cap [a, b]) = +\infty$ ist. Sei zunächst ξ ein innerer Punkt von $[a, b]$ und $Z := \{x_0, x_1, \ldots, x_n\}$ irgendeine Zerlegung von $[a, b]$, in der ξ nicht als Teilpunkt auftritt. Dann liegt ξ im Innern eines der Teilintervalle $I_k := [x_{k-1}, x_k]$, etwa in $\mathring{I}_m$. In den Intervallen I_k, $k \neq m$, wählen wir irgendwelche Zwischenpunkte ξ_k und setzen

$$S' := \sum_{\substack{k=1 \\ k \neq m}}^{n} f(\xi_k)|I_k|.$$

Da $\sup f(\mathring{I}_m) = +\infty$ ist, können wir nach Wahl einer beliebig großen Zahl $G > 0$ stets ein $\xi_m \in \mathring{I}_m$ finden, so daß

$$f(\xi_m) > (G - S')/|I_m|, \quad \text{also} \quad \sum_{k=1}^{n} f(\xi_k)|I_k| = f(\xi_m)|I_m| + S' > G$$

ausfällt. Diese Bemerkung zeigt, daß wir eine gegen $+\infty$ divergierende Riemannfolge konstruieren können — in krassem Widerspruch zur Integrierbarkeit von f. Ganz ähnlich argumentiert man, wenn ξ mit a oder b zusammenfällt. Wäre f nach unten unbeschränkt, so müßte die nach Satz 79.4 integrierbare Funktion $-f$ nach oben unbeschränkt sein, und wir fänden uns wieder in einen Widerspruch verstrickt. ∎

Aufgaben

Ziehe für die Aufgaben 1 bis 6 die Aufgaben 1, 3, 4, 7, 11 und 14 aus Nr. 77 heran.

1. $\int_0^1 \sqrt{2x+3}\, dx = \frac{1}{3}(\sqrt{125} - \sqrt{27})$.   2. $\int_{1/2}^1 \frac{dx}{\sqrt{4x-1}} = \frac{1}{2}(\sqrt{3} - 1)$.

3. $\int_0^\pi x^2 \sin 2x\, dx = -\frac{\pi^2}{2}$.   4. $\int_0^{\pi/4} \frac{x}{\cos^2 x}\, dx = \frac{\pi}{4} + \ln\frac{\sqrt{2}}{2}$.

5. $\int_{-1}^1 x e^{-x^2}\, dx = 0$.   6. $\int_1^e \frac{\ln x}{x}\, dx = \frac{1}{2}$.

*7. $\int_{-r}^r \sqrt{r^2 - x^2}\, dx = \frac{1}{2} r^2 \pi$.   Hinweis: (77.7) und (79.7). Vgl. auch A 77.22.

*8. Die Dirichletsche Funktion ist auf keinem Intervall $[a, b]$ R-integrierbar.

⁺9. Sei $f \in R[-a, a]$ mit $a > 0$. Zeige:
a) $\int_{-a}^a f\, dx = 0$, falls f ungerade.
b) Ist f gerade, so ist $\int_0^a f\, dx$ vorhanden und $\int_{-a}^a f\, dx = 2\int_0^a f\, dx$.

+**10.** Beweise mit Hilfe der geometrischen Summenformel und des binomischen Satzes die für alle reellen x gültige Identität

$$\sum_{k=0}^{n-1}(1-x)^k = \sum_{\nu=1}^{n}(-1)^{\nu-1}\binom{n}{\nu}x^{\nu-1}$$

und gewinne daraus durch Integration die Gleichung

$$\binom{n}{1}-\frac{1}{2}\binom{n}{2}+\frac{1}{3}\binom{n}{3}-+\cdots+(-1)^{n-1}\frac{1}{n}\binom{n}{n}=1+\frac{1}{2}+\frac{1}{3}+\cdots+\frac{1}{n}.$$

11. Beweise die folgenden Grenzwertaussagen mit Hilfe Riemannscher Summen:

a) $\dfrac{1}{n^{p+1}}\sum\limits_{k=1}^{n}k^p \to \dfrac{1}{p+1}$ für jedes feste $p\in\mathbf{N}$ (vgl. A 27.3).

b) $\dfrac{1}{n}\sum\limits_{k=1}^{n}\sin\dfrac{k\pi}{n} \to \dfrac{2}{\pi}$.

+**12.** Sei $f(x):=\sum\limits_{n=0}^{\infty}a_n x^n$ für $|x|<r$. Dann ist

$$\int_a^b f\,dx = \sum_{n=0}^{\infty}a_n\frac{b^{n+1}-a^{n+1}}{n+1}, \quad \text{falls } |a|,|b|<r.$$

Hinweis: Satz 64.4.

13. Nichtintegrierbare Ableitung Die Funktion

$$F(x):=\begin{cases} x\sqrt{x}\sin\dfrac{1}{x} & \text{für } x>0, \\ 0 & \text{für } x=0 \end{cases}$$

besitzt die Ableitung

$$F'(x)=\begin{cases} \dfrac{3}{2}\sqrt{x}\sin\dfrac{1}{x}-\dfrac{1}{\sqrt{x}}\cos\dfrac{1}{x} & \text{für } x>0, \\ 0 & \text{für } x=0. \end{cases}$$

F' ist auf keinem Intervall $[0,b]$ ($b>0$) R-integrierbar. Hinweis: F' ist bei 0 unbeschränkt.

14. R-integrierbare Funktion ohne Stammfunktion Die Funktion

$$f(x):=\begin{cases} 0 & \text{für } -1\leq x<0, \\ 1 & \text{für } 0\leq x\leq 1 \end{cases}$$

ist auf $[-1,1]$ R-integrierbar, besitzt dort aber keine Stammfunktion. Hinweis: Zwischenwertsatz für Ableitungen (Satz 49.10).

80 Exkurs: Arbeit und Flächeninhalt

Es ist eine höchst bemerkenswerte Tatsache, daß Riemannsche Summen — und damit auch Riemannsche Integrale — ganz von selbst auftreten, wenn man sich bemüht, gewisse physikalische und geometrische Begriffe präzise zu fassen. Wir legen dies in aller Kürze an zwei besonders wichtigen Beispielen dar, bevor wir die Entwicklung der Integrationstheorie weitertreiben.

I. Wirkt eine *konstante* Kraft K längs eines Weges der Länge $s>0$, etwa längs der x-Achse vom Punkt a bis zum Punkt $b:=a+s$, so versteht man unter der von ihr geleisteten Arbeit das Produkt $Ks = K(b-a)$. Ist die Kraft jedoch *örtlich variabel*, also eine Funktion $K(x)$, so wird man, um ihre Arbeit zu definieren, natürlicherweise folgendermaßen vorgehen: Man zerlegt das Intervall $I:=[a,b]$ in „kleine" Teilintervalle $I_1,\ldots,I_n$, wählt in jedem I_k einen Punkt ξ_k aus und sieht dann die Riemannsche Summe $\sum_{k=1}^{n} K(\xi_k)|I_k|$ als eine Näherung für die gesuchte Arbeit an. Strebt nun jede Riemannfolge $S(K, Z_j, \xi_j)$ gegen einen — und damit gegen ein und denselben — Grenzwert A, so wird man durch diese Zahl A, also durch das Integral $\int_a^b K(x)dx$, die von der gegebenen Kraft geleistete Arbeit *definieren und messen*. — Die Dimension der Arbeit ist im MKS-System N·m, also kg·m²·sec⁻². Ihre Einheit ist 1 Joule; das ist die Arbeit, welche die Einheitskraft 1 Newton bei der Verschiebung eines Körpers um die Einheitsstrecke 1 Meter (in Kraftrichtung) leistet.

Danach ist z.B. die Arbeit, die erforderlich ist, um eine Rakete von der Erdoberfläche gegen die Anziehungskraft der Erde auf die Höhe h über dem Erdmittelpunkt zu bringen, wegen des Newtonschen Gravitationsgesetzes gegeben durch

$$A(h) = \int_R^h G\frac{mM}{x^2}\,dx = GmM\int_R^h \frac{dx}{x^2} = GmM\left[-\frac{1}{x}\right]_R^h = GmM\left(\frac{1}{R}-\frac{1}{h}\right),$$

wobei R der Erdradius, M die Erdmasse, m die Raketenmasse[1] und G die Gravitationskonstante ist. Der Grenzwert $A_\infty := \lim_{h\to\infty} A(h) = GmM/R$ ist, locker formuliert, die Arbeit, die geleistet werden muß, um die Rakete aus dem Schwerefeld der Erde zu bringen.

II. Sind die Werte der Funktion $f:[a,b]\to\mathbf{R}$ stets ≥ 0, so heißt $\mathfrak{M}(f):=\{(x,y)\in\mathbf{R}^2: a\leq x\leq b, 0\leq y\leq f(x)\}$ die **Ordinatenmenge** von f; in Fig. 80.1 ist sie der schattierte Bereich. Wir werfen nun die Frage auf, ob — und ggf.

---

[1] Zur Vereinfachung nehmen wir sie, trotz der Treibstoffverbrennung, als konstant an. Die Luftreibung vernachlässigen wir.

458   X Integration

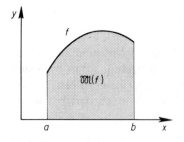
Fig. 80.1

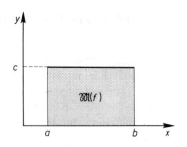
Fig. 80.2

in welcher Weise — man einen „Flächeninhalt" $|\mathfrak{M}(f)|$ dieser Ordinatenmenge definieren kann.

Ist $f(x) \equiv c$ auf $[a, b]$, bildet also, geometrisch gesprochen, $\mathfrak{M}(f)$ ein Rechteck mit der Grundlinie $b-a$ und der Höhe c (s. Fig. 80.2), so wird man $|\mathfrak{M}(f)| := (b-a)c$ setzen[1]. Was aber soll man unter $|\mathfrak{M}(f)|$ verstehen, wenn f etwa die anschaulich so wenig durchsichtige Dirichletsche Funktion auf $[a, b]$ bedeutet? Soll (oder kann) man überhaupt einer derartig „zerrissenen" Ordinatenmenge in vernünftiger Weise einen Flächeninhalt zuschreiben? Um dieses Inhaltsproblem zu lösen, wird man ganz ähnlich vorgehen wie bei dem Arbeitsproblem: Man zerlegt das Intervall $I := [a, b]$ in „kleine" Teilintervalle $I_1, \ldots, I_n$, wählt in jedem I_k einen Punkt ξ_k aus und sieht dann die „Rechtecksumme" $\sum_{k=1}^{n} f(\xi_k) |I_k|$ als eine Näherung für den gesuchten (aber noch gar nicht definierten) Flächeninhalt von $\mathfrak{M}(f)$ an (s. Fig. 80.3). Strebt nun jede Riemannfolge $S(f, Z_j, \xi_j)$ gegen einen — und damit gegen ein und denselben — Grenzwert J, so wird man durch diese Zahl J den Flächeninhalt von $\mathfrak{M}(f)$ *definieren und messen*, mit anderen Worten: *Man wird $\mathfrak{M}(f)$ dann und nur dann*

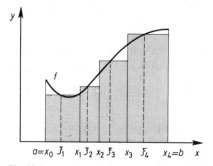
Fig. 80.3

---
[1] Es handelt sich hier, wohlgemerkt, um eine *Definition* des Rechteckinhaltes und nicht um eine Übernahme elementargeometrischer Resultate.

einen Flächeninhalt zuschreiben, wenn f auf [a, b] R-integrierbar ist und wird in diesem Falle $|\mathfrak{M}(f)| := \int_a^b f dx$ *setzen.* — Wir betrachten einige Beispiele:

1. Der Ordinatenmenge der Dirichletschen Funktion auf $[a, b]$ kommt kein Flächeninhalt zu (s. A 79.8).

2. Rechtecksinhalt (s. Fig. 80.2): Sei $f(x) \equiv c > 0$ auf $[a, b]$. Dann ist nach der eingangs vereinbarten Festsetzung $|\mathfrak{M}(f)| = (b-a)c$ und nach der „Integraldefinition"

$$|\mathfrak{M}(f)| = \int_a^b c\,dx = [cx]_a^b, \quad \text{also ebenfalls } = (b-a)c,$$

so daß die beiden Definitionen sich nicht widersprechen.

3. Inhalt eines rechtwinkligen Dreiecks (s. Fig. 80.4):

$$|\mathfrak{M}(f)| = \int_0^a \frac{c}{a} x\,dx = \left[\frac{c}{a}\frac{x^2}{2}\right]_0^a = \frac{1}{2}ac.$$

4. Inhalt des Flächenstücks zwischen der Parabel $f(x) := x^2$ und dem Intervall $[0, a]$ (s. Fig. 80.5):

$$|\mathfrak{M}(f)| = \int_0^a x^2 dx = \left[\frac{x^3}{3}\right]_0^a = \frac{a^3}{3} = \frac{1}{3} ab \quad (b := a^2).$$

$|\mathfrak{M}(f)|$ ist also gerade der dritte Teil des Inhalts desjenigen Rechtecks, das von dem Grundintervall $[0, a]$ und der Parabelordinate $b := a^2$ im rechten Endpunkt a gebildet wird. Diese Tatsache war bereits Archimedes bekannt, den man deshalb (und noch aus anderen Gründen) als den Vater der Integralrechnung bezeichnen darf.

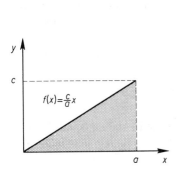

Fig. 80.4

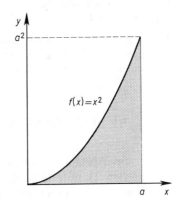

Fig. 80.5

5. Inhalt des Halbkreises mit Radius r (s. Fig. 80.6): Analytisch definiert man die Kreislinie mit dem Mittelpunkt (x_0, y_0) und dem Radius $r > 0$ als die Menge derjenigen Punkte (x, y), die von (x_0, y_0) alle denselben (euklidischen) Abstand r

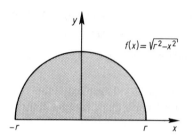

Fig. 80.6

haben, die also der Gleichung $(x-x_0)^2+(y-y_0)^2=r^2$ genügen. Der Graph der Funktion $f(x):=\sqrt{r^2-x^2}$, $x\in[-r,r]$, ist dann gerade der in der oberen Halbebene verlaufende Teil der Kreislinie um den Nullpunkt mit dem Radius r. Mit A 79.7 erhält man

$$|\mathfrak{M}(f)|=\int_{-r}^{r}\sqrt{r^2-x^2}dx=\frac{1}{2}r^2\pi, \tag{80.1}$$

also das von der Schule her geläufige Ergebnis.

Auf das Inhaltsproblem werden wir in Nr. 201 unter allgemeineren Gesichtspunkten noch einmal zurückkommen.

Aufgaben

1. Die Arbeit, die geleistet werden muß, um ein Automobil auf horizontaler gerader Straße bei konstanter Beschleunigung „aus dem Stand" auf die Geschwindigkeit von 100 km/h zu bringen, reicht aus, um dasselbe Automobil auf eine Höhe von etwa 39 m zu heben (von Reibungseinflüssen sehen wir hierbei ab). Hat das Automobil eine Masse von 1000 kg, so entspricht dies der Arbeit, die man aufbringen muß, um 780 Zentnersäcke auf eine 1 m hohe Laderampe zu heben.

2. Deute $\ln x$ für $x>1$ als Flächeninhalt einer geeigneten Ordinatenmenge. Der Substanz nach geht dieses Resultat auf Nikolaus Mercator (= Kauffman, 1620–1687; 67) zurück. Es hatte einen erheblichen Einfluß auf Newton.

81 Stammfunktionen stetiger Funktionen

In diesem Abschnitt greifen wir das zweite der zu Beginn dieses Kapitels aufgeworfenen Hauptprobleme an: *Wie kann man einer vorgelegten Funktion f ansehen, ob sie eine Stammfunktion besitzt?*

Aus (79.8) entnehmen wir, daß die Funktion $x\mapsto\int_a^x F'(t)dt$, $x\in[a,b]$, bei stetigem F' eine Stammfunktion zu F' auf $[a,b]$ ist. Diese Tatsache regt uns zu der Frage an, ob nicht vielleicht für jede auf $[a,b]$ stetige Funktion f (die also nicht von vornherein als eine Ableitung auftritt) die Funktion $x\mapsto\int_a^x f(t)dt$, $x\in[a,b]$, eine Stammfunktion zu f auf $[a,b]$ sei. Der Satz 81.4 wird diese Frage bejahen und somit garantieren, daß jedenfalls eine auf $[a, b]$ *stetige* Funktion dort auch immer eine Stammfunktion besitzt. Um ihn zu beweisen, müssen wir natürlich erst sicherstellen, daß stetige Funktionen überhaupt R-integrierbar sind. Dies wird durch den nächsten Satz geschehen, der uns erstmals ein brauchbares *hinreichendes Integrabilitätskriterium* an die Hand gibt (weitere — auch genaue — Integrabilitätskriterien werden wir in den Nummern 83 und 84 kennenlernen).

81.1 Satz *Jede auf $[a, b]$ stetige Funktion ist dort auch R-integrierbar, in Zeichen:*
$C[a, b] \subset R[a, b]$.

Dem Beweis schicken wir eine Sprachregelung und einen Hilfssatz voraus. Alle vorkommenden Zerlegungen seien Zerlegungen von $[a, b]$.

Die Zerlegung Z' wird eine **Verfeinerung** von Z genannt, wenn $Z' \supset Z$ ist. Sind Z_1 und Z_2 Zerlegungen, so heißt $Z_1 \cup Z_2$ die **gemeinsame Verfeinerung** von Z_1, Z_2.

81.2 Hilfssatz *Die Funktion f sei beschränkt auf $I := [a, b]$, und auf jedem Teilintervall T der Zerlegung Z sei ihre Oszillation $\Omega_f(T) \leq \Omega$. Ist dann Z' irgendeine Verfeinerung von Z, so gilt für die zugehörigen Riemannschen Summen die Abschätzung*

$$|S(Z, \xi) - S(Z', \xi')| \leq \Omega |I|, \tag{81.1}$$

gleichgültig, wie die Zwischenvektoren ξ, ξ' gewählt werden.

Beweis. $I_1, \ldots, I_n$ seien die Teilintervalle von Z und $I'_1, \ldots, I'_m$ die von Z'. Dann ist $I_1 = I'_1 \cup \cdots \cup I'_p$ mit einem gewissen $p \geq 1$, da Z' eine Verfeinerung von Z sein sollte. Für jedes $\xi_1 \in I_1$ und $\xi'_k \in I'_k$ ($k = 1, \ldots, p$) ist

$$\left| f(\xi_1) |I_1| - \sum_{k=1}^{p} f(\xi'_k) |I'_k| \right| = \left| \sum_{k=1}^{p} f(\xi_1) |I'_k| - \sum_{k=1}^{p} f(\xi'_k) |I'_k| \right|$$
$$\leq \sum_{k=1}^{p} |f(\xi_1) - f(\xi'_k)| |I'_k| \leq \Omega \sum_{k=1}^{p} |I'_k| = \Omega |I_1|.$$

Durch denselben Schluß erhält man analoge Abschätzungen auf den Teilintervallen $I_2, \ldots, I_n$ und sieht nun, daß die Ungleichung (81.1) in der Tat richtig ist. ∎

Wir kommen jetzt zum Beweis des Satzes 81.1. f sei stetig auf $I := [a, b]$. Zu beliebig vorgegebenem $\varepsilon > 0$ gibt es dann wegen Satz 36.5 ein $\delta > 0$, so daß die Oszillation von f auf jedem abgeschlossenen Teilintervall von $[a, b]$ mit einer Länge $< \delta$ stets unterhalb von $\varepsilon/(2|I|)$ bleibt. Z_1 und Z_2 seien nun zwei Zerlegungen mit $|Z_1|, |Z_2| < \delta$, und Z bedeute ihre gemeinsame Verfeinerung. Für beliebige Zwischenvektoren ξ_1, ξ_2, ξ, die beziehentlich zu Z_1, Z_2, Z gehören, ist dann nach dem obigen Hilfssatz

$$|S(Z_1, \xi_1) - S(Z_2, \xi_2)| \leq |S(Z_1, \xi_1) - S(Z, \xi)| + |S(Z, \xi) - S(Z_2, \xi_2)|$$
$$\leq \frac{\varepsilon}{2|I|} |I| + \frac{\varepsilon}{2|I|} |I| = \varepsilon.$$

Die Integrierbarkeit von f ergibt sich jetzt aus dem Cauchyschen Integrabilitätskriterium 79.3. ∎

Aus Satz 81.1 folgt sofort, daß eine Funktion $f \in C[a, b]$ auf jedem abgeschlossenen Teilintervall von $[a, b]$ integrierbar ist. Sind a_1, a_2, a_3 irgendwelche Punkte aus $[a, b]$, so gilt ferner die Gleichung

$$\int_{a_1}^{a_2} f\,\mathrm{d}x + \int_{a_2}^{a_3} f\,\mathrm{d}x = \int_{a_1}^{a_3} f\,\mathrm{d}x. \tag{81.2}$$

Im Falle $a_1 < a_2 < a_3$ sieht man sie sofort ein, indem man eine Riemannfolge zu f auf $[a_1, a_3]$ betrachtet, deren Zerlegungen alle den Punkt a_2 als Teilpunkt haben. Die anderen Fälle ($a_1 < a_3 < a_2$, $a_2 < a_1 < a_3$ usw.) sind dann wegen der Vereinbarung (79.10) trivial.

Um das Hauptergebnis dieser Nummer, den Satz 81.4, beweisen zu können, benötigen wir noch die hinfort immer wieder auftretende

81.3 Fundamentalungleichung für R-Integrale

$$\left| \int_a^b f\,\mathrm{d}x \right| \leq |b - a| \cdot \|f\|_\infty,$$

wobei, wie gewohnt, $\|f\|_\infty$ die Supremumsnorm von f auf $\langle a, b \rangle$ ist[1].

Zum Beweis setzen wir $a < b$ voraus und brauchen nur zu bemerken, daß für jede Riemannsche Summe trivialerweise die Abschätzung

$$\left| \sum_{k=1}^n f(\xi_k)(x_k - x_{k-1}) \right| \leq \|f\|_\infty \sum_{k=1}^n |x_k - x_{k-1}| = \|f\|_\infty \cdot |b - a|$$

gilt. ∎

Nach diesen Vorbereitungen können wir nun den eingangs angekündigten Satz über die Existenz von Stammfunktionen stetiger Funktionen beweisen. Dieser Satz löst zwar nicht allgemein, aber doch in den praktisch wichtigsten Fällen das zweite der beiden Hauptprobleme, die wir zu Beginn des vorliegenden Kapitels formuliert hatten.

81.4 Zweiter Hauptsatz der Differential- und Integralrechnung *Jedes $f \in C[a, b]$ besitzt eine Stammfunktion auf $[a, b]$, z.B. die Funktion*

$$F(x) := \int_a^x f(t)\,\mathrm{d}t \qquad (a \leq x \leq b). \tag{81.3}$$

Der Beweis ist äußerst einfach. Sei x_0 irgendein fester und $x \neq x_0$ ein variabler

---

[1] Man beachte, daß f nach Satz 79.7 *beschränkt* ist.

Punkt aus $[a, b]$. Aus (81.2) folgt

$$\int_a^{x_0} f(t)dt + \int_{x_0}^x f(t)dt = \int_a^x f(t)dt, \text{ also } F(x) - F(x_0) = \int_{x_0}^x f(t)dt. \quad (81.4)$$

Und da $\int_{x_0}^x f(x_0)dt = (x - x_0)f(x_0)$ ist, muß nunmehr

$$\frac{F(x) - F(x_0)}{x - x_0} - f(x_0) = \frac{1}{x - x_0} \int_{x_0}^x [f(t) - f(x_0)]dt$$

sein. Dank der Stetigkeit von f im Punkt x_0 gibt es nach Wahl von $\varepsilon > 0$ ein $\delta > 0$, so daß für alle $t \in [a, b] \cap [x_0 - \delta, x_0 + \delta]$ stets $|f(t) - f(x_0)| < \varepsilon$ bleibt. Wegen der obigen Fundamentalungleichung gilt also für jedes von x_0 verschiedene x aus $[a, b] \cap [x_0 - \delta, x_0 + \delta]$ die Abschätzung

$$\left| \frac{F(x) - F(x_0)}{x - x_0} - f(x_0) \right| \leq \frac{1}{|x - x_0|} |x - x_0| \varepsilon = \varepsilon.$$

Somit ist in der Tat $F'(x_0)$ vorhanden und $= f(x_0)$. ∎

Ist α irgendein Punkt aus $[a, b]$, so ist die Funktion

$$F_\alpha(x) := \int_\alpha^x f(t)dt = F(x) - \int_a^\alpha f(t)dt$$

offenbar ebenfalls eine Stammfunktion zu f auf $[a, b]$.

Aus (77.2) gewinnen wir nun die

81.5 Regel der Produktintegration *Ist f stetig und g stetig differenzierbar auf $\langle a, b \rangle$, ist ferner F irgendeine (nach Satz 81.4 sicher vorhandene) Stammfunktion zu f auf $\langle a, b \rangle$, so gilt*

$$\int_a^b fg\,dx = [Fg]_a^b - \int_a^b Fg'\,dx\,[1]. \quad (81.5)$$

Nach Satz 81.4 und der Regel (77.2) ist nämlich die Funktion

$$F(x)g(x) - \int_a^x F(t)g'(t)dt$$

eine Stammfunktion zu fg auf $\langle a, b \rangle$. Wegen Satz 79.1 haben wir also

$$\int_a^b fg\,dx = \left[F(x)g(x) - \int_a^x F(t)g'(t)dt \right]_a^b = [Fg]_a^b - \int_a^b Fg'\,dx. \quad ∎$$

Besonders wichtig ist die

---

[1] Eine etwas allgemeinere Fassung der Produktregel findet der Leser in A 92.6. Statt von Produktintegration spricht man auch häufig von **partieller Integration** oder **Teilintegration**.

81.6 Substitutionsregel *Es seien die folgenden Voraussetzungen erfüllt:*
a) *f ist stetig auf $\langle a, b \rangle$ und g stetig differenzierbar auf $\langle \alpha, \beta \rangle$.*
b) *Es ist $g(\langle \alpha, \beta \rangle) \subset \langle a, b \rangle$ und $g(\alpha) = a$, $g(\beta) = b$*[1].
Dann gilt die Substitutionsformel

$$\int_a^b f(x)dx = \int_\alpha^\beta f(g(t))g'(t)dt\text{[2]}.$$

Beweis. Nach Satz 81.4 besitzt f eine Stammfunktion F auf $\langle a, b \rangle$. Dann ist

$$\frac{d}{dt}F(g(t)) = F'(g(t))g'(t) = f(g(t))g'(t) \quad \text{auf } \langle \alpha, \beta \rangle,$$

und wegen Satz 79.1 haben wir

$$\int_\alpha^\beta f(g(t))g'(t)dt = F(g(\beta)) - F(g(\alpha)) = F(b) - F(a) = \int_a^b f(x)dx. \quad \blacksquare$$

Aufgaben

*1. Ist die Funktion f stetig und nichtnegativ auf $[a, b]$ und verschwindet $\int_a^b f dx$, so muß $f = 0$ sein. Hinweis: Widerspruchsbeweis.

*2. Sei $f \in C[a, b]$. Die Funktionen φ und ψ seien differenzierbar auf $[\alpha, \beta]$, und ihre Werte mögen in $[a, b]$ liegen. Dann ist

$$\frac{d}{dx}\int_{\varphi(x)}^{\psi(x)} f(t)dt = f(\psi(x))\psi'(x) - f(\varphi(x))\varphi'(x) \quad \text{auf } [\alpha, \beta].$$

+3. Der gestörte Exponentialprozeß $\dot{u} = \alpha u + S$ besitzt auf jedem Stetigkeitsintervall der Störfunktion S eine Lösung.

+4. **Ein Integralweg zum Logarithmus** Sei $F(x) := \int_1^x dt/t$ für $x > 0$. Zeige mit Hilfe der Substitutionsregel, *ohne Benutzung des Logarithmus*:
a) $F(xy) = F(x) + F(y)$. b) $F(x^\alpha) = \alpha F(x)$ für $\alpha \in \mathbf{R}$. c) $F(e^x) \equiv x$.

5. $\int_0^1 x^p (1-x)^q dx = \dfrac{p!\, q!}{(p+q+1)!}$ für $p, q \in \mathbf{N}_0$. Hinweis: Wiederholte Produktintegration.

82 Die Darbouxschen Integrale[3]

In der letzten Nummer haben wir gesehen, daß Stetigkeit eine *hinreichende* Bedingung für R-Integrierbarkeit ist. In den folgenden drei Nummern wird es

---
[1] Wegen Satz 36.4 ist also $g(\langle \alpha, \beta \rangle) = \langle a, b \rangle$.
[2] Im Unterschied zur Substitutionsregel 77.1 benötigen wir nicht, daß g' nirgendwo verschwindet (wir sind also nicht auf streng monotone Substitutionsfunktionen angewiesen).
[3] Gaston Darboux (1842–1917; 75)

darum gehen, weitere *hinreichende* und sogar *genaue* Integrabilitätsbedingungen aufzufinden. Der nun beginnende Abschnitt scheint auf den ersten Blick nichts mit diesem Problem zu tun zu haben; in Nr. 83 wird jedoch seine Bedeutung für Integrabilitätsfragen sehr rasch deutlich werden.

Dem in Nr. 80 aufgeworfenen Inhaltsproblem hätte man naheliegenderweise auch so zu Leibe rücken können[1]: Es sei f eine beschränkte und zunächst nichtnegative Funktion auf $[a, b]$ und $Z := \{x_0, x_1, \ldots, x_n\}$ irgendeine Zerlegung von $[a, b]$ mit den Teilintervallen $I_k := [x_{k-1}, x_k]$. Mit den Zahlen

$$m_k := \inf f(I_k), \quad M_k := \sup f(I_k) \tag{82.1}$$

bilde man nun die **Unter- und Obersumme**

$$U(f, Z) := \sum_{k=1}^{n} m_k |I_k| \quad \text{bzw.} \quad O(f, Z) := \sum_{k=1}^{n} M_k |I_k|, \tag{82.2}$$

die wir meistens kürzer mit $U(Z)$ bzw. $O(Z)$ bezeichnen werden (s. Fig. 82.1).

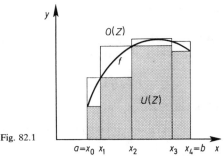

Fig. 82.1

Offenbar ist stets

$$U(Z) \leq O(Z). \tag{82.3}$$

Stellen wir uns vorübergehend auf den Standpunkt, daß der Inhalt $|\mathfrak{M}(f)|$ der Ordinatenmenge von f noch nicht definiert ist, so wird man doch von der Anschauung dazu gedrängt, jede Untersumme $U(Z)$ als eine *untere* und jede Obersumme $O(Z)$ als eine *obere Approximation* dieses (undefinierten und vielleicht sogar undefinierbaren) Inhaltes anzusehen. Wir werden gleich feststellen, daß für je zwei Zerlegungen[2] Z_1, Z_2 stets $U(Z_1) \leq O(Z_2)$ ist (s. Hilfssatz 82.1 d). Läßt man nun Z_1 bei festem Z_2 alle Zerlegungen durchlaufen, so folgt $\sup_{Z_1} U(Z_1) \leq O(Z_2)$, also auch, wenn man Z_2 variieren läßt,

$$\sup_{Z_1} U(Z_1) \leq \inf_{Z_2} O(Z_2). \tag{82.4}$$

---

[1] In der Tat ist dies im wesentlichen der Archimedische Zugang gewesen.
[2] Zerlegungen (bezeichnet durch Z, Z', Z_1, Z_2) sind durchgehend Zerlegungen von $[a, b]$.

Und nun ist nichts natürlicher, *als der Ordinatenmenge $\mathfrak{M}(f)$ genau dann einen Flächeninhalt $|\mathfrak{M}(f)|$ zuzuschreiben, wenn in (82.4) das Gleichheitszeichen steht*; in diesem Falle wird man $|\mathfrak{M}(f)|$ gleich dem gemeinsamen Wert der beiden Zahlen in (82.4) setzen. Selbstverständlich erhebt sich sofort die Frage, ob der so definierte Inhaltsbegriff mit dem in Nr. 80 erklärten übereinstimmt. Die Untersuchungen der vorliegenden und der nächsten Nummer werden ergeben, daß dies in der Tat der Fall ist.

Unter- und Obersummen können wir für beliebige, nicht notwendigerweise nichtnegative $f \in B[a, b]$ bilden. In der Tat haben wir die Voraussetzung $f \geq 0$ nur gemacht, um an das Inhaltsproblem anknüpfen zu können. Wir lassen sie jetzt fallen und beweisen als erstes den schon erwähnten

82.1 Hilfssatz *Sei $f \in B[a, b]$ und Z' eine Verfeinerung von Z. Dann ist*
a) $U(Z') \geq U(Z)$,
b) $O(Z') \leq O(Z)$[1],
c) $O(Z') - U(Z') \leq O(Z) - U(Z)$.
Für je zwei Zerlegungen Z_1, Z_2 gilt stets
d) $U(Z_1) \leq O(Z_2)$.

Beweis. a): Angenommen, Z' enthalte genau einen Punkt x' mehr als $Z := \{x_0, x_1, \ldots, x_n\}$, und zwar sei $x_{j-1} < x' < x_j$. Setzen wir

$$\mu_1 := \inf f([x_{j-1}, x']) \quad \text{und} \quad \mu_2 := \inf f([x', x_j]),$$

so ist $m_j \leq \mu_1, \mu_2$, also

$$m_j(x_j - x_{j-1}) = m_j(x' - x_{j-1}) + m_j(x_j - x') \leq \mu_1(x' - x_{j-1}) + \mu_2(x_j - x')$$

und somit

$$U(Z) = \sum_{\substack{k=1 \\ k \neq j}}^{n} m_k(x_k - x_{k-1}) + m_j(x_j - x_{j-1})$$

$$\leq \sum_{\substack{k=1 \\ k \neq j}}^{n} m_k(x_k - x_{k-1}) + \mu_1(x' - x_{j-1}) + \mu_2(x_j - x') = U(Z').$$

Enthält Z' jedoch $p > 1$ Punkte mehr als Z, so wende man diesen Schluß p-mal an. — b) wird ganz entsprechend bewiesen; man beachte nur, daß die Zahlen $\mu'_1 := \sup f([x_{j-1}, x'])$ und $\mu'_2 := \sup f([x', x_j])$ beide $\leq M_j$ sind. — c) folgt unmittelbar aus a) und b). — d): Sei $Z := Z_1 \cup Z_2$ die gemeinsame Verfeinerung von Z_1, Z_2. Mit a), b) und (82.3) erhalten wir dann $U(Z_1) \leq U(Z) \leq O(Z) \leq O(Z_2)$, also $U(Z_1) \leq O(Z_2)$. ∎

Wie in der Eingangsbetrachtung sehen wir nun, daß die Ungleichung (82.4) gilt.

---
[1] Grob gesagt: Bei Verfeinerungen nehmen die Untersummen zu und die Obersummen ab.

Nennen wir

$$\underline{\int_a^b} f\,dx := \sup_Z U(Z) \quad \text{das untere,}$$

$$\overline{\int_a^b} f\,dx := \inf_Z O(Z) \quad \text{das obere Darbouxsche Integral}^{1)}$$

von f auf $[a, b]$, so können wir sie folgendermaßen formulieren:

82.2 Satz *Für jedes $f \in B[a, b]$ ist $\underline{\int_a^b} f\,dx \leq \overline{\int_a^b} f\,dx$.*

Wir nennen die Funktion f D-integrierbar auf $[a, b]$, wenn sie zu $B[a, b]$ gehört und ihre beiden Darbouxschen Integrale übereinstimmen. Der gemeinsame Wert dieser beiden Integrale wird dann mit D-$\int_a^b f\,dx$ oder auch mit D-$\int_a^b f(x)\,dx$ bezeichnet. Es gilt der

82.3 Satz *$f \in B[a, b]$ ist genau dann D-integrierbar auf $[a, b]$, wenn es zu jedem $\varepsilon > 0$ eine Zerlegung Z mit $O(Z) - U(Z) < \varepsilon$ gibt.*

Beweis. Sei zunächst f D-integrierbar und $J := \underline{\int_a^b} f\,dx = \overline{\int_a^b} f\,dx$. Zu $\varepsilon > 0$ gibt es dann Zerlegungen Z_1 und Z_2 mit

$$J - U(Z_1) < \frac{\varepsilon}{2} \quad \text{und} \quad O(Z_2) - J < \frac{\varepsilon}{2}.$$

Ist Z die gemeinsame Verfeinerung von Z_1 und Z_2, so erhalten wir daraus mit Hilfssatz 82.1a,b die Abschätzung

$$O(Z) \leq O(Z_2) < J + \frac{\varepsilon}{2} < U(Z_1) + \varepsilon \leq U(Z) + \varepsilon, \quad \text{also} \quad O(Z) - U(Z) < \varepsilon.$$

Nun sei umgekehrt die Bedingung des Satzes erfüllt, zu $\varepsilon > 0$ gebe es also eine Zerlegung Z mit $O(Z) - U(Z) < \varepsilon$. Da nach Satz 82.2

$$U(Z) \leq \underline{\int_a^b} f\,dx \leq \overline{\int_a^b} f\,dx \leq O(Z)$$

ist, folgt daraus die Abschätzung

$$0 \leq \overline{\int_a^b} f\,dx - \underline{\int_a^b} f\,dx < \varepsilon.$$

Und da dies für jedes $\varepsilon > 0$ gilt, müssen die beiden Darbouxschen Integrale übereinstimmen. ∎

[1)] Häufig wird es auch **unteres** bzw. **oberes Riemannsches Integral** genannt. Man beachte, daß die Darbouxschen Integrale immer dann schon existieren, wenn f nur beschränkt ist.

Aufgaben

+1. Darbouxnetze Sei $f \in B[a,b]$ und $\mathfrak{Z}$ die Menge aller Zerlegungen Z von $[a,b]$. Durch die Festsetzung $Z_1 \ll Z_2 :\Leftrightarrow Z_1 \subset Z_2$ wird $\mathfrak{Z}$ eine gerichtete Menge (s. A 44.6). Durch $Z \mapsto U(f,Z)$ wird das **untere**, durch $Z \mapsto O(f,Z)$ das **obere Darbouxnetz** der Funktion f auf $\mathfrak{Z}$ erklärt; wir bezeichnen diese Netze beziehentlich mit $(\underline{D}_Z)$ und $(\overline{D}_Z)$. Zeige: a) $(\underline{D}_Z)$ ist wachsend, $(\overline{D}_Z)$ dagegen abnehmend; beide Netze sind beschränkt. b) Es strebt $\underline{D}_Z \to \underline{\int}_a^b f dx$ und $\overline{D}_Z \to \overline{\int}_a^b f dx$. c) Satz 82.2 folgt aus Satz 44.2. d) Für eine gewisse Zerlegungsfolge (Z_n) strebe $\underline{D}_{Z_n} \to J$ und $\overline{D}_{Z_n} \to J$. Dann ist f D-integrierbar auf $[a,b]$ und D-$\int_a^b f dx = J$.

+2. Darboux-Riemann-Netze Sei $f \in B[a,b]$ und $\mathfrak{Z}^+$ die Menge aller Paare (Z,ξ) mit $Z :=$ Zerlegung von $[a,b]$, $\xi :=$ Zwischenvektor zu Z. Durch $(Z_1, \xi_1) \ll (Z_2, \xi_2) :\Leftrightarrow Z_1 \subset Z_2$ wird $\mathfrak{Z}^+$ gerichtet. $\ll$ ist stärker als $\prec$ in (79.11). Durch $(Z,\xi) \mapsto S(f,Z,\xi)$ (= Riemannsche Summe) definieren wir das **Darboux-Riemann-Netz** von f auf $\mathfrak{Z}^+$. Zeige mittels Aufgabe 1: f ist genau dann D-integrierbar auf $[a,b]$, wenn $J := \lim_{\mathfrak{Z}^+} S(f,Z,\xi)$ existiert; in diesem Falle ist D-$\int_a^b f dx = J$.

*3. Jede auf $[a,b]$ *monotone* Funktion ist auf $[a,b]$ auch D-integrierbar.

4. Sei $f \in B[a,b]$, und zu jedem $\varepsilon > 0$ gebe es eine Zerlegung von $[a,b]$ in Teilintervalle $I_1, \ldots, I_n$, so daß $\Omega_f(I_k) < \varepsilon$ ausfällt. Dann ist f auf $[a,b]$ D-integrierbar.

5. Jede auf $[a,b]$ *stetige* Funktion ist auf $[a,b]$ auch D-integrierbar. Hinweis: Aufgabe 4, Satz 36.5.

6. Für $p \in \mathbf{N}$ ist D-$\int_0^a x^p dx = \dfrac{a^{p+1}}{p+1}$. Hinweis: Aufgabe 1d, A 27.3.

83 Das Riemannsche Integrabilitätskriterium

Der nächste Satz lehrt, daß die D-Integrierbarkeit nur eine neue — und, wie sich zeigen wird, vielfältig nützliche — Beschreibung der R-Integrierbarkeit ist.

83.1 Satz *Genau die Funktionen aus $R[a,b]$ sind D-integrierbar auf $[a,b]$, und für sie ist $\int_a^b f dx = $ D-$\int_a^b f dx$.*

Beweis. Sei zunächst $f \in R[a,b]$ und $S := \int_a^b f dx$. Nach Satz 79.7 ist f beschränkt, und wegen Satz 79.2 gibt es zu beliebig vorgegebenem $\varepsilon > 0$ ein $\delta > 0$, so daß für jede Riemannsche Summe $S(Z,\xi)$ mit $|Z| < \delta$ die Abschätzung

$$S - \frac{\varepsilon}{2} < S(Z,\xi) < S + \frac{\varepsilon}{2}$$

gilt. Da ξ ein völlig beliebiger Zwischenvektor zu Z ist, folgt daraus

$$S - \frac{\varepsilon}{2} \leq U(Z) \leq O(Z) \leq S + \frac{\varepsilon}{2}, \quad \text{also} \quad O(Z) - U(Z) \leq \varepsilon.$$

Nach Satz 82.3 ist f daher auch D-integrierbar. — Nun sei umgekehrt $J := $ D-$\int_a^b f dx$ vorhanden. Um Triviales zu vermeiden, nehmen wir an, daß f nicht konstant ist.

Zu beliebig vorgegebenem $\varepsilon > 0$ existiert dann nach Satz 82.3 eine Zerlegung Z_1 von $I := [a, b]$ mit

$$O(Z_1) - U(Z_1) < \frac{\varepsilon}{3}. \tag{83.1}$$

Sei p die Anzahl der Teilintervalle von Z_1 und $\Omega := \Omega_f(I)$ die (positive) Oszillation von f auf I. Dann ist, wie wir zeigen werden,

$$O(Z) - U(Z) < \varepsilon \text{ für jede Zerlegung } Z \text{ mit } |Z| < \delta := \frac{\varepsilon}{3p\Omega}. \tag{83.2}$$

Bedeutet nämlich Z_2 die gemeinsame Verfeinerung von Z_1 und eines derartigen Z, so haben wir zunächst

$$O(Z) - U(Z) = [O(Z) - O(Z_2)] + [O(Z_2) - U(Z_2)] + [U(Z_2) - U(Z)]. \tag{83.3}$$

Wegen (83.1) und Hilfssatz 82.1c gilt für die mittlere Klammer die Abschätzung

$$O(Z_2) - U(Z_2) < \frac{\varepsilon}{3}. \tag{83.4}$$

Nun fassen wir die erste und die letzte Klammer ins Auge. Die Verfeinerung Z_2 von $Z := \{x_0, x_1, \ldots, x_n\}$ entsteht, indem man höchstens p neue Teilpunkte zu Z hinzufügt (nämlich diejenigen Teilpunkte von Z_1, die im *Innern* der Teilintervalle $[x_{k-1}, x_k]$ liegen). Infolgedessen werden höchstens p der Teilintervalle $[x_{k-1}, x_k]$ weiter unterteilt. Wendet man auf jedes der von der Weiterteilung betroffenen Intervalle $[x_{k-1}, x_k]$ den Hilfssatz 81.2 an und berücksichtigt man noch, daß die dort auftretenden Zwischenvektoren völlig beliebig gewählt werden dürfen, so erhält man die Abschätzungen

$$O(Z) - O(Z_2) \leq p\Omega\delta = \frac{\varepsilon}{3} \quad \text{und} \quad U(Z_2) - U(Z) \leq p\Omega\delta = \frac{\varepsilon}{3}. \tag{83.5}$$

Aus (83.3), (83.4) und (83.5) gewinnt man nun sofort die Aussage (83.2). Mit ihr ist aber der Beweis im wesentlichen beendet. Ist nämlich $S(Z, \xi)$ irgendeine zu Z und f gehörende Riemannsche Summe, so muß auf Grund der Ungleichungen

$$U(Z) \leq S(Z, \xi) \leq O(Z),$$
$$U(Z) \leq J \leq O(Z)$$

erst recht $|S(Z, \xi) - J| < \varepsilon$ bleiben — und nun ist wegen Satz 79.2 alles erledigt. ∎

Aus den Sätzen 82.3 und 83.1 gewinnen wir auf einen Schlag folgendes

83.2 Riemannsches Integrabilitätskriterium $f \in B[a, b]$ *ist genau dann R-integrierbar auf* $[a, b]$, *wenn es zu jedem* $\varepsilon > 0$ *eine Zerlegung* Z *mit* $O(Z) - U(Z) < \varepsilon$ *gibt.*

Und ferner liefert der Satz 83.1 in Verbindung mit A 82.3 den

83.3 Satz *Jede auf* [a, b] **monotone** *Funktion ist auf* [a, b] *auch* R-*integrierbar.*

Aufgaben

1. Sei f eine Treppenfunktion auf $[a,b]$, für eine gewisse Zerlegung $Z:=\{x_0, x_1, \ldots, x_n\}$ von $[a,b]$ und gewisse Zahlen $c_1, \ldots, c_n$ sei also $f(x):=c_k$, wenn $x \in (x_{k-1}, x_k)$. Dann ist f auf $[a,b]$ R-integrierbar und $\int_a^b f dx = \sum_{k=1}^{n} c_k(x_k - x_{k-1})$ — gleichgültig, wie f in den Teilpunkten x_k definiert ist.

*2. Sei $f \in B[a,b]$. Dann ist $\lim_{(\mathfrak{Z}, \prec)} U(f,Z) = \underline{\int}_a^b f dx$ und $\lim_{(\mathfrak{Z}, \prec)} O(f,Z) = \overline{\int}_a^b f dx$ (beachte, daß es sich hier um die Konvergenz von Netzen auf $(\mathfrak{Z}, \prec)$ handelt — also um etwas anderes als in A 82.1. Die gerichtete Menge $(\mathfrak{Z}, \prec)$ ist in A 44.6 erklärt).

84 Das Lebesguesche Integrabilitätskriterium[1]

In diesem Abschnitt werden wir wesentlich tiefer als bisher in die Beziehungen eindringen, die zwischen Stetigkeitseigenschaften einer Funktion und ihrer Integrierbarkeit bestehen. Die entscheidende Klärung wird uns der Begriff der Nullmenge bringen, den wir schon gegen Ende der Nr. 31 angedeutet haben. Wir erinnern noch einmal daran:
Die Menge $M \subset \mathbf{R}$ heißt **Nullmenge** oder **Menge vom Maß 0**, wenn es zu jedem $\varepsilon > 0$ *höchstens abzählbar viele* abgeschlossene (oder auch offene) Intervalle $I_1, I_2, \ldots$ gibt, die M überdecken und deren „Längensumme" $\sum |I_k| \leq \varepsilon$ ist[2].
Die Grundlage unserer Untersuchungen ist der folgende

84.1 Hilfssatz a) *Jede Teilmenge einer Nullmenge ist eine Nullmenge.*
b) *Endliche und abzählbare Teilmengen von* **R** *sind Nullmengen.*
c) *Die Vereinigung höchstens abzählbar vieler Nullmengen ist wieder eine Nullmenge.*
d) *Eine kompakte Menge $K \subset \mathbf{R}$ ist genau dann eine Nullmenge, wenn es zu jedem $\varepsilon > 0$* **endlich viele** *abgeschlossene* (*oder auch offene*) *Intervalle gibt, die K überdecken und deren Längensumme $\leq \varepsilon$ ist.*

Beweis. a) ist trivial, b) hatten wir schon am Schluß der Nr. 31 bewiesen. — c): $M_1, M_2, \ldots$ seien Nullmengen. Nach Wahl von $\varepsilon > 0$ kann man M_j mit abgeschlossenen Intervallen $I_{j1}, I_{j2}, \ldots$ der Längensumme $\sum_k |I_{jk}| \leq \varepsilon/2^j$ überdecken $(j=1,2,\ldots)$. Dann überdecken die (höchstens abzählbar vielen) Intervalle $I_{11}, I_{12}, \ldots, I_{21}, I_{22}, \ldots, I_{31}, I_{32}, \ldots$ die Vereinigung $\bigcup_j M_j$, und ihre

---
[1] Henri Lebesgue (1875–1941; 66).
[2] Der Leser möge sich selbst davon überzeugen, daß man in dieser Definition „abgeschlossen" durch „offen" ersetzen kann (wie wir es ja auch getan haben).

Längensumme ist $\leq \sum_{j=1}^{\infty} \varepsilon/2^j = \varepsilon$. — d): Sei K eine kompakte Nullmenge und ε eine beliebige positive Zahl. Dann gibt es offene Intervalle $I_1, I_2, \ldots$ mit $\bigcup_k I_k \supset K$ und $\sum_k |I_k| \leq \varepsilon$. Nach dem Überdeckungssatz von Heine-Borel reichen aber bereits endlich viele der I_k zur Überdeckung aus, und deren Längensumme ist erst recht $\leq \varepsilon$. In umgekehrter Richtung ist die Aussage trivial. ∎

Wir bemerken ausdrücklich, daß es sehr wohl überabzählbare Nullmengen gibt.

Hinfort wollen wir sagen, die Funktion f sei **fast überall auf** X stetig oder differenzierbar, wenn die Punkte von X, in denen sie unstetig bzw. nicht differenzierbar ist, jeweils nur eine Nullmenge bilden.

Nach diesen Vorbereitungen können wir nun einen Satz beweisen, der die Struktur der R-integrierbaren Funktionen in helles Licht taucht und eine Fülle interessanter Konsequenzen hat:

84.2 Lebesguesches Integrabilitätskriterium *Die Funktion f ist genau dann auf $[a, b]$ R-integrierbar, wenn sie dort beschränkt und fast überall stetig ist.*

Beweis. Wir nehmen zunächst an, die Funktion f sei auf $I := [a, b]$ beschränkt, es sei also etwa $|f(x)| \leq C$ für alle $x \in I$, und die Menge $\Delta(f)$ ihrer Unstetigkeitspunkte sei eine Nullmenge. Geben wir nun ein beliebiges positives ε vor, so können wir $\Delta(f)$ durch abzählbar viele *offene* Intervalle $J_1, J_2, \ldots$ mit $\sum_{\nu=1}^{\infty} |J_\nu| < \varepsilon$ überdecken. Die zugehörigen *abgeschlossenen* Intervalle $\bar{J}_1, \bar{J}_2, \ldots$ überdecken dann erst recht $\Delta(f)$, und auch für sie ist

$$\sum_{\nu=1}^{\infty} |\bar{J}_\nu| < \varepsilon. \tag{84.1}$$

In jedem Punkt $\xi \in I \setminus \Delta(f)$ ist f stetig, wegen Satz 40.1 können wir daher zu ξ ein *offenes* Intervall U_ξ so bestimmen, daß

$$\xi \in U_\xi \quad \text{und} \quad \Omega_f(\bar{U}_\xi \cap I) < \varepsilon \tag{84.2}$$

ist; dabei bedeutet $\bar{U}_\xi$ das zu U_ξ gehörende *abgeschlossene* Intervall. Das System aller J_ν und U_ξ bildet eine offene Überdeckung von I, nach dem Satz von Heine-Borel kann man also I bereits durch ein endliches Teilsystem $\{J_{\nu_1}, \ldots, J_{\nu_r}, U_{\xi_1}, \ldots, U_{\xi_s}\}$ überdecken. Erst recht wird I also durch die abgeschlossenen Intervalle $\bar{J}_{\nu_1}, \ldots, \bar{J}_{\nu_r}, \bar{U}_{\xi_1}, \ldots, \bar{U}_{\xi_s}$ überdeckt. Nun wählen wir eine so feine Zerlegung Z von I, daß jedes ihrer Teilintervalle $I_1, \ldots, I_n$ in einem der $\bar{J}_{\nu_\varrho}, \bar{U}_{\xi_\sigma}$ enthalten ist. Um das Riemannsche Integrabilitätskriterium anwenden zu können, fassen wir die Differenz

$$O(Z) - U(Z) = \sum_{k=1}^{n} (M_k - m_k)|I_k| = \Sigma_1 + \Sigma_2$$

ins Auge[1]. Dabei ist Σ_1 die Summe über alle $(M_k - m_k)|I_k|$, bei denen I_k in einem der Intervalle $\bar{J}_{\nu_\rho}$ liegt, während Σ_2 die Summe über alle anderen $(M_k - m_k)|I_k|$ bedeutet; jedes hier auftretende I_k liegt also in einem der Intervalle $\bar{U}_{\xi_\sigma}$. Aus (84.1) und (84.2) folgt nun, daß

$$\Sigma_1 < 2C\varepsilon \quad \text{und} \quad \Sigma_2 < \varepsilon|I|$$

bleibt, infolgedessen ist $O(Z) - U(Z) < (2C + |I|)\varepsilon$. Nach dem Riemannschen Kriterium muß also f auf I R-integrierbar sein.

Jetzt nehmen wir umgekehrt an, f gehöre zu $R(I)$. Nach Satz 79.7 ist dann zunächst f auf I beschränkt. Es bleibt also nur noch nachzuweisen, daß $\Delta(f)$ das Maß 0 besitzt. Da wir nach (40.1) die Darstellung

$$\Delta(f) = \bigcup_{s=1}^{\infty} \Delta_{1/s} \quad \text{mit} \quad \Delta_{1/s} := \left\{ x \in I : \omega_f(x) \geq \frac{1}{s} \right\}$$

haben und die Vereinigung von höchstens abzählbar vielen Nullmengen nach dem obigen Hilfssatz wieder eine Nullmenge ist, genügt es zu zeigen, *daß jedes $\Delta_{1/s}$ notwendig eine Nullmenge sein muß*. Um Triviales zu vermeiden, dürfen wir dabei annehmen, daß $\Delta_{1/s}$ nicht leer ist. Geben wir uns nun ein beliebiges $\varepsilon > 0$ vor, so können wir nach dem Riemannschen Integrabilitätskriterium eine Zerlegung Z von I bestimmen, so daß

$$O(Z) - U(Z) < \frac{\varepsilon}{2s}$$

ausfällt. $\mathfrak{M}$ sei die Menge aller Teilintervalle I_k von Z mit $\Delta_{1/s} \cap I_k \neq \emptyset$. Offenbar wird $\Delta_{1/s}$ von $\mathfrak{M}$ überdeckt. Angenommen, das Intervall $I_k \in \mathfrak{M}$ enthalte einen Punkt $\xi \in \Delta_{1/s}$ in seinem *Innern*. Dann gibt es eine δ-Umgebung $U \subset I_k$ von ξ mit $\Omega_f(U) \geq 1/s$, erst recht ist also

$$M_k - m_k = \Omega_f(I_k) \geq \frac{1}{s}.$$

Sei nun $\mathfrak{M}^*$ die (eventuell leere) Menge aller Intervalle I_k, deren *Inneres* mindestens einen Punkt von $\Delta_{1/s}$ enthält. Aus der letzten Abschätzung folgt sofort

$$\frac{1}{s} \sum_{I_k \in \mathfrak{M}^*} |I_k| \leq \sum_{I_k \in \mathfrak{M}^*} (M_k - m_k) |I_k| \leq O(Z) - U(Z) < \frac{\varepsilon}{2s},$$

es gilt also

$$\sum_{I_k \in \mathfrak{M}^*} |I_k| < \frac{\varepsilon}{2}. \tag{84.3}$$

---

[1] Die Zahlen M_k und m_k sind in (82.1) definiert; $M_k - m_k$ ist die Oszillation $\Omega_f(I_k)$ von f auf I_k.

Nun bestimmen wir zu den Teilpunkten $x_0, x_1, \ldots, x_n$ von Z abgeschlossene Intervalle $I'_0, \ldots, I'_n$, so daß

$$x_k \in I'_k \quad \text{und} \quad \sum_{k=0}^{n} |I'_k| < \frac{\varepsilon}{2} \tag{84.4}$$

ist. Offenbar wird $\Delta_{1/s}$ von dem endlichen Intervallsystem $\mathfrak{M}^* \cup \{I'_0, \ldots, I'_n\}$ überdeckt, und da wegen (84.3) und (84.4) dessen Längensumme $<\varepsilon/2 + \varepsilon/2 = \varepsilon$ bleibt, muß $\Delta_{1/s}$ in der Tat eine Nullmenge sein. ∎

In Verbindung mit früher bewiesenen Sätzen ergeben sich aus dem Lebesgueschen Kriterium in bequemster Weise eine Fülle wichtiger und teilweise ganz überraschender Resultate. Wir geben einige an, ohne uns (außer bei dem letzten) mit den überaus einfachen Beweisen aufzuhalten.

84.3 Satz $\int_a^b f \, dx$ *existiert immer dann, wenn f auf $[a, b]$ beschränkt und dort an höchstens abzählbar vielen Stellen unstetig ist*[1].

84.4 Satz *Unterscheidet sich f von $g \in R[a, b]$ nur an* endlich vielen *Stellen des Intervalls $[a, b]$, so gehört auch f zu $R[a, b]$, und es gilt $\int_a^b f \, dx = \int_a^b g \, dx$ (kurz: Beim Integrieren kommt es auf endlich viele Funktionswerte nicht an).*

84.5 Satz *Die Funktion $f \in R[a, b]$ ist auf jedem abgeschlossenen Teilintervall von $[a, b]$ integrierbar. Sind a_1, a_2, a_3 irgendwelche Punkte aus $[a, b]$, so gilt ferner die Gleichung*

$$\int_{a_1}^{a_2} f \, dx + \int_{a_2}^{a_3} f \, dx = \int_{a_1}^{a_3} f \, dx \tag{84.5}$$ [2].

84.6 Satz *Ist f auf $[a, b]$ und auf $[b, c]$ integrierbar, so ist f auch auf $[a, c]$ integrierbar.*

84.7 Satz *Ist f auf $[a, b]$ beschränkt und auf jedem Intervall $[\alpha, \beta]$ mit $a < \alpha < \beta < b$ integrierbar, so ist f auch auf dem Gesamtintervall $[a, b]$ integrierbar.*

84.8 Satz *Mit f und g liegen auch die folgenden Funktionen in $R[a, b]$:*

$$|f|, \quad f^+, \quad f^-, \quad \max(f, g), \quad \min(f, g) \text{ und } fg.$$

Ist überdies $|g(x)| \geq \alpha > 0$ auf $[a, b]$, so gehört auch f/g zu $R[a, b]$. Insbesondere ist also $R[a, b]$ nicht nur ein Funktionenraum, sondern sogar eine Funktionenalgebra.

84.9 Satz *Sei g integrierbar auf $[a, b]$, ferner $g([a, b]) \subset [\alpha, \beta]$ und f stetig auf*

---

[1] In Verbindung mit Satz 39.5 erhalten wir damit einen neuen Beweis für die *Integrierbarkeit monotoner Funktionen* (Satz 83.3).

[2] Man beweist sie (nachdem nun die Existenz der Integrale feststeht), wörtlich wie die Gl. (81.2).

[α, β]. Dann ist f ∘ g integrierbar auf [a, b]. Insbesondere ist im Falle g ≥ 0 die Funktion $\sqrt[k]{g(x)}$ auf [a, b] integrierbar[1].

In Zukunft werden wir des öfteren die Redeweise verwenden, die Funktionen f und g seien **fast überall auf** X **gleich**. Dies soll bedeuten, daß die Menge $\{x \in X : f(x) \neq g(x)\}$ eine Nullmenge ist. Wir beweisen nun den

84.10 Satz *Sind die Funktionen* $f, g \in R[a, b]$ *fast überall auf* [a, b] *gleich, so ist*

$$\int_a^b f \, dx = \int_a^b g \, dx.$$

Um dies einzusehen, bemerken wir, daß $N := \{x \in [a, b] : f(x) \neq g(x)\}$ als Nullmenge kein Intervall enthalten kann, und daß infolgedessen die Menge $\{x \in [a, b] : f(x) = g(x)\} = [a, b] \setminus N$ dicht in [a, b] liegt. Satz 79.6 stellt nun die Behauptung sicher. ∎

Der letzte Satz steht zwar in einem engen Zusammenhang mit dem Satz 84.4, ist aber nicht eine Verallgemeinerung desselben (warum nicht?).

Aufgaben

1. Zeige noch einmal, daß die Dirichletsche Funktion auf keinem Intervall [a, b] integrierbar ist (vgl. A 79.8).

2. Die in (34.1) erklärte Funktion f(x) ist auf [0, 1] integrierbar, dasselbe gilt für die Funktionen $\sqrt{f(x)}$ und $\ln(1 + f(x))$. Was sind die Werte der zugehörigen Integrale?

*****3.** $f \in R[a, b]$ sei ≥ 0, und in einem Stetigkeitspunkt x_0 sei $f(x_0) > 0$. Dann ist $\int_a^b f \, dx > 0$. Insbesondere folgt aus $f > 0$ immer $\int_a^b f \, dx > 0$. Hinweis: Verfahre wie in A 81.1.

+4. f und g seien auf [a, b] integrierbar, und fast überall auf [a, b] sei $f \leq g$. Dann ist auch $\int_a^b f \, dx \leq \int_a^b g \, dx$.

+5. Genau dann sind die Funktionen $f, g \in R[a, b]$ fast überall auf [a, b] gleich, wenn $\int_a^b |f - g| \, dx = 0$ ist. Hinweis: Aufgabe 3.

+6. Besitzt die Funktion $f : \mathbf{R} \to \mathbf{R}$ die Periode $p > 0$ und ist sie auf [0, p] R-integrierbar, so ist $\int_a^{a+p} f \, dx$ für jedes a vorhanden und $= \int_0^p f \, dx$.

+7. Nichtintegrierbare Komposita integrierbarer Funktionen g bedeute die auf [0, 1] eingeschränkte Funktion f aus Aufgabe 2, und es sei

$$\varphi(x) := \begin{cases} 0 & \text{für } x = 0, \\ 1 & \text{für } x \in (0, 1]. \end{cases}$$

Dann liegen g und φ in R[0, 1], das Kompositum $\varphi \circ g$ ist jedoch nicht mehr auf [0, 1] integrierbar.

---

[1] Der Satz bleibt nicht richtig, wenn f nur integrierbar, aber nicht mehr stetig ist (s. Aufgabe 7).

85 Integralungleichungen und Mittelwertsätze

Wir bringen zunächst vier wichtige *Integralungleichungen*.

85.1 Dreiecksungleichung für Integrale

$$\left| \int_a^b f \, dx \right| \leq \int_a^b |f| \, dx \quad \text{für jedes } f \in R[a,b].$$

Beweis. Die Integrierbarkeit von $|f|$ wurde bereits in Satz 84.8 festgestellt. Die Ungleichung selbst erhalten wir so: Wegen $-f, f \leq |f|$ ist nach Satz 79.5 auch $-\int_a^b f \, dx, \int_a^b f \, dx \leq \int_a^b |f| \, dx$ und damit $\left| \int_a^b f \, dx \right| \leq \int_a^b |f| \, dx$. ∎

85.2 Höldersche Ungleichung Ist $p > 1$ und $\dfrac{1}{p} + \dfrac{1}{q} = 1$, so gilt

$$\int_a^b |fg| \, dx \leq \left(\int_a^b |f|^p \, dx \right)^{\frac{1}{p}} \left(\int_a^b |g|^q \, dx \right)^{\frac{1}{q}} \quad \text{für } f, g \in R[a,b].$$

Beweis. Die Funktionen $|fg|$, $|f|^p$ und $|g|^q$ sind nach den Sätzen 84.8 und 84.9 integrierbar. Die Ungleichung ergibt sich nun, indem man auf die Riemannschen Summen $\sum_{k=1}^n |f(\xi_k) g(\xi_k)| h = \sum_{k=1}^n |f(\xi_k)| h^{\frac{1}{p}} \cdot |g(\xi_k)| h^{\frac{1}{q}}$ mit äquidistanten Teilpunkten (Schrittweite h) die Höldersche Ungleichung 59.2 anwendet und zur Grenze übergeht. ∎

Nur ein Spezialfall der Hölderschen Ungleichung ist die

Schwarzsche Ungleichung $\displaystyle\int_a^b |fg| \, dx \leq \left(\int_a^b f^2 \, dx \right)^{\frac{1}{2}} \left(\int_a^b g^2 \, dx \right)^{\frac{1}{2}}$ für $f, g \in R[a,b]$.

85.3 Minkowskische Ungleichung Für $p \geq 1$ und alle $f, g \in R[a,b]$ ist

$$\left(\int_a^b |f+g|^p \, dx \right)^{\frac{1}{p}} \leq \left(\int_a^b |f|^p \, dx \right)^{\frac{1}{p}} + \left(\int_a^b |g|^p \, dx \right)^{\frac{1}{p}}.$$

Der Beweis fließt aus der Minkowskischen Ungleichung 59.3. ∎

85.4 Opialsche Ungleichung

$$\int_a^b |ff'| \, dx \leq \frac{b-a}{2} \int_a^b (f')^2 \, dx, \quad \text{falls } f' \in C[a,b] \text{ und } f(a) = 0.$$

Beweis. Für $g(x) := \int_a^x |f'(t)| \, dt$ $(a \leq x \leq b)$ ist $g(a) = 0$, $g'(x) = |f'(x)|$ und

$$|f(x)| = \left| \int_a^x f'(t) \, dt \right| \leq \int_a^x |f'(t)| \, dt = \int_a^x g'(t) \, dt = g(x) - g(a) = g(x).$$

Infolgedessen haben wir

$$2\int_a^b |ff'|dx \leq \int_a^b 2gg'dx = \int_a^b (g^2)'dx = g^2(b) - g^2(a) = g^2(b). \tag{85.1}$$

Wegen der Schwarzschen Ungleichung ist

$$g^2(b) = \left(\int_a^b 1 \cdot g'dx\right)^2 \leq \left(\int_a^b 1^2 dx\right)\left(\int_a^b (g')^2 dx\right) = (b-a)\int_a^b (f')^2 dx.$$

Mit (85.1) ergibt sich aus dieser Ungleichung sofort die Behauptung. ∎

Wir wenden uns nun den *Mittelwertsätzen* zu. Die (zunächst völlig beliebige) Funktion f sei auf $[a, b]$ erklärt, und $\{x_0, x_1, \ldots, x_n\}$ sei eine äquidistante Zerlegung von $[a, b]$ mit der Schrittweite $h := (b-a)/n$. Dann wird man das arithmetische Mittel der Funktionswerte $f(x_1), \ldots, f(x_n)$, also die Zahl

$$\mu_n(f) := \frac{f(x_1) + \cdots + f(x_n)}{n} = \frac{1}{b-a} \sum_{k=1}^n f(x_k) h$$

als einen „mittleren Wert" der Funktion f ansehen dürfen — jedenfalls, wenn n hinreichend groß ist und f nicht zu stark schwankt (so verfährt man z.B. bei der Bestimmung der mittleren Tagestemperatur). Begrifflich unbefriedigend ist hierbei die Willkür in der Wahl von n und die unklare Forderung, f möge nicht zu stark schwanken. Von all diesen Mißlichkeiten kann man sich aber ganz leicht befreien, wenn f auf $[a, b]$ R-integrierbar ist. In diesem Falle strebt $\mu_n(f)$ für wachsendes n gegen

$$\mu(f) := \frac{1}{b-a} \int_a^b f dx, \tag{85.2}$$

und nichts ist nun nach unseren Vorüberlegungen natürlicher, als $\mu(f)$ den Mittelwert der Funktion f zu nennen. Völlig gerechtfertigt wird diese Benennung aber erst dann sein, wenn $\inf f \leq \mu(f) \leq \sup f$ gilt. Dies ist aber einfach deshalb der Fall, weil wegen Satz 12.1 für jedes $\mu_n(f)$ die Abschätzung $\inf f \leq \mu_n(f) \leq \sup f$ besteht. Wir halten unser Ergebnis in der folgenden, nur äußerlich modifizierten Form zusammen mit einer Ergänzung fest, die wegen Satz 36.4 selbstverständlich ist:

85.5 Erster Mittelwertsatz der Integralrechnung *Ist f auf $\langle a, b \rangle$ R-integrierbar, so gibt es eine wohlbestimmte, der Bedingung $\inf f \leq \mu \leq \sup f$ genügende Zahl μ — nämlich den Mittelwert $\mu(f)$ von f —, so daß gilt:*

$$\int_a^b f dx = \mu(b-a). \tag{85.3}$$

Für stetiges f ist $\mu = f(\xi)$ mit einem geeigneten $\xi \in \langle a, b \rangle$.

Denken wir noch einmal an die Ungleichung 12.1 des gewichteten arithmetischen Mittels, so liegt die folgende Verallgemeinerung des letzten Satzes fast auf der Hand:

85.6 Erweiterter Mittelwertsatz der Integralrechnung *Die Funktionen f, g seien auf $\langle a,b \rangle$ R-integrierbar, und es sei $g \geq 0$ oder $g \leq 0$. Dann gibt es eine der Bedingung $\inf f \leq \mu \leq \sup f$ genügende Zahl μ mit*

$$\int_a^b fg\,dx = \mu \int_a^b g\,dx. \tag{85.4}$$

Für stetiges f ist $\mu = f(\xi)$ mit einem geeigneten $\xi \in \langle a, b \rangle$.

Im Beweis, der übrigens nur den des Satzes 12.1 nachahmt, setzen wir $m := \inf f$, $M := \sup f$ und nehmen zunächst $a < b$ und $g \geq 0$ an. Aus $m \leq f \leq M$ folgt dann $mg \leq fg \leq Mg$ und daraus mit Satz 79.5.

$$m \int_a^b g\,dx \leq \int_a^b fg\,dx \leq M \int_a^b g\,dx.$$

Diese Abschätzung zeigt: Ist $\int_a^b g\,dx = 0$, so ist auch $\int_a^b fg\,dx = 0$, und in (85.4) kann man infolgedessen für μ irgendeine Zahl, insbesondere eine aus $[m, M]$ wählen. Ist jedoch $\int_a^b g\,dx > 0$, so leistet die in $[m, M]$ liegende Zahl

$$\mu := \frac{\int_a^b fg\,dx}{\int_a^b g\,dx}, \tag{85.5}$$

und nur diese, das Gewünschte. Die anderen Fälle ($a > b$ bzw. $g \leq 0$) ergeben sich nun in ganz trivialer Weise aus dem Bewiesenen. Die Zusatzbehauptung erledigt sich wieder durch einen Blick auf den Satz 36.4. ∎

Der erweiterte Mittelwertsatz ist besonders nützlich bei der Abschätzung von Integralen über „schwierige" Funktionen; s. Aufgabe 8.

Den nun folgenden Satz werden wir erst in Nr. 93 im Rahmen der Riemann-Stieltjesschen Integrationstheorie beweisen (und bis dahin natürlich nicht benutzen).

85.7 Zweiter Mittelwertsatz der Integralrechnung *f sei* monoton *und g* stetig *auf $\langle a, b \rangle$. Dann gibt es in $\langle a, b \rangle$ einen Punkt ξ mit*

$$\int_a^b fg\,dx = f(a) \int_a^\xi g\,dx + f(b) \int_\xi^b g\,dx.$$

Aufgaben

1. Beweise mit Hilfe des Satzes 85.5 den Mittelwertsatz der Differentialrechnung in der folgenden schwächeren Form: Ist f stetig differenzierbar auf $[a, b]$, so gibt es mindestens ein $\xi \in [a, b]$, mit dem $f(b) - f(a) = (b - a)f'(\xi)$ gilt.

2. Sei f eine Treppenfunktion auf $[a, b]$, es gebe also eine Zerlegung $Z := \{x_0, x_1, \ldots, x_n\}$ von $[a, b]$ und Zahlen $c_1, \ldots, c_n$ mit $f(x) = c_k$ für $x \in (x_{k-1}, x_k)$ $(k = 1, \ldots, n)$. Dann ist ihr Mittelwert $\mu(f)$ gleich dem gewichteten arithmetischen Mittel

$$(p_1 c_1 + \cdots + p_n c_n)/(p_1 + \cdots + p_n) \quad \text{mit } p_k := x_k - x_{k-1}.$$

3. Zeige an einem Beispiel, daß bei unstetigem f der Mittelwert $\mu(f)$ kein Wert von f zu sein braucht.

4. Sei wie im Beispiel 1 der Nr. 46 ein Weg-Zeitgesetz $s(t)$, $t_0 \leq t \leq t_1$, gegeben. Die Funktion $s(t)$ sei differenzierbar, die Bewegung habe also im Zeitpunkt t eine wohldefinierte Momentangeschwindigkeit $v(t)$. Wir nehmen ferner an, die Geschwindigkeitsfunktion $v(t)$ sei auf $[t_0, t_1]$ integrierbar. Dann ist ihr Mittelwert $\mu(v)$ gerade gleich der „mittleren Geschwindigkeit" $(s(t_1) - s(t_0))/(t_1 - t_0)$, die wir schon in dem angegebenen Beispiel zur Motivierung des Ableitungsbegriffs herangezogen haben. Der bewegte Körper muß übrigens diese „mittlere Geschwindigkeit" in mindestens einem Zeitpunkt auch tatsächlich besitzen.

+5. f sei über jedes Intervall $[0, x]$, $x > 0$, integrierbar, und es strebe $f(t) \to \eta$ für $t \to +\infty$. Dann strebt auch

$$\frac{1}{x} \int_0^x f(t) dt \to \eta \quad \text{für } x \to +\infty.$$

Hinweis: Beweis des Cauchyschen Grenzwertsatzes.

+6. f und g seien über jedes Intervall $[0, x]$, $x > 0$, integrierbar, und für $t \to +\infty$ strebe $f(t) \to \eta$, $g(t) \to \xi$. Dann konvergiert

$$\frac{1}{x} \int_0^x f(t) g(x - t) dt \to \eta \xi.$$

Hinweis: $f(t) g(x - t) = [f(t) - \eta] g(x - t) + \eta g(x - t)$; Aufgabe 5 (vgl. A 27.6).

7. Gewinne im Falle $g > 0$ den Satz 85.6 (ähnlich wie den Satz 85.5) aus dem Satz 12.1.

8. a) $0 \leq \int_0^1 x^{39} \sin^8 x \, dx \leq 1/40$,

b) $\dfrac{8}{15\sqrt{5}} \leq \int_0^{\pi/2} \dfrac{\cos^5 x}{\sqrt{1 + x^2}} dx \leq \dfrac{8}{15}$.

86 Nochmals das Integral $\int_a^x f(t)dt$ mit variabler oberer Grenze

Ist die Funktion f auf $[a, b]$ R-integrierbar (ohne dort stetig sein zu müssen), so existiert die Funktion

$$F(x) := \int_a^x f(t)dt$$

auf $[a, b]$, wie man sofort dem Satz 84.5 entnimmt. Mit (84.5) erhält man die (81.4) entsprechende Formel

$$F(x) - F(y) = \int_y^x f(t)dt \quad \text{für beliebige Punkte } x, y \in [a, b].$$

Die Fundamentalungleichung 81.3 zeigt nun, daß

$$|F(x) - F(y)| \le \|f\|_\infty |x - y| \tag{86.1}$$

ist. Mit anderen Worten: F ist auf $[a, b]$ Lipschitz-stetig (dehnungsbeschränkt) und damit erst recht stetig.

Der Beweis des Satzes 81.4 lehrt ohne die geringste Änderung, daß $F'(x_0)$ *in jedem Stetigkeitspunkt x_0 von f vorhanden und $= f(x_0)$ ist*. Bringt man noch das Lebesguesche Integrabilitätskriterium ins Spiel, so erhält man aus dieser Tatsache die zweite Aussage der nun folgenden Zusammenfassung:

86.1 Satz *Sei $f \in R[a, b]$ und $F(x) := \int_a^x f(t)dt$ für $x \in [a, b]$. Dann ist F Lipschitzstetig auf $[a, b]$, und fast überall auf $[a, b]$ — nämlich in jedem Stetigkeitspunkt x von f — ist $F'(x)$ vorhanden und $= f(x)$.*

Der nächste Satz gibt uns „n-fache Stammfunktionen" in die Hand:

86.2 Satz *Sei f stetig auf $[0, b]$, und für $n = 1, 2, \ldots$ sei*

$$F_n(x) := \int_0^x \frac{(x-t)^{n-1}}{(n-1)!} f(t)\,dt = \sum_{k=0}^{n-1} \frac{(-1)^k}{(n-1)!} \binom{n-1}{k} x^{n-1-k} \int_0^x t^k f(t)\,dt.$$

Dann ist

$$F_n^{(n)}(x) = f(x) \quad \text{für } n \in \mathbf{N} \text{ und } x \in [0, b].$$

Beweis. Durch kunstloses Rechnen — man benutze dabei A 7.2d — erhält man $F_n' = F_{n-1}$ und kommt so schrittweise zur Behauptung. ∎

Das in A 81.2 gefundene Resultat wollen wir seiner praktischen Bedeutung wegen hier noch einmal ausdrücklich konstatieren:

86.3 Satz *Sei $f \in C[a, b]$. Die Funktion φ und ψ seien differenzierbar auf einem Intervall I, und ihre Werte mögen allesamt in $[a, b]$ liegen. Dann ist*

$$\frac{d}{dx} \int_{\varphi(x)}^{\psi(x)} f(t)\,dt = f(\psi(x))\psi'(x) - f(\varphi(x))\varphi'(x) \quad \text{auf } I.$$

XI Uneigentliche und Riemann-Stieltjessche Integrale

Mit jedem einfachen Denkakt tritt etwas Bleibendes, Substantielles in unsere Seele ein.
Bernhard Riemann

Müßiggang ist der Feind der Seele.
Benedikt von Nursia, Gründer des Benediktinerordens

87 Integrale über unbeschränkte Intervalle

Von den Anwendungen her wird man in ganz natürlicher Weise auf einige Verallgemeinerungen des Riemannschen Integralbegriffs geführt, die wir in diesem Kapitel vorstellen wollen. Im Teil I der Nr. 80 hatten wir gesehen, daß man die Arbeit $A_\infty := \lim\limits_{h \to +\infty} \int_R^h G\frac{mM}{x^2} dx$ aufbringen muß, um eine Rakete der Masse m aus dem Schwerefeld der Erde zu befördern. Den hier auftretenden Grenzwert bezeichnet man mit dem Symbol $\int_R^{+\infty} G\frac{mM}{x^2} dx$. Allgemein gibt man die folgende Definition, die eine Erweiterung des Riemannschen Integrals auf unendliche Intervalle bedeutet:

Ist die Funktion f für jedes $t > a$ auf $[a, t]$ R-integrierbar und strebt

$$\int_a^t f dx \to J \quad \text{für } t \to +\infty,$$

so sagt man, das uneigentliche Integral $\int_a^{+\infty} f dx$ konvergiere *oder* existiere *und habe den* Wert J, kurz, es sei

$$\int_a^{+\infty} f dx := \lim_{t \to +\infty} \int_a^t f dx.$$

Ein nichtkonvergentes uneigentliches Integral wird divergent *genannt.*

Offenbar ist $\int_a^{+\infty} f dx$ genau dann konvergent, wenn $\int_b^{+\infty} f dx$ für irgendein $b > a$ existiert; in diesem Falle ist

$$\int_a^{+\infty} f dx = \int_a^b f dx + \int_b^{+\infty} f dx.$$

Wir bringen drei Beispiele:
1. $\int_0^{+\infty} e^{-x} dx = 1$. Denn für $t \to +\infty$ strebt $\int_0^t e^{-x} dx = 1 - e^{-t} \to 1$.
2. $\int_0^{+\infty} \cos x \, dx$ divergiert. Denn $\int_0^t \cos x \, dx = \sin t$ besitzt für $t \to +\infty$ keinen Grenzwert.

3. Für jedes $t>1$ ist

$$\int_1^t \frac{1}{x^\alpha}dx = \begin{cases} \dfrac{t^{1-\alpha}}{1-\alpha} - \dfrac{1}{1-\alpha}, & \text{falls } \alpha \neq 1, \\ \ln t, & \text{falls } \alpha = 1. \end{cases}$$

Läßt man nun $t \to +\infty$ gehen, so folgt sofort:
Das uneigentliche Integral $\int_1^{+\infty} \dfrac{1}{x^\alpha}dx$ konvergiert genau dann, wenn $\alpha > 1$ ist. In diesem Falle ist sein Wert gleich $1/(\alpha - 1)$.
Aus Satz 41.2 ergibt sich ohne Umschweife nachstehendes

87.1 Cauchysches Konvergenzkriterium[1] *Das Integral $\int_a^{+\infty} f dx$ konvergiert genau dann, wenn die folgende* Cauchybedingung *erfüllt ist: Zu jedem $\varepsilon > 0$ gibt es eine Stelle s_0, so daß*

$$\text{für } t > s > s_0 \text{ stets } \left|\int_s^t f dx\right| < \varepsilon \text{ ausfällt.}$$

$\int_0^{+\infty} \dfrac{\sin x}{x} dx$ ist konvergent. Für $0 < s < t$ erhält man nämlich durch Produktintegration

$$\int_s^t \frac{\sin x}{x} dx = \left[-\frac{\cos x}{x}\right]_s^t - \int_s^t \frac{\cos x}{x^2} dx,$$

also ist

$$\left|\int_s^t \frac{\sin x}{x} dx\right| \leq \frac{1}{s} + \frac{1}{t} + \int_s^t \frac{dx}{x^2} = \frac{1}{s} + \frac{1}{t} + \left[-\frac{1}{x}\right]_s^t = \frac{2}{s},$$

und dies bleibt für alle $s > s_0 := 2/\varepsilon$ gewiß $< \varepsilon$. In A 107.5 und noch einmal — aber methodisch ganz anders — in Nr. 147 werden wir sehen, daß

$$\int_0^{+\infty} \frac{\sin x}{x} dx = \frac{\pi}{2}$$

ist.

Da im Falle $f \geq 0$ das Integral $\int_a^t f dx$ monoton mit t wächst, ergibt sich aus Satz 41.1 sofort das

---

[1] Wenn wir in den Sätzen dieser Nummer das Symbol $\int_a^{+\infty} f dx$ niederschreiben, setzen wir stillschweigend voraus, daß f für jedes $t > a$ auf $[a, t]$ R-integrierbar ist. — In dem Ausdruck „uneigentliches Integral" läßt man das Adjektiv „uneigentlich" häufig weg, falls keine Mißverständnisse zu befürchten sind.

87.2 Monotoniekriterium *Im Falle $f \geq 0$ existiert $\int_a^{+\infty} f\,dx$ genau dann, wenn mit einer gewissen Konstanten $K > 0$ gilt:*

$$\int_a^t f\,dx \leq K \quad \text{für alle } t > a.$$

In Analogie zu den Verhältnissen bei unendlichen Reihen nennt man das Integral $\int_a^{+\infty} f\,dx$ **absolut konvergent**, wenn $\int_a^{+\infty} |f|\,dx$ konvergiert. Und ganz entsprechend wie den Satz 31.4 beweist man nun den

87.3 Satz *Ein absolut konvergentes Integral $\int_a^{+\infty} f\,dx$ ist erst recht konvergent, und es gilt die verallgemeinerte Dreiecksungleichung*

$$\left| \int_a^{+\infty} f\,dx \right| \leq \int_a^{+\infty} |f|\,dx.$$

Aus den beiden letzten Sätzen ergibt sich — wiederum wie bei Reihen — das

87.4 Majorantenkriterium *Ist $|f| \leq g$ auf $[a, +\infty)$ und konvergiert $\int_a^{+\infty} g\,dx$, so ist $\int_a^{+\infty} f\,dx$ (absolut) konvergent.*

Und aus dem Majorantenkriterium erhält man sofort das

87.5 Minorantenkriterium *Ist $0 \leq h \leq f$ auf $[a, +\infty)$ und divergiert $\int_a^{+\infty} h\,dx$, so muß auch $\int_a^{+\infty} f\,dx$ divergieren.*

Gestützt auf das Majorantenkriterium beweist man nun — und zwar fast wörtlich wie den Satz 33.6 — das

87.6 Grenzwertkriterium *Sind f und g positiv auf $[a, +\infty)$ und strebt $f(x)/g(x)$ für $x \to +\infty$ gegen einen* positiven *Grenzwert, so haben die Integrale $\int_a^{+\infty} f\,dx$ und $\int_a^{+\infty} g\,dx$ dasselbe Konvergenzverhalten. Strebt $\dfrac{f(x)}{g(x)} \to 0$, so kann man immerhin aus der Konvergenz des zweiten Integrals die des ersten folgern.*

Bei der Behandlung der uneigentlichen Integrale $\int_{-\infty}^a f\,dx$ dürfen wir uns nun sehr kurz fassen. Sie werden definiert durch

$$\int_{-\infty}^a f\,dx := \lim_{t \to -\infty} \int_t^a f\,dx,$$

falls der rechtsstehende (eigentliche) Grenzwert vorhanden ist, und die Sätze 87.1 bis 87.6 gelten für sie ganz entsprechend.

Konvergieren für irgendein a die Integrale $\int_{-\infty}^a f\,dx$ und $\int_a^{+\infty} f\,dx$, so sagt man, das Integral $\int_{-\infty}^{+\infty} f\,dx$ sei konvergent (oder existiere) und definiert seinen Wert durch

$$\int_{-\infty}^{+\infty} f\,dx := \int_{-\infty}^a f\,dx + \int_a^{+\infty} f\,dx$$

(auf die Wahl von a kommt es dabei nicht an). Ist jedoch auch nur eines der beiden rechtsstehenden Integrale divergent, so wird auch das Integral $\int_{-\infty}^{+\infty} f dx$ divergent genannt; in diesem Falle schreibt man ihm keinen Wert zu.

Aufgaben

In den Aufgaben 1 bis 12 stelle man fest, ob die angegebenen Integrale konvergieren.

1. $\int_{1}^{+\infty} \frac{\cos x}{x} dx.$
2. $\int_{0}^{+\infty} x^2 e^{-x} dx.$
3. $\int_{0}^{+\infty} \frac{x dx}{\sqrt{1+x^3}}.$
4. $\int_{-\infty}^{0} \frac{\sqrt{|x|} dx}{x^2+x+1}.$

5. $\int_{-\infty}^{0} \frac{x dx}{x^2+x+1}.$
6. $\int_{-\infty}^{+\infty} e^{-x^2} dx.$
7. $\int_{0}^{+\infty} e^{-2x} dx.$
8. $\int_{-\infty}^{+\infty} e^{-2|x|} dx.$

9. $\int_{0}^{+\infty} x^x e^{-x^2} dx.$
10. $\int_{1}^{+\infty} \sin(x^2) dx.$
11. $\int_{1}^{\infty} \ln \frac{1+x}{x} dx.$
12. $\int_{1}^{+\infty} \frac{dx}{x^2(e^{1/x^2}-1)}.$

13. $\int_{2}^{+\infty} \frac{dx}{x(\ln x)^\alpha}$ konvergiert genau dann, wenn $\alpha > 1$ ist.

14. $\int_{1}^{+\infty} \frac{\ln x}{(1+x^2)^\alpha} dx$ konvergiert genau dann, wenn $\alpha > \frac{1}{2}$ ist.

15. $\int_{0}^{+\infty} e^{-\alpha x} \cos \beta x dx = \frac{\alpha}{\alpha^2+\beta^2}$, $\int_{0}^{+\infty} e^{-\alpha x} \sin \beta x dx = \frac{\beta}{\alpha^2+\beta^2}$ $(\alpha > 0)$.

16. $\int_{0}^{+\infty} \frac{1}{1+x^4} dx = \int_{0}^{+\infty} \frac{x^2}{1+x^4} dx = \frac{\pi}{2\sqrt{2}}$ (s. Aufgaben 5, 6 in Nr. 78).

17. $\int_{e}^{+\infty} \frac{dx}{x(\ln x)^3} = \frac{1}{2}.$
18. $\int_{0}^{+\infty} \frac{dx}{4\sqrt{x}+\sqrt{x^3}} = \frac{\pi}{2}.$
19. $\int_{0}^{+\infty} \frac{dx}{\sqrt{1+e^x}} = \ln(3+2\sqrt{2}).$

20. Das (konvergente) Integral $\int_{0}^{+\infty} \frac{\sin x}{x} dx$ konvergiert *nicht absolut*.

+21. **Warnung** Die Analogie zwischen unendlichen Reihen und uneigentlichen Integralen darf nicht überdehnt werden. Aus der Konvergenz von $\int_{0}^{+\infty} f dx$ folgt z.B. *nicht*, daß $f(x) \to 0$ strebt für $x \to +\infty$, ja noch nicht einmal, daß f beschränkt ist. Zeige dies alles an geeigneten „Zackenfunktionen"; s. auch Aufgabe 10.

*22. $\int_{a}^{+\infty} f dx$ ist genau dann absolut konvergent, wenn die beiden Integrale $\int_{a}^{+\infty} f^+ dx$ und $\int_{a}^{+\infty} f^- dx$ existieren.

88 Das Integralkriterium

„Es kann die Untersuchung der Convergenz einer unendlichen Reihe mit positiven [abnehmenden] Gliedern immer reducirt werden auf die Untersuchung eines bestimmten Integrals nach folgendem Satz" (B. Riemann):

88.1 Integralkriterium *Die Funktion f sei auf* $[m, +\infty)$ *positiv und fallend* ($m \in \mathbf{N}$). *Dann haben die Reihe* $\sum_{k=m}^{\infty} f(k)$ *und das Integral* $\int_{m}^{+\infty} f(x)dx$ *dasselbe Konvergenzverhalten.*

Der Beweis ist äußerst einfach. Zunächst einmal ist f nach Satz 83.3 für jedes $t > m$ auf $[m, t]$ R-integrierbar. Ferner gilt $f(k) \geq f(x) \geq f(k+1)$ für jedes x in $[k, k+1]$ und jedes natürliche $k \geq m$. Daraus folgt sofort

$$f(k) \geq \int_{k}^{k+1} f(x)dx \geq f(k+1),$$

also auch

$$\sum_{k=m}^{n} f(k) \geq \int_{m}^{n+1} f(x)dx \geq \sum_{k=m+1}^{n+1} f(k).$$

Nun braucht man nur noch die Monotoniekriterien für unendliche Reihen und uneigentliche Integrale ins Spiel zu bringen, um den Beweis abzuschließen. ∎

Indem man für f die Funktionen $1/x^\alpha$ und $1/x(\ln x)^\alpha$ wählt, sieht man von neuem (vgl. Satz 33.3), daß die Reihen

$$\sum \frac{1}{k^\alpha} \quad \text{und} \quad \sum \frac{1}{k(\ln k)^\alpha} \quad \text{genau für } \alpha > 1 \text{ konvergieren}^{1)}$$

(beachte A 87.10). Wir können sogar ein sehr viel feineres Ergebnis beweisen. Dazu definieren wir zuerst die **iterierten Logarithmen** $\ln_p x$ ($p \in \mathbf{N}$) durch

$$\ln_1 x := \ln x, \quad \ln_2 x := \ln(\ln x), \quad \ln_3 x := \ln(\ln(\ln x)) = \ln(\ln_2 x), \ldots.$$

$\ln_1 x$ ist für $x > 0$, $\ln_2 x$ für $x > 1$, $\ln_3 x$ für $x > e$ definiert, usw. Auf ihren jeweiligen Definitionsbereichen ist

$$\frac{d}{dx} \ln_1 x = \frac{1}{x}, \quad \frac{d}{dx} \ln_2 x = \frac{1}{x \cdot \ln x}, \quad \frac{d}{dx} \ln_3 x = \frac{1}{x \cdot \ln x \cdot \ln_2 x},$$

allgemein

$$\frac{d}{dx} \ln_p x = \frac{1}{x \cdot \ln x \cdot \ln_2 x \cdots \ln_{p-1} x} \quad \text{für } p = 2, 3, \ldots.$$

Infolgedessen haben wir

$$\int \frac{dx}{x \cdot \ln x \cdot \ln_2 x \cdots \ln_{p-1} x \cdot (\ln_p x)^\alpha} = \begin{cases} \ln_{p+1} x & \text{für } \alpha = 1, \\ \dfrac{1}{1-\alpha} (\ln_p x)^{1-\alpha} & \text{für } \alpha \neq 1. \end{cases}$$

---

[1] Die Divergenz für $\alpha \leq 0$ erledige man, gestützt auf die Divergenz im Falle $0 < \alpha < 1$, mit Hilfe des Minorantenkriteriums für Reihen.

Und mit Hilfe des Integralkriteriums[1] erhalten wir nunmehr mühelos den

88.2 Satz *Die* Abelschen Reihen $\sum \dfrac{1}{k \cdot \ln k \cdots \ln_{p-1} k \cdot (\ln_p k)^\alpha}$ *konvergieren genau dann, wenn* $\alpha > 1$ *ist.*

Aufgaben

In den Aufgaben 1 bis 5 stelle man fest, ob die angegebenen Reihen konvergieren.

1. $\sum\limits_{k=1}^{\infty} k e^{-k^2}$. 2. $\sum\limits_{k=2}^{\infty} \dfrac{\ln k}{k^2}$. 3. $\sum\limits_{k=1}^{\infty} k^k e^{-k^2}$. 4. $\sum\limits_{k=1}^{\infty} \dfrac{1}{\sqrt{1+e^k}}$. 5. $\sum\limits_{k=1}^{\infty} \dfrac{1}{\sqrt{k}} e^{-2\sqrt{k}}$.

6. $\sum\limits_{k=1}^{\infty} (\sqrt[k]{a}-1)$ divergiert für jedes nichtnegative $a \neq 1$ (s. A 33.1n).

+7. Unter den Voraussetzungen des Integralkriteriums strebt $\sum\limits_{k=m}^{n} f(k) - \int_m^n f(x) \mathrm{d}x$ für $n \to \infty$ fallend gegen eine Zahl $\alpha \in [0, f(m)]$.

8. Zeige mit Hilfe der letzten Aufgabe, daß die Folge $\left(1 + \dfrac{1}{2} + \cdots + \dfrac{1}{n} - \ln n\right)$ fallend gegen einen Grenzwert C strebt (C ist die Euler–Mascheronische Konstante; s. A 29.2). — In A 95.2 werden wir noch einmal auf diese Folge zurückkommen.

89 Integrale von unbeschränkten Funktionen

Wir nehmen an, die Funktion f sei auf jedem der Intervalle $[a, t]$, $a < t < b$, R-integrierbar. Dann ist f auch auf jedem $[a, t]$ beschränkt — wobei allerdings die Schranke von t abhängen wird und f in $[a, b)$ sehr wohl unbeschränkt sein kann (Beispiel: $f(x) := 1/(1-x)$ für $0 \leq x < 1$). Ist f jedoch sogar in $[a, b)$ beschränkt, und setzt man $f(b)$, falls noch nicht definiert, in irgendeiner Weise fest, so existiert gemäß Satz 84.7 das Riemannsche Integral $\int_a^b f \mathrm{d}x$, und wegen Satz 86.1 gilt

$$\int_a^t f \mathrm{d}x \to \int_a^b f \mathrm{d}x \quad \text{für } t \to b-. \tag{89.1}$$

Ist nun f in $[a, b)$ unbeschränkt, strebt aber

$$\int_a^t f \mathrm{d}x \to J \quad \text{für } t \to b-,$$

so ist es wegen (89.1) naheliegend zu sagen, *das* uneigentliche Integral $\int_a^b f \mathrm{d}x$

---

[1] S. Fußnote 1 auf S. 484 für den Fall $\alpha \leq 0$.

konvergiere *oder* existiere *und habe den* Wert *J, kurz, es sei*

$$\int_a^b f\,dx := \lim_{t\to b-} \int_a^t f\,dx. \tag{89.2}$$

Ein nichtkonvergentes uneigentliches Integral wird divergent *genannt*.

Das „an der oberen Integrationsgrenze" uneigentliche Integral $\int_a^b f\,dx$ wird häufig auch mit dem Symbol $\int_a^{b-} f\,dx$ bezeichnet. Gleichgültig, ob $\int_a^b f\,dx$ im eigentlichen oder uneigentlichen Sinne existiert — unsere Betrachtungen lehren, daß stets die Gl. (89.2) gilt.

Wie ein „an der unteren Integrationsgrenze" a uneigentliches Integral $\int_a^b f\,dx$ oder $\int_{a+}^b f\,dx$ zu definieren ist, dürfte nun klar sein. — Wir erläutern diese Begriffe durch einige Beispiele:

1. $\int_0^{1-} \dfrac{dx}{\sqrt{1-x^2}}$ ist vorhanden und $= \dfrac{\pi}{2}$. Denn für $t \to 1-$ strebt $\int_0^t \dfrac{dx}{\sqrt{1-x^2}} =$ arcsin $t \to$ arcsin $1 = \dfrac{\pi}{2}$. Und ganz entsprechend sieht man, daß auch $\int_{-1+}^0 \dfrac{dx}{\sqrt{1-x^2}} = \dfrac{\pi}{2}$ ist.

2. Sei $a < b$. Das Integral $\int_a^{b-} \dfrac{dx}{(b-x)^\alpha}$ existiert genau dann, wenn $\alpha < 1$ ist. In diesem Falle hat es den Wert $(b-a)^{1-\alpha}/(1-\alpha)$. Es ist nämlich

$$\int_a^t \frac{dx}{(b-x)^\alpha} = \begin{cases} \dfrac{(b-a)^{1-\alpha}}{1-\alpha} - \dfrac{(b-t)^{1-\alpha}}{1-\alpha}, & \text{falls } \alpha \ne 1, \\ \ln(b-a) - \ln(b-t), & \text{falls } \alpha = 1, \end{cases}$$

woraus sich schon alles ergibt, wenn man $t \to b-$ rücken läßt. — Ganz entsprechend sieht man:

3. Sei $a < b$. Das Integral $\int_{a+}^b \dfrac{dx}{(x-a)^\alpha}$ existiert genau dann, wenn $\alpha < 1$ ist. In diesem Falle ist sein Wert gleich $(b-a)^{1-\alpha}/(1-\alpha)$. Insbesondere haben wir also

$$\int_0^1 \frac{dx}{x^\alpha} = \frac{1}{1-\alpha}, \quad \text{falls } \alpha < 1. \tag{89.3}$$

4. $\int_{0+}^1 \ln x\,dx = -1$. Denn für $t \to 0+$ strebt $\int_t^1 \ln x\,dx = [x \ln x - x]_t^1 = -1 - t \ln t + t \to -1$ (s. (77.6) und Beispiel 6 in Nr. 50).

Der Begriff der absoluten Konvergenz und die Sätze 87.1 bis 87.6 lassen sich *mutatis mutandis* auf die uneigentlichen Integrale $\int_{a+}^b f\,dx$ und $\int_a^{b-} f\,dx$ übertragen. Diese Dinge sind nunmehr so selbstverständlich, daß wir sie nicht mehr detailliert auszuführen brauchen und unbefangen von dem Cauchyschen Konvergenzkriterium, dem Monotonie-, Majoranten-, Minoranten- und Grenzwertkriterium für die oben aufgeführten Integrale reden dürfen. Auch hierzu einige Beispiele:

5. $\int_{0+}^{1} \frac{\ln x}{\sqrt{x}} dx$ ist absolut konvergent. Die Behauptung ergibt sich aus dem Grenzwertkriterium in Verbindung mit (89.3), weil

$$\lim_{x \to 0+} \frac{\frac{|\ln x|}{\sqrt{x}}}{\frac{1}{x^{3/4}}} = \lim_{x \to 0+} x^{1/4} |\ln x| = 0 \text{ ist.}$$

6. $\int_{1+}^{2} \frac{dx}{\ln x}$ ist divergent. Denn wegen der Regel von de l'Hospital ist $\lim_{x \to 1+} \frac{\ln x}{x-1} = \lim_{x \to 1+} \frac{1/x}{1} = 1$; nach dem Grenzwertkriterium haben also die Integrale $\int_{1+}^{2} \frac{dx}{\ln x}$ und $\int_{1+}^{2} \frac{dx}{x-1}$ dasselbe Konvergenzverhalten. Das zweite dieser Integrale ist aber divergent (s. Beispiel 3).

Ist die Funktion f über jedes abgeschlossene Teilintervall $[\alpha, \beta]$ von (a,b) R-integrierbar, aber sowohl bei a als auch bei b unbeschränkt, so sagen wir, das uneigentliche Integral $\int_a^b f dx$ oder $\int_{a+}^{b-} f dx$ konvergiere (existiere), wenn für irgendein $c \in (a,b)$ die beiden Integrale $\int_{a+}^{c} f dx$ und $\int_{c}^{b-} f dx$ vorhanden sind; andernfalls (also wenn auch nur eines dieser beiden Integrale nicht existiert) wird es divergent genannt. Im Konvergenzfalle definieren wir seinen Wert durch

$$\int_a^b f dx := \int_{a+}^{c} f dx + \int_{c}^{b-} f dx;$$

auf die Wahl von c kommt es offenbar nicht an. — Wir bringen zwei Beispiele:

7. $\int_{-1+}^{1-} \frac{dx}{\sqrt{1-x^2}} = \pi$. Denn jedes der Integrale $\int_{-1+}^{0} \frac{dx}{\sqrt{1-x^2}}$, $\int_{0}^{1-} \frac{dx}{\sqrt{1-x^2}}$ existiert und hat den Wert $\pi/2$ (s. Beispiel 1).

8. $\int_{0+}^{1-} \frac{dx}{\sqrt{x} \ln x}$ divergiert. Nach dem Grenzwertkriterium haben nämlich die Integrale $\int_{1/2}^{1-} \frac{dx}{\sqrt{x} \ln x}$ und $\int_{1/2}^{1-} \frac{dx}{\ln x}$ dasselbe Konvergenzverhalten; ähnlich wie in Beispiel 6 erkennt man aber, daß das zweite Integral divergiert. — Übrigens ergibt sich (wiederum mit Hilfe des Grenzwertkriteriums) sehr leicht, daß

$\int_{0+}^{1/2} \frac{dx}{\sqrt{x}\ln x}$ absolut konvergiert; dieses Resultat ist aber für unsere Zwecke nicht mehr von Belang.

Ist f auf (a, b), mit möglicher Ausnahme einer Stelle c, erklärt und existieren die beiden Integrale $\int_{a+}^{c-} f dx$, $\int_{c+}^{b-} f dx$, so setzen wir

$$\int_a^b f dx := \int_{a+}^{c-} f dx + \int_{c+}^{b-} f dx.$$

Integrale der Form $\int_a^{+\infty} f dx$, die *auch noch bei a uneigentlich* sind, werden durch

$$\int_a^{+\infty} f dx := \int_{a+}^{c} f dx + \int_c^{+\infty} f dx$$

erklärt, falls die beiden rechtsstehenden Integrale für ein willkürlich gewähltes $c > a$ vorhanden sind. — Wir erläutern diese Festsetzungen durch drei Beispiele:

9. $\int_{-1}^{1} \frac{dx}{x}$ existiert nicht, weil z.B. das Integral $\int_0^1 \frac{dx}{x}$ divergiert.

10. $\int_0^{+\infty} \frac{dx}{x^\alpha}$ existiert für kein einziges α. Denn $\int_0^1 \frac{dx}{x^\alpha}$ divergiert für $\alpha \geq 1$ und $\int_1^{+\infty} \frac{dx}{x^\alpha}$ für $\alpha \leq 1$, für kein α konvergieren also diese beiden Integrale gleichzeitig.

11. $\int_0^{+\infty} e^{-x} x^{\alpha-1} dx$ *konvergiert genau dann, wenn* $\alpha > 0$ *ist*. Zum Beweis untersuchen wir die beiden Integrale

$$J_1 := \int_{0+}^{1} e^{-x} x^{\alpha-1} dx \quad \text{und} \quad J_2 := \int_1^{+\infty} e^{-x} x^{\alpha-1} dx.$$

Wegen $\lim_{x \to 0+} \frac{e^{-x} x^{\alpha-1}}{1/x^{1-\alpha}} = \lim_{x \to 0+} e^{-x} = 1$ existiert J_1 nach dem Grenzwertkriterium genau dann, wenn $\int_{0+}^1 dx/x^{1-\alpha}$ konvergiert, also genau dann, wenn $\alpha > 0$ ist. Und da für jedes α stets $\lim_{x \to +\infty} \frac{e^{-x} x^{\alpha-1}}{1/x^2} = \lim_{x \to +\infty} e^{-x} x^{\alpha+1} = 0$ ist, konvergiert — wiederum nach dem Grenzwertkriterium — J_2 für ausnahmslos alle α. Infolgedessen existiert das Ausgangsintegral tatsächlich genau dann, wenn $\alpha > 0$ ist.

Aufgaben

In den Aufgaben 1 bis 11 stelle man fest, ob die angegebenen Integrale konvergieren.

1. $\int_{0+}^{1} \frac{dx}{\sqrt{\sin x}}$.   **2.** $\int_{0+}^{\pi-} \frac{\ln \sin x}{\sqrt{x}} dx$ (Hinweis: $\sin x = \sin(\pi - x)$).

3. $\displaystyle\int_{0+}^{1-} \frac{\ln x}{(1-x)\sqrt{x}} dx.$ 4. $\displaystyle\int_{1+}^{2} \frac{x^3+e^x}{\sqrt[4]{x^2-1}} dx.$ 5. $\displaystyle\int_{0+}^{10} \frac{dx}{\sqrt{\sqrt{x}\sinh x}}.$

6. $\displaystyle\int_{0+}^{+\infty} \frac{e^{-2\sqrt{x}}}{\sqrt{x}} dx.$ 7. $\displaystyle\int_{0+}^{+\infty} \frac{dx}{\sqrt[3]{\sinh x}}.$ 8. $\displaystyle\int_{0+}^{+\infty} \frac{(\ln x)^2}{x^{7/8}} dx.$

9. $\displaystyle\int_{-1}^{1} \frac{dx}{\sqrt{|x|}}.$ 10. $\displaystyle\int_{-2}^{1} \frac{dx}{(\cosh x - 1)^{1/3}}.$ 11. $\displaystyle\int_{0+}^{+\infty} \frac{dx}{(\cosh x - 1)^{1/2}}.$

12. $\displaystyle\int_{0+}^{+\infty} \frac{dx}{x^\alpha \sinh x}$ konvergiert genau dann, wenn $\alpha < 0$ ist.

+13. Das Produkt von zwei uneigentlich integrierbaren Funktionen braucht nicht mehr uneigentlich integrierbar zu sein.

90 Definition und einfache Eigenschaften des Riemann–Stieltjesschen Integrals[1]

Eine neue — und ganz andersartige — Erweiterung des Riemannschen Integralbegriffs wird uns durch die folgende physikalische Überlegung aufgedrängt.
Die Punkte $x_1, \ldots, x_n$ der x-Achse seien beziehentlich mit den Massen $m_1, \ldots, m_n$ belegt. Dann nennt man $x_s := (m_1 x_1 + \cdots + m_n x_n)/(m_1 + \cdots + m_n)$ den *Schwerpunkt* dieses Massensystems. Die physikalische Bedeutung dieser Begriffsbildung beruht darauf, daß man das n-punktige System durch ein einpunktiges ersetzen darf — nämlich durch den Schwerpunkt, belegt mit der Gesamtmasse $m_1 + \cdots + m_n$ —, wenn man sein Verhalten unter der Wirkung der Schwerkraft studieren will.
Nun nehmen wir an, das (kompakte) Intervall $[a', b']$ sei irgendwie (kontinuierlich oder diskontinuierlich) mit Masse belegt, und fragen uns, ob wir auch für dieses System Σ einen Schwerpunkt definieren können. Dazu beschreiben wir zunächst die Massenbelegung in folgender Weise durch eine *Belegungsfunktion* $m(x)$. Wir wählen irgendein $a < a'$, setzen $b := b'$ und definieren $m(x)$ auf $[a, b]$ so: $m(a)$ sei 0, und $m(x)$ bedeute die im Intervall $[a, x]$ vorhandene Masse[2]. Dann ist $m := m(b)$ die Gesamtmasse von Σ, und für $a \leq a_1 < b_1 \leq b$ gibt $m(b_1) - m(a_1)$ die in $(a_1, b_1]$ befindliche Masse an. Ist nun $Z := \{x_0, x_1, \ldots, x_n\}$ eine Zerlegung von $[a, b]$ und $\boldsymbol{\xi} := (\xi_1, \ldots, \xi_n)$ ein zugehöriger Zwischenvektor, so wird man aufgrund der obigen Betrachtung natürlicherweise den Punkt

$$x(Z, \boldsymbol{\xi}) := \frac{1}{m} \sum_{k=1}^{n} \xi_k [m(x_k) - m(x_{k-1})] \tag{90.1}$$

---
[1] Thomas Jan Stieltjes (1856–1894; 38). Er publizierte seinen Integralbegriff 1894.
[2] Da sich in $[a, a']$ keine Masse befindet, ist dort $m(x) = 0$. Warum wir $[a', b']$ nach links hin verlängert haben, wird bald besser verständlich werden.

als eine Näherung für den gesuchten (aber noch gar nicht definierten) Schwerpunkt ansehen (würden wir statt $[a, b]$ nur $[a', b']$ zerlegen, so bliebe in (90.1) die im Punkte a' konzentrierte Masse unberücksichtigt, was natürlich zu einer groben Verzerrung der physikalischen Gegebenheiten führen müßte). Strebt nun für jede Zerlegungsnullfolge (Z_j) und jede zugehörige Zwischenvektorfolge (ξ_j) die Folge der $x(Z_j, \xi_j)$ stets gegen ein und denselben Grenzwert, etwa x_s, so wird man x_s den Schwerpunkt des Systems Σ nennen.

Läßt man Σ um die y-Achse rotieren (die wie immer senkrecht auf der x-Achse steht), so wird man bei dem Versuch, das *Trägheitsmoment* von Σ zu definieren, auf Zerlegungssummen der Form

$$\sum_{k=1}^{n} \xi_k^2 [m(x_k) - m(x_{k-1})]$$

und deren Grenzwert geführt. Diese Umstände — und zahlreiche weitere ähnlicher Art — geben Anlaß zu der folgenden

Definition *Es seien f und α zwei reellwertige Funktionen auf $[a, b]$. Ist $Z := \{x_0, x_1, \ldots, x_n\}$ eine Zerlegung von $[a, b]$ und $\xi := (\xi_1, \ldots, \xi_n)$ ein zugehöriger Zwischenvektor, so heißt*

$$S_\alpha(f, Z, \xi) := \sum_{k=1}^{n} f(\xi_k)[\alpha(x_k) - \alpha(x_{k-1})] \tag{90.2}$$

eine Riemann-Stieltjessche Summe, *kurz: eine* RS-Summe *(für f bezüglich α). Eine Folge solcher Summen $S_\alpha(f, Z_j, \xi_j)$ wird* RS-Folge *genannt, wenn (Z_j) eine Zerlegungsnullfolge ist. Strebt nun jede RS-Folge gegen einen — und damit gegen ein und denselben — Grenzwert*[1]*, so sagt man, f sei auf $[a, b]$ bezüglich α* RS-integrierbar. *Den gemeinsamen Grenzwert aller RS-Folgen bezeichnet man mit den Symbolen*

$$\int_a^b f(x) d\alpha(x), \quad \int_a^b f d\alpha(x) \quad \text{oder} \quad \int_a^b f d\alpha$$

und nennt ihn das Riemann-Stieltjessche Integral (RS-Integral) *von f über $[a, b]$ bezüglich des Integrators α. $R_\alpha[a, b]$ bedeutet die Menge aller Funktionen, die bezüglich α auf $[a, b]$ RS-integrierbar sind.*

Im Falle $\alpha(x) \equiv x$ geht das RS-Integral in das R-Integral über. — Statt $\int_a^b 1 d\alpha$ schreiben wir kürzer $\int_a^b d\alpha$.

Bei festem f und α wird durch $(Z, \xi) \mapsto S_\alpha(f, Z, \xi)$ ein Netz, das sogenannte Riemann-Stieltjessche Netz (RS-Netz) auf der gerichteten Menge $\mathfrak{Z}^*$ erklärt, die wir unmittelbar vor Satz 79.2 eingeführt hatten. Und nun sieht man,

---

[1] Daß diese Grenzwerte alle zusammenfallen, erkennt man wie bei den Riemannfolgen; s. die Betrachtung nach (79.3).

90 Definition und einfache Eigenschaften des Riemann–Stieltjesschen Integrals 491

daß die Sätze 79.2 und 79.3 (Netzcharakterisierung der Integrierbarkeit und Cauchysches Integrabilitätskriterium) fast unverändert auch in der Riemann–Stieltjesschen Theorie gelten — man hat nur $S(f, Z, \xi)$ durch $S_\alpha(f, Z, \xi)$ und $\int_a^b f dx$ durch $\int_a^b f d\alpha$ zu ersetzen. Aus dieser Tatsache ergibt sich sofort die erste Aussage des folgenden Satzes (vgl. Satz 79.4), während man die zweite aus den selbstverständlichen Gleichungen

$$S_{\alpha+\beta}(f, Z, \xi) = S_\alpha(f, Z, \xi) + S_\beta(f, Z, \xi)$$

und

$$S_{c\alpha}(f, Z, \xi) = cS_\alpha(f, Z, \xi)$$

gewinnt:

90.1 Satz *Mit f und g liegen auch die Summe $f+g$ und jedes Vielfache cf in $R_\alpha[a, b]$, ferner ist f auch bezüglich $c\alpha$ integrierbar, und es gilt*

$$\int_a^b (f+g)\,d\alpha = \int_a^b f\,d\alpha + \int_a^b g\,d\alpha, \quad \int_a^b cf\,d\alpha = c\int_a^b f\,d\alpha, \quad \int_a^b f\,d(c\alpha) = c\int_a^b f\,d\alpha.$$

Ist f bezüglich α und bezüglich β integrierbar, so ist f auch bezüglich der Summe $\alpha + \beta$ integrierbar, und es gilt

$$\int_a^b f\,d(\alpha+\beta) = \int_a^b f\,d\alpha + \int_a^b f\,d\beta,$$

Kurz zusammengefaßt: Das RS-Integral ist im Integranden und im Integrator linear.

Der nächste Satz beschreibt eine höchst interessante Wechselwirkung zwischen dem Integranden und dem Integrator:

90.2 Satz *Liegt f in $R_\alpha[a, b]$, so liegt umgekehrt α in $R_f[a, b]$, und es ist*

$$\int_a^b f\,d\alpha + \int_a^b \alpha\,df = [f\alpha]_a^b.$$

Zum Beweis sei $Z := \{x_0, x_1, \ldots, x_n\}$ eine Zerlegung von $[a, b]$ und $\xi := (\xi_1, \ldots, \xi_n)$ ein zugehöriger Zwischenvektor. Wir setzen noch $\xi_0 := a$, $\xi_{n+1} := b$ und erhalten mittels der Abelschen partiellen Summation 11.2 die Gleichung

$$\sum_{k=1}^n \alpha(\xi_k)[f(x_k) - f(x_{k-1})] = -\sum_{k=0}^n f(x_k)[\alpha(\xi_{k+1}) - \alpha(\xi_k)] \quad (90.3)$$
$$+ f(b)\alpha(b) - f(a)\alpha(a),$$

die man natürlich auch *unmittelbar* bestätigen kann. Die verschiedenen unter den Punkten $\xi_0, \xi_1, \ldots, \xi_{n+1}$ definieren eine Zerlegung Z' von $[a, b]$, und die in (90.3) rechts stehende Summe ist eine RS-Summe für $\int_a^b f d\alpha$ bezüglich dieser Zerlegung Z'. Da offenbar $|Z'| \leq 2|Z|$ ist, also Z' mit Z beliebig fein wird, ergibt sich nun aus (90.3) die Behauptung, kurz gesagt, durch Grenzübergang[1]. ∎

90.3 Satz *Existiert $\int_a^b f d\alpha$ und ist $[c, d] \subset [a, b]$, so existiert auch $\int_c^d f d\alpha$.*

Beweis. Nach Wahl von $\varepsilon > 0$ bestimmen wir gemäß dem Cauchyschen Integrabilitätskriterium ein $\delta > 0$, so daß für je zwei Zerlegungen Z_1, Z_2 von $[a, b]$ gilt[2]:

$$|S_\alpha(Z_1, \xi_1) - S_\alpha(Z_2, \xi_2)| < \varepsilon, \quad \text{falls nur} \quad |Z_1|, |Z_2| < \delta. \tag{90.4}$$

Z^- und Z^+ seien feste Zerlegungen von $[a, c]$ bzw. $[d, b]$, deren Feinheitsmaße $<\delta$ sind, und ξ^-, ξ^+ seien zugehörige, ebenfalls feste Zwischenvektoren (sollte $c = a$ oder $d = b$ sein, so fällt Z^- bzw. Z^+ fort, und der Beweis vereinfacht sich entsprechend). Nun nehmen wir uns zwei Zerlegungen $\tilde{Z}_1, \tilde{Z}_2$ von $[c, d]$ mit $|\tilde{Z}_1|, |\tilde{Z}_2| < \delta$ und zwei zugehörige Zwischenvektoren $\tilde{\xi}_1, \tilde{\xi}_2$ vor. $Z_k := Z^- \cup \tilde{Z}_k \cup Z^+$ ($k = 1, 2$) ist dann eine Zerlegung von $[a, b]$ mit $|Z_k| < \delta$, und indem wir die Vektoren $\xi^-, \tilde{\xi}_k, \xi^+$ „zusammensetzen", erhalten wir einen zu Z_k gehörenden Zwischenvektor ξ_k. Wegen (90.4) gilt dann

$$|S_\alpha(\tilde{Z}_1, \tilde{\xi}_1) - S_\alpha(\tilde{Z}_2, \tilde{\xi}_2)| = |S_\alpha(Z_1, \xi_1) - S_\alpha(Z_2, \xi_2)| < \varepsilon.$$

Nach dem Cauchyschen Integrabilitätskriterium ist also in der Tat $\int_c^d f d\alpha$ vorhanden. ∎

Bevor wir den nächsten Satz formulieren, treffen wir noch die folgenden Vereinbarungen:

$$\int_a^a f d\alpha := 0 \quad \text{und} \quad \int_b^a f d\alpha := -\int_a^b f d\alpha \quad \text{für} \quad f \in R_\alpha[a, b].$$

90.4 Satz *Ist $f \in R_\alpha[a, b]$ und sind a_1, a_2, a_3 beliebige Punkte aus $[a, b]$, so gilt*

$$\int_{a_1}^{a_2} f d\alpha + \int_{a_2}^{a_3} f d\alpha = \int_{a_1}^{a_3} f d\alpha.$$

Die Existenz der drei Integrale ist wegen Satz 90.3 gesichert. Die behauptete Gleichung kann man nun im Falle $a_1 < a_2 < a_3$ einsehen, indem man eine RS-Folge zu f auf $[a_1, a_3]$ betrachtet, deren Zerlegungen alle den Punkt a_2 als Teilpunkt haben. Die anderen Fälle sind dann wegen der obigen Vereinbarungen trivial. ∎

---

[1] Im Sinne der Netzkonvergenz. Natürlich kann man statt dessen auch mittels (90.3) die Konvergenz einer beliebigen RS-Folge $(S_f(\alpha, Z_j, \xi_j))$ nachweisen.
[2] Wir lassen in den RS-Summen der Kürze wegen die Angabe der Funktion f weg.

Aufgaben

*1. Für jede Konstante c und jeden Integrator α auf $[a, b]$ ist $\int_a^b c\,d\alpha = c[\alpha(b) - \alpha(a)]$.

2. Ist α konstant auf $[a, b]$, so haben wir für jedes f auf $[a, b]$ stets $\int_a^b f\,d\alpha = 0$.

3. $\int_0^1 x\,dx^2 = \frac{2}{3}$.

*4. Ist $f, g \in R_\alpha[a, b]$ und wächst α auf $[a, b]$, so folgt aus $f \leq g$ stets $\int_a^b f\,d\alpha \leq \int_a^b g\,d\alpha$.

+5. $f:[a, b] \to \mathbf{R}$ sei im Punkte $c \in (a, b)$ stetig. Die Treppenfunktion α sei durch $\alpha(x) := \alpha_0$ für $x \in [a, c)$, $\alpha(c)$ beliebig und $\alpha(x) := \alpha_1$ für $x \in (c, b]$ definiert. Dann ist $f \in R_\alpha[a, b]$ und $\int_a^b f\,d\alpha = f(c) \cdot (\alpha_1 - \alpha_0)$.

+6. Summen sind RS-Integrale Sei f stetig auf $[0, n]$. Dann ist $\sum_{k=1}^n f(k) = \int_0^n f\,d[x]$, wobei $[x]$ wieder die größte ganze Zahl $\leq x$ bedeutet. Infolgedessen kann man jede endliche Summe als ein RS-Integral schreiben. (S. auch Satz 92.4.) **Hinweis:** Aufgabe 5.

+7. Warnung Wenn f bezüglich α auf $[a, b]$ *und* auf $[b, c]$ integrierbar ist, *braucht* $\int_a^c f\,d\alpha$ *nicht zu existieren* — ein markanter Unterschied zwischen der Riemannschen und der Riemann-Stieltjesschen Theorie. **Hinweis:** Betrachte die Funktionen

$$f(x) := \begin{cases} 0 & \text{für } -1 \leq x \leq 0, \\ 1 & \text{für } 0 < x \leq 1, \end{cases} \qquad \alpha(x) := \begin{cases} 0 & \text{für } -1 \leq x < 0, \\ 1 & \text{für } 0 \leq x \leq 1. \end{cases}$$

91 Funktionen von beschränkter Variation

Eine der wichtigsten Regeln für den Umgang mit R-Integralen ist die Fundamentalungleichung $|\int_a^b f\,dx| \leq \|f\|_\infty |b - a|$, die eine Abschätzung des Integrals mittels des Supremums $\|f\|_\infty$ des Integrandenbetrags und einer *vom Integranden unabhängigen* Größe — in diesem Falle $|b - a|$ — erlaubt. Wir fragen uns, ob etwas Ähnliches auch für RS-Integrale $\int_a^b f\,d\alpha$ gilt. Dazu müssen wir natürlich voraussetzen, daß f auf $[a, b]$ beschränkt ist. Unter dieser Annahme haben wir für jede RS-Summe unseres Integrals die Abschätzung

$$\left|\sum_{k=1}^n f(\xi_k)(\alpha(x_k) - \alpha(x_{k-1}))\right| \leq \|f\|_\infty \sum_{k=1}^n |\alpha(x_k) - \alpha(x_{k-1})|, \tag{91.1}$$

und es wird nun alles darauf ankommen, ob die rechtsstehende Summe für *jede* Zerlegung Z von $[a, b]$ unterhalb einer festen, *von Z unabhängigen* Schranke bleibt. Dies ist durchaus nicht für jedes α der Fall (s. Aufgabe 1). Wir zeichnen deshalb diejenigen Funktionen, für die derartiges doch gilt, mit einem besonderen Namen aus:

° **Definition** *Die Funktion g heißt* von beschränkter Variation auf $[a, b]$, *wenn es eine Konstante M > 0 gibt, so daß für jede Zerlegung $Z := \{x_0, x_1, \ldots, x_n\}$ von $[a, b]$ stets*

$$V(g, Z) := \sum_{k=1}^{n} |g(x_k) - g(x_{k-1})| \leq M$$

bleibt. In diesem Falle wird die reelle Zahl

$$V_a^b(g) := \sup_Z V(g, Z)$$

die **totale Variation von** g *(auf $[a, b]$)* genannt (Z soll dabei alle Zerlegungen von $[a, b]$ durchlaufen). Wenn das Bezugsintervall $[a, b]$ festliegt, schreiben wir häufig auch $V(g)$ statt $V_a^b(g)$. Die Menge aller Funktionen von beschränkter Variation auf $[a, b]$ wird mit $BV[a, b]$ bezeichnet.

Die Funktion g ist offenbar genau dann auf $[a, b]$ konstant, wenn ihre totale Variation $V_a^b(g)$ vorhanden und $=0$ ist.
Aus (91.1) und der letzten Aussage des Satzes 44.4 ergibt sich sofort die

91.1 Fundamentalungleichung für RS-Integrale *Ist die Funktion $f \in B[a, b]$ bezüglich $\alpha \in BV[a, b]$ auf $[a, b]$ integrierbar, so gilt*

$$\left| \int_a^b f \, d\alpha \right| \leq \|f\|_\infty V_a^b(\alpha).$$

Funktionen von beschränkter Variation spielen in der Riemann-Stieltjesschen Theorie und in vielen anderen Gebieten der Analysis eine so entscheidende Rolle, daß man auf ihre tiefere Untersuchung nicht verzichten kann. Ihr wenden wir uns nun zu. Das wichtigste Ziel wird dabei der Satz 91.7 sein, der die Struktur der Funktionen von beschränkter Variation völlig aufklärt und uns in Nr. 92 die grundlegende Aussage zu beweisen erlaubt, daß $\int_a^b f \, d\alpha$ immer dann existiert, wenn $f \in C[a, b]$ und $\alpha \in BV[a, b]$ ist[1]. Wir beginnen mit einer *Netzcharakterisierung* der Funktionen von beschränkter Variation.

Wird die Menge $\mathfrak{Z}$ aller Zerlegungen von $[a, b]$ durch die Festsetzung

$$Z_1 \ll Z_2 :\Leftrightarrow Z_1 \subset Z_2$$

gerichtet, so definiert die Zuordnung $Z \mapsto V(g, Z)$ ein Netz auf $\mathfrak{Z}$, das wir, wenn g festliegt, kurz mit (V_Z) bezeichnen. Über dieses Netz gilt der einfache

91.2 Satz *Das zu einer Funktion g auf $[a, b]$ gehörende Netz (V_Z) ist wachsend. Es konvergiert genau dann, wenn g auf $[a, b]$ von beschränkter Variation ist; in diesem Falle strebt $V_Z \to V(g)$.*

Beweis. Z_1 entstehe aus $Z := \{x_0, x_1, \ldots, x_n\}$, indem noch ein weiterer Teil-

---
[1] Existenzaussagen über RS-Integrale sind wir bislang aus dem Weg gegangen.

punkt ξ hinzugefügt werde; es sei etwa $x_{m-1} < \xi < x_m$. Dann ist

$$V_Z = \sum_{\substack{k=1 \\ k \neq m}}^n |g(x_k) - g(x_{k-1})| + |g(x_m) - g(\xi) + g(\xi) - g(x_{m-1})|$$

$$\leq \sum_{\substack{k=1 \\ k \neq m}}^n |g(x_k) - g(x_{k-1})| + |g(\xi) - g(x_{m-1})| + |g(x_m) - g(\xi)| = V_{Z_1}.$$

Durch Wiederholung dieses Schlusses ergibt sich die Implikation

$$Z \subset Z' \Rightarrow V_Z \leq V_{Z'}, \tag{91.2}$$

die gerade ausdrückt, daß (V_Z) wächst. Die restlichen Behauptungen folgen nun mühelos aus dem Monotoniekriterium 44.5 und der Beschränktheit konvergenter Netze (Satz 44.1). ∎

Der nächste Satz klärt die algebraische Struktur der Menge $BV[a,b]$ auf.

91.3 Satz $BV[a,b]$ *ist eine Unteralgebra von* $B[a,b]$.

Beweis. Ist $g \in BV[a,b]$, so gilt für jedes $x \in [a,b]$ die Abschätzung $|g(a) - g(x)| + |g(x) - g(b)| \leq V(g)$, erst recht haben wir also $|g(a) - g(x)| \leq V(g)$ und damit — da doch $|g(x)| - |g(a)| \leq |g(a) - g(x)|$ ist —

$$|g(x)| \leq |g(a)| + V(g) \quad \text{für alle } x \in [a,b]. \tag{91.3}$$

In der Tat ist also $BV[a,b] \subset B[a,b]$. — Nun liege neben g auch noch h in $BV[a,b]$. Dann ist für jede Konstante c trivialerweise auch $cg \in BV[a,b]$ und

$$V(cg) = |c| V(g). \tag{91.4}$$

Ferner folgt aus

$$\sum_{k=1}^n |(g+h)(x_k) - (g+h)(x_{k-1})| \leq \sum_{k=1}^n |g(x_k) - g(x_{k-1})| + \sum_{k=1}^n |h(x_k) - h(x_{k-1})|$$

$$\leq V(g) + V(h),$$

daß auch $g + h$ in $BV[a,b]$ liegt und

$$V(g+h) \leq V(g) + V(h) \tag{91.5}$$

ist. Und da schließlich wegen

$$g(x_k)h(x_k) - g(x_{k-1})h(x_{k-1}) = g(x_k)[h(x_k) - h(x_{k-1})] + h(x_{k-1})[g(x_k) - g(x_{k-1})]$$

offenbar

$$\sum_{k=1}^n |(gh)(x_k) - (gh)(x_{k-1})| \leq \|g\|_\infty \sum_{k=1}^n |h(x_k) - h(x_{k-1})| + \|h\|_\infty \sum_{k=1}^n |g(x_k) - g(x_{k-1})|$$

$$\leq \|g\|_\infty V(h) + \|h\|_\infty V(g)$$

sein muß, gehört auch gh zu $BV[a,b]$. ∎

Der nächste Satz besagt, locker ausgedrückt, daß fast alle praktisch wichtigen Funktionen von beschränkter Variation sind (s. jedoch Aufgabe 1).

91.4 Satz *$BV[a, b]$ enthält alle Funktionen auf $[a, b]$, die dort Treppenfunktionen, monoton oder Lipschitz-stetig sind, insbesondere also alle Funktionen, die auf $[a, b]$ eine beschränkte Ableitung besitzen.*

Den Beweis der Aussage über Treppenfunktionen überlassen wir dem Leser. — Ist g wachsend, so muß $\sum_{k=1}^{n} |g(x_k) - g(x_{k-1})| = \sum_{k=1}^{n} [g(x_k) - g(x_{k-1})] = g(b) - g(a)$ sein. Also liegt g in $BV[a, b]$, und es ist $V(g) = g(b) - g(a)$. Ganz entsprechend sieht man, daß für abnehmendes g stets $V(g)$ vorhanden und $= g(a) - g(b)$ ist. Insgesamt haben wir also

$$V_a^b(g) = |g(b) - g(a)| \quad \text{für monotones } g. \tag{91.6}$$

Nun sei g Lipschitz-stetig, es gebe also ein $L > 0$ mit $|g(x) - g(y)| \le L|x - y|$ für alle $x, y \in [a, b]$. Dann haben wir

$$\sum_{k=1}^{n} |g(x_k) - g(x_{k-1})| \le L \sum_{k=1}^{n} |x_k - x_{k-1}| = L(b - a),$$

somit ist tatsächlich $g \in BV[a, b]$ und

$$V_a^b(g) \le L(b - a). \tag{91.7}$$

Die letzte Behauptung des Satzes ergibt sich sofort aus dem eben Bewiesenen zusammen mit Satz 49.4. ∎

Wir untersuchen nun, wie die totale Variation von dem zugrunde liegenden Intervall abhängt. Geradezu selbstverständlich ist der

91.5 Satz *Ist die Funktion g auf $[a, b]$ von beschränkter Variation, so ist sie es auch auf jedem Teilintervall $[c, d]$ von $[a, b]$.*

Weniger leicht zugänglich ist der im folgenden unentbehrliche

91.6 Satz *Sei c ein Punkt im Innern des Intervalls $[a, b]$. Die Funktion g ist genau dann von beschränkter Variation auf $[a, b]$, wenn sie es auf $[a, c]$ und auf $[c, b]$ ist. In diesem Falle haben wir*

$$V_a^c(g) + V_c^b(g) = V_a^b(g). \tag{91.8}$$

Beweis. Ist die Funktion g auf $[a, b]$ von beschränkter Variation, so ist sie es wegen Satz 91.5 auch auf $[a, c]$ und auf $[c, b]$. Nun sei umgekehrt g sowohl auf $[a, c]$ als auch auf $[c, b]$ von beschränkter Variation. Ist Z eine beliebige Zerlegung von $[a, b]$, so setzen wir

$$Z' := Z \cup \{c\}, \quad Z'_1 := Z' \cap [a, c] \quad \text{und} \quad Z'_2 := Z' \cap [c, b].$$

Z' ist eine Verfeinerung von Z, während Z'_1 und Z'_2 Zerlegungen von $[a, c]$ bzw. von $[c, b]$ sind. Wir setzen nun

$$g_1 := g|[a, c], \quad g_2 := g|[c, b]$$

und erklären drei Netze auf der wie oben gerichteten Menge $\mathfrak{Z}$ aller Zerlegungen von $[a, b]$ durch

$$Z \mapsto V(g, Z'), \quad Z \mapsto V(g_1, Z'_1) \quad \text{und} \quad Z \mapsto V(g_2, Z'_2). \tag{91.9}$$

Aus der Abschätzung

$$V(g, Z) \le V(g, Z') = V(g_1, Z'_1) + V(g_2, Z'_2) \le V_a^c(g_1) + V_c^b(g_2)$$

ergibt sich nun zunächst, daß g auf $[a, b]$ von beschränkter Variation ist und dann, daß auch die Ungleichung

$$V(g, Z) \le V(g_1, Z'_1) + V(g_2, Z'_2) \le V_a^b(g) \tag{91.10}$$

besteht. Und da wegen Satz 91.2 offenbar

$$\lim_{\mathfrak{Z}} V(g, Z) = V_a^b(g), \quad \lim_{\mathfrak{Z}} V(g_1, Z'_1) = V_a^c(g) \quad \text{und} \quad \lim_{\mathfrak{Z}} V(g_2, Z'_2) = V_c^b(g)$$

ist, folgt aus (91.10) dank der in Nr. 44 festgestellten Eigenschaften konvergenter Netze, daß

$$V_a^b(g) \le V_a^c(g) + V_c^b(g) \le V_a^b(g), \quad \text{also} \quad V_a^c(g) + V_c^b(g) = V_a^b(g)$$

sein muß. Damit sind jetzt alle Behauptungen unseres Satzes bewiesen. ∎

Für eine feste Funktion $g \in BV[a, b]$ setzen wir

$$V(x) := \begin{cases} 0 & \text{für } x = a, \\ V_a^x(g) & \text{für } x \in (a, b]. \end{cases} \tag{91.11}$$

Für $x < y$ ist wegen des letzten Satzes $V(x) \le V(x) + V_x^y(g) = V(y)$, die Funktion V wächst also auf $[a, b]$. Die Funktion $T := V - g$ tut das gleiche; denn für $x < y$ ist

$$T(y) - T(x) = V(y) - V(x) - [g(y) - g(x)] = V_x^y(g) - [g(y) - g(x)] \ge 0.$$

Da aber $g = V - T$ ist, sehen wir nun, daß sich jede Funktion von beschränkter Variation als Differenz zweier wachsender Funktionen darstellen läßt. Umgekehrt ist jede derartige Differenz auch von beschränkter Variation; das ergibt sich ohne weiteres Zutun aus den Sätzen 91.3 und 91.4. Insgesamt gilt also der ebenso schöne wie folgenreiche

91.7 Satz *Eine Funktion ist genau dann von beschränkter Variation auf $[a, b]$, wenn sie dort als Differenz zweier wachsender Funktionen dargestellt werden kann.*

Aus diesem Satz erhält man nun mit Hilfe der Sätze 39.3, 39.5 und 83.3 völlig mühelos den

91.8 Satz *Eine auf $[a, b]$ definierte Funktion von beschränkter Variation besitzt in jedem Punkt von $[a, b]$ alle (vernünftigerweise möglichen) einseitigen Grenzwerte, kann nur an höchstens abzählbar vielen Stellen unstetig sein und ist auf $[a, b]$ R-integrierbar.*

Wir beschließen diesen Abschnitt mit einer Untersuchung *stetiger* Funktionen von beschränkter Variation.

91.9 Satz *Ist $g \in BV[a, b]$ im Punkte x_0 stetig, so muß auch die zugehörige, durch (91.11) definierte Funktion V dort stetig sein.*

Zum Beweis nehmen wir zunächst an, x_0 sei ein innerer Punkt von $[a, b]$. Nach Wahl von $\varepsilon > 0$ bestimmen wir nun eine Zerlegung $Z := \{x_0, x_2, x_3, \ldots, x_n\}$ des Teilintervalles $[x_0, b]$ mit

$$V_{x_0}^b(g) - \frac{\varepsilon}{2} < V(g, Z), \tag{91.12}$$

dann ein positives $\delta < x_2 - x_0$, so daß

$$|g(x) - g(x_0)| < \frac{\varepsilon}{2} \quad \text{für alle } x \in U_\delta(x_0) \cap [a, b] \tag{91.13}$$

ist. Nun sei x_1 irgendein Punkt aus $\dot{U}_\delta(x_0) \cap [x_0, b]$. Dann ist $Z' := \{x_0, x_1, x_2, \ldots, x_n\}$ eine Verfeinerung von Z, und wegen (91.2) erhalten wir aus (91.12) die Ungleichung

$$V_{x_0}^b(g) - \frac{\varepsilon}{2} < V(g, Z') = |g(x_1) - g(x_0)| + \sum_{k=2}^n |g(x_k) - g(x_{k-1})|.$$

Da aber $|g(x_1) - g(x_0)| < \varepsilon/2$ ist, folgt daraus

$$V_{x_0}^b(g) - \frac{\varepsilon}{2} < \frac{\varepsilon}{2} + V_{x_1}^b(g), \quad \text{also} \quad V_{x_0}^b(g) - V_{x_1}^b(g) < \varepsilon.$$

Wegen Satz 91.6 ist die rechte Differenz $= V_{x_0}^{x_1}(g)$ und dies wieder $= V(x_1) - V(x_0)$. Somit ist $0 \leq V(x_1) - V(x_0) < \varepsilon$ — und das bedeutet, daß V in x_0 rechtsseitig stetig ist. Ganz ähnlich erkennt man die linksseitige Stetigkeit, so daß also V tatsächlich in x_0 stetig sein muß. Den Fall, daß x_0 mit einem der Randpunkte a, b zusammenfällt, wird der Leser nun leicht selbst erledigen können. ∎

Aus den Sätzen 91.7 und 91.9 ergibt sich nun auf einen Schlag der

91.10 Satz *Eine auf $[a, b]$ stetige Funktion ist genau dann von beschränkter Variation auf $[a, b]$, wenn sie dort als Differenz zweier stetiger und wachsender Funktionen dargestellt werden kann.*

Aufgaben

+1. Die Funktion $g(x) := x\cos(\pi/x)$ für $x \neq 0$, $g(0) := 0$ ist auf $[0, 1]$ stetig, aber nicht von beschränkter Variation. Hinweis: Benutze die Zerlegung
$$Z := \left\{0, \frac{1}{2n}, \frac{1}{2n-1}, \ldots, \frac{1}{3}, \frac{1}{2}, 1\right\}.$$

+2. Zeige, daß auch die Umkehrung des Satzes 91.9 gilt.

+3. Ist $g \in BV[a, b]$ und $\inf|g| > 0$, so liegt auch $1/g$ in $BV[a, b]$.

+4. Mit g und h liegen auch $|g|$, g^+, g^-, $\max(g, h)$ und $\min(g, h)$ in $BV[a, b]$. Die totalen Variationen $V_a^b(|g|)$, $V_a^b(g^+)$ und $V_a^b(g^-)$ sind alle $\leq V_a^b(g)$.

5. Sei $f \in C[a, b]$ und $F(x) := \int_a^x f(t)dt$, $a \leq x \leq b$. Dann ist $V_a^b(F) = \int_a^b |f(t)|dt$.

6. Die Potenzreihe $g(x) := \sum_{k=0}^{\infty} a_k x^k$ ist auf jedem kompakten Teilintervall ihres Konvergenzintervalls von beschränkter Variation.

+7. Für $g \in BV[a, b]$ wird die **Variationsnorm** $\|g\|_V$ durch $\|g\|_V := |g(a)| + V_a^b(g)$ erklärt. Zeige, daß die Variationsnorm die Normeigenschaften (N1) bis (N3) aus A 14.10 besitzt und daß stets $\|g\|_V \geq \|g\|_\infty$ ist.

92 Existenzsätze für RS-Integrale

Die große Bedeutung der Funktionen von beschränkter Variation für die Theorie der RS-Integrale wird durch den folgenden fundamentalen Satz in helles Licht gerückt:

92.1 Satz *Das Integral $\int_a^b f d\alpha$ ist gewiß immer dann vorhanden, wenn der Integrand f auf $[a, b]$ stetig und der Integrator α dort von beschränkter Variation ist.*

Zum Beweis nehmen wir zunächst an, α sei sogar wachsend auf $[a, b]$. Um Trivialitäten zu vermeiden, möge überdies $\alpha(a) < \alpha(b)$ sein. Unter diesen Voraussetzungen leitet man unseren Satz fast wörtlich wie den entsprechenden Satz 81.1 für R-Integrale her; man braucht im Beweis des Satzes 81.1 (und des hierfür erforderlichen Hilfssatzes 81.2) nur die Längen von Intervallen $J := [a_1, b_1]$, also die Zahlen $|J| = b_1 - a_1$ durch die (nichtnegativen) Differenzen $\alpha(b_1) - \alpha(a_1)$ zu ersetzen. Ist aber α eine beliebige Funktion aus $BV[a, b]$, so stelle man sie gemäß Satz 91.7 als Differenz $\alpha_1 - \alpha_2$ zweier wachsender Funktionen dar. Nach dem eben Bewiesenen existieren dann die Integrale $\int_a^b f d\alpha_1$ und $\int_a^b f d\alpha_2$, und aus Satz 90.1 folgt nun, daß auch $\int_a^b f d(\alpha_1 - \alpha_2)$, also $\int_a^b f d\alpha$ vorhanden ist. ∎

Zu dem letzten Satz gibt es wegen Satz 90.2 eine „reziproke" Aussage:

92.2 Satz *Funktionen von beschränkter Variation sind bezüglich stetiger Integratoren immer RS-integrierbar.*

Für „harmlose" Integratoren ist jede R-integrierbare Funktion auch RS-integrierbar, und das RS-Integral kann in ein R-Integral verwandelt werden. Schärfer:

92.3 Satz *Sind die Funktion f und die Ableitung α' von α R-integrierbar auf $[a, b]$, so ist*

$$\int_a^b f d\alpha \text{ vorhanden und } = \int_a^b f\alpha' dx.$$

Der Beweis ist nicht besonders schwer. Sei $Z := \{x_0, x_1, \ldots, x_n\}$ irgendeine Zerlegung von $[a, b]$ und $\boldsymbol{\xi} := (\xi_1, \ldots, \xi_n)$ ein zugehöriger Zwischenvektor. Nun wählen wir einen zweiten Zwischenvektor $\boldsymbol{\eta} := (\eta_1, \ldots, \eta_n)$ gemäß dem Mittelwertsatz der Differentialrechnung so, daß $\alpha(x_k) - \alpha(x_{k-1}) = \alpha'(\eta_k)(x_k - x_{k-1})$ ist. Dann haben wir

$$\sum_{k=1}^n f(\xi_k)[\alpha(x_k) - \alpha(x_{k-1})] = \sum_{k=1}^n f(\xi_k)\alpha'(\eta_k)(x_k - x_{k-1})$$

$$= \sum_{k=1}^n [f(\xi_k) - f(\eta_k)]\alpha'(\eta_k)(x_k - x_{k-1})$$

$$+ \sum_{k=1}^n f(\eta_k)\alpha'(\eta_k)(x_k - x_{k-1}).$$

Da die erste Summe in dieser Gleichungskette gleich $S_\alpha(f, Z, \boldsymbol{\xi})$ und die letzte gleich $S(f\alpha', Z, \boldsymbol{\eta})$ ist, erhalten wir

$$|S_\alpha(f, Z, \boldsymbol{\xi}) - S(f\alpha', Z, \boldsymbol{\eta})| \leq \sum_{k=1}^n |f(\xi_k) - f(\eta_k)| \cdot |\alpha'(\eta_k)|(x_k - x_{k-1})$$

$$\leq \|\alpha'\|_\infty \sum_{k=1}^n |f(\xi_k) - f(\eta_k)|(x_k - x_{k-1})$$

$$\leq \|\alpha'\|_\infty \sum_{k=1}^n (M_k - m_k)(x_k - x_{k-1})$$

$$= \|\alpha'\|_\infty [O(f, Z) - U(f, Z)].^{1)}$$

---

[1] m_k, M_k, $U(f, Z)$ und $O(f, Z)$ sind in (82.1) und (82.2) erklärt.

Daraus gewinnen wir die Abschätzung[1]

$$\left|S_\alpha(f, Z, \xi) - \int_a^b f\alpha' dx\right| \leq |S_\alpha(f, Z, \xi) - S(f\alpha', Z, \eta)| + \left|S(f\alpha', Z, \eta) - \int_a^b f\alpha' dx\right|$$

$$\leq \|\alpha'\|_\infty [O(f, Z) - U(f, Z)] + \left|S(f\alpha', Z, \eta) - \int_a^b f\alpha' dx\right|.$$

Und aus ihr erhalten wir die Behauptungen des Satzes sofort durch Grenzübergang auf der gerichteten Menge $\mathfrak{Z}^*$ (man ziehe dazu A 83.2 heran). ∎

Besonders einfach zu handhaben sind diejenigen RS-Integrale, deren Integratoren Treppenfunktionen sind. Es gilt nämlich der

92.4 Satz[2] *Sei α eine Treppenfunktion auf $[a, b]$, die genau an den Stellen $c_1, \ldots, c_m$ Sprünge der Größe $\alpha_1, \ldots, \alpha_m$ besitzt. Dann ist für jedes $f \in C[a, b]$ stets*

$$\int_a^b f d\alpha = \sum_{k=1}^m f(c_k) \alpha_k.$$

Den Beweis kann man, da die Existenz des Integrals wegen Satz 92.1 feststeht, höchst einfach mit Hilfe einer geeignet gewählten RS-Folge erbringen. ∎

Aufgaben

1. Berechne die folgenden Integrale:

a) $\int_0^\pi e^x d\sin x$, b) $\int_1^2 x d\ln x$, c) $\int_1^4 \ln x d[x]$.

+2. Setze $S_p(n) := 1^p + 2^p + \cdots + n^p$ für $p, n \in \mathbb{N}$. Zeige nun mit Hilfe der Sätze 90.2, 92.3 und 92.4 (s. auch A 90.6), angewandt auf $\int_0^{n+1} x^p d[x]$, daß folgendes gilt:

a) $S_1(n) = \dfrac{n(n+1)}{2}$, b) $S_p(n) = \dfrac{1}{p+1}\left[n(n+1)^p - \sum_{k=1}^{p-1} \binom{p}{k-1} S_k(n)\right]$ für $p \geq 2$.

Die $S_p(n)$ können also *rekursiv* berechnet werden.

3. Beweise mit Hilfe der Aufgabe 2 induktiv die Grenzwertaussage

$$\frac{1^p + 2^p + \cdots + n^p}{n^{p+1}} \to \frac{1}{p+1} \quad \text{für } n \to \infty \text{ (s. A 27.3 und A 79.11a).}$$

---

[1] Man beachte, daß $f\alpha'$ als Produkt R-integrierbarer Funktionen selbst R-integrierbar ist.
[2] Vgl. auch die Aufgaben 5 und 6 in Nr. 90.

502 XI Uneigentliche und Riemann-Stieltjessche Integrale

+4. Sei $f \in C[a, b]$, $\alpha \in BV[a, b]$ und $F(x) := \int_a^x f \, d\alpha$ für $x \in [a, b]$. Zeige: a) $F \in BV[a, b]$.
b) F ist in jedem Stetigkeitspunkt von α stetig. c) Ist α sogar wachsend, so ist in jedem Punkt $x_0 \in [a, b]$, in dem $\alpha'(x_0)$ existiert, auch $F'(x_0)$ vorhanden und $= f(x_0)\alpha'(x_0)$.

+5. **Unendliche Reihen sind uneigentliche RS-Integrale** Entwickle eine Theorie der uneigentlichen RS-Integrale $\int_a^{+\infty} f \, d\alpha$ in strenger Analogie zu den Ausführungen in Nr. 87. Dabei wird man meistens α als *wachsend* voraussetzen. Zeige, daß man jede konvergente Reihe als konvergentes uneigentliches RS-Integral schreiben kann. Vgl. A 90.6.

+6. Beweise mit Hilfe der Sätze 90.2 und 92.3 die folgende Regel der Produktintegration für R-Integrale und vergleiche sie mit Satz 81.5: *Sind die Funktion f und die Ableitungen f' und α' R-integrierbar auf $[a, b]$, so ist*

$$\int_a^b f\alpha' \, dx = [f\alpha]_a^b - \int_a^b f'\alpha \, dx.$$

93 Mittelwertsätze für RS-Integrale

93.1 Erster Mittelwertsatz für RS-Integrale *Ist $f \in R_\alpha[a, b]$ beschränkt und α wachsend, so gibt es eine Zahl $\mu \in [\inf f, \sup f]$ mit*

$$\int_a^b f \, d\alpha = \mu[\alpha(b) - \alpha(a)].$$

Für stetiges f ist $\mu = f(\xi)$ mit einem geeigneten $\xi \in [a, b]$.

Beweis. Sei $m := \inf f$ und $M := \sup f$. Dann folgt aus $m \leq f \leq M$ mit den Aufgaben 1 und 4 aus Nr. 90 die Abschätzung

$$\int_a^b m \, d\alpha = m[\alpha(b) - \alpha(a)] \leq \int_a^b f \, d\alpha \leq \int_a^b M \, d\alpha = M[\alpha(b) - \alpha(a)],$$

womit schon alles bewiesen ist. ∎

93.2 Zweiter Mittelwertsatz für RS-Integrale *Ist f wachsend und α stetig auf $[a, b]$, so gibt es in $[a, b]$ einen Punkt ξ mit*

$$\int_a^b f \, d\alpha = f(a) \int_a^\xi d\alpha + f(b) \int_\xi^b d\alpha.$$

Beweis. Wegen Satz 90.2 haben wir

$$\int_a^b f \, d\alpha = f(b)\alpha(b) - f(a)\alpha(a) - \int_a^b \alpha \, df.$$

Und da wegen des ersten Mittelwertsatzes $\int_a^b \alpha \, df = \alpha(\xi)[f(b) - f(a)]$ mit einem geeigneten $\xi \in [a, b]$ ist, erhalten wir nun

$$\int_a^b f d\alpha = f(a)[\alpha(\xi) - \alpha(a)] + f(b)[\alpha(b) - \alpha(\xi)] = f(a)\int_a^\xi d\alpha + f(b)\int_\xi^b d\alpha. \quad\blacksquare$$

Nunmehr sind wir in der Lage, einen einfachen Beweis für den Satz 85.7 (*zweiter Mittelwertsatz der Integralrechnung*) zu geben. Wir übernehmen die dortigen Bezeichnungen und Voraussetzungen. Offenbar genügt es, den Fall zu betrachten, daß $a < b$ und f wachsend ist. Die Funktion $\alpha(x) := \int_a^x g(t)dt$, $a \leq x \leq b$, besitzt auf $[a, b]$ die stetige Ableitung $\alpha' = g$. Wegen der Sätze 92.3 und 93.2 ist also mit einem geeigneten $\xi \in [a, b]$

$$\int_a^b fg dx = \int_a^b f\alpha' dx = \int_a^b f d\alpha = f(a)[\alpha(\xi) - \alpha(a)] + f(b)[\alpha(b) - \alpha(\xi)]$$
$$= f(a)\int_a^\xi g dx + f(b)\int_\xi^b g dx. \quad\blacksquare$$

Aufgaben

⁺1. **Das RS-Integral als Funktion der oberen Integrationsgrenze** Sei $f \in C[a, b]$, $\alpha \in BV[a, b]$ und

$$F(x) := \int_a^x f(t) d\alpha(t) \quad \text{für } x \in [a, b]$$

Zeige:
a) F ist auf $[a, b]$ von beschränkter Variation.
b) F ist in jedem Stetigkeitspunkt von α selbst stetig.
c) Ist α *wachsend* und *differenzierbar* auf $[a, b]$, so gilt

$$\frac{d}{dx}\int_a^x f(t) d\alpha(t) = f(x)\alpha'(x).$$

⁺2. **Eine Variante der Substitutionsregel 81.6** Es seien die folgenden Voraussetzungen erfüllt:

a) f ist stetig auf $[a, b]$.
b) g ist stetig und streng wachsend auf $[c, d]$ mit $g(c) = a$, $g(d) = b$.

Dann ist

$$\int_a^b f(x) dx = \int_c^d f(g(t)) dg(t).$$

XII Anwendungen[1]

Jede Wissenschaft bedarf der Mathematik, die Mathematik bedarf keiner.
Jakob Bernoulli

Alles mit Aufmerksamkeit beobachten und nie glauben, daß die Natur etwas von ungefähr tue.
Geronimo Cardano

94 Das Wallissche Produkt

Da für alle $x \in [0, \pi/2]$ stets $0 \leq \sin x \leq 1$ ist, gilt für diese x und für alle $k \in \mathbb{N}$ die Ungleichung $\sin^{2k+1} x \leq \sin^{2k} x \leq \sin^{2k-1} x$. Aus ihr folgt durch Integration

$$\int_0^{\pi/2} \sin^{2k+1} x\, dx \leq \int_0^{\pi/2} \sin^{2k} x\, dx \leq \int_0^{\pi/2} \sin^{2k-1} x\, dx. \tag{94.1}$$

Mit Hilfe der Sätze 90.2 und 92.3 erhält man für jedes natürliche $n \geq 2$ die Gleichungskette

$$\int_0^{\pi/2} \sin^n x\, dx = -\int_0^{\pi/2} \sin^{n-1} x\, d\cos x = -[\sin^{n-1} x \cos x]_0^{\pi/2} + \int_0^{\pi/2} \cos x\, d\sin^{n-1} x$$

$$= \int_0^{\pi/2} \cos x\, d\sin^{n-1} x$$

$$= (n-1) \int_0^{\pi/2} \cos^2 x \sin^{n-2} x\, dx$$

$$= (n-1) \int_0^{\pi/2} \sin^{n-2} x\, dx - (n-1) \int_0^{\pi/2} \sin^n x\, dx.$$

Bringt man das letzte Integral auf die linke Seite, so gewinnt man die Rekursionsformel

$$\int_0^{\pi/2} \sin^n x\, dx = \frac{n-1}{n} \int_0^{\pi/2} \sin^{n-2} x\, dx. \tag{94.2}$$

Durch sukzessive Anwendung folgt daraus

$$\int_0^{\pi/2} \sin^{2k} x\, dx = \frac{2k-1}{2k} \cdot \frac{2k-3}{2k-2} \cdots \frac{3}{4} \cdot \frac{1}{2} \cdot \frac{\pi}{2},$$
$$\int_0^{\pi/2} \sin^{2k+1} x\, dx = \frac{2k}{2k+1} \cdot \frac{2k-2}{2k-1} \cdots \frac{4}{5} \cdot \frac{2}{3}. \tag{94.3}$$

---
[1] Dem mehr theoretisch interessierten Leser wird empfohlen, auf keinen Fall die Nr. 94 zu übergehen.

Mit (94.1) erhält man nun die Abschätzung
$$\frac{2\cdot 4\cdots 2k}{3\cdot 5\cdots (2k+1)} \leq \frac{1\cdot 3\cdots (2k-1)}{2\cdot 4\cdots (2k)}\frac{\pi}{2} \leq \frac{2\cdot 4\cdots (2k-2)}{3\cdot 5\cdots (2k-1)}$$
und damit die Ungleichung
$$\frac{2^2\cdot 4^2\cdots (2k)^2}{1^2\cdot 3^2\cdots (2k-1)^2}\cdot \frac{1}{2k+1} \leq \frac{\pi}{2} \leq \frac{2^2\cdot 4^2\cdots (2k)^2}{1^2\cdot 3^2\cdots (2k-1)^2}\cdot \frac{1}{2k}.$$
Sie lehrt, daß es zu jedem k eine Zahl $\vartheta_k \in [0,1]$ gibt, mit der
$$\frac{\pi}{2} = \frac{2^2\cdot 4^2\cdots (2k)^2}{1^2\cdot 3^2\cdots (2k-1)^2}\frac{1}{2k+\vartheta_k}, \quad \text{also auch}$$
$$= \frac{2^2\cdot 4^2\cdots (2k)^2}{1^2\cdot 3^2\cdots (2k-1)^2}\cdot \frac{1}{2k}\cdot \frac{2k}{2k+\vartheta_k}$$
ist. Und da $(2k)/(2k+\vartheta_k) \to 1$ strebt, erhalten wir nun für $\pi/2$ die frappierende **Wallissche Produktdarstellung**
$$\frac{\pi}{2} = \lim_{k\to\infty} \frac{2^2\cdot 4^2\cdots (2k)^2}{1^2\cdot 3^2\cdots (2k-1)^2}\cdot \frac{1}{2k}, \tag{94.4}$$
die uns noch bei den verschiedensten Anlässen ganz unvermutet begegnen wird. Rufen wir uns noch einmal in die Erinnerung zurück, daß sie aus der nachgerade trivialen Ungleichung $0 \leq \sin x \leq 1$ für $x \in [0, \pi/2]$ *allein durch den Einsatz der Integrationstechnik* gewonnen wurde.

Als eine erste Anwendung des Wallisschen Produkts erhalten wir mit A 7.3c die Beziehung
$$\sqrt{\pi k}\frac{\binom{2k}{k}}{2^{2k}} \to 1 \quad \text{für } k \to \infty. \tag{94.5}$$
Man pflegt zwei Zahlenfolgen (a_k) und (b_k) **asymptotisch gleich** zu nennen (in Zeichen: $a_k \cong b_k$), wenn $a_k/b_k \to 1$ strebt. Mit dieser Symbolik geht (94.5) über in
$$\frac{\binom{2k}{k}}{2^{2k}} \cong \frac{1}{\sqrt{\pi k}}. \tag{94.6}$$

Aufgaben

1. $(-1)^k \binom{-1/2}{k} \cong \frac{1}{\sqrt{\pi k}}$. Hinweis: A 7.3b.

2. $\lim \frac{(k!)^2 2^{2k}}{(2k)!\sqrt{k}} = \sqrt{\pi}$.

95 Die Eulersche Summenformel

Das R-Integral über einen nichtnegativen Integranden f bedeutet anschaulich den Flächeninhalt der Ordinatenmenge $\mathfrak{M}(f)$. Es ist deshalb verlockend, eine Summe der Form $\sum_{k=1}^{n} f(k)$ — also doch eine Summe von *Rechteckinhalten* $1 \cdot f(k)$ — durch das Integral $\int_0^n f(x) dx$ zu approximieren (s. Fig. 95.1) und so die geschmeidige Integrationstechnik zur Beherrschung derartiger Summen einzusetzen. Die Konsequenzen dieses einfachen Gedankens werden wir nun entfalten.

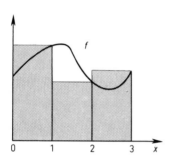

Fig. 95.1

Die Funktion f besitze auf dem Intervall $[0, n]$ eine stetige Ableitung; $[x]$ bedeute wieder die größte ganze Zahl $\leq x$. Nach Satz 92.4 ist

$$\sum_{k=1}^{n} f(k) = \int_0^n f(x) \, d[x].$$

Mit Hilfe der Sätze 90.2 und 92.3 erhält man also die Beziehung

$$\sum_{k=1}^{n} f(k) - \int_0^n f(x) dx = \int_0^n f(x) d([x] - x) = [f(x)([x] - x)]_0^n - \int_0^n ([x] - x) df(x)$$

$$= -\int_0^n ([x] - x) f'(x) dx = \int_0^n (x - [x]) f'(x) dx.$$

Somit muß

$$\sum_{k=1}^{n} f(k) = \int_0^n f(x) dx + \int_0^n (x - [x]) f'(x) dx \tag{95.1}$$

sein — das ist bereits die **Eulersche Summenformel**, jedenfalls in ihrer einfachsten Gestalt. Natürlich ist dann auch

$$\sum_{k=0}^{n} f(k) = f(0) + \int_0^n f(x) dx + \int_0^n (x - [x]) f'(x) dx,$$

eine Beziehung, die man ebenso gut in der etwas symmetrischeren Form

$$\sum_{k=0}^{n} f(k) = \int_0^n f(x)\,dx + \frac{f(0)+f(n)}{2} + \int_0^n \left(x-[x]-\frac{1}{2}\right) f'(x)\,dx \qquad (95.2)$$

schreiben kann. Auch diese Gleichung bezeichnet man als **Eulersche Summenformel**. Die Schaubilder der Funktionen $x-[x]$ und $x-[x]-\frac{1}{2}$ sind in den Fig. 95.2 und 95.3 aufgezeichnet.

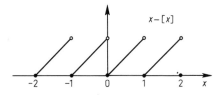

Fig. 95.2 Fig. 95.3

Wir fassen nun das letzte Integral in (95.2), das **Restglied der Eulerschen Summenformel**, näher ins Auge, und zwar zunächst für den Fall $n=1$. Dabei nehmen wir an, daß alle im folgenden vorkommenden Ableitungen von f existieren und stetig sind. Auf dem Intervall $[0, 1)$ ist $x-[x]-\frac{1}{2} = x-\frac{1}{2} = B_1(x)$, wobei $B_1(x)$ das *Bernoullische Polynom erster Ordnung* bedeutet (s. A 71.1). Infolgedessen ist

$$R_1 := \int_0^1 \left(x-[x]-\frac{1}{2}\right) f'(x)\,dx = \int_0^1 B_1(x) f'(x)\,dx. \qquad (95.3)$$

Aus den Aufgaben 1 und 2 der Nr. 71 gewinnt man durch Integration die Formeln[1]

$$\int_0^x B_k(t)\,dt = \frac{B_{k+1}(x) - B_{k+1}}{k+1} \quad \text{und} \quad \int_0^1 B_k(t)\,dt = 0 \quad \text{für} \quad k \in \mathbf{N}, \qquad (95.4)$$

die das Fundament der nachstehenden Überlegungen bilden. Aus (95.3) folgt jetzt nämlich durch Produktintegration

$$R_1 = \left[f'(x) \int_0^x B_1(t)\,dt \right]_0^1 - \int_0^1 f''(x) \left(\int_0^x B_1(t)\,dt \right) dx$$

$$= -\int_0^1 f''(x) \frac{B_2(x) - B_2}{2}\,dx = \frac{B_2}{2}[f']_0^1 - \frac{1}{2} \int_0^1 B_2(x) f''(x)\,dx,$$

---

[1] Die hierin auftretenden B_{k+1} sind die Bernoullischen Zahlen.

508 XII Anwendungen

zusammengefaßt also

$$R_1 = \frac{B_2}{2}[f']_0^1 - \frac{1}{2}\int_0^1 B_2(x)f''(x)dx. \tag{95.5}$$

Wendet man auf

$$R_2 := \int_0^1 B_2(x)f''(x)dx$$

wiederum Produktintegration an, so findet man, gestützt auf (95.4), durch dieselben Schlüsse

$$R_2 = \frac{B_3}{3}[f'']_0^1 - \frac{1}{3}\int_0^1 B_3(x)f'''(x)dx$$

und damit

$$R_1 = \frac{B_2}{2!}[f']_0^1 - \frac{B_3}{3!}[f'']_0^1 + \frac{1}{3!}\int_0^1 B_3(x)f'''(x)dx.$$

Es dürfte nun deutlich geworden sein, wie es weitergeht, und daß man das Restglied R_1 in folgender Form darstellen kann:

$$R_1 := \int_0^1 (x-[x]-1/2)f'(x)dx = \sum_{k=2}^{m}(-1)^k \frac{B_k}{k!}[f^{(k-1)}]_0^1 + \frac{(-1)^{m+1}}{m!}R_m \tag{95.6}$$

mit

$$R_m := \int_0^1 B_m(x)f^{(m)}(x)dx. \tag{95.7}$$

Offenbar kann man jedes der Integrale $\int_\nu^{\nu+1}(x-[x]-1/2)f'(x)dx$ ($\nu=1,\ldots,n-1$) in ganz entsprechender Weise behandeln — man braucht nur, kurz gesagt, die Bernoullischen Polynome $B_k(x)$ von dem Intervall $[0,1]$ auf das Intervall $[\nu,\nu+1]$ zu verpflanzen. Formal geschieht dies am elegantesten, indem man die Funktionen

$$\beta_k(x) := B_k(x-[x]) \quad \text{für alle } x \in \mathbf{R} \text{ und } k \in \mathbf{N} \tag{95.8}$$

einführt. Wegen $\beta_k(x+1) = \beta_k(x)$ sind sie 1-*periodisch*, und da $\beta_k(x) = B_k(x)$ für alle $x \in [0,1)$ ist, bewirken sie gerade die oben gewünschte Verpflanzung der Bernoullischen Polynome oder genauer: ihrer *Einschränkungen auf* $[0,1)$. Man mache sich diesen Vorgang mit Hilfe des Schaubildes der Funktion $x-[x]$ in Fig. 95.2 auch anschaulich klar. In den Fig. 95.4 und 95.5 sind die Schaubilder der Funktionen $B_2(x)$ und $\beta_2(x)$ zu finden. Wegen $B_1(x) = x-1/2$ ist $\beta_1(x)$ offenbar gleich dem oben auftretenden $x-[x]-1/2$; diese Funktion ist genau in den Punkten $0, \pm 1, \pm 2, \ldots$ unstetig. Dagegen sind die Funktionen $\beta_k(x)$ im Falle $k \geq 2$ durchgehend stetig, weil dann $B_k(0) = B_k(1)$ ist (s. A 71.1). Aus (95.4)

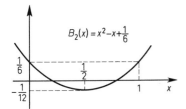

Fig. 95.4

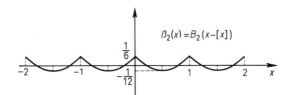

Fig. 95.5

folgen in trivialer Weise die Formeln

$$\int_{\nu}^{x} \beta_k(t)dt = \frac{B_{k+1}(x) - B_{k+1}}{k+1} \quad \text{für} \quad x \in [\nu, \nu+1]$$

und (95.9)

$$\int_{\nu}^{\nu+1} \beta_k(t)dt = 0 \quad (\nu \in \mathbf{Z})$$

und damit die zu (95.6) analogen Gleichungen

$$\int_{\nu}^{\nu+1} (x-[x]-1/2)f'(x)dx = \sum_{k=2}^{m} (-1)^k \frac{B_k}{k!} [f^{(k-1)}]_{\nu}^{\nu+1} +$$

$$\frac{(-1)^{m+1}}{m!} \int_{\nu}^{\nu+1} \beta_m(x)f^{(m)}(x)dx \quad (\nu = 0, 1, \ldots, n-1).$$

Addiert man diese n Beziehungen und denkt man noch daran, daß alle Bernoullischen Zahlen B_{2k+1} für $k \geq 1$ nach (71.4) verschwinden, so erhält man mit (95.2) nun endlich die **Eulersche Summenformel** in ihrer ausgereiften Gestalt:

$$\sum_{k=0}^{n} f(k) = \int_0^n f(x)dx + \frac{f(0)+f(n)}{2} + \sum_{\mu=1}^{p} \frac{B_{2\mu}}{(2\mu)!} [f^{(2\mu-1)}]_0^n$$

$$+ \frac{1}{(2p+1)!} \int_0^n \beta_{2p+1}(x) f^{(2p+1)}(x)dx.$$

(95.10)

Will man für eine hinreichend oft stetig differenzierbare Funktion F auf $[a, a+nh]$ ($n \in \mathbf{N}, h > 0$) die Summe

$$F(a) + F(a+h) + F(a+2h) + \cdots + F(a+nh)$$

ermitteln, so setze man (95.10) an für die Funktion

$$f(x) := F(a+xh), \quad x \in [0, n].$$

Aufgaben

1. Beweise mit Hilfe von (95.10) die Summenformel (71.8) für $1^p + 2^p + \cdots + n^p$.

2. $(1 + 1/2 + \cdots + 1/n - \ln n)$ strebt für $n \to \infty$ gegen einen positiven Grenzwert C (die Euler-Mascheronische Konstante). Vgl. hiermit die ganz andere Beweismethode in A 29.2; s. auch A 88:8. — Es ist

$$C = \frac{1}{2} + \frac{B_2}{2} + \cdots + \frac{B_{2p}}{2p} - \int_1^{+\infty} \frac{\beta_{2p+1}(x)}{x^{2p+2}} dx.$$

Für $p = 1$ erhält man $C = \frac{7}{12} - \int_1^{+\infty} \frac{\beta_3(x)}{x^4} dx$. Schätze $|\beta_3(x)|$ auf $[0, 1]$ und dann $|C - 7/12|$ ab.

3. Es gibt genau eine Folge von Polynomen P_n mit den nachstehenden Eigenschaften: $P_0 = 1$, $P'_{n+1} = (n+1)P_n$ für $n \geq 0$, $\int_0^1 P_n dx = 0$ für $n \geq 1$. Und zwar ist $P_n(x) \equiv B_n(x)$ für $n \geq 0$.

96 Die Stirlingsche Formel

Kombinatorik und Wahrscheinlichkeitsrechnung stellen uns auf Schritt und Tritt vor die mühselige Aufgabe, $n!$ für große n bestimmen zu müssen. Wir werden deshalb für jede Methode dankbar sein, die uns wenigstens eine *näherungsweise* Berechnung dieses Ausdrucks ermöglicht. Die Eulersche Summenformel weist uns einen bequemen Weg dazu — einfach deshalb, weil $\ln n! = \ln 1 + \ln 2 + \cdots + \ln n$ ist. Ersetzen wir in (95.2) nämlich $f(x)$ durch $\ln(1 + x)$ und n durch $n - 1$, so erhalten wir unter Beachtung der 1-Periodizität von β_1

$$\ln n! = \sum_{k=0}^{n-1} \ln(1+k) = \int_1^n \ln x\, dx + \frac{1}{2}\ln n + \int_1^n \frac{\beta_1(x)}{x} dx.$$

Wegen $\int_1^n \ln x\, dx = [x \ln x - x]_1^n = n \ln n - n + 1$ haben wir also

$$\ln n! = \left(n + \frac{1}{2}\right) \ln n - n + 1 + \int_1^n \frac{\beta_1(x)}{x} dx.$$

Gestützt auf (95.9) sehen wir durch Produktintegration, daß

$$\int_1^n \frac{\beta_1(x)}{x} dx = \frac{1}{2} \int_1^n \frac{\beta_2(x) - B_2}{x^2} dx$$

ist. Daraus folgt die Existenz des Integrals $\int_1^{+\infty} \frac{\beta_1(x)}{x} dx$, also auch des Grenzwerts

$$a := \lim \left[\ln n! - \left(n + \frac{1}{2}\right) \ln n + n \right] = 1 + \int_1^{+\infty} \frac{\beta_1(x)}{x} dx.$$

Notwendig muß somit
$$b := e^a = \lim \frac{n!\,e^n}{n^n \sqrt{n}} \tag{96.1}$$
sein. Den Wert von b bestimmen wir so: Mit der Abkürzung
$$b_n := \frac{n!\,e^n}{n^n \sqrt{n}} \quad \text{ist gewiß} \quad \lim \frac{b_{2n}}{b_n^2} = \frac{b}{b^2} = \frac{1}{b}.$$
Da aber wegen der Folgerung (94.5) aus dem Wallisschen Produktsatz
$$\frac{b_{2n}}{b_n^2} = \frac{(2n)!\,e^{2n}}{(2n)^{2n}\sqrt{2n}} \left(\frac{n^n \sqrt{n}}{n!\,e^n}\right)^2 = \frac{1}{\sqrt{2}} \sqrt{n} \, \frac{\binom{2n}{n}}{2^{2n}} \to \frac{1}{\sqrt{2\pi}}$$
strebt, muß $b = \sqrt{2\pi}$ sein. Und aus (96.1) ergibt sich jetzt
$$\frac{n!\,e^n}{\sqrt{2\pi n}\,n^n} \to 1,$$
mit anderen Worten: *Es ist*
$$n! \cong n^n e^{-n} \sqrt{2\pi n}. \tag{96.2}$$
Diese asymptotische Gleichung nennt man die Stirlingsche Formel[1]. Sie besagt *nicht*, daß man $n!$ durch den rechtsstehenden Ausdruck mit jeder gewünschten Genauigkeit berechnen kann, wohl aber, daß der

relative Fehler $\quad \dfrac{n! - n^n e^{-n}\sqrt{2\pi n}}{n!}$, also auch der

prozentuale Fehler $\quad \dfrac{n! - n^n e^{-n}\sqrt{2\pi n}}{n!} \, 100\%$

mit wachsendem n beliebig klein wird — und das ist für die meisten Zwecke völlig ausreichend.

Aufgaben

1. Berechne die prozentualen Fehler, die bei der Approximation von $n!$ mittels (96.2) entstehen, für $n = 2, 5, 10$.

2. Mit Hilfe der elementaren Abschätzung für $n!$ in A 21.3c erhalten wir nur ein Ergebnis, das weitaus schwächer ist als (96.2), nämlich die Doppelungleichung
$$\frac{e}{\sqrt{2\pi}} \frac{1}{\sqrt{n}} \leq \frac{n!}{n^n e^{-n} \sqrt{2\pi n}} \leq \frac{e}{\sqrt{2\pi}} \sqrt{n}.$$

---
[1] James Stirling (1692–1770; 78).

97 Räuberische Prozesse. Die Differentialgleichung mit getrennten Veränderlichen

In Nr. 58 hatten wir das grobe Modell (58.12) für die Beziehung zwischen einer Raubpopulation R der Größe $x(t)$ und einer Beutepopulation B der Größe $y(t)$ untersucht (t bedeutet die Zeit). Wir nehmen nun eine erhebliche Verfeinerung dieses Modells in Angriff, die auf Vito Volterra (1860–1940; 80) zurückgeht, und stellen dazu die folgende Überlegung an.

Wäre B nicht vorhanden, so würde sich R aus Mangel an Nahrungsmitteln nach dem natürlichen Abnahmegesetz $\dot{x} = -\alpha_1 x$ (α_1 eine positive Konstante) vermindern. Die Anwesenheit von B bewirkt dagegen eine Vermehrung von R; die auf B zurückgehende Zuwachsrate wird proportional zur Anzahl $x(t)$ der Raubtiere und zur Anzahl $y(t)$ der Beutetiere, also $= \beta_1 x(t) y(t)$ mit einer positiven Konstanten β_1 sein. Insgesamt wird man also für die Änderungsrate $\dot{x}$ den Ansatz $\dot{x} = -\alpha_1 x + \beta_1 xy$ machen. Ganz ähnlich wird man auf die Gleichung $\dot{y} = \alpha_2 y - \beta_2 xy$ (α_2, β_2 positive Konstanten) geführt. Die Wechselwirkung zwischen R und B wird somit durch das System der Differentialgleichungen

$$\dot{x} = -\alpha_1 x + \beta_1 xy, \quad \dot{y} = \alpha_2 y - \beta_2 xy \tag{97.1}$$

beschrieben. Der Prozeß beginne zur Zeit $t=0$, und es sei $x_0 := x(0)$, $y_0 := y(0)$.

Statt zu versuchen, das System (97.1) zu lösen, wollen wir uns — seine Lösbarkeit voraussetzend — wie in Nr. 55 einen Einblick in das Verhalten der Funktionen $x(t)$, $y(t)$ durch die Analyse der *Lösungsbahn* L verschaffen, die der Punkt $P(t) := (x(t), y(t))$ mit wachsendem t in einem xy-Koordinatensystem durchläuft. Fassen wir t als eine Funktion von x und demgemäß y als eine Funktion von x auf, schärfer: $y(t) = y(t(x)) =: Y(x)$, so durchläuft $(x, Y(x))$ die Lösungsbahn L[1]. Für Y gewinnen wir aus (97.1) ähnlich wie bei der Diskussion der Epidemien in Nr. 55 die Differentialgleichung

$$Y' = \frac{\alpha_2 Y - \beta_2 xY}{-\alpha_1 x + \beta_1 xY}, \quad \text{also} \quad Y' = \frac{\alpha_2 - \beta_2 x}{x} \frac{Y}{-\alpha_1 + \beta_1 Y} \tag{97.2}$$

(dabei bedeutet der Strich die Differentiation nach x). Ihre rechte Seite hat eine spezielle Bauart: Sie ist das Produkt $f(x)g(Y)$ zweier Funktionen, von denen die erste *nur* von x, die zweite *nur* von Y abhängt. Differentialgleichungen der Form $Y' = f(x)g(Y)$ werden wir noch in dieser Nummer gründlich untersuchen. Vor-

---

[1] Wir gehen nicht näher auf die Frage ein, ob dieses Vorgehen mathematisch gerechtfertigt ist, sondern stützen uns hier, wie schon bei der Aufstellung des Modells (97.1), auf Plausibilitätsbetrachtungen. Entscheidend ist ja nur, auf „vernünftige Weise" zu einer Prozeßbeschreibung zu kommen, *die einer empirischen Überprüfung zugänglich ist und von ihr bestätigt wird.* Eine tiefergehende Analyse des Systems (97.1) und eine allgemeine Darstellung der Methode der Lösungsbahnen oder „Phasenkurven" findet der Leser im Kapitel X von Heuser [9].

97 Räuberische Prozesse. Die Differentialgleichung mit getrennten Veränderlichen

greifend wollen wir jetzt schon benutzen, daß alle Lösungen von (97.2) der Gleichung

$$\alpha_1 \ln Y - \beta_1 Y + \alpha_2 \ln x - \beta_2 x = c \quad (c \text{ eine Konstante}) \tag{97.3}$$

genügen. Nun setzen wir

$$p := \frac{\alpha_2}{\beta_2}, \quad q := \frac{\alpha_1}{\beta_1} \quad \text{und} \quad u := x - p, \quad v := Y - q.$$

Approximieren wir $\ln x = \ln p(1 + u/p)$ und $\ln Y = \ln q(1 + v/q)$ vermöge der logarithmischen Reihe durch

$$\ln p + \frac{u}{p} - \frac{u^2}{2p^2} \quad \text{bzw.} \quad \ln q + \frac{v}{q} - \frac{v^2}{2q^2}, \quad \left(\frac{u}{p}, \frac{v}{q} \text{ hinreichend klein}\right)^{1)},$$

so geht (97.3) — jedenfalls *näherungsweise* — in die Gleichung

$$\frac{\beta_2^2}{\alpha_2} u^2 + \frac{\beta_1^2}{\alpha_1} v^2 = C \tag{97.4}$$

mit einer gewissen Konstanten C über. Da (97.4) — wiederum näherungsweise — von $u_0 := x_0 - p$, $v_0 := y_0 - q$ befriedigt wird, erhält man

$$C = \frac{(\beta_2 x_0 - \alpha_2)^2}{\alpha_2} + \frac{(\beta_1 y_0 - \alpha_1)^2}{\alpha_1},$$

so daß jedenfalls $C \geq 0$ ist. C verschwindet genau dann, wenn

$$\beta_2 x_0 = \alpha_2 \quad \text{und} \quad \beta_1 y_0 = \alpha_1 \tag{97.5}$$

ist. In diesem Falle genügt nur $u := 0$, $v := 0$ der Gl. (97.4), die Lösungsbahn L kann also nur aus dem Punkt $(p, q) = (\alpha_2/\beta_2, \alpha_1/\beta_1)$ bestehen. Daß in der Tat die konstanten Funktionen

$$x := \frac{\alpha_2}{\beta_2}, \quad y := \frac{\alpha_1}{\beta_1}$$

eine Lösung des Systems (97.1) bilden, prüft man leicht nach. Ist umgekehrt eine konstante Lösung x, y oder gleichbedeutend: eine zu einem Punkt degenerierte Lösungsbahn gegeben, so muß natürlich $x = x_0$, $y = y_0$ sein, und indem man damit in (97.1) eingeht, sieht man, daß notwendig (97.5) bestehen muß. *(97.5) ist also die genaue Bedingung dafür, daß R und B im Gleichgewicht sind (sich zahlenmäßig nicht verändern).* Nun sei $C > 0$. Der Elementargeometrie entnehmen wir, daß dann durch (97.4) in der uv-Ebene eine Ellipse E gegeben wird, deren Mittelpunkt der Nullpunkt ist und deren Halbachsen auf den Koordinatenachsen liegen und die Längen $\sqrt{\alpha_2 C/\beta_2}$, $\sqrt{\alpha_1 C/\beta_1}$ haben. Die Lösungsbahn L liegt daher auf der Ellipse, die man aus E durch Verschiebung ihres Mittelpunkts

---

[1] Eine tiefergehende Untersuchung findet man in Heuser [9], Nr. 64.

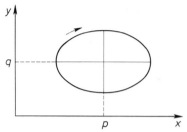

Fig. 97.1

in den Punkt (p, q) *erhält* (s. Fig. 97.1). Mit einem Blick erfaßt man nun die *periodischen Änderungen der Populationen R und B.* Beginnt man etwa am äußersten linken Punkt der Ellipse in Fig. 97.1 (minimale Raubpopulation), so wird sich zunächst B und Hand in Hand damit (dank zunehmender Nahrungsvorräte) R vergrößern. Überschreitet R den Schwellenwert $p = \alpha_2/\beta_2$ (wird R übermächtig), so beginnt die Verminderung von B. Unterschreitet nun B den Schwellenwert $q = \alpha_1/\beta_1$, so setzt (wegen schwindender Nahrungsvorräte) auch eine Verminderung von R ein. Sinkt R unter p herab, so beginnt eine „Schonzeit" für B, und B wird sich wieder vermehren, bis der Wert q erreicht ist, ab dem B genügend groß ist, um ein Wachstum von R zu ermöglichen — und nun wiederholt sich der geschilderte Vorgang. Benötigt ein „Umlauf" die Zeit T, so wird *die durchschnittliche Größe von R bzw. B gegeben durch den Mittelwert*

$$\bar{x} = \frac{1}{T}\int_0^T x(t)dt \quad \text{bzw.} \quad \bar{y} = \frac{1}{T}\int_0^T y(t)dt.$$

Aus der ersten Gleichung von (97.1) erhält man

$$\int_0^T (-\alpha_1 + \beta_1 y)dt = \int_0^T \frac{\dot{x}}{x}dt = [\ln x(t)]_0^T = \ln x(T) - \ln x(0) = 0,$$

da $x(T) = x(0)$ ist. Daraus folgt $\beta_1 \int_0^T y dt = \alpha_1 T$, also ist

$$\bar{y} = \frac{\alpha_1}{\beta_1}. \quad \text{Ähnlich erhält man} \quad \bar{x} = \frac{\alpha_2}{\beta_2}. \tag{97.6}$$

Die Durchschnittsgrößen der beiden Populationen entsprechen also ihren oben bestimmten Gleichgewichtszuständen.

Aus diesen Resultaten ergibt sich nun eine ganz überraschende Konsequenz. Angenommen, auf beide Populationen R und B wirke ein dezimierender Einfluß *von außen*, der sie mit einer Rate $\gamma x(t)$ bzw. $\gamma y(t)$ vermindert, γ eine positive Konstante (sind R und B Insektenarten, so kann dieser Einfluß z.B. durch Versprühen von Insektiziden ausgeübt werden). Das System (97.1) muß dann abgeändert werden; die Entwicklung von R und B wird nunmehr durch

$$\dot{x} = -\alpha_1 x + \beta_1 xy - \gamma x, \quad \dot{y} = \alpha_2 y - \beta_2 xy - \gamma y,$$

also durch
$$\dot{x} = -(\alpha_1 + \gamma)x + \beta_1 xy, \quad \dot{y} = (\alpha_2 - \gamma)y - \beta_2 xy \tag{97.7}$$
beschrieben. Ist $\alpha_2 - \gamma > 0$ (übertrifft also die Dezimierung der Population B nicht ihr natürliches Wachstum), so läßt sich unsere Theorie auf (97.7) anwenden und führt zu den Mittelwerten
$$\bar{x} = \frac{\alpha_2 - \gamma}{\beta_2} \quad \text{und} \quad \bar{y} = \frac{\alpha_1 + \gamma}{\beta_1}.$$
Mit anderen Worten: Der dezimierende äußere Einfluß vermindert zwar die durchschnittliche Größe von R, erhöht aber den durchschnittlichen Bestand von B. Will man etwa eine Schädlingspopulation B bekämpfen und greift man dabei gleichzeitig ihren natürlichen Feind R an, so kann paradoxerweise eine Vermehrung der Schädlinge erfolgen.

Wir wenden uns nun, wie angekündigt, der Differentialgleichung $y' = f(x)g(y)$ zu; sie wird als **Differentialgleichung mit getrennten Veränderlichen** bezeichnet. Wie gewohnt, betrachten wir nicht die Differentialgleichung selbst, sondern das zugehörige *Anfangswertproblem*
$$y' = f(x)g(y), \quad y(x_0) = y_0, \tag{97.8}$$
also die Aufgabe, eine Funktion $y(x)$ zu bestimmen, für die
$$y'(x) = f(x)g(y(x)) \quad \text{und} \quad y(x_0) = y_0 \tag{97.9}$$
mit vorgeschriebenen Werten x_0, y_0 ist. Wir beweisen den folgenden befriedigenden

97.1 Satz *Die Funktionen f und g seien* **stetig** *auf (a, b) bzw. (c, d), und g verschwinde in keinem Punkt von (c, d). Schreibt man nun willkürlich ein $x_0 \in (a, b)$ und ein $y_0 \in (c, d)$ vor, so gibt es genau eine Lösung der Anfangswertaufgabe (97.8). Sie existiert auf einem gewissen, x_0 enthaltenden Teilintervall (α, β) von (a, b)*[1].

Beweis. Wir nehmen zunächst an, $y(x)$ sei eine Lösung von (97.8) auf (α, β). Aus (97.9) folgt dann, daß die Ableitung $y'(x)$ stetig und
$$\int_{x_0}^{x} \frac{y'(t)}{g(y(t))} dt = \int_{x_0}^{x} f(t) dt \quad \text{für alle } x \in (\alpha, \beta) \tag{97.10}$$
ist. Sei
$$G_0(y) := \int_{y_0}^{y} \frac{dt}{g(t)} \quad \text{für } y \in (c, d). \tag{97.11}$$

---
[1] A 55.12 zeigt sehr nachdrücklich, wie wichtig die Voraussetzung $g(y) \neq 0$ für die *Eindeutigkeitsaussage* ist (s. auch Aufgabe 3).

Dann ist $\dfrac{d}{dt} G_0(y(t)) = \dfrac{y'(t)}{g(y(t))}$ für alle $t \in (\alpha, \beta)$ und somit

$$\int_{x_0}^{x} \frac{y'(t)}{g(y(t))} dt = [G_0(y(t))]_{x_0}^{x} = G_0(y(x)) = \int_{y_0}^{y(x)} \frac{dt}{g(t)}.$$

Wegen (97.10) haben wir also

$$\int_{y_0}^{y(x)} \frac{dt}{g(t)} = \int_{x_0}^{x} f(t)dt \quad \text{für } x \in (\alpha, \beta). \tag{97.12}$$

Anders ausgedrückt: Für jedes $x \in (\alpha, \beta)$ ist $y(x)$ notwendigerweise eine Lösung der Gleichung

$$\int_{y_0}^{y} \frac{dt}{g(t)} = \int_{x_0}^{x} f(t)dt. \tag{97.13}$$

Da aber $g(y)$ auf (c, d) ständig dasselbe Vorzeichen hat, ist die Funktion $G_0(y)$ auf (c, d) streng monoton, und infolgedessen besitzt die Gl. (97.13) für vorgegebenes $x \in (\alpha, \beta)$ nur die eine Lösung $y(x)$ — womit die *Eindeutigkeitsaussage* unseres Satzes bereits bewiesen ist. Wir erledigen nun die *Existenzfrage*. Gemäß den bisherigen Überlegungen muß jede Lösung $y(x)$ unserer Anfangswertaufgabe (97.8) der Gl. (97.12) genügen. Umgekehrt: Gilt (97.12) für eine differenzierbare Funktion $y(x)$, so ist wegen der strengen Monotonie von G_0 offenbar $y(x_0) = y_0$, ferner haben wir (s. A 81.2)

$$\frac{d}{dx} \int_{y_0}^{y(x)} \frac{dt}{g(t)} = \frac{y'(x)}{g(y(x))} = \frac{d}{dx} \int_{x_0}^{x} f(t)dt = f(x),$$

also

$$y'(x) = f(x)g(y(x)),$$

insgesamt ist daher eine solche Funktion eine — und damit die einzige — Lösung von (97.8). Wir brauchen also nur noch die Existenz einer differenzierbaren Funktion $y(x)$ auf einem x_0 enthaltenden Intervall nachzuweisen, für die (97.12) zutrifft. Das ist aber äußerst einfach. Da die Funktion G_0 auf (c, d) streng monoton ist und dort eine nie verschwindende Ableitung besitzt, ist ihre Umkehrung G_0^{-1} auf dem Intervall $I := (\inf G_0, \sup G_0)$ vorhanden und differenzierbar (Sätze 37.1 und 47.3). Wegen $G_0(y_0) = 0$ liegt 0 in I. Die Funktion $F_0(x) := \int_{x_0}^{x} f(t)dt$ ist auf (a, b) differenzierbar (weil f dort stetig ist) und verschwindet in x_0. Infolgedessen gibt es ein x_0 enthaltendes Intervall (α, β), dessen Bild unter F_0 in I liegt (wir können uns übrigens (α, β) gleich als das größte Intervall dieser Art denken). Dann ist die Gleichung $G_0(y) = F_0(x)$ für jedes $x \in (\alpha, \beta)$ eindeutig durch $y(x) := G_0^{-1}(F_0(x))$ lösbar, die so auf (α, β) definierte Funktion $y(x)$ ist dort differenzierbar und erfüllt konstruktionsgemäß (97.12), ist also nach unseren Vorüberlegungen eine Lösung der Aufgabe (97.8). ∎

97 Räuberische Prozesse. Die Differentialgleichung mit getrennten Veränderlichen

Praktisch wird man bei der Bewältigung von (97.8) so vorgehen: Man bestimmt auf (a, b) irgendeine Stammfunktion $F(x):=\int f(x)dx$ zu f, auf (c, d) irgendeine Stammfunktion $G(y):=\int dy/g(y)$ zu $1/g$ und löst dann die Gleichung

$$G(y) = F(x) + C, \quad \text{also} \quad \int \frac{dy}{g(y)} = \int f(x)dx + C \tag{97.14}$$

mit einer zunächst noch unspezifizierten Konstanten C nach y auf. Die sich ergebende Funktion $y(x, C)$, in der C noch als frei verfügbare „Integrationskonstante" auftaucht, nennt man auch gerne die *allgemeine Lösung* der Differentialgleichung $y' = f(x)g(y)$. Dann paßt man C den gegebenen Anfangsbedingungen an (diese Anpassung kann natürlich auch vor der Auflösung bewerkstelligt werden: es ist $C = G(y_0) - F(x_0)$). Ist die — theoretisch immer mögliche — Auflösung der Gl. (97.14) nach y nicht explizit durchführbar, so sagt man, (97.14) *stelle die allgemeine Lösung der Differentialgleichung* $y' = f(x)g(y)$ *in impliziter Form dar*. Setzt man dabei $C = G(y_0) - F(x_0)$, so erhält man die Lösung der Anfangswertaufgabe (97.8) *in impliziter Form*. — Zwei Beispiele sollen diese Dinge lebendiger machen:

1. $y' = -x/y$, $y(1) = 1$: Hier ist $f(x) := -x$, $g(y) := 1/y$, und die Voraussetzungen unseres Satzes sind z.B. auf $(a, b) := (-\infty, +\infty)$ und $(c, d) := (0, +\infty)$ erfüllt. Aus $\int y dy = -\int x dx + C$ erhalten wir $y^2/2 = C - x^2/2$, also $y^2 = 2C - x^2$ und somit $y(x) = \sqrt{2C - x^2}$ (wegen $y(1) > 0$ ist das positive Zeichen vor der Wurzel zu wählen). Damit haben wir die allgemeine Lösung unserer Differentialgleichung gefunden. Aus der Forderung $y(1) = 1$ folgt $\sqrt{2C-1} = 1$, also $C = 1$. Somit ist $y(x) = \sqrt{2 - x^2}$ die Lösung unseres Anfangswertproblems — und zwar für $|x| < \sqrt{2}$.

2. $e^x \sin x + e^y \cos y \cdot y' = 0$, $y(0) = 0$: Schreiben wir die Differentialgleichung in der Form $y' = -(e^x \sin x)/(e^y \cos y)$, so entpuppt sie sich als eine Differentialgleichung mit getrennten Veränderlichen, wobei $f(x) := -e^x \sin x$ und $g(y) := 1/(e^y \cos y)$ ist. Die Voraussetzungen unseres Satzes sind z.B. auf $(a, b) := (-\infty, +\infty)$ und $(c, d) := (-\pi/2, \pi/2)$ erfüllt. Wegen

$$\int e^x \sin x \, dx = \frac{\sin x - \cos x}{2} e^x, \quad \int e^y \cos y \, dy = \frac{\sin y + \cos y}{2} e^y$$

wird uns die allgemeine Lösung der Differentialgleichung in impliziter Form durch

$$\frac{\sin y + \cos y}{2} e^y = -\frac{\sin x - \cos x}{2} e^x + C,$$

also durch

$$(\sin y + \cos y)e^y + (\sin x - \cos x)e^x = c$$

gegeben ($c = 2C$ ist eine „willkürliche" Konstante, da ja auch C „willkürlich" war). Eine Auflösung nach y ist hier nicht praktikabel. Aus der Forderung $y(0) = 0$ folgt $c = 0$, also ist $(\sin y + \cos y)e^y + (\sin x - \cos x)e^x = 0$ die Lösung unserer Anfangswertaufgabe in impliziter Form.

Der Leser wird nun selbst den Schritt von der Differentialgleichung (97.2) zu ihrer Lösung (97.3) — in impliziter Form — vollziehen können.

Die in Nr. 55 von uns untersuchten Differentialgleichungen $\dot u = \alpha u$, $\dot u = \gamma u - \tau u^2$, $\dot u = \alpha u + \beta u^\rho$ und $u' = -\beta(x)u$ (für die beiden letzteren s. die Aufgaben 11 und 3 in Nr. 55) *haben allesamt getrennte Veränderliche* und fallen deshalb dem Satz 97.1 anheim (es möge den Leser nicht verdrießen, sie mit dem oben geschilderten Verfahren noch einmal zu lösen).

Halten wir uns zum Schluß vor Augen, daß der kräftige Satz 97.1 erst durch die Tatsache ermöglicht wird, daß wir das Riemannsche Integral und den zweiten Hauptsatz der Differential- und Integralrechnung besitzen, mit anderen Worten: daß wir zu *jeder* stetigen Funktion eine Stammfunktion finden können.

Aufgaben

1. Ein Zerfallsprozeß für eine Substanz S genüge der Gleichung $\dot u = -\alpha u^\rho$ mit positiven Konstanten α, ρ. Zeige: Ist $\rho < 1$, so ist S nach einer gewissen Zeit vollständig zerfallen (d.h., es ist $u(T) = 0$ für ein $T > 0$). Im Falle $\rho \geq 1$ strebt zwar $u(t) \to 0$ für $t \to +\infty$, es ist aber durchweg $u(t) > 0$.

2. Löse (explizit oder implizit) die folgenden Anfangswertaufgaben:
a) $y' = -x^2/y^3$, $y(0) = 1$,   b) $y' = -x^2/y^3$, $y(0) = -1$,
c) $x(y^2 + 1) + y(x^2 + 1)y' = 0$, $y(0) = 1$,   d) $y'y \cos y - xe^{2x} = 0$, $y(0) = \pi/4$,
e) $y'\sqrt{(x^2 - 1)(y^2 - 1)} = -x^2$, $y(2) = 2$.

+3. Es seien alle Voraussetzungen des Satzes 97.1 erfüllt — mit Ausnahme der Bedingung $g(y) \neq 0$. Ferner sei wieder $x_0 \in (a, b)$, $y_0 \in (c, d)$. Zeige, daß die Anfangswertaufgabe (97.8) mindestens eine Lösung auf einem x_0 enthaltenden Teilintervall von (a, b) besitzt (von Eindeutigkeit ist nicht mehr die Rede). Hinweis: Unterscheide die Fälle $g(y_0) \neq 0$ und $g(y_0) = 0$; im zweiten Fall wird (97.8) durch $y(x) \equiv y_0$ gelöst.

+4. $y' = f(y/x)$ Zeige, daß die sogenannte **homogene Differentialgleichung** $y' = f(y/x)$ durch die Substitution $y = xu$ in eine Differentialgleichung mit getrennten Veränderlichen für u übergeht. Löse mit dieser Methode die folgenden Anfangswertaufgaben:
a) $y' = (x + 2y)/(2x + y)$, $y(1) = 0$,   b) $y' = (y^2 - x\sqrt{x^2 + y^2})/xy$, $y(1) = 1$,
c) $xy' = y - x - xe^{-y/x}$, $y(1) = 0$.

98 Fremdbestimmte Veränderungsprozesse. Die allgemeine lineare Differentialgleichung erster Ordnung

Der Exponentialprozeß $\dot u = \alpha u$ beschreibt die Veränderung einer Population (oder einer Substanz), die unbeeinflußt von der Umwelt allein der Wirkung ihrer eigenen Wachstums- oder Zerstörungskräfte unterliegt. Bei gewissen äußeren Beeinflussungen kann es jedoch vorkommen, daß die relative oder individuelle Änderungsrate $\dot u/u$ (der Beitrag, den ein Mitglied der Population durchschnittlich pro Zeiteinheit für die Veränderung leistet[1]) nicht mehr konstant bleibt, sondern

---

[1] $\dfrac{\dot u(t)}{u(t)}$ ist ja für kleine Zeitspannen Δt näherungsweise $\dfrac{u(t + \Delta t) - u(t)}{u(t)\Delta t}$.

98 Fremdbestimmte Veränderungsprozesse

sich mit der Zeit ändert. Bei einer menschlichen Population können etwa reichlichere Ernährung und verbesserte medizinische Fürsorge ebenso zu einer Vergrößerung der individuellen Änderungsrate (Erhöhung der Geburts- oder Verminderung der Todesrate) führen wie eine Erhöhung des allgemeinen Wohlgefühls (Optimismus) und eine geburtenfördernde Familienpolitik. Umgekehrt kann Nahrungsmangel, Umweltzerstörung, Geburtenkontrolle, Beseitigung sozialer Hilfen für kinderreiche Familien usw. die individuelle Änderungsrate herabdrücken. Bei einer pflanzlichen Population können Düngung und verbesserte Anbaumethoden die individuelle Wachstumsrate langfristig beträchtlich erhöhen. Das mathematische Modell für derart *fremdbestimmte Prozesse* ist die Differentialgleichung mit getrennten Veränderlichen

$$\frac{\dot{u}}{u} = \alpha(t) \quad \text{oder also} \quad \dot{u} = \alpha(t)u, \tag{98.1}$$

wobei die Funktion $\alpha(t)$ — die variable individuelle Änderungsrate — auf einem gewissen Intervall der Zeitachse definiert ist. Wir bringen drei Beispiele für das Auftreten der Gl. (98.1).

1. Toxine Eine Bakterienpopulation werde der Wirkung eines Toxins T ausgesetzt. Die durch T bewirkte Todesrate wird etwa proportional der Anzahl $u(t)$ der zum Zeitpunkt t noch lebenden Bakterien und der Menge $T(t)$ des zu dieser Zeit vorhandenen Toxins, also = $\tau u(t)T(t)$ sein (τ eine positive Konstante). Die natürliche Vermehrung der Bakterien bei Abwesenheit von T wird exponentiell erfolgen, also mit einer Rate, die = $\gamma u(t)$ ist ($\gamma > 0$). Insgesamt haben wir somit $\dot{u} = \gamma u - \tau u T(t)$ oder $\dot{u} = (\gamma - \tau T(t))u$; das ist gerade die Differentialgleichung (98.1) mit $\alpha(t) := \gamma - \tau T(t)$.
Wird etwa T mit konstanter Rate $a > 0$, beginnend mit der Zeit $t = 0$, zugeführt (ist also $T(t) = at$) und ist $u_0 := u(0)$ die anfänglich vorhandene Bakterienzahl, so liefert das Verfahren des letzten Abschnitts mühelos die Funktion

$$u(t) := u_0 \exp\left(\gamma t - \frac{1}{2}a\tau t^2\right), \quad t \geq 0, \tag{98.2}$$

als Lösung des Anfangswertproblems $\dot{u} = (\gamma - a\tau t)u$, $u(0) = u_0$. Bereits der Differentialgleichung kann man entnehmen, daß die Bakterienpopulation bis zur Zeit $t := \gamma/a\tau$ noch wachsen, dann aber abnehmen wird. (98.2) zeigt darüber hinaus, daß sie praktisch vernichtet wird; denn für $t \to +\infty$ strebt $u(t) \to 0$.

2. Nahrungsmangel und Nahrungsüberfluß wechseln in primitiven menschlichen Populationen periodisch mit den Jahreszeiten. Die individuelle Änderungsrate der Population wird von diesem saisonalen Rhythmus beeinflußt werden. Als grobes mathematisches Modell bietet sich die Differentialgleichung $\dot{u} = \beta \cos(2\pi t/365)u$ mit einer positiven Konstanten β an, also wieder eine Gleichung vom Typ (98.1). Ist u_0 die Größe der Population zur Zeit $t = 0$, so wird die Anzahl $u(t)$ ihrer Mitglieder zur Zeit t gemäß den Methoden des letzten Abschnittes durch

$$u(t) = u_0 \exp\left(\frac{365\beta}{2\pi} \sin\frac{2\pi t}{365}\right)$$

gegeben. Sie schwankt periodisch zwischen dem minimalen Wert $u_0 e^{-(365\beta/2\pi)}$ und dem maximalen Wert $u_0 e^{(365\beta/2\pi)}$.

3. Absorption Geht Energie einer bestimmten Art durch ein Medium (z.B. Licht durch Wasser), so nimmt sie wegen Umwandlung in andere Energieformen ab. Diesen Vorgang nennt man Absorption. In einem inhomogenen Medium ist die Absorption von Ort zu Ort verschieden. In besonders einfachen Fällen wird die örtliche Änderungsrate des Energiebetrags $u(x)$ an der Stelle x durch $u' = -\beta(x)u$ beschrieben, wobei die Funktion $\beta(x)$ positiv ist und der Strich die Ableitung nach x bedeutet (s. A 55.3). Diese Differentialgleichung ist wieder von der Art (98.1), nur muß man die Zeitvariable t durch die Ortsvariable x ersetzen — was aber mathematisch völlig belanglos ist. In A 55.3 haben wir sie bereits für den Fall $\beta(x) := \beta \cdot x$ (β eine positive Konstante) gelöst.

Eine Population P (oder Substanz) läßt sich auch dadurch quantitativ verändern, daß man ihr neue Mitglieder von außen zuführt („Immigration") oder schon vorhandene Mitglieder aus ihr entfernt („Emigration"). Wirken Einflüsse dieser Art mit einer Rate $s(t)$, so wird sich P gemäß der Differentialgleichung

$$\dot{u} = \alpha(t)u + s(t) \qquad \text{(s. Herleitung von (55.3))} \qquad (98.3)$$

entwickeln. Man nennt sie eine **lineare Differentialgleichung erster Ordnung**. Ist $s(t) \equiv 0$ — das ist der Fall (98.1) —, so wird sie **homogen** genannt, andernfalls **inhomogen**. $s(t)$ heißt **Störfunktion**. In ihrer einfachsten Form (α und s konstant) ist uns die inhomogene Gl. (98.3) schon in (55.7) begegnet. Die dort entwickelte bescheidene Theorie konnten wir mit Nutzen auf so verschiedenartige Bereiche wie etwa Abkühlungsfragen und Einfluß der Luftreibung auf einen fallenden Körper anwenden (s. A 55.5 und Gl. (56.7)). Inzwischen haben wir alle Hilfsmittel für eine tiefergehende Untersuchung der allgemeinen linearen Differentialgleichung (98.3) in der Hand; ihr wenden wir uns nun zu. Grundlegend ist wieder die Möglichkeit, die uns der zweite Hauptsatz der Differential- und Integralrechnung eröffnet, zu *jeder* stetigen Funktion eine Stammfunktion finden zu können.

Zuerst nehmen wir uns die homogene Gleichung (98.1) vor; die Funktion $\alpha(t)$ sei stetig auf dem (endlichen oder unendlichen) Intervall I. (98.1) ist zwar eine Differentialgleichung mit getrennten Veränderlichen, wenn wir aber nicht von vornherein u einer einschränkenden Bedingung der Form $u > 0$ oder $u < 0$ unterwerfen wollen, können wir den Satz 97.1 nicht unmittelbar anwenden. Immerhin zeigt er uns folgendes: Ist t_0 ein innerer Punkt von I, so kann man auf dem inzwischen wohlvertrauten Weg die Lösung

$$v(t) := \exp\left(\int_{t_0}^{t} \alpha(\tau) d\tau\right) \qquad (98.4)$$

des Anfangswertproblems $\dot{u} = \alpha(t)u$, $u(t_0) = 1$ gewinnen, die gemäß Satz 97.1 auf einem gewissen, t_0 enthaltenden Intervall existiert. Nun bestätigt man aber sofort, daß dieses v und auch jedes Vielfache Cv die Gl. (98.1) sogar auf ganz I befriedigt — selbst dann, wenn t_0 ein beliebiger (nicht notwendig innerer) Punkt von I ist. Sei nun u irgendeine Lösung der Gl. (98.1) und t_0 ein beliebiger Punkt aus I. Für alle $t \in I$ ist dann

$$\frac{d}{dt} u(t)\exp\left(-\int_{t_0}^t \alpha(\tau)d\tau\right) = \dot{u}(t)\exp\left(-\int_{t_0}^t \alpha(\tau)d\tau\right) - \alpha(t)u(t)\exp\left(-\int_{t_0}^t \alpha(\tau)d\tau\right)$$

$$= [\dot{u}(t) - \alpha(t)u(t)]\exp\left(-\int_{t_0}^t \alpha(\tau)d\tau\right) = 0,$$

also muß

$$u(t)\exp\left(-\int_{t_0}^t \alpha(\tau)d\tau\right) = C \quad \text{und somit} \quad u(t) = C \exp\left(\int_{t_0}^t \alpha(\tau)d\tau\right) \quad \text{auf } I$$

sein. Insgesamt gilt daher der

98.1 Satz *Die Funktion $\alpha(t)$ sei auf dem völlig beliebigen Intervall I stetig, und t_0 sei irgendein Punkt aus I. Dann sind genau die Funktionen*

$$u(t) := C \exp\left(\int_{t_0}^t \alpha(\tau)d\tau\right) \quad (C \text{ eine beliebige Konstante}) \tag{98.5}$$

Lösungen der Differentialgleichung $\dot{u} = \alpha(t)u$, und zwar auf ganz I.

Ist u eine Lösung der Anfangswertaufgabe

$$\dot{u} = \alpha(t)u, \quad u(t_0) = u_0, \tag{98.6}$$

so muß nach dem letzten Satz notwendig

$$u(t) = C \exp\left(\int_{t_0}^t \alpha(\tau)d\tau\right) \quad \text{und infolgedessen} \quad u(t_0) = C,$$

also

$$u(t) = u_0 \exp\left(\int_{t_0}^t \alpha(\tau)d\tau\right)$$

sein. Umgekehrt ist die rechtsstehende Funktion offenbar eine Lösung von (98.6) auf I. Es gilt also der

98.2 Satz *Unter den Voraussetzungen des Satzes 98.1 besitzt die Anfangswertaufgabe (98.6) die einzige, auf ganz I existierende, Lösung*

$$u(t) = u_0 \exp\left(\int_{t_0}^t \alpha(\tau)d\tau\right). \tag{98.7}$$

Und wörtlich wie den Satz 55.2 beweist der Leser nun den

98.3 Satz *Die Funktionen $\alpha(t)$ und $s(t)$ seien stetig auf dem Intervall I, und u_p sei irgendeine Lösung der inhomogenen Gl. (98.3) auf I. Dann erhält man alle Lösungen von (98.3) auf I — und nur diese — indem man zu u_p alle Lösungen der zugehörigen homogenen Gleichung $\dot{u} = \alpha(t)u$ addiert. In leicht verständlicher Kurzschreibweise ist also die*

Lösungsmenge von (98.3) = u_p + Lösungsmenge von (98.1).

Da wir aufgrund des Satzes 98.1 alle Lösungen der homogenen Gleichung beherrschen, sind uns also *alle* Lösungen der inhomogenen Gleichung in die

Hand gegeben, wenn wir *auch nur eine* derselben kennen. Eine solche „partikuläre" Lösung u_p kann man sich wieder mittels der Methode der Variation der Konstanten verschaffen, die uns zuerst in der Nr. 55 begegnet ist. Wir gehen dazu mit dem Ansatz

$$u_p(t) := C(t) \exp\left(\int_{t_0}^t \alpha(\tau) d\tau\right) \qquad (98.8)$$

in (98.3) ein und finden so die Gleichung

$$\dot{C}(t) \exp\left(\int_{t_0}^t \alpha(\tau) d\tau\right) = s(t), \quad \text{also} \quad \dot{C}(t) = s(t) \exp\left(-\int_{t_0}^t \alpha(\tau) d\tau\right).$$

Zu der rechtsstehenden Funktion können wir, da sie **stetig** ist, eine Stammfunktion auf I bestimmen. Wir bezeichnen sie mit $C(t)$ und bestätigen durch Wiederholung der obigen Rechnung, daß (98.8) in der Tat eine Lösung der inhomogenen Gl. (98.3) auf I ist. Wir halten dieses Ergebnis fest:

98.4 Satz *Sind die Funktionen $\alpha(t)$ und $s(t)$ stetig auf dem Intervall I, so kann eine Lösung der inhomogenen Gleichung (98.3) auf I stets durch Variation der Konstanten gefunden werden.*

Der Ansatz (98.8) bedeutet nichts anderes, als daß man in der „allgemeinen Lösung" (98.5) der homogenen Gleichung die freie Konstante C durch eine Funktion $C(t)$ ersetzt — und so merkt man ihn sich am besten.

Ganz ähnlich wie den Satz 98.2 (die Details dürfen wir dem Leser überlassen) gewinnt man nun den

98.5 Satz *Sind die Voraussetzungen des Satzes 98.3 erfüllt und ist t_0 irgendein Punkt aus I, so besitzt die Anfangswertaufgabe*

$$\dot{u} = \alpha(t)u + s(t), \quad u(t_0) = u_0 \qquad (98.9)$$

für jedes u_0 genau eine Lösung auf I.

Zur Einübung der Lösungsmethoden behandeln wir die Anfangswertaufgabe

$$\dot{u} = -tu + 3t, \quad u(0) = 5. \qquad (98.10)$$

Erster Schritt: *Bestimmung der allgemeinen Lösung der zugehörigen homogenen Gleichung $\dot{u} = -tu$.* Nach Satz 98.1 wird sie gegeben durch

$$u(t) = C e^{-t^2/2}. \qquad (98.11)$$

Zweiter Schritt: *Bestimmung einer partikulären Lösung u_p der inhomogenen Gleichung.* Dazu fassen wir C in (98.11) als eine Funktion von t auf, machen also den Ansatz

$$u_p(t) := C(t) e^{-t^2/2}.$$

Geht man damit in die inhomogene Gleichung ein, so findet man:

$$\dot{C}(t) e^{-t^2/2} - C(t) t e^{-t^2/2} = -tC(t) e^{-t^2/2} + 3t, \quad \text{also} \quad \dot{C}(t) = 3t e^{t^2/2}.$$

Damit erhält man

$$C(t) = \int 3te^{t^2/2}dt = 3e^{t^2/2}, \text{ also } u_p(t) = 3.$$

Dritter Schritt: *Bestimmung der allgemeinen Lösung der inhomogenen Gleichung.* Nach Satz 98.3 ist sie gegeben durch

$$u(t) := 3 + Ce^{-t^2/2}.$$

Vierter Schritt: *Anpassung der freien Konstanten C an die Anfangsbedingung.* Aus $u(0) = 5$ folgt $3 + C = 5$, also $C = 2$. Die Lösung von (98.10) ist also

$$u(t) = 3 + 2e^{-t^2/2}.$$

Aus (98.5) können wir zum Schluß noch eine interessante Konsequenz ziehen. Ändert sich eine Population, beginnend mit dem Zeitpunkt $t = 0$, gemäß dem Gesetz $\dot{u} = \alpha(t)u$, so erreicht sie genau dann einen *stabilen Zustand* (d.h., genau dann strebt $u(t)$ für $t \to +\infty$ gegen einen positiven Grenzwert), wenn das uneigentliche Integral $\int_0^{+\infty} \alpha(t)dt$ konvergiert; dabei wird natürlich α als stetige Funktion auf $[0, +\infty)$ angenommen.

Aufgaben

1. Löse die folgenden Anfangswertaufgaben:

   a) $\dot{u} = -2u + t$, $u(0) = 0$, b) $\dot{u} + \dfrac{2}{1+t}u = \dfrac{2t}{1+t}$, $u(0) = 1$,

   c) $y' - \dfrac{y}{x} - 2x^2 = 0$, $y(1) = 2$, d) $y' + \dfrac{y}{x^2} = \dfrac{1}{x^2}$, $y(1) = 0$.

2. Besitzen die Funktionen v, w auf dem Intervall I stetige Ableitungen und ist $v(t) \neq 0$ für alle $t \in I$, so gibt es eine lineare Differentialgleichung erster Ordnung, deren Lösungsmenge $\{Cv + w : C \in \mathbf{R}\}$ ist.

3. Im Beispiel 1 am Anfang dieses Abschnittes werde das Toxin T ab dem Zeitpunkt $t = 0$ zugeführt. $\hat{T}(t) := (1/t)\int_0^t T(s)ds$ ist dann der Mittelwert der im Intervall $[0, t]$ verabreichten Toxinmenge. Zeige: Ist ständig $\hat{T}(t) \geq \gamma/\tau + \varepsilon$ (ε eine feste positive Zahl), so geht die Bakterienpopulation asymptotisch zugrunde (d.h., es ist $\lim_{t \to +\infty} u(t) = 0$).

4. Wie lange dauert es, bis eine Bakterienpopulation, die gemäß (98.2) dezimiert wird, auf die Hälfte ihres Ausgangsbestandes zusammengeschmolzen ist? Zeige, daß es keine „Halbwertzeit" gibt, also keine feste Zeitspanne ϑ, so daß $u(t+\vartheta)/u(t) = 1/2$ für jedes t ist (vgl. A 26.8). Vielmehr hängt die Zeitspanne $\vartheta(t)$, die benötigt wird, um den Bestand $u(t)$ zur Zeit t um die Hälfte zu reduzieren von t ab und strebt $\to 0$ für $t \to +\infty$.

5. In $\dot{u} = \alpha(t)u$ sei $\alpha(t) < 0$ und stetig auf $[0, +\infty)$, es liege also ein Abnahmeprozeß vor. q sei eine feste positive Zahl < 1. Gibt es eine Zeitspanne $T > 0$, so daß $u(t+T)/u(t) = q$ für alle $t \geq 0$ ist, so heißt T die *q-Wertzeit* der abnehmenden Population oder Substanz. Zeige: Ist $\alpha(t) \equiv -\lambda$ (λ eine positive Konstante), so ist für jedes q eine q-Wertzeit vorhanden und $= (-\ln q)/\lambda$ (vgl. A 26.8). Ist jedoch die Funktion $\alpha(t)$ nicht konstant, so existiert eine q-Wertzeit T genau dann, wenn α T-periodisch und $\int_0^T \alpha(t)dt = \ln q$ ist. Hinweis: Aufgaben 84.6 und 81.2.

6. Es seien die Voraussetzungen der Aufgabe 5 gegeben. Zeige: Genau dann gibt es zu jedem $t \geq 0$ eine Zeitspanne $\vartheta(t)$, nach deren Ablauf $u(t)$ sich auf die Hälfte reduziert hat (so daß also $u(t+\vartheta(t))/u(t) = 1/2$ für alle $t \geq 0$ ist), wenn das uneigentliche Integral $\int_0^{+\infty} \alpha(t)dt$ divergiert. In diesem Falle ist $\vartheta(t)$ eindeutig durch t bestimmt (also eine Funktion von t). Ferner strebt $u(t) \to 0$ für $t \to +\infty$.

+7. Die Bernoullische Differentialgleichung Im Zusammenhang mit dem logistischen Prozeß $\dot{u} = \gamma u - \tau u^2$ waren wir in den Aufgaben 9 und 10 der Nr. 55 auf Differentialgleichungen der Form $\dot{u} = \alpha u + \beta u^\rho$ ($\alpha, \beta, \rho \in \mathbf{R}$) gekommen. Auch hier liegt es nahe, Einwirkungen der Umwelt dadurch Rechnung zu tragen, daß α und β nicht mehr als Konstanten, sondern als Funktionen der Zeit t aufgefaßt werden. Man wird so zu der Bernoullischen Differentialgleichung

$$\dot{u} = \alpha(t)u + \beta(t)u^\rho \quad (\rho \in \mathbf{R}) \tag{98.12}$$

geführt. Die Funktionen $\alpha(t)$ und $\beta(t)$ seien stetig auf dem Intervall I, ferner sei $\rho \neq 0, 1$ (andernfalls läge eine lineare Differentialgleichung, also nichts Neues, vor). Zeige: Die Anfangswertaufgabe

$$\dot{u} = \alpha(t)u + \beta(t)u^\rho, \quad u(t_0) = u_0$$

besitzt für jedes $t_0 \in I$ und jedes positive u_0 genau eine Lösung auf einem t_0 enthaltenden Teilintervall von I. Man erhält sie, indem man (98.12) durch die Substitution $v := u^{1-\rho}$ in die inhomogene lineare Differentialgleichung $\dot{v} = (1-\rho)\alpha(t)v + (1-\rho)\beta(t)$ überführt (s. A 55.11).

8. Löse die folgenden Anfangswertaufgaben für Bernoullische Differentialgleichungen (s. Aufgabe 7):
a) $\dot{u} = tu + tu^2$, $u(0) = 1$, b) $y' + (x - 1/x)y + x e^{-x^2}/y = 0$, $y(1) = 1$.

99 Erzwungene Schwingungen. Die inhomogene lineare Differentialgleichung zweiter Ordnung mit konstanten Koeffizienten

In Nr. 72 haben wir gesehen, daß auf einen Punkt der Masse m, der elastisch (etwa durch eine Feder) angebunden ist und evtl. noch geschwindigkeitsproportionalen Reibungseinflüssen unterliegt, die Kraft $m\ddot{x} = -k^2 x - r\dot{x}$ wirkt; dabei sind $k > 0$ und $r \geq 0$ konstant, und $x(t)$ ist die Auslenkung zur Zeit t aus der Ruhelage. Greift überdies von außen eine sogenannte *Zwangs-* oder *Störkraft* $s(t)$ in Richtung der positiven x-Achse an dem Massenpunkt an, so unterliegt er insgesamt der Kraft $m\ddot{x} = -k^2 x - r\dot{x} + s(t)$. Er führt dann gemäß der inhomogenen linearen Differentialgleichung

$$m\ddot{x} + r\dot{x} + k^2 x = s(t) \tag{99.1}$$

sogenannte *erzwungene Schwingungen* aus. Hat er im Zeitpunkt t_0 die Anfangslage x_0 und Anfangsgeschwindigkeit v_0, so wird sein Bewegungsablauf aus physikalischen Gründen eindeutig festgelegt sein. Wir dürfen also, mathematisch gesprochen, erwarten, daß die Anfangswertaufgabe

$$m\ddot{x} + r\dot{x} + k^2 x = s(t), \quad x(t_0) = x_0, \quad \dot{x}(t_0) = v_0 \tag{99.2}$$

99 Erzwungene Schwingungen

eindeutig lösbar ist — jedenfalls dann, wenn eine physikalisch sinnvolle, nicht völlig willkürliche Zwangskraft $s(t)$ im Spiele ist.

Anstatt uns auf die Gl. (99.1) festzulegen, deren Koeffizienten der Natur der Sache nach ≥ 0 sind, nehmen wir uns gleich die Differentialgleichung

$$\ddot{x} + a\dot{x} + bx = s(t) \quad \text{mit } \textit{beliebigen} \text{ reellen Konstanten } a, b \tag{99.3}$$

und das zugehörige Anfangswertproblem

$$\ddot{x} + a\dot{x} + bx = s(t), \quad x(t_0) = x_0, \dot{x}(t_0) = v_0 \tag{99.4}$$

vor. Wegen Satz 74.1 beherrschen wir alle Lösungen der Gl. (99.3), wenn wir eine derselben und gleichzeitig alle Lösungen der zugehörigen homogenen Gleichung

$$\ddot{x} + a\dot{x} + bx = 0 \tag{99.5}$$

kennen. Der Satz 72.1 zeigt, daß wir die letzteren mit Hilfe zweier, dort angegebener Lösungen y_1, y_2 in der Form

$$C_1 y_1 + C_2 y_2 \tag{99.6}$$

darstellen können, wobei C_1, C_2 frei wählbare Konstanten sind. Ein einziger Blick auf die Fälle I–III des zitierten Satzes macht klar, daß für die beiden Lösungen y_1, y_2

auf keinem Intervall eine Beziehung der Form $y_2 = cy_1$ $(c \in \mathbf{R})$ (99.7)

besteht. Diese Tatsache wird bald von entscheidender Bedeutung sein. Zur Konstruktion einer partikulären Lösung der Gl. (99.3) ziehen wir die **Methode der Variation der Konstanten** heran: In (99.6) ersetzen wir die Konstanten C_1, C_2 durch differenzierbare Funktionen $C_1(t), C_2(t)$ und versuchen diese so zu wählen, daß

$$x(t) := C_1(t) y_1(t) + C_2(t) y_2(t) \tag{99.8}$$

eine Lösung der inhomogenen Gl. (99.3) ist. Dabei nehmen wir an, daß die Störfunktion s auf einem gewissen Intervall I stetig sei. Um mit dem Ansatz (99.8) in (99.3) eingehen zu können, benötigen wir $\dot{x}$ und $\ddot{x}$. Zunächst ist

$$\dot{x} = C_1 \dot{y}_1 + C_2 \dot{y}_2 + \dot{C}_1 y_1 + \dot{C}_2 y_2.$$

Um diesen Ausdruck zu vereinfachen, stellen wir die *Forderung*

$$\dot{C}_1 y_1 + \dot{C}_2 y_2 = 0 \tag{99.9}$$

(und erhalten so die erste von zwei Gleichungen zur Bestimmung der Ableitungen $\dot{C}_1, \dot{C}_2$ der gesuchten Funktionen C_1, C_2). Nach dieser Vereinfachung ist $\dot{x} = C_1 \dot{y}_1 + C_2 \dot{y}_2$ und somit

$$\ddot{x} = C_1 \ddot{y}_1 + C_2 \ddot{y}_2 + \dot{C}_1 \dot{y}_1 + \dot{C}_2 \dot{y}_2.$$

Eingehen in (99.3) liefert nun

$$\ddot{x} + a\dot{x} + bx = C_1 \cdot (\ddot{y}_1 + a\dot{y}_1 + by_1) + C_2 \cdot (\ddot{y}_2 + a\dot{y}_2 + by_2) + \dot{C}_1\dot{y}_1 + \dot{C}_2\dot{y}_2 = s.$$

Da die runden Klammern verschwinden — weil y_1 und y_2 Lösungen von (99.5) sind — erhalten wir

$$\dot{C}_1\dot{y}_1 + \dot{C}_2\dot{y}_2 = s, \qquad (99.10)$$

also eine zweite Gleichung zur Bestimmung von $\dot{C}_1$ und $\dot{C}_2$. Wir stellen (99.9) und (99.10) zu dem Gleichungssystem

$$\begin{aligned}\dot{C}_1 y_1 + \dot{C}_2 y_2 &= 0 \\ \dot{C}_1\dot{y}_1 + \dot{C}_2\dot{y}_2 &= s\end{aligned} \qquad (99.11)$$

zusammen. Seine Lösung auf dem Stetigkeitsintervall I von s ist

$$\dot{C}_1 = \frac{-sy_2}{y_1\dot{y}_2 - \dot{y}_1 y_2}, \quad \dot{C}_2 = \frac{sy_1}{y_1\dot{y}_2 - \dot{y}_1 y_2}, \qquad (99.12)$$

falls der Nenner $N := y_1\dot{y}_2 - \dot{y}_1 y_2$ in keinem Punkt von I verschwindet. Da wir die Funktionen y_1, y_2 explizit kennen, kann man durch eine einfache, wenn auch umständliche Rechnung einsehen, daß stets $N(t) \ne 0$ ist. Kürzer schließt man so: Es ist

$$\dot{N} = y_1\ddot{y}_2 - \ddot{y}_1 y_2 = y_1(-a\dot{y}_2 - by_2) - y_2(-a\dot{y}_1 - by_1) = -a(y_1\dot{y}_2 - \dot{y}_1 y_2) = -aN.$$

N genügt also der Differentialgleichung $\dot{N} = -aN$ und ist somit gegeben durch $N(t) = Ce^{-at}$ mit einer geeigneten Konstanten C. Infolgedessen ist $N(t)$ entweder niemals oder stets $= 0$. $N(t) = 0$ bedeutet aber, daß $y_1\dot{y}_2 - \dot{y}_1 y_2 = 0$ und somit $\frac{d}{dt}\left(\frac{y_2}{y_1}\right) = 0$ ist, letzteres jedenfalls in jedem Intervall I_0, in dem y_1 keine Nullstelle besitzt. Auf I_0 müßte dann aber $y_2/y_1 = c$, also $y_2 = cy_1$ mit einer gewissen Konstanten c sein — im Widerspruch zu (99.7). *$N(t)$ kann also niemals verschwinden, und somit gibt uns (99.12) tatsächlich die Lösung des Systems (99.11).* Die rechten Seiten in (99.12) sind auf I stetig, besitzen dort also Stammfunktionen. Und nun setzen wir

$$C_1 := \int \frac{-sy_2}{N}\,dt, \quad C_2 := \int \frac{sy_1}{N}\,dt,$$

definieren mit diesen Funktionen C_1, C_2 durch (99.8) die Funktion x auf I und zeigen, indem wir die obigen Rechnungen noch einmal durchlaufen (und dabei (99.12) heranziehen), daß x in der Tat eine Lösung der inhomogenen Gl. (99.3) auf dem ganzen Intervall I ist.

Es gilt also der

99.1 Satz *Ist die Störfunktion $s(t)$ stetig auf dem Intervall I, so besitzt die inhomogene Gleichung (99.3) stets eine auf I definierte Lösung, die durch Variation der Konstanten gewonnen werden kann: Man löst zu diesem Zweck das System*

(99.11) *mit den oben angeführten Lösungen* y_1, y_2 *der zugehörigen homogenen Gleichung* (99.5) *nach* $\dot{C}_1, \dot{C}_2$ *auf, bestimmt irgendwelche Stammfunktionen* C_1, C_2 *zu* $\dot{C}_1, \dot{C}_2$ *auf I und hat dann in* $C_1 y_1 + C_2 y_2$ *eine Lösung der Gl.* (99.3).

Nun ist es ein Leichtes, den folgenden Satz zu beweisen.

99.2 Satz *Die Störfunktion* $s(t)$ *sei stetig auf dem Intervall I, und* t_0 *sei ein Punkt aus I. Dann besitzt die Anfangswertaufgabe* (99.4) *bei beliebiger Vorgabe der Anfangswerte* x_0 *und* v_0 *eine und nur eine Lösung auf I.*

Beweis. y_1 und y_2 seien wieder die oben eingeführten Lösungen der homogenen Gl. (99.5), während x_p eine partikuläre Lösung der Gl. (99.3) auf I bedeute (die nach dem letzten Satz gewiß vorhanden ist). Nach Satz 74.1 ist dann $x(t) := C_1 y_1 + C_2 y_2 + x_p$ (C_1, C_2 beliebige Konstanten) die „allgemeine Lösung" von (99.3). Nun passen wir diese freien Konstanten den Anfangsbedingungen an, indem wir sie aus dem Gleichungssystem

$$C_1 y_1(t_0) + C_2 y_2(t_0) = x_0 - x_p(t_0)$$
$$C_1 \dot{y}_1(t_0) + C_2 \dot{y}_2(t_0) = v_0 - \dot{x}_p(t_0)$$

bestimmen. Dies ist stets — und auf nur eine Weise — möglich, weil nach den obigen Betrachtungen der bei der Auflösung erscheinende Nenner

$$y_1(t_0)\dot{y}_2(t_0) - \dot{y}_1(t_0)y_2(t_0) \neq 0 \quad \text{ist.} \quad \blacksquare$$

Die *physikalische* Konsequenz dieses mathematischen Satzes für das Problem der erzwungenen Schwingungen liegt auf der Hand; der Leser möge sie selbst formulieren.

Zum besseren Verständnis unserer theoretischen Ausführungen lösen wir das Anfangswertproblem

$$\ddot{x} + x = \tan t, \quad x(0) = \dot{x}(0) = 0. \tag{99.13}$$

Erster Schritt: *Bestimmung der allgemeinen Lösung der zugehörigen homogenen Gleichung* $\ddot{x} + x = 0$. Nach Satz 72.1 ist sie $C_1 \cos t + C_2 \sin t$[1].
Zweiter Schritt: *Bestimmung einer partikulären Lösung* x_p *der inhomogenen Gleichung auf dem Intervall* $(-\pi/2, \pi/2)$ *durch den Variationsansatz* $x_p(t) := C_1(t) \cos t + C_2(t) \sin t$. Das System (99.11) nimmt dann die Gestalt an

$$\dot{C}_1(t) \cos t + \dot{C}_2(t) \sin t = 0$$

$$-\dot{C}_1(t) \sin t + \dot{C}_2(t) \cos t = \tan t.$$

Multipliziert man die erste Gleichung mit $\cos t$, die zweite mit $-\sin t$ und addiert dann beide Gleichungen, so erhält man

$$\dot{C}_1(t) = -\tan t \sin t = -\frac{\sin^2 t}{\cos t}, \quad \text{und ganz ähnlich} \quad \dot{C}_2(t) = \tan t \cos t = \sin t.$$

---
[1] Die homogene Gleichung ist die Gl. (57.1) des harmonischen Oszillators mit $\omega := 1$. Man kann also die dort gefundenen Ergebnisse heranziehen.

In $(-\pi/2, \pi/2)$ ist also

$$C_1(t) = -\int \frac{\sin^2 t}{\cos t} dt = \int \frac{\cos^2 t - 1}{\cos t} dt = \int \cos t \, dt - \int \frac{dt}{\cos t}$$
$$= \sin t - \ln \tan\left(\frac{t}{2} + \frac{\pi}{4}\right)^{1)},$$

$$C_2(t) = \int \sin t \, dt = -\cos t.$$

Somit ist $x_p(t) = \sin t \cos t - \ln \tan\left(\frac{t}{2} + \frac{\pi}{4}\right)\cos t - \cos t \sin t = -\ln \tan\left(\frac{t}{2} + \frac{\pi}{4}\right)\cos t$.

Dritter Schritt: *Bestimmung der allgemeinen Lösung der inhomogenen Gleichung.* Nach Satz 74.1 ist sie gegeben durch

$$x(t) := C_1 \cos t + C_2 \sin t - \ln \tan\left(\frac{t}{2} + \frac{\pi}{4}\right)\cos t.$$

Vierter Schritt: *Anpassung der freien Konstanten C_1, C_2 an die Anfangsbedingungen.* Es ist $x(0) = C_1$, $\dot{x}(0) = C_2 - 1$, mit den Anfangswerten ergibt sich also $C_1 = 0, C_2 = 1$. Die Lösung der Aufgabe (99.13) ist somit

$$x(t) = \sin t - \ln \tan\left(\frac{t}{2} + \frac{\pi}{4}\right)\cos t, \quad -\frac{\pi}{2} < t < \frac{\pi}{2}^{2)}.$$

Die *Ansätze* zur Konstruktion einer partikulären Lösung der inhomogenen Gleichung, die wir für einige spezielle Störfunktionen in Nr. 74 vorgestellt haben (s. die Sätz 74.2 und 74.3, ferner A 74.6) werden durch die allgemeinere Methode der Variation der Konstanten nicht überflüssig gemacht. Ganz abgesehen davon, daß wir diese Methode nur für Gleichungen zweiter Ordnung entwickelt haben — sie ist jedoch nicht auf diesen Fall beschränkt — führen die zitierten Ansätze gewöhnlich viel rascher zum Ziel, weil sie ohne zeitraubende Integrationen auskommen (s. Aufgabe 1).

Aufgaben

1. Löse A 74.5 und A 74.7 noch einmal, aber jetzt mittels Variation der Konstanten, und vgl. den Aufwand.

2. Die Störfunktion $s(t)$ in (99.3) sei im Intervall $(-r, r)$ $(r > 0)$ in eine Potenzreihe $\sum_{k=0}^{\infty} a_k t^k$ entwickelbar. Dann kann auch jede Lösung von (99.3) durch eine Potenzreihe $\sum_{k=0}^{\infty} b_k t^k$ dargestellt werden, die für $|t| < r$ konvergiert.

[1)] Das letzte Integral erhält man aus Beispiel 24 am Ende der Nr. 77, weil $\cos t = \sin(t + \pi/2)$ ist.
[2)] Die homogene Gleichung $\ddot{x} + x = 0$ besitzt unter den Anfangsbedingungen $x(0) = \dot{x}(0) = 0$ nur die triviale (identisch verschwindende) Lösung. Physikalisch gesprochen: Der harmonische Oszillator verharrt (wie zu erwarten) in Ruhe, wenn ihm in der Gleichgewichtslage keine Anfangsgeschwindigkeit erteilt wird. Die Zwangskraft $\tan t$ sorgt jedoch dafür, daß er in Bewegung gerät.

100 Numerische Integration

Eine eigentümliche Schwierigkeit, auf die wir bei dem Versuch, Differentialgleichungen zu lösen, immer wieder stoßen, haben wir bisher mit Stillschweigen übergangen. Es kann sein — und ist leider geradezu der Regelfall —, daß wir schon vor ganz harmlos aussehenden Differentialgleichungen kapitulieren müssen, *weil wir die erforderlichen Integrationen nicht ausführen können*, genauer: weil wir zu einem gegebenen stetigen Integranden nicht immer eine Stammfunktion im Bereich der uns geläufigen „elementaren" Funktionen (rationale Funktionen, Exponential- und Winkelfunktionen und deren Umkehrungen usw. und die aus ihnen zusammengesetzten Funktionen) finden können.

Wir geben ein Beispiel. Zu lösen sei die einfach aussehende Differentialgleichung $\dot u = 2tu + 1$. Die allgemeine Lösung der zugehörigen homogenen Gleichung ist Ce^{t^2}. Der Variationsansatz $u_p(t) := C(t)e^{t^2}$ zur Bestimmung einer partikulären Lösung der inhomogenen Gleichung führt zu

$$C(t) = \int e^{-t^2} dt. \tag{100.1}$$

Dieses Integral kann aber nicht durch elementare Funktionen ausgedrückt werden. Dasselbe gilt für so unverfänglich anmutende Integrale wie

$$\int \frac{e^t}{t} dt, \quad \int \frac{\sin t}{t} dt, \quad \int \frac{1}{\ln t} dt^{1)}.$$

Natürlich kann man nun der Frage nicht mehr ausweichen, wie diesem Übelstand abzuhelfen sei. Das ist aber ein so weites Feld, daß wir uns notgedrungen damit begnügen müssen, die hier obwaltenden Grundgedanken aufzuzeigen und umrißhaft zu schildern, wie unser analytisches Arsenal zu ihrer Durchführung einzusetzen ist. Um uns die Frage nach der Existenz einer Stammfunktion ein für allemal vom Halse zu schaffen, wollen wir in diesem Abschnitt durchgehend annehmen, der Integrand f sei *stetig* in einem Intervall I. Dann wissen wir, daß die Funktion

$$F(x) := \int_a^x f(t) dt \quad (a \text{ ein beliebiger fester Punkt aus } I; x \in I) \tag{100.2}$$

eine Stammfunktion zu f auf I ist. Und wenn wir F nicht „geschlossen" mit Hilfe der elementaren Funktionen ausdrücken können, wird es sich nur noch darum handeln können, F *näherungsweise* zu berechnen. Dies ist in theoretisch weitgehend befriedigender Weise immer dann möglich, *wenn f sogar in eine Potenzreihe* $\sum_{n=0}^{\infty} a_n(x-a)^n$ *entwickelt werden kann*. Wegen Satz 64.4 gilt dann nämlich (jedenfalls für alle $x \in I$, die auch in dem Konvergenzintervall der Reihe

---

[1] Beweisen wollen wir diese Aussagen nicht.

liegen)

$$F(x) = \left[\sum_{n=0}^{\infty} \frac{a_n}{n+1}(t-a)^{n+1}\right]_a^x = \sum_{n=0}^{\infty} \frac{a_n}{n+1}(x-a)^{n+1}. \tag{100.3}$$

Da z.B. $e^{-t^2} = \sum_{n=0}^{\infty} \frac{(-t^2)^n}{n!} = \sum_{n=0}^{\infty} (-1)^n \frac{t^{2n}}{n!}$ für alle $t \in \mathbf{R}$

ist, finden wir auf diese Weise

$$\int_0^x e^{-t^2} dt = \sum_{n=0}^{\infty} (-1)^n \frac{x^{2n+1}}{n!(2n+1)} \quad \text{für alle } x \in \mathbf{R}. \tag{100.4}$$

Damit haben wir die Funktion C aus (100.1) zwar nicht in *geschlossener Form*, aber doch in der ebenso leistungsfähigen Gestalt einer Potenzreihe vor uns. Ebenso leicht gewinnt man die Integralformel

$$\int_0^x \frac{\sin t}{t} dt = \sum_{n=0}^{\infty} (-1)^n \frac{x^{2n+1}}{(2n+1)!(2n+1)}. \tag{100.5}$$

Um die Qualität solcher Darstellungen angemessen beurteilen zu können, halte man sich vor Augen, *daß uns auch zahlreiche „elementare" Funktionen letztlich nur durch ihre Potenzreihenentwicklungen zugänglich werden*. Unser Gefühl, sie seien uns „gegeben" oder „bekannt", beruht letztlich nur auf der Tatsache, daß wir ihre Näherungswerte (an endlich vielen Stellen) bei Bedarf jederzeit in Tafeln aufschlagen können. Sobald eine Funktion „vertafelt" ist, darf sie als ebenso „gegeben", als ebenso „bekannt" angesehen werden, wie etwa die Winkelfunktionen oder der Logarithmus. Das Fehlerintegral (100.4) und der Integralsinus (100.5) sind aufgrund ihrer Potenzreihenentwicklungen vertafelt — bei Lichte betrachtet ist es also nur eine Sache der Konvention, wenn wir sie nicht zu den „elementaren" Funktionen zählen.

Der Gesichtspunkt der Vertafelung legt es natürlich nahe, *auch die Stammfunktion F in (100.2) bei beliebigem stetigem f als ausreichend bekannt anzusehen, wenn sie uns an hinreichend eng beieinander liegenden Stützstellen $x_1, \ldots, x_n$ gegeben ist*, d.h., wenn die bestimmten Integrale $\int_a^{x_v} f(t)dt$ entweder schon fertig berechnet vorliegen oder nach einem bestimmten Verfahren mit angemessener Genauigkeit berechnet werden können. Unser Problem spitzt sich somit auf die Frage zu, *wie man ein Riemannsches Integral $\int_a^b f(x)dx$ jedenfalls näherungsweise auswerten kann*. Eine solche numerische Integration ist grundsätzlich immer durch den Rückgriff auf die Integraldefinition selbst möglich, kurz gesagt: Wählt man etwa eine äquidistante Zerlegung

$$\{x_0, x_0+h, x_0+2h, \ldots, x_0+nh\}$$

des Intervalls $[a, b]$, so wird die Riemannsche Summe $\sum_{k=1}^{n} f(x_k)h$ beliebig dicht bei $\int_a^b f(x)dx$ liegen, wenn nur n hinreichend groß ist. Mit dieser Bemerkung wird man sich allerdings nicht zufrieden geben dürfen; denn erstens fehlt uns noch eine

100 Numerische Integration

Fehlerabschätzung, und zweitens wird man sich fragen müssen, ob nicht effizientere Näherungsverfahren entwickelt werden können, Verfahren also, die bei gleichem oder sogar noch geringerem Rechen- und Zeitaufwand ein besseres (genaueres) Ergebnis liefern. Das „Definitionsverfahren" kann offenbar so interpretiert werden: Man approximiert f durch eine Treppenfunktion g und nähert $\int_a^b f dx$ durch $\int_a^b g dx$ an. Nun haben wir aber in den Abschnitten 16 und 51 gesehen, daß und wie man f durch Interpolationspolynome P approximieren und den Approximationsfehler abschätzen kann. Und da Integrale über Polynome höchst einfach zu berechnen sind, ist es sehr natürlich, *nunmehr $\int_a^b P dx$ auszuwerten und als Näherung für $\int_a^b f dx$ zu betrachten*. Wir führen dies jetzt für die *lineare* und *quadratische* Interpolation durch.

Bei der *linearen Interpolation* (Stützstellen a und b, Stützwerte $f(a)$ und $f(b)$) wird, anschaulich gesprochen, das Schaubild von f gegen eine Sehne durch den Anfangspunkt $(a, f(a))$ und den Endpunkt $(b, f(b))$ ausgewechselt. Deren Gleichung lautet

$$y = P_1(x) := f(a) + \frac{f(b) - f(a)}{b - a}(x - a),$$

infolgedessen ist

$$\int_a^b P_1 dx = \frac{b-a}{2}[f(a) + f(b)] \quad \text{ein Näherungswert für} \quad \int_a^b f dx. \quad (100.6)$$

Ist f'' auf $[a, b]$ vorhanden und beschränkt, etwa

$$|f''(x)| \leq M_2 \quad \text{für alle } x \in [a, b], \quad (100.7)$$

so ist $|f(x) - P_1(x)| \leq (b-a)^2 M_2/8$ (s. Aufgabe zu Nr. 51), infolgedessen *muß der Näherungsfehler*

$$\left|\int_a^b f dx - \frac{b-a}{2}[f(a) + f(b)]\right| \leq \frac{(b-a)^3}{8} M_2 \quad (100.8)$$

sein. — Nun ziehen wir das Interpolationspolynom P_2 höchstens zweiten Grades mit den Stützstellen $x_0 := a$, $x_1 := \frac{a+b}{2}$, $x_2 := b$ und den Stützwerten $y_0 := f(a)$, $y_1 := f\left(\frac{a+b}{2}\right)$, $y_2 := f(b)$ heran (*quadratische Interpolation*). Wir berechnen P_2 als Newtonsches Interpolationspolynom nach der Formel (17.9) in Verbindung mit dem Schema (17.4) und erhalten

$$P_2(x) = y_0 + \frac{2}{b-a}(y_1 - y_0)(x - a) + \frac{2}{(b-a)^2}(y_2 - 2y_1 + y_0)(x-a)(x-x_1).$$

Infolgedessen ist[1]

$$\int_a^b P_2 dx = \frac{b-a}{6}\left[f(a) + 4f\left(\frac{a+b}{2}\right) + f(b)\right] \quad \text{ein Näherungswert für} \quad \int_a^b f dx. \quad (100.9)$$

---

[1] Bei dieser einfachen Rechnung wertet man $\int_a^b (x-a)(x-x_1) dx$ am besten durch Produktintegration aus.

Diese Regel zur näherungsweisen Berechnung eines Integrals nennt man die **Keplersche Faßregel**[1].
Ist f''' auf $[a, b]$ vorhanden und beschränkt, etwa

$$|f'''(x)| \leq M_3 \quad \text{für alle } x \in [a, b], \tag{100.10}$$

so ergibt sich mit (51.3) *für den Näherungsfehler die Abschätzung*

$$\left| \int_a^b f\,dx - \frac{b-a}{6}\left[f(a) + 4f\left(\frac{a+b}{2}\right) + f(b)\right] \right| \leq 0{,}0082(b-a)^4 M_3. \tag{100.11}$$

Die Genauigkeit der Regeln (100.6) und (100.9) läßt sich offenbar erheblich verbessern, indem man das Integrationsintervall $[a, b]$ etwa in n gleiche Teile zerlegt, die erwähnten Regeln auf jedes Teilintervall anwendet und die Ergebnisse addiert. Ist $\{x_0, x_1, \ldots, x_n\}$ eine solche äquidistante Zerlegung und setzt man $y_k := f(x_k)$, so folgt in dieser Weise aus (100.6), daß

$$S_n := \frac{b-a}{n}\left(\frac{1}{2}y_0 + y_1 + y_2 + \cdots + y_{n-1} + \frac{1}{2}y_n\right) \quad \text{ein Näherungswert für} \int_a^b f\,dx \tag{100.12}$$

ist (**Sehnentrapezregel**). Und unter der Voraussetzung (100.7) ergibt sich aus (100.8) noch die *Fehlerabschätzung*

$$\left| \int_a^b f\,dx - S_n \right| \leq \frac{(b-a)^3}{8n^2} M_2. \tag{100.13}$$

Bei der Verfeinerung der Keplerschen Faßregel nehmen wir, um die Bezeichnung zu vereinfachen, n als gerade, etwa $n = 2m$, an und wenden die Faßregel auf jedes der m Doppelintervalle $[x_{2k}, x_{2k+2}]$ $(k = 0, 1, \ldots, m-1)$ an. Dann folgt, daß

$$K_m := \frac{b-a}{6m}\lceil y_0 + 4(y_1 + y_3 + \cdots + y_{2m-1}) + 2(y_2 + y_4 + \cdots + y_{2m-2}) + y_{2m}]$$

$$\text{ein Näherungswert für} \int_a^b f\,dx \tag{100.14}$$

ist (**Simpsonsche Regel**[2]). Gilt (100.10), so erhalten wir aus (100.11) überdies die *Fehlerabschätzung*

$$\left| \int_a^b f\,dx - K_m \right| \leq 0{,}0082 \frac{(b-a)^4}{m^3} M_3. \tag{100.15}$$

---

[1] Nach Johannes Kepler (1571–1630; 59). Er entwickelte diese Regel anläßlich des sehr weltlichen Problems, den Rauminhalt von Weinfässern zu berechnen. Seine Unsterblichkeit gründet sich allerdings nicht auf die Faßregel, sondern auf die berühmten Keplerschen Gesetze der Planetenbewegung (s. Nr. 222).
[2] Thomas Simpson (1710–1761; 51).

Die Abschätzungen (100.13) und (100.15) zeigen, daß durch hinreichend feine Intervalleinteilung die Genauigkeit der Sehnentrapezregel und der Simpsonschen Regel beliebig weit getrieben werden kann — allerdings steigt dabei auch der Rechenaufwand erheblich an. Eine Vertiefung dieser Dinge durch den „Szegöschen Konvergenzsatz" findet der Leser in Nr. 46.3 von Heuser [10] und den zugehörigen Aufgaben 4 und 5, feinere Fehlerabschätzungen in Stoer [15], Nr. 3.1.

Aufgaben

+1. Die Keplersche Faßregel liefert trivialerweise den exakten Wert von $\int_a^b f dx$ für jedes Polynom f vom Grade ≤ 2. Bemerkenswerterweise leistet sie dasselbe, wenn f ein *kubisches* Polynom ist. Hinweis: Betrachte zunächst $f(x) := \left(x - \frac{a+b}{2}\right)^3$.

2. Berechne $\int_0^1 \frac{dx}{1+x^2} = \frac{\pi}{4} = 0{,}7853981\ldots$ mit Hilfe der Simpsonschen Regel für $m = 1$ und $m = 2$.

3. Bestimme durch Reihenintegration eine Stammfunktion zu e^x/x auf $\mathbf{R}^+$.

101 Potentielle und kinetische Energie

Wirkt an jedem Punkt x eines Intervalls I der x-Achse eine Kraft $K(x)$ parallel zur x-Achse, so sagt der Physiker, auf I sei ein *Kraftfeld* K definiert. Das Wort „Feld" bedeutet in diesem Zusammenhang also nichts anderes als „Funktion". Dementsprechend heißt das Kraftfeld K stetig, wenn die Funktion $K: x \mapsto K(x)$ auf I stetig ist. In diesem Abschnitt nehmen wir stillschweigend an, daß alle auftretenden Kraftfelder stetig seien. Wir verabreden noch, einer Kraft das positive oder negative Vorzeichen zu geben, je nachdem sie in oder entgegen der Richtung der x-Achse wirkt. Schließlich sei x_0 ein fester Punkt (ein „Normalpunkt" oder „Bezugspunkt") von I.

Befindet sich ein Massenpunkt P in dem Kraftfeld K, so wird er eine Veränderung seiner Lage erfahren. Die Arbeit, die K leistet, um P von x_1 nach x_2 zu verschieben, ist nach Nr. 80 durch

$$A(x_1, x_2) := \int_{x_1}^{x_2} K(y) dy \qquad (101.1)$$

gegeben. Dementsprechend ist $-A(x_1, x_2)$ die Arbeit, die man aufbringen muß, um P *gegen* das Kraftfeld (also mit der Kraft $-K$) von x_1 nach x_2 zu bringen. Um zu einer einfachen Beschreibung der hier obwaltenden Verhältnisse zu gelangen, nennt man die Funktion

$$U(x) := -A(x, x_0) = -\int_{x_0}^{x} K(y) dy, \quad x \in I \qquad (101.2)$$

das *Potential des Feldes K bezüglich* x_0; definitionsgemäß ist $U(x)$ die Arbeit, die man *gegen K* leisten muß, um P aus der „Normallage" x_0 nach x zu bringen[1]. Offenbar ist

$$K = -U', \quad U(x_0) = 0 \quad \text{und} \quad A(x_1, x_2) = U(x_1) - U(x_2). \tag{101.3}$$

Sei umgekehrt eine auf I stetig differenzierbare Funktion V mit $K = -V'$ gegeben, die in einem Punkt ξ von I verschwindet. Dann ist

$$V(x) = \int_\xi^x V'(y)dy = -\int_\xi^x K(y)dy,$$

und somit ist V das Potential von K bezüglich ξ. Die Potentiale von K sind also, mathematisch gesprochen, gerade diejenigen stetig differenzierbaren Funktionen auf I, deren Ableitungen $= -K$ sind und die in mindestens einem Punkt von I verschwinden.

Wir kehren wieder zu der Größe $U(x)$ in (101.2) zurück. Sie wird auch die *potentielle Energie* genannt, die der Massenpunkt P an der Stelle x des Kraftfeldes K bezüglich der Normallage x_0 besitzt. Nach (101.3) ist $U(x_2) = U(x_1) - A(x_1, x_2)$: *Verschiebt man den Punkt P von x_1 nach x_2, so verändert sich seine potentielle Energie um diejenige Arbeit, die man dabei* gegen *das Kraftfeld leisten muß. Kurz: Die Änderung der potentiellen Energie ist gleich der Arbeit* gegen *das Feld.*

Ist etwa auf $[0, +\infty)$ ein negatives (auf den Nullpunkt gerichtetes) Kraftfeld definiert, so ist die potentielle Energie von P umso größer, je weiter P vom Nullpunkt entfernt ist.

Wenn auf den Massenpunkt P keine anderen Einflüsse wirken, wird er durch das Kraftfeld K in Bewegung versetzt. Ist $x(t)$ seine Lage zur Zeit t, so haben wir nach dem Newtonschen Kraftgesetz die Beziehung $K(x(t)) = m\ddot{x}(t)$, wenn m die Masse von P ist. Bewegt sich P von $x_1 := x(t_1)$ nach $x_2 := x(t_2)$, so ist wegen der Substitutionsregel

$$A(x_1, x_2) = \int_{x_1}^{x_2} K(x)dx = \int_{t_1}^{t_2} K(x(t))\dot{x}(t)dt = \int_{t_1}^{t_2} m\ddot{x}(t)\dot{x}(t)dt$$

$$= \frac{m}{2} \int_{t_1}^{t_2} \frac{d\dot{x}^2}{dt} dt = \frac{m}{2}(\dot{x}^2(t_2) - \dot{x}^2(t_1)),$$

also

$$A(x_1, x_2) = \frac{m}{2}(v_2^2 - v_1^2) \quad \text{mit} \quad v_k := \dot{x}(t_k). \tag{101.4}$$

Die Größe $mv^2/2$ nennt man die *kinetische Energie* oder *Bewegungsenergie* des Punktes P mit der Masse m und der Geschwindigkeit v. Gl. (101.4) besagt dann, daß die kinetische Energie des Massenpunktes P sich bei seiner Bewegung von x_1

---

[1] Wenn das uneigentliche Integral $\int_{+\infty}^x K(y)dy$ bzw. $\int_{-\infty}^x K(y)dy$ konvergiert, läßt man auch $+\infty$ bzw. $-\infty$ als Bezugspunkt zu.

nach x_2 um diejenige Arbeit ändert, die das Feld an ihm leistet:

$$\frac{m}{2}v_2^2 = \frac{m}{2}v_1^2 + A(x_1, x_2).$$

Kurz: *Die Änderung der kinetischen Energie ist gleich der Arbeit des Feldes.* Aus (101.3) und (101.4) ergibt sich nun auf einen Schlag der fundamentale *Energiesatz der Mechanik*:

$$U(x_1) + \frac{m}{2}v_1^2 = U(x_2) + \frac{m}{2}v_2^2,$$

in Worten: *Die Summe der potentiellen und der kinetischen Energie ist konstant*[1].
Potentielle und kinetische Energie haben die physikalische Dimension der Arbeit. Die Energieeinheit ist demgemäß 1 Joule.

Wir bringen nun einige Beispiele.

1. Schwerefeld in Erdnähe Die x-Achse stehe im Punkte Q der Erdoberfläche senkrecht auf derselben, weise nach oben und habe Q als Nullpunkt. Befindet sich der Massenpunkt P mit der Masse m an der Stelle x, so greift an ihm die Schwerkraft $-mg$ an, falls nur x nicht zu groß ist. Wählen wir Q als Bezugspunkt für die potentielle Energie, so wird

$$U(x) = -\int_0^x (-mg) dy = mgx = \text{Gewicht} \cdot \text{Höhe}.$$

Lassen wir P von der Höhe h aus frei (ohne Berücksichtigung der Luftreibung) mit der Anfangsgeschwindigkeit $v = 0$ fallen, so ist nach dem Energiesatz

$$mgx + \frac{1}{2}mv^2 = \text{const}, \quad \text{also} \quad = mgh.$$

Daraus ergibt sich die Fallgeschwindigkeit an der Stelle x zu $v = \sqrt{2g(h-x)}$; die Aufschlaggeschwindigkeit ist also $v = \sqrt{2gh}$. Umgekehrt ist die „Geschwindigkeitshöhe" $h = v^2/2g$ diejenige Höhe, auf die man eine (völlig beliebige) Masse heben muß, damit ihre Aufschlaggeschwindigkeit $= v$ ist (vgl. die andere Herleitung dieser Formeln in A 56.2).

2. Das Newtonsche Potential des irdischen Schwerefeldes Wir denken uns die Erdmasse M im Nullpunkt der x-Achse konzentriert. Auf einen Massenpunkt P der Masse m, der sich an der Stelle $x > 0$ befindet, wirkt dann nach dem Newtonschen Gravitationsgesetz die Kraft $K(x) := -G\dfrac{Mm}{x^2}$. Seine potentielle

---

[1] Mathematisch gesehen ergibt sich der Energiesatz in geradezu trivialer Weise, indem man einfache Integrationsregeln auf das Arbeitsintegral $\int_{x_1}^{x_2} K(y) dy$ anwendet. Seinen hervorragenden Rang erhält er einzig und allein durch die physikalische Bedeutung und Wichtigkeit der Größen $U(x)$ und $mv^2/2$.

Energie bezüglich eines festen Bezugspunktes $x_0 > 0$ ist

$$U(x) = -\int_{x_0}^{x} \left(-G\frac{Mm}{y^2}\right) dy = GMm\left[-\frac{1}{y}\right]_{x_0}^{x} = GMm\left(\frac{1}{x_0} - \frac{1}{x}\right). \tag{101.5}$$

Den Nullpunkt kann man nicht als Bezugspunkt x_0 wählen, weil das Arbeitsintegral dann divergent wäre. (101.5) drängt aber dazu, $x_0 = +\infty$ zu setzen, genauer: $x_0 \to +\infty$ gehen zu lassen (s. Fußnote 1 auf S. 534). Die so entstehende Funktion

$$U(x) := -\frac{GMm}{x} = -\int_{x}^{+\infty} G\frac{Mm}{y^2} dy$$

heißt das *Newtonsche Potential des Punktes P im irdischen Schwerefeld*. Abgesehen vom Vorzeichen gibt $U(x)$ die Arbeit an, die benötigt wird, um P von der Stelle x aus „ins Unendliche" oder „aus dem Anziehungsbereich der Erde" zu bringen. Ist $m = 1$, so nennt man $-GM/x$ kurz das *Newtonsche Potential des irdischen Schwerefeldes*.

3. Energie eines frei schwingenden Massenpunktes Die Bewegung eines solchen Punktes P (der Masse m) erfolgt in dem Kraftfeld $K(x) := -k^2 x$ (k eine positive Konstante; s. Nr. 57). Sein Weg-Zeitgesetz ist $x(t) = A\sin(\omega t + \varphi)$, wobei A die Amplitude (größter Ausschlag), $\omega = k/\sqrt{m}$ die Kreisfrequenz und φ die Phasenkonstante ist; s. (57.16). Wählen wir die Gleichgewichtslage (den Nullpunkt der x-Achse) als Bezugspunkt der potentiellen Energie, so ist letztere durch

$$U(x) = -\int_{0}^{x} (-k^2 y) dy = \frac{1}{2}k^2 x^2$$

gegeben. An jeder Stelle x seiner Bahn besitzt daher P die nach dem Energiesatz konstante Gesamtenergie $k^2 x^2/2 + mv^2/2$. An der Stelle $x = A$ ist $v = 0$, infolgedessen gilt durchweg

$$\frac{1}{2}k^2 x^2 + \frac{1}{2}mv^2 = \frac{1}{2}k^2 A^2.$$

Die Gesamtenergie von P ist also $= k^2 A^2/2$ und läßt sich somit sofort bestimmen, wenn man nur die Konstante k und die Amplitude A kennt.

Treten bei einem Bewegungsvorgang Reibungskräfte auf, so gilt der Energiesatz nicht mehr, weil dann kinetische Energie nicht nur in potentielle Energie, sondern auch in ganz andere Energieformen übergeht. Beim Bremsen eines Autos wird dessen Bewegungsenergie teilweise oder gänzlich in Wärmeenergie übergeführt (Erhitzung der Bremsen!). Bei einer Geschwindigkeit von 50 km/h ($\approx 13,9$ m/sec) besitzt ein 1000kg-Auto eine Bewegungsenergie von rund 96 600 Joule. Da 1 Joule $= 0,239$ Kalorien ist, entsteht beim Herunterbremsen zum Stand eine Wärmemenge von etwa 23 088 Kalorien, ausreichend, um ungefähr ein viertel Liter Leitungswasser zum Kochen zu bringen. Bei einer Geschwindigkeit von 100 km/h vervierfachen sich die Zahlen, da die kinetische Energie „mit dem Quadrat der Geschwindigkeit geht".

XIII Vertauschung von Grenzübergängen. Gleichmäßige und monotone Konvergenz

Wenn die Glieder einer konvergenten Reihe ... stetige Funktionen sind, ist auch die Reihensumme stetig.
Augustin Louis Cauchy, 1821

Mir scheint, daß dieses [nebenstehende] Theorem Ausnahmen zuläßt, zum Beispiel ... .
Niels Henrik Abel, 1826

102 Vorbemerkungen zum Vertauschungsproblem

Als einer der Schlüsselsätze in der Lehre von den Potenzreihen hat sich (*via* Transformationssatz) der *Cauchysche Doppelreihensatz* erwiesen, also die Aussage, daß unter gewissen Voraussetzungen $\sum_{j=0}^{\infty} \left(\sum_{k=0}^{\infty} a_{jk} \right) = \sum_{k=0}^{\infty} \left(\sum_{j=0}^{\infty} a_{jk} \right)$ ist. Mit $s_{mn} := \sum_{j=0}^{m} \sum_{k=0}^{n} a_{jk}$ können wir sie auch in der Form

$$\lim_{m\to\infty} \left(\lim_{n\to\infty} s_{mn} \right) = \lim_{n\to\infty} \left(\lim_{m\to\infty} s_{mn} \right)$$

schreiben, die besonders deutlich ins Auge springen läßt, daß es sich hier um nichts anderes als eine *Vertauschung von zwei hintereinander auszuführenden Grenzübergängen* handelt[1]. Ganz ähnlich läßt sich der Stetigkeitssatz 64.1 für Potenzreihen als ein *Vertauschungssatz* aussprechen: Mit $s_n(x) := \sum_{k=0}^{n} a_k (x-x_0)^k$ ist

$$\lim_{x\to x_1} \lim_{n\to\infty} s_n(x) = \lim_{n\to\infty} \lim_{x\to x_1} s_n(x), \tag{102.1}$$

solange wir nur das Konvergenzintervall der Potenzreihe $\sum a_k (x-x_0)^k$ nicht verlassen. Und der Differenzierbarkeitssatz 64.2 ist gerade die *Vertauschungsaussage*

$$\lim_{h\to 0} \lim_{n\to\infty} \frac{s_n(x+h) - s_n(x)}{h} = \lim_{n\to\infty} \lim_{h\to 0} \frac{s_n(x+h) - s_n(x)}{h}. \tag{102.2}$$

---

[1] Das Symbol $\lim_{m\to\infty} \left(\lim_{n\to\infty} s_{mn} \right)$ weist uns an, zuerst die „inneren Limites" $\sigma_m := \lim_{n\to\infty} s_{mn}$ und dann den „äußeren Limes" $\lim_{m\to\infty} \sigma_m$ zu bilden. Entsprechend sind die im folgenden auftretenden „Doppellimites" zu verstehen. Die Klammern um die inneren Limites lassen wir gewöhnlich weg, schreiben also z.B. statt $\lim_{m\to\infty} \left(\lim_{n\to\infty} s_{mn} \right)$ einfach $\lim_{m\to\infty} \lim_{n\to\infty} s_{mn}$.

Wegen Satz 64.4 ist, wenn a und b im Konvergenzintervall liegen,

$$\int_a^b \left(\sum_{k=0}^{\infty} a_k(x-x_0)^k \right) dx = \left[\sum_{k=0}^{\infty} \frac{a_k}{k+1} (x-x_0)^{k+1} \right]_a^b$$

$$= \sum_{k=0}^{\infty} \int_a^b a_k(x-x_0)^k dx,$$

kurz: Eine Potenzreihe darf (innerhalb ihres Konvergenzintervalles) gliedweise integriert werden. Mittels der Netzkonvergenz Riemannscher Summen (s. Satz 79.2) läßt sich auch diese Aussage auf die Form eines *Vertauschungssatzes* bringen:

$$\lim_{\mathfrak{Z}^*} \lim_{n \to \infty} S(s_n, Z, \xi) = \lim_{n \to \infty} \lim_{\mathfrak{Z}^*} S(s_n, Z, \xi). \tag{102.3}$$

Über die Bedeutung und Kraft dieser Sätze ist hier kein Wort mehr zu verlieren. Umso nachdrücklicher muß darauf hingewiesen werden, *daß wir nicht immer und überall die Freiheit haben, die Reihenfolge zweier Grenzübergänge zu vertauschen.* Ein ganz einfaches Beispiel mag als Warnung dienen: Beschränken wir in x^n ($n \in \mathbf{N}$) die Variable x auf das Intervall $[0, 1)$, so ist

$$\lim_{x \to 1} \lim_{n \to \infty} x^n = 0, \quad \text{aber} \quad \lim_{n \to \infty} \lim_{x \to 1} x^n = 1.$$

Umso dringlicher wird jetzt natürlich die Frage, wann denn nun zwei Grenzübergänge vertauscht werden dürfen. Um uns bequem ausdrücken zu können, führen wir zunächst einige naheliegende Benennungen und Begriffe ein. Ist uns eine Folge reellwertiger Funktionen $f_1, f_2, \ldots$ gegeben, die alle auf ein und derselben Menge X definiert sind, so nennen wir (f_n) eine **Funktionenfolge auf X**. Ist für jedes $x \in X$ die Zahlenfolge $(f_n(x))$ konvergent, so wird durch

$$f(x) := \lim_{n \to \infty} f_n(x) \quad (x \in X)$$

eine Funktion $f: X \to \mathbf{R}$ definiert. Man sagt dann, die Folge (f_n) **strebe punktweise auf X gegen f**, in Zeichen:

$$f_n \to f \text{ auf } X, \quad \lim f_n = f \text{ auf } X \quad \text{oder} \quad X\text{-}\lim f_n = f.$$

f selbst wird die **Grenzfunktion** oder genauer der **punktweise Grenzwert** der Folge (f_n) genannt, nötigenfalls noch mit dem Zusatz „auf X"[1]. — Das

---

[1] Wohlgemerkt: X kann eine völlig beliebige nichtleere Menge sein und braucht nicht etwa in $\mathbf{R}$ zu liegen. Der Leser möge sich jedoch zunächst, um etwas Greifbares vor Augen zu haben, unter X ein reelles Intervall vorstellen. — Im Falle $X = \mathbf{N}$ sind die Funktionen f_n Zahlenfolgen $(a_1^{(n)}, a_2^{(n)}, \ldots)$; $f_n \to f := (a_1, a_2, \ldots)$ bedeutet dann „**komponentenweise Konvergenz**": $a_k^{(n)} \to a_k$ für $n \to \infty$ und jedes $k \in \mathbf{N}$.

Symbol $\sum_{k=1}^{\infty} f_k$ bedeutet die (Funktionen-) Folge der Teilsummen $s_n := f_1 + \cdots + f_n$ und wird eine **Funktionenreihe** auf X genannt. Statt $\sum_{k=1}^{\infty} f_k$ schreibt man auch häufig $\sum_{k=1}^{\infty} f_k(x)$. Strebt $s_n \to s$ auf X, so sagen wir, die Funktionenreihe $\sum_{k=1}^{\infty} f_k$ konvergiere punktweise auf X gegen s und schreiben

$$\sum_{k=1}^{\infty} f_k = s \quad \text{oder auch} \quad \sum_{k=1}^{\infty} f_k(x) = s(x) \quad \text{(auf } X\text{).}$$

s wird dann der punktweise Grenzwert oder die punktweise Summe der Funktionenreihe $\sum_{k=1}^{\infty} f_k$ genannt, ggf. noch mit dem Zusatz „auf X".
Eine Funktionenreihe ist also nichts anderes als eine Funktionenfolge. Umgekehrt kann jede Funktionenfolge auch als Funktionenreihe geschrieben werden (vgl. Nr. 30). *Funktionenfolgen und Funktionenreihen sind also nicht sachlich, sondern nur schreibtechnisch verschieden.*

Funktionenfolgen und -reihen sind uns schon oft begegnet. Das überragende Beispiel bilden natürlich die Potenzreihen. Und die vertrauten Grenzwertaussagen „$x^n \to 0$ auf $(-1, 1)$" oder „$(1+x/n)^n \to e^x$ auf $\mathbf{R}$" sind offenbar nichts anderes als Feststellungen über Funktionenfolgen. Eine sehr natürliche Funktionenfolge stellt sich ein, wenn man zu einem $f: [a, b] \to \mathbf{R}$ und je $n+1$ äquidistanten Stützstellen die zugehörigen Interpolationspolynome $P_n(x)$ vom Grade $\leq n$ bildet ($n = 1, 2, \ldots$). Die naheliegende Vermutung, es strebe $P_n(x) \to f(x)$ auf $[a, b]$ geht überraschenderweise jedoch schon bei ganz harmlosen Funktionen in die Irre, z.B. bei $f(x) := 1/(1+x^2)$, $x \in [-5, 5]$. C. Runge (1856-1927; 71) hat nämlich gezeigt, daß in diesem Falle die Folge $(P_n(x))$ in gewissen Punkten der Intervalle $[-5; -3,63\ldots]$, $[3,63\ldots; 5]$ noch nicht einmal konvergiert („Über empirische Funktionen und die Interpolation zwischen äquidistanten Ordinaten", Zeitschr. f. Math. u. Physik **46** (1901) 224-243).

Bei Potenzreihen übertragen sich Stetigkeit, Differenzierbarkeit und Integrierbarkeit der Reihenglieder auf die Summenfunktion. Bei beliebigen (konvergenten) Funktionenfolgen und -reihen braucht dies durchaus nicht der Fall zu sein. Betrachten wir etwa die Funktionenfolge $(x, x^2, x^3, \ldots)$ auf $X := [0, 1]$. Jedes Glied dieser Folge ist auf X differenzierbar; die Grenzfunktion

$$f(x) := \lim_{n \to \infty} x^n = \begin{cases} 0 & \text{für } x \in [0, 1), \\ 1 & \text{für } x = 1 \end{cases} \tag{102.4}$$

ist jedoch an der Stelle $x = 1$ noch nicht einmal stetig, geschweige denn differenzierbar.

Das nächste Beispiel lehrt, daß auch die Integrierbarkeit zerstört werden kann: Sei $\{r_1, r_2, \ldots\}$ die Menge der rationalen Zahlen im Intervall $[0, 1]$ in irgendeiner

Abzählung. Die Funktionen $f_n:[0,1]\to\mathbf{R}$ definieren wir durch

$$f_n(x):=\begin{cases}1, & \text{falls } x\in\{r_1,\ldots,r_n\},\\ 0 & \text{sonst.}\end{cases} \qquad (102.5)$$

(f_n) strebt punktweise gegen die Dirichletsche Funktion auf $[0,1]$. Diese ist nicht auf $[0,1]$ integrierbar, während die Integrale $\int_0^1 f_n dx$ alle vorhanden sind.

Folgen und Reihen gehören zu unseren durchschlagendsten Mitteln, „höhere" Funktionen aus „einfachen" zu erzeugen. *Die Frage, wann sich denn nun die Fundamentaleigenschaften Stetigkeit, Differenzierbarkeit und Integrierbarkeit bei einem solchen Erzeugungsprozeß von den einfachen auf die höheren Funktionen übertragen, muß deshalb als eine der unabweisbaren Kernfragen der Analysis angesehen werden.* Aber damit nicht genug: Völlig zufrieden werden wir erst sein dürfen, wenn wir die Ableitung und das Integral der Grenzfunktion nicht nur als existent erkannt haben, sondern auch in einfacher Weise aus den Ableitungen und Integralen der Folgen- oder Reihenglieder berechnen können. Das nächstliegende Berechnungsverfahren ist die **gliedweise Differentiation** bzw. **Integration**: Folgt aus $f_n\to f$, daß $f_n'\to f'$ bzw. $\int_a^b f_n dx \to \int_a^b f dx$ strebt, so sagen wir, die Folge (f_n) „dürfe" gliedweise differenziert bzw. integriert werden. Die entsprechende Redeweise verwendet man bei Funktionenreihen $\sum_{k=1}^\infty f_k = s$, wenn $\sum_{k=1}^\infty f_k' = s'$ bzw. $\sum_{k=1}^\infty \int_a^b f_k dx = \int_a^b s dx$ ist. Die Überlegungen, die uns zu (102.2) und (102.3) geführt haben, zeigen, daß gliedweise Differenzierbarkeit bzw. Integrierbarkeit gleichbedeutend ist mit der Möglichkeit, gewisse Grenzübergänge zu vertauschen. Entsprechendes gilt übrigens auch bei der Frage, wann die Grenzfunktion stetig ist (s. die Überlegungen zu (102.1)). *Auf das Problem der Vertauschung von Grenzübergängen, mit dem wir diesen Abschnitt eröffneten, spitzt sich also alles zu.* Ihm werden wir deshalb so rasch wie möglich auf den Leib rücken.

Wie komplex und verworren die Lage im übrigen ist, wird durch die nachstehende Bemerkung in peinlichster Weise deutlich: Auch wenn die Grenzfunktion f einer Folge differenzierbarer Funktionen f_n wieder differenzierbar ist, braucht die „abgeleitete Folge" (f_n') nicht einmal zu konvergieren—aber selbst wenn sie konvergiert, braucht ihre Grenzfunktion nicht f' zu sein. Und Entsprechendes gilt beim Integrationsproblem. Wir belegen dies durch einige Beispiele, deren nähere Ausführung wir dem Leser überlassen.

1. $\dfrac{\sin nx}{\sqrt{n}} \to 0$ auf $\mathbf{R}$, aber die abgeleitete Folge $(\sqrt{n}\cos nx)$ konvergiert nirgendwo

(Hinweis: Im Konvergenzfalle müßte gewiß $\cos nx \to 0$ streben. Mittels der Gleichung $2\cos^2 nx = 1 + \cos 2nx$, die man aus (67.6) ablesen kann, erhält man daraus die Absurdität $0 = 1$).

102 Vorbemerkungen zum Vertauschungsproblem 541

2. $x - \dfrac{x^n}{n} \to f(x) := x$ auf $[0, 1]$. Die abgeleitete Folge konvergiert zwar auf $[0, 1]$, aber ihre Grenzfunktion ist von f' verschieden:

$$\lim_{n\to\infty}(1-x^{n-1}) = \begin{cases} 1 & \text{für } x \in [0, 1), \\ 0 & \text{für } x = 1, \end{cases} \quad \text{also} \quad \begin{array}{l} = f'(x) \text{ für } x \in [0, 1), \\ \neq f'(x) \text{ für } x = 1. \end{array}$$

3. f_n sei auf $[0, 1]$ gemäß Fig. 102.1 definiert (man skizziere etwa f_1, f_2, f_3). Auf $[0, 1]$ strebt $f_n \to 0$[1]. Weil das Integral nichtnegativer Funktionen den Flächeninhalt der zugehörigen Ordinatenmenge angibt, gilt $\int_0^1 f_n dx = n/2$. Die integrierte Folge ist also divergent.

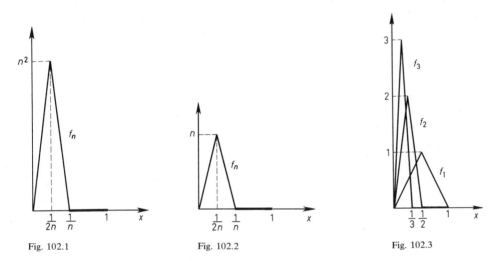

Fig. 102.1   Fig. 102.2   Fig. 102.3

4. Nun sei f_n auf $[0, 1]$ gemäß Fig. 102.2 definiert (in Fig. 102.3 sind f_1, f_2, f_3 zu sehen). Auf $[0, 1]$ strebt $f_n(x) \to f(x) := 0$. Aber diesmal haben wir $\int_0^1 f_n dx = 1/2$. Die integrierte Folge ist also zwar konvergent, aber ihr Grenzwert $1/2$ ist verschieden von $\int_0^1 f dx = 0$.

Wenn wir jetzt noch einmal daran denken, daß die Grenzfunktion einer (konvergenten) Folge differenzierbarer bzw. integrierbarer Funktionen nicht mehr differenzierbar bzw. integrierbar zu sein braucht, so können wir zusammenfassend ganz kurz sagen: *Bei punktweisen Grenzübergängen muß man mit jeder denkbaren Unannehmlichkeit rechnen.*

---

[1] Man mache sich diese im Grunde sehr triviale Tatsache ganz klar. Nur auf den ersten Blick wirkt sie verblüffend, weil die „Spitzen" der f_n immer höher werden. *Aber sie schieben sich auch immer dichter an den Nullpunkt heran.* Ist x_0 ein fester Punkt aus $(0, 1]$, so muß für alle hinreichend großen n sogar $f_n(x_0) = 0$ sein, erst recht strebt also $f_n(x_0) \to 0$. Und im Nullpunkt verschwinden alle f_n ganz von selbst.

542 XIII Vertauschung von Grenzübergängen

Aber dieser gordische Knoten wird durch einen fundamentalen Begriff zerhauen, dem wir uns nun zuwenden.

103 Gleichmäßige Konvergenz

Strebt $f_n \to f$ auf der (nichtleeren, aber sonst völlig beliebigen) Menge X, so werden wir, wie bei Zahlenfolgen, geneigt sein, die Folgenglieder f_n (jedenfalls für große n) als „Approximationen" an die Grenzfunktion f zu betrachten. Wir müssen uns aber sehr deutlich machen, was diese Aussage bedeuten soll — und vor allem, was sie *nicht* bedeuten kann.

Die nächstliegende Bedeutung der „Approximation" formulieren wir in der folgenden Definition: $\varepsilon > 0$ sei vorgegeben. Die Funktion g heißt eine ε-Approximation an f auf X, wenn sie, anschaulich gesprochen, ganz in dem „ε-Streifen" um f verläuft, d.h., wenn für *alle* $x \in X$ gilt:

$$f(x) - \varepsilon < g(x) < f(x) + \varepsilon \quad \text{oder also} \quad |f(x) - g(x)| < \varepsilon$$

(s. Fig. 103.1; X ist $=[a, b]$, der ε-Streifen ist schattiert).

Locker formuliert ist hier also das Entscheidende, daß die Funktion g *in ihrem ganzen Verlauf auf X dicht genug bei f bleibt*. Träte sie auch nur an einer einzigen Stelle aus dem ε-Streifen um f heraus, so könnten wir sie nicht mehr als eine ε-Approximation an f betrachten.

Und nun lassen uns die Figuren 102.2 und 102.3 auf einen Blick erkennen: *Ist X-$\lim f_n = f$, so braucht keine einzige der Funktionen f_n eine ε-Approximation auf X an f zu sein, wenn man nur ε klein genug wählt.* Denn die in diesen Figuren

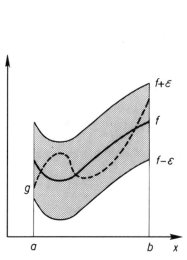

Fig. 103.1

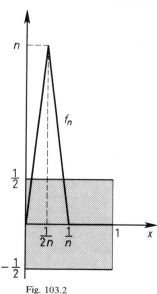

Fig. 103.2

veranschaulichten Funktionen f_n verlassen z.B. alle den (1/2)-Streifen um die Grenzfunktion $f=0$ (und natürlich erst recht jeden schmaleren Streifen), s. Fig. 103.2. Damit der Leser nicht glaube, dieses Phänomen könne nur bei ad hoc zusammengestückelten „künstlichen" Funktionen auftreten, möge er die Folge der „natürlichen" Funktionen

$$f_n(x) := nx(1-x)^n \quad \text{auf } X := [0, 1] \tag{103.1}$$

betrachten. Für alle n ist $f_n(0) = f_n(1) = 0$; und da für jedes feste $x \in (0, 1)$ gewiß $nx(1-x)^n \to 0$ strebt, haben wir $f := X\text{-lim} f_n = 0$. Mittels der Ableitung f'_n erkennt man sofort, daß f_n an der Stelle $x_n := 1/(n+1)$ ein lokales Maximum besitzt; der zugehörige Maximalwert ist $f_n(x_n) = (1 - 1/(n+1))^{n+1}$. Da aber diese Maximalwerte $\to 1/e$ streben, müssen alle hinreichend späten f_n zweifellos den ε-Streifen um f verlassen, wenn man nur $\varepsilon < 1/e$ gewählt hat. Für ein solches ε sind diese f_n also keine ε-Approximationen an die Grenzfunktion f. In Fig. 103.3 sind die Schaubilder von f_2, f_5 und f_{11} gezeichnet.

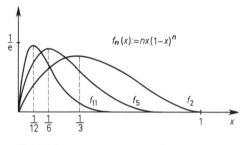

Fig. 103.3

Kehren wir wieder zur allgemeinen Konvergenzsituation „$f_n \to f$ auf X" zurück! Nach wie vor werden wir die späten f_n als Approximationen an die Grenzfunktion f auffassen — aber die obigen Beispiele zwingen uns dazu, dies jedenfalls nicht in dem so naheliegenden Sinne der ε-Approximation zu tun. Wir müssen uns vielmehr damit abfinden, daß die punktweise Konvergenz nicht zu einer „gleichmäßigen" Approximation der Grenzfunktion in ihrem ganzen Verlauf, sondern eben nur zu einer punktweisen Approximation führt, schärfer: Die Aussage „$f_n \to f$ auf X" bedeutet nur das folgende: Gibt man ein $\varepsilon > 0$ vor und wählt man dann irgendein $x_0 \in X$, so läßt sich *zu diesem ε und zu diesem x_0* immer ein Index n_0 bestimmen, so daß für alle $n > n_0$ stets $|f(x_0) - f_n(x_0)| < \varepsilon$ ausfällt; n_0 wird i.allg. sowohl von ε als auch von x_0 abhängen. Geht man bei festgehaltenem ε von dem Punkt x_0 zu einem anderen Punkt $x_1 \in X$ über, so wird man zwar wieder einen Index n_1 so finden können, daß für $n > n_1$ stets $|f(x_1) - f_n(x_1)| < \varepsilon$ bleibt — aber es kann durchaus sein, daß n_1 wesentlich größer als n_0 gewählt werden muß (in diesem Falle wird man etwa sagen, die Folge der $f_n(x_1)$ konvergiere langsamer als die der $f_n(x_0)$). Diese Erscheinung kann man sich leicht an der

Folge der f_n in den Figuren 102.1 und 102.2 oder in (103.1) verdeutlichen. Nur der Abwechslung wegen wollen wir uns zu diesem Zweck die Folge der Funktionen $f_n(x) := x^n$ $(0 < x < 1)$ vornehmen[1]. Ihre Grenzfunktion auf $(0, 1)$ ist $f := 0$. Sei nun $x_0 \in (0, 1)$ und ε etwa $= 1/2$. Dann haben wir die Äquivalenzkette

$$x_0^n < \frac{1}{2} \Leftrightarrow n \ln x_0 < \ln \frac{1}{2} \Leftrightarrow n \ln \frac{1}{x_0} > \ln 2 \Leftrightarrow n > \frac{\ln 2}{\ln(1/x_0)}. \tag{103.2}$$

Hieraus entnimmt man, daß der „kritische Index" n_0 umso größer gewählt werden muß, je näher x_0 bei 1 liegt — und daß n_0 sogar *unbeschränkt* anwächst, wenn x_0 beliebig dicht an 1 heranrückt[2] (s. Fig. 103.4). Mit anderen Worten: Um dieselbe Approximationsgüte, gemessen durch $\varepsilon = 1/2$, zu erhalten, muß man an verschiedenen Stellen des Intervalles $(0, 1)$ verschieden viele Folgenglieder heranziehen, und zwar umso mehr, je näher man sich bei 1 befindet. Die Situation ändert sich durchgreifend, wenn man nicht das ganze Intervall $(0, 1)$ betrachtet, sondern sich auf ein Teilintervall $(0, q)$, $0 < q < 1$, beschränkt. Weil nämlich für $x_0 \in (0, q)$ offenbar $x_0^n < q^n$ ist, ergibt sich mit (103.2) sofort, daß $x_0^n < 1/2$ ausfällt, sobald nur $n > \ln 2/(\ln 1/q)$ ist. Die kleinste natürliche Zahl $n_0 \geqslant \ln 2/\ln(1/q)$ leistet also das Gewünschte — und zwar ausnahmslos (oder „gleichmäßig") für alle $x_0 \in (0, q)$. Anders gesagt: Sobald $n > n_0$ ist, wird f_n eine $(1/2)$-Approximation auf $(0, q)$ an $f = 0$ sein. Gibt man ein beliebiges $\varepsilon > 0$ vor, so sieht man ganz entsprechend, daß alle hinreichend späten f_n eine ε-Approximation auf $(0, q)$ an $f = 0$ sind.

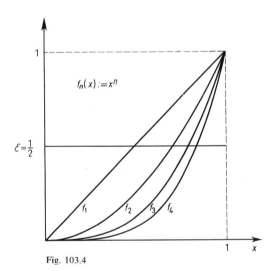

Fig. 103.4

---

[1] Anders als in (102.4) schließen wir die Punkte $x = 0$ und $x = 1$ aus. Weil für alle n ständig $f_n(0) = 0$ und $f_n(1) = 1$ ist, braucht über sie nichts mehr gesagt zu werden.

[2] Für $x_0 = 1/100$ leistet bereits $n_0 = 1$ das Gewünschte, für $x_0 = 99/100$ aber erst $n_0 = 69$.

Die bisher angestellten Beobachtungen führen geradewegs zu der nachstehenden fundamentalen

°**Definition** *Wir sagen, die Funktionenfolge* (f_n) *konvergiere oder strebe* **gleichmäßig auf** X *gegen* f, *wenn es zu jedem* $\varepsilon > 0$ *einen Index* n_0 *gibt, so daß jedes* f_n *mit* $n > n_0$ *eine* ε-*Approximation an* f *auf* X *ist, wenn also*

für alle $n > n_0$ *und alle* $x \in X$ *stets* $|f_n(x) - f(x)| < \varepsilon$ *ist*[1].

Wir beschreiben diese Situation durch die folgenden Symbole:

$f_n \to f$ gleichmäßig auf X,   kürzer: $f_n \Rightarrow f$ auf X[2],

$\mathrm{Lim}\, f_n = f$ auf X,   kürzer: $X\text{-}\mathrm{Lim}\, f_n = f$.

Gelegentlich wird man in diesen Symbolen statt f_n und f zweckmäßigerweise $f_n(x)$ und $f(x)$ schreiben; es ist dann meistens nützlich, die Angabe „$n \to \infty$" beizufügen. Daß (wie oben festgestellt) die Folge der Funktionen $f_n(x) := x^n$ auf $(0, q)$, $0 < q < 1$, gleichmäßig gegen $f(x) := 0$ strebt, läßt sich dann ganz kurz so ausdrücken:

$$x^n \Rightarrow 0 \text{ auf } (0, q) \text{ für } n \to \infty \quad \text{oder} \quad (0, q)\text{-}\mathop{\mathrm{Lim}}_{n \to \infty} x^n = 0. \tag{103.3}$$

Natürlich wird man von einer Funktionenreihe $\sum_{k=1}^{\infty} f_k$ sagen, sie konvergiere gleichmäßig auf X gegen s, wenn die Folge der Teilsummen $s_n := f_1 + \cdots + f_n \Rightarrow s$ auf X konvergiert, in Zeichen:

$$\sum_{k=1}^{\infty} f_k = s \quad \left(\text{oder auch } \sum_{k=1}^{\infty} f_k(x) = s(x)\right) \text{ gleichmäßig auf } X.$$

Aus $f_n \Rightarrow f$ *auf* X *folgt trivialerweise* $f_n \to f$ *auf* X (die gleichmäßige Konvergenz ist „stärker" als die punktweise), *das Umgekehrte gilt jedoch nicht*: Die Folge der f_n in den Figuren 102.1 und 102.2 oder in (103.1) konvergiert zwar punktweise, aber nicht gleichmäßig auf $[0, 1]$ gegen 0. Auf einer *endlichen* Menge X sind jedoch gleichmäßige und punktweise Konvergenz trivialerweise völlig gleichwertig.

Eine sehr prägnante Beschreibung der gleichmäßigen Konvergenz kann man mit Hilfe der Supremumsnorm geben (der Leser möge zur Vorbereitung noch einmal einen Blick auf A 14.11 werfen). Es strebe etwa $f_n \Rightarrow f$ auf X. Dann gibt es nach

---

[1] Wohlgemerkt: n_0 hängt zwar noch von ε, aber nicht mehr von x ab! Das ist der entscheidende Unterschied zur bloß punktweisen Konvergenz. — In der „komplexen Version" dieser Definition und der folgenden Sätze dürfen die f_n komplexwertig sein.

[2] Der Leser wird nicht Gefahr laufen, den Konvergenzdoppelpfeil mit dem Implikationsdoppelpfeil zu verwechseln.

Wahl von $\varepsilon > 0$ ein n_0, so daß $|f_n(x) - f(x)| < \varepsilon$ für alle $n > n_0$ und alle $x \in X$ ausfällt. Für diese n ist somit $f_n - f$ auf X beschränkt und

$$\|f_n - f\|_\infty = \sup_{x \in X} |f_n(x) - f(x)| \le \varepsilon,$$

also strebt die Folge der Zahlen $\|f_n - f\|_\infty \to 0$[1]. Ist umgekehrt $\lim \|f_n - f\|_\infty = 0$, so gibt es zu unserem ε ein n_0, so daß für $n > n_0$ gilt:

$$\sup_{x \in X} |f_n(x) - f(x)| < \varepsilon \quad \text{und somit} \quad |f_n(x) - f(x)| < \varepsilon \quad \text{für alle } x \in X.$$

Das bedeutet aber, daß $f = X\text{-}\operatorname{Lim} f_n$ ist. Wir halten dieses Ergebnis — ein genaues Analogon zur Konvergenzdefinition bei Zahlenfolgen — als Satz fest:

°**103.1 Satz** *Genau dann konvergiert $f_n \Rightarrow f$ auf X, wenn $\lim \|f_n - f\|_\infty = 0$ ist.*

Auch das Cauchykriterium für die Konvergenz von Zahlenfolgen hat ein exaktes Gegenstück:

°**103.2 Cauchysches Konvergenzkriterium** *Genau dann konvergiert (f_n) gleichmäßig auf X, wenn es zu jedem $\varepsilon > 0$ einen Index n_0 gibt, so daß*

für alle $m, n > n_0$ stets $\|f_m - f_n\|_\infty < \varepsilon$ bleibt. (103.4)

Der Beweis liegt auf der Hand. Strebt $f_n \Rightarrow f$ auf X, so gibt es nach dem letzten Satz zu $\varepsilon > 0$ ein n_0, so daß für alle $n > n_0$ ständig $\|f_n - f\|_\infty < \varepsilon/2$ bleibt. Für alle $m, n > n_0$ ist also

$$\|f_m - f_n\|_\infty \le \|f_m - f\|_\infty + \|f - f_n\|_\infty < \varepsilon/2 + \varepsilon/2 = \varepsilon.$$

Nun sei umgekehrt die Cauchybedingung (103.4) erfüllt. Dann ist erst recht

$$|f_m(x) - f_n(x)| < \varepsilon \quad \text{für alle } m, n > n_0 \text{ und alle } x \in X. \tag{103.5}$$

Die Folge $(f_n(x))$ ist also für jedes $x \in X$ eine Cauchyfolge, infolgedessen existiert $f(x) := \lim\limits_{n \to \infty} f_n(x)$ auf X. Läßt man nun in (103.5) $m \to \infty$ gehen, so folgt

$$|f(x) - f_n(x)| \le \varepsilon \quad \text{für alle } n > n_0 \text{ und alle } x \in X.$$

Diese Aussage bedeutet aber gerade, daß (f_n) sogar gleichmäßig auf X gegen f strebt. ∎

Für die punktweise Konvergenz, die ja auf die Konvergenz von Zahlenfolgen hinausläuft, haben wir trivialerweise die folgenden Regeln: *Strebt $f_n \to f$ und*

---

[1] Wir lassen diese Folge stillschweigend erst mit einem (sicher vorhandenen) Index m beginnen, ab dem alle Funktionen $f_n - f$ in $B(X)$ liegen. Die Funktionen f_n und f brauchen jedoch nicht zu $B(X)$ zu gehören.

$g_n \to g$ auf X und konvergiert die Zahlenfolge (α_n) gegen α, so gilt:

$$f_n + g_n \to f + g, \quad f_n g_n \to fg \quad \text{und} \quad \alpha_n f_n \to \alpha f \quad \text{auf } X.$$

Nicht ganz so einfach liegen die Dinge bei der gleichmäßigen Konvergenz. Immerhin gilt der

°**103.3 Satz** *Auf X möge $f_n \rightrightarrows f$ und $g_n \rightrightarrows g$ konvergieren, und α sei eine beliebige Zahl. Dann konvergiert*

$$f_n + g_n \rightrightarrows f + g \quad \text{und} \quad \alpha f_n \rightrightarrows \alpha f \text{ auf } X.$$

Zum Beweis beachte man, daß

$$\|(f_n + g_n) - (f+g)\|_\infty \leq \|f_n - f\|_\infty + \|g_n - g\|_\infty \quad \text{und} \quad \|\alpha f_n - \alpha f\|_\infty = |\alpha| \|f_n - f\|_\infty$$

ist und ziehe dann Satz 103.1 heran. ∎

Die Produktfolgen $(f_n g_n)$ und $(\alpha_n f_n)$ mit einer konvergenten Zahlenfolge (α_n) brauchen nicht gleichmäßig zu konvergieren (s. Aufgabe 9). Es gilt aber der Satz 103.5, den wir vorbereiten durch den

°**103.4 Satz** *Konvergiert $f_n \rightrightarrows f$ auf X, so gilt: f liegt genau dann in $B(X)$, wenn fast alle f_n zu $B(X)$ gehören. In diesem Falle besteht sogar für fast alle n die Abschätzung $\|f_n\|_\infty \leq K$ mit einer gewissen Konstanten K*[1].

Beweis. Sei $f \in B(X)$. Da wegen $f_n \rightrightarrows f$ fast alle Funktionen $g_n := f_n - f$ in $B(X)$ liegen und $B(X)$ ein Funktionenraum ist, gehören auch fast alle $f_n = g_n + f$ zu $B(X)$. Für diese f_n ist also $\|f_n\|_\infty \leq \|g_n\|_\infty + \|f\|_\infty$, und da $\|g_n\|_\infty \to 0$ strebt, muß gewiß für fast alle n die Abschätzung $\|f_n\|_\infty \leq K := 1 + \|f\|_\infty$ gelten. — Nun sei $f_n \in B(X)$ für alle $n \geq m$. Zu $\varepsilon := 1$ gibt es einen Index $p \geq m$, so daß für jedes $x \in X$ die Abschätzung

$$|f(x)| - |f_p(x)| \leq |f(x) - f_p(x)| < 1,$$

also auch

$$|f(x)| < 1 + |f_p(x)| \leq 1 + \|f_p\|_\infty$$

gilt. Das bedeutet aber, daß f auf X beschränkt ist. ∎

°**103.5 Satz** *Die Funktionen f_n, g_n ($n = 1, 2, \ldots$) mögen alle zu $B(X)$ gehören, und (α_n) sei eine Zahlenfolge. Gilt dann*

$$f_n \rightrightarrows f, \quad g_n \rightrightarrows g \quad \text{auf } X \quad \text{und} \quad \alpha_n \to \alpha,$$

---

[1] Daß f_n in $B(X)$ liegt, bedeutet: Es gibt zu f_n eine Konstante K_n, so daß $|f_n(x)| \leq K_n$ für alle $x \in X$ ist. Gilt $\|f_n\|_\infty \leq K$ für alle $n \geq m$, so muß für diese n und alle $x \in X$ stets $|f_n(x)| \leq K$ sein: *Die Schranke K hängt nicht mehr von n ab.*

so strebt

$$f_n g_n \Rightarrow fg \quad \text{und} \quad \alpha_n f_n \Rightarrow \alpha f \quad \text{auf } X.$$

Beweis. Wegen Satz 103.4 liegen f und g in $B(X)$, und es ist $\|g_n\| \leq K$ für alle n. Mit (N 4) aus A 14.11 erhalten wir nun aus der Zerlegung

$$f_n g_n - fg = (f_n - f)g_n + (g_n - g)f$$

für alle n die Abschätzung

$$\|f_n g_n - fg\|_\infty \leq \|f_n - f\|_\infty \|g_n\|_\infty + \|g_n - g\|_\infty \|f\|_\infty \leq \|f_n - f\|_\infty K + \|g_n - g\|_\infty \|f\|_\infty,$$

womit wegen Satz 103.1 die erste Grenzwertaussage bereits bewiesen ist. Die zweite ergibt sich aus der ersten, indem man $g_n(x) := \alpha_n$ und $g(x) := \alpha$ für alle $x \in X$ setzt. ∎

Konvergiert eine Funktionenfolge gleichmäßig auf X, so konvergiert sie trivialerweise auch auf jeder (nichtleeren) Teilmenge von X gleichmäßig. Sei nun $X\text{-}\lim f_n = f$. Dann kann es durchaus vorkommen, *daß (f_n) zwar nicht auf X, wohl aber auf einer gewissen* Teilmenge X_0 *von X gleichmäßig konvergiert* — und zwar natürlich gegen f oder genauer: gegen die Einschränkung $f \mid X_0$ von f auf X_0. Selbstverständlich wird dies z.B. für jedes endliche X_0 der Fall sein. Ein anderes Beispiel liefert die Folge der Funktionen $f_n(x) := x^n$ auf $X := [0, 1]$; s. (103.3). Eine weitaus gehaltvollere Aussage macht der

°**103.6 Satz** *Eine Potenzreihe konvergiert auf jeder* kompakten *Teilmenge ihres Konvergenzintervalls* gleichmäßig[1].

Zum Beweis dürfen wir die Potenzreihe in der Form $\sum_{k=0}^{\infty} a_k x^k$ annehmen; r sei ihr (positiver) Konvergenzradius. Offenbar genügt es, die Behauptung für die speziellen kompakten Mengen $K_R := \{x : |x| \leq R\}$ $(0 < R < r)$ zu beweisen, weil jede kompakte Teilmenge des Konvergenzintervalls ganz in einer dieser Mengen enthalten ist. Für jedes $x \in K_R$ ist aber

$$\left| \sum_{k=0}^{\infty} a_k x^k - \sum_{k=0}^{n} a_k x^k \right| \leq \sum_{k=n+1}^{\infty} |a_k| |x|^k \leq \sum_{k=n+1}^{\infty} |a_k| R^k,$$

und da der rechtsstehende Reihenrest wegen Satz 31.3 für alle hinreichend großen n unter ein vorgegebenes $\varepsilon > 0$ herabgedrückt werden kann, ist der Beweis schon beendet. ∎

---

[1] Im Falle einer komplexen Potenzreihe ist, wie üblich, „Konvergenzintervall" durch „Konvergenzkreis" zu ersetzen.

Eine Potenzreihe braucht durchaus nicht auf ihrem **ganzen** *Konvergenzintervall gleichmäßig zu konvergieren.* Beispiel: Für die geometrische Reihe haben wir auf $K := (-1, 1)$

$$\sum_{k=0}^{\infty} x^k = \frac{1}{1-x}, \quad \text{also} \quad s_n(x) := \sum_{k=0}^{n} x^k \to \frac{1}{1-x}.$$

Jedes s_n ist auf K beschränkt, weil dort $|s_n(x)| \leq \sum_{k=0}^{n} |x|^k \leq n+1$ ist. Wäre die Konvergenz auf K gleichmäßig, so müßte also wegen Satz 103.4 auch die Summenfunktion $1/(1-x)$ auf K beschränkt sein — was offenkundig nicht zutrifft.

Aufgaben

1. Gilt mit einer Nullfolge (α_n) die Abschätzung $|f_n(x) - f(x)| \leq \alpha_n$ für alle $n \geq m$ und alle $x \in X$, so strebt $f_n \rightrightarrows f$ auf X.

2. Die Funktionen f_n, f seien auf X definiert. Gibt es ein $\varepsilon_0 > 0$ und eine Folge (x_n) in X, so daß $|f_n(x_n) - f(x_n)| \geq \varepsilon_0$ für alle oder auch nur unendlich viele n ist, so kann (f_n) nicht gleichmäßig auf X gegen f konvergieren.

3. Sei $f_n(x) := x^{2n}/(1+x^{2n})$ für $x \in \mathbf{R}$. Bestimme $f := \mathbf{R}\text{-}\lim f_n$ und zeige, daß (f_n) nicht auf ganz $\mathbf{R}$, wohl aber auf jeder Menge der Form $\{x : |x| \leq q < 1\}$ und $\{x : |x| \geq \alpha > 1\}$ gleichmäßig konvergiert.

4. Sei $f_n(x) := nxe^{-nx^2}$ für $x \in \mathbf{R}$. Bestimme $f := \mathbf{R}\text{-}\lim f_n$ und zeige, daß (f_n) auf keinem Intervall, das den Nullpunkt enthält, gleichmäßig konvergiert. Auf jeder kompakten Menge, die den Nullpunkt nicht enthält, findet jedoch gleichmäßige Konvergenz statt. Hinweis: A 36.10.

5. Sei $f_n(x) := 1/(1+nx)$ für $x \in \mathbf{R}^+$. Bestimme $f := \mathbf{R}^+\text{-}\lim f_n$ und zeige, daß (f_n) zwar nicht auf $\mathbf{R}^+$, aber auf jeder Menge $\{x : x \geq \alpha > 0\}$ gleichmäßig konvergiert.

6. Sei $f_n(x) := nx/(1+n^2x^2)$ für $x \in [0, 1]$. Zeige, daß (f_n) nicht auf $[0, 1]$, wohl aber auf jedem Teilintervall $[q, 1]$ $(0 < q < 1)$ gleichmäßig konvergiert.

7. $\sum_{k=0}^{\infty} x^k(1-x)$ konvergiert auf $(-1, 1]$, aber nicht gleichmäßig.

8. $\sum_{k=1}^{\infty} \dfrac{\sin kx}{k^\alpha}$ konvergiert für jedes $\alpha > 1$ gleichmäßig auf $\mathbf{R}$.

9. Sei $f_n(x) := x + 1/n$ für $x \in \mathbf{R}^+$. Dann ist zwar (f_n), aber weder $\left(\dfrac{1}{n} f_n\right)$ noch (f_n^2) gleichmäßig auf $\mathbf{R}^+$ konvergent.

*10. Strebt $f_n \rightrightarrows f$ auf X und ist $g \in B(X)$, so strebt auch $f_n g \rightrightarrows fg$ auf X.

11. Es strebe $f_n \rightrightarrows f$ auf X, und für alle $n \in \mathbf{N}$ und alle $x \in X$ sei $|f_n(x)| \geq \alpha > 0$. Dann strebt $1/f_n \rightrightarrows 1/f$ auf X.

12. Formuliere und beweise das Gegenstück des Satzes 103.3 und der Aufgabe 10 für gleichmäßig konvergente Reihen.

13. Die Funktion f sei stetig auf der kompakten Menge X. Die Funktionen g_n seien auf Y definiert, für alle n sei $g_n(Y) \subset X$, und es strebe $g_n \rightrightarrows g$ auf Y. Dann strebt auch $f \circ g_n \rightrightarrows f \circ g$ auf Y.

104 Vertauschung von Grenzübergängen bei Folgen

Die Aufgabe dieses Abschnitts besteht darin, hinreichende Bedingungen für die Gültigkeit der Beziehung

$$\lim_{n \to \infty} \lim_{x \to \xi} f_n(x) = \lim_{x \to \xi} \lim_{n \to \infty} f_n(x) \tag{104.1}$$

anzugeben. In Nr. 107 werden wir diese Untersuchungen ganz wesentlich vertiefen.

°**104.1 Satz** *Sei (f_n) eine Folge reellwertiger Funktionen auf $X \subset \mathbf{R}$ und ξ ein Häufungspunkt von X. Existieren dann die Grenzwerte*

$$X\text{-}\mathop{\mathrm{Lim}}_{n \to \infty} f_n \quad \text{und} \quad \lim_{x \to \xi} f_n(x) \text{ für } n = 1, 2, \ldots,$$

so sind die beiden iterierten Limites

$$\lim_{n \to \infty} \lim_{x \to \xi} f_n(x) \quad \text{und} \quad \lim_{x \to \xi} \lim_{n \to \infty} f_n(x)$$

vorhanden und gleich[1].

Beweis. Wir setzen

$$f := X\text{-}\mathop{\mathrm{Lim}}_{n \to \infty} f_n, \quad \alpha_n := \lim_{x \to \xi} f_n(x) \quad \text{für } n = 1, 2, \ldots$$

und geben uns ein positives ε beliebig vor. Nach Satz 103.2 gibt es einen Index n_0, so daß

für alle $m, n > n_0$ und *alle* $x \in X$ stets $\quad |f_m(x) - f_n(x)| < \varepsilon \tag{104.2}$

ausfällt. Lassen wir x gegen ξ rücken, so folgt daraus $|\alpha_m - \alpha_n| \leq \varepsilon$ für $m, n > n_0$. (α_n) ist also eine Cauchyfolge, und somit existiert

$$\alpha := \lim_{n \to \infty} \alpha_n.$$

---

[1] In der komplexen Version dieses Satzes darf X eine Teilmenge von $\mathbf{C}$ und f_n komplexwertig sein. Entsprechendes gilt für die anderen Sätze dieser Nummer.

Wir müssen jetzt nur noch zeigen, daß $\lim_{x\to\xi} f(x)$ vorhanden und $=\alpha$ ist. Dazu gehen wir von der trivialen Abschätzung

$$|f(x)-\alpha| \leq |f(x)-f_m(x)| + |f_m(x)-\alpha_m| + |\alpha_m-\alpha| \tag{104.3}$$

aus und wählen zunächst ein m, so daß

$$|f(x)-f_m(x)| < \frac{\varepsilon}{3} \quad \text{für } alle \ x \in X \quad \text{und gleichzeitig} \quad |\alpha_m-\alpha| < \frac{\varepsilon}{3} \tag{104.4}$$

ist. Diesen Index m halten wir fest und bestimmen nun ein $\delta > 0$, so daß

$$|f_m(x)-\alpha_m| < \frac{\varepsilon}{3} \quad \text{für alle } x \in X \text{ mit } 0 < |x-\xi| < \delta \tag{104.5}$$

ausfällt. Für diese x haben wir dann wegen (104.3), (104.4) und (104.5) offensichtlich $|f(x)-\alpha| < \varepsilon$, und somit ist in der Tat $\lim_{x\to\xi} f(x)$ vorhanden und $=\alpha$. ∎

Völlig mühelos ergibt sich nun der

°**104.2 Satz** *Strebt $f_n \to f$ auf X und ist jedes f_n in dem Punkte $\xi \in X$ stetig, so muß auch f dort stetig sein. Sind insbesondere die f_n auf ganz X stetig, so trifft dies auch auf f zu, kurz: Eine gleichmäßig konvergente Folge stetiger Funktionen besitzt eine stetige Grenzfunktion.*

Wir brauchen nur die erste Behauptung zu beweisen und dürfen dabei, um Triviales zu vermeiden, annehmen, daß ξ ein Häufungspunkt von X ist. Nach Satz 104.1 ist dann

$$\lim_{x\to\xi} f(x) = \lim_{x\to\xi} \lim_{n\to\infty} f_n(x) = \lim_{n\to\infty} \lim_{x\to\xi} f_n(x) = \lim_{n\to\infty} f_n(\xi) = f(\xi),$$

womit schon alles abgetan ist. ∎

Wir haben gesehen, daß bei bloß punktweiser Konvergenz $f_n \to f$ die Stetigkeit der f_n nicht auf f übertragen zu werden braucht. f kann unstetig sein — aber doch nicht in katastrophaler Weise. Es gilt nämlich der folgende Satz von Louis Baire (1874–1932; 58): Sind alle f_n stetig auf $[a, b]$ und strebt dort $f_n \to f$, so liegt die Menge der Stetigkeitspunkte von f *dicht* in $[a, b]$. Für einen Beweis s. etwa Heuser [10], Beispiel 44.1. Wie verheerend sich jedoch *wiederholte* Grenzübergänge auf die Stetigkeit auswirken können, belegt die Aufgabe 6.

Merkwürdigerweise reicht die gleichmäßige Konvergenz einer Folge differenzierbarer Funktionen *nicht* aus, um die Differenzierbarkeit der Grenzfunktion zu gewährleisten. Entscheidend ist vielmehr, daß die *abgeleitete Folge* gleichmäßig konvergiert, schärfer:

104.3 Satz *Jedes Glied der Funktionenfolge (f_n) sei auf dem Intervall $[a,b]$ differenzierbar, und die* **abgeleitete Folge** (f'_n) **konvergiere gleichmäßig auf** $[a,b]$. *Ist dann für wenigstens ein $x_0 \in [a,b]$ die Folge $(f_n(x_0))$ konvergent, so strebt (f_n) gleichmäßig auf $[a,b]$ gegen eine differenzierbare Funktion f, und (f'_n) strebt (gleichmäßig) gegen deren Ableitung f'. Unter den gegebenen Annahmen darf also die Folge (f_n) gliedweise differenziert werden*[1].

Beweis. Zu beliebig vorgegebenem $\varepsilon > 0$ gibt es einen Index n_0, so daß gilt:

$$|f_m(x_0) - f_n(x_0)| < \frac{\varepsilon}{2} \quad \text{für alle } m, n > n_0 \tag{104.6}$$

und

$$\|f'_m - f'_n\|_\infty < \frac{\varepsilon}{2(b-a)} \quad \text{für alle } m, n > n_0, \tag{104.7}$$

letzteres wegen Satz 103.2. Aus (104.7) folgt mit dem Mittelwertsatz der Differentialrechnung, angewandt auf $f_m - f_n$, die für alle $x, y \in [a, b]$ gültige Ungleichung

$$|(f_m(x) - f_n(x)) - (f_m(y) - f_n(y))| < \frac{\varepsilon}{2(b-a)} |x - y|, \quad \text{falls } m, n > n_0. \tag{104.8}$$

Setzt man in ihr speziell $y = x_0$ und zieht noch (104.6) heran, so erhält man für alle $m, n > n_0$ und alle $x \in [a, b]$ die Abschätzung

$$|f_m(x) - f_n(x)| \leq |(f_m(x) - f_n(x)) - (f_m(x_0) - f_n(x_0))| + |f_m(x_0) - f_n(x_0)|$$
$$< \frac{\varepsilon}{2(b-a)} |x - x_0| + \frac{\varepsilon}{2} \leq \frac{\varepsilon}{2} + \frac{\varepsilon}{2} = \varepsilon.$$

Wegen Satz 103.2 folgt daraus, daß (f_n) gleichmäßig auf $[a,b]$ gegen eine Grenzfunktion f konvergiert. Nun sei ξ ein beliebiger fester Punkt aus $[a,b]$ und

$$F_n(x) := \frac{f_n(x) - f_n(\xi)}{x - \xi},$$
$$F(x) := \frac{f(x) - f(\xi)}{x - \xi} \quad \text{für } x \in X := [a, b] \setminus \{\xi\}. \tag{104.9}$$

Trivialerweise strebt $F_n \to F$ auf X, aber diese Konvergenz ist sogar gleichmäßig. Setzt man nämlich in (104.8) speziell $y = \xi$, so erhält man nach Division durch $|x - \xi|$ die Abschätzung

$$|F_m(x) - F_n(x)| < \frac{\varepsilon}{2(b-a)} \quad \text{für alle } m, n > n_0 \quad \text{und alle } x \in X;$$

---

[1] Vgl. dazu Satz 107.3. Dort wird die Möglichkeit der gliedweisen Differentiation unter ganz anderen Voraussetzungen eröffnet. S. auch Aufgabe 4 für einen einfacheren Beweis unter *schärferen* Voraussetzungen.

die Behauptung folgt nun aus Satz 103.2. Insgesamt haben wir also:
$$\operatorname*{Lim}_{n\to\infty} F_n(x) = F(x) \quad \text{auf } X \quad \text{und} \quad \text{(trivialerweise)} \lim_{x\to\xi} F_n(x) = f'_n(\xi)$$
für jedes $n \in \mathbb{N}$. Satz 104.1 lehrt nun, daß
$$\lim_{x\to\xi} \lim_{n\to\infty} F_n(x) = f'(\xi) \text{ vorhanden und } = \lim_{n\to\infty} \lim_{x\to\xi} F_n(x) = \lim_{n\to\infty} f'_n(\xi)$$
ist. Da ξ beliebig aus $[a,b]$ war, ist also in der Tat f differenzierbar und $f' = \operatorname{Lim} f'_n$. ∎

Der nächste Satz eröffnet die Möglichkeit der gliedweisen Integration (s. auch Satz 108.3).

104.4 Satz *Jedes Glied der Funktionenfolge (f_n) sei auf $[a,b]$ R-integrierbar, und es strebe $f_n \rightrightarrows f$ auf $[a,b]$. Dann ist auch f auf $[a,b]$ R-integrierbar, und $\int_a^b f\,dx$ kann durch gliedweise Integration gewonnen werden, d.h., es strebt*

$$\int_a^b f_n\,dx \to \int_a^b f\,dx. \tag{104.10}$$

Beweis. Da jedes f_n beschränkt ist, muß wegen Satz 103.4 auch f beschränkt sein. Sei U_n die Menge aller Unstetigkeitsstellen von f_n und $U := \bigcup_{n=1}^{\infty} U_n$. In jedem $\xi \in [a,b] \setminus U$ ist jedes f_n stetig. Auf Grund des Satzes 104.2 ist f also gewiß auf $[a,b] \setminus U$ stetig. Da aber nach dem Lebesgueschen Integrabilitätskriterium jedes U_n und damit (siehe Hilfssatz 84.1) auch U eine Nullmenge ist, muß — wiederum nach dem zitierten Kriterium — f in der Tat auf $[a,b]$ R-integrierbar sein. Die Aussage über die gliedweise Integrierbarkeit ergibt sich nun so: Wegen der Fundamentalungleichung 81.3 ist

$$\left| \int_a^b f_n\,dx - \int_a^b f\,dx \right| = \left| \int_a^b (f_n - f)\,dx \right| \leq (b-a)\|f_n - f\|_\infty,$$

und da $\|f_n - f\|_\infty \to 0$ strebt, erhält man unmittelbar (104.10)[1]. ∎

Indem der Leser die Sätze 104.1 bis 104.4 auf die Teilsummen der Funktionenreihe $\sum f_k$ anwendet, erhält er die nachstehenden Reihenversionen der genannten Sätze:

---

[1] Der tiefliegende Teil des Beweises war allein der Nachweis, daß f integrierbar ist. In Nr. 107 werden wir eine ganz andere Begründung kennenlernen, die von der Tatsache ausgeht, daß das Riemannsche Integral ein Netzlimes ist.

104.5 Satz *Die Funktionenreihe $\sum_{k=1}^{\infty} f_k$ konvergiere gleichmäßig auf X gegen die Funktion F. Dann gelten die folgenden Aussagen:*

°a) *Ist ξ ein Häufungspunkt von X und existiert $\lim_{x \to \xi} f_k(x)$ für jedes k, so ist auch*

$$\lim_{x \to \xi} \sum_{k=1}^{\infty} f_k(x) \text{ vorhanden und } = \sum_{k=1}^{\infty} \lim_{x \to \xi} f_k(x).$$

°b) *Sind alle Reihenglieder f_k in $\xi \in X$ stetig, so ist auch die Reihensumme F in ξ stetig.*

c) *Ist $X = [a, b]$ und sind alle Reihenglieder f_k auf $[a, b]$ R-integrierbar, so ist auch die Reihensumme F auf $[a, b]$ R-integrierbar, und es ist*

$$\int_a^b \left(\sum_{k=1}^{\infty} f_k \right) dx = \sum_{k=1}^{\infty} \int_a^b f_k \, dx.$$

104.6 Satz *Die Funktionen $f_1, f_2, \ldots$ seien alle auf $[a, b]$ differenzierbar, und die abgeleitete Reihe $\sum_{k=1}^{\infty} f_k'$ konvergiere gleichmäßig auf $[a, b]$. Ist dann die Reihe $\sum_{k=1}^{\infty} f_k$ wenigstens in einem Punkte $x_0 \in [a, b]$ konvergent, so konvergiert sie sogar gleichmäßig auf dem ganzen Intervall $[a, b]$ gegen eine differenzierbare Funktion, und es ist*

$$\left(\sum_{k=1}^{\infty} f_k \right)' = \sum_{k=1}^{\infty} f_k'.$$

In diesem Abschnitt haben wir uns von dem Nutzen und der klärenden Kraft der gleichmäßigen Konvergenz überzeugen können. Umso lebhafter regt sich nun das Bedürfnis nach *Kriterien*, die uns erkennen lassen, ob eine vorgelegte Folge oder Reihe tatsächlich gleichmäßig konvergiert; wir verfügen in dieser Richtung bisher nur über den Satz 103.2. In der nächsten Nummer werden wir solche Kriterien angeben, und zwar für *Reihen*, weil uns die meisten wichtigen Folgen der Analysis gewöhnlich in Reihenform entgegentreten.

Aufgaben

*1. Die Sätze 104.1 und 104.5a gelten auch dann, wenn ξ ein *uneigentlicher* Häufungspunkt von X (also $= \pm\infty$) ist.

+2. In keinem der Sätze 104.1 bis 104.4 ist die gleichmäßige Konvergenz eine *notwendige* Bedingung. Beispiele:
a) $f_n(x) := nx(1-x)^n$ auf $[0, 1]$. (f_n) konvergiert, aber *nicht gleichmäßig*, auf $[0, 1]$; s. (103.1). Trotzdem ist $\lim_{x \to 0} \lim_{n \to \infty} f_n(x) = \lim_{n \to \infty} \lim_{x \to 0} f_n(x)$.
b) Die Grenzfunktion der Folge (f_n) in a) ist stetig.

c) Die Folge (f_n) in a) darf gliedweise integriert werden.
d) Sei $f_n(x) := (1/n)e^{-n^2 x^2}$ für $x \in [-1, 1]$. Die Folge (f_n) darf gliedweise differenziert werden, obwohl (f_n') nicht gleichmäßig konvergiert.

3. Sei $f := X\text{-}\lim f_n$. Ist jedes f_n beschränkt (stetig), aber f unbeschränkt (unstetig), so kann die Konvergenz nicht gleichmäßig auf X sein.

4. Beweise den Satz 104.3 im Falle, daß alle f_n auf $[a, b]$ stetig differenzierbar sind, mit Hilfe der Sätze 104.2 und 104.4.

*5. Alle f_n seien stetig auf X, und es strebe $f_n \rightrightarrows f$ auf X. Ist dann (x_n) eine Folge aus X, die gegen $\xi \in X$ konvergiert, so ist $\lim_{n \to \infty} f_n(x_n) = f(\xi)$.

6. Sei $f_{mn}(x) := \cos^{2m}(n!\,\pi x)$ für $x \in [0, 1]$. Dann ist $\lim_{n \to \infty} \lim_{m \to \infty} f_{mn}$ vorhanden und gleich der Dirichletschen Funktion auf $[0, 1]$.

105 Kriterien für gleichmäßige Konvergenz

Die in diesem Abschnitt auftretenden Funktionen sind, wenn nicht ausdrücklich etwas anderes gesagt wird, auf einer festen Menge X definiert. Supremumsnorm $\|f\|_\infty$ und gleichmäßige Konvergenz beziehen sich auf diese Menge X. Die Summationsgrenzen lassen wir als unerheblich gewöhnlich weg.

Wendet man das Cauchysche Konvergenzkriterium 103.2 auf die Teilsummenfolge einer Funktionenreihe an, so erhält man ohne Umschweife nachstehendes

°**105.1 Cauchysches Konvergenzkriterium** *Genau dann konvergiert die Funktionenreihe $\sum f_k$ gleichmäßig, wenn es zu jedem $\varepsilon > 0$ einen Index n_0 gibt, so daß für alle $n > n_0$ und alle natürlichen p stets*

$$\|f_{n+1} + f_{n+2} + \cdots + f_{n+p}\|_\infty < \varepsilon$$

bleibt.

Und genau wie den Satz 31.4 — man hat nur Beträge durch Normen zu ersetzen — beweist man den

°**105.2 Satz** *Die Funktionenreihe $\sum f_k$ konvergiert gewiß dann gleichmäßig, wenn die Zahlenreihe $\sum \|f_k\|_\infty$ konvergiert.*

Nur eine Umformulierung dieses Satzes ist folgendes

°**105.3 Weierstraßsches Majorantenkriterium** *Ist für alle $k \in \mathbb{N}$ und alle $x \in X$ stets $|f_k(x)| \leq c_k$, und ist die Zahlenreihe $\sum c_k$ konvergent, so muß die Funktionenreihe $\sum f_k$ gleichmäßig auf X konvergieren.*

Es ist klar, daß dieses Kriterium nur angewandt werden kann, wenn die Reihe $\sum f_k(x)$ für jedes $x \in X$ *absolut* konvergiert. Ist dies nicht der Fall, so kann man sich häufig mit den nun folgenden Kriterien helfen, die wir den Sätzen 33.12 bis 33.14 nachbilden. Wir beginnen mit dem Gegenstück zum Satz 33.12.

°**105.4 Satz** *Es sei die Reihe* $\sum_{k=1}^{\infty} f_k g_k$ *vorgelegt, und es werde* $F_k := \sum_{j=1}^{k} f_j$ *gesetzt. Wenn dann sowohl die Folge* $(F_n g_{n+1})$ *als auch die Reihe* $\sum_{k=1}^{\infty} F_k(g_k - g_{k+1})$ *gleichmäßig konvergieren, so tut dies auch die Reihe* $\sum_{k=1}^{\infty} f_k g_k$.

Nach der Abelschen partiellen Summation 11.2 ist nämlich

$$\sum_{k=1}^{n} f_k g_k = F_n g_{n+1} + \sum_{k=1}^{n} F_k(g_k - g_{k+1}), \tag{105.1}$$

womit aber wegen Satz 103.3 auch schon alles erledigt ist. ∎

°**105.5 Abelsches Kriterium** *Die Reihe* $\sum f_k g_k$ *ist immer dann gleichmäßig konvergent, wenn die nachstehenden Bedingungen alle erfüllt sind:*
a) $\sum f_k$ *konvergiert gleichmäßig,*
b) *für jedes* x *ist* $(g_k(x))$ *eine monotone Folge reeller Zahlen,*
c) *die Folge* $(\|g_k\|_\infty)$ *ist beschränkt*[1].

Beweis. Es sei $F_k := \sum_{j=1}^{k} f_j$ und $F := \sum_{k=1}^{\infty} f_k$. Aus (105.1) folgt

$$\sum_{k=n+1}^{n+p} f_k g_k = \sum_{k=1}^{n+p} f_k g_k - \sum_{k=1}^{n} f_k g_k$$

$$= F_{n+p} g_{n+p+1} - F_n g_{n+1} + \sum_{k=n+1}^{n+p} F_k(g_k - g_{k+1}).$$

Subtrahiert man rechts noch $0 = F g_{n+p+1} - F g_{n+1} + \sum_{k=n+1}^{n+p} F(g_k - g_{k+1})$, so hat man

$$\sum_{k=n+1}^{n+p} f_k g_k = (F_{n+p} - F) g_{n+p+1} - (F_n - F) g_{n+1} + \sum_{k=n+1}^{n+p} (F_k - F)(g_k - g_{k+1}). \tag{105.2}$$

Nun werde nach Vorgabe von $\varepsilon > 0$ ein n_0 so bestimmt, daß für $n > n_0$ stets $\|F_n - F\|_\infty < \varepsilon$ bleibt, ferner sei $\gamma > 0$ eine obere Schranke der Folge $(\|g_k\|_\infty)$. Dann ergibt sich aus (105.2) die für $n > n_0$, beliebige natürliche p und alle $x \in X$ gültige Abschätzung

$$\left| \sum_{k=n+1}^{n+p} f_k(x) g_k(x) \right| \leq \varepsilon \gamma + \varepsilon \gamma + \varepsilon \sum_{k=n+1}^{n+p} |g_k(x) - g_{k+1}(x)|. \tag{105.3}$$

---

[1] Mit anderen Worten: Es gibt eine Konstante $\gamma > 0$, so daß $|g_k(x)| \leq \gamma$ für alle k und *alle* $x \in X$ ist.

Da $(g_k(x))$ monoton ist, haben wir

$$\sum_{k=n+1}^{n+p} |g_k(x) - g_{k+1}(x)| = |g_{n+1}(x) - g_{n+p+1}(x)| \leq 2\gamma.$$

Aus (105.3) folgt nun sofort

$$\left\| \sum_{k=n+1}^{n+p} f_k g_k \right\|_\infty \leq 4\gamma\varepsilon \quad \text{für alle } n > n_0 \text{ und alle } p \in \mathbf{N}.$$

Wegen des Cauchyschen Konvergenzkriteriums 105.1 ist damit der Beweis beendet. ∎

°**105.6 Dirichletsches Kriterium** *Die Reihe $\sum f_k g_k$ ist immer dann gleichmäßig konvergent, wenn die nachstehenden Bedingungen alle erfüllt sind:*

a) *Die Folge $(\|F_k\|_\infty)$ ist beschränkt $\left(\text{dabei ist wieder } F_k := \sum_{j=1}^{k} f_j\right)$,*

b) *für jedes x ist $(g_k(x))$ eine monotone Folge reeller Zahlen,*

c) $g_k \rightrightarrows 0.$

Beweis. Sei $\gamma > 0$ eine obere Schranke der Folge $(\|F_k\|_\infty)$. Dann folgt aus

$$\|F_n g_{n+1}\|_\infty \leq \|F_n\|_\infty \|g_{n+1}\|_\infty \leq \gamma \|g_{n+1}\|_\infty,$$

daß $F_n g_{n+1} \rightrightarrows 0$ strebt. Ferner gilt für jedes x die Abschätzung

$$\left| \sum_{k=n+1}^{n+p} F_k(x)(g_k(x) - g_{k+1}(x)) \right|$$

$$\leq \gamma \sum_{k=n+1}^{n+p} |g_k(x) - g_{k+1}(x)| = \gamma |g_{n+1}(x) - g_{n+p+1}(x)|$$

$$\leq \gamma(\|g_{n+1}\|_\infty + \|g_{n+p+1}\|_\infty),$$

also haben wir auch

$$\left\| \sum_{k=n+1}^{n+p} F_k(g_k - g_{k+1}) \right\|_\infty \leq \gamma(\|g_{n+1}\|_\infty + \|g_{n+p+1}\|_\infty).$$

Wegen c) ergibt sich daraus mit dem Cauchykriterium, daß $\sum F_k(g_k - g_{k+1})$ gleichmäßig konvergiert. Und nun brauchen wir bloß noch einen Blick auf den Satz 105.4 zu werfen, um den Beweis abschließen zu können. ∎

Mit Hilfe gleichmäßig konvergenter Reihen lassen sich Funktionen konstruieren, die absonderlicherweise *auf ganz* **R** *stetig, aber* nirgendwo *differenzierbar sind*. Ein besonders einfaches Beispiel findet der Leser im ersten Abschnitt von Riesz-Sz. Nagy [13], einen auf funktionalanalytischen Prinzipien beruhenden Beweis für die *Existenz* solcher Funktionen in Heuser [10], Beispiel 44.2.

Aufgaben

1. Ist $\sum a_k$ absolut konvergent, so konvergieren die Reihen $\sum a_k \sin kx$ und $\sum a_k \cos kx$ gleichmäßig auf **R**.

2. $\sum \dfrac{\sin kx}{k}$ ist für alle $x \in \mathbf{R}$ konvergent und auf jedem Intervall der Form $[\delta, 2\pi - \delta]$ $(0 < \delta < \pi)$ sogar gleichmäßig konvergent. Finde weitere Intervalle gleichmäßiger Konvergenz. Hinweis: (7.6) in A 7.13.

3. Sei (a_k) eine monotone Nullfolge. Untersuche das Konvergenzverhalten der Reihen $\sum a_k \sin kx$ und $\sum a_k \cos kx$. Hinweis: Aufgabe 2.

4. Für jedes (feste) t ist $\lim\limits_{n\to\infty}\left(1+\dfrac{t}{n}\right)^n = e^t$ (s. Satz 26.2). Zeige mit Hilfe der binomischen Entwicklung

$$\left(1+\frac{t}{n}\right)^n = \sum_{k=0}^{n} \binom{n}{k} \frac{t^k}{n^k} = \sum_{k=0}^{\infty} \binom{n}{k} \frac{t^k}{n^k},$$

des Satzes 105.3 und A 104.1, daß $e^t = \sum\limits_{k=0}^{\infty} \dfrac{t^k}{k!}$ ist (beachte, daß hier n die Rolle der Variablen x in den angeführten Sätzen übernimmt).

+5. Ist $\sum a_k$ konvergent, so konvergiert $\sum a_k x^k$ gleichmäßig auf $[0, 1]$. Gewinne daraus einen neuen Beweis des Abelschen Grenzwertsatzes.

+6. Leibnizsches Kriterium Sei $g_1 \geq g_2 \geq g_3 \geq \cdots$ und $g_k \to 0$. Dann ist $g_1 - g_2 + g_3 - + \cdots$ gleichmäßig konvergent.

+7. Dirichletsche Reihen Das sind Funktionenreihen der Form

$$\sum_{n=1}^{\infty} \frac{a_n}{n^s} \tag{105.4}$$

(die Bezeichnung der Variablen mit dem Buchstaben s ist hier von alters her üblich). Die harmonischen Reihen $\sum 1/n^s$ sind spezielle Dirichletsche Reihen. Zeige:
a) Konvergiert die Dirichletsche Reihe (105.4) für ein gewisses s_0, so ist sie auf $[s_0, +\infty)$ *gleichmäßig konvergent*.
b) Ist (105.4) weder für alle noch für kein s konvergent, so gibt es eine reelle Zahl λ mit folgender Eigenschaft: Die Reihe konvergiert für $s > \lambda$ und divergiert für $s < \lambda$ (im Falle $\lambda = s$ lassen sich keine näheren Aussagen machen). Hinweis: $\lambda = $ Infimum der Menge der Konvergenzpunkte.
Ergänzend setzt man fest: $\lambda := -\infty$, falls die Reihe ständig konvergiert, $\lambda := +\infty$, falls sie überall divergiert. λ heißt die **Konvergenzabszisse** der Dirichletschen Reihe.
c) (105.4) ist auf jedem Intervall der Form $[s_0, +\infty)$ mit $s_0 > \lambda$ gleichmäßig konvergent (ist $\lambda = -\infty$, so darf s_0 irgendeine reelle Zahl sein). Das Beispiel $\sum 1/n^s$ (hier ist $\lambda = 1$) zeigt, daß die Konvergenz nicht auf dem ganzen Konvergenzintervall $(\lambda, +\infty)$ gleichmäßig zu sein braucht.
d) Konvergiert die Dirichletsche Reihe (105.4) für ein gewisses s_1 absolut, so tut sie dies auch für jedes $s \geq s_1$.

e) Es gibt ein wohlbestimmtes $l \in \overline{\mathbf{R}}$, so daß (105.4) für alle $s > l$ absolut konvergiert, während für kein $s < l$ noch absolute Konvergenz stattfindet. l heißt die **Abszisse absoluter Konvergenz** der Dirichletschen Reihe (105.4).
f) Es ist $\lambda \leq l$. Im Falle $\lambda = -\infty$ ist auch $l = -\infty$. Ist λ endlich, so hat man $l - \lambda \leq 1$. — Die Konvergenzverhältnisse bei Dirichletschen Reihen veranschaulicht Fig. 105.1.

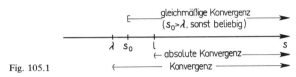

Fig. 105.1

g) Die Abszissen absoluter Konvergenz der Dirichletschen Reihen $\sum a_n/n^s$, $\sum b_n/n^s$ seien beziehentlich l_a und l_b. Dann ist für $s > \max(l_a, l_b)$ stets

$$\left(\sum_{n=1}^{\infty} \frac{a_n}{n^s}\right)\left(\sum_{n=1}^{\infty} \frac{b_n}{n^s}\right) = \sum_{n=1}^{\infty} \frac{c_n}{n^s} \quad \text{mit } c_n := \sum_{jk=n} a_j b_k = \sum_{d \mid n} a_d b_{n/d}. \tag{105.5}$$

h) Die Dirichletsche Reihe (105.4) definiert auf ihrem Konvergenzintervall $(\lambda, +\infty)$ eine *stetige* Funktion

$$f(s) := \sum_{n=1}^{\infty} \frac{a_n}{n^s}. \tag{105.6}$$

i) Die Konvergenzabszisse von (105.4) sei etwa $= 0$, und die Reihe sei auch noch für $s = 0$ vorhanden, d.h., $\sum a_n$ möge konvergieren. Dann ist die eben definierte Summenfunktion f in 0 noch rechtsseitig stetig, mit anderen Worten: Es ist

$$\lim_{s \to 0+} \sum_{n=1}^{\infty} \frac{a_n}{n^s} = \sum_{n=1}^{\infty} a_n$$

(*Abelscher Grenzwertsatz für Dirichletsche Reihen*).
j) Die Summenfunktion f aus (105.6) ist auf $(\lambda, +\infty)$ *beliebig oft differenzierbar*; ihre Ableitungen können durch gliedweise Differentiation gewonnen werden:

$$f^{(k)}(s) = (-1)^k \sum_{n=1}^{\infty} \frac{a_n (\ln n)^k}{n^s} \quad \text{für } s > \lambda \ (k \in \mathbf{N})$$

(sie sind also selbst wieder Dirichletsche Reihen). Hinweis: Beispiel 5 in Nr. 50.
k) Die Summenfunktion f der Dirichletschen Reihe (105.4) kann sogar um jeden Punkt s_0 des Konvergenzintervalls $(\lambda, +\infty)$ in eine Potenzreihe entwickelt werden:

$$f(s) = \sum_{k=0}^{\infty} b_k (s - s_0)^k.$$

Hinweis: $\dfrac{1}{n^{s-s_0}} = e^{-(s-s_0)\ln n} = \sum_{k=0}^{\infty} (-1)^k \dfrac{(\ln n)^k}{k!} (s - s_0)^k$; Cauchyscher Doppelreihensatz.

+8. Die Riemannsche ζ-Funktion Darunter versteht man die Funktion

$$\zeta(s) := \sum_{n=1}^{\infty} \frac{1}{n^s} \quad (s > 1).$$

Da sie die Summenfunktion einer Dirichletschen Reihe ist, gelten für sie die Aussagen der Aufgabe 7, insbesondere kann sie um jeden Punkt $s_0 > 1$ in eine Potenzreihe entwickelt werden. Die ζ-Funktion steht in einem sehr merkwürdigen und folgenreichen Zusammenhang mit tiefliegenden Teilbarkeitseigenschaften der natürlichen Zahlen und ist deshalb ein schlechterdings unentbehrliches Hilfsmittel der höheren Zahlentheorie. Wir bringen drei einfache Proben:

a) Sei $\tau(n) := \sum_{d|n} 1$ die Anzahl der Teiler von $n \in \mathbf{N}$ (einschließlich der Teiler 1 und n; in A 11.5 wurden einige Werte dieser schwer überschaubaren „zahlentheoretischen Funktion" τ berechnet). Dann ist

$$\sum_{n=1}^{\infty} \frac{\tau(n)}{n^s} = \zeta^2(s) \quad \text{für } s > 1.$$

Hinweis: (105.5)

b) Die Eulersche φ-Funktion $\varphi : \mathbf{N} \to \mathbf{N}$ ist folgendermaßen definiert:

$\varphi(n) :=$ Anzahl der zu n teilerfremden Zahlen $\leq n$
(1 gilt als teilerfremd zu jedem n).

Beweise zuerst oder übernehme aus der elementaren Zahlentheorie[1], daß $\sum_{d|n} \varphi(d) = n$ ist und zeige dann:

$$\sum_{n=1}^{\infty} \frac{\varphi(n)}{n^s} = \frac{\zeta(s-1)}{\zeta(s)} \quad \text{für } s > 2.$$

Hinweis: (105.5).

c) $(p_1, p_2, p_3, \ldots) \equiv (2, 3, 5, \ldots)$ sei die Folge der Primzahlen in ihrer natürlichen Anordnung. Dann ist für $s > 1$

$$\prod_{\nu=1}^{\infty} \frac{1}{1 - 1/p_\nu^s} = \zeta(s), \quad \text{d.h.} \quad \lim_{N \to \infty} \prod_{\nu=1}^{N} \frac{1}{1 - 1/p_\nu^s} = \zeta(s).$$

Hinweis: $\dfrac{1}{1 - 1/p_\nu^s} = 1 + \dfrac{1}{p_\nu^s} + \dfrac{1}{p_\nu^{2s}} + \cdots$; Satz von der eindeutigen Primfaktorzerlegung[1] (die *Existenz* einer solchen Zerlegung wurde übrigens in A 6.3 bewiesen).

Zieht man die Summenformel $\sum_{n=1}^{\infty} 1/n^2 = \pi^2/6$ heran (s. Ende der Nr. 71), so erhält man die frappierende Gleichung

$$\prod_{\nu=1}^{\infty} \frac{1}{1 - 1/p_\nu^2} = \frac{\pi^2}{6}.$$

Ihre tieferliegenden Eigenschaften enthüllt die ζ-Funktion erst dann, wenn man der Veränderlichen s auch *komplexe* Werte zugesteht und die Erklärung von $\zeta(s)$ durch den Prozeß der „analytischen Fortsetzung" über den Konvergenzbereich der Reihe $\sum 1/n^s$ hinaus ausdehnt. Aber bis heute sind die Rätsel, die diese geheimnisvolle Funktion aufgibt,

---

[1] Siehe etwa Scholz-Schoeneberg [14].

noch nicht vollständig gelöst. Immer noch steht z.B. ein Beweis — oder eine Widerlegung — der berühmten *Riemannschen Vermutung* aus, daß die sogenannten nichttrivialen Nullstellen der (analytisch fortgesetzten) ζ-Funktion allesamt den Realteil 1/2 haben.

106 Gleichstetigkeit. Der Satz von Arzelà-Ascoli

Die folgende ganz einfache Beobachtung stößt uns auf einen neuen und, wie sich zeigen wird, ungemein fruchtbaren Begriff.

(f_n) sei eine Folge stetiger Funktionen, die auf einer *kompakten* Menge $X \subset \mathbf{R}$ *gleichmäßig* konvergieren möge. Nach Wahl von $\varepsilon > 0$ gibt es dann ein m, so daß

$$\text{für alle } n \geq m \text{ und alle } x \in X \text{ stets } |f_n(x) - f_m(x)| < \frac{\varepsilon}{3}$$

ausfällt. Da f_m wegen Satz 36.5 sogar *gleichmäßig* stetig ist, gibt es zu ebendemselben ε ein $\delta > 0$, so daß

$$\text{für alle } x, y \in X \text{ mit } |x - y| < \delta \text{ immer } |f_m(x) - f_m(y)| < \frac{\varepsilon}{3} \quad (106.1)$$

bleibt. Und da

$$|f_n(x) - f_n(y)| \leq |f_n(x) - f_m(x)| + |f_m(x) - f_m(y)| + |f_m(y) - f_n(y)|$$

ist, sehen wir sofort:

$$\text{für alle } n \geq m \text{ und alle } x, y \in X \text{ mit } |x - y| < \delta \text{ ist } |f_n(x) - f_n(y)| < \varepsilon. \quad (106.2)$$

Das Entscheidende und Neue an dieser Abschätzung ist, daß die „kritische Zahl" δ nicht nur unabhängig von der speziellen Lage der Stellen x, y in X ist, *sondern auch unabhängig von dem Index n*, sofern nur $n \geq m$ ist. Aber diese Einschränkung können wir mühelos abschütteln: Da doch auch die $f_1, \ldots, f_{m-1}$ auf X gleichmäßig stetig sind, dürfen wir uns δ von vorneherein so klein gewählt denken, daß

$$\text{für alle } n < m \text{ und alle } x, y \in X \text{ mit } |x - y| < \delta \text{ stets } |f_n(x) - f_n(y)| < \varepsilon \quad (106.3)$$

ist. Infolgedessen gilt die Abschätzung (106.2) sogar für alle n. Kurz gesagt: *Nach Wahl von ε kommt man für alle f_n mit ein und demselben δ aus*, während man doch hätte erwarten müssen, daß δ sich von Funktion zu Funktion ändert. So ist es übrigens tatsächlich bei der Folge der $f_n(x) := x^n$ ($0 \leq x \leq 1$). Geben wir ein positives $\varepsilon < 1$ vor, so gilt die Abschätzung $0 \leq f_n(1) - f_n(x) = 1 - x^n < \varepsilon$ genau dann, wenn $x > (1 - \varepsilon)^{1/n}$ ist. Und da $(1 - \varepsilon)^{1/n} \to 1$ strebt, kann es kein $\delta > 0$ geben, so daß $1 - x^n < \varepsilon$ für *alle* $x \in (1 - \delta, 1]$ und *alle* $n \in \mathbf{N}$ ist.

Daß die anfänglich betrachtete Folge (f_n) ein „gemeinsames", nur von ε abhängiges δ besitzt, besagt in etwa, daß die f_n einen gleichen „Grad der Stetigkeit" besitzen. Man sagt deshalb, die f_n seien *gleichgradig stetig* oder auch, die Folge (f_n) sei *gleichstetig*. Es ist nützlich, den Begriff der Gleichstetigkeit auch für allgemeinere Gebilde als Folgen, nämlich für sogenannte Funktionenfamilien zur Verfügung zu haben. Ist jedem Element ι einer „Indexmenge" $J \neq \emptyset$ eine Funktion f_ι auf X zugeordnet, so sagen wir, es sei uns eine **Funktionenfamilie** $(f_\iota : \iota \in J)$ auf X gegeben[1]. Der vertrauteste Fall ist natürlich, daß $J = \mathbf{N}$ ist; die Familie ist dann eine Folge $(f_n : n \in \mathbf{N})$, kürzer: (f_n). Die Familie $(f_a : a \in \mathbf{R}^+)$ mit $f_a(x) := 1$, falls $x \in [0, a]$, $:= 0$, falls $x \notin [0, a]$, ist die Gesamtheit der charakteristischen Funktionen aller Intervalle $[0, a]$, $a > 0$; die Indexmenge ist hier $\mathbf{R}^+$, also überabzählbar. Der entscheidende Unterschied zwischen einer Menge $\mathfrak{M}$ und einer Familie $\mathfrak{F}$ von Funktionen auf X besteht darin, daß die Funktionen aus $\mathfrak{M}$ paarweise verschieden sind, *während zwei Funktionen f_{ι_1}, f_{ι_2} aus $\mathfrak{F}$ durchaus identisch sein können*. Mit einer früher eingeführten Sprechweise ist also eine Funktionenfamilie $\mathfrak{F}$ nichts anderes als ein *System von Funktionen*, das durch die Indizierung seiner Elemente auf eine besonders übersichtliche Form gebracht ist.

Wir geben nun die folgende

°**Definition** *Die Familie $\mathfrak{F}$ reellwertiger Funktionen auf $X \subset \mathbf{R}$ heißt* **gleichstetig**, *wenn es zu jedem $\varepsilon > 0$ ein $\delta > 0$ gibt, so daß*

für alle $f \in \mathfrak{F}$ *und* alle $x, y \in X$ *mit* $|x - y| < \delta$ *stets* $|f(x) - f(y)| < \varepsilon$

bleibt[2].

Unsere obigen Überlegungen kristallisieren sich damit zu dem

°**106.1 Satz** *Jede gleichmäßig konvergente Folge stetiger Funktionen auf einer kompakten Menge ist sogar gleichstetig.*

Für die Analysis ist es von höchster Bedeutung, daß es zu diesem Satz eine *partielle Umkehrung* gibt. Bevor wir sie formulieren, führen wir noch zwei Sprechweisen ein. Wir nennen eine Familie $\mathfrak{F}$ reellwertiger Funktionen auf der beliebigen (nicht notwendig reellen) Menge X **punktweise beschränkt**, wenn es zu jedem $x \in X$ eine (*von x abhängende*) Schranke $M(x)$ gibt, so daß

$$|f(x)| \leq M(x) \quad \text{für alle } f \in \mathfrak{F} \tag{106.4}$$

---

[1] Die f_ι haben also den *gemeinsamen* Definitionsbereich X, der natürlich eine beliebige nichtleere Menge sein darf, also nicht notwendig ein Teil von $\mathbf{R}$ ist.

[2] Offenbar ist jedes $f \in \mathfrak{F}$ auf X gleichmäßig stetig. Das Neue, um es noch einmal zu sagen, besteht darin, daß δ ein „*Gemeinschafts-δ*" ist: Es kann unterschiedslos für *jedes* $f \in \mathfrak{F}$ verwendet werden. Beispiele für gleichstetige Funktionenfamilien findet der Leser in den Aufgaben 1 bis 3. — In der komplexen Version unserer Definition darf X eine Teilmenge von $\mathbf{C}$ und jedes $f \in \mathfrak{F}$ komplexwertig sein. Entsprechendes gilt für die Sätze dieser Nummer.

ist. Dagegen heißt $\mathfrak{F}$ **gleichmäßig beschränkt**, wenn es eine *von x unabhängige* Schranke M gibt, so daß

$$|f(x)| \leq M \quad \text{für alle } f \in \mathfrak{F} \text{ und alle } x \in X \tag{106.5}$$

ist. In diesem Falle muß auch $\|f\|_\infty := \sup_{x \in X} |f(x)| \leq M$ für alle $f \in \mathfrak{F}$ sein. Ist umgekehrt $\|f\|_\infty \leq M$ für alle $f \in \mathfrak{F}$, so gilt trivialerweise (106.5). Die Familie $\mathfrak{F}$ ist also genau dann gleichmäßig beschränkt, wenn sie **normbeschränkt** ist, d.h., wenn mit einer passenden Konstanten M die Abschätzung gilt:

$$\|f\|_\infty \leq M \quad \text{für alle } f \in \mathfrak{F}.$$

Es mag der Klärung dienen und Verwechslungen verhindern, wenn wir die Beziehungen zwischen den verschiedenen Formen der Beschränktheit, die uns bisher vorgekommen sind, in aller Kürze beleuchten. $\mathfrak{F}$ sei dabei irgendeine Funktionenfamilie auf X.

Gibt es zu jedem $f \in \mathfrak{F}$ eine (von f, nicht von x abhängende) Schranke $M(f)$, so daß

$$|f(x)| \leq M(f) \quad \text{für alle } x \in X$$

gilt, so ist jedes individuelle $f \in \mathfrak{F}$ auf X beschränkt, mit anderen Worten: $\mathfrak{F}$ ist eine Familie beschränkter Funktionen. Jedoch braucht $\mathfrak{F}$ weder punktweise noch gleichmäßig beschränkt zu sein. Beispiel: $\mathfrak{F} := (f_1, f_2, \ldots)$ mit $f_n(x) := nx$, $0 \leq x \leq 1$. — Ist $\mathfrak{F}$ punktweise beschränkt, so braucht kein einziges $f \in \mathfrak{F}$ beschränkt zu sein, und $\mathfrak{F}$ selbst wird i.allg. auch nicht gleichmäßig beschränkt sein. Beispiel: $\mathfrak{F} := (f_1, f_2, \ldots)$ mit $f_n(x) := (1/n)x$, $x \geq 0$. — Ist jedoch $\mathfrak{F}$ gleichmäßig beschränkt, so ist $\mathfrak{F}$ erst recht punktweise beschränkt, jedes einzelne $f \in \mathfrak{F}$ ist eine beschränkte Funktion, und die Normen aller dieser Funktionen liegen sogar unterhalb einer gemeinsamen Schranke. Beispiel: $\mathfrak{F} := (f_1, f_2, \ldots)$ mit $f_n(x) := (1/n)x$, $0 \leq x \leq 1$. — Das folgende Schema rafft diese Dinge in leicht verständlicher Kurzform zusammen:

$$\mathfrak{F} \text{ gleichmäßig beschränkt} \rightleftarrows \begin{array}{c} \mathfrak{F} \subset B(X) \\ \Updownarrow \quad \Uparrow \\ \mathfrak{F} \text{ punktweise beschränkt} \end{array}$$

Jedes einzelne Glied der Folge in Satz 106.1 ist eine beschränkte Funktion, weil die Definitionsmenge kompakt ist. Die gleichmäßige Konvergenz erzwingt, daß die Folge selbst normbeschränkt und damit erst recht punktweise beschränkt ist (s. Satz 103.4). Die angekündigte partielle Umkehrung des Satzes 106.1 besagt nun, daß man aus jeder punktweise beschränkten und gleichstetigen Funktionenfamilie stets eine gleichmäßig konvergente *Teilfolge* auswählen kann. Und mehr als das: Es gilt sogar der folgende

°**106.2 Satz von Arzelà-Ascoli**[1] $\mathfrak{F}$ *sei eine Familie reellwertiger stetiger Funktionen auf der* **kompakten** *Menge* $X \subset \mathbf{R}$. *Genau dann enthält jede Folge aus* $\mathfrak{F}$ *eine gleichmäßig konvergente Teilfolge, wenn* $\mathfrak{F}$ **punktweise beschränkt** *und* **gleichstetig** *ist. In diesem Falle ist* $\mathfrak{F}$ *sogar gleichmäßig beschränkt.*

---
[1] Cesare Arzelà (1847–1912; 65). Giulio Ascoli (1843–1896; 53). – S. zu diesem Satz auch Aufgabe 5.

Dem Beweis dieses fundamentalen Satzes schicken wir einen Hilfssatz voraus.

°**106.3 Hilfssatz** *Jede* kompakte *Menge $X \subset \mathbf{R}$ enthält eine höchstens abzählbare Teilmenge, die in X dicht liegt.*

Beweis. Bei festem $k \in \mathbf{N}$ bildet das System der Umgebungen $U_{1/k}(x)$ ($x \in X$) eine offene Überdeckung von X. Nach dem Satz von Heine-Borel wird X bereits von endlich vielen dieser Umgebungen überdeckt, d.h., es gibt eine endliche Teilmenge $M_k := \{x_{k1}, x_{k2}, \ldots, x_{km_k}\}$ von X mit $X \subset \bigcup_{\mu=1}^{m_k} U_{1/k}(x_{k\mu})$. Die Vereinigung $M := \bigcup_{k=1}^{\infty} M_k$ ist eine höchstens abzählbare Teilmenge von X. Sei nun y irgendein fester Punkt aus X und ε eine beliebige positive Zahl. $k \in \mathbf{N}$ werde so gewählt, daß $1/k < \varepsilon$ ist, anschließend bestimmt man ein x_0 aus M_k (und damit aus M), so daß y in $U_{1/k}(x_0)$ liegt. Erst recht gehört dann y zu $U_\varepsilon(x_0)$ und somit auch x_0 zu $U_\varepsilon(y)$. Mit anderen Worten: In jeder ε-Umgebung des beliebigen Punktes y liegt mindestens ein Punkt aus M. Das bedeutet aber, daß M tatsächlich dicht in X liegt. ∎

Nun nehmen wir uns den Beweis des Satzes von Arzelà-Ascoli vor. Zunächst setzen wir voraus, $\mathfrak{F}$ sei punktweise beschränkt und gleichstetig. (f_n) möge irgendeine Folge aus $\mathfrak{F}$ und $M := \{x_1, x_2, \ldots\}$ eine dicht in X liegende Teilmenge von X sein (s. obigen Hilfssatz). Da die Zahlenfolge $(f_n(x_1))$ beschränkt ist, enthält sie nach dem Satz von Bolzano-Weierstraß eine konvergente Teilfolge, anders gesagt: Es gibt eine Teilfolge $(f_{11}, f_{12}, f_{13}, \ldots)$ von (f_n), so daß $(f_{1k}(x_1))$ konvergiert. Nun ist aber auch die Zahlenfolge $(f_{1k}(x_2))$ beschränkt, und wie eben sieht man, daß es eine Teilfolge $(f_{21}, f_{22}, f_{23}, \ldots)$ von (f_{1k}) geben muß, für die $(f_{2k}(x_2))$ konvergiert. So fortfahrend erhält man ein Schema von Folgen

$f_{11}, f_{12}, f_{13}, \ldots$
$f_{21}, f_{22}, f_{23}, \ldots$
$f_{31}, f_{32}, f_{33}, \ldots$
$\cdot \quad \cdot \quad \cdot$
$\cdot \quad \cdot \quad \cdot \quad \ldots$
$\cdot \quad \cdot \quad \cdot$

in dem jede „Zeilenfolge" — abgesehen von der ersten — eine Teilfolge der unmittelbar darüberstehenden ist, und die n-te Zeilenfolge jedenfalls für $x = x_n$ konvergiert. Nun betrachten wir die „Diagonalfolge", also die Folge der $g_n := f_{nn}$ ($n = 1, 2, \ldots$). Ab dem n-ten Glied ist sie eine Teilfolge der n-ten Zeilenfolge, konvergiert also für $x = x_n$ — und konvergiert somit auf ganz M.

Es wird sich nun darum handeln, diese Konvergenz auf M, die wir einzig der *punktweisen Beschränktheit* von $\mathfrak{F}$ verdanken, gewissermaßen auf ganz X fortzusetzen. Hier kommt die *Gleichstetigkeit* von $\mathfrak{F}$ ins Spiel. Ihretwegen können wir

106 Gleichstetigkeit. Der Satz von Arzelà-Ascoli

zu vorgegebenem $\varepsilon > 0$ ein $\delta > 0$ so finden, daß

für alle n und alle $x, y \in X$ mit $|x-y| < 2\delta$ stets $|g_n(x) - g_n(y)| < \dfrac{\varepsilon}{3}$ \hfill (106.6)

ausfällt. Das System der Umgebungen $U_\delta(x)$ ($x \in X$) überdeckt X. Nach dem Satz von Heine-Borel gibt es in X endlich viele Punkte $y_1, \ldots, y_p$, so daß bereits $\bigcup_{\nu=1}^{p} U_\delta(y_\nu) \supset X$ ist. In jedem $U_\delta(y_\nu)$ liegt mindestens ein Punkt aus M; wir greifen einen solchen heraus und bezeichnen ihn mit ξ_ν. Für jedes $x \in U_\delta(y_\nu)$ haben wir dann $|x - \xi_\nu| \leq |x - y_\nu| + |y_\nu - \xi_\nu| < 2\delta$, wegen (106.6) ist also

für alle n und alle $x \in U_\delta(y_\nu) \cap X$ immer $|g_n(x) - g_n(\xi_\nu)| < \dfrac{\varepsilon}{3}$. \hfill (106.7)

Da bei festem ν die Folge $(g_n(\xi_\nu))$ konvergiert, gibt es ein n_0, so daß

für alle $m, n > n_0$ durchweg $|g_m(\xi_\nu) - g_n(\xi_\nu)| < \dfrac{\varepsilon}{3}$ \hfill (106.8)

bleibt — und zwar für $\nu = 1, \ldots, p$. Nun sei x irgendein Punkt aus X. Dann liegt er in einem gewissen $U_\delta(y_\nu)$, so daß für ihn die Abschätzung (106.7) gilt. Wählen wir jetzt $m, n > n_0$ und beachten (106.8), so folgt

$$|g_m(x) - g_n(x)| \leq |g_m(x) - g_m(\xi_\nu)| + |g_m(\xi_\nu) - g_n(\xi_\nu)| + |g_n(\xi_\nu) - g_n(x)|$$
$$< \frac{\varepsilon}{3} + \frac{\varepsilon}{3} + \frac{\varepsilon}{3} = \varepsilon.$$

Da x völlig beliebig war, ergibt sich daraus mit dem Cauchykriterium 103.2, daß (g_n) gleichmäßig auf X konvergiert. (f_n) enthält also tatsächlich eine gleichmäßig konvergente Teilfolge.
Die gleichmäßige Beschränktheit (Normbeschränktheit) von $\mathfrak{F}$ ist nun fast trivial. Wäre nämlich $\mathfrak{F}$ nicht normbeschränkt, so gäbe es zu jedem natürlichen n ein $f_n \in \mathfrak{F}$ mit $\|f_n\|_\infty \geq n$. Nach dem eben Bewiesenen müßte (f_n) eine gleichmäßig konvergente Teilfolge (f_{n_k}) enthalten. Diese Teilfolge wäre nach Satz 103.4 normbeschränkt, obwohl doch konstruktionsgemäß $\|f_{n_k}\|_\infty \geq n_k$ für alle k ist.
Nun greifen wir die *Umkehrung* des bisherigen Gedankenganges an. Wir setzen jetzt also voraus, jede Folge aus $\mathfrak{F}$ enthalte eine gleichmäßig konvergente Teilfolge. Dann ist $\mathfrak{F}$ gleichmäßig, erst recht also punktweise beschränkt (die Argumentation des letzten Absatzes zog ja nur die — nun vorausgesetzte — Auswahleigenschaft heran). Wäre $\mathfrak{F}$ nicht gleichstetig, so gäbe es ein „Ausnahme-ε", etwa $\varepsilon_0 > 0$, mit folgender Eigenschaft: Zu jedem $\delta > 0$ existiert eine Funktion $f \in \mathfrak{F}$ und ein Paar von Punkten $x, y \in X$, so daß

zwar $|x - y| < \delta$, aber doch $|f(x) - f(y)| \geq \varepsilon_0$

ist. Wir wählen nun zu $\delta := 1/n$ ($n \in \mathbb{N}$) eine solche „Ausreißerfunktion" f_n und ein „Ausreißerpaar" x_n, y_n aus; es ist dann

$$|x_n - y_n| < \frac{1}{n} \quad \text{und} \quad |f_n(x_n) - f_n(y_n)| \geq \varepsilon_0. \tag{106.9}$$

Da X kompakt ist, besitzt (x_n) eine Teilfolge, die gegen einen Punkt ξ aus X konvergiert; wir dürfen uns (x_n) gleich so gewählt denken, daß bereits $\lim x_n = \xi$ ist. Wegen $|x_n - y_n| < 1/n$ strebt auch $y_n \to \xi$. Voraussetzungsgemäß gibt es in (f_n) eine gleichmäßig konvergente Teilfolge (f_{n_k}). Nach A 104.5 strebt dann aber $f_{n_k}(x_{n_k}) - f_{n_k}(y_{n_k}) \to f(\xi) - f(\xi) = 0$, im Widerspruch zu (106.9). In Wirklichkeit muß also $\mathfrak{F}$ doch gleichstetig sein[1]. ∎

Der Satz von Arzelà-Ascoli ist das Gegenstück zum Satz von Bolzano-Weierstraß und hat für Funktionenmengen eine ähnlich fundamentale Bedeutung wie der letztere für Zahlenmengen. Wir werden noch darauf zurückkommen.

Wir beschließen diese Nummer mit einigen Betrachtungen über den *Zusammenhang zwischen Funktionenfamilien und Funktionen von zwei Veränderlichen*.

Sei $\mathfrak{F} := (f_\iota : \iota \in J)$ eine Funktionenfamilie auf X. Dann kann man $\mathfrak{F}$ auch auffassen als eine Funktion f der beiden Veränderlichen x und ι, wenn man f erklärt durch

$$f(x, \iota) := f_\iota(x) \quad \text{für } x \in X, \, \iota \in J. \tag{106.10}$$

Ist uns umgekehrt eine auf $X \times Y$ definierte Funktion f der beiden Veränderlichen x, y gegeben, so dürfen wir sie vermöge der Definition

$$f_y(x) := f(x, y) \quad \text{für } x \in X, \, y \in Y \tag{106.11}$$

als eine Funktionenfamilie $(f_y : y \in Y)$ auf X deuten. Welche Interpretation die zweckmäßigere ist, hängt vom jeweiligen Einzelfall ab. Die „*Familiendeutung*" wird man gewöhnlich dann bevorzugen — und meistens von vornherein vorfinden —, wenn man untersuchen will, *wie sich die Werte von $f(x, y)$ ändern, wenn man eine Variable festhält und nur die andere „laufen" läßt*. Dies ist z.B. der Fall bei der Analyse der punktweisen Konvergenz einer Funktionenfolge (f_n): Bei festgehaltenem x läßt man n laufen und prüft, ob $\lim_{n \to \infty} f_n(x)$ vorhanden ist.

Hält man dagegen n fest und läßt x variieren, so richtet man sein Augenmerk auf die individuelle Funktion f_n und studiert etwa ihren Verlauf auf X. Will man bei einer Funktion $f(x, y)$ auf $X \times Y$ den „Familiengesichtspunkt" in den Vordergrund rücken, so sagt man auch gerne, $f(x, y)$ sei eine Funktion von x, die noch von einem Parameter y abhänge. Dagegen wird man die „*Funktionendeutung*" bevorzugen, wenn es um die Frage geht, *wie sich die Werte von f ändern, wenn man die beiden Variablen gleichzeitig laufen läßt*.

---

[1] Man vgl. den Beweis des Satzes 36.5 und beachte die beherrschende Rolle, die das Auswahlprinzip von Bolzano-Weierstraß in beiden Beweisen spielt.

Die reellwertige Funktion $f(x, y)$ sei auf $X \times Y$ definiert, wobei X eine Teilmenge von $\mathbf{R}$ und Y eine ganz beliebige Menge $\neq \emptyset$ ist. Der Familien- oder Parametergesichtspunkt legt es dann nahe, die Funktion $f(x, y)$ **gleichstetig in der ersten Variablen** (oder in x) zu nennen, wenn die durch (106.11) definierte Familie $(f_y : y \in Y)$ gleichstetig ist, wenn es also zu jedem $\varepsilon > 0$ ein $\delta > 0$ gibt, so daß

$$\text{für alle } y \in Y \text{ und alle } x_1, x_2 \in X \text{ mit } |x_1 - x_2| < \delta \text{ stets}$$
$$|f(x_1, y) - f(x_2, y)| < \varepsilon \tag{106.12}$$

ausfällt[1]. Ist $Y \subset \mathbf{R}$, so kann man natürlich ganz entsprechend die **Gleichstetigkeit in der zweiten Variablen** (oder in y) erklären. Aus der letzten Aussage des Satzes von Arzelà-Ascoli gewinnt der Leser nunmehr ganz mühelos den

°**106.4 Satz** *Die reellwertige Funktion f sei auf $X \times Y$ definiert, wobei X eine* **kompakte** *Teilmenge von $\mathbf{R}$ und Y eine völlig beliebige (nichtleere) Menge sei. Ist f in der ersten Variablen gleichstetig und in der zweiten beschränkt (ist also $|f(x, y)| \leq M(x)$ für alle $y \in Y$ bei jedem festen $x \in X$), so ist f selbst beschränkt, d.h., mit einer geeigneten Konstanten M gilt $|f(x, y)| \leq M$ für alle $x \in X$ und alle $y \in Y$.*

Aufgaben

*1. Sei $\mathfrak{F}$ eine Familie reellwertiger Funktionen auf $X \subset \mathbf{R}$, und es gebe eine Konstante $L > 0$, so daß gilt: $|f(x) - f(y)| \leq L|x - y|$ für alle $f \in \mathfrak{F}$ und alle $x, y \in X$. Dann ist $\mathfrak{F}$ gleichstetig.

2. Sei $\mathfrak{F}$ eine Familie reellwertiger Funktionen auf $[a, b]$. Jedes $f \in \mathfrak{F}$ sei auf $[a, b]$ differenzierbar, und die Ableitungen f' seien gleichmäßig beschränkt: $|f'(x)| \leq M$ für alle $f \in \mathfrak{F}$ und alle $x \in [a, b]$. Dann ist $\mathfrak{F}$ gleichstetig. Hinweis: Aufgabe 1.

*3. Ist $\mathfrak{F}$ eine auf $[a, b]$ gleichmäßig beschränkte Familie R-integrierbarer Funktionen, so ist die Familie der Funktionen

$$F(x) := \int_a^x f(t) dt \qquad (x \in [a, b], f \in \mathfrak{F})$$

auf $[a, b]$ gleichmäßig beschränkt und gleichstetig. Hinweis: Aufgabe 1.

*4. Die Funktion $f: X \times Y \to \mathbf{R}$ ($X, Y \subset \mathbf{R}$) sei in jeder Variablen gleichstetig. Dann gibt es zu jedem $\varepsilon > 0$ ein $\delta > 0$, so daß gilt:

$$\text{Aus } |x_1 - x_2| < \delta, \quad |y_1 - y_2| < \delta \text{ folgt } |f(x_1, y_1) - f(x_2, y_2)| < \varepsilon$$

(dabei sollen die x_1, x_2 natürlich in X und die y_1, y_2 in Y liegen).

⁺5. $\mathfrak{F}$ sei eine gleichstetige Funktionenfamilie auf $[a, b]$, und es gebe eine Konstante C, so daß $|f(a)| \leq C$ für alle $f \in \mathfrak{F}$ ist. Dann ist $\mathfrak{F}$ auf $[a, b]$ gleichmäßig beschränkt (so daß also $\mathfrak{F}$ der Bedingung des Satzes von Arzelà-Ascoli genügt).

---
[1] Natürlich ist dann für jedes feste $y_0 \in Y$ die Funktion $x \mapsto f(x, y_0)$ auf X stetig — und sogar gleichmäßig stetig.

107 Vertauschung von Grenzübergängen bei Netzen

In diesem Abschnitt greifen wir noch einmal den Vertauschungssatz 104.1 auf, diesmal aber unter wesentlich allgemeineren Gesichtspunkten. Es handelt sich um folgendes:

Gegeben seien zwei gerichtete Mengen $(X, <)$, $(Y, <)$ und eine reellwertige Funktion $F(x, y)$ auf $X \times Y$[1]. Für jedes feste $x \in X$ ist $y \mapsto F(x, y)$ eine Funktion auf Y und damit ein *Netz auf* $(Y, <)$[2], und für jedes feste $y \in Y$ ist $x \mapsto F(x, y)$ eine Funktion auf X, also ein *Netz auf* $(X, <)$. Wir werfen nun die Frage auf, unter welchen Voraussetzungen die Beziehung

$$\lim_Y \lim_X F(x, y) = \lim_X \lim_Y F(x, y) \qquad (107.1)$$

gilt — wobei es sich von selbst versteht, daß die Existenz der auftretenden Limites sichergestellt sein muß. Der „*iterierte Limes*" $\lim_Y \lim_X F(x, y)$ bedeutet natürlich, daß zuerst für jedes feste $y \in Y$ der Netzlimes $\psi(y) := \lim_X F(x, y)$ und dann der Netzlimes $\lim_Y \psi(y)$ zu bilden ist; entsprechend ist der iterierte Limes $\lim_X \lim_Y F(x, y)$ zu verstehen. Um an die vertrauten Verhältnisse bei Doppelfolgen (a_{mn}) zu erinnern, nennen wir $\lim_Y F(x, y)$ auch den *x-ten Zeilenlimes* und $\lim_X F(x, y)$ den *y-ten Spaltenlimes*.

Zur Belebung dieser Dinge bringen wir zunächst drei Beispiele:

1. X, Y seien Teilmengen von $\mathbf{R}$, $\xi \notin X$ sei ein (eigentlicher oder uneigentlicher) Häufungspunkt von X und $\eta \notin Y$ ein solcher von Y[3]. In gewohnter Weise wird X auf ξ und Y auf η gerichtet. Für $x_1, x_2 \in X$ besagt also $x_1 < x_2$, daß x_2 „näher" bei ξ liegt als x_1, genauer: $x_1 < x_2$ bedeutet

$|x_2 - \xi| \leq |x_1 - \xi|$, falls $\xi \in \mathbf{R}$,

$x_2 \leq x_1$, falls $\xi = -\infty$,

$x_1 \leq x_2$, falls $\xi = +\infty$

(s. die Beispiele 2 bis 4 in Nr. 44). Ganz entsprechend ist $y_1 < y_2$ für $y_1, y_2 \in Y$ zu verstehen (wobei eben nur das Richtungszentrum ξ durch η zu ersetzen ist). Die

---

[1] Wir bezeichnen die Richtungen in beiden Fällen mit demselben Zeichen $<$. Verwechslungen sind nicht zu befürchten.

[2] Wenn über die Richtung von Y kein Zweifel besteht, werden wir die Funktion $y \mapsto F(x, y)$ auch kürzer ein Netz auf Y (statt auf $(Y, <)$) nennen. Entsprechend verfahren wir in ähnlich gelagerten Fällen.

[3] Die Voraussetzung, daß ξ nicht in X und η nicht in Y liegen soll, ist keine zu Buche schlagende Einschränkung. Notfalls kann man immer ξ aus X und η aus Y entfernen, ohne etwas an den folgenden Betrachtungen zu ändern.

Grenzwerte
$$\lim_{x\to\xi} F(x,y), \quad \lim_{y\to\eta}\lim_{x\to\xi} F(x,y), \quad \lim_{y\to\eta} F(x,y) \quad \text{und} \quad \lim_{x\to\xi}\lim_{y\to\eta} F(x,y)$$

mögen alle existieren. Die Frage, ob dann $\lim_{y\to\eta}\lim_{x\to\xi} F(x,y) = \lim_{x\to\xi}\lim_{y\to\eta} F(x,y)$ gilt, ist offenbar gerade die Frage, ob (107.1) besteht.

Sei etwa
$$X := (0, 1], \quad Y := (0, 1], \quad \xi = \eta := 0 \quad \text{und} \quad F(x,y) := \frac{x-y}{x+y}.$$

Dann ist

$\lim_{x\to 0} F(x,y) = -1$ für jedes feste $y \in (0, 1]$, also $\lim_{y\to 0}\lim_{x\to 0} F(x,y) = -1$,

$\lim_{y\to 0} F(x,y) = 1$ für jedes feste $x \in (0, 1]$, also $\lim_{x\to 0}\lim_{y\to 0} F(x,y) = 1$.

Die beiden iterierten Limites sind somit *verschieden*.

2. Sei (f_n) eine Funktionenfolge auf $X \subset \mathbf{R}$, und X werde auf einen (eigentlichen oder uneigentlichen) Häufungspunkt $\xi \notin X$ von X gerichtet. Setzt man in dem obigen Beispiel $Y := \mathbf{N}$ und $\eta := +\infty$ (versieht man also $\mathbf{N}$ mit seiner *natürlichen Richtung:* $m \prec n :\Leftrightarrow m \leq n$) und definiert man die Funktion F auf $X \times \mathbf{N}$ durch $F(x, n) := f_n(x)$, so ist das Hauptproblem aus Nr. 104, ob nämlich $\lim_{n\to\infty}\lim_{x\to\xi} f_n(x) = \lim_{x\to\xi}\lim_{n\to\infty} f_n(x)$ sei, gerade die im Beispiel 1 aufgeworfene Frage, ob (107.1) bestehe.

3. Die Funktionen f_n seien R-integrierbar auf $[a, b]$, und es strebe dort $f_n \to f$. Dann lautet eine unserer früher schon diskutierten Grundfragen: Ist f R-integrierbar auf $[a, b]$ und gilt $\int_a^b f(t)dt = \lim_{n\to\infty}\int_a^b f_n(t)dt$? Mit Hilfe der zugehörigen Riemannschen Netze können wir diese Frage auch so formulieren (vgl. (102.3)): Es sei $X := \mathfrak{Z}^*$, $Y := \mathbf{N}$ und $F((Z, \tau), n) := S(f_n, Z, \tau)$[1]. Ist dann

$$\lim_{\mathfrak{Z}^*}\lim_{\mathbf{N}} F((Z, \tau), n) \text{ vorhanden und } = \lim_{\mathbf{N}}\lim_{\mathfrak{Z}^*} F((Z, \tau), n)?$$

Das Vertauschungsproblem (107.1) läßt sich durchsichtiger behandeln, wenn man auf $X \times Y$ eine geeignete Richtung $\prec$ einführt, und F als Netz auf $(X \times Y, \prec)$ deutet[2]. Am nächstliegenden ist es, $X \times Y$ mit der **Produktrichtung** zu versehen, die wir mit $\ll$ bezeichnen und „komponentenweise" definieren (vgl. Beispiel 5 in Nr. 44):

$$(x_1, y_1) \ll (x_2, y_2) :\Leftrightarrow x_1 \prec x_2 \quad \text{und} \quad y_1 \prec y_2. \tag{107.2}$$

---

[1] Z ist eine Zerlegung von $[a, b]$, τ ein zugehöriger Zwischenvektor. Die gerichtete Menge $\mathfrak{Z}^*$ ist vor Satz 79.2 erklärt. $\mathbf{N}$ wird mit seiner natürlichen Richtung versehen.
[2] Wir bezeichnen die Richtungen in X, Y und $X \times Y$ unterschiedslos mit demselben Zeichen $\prec$. Verwechslungen sind nicht zu befürchten.

Gelegentlich ist es aber zweckmäßiger, auf $X \times Y$ eine Richtung „$<$" zu benutzen, die *schwächer als die Produktrichtung* ist, so daß also gilt:

$$(x_1, y_1) \ll (x_2, y_2) \Rightarrow (x_1, y_1) < (x_2, y_2), \quad \text{gleichbedeutend:}$$

$$x_1 < x_2 \quad \text{und} \quad y_1 < y_2 \Rightarrow (x_1, y_1) < (x_2, y_2). \tag{107.3}$$

Nach Einführung einer Richtung auf $X \times Y$ wird die Funktion F ein Netz auf $X \times Y$, das wir auch mit $(F(x, y))$ oder (F_{xy}) bezeichnen.

Nach diesen Vorbereitungen beweisen wir nun den grundlegenden

°**107.1 Satz** *X und Y seien gerichtete Mengen, und $X \times Y$ sei mit einer Richtung versehen, die schwächer als die Produktrichtung auf $X \times Y$ ist (so daß also (107.3) gilt). Auf $X \times Y$ sei eine Funktion F und somit ein Netz $(F(x, y))$ erklärt. Dieses Netz möge konvergieren. Existieren nun die Zeilenlimites $\lim_Y F(x, y)$ für alle $x \in X$, so ist auch*

$$\lim_X \lim_Y F(x, y) \text{ vorhanden und } = \lim_{X \times Y} F(x, y).$$

Existieren die Spaltenlimites $\lim_X F(x, y)$ für alle $y \in Y$, so ist ganz entsprechend auch

$$\lim_Y \lim_X F(x, y) \text{ vorhanden und } = \lim_{X \times Y} F(x, y).$$

Existieren sowohl alle Zeilen- als auch alle Spaltenlimites, so ist infolgedessen

$$\lim_X \lim_Y F(x, y) = \lim_Y \lim_X F(x, y) = \lim_{X \times Y} F(x, y).$$

Der Beweis, bei dem wir uns der „Indexschreibweise" F_{xy} bedienen, ist äußerst einfach (vgl. A 44.3). Sei $\varepsilon > 0$ beliebig vorgegeben und $\eta := \lim_{X \times Y} F_{xy}$. Dann gibt es ein $(x_0, y_0) \in X \times Y$, so daß $|F_{xy} - \eta| < \varepsilon$ ausfällt, sofern nur $(x, y) > (x_0, y_0)$ ist. Wegen (107.3) bleibt also

$$|F_{xy} - \eta| < \varepsilon, \quad \text{wenn } x > x_0 \text{ und } y > y_0$$

ist. Bei festem $x > x_0$ gilt daher $|F_{xy} - \eta| < \varepsilon$ für alle $y > y_0$. Existieren die Zeilenlimites, so folgt daraus mit Satz 44.4, daß $|\lim_Y F_{xy} - \eta| \le \varepsilon$ sein muß, und zwar für jedes $x > x_0$. Das bedeutet aber, daß $\lim_X \lim_Y F_{xy}$ vorhanden und $= \eta$ ist. Ganz entsprechend schließt man, wenn die Spaltenlimites existieren. ∎

Es kann durchaus vorkommen, daß die Zeilen- und Spaltenlimites alle vorhanden sind, und doch (F_{xy}) divergiert. Wegen des letzten Satzes tritt dies gewiß immer dann ein, wenn die iterierten Limites $\lim_X \lim_Y F_{xy}$ und $\lim_Y \lim_X F_{xy}$ existieren, aber voneinander verschieden sind. Im Beispiel 1 ist ein solcher Fall aufgeführt. Klärung bringt hier der Begriff der gleichmäßigen Konvergenz:

°**Definition** *Die reellwertige Funktion F sei auf $X \times Y$ erklärt, wobei Y — aber nicht notwendigerweise X — eine gerichtete Menge sei; für jedes feste $x \in X$ ist also $(F(x, y))$ ein Netz auf Y. Dann sagen wir, $(F(x, y))$ konvergiere oder strebe* **gleichmäßig auf** *X gegen die Funktion $f: X \to \mathbf{R}$, wenn es zu jedem $\varepsilon > 0$ ein $y_0 \in Y$ gibt, so daß*

für alle $y > y_0$ und alle $x \in X$ stets $|F(x, y) - f(x)| < \varepsilon$ ist[1]. (107.4)

Das Entscheidende ist hierbei natürlich, daß y_0 zwar von ε, nicht jedoch von x abhängt — daß man also in der Abschätzung (107.4) mit ein und demselben y_0 für alle $x \in X$ auskommt. Die gleichmäßige Konvergenz drücken wir durch folgende Zeichen aus:

$F(x, y) \to f(x)$ gleichmäßig auf X, $F(x, y) \Rightarrow f(x)$ auf X,

$\lim\limits_{Y} F(x, y) = f(x)$ gleichmäßig auf X, $\operatorname*{Lim}\limits_{Y} F(x, y) = f(x)$ auf X,

$X\text{-}\operatorname*{Lim}\limits_{Y} F(x, y) = f(x)$.

Wir bringen nun einen überaus flexiblen und anwendungsfähigen Satz, der offenbar den Vertauschungssatz 104.1 als einen Spezialfall enthält:

107.2 Satz *X und Y seien gerichtete Mengen, und $X \times Y$ werde mit der Produktrichtung ausgestattet. Weiterhin sei auf $X \times Y$ eine Funktion F und somit ein Netz $(F(x, y))$ erklärt. Existieren nun die Zeilenlimites $\lim\limits_{Y} F(x, y)$* **gleichmäßig auf** *X, und sind die Spaltenlimites $\lim\limits_{X} F(x, y)$ für alle $y \in Y$ vorhanden, so konvergiert das Netz $(F(x, y))$, und es ist*

$$\lim_{X} \lim_{Y} F(x, y) = \lim_{Y} \lim_{X} F(x, y) = \lim_{X \times Y} F(x, y). \qquad (107.5)$$

Im Beweis benutzen wir der Kürze wegen wieder die Indexschreibweise und setzen

$$\varphi_x := \lim_{Y} F_{xy}, \qquad \psi_y := \lim_{X} F_{xy}.$$

Geben wir ein beliebiges $\varepsilon > 0$ vor, so gibt es wegen der vorausgesetzten gleichmäßigen Konvergenz ein y_0 (das nur von ε abhängt), so daß für alle $y > y_0$ und alle $x \in X$ stets $|F_{xy} - \varphi_x| < \varepsilon$ ausfällt. Wegen

$$|F_{xy} - F_{xy_0}| \leq |F_{xy} - \varphi_x| + |\varphi_x - F_{xy_0}| \text{ ist dann}$$

$$|F_{xy} - F_{xy_0}| < 2\varepsilon \quad \text{für alle } x \in X, \text{ sofern nur } y > y_0 \text{ ist.} \qquad (107.6)$$

---

[1] Diese Definition unterscheidet sich von der Erklärung der gleichmäßigen Konvergenz einer Funktionenfolge $(f_n(x))$ nur dadurch, daß die Variable y die Rolle des Index n übernimmt. Um dies noch augenfälliger zu machen, benutze man anstelle des Funktionssymbols $F(x, y)$ in Gedanken die Indexnotation $f_y(x) := F(x, y)$.

572 XIII Vertauschung von Grenzübergängen

Fassen wir nun (F_{xy_0}) ins Auge! Nach Voraussetzung gibt es ein $x_0 \in X$, so daß für $x \succ x_0$ stets $|F_{xy_0} - \psi_{y_0}| < \varepsilon$ bleibt. Wegen

$$|F_{xy_0} - F_{x_0 y_0}| \le |F_{xy_0} - \psi_{y_0}| + |\psi_{y_0} - F_{x_0 y_0}|$$

ist somit

$$|F_{xy_0} - F_{x_0 y_0}| < 2\varepsilon \quad \text{für alle } x \succ x_0. \tag{107.7}$$

Nun seien $(x, y), (x', y') \succ\!\succ (x_0, y_0)$, also $x, x' \succ x_0$ und $y, y' \succ y_0$. Dann ist

$$|F_{xy} - F_{x'y'}| \le |F_{xy} - F_{xy_0}| + |F_{xy_0} - F_{x_0 y_0}| + |F_{x_0 y_0} - F_{x'y_0}| + |F_{x'y_0} - F_{x'y'}|$$
$$< 8\varepsilon;$$

denn wegen (107.6) sind die äußeren Summanden auf der rechten Seite $<2\varepsilon$, und wegen (107.7) gilt dasselbe für die beiden mittleren. (F_{xy}) ist also ein Cauchynetz und somit konvergent. Die Gl. (107.5) ergibt sich nun sofort aus Satz 107.1; man hat nur zu beachten, daß trivialerweise die Produktrichtung schwächer als sie selbst ist. ∎

Als *erste Anwendung* des Satzes 107.2 bringen wir einen neuen, ganz elementaren Beweis des Satzes 104.4, der keinen Gebrauch von dem Lebesgueschen Integrabilitätskriterium macht. Es sei eine Funktionenfolge (f_n) auf $[a, b]$ gegeben, jedes f_n liege in $R[a, b]$, und es strebe $f_n \rightrightarrows f$ auf $[a, b]$. Wir setzen $X := \mathfrak{Z}^*, Y := \mathbf{N}$ (versehen mit den üblichen Richtungen) und definieren

$$F: X \times Y \to \mathbf{R} \quad \text{durch} \quad F((Z, \tau), n) := S(f_n, Z, \tau).$$

Wegen der Integrierbarkeit der f_n sind dann definitionsgemäß die Spaltenlimites $\lim_{\mathfrak{Z}^*} F((Z, \tau), n)$ vorhanden und $= \int_a^b f_n(t) dt$. Zur Untersuchung der Zeilenlimites geben wir uns ein $\varepsilon > 0$ vor und bestimmen dazu ein n_0, so daß

$$|f_n(t) - f(t)| < \varepsilon/(b-a) \quad \text{für alle } n \ge n_0 \text{ und alle } t \in [a, b]$$

bleibt. Sei nun $Z := \{t_0, t_1, \ldots, t_m\}$ eine Zerlegung von $[a, b]$ und $\tau := (\tau_1, \ldots, \tau_m)$ irgendein zugehöriger Zwischenvektor. Für jedes $n \ge n_0$ haben wir dann

$$|F((Z, \tau), n) - S(f, Z, \tau)| \le \sum_{k=1}^{m} |f_n(\tau_k) - f(\tau_k)|(t_k - t_{k-1}) < \frac{\varepsilon}{b-a}(b-a) = \varepsilon,$$

infolgedessen ist $\lim_{\mathbf{N}} F((Z, \tau), n) = S(f, Z, \tau)$ *gleichmäßig auf* $\mathfrak{Z}^*$. Nach Satz 107.2 gilt somit

$$\lim_{\mathfrak{Z}^*} \lim_{\mathbf{N}} F((Z, \tau), n) = \lim_{\mathbf{N}} \lim_{\mathfrak{Z}^*} F((Z, \tau), n),$$

also
$$\int_a^b f(t)\,dt = \lim_{n\to\infty} \int_a^b f_n(t)\,dt.$$

Als *zweite Anwendung* des Satzes 107.2 beweisen wir einen Satz über gliedweise Differenzierbarkeit, der aber von ganz anderer Art als Satz 104.3 ist. Dazu ist eine einfache Vorbemerkung nötig.

Sei (f_n) eine Funktionenfolge auf $[a,b]$, und jedes f_n besitze in $t_0 \in [a,b]$ eine Ableitung $f_n'(t_0)$. Zu jedem positiven ε und jedem Folgenglied f_n gibt es also ein $\delta > 0$, so daß

$$\left| \frac{f_n(t_0+y)-f_n(t_0)}{y} - f_n'(t_0) \right| < \varepsilon \quad \text{ist für} \quad 0 < |y| < \delta.$$

δ hängt dabei, wohlgemerkt, nicht nur von ε, *sondern auch von f_n, also von n, ab*. Ist diese Abhängigkeit von n in Wirklichkeit aber nicht vorhanden, gibt es also zu jedem $\varepsilon > 0$ ein *nur von ε abhängiges* $\delta > 0$, so daß

$$\left| \frac{f_n(t_0+y)-f_n(t_0)}{y} - f_n'(t_0) \right| < \varepsilon \quad \text{ist für } 0 < |y| < \delta \text{ und } \textit{alle } n \in \mathbf{N}, \quad (107.8)$$

so sagt man, die Funktionenfolge (f_n) sei in t_0 **gleichgradig differenzierbar**. Es gilt nun der

107.3 Satz *Die Funktionenfolge (f_n) strebe auf $[a,b]$ punktweise gegen die Funktion f und sei in $t_0 \in [a,b]$ gleichgradig differenzierbar. Dann ist*

$$f'(t_0) \textit{ vorhanden und } = \lim_{n\to\infty} f_n'(t_0).$$

Der Beweis bereitet keine Mühe. Wir setzen

$$X := \mathbf{N}, \quad Y := \{y \ne 0 : t_0 + y \in [a,b]\} \quad \text{und} \quad F(n,y) := \frac{f_n(t_0+y)-f_n(t_0)}{y}.$$

Y wird auf 0 hin und $\mathbf{N}$ wie üblich gerichtet. Trivialerweise sind alle Spaltenlimites $\lim_{\mathbf{N}} F(n,y)$ vorhanden und $= (f(t_0+y)-f(t_0))/y$. Aus (107.8) folgt sofort, daß die Zeilenlimites $\lim_{Y} F(n,y) = f_n'(t_0)$ gleichmäßig auf $\mathbf{N}$ existieren. Nach Satz 107.2 ist somit

$$\lim_{Y} \lim_{\mathbf{N}} F(n,y) = \lim_{\mathbf{N}} \lim_{Y} F(n,y), \quad \text{also} \quad f'(t_0) = \lim_{n\to\infty} f_n'(t_0). \quad \blacksquare$$

Die Flut der Vertauschungsprobleme ist mit den bisherigen Sätzen noch nicht eingedämmt. Werfen wir nur die folgenden Fragen auf: Auf dem Rechteck $[a,b] \times [c,d]$ der st-Ebene sei eine Funktion f definiert, und für alle $s \in [a,b]$

existiere das R-Integral

$$F(s) := \int_c^d f(s, t) \, dt$$

(man nennt ein solches, noch von s abhängendes Integral gewöhnlich ein Parameterintegral). Unter welchen Voraussetzungen über f ist die Funktion F auf $[a, b]$ *stetig* oder sogar *differenzierbar*? Fast noch wichtiger sind diese Fragen, wenn das Integral uneigentlich ist. Zur Abrundung unserer Vertauschungsuntersuchungen behandeln wir einige dieser Probleme in den Aufgaben 2 und 3. In Nr. 128 werden wir uns die Parameterintegrale dann noch einmal vornehmen und mit kräftigeren Hilfsmitteln angehen.

Zur Behandlung der erwähnten Aufgaben (und auch bei anderen Anlässen) benötigen wir den Begriff der partiellen Ableitung einer Funktion $f(s, t)$ von zwei Veränderlichen. Wenn für ein *festes* $t = t_0$ die Funktion $f(s, t_0)$ der einen Veränderlichen s im Punkte $s = s_0$ differenzierbar ist, so sagt man, f sei im Punkte (s_0, t_0) partiell nach s differenzierbar; die korrespondierende Ableitung wird die partielle Ableitung von f nach s an der Stelle (s_0, t_0) genannt und mit

$$D_1 f(s_0, t_0), \quad \frac{\partial f}{\partial s}(s_0, t_0) \quad \text{oder} \quad \frac{\partial f(s_0, t_0)}{\partial s}$$

bezeichnet. Ist die partielle Ableitung von f nach s in jedem Punkt (s, t) eines gewissen Bereiches $B \subset \mathbf{R}^2$ vorhanden, so ist sie eine auf B definierte Funktion, die wir mit $D_1 f$ oder $\frac{\partial f}{\partial s}$ bezeichnen. Ganz entsprechend wird die partielle Ableitung der Funktion f nach t im Punkte (s_0, t_0) als Ableitung der Funktion $f(s_0, t)$ nach ihrer (einzigen) Veränderlichen t definiert und mit

$$D_2 f(s_0, t_0), \quad \frac{\partial f}{\partial t}(s_0, t_0) \quad \text{oder} \quad \frac{\partial f(s_0, t_0)}{\partial t}$$

bezeichnet. Was unter $D_2 f$ und $\frac{\partial f}{\partial t}$ zu verstehen ist, dürfte nun klar sein. Locker formuliert: *Will man nach einer der Veränderlichen partiell differenzieren, so betrachte man vorübergehend die andere als eine Konstante und differenziere dann in gewohnter Weise.* Als Beispiel betrachten wir die Funktion

$$f(s, t) := 2s + t^2 + e^{st}, \quad (s, t) \in \mathbf{R}^2.$$

Hier ist

$$D_1 f(s, t) = \frac{\partial f(s, t)}{\partial s} = 2 + t e^{st}, \quad D_2 f(s, t) = \frac{\partial f(s, t)}{\partial t} = 2t + s e^{st}.$$

Aufgaben

1. Die Funktionenfolge (f_n) sei gleichstetig auf $[a, b]$. Dann ist die Folge der Funktionen $F_n(x) := \int_a^x f_n(t) dt$, $x \in [a, b]$, in jedem Punkt von $[a, b]$ gleichgradig differenzierbar.

*2. Parameterintegrale Die Funktion $f(s, t)$ sei auf $Q := [a, b] \times [c, d]$ definiert, und für jedes feste $s \in [a, b]$ existiere das R-Integral

$$F(s) := \int_c^d f(s, t) dt.$$

F ist dann eine Funktion auf $[a, b]$. Beweise die folgenden Aussagen (wobei es sich empfiehlt, die Sätze dieser Nummer *nicht* zu benutzen, sondern beim Beweis der beiden ersten Aussagen unmittelbar an den Begriff der Stetigkeit bzw. Differenzierbarkeit anzuknüpfen und beim Beweis der dritten Aussage den Hinweis zu beachten; *der Leser werfe auch schon jetzt einen Blick auf die Sätze 113.1 und 113.2*):

a) Ist f in der ersten Veränderlichen gleichstetig, so ist F auf $[a, b]$ stetig.
b) Die partielle Ableitung $D_1 f$ existiere auf Q, und das R-Integral $\int_c^d D_1 f(s, t) dt$ sei für alle $s \in [a, b]$ vorhanden. Ist dann $D_1 f$ in der Veränderlichen s gleichstetig, so ist F auf $[a, b]$ differenzierbar, und die Ableitung F' kann „*durch Differentiation unter dem Integral*" gewonnen werden:

$$F'(s) = \int_c^d D_1 f(s, t) dt \quad \text{oder griffiger:} \quad \frac{d}{ds} \int_c^d f(s, t) dt = \int_c^d \frac{\partial f(s, t)}{\partial s} dt.$$

c) Ist f in jeder Veränderlichen gleichstetig, so ist

$$\int_a^b \left(\int_c^d f(s, t) dt \right) ds = \int_c^d \left(\int_a^b f(s, t) ds \right) dt,$$

kurz: Unter den angegebenen Voraussetzungen „*darf*" die Reihenfolge der Integrationen vertauscht werden oder auch: Man „*darf*" unter dem Integral integrieren. Hinweis: Für

$$G_1(x) := \int_a^x \left(\int_c^d f(s, t) dt \right) ds, \quad G_2(x) := \int_c^d \left(\int_a^x f(s, t) ds \right) dt \quad (a \leq x \leq b)$$

ist $G_1' = G_2'$ und $G_1(a) = G_2(a) = 0$.

+3. Uneigentliche Parameterintegrale Die Funktion $f(s, t)$ sei auf $Q := [a, b] \times [c, +\infty)$ definiert. Für jedes $s \in [a, b]$ und $y > c$ sei das R-Integral

$$G(s, y) := \int_c^y f(s, t) dt$$

vorhanden. Existiert nun für jedes $s \in [a, b]$ das uneigentliche Integral

$$F(s) := \int_c^{+\infty} f(s, t) dt, \tag{107.9}$$

so ist F eine Funktion auf $[a, b]$, deren Untersuchung das Thema dieser Aufgabe ist. Zu diesem Zweck benötigen wir den Begriff der gleichmäßigen Konvergenz uneigentlicher Integrale. Man sagt, das uneigentliche Integral (107.9) **konvergiere gleichmäßig auf**

$[a, b]$, wenn es zu jedem $\varepsilon > 0$ ein $y_0 > c$ gibt, so daß

für alle $y \geqslant y_0$ und alle $s \in [a, b]$ stets

$$\left| \int_c^y f(s, t) dt - \int_c^{+\infty} f(s, t) dt \right| = \left| \int_y^{+\infty} f(s, t) dt \right| < \varepsilon$$

ausfällt. Richtet man $Y := [c, +\infty)$ auf $+\infty$, so bedeutet dies gerade, daß $(G(s, y))$ im Sinne der Nr. 107 gleichmäßig auf $[a, b]$ gegen F konvergiert, in Zeichen $\underset{Y}{\mathrm{Lim}}\, G(s, y) = F(s)$ auf $[a, b]$. Zeige (und vgl. die entsprechenden Sätze über Funktionenreihen):
a) **Cauchykriterium**: Genau dann konvergiert $\int_c^{+\infty} f(s, t) dt$ gleichmäßig auf $[a, b]$, wenn es zu jedem $\varepsilon > 0$ ein $y_0 > c$ gibt, so daß

für alle $y_1, y_2 \geqslant y_0$ und alle $s \in [a, b]$ immer $\left| \int_{y_1}^{y_2} f(s, t) dt \right| < \varepsilon$

ist (entscheidend ist hier, daß y_0 nicht von s abhängt).
b) **Majorantenkriterium**: Ist $|f(s, t)| \leqslant g(t)$ für alle $(s, t) \in Q$ und konvergiert $\int_c^{+\infty} g(t) dt$, so muß $\int_c^{+\infty} f(s, t) dt$ gleichmäßig auf $[a, b]$ konvergieren.
c) Für jedes $d > c$ sei f auf dem Rechteck $[a, b] \times [c, d]$ in der ersten Veränderlichen gleichstetig[1], und das uneigentliche Integral (107.9) konvergiere gleichmäßig auf $[a, b]$. Dann ist F auf $[a, b]$ stetig.
Hinweis: Wende Satz 107.2 unter Benutzung von Aufgabe 2a auf $G(s, y)$ an.
d) Für jedes $d > c$ sei f auf dem Rechteck $[a, b] \times [c, d]$ in beiden Veränderlichen gleichstetig, und das uneigentliche Integral (107.9) konvergiere gleichmäßig auf $[a, b]$. Dann ist

$$\int_a^b \left(\int_c^{+\infty} f(s, t) dt \right) ds = \int_c^{+\infty} \left(\int_a^b f(s, t) ds \right) dt.$$

Hinweis: Aufgabe 2c.
e) Die partielle Ableitung $D_1 f$ sei auf Q vorhanden und für jedes $d > c$ auf dem Rechteck $[a, b] \times [c, d]$ in beiden Veränderlichen gleichstetig, ferner sei das uneigentliche Integral $\int_c^{+\infty} D_1 f(s, t) dt$ auf $[a, b]$ gleichmäßig konvergent. Konvergiert dann das Integral (107.9) wenigstens in *einem* Punkt s_0 von $[a, b]$, so konvergiert es auf ganz $[a, b]$ und stellt dort eine differenzierbare Funktion dar, deren Ableitung durch Differentiation unter dem Integral gewonnen werden kann:

$$\frac{d}{ds} \int_c^{+\infty} f(s, t) dt = \int_c^{+\infty} \frac{\partial f(s, t)}{\partial s} dt.$$

Hinweis: Setze $\varphi(s) := \int_c^{+\infty} D_1 f(s, t) dt$ und wende auf $\int_{s_0}^u \varphi(s) ds$, $u \in [a, b]$, den Aufgabenteil d) an.

---

[1] Genauer: Die Einschränkung von f auf $[a, b] \times [c, d]$ sei in der ersten Veränderlichen gleichstetig. Man beachte, daß die kritische Zahl δ in der Gleichstetigkeitsdefinition von d abhängen wird und f nicht auf ganz Q in der ersten Veränderlichen gleichstetig zu sein braucht. *Es lohnt sich übrigens, schon jetzt einen Blick auf Satz 113.1 zu werfen.*

4. Entwickle in Analogie zur Aufgabe 3 eine Theorie uneigentlicher Parameterintegrale $\int_c^{d^-} f(s,t)\,dt$.

⁺5. Sei $F(s):=\int_0^{+\infty} e^{-st}\dfrac{\sin t}{t}\,dt,\ f(s,t):=e^{-st}\dfrac{\sin t}{t}$. Zeige der Reihe nach:

a) $F(s)$ existiert für jedes $s\geq 0$. Hinweis: Für $s>0$ Majorantenkriterium, für $s=0$ Beispiel nach Satz 87.1.

b) Sei $Q:=[0,b]\times[0,d]$ (b und d beliebige positive Zahlen). Auf Q ist $f(s,t)$ in der ersten und $D_1 f(s,t)=-e^{-st}\sin t$ in beiden Veränderlichen gleichstetig. Hinweis: A 106.2.

c) $\int_0^{+\infty} f(s,t)\,dt$ konvergiert gleichmäßig auf $[0,+\infty)$. Hinweis: Sei $y>0$. Mittels Produktintegration erhält man (s. (76.11))

$$\int_y^{+\infty} e^{-st}\frac{\sin t}{t}\,dt = \int_y^{+\infty}\frac{1}{t}e^{-st}\sin t\,dt$$

$$= \left[-\frac{1}{t}\frac{\cos t+s\sin t}{1+s^2}e^{-st}\right]_y^{+\infty} - \int_y^{+\infty}\frac{1}{t^2}\frac{\cos t+s\sin t}{1+s^2}e^{-st}\,dt$$

und daraus $\left|\int_y^{+\infty} e^{-st}\dfrac{\sin t}{t}\,dt\right|\leq \dfrac{4}{y}$ für alle $s\geq 0$.

d) F ist stetig auf $[0,+\infty)$.

e) $\int_0^{+\infty} D_1 f(s,t)\,dt = -\int_0^{+\infty} e^{-st}\sin t\,dt$ konvergiert gleichmäßig auf jedem Intervall $[\eta,+\infty)$, $\eta>0$.

f) $F'(s)=-\int_0^{+\infty} e^{-st}\sin t\,dt = -\dfrac{1}{1+s^2}$ für $s>0$.

g) $F(s)=-\int_0^s \dfrac{du}{1+u^2}+C = C-\arctan s$.

h) $\lim\limits_{s\to+\infty} F(s)=0$. Daraus folgt $C=\pi/2$, also $F(s)=\pi/2-\arctan s$.

i) $\int_0^{+\infty}\dfrac{\sin t}{t}\,dt=\dfrac{\pi}{2}$.

⁺6. Die Funktion $k(s,t)$ sei auf dem Quadrat $Q:=[a,b]\times[a,b]$ definiert, in der ersten Veränderlichen gleichstetig und für jedes feste s auf $[a,b]$ R-integrierbar. Zeige:

a) Für jedes $f\in C[a,b]$ existiert $(Kf)(s):=\int_a^b k(s,t)f(t)\,dt$ auf $[a,b]$.

b) $f\mapsto Kf$ ist eine lineare Selbstabbildung von $C[a,b]$.

c) Wegen Satz 106.4 gibt es eine Konstante M, so daß $|k(s,t)|\leq M$ für alle $(s,t)\in Q$ gilt. Mit einem solchen M ist $\|Kf\|_\infty \leq (b-a)M\|f\|_\infty$ für alle $f\in C[a,b]$.

d) (f_n) sei eine Folge aus $C[a,b]$. Strebt $f_n \rightrightarrows f$ auf $[a,b]$, so strebt $Kf_n \rightrightarrows Kf$ auf $[a,b]$.

e) Ist (f_n) eine normbeschränkte (gleichmäßig beschränkte) Folge aus $C[a,b]$, so besitzt (Kf_n) eine gleichmäßig konvergente Teilfolge.

108 Monotone Konvergenz

Die Grenzfunktion einer Folge stetiger Funktionen kann durchaus stetig sein, ohne daß die Konvergenz gleichmäßig ist (s. A 104.2). Im nächsten Satz werden wir sehen, daß diese Situation sich völlig ändert, sobald die Konvergenz in folgendem Sinne *monoton* ist:

Sei (f_n) eine Folge reellwertiger Funktionen auf X, und es konvergiere dort $f_n \to f$. Wir sagen, diese Konvergenz sei **monoton**, wenn die Folge (f_n) monoton ist, wenn also gilt:

$$f_1 \leqslant f_2 \leqslant f_3 \leqslant \cdots \quad \text{oder} \quad f_1 \geqslant f_2 \geqslant f_3 \geqslant \cdots.$$

Im ersten Fall schreiben wir „$f_n \nearrow f$", im zweiten „$f_n \searrow f$", nötigenfalls noch mit dem Zusatz „auf X".

108.1 Satz von Dini[1] *Die Folge stetiger Funktionen f_n strebe auf der* **kompakten** *Menge X monoton gegen f. Ist dann f stetig, so muß die Konvergenz notwendigerweise gleichmäßig auf X sein.*

Zum Beweis nehmen wir $f_n \nearrow f$ an und schreiben ein $\varepsilon > 0$ willkürlich vor. Zu beliebigem $\xi \in X$ gibt es dann gewiß einen Index $m = m(\varepsilon, \xi)$ mit $|f_m(\xi) - f(\xi)| < \varepsilon$. Da aber $|f_m - f|$ stetig ist, existiert eine δ-Umgebung $U_\delta(\xi)$ von ξ, so daß $|f_m(x) - f(x)| < \varepsilon$ auch für alle $x \in U_\delta(\xi) \cap X$ gilt (wohlgemerkt: δ hängt von ε und ξ ab: $\delta = \delta(\varepsilon, \xi)$). Und da $f_n \nearrow f$ strebt, ist sogar

$$|f_n(x) - f(x)| < \varepsilon \quad \text{für alle } x \in U_\delta(\xi) \cap X \text{ und alle } n \geqslant m(\varepsilon, \xi). \tag{108.1}$$

Das System der $U_{\delta(\varepsilon, \xi)}(\xi)$ ($\xi \in X$) bildet eine offene Überdeckung von X. Nach dem Satz von Heine-Borel gibt es also in X endlich viele Punkte $\xi_1, \ldots, \xi_p$, so daß die zugehörigen $\delta(\varepsilon, \xi_\nu)$-Umgebungen — wir bezeichnen sie mit $U^{(1)}, \ldots, U^{(p)}$ — bereits X überdecken. Sei n_0 die größte der Zahlen $m(\varepsilon, \xi_1), \ldots, m(\varepsilon, \xi_p)$ und x ein beliebiger Punkt aus X. Dann liegt x in einem gewissen $U^{(\nu)}$, und wegen (108.1) ist somit $|f_n(x) - f(x)| < \varepsilon$ für alle $n \geqslant n_0$. Da n_0 konstruktionsgemäß nicht von x abhängt, bedeutet dies gerade, daß die Folge (f_n) gleichmäßig auf X gegen f konvergiert. ∎

Die monotone Konvergenz spielt eine herausragende Rolle im Zusammenhang mit halbstetigen Funktionen (s. Aufgaben 1 bis 3) und in der Integrationstheorie. Dem letzteren Komplex wenden wir uns nun zu. Wir beginnen mit einer sehr einfachen Betrachtung.

Sei $f \in R[a, b]$ und Z_n die Zerlegung von $[a, b]$ mit den Teilpunkten

$$x_{nk} := a + k(b - a)/2^n, \quad k = 0, 1, \ldots, 2^n$$

(Z_{n+1} entsteht also aus Z_n „durch Halbierung", insbesondere ist $Z_1 \subset Z_2 \subset Z_3 \subset \cdots$). Für jedes feste n setzen wir

$$J_{nk} := [x_{nk}, x_{n,k+1}], \quad \mu_{nk} := \inf\{f(x) : x \in J_{nk}\} \quad (k = 0, 1, \ldots, 2^n - 1)$$

---

[1] Ulisse Dini (1845–1918; 73). Eine Verallgemeinerung des Dinischen Satzes, bei der X irgendein kompakter topologischer Raum sein darf, findet der Leser in A 159.2.

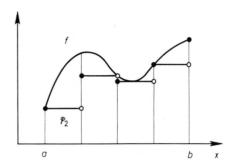

Fig. 108.1

und definieren nun die Treppenfunktion φ_n auf $[a, b]$ durch

$$\varphi_n(x) := \begin{cases} \mu_{nk} & \text{für } x \in J_{nk}, \\ f(b) & \text{für } x = b \end{cases}$$

(s. Fig. 108.1). Die Folge (φ_n) ist offenbar wachsend, und für alle $x \in [a, b]$ und alle n ist $\varphi_n(x) \leq f(x)$. Sei nun ξ ein Stetigkeitspunkt von f in dem offenen Intervall (a, b). Nach Vorgabe von $\varepsilon > 0$ können wir dann ein $\delta > 0$ finden, so daß

$$U_\delta(\xi) \subset (a, b) \quad \text{und} \quad f(\xi) - \varepsilon < f(x) < f(\xi) + \varepsilon \quad \text{für alle } x \in U_\delta(\xi)$$

ist. Nunmehr bestimmen wir ein J_{mk} mit $\xi \in J_{mk} \subset U_\delta(\xi)$. Aus der letzten Abschätzung folgt dann

$$f(\xi) - \varepsilon < f(x) < f(\xi) + \varepsilon \quad \text{für alle } x \in J_{mk},$$

also auch

$$f(\xi) - \varepsilon \leq \varphi_m(\xi) < f(\xi) + \varepsilon.$$

Da für $n \geq m$ stets $\varphi_m(\xi) \leq \varphi_n(\xi) \leq f(\xi)$ ist, haben wir somit

$$f(\xi) - \varepsilon \leq \varphi_n(\xi) < f(\xi) + \varepsilon \quad \text{für alle} \quad n \geq m.$$

Das bedeutet aber, daß $\varphi_n(\xi) \to f(\xi)$ strebt. Nach dem Lebesgueschen Integrabilitätskriterium bilden die Unstetigkeitspunkte von f eine Nullmenge, und daran ändert sich nichts, wenn wir die oben unberücksichtigt gebliebenen Punkte a, b hinzufügen. Infolgedessen können wir sagen, daß $\varphi_n \to f$ auf $[a, b] \setminus N$ strebt, wo N eine geeignete Nullmenge ist. Um uns bequem ausdrücken zu können, führen wir die folgende Sprechweise ein: Wir sagen, die Folge reeller Funktionen g_n strebe **fast überall auf** X **gegen** g, wenn gilt: $g_n \to g$ auf $X \setminus N$, $N \subset X$ eine Nullmenge. Das Zeichen „$g_n \nearrow g$ fast überall auf X" soll bedeuten, daß die Folge (g_n) auf X wächst und fast überall auf X gegen g strebt; entsprechend ist „$g_n \searrow g$ fast überall auf X" zu verstehen. Das wesentliche Ergebnis unserer Überlegungen können wir nun so zusammenfassen:

108.2 Satz *Zu* $f \in R[a, b]$ *gibt es stets eine Folge von Treppenfunktionen* φ_n *mit*

$$\varphi_n \nearrow f \quad \textit{fast überall auf } [a, b].$$

Es versteht sich nun von selbst, daß man auch eine Folge von Treppenfunktionen

ψ_n finden kann, so daß gilt: $\psi_n \searrow f$ *fast überall auf* $[a, b]$ — man braucht ja nur den letzten Satz auf $-f$ anzuwenden. Alle diese Tatsachen machen deutlich, daß es im Rahmen der Integrationstheorie zweckmäßig sein wird, die monotone Konvergenz zu einer „monotonen Konvergenz fast überall" abzuschwächen. Der nächste Satz — ein Vertauschungssatz — ist ein weiteres Indiz dafür.

108.3 Satz $f_1, f_2, \ldots$ *und* f *seien R-integrierbar auf* $[a, b]$, *jedes* f_n *sei* $\leq f$, *und es strebe* $f_n \nearrow f$ *fast überall auf* $[a, b]$. *Dann konvergiert*

$$\int_a^b f_n \, dx \to \int_a^b f \, dx^{1)}.$$

Indem man die Folge $(f - f_n)$ betrachtet, sieht man, daß dieser Satz völlig gleichbedeutend ist mit dem

108.4 Satz *Die Funktionen* g_n *seien* ≥ 0 *und R-integrierbar auf* $[a, b]$, *ferner strebe* $g_n \searrow 0$ *fast überall auf* $[a, b]$. *Dann konvergiert*

$$\int_a^b g_n \, dx \to 0.$$

Nur *diesen* Satz brauchen wir also zu beweisen. Die Menge N bestehe aus allen Unstetigkeitspunkten aller g_n und denjenigen Punkten x, in denen $(g_n(x))$ nicht gegen Null konvergiert. Wegen des Lebesgueschen Integrabilitätskriteriums und des Hilfssatzes 84.1c ist N eine Nullmenge. Zu einem willkürlich gewählten $\varepsilon > 0$ gibt es also offene Intervalle $I_1, I_2, \ldots$, die N überdecken und deren Längensumme $< \varepsilon$ ist. Sei nun ξ irgendein Punkt aus $[a, b] \setminus N$. Dann strebt $g_n(\xi) \to 0$, und infolgedessen gibt es einen Index $m = m(\varepsilon, \xi)$, so daß $g_m(\xi) < \varepsilon$ ausfällt. g_m ist aber in ξ stetig, und daher existiert ein offenes, ξ enthaltendes Intervall I'_ξ, so daß für $x \in \overline{I'_\xi} \cap [a, b]$ stets $g_m(x) < \varepsilon$ bleibt. Und da die Folge (g_n) fällt, gilt erst recht

$$g_n(x) < \varepsilon, \quad \text{falls} \quad x \in \overline{I'_\xi} \cap [a, b] \quad \text{und} \quad n \geq m(\varepsilon, \xi) \quad \text{ist.} \tag{108.2}$$

Das System aller Intervalle I_k, I'_ξ überdeckt $[a, b]$. Nach dem Satz von Heine–Borel reichen bereits endlich viele dieser Intervalle, etwa $I_{k_1}, \ldots, I_{k_p}, I'_{\xi_1}, \ldots, I'_{\xi_q}$ zur Überdeckung aus; dabei dürfen wir getrost annehmen, daß in diesem Teilsystem tatsächlich wenigstens ein „gestrichenes Intervall" vorkommt.

Nun wählen wir eine so feine Zerlegung Z von $[a, b]$, daß jedes Teilintervall von Z in einem der $\overline{I_{k_\nu}}, \overline{I'_{\xi_\mu}}$ enthalten ist. $J_1, \ldots, J_r$ seien diejenigen Teilintervalle, die in einem $\overline{I_{k_\nu}}$ liegen, $J'_1, \ldots, J'_s$ seien die restlichen; jedes J'_σ liegt also in einem $\overline{I'_{\xi_\mu}}$. Setzen wir noch

---

[1] Man beachte, daß hier, in markantem Unterschied zu Satz 104.4, *die Integrierbarkeit der Grenzfunktion* vorausgesetzt *wird* — und auch vorausgesetzt werden muß, wie etwa die Folge (f_n) aus (102.5) lehrt. — Natürlich gilt ein entsprechender Satz auch im Falle $f_n \searrow f$.

$$n_0 := \max_{\mu=1}^{q} m(\varepsilon, \xi_\mu),$$

so folgt aus (108.2)

$$g_n(x) < \varepsilon, \quad \text{falls} \quad x \in \bigcup_{\mu=1}^{s} J'_\mu \quad \text{und} \quad n \geq n_0 \quad \text{ist}, \tag{108.3}$$

während trivialerweise

$$\sum_{\nu=1}^{r} |J_\nu| < \varepsilon \tag{108.4}$$

bleibt. Mit $\int_{J_\nu} g_n \, dx$ bezeichnen wir das Integral von g_n über J_ν, entsprechend ist das Zeichen $\int_{J'_\mu} g_n \, dx$ zu verstehen. Offenbar ist

$$\int_a^b g_n \, dx = \sum_n + \sum_n' \quad \text{mit} \quad \sum_n := \sum_{\nu=1}^{r} \int_{J_\nu} g_n \, dx \quad \text{und} \quad \sum_n' := \sum_{\mu=1}^{s} \int_{J'_\mu} g_n \, dx. \tag{108.5}$$

Schließlich sei M eine obere Schranke für g_1, so daß also auch $g_n(x) \leq M$ für alle $x \in [a, b]$ und alle n ist. Dann gilt wegen (108.4)

$$\sum_n \leq \sum_{\nu=1}^{r} M|J_\nu| < M\varepsilon \quad \text{für alle } n,$$

während aus (108.3)

$$\sum_n' \leq \sum_{\mu=1}^{s} \varepsilon |J'_\mu| \leq \varepsilon(b-a) \quad \text{für alle } n \geq n_0$$

folgt. Mit (108.5) erhalten wir daher

$$\int_a^b g_n \, dx < \varepsilon(M + b - a) \quad \text{für alle } n \geq n_0, \quad \text{d.h.} \quad \int_a^b g_n \, dx \to 0. \quad \blacksquare$$

Die Untersuchungen der nächsten drei Kapitel verlaufen in zwei verschiedenen Richtungen. Die eine vertieft unsere Analyse der gleichmäßigen Konvergenz und bettet sie in allgemeinere Zusammenhänge ein, die andere beutet systematisch die monotone Konvergenz, insbesondere den Satz 108.4 aus. Beide führen zu neuen Fundamentalbegriffen der Analysis: Die erste zum Banachraum, die zweite zum Lebesgueschen Integral. Diese Dinge werden wir zu Beginn des zweiten Bandes erörtern.

Aufgaben (über halbstetige Funktionen)

Der im folgenden auftretende Begriff der nach unten (nach oben) halbstetigen Funktion findet der Leser, zusammen mit seinen einfachsten Eigenschaften, in A 40.3.

1. Die Funktionen $f_n : [a, b] \to \mathbf{R}$ seien im Punkte ξ nach oben halbstetig, und es strebe $f_n \searrow f$ auf $[a, b]$. Dann ist auch f in ξ nach oben halbstetig. — Ein entsprechender Satz gilt, wenn die f_n in ξ nach unten halbstetig sind und $f_n \nearrow f$ strebt.

2. Die Funktionen f_n seien auf $[a, b]$ nach oben halbstetig, und es strebe $f_n \searrow f \in C[a, b]$. Dann ist die Konvergenz gleichmäßig auf $[a, b]$. — Formuliere einen analogen Satz im Falle $f_n \nearrow f$.

⁺**3.** Die Funktion f ist genau dann nach oben halbstetig auf $[a, b]$, wenn es $f_n \in C[a, b]$ mit $f_n \searrow f$ gibt. — Formuliere die entsprechende Charakterisierung der nach unten halbstetigen Funktionen.

Hinweis: a) Aufgabe 1. — b) Sei Z_n die Zerlegung von $[a, b]$ mit den Teilpunkten $x_{nk} := a + k(b-a)/2^n$ ($k = 0, 1, \ldots, 2^n$). Definiere die approximierenden f_n als stückweise affine Funktionen mit den folgenden Werten in den Teilpunkten:

$$f_n(a) := \sup\{f(x) : a \leq x \leq x_{n1}\},$$
$$f_n(x_{nk}) := \sup\{f(x) : x_{n,k-1} \leq x \leq x_{n,k+1}\} \quad \text{für } k = 1, \ldots, 2^n - 1,$$
$$f_n(b) := \sup\{f(x) : x_{n,2^n-1} \leq x \leq b\}.$$

Lösungen ausgewählter Aufgaben

Aufgaben zu Nr. 1

1. Mengen sind a), b), e), f).

2. $A = \{3\}$, $B = \{2, -2\}$, $C = \{-2\}$, $D = \{-3, 9\}$, $E = \{0, 1, 2\}$.

3. Richtig sind die Aussagen d), e), f).

4. a) $\{1, 2, 3, 4, 5, 6, 7, 8\}$, b) $\{a, b, c, d\}$, c) $\{1, 2, 3, 4, 5, 6, 7\}$, d) $\{\gamma, \delta\}$, e) $\emptyset$, f) $\mathbf{Z}$, g) $\{0\}$.

5. a) $\emptyset$. b) $\emptyset$, $\{1\}$. c) $\emptyset$, $\{1\}$, $\{2\}$, $\{1, 2\}$. d) $\emptyset$, $\{1\}$, $\{2\}$, $\{3\}$, $\{1, 2\}$, $\{1, 3\}$, $\{2, 3\}$, $\{1, 2, 3\}$.
e) $\emptyset$, $\{1\}$, $\{2\}$, $\{3\}$, $\{4\}$, $\{1, 2\}$, $\{1, 3\}$, $\{1, 4\}$, $\{2, 3\}$, $\{2, 4\}$, $\{3, 4\}$, $\{1, 2, 3\}$, $\{1, 2, 4\}$, $\{1, 3, 4\}$, $\{2, 3, 4\}$, $\{1, 2, 3, 4\}$.
Die jeweilige Anzahl der Teilmengen ist 1, 2, 4, 8, 16.

Aufgaben zu Nr. 2

3. b) Schließe fast wörtlich wie beim Beweis der Irrationalität von $\sqrt{2}$, führe also die Annahme $\sqrt{3} = p/q$ (p, q ganze Zahlen ohne gemeinsame Teiler) mit Hilfe der leicht einzusehenden Aussage a) zu einem Widerspruch.

4. Der Theoretiker gewinnt für den gesuchten Flächeninhalt F mit einem Blick den exakten Wert $(\sqrt{2})^2 = 2$, während der Praktiker mühsam $1{,}4142135 \cdot 1{,}4142135$ ausrechnet — und dann doch nur einen Näherungswert für F in der Hand hat.

Aufgaben zu Nr. 3

1. Die Körperaxiome bestätigt man, indem man alle vorkommenden Fälle ausrechnet, z.B.: $\bar{0} + \bar{1} = \bar{1}$, $\bar{1} + \bar{0} = \bar{1}$, also $\bar{0} + \bar{1} = \bar{1} + \bar{0}$, usw. $\bar{0}$ ist die Null, $\bar{1}$ die Eins. — Könnte $\{\bar{0}, \bar{1}\}$ angeordnet werden, so wäre entweder $\bar{0} < \bar{1}$ oder $\bar{1} < \bar{0}$. Durch Addition von 1 erhält man in beiden Fällen wegen (A 8) einen Widerspruch.

2. a) $a + b = 0 \Rightarrow (-a) + (a + b) = (-a) + 0 = -a \Rightarrow -a = ((-a) + a) + b = 0 + b = b$.
b) $ab = 1 \Rightarrow a^{-1}(ab) = a^{-1} \cdot 1 = a^{-1} \Rightarrow a^{-1} = (a^{-1}a)b = 1 \cdot b = b$.
c) $a + (-a) = 0 \Rightarrow (-a) + a = 0 \Rightarrow a$ ist das nach a) eindeutig bestimmte additiv inverse Element zu $-a$, also $a = -(-a)$.
d) Wie in c): $aa^{-1} = 1 \Rightarrow a^{-1}a = 1 \Rightarrow a$ ist das nach b) eindeutig bestimmte multiplikativ inverse Element zu a^{-1}, also $a = (a^{-1})^{-1}$.
e) $a + b = a + c \Rightarrow (-a) + a + b = (-a) + a + c \Rightarrow 0 + b = 0 + c \Rightarrow b = c$.
f) $ab = ac \Rightarrow a^{-1}ab = a^{-1}ac \Rightarrow 1 \cdot b = 1 \cdot c \Rightarrow b = c$.
g) $a \cdot 0 + 0 = a \cdot 0 = a(0 + 0) = a \cdot 0 + a \cdot 0 \Rightarrow 0 = a \cdot 0$ nach e);

$1+(-1)=0 \Rightarrow a(1+(-1))=a \cdot 0=0 \Rightarrow a \cdot 1+a(-1)=0 \Rightarrow a+(-1)a=0 \Rightarrow$
$(-1)a=-a$ nach a).
h) $b-a$ ist eine Lösung; denn $a+(b-a)=a+((-a)+b)=(a+(-a))+b=0+b=b$. Ihre Einzigkeit folgt nun aus e).
i) Völlig analog zu h).

3. a) Nach (A 6) ist $a<b$ oder $a=b$ oder $b<a$. In den beiden ersten Fällen gilt $a \leq b$, im letzten $b \leq a$.
b) ist trivial.
c) $a \leq b \Rightarrow a<b$ oder $a=b$; $b \leq a \Rightarrow b<a$ oder $b=a$. Die Behauptung folgt nun, da nach (A 6) die Ungleichungen $a<b$, $b<a$ nicht gleichzeitig bestehen können.
d) Die möglichen Fälle sind 1) $a=b$, $b=c$, 2) $a<b$, $b=c$, 3) $a<b$, $b<c$, 4) $a=b$, $b<c$. Die Behauptung ist nur im dritten Fall nicht trivial: Hier folgt sie aus (A 7).

5. Sei etwa $U:=\mathbf{N}$, $A:=\{1\}$, $B:=\{2\}$. Dann gilt weder $A \subset B$ noch $B \subset A$.

Aufgaben zu Nr. 4

1. Unlösbar, falls $b \neq 0$. Im Falle $b=0$ sind alle $x \in \mathbf{K}$ Lösungen.

2. a) (A 1) bis (A 4) bestätigt man durch Ausrechnen, z.B. $(\alpha_1, \alpha_2)+(\beta_1, \beta_2)=$
$(\alpha_1+\beta_1, \alpha_2+\beta_2)=(\beta_1+\alpha_1, \beta_2+\alpha_2)=(\beta_1, \beta_2)+(\alpha_1, \alpha_2)$. (A 5): $-(\alpha_1, \alpha_2)=(-\alpha_1,-\alpha_2)$;
$(\alpha_1, \alpha_2)^{-1}=(\alpha_1/A, -\alpha_2/A)$ mit $A:=\alpha_1^2+\alpha_2^2$.
c) $\alpha i=(\alpha, 0) \cdot (0, 1)=(0, \alpha)$.
f) $\dfrac{1}{i}=\dfrac{-i}{i(-i)}=\dfrac{-i}{1}=-i$, $\dfrac{1}{1+i}=\dfrac{1-i}{(1+i)(1-i)}=\dfrac{1-i}{2}=\dfrac{1}{2}-\dfrac{1}{2}i$,

$\dfrac{1}{1-i}=\dfrac{1}{2}+\dfrac{1}{2}i$, $\dfrac{1-i}{1+i}=-i$, $\dfrac{(1+2i)^2}{2+3i}=\dfrac{6}{13}+\dfrac{17}{13}i$, $\dfrac{1+2i}{(2+3i)^2}=\dfrac{19}{169}-\dfrac{22}{169}i$, $\left(\dfrac{4-i}{2+i}\right)^2=\dfrac{13}{25}-\dfrac{84}{25}i$.

h) Beweis der Produktregel: Mit $a=\alpha_1+i\alpha_2$, $b=\beta_1+i\beta_2$ ist $\overline{ab}=(\alpha_1\beta_1-\alpha_2\beta_2)-i(\alpha_1\beta_2+\alpha_2\beta_1)$ und $\bar{a}\bar{b}=(\alpha_1\beta_1-\alpha_2\beta_2)+i(-\alpha_1\beta_2-\alpha_2\beta_1)$, also $\overline{ab}=\bar{a}\bar{b}$.

3. a) $x=(7/5)i$, $y=-4/5$; b) $x=1/3$, $y=(1+i)/6$.

Aufgaben zu Nr. 5

1. Wegen $a^2, b^2 \geq 0$ ist auch $a^2+b^2 \geq 0$. — Für $a=b=0$ ist trivialerweise $a^2+b^2=0$. Ist umgekehrt $a^2+b^2=0$, so muß $a=b=0$ sein. Wäre nämlich auch nur eine dieser Zahlen, etwa a, von Null verschieden, so wäre $a^2>0$ und somit $a^2+b^2>0$.

2. Wegen $bd>0$ gilt: $\dfrac{a}{b}<\dfrac{c}{d} \Leftrightarrow \dfrac{a}{b} \cdot bd < \dfrac{c}{d} \cdot bd \Leftrightarrow ad<bc$.

3. Mit Hilfe der Aufgabe 2 erhält man:
$$\frac{a}{b}<\frac{a+c}{b+d} \Leftrightarrow a(b+d)<(a+c)b \Leftrightarrow ab+ad<ab+cb \Leftrightarrow ad<bc \Leftrightarrow \frac{a}{b}<\frac{c}{d}.$$

Die letzte Ungleichung ist nach Voraussetzung richtig. Ganz entsprechend beweist man die Ungleichung $\dfrac{a+c}{b+d}<\dfrac{c}{d}$.

4. Angenommen, a wäre $\neq 0$ und somit positiv. Da die Abschätzung $a \leq \varepsilon$ für jede positive Zahl ε gelten soll, ist sie insbesondere für $\varepsilon := a/2$ richtig, d.h. wir haben $a \leq a/2$ und somit $2a \leq a$. Daraus folgt $a \leq 0$, im Widerspruch zu $a > 0$.

6. Wäre eine Anordnung von **C** möglich, so würden in **C** auch alle Sätze dieser Nummer gelten. Insbesondere wäre $1 > 0$ und $-1 = i^2 > 0$, im Widerspruch zu $-1 < 0$ (s. Satz 5.1,2).

Aufgaben zu Nr. 6

2. a) Definitionsgemäß ist $1 \in M$. Sei $a \in M$. Dann ist entweder $a = 1$ oder $a \geq 2$. In beiden Fällen ist $a + 1 \geq 2$, also $a + 1 \in M$. b) Nach a) ist $\mathbf{N} \subset M$, also gibt es kein $m \in \mathbf{N}$ mit $1 < m < 2$. c) $1 \in N$, da $1 - 1 = 0 \in \mathbf{N}_0$. Sei $n \in N$. Dann ist $(n+1) - 1 = n \in N \subset \mathbf{N} \subset \mathbf{N}_0$, also $n + 1 \in N$. d) $1 \in K$ nach b). Sei $n \in K$. Gäbe es ein $m \in \mathbf{N}$ mit $n + 1 < m < n + 2$, so wäre einerseits $m > 2$, wegen c) also $m - 1 \in \mathbf{N}$, andererseits $n < m - 1 < n + 1$, im Widerspruch zu der Annahme $n \in K$. e) Wäre die Behauptung falsch, so müßte $n < m$, also $n + 1 < m + 1$ sein. Im Widerspruch zu d) hätten wir also $m < n + 1 < m + 1$.

4. N sei die Menge der natürlichen n, die in der Form $n = qm + r$ ($0 \leq r < m$) mit Zahlen $q, r \in \mathbf{N}_0$ dargestellt werden können. 1 liegt in N; denn im Falle $m = 1$ ist $1 = 1 \cdot 1 + 0$, während wir im Falle $m > 1$ die Darstellung $1 = 0 \cdot m + 1$ haben. Nun sei $n \in N$, also $n = qm + r$, $0 \leq r < m$. Dann ist $n + 1 = qm + (r + 1)$, $0 \leq r + 1 \leq m$. Im Falle $r + 1 < m$ ist dies bereits eine Darstellung von $n + 1$ in der gewünschten Art, und somit liegt $n + 1$ in N. Im Falle $r + 1 = m$ ist $n + 1 = qm + m = (q + 1)m$, und $n + 1$ erweist sich wiederum als ein Element von N. Infolgedessen ist N induktiv, also $N = \mathbf{N}$: Jede natürliche Zahl ist in der angegebenen Weise darstellbar. Eindeutigkeit: n habe die Darstellungen $n = qm + r$ und $n = \tilde{q}m + \tilde{r}$ mit $0 \leq r, \tilde{r} < m$. Dann ist $(q - \tilde{q})m = \tilde{r} - r$. Wäre $\tilde{r} \neq r$, so dürften wir ohne weiteres $\tilde{r} > r$ annehmen. Dann müßte $(q - \tilde{q})m > 0$, also $q > \tilde{q}$ und somit $q \geq \tilde{q} + 1$ sein. Wegen $m > \tilde{r}$ und $r \geq 0$ erhielten wir also die Abschätzungskette

$$n = qm + r \geq (\tilde{q} + 1)m + r = \tilde{q}m + m + r > \tilde{q}m + \tilde{r} = n$$

und somit den Widerspruch $n > n$. Es muß also $\tilde{r} = r$ und daher auch $\tilde{q} = q$ sein.

5. Wir dürfen $r > 0$, also von der Form p/q mit natürlichen p, q annehmen. $n := p + 1 > p$, $nq \geq n$ (da $q \geq 1$), also $nq > p$, $n > p/q$.

6. $1/\varepsilon$ ist rational, nach Aufgabe 5 existiert ein $m \in \mathbf{N}$ mit $m > 1/\varepsilon$. Also ist $1/m < \varepsilon$.

8. Eine endliche Menge reeller Zahlen hat die Gestalt $\{a_1, \ldots, a_n\}$, $n \in \mathbf{N}$. Wir betrachten nur den Fall des Minimums. Es genügt zu zeigen, daß die Menge M derjenigen natürlichen Zahlen n, für die unsere Behauptung zutrifft, induktiv ist. $1 \in M$, weil $\min(a_1) = a_1$. Sei $n \in M$, d.h., jede n-elementige Menge besitze ein Minimum. Es folgt, daß in der Teilmenge $\{a_1, \ldots, a_n\}$ von $\{a_1, \ldots, a_n, a_{n+1}\}$ ein kleinstes Element μ existiert; ohne Beschränkung der Allgemeinheit sei $\mu = a_1$. a_1 ist $\neq a_{n+1}$, nach (A 6) ist also entweder $a_1 < a_{n+1}$ oder $a_1 > a_{n+1}$. Im ersten Fall ist a_1 wieder das Minimum, im zweiten Fall ist a_{n+1} wegen (A 7) das kleinste Element.

9. Wegen $a - b = 0$ durfte man nicht durch $a - b$ dividieren.

Aufgaben zu Nr. 7

1. 10, 252, −1/8, 35/243, 0, −56, −40/81, 1.

$$\binom{-\alpha}{k} = \frac{(-\alpha)(-\alpha-1)\cdots(-\alpha-k+1)}{k!} = (-1)^k \frac{\alpha(\alpha+1)\cdots(\alpha+k-1)}{k!} = (-1)^k \binom{\alpha+k-1}{k}.$$

2. a) $\binom{n}{k} = \frac{n(n-1)\cdots(n-k+1)}{1 \cdot 2 \cdots k} = \frac{n(n-1)\cdots(n-k+1)(n-k)(n-k-1)\cdots 2 \cdot 1}{1 \cdot 2 \cdots k(n-k)(n-k-1)\cdots 2 \cdot 1}$

$$= \frac{n!}{k!(n-k)!}.$$

d) Setze im binomischen Satz $a = 1$, $b = -1$.

3. a) $\binom{1/2}{k} = \frac{\frac{1}{2}\left(\frac{1}{2}-1\right)\left(\frac{1}{2}-2\right)\cdots\left(\frac{1}{2}-k+1\right)}{1 \cdot 2 \cdots k} = \frac{\frac{1}{2^k} \cdot 1 \cdot (1-2)(1-4)\cdots(1-2k+2)}{1 \cdot 2 \cdots k}$

$$= (-1)^{k-1} \frac{1 \cdot (2-1)(4-1)\cdots(2k-2-1)}{2^k \cdot 1 \cdot 2 \cdots k} = (-1)^{k-1} \frac{1 \cdot 3 \cdots (2k-3)}{2 \cdot 4 \cdots (2k)}.$$

Die Aufgabenteile b) und c) werden durch ähnliche Rechnungen erledigt.

4. a) $\binom{\alpha}{k} + \binom{\alpha}{k+1} = \frac{\alpha(\alpha-1)\cdots(\alpha-k+1)}{k!} + \frac{\alpha(\alpha-1)\cdots(\alpha-k+1)(\alpha-k)}{(k+1)!}$

$$= \frac{(k+1)\alpha(\alpha-1)\cdots(\alpha-k+1) + \alpha(\alpha-1)\cdots(\alpha-k+1)(\alpha-k)}{(k+1)!}$$

$$= \frac{[(k+1)+(\alpha-k)]\alpha(\alpha-1)\cdots(\alpha-k+1)}{(k+1)!}$$

$$= \frac{(\alpha+1)\alpha(\alpha-1)\cdots(\alpha-k+1)}{(k+1)!} = \binom{\alpha+1}{k+1}.$$

5. Wir beweisen die Aussage über die Summen. Als Anfangszahl nehmen wir $n_0 := 2$. Für $n = 2$ ist die Behauptung wegen Satz 5.2 richtig. Angenommen, sie sei richtig für ein gewisses $n \geq 2$. Sind nun die Zahlen $a_1, \ldots, a_{n+1}$ und $b_1, \ldots, b_{n+1}$ vorgelegt und gilt $a_k < b_k$ für $k = 1, \ldots, n+1$, so ist nach Induktionsvoraussetzung $a_1 + \cdots + a_n < b_1 + \cdots + b_n$. Wegen $a_{n+1} < b_{n+1}$ folgt daraus mit Satz 5.2, daß $a_1 + \cdots + a_n + a_{n+1} < b_1 + \cdots + b_n + b_{n+1}$ ist. Die Behauptung ist also auch für $n+1$ richtig. Im Falle des Produkts verfährt man ganz ähnlich; man ziehe nur an Stelle von Satz 5.2 den Satz 5.6 heran.

6. b) $\frac{1}{m^k}\binom{m}{k} = \frac{1}{m^k} \frac{m(m-1)\cdots(m-k+1)}{k!} = \frac{1}{k!}\left(1-\frac{1}{m}\right)\left(1-\frac{2}{m}\right)\cdots\left(1-\frac{k-1}{m}\right) <$

$\frac{1}{k!}\left(1-\frac{1}{n}\right)\left(1-\frac{2}{n}\right)\cdots\left(1-\frac{k-1}{n}\right) = \frac{1}{n^k}\binom{n}{k} \leq \frac{1}{k!} = \frac{1}{1 \cdot 2 \cdot 3 \cdots k} \leq \frac{1}{1 \cdot 2 \cdot 2 \cdots 2} = \frac{1}{2^{k-1}}.$

7. c) $\left(1+\frac{1}{m}\right)^m = 1 + \binom{m}{1}\frac{1}{m} + \binom{m}{2}\frac{1}{m^2} + \cdots + \binom{m}{m}\frac{1}{m^m}$

$$< 1 + \binom{n}{1}\frac{1}{n} + \binom{n}{2}\frac{1}{n^2} + \cdots + \binom{n}{m}\frac{1}{n^m} + \cdots + \binom{n}{n}\frac{1}{n^n} = \left(1+\frac{1}{n}\right)^n.$$

10. $s := 1 + q + q^2 + \cdots + q^n, \quad sq = q + q^2 + \cdots + q^n + q^{n+1} \Rightarrow s - sq = s(1-q) = 1 - q^{n+1}$.

11. $\left(1 + \dfrac{1}{n}\right)^n = 1 + \binom{n}{1}\dfrac{1}{n} + \binom{n}{2}\dfrac{1}{n^2} + \cdots + \binom{n}{n}\dfrac{1}{n^n} \leq 1 + 1 + \dfrac{1}{2} + \cdots + \left(\dfrac{1}{2}\right)^{n-1} = 1 + \dfrac{1-(1/2)^n}{1-1/2}$

$< 1 + \dfrac{1}{1/2} = 3.$

15. $(x-y)(x^{n-1} + x^{n-2}y + \cdots + xy^{n-2} + y^{n-1})$
$= (x^n + x^{n-1}y + \cdots + xy^{n-1}) - (x^{n-1}y + x^{n-2}y^2 + \cdots + xy^{n-1} + y^n) = x^n - y^n.$

18. a) $\dfrac{1}{1 \cdot 2} + \dfrac{1}{2 \cdot 3} + \cdots + \dfrac{1}{n(n+1)} = \left(1 - \dfrac{1}{2}\right) + \left(\dfrac{1}{2} - \dfrac{1}{3}\right) + \cdots + \left(\dfrac{1}{n} - \dfrac{1}{n+1}\right) = 1 - \dfrac{1}{n+1}.$

$\dfrac{1}{n(n+1)} + \dfrac{1}{(n+1)(n+2)} + \cdots + \dfrac{1}{(n+k-1)(n+k)}$

$= \left(\dfrac{1}{n} - \dfrac{1}{n+1}\right) + \left(\dfrac{1}{n+1} - \dfrac{1}{n+2}\right) + \cdots + \left(\dfrac{1}{n+k-1} - \dfrac{1}{n+k}\right) = \dfrac{1}{n} - \dfrac{1}{n+k} = \dfrac{k}{n(n+k)}.$

b) n^2. c) $(-1)^{n+1}(1 + 2 + 3 + \cdots + n) = (-1)^{n+1}n(n+1)/2$. d) $na_1 + n(n-1)\Delta/2$.

e) $\dfrac{1}{3}n(n+1)(n+2)$. f) $\dfrac{1}{4}n(n+1)(n+2)(n+3)$.

20. aaab, aaba, abaa, baaa, aabb, abab, baab, bbaa, baba, abba.

21. Hinweis in Verbindung mit Satz 7.3.

22. $10 \cdot 9 = 90$.

23. $32!/(10!)^3 2! = 2753294408504640$ (knapp 3 Billiarden) verschiedene Skatspiele. Unsere drei Spieler können sich 76480400236240 Tage, also 209535343112 Jahre und 360 Tage (über 209 Milliarden Jahre) unterhalten.

24. $3^{13} = 1594323$ (etwas über eineinhalb Millionen).

25. Es gibt $\binom{49}{6} = 13983816$ (knapp 14 Millionen) Lottospiele und $M_k := \binom{6}{k}\binom{43}{6-k}$ Möglichkeiten, von 6 vorgegebenen Lottozahlen genau k richtig anzukreuzen ($k = 1, \ldots, 6$). Es ist $M_1 = 5775588$, $M_2 = 1851150$, $M_3 = 246820$, $M_4 = 13545$, $M_5 = 258$ und $M_6 = 1$.

26. $\binom{10}{6} + \binom{10}{7} + \cdots + \binom{10}{10} = \binom{10}{4} + \binom{10}{3} + \cdots + \binom{10}{0} = 386.$

27. $9 \cdot 10^3 \cdot (9 \cdot 10^2 + 9 \cdot 10^3 + 9 \cdot 10^4) = 899100000 = 8991 \cdot 10^5$ (knapp 900 Millionen).

Aufgaben zu Nr. 8

2. $x \geq a$ für alle $x \in M \Rightarrow -x \leq -a$ für alle $x \in M$. Nach dem Supremumsprinzip existiert also $S := \sup\{-x : x \in M\}$. Es ist $-x \leq S$ für alle $x \in M$; zu beliebigem $\varepsilon > 0$ gibt es ein $x_0 \in M$ mit $-x_0 > S - \varepsilon$. Es folgt $x \geq -S$ und $x_0 < -S + \varepsilon$, also ist $-S = \inf M$.

6. Beispiel für $<$: $A := \{1 - 1/n : n \in \mathbb{N}\}$, $B := \{1/n : n \in \mathbb{N}\}$. — In Satz 8.6c werden alle Produkte $a_j b_k$ betrachtet, nicht nur die Produkte $a_j b_j$.

7. Es gibt $a_n \in A$ mit $a_n < \alpha$ und $a_1 > \alpha - 1$, $a_2 > \max(a_1, \alpha - 1/2)$, $a_3 > \max(a_2, \alpha - 1/3)$ usw. (rekursive Definition). — Ist A nach unten beschränkt und $\alpha' := \inf A$, so gibt es Elemente $a_1, a_2, \ldots$ aus A, so daß $a_1 > a_2 > \cdots$ und $\alpha' < a_n < \alpha' + 1/n$ für alle n ist. Beweis ähnlich wie oben oder mit Aufgabe 4a.

10. Sei zunächst $x \geq 0$. Nach dem Satz des Archimedes gibt es ein natürliches $n > x$, und nach dem Wohlordnungsprinzip besitzt die Menge aller derartigen n ein kleinstes Element m. Mit $p := m - 1$ ist also $p \leq x < p + 1$. Diese ganze Zahl p ist eindeutig bestimmt. Wäre nämlich für ein $q \in \mathbb{Z}$ auch $q \leq x < q + 1$ und $q \neq p$, so dürften wir ohne weiteres $q < p$ annehmen. Dann hätten wir $q + 1 \leq p \leq x < q + 1$, also die unmögliche Ungleichung $q + 1 < q + 1$. Daher muß $q = p$ sein. — Den Fall $x < 0$ kann man auf das eben Bewiesene zurückführen, indem man zu x ein $k \in \mathbb{Z}$ addiert, so daß $x + k \geq 0$ ist.

Aufgaben zu Nr. 9

2. Benutze $1 > \dfrac{1}{2} > \dfrac{1}{3} > \cdots$ und Satz 9.4.

3. Nach Satz 9.4 gilt: $r < s < t$ und $a \geq 1 \Rightarrow a^r \leq a^s \leq a^t$; entsprechend, wenn $t < s < r$ ist.

4. Falls $\alpha_1 + \alpha_2 \sqrt{2} \neq 0$ ist (das ist wegen der Irrationalität von $\sqrt{2}$ genau dann der Fall, wenn $\alpha_1^2 - 2\alpha_2^2 \neq 0$), ist $(\alpha_1 + \alpha_2 \sqrt{2})^{-1} = (\alpha_1 - \alpha_2 \sqrt{2})/(\alpha_1^2 - 2\alpha_2^2)$. — Bisher wurden die folgenden Körper definiert: $\mathbb{Q}, \mathbb{R}, \mathbb{C}, \{\bar{0}, \bar{1}\}$, der Gaußsche Zahlkörper, $\mathbb{Q}(\sqrt{2})$. — (A 5): nicht alle Paare $\neq (0, 0)$ besitzen multiplikative Inverse.

5. In $\mathbb{Q}$ gilt der Satz des Archimedes, jedoch nicht das Supremumsprinzip.

6. Die Moivresche Formel zeigt, daß $x_k^p = 1$ und $y_k^p = -1$ ist ($k = 0, 1, \ldots, p-1$). Daraus ergibt sich sofort die Behauptung c). — Die p-ten Einheitswurzeln sind die Eckpunkte eines regelmäßigen p-Ecks, das dem Einheitskreis einbeschrieben ist.

Aufgaben zu Nr. 10

2. a) $ab \geq 0$. b) Wenn $ab \leq 0$ ist.

3. Sei $a \geq b$. Dann ist einerseits $\max(a, b) = a$, andererseits $(a + b + |a - b|)/2 = (a + b + a - b)/2 = a$. Sei nun $a < b$. Dann ist $\max(a, b) = b$ und $(a + b + |a - b|)/2 = (a + b + b - a)/2 = b$. In beiden Fällen gilt also $\max(a, b) = (a + b + |a - b|)/2$. Die Behauptung über $\min(a, b)$ wird ganz entsprechend bewiesen.

5. $-b/a$, $\rho/|a|$.

6. a) $\{x : -2/3 \leq x \leq 2\}$, b) $\{x : x < 6/5\} \cup \{x : x > 10/3\}$.

7. $\{x : x \leq 7/4\} \cup \{x : x \geq 5/2\}$.

9. a) $[-1, 2]$, b) $x \leq -1/2$, $x \geq 3$.

12. S. Satz 8.4.

17. S. Beweis von Satz 10.2 und benutze die Vierecksungleichung für δ (Satz 10.5).

Aufgaben zu Nr. 11

1. a) 25/12, b) $1-1/1000=999/1000$, c) 3016, d) 130,
e) 101, f) $6^5/5!=324/5$.

2. $\prod_{k=1}^{n}\dfrac{a_k}{a_{k-1}}=\dfrac{a_n}{a_0}\leq q^n \Rightarrow a_n\leq q^n a_0$.

4. $|a_{n+m}-a_n|\leq |a_{n+1}-a_n|+|a_{n+2}-a_{n+1}|+\cdots+|a_{n+m}-a_{n+m-1}|$
$\leq \alpha(q^n+q^{n+1}+\cdots+q^{n+m-1})=\alpha q^n(1-q^m)/(1-q)\leq \alpha q^n/(1-q)$.

5. a) $\tau(n)=$ Anzahl der Teiler von n, $\tau_1(n)=$ Summe der Teiler von n (Teilersumme).
b) 1, 2, 2, 3, 2, 4, 2, 4, 3, 4; 1, 3, 4, 7, 6, 12, 8, 15, 13, 18. c) 6. d) 28.

8. $\sum_{j=0}^{n}\sum_{k=0}^{n}\binom{k}{j}\dfrac{1}{2^{j+k}}=\sum_{k=0}^{n}\sum_{j=0}^{n}\binom{k}{j}\dfrac{1}{2^{j+k}}=\sum_{k=0}^{n}\dfrac{1}{2^k}\sum_{j=0}^{n}\binom{k}{j}\dfrac{1}{2^j}$
$=\sum_{k=0}^{n}\dfrac{1}{2^k}\left(1+\dfrac{1}{2}\right)^k=\sum_{k=0}^{n}\left(\dfrac{3}{4}\right)^k=4\left[1-\left(\dfrac{3}{4}\right)^{n+1}\right]$.

Aufgaben zu Nr. 12

2. Aus Satz 12.3 folgt (12.4), weil $\left|\sum_{k=1}^{n}a_k b_k\right|\leq \sum_{k=1}^{n}|a_k b_k|$ ist. Gilt umgekehrt die Abschätzung (12.4) für beliebige Zahlen a_k, b_k, so gilt sie auch, wenn man a_k, b_k durch $|a_k|$, $|b_k|$ ersetzt. Damit hat man den Satz 12.3. — Die Aussage über das Gleichheitszeichen erhält man in einfacher Weise mittels der Aufgabe 1c. Sie wird späterhin nicht mehr benötigt.

3. Zum dritten Beweis: Sei $p:=\sum_{k=1}^{n}a_k^2$, $q:=\sum_{k=1}^{n}a_k b_k$, $r:=\sum_{k=1}^{n}b_k^2$. Um Trivialem aus dem Wege zu gehen, nehmen wir $p>0$ an. Aus $\sum_{k=1}^{n}(a_k x+b_k)^2\geq 0$ für alle $x\in\mathbf{R}$ folgt, daß $x^2+(2q/p)x+r/p\geq 0$ für alle $x\in\mathbf{R}$ ist. Die quadratische Gleichung $x^2+(2q/p)x+r/p=0$ besitzt somit höchstens eine reelle Lösung, infolgedessen muß ihre Diskriminante $D=4q^2/p^2-4r/p\leq 0$ sein (vgl. A 9.7). Daraus folgt $q^2-pr\leq 0$, also $|q|\leq p^{1/2}r^{1/2}$ — und das ist gerade (12.4).

5. $1=\sqrt{x(1/x)}\leq (1/2)(x+1/x)$.

6. Setze in (12.4) $b_k=1$ und quadriere.

7. Die linke Ungleichung erhält man, indem man in der Cauchy-Schwarzschen Ungleichung $b_k=1$ setzt, die rechte ist trivial.

9. Sei $P_k:=p_1+\cdots+p_k$. Forme die Ungleichung durch Multiplikation mit $P_k(P_k+p_{k+1})$ um.

11. (M 1) und (M 2) sind völlig trivial. (M 3): Sei $z:=(z_1,\ldots,z_n)$ ein weiterer Punkt. Dann ist $d_1(x,y) = \sum_{k=1}^{n} |(x_k-z_k)+(z_k-y_k)| \leq \sum_{k=1}^{n} |x_k-z_k| + \sum_{k=1}^{n} |z_k-y_k| = d_1(x,z)+d_1(z,y)$.

13. Wir beweisen nur (M 3). Sei $z:=(z_1,\ldots,z_n)$ ein weiterer Punkt. Dann ist

$$d_\infty(x,y) = \max_{k=1}^{n} |(x_k-z_k)+(z_k-y_k)| \leq \max_{k=1}^{n}(|x_k-z_k|+|z_k-y_k|)$$
$$\leq \max_{k=1}^{n} |x_k-z_k| + \max_{k=1}^{n} |z_k-y_k| = d_\infty(x,z)+d_\infty(z,y).$$

14. Sei $x:=(x_1,\ldots,x_n)$, $y:=(y_1,\ldots,y_n)$. Setze in Aufgabe 7 nun

$$a_k := |x_k - y_k| \quad (k=1,\ldots,n).$$

15. c) (B 1) ist trivial, (B 3) gilt wegen der Minkowskischen Ungleichung. (B 2): $|ab|^2 = |(\alpha_1+i\alpha_2)(\beta_1+i\beta_2)|^2 = \alpha_1^2\beta_1^2+\alpha_1^2\beta_2^2+\alpha_2^2\beta_1^2+\alpha_2^2\beta_2^2 = (\alpha_1^2+\alpha_2^2)(\beta_1^2+\beta_2^2) = |a|^2|b|^2$.

18. Zweite Ungleichung: $|a_k+b_k|^2 = |(a_k+b_k)^2| = |(a_k+b_k)a_k+(a_k+b_k)b_k|$ $\leq |a_k+b_k||a_k|+|a_k+b_k||b_k|$; s. nun Beweis von Satz 12.4.

Aufgaben zu Nr. 13

1. a) Ja; nein. b) Ja; ja (nach Auffassung der Kriminologen). c) Nein (nicht eindeutig). d) Ja; ja. e) Nein (nicht eindeutig). f) Ja; nein (z.B. ist $(-1)^2 = 1^2$). g) Ja; ja. h) Ja; ja.

3. a) ist trivial. b) Erste Aussage: $y \in f(\bigcup A) \Leftrightarrow y=f(x), x \in A_0 \Leftrightarrow y \in f(A_0) \Leftrightarrow y \in \bigcup f(A)$. Dabei ist $A_0 \in \mathfrak{A}$. — Zweite Aussage: $y \in f(\bigcap A) \Rightarrow y=f(x), x \in \bigcap A \Rightarrow y \in f(A)$ für alle $A \in \mathfrak{A} \Rightarrow y \in \bigcap f(A)$. c) Erste Aussage: $x \in f^{-1}(\bigcup B) \Leftrightarrow f(x) \in \bigcup B \Leftrightarrow f(x) \in B_0 \Leftrightarrow x \in f^{-1}(B_0) \Leftrightarrow x \in \bigcup f^{-1}(B)$. Dabei ist $B_0 \in \mathfrak{B}$. — Zweite Aussage: $x \in f^{-1}(\bigcap B) \Leftrightarrow f(x) \in \bigcap B \Leftrightarrow f(x) \in B$ für alle $B \in \mathfrak{B} \Leftrightarrow x \in f^{-1}(B)$ für alle $B \in \mathfrak{B} \Leftrightarrow x \in \bigcap f^{-1}(B)$. d) $x \in f^{-1}(B') \Leftrightarrow f(x) \in B' \Leftrightarrow f(x) \notin B \Leftrightarrow x \notin f^{-1}(B) \Leftrightarrow x \in (f^{-1}(B))'$.

5. a) $\Rightarrow$: $g(y) := f^{-1}(y)$ für $y \in f(X)$ und $:=$ beliebiges $x \in X$ für $y \notin f(X)$. $\Leftarrow$: $f(x_1) = f(x_2) \Rightarrow x_1 = g(f(x_1)) = g(f(x_2)) = x_2$. b) $\Rightarrow$: $h(y) :=$ beliebiges $x \in X$ mit $f(x) = y$. $\Leftarrow$: y sei beliebig aus Y. Setze $x := h(y)$. Dann ist $f(x) = f(h(y)) = y$. c) $\Rightarrow$: $g := f^{-1}$. $\Leftarrow$: gilt wegen a), b). Einzigkeit von g: $g = g \circ \mathrm{id}_Y = g \circ (f \circ f^{-1}) = (g \circ f) \circ f^{-1} = \mathrm{id}_X \circ f^{-1} = f^{-1}$ (hier wurde das Assoziativgesetz aus Aufgabe 4 benutzt).

6. $x \in (f \circ g)^{-1}(C) \Leftrightarrow (f \circ g)(x) \in C \Leftrightarrow f(g(x)) \in C \Leftrightarrow g(x) \in f^{-1}(C) \Leftrightarrow x \in g^{-1}(f^{-1}(C))$. f, g seien bijektiv. Bijektivität von $f \circ g$ ist klar. $(f \circ g)(x) = z \Rightarrow f(g(x)) = z \Rightarrow g(x) = f^{-1}(z) \Rightarrow x = g^{-1}(f^{-1}(z)) \Rightarrow x = (g^{-1} \circ f^{-1})(z)$.

7. Erste Behauptung ist trivial. Zweite Behauptung: Sei A_x die Äquivalenzklasse von x und $\hat{X} := \{A_x : x \in X\}$. Die Funktion $f : x \mapsto A_x$ (die sogenannte kanonische Surjektion von X auf $\hat{X}$) leistet das Gewünschte.

8. $M \sim N$ bedeute „M ist äquivalent zu N". $M \sim M$, da id_M bijektiv ist. $M \sim N \Rightarrow N \sim M$, da mit $f: M \to N$ auch $f^{-1}: N \to M$ bijektiv ist. $M \sim N$, $N \sim P \Rightarrow M \sim P$, da mit $g: M \to N$ und $f: N \to P$ auch $f \circ g: M \to P$ bijektiv ist (Aufgabe 6).

Aufgaben zu Nr. 14

1. a) $f(y):=y^3$, $g(x):=2x+1$, **R**. b) $f(y):=\sqrt{y}$, $g(x):=1-x^2$, $[-1,1]$. c) $f(y)=\sqrt{y}$, $g(x):=(x-1)(x-2)$, $(-\infty,1]\cup[2,+\infty)$. d) $f(y):=y^{-1/2}$, $g(x):=(x+1)(x-1)(x+3)$, $(-3,-1)\cup(1,+\infty)$. e) $f(y):=\sqrt[3]{y}$, $g(x):=x/\chi_{(0,1)}(x)$, $(0,1)$. f) $f(y):=y^{-1/4}$, $g(x):=|x^2+4x+3|$, **R**\$\{-1,-3\}$.

2. Bestätige die Gleichungen durch Einsetzen von x (Fallunterscheidung). Beachte: $A\setminus B=A\cap B'$.

3. Man nehme für I_k das Intervall (x_{k-1},x_k) in Beispiel 10 und für c_k den Funktionswert in I_k. Ausnahmen können höchstens in den Teilpunkten $x_0,\ldots,x_n$ vorkommen.

7. a) Genau die konstanten Funktionen, b) genau 0.

8. f wächst auf $X \Leftrightarrow f(x_1) \leqq f(x_2)$, je nachdem $x_1 \leqq x_2 \Leftrightarrow f(x_1)-f(x_2) \leqq 0$, je nachdem $x_1-x_2 \leqq 0 \Leftrightarrow \dfrac{f(x_1)-f(x_2)}{x_1-x_2} \geq 0$. Entsprechend schließt man bei fallendem f.

10. Die Translationsinvarianz der drei Metriken, die Gleichungen $d_k(\mathbf{x},\mathbf{y})=\|\mathbf{x}-\mathbf{y}\|_k$ ($k=0,1,\infty$) und die Eigenschaften (N 1) bis (N 3) sind trivial. Wir beweisen (U), und zwar allein mit Hilfe von (N 1) bis (N 3). Es ist

$$\|\mathbf{x}\|=\|(\mathbf{x}-\mathbf{y})+\mathbf{y}\|\leq\|\mathbf{x}-\mathbf{y}\|+\|\mathbf{y}\|, \quad\text{also}\quad \|\mathbf{x}\|-\|\mathbf{y}\|\leq\|\mathbf{x}-\mathbf{y}\|,$$

ferner

$$\|\mathbf{y}\|=\|(\mathbf{y}-\mathbf{x})+\mathbf{x}\|\leq\|\mathbf{y}-\mathbf{x}\|+\|\mathbf{x}\|=\|\mathbf{x}-\mathbf{y}\|+\|\mathbf{x}\|, \quad\text{also}\quad \|\mathbf{y}\|-\|\mathbf{x}\|\leq\|\mathbf{x}-\mathbf{y}\|.$$

Aus diesen beiden Abschätzungen folgt, daß $|\,\|\mathbf{x}\|-\|\mathbf{y}\|\,|\leq\|\mathbf{x}-\mathbf{y}\|$ sein muß.

11. (N 1) und (N 2) sind trivial. (N 3): $|f(x)+g(x)|\leq|f(x)|+|g(x)|\leq\|f\|+\|g\|$ für alle $x\in X$, also ist auch $\|f+g\|=\sup_{x\in X}|f(x)+g(x)|\leq\|f\|+\|g\|$. (N 4) wird ganz entsprechend bewiesen. — (M 1) und (M 2) sind trivialerweise erfüllt. (M 3): Sei h eine weitere Funktion aus $B(X)$. Dann ist $d(f,g)=\|f-g\|=\|(f-h)+(h-g)\|\leq\|f-h\|+\|h-g\|=d(f,h)+d(h,g)$. — Die Viereckungleichung folgt sofort aus Satz 10.5. Setzt man in ihr $g=v=0$, so erhält man $|\,\|f\|-\|u\|\,|\leq\|f-u\|$, also (U), wenn man noch g statt u schreibt. Übrigens kann man (U) auch wie in Aufgabe 10 beweisen.

Aufgaben zu Nr. 15

3. a) ist trivial. b) folgt im wesentlichen aus dem Identitätssatz. c) ist trivial. d) folgt aus Aufgabe 2. e) Als Beispiel: Sei $\varphi(p)=\mathbf{a}$, $\varphi(q)=\mathbf{b}$, $\varphi(r)=\mathbf{c}$. Dann ist

$$\mathbf{a}*(\mathbf{b}*\mathbf{c})=\varphi(p)*(\varphi(q)*\varphi(r))=\varphi(p)*\varphi(qr)=\varphi(pqr)$$
$$=\varphi(pq)*\varphi(r)=(\varphi(p)*\varphi(q))*\varphi(r)=(\mathbf{a}*\mathbf{b})*\mathbf{c}.$$

5. a) $-1, 1, 11$; b) $3, 36, 251$.

8. Mit den Bezeichnungen des Beweises der Abschätzung (15.5) ist

$$p(x)=a_n x^n g(x) \quad\text{mit}\quad g(x)\geq\frac{1}{2} \quad\text{für}\quad |x|\geq 2\beta=\rho.$$

Für $|x| \geq \rho$ hat also $p(x)$ dasselbe Vorzeichen wie $a_n x^n$, woraus sich sofort alle Behauptungen ergeben.

9. Das Polynom $p(x) := a_0 + a_1 x + \cdots + a_n x^n$ sei gerade: $p(-x) = p(x)$ für alle x. Es folgt $a_0 - a_1 x + a_2 x^2 - + \cdots + (-1)^n a_n x^n = a_0 + a_1 x + a_2 x^2 + \cdots + a_n x^n$. Nach dem Identitätssatz ist also $-a_1 = a_1$, $-a_3 = a_3, \ldots$ und somit $a_1 = 0$, $a_3 = 0, \ldots$. Treten umgekehrt in $p(x)$ nur gerade Potenzen von x auf ($a_1 = a_3 = \cdots = 0$), so ist trivialerweise $p(-x) = p(x)$ für alle x, d.h., p ist gerade. Entsprechend schließt man bei ungeradem p.

10. a) $x^2 + 2x + 2 + \dfrac{3}{x-1}$, b) $x + 1 + \dfrac{x+2}{x^2-1}$, c) $1 + \dfrac{x^2+2}{x^3-1}$.

Aufgaben zu Nr. 16

1. $L_0(x) = (1/2)x^2 - (3/2)x + 1$, $L_1(x) = -x^2 + 2x$, $L_2(x) = (1/2)x^2 - (1/2)x$.
$L(x) = (3/2)x^2 - (5/2)x$ bzw. $L(x) = (3/2)x^2 - (7/2)x + 2$.

3. p ist das Newtonsche Interpolationspolynom mit den Stützstellen $0, 1, \ldots, m$ und den Stützwerten $p(0), p(1), \ldots, p(m)$. Also ist $p(x) = \sum_{k=0}^{m} \alpha_k k! \binom{x}{k}$. Die speziellen Formeln erhält man, wenn man für $p(x)$ die Polynome x, x^2, x^3 wählt. Im Falle $p(x) := x^4$ erhält man

$$\sum_{\nu=1}^{n} \nu^4 = \binom{n+1}{2} + 14 \binom{n+1}{3} + 36 \binom{n+1}{4} + 24 \binom{n+1}{5}.$$

Aufgaben zu Nr. 17

1. a) $A0 = A(0 \cdot 0) = 0 \cdot A0 = 0$. b) Ist A injektiv und $Af = 0$, so ist nach a) auch $f = 0$; die Umkehrung gilt, weil aus $Af = Ag$ offenbar $A(f-g) = 0$ folgt. c) $f, g \in N(A) \Rightarrow A(f+g) = Af + Ag = 0 + 0 = 0 \Rightarrow f + g \in N(A)$. Ferner: $A(\alpha f) = \alpha Af = \alpha 0 = 0$, also ist auch $\alpha f \in N(A)$. Insgesamt ist also $N(A)$ ein Untervektorraum von E. — Sei nun $f, g \in A(E)$. Dann gibt es $f_1, g_1 \in E$ mit $Af_1 = f$, $Ag_1 = g$. Somit ist $A(f_1 + g_1) = Af_1 + Ag_1 = f + g$, also $f + g \in A(E)$. Ferner: $A(\alpha f_1) = \alpha Af_1 = \alpha f$, also $\alpha f \in A(E)$. Insgesamt: $A(E)$ ist ein Untervektorraum von F. d) Sei $f, g \in A(E)$. Dann gibt es eindeutig bestimmte Elemente $f_1, g_1 \in E$ mit $Af_1 = f$, $Ag_1 = g$, nämlich $f_1 = A^{-1}f$, $g_1 = A^{-1}g$. Wegen $A(f_1 + g_1) = f + g$ ist $A^{-1}(f+g) = f_1 + g_1 = A^{-1}f + A^{-1}g$. Ähnlich sieht man die Gleichung $A^{-1}(\alpha f) = \alpha A^{-1}f$ ein. A^{-1} ist also linear. e) ist trivial.

Aufgaben zu Nr. 18

2. Mit einem festen $y \in X$ ist für $x \in X$ stets $|f(x)| - |f(y)| \leq |f(x) - f(y)| \leq K|x-y|$, also $|f(x)| \leq |f(y)| + K(b-a)$, wenn $X \subset [a, b]$. — Sind f, g dehnungsbeschränkt, nach dem eben Bewiesenen also auch beschränkt auf X, so ist

$$|f(x)g(x) - f(y)g(y)| = |f(x)[g(x) - g(y)] + g(y)[f(x) - f(y)]| \leq (\|f\|_\infty K + \|g\|_\infty M)|x-y|.$$

Also ist fg dehnungsbeschränkt auf X. Die Behauptung ergibt sich nun, wenn man die Aufgabe 1 heranzieht.

3. $|(f \circ g)(x) - (f \circ g)(y)| = |f(g(x)) - f(g(y))| \leq K |g(x) - g(y)| \leq KM |x - y|$.

4. Sei etwa $0 < a < b$. Dann ist für $x, y \in [a, b]$ stets $|1/x - 1/y| = |x - y|/(xy) \leq |x - y|/a^2$.

5. Mit $\xi := \sqrt[n]{x}$, $\eta := \sqrt[n]{y}$ ist im Falle $x, y \in [a, b]$, $x \neq y$, stets

$$\frac{\sqrt[n]{x} - \sqrt[n]{y}}{x - y} = \frac{\xi - \eta}{\xi^n - \eta^n} = \frac{1}{\frac{\xi^n - \eta^n}{\xi - \eta}} = \frac{1}{\xi^{n-1} + \xi^{n-2}\eta + \cdots + \xi\eta^{n-2} + \eta^{n-1}} \leq \frac{1}{n(\sqrt[n]{a})^{n-1}}.$$

Aufgaben zu Nr. 19

1. Man entnehme der Menge M das Element a_1, der Menge $M \setminus \{a_1\}$ das Element a_2 usw.

2. Man beachte, daß jedes Intervall einen rationalen Punkt enthält.

4. Durch $f(x) := \frac{\beta - \alpha}{b - a}(x - a) + \alpha$ wird eine Bijektion von $[a, b]$ auf $[\alpha, \beta]$ definiert.

Aufgaben zu Nr. 20

1. $a_n \to a$ besagt: Zu jedem $\varepsilon > 0$ gibt es ein n_0, so daß für alle $n > n_0$ stets $|a_n - a| < \varepsilon$ ausfällt. Diese Aussage bedeutet aber gleichzeitig, daß $a_n - a \to 0$ strebt.

2. Gilt a), so gibt es nach Wahl von $\varepsilon > 0$ ein n_0 mit $a_n > 1/\varepsilon$ für $n > n_0$. Für diese n ist dann $0 < 1/a_n < \varepsilon$, also strebt $1/a_n \to 0$. Die Umkehrung wird entsprechend bewiesen.

3. Nach Wahl von $\varepsilon > 0$ gibt es ein n_0 mit $|a_n - a| < \varepsilon$ für alle $n > n_0$ und wegen Aufgabe 2 ein n_1 mit $k_n > n_0$ für alle $n > n_1$. Für $n > n_1$ ist also $|a_{k_n} - a| < \varepsilon$, d.h. $a_{k_n} \to a$.

4. Strebt $a_{n_k} \to a$ und $a_{m_k} \to a$ und wird $\varepsilon > 0$ beliebig vorgegeben, so liegen fast alle a_{n_k} und fast alle a_{m_k} in $U_\varepsilon(a)$, also liegen auch fast alle a_n in $U_\varepsilon(a)$, d.h., es strebt $a_n \to a$. Die zweite Behauptung ergibt sich aus Satz 20.2.

5. Sei $z_n := a_n + ib_n$, $z := a + ib$. Strebt $z_n \to z$, so strebt wegen $|a_n - a| = |\text{Re}(z_n - z)| \leq |z_n - z|$ auch $a_n \to a$; entsprechend strebt $b_n \to b$. Die Umkehrung folgt aus $|z_n - z| \leq |a_n - a| + |b_n - b|$.

Aufgaben zu Nr. 21

1. Hinweise zu d), h), j): $\sqrt{n+1} - \sqrt{n} = \dfrac{(\sqrt{n+1} - \sqrt{n})(\sqrt{n+1} + \sqrt{n})}{\sqrt{n+1} + \sqrt{n}} = \dfrac{1}{\sqrt{n+1} + \sqrt{n}}$,

$1 \leq \sqrt[n]{a} \leq \sqrt[n]{n}$ für $n \geq a$, $\sqrt{9n^2 + 2n + 1} - 3n = \dfrac{(\sqrt{\cdots} - 3n)(\sqrt{\cdots} + 3n)}{\sqrt{\cdots} + 3n} = \dfrac{2n + 1}{\sqrt{\cdots} + 3n}$.

2. Beachte $|b_n - a| \leq |b_n - a_n| + |a_n - a|$.

5. $\sqrt[n]{n} > \sqrt[n+1]{n+1} \Leftrightarrow n^{n+1} > (n+1)^n \Leftrightarrow n > \left(1 + \dfrac{1}{n}\right)^n$. Letzteres ist wegen A 7.11 sicher für $n \geq 3$ der Fall.

Aufgaben zu Nr. 22

2. a) $(1+e^{-1})/2$. b) 2. c) 0. d) $1/e$; denn

$$\left(1-\frac{1}{n}\right)^n = 1\bigg/\left(1+\frac{1}{n-1}\right)^n = 1\bigg/\left(\left(1+\frac{1}{n-1}\right)^{n-1}\left(1+\frac{1}{n-1}\right)\right).$$

3. Im Falle $a=0$ ist $0 \leq a_n < \varepsilon^2$, also $\sqrt{a_n} < \varepsilon$ für $n > n_0$. Im Falle $a>0$ benutze man die Abschätzung $|\sqrt{a_n}-\sqrt{a}| = \dfrac{|a_n-a|}{\sqrt{a_n}+\sqrt{a}} \leq \dfrac{|a_n-a|}{\sqrt{a}}$.

5. Siehe A 11.2.

8. Liegt $\alpha := \sup M$ in M, so setze $a_n := \alpha$ für alle n. Sei nun $\alpha \notin M$. Dann gibt es zu $\varepsilon = 1$ ein $a_1 \in M$ mit $\alpha - 1 < a_1 < \alpha$, zu $\varepsilon = 1/2$ ein $a_2 \in M$ mit $a_1 < a_2$ und $\alpha - 1/2 < a_2 < \alpha$, zu $\varepsilon = 1/3$ ein $a_3 \in M$ mit $a_3 > a_2$ und $\alpha - 1/3 < a_3 < \alpha$ usw. (a_n) strebt gegen α.

9. Im Falle $r \in \mathbb{Z}$ ergibt sich die Behauptung aus Satz 22.7. Für $r = 1/q$ $(q \geq 2)$ erhält man mit dem Hinweis die Abschätzung $|\zeta_n - \xi| \leq |x_n - x|/\xi^{q-1}$ und daraus wieder die Behauptung. Der Fall $r = p/q$ $(q \geq 2, p \in \mathbb{Z})$ wird nun mit Hilfe des eben Bewiesenen und Satz 22.7 erledigt.

10. Sei $\gamma := \sup |a_k|$. O.B.d.A. nehmen wir $\gamma > 0$ an. Sei ε eine beliebige positive Zahl $< \gamma$. Zu ε gibt es ein p mit $|a_p| > \gamma - \varepsilon$ und ein q mit $\sqrt[n]{n}\gamma < \gamma + \varepsilon$ für alle $n > q$ (letzteres, weil $\sqrt[n]{n}\gamma \to \gamma$ strebt). Dann ist für alle $n > n_0 := \max(p,q)$

$$(\gamma - \varepsilon)^n < \sum_{k=1}^n |a_k|^n \leq n\gamma^n < (\gamma + \varepsilon)^n.$$

Indem man die n-te Wurzel zieht, erhält man die Behauptung.

11. $|a_0 + a_1 n + \cdots + a_p n^p|^{1/n} = |a_p|^{1/n} n^{p/n} \left|1 + \dfrac{a_{p-1}}{a_p}\dfrac{1}{n} + \cdots + \dfrac{a_0}{a_p}\dfrac{1}{n^p}\right|^{1/n} \to 1 \cdot 1 \cdot 1 = 1$.

Aufgaben zu Nr. 23

4. $a_{n+k} - a_n = (-1)^n[\alpha_{n+1} - \alpha_{n+2} + \cdots + (-1)^{k-1}\alpha_{n+k}]$, $0 \leq (\alpha_{n+1} - \alpha_{n+2}) + (\alpha_{n+3} - \alpha_{n+4}) + \cdots = \alpha_{n+1} - (\alpha_{n+2} - \alpha_{n+3}) - (\alpha_{n+4} - \alpha_{n+5}) - \cdots \leq \alpha_{n+1}$. Also ist $|a_{n+k} - a_n| = [\cdots] \leq \alpha_{n+1}$, und die Konvergenz von (a_n) folgt nun aus dem Cauchyschen Konvergenzprinzip.

5. $a_{n+1} - a_n > 0$, $a_n \leq n/(n+1) < 1$. Also ist (a_n) wachsend und beschränkt und somit konvergent.

6. $\lim a_n = 2/3$.

7. Für $a := \lim a_n$ ist $a = \sqrt{\alpha + a}$. Es folgt $a = 1/2 + \sqrt{\alpha + 1/4}$.

8. Sei $x_0 \in [a,b]$ beliebig gewählt, $x_{n+1} := f(x_n)$ für $n = 0, 1, 2, \ldots$ Für alle n ist $x_n \in [a,b]$, also ist (x_n) beschränkt, ferner ist (x_n) monoton (man gehe zuerst von $x_0 \leq x_1$, dann von

$x_0 > x_1$ aus). Also strebt $x_n \to \xi \in [a, b]$, und wegen $|f(x_n) - f(\xi)| \leq K|x_n - \xi|$ strebt $f(x_n) \to f(\xi)$. Somit folgt aus $x_{n+1} = f(x_n)$ durch Grenzübergang, daß $\xi = f(\xi)$ ist.

10. Die Folge der $z_n = a_n + ib_n$ sei beschränkt. Dann sind auch die reellen Folgen (a_n), (b_n) beschränkt. Also gibt es eine konvergente Teilfolge (a_{n_k}) von (a_n): $a_{n_k} \to \alpha$ für $k \to \infty$. (b_{n_k}) enthält eine konvergente Teilfolge $(b_{n_{k_l}})$: $b_{n_{k_l}} \to \beta$ für $l \to \infty$. Dann strebt $z_{n_{k_l}} \to \alpha + i\beta$. – Wörtlich wie im Reellen folgt daraus das Cauchysche Konvergenzprinzip.

11. Für $n > m$ ist $a_n \in K_m$, also $|a_n - a_m| \leq r_m$. Daher ist (a_n) eine Cauchyfolge, also existiert $a := \lim a_n$. Mit Satz 22.4 folgt $|a - a_m| \leq r_m$, also liegt a in jedem K_m. Ist auch $b \in K_m$ für alle m, so ist $|a - b| \leq |a - a_m| + |a_m - b| \leq 2r_m$ für alle m, also $|a - b| = 0$, d.h. $a = b$.

Aufgaben zu Nr. 25

1. a) Aus $0 \leq x_n < \varepsilon^{1/\rho}$ für $n > n_0$ folgt $0 \leq x_n^\rho < \varepsilon$ für diese n. b) Wegen a) gibt es ein n_0 mit $1/n^\rho < \varepsilon$ für alle $n \geq n_0$. Da $x \mapsto 1/x^\rho$ abnehmend ist, folgt nun $1/x^\rho < \varepsilon$ für $x > x_0 := n_0$. c) Zu $\varepsilon := 1/G$ gibt es nach b) ein x_0 mit $1/x^\rho < \varepsilon$ für $x > x_0$. Für diese x ist dann $x^\rho > 1/\varepsilon = G$.

2. a) Wegen $a^n \to 0$ gibt es ein n_0, so daß $a^n < \varepsilon$ für $n \geq n_0$. Da $x \mapsto a^x$ abnehmend ist, folgt nun $a^x < \varepsilon$ für $x > x_0 := n_0$. b) Zu $\varepsilon := 1/G$ gibt es nach a) ein x_0 mit $(1/a)^x < \varepsilon$ für $x > x_0$. Für diese x ist dann $a^x > 1/\varepsilon = G$.

3. a) Wähle $n_0 > g^G$. Dann ist für $n > n_0$ erst recht $n > g^G$, also $\log n > G$. Die zweite Behauptung folgt nun, weil $x \mapsto \log x$ wächst. b) Zu $G := 1/\varepsilon$ gibt es nach a) ein x_0 mit $\log x > G$ für $x > x_0$. Für diese x ist dann $1/\log x < 1/G = \varepsilon$. c) folgt unmittelbar aus b).

4. Zu $\varepsilon > 0$ gibt es ein n_0 mit $1 < \sqrt[n]{n} < g^\varepsilon$ für $n > n_0$. Für diese n ist dann $0 < \log \sqrt[n]{n} = (\log n)/n < \varepsilon$.

5. „Logarithmiere" $\sqrt{xy} \leq (x+y)/2$.

6. $x_1 = g_1 \log a$, $x_2 = g_2 \log a \Rightarrow a = g_1^{x_1} = g_2^{x_2} \Rightarrow x_1 = x_2 \, {}_{g_1}\!\log g_2 \Rightarrow {}_{g_1}\!\log a = M({}_{g_2}\!\log a)$.

Aufgaben zu Nr. 26

2. Setze in (26.7) $x_n := 1/n$.

3. $u(10) = 10000 e^{10/10} = 10000 e \approx 27183$; $u(20) = 10000 e^2 \approx 73891$.

4. Nach etwa 23 bzw. 46 Tagen.

5. $u(30) = 156250$.

6. $u_0 \approx 15$, $u(12) \approx 61440$.

7. Bestimmung der Doppelwertzeit δ: $u(t+\delta) = 2u(t) \Rightarrow u_0 e^{\alpha(t+\delta)} = 2 u_0 e^{\alpha t} \Rightarrow e^{\alpha \delta} = 2 \Rightarrow \alpha \delta = \ln 2 \Rightarrow \delta = \dfrac{\ln 2}{\alpha}$.

Lösungen ausgewählter Aufgaben

Entwicklung der Erdbevölkerung bei exponentiellem Wachstum:

Jahr	Anzahl der Menschen (näherungsweise)
2000	6,6 Milliarden
2050	18,0 Milliarden
2501	148,7 Billionen

Im Jahre 2501 wird auf *einen* Menschen etwa *ein* m² fester Erde entfallen.

8. $u(t+\tau) = \frac{1}{2}u(t) \Rightarrow u_0 e^{-\beta(t+\tau)} = \frac{1}{2}u_0 e^{-\beta t} \Rightarrow e^{-\beta\tau} = \frac{1}{2} \Rightarrow -\beta\tau = \ln\frac{1}{2} = -\ln 2 \Rightarrow \tau = \frac{\ln 2}{\beta}$.

9. $0,6 u_0 = u(t) = u_0 e^{-0,0001242 t} \Rightarrow -0,0001242 t = \ln 0,6 \approx -0,5108 \Rightarrow t \approx \frac{0,5108}{0,0001242}$
≈ 4113 Jahre.

10. Bei normaler Funktion müßte noch $0,2 \cdot e^{-0,04 \cdot 30} = 0,2 e^{-1,2} \approx 0,06$ Gramm des Farbstoffs vorhanden sein. Die untersuchte Bauchspeicheldrüse arbeitet also nicht normal.

11. $\binom{n}{k} p_n^k (1-p_n)^{n-k} = \binom{n}{k}\left(\frac{\lambda}{n}\right)^k \left(1-\frac{\lambda}{n}\right)^{n-k} = \binom{n}{k}\frac{1}{n^k}\frac{\lambda^k}{\left(1-\frac{\lambda}{n}\right)^k}\left(1-\frac{\lambda}{n}\right)^n$

$= \frac{n(n-1)\cdots(n-k+1)}{n \cdot n \cdots n} \frac{\lambda^k}{k!} \frac{1}{\left(1-\frac{\lambda}{n}\right)^k}\left(1-\frac{\lambda}{n}\right)^n \to \frac{\lambda^k}{k!} e^{-\lambda}$.

12. a) $\lambda = 1460/365 = 4$, also $P(k \geq 2; 1460, 1/365) \approx 1 - e^{-4}(1+4) \approx 0,91$.

b) $\lambda = 1000 \cdot \frac{5}{1000} = 5$, also $P(k \leq 1; 1000, 5/1000) \approx e^{-5}(1+5) \approx 0,04$.

c) $\lambda = 3500/700 = 5$, also $P(k \geq 3; 3500, 1/700) \approx 1 - e^{-5}\left(1+5+\frac{25}{2}\right) \approx 0,88$.

d) $\lambda = 16000/8000 = 2$, also $P(k \geq 1; 16000, 1/8000) \approx 1 - e^{-2} \approx 0,87$.

e) $\lambda = 12000/6000 = 2$, also $P(k \geq 1; 12000, 1/6000) \approx 1 - e^{-2} \approx 0,87$.

f) $\lambda = 10000/10000 = 1$, also $P(k \geq 2; 10^4, 10^{-4}) \approx 1 - e^{-1}(1+1) \approx 0,26$.

Aufgaben zu Nr. 27

1. Beachte $1/n \to 0$.

2. Beachte $1 + 2 + \cdots + n = n(n+1)/2$.

5. Beachte $1 + 2^1 + 2^2 + \cdots + 2^n = (2^{n+1}-1)/(2-1) = 2^{n+1}-1$.

7. Beachte $n = 1 \cdot \frac{2}{1} \cdot \frac{3}{2} \cdots \frac{n}{n-1}$.

9. $1/n \to 0$, also $\sqrt[n]{1 \cdot \frac{1}{2} \cdots \frac{1}{n}} = \frac{1}{\sqrt[n]{n!}} \to 0$.

Aufgaben zu Nr. 28

1. a) 0, 1.   b) e, e.   c) −1, 1.   d) 1, 3.

2. (a_n) enthält eine Teilfolge (a'_n) mit $a'_n \leq \gamma$ für alle n. (a'_n) besitzt eine konvergente Teilfolge. Deren Grenzwert ist $\leq \gamma$ und ist Häufungswert von (a_n). — Strebt die Teilfolge (a'_n) gegen lim sup a_n, so ist wegen „$a'_n \leq \gamma$ für fast alle n" auch lim sup $a_n = \lim a'_n \leq \gamma$.

3. Die erste Behauptung folgt unmittelbar aus den Definitionen der auftretenden Größen. — Für $a_n := (-1)^n(1+1/n)$ ist inf $a_n = -2 <$ lim inf $a_n = -1 <$ lim sup $a_n = 1 <$ sup $a_n = 3/2$. — Beweis der letzten Behauptung: Sei $s := \sup a_n$ und $s \neq a_n$ für alle n. Dann gibt es Indizes $n_1 < n_2 < \cdots$ mit $s - 1/k < a_{n_k} < s$ (s. A 22.8), also strebt $a_{n_k} \to s$. Ist jedoch $s = a_n$ für unendlich viele n, so ist s trivialerweise Häufungswert.

4. Sei $\alpha := \limsup a_n$, $\beta := \limsup b_n$, $\gamma := \limsup(a_n b_n)$, $\varepsilon > 0$ beliebig. Bestimme $\delta > 0$ aus $(\alpha + \beta)\delta + \delta^2 = \varepsilon$. Es ist $a_n \leq \alpha + \delta$, $b_n \leq \beta + \delta$ für alle $n \geq n_0$, also $a_n b_n \leq (\alpha + \delta)(\beta + \delta) = \alpha\beta + \varepsilon$ für alle $n \geq n_0$ und somit $\gamma \leq \alpha\beta$. — Nun sei (a_n) konvergent, also $\alpha = \lim a_n$. Es gibt eine Teilfolge (b_{n_k}), die gegen β konvergiert. Dann strebt $a_{n_k} b_{n_k} \to \alpha\beta$. Also ist $\alpha\beta \leq \gamma$. Wegen der schon bewiesenen Ungleichung $\gamma \leq \alpha\beta$ muß also $\gamma = \alpha\beta$ sein.

5. Klar ist, daß (α_n) wächst und beschränkt ist. Also existiert $\alpha := \lim \alpha_n$. Wir müssen zeigen, daß $\alpha = \liminf a_n$ ist. Zu diesem Zweck stützen wir uns auf den Satz 28.4. Sei $\varepsilon > 0$ beliebig vorgegeben. Dann gibt es ein n_0 mit $\alpha_{n_0} = \inf_{k \geq n_0} a_k > \alpha - \varepsilon$. Also ist $a_k > \alpha - \varepsilon$ für alle $k \geq n_0$, anders ausgedrückt: Die Ungleichung $a_k < \alpha - \varepsilon$ gilt höchstens für endlich viele k. Nun zeigen wir, daß die Ungleichung $a_k < \alpha + \varepsilon$ für unendlich viele k gilt. Wäre sie nur für endlich viele k richtig, so gäbe es ein k_0 mit $a_k \geq \alpha + \varepsilon$ für alle $k \geq k_0$. Für alle $n \geq k_0$ wäre dann auch $\alpha_n = \inf_{k \geq n} a_k \geq \alpha + \varepsilon$, im Widerspruch zu $\lim \alpha_n = \alpha$. Also ist tatsächlich $a_k < \alpha + \varepsilon$ für unendlich viele k. Satz 28.4 lehrt nun, daß $\alpha = \liminf a_n$ ist. Ganz entsprechend beweist man die zweite Behauptung.

Aufgaben zu Nr. 29

1. Ist (a_n) beschränkt und (a_{n_k}) eine Teilfolge von (a_n), so ist auch (a_{n_k}) beschränkt. Nach dem Auswahlprinzip von Bolzano-Weierstraß enthält (a_{n_k}) also eine konvergente Teilfolge. — Nun besitze umgekehrt jede Teilfolge von (a_n) eine konvergente Teilfolge. Wäre (a_n) unbeschränkt, so gäbe es eine Teilfolge (a_{n_k}) mit $|a_{n_k}| > k$ ($k = 1, 2, \ldots$). Da jede Teilfolge von (a_{n_k}) unbeschränkt ist, kann (a_{n_k}) keine konvergente Teilfolge enthalten. Dieser Widerspruch zu unserer Voraussetzung zeigt, daß (a_n) beschränkt sein muß.

2. Aus $\left(1 + \frac{1}{k}\right)^k < e < \left(1 + \frac{1}{k}\right)^{k+1}$ folgt durch Logarithmieren einerseits $k \ln\left(1 + \frac{1}{k}\right) < 1$, also $\ln \frac{k+1}{k} < \frac{1}{k}$, andererseits $1 < (k+1)\ln\left(1 + \frac{1}{k}\right)$, also $\frac{1}{k+1} < \ln \frac{k+1}{k}$. Infolgedessen ist

$$0 < a_k := \frac{1}{k} - \ln \frac{k+1}{k} < \frac{1}{k} - \frac{1}{k+1}.$$

Die Folge der $s_n := a_1 + \cdots + a_n$ ist wegen $a_k > 0$ wachsend und wegen

$$s_n < \left(1-\frac{1}{2}\right)+\left(\frac{1}{2}-\frac{1}{3}\right)+\cdots+\left(\frac{1}{n}-\frac{1}{n+1}\right)=1-\frac{1}{n+1}<1$$

beschränkt. Sie muß also konvergieren. Mit $h_n := 1+\frac{1}{2}+\cdots+\frac{1}{n}$ ist

$$s_n = \left(1-\ln\frac{2}{1}\right)+\left(\frac{1}{2}-\ln\frac{3}{2}\right)+\cdots+\left(\frac{1}{n}-\ln\frac{n+1}{n}\right) = h_n - \ln\left(\frac{2}{1}\cdot\frac{3}{2}\cdots\frac{n+1}{n}\right)$$
$$= h_n - \ln(n+1),$$

also existiert $\lim_{n\to\infty}(h_n - \ln(n+1))$. Wegen $h_n - \ln n = h_n - \ln(n+1) + \ln\left(1+\frac{1}{n}\right)$ konvergiert dann auch die Folge $(h_n - \ln n)$.

Aufgaben zu Nr. 31

1. Wegen $|q^n| = |q|^n \geq 1$ ist (q^n) keine Nullfolge.

2. Alle Behauptungen folgen sofort aus den Gleichungen
$$s_n := (x_1-x_0)+(x_2-x_1)+\cdots+(x_n-x_{n-1}) = x_n - x_0,$$
$$s'_n := (x_1-x_2)+(x_2-x_3)+\cdots+(x_n-x_{n+1}) = x_1 - x_{n+1}.$$

3. e) $\dfrac{1}{4k^2-1}=\dfrac{1}{(2k-1)(2k+1)}=\dfrac{1}{2}\left(\dfrac{1}{2k-1}-\dfrac{1}{2k+1}\right)$, also $s_n = \dfrac{1}{2}\left(1-\dfrac{1}{2n+1}\right)\to\dfrac{1}{2}$.

f) $\dfrac{1}{k(k+1)(k+2)}=\dfrac{1}{k(k+1)}\cdot\dfrac{1}{k+2}=\left(\dfrac{1}{k}-\dfrac{1}{k+1}\right)\dfrac{1}{k+2}=\dfrac{1}{k(k+2)}-\dfrac{1}{(k+1)(k+2)}$
$$=\frac{1}{2}\left(\frac{1}{k}-\frac{1}{k+2}\right)-\left(\frac{1}{k+1}-\frac{1}{k+2}\right)=\frac{1}{2}\left(\frac{1}{k}-\frac{1}{k+1}\right)-\frac{1}{2}\left(\frac{1}{k+1}-\frac{1}{k+2}\right),$$

also
$$s_n = \frac{1}{2}\left(1-\frac{1}{n+1}\right)-\frac{1}{2}\left(\frac{1}{2}-\frac{1}{n+2}\right)\to\frac{1}{2}-\frac{1}{4}=\frac{1}{4}.$$

g) $a_k := \dfrac{k}{(k+1)(k+2)(k+3)} = \dfrac{(k+1)-1}{(k+1)(k+2)(k+3)} = \dfrac{1}{(k+2)(k+3)}-\dfrac{1}{(k+1)(k+2)(k+3)}.$

Mit Hilfe der in f) benutzten Umformung erhält man
$$a_k = \left[\frac{1}{k+2}-\frac{1}{k+3}\right]-\frac{1}{2}\left[\left(\frac{1}{k+1}-\frac{1}{k+2}\right)-\left(\frac{1}{k+2}-\frac{1}{k+3}\right)\right],$$

also
$$s_n = \left[\frac{1}{3}-\frac{1}{n+3}\right]-\frac{1}{2}\left[\left(\frac{1}{2}-\frac{1}{n+2}\right)-\left(\frac{1}{3}-\frac{1}{n+3}\right)\right]\to\frac{1}{3}-\frac{1}{4}+\frac{1}{6}=\frac{1}{4}.$$

h) $\dfrac{\ln\left(1+\dfrac{1}{k}\right)}{\ln(k^{\ln(k+1)})}=\dfrac{\ln\dfrac{k+1}{k}}{\ln(k+1)\cdot\ln k}=\dfrac{\ln(k+1)-\ln k}{\ln k\cdot\ln(k+1)}=\dfrac{1}{\ln k}-\dfrac{1}{\ln(k+1)},$

also
$$s_n = \frac{1}{\ln 2} - \frac{1}{\ln(n+1)} \to \frac{1}{\ln 2}.$$

4. $\alpha \le 1 \Rightarrow 1 + 1/2 + \cdots + 1/n \le s_n := 1 + 1/2^\alpha + \cdots + 1/n^\alpha \Rightarrow (s_n)$ ist unbeschränkt $\Rightarrow \sum 1/k^\alpha$ divergiert. — Sei $\alpha > 1$ und $2^k > n$. Dann ist $s_n \le s_{2^k-1} = 1 + (1/2^\alpha + 1/3^\alpha) + \cdots + (1/(2^{k-1})^\alpha + \cdots + 1/(2^k-1)^\alpha) \le 1 + 2/2^\alpha + 4/4^\alpha + \cdots + 2^{k-1}/(2^{k-1})^\alpha = 1 + 1/2^{\alpha-1} + (1/2^{\alpha-1})^2 + \cdots + (1/2^{\alpha-1})^{k-1} < 1/(1-1/2^{\alpha-1})$, also ist (s_n) beschränkt und somit $\sum 1/k^\alpha$ konvergent.

5. Beispiel: $a_k := (-1)^{k-1}/k$, $\alpha_k := (-1)^{k-1}$. — Sei $\sum a_k$ absolut konvergent, $|\alpha_k| < \alpha$. Zu $\varepsilon > 0$ gibt es ein n_0, so daß für alle $n > n_0$ und alle $p \ge 1$ stets $|a_{n+1}| + \cdots + |a_{n+p}| < \varepsilon/\alpha$ bleibt. Dann ist $|\alpha_{n+1} a_{n+1}| + \cdots + |\alpha_{n+p} a_{n+p}| \le \alpha(|a_{n+1}| + \cdots + |a_{n+p}|) \le \varepsilon$, also ist $\sum \alpha_k a_k$ absolut konvergent.

6. Ist (a_k) unbeschränkt, so divergiert eine Teilfolge (a_{k_n}) gegen $+\infty$. Dann konvergiert $b_{k_n} \to 1$, also ist $\sum b_k$ divergent. Ist (a_k) beschränkt, so würde aus der Konvergenz von $\sum b_k$ mit Aufgabe 5 folgen, daß auch $\sum a_k \equiv \sum b_k(1+a_k)$ konvergiert.

7. Benutze A 20.5 bzw. die Abschätzungen
$$|a_k| \le |\mathrm{Re}(a_k)| + |\mathrm{Im}(a_k)|, \qquad |\mathrm{Re}(a_k)| \le |a_k|, \qquad |\mathrm{Im}(a_k)| \le |a_k|$$
in Verbindung mit Satz 31.5.

8. Induktiv sieht man, daß alle $a_n > 0$ sind. Wäre die Reihe $\sum_{k=1}^\infty a_k$ konvergent, so müßte nach dem Monotoniekriterium $\sum_{k=1}^n a_k \le C$ für $n = 1, 2, \ldots$ sein. Dann wäre $a_{n+1} \ge 1/C$, im Widerspruch dazu, daß (a_n) eine Nullfolge sein müßte. Also divergiert $\sum_{k=1}^\infty a_n$, und nun folgt, daß $a_n \to 0$ strebt.

Aufgaben zu Nr. 32

3. Sei $\sum a_k$ absolut konvergent. Definiere a_k^+, a_k^- wie in (32.4). Dann ist $a_k = a_k^+ - a_k^-$, ferner $0 \le a_k^+$, $a_k^- \le |a_k|$, also $a_0^+ + \cdots + a_n^+$, $a_0^- + \cdots + a_n^- \le \sum |a_k|$, und somit sind die Reihen $\sum a_k^+$, $\sum a_k^-$ konvergent. — Sind umgekehrt die a_k in der angegebenen Weise darstellbar, dann folgt aus $|a_0| + \cdots + |a_n| \le b_0 + \cdots + b_n + c_1 + \cdots + c_n \le \sum b_k + \sum c_k$, daß $\sum |a_k|$ konvergiert.

4. Sei $A := \sum |a_k|$ und $A > 0$ (sonst trivial). Wegen $\alpha_k \to 0$ ist $|\alpha_k| < \varepsilon/2A$ für $k > m$. Sei $\gamma := \max(|\alpha_0|, \ldots, |\alpha_m|)$ und $\gamma > 0$ (im Falle $\gamma = 0$ vereinfacht sich der Beweis). $r > 0$ werde so gewählt, daß $\sum_{k=r}^\infty |a_k| < \varepsilon/2\gamma$ ausfällt. Für alle $n > n_0 := m + r$ ist dann
$$|a_n \alpha_0 + \cdots + a_0 \alpha_n| \le (|a_n| |\alpha_0| + \cdots + |a_{n-m}| |\alpha_m|) + (|a_{n-m-1}| |\alpha_{m+1}| + \cdots + |a_0| |\alpha_n|)$$
$$< \gamma(\varepsilon/2\gamma) + A(\varepsilon/2A) = \varepsilon.$$

5. Wir benutzen die Bezeichnungen und Ergebnisse aus dem zweiten Teil des Beweises von Satz 32.3. Es gibt Indizes $m_1 < m_2 < \cdots$, so daß $p_0 + \cdots + p_{m_1} > 1 + q_0$,

$p_0 + \cdots + p_{m_2} > 2 + q_0 + q_1$, allgemein $p_0 + \cdots + p_{m_k} > k + q_0 + \cdots + q_k$ ist. Die Reihe

$$p_0 + \cdots + p_{m_1} - q_0 + p_{m_1+1} + \cdots + p_{m_2} - q_1 + p_{m_2+1} + \cdots$$

ist eine divergente Umordnung von $\sum a_k$ (die Teilsumme mit dem letzten Glied $-q_n$ ist $>k$).

6. Wäre sie nicht unbedingt konvergent, so hätte sie nach Aufgabe 5 eine divergente Umordnung.

7. $|c_n| = \dfrac{1}{\sqrt{1}\sqrt{n-1}} + \dfrac{1}{\sqrt{2}\sqrt{n-2}} + \cdots + \dfrac{1}{\sqrt{n-1}\sqrt{1}} \geq \dfrac{n-1}{\sqrt{n-1}\sqrt{n-1}} = 1$ für $n \geq 2$.

8. $A_n b \to ab$ nach Voraussetzung, $a_0 r_n + a_1 r_{n-1} + \cdots + a_n r_0 \to 0$ nach Aufgabe 4, also $C_n \to ab$.

9. $(C_0 + \cdots + C_n)/(n+1) = (A_0 B_n + \cdots + A_n B_0)/(n+1) \to c := (\sum a_k)(\sum b_k)$ nach A 27.6. Da voraussetzungsgemäß die Folge (C_n) konvergiert, muß ihr Grenzwert $\sum c_n$ nach dem Cauchyschen Grenzwertsatz $= c$ sein.

Aufgaben zu Nr. 33

1. a) Div. für $\alpha \leq 0$, konv. für $\alpha > 0$.   b) Div.   c) und d) Konv. für $\alpha > 1$, div. für $\alpha \leq 1$.   e) Konv. für $0 \leq a < 1/e$.   f) Div.   g) Konv.   h) Konv.   i) Konv.   j) Konv. (s. A 21.5).   k) Konv.   l) Konv.   m) Div.   n) Konv. nur für $a = 1$ (s. A 26.2).   o) Konv.   p) Konv.   q) Konv.   r) Konv.   s) Konv.   t) Konv.   u) Konv.   v) Konv.   w) Konv.   x) Konv.

5. Es ist $0 \leq \dfrac{a_{n+1}}{a_n} - 1 = \dfrac{a_{n+1} - a_n}{a_n} \leq \dfrac{a_{n+1} - a_n}{a_0}$, also

$$\sum_{n=0}^{N} \left(\dfrac{a_{n+1}}{a_n} - 1\right) \leq \dfrac{1}{a_0} \sum_{n=0}^{N} (a_{n+1} - a_n) = \dfrac{1}{a_0}(a_{N+1} - a_0) \leq \dfrac{1}{a_0}(\alpha - a_0) \quad \text{mit } \alpha := \lim a_n.$$

Die Konvergenz folgt nun mittels des Monotoniekriteriums.

6. Aus $\alpha < 1$ folgt, daß fast immer $\sqrt[n]{|a_n|} \leq \alpha + (1-\alpha)/2 =: q < 1$ ist: $\sum |a_n|$ konvergiert. Aus $\alpha > 1$ folgt, daß unendlich oft $\sqrt[n]{|a_n|} \geq \alpha - (\alpha - 1)/2 > 1$ ist: $\sum a_n$ divergiert.

7. Der Beweis verläuft ähnlich wie bei Aufgabe 6.

9. Man multipliziere die Glieder von $\sum a_n$ mit den beschränkten Faktoren a_n (s. A 31.5). — $\sum (1/n)^2$ konvergiert, $\sum 1/n$ jedoch nicht.

10. Wende Satz 33.11 auf die Reihen $\sum \sqrt{a_n}$, $\sum \dfrac{1}{n^\alpha}$ an. — $\sum \dfrac{1}{n(\ln n)^2}$ konvergiert, $\sum \dfrac{1}{\sqrt{n}\ln n} \cdot \dfrac{1}{\sqrt{n}}$ divergiert.

11. Man lasse in der Minkowskischen Ungleichung 12.4 $n \to +\infty$ gehen.

12. Die Reihe wird durch $\sum 1/2^k$ majorisiert. — Für die Abschätzung beachte man nur, daß
$$\frac{|\alpha+\beta|}{1+|\alpha+\beta|} \leq \frac{|\alpha|+|\beta|}{1+|\alpha|+|\beta|} \leq \frac{|\alpha|}{1+|\alpha|} + \frac{|\beta|}{1+|\beta|} \text{ ist.}$$

13. Da die Teleskopreihe $\sum(b_k - b_{k+1})$ (absolut) konvergiert, besitzt (b_n) einen Grenzwert. Man braucht jetzt nur noch Satz 33.12 in Verbindung mit A 31.5 heranzuziehen.

14. S. Lösung der Aufgabe 13.

Aufgaben zu Nr. 34

8. Zu $x \in [a, b]$ gibt es eine Folge rationaler Zahlen $r_n \in [a, b]$ mit $r_n \to x$. Dann strebt $f(r_n) \to f(x)$, $g(r_n) \to g(x)$, wegen $f(r_n) = g(r_n)$ ist also $f(x) = g(x)$.

9. Man beachte nur, daß $|f(x) - f(\xi)| = |f(-x) - f(-\xi)|$ ist.

10. a) $f(0) = f(0+0) = 2f(0) \Rightarrow f(0) = 0$. b) $0 = f(x-x) = f(x) + f(-x) \Rightarrow f(-x) = -f(x)$.

c) $f(x-y) = f(x) + f(-y) = f(x) - f(y)$. d) $f(x) = f\left(q\frac{1}{q}x\right) = qf\left(\frac{1}{q}x\right) \Rightarrow f\left(\frac{1}{q}x\right) = \frac{1}{q}f(x)$.

e) $p, q \in \mathbf{N} \Rightarrow f\left(\frac{p}{q}x\right) = pf\left(\frac{1}{q}x\right) = \frac{p}{q}f(x)$; dann gilt auch $f(rx) = rf(x)$ für alle rationalen r.

f) $x_n \to \xi \Rightarrow f(x_n) - f(\xi) = f(x_n - \xi) \to f(0) = 0$. g) Sei $x \in \mathbf{R}$ beliebig und $r_n \in \mathbf{Q}, r_n \to x$. Dann ist $f(r_n) = f(r_n \cdot 1) = r_n f(1)$, und es strebt $f(r_n) \to f(x)$, $r_n f(1) \to xf(1)$, also ist $f(x) = xf(1)$.

11. $f_n(x) := \sqrt[n]{x}$, $0 \leq x \leq 1$. Dann ist $g(0) = 0$ und $g(x) = 1$ für $0 < x \leq 1$.

12. $G_n := (-1/n, 1/n)$ ist offen für $n \in \mathbf{N}$. $G_1 \cap G_2 \cap \cdots = \{0\}$ ist nicht offen.

13. a) G sei X-offen. Dann existiert zu jedem $x \in G$ eine ε-Umgebung $U(x)$ mit $U(x) \cap X \subset G$ (ε hängt von x ab!). $M := \bigcup_{x \in G} U(x)$ ist offen, und es ist $G = M \cap X$. — Nun sei umgekehrt $G = M \cap X$ mit offenem M. Trivialerweise ist $G \subset X$, und jedes $x \in G$ liegt in M. Daher gibt es zu x eine ε-Umgebung $U(x) \subset M$. Aus $U(x) \cap X \subset M \cap X = G$ ergibt sich nun die X-Offenheit von G. — b) folgt sofort aus a), man beachte nur die erste Aussage des Satzes 34.8. — c) folgt aus b) in Verbindung mit Satz 34.7.

Aufgaben zu Nr. 35

1. a) $0 \leq x \leq 1 + \sqrt{\alpha} \Rightarrow 0 \leq f(x) \leq \sqrt{\alpha + 1 + \sqrt{\alpha}} \leq \sqrt{(\sqrt{\alpha}+1)^2} = 1 + \sqrt{\alpha}$. Stetigkeit von f ist klar. b) Für $\alpha > 1/4$ und $x, y \in I$ ist
$$|f(x) - f(y)| = |\sqrt{\alpha+x} - \sqrt{\alpha+y}| = |x-y|/(\sqrt{\alpha+x} + \sqrt{\alpha+y}) \leq (1/2\sqrt{\alpha})|x-y|$$
mit $1/2\sqrt{\alpha} < 1$. Sei $\alpha \leq 1/4$. Dann ist
$$|f(x) - f(0)| = \sqrt{\alpha+x} - \sqrt{\alpha} = x/(\sqrt{\alpha+x} + \sqrt{\alpha}),$$
also $|f(x) - f(0)|/x = 1/(\sqrt{\alpha+x} + \sqrt{\alpha})$, und dies ist $\geq 1 - 1/n$ ($n = 2, 3, \ldots$), wenn $0 < x \leq [(1-1/n)^{-1} - \sqrt{\alpha}]^2 - \alpha$ ist. c) Im Falle $\alpha > 1/4$ folgt die Behauptung aus dem

Kontraktionssatz, im Falle $\alpha \leq 1/4$ aus Satz 35.1 zusammen mit der Tatsache, daß die Gleichung $x = \sqrt{\alpha + x}$ genau eine positive Lösung hat.

2. $q = 1/4$; $\xi = \sqrt{2}$.

3. Nach A 15.8 gibt es zu dem Polynom p ein $\rho > 0$, so daß $p(-\rho)p(\rho) < 0$ ist. Wende nun auf $p\,|\,[-\rho, \rho]$ den Nullstellensatz an.

4. Sei A nach oben beschränkt. Nach A 22.8 gibt es eine Folge (x_n) aus A mit $x_n \to s := \sup A$. Da A abgeschlossen ist, liegt s in A, ist also das Maximum von A. Entsprechend, wenn A nach unten beschränkt ist.

5. e) Sei $(x_n) \subset f^{-1}(A)$, $x_n \to \xi$. Da X abgeschlossen ist, liegt ξ in X. Dann strebt $f(x_n) \to f(\xi)$, und da $f(x_n) \in A$ und A abgeschlossen ist, liegt auch $f(\xi)$ in A und somit ξ in $f^{-1}(A)$, d.h., $f^{-1}(A)$ ist abgeschlossen. — Die ersten vier Behauptungen folgen aus e), weil die angegebenen Mengen die Urbilder der folgenden abgeschlossenen Mengen sind: $\{0\}$ bzw. $\{a\}$, $[a, +\infty)$, $(-\infty, a]$, $[a, b]$.

6. Für a) braucht man nur den Beweis des Satzes 35.3 leicht zu modifizieren. b) und c) sind dann trivial.

8. $\bigcup\limits_{n=1}^{\infty} [1/n, 3 - 1/n] = (0, 3)$.

9. $M \subset \overline{M}$, weil $x \in M$ Grenzwert der Folge $(x, x, x, \ldots)$ aus M ist. — Sei $(x_n) \subset \overline{M}$, $x_n \to x$. Da x_n Grenzwert einer Folge aus M ist, gibt es ein $y_n \in M$ mit $|x_n - y_n| < 1/n$. Dann strebt $y_n = x_n - (x_n - y_n) \to x$, also ist $x \in \overline{M}$. — Die letzte Behauptung ist nun trivial; man beachte nur Satz 35.3.

10. $x \in I \Rightarrow |f(x) - x_0| \leq |f(x) - f(x_0)| + |f(x_0) - x_0| \leq q|x - x_0| + (1-q)r \leq qr + (1-q)r = r \Rightarrow f(x) \in I \Rightarrow f$ ist eine kontrahierende Selbstabbildung von I. Aus dem Kontraktionssatz folgt nun sofort die Behauptung über die Existenz und Konstruktion des Fixpunktes $\xi \in I$. Die Einzigkeit von ξ in X ergibt sich wörtlich wie im Beweis des Kontraktionssatzes.

11. Am Beweis des Kontraktionssatzes ändert sich bei der Übertragung ins Komplexe nichts.

Aufgaben zu Nr. 36

2. Es ist $f(x) \geq \inf f = f(x_1) > 0$.

3. f ist gleichmäßig stetig. Zu $\varepsilon > 0$ gibt es also ein $\delta > 0$ gemäß (36.2). Sei $n \in \mathbf{N}$ so groß, daß $h := (b-a)/n < \delta$ ist und setze $x_k := a + kh$ ($k = 0, 1, \ldots, n$), $m_k := \min\{f(x) : x \in [x_{k-1}, x_k]\}$ und $T(x) := m_k$ für $x \in [x_{k-1}, x_k)$, $T(b) := m_n$. T leistet das Gewünschte.

4. Die Funktion $1/x$ ist stetig auf $X := (0, +\infty)$, die Folge $(1/n)$ ist eine Cauchyfolge aus X, aber $(f(1/n))$ ist keine Cauchyfolge. — Sei f gleichmäßig stetig auf X und (x_n) eine Cauchyfolge aus X. Zu $\varepsilon > 0$ existiert ein $\delta > 0$ mit $|f(x) - f(y)| < \varepsilon$ für $|x - y| < \delta$. Zu δ existiert ein n_0 mit $|x_n - x_m| < \delta$ für $n, m > n_0$. Dann ist für diese n, m auch $|f(x_n) - f(x_m)| < \varepsilon$.

7. Schließe X in $[a, b]$ ein und unterteile $[a, b]$ in gleichlange Teilintervalle I_k, so daß $|f(x)-f(y)|<1$ für $x, y \in X \cap I_k$ ist.

8. Benutze für die Produktaussage die Darstellung

$$f(x)g(x)-f(y)g(y)=f(x)[g(x)-g(y)]+g(y)[f(x)-f(y)].$$

9. $|f(y_1)-f(y_2)|<\varepsilon$, falls $|y_1-y_2|<\delta$; $|g(x_1)-g(x_2)|<\delta$, falls $|x_1-x_2|<\eta$. Also ist $|f(g(x_1))-f(g(x_2))|<\varepsilon$, falls $|x_1-x_2|<\eta$.

10. Andernfalls würde jedes $U_{1/n}(\xi)$ ein $x_n \in A$ enthalten. Es strebte also $x_n \to \xi \notin A$: Widerspruch.

11. Sei zunächst $K_2=\{\xi\}$. Zu jedem $x \in K_1$ gibt es offene Umgebungen $U(x)$ von x und $V(\xi; x)$ von ξ mit leerem Durchschnitt. Dann ist $K_1 \subset M := \bigcup_{\mu=1}^{m} U(x_\mu)$ für gewisse $x_1, \ldots, x_m \in K_1$. $V := \bigcap_{\mu=1}^{m} V(\xi, x_\mu)$ ist eine offene Umgebung von ξ, die die (offene) Menge M nicht schneidet. — Ist K_2 beliebig, so bestimme man zu jedem $\xi \in K_2$ eine offene Umgebung $V(\xi)$ von ξ und eine offene Menge $M_\xi \supset K_1$, die $V(\xi)$ nicht schneidet. Für gewisse $\xi_1, \ldots, \xi_n \in K_2$ ist $G_2 := \bigcup_{\nu=1}^{n} V(\xi_\nu) \supset K_2$ und offen, $G_1 := \bigcap_{\nu=1}^{n} M_{\xi_\nu} \supset K_1$ und offen, ferner $G_1 \cap G_2 = \emptyset$.

12. Sei K kompakt, $a := \min K$, $b := \max K$ (s. A 35.4), $I := [a, b] \supset K$. Ist $K = I$, so ist nichts zu beweisen. Andernfalls gibt es ein $\xi \in I \setminus K$. Dann existiert eine ε-Umgebung von ξ, die K nicht schneidet (Aufgabe 10). Sei $I(\xi)$ die Vereinigung aller offenen Intervalle, die ξ, aber keinen Punkt von K enthalten. $I(\xi)$ ist ein offenes Intervall, das ξ enthält und K nicht schneidet; die Randpunkte von $I(\xi)$ gehören jedoch zu K. Ist $K = I \setminus I(\xi)$, so sind wir fertig. Andernfalls wende man auf ein $\eta \in I$, das weder in K noch in $I(\xi)$ liegt, dasselbe Verfahren an. So fährt man fort. Es können höchstens abzählbar viele Intervalle $I(\xi), I(\eta), \ldots$ entstehen, weil jedes dieser (paarweise disjunkten) Intervalle einen rationalen Punkt enthält. — Die zweite Behauptung ergibt sich mit Hilfe der Sätze 34.8, 35.3 und 36.2.

13. Sei $a_n \in K_n$ beliebig. Für $n > m$ ist $a_n \in K_m$, also $|a_n - a_m| \leq d(K_m)$. Somit ist (a_n) eine Cauchyfolge, also existiert $a := \lim a_n$. Die Teilfolge $(a_m, a_{m+1}, \ldots)$ liegt in K_m und strebt gegen a. Da K_m abgeschlossen ist, liegt a in jedem K_m. Gilt dasselbe für b, so ist $|a - b| \leq d(K_m)$ für alle m, also $a = b$.

Aufgaben zu Nr. 37

1. Sei $a, b \in I$ und $a < b$. Dann ist $f(a) \neq f(b)$. Sei etwa $f(a) < f(b)$, ferner $a < \xi < b$. Dann ist $f(a) < f(\xi) < f(b)$. Wäre nämlich $f(a) \geq f(\xi)$, so wäre $f(a) > f(\xi)$, f würde auf $[\xi, b]$ jeden Wert in $[f(\xi), f(b)]$, also auch den Wert $f(a)$ annehmen: Widerspruch zur Injektivität. Ebenso sieht man, daß $f(\xi) < f(b)$ ist. Wäre f nicht streng wachsend auf $[a, b]$, so gäbe es Punkte $x_1 < x_2$ in $[a, b]$ mit $f(a) \leq f(x_2) < f(x_1)$. Auf $[a, x_1]$ würde dann f jeden Wert in $[f(a), f(x_1)]$, also auch $f(x_2)$ annehmen, obwohl dieser Wert noch einmal in $x_2 \notin [a, x_1]$ angenommen wird: Widerspruch. Somit ist f jedenfalls auf $[a, b]$ streng wachsend. Wäre $f(a) > f(b)$ gewesen, so hätte man strenges Abnehmen auf $[a, b]$ erhalten. Sei nun $c \leq a, b \leq d$ und $c, d \in I$. Dann zeigt unser Ergebnis, angewandt auf $[c, d]$, daß f auf $[c, d]$

entweder streng wächst oder streng fällt. Wegen $f(a)<f(b)$ liegt Wachstum vor. Ist $x_1, x_2 \in I$, $x_1<x_2$, so liegen x_1, x_2, a, b in einem Intervall $[c,d] \subset I$, dort ist f streng wachsend, also ist $f(x_1)<f(x_2)$. Somit ist f streng wachsend auf I. — Die Funktionen

$$f_1(x) := \begin{cases} x & \text{für } 0 \leq x < 1, \\ -x+3 & \text{für } 1 \leq x \leq 2, \end{cases} \qquad f_2(x) := \begin{cases} x & \text{für } 0 \leq x < 1, \\ -x+4 & \text{für } 2 \leq x \leq 3 \end{cases}$$

sind injektiv auf ihren jeweiligen Definitionsbereichen, ohne dort streng monoton zu sein (Skizze!). f_1 ist in $x=1$ unstetig; der Definitionsbereich von f_2 ist kein Intervall (f_2 ist jedoch stetig).

2. Sei X kompakt, $\eta = f(\xi) \in f(X)$, $y_n \in f(X)$ und $\lim y_n = \eta$. Wir müssen zeigen, daß $x_n := f^{-1}(y_n) \to f^{-1}(\eta) = \xi$ strebt. Angenommen, dies sei nicht der Fall. Dann gibt es ein $\varepsilon_0 > 0$ und eine Teilfolge (x'_n) von (x_n), so daß durchweg $|x'_n - \xi| \geq \varepsilon_0$ bleibt. Wegen der Kompaktheit von X enthält (x'_n) eine Teilfolge (x''_n), die gegen einen Punkt $\tilde{\xi} \neq \xi$ von X konvergiert. Da f stetig ist, strebt $f(x''_n) \to f(\tilde{\xi})$, und da $(f(x''_n))$ eine Teilfolge von (y_n) ist, gilt auch $f(x''_n) \to \eta = f(\xi)$. Infolgedessen muß $f(\tilde{\xi}) = f(\xi)$, also $\tilde{\xi} = \xi$ sein: Widerspruch! In Wirklichkeit strebt also $f^{-1}(y_n) \to f^{-1}(\eta)$. — Nun sei X offen und wie oben $\eta = f(\xi) \in f(X)$. Dann gibt es eine ε-Umgebung $U \subset X$ von ξ. Wende nun Aufgabe 1 und den Umkehrsatz auf $f \mid U$ an.

3. Weil der Definitionsbereich $f(I)$ von f^{-1} kein Intervall zu sein braucht.

Aufgaben zu Nr. 38

1. $(x^k - \xi^k)/(x - \xi) = x^{k-1} + \xi x^{k-2} + \cdots + \xi^{k-2} x + \xi^{k-1} \to k \xi^{k-1}$ für $x \to \xi$.

2. a) 0, b) 4, c) 2, d) 1/2, e) 0.

3. $\lim f\left(\dfrac{1}{2n-1}\right) = 0$, $\lim f\left(\dfrac{1}{2n}\right) = 1$.

4. Sei $\eta := \lim\limits_{x \to \xi} f(x)$. Zu $\varepsilon = 1$ gibt es ein $\delta > 0$, so daß $\eta - 1 < f(x) < \eta + 1$ für $x \in \dot{U}_\delta(\xi) \cap X$. Dann ist f auch auf $U_\delta(\xi) \cap X$ beschränkt.

Aufgaben zu Nr. 39

2. Von erster Art.

4. Sei $f(x) \geq \alpha$ für alle $x \in (a, b)$ und $a < c < b$. Setze $g(a) := \alpha$, $g(x) := f(x)$ für $x \in (a, c]$. Dann ist g wachsend auf $[a, c]$, also existiert nach Satz 39.3 $g(a+)$. Infolgedessen ist auch $f(a+)$ vorhanden (und $= g(a+)$). Entsprechend für $f(b-)$, wenn $f(x) \leq \beta$ für alle $x \in (a, b)$ ist.

Aufgaben zu Nr. 40

3. a) $\Rightarrow$: Zu $\varepsilon > 0$ gibt es ein $\delta > 0$, so daß $f(x) < f(\xi) + \varepsilon$ für alle $x \in U_\delta(\xi) \cap X$ ist. Fast alle x_n liegen in $U_\delta(\xi)$, also ist fast immer $f(x_n) < f(\xi) + \varepsilon$ und somit $\limsup f(x_n) \leq f(\xi) + \varepsilon$. Da $\varepsilon > 0$ beliebig war, folgt daraus $\limsup f(x_n) \leq f(\xi)$. $\Leftarrow$: Wäre die Behauptung falsch, so

gäbe es ein $\varepsilon_0 > 0$ mit folgender Eigenschaft: Zu jedem $\delta > 0$ existiert ein $x(\delta) \in U_\delta(\xi) \cap X$ mit $f(x(\delta)) \geq f(\xi) + \varepsilon_0$. Wählt man $\delta = 1, 1/2, \ldots$, so erhält man eine Folge (x_n) mit $x_n \to \xi$ und $f(x_n) \geq f(\xi) + \varepsilon_0$, also $\limsup f(x_n) > f(\xi)$: Widerspruch.

f) Wäre $\sup f = +\infty$, so gäbe es eine Folge (x_n) aus X mit $f(x_n) \to +\infty$. (x_n) enthält eine konvergente Teilfolge (x'_n) mit Grenzwert $\xi \in X$. Dann wäre einerseits fast immer $f(x'_n) < f(\xi) + 1$, andererseits divergierte $f(x'_n) \to +\infty$: Widerspruch. — Sei $\eta := \sup f$ und (x_n) eine Folge aus X mit $f(x_n) \to \eta$. (x_n) enthält eine konvergente Teilfolge (x'_n) mit Grenzwert $\xi \in X$. Die Annahme $f(\xi) \neq \eta$, also $f(\xi) < \eta$, führt auf einen Widerspruch: einerseits strebt $f(x'_n) \to \eta$, andererseits ist fast immer $f(x'_n) < f(\xi) + \varepsilon < \eta$ ($\varepsilon > 0$ und hinreichend klein).

Aufgaben zu Nr. 41

5. a) 1/2,   b) 4,   c) 1/2,   d) 0.

Aufgaben zu Nr. 42

1. a) 0,   b) 8e−1,   c) 0.

Aufgaben zu Nr. 43

2. Für $x \to +\infty$ gilt:

$$r(x) = \frac{\dfrac{a_0}{x^q} + \dfrac{a_1}{x^{q-1}} + \cdots + \dfrac{a_p}{x^{q-p}}}{\dfrac{b_0}{x^q} + \dfrac{b_1}{x^{q-1}} + \cdots + b_q} \to \begin{cases} 0, & \text{falls } p < q, \\ a_p/b_q, & \text{falls } p = q, \\ +\infty, & \text{falls } p > q \text{ und } a_p b_q > 0, \\ -\infty, & \text{falls } p > q \text{ und } a_p b_q < 0. \end{cases}$$

Entsprechend schließt man, wenn $x \to -\infty$ geht.

3. Für $x \to -\infty$ gilt:

$$e^x + e^{-x} \to +\infty, \quad e^x - e^{-x} \to -\infty, \quad \frac{e^x - e^{-x}}{e^x + e^{-x}} = \frac{e^{2x} - 1}{e^{2x} + 1} \to -1.$$

Aufgaben zu Nr. 44

3. $|a_{mn} - a| < \varepsilon$ für alle $m, n > p \Rightarrow |\alpha_m - a| \leq \varepsilon$ für alle $m > p \Rightarrow \lim \alpha_m = a$. Entsprechend für die Spaltenlimites.

5. Zu jedem $\varepsilon > 0$ gibt es ein $x_0 \in X$, so daß $f_x \in U_\varepsilon(\eta)$ für alle $x \succ x_0$ ist. Zu x_0 existiert nach Voraussetzung ein $y_0 \succ x_0$ aus Y. Für jedes $y \succ y_0$ aus Y gilt dann auch $y \succ x_0$ und somit $f_y \in U_\varepsilon(\eta)$, d.h., es ist $\lim_Y f_y = \eta$.

6. a) (R 1) und (R 2) sind trivialerweise erfüllt. (R 3): $Z_1, Z_2 \ll Z_1 \cup Z_2$. — Sei (Z_k) eine Folge von Zerlegungen und T die Menge aller Teilpunkte aller Z_k. T ist abzählbar. Da $[a, b]$ überabzählbar ist, gibt es ein $\xi \in (a, b)$, das nicht in T liegt. Dann ist $Z := \{a, \xi, b\}$ eine Zerlegung von $[a, b]$, und für kein k gilt $Z_k \supset Z$. Keine Folge von Zerlegungen ist also

konfinal. b) Jede Folge von Zerlegungen Z_k mit $|Z_k| \to 0$ ist konfinal. c) Ist $Z_1 \ll Z_2$, so enthält Z_2 alle Elemente von Z_1, also ist $|Z_2| \leq |Z_1|$ und somit $Z_1 < Z_2$.

Aufgaben zu Nr. 45

1. $\sum\limits_{j,k=2}^{\infty} \frac{1}{j^k} = \sum\limits_{j=2}^{\infty} \left(\sum\limits_{k=2}^{\infty} \left(\frac{1}{j} \right)^k \right) = \sum\limits_{j=2}^{\infty} \frac{1}{j^2} \frac{1}{1-\frac{1}{j}} = \sum\limits_{j=2}^{\infty} \frac{1}{j(j-1)} = 1.$

2. Setze
$$z_0 := \frac{a_0}{2} + \frac{a_0}{2^2} + \frac{a_0}{2^3} + \frac{a_0}{2^4} + \cdots = a_0$$
$$z_1 := \phantom{\frac{a_0}{2} + {}} \frac{2a_1}{2^2} + \frac{2a_1}{2^3} + \frac{2a_1}{2^4} + \cdots = a_1$$
$$z_2 := \phantom{\frac{a_0}{2} + \frac{a_0}{2^2} + {}} \frac{2^2 a_2}{2^3} + \frac{2^2 a_2}{2^4} + \cdots = a_2$$
$$\cdots\cdots\cdots\cdots\cdots\cdots\cdots\cdots$$

und addiere spaltenweise (s. Bemerkung am Ende dieses Abschnitts).

3. $\sum\limits_{n=0}^{\infty} \binom{n+2}{2} x^n = \sum\limits_{k=0}^{\infty} \left(\sum\limits_{j=0}^{\infty} a_{jk} x^k \right) = \sum\limits_{j=0}^{\infty} \left(\sum\limits_{k=0}^{\infty} a_{jk} x^k \right) = \sum\limits_{j=0}^{\infty} \left(\sum\limits_{k=j}^{\infty} (j+1) x^k \right)$

$\phantom{\sum\limits_{n=0}^{\infty} \binom{n+2}{2} x^n} = \sum\limits_{j=0}^{\infty} \left(\sum\limits_{k=0}^{\infty} (j+1) x^{j+k} \right) = \sum\limits_{j=0}^{\infty} \left((j+1) x^j \cdot \sum\limits_{k=0}^{\infty} x^k \right)$

$\phantom{\sum\limits_{n=0}^{\infty} \binom{n+2}{2} x^n} = \frac{1}{1-x} \sum\limits_{j=0}^{\infty} (j+1) x^j = \frac{1}{(1-x)^3}.$

4. $e = 1 + 1 + \frac{1}{2!} + \frac{1}{3!} + \frac{1}{4!} + \cdots = 1 + \frac{2}{2!} + \frac{3}{3!} + \frac{4}{4!} + \frac{5}{5!} + \cdots$

$ = 1 + \left(\frac{1}{2!} + \frac{1}{2!} \right) + \left(\frac{1}{3!} + \frac{1}{3!} + \frac{1}{3!} \right) + \left(\frac{1}{4!} + \frac{1}{4!} + \frac{1}{4!} + \frac{1}{4!} \right) + \cdots$

$ = \left.\begin{array}{l} 1 \\ + \dfrac{1}{2!} + \dfrac{1}{2!} \\ + \dfrac{1}{3!} + \dfrac{1}{3!} + \dfrac{1}{3!} \\ + \cdots\cdots\cdots \end{array}\right\}$

$ = \left(1 + \frac{1}{2!} + \frac{1}{3!} + \cdots \right) + \left(\frac{1}{2!} + \frac{1}{3!} + \cdots \right) + \left(\frac{1}{3!} + \frac{1}{4!} + \cdots \right) + \cdots$

$ = (e - s_0) + (e - s_1) + (e - s_2) + \cdots = \sum\limits_{n=0}^{\infty} (e - s_n).$

5. Man beachte nur, daß $s_0 + s_1 + \cdots + s_n = r_0 - r_{n+1}$ und $r_0 = \sum\limits_{j=0}^{\infty} z_j$ ist.

Aufgaben zu Nr. 46

1. Wende Satz 39.1 an.

2. S. A 38.1.

3. Zu $\varepsilon = 1$ gibt es eine δ-Umgebung U von ξ, so daß

$$\left|\left|\frac{f(x)-f(\xi)}{x-\xi}\right| - |f'(\xi)|\right| \leq \left|\frac{f(x)-f(\xi)}{x-\xi} - f'(\xi)\right| < 1 \quad \text{für alle } x \in \dot{U} \cap I$$

ist. $K := 1 + |f'(\xi)|$ leistet offenbar das Gewünschte.

4. Gegenbeispiel: $f(x) := |x|$, $\xi = 0$.

5. $\dfrac{f(x)-f(0)}{x-0} = \dfrac{x^2 g(x)}{x} = xg(x) \to 0$ für $x \to 0$.

Aufgaben zu Nr. 47

1. Nach der Produktregel ist die Formel für $n = 1$ richtig. Angenommen, sie gelte für ein gewisses $n \geq 1$. Dann folgt

$$(fg)^{(n+1)} = \sum_{k=0}^{n} \binom{n}{k} f^{(k)} g^{(n-k+1)} + \sum_{k=0}^{n} \binom{n}{k} f^{(k+1)} g^{(n-k)}$$

$$= fg^{(n+1)} + \sum_{k=1}^{n} \binom{n}{k} f^{(k)} g^{(n+1-k)} + \sum_{k=1}^{n} \binom{n}{k-1} f^{(k)} g^{(n+1-k)} + f^{(n+1)} g$$

$$= fg^{(n+1)} + \sum_{k=1}^{n} \left[\binom{n}{k} + \binom{n}{k-1}\right] f^{(k)} g^{(n+1-k)} + f^{(n+1)} g$$

$$= \sum_{k=0}^{n+1} \binom{n+1}{k} f^{(k)} g^{(n+1-k)}$$

(s. Gl. (7.3) in A 7.4). Die Formel gilt also auch für $n+1$.

2. Nach der Produktregel ist die Formel für $n = 2$ richtig. Angenommen, sie treffe für ein gewisses $n \geq 2$ zu. Dann ist $(f_1 \cdots f_n f_{n+1})' = (f_1 \cdots f_n)' f_{n+1} + (f_1 \cdots f_n) f'_{n+1} = f'_1 f_2 \cdots f_n f_{n+1} + f_1 f'_2 f_3 \cdots f_n f_{n+1} + \cdots + f_1 \cdots f_{n-1} f'_n f_{n+1} + f_1 \cdots f_n f'_{n+1}$. Die Formel gilt somit auch für $n+1$.

3. Aus $x = f(x)g(x)$ folgt $1 = f'(0)g(0) + f(0)g'(0) = f'(0)g(0)$. Also ist $g(0) \neq 0$.

Aufgaben zu Nr. 48

3. a) $y = 2 - x$. b) $y = 1 + x$. c) $y = x$.

4.
$$\begin{aligned}
p'(x) &= a_1 + 2a_2 x + 3a_3 x^2 + 4a_4 x^3, & (\cos x)' &= -\sin x, \\
p''(x) &= 2a_2 + 6a_3 x + 12a_4 x^2, & (\cos x)'' &= -\cos x, \\
p'''(x) &= 6a_3 + 24a_4 x, & (\cos x)''' &= \sin x, \\
p^{(4)}(x) &= 24a_4, & (\cos x)^{(4)} &= \cos x.
\end{aligned}$$

608   Lösungen ausgewählter Aufgaben

Infolgedessen ist $p(0)=a_0=\cos 0=1$, $p'(0)=a_1=-\sin 0=0$, $p''(0)=2a_2=-\cos 0=-1$, $p'''(0)=6a_3=\sin 0=0$, $p^{(4)}(0)=24a_4=\cos 0=1$, woraus sich $a_0=1$, $a_1=0$, $a_2=-1/2$, $a_3=0$, $a_4=1/24$ und somit $p(x)=1-\dfrac{x^2}{2}+\dfrac{x^4}{24}$ ergibt.

5. $p(x)=x-\dfrac{x^3}{6}$.

7. a) $p'(x)=\sum\limits_{k=1}^{n}ka_kx^{k-1}$, $p''(x)=\sum\limits_{k=2}^{n}(k-1)ka_kx^{k-2},\ldots,p^{(n)}(x)=1\cdot 2\cdots n\cdot a_n$, also $p'(0)=1\cdot a_1$, $p''(0)=1\cdot 2\cdot a_2,\ldots,p^{(n)}(0)=1\cdot 2\cdots n\cdot a_n$.

b) $P(h):=p(x_0+h)=\sum\limits_{k=0}^{n}a_k(x_0+h)^k=\sum\limits_{k=0}^{n}a_k\left(\sum\limits_{j=0}^{k}\binom{k}{j}x_0^{k-j}h^j\right)$ ist ein Polynom in h. Nach a) ist also $P(h)=P(0)+\dfrac{P'(0)}{1!}h+\cdots+\dfrac{P^{(n)}(0)}{n!}h^n$. Nach der Kettenregel ist $\dfrac{dP}{dh}=\dfrac{d}{dh}\sum\limits_{k=0}^{n}a_k(x_0+h)^k=\sum\limits_{k=1}^{n}ka_k(x_0+h)^{k-1}\cdot 1$, also $P'(0)=\sum\limits_{k=1}^{n}ka_kx_0^{k-1}=p'(x_0)$. Fortgesetztes Differenzieren liefert allgemein $P^{(k)}(0)=p^{(k)}(x_0)$, woraus nun die Behauptung folgt.

8. Sei $p(x_0)=p'(x_0)=\cdots=p^{(v-1)}(x_0)=0$, $p^{(v)}(x_0)\neq 0$. Dann ist nach Aufgabe 7b mit $h:=x-x_0$ offenbar

$$p(x)=(x-x_0)^v\left[\dfrac{p^{(v)}(x_0)}{v!}+\dfrac{p^{(v+1)}(x_0)}{(v+1)!}(x-x_0)+\cdots+\dfrac{p^{(n)}(x_0)}{n!}(x-x_0)^{n-v}\right]=(x-x_0)^v q(x),$$

q ein Polynom in x mit $q(x_0)=p^{(v)}(x_0)/v!\neq 0$. Also ist v die Vielfachheit von x_0. Nun sei x_0 eine Nullstelle der Vielfachheit v von p, also $p(x)=(x-x_0)^v q(x)$, $q(x_0)\neq 0$. Dann ist für alle h

$$p(x_0+h)=p(x_0)+\dfrac{p'(x_0)}{1!}h+\cdots+\dfrac{p^{(v-1)}(x_0)}{(v-1)!}h^{v-1}+\dfrac{p^{(v)}(x_0)}{v!}h^v+\cdots+\dfrac{p^{(n)}(x_0)}{n!}h^n$$

$$=h^v q(x_0+h)=h^v\left[q(x_0)+\dfrac{q'(x_0)}{1!}+\cdots+\dfrac{q^{(n-v)}(x_0)}{(n-v)!}h^{n-v}\right]$$

$$=q(x_0)h^v+\cdots+\dfrac{q^{(n-v)}(x_0)}{(n-v)!}h^n.$$

Aus dem Identitätssatz für Polynome folgt nun $p(x_0)=p'(x_0)=\cdots=p^{(v-1)}(x_0)=0$, $p^{(v)}(x_0)\neq 0$.

9. Setze in (48.12) $y=x$.

Aufgaben zu Nr. 49

1. Wegen $|f(x)-f(y)|/|x-y|\leq K|x-y|^{\alpha-1}$ ist $f'(x)=0$ auf $[a,b]$.

2. a) 0. b) 0. c) $(\alpha/\beta)a^{\alpha-\beta}$.

3. Für alle $x\in(a,b]$ ist $h(x):=g(x)-f(x)=h(a)+h'(\xi)(x-a)=h'(\xi)(x-a)>0$, da $\xi\in(a,b)$.

Lösungen ausgewählter Aufgaben   609

4. Nach dem Satz von Rolle gibt es n Stellen $x'_k \in (x_{k-1}, x_k)$ $(k=1, \ldots, n)$ mit $f'(x'_k)=0$. Nach demselben Satz gibt es infolgedessen $n-1$ Stellen $x''_k \in (x'_{k-1}, x'_k)$ $(k=2, \ldots, n)$ mit $f''(x''_k)=0$. So fortfahrend erhält man die Behauptung.

5. Sei (h_n) eine Nullfolge mit $x_0+h_n \in \mathring{U} \cap I$. Zu jedem n gibt es ein ξ_n zwischen x_0 und x_0+h_n mit $[f(x_0+h_n)-f(x_0)]/h_n = f'(\xi_n)$. Da $\xi_n \to x_0$, also $f'(\xi_n) \to \eta$ strebt, folgt aus dieser Gleichung die Behauptung.

6. Widerspruchsbeweis mit Hilfe des Satzes von Rolle.

7. Klar für $n=2$ (Definition). Nun sei die Ungleichung für ein gewisses $n \geq 2$ richtig. $x_1, \ldots, x_{n+1}$ seien Punkte aus I, $\lambda_k > 0$, $\lambda_1 + \cdots + \lambda_{n+1} = 1$. Mit $\lambda := \lambda_1 + \cdots + \lambda_n$ ist $\lambda + \lambda_{n+1} = 1$ und $\lambda_1/\lambda + \cdots + \lambda_n/\lambda = 1$, also

$$f(\lambda_1 x_1 + \cdots + \lambda_{n+1} x_{n+1}) = f\left[\lambda\left(\frac{\lambda_1}{\lambda}x_1 + \cdots + \frac{\lambda_n}{\lambda}x_n\right) + \lambda_{n+1} x_{n+1}\right]$$

$$\leq \lambda f\left(\frac{\lambda_1}{\lambda}x_1 + \cdots + \frac{\lambda_n}{\lambda}x_n\right) + \lambda_{n+1} f(x_{n+1})$$

$$\leq \lambda\left(\frac{\lambda_1}{\lambda}f(x_1) + \cdots + \frac{\lambda_n}{\lambda}f(x_n)\right) + \lambda_{n+1} f(x_{n+1})$$

$$= \lambda_1 f(x_1) + \cdots + \lambda_{n+1} f(x_{n+1}).$$

8. f' ist streng wachsend auf I, also ist $f(x) = f(x_0) + (x-x_0)f'(\xi) > f(x_0) + (x-x_0)f'(x_0)$, sowohl wenn $x > x_0$ als auch wenn $x < x_0$ ist (beachte, daß ξ zwischen x und x_0 liegt).

Aufgaben zu Nr. 50

11. $g'(x) = \cos x (x + \sin x \cos x + 2 \cos x) e^{\sin x}$ hat Nullstellen in jedem Intervall der Form $(a, +\infty)$. Damit ist eine der Voraussetzungen des Satzes 50.1 verletzt. In der „Lösung" der Aufgabe wurde der störende Faktor $\cos x$ in $g'(x)$ gegen denselben Faktor in $f'(x) = 2 \cos^2 x$ unerlaubterweise weggekürzt.

Aufgabe zu Nr. 51

Nach (51.1) ist $f(x) - P_1(x) = \dfrac{(x-x_0)(x-x_0-h)}{2} f''(\xi)$. Das quadratische Polynom $q(x) := (x-x_0)(x-x_0-h)$ verschwindet in x_0 und x_0+h, ist in (x_0, x_0+h) negativ und besitzt, wie man etwa mittels seiner Ableitung erkennt, in $x_0+h/2$ eine Minimalstelle; das Minimum ist $-h^2/4$. Also ist $|f(x) - P_1(x)| \leq (h^2/8) M_2$.

Aufgaben zu Nr. 52

5. Anschaulich besagt die Behauptung, daß die Schaubilder der Funktionen $f(x) := C$ ($C > 0$) und $g(x) := (1 + x + x^2/2) e^{-x}$ genau einen Schnittpunkt haben. Wegen $g'(x) = -(x^2/2) e^{-x} < 0$ ist g streng abnehmend. Die Behauptung ergibt sich nun, wenn man noch die Beziehungen $g(x) \to +\infty$ für $x \to -\infty$ und $g(x) \to 0$ für $x \to +\infty$ beachtet.

6. Die Diskussion der Funktionen $f(x) := (1 - \ln x)^2$ und $g(x) := x(3 - 2\ln x)$ zeigt:

a) $\lim_{x \to 0+} f(x) = \lim_{x \to +\infty} f(x) = +\infty$. f nimmt in $(0, e]$ streng ab und in $[e, +\infty)$ streng zu; es ist $f(e) = 0$.

b) $\lim_{x \to 0+} g(x) = 0$, $\lim_{x \to +\infty} g(x) = -\infty$. g nimmt in $(0, \sqrt{e}]$ streng zu und in $[\sqrt{e}, +\infty)$ streng ab.

c) $g(\sqrt{e}) > f(\sqrt{e})$.

Aus diesen Tatsachen folgt die Behauptung (man mache sich eine Skizze!).

Aufgaben zu Nr. 54

3. Das Dreieck ist gleichseitig.

4. $r = \sqrt[3]{V/2\pi}$, $h = 2\sqrt[3]{V/2\pi}$; es ist also $h = 2r$, d.h. Höhe = Durchmesser.

5. Die günstigste Näherung ist das arithmetische Mittel $(a_1 + \cdots + a_n)/n$ der n Meßwerte.

Aufgaben zu Nr. 55

1. $u(t) = \dfrac{\beta}{\alpha} + \left(u_0 - \dfrac{\beta}{\alpha}\right) e^{-\alpha t}$. Der Gleichgewichtszustand ergibt sich für $t \to +\infty$ zu $\dfrac{\beta}{\alpha}$.

2. $u' = -\beta u$. $u(x) = u_0 e^{-\beta x}$ mit $u_0 = u(0)$. Halbwertlänge := Länge des Weges, nach dessen Durchwanderung die Hälfte der Energie absorbiert ist, $= (\ln 2)/\beta$.

3. $u' = -\beta(x) u$. Aus $\dfrac{d}{dx} \ln u(x) = \dfrac{u'(x)}{u(x)} = -\beta(x) = -\beta x$ folgt $\ln u(x) = -\dfrac{\beta}{2} x^2 + C$, also $u(x) = u_0 e^{-(\beta/2)x^2}$, $u_0 := u(0)$. Durch Differentiation bestätigt man, daß dieses u die Differentialgleichung löst.

4. $p' = -(\varrho_0 g/p_0) p$. Die Lösung erhält man mit Satz 55.1.

5. $u(t) = (u_0 - A_0 - \gamma/\beta) e^{-\beta t} + A_0 + \gamma/\beta - \gamma t$ (benutze Satz 55.2 und Variation der Konstanten).

7. Mit $\beta := (q/cl)\lambda$ ist

$$u_\lambda(t) = \begin{cases} [u_0 - B_0 + \beta(A_0 - B_0)t] e^{-\beta t} + B_0, & \text{falls } \beta = \gamma, \\ \left[u_0 - B_0 - \dfrac{\beta(A_0 - B_0)}{\beta - \gamma}\right] e^{-\beta t} + \dfrac{\beta(A_0 - B_0)}{\beta - \gamma} e^{-\gamma t} + B_0, & \text{falls } \beta \neq \gamma. \end{cases}$$

Die Grenzwertbehauptung kann man daraus sofort ablesen.

9. $u(t) = \left[\dfrac{\gamma}{\tau + (\gamma/u_0^2 - \tau) e^{-2\gamma t}}\right]^{1/2}$. Die Lösung wächst bzw. fällt streng, wenn $\gamma/\tau > u_0^2$ bzw. $< u_0^2$ ist; im Falle $\gamma/\tau = u_0^2$ bleibt sie konstant ($u_0 := u(0)$). Die Ungleichung $\gamma/\tau > u_0^2$ besagt, daß $\gamma u_0 > \tau u_0^3$ ist, daß also zu Beginn des Prozesses die Geburten die Todesfälle übersteigen. Im Nichtkonstanzfalle ($\gamma/\tau \neq u_0^2$) besitzt die Lösung genau dann einen Wendepunkt t_w, wenn sie streng wächst; es ist $t_w = \dfrac{1}{2\gamma} \ln \dfrac{1}{2}\left(\dfrac{\gamma/\tau}{u_0^2} - 1\right)$.

10. $u(t) = \left[\left(-\dfrac{\gamma}{\tau} + \sqrt{u_0}\right)e^{-(\tau/2)t} + \dfrac{\gamma}{\tau}\right]^2$. Die Lösung wächst bzw. fällt streng, wenn $\gamma/\tau > \sqrt{u_0}$ bzw. $< \sqrt{u_0}$ ist; im Falle $\gamma/\tau = \sqrt{u_0}$ bleibt sie konstant ($u_0 := u(0)$).

11. Ist u eine ständig positive Lösung von (55.30) auf dem Intervall (a, b), so ist $v := u^{1-\rho}$ eine ebenfalls positive Lösung von $\dot v = (1-\rho)\alpha v + (1-\rho)\beta$, muß also notwendig die Gestalt $v(t) = Ce^{(1-\rho)\alpha t} - \beta/\alpha$ haben (s. Satz 55.2). Dabei muß C eine Konstante $>(\beta/\alpha)e^{-(1-\rho)\alpha t}$ für alle $t \in (a, b)$ sein (andernfalls kann $v(t) \leq 0$ werden). Also hat $u(t)$ notwendig die Gestalt

$$u(t) = \left[Ce^{(1-\rho)\alpha t} - \dfrac{\beta}{\alpha}\right]^{1/(1-\rho)} \quad \text{mit } C > (\beta/\alpha)e^{-(1-\rho)\alpha t} \text{ für } t \in (a, b).$$

Indem man mit u in (55.30) eingeht, bestätigt man, daß u in der Tat eine Lösung ist.

Aufgaben zu Nr. 56

1. Benutze für g den Wert $10\,m/sec^2$. Etwa $5 \cdot 4^2 = 80\,m$.

2. $t = \sqrt{2h/g}$, $v = \sqrt{2gh}$, $h = v^2/2g$. Rund 10 bzw. 40 Meter.

3. $x(t) = \dfrac{mv_0 \cos\varphi}{\rho}\left(1 - \exp\left(-\dfrac{\rho}{m}t\right)\right)$, $y(t) = \dfrac{m}{\rho}\left(v_0 \sin\varphi + \dfrac{mg}{\rho}\right)\left(1 - \exp\left(-\dfrac{\rho}{m}t\right)\right) - \dfrac{mg}{\rho}t$.

4. Unter den gegebenen Bedingungen wird die Aufschlaggeschwindigkeit näherungsweise gleich der Grenzgeschwindigkeit

$$\dfrac{mg}{\rho} = \dfrac{100 \cdot 9{,}81}{196} \approx 5 \text{ Meter/Sekunde} \quad \text{sein.}$$

Aufgaben zu Nr. 57

1. $\cos 2t = \cos^2 t - \sin^2 t = \cos^2 t - (1 - \cos^2 t) = 2\cos^2 t - 1 \Rightarrow 2\cos^2 t = 1 + \cos 2t \Rightarrow 2\cos^2(t/2) = 1 + \cos t$. $\sin^2(t/2) = 1 - \cos^2(t/2) = 1 - (1 + \cos t)/2 = (1 - \cos t)/2$.

3. $\cos 3t = \cos(2t + t)$. Benutze nun (48.12), (57.8) und (57.5).

4. Entsprechend wie bei Aufgabe 3.

5. $0 = \cos(\pi/2) = \cos(3\pi/6) = 4x^3 - 3x$ mit $x := \cos(\pi/6)$. Da $\cos(\pi/6) > 0$ ist, kommt von den Lösungen der Gleichung $4x^3 - 3x = 0$ nur $\sqrt{3}/2$ in Frage.

6. $\cos(\pi/3) = \cos(2\pi/6) = \cos^2(\pi/6) - \sin^2(\pi/6) = 3/4 - 1/4 = 1/2$. Entsprechend bei $\sin(\pi/3)$.

7. $f(t + p + q) = f(t + p) = f(t) \Rightarrow p + q$ ist Periode (falls $\neq 0$). $f(t) = f(t - p + p) = f(t - p) \Rightarrow -p$ ist Periode. Die Behauptung ist nun trivial.

612   Lösungen ausgewählter Aufgaben

8. $\sin q = \sin(0+q) = \sin 0 = 0 \Rightarrow q$ ist $= 0$ oder $= \pi$. Da aber $\sin(\pi/2) \neq \sin(\pi/2 + \pi)$ ist, muß $q = 0$ sein. Entsprechend für den Kosinus.

9. Sei p eine Periode des Sinus, die von allen $2k\pi$ verschieden ist. Dann gibt es eine ganze Zahl m, so daß $2m\pi < p < 2(m+1)\pi$, also $0 < p - 2m\pi < 2\pi$ ist. $p - 2m\pi$ wäre nach Aufgabe 7 eine Periode des Sinus, im Widerspruch zu Aufgabe 8.

10. $\dfrac{d\sin t}{dt} = \cos t > 0$ für $t \in (-\pi/2, \pi/2)$, nach Satz 47.3 ist also

$$(\arcsin x)' = 1/\cos(\arcsin x) = 1/\sqrt{1 - \sin^2(\arcsin x)} = 1/\sqrt{1 - x^2}.$$

11. Ganz entsprechend wie Aufgabe 10.

12. $\dfrac{d\tan t}{dt} = \dfrac{\cos t \cos t - \sin t(-\sin t)}{\cos^2 t} = 1 + \tan^2 t = \dfrac{1}{\cos^2 t}$; entsprechend wird $\cot t$ differenziert. Die Behauptungen über $\tan(t+\pi)$ und $\cot(t+\pi)$ ergeben sich aus (57.14).

13. $\dfrac{d\tan t}{dt} = 1 + \tan^2 t > 0$ für $t \in (-\pi/2, \pi/2) \Rightarrow (\arctan x)' = [1 + \tan^2(\arctan x)]^{-1} = 1/(1+x^2)$. Entsprechend wird die Ableitungsformel für $\text{arccot}\, x$ bewiesen.

16. a) $\dfrac{d}{dx}\left(\arctan x + \arctan \dfrac{1}{x}\right) = \dfrac{1}{1+x^2} + \dfrac{1}{1+1/x^2}\left(-\dfrac{1}{x^2}\right) = 0$ für $x > 0 \Rightarrow$
$\arctan x + \arctan \dfrac{1}{x} = c$ auf $\mathbf{R}^+$. Für $x = 1$ erhält man $\pi/4 + \pi/4 = c$. — Die anderen Aufgaben erledigt man entsprechend.

17. a) $\dfrac{1+\sin x}{\cos^2 x}$,   b) $\dfrac{\sin\sqrt{x}}{\cos^3\sqrt{x}}\dfrac{1}{\sqrt{x}}$,   c) $\dfrac{1}{\sin x \cos x}$,   d) $\dfrac{1}{\sin x}$,   e) $\cot x$,

f) $-\tan x$,   g) $-\dfrac{2x}{|x|(1+x^2)}$,   h) $1/\cos^4 x$,   i) $\dfrac{2}{x}\dfrac{\tan \ln x}{(\cos \ln x)^2}$,   j) $(a^2+b^2)e^{ax}\cos bx$,

k) -1,   l) $\arctan x$,   m) $\dfrac{1}{x\sqrt{x^2+x-1}}$,   n) $-\dfrac{1}{(1+x)\sqrt{2x(1-x)}}$.

18. a) 0,   b) $1/40$.

Aufgaben zu Nr. 59

2. Folgt aus der Hölderschen Ungleichung 59.2, wenn $n \to \infty$ geht.

3. Folgt aus der Minkowskischen Ungleichung 59.3, wenn $n \to \infty$ geht.

4. (N 1) und (N 2) sind trivial, (N 3) ist gerade die Minkowskische Ungleichung. — Beweis der Grenzwertbehauptung: Sei $\mu := \max(|x_1|, \ldots, |x_n|)$. Wir nehmen o.B.d.A. $\mu > 0$ an. Dann ist

$$1 \leq \frac{1}{\mu}\left(\sum_{k=1}^{n} |x_k|^p\right)^{1/p} = \left(\sum_{k=1}^{n}\left(\frac{|x_k|}{\mu}\right)^p\right)^{1/p} \leq n^{1/p}.$$

Wegen $\lim_{p \to \infty} n^{1/p} = 1$ folgt daraus die Behauptung.

5. a) Der nichttriviale Teil der Behauptungen ergibt sich sofort aus der Minkowskischen Ungleichung für Reihen in A 59.3. — **b)** Nach Aufgabe 4 ist $\lim\limits_{p\to\infty}\left(\sum\limits_{k=1}^{n}|x_k|^p\right)^{1/p}=\max\limits_{k=1}^{n}|x_k|$. Nun braucht man nur noch zu beachten, daß $\max\limits_{k=1}^{n}|x_k|\to\sup\limits_{k=1}^{\infty}|x_k|$ strebt, wenn $n\to\infty$ geht.

7. Folgt aus der Jensenschen Ungleichung in A 59.6, wenn $n\to\infty$ geht.

8. Ergibt sich, abgesehen von dem trivialen Fall $q=\infty$, sofort aus der Jensenschen Ungleichung in A 59.6.

9. Ergibt sich im Falle $q\ne\infty$ sofort aus der Jensenschen Ungleichung in A 59.7. Sei nun $q=\infty$ und $x\in l^p$. Dann ist $|x_k|\le\left(\sum\limits_{\nu=1}^{\infty}|x_\nu|^p\right)^{1/p}=\|x\|_p$ für jedes k, also ist $x\in l^\infty$ und $\|x\|_\infty\le\|x\|_p$.

Aufgaben zu Nr. 61

4. Bezeichnen wir das Restglied $f(x)-\sum\limits_{k=0}^{n}\dfrac{f^{(k)}(x_0)}{k!}(x-x_0)^k=G(x_0)$ mit R, so ist

$$\frac{R}{(x-x_0)^p}=\frac{G(x)-G(x_0)}{g(x)-g(x_0)}=\frac{G'(x_0+\vartheta(x-x_0))}{g'(x_0+\vartheta(x-x_0))} \quad \text{mit einem } \vartheta\in(0,1).$$

Wegen

$$G'(t)=-\frac{f^{(n+1)}(t)}{n!}(x-t)^n, \quad g'(t)=-p(x-t)^{p-1} \quad \text{und}$$
$$x-(x_0+\vartheta(x-x_0))=(1-\vartheta)(x-x_0)$$

ist also

$$R=\frac{-\dfrac{f^{(n+1)}(x_0+\vartheta(x-x_0))}{n!}(1-\vartheta)^n(x-x_0)^n}{-p(1-\vartheta)^{p-1}(x-x_0)^{p-1}}(x-x_0)^p$$

$$=\frac{f^{(n+1)}(x_0+\vartheta(x-x_0))}{n!\,p}(1-\vartheta)^{n+1-p}(x-x_0)^{n+1}.$$

5. Für $x\in U$ ist nach dem Taylorschen Satz $f(x)=f(x_0)+\dfrac{f^{(n)}(\xi)}{n!}(x-x_0)^n$ mit einem ξ zwischen x und x_0. Ist U hinreichend klein, so besitzt $f^{(n)}(t)$ auf U dasselbe Vorzeichen wie $f^{(n)}(x_0)$. Aus diesen Bemerkungen folgen die Behauptungen unmittelbar.

Aufgaben zu Nr. 62

1. $\sinh x=\dfrac{e^x-e^{-x}}{2}=\dfrac{1}{2}\sum\limits_{k=0}^{\infty}\dfrac{x^k-(-x)^k}{k!}=\sum\limits_{k=0}^{\infty}\dfrac{x^{2k+1}}{(2k+1)!}$. Entsprechend für $\cosh x$.

3. a) Setze in (62.14) $\alpha=1/2$. **b)** Setze in (62.14) $\alpha=-1/2$. **c)** Ersetze in b) x durch x^2.

5. Wende das Quotientenkriterium in der Form des Satzes 33.9 an; benutze dabei (62.12) für die Binomialreihe.

Aufgaben zu Nr. 63

1. a) 4. b) 1. c) 1/4. d) 1. e) 1/e. f) 1. g) 1. h) ∞ für $|a|<1$, 1 für $|a|=1$, 0 für $|a|>1$. i) 1/e. j) 2. k) $4/e^2$. l) 1.

4. $e^x e^y = \sum_{n=0}^{\infty} \frac{x^n}{n!} \sum_{n=0}^{\infty} \frac{y^n}{n!} = \sum_{n=0}^{\infty} \left(\frac{y^n}{n!} + \frac{x^1}{1!} \frac{y^{n-1}}{(n-1)!} + \frac{x^2}{2!} \frac{y^{n-2}}{(n-2)!} + \cdots + \frac{x^{n-1}}{(n-1)!} \frac{y^1}{1!} + \frac{x^n}{n!} \right)$

$= \sum_{n=0}^{\infty} \frac{1}{n!} \left(y^n + \binom{n}{1} xy^{n-1} + \binom{n}{2} x^2 y^{n-2} + \cdots + \binom{n}{n-1} x^{n-1} y + x^n \right) = \sum_{n=0}^{\infty} \frac{(x+y)^n}{n!} = e^{x+y}.$

5. Sei $\sum_{n=0}^{\infty} a_n x^n$ eine beliebige Potenzreihe mit endlichem Konvergenzradius. Dann ist trivialerweise $\sum_{n=0}^{\infty} (a_n - a_n) x^n$ beständig konvergent. — Die Reihen $1 + x + x^2 + \cdots$ und $1 - x + 0 + 0 + \cdots$ haben beziehentlich die Konvergenzradien 1 und $+\infty$. Der Konvergenzradius von $(1 + x + x^2 + \cdots)(1 - x + 0 + 0 + \cdots) = 1 + 0 + 0 + \cdots$ ist $+\infty$, also $> \min(1, +\infty) = 1$.

7. Mit $\xi := (x-x_0)^2$ ist $\sum_{n=0}^{\infty} a_n (x-x_0)^{2n} = \sum_{n=0}^{\infty} a_n \xi^n$. Letztere Potenzreihe konvergiert für $|\xi| < r$ und divergiert für $|\xi| > r$. Die Ausgangsreihe konvergiert also für $|x-x_0| < \sqrt{r}$ und divergiert für $|x-x_0| > \sqrt{r}$, ihr Konvergenzradius ist somit $= \sqrt{r}$. — Die Reihe $\sum_{n=0}^{\infty} a_n (x-x_0)^{2n+1}$ hat dasselbe Konvergenzverhalten wie $\sum_{n=0}^{\infty} a_n (x-x_0)^{2n}$; nach dem eben Bewiesenen ist ihr Konvergenzradius also auch $= \sqrt{r}$.

8. Die transformierte Reihe ist $\sum (2/3)^{k+1} (x+1/2)^k$ mit Konvergenzradius 3/2.

Aufgaben zu Nr. 64

5. a) $r = \frac{1}{2}$, $\sum = \frac{1+4x^2}{(1-4x^2)^2}$. b) $r = 1$, $\sum = \frac{5x-2x^2}{(1-x)^2}$. c) $r = 1$, $\sum = \frac{1}{3x} \ln \frac{1}{1-x}$.

6. a) $\lim_{x \to 0} \frac{x - \sin x}{e^x - 1 - x - x^2/2} = \lim_{x \to 0} \frac{x^3/3! - x^5/5! + - \cdots}{x^3/3! + x^4/4! + \cdots} = \lim_{x \to 0} \frac{1/3! - x^2/5! + \cdots}{1/3! + x/4! + \cdots} = \frac{1/3!}{1/3!} = 1.$

b) $\lim_{x \to 0} \frac{\ln^2(1+x) - \sin^2 x}{1 - e^{-x^2}} = \lim_{x \to 0} \frac{(x^2 + \cdots) - (x^2 + \cdots)}{x^2 + \cdots} = \lim_{x \to 0} \frac{(1 + \cdots) - (1 + \cdots)}{1 + \cdots} = 0.$

c) $\lim_{x \to 0} \frac{x^3 \sin x}{(1 - \cos x)^2} = \lim_{x \to 0} \frac{x^4 + \cdots}{x^4/4 + \cdots} = 4.$ d) $\lim_{x \to 0} \frac{e^{x^4} - 1}{(1 - \cos x)^2} = \lim_{x \to 0} \frac{x^4 + \cdots}{x^4/4 + \cdots} = 4.$

e) $\lim_{x \to 0} \frac{\sqrt{\cos ax} - \sqrt{\cos bx}}{x^2} = \lim_{x \to 0} \frac{\cos ax - \cos bx}{x^2 (\sqrt{\cos ax} + \sqrt{\cos bx})}$

$= \lim_{x \to 0} \frac{1}{\sqrt{\cos ax} + \sqrt{\cos bx}} \lim_{x \to 0} \frac{-\frac{(ax)^2}{2} + \frac{(bx)^2}{2} + \cdots}{x^2} = \frac{1}{2} \cdot \frac{b^2 - a^2}{2} = \frac{b^2 - a^2}{4}.$

f) $\frac{\pi^4}{96} - \frac{25\pi^2}{256}.$

8. f gerade $\Rightarrow f(x) = f(-x) \Rightarrow \sum_{n=0}^{\infty} a_n x^n = \sum_{n=0}^{\infty} a_n(-x)^n = \sum_{n=0}^{\infty} (-1)^n a_n x^n \Rightarrow a_n = (-1)^n a_n$ für alle $n \geq 0 \Rightarrow a_{2n+1} = 0$ für alle n. Die Umkehrung ist trivial. Entsprechend schließt man bei ungeraden Funktionen.

9. Gehe von $(1+x)^\alpha (1+x)^\beta = (1+x)^{\alpha+\beta}$ aus und benutze die Binomialreihe, Reihenmultiplikation und Koeffizientenvergleich. Die zweite Gleichung erhält man, indem man in der ersten $\alpha = \beta = n$ setzt. Beachte dabei, daß $\binom{n}{n-k} = \binom{n}{k}$ ist.

12. a) $\ln(1 + 1/2) = \ln(3/2)$.

b) 4; denn $\dfrac{1}{(1-x)^2} = \dfrac{d}{dx} \dfrac{1}{1-x} = 1 + 2x + 3x^2 + \cdots$; setze nun $x = \dfrac{1}{2}$.

c) 1. Es ist nämlich $\dfrac{e^x - 1}{x} = \sum_{n=1}^{\infty} \dfrac{x^{n-1}}{n!}$; differenziere und setze $x = 1$.

d) $\sqrt{2}/4$.

Begründung: $(1-x)^{1/2} = \sum_{n=0}^{\infty} (-1)^n \binom{1/2}{n} x^n$. Differenziere und setze $x = 1/2$.

13. Voraussetzungsgemäß gilt in einer Umgebung von x_0 die Entwicklung

$$f(x) = \sum_{k=0}^{\infty} a_k (x - x_0)^k \equiv \sum_{k=0}^{\infty} \frac{f^{(k)}(x_0)}{k!} (x - x_0)^k.$$

Wir nehmen zunächst an, x_0 sei eine Maximalstelle im strengen Sinne. Dann ist $f'(x_0) = 0$, es können jedoch nicht alle Ableitungen $f^{(k)}(x_0)$ ($k \geq 1$) verschwinden. Es gibt also ein $n \geq 2$, so daß $f'(x_0) = \cdots = f^{(n-1)}(x_0) = 0$, aber $f^{(n)}(x_0) \neq 0$ ist. Nach A 61.5 muß n gerade und $f^{(n)}(x_0) < 0$ sein. Setzen wir $n = 2m$, so ist also

$$f(x) = f(x_0) + \frac{1}{(2m)!} f^{(2m)}(x_0)(x-x_0)^{2m} + a_{2m+1}(x-x_0)^{2m+1} + \cdots.$$

Daraus folgt

$$f''(x) = \frac{1}{(2m-2)!} f^{(2m)}(x_0)(x-x_0)^{2m-2} + b_{2m-1}(x-x_0)^{2m-1} + \cdots$$

$$= (x-x_0)^{2m-2} \left[\frac{1}{(2m-2)!} f^{(2m)}(x_0) + b_{2m-1}(x-x_0) + \cdots \right]. \tag{*}$$

Da $f^{(2m)}(x_0) < 0$ ist und $b_{2m-1}(x-x_0) + \cdots \to 0$ strebt für $x \to x_0$, muß in einer hinreichend kleinen δ-Umgebung von x_0 der Inhalt der eckigen Klammer ständig negativ sein. Aus der obigen Darstellung von $f''(x)$ folgt nun sofort, daß in der zugehörigen punktierten δ-Umgebung von x_0 notwendig $f''(x) < 0$ ist.

Nun setzen wir umgekehrt voraus, in einer punktierten δ-Umgebung von x_0 sei durchweg $f''(x) < 0$. Da $f'(x_0) = 0$ und f nicht konstant ist, können nicht alle Ableitungen $f^{(k)}(x_0)$ ($k \geq 1$) verschwinden, es gibt also eine kleinste Ableitungsordnung $n \geq 2$, für die $f^{(n)}(x_0) \neq 0$ ist. n muß gerade sein, weil andernfalls x_0 nach A 61.5 keine Extremalstelle wäre. Setzen wir $n = 2m$, so haben wir wieder die Darstellung (*) für $f''(x)$, aus der wir sofort entnehmen können, daß $f^{(2m)}(x_0)<0$ sein muß. Nach A 61.5 ist also x_0 im strengen Sinne eine Maximalstelle von f.

14. d) Es muß $\beta \geq \alpha$ sein.

Aufgaben zu Nr. 65

3. Setze in (65.5) $x=1$.

4. Setze in (65.9) $x=\pm 1$.

6. Man entwickle $d(1+x)^\alpha/dx = \alpha(1+x)^{\alpha-1}$ gemäß (65.9) und beachte, daß

$$\alpha\binom{\alpha-1}{n} = (n+1)\binom{\alpha}{n+1} \quad \text{ist.}$$

7. Zu (beliebig großem) $G>0$ gibt es ein N mit $\sum_{n=0}^{N} a_n r^n > G+1$. Und da $\sum_{n=0}^{N} a_n x^n \to \sum_{n=0}^{N} a_n r^n$ strebt für $x\to r-$, gibt es ein $\delta>0$, so daß $\sum_{n=0}^{N} a_n x^n > G$ für alle $x\in(r-\delta, r)$. Erst recht ist für diese x dann $\sum_{n=0}^{\infty} a_n x^n > G$.

8. Sei $\sigma_n := (s_0+\cdots+s_n)/(n+1)$ und $|\sigma_n - s|<\varepsilon$ für $n>m$. Wegen $1/(1-x)^2 = \sum_{n=0}^{\infty}(n+1)x^n$ und (65.10) ist für $x\in(0,1)$ offenbar

$$|f(x)-s| = \left|(1-x)^2 \sum_{n=0}^{\infty}(n+1)\sigma_n x^n - s(1-x)^2 \sum_{n=0}^{\infty}(n+1)x^n\right|$$

$$= (1-x)^2 \left|\sum_{n=0}^{\infty}(n+1)(\sigma_n-s)x^n\right| \leq (1-x)^2 \sum_{n=0}^{m}(n+1)|\sigma_n-s|$$

$$+ (1-x)^2 \sum_{n=m+1}^{\infty}(n+1)|\sigma_n-s|\, x^n \leq (1-x)^2 \sum_{n=0}^{m}(n+1)|\sigma_n-s| + \varepsilon,$$

woraus für $x\to 1-$ die Behauptung folgt.

10. Zu $\varepsilon>0$ gibt es ein n_0, so daß für $n>n_0$ stets $n|a_n|<\varepsilon$ und $\sum_{k=1}^{n} k|a_k|/n < \varepsilon$ bleibt (s. Satz 27.1). Für diese n ist dann (s. Hinweis)

$$|s_n - f(x)| \leq (1-x)\sum_{k=1}^{n} k|a_k| + \frac{\varepsilon}{n}\sum_{k=n+1}^{\infty} x^k \leq (1-x)\sum_{k=1}^{n} k|a_k| + \frac{\varepsilon/n}{1-x},$$

also

$$\left|s_n - f\left(1-\frac{1}{n}\right)\right| \leq \frac{1}{n}\sum_{k=1}^{n} k|a_k| + \varepsilon < 2\varepsilon.$$

Wegen $f\left(1-\dfrac{1}{n}\right)\to s$ folgt daraus die Behauptung.

Lösungen ausgewählter Aufgaben 617

Aufgaben zu Nr. 66

2. a) 0,   b) $-1/3$,   c) $1/2$,   d) $1/2$,   e) 6.

3. Für alle hinreichend kleinen x ist
$$1/p(x) = Q_m(x) + x^{m+1} q(x) \quad \text{mit} \quad Q_m(x) := c_0 + \cdots + c_m x^m, \, q(x) := c_{m+1} + c_{m+2} x + \cdots.$$
Für diese x gilt also
$$1 = Q_m(x) p(x) + x^{m+1} q(x) p(x) = Q_m(x) p(x) + x^{m+1} q_m(x)$$
mit $q_m(x) := q(x) p(x) = d_0 + d_1 x + \cdots$. Mit dem Identitätssatz folgt nun, daß q_m ein Polynom ist und die behauptete Gleichung für alle x besteht.

4. Die Koeffizienten der ersten Quotientenreihe ergeben sich aus den Formeln
$$b_2 + c_2 = a_2, \quad b_4 + c_2 b_2 + c_4 = a_4, \quad b_6 + c_2 b_4 + c_4 b_2 + c_6 = a_6, \ldots,$$
die der zweiten aus
$$-b_2 - c_2 = -a_2, \quad b_4 + c_2 b_2 + c_4 = a_4, \quad -b_6 - c_2 b_4 - c_4 b_2 - c_6 = -a_6, \ldots.$$
Man erhält also genau dasselbe Rekursionsschema.

Aufgaben zu Nr. 68

1. $(e^z)^n = e^z \cdots e^z = e^{z + \cdots + z} = e^{nz}$.

2. Für $k \in \mathbf{N}_0$ ist nichts mehr zu beweisen. Sei $k = -n, n \in \mathbf{N}$. Dann ist $(e^z)^k = (e^z)^{-n} = 1/(e^z)^n$ (*per definitionem*), also $= 1/e^{nz} = e^{-nz} = e^{kz}$.

3. Wir zeigen nur die Umkehrung. $e^w = e^z \Rightarrow e^{w-z} = 1 \Rightarrow e^{x+iy} = 1$ mit $x := \mathrm{Re}(w-z)$, $y := \mathrm{Im}(w-z) \Rightarrow e^x (\cos y + i \sin y) = 1 \Rightarrow e^x \cos y = 1$ und $e^x \sin y = 0 \Rightarrow e^{2x} \cos^2 y + e^{2x} \sin^2 y = e^{2x} = 1$, also $x = 0$. Infolgedessen ist $\cos y = 1$ und $\sin y = 0$, also $y = 2k\pi$ und somit $w - z = x + yi = 2k\pi i$.

5. $\zeta_k^n = (e^{2k\pi i/n})^n = e^{2k\pi i} = 1$ ($k = 0, 1, \ldots, n-1$). Mit Aufgabe 3 folgt, daß die ζ_k unter sich verschieden sind. Aus Satz 15.1 ergibt sich nun, daß die n n-ten Einheitswurzeln die sämtlichen (komplexen) Lösungen von $z^n = 1$ sind. Der Rest der Aufgabe ist trivial.

6. Wende die geometrische Summenformel an.

7. a) $\pm(1+i)/\sqrt{2}$.   b) $(\sqrt{3}+i)/2, (-\sqrt{3}+i)/2, -i$.
c) $(1+i)/\sqrt{2}, (-1+i)/\sqrt{2}, (-1-i)/\sqrt{2}, (1-i)/\sqrt{2}$.
d) $\pm(-1+i)/\sqrt{2}$.   e) $\pm(\sqrt{\sqrt{2}+1} + i\sqrt{\sqrt{2}-1})/\sqrt{2}$.

8. $|e^{i\varphi}| = |\cos \varphi + i \sin \varphi| = \sqrt{\cos^2 \varphi + \sin^2 \varphi} = 1$. Die zweite Behauptung folgt aus (68.8).

9. $z_k := \ln|w| + i(\arg w + 2k\pi)$ sind für $k \in \mathbf{Z}$ Lösungen von $e^z = w$.

10. Folgt aus (68.10).

12. Folgt aus (68.10) und (68.5).

Aufgaben zu Nr. 69

1. a) $\dfrac{1}{2(1-i)}\dfrac{1}{z-1}+\dfrac{1}{2(1+i)}\dfrac{1}{z+1}-\dfrac{1}{2}\dfrac{1}{z-i}$,

   b) $\dfrac{1}{z}-\dfrac{1}{z^2}-\dfrac{1+i}{2}\dfrac{1}{z-i}+\dfrac{-1+i}{2}\dfrac{1}{z+i}$.

2. a) $\dfrac{1}{x}-\dfrac{1}{x-1}+\dfrac{1}{(x-1)^2}$,   b) $-\dfrac{2}{x}+\dfrac{1}{x^2}+\dfrac{2}{x+1}+\dfrac{1}{x^2+x+1}$,

   c) $\dfrac{3}{8}\dfrac{1}{x-1}-\dfrac{1}{8}\dfrac{1}{x+1}-\dfrac{1}{4}\dfrac{x+2}{x^2+1}-\dfrac{1}{2}\dfrac{x+2}{(x^2+1)^2}$.

4. $z^n+a_{n-1}z^{n-1}+\cdots+a_0=(z-z_1)\cdots(z-z_n)$. Multipliziere rechts aus und vergleiche die Koeffizienten.

5. Das ist gerade die Grenzwertmethode im einfachsten Fall.

Aufgaben zu Nr. 70

2. a) Wegen $f'(x)=3x^2+2>0$ für alle $x\in\mathbf{R}$ besitzt f genau eine reelle Nullstelle ξ. Es ist $f(1)=-2$, $f(2)=7$ und $f''(x)=6x>0$ auf $[1,2]$. Infolgedessen kann man den Satz 70.1 anwenden. Ausgehend von dem Startwert $x_0:=2$ erhält man $\xi\approx x_3=1{,}3283\ldots$ mit einem Fehler $\leq 0{,}0002$.

   b) f besitzt genau zwei symmetrisch zum Nullpunkt liegende Nullstellen. Es genügt, die positive zu berechnen. Wir nennen sie ξ. Es ist $f(\pi/4)>0$, $f(\pi/3)<0$, $f'(x)<0$ und $f''(x)<0$ für alle $x\in[\pi/4,\pi/3]$. Man kann also wieder den Satz 70.1 heranziehen. Ausgehend von $x_0:=\pi/3$ erhält man $\xi\approx x_1=1{,}0219\ldots$ mit einem Fehler $\leq 0{,}0003$.

Aufgaben zu Nr. 71

1. Beweiswürdig ist nur die Aussage über $B_n(1)$. Wegen (71.2) ist

$$B_n(1)=\sum_{k=0}^{n}\binom{n}{k}B_k=\sum_{k=0}^{n-1}\binom{n}{k}B_k+B_n=B_n\quad\text{für }n\geq 2.$$

2. Mit Aufgabe 1 folgt:

$$\frac{\mathrm{d}}{\mathrm{d}t}B_{n+1}(t)=\frac{\mathrm{d}}{\mathrm{d}t}\left(\sum_{k=0}^{n}\binom{n+1}{k}B_k t^{n+1-k}+B_{n+1}\right)$$

$$=\sum_{k=0}^{n}(n+1-k)\binom{n+1}{k}B_k t^{n-k}=\sum_{k=0}^{n}(n+1)\binom{n}{k}B_k t^{n-k}=(n+1)B_n(t).$$

Aufgaben zu Nr. 72

1. a) $C_1 e^{-5t}+C_2 e^{-8t}$,   b) $(C_1+C_2 t)e^{6t}$,   c) $e^{-3t}(C_1\cos 5t+C_2\sin 5t)$.

Aufgaben zu Nr. 95

2. In (95.1) ersetze man $f(x)$ durch $1/(x+1)$ und n durch $n-1$. Es folgt

$$\sum_{k=1}^{n-1}\frac{1}{k+1}=\ln n-\int_0^{n-1}\frac{x-[x]}{(x+1)^2}dx, \quad \text{also} \quad \sum_{k=1}^{n}\frac{1}{k}-\ln n=1-\int_0^{n-1}\frac{x-[x]}{(x+1)^2}dx.$$

Beachtet man, daß $0\leqslant x-[x]$ für $x\geqslant 0$ ist, so sieht man, daß das letzte Integral für $n\to\infty$ gegen einen Grenzwert <1 konvergiert. Damit ist die erste Behauptung bewiesen. Die zweite ergibt sich in ähnlicher Weise aus (95.10); man stelle dabei die 1-Periodizität der Funktionen β_k in Rechnung.

Aufgaben zu Nr. 96

1. Sie sind näherungsweise 4; 1,65; 0,8.

Aufgaben zu Nr. 97

2. a) $y(x)=\sqrt[4]{1-4x^3/3},$ b) $y(x)=-\sqrt[4]{1-4x^3/3},$ c) $y(x)=\sqrt{\dfrac{2}{1+x^2}-1},$

d) $y\sin y+\cos y-\dfrac{1}{4}e^{2x}(2x-1)=\pi\sqrt{2}/8+\sqrt{2}/2+1/4,$

e) $y\sqrt{y^2-1}+x\sqrt{x^2-1}+\ln\dfrac{x+\sqrt{x^2-1}}{y+\sqrt{y^2-1}}=4\sqrt{3}.$

4. a) $x+y=(x-y)^3,$ b) $xe^{\sqrt{x^2+y^2}/x}=e^{\sqrt{2}},$ c) $y(x)=x\ln\left(\dfrac{2}{x}-1\right).$

Aufgaben zu Nr. 98

1. a) $u(t)=t/2-1/4+e^{-2t}/4,$ b) $u(t)=\dfrac{1+t^2+2t^3/3}{(1+t)^2},$ c) $y(x)=x+x^3,$

d) $y(x)=1-\dfrac{1}{e}e^{1/x}.$

2. $\dot u=\alpha(t)u+s(t)$ mit $\alpha:=\dot v/v,\ s:=\dot w-\dot v w/v.$

4. $t=\dfrac{\gamma+\sqrt{\gamma^2+a\tau\ln 4}}{a\tau}.$ $\vartheta(t)=-\dfrac{a\tau t-\gamma}{a\tau}+\dfrac{\sqrt{(a\tau t-\gamma)^2+a\tau\ln 4}}{a\tau}.$

8. a) $u(t)=(2e^{-t^2/2}-1)^{-1},$ b) $y=\sqrt{e-2\ln x}\,xe^{-x^2/2}.$

Aufgaben zu Nr. 100

3. $\ln x + \sum_{n=1}^{\infty} \dfrac{x^n}{n \cdot n!}$.

Aufgaben zu Nr. 103

3. $f(x) = 0$ für $|x| < 1$, $= 1/2$ für $|x| = 1$ und $= 1$ für $|x| > 1$ (Skizze!). Kein f_n kann ganz in dem (1/8)-Streifen um f verbleiben (es muß durch $(1, 1/2)$ gehen). Ist $|x| \leq q < 1$, so ist $|f_n(x) - f(x)| = |f_n(x)| \leq q^{2n}$; s. nun Aufgabe 1. Ist $|x| \geq \alpha > 1$, so ist

$$|f_n(x) - f(x)| = |f_n(x) - 1| = 1/(1 + x^{2n}) \leq 1/(1 + \alpha^{2n}); \text{ s. wieder Aufgabe 1.}$$

4. Für $x \neq 0$ strebt $f_n(x) = xn(e^{-x^2})^n \to 0$, weil $e^{-x^2} < 1$ ist. Da überdies $f_n(0)$ verschwindet, haben wir also $f(x) = 0$ für alle $x \in \mathbf{R}$. — f_n hat das Minimum $-\sqrt{n/2e}$ in $x_n := -1/\sqrt{2n}$ und das Maximum $\sqrt{n/2e}$ in $y_n := 1/\sqrt{2n}$. Daraus folgt die Behauptung über die nichtgleichmäßige Konvergenz. Mit A 36.10 folgt, daß eine kompakte Menge der angegebenen Art in $[-b, -a] \cup [a, b]$ liegt (a, b geeignete positive Zahlen). Daher genügt es offenbar, die gleichmäßige Konvergenz auf $[a, b]$ zu zeigen:

$$|f_n(x) - f(x)| = nxe^{-nx^2} \leq nbe^{-na^2}; \text{ s. nun Aufgabe 1.}$$

5. $f = 0$. Wegen $|f_n(1/n) - f(1/n)| = f_n(1/n) = 1/2$ ist die Konvergenz nicht gleichmäßig (s. Aufgabe 2). — Sei $x \geq \alpha > 0$. Dann ist $|f_n(x) - f(x)| = 1/(1 + nx) \leq 1/(1 + n\alpha)$; s. nun Aufgabe 1.

6. $f_n(x) \to 0$ auf $[0, 1]$. Wegen $f_n(1/n) = 1/2$ ist die Konvergenz nicht gleichmäßig (s. Aufgabe 2). — Für $x \in [q, 1]$ ist $0 \leq f_n(x) \leq n/(1 + n^2 q^2)$; s. nun Aufgabe 1.

7. $\sum_{k=0}^{\infty} x^k (1-x) = 1$ für $x \in (-1, 1)$ und $= 0$ für $x = 1$. Zeichne einen (1/4)-Streifen um die Summe!

8. Die Reihe konvergiert nach dem Majorantenkriterium für alle x, und es ist

$$\left| \sum_{k=1}^{\infty} \dfrac{\sin kx}{k^\alpha} - \sum_{k=1}^{n} \dfrac{\sin kx}{k^\alpha} \right| \leq \sum_{k=n+1}^{\infty} \dfrac{1}{k^\alpha};$$

s. nun Aufgabe 1.

10. $\|f_n g - fg\|_\infty = \|(f_n - f)g\|_\infty \leq \|f_n - f\|_\infty \|g\|_\infty$, also strebt $\|f_n g - fg\|_\infty \to 0$ und somit $f_n g \rightrightarrows fg$.

11. Ergibt sich aus

$$\left| \dfrac{1}{f_n(x)} - \dfrac{1}{f(x)} \right| = \dfrac{|f(x) - f_n(x)|}{|f_n(x) f(x)|} \leq \dfrac{\|f - f_n\|_\infty}{\alpha^2}.$$

12. Sind die Reihen $\sum_{k=1}^{\infty} f_k$ und $\sum_{k=1}^{\infty} g_k$ gleichmäßig auf X konvergent und ist $g \in B(X)$, so ist

$$\sum_{k=1}^{\infty} f_k + \sum_{k=1}^{\infty} g_k = \sum_{k=1}^{\infty} (f_k + g_k), \quad g \sum_{k=1}^{\infty} f_k = \sum_{k=1}^{\infty} g f_k \text{ gleichmäßig auf } X.$$

13. Bestimme zu $\varepsilon>0$ ein $\delta>0$, so daß $|f(x_1)-f(x_2)|<\varepsilon$ bleibt, wenn $|x_1-x_2|<\delta$ ist (gleichmäßige Stetigkeit von f!). Bestimme nun zu δ ein n_0, so daß $|g_n(y)-g(y)|<\delta$ ausfällt für alle $n>n_0$ und alle $y \in Y$. Für diese n und y ist dann $|f(g_n(y))-f(g(y))|<\varepsilon$.

Aufgaben zu Nr. 104

1. Sei etwa $\xi=+\infty$. Dann kann man den Beweis von Satz 104.1 wörtlich bis (104.4) einschließlich übernehmen. Nun bestimmt man zu dem Index m in (104.4) ein x_0, so daß $|f_m(x)-\alpha_m|<\varepsilon/3$ für alle $x \in X$ mit $x>x_0$ ist und schließt ganz ähnlich wie nach (104.5). — Daß Satz 104.5a auch für uneigentliche Häufungspunkte gilt, ist jetzt selbstverständlich.

3. Ergibt sich aus Satz 103.4 bzw. Satz 104.2.

5. $|f_n(x_n)-f(\xi)| \leq |f_n(x_n)-f(x_n)|+|f(x_n)-f(\xi)| < \dfrac{\varepsilon}{2}+\dfrac{\varepsilon}{2}$ für $n>n_0$.

Aufgaben zu Nr. 105

2. Setze im Dirichletschen Kriterium $f_k(x):=\sin kx$, $g_k(x):=1/k$.

5. Setze im Abelschen Kriterium $f_k(x):=a_k$, $g_k(x):=x^k$ ($0 \leq x \leq 1$). Ziehe dann Satz 104.5a heran.

6. Setze im Dirichletschen Kriterium $f_k(x):=(-1)^{k+1}$.

7. a) $\sum a_n/n^s = \sum (a_n/n^{s_0})(1/n^{s-s_0})$. Setze nun im Abelschen Kriterium $f_n(s):=a_n/n^{s_0}$, $g_n(s):=1/n^{s-s_0}$. c) folgt sofort aus a), weil $\sum a_n/n^{s_0}$ konvergiert. d) Verfahre mit $\sum |a_n|/n^s$ wie unter a). e) l ist das Infimum aller Punkte absoluter Konvergenz. f) Sei $s > \lambda$. Wähle $\varepsilon > 0$ so klein, daß $s-\varepsilon > \lambda$ ist. $\sum 1/n^{1+\varepsilon}$ konvergiert absolut, $\sum a_n/n^{s-\varepsilon}$ ist noch konvergent, so daß die Glieder $\to 0$ streben, also konvergiert $\sum a_n/n^{s+1} = \sum (a_n/n^{s-\varepsilon})(1/n^{1+\varepsilon})$ absolut. Infolgedessen muß $s+1 \geq l$ und somit auch $\lambda+1 \geq l$ sein. i) Setze im Abelschen Kriterium $f_n(s):=a_n$, $g_n(s):=1/n^s$.

Aufgaben zu Nr. 106

1. Mit $\delta:=\varepsilon/L$ ist $|f(x)-f(y)| \leq L|x-y| < \varepsilon$ für alle $f \in \mathfrak{F}$ und alle $x, y \in X$ mit $|x-y|<\delta$.

2. $|f(x)-f(y)| \leq |f'(\xi)||x-y| \leq M|x-y|$. Benutze nun Aufgabe 1.

3. Sei $\|f\|_\infty \leq M$ für alle $f \in \mathfrak{F}$. Dann ist $|F(x)| \leq (x-a)M \leq (b-a)M$ und
$$|F(x)-F(y)| \leq M|x-y|.$$ Benutze nun Aufgabe 1.

4. Zu ε gibt es ein δ, so daß gilt: $|f(x_1, y)-f(x_2, y)|<\varepsilon/2$ für $|x_1-x_2|<\delta$ und alle y, $|f(x, y_1)-f(x, y_2)|<\varepsilon/2$ für $|y_1-y_2|<\delta$ und alle x. Ist nun $|x_1-x_2|, |y_1-y_2|<\delta$, so folgt $|f(x_1, y_1)-f(x_2, y_2)| \leq |f(x_1, y_1)-f(x_2, y_1)|+|f(x_2, y_1)-f(x_2, y_2)| < \varepsilon$.

5. Zu $\varepsilon = 1$ gibt es ein $\delta > 0$, so daß $|f(x)-f(y)| \leq 1$ ist für alle $f \in \mathfrak{F}$ und alle $x, y \in [a, b]$ mit $|x-y|<\delta$. Wähle $m \in \mathbf{N}$ so groß, daß $(b-a)/m < \delta$ ist und setze $x_k := a + \dfrac{k}{m}(b-a)$ für

$k=0, 1, \ldots, m$. Dann ist $|x_{k+1}-x_k|<\delta$ für $k=0, 1, \ldots, m-1$. Ein beliebiges $x \in (a, b]$ liegt in genau einem der Intervalle $(x_k, x_{k+1}]$ $(k=0, 1, \ldots, m-1)$, etwa in $(x_{k_0}, x_{k_0+1}]$. Für dieses x und jedes $f \in \mathfrak{F}$ ist dann

$$|f(x)-f(a)| \leq |f(x)-f(x_{k_0})| + |f(x_{k_0})-f(x_{k_0-1})| + \cdots + |f(x_1)-f(a)| \leq k_0+1 \leq m.$$

Also ist $|f(x)| \leq |f(a)| + m \leq C + m$ für beliebiges $x \in [a, b]$ und $f \in \mathfrak{F}$.

Aufgaben zu Nr. 107

2. a) Bestimme zu $\varepsilon > 0$ ein $\delta > 0$, so daß $|f(s, t) - f(s_0, t)| < \varepsilon$ für $|s-s_0| < \delta$ und alle $t \in [c, d]$. Dann ist

$$|F(s) - F(s_0)| \leq \int_c^d |f(s, t) - f(s_0, t)| \, dt \leq \varepsilon(d-c) \quad \text{für} \quad |s-s_0| < \delta.$$

b) $\dfrac{F(s_0+h) - F(s_0)}{h} = \int_c^d D_1 f(s_0 + \vartheta h, t) dt = \int_c^d D_1 f(s_0, t) dt + \int_c^d [D_1 f(s_0 + \vartheta h, t) - D_1 f(s_0, t)] dt,$

$0 < \vartheta = \vartheta(h, t) < 1$. Mit demselben Schluß wie bei a) sieht man, daß das letzte Integral für $h \to 0$ selbst gegen 0 geht.

3. c) Für jedes $y > c$ ist $\lim\limits_{s \to s_0} G(s, y) = G(s_0, y)$ (s. Aufgabe 2a). Nach Voraussetzung ist $\lim\limits_{y \to +\infty} G(s, y) = F(s)$ gleichmäßig auf $[a, b]$. Nach Satz 107.2 gilt also $\lim\limits_{s \to s_0} \lim\limits_{y \to +\infty} G(s, y) = \lim\limits_{y \to +\infty} \lim\limits_{s \to s_0} G(s, y)$ und somit $\lim\limits_{s \to s_0} F(s) = \int_c^{+\infty} f(s_0, t) dt = F(s_0)$. **d)** Da F nach Aufgabenteil c) auf $[a, b]$ stetig ist, existiert $\int_a^b F(s) ds$. Zu $\varepsilon > 0$ gibt es ein y_0, so daß $|\int_y^{+\infty} f(s, t) dt| < \varepsilon$ ausfällt für $y \geq y_0$ und alle $s \in [a, b]$. Wegen Aufgabe 2c erhält man nun für alle $y \geq y_0$ die Abschätzung

$$\left| \int_a^b \left(\int_c^{+\infty} f(s, t) dt \right) ds - \int_c^y \left(\int_a^b f(s, t) ds \right) dt \right| = \left| \int_a^b \left(\int_c^{+\infty} f(s, t) dt \right) ds - \int_a^b \left(\int_c^y f(s, t) dt \right) ds \right|$$

$$= \left| \int_a^b \left(\int_y^{+\infty} f(s, t) dt \right) ds \right| \leq \varepsilon(b-a).$$

Lösungen ausgewählter Aufgaben   619

Aufgaben zu Nr. 73

1. a) $C_1 + C_2 e^{2it} + C_3 e^{-2it}$,   b) $C_1 + C_2 e^t + C_3 e^{it} + C_4 e^{-it}$,
c) $C_1 e^t + C_2 t e^t + C_3 e^{(1+3i)t} + C_4 e^{(1-3i)t}$.   Dabei sind alle auftretenden C_k komplex.

2. a) $C_1 + C_2 \cos 2t + C_3 \sin 2t$,   b) $C_1 + C_2 e^t + C_3 \cos t + C_4 \sin t$,
c) $C_1 e^t + C_2 t e^t + C_3 e^t \cos 3t + C_4 e^t \sin 3t$.   Dabei sind alle auftretenden C_k reell.

3. a) $(1 - \cos 2t)/4$ b) $(\sin 2t)/2$.

Aufgaben zu Nr. 74

1. a) $C_1 e^t + C_2 e^{(-1+i\sqrt{3})t/2} + C_3 e^{(-1-i\sqrt{3})t/2} - 1 - t^2$,   b) $C_1 + C_2 e^t + C_3 e^{-t} + t - t^2/2$.
Dabei sind alle auftretenden C_k komplex.

2. a) $C_1 e^t + e^{-t/2}\left(C_2 \cos \frac{\sqrt{3}}{2}t + C_3 \sin \frac{\sqrt{3}}{2}t\right) - 1 - t^2$,   b) $C_1 + C_2 e^t + C_3 e^{-t} + t - t^2/2$.
Dabei sind alle auftretenden C_k reell.

3. a) $C_1 e^t + C_2 e^{it} + C_3 e^{-it} - e^{-t}/2$,   b) $C_1 e^t + C_2 e^{it} + C_3 e^{-it} + te^t$,
c) $C_1 e^t + C_2 e^{it} + C_3 e^{-it} - \frac{1-i}{4} te^{it}$.   Dabei sind alle auftretenden C_k komplex.

5. a) $e^{-t}(C_1 \cos t + C_2 \sin t) + \frac{1}{5}\cos t + \frac{2}{5}\sin t$,   b) $C_1 + C_2 e^{-4t} + \frac{1}{10}\sin 2t - \frac{1}{20}\cos 2t$,
c) $e^t(C_1 \cos t + C_2 \sin t) + \frac{t}{2}e^t \sin t$.   Dabei sind alle auftretenden C_k reell.

7. a) $(t/3 - 4/9)e^{2t}$,   b) $t(t-1)e^t/4$.

Aufgaben zu Nr. 77

1. $\frac{1}{3}(2x+3)^{3/2}$.   **2.** $\frac{1}{3}\sin(3x+1)$.   **3.** $\frac{1}{2}(4x-1)^{1/2}$.

4. $-\frac{x^2}{2}\cos 2x + \frac{x}{2}\sin 2x + \frac{1}{4}\cos 2x$.   **5.** $\left(\frac{x^3}{2} - \frac{x^2}{4} + \frac{x}{4} - \frac{5}{8}\right)e^{2x-4}$.

6. $(2x^2 + 4x + 16)\cosh\frac{x}{2} - (8x+8)\sinh\frac{x}{2}$.

7. $x \tan x + \ln|\cos x|$.   **8.** $\frac{1}{2}(1+x^2)\arctan x - \frac{x}{2}$.   **9.** $-\frac{2}{15}\sqrt{1-5x^3}$.

10. $\sqrt{x^2 + 2x + 2}$.   **11.** $-\frac{1}{2}e^{-x^2}$.   **12.** $e^{\sin x}$.   **13.** $\frac{1}{2}(\arctan x)^2$.   **14.** $\frac{1}{2}(\ln x)^2$.

15. $\frac{1}{8}\arcsin x - \frac{1}{8}x\sqrt{1-x^2}(1-2x^2)$.   **16.** $4\sqrt[4]{\tan x}$.   **17.** $\frac{1}{2}\ln|\tan x| + \frac{1}{2}\tan x$.

18. $\tan x - x$. **19.** $\dfrac{1}{2} \ln \left| \dfrac{1 + \tan \dfrac{x}{2}}{1 - \tan \dfrac{x}{2}} \right| + \dfrac{1}{2} \dfrac{\sin x}{\cos^2 x}$. **20.** $-\ln \left|1 - \tan \dfrac{x}{2}\right| + \ln \left|1 + \tan \dfrac{x}{2}\right|$.

21. $4 (\ln |e^{2x} - 1| - \ln |e^{2x} + 1|)$. **23.** a) $Ce^t - t^2 - 2t - 2$, b) $Ce^{-2t} + (2 \cos t + \sin t)/5$.

Aufgaben zu Nr. 78

1. $\ln \dfrac{(x-2)^2}{|x-1|}$. **2.** $x - \dfrac{1}{2} \dfrac{1}{x-1} + \dfrac{5}{4} \ln |x-1| - \dfrac{1}{4} \ln |x+1|$.

3. $\dfrac{2x+1}{3(x^2+x+1)} + \dfrac{4}{3\sqrt{3}} \arctan \dfrac{2x+1}{\sqrt{3}}$. **4.** $\dfrac{x^4}{4} - \dfrac{1}{2} \ln(x^4+2)$.

5. $\dfrac{1}{4\sqrt{2}} \ln \dfrac{x^2+\sqrt{2}x+1}{x^2-\sqrt{2}x+1} + \dfrac{1}{2\sqrt{2}} [\arctan(\sqrt{2}x-1) + \arctan(\sqrt{2}x+1)]$.

6. $\dfrac{1}{4\sqrt{2}} \ln \dfrac{x^2-\sqrt{2}x+1}{x^2+\sqrt{2}x+1} + \dfrac{1}{2\sqrt{2}} [\arctan(\sqrt{2}x-1) + \arctan(\sqrt{2}x+1)]$.

7. $\dfrac{1}{2\sqrt{6}} \ln \left|\dfrac{2x+2-\sqrt{6}}{2x+2+\sqrt{6}}\right|$. **8.** $x - \dfrac{1}{2} \ln(x^2+1) - \dfrac{4}{\sqrt{3}} \arctan \dfrac{x}{\sqrt{3}}$.

9. $e^x = t$; $2 \ln(e^x+1) - x$. **10.** $\sqrt{x} = t$; $x - 4\sqrt{x} + 4 \ln(\sqrt{x}+1)$.

11. $\ln x = t$; $\dfrac{1}{2} \ln^2 x - \dfrac{2}{\sqrt{3}} \arctan \dfrac{2 \ln x - 1}{\sqrt{3}}$. **12.** $\sqrt{x} = t$; $\arctan \dfrac{\sqrt{x}}{2}$.

Aufgaben zu Nr. 79

8. Wählt man in einer Riemannfolge die Zwischenpunkte immer rational, so konvergiert sie gegen $b - a$, wählt man aber die Zwischenpunkte immer irrational, so verschwinden alle ihre Glieder, sie konvergiert also trivialerweise gegen 0.

11. a) $\dfrac{1}{p+1} = \int_0^1 x^p dx = \lim_{n \to \infty} \sum_{k=1}^n \left(\dfrac{k}{n}\right)^p \dfrac{1}{n} = \lim_{n \to \infty} \dfrac{1}{n^{p+1}} \sum_{k=1}^n k^p$.

b) $\dfrac{2}{\pi} = \int_0^1 \sin \pi x \, dx = \lim_{n \to \infty} \sum_{k=1}^n \sin\left(\pi \dfrac{k}{n}\right) \dfrac{1}{n} = \lim_{n \to \infty} \dfrac{1}{n} \sum_{k=1}^n \sin \dfrac{k\pi}{n}$.

Aufgaben zu Nr. 81

1. Wäre $f(x_0) > 0$ für ein $x_0 \in [a, b]$, so gäbe es ein $\varepsilon_0 > 0$ und ein Intervall $[\alpha, \beta] \subset [a, b]$, so daß wir die Abschätzung $f(x) \geq \varepsilon_0$ für alle $x \in [\alpha, \beta]$ hätten. Ist nun $(S(Z_j, \xi_j))$ eine Riemannfolge mit $\alpha, \beta \in Z_j$ für alle j, so müßte infolgedessen durchweg $S(Z_j, \xi_j) \geq \varepsilon_0(\beta - \alpha) > 0$, also auch $\int_a^b f \, dx > 0$ sein, im Widerspruch zur Voraussetzung.

2. Mit $F(x):=\int_a^x f(t)dt$ ist

$$\int_{\varphi(x)}^{\psi(x)} f(t)dt = \int_a^{\psi(x)} f(t)dt - \int_a^{\varphi(x)} f(t)dt = F(\psi(x))-F(\varphi(x)).$$

Wegen der Kettenregel und des zweiten Hauptsatzes ist also

$$\frac{d}{dx}\int_{\varphi(x)}^{\psi(x)} f(t)dt \text{ vorhanden und} = f(\psi(x))\psi'(x)-f(\varphi(x))\varphi'(x).$$

3. Benutze die Methode der Variation der Konstanten in Verbindung mit dem zweiten Hauptsatz (s. (55.6)).

4. a) $F(xy)=\int_1^{xy}\frac{dt}{t}=\int_1^x\frac{dt}{t}+\int_x^{xy}\frac{dt}{t}=F(x)+\int_1^y\frac{xds}{xs}=F(x)+F(y)$ (Substitution $t=xs$).

b) Substitution $t=s^\alpha$.   c) Substitution $t=e^s$.

Aufgaben zu Nr. 82

3. Sei etwa f wachsend auf $[a,b]$, $\varepsilon>0$ vorgegeben und Z eine Zerlegung mit den Teilpunkten $x_k:=a+k(b-a)/n$ ($k=0,1,\ldots,n$). Für hinreichend großes n ist dann

$$O(Z)-U(Z)=\sum_{k=1}^n [f(x_k)-f(x_{k-1})]\frac{b-a}{n}=\frac{b-a}{n}[f(b)-f(a)]<\varepsilon.$$

Die Behauptung folgt nun aus Satz 82.3.

Aufgaben zu Nr. 83

2. Sei $\bar{J}:=\overline{\int_a^b}fdx$ und Z_1 eine Zerlegung mit $O(Z_1)-\bar{J}<\frac{\varepsilon}{3}$. Sei ferner $|Z|<\delta:=\frac{\varepsilon}{3p\Omega}$ (s. (83.2); p ist die Anzahl der Teilintervalle von Z_1) und $Z_2:=Z_1\cup Z$. Wegen (83.5) und Hilfssatz 82.1b ist dann $O(Z)-\bar{J}=O(Z)-O(Z_2)+O(Z_2)-\bar{J}\leq\frac{\varepsilon}{3}+\frac{\varepsilon}{3}<\varepsilon$. Die Behauptung über $U(Z)$ wird entsprechend bewiesen.

Aufgaben zu Nr. 84

2. Die drei Funktionen sind nach dem Lebesgueschen Kriterium auf $[a,b]$ integrierbar. Da sie ferner fast überall auf $[a,b]$ verschwinden, ist nach Satz 84.10

$$\int_a^b f(x)dx = \int_a^b \sqrt{f(x)}dx = \int_a^b \ln(1+f(x))dx = \int_a^t 0dx = 0.$$

Aufgaben zu Nr. 85.

3. $f(x):=1$ für $0\leq x\leq 1/2$ und $:=-1$ für $1/2<x\leq 1$. Hier ist $\mu=0$.

4. $\mu(v)=\frac{1}{t_1-t_0}\int_{t_0}^{t_1}v(t)dt=\frac{1}{t_1-t_0}\int_{t_0}^{t_1}\dot{s}(t)dt=\frac{s(t_1)-s(t_0)}{t_1-t_0}=\dot{s}(\tau)=v(\tau)$ für ein gewisses $\tau\in$

(t_0,t_1) (Mittelwertsatz der Differentialrechnung!).

622 Lösungen ausgewählter Aufgaben

5. Es genügt, den Beweis im Falle $\eta = 0$ zu führen. Zu $\varepsilon > 0$ gibt es ein $x_0 > 0$, so daß $|f(t)| < \varepsilon/2$ für $t \geq x_0$ bleibt, ferner ein $x_1 > 0$ mit

$$\frac{1}{x}\int_0^{x_0} |f(t)|dt < \frac{\varepsilon}{2} \quad \text{für } x \geq x_1.$$

Für alle $x \geq \max(x_0, x_1)$ ist dann

$$\left|\frac{1}{x}\int_0^x f(t)dt\right| \leq \frac{1}{x}\int_0^{x_0} |f(t)|dt + \frac{1}{x}\int_{x_0}^x |f(t)|dt < \frac{\varepsilon}{2} + \frac{x-x_0}{x}\frac{\varepsilon}{2} < \varepsilon.$$

6. $\frac{1}{x}\int_0^x f(t)g(x-t)dt = \frac{1}{x}\int_0^x [f(t)-\eta]g(x-t)dt + \frac{\eta}{x}\int_0^x g(x-t)dt$. Da g auf $[0, \infty)$ beschränkt ist (warum?), strebt der erste Term der rechten Seite nach Aufgabe 5 gegen 0. Da ferner $\int_0^x g(x-t)dt = \int_0^x g(t)dt$ ist, wie man mittels Riemannscher Summen sofort sieht, strebt der zweite Term der rechten Seite (wiederum nach Aufgabe 5) gegen $\eta\xi$.

Aufgaben zu Nr. 87

1. Konv.   **2.** Konv.   **3.** Div.   **4.** Konv.   **5.** Div.   **6.** Konv.
7. Div.   **8.** Konv.   **9.** Konv.   **10.** Konv.   **11.** Div.   **12.** Konv.

20. $\int_0^{n\pi} \frac{|\sin x|}{x}dx = \sum_{k=0}^{n-1} \int_{k\pi}^{(k+1)\pi} \frac{|\sin x|}{x}dx \geq \sum_{k=0}^{n-1} \frac{1}{(k+1)\pi} \int_0^{\pi} \sin x \, dx$

$$= \frac{2}{\pi} \sum_{k=0}^{n-1} \frac{1}{k+1} \to +\infty \quad \text{für } n \to \infty.$$

22. Man braucht nur die Lösung von A 32.3 in offenkundiger Weise zu modifizieren.

Aufgaben zu Nr. 88

1. Konv.   **2.** Konv.   **3.** Konv.   **4.** Konv.   **5.** Konv.

4. Gehe von der Abschätzung $\int_{k-1}^k f(x)dx \geq f(k) \geq \int_k^{k+1} f(x)dx$ aus.

5. Ziehe Aufgabe 4 mit $f(x) := 1/x$ und $m := 1$ heran.

Aufgaben zu Nr. 89

1. Konv.   **2.** Konv.   **3.** Konv.   **4.** Konv.   **5.** Konv.   **6.** Konv.   **7.** Konv.
8. Div.   **9.** Konv.   **10.** Konv.   **11.** Div.

13. Beispiel: $\int_0^1 \frac{dx}{\sqrt{x}}$ existiert, $\int_0^1 \frac{1}{\sqrt{x}}\frac{1}{\sqrt{x}}dx$ existiert jedoch nicht.

Lösungen ausgewählter Aufgaben 623

Aufgaben zu Nr. 90

1. Es ist nämlich $\sum_{k=1}^{n} c[\alpha(x_k) - \alpha(x_{k-1})] = c \sum_{k=1}^{n} [\alpha(x_k) - \alpha(x_{k-1})] = c[\alpha(b) - \alpha(a)]$.

4. Da α wächst, ist durchweg $S_\alpha(f, Z, \xi) \le S_\alpha(g, Z, \xi)$. Die Behauptung folgt nun aus Satz 44.2.

5. Sei $\beta := \alpha(c)$, $Z := \{x_0, x_1, \ldots, x_n\}$ eine Zerlegung von $[a, b]$ und $\xi = (\xi_1, \ldots, \xi_n)$ ein zugehöriger Zwischenvektor. Dann liegt c entweder im Innern eines Teilintervalls $[x_{m-1}, x_m]$ oder fällt mit dessen rechtem Randpunkt x_m zusammen, und es gilt:

$$S(f, Z, \xi) = \begin{cases} f(\xi_m)(\alpha_1 - \alpha_0), & \text{falls } c \in (x_{m-1}, x_m), \\ f(\xi_m)(\beta - \alpha_0) + f(\xi_{m+1})(\alpha_1 - \beta), & \text{falls } c = x_m. \end{cases}$$

Wegen der Stetigkeit von f in c folgt daraus sofort die Behauptung.

Aufgaben zu Nr. 91

2. Sei zunächst $x_0 \in (a, b)$. Wegen der Stetigkeit von V gibt es zu $\varepsilon > 0$ ein $\delta > 0$, so daß $|V(x) - V(x_0)| < \varepsilon$ bleibt, sofern $x \in [a, b] \cap U_\delta(x_0)$ ist. Da für $x > x_0$ nach Satz 91.6 $V(x_0) + V_{x_0}^x(g) = V(x)$, also $0 \le V(x) - V(x_0) = V_{x_0}^x(g)$ ist und da ferner $|g(x) - g(x_0)| \le V_{x_0}^x(g)$ sein muß, ergibt sich nun die Abschätzung $|g(x) - g(x_0)| < \varepsilon$, wenn $x \in [a, b] \cap U_\delta(x_0)$ und $x > x_0$ ist. g erweist sich somit als rechtsseitig stetig in x_0. Ganz ähnlich sieht man, daß g in x_0 auch linksseitig stetig, insgesamt dort also tatsächlich stetig ist. Die Stetigkeit von g in den Intervallendpunkten a, b ist noch leichter zu erkennen.

3. Mit $\alpha := \inf |g|$ ist für jede Zerlegung $\{x_0, x_1, \ldots, x_n\}$ von $[a, b]$

$$\sum_{k=1}^{n} \left| \frac{1}{g(x_k)} - \frac{1}{g(x_{k-1})} \right| = \sum_{k=1}^{n} \frac{|g(x_{k-1}) - g(x_k)|}{|g(x_k)||g(x_{k-1})|} \le \frac{1}{\alpha^2} V_a^b(g).$$

4. Wegen $\sum_{k=1}^{n} ||g(x_k)| - |g(x_{k-1})|| \le \sum_{k=1}^{n} |g(x_k) - g(x_{k-1})| \le V_a^b(g)$ liegt auch $|g|$ in $BV[a, b]$, und es ist $V_a^b(|g|) \le V_a^b(g)$. Die restlichen Behauptungen erhält man nun mit Hilfe des Satzes 91.3 und der Formeln (14.4) und (14.5).

5. Sei $Z := \{x_0, x_1, \ldots, x_n\}$ eine beliebige Zerlegung von $[a, b]$. Dann ist

$$\sum_{k=1}^{n} |F(x_k) - F(x_{k-1})| = \sum_{k=1}^{n} \left| \int_{x_{k-1}}^{x_k} f(t) \, dt \right| \le \sum_{k=1}^{n} \int_{x_{k-1}}^{x_k} |f(t)| \, dt = \int_a^b |f(t)| \, dt$$

und somit $V_a^b(F) \le \int_a^b |f(t)| \, dt$. Wir beweisen nun die umgekehrte Ungleichung. Sei $\mu_k := \min\{|f(x)| : x \in [x_{k-1}, x_k]\}$. Nach dem ersten Mittelwertsatz der Integralrechnung ist

$$F(x_k) - F(x_{k-1}) = (x_k - x_{k-1}) f(\xi_k) \text{ mit einem geeigneten } \xi_k \in [x_{k-1}, x_k].$$

Infolgedessen gilt

$$\sum_{k=1}^{n} |F(x_k)-F(x_{k-1})| = \sum_{k=1}^{n} (x_k - x_{k-1})|f(\xi_k)| \geq \sum_{k=1}^{n} (x_k - x_{k-1})\mu_k$$

und somit

$$V_a^b(F) = \sup_Z \sum_{k=1}^{n} |F(x_k)-F(x_{k-1})| \geq \sup_Z \sum_{k=1}^{n} (x_k - x_{k-1})\mu_k = \int_a^b |f(t)|dt.$$

6. Auf einem kompakten Teilintervall des Konvergenzintervalls ist g' als stetige Funktion beschränkt. Die Behauptung folgt nun aus Satz 91.4.

Aufgaben zu Nr. 92

1. a) $-(1+e^\pi)/2$.   b) 1.   c) $\ln 24$.

4. Sei $M := \|f\|_\infty$. Die Behauptung a) folgt aus der Abschätzung

$$\sum_{k=1}^{n} |F(x_k)-F(x_{k-1})| = \sum_{k=1}^{n} \left| \int_{x_{k-1}}^{x_k} f d\alpha \right| \leq M \sum_{k=1}^{n} V_{x_{k-1}}^{x_k}(\alpha) = M V_a^b(\alpha).$$

b) ergibt sich aus $|F(x)-F(x_0)| = |\int_{x_0}^{x} f d\alpha| \leq M \overset{\max(x_0,x)}{\underset{\min(x_0,x)}{V}}(\alpha)$ in Verbindung mit Satz 91.9.

Um c) zu beweisen, benutze man die Gleichung

$$\frac{F(x)-F(x_0)}{x-x_0} - f(x_0)\alpha'(x_0) = \frac{F(x)-F(x_0)}{x-x_0} - f(x_0)\frac{\alpha(x)-\alpha(x_0)}{x-x_0} + f(x_0)\left(\frac{\alpha(x)-\alpha(x_0)}{x-x_0} - \alpha'(x_0)\right)$$

$$= \frac{1}{x-x_0} \int_{x_0}^{x} [f(t)-f(x_0)]d\alpha(t) + f(x_0)\left(\frac{\alpha(x)-\alpha(x_0)}{x-x_0} - \alpha'(x_0)\right).$$

Der zweite Term der rechten Gleichungsseite strebt für $x \to x_0$ trivialerweise gegen 0. Der erste Term strebt ebenfalls gegen 0, wenn $x \to x_0$ geht, wie man aus der folgenden Abschätzung erkennt (beachte dabei Gl. (91.6)):

$$\left| \frac{1}{x-x_0} \int_{x_0}^{x} [f(t)-f(x_0)]d\alpha(t) \right| \leq \max_{t \in \langle x, x_0 \rangle} |f(t)-f(x_0)| \cdot \left| \frac{\alpha(x)-\alpha(x_0)}{x-x_0} \right|.$$

Übrigens läßt sich c) noch viel einfacher mit Hilfe des Satzes 93.1 beweisen.

Aufgaben zu Nr. 94

2. Aus (94.4) folgt die Gleichungskette

$$\sqrt{\frac{\pi}{2}} = \lim \frac{2 \cdot 4 \cdots (2k-2)}{1 \cdot 3 \cdots (2k-1)} \sqrt{2k} = \lim \frac{2^2 \cdot 4^2 \cdots (2k-2)^2}{(2k-1)!} \sqrt{2k}$$

$$= \lim \frac{2^2 \cdot 4^2 \cdots (2k)^2}{(2k)!} \frac{\sqrt{2k}}{2k} = \frac{1}{\sqrt{2}} \lim \frac{(k!)^2 2^{2k}}{(2k)!\sqrt{k}}$$

und damit die Behauptung.

Literaturverzeichnis

[1] Aris, R.: Mathematical modelling techniques. London—San Francisco—Melbourne 1978
[2] Bolzano, B.: Paradoxien des Unendlichen. Hamburg 1955
[3] Bronstein, J.N.; Semendjajew, K.A.: Taschenbuch der Mathematik. 19. Aufl. Frankfurt/M.— Zürich 1980
[4] Cantor, G.: Gesammelte Abhandlungen mathematischen und philosophischen Inhalts. Hildesheim 1962
[5] Dedekind, R.: Stetigkeit und irrationale Zahlen. 5. Aufl. Braunschweig 1927
[6] Dedekind, R.: Was sind und was sollen die Zahlen? 5. Aufl. Braunschweig 1923
[7] Fraenkel, A.: Einleitung in die Mengenlehre. 3. Aufl. Berlin 1928
[8] Gröbner, W.; Hofreiter, N.: Integraltafel. Erster Teil: Unbestimmte Integrale. 5. Aufl. Wien—New York 1975. Zweiter Teil: Bestimmte Integrale. Wien—Innsbruck 1950
[9] Heuser, H.: Gewöhnliche Differentialgleichungen. 2. Aufl. Stuttgart 1991
[10] Heuser, H.: Funktionalanalysis. 3. Aufl. Stuttgart 1992
[11] Kamke, E.: Mengenlehre. 5. Aufl. Berlin 1965
[12] Landau, E.: Grundlagen der Analysis. 3. Aufl. New York 1960
[13] Riesz, F.; Sz.-Nagy, B.: Vorlesungen über Funktionalanalysis. 2. Aufl. Berlin 1968
[14] Scholz, A.; Schoeneberg, B.: Einführung in die Zahlentheorie. 4. Aufl. Berlin 1966
[15] Stoer, J.: Numerische Mathematik. 5. Aufl. Berlin—····—Hong Kong 1989
[16] Szabó, J.: Einführung in die Technische Mechanik. 3. Aufl. Berlin—Göttingen—Heidelberg 1958
[17] van der Waerden, B.L.: Algebra I. 7. Aufl. Berlin—Heidelberg—New York 1966

Aus der langen Liste vortrefflicher Lehrbücher der Analysis führen wir nur die folgenden an:

Barner, M.; Flohr, F.: Analysis I, II. Berlin—New York 1991 (I, 4. Aufl.), 1989 (II, 2. Aufl.)
Endl, K.; Luh, W.: Analysis I—III. Wiesbaden 1989 (I, 9. Aufl.), 1987 (II, 7. Aufl.), 1987 (III, 6. Aufl.)
Forster, O.: Analysis 1—3. Braunschweig 1983 (1, 4. Aufl.), 1984 (2, 5. Aufl.), 1984 (3, 3. Aufl.)
König, H.: Analysis 1. Basel—Boston—Stuttgart 1984
Königsberger, K.: Analysis I, II. Berlin, ... 1992 (I, 2. Aufl.), 1993 (II, 1. Aufl.)
Mangoldt, H. v.; Knopp, K.: Einführung in die höhere Mathematik I—IV. Stuttgart 1990 (I, 17. Aufl.; II, 16. Aufl.; III, 15. Aufl.; IV, 4. Aufl., verfaßt von F. Lösch)
Rautenberg, W.: Elementare Grundlagen der Analysis. Mannheim 1993
Walter, W.: Analysis I, II. 3. Aufl., Berlin—Heidelberg—New York—Tokyo 1992

Symbolverzeichnis

Immer wiederkehrende Symbole wie $|a|$, $\sum_{k=1}^{n} a_k$, $\lim a_n$, $f'(x)$, $\int_a^b f(x)dx$ usw. wurden in dieses Verzeichnis nicht aufgenommen.

$A - \sum_{n=0}^{\infty} a_n$	385	$\bar{R}$	249
$\arg z$	395	$R[a, b]$	453
$BV[a, b]$	494	$R_\alpha[a, b]$	490
$B(X)$	118	(s)	131
C	42	$\mathfrak{S}(E), \mathfrak{S}(E, F)$	131
$C[a, b], C(a, b), C(X)$	217	$S(f, Z, \xi), S(Z, \xi)$	449
D	131	$S_\alpha(f, Z, \xi)$	490
D	268	$U_r(x_0), U_r[x_0]$	84, 100
D_1, D_2	574	$\dot{U}_r(x_0)$	236
$d(a, b)$	81, 85	$V_a^b(g)$	494
$\exp x$	171	$\mathfrak{Z}^*$	453
id_X	108	$|Z|$	448
$\mathrm{Im}(a), \mathrm{Re}(a)$	43	(Z, ξ)	453
$\inf a_n, \sup a_n$	116		
$\inf f, \sup f$	116	χ_M	113
$\inf M, \sup M$	72	$\Omega_f(T)$	241
l^p, l^∞	351	$\omega_f(x)$	241
$\lim f_x, \lim_X f_x$	250	$\|f\|_\infty$	116
$\lim f_n, X\text{-}\lim f_n$	538	$\|g\|_V$	499
$\mathrm{Lim}\, f_n, X\text{-}\mathrm{Lim}\, f_n$	545	$\|x\|_p, \|x\|_\infty$	351
$\lim_Y F(x, y), X\text{-}\mathrm{Lim}_Y F(x, y)$	571	$[x]$	77
$\liminf a_n, \limsup a_n$	180	$[F(x)]_a^b, [F]_a^b$	451
$\ln_p x$	484	$[\varphi(t)]_{t=\psi(x)}$	442
$\max(f, g), \min(f, g)$	114		
$\max f, \min f$	116	$a \mid b$	39
$\max M, \min M$	49	$f \mid A$	106
$\mathfrak{M}(f)$	457	$|f|, f^+, f^-$	114
N	18	$f \leq g, f < g$	115
N$_0$	18		
$\emptyset$	18	$[a, b], (a, b), (a, b], [a, b)$	84
Q	18	$\langle a, b \rangle$	353
R	18	$\langle a_n \mid b_n \rangle$	157
R$^+$	36	$\mathring{M}$	239
		$A \times B$	55

— — —, erweiterter 477
— — —, zweiter 477
— für höhere Differenzen 353
— — RS-Integrale, erster 502
— — —, zweiter 502
MKS-System 325
Moivre, A. de *66*
Moivresche Formel 66, 101, 397
Mongolismus 176
monotone Funktion (Folge) 115
— Konvergenz 578
monotones Netz 253
Monotoniegesetz 36
Monotoniekriterium für Funktionen 244
— — Netze 253
— — Reihen 191
— — uneigentliche Integrale 482, 487
Monotonieprinzip 155
Morgan, A. de *20,* 41
Morgansche Komplementierungsregeln 20 f
Mortalitätskoeffizient 176
Mose 21

nach oben beschränkte Funktion 116
— unten beschränkte Funktion 116
Narkosetod 176
natürlicher Definitionsbereich 113
— Logarithmus 166
natürliche Zahl 48
negative Funktion 115
negativer Teil einer Funktion 114
Netz 250
—, abnehmendes 253
—, beschränktes 252
—, divergentes 251
—, fallendes 253
—, gleichmäßig konvergentes 571
—, konvergentes 251
—, monotones 253
—, Riemannsches 453
—, Riemann-Stieltjessches 490
—, wachsendes 253
—, zunehmendes 253
Newtonfolge 407
Newton, I. 5, 13, *34,* 260, 321, 326, 353, 361, 461
Newton (Krafteinheit) 325
Newtonsches Abkühlungsgesetz 322
— Interpolationspolynom 129, 134
— Kraftgesetz 263, 324 f
— Potential 536
— Verfahren 406 f
N^2-Gesetz von Lanchester 346
nichtarchimedische Bewertung 89
nichtnegative Funktion 115
nichtpositive Funktion 115

Nietzsche, F. 12
nirgends konvergente Potenzreihe 363
Noether, E. *141*
Normalform eines Polynoms 124
normbeschränkt 563
Nullfolge 147
Nullmenge 470
Nullpolynom 122
Nullraum einer linearen Abbildung 135
Nullstelle 113
Nullstellensatz für Polynome 398
— von Bolzano 223
numerische Integration 529 ff

obere Schranke einer Menge 70
Obersumme 465
offene Menge 217
offenes Intervall 84
offene Überdeckung 227
Operator 131
Opialsche Ungleichung 475
Ordinatenmenge 457
Ordnungsaxiome 35 f, 39
ordnungsvollständig 38
Oresme, N. *150*
Oszillation 241

p-adische Bewertung 89
Parameterintegral 574 ff
Parmenides *193*
Partialbruch 402
Partialbruchzerlegung 401
partielle Ableitung 574
— Integration 463
Partition 23
Pascal, B. *63*
Pascalsches Dreieck 63
Paulus 12
Peano, G. *34*
Peanosche Axiome 34, 51
Periode 337
periodische Funktion 337
Permutation 54, 68 f
π 336, 381, 392
Planck, M. *307*
Plancksches Strahlungsgesetz 307
Poisson, D. *175*
Poissonsche Approximation der Binomialverteilung 174
Polardarstellung komplexer Zahlen 396
Polygonzug 112
Polynom 111, 122 f
—, charakteristisches 423
—, kanonische Produktdarstellung eines 399, 400
—, komplexes 121

Polynome, Divisionssatz für 125
—, Identitätssatz für 123
—, Nullstellen der 124, 127, 398
—, Nullstellensatz für 398
—, Wachstumsverhalten der 125, 127
—, Zerlegungssatz für 399, 400
Polynomialkoeffizient 57
polynomischer Satz 69
positive Funktion 115
positiver Teil einer Funktion 114
Potential 534
potentielle Energie 534
Potenzfunktion 165
—, Ableitung der 274
Potenzmenge 140
Potenz mit rationalem Exponenten 79
Potenzreihe 362
—, beständig konvergente 363
— für arcsin x 382
— — arctan x 381
— — Arsinh x 384
— — Artanh x 374 (A 64.3)
— — cosh x 361
— — cos x 358
— — e^x 358
— — ln $(1+x)$ 380 f
— — ln $\frac{1+x}{1-x}$ 374
— — sinh x 361
— — sin x 358
— — tan x 411
— — x cot x 411
— — $x/(e^x-1)$ 410
— — $(1+x)^\alpha$ 383
— — $1/(1-x)$ 190
— — $\sqrt{1+x}$ 361, 374
— — $1/\sqrt{1+x}$ 361, 374
— — $1/\sqrt{1+x^2}$ 361
—, komplexe 393 f
— nirgends konvergente 363
—, Stammfunktion einer 369
Potenzreihen, Differenzierbarkeitssatz für 368, 384
—, Identitätssatz für 372
—, Konvergenzsatz für 362
—, Stetigkeitssatz für 368, 379
—, Transformationssatz für 365
Potenzreihenentwicklung einer mittelbaren Funktion 390
Primteiler 51
Primzahl 51, 560
Prinzip der Intervallschachtelung 158
Problem der Dido 308
Produktintegration 439, 463
Produkt linearer Abbildungen 132

Produktreihe 199
Produktrichtung 569
Produkt zweier Funktionen 113
Prozesse einseitiger Zerstörung 346
— wechselseitiger Zerstörung 344 f
psychophysisches Grundgesetz 318
punktierte Umgebung 236
— — von $\pm\infty$ 249
punktweise beschränkt 562
— Konvergenz einer Funktionenfolge 538
— — — Funktionenreihe 539
punktweiser Grenzwert einer Funktionenfolge 538
— — — Funktionenreihe 539
p-Vektor 119
Pythagoras 28

quadratische Gleichung 80
— Interpolation 292, 531
— Konvergenz 407
Quadratschachtelung 230
Quotientenkriterium 205, 210
Quotient zweier Funktionen 113

Raabe, J. L. 207
Raabesches Konvergenzkriterium 207
Radius eines Intervalls 84
Raketenantrieb 329 f
Randpunkt eines Intervalls 84
rationale Funktion 111, 121, 126
— —, echt gebrochene 126
— —, Integration der 445 f
— —, Partialbruchzerlegung einer 401
— —, reduzierte Form einer 126
— —, unecht gebrochene 126
rationale Zahl 49
räuberischer Prozeß 346, 512
Raum, linearer 118
—, metrischer 85
Rautenberg, W. 172
Realteil 43
rechtsseitige Ableitung 261
rechtsseitiger Grenzwert 238
rechtsseitig stetig 214
reduzierte Form einer rationalen Funktion 126
reelle Algebra 119
— Funktion 107
reeller linearer Raum 119
reellwertige Funktion 107
Reflexionsgesetz 306
reflexiv 24
Regel von de l'Hospital 287
Regeneration, verminderte 324
Reichweite von Ferngeschützen 329
Reihe 187

—, absolut konvergente 192
—, alternierende 203
—, bedingt konvergente 197
—, Dirichletsche 558
—, divergente 190
—, geometrische 189, 190, 193, 194
—, harmonische 189, 195, 204
—, iterierte 257
—, konvergente 189
—, Summe (Wert) einer 190
—, Umordnung einer 197
—, unbedingt konvergente 197, 202
rekursive Definition 52
relativ abgeschlossene Menge 224
— offene Menge 218
Relativumgebung 218
Resonanz 430
Resonanzfrequenz 432
Resonanzkatastrophe 432
Rest einer Reihe 192
Restglied, Cauchysches 357
—, Lagrangesches 355
—, Schlömilchsches 357
Reziprokenregel 271
Richtung 249
—, schwächere 250
—, stärkere 250
Riemann, B. *199,* 480, 483
Riemannfolge 449
Riemann-integrierbar 450
Riemannscher Umordnungssatz 199
Riemannsches Integrabilitätskriterium 469
— Integral 450
— Netz 453
Riemannsche Summe 449
— Vermutung 561
— ζ-Funktion 559 f
Riemann-Stieltjessches Integral 490
— — Netz 490
— -Stieltjessche Summe 490
Rinne 305
R-Integral 450
R-integrierbar 450
Rolle, M. *279*
RS-Folge 490
RS-Integral 490
RS-integrierbar 490
RS-Netz 490
RS-Summe 490
Runge, C. *539*
Russell, B. *25,* 35, 185

Samuelson, P. A. 67
Satz des Archimedes 73, 76
— — Eudoxos 73
— von Arzelà-Ascoli 563

— — Baire 551
— — Bolzano 223
— — Bolzano-Weierstraß 156, 237
— — Dini 578
— — Heine-Borel 228
— — Rolle 279
— — Tauber 385
— — Taylor 355
Schädlingsbekämpfung 515
Schaubild einer Funktion 107
Schlömilch, O. *357*
Schlömilchsches Restglied 357
Schnittaxiom 37
Schranke, größte untere 72
—, kleinste obere 72
—, obere 70
—, untere 70
Schriftrollen vom Toten Meer 174
Schrittweite 130
schwächere Richtung 250
Schwarz, H. A. *96*
Schwarzsche Ungleichung 475
Schwerefeld in Erdnähe 535
Schwerpunkt 489 f
Schwingung, erzwungene 524 f
—, freie 334 f
—, gedämpfte freie 413 f
Schwingungsdauer 339
Schwingungsfrequenz 339
Schwingungskreis 422
Sehnentrapezregel 532
Seilkurve 296
Selbstabbildung 106
Simpson, Th. *532*
Simpsonsche Regel 532
Sinus (sin x) 274 f, 336 f, 339, 358, 391 f
—, Ableitung des 276
—, Additionstheorem des 274
sinus hyperbolicus (sinh x) 296, 361
— —, Ableitung des 296
— — im Komplexen 394 f
Skat 69
Spaltenlimes 568
Spaltenreihe 257
Spaltensumme 257
Spengler, O. *102*
Spinoza, B. de *34*
Sprung einer Funktion 239
Sprungstelle 239
stärkere Richtung 250
Stammfunktion 311
— elementarer Funktionen 436, 437, 438,
    440, 441, 443, 444
Steigung einer Funktion 265
— — Geraden 264
stetig differenzierbar 285

stetige Fortsetzung 234
— reelle Funktion 212, 217
Stetigkeit, linksseitige 214
—, rechtsseitige 214
Stetigkeitssatz für Potenzreihen 368
Stieltjes, T. J. *489*
Stirling, J. *511*
Stirlingsche Formel 511
Stolz, O. *290*
Störfunktion 310
streng fallende Funktion 115
— wachsende Funktion 115
stückweise affine Funktion 112
— konstante Funktion 112
Stützstelle 129
Stützwert 129
subadditive Folge 186
Substitutionsregel 442, 464, 503
Summe einer Reihe 190
— linearer Abbildungen 131
— zweier Funktionen 113
Summenformel 130, 135
Superpositionsprinzip 429
Supremum einer Funktion (Folge) 116
— — Menge 72
Supremumsnorm 116
— auf l^∞ 351
Supremumsprinzip 72
Supremum, uneigentliches 185
surjektiv 106
symbiotischer Prozeß 342 f
symmetrisch 24
System 17

Tangens (tan x) 340, 392, 411
—, Ableitung des 340
tangens hyperbolicus (tanh x) 301
— —, Ableitung des 301
Tangente 265
Tangentenproblem 265
Tanzparty 69
Tauberscher Satz 385
Taylor, B. *355*
Taylorpolynom 355
Taylorreihe 371
Taylorsche Entwicklung 356
Taylorscher Satz 355
Teiler einer Zahl 39
— eines Polynoms 125
Teilfolge 145
Teilintegration 439, 463
Teilintervall einer Zerlegung 448
Teilmenge 18
Teilnetz 256
Teilordnung 39
Teilpunkt einer Zerlegung 448

Teilstück einer Reihe 191
Teilsumme 187
Telefonanschlüsse 69
Teleskopprodukte 94
Teleskopreihen, Konvergenz der 194
Teleskopsumme 91
Thomas von Aquin *137*
totale Unordnung 39
— Variation 494
Toto 69
Toxin 519, 523
Tragfähigkeit, maximale 304
Trägheitsmoment 490
Transformationssatz 365
transitiv 24
Transitivitätsgesetz 36
Translationsinvarianz des Abstands 82
Trennungszahl 37
Treppenfunktion 112
Trichotomiegesetz 36
trigonometrische Darstellung einer komplexen Zahl 396
— Formeln 392
Trinkgelage 312
Tschebyscheff, P. L. *99*
Tschebyscheffsche Ungleichung 99
Tupel 55

überabzählbare Menge 139
Überdeckungssatz von Heine-Borel 228
Umgebung einer komplexen Zahl 100
— — reellen Zahl 84
—, punktierte 236
—, — von $\pm\infty$ 249
— von $\pm\infty$ 249
Umkehrabbildung 106
umkehrbar 106
— eindeutig 106
Umkehrfunktion 106
—, Differentiation der 272
Umordnung einer Reihe 197
Umordnungssatz, Riemannscher 199
unbedingt konvergente Reihe 197, 202
unbestimmter Ausdruck 184
unbestimmtes Integral 435
unecht gebrochen 126
uneigentlicher Grenzwert 183
— — einer Funktion 246 f
— Häufungspunkt 249
— Häufungswert 185
uneigentliches Infimum 185
— Integral 480, 485 f
— —, absolut konvergentes 482, 486
— —, divergentes 480, 486
— —, gleichmäßig konvergentes 575 f
— —, konvergentes 480, 486

— Supremum 185
unendliche Reihe 187
ungedämpfte Schwingung 421
ungerade Funktion 117
Ungleichung des gewichteten arithmetischen Mittels 95
— — quadratischen Mittels 99
— — t-ten Mittels 349
— von Bernoulli 61 f
— — Cauchy-Schwarz 96, 98, 101, 207, 210 f
— — Hölder 347, 350, 475
— — Jensen 351
— — Minkowski 348, 351, 475
— — Opial 475
— — Schwarz 475
— — Tschebyscheff 99
— zwischen dem arithmetischen und geometrischen Mittel 96, 347
— — — gewichteten arithmetischen und geometrischen Mittel 347
— — den t-ten Mitteln 349
Unstetigkeitsstelle erster Art 239
— zweiter Art 239
Unteralgebra 119
untere Schranke einer Menge 70
Untermenge 18
Unterraum 118
Untersumme 465
Untervektorraum 118
Urbild 104, 106

van der Waerden 52, 71
Variation der Konstanten 310, 522, 525
Variationsnorm 499
Variation, totale 494
Vektor 119
Vektorraum 118
Vektorraumaxiome 118
Veränderungsprozesse 168 f
verallgemeinerte Folge 250
verallgemeinerter Mittelwertsatz der Differentialrechnung 284
Vereinigung 19
Verfeinerung einer Zerlegung 461
Vergil 308
Vergleichssatz 152
Verschiebungsoperator 133
Vielfaches einer Funktion 113
— — linearen Abbildung 131
Vielfachheit einer Nullstelle 124, 400
Vierecksungleichung 82, 86
Vieta, F. *41*, 190
Vietascher Wurzelsatz 81, 405
Vollbremsung 333
vollkommene Zahl 95

vollständige Induktion 53, 60
Volterra, V. *512*
wachsende Folge 115
— Funktion 115, 281
wachsendes Netz 253
Wachstumsprozesse 64, 168 f, 263 f
Wallis, J. *183*
Wallissches Produkt 505
Wärmeisolierung 322
Weber, E. H. *318*
Weber-Fechnersches Gesetz 318
Weierstraß, K. *156*
Weierstraßsches Majorantenkriterium 555
Wendepunkt 293
Wertebereich 106
Wert einer Reihe 190
Weyl, H. *13*
Wien, W. *308*
Wiensches Verschiebungsgesetz 308
Winkelfunktionen 274 f
Wohlordnungsprinzip 50
Wurf 328
— mit Luftreibung 334
Wurzel 77
Wurzelfunktion 111, 232
—, Ableitung der 274
Wurzelkriterium 205, 209, 210

Zahlenfolge, divergente 144
—, konvergente 144
Zehnteilungsmethode 158
Zeilenlimes 568
Zeilenreihe 257
Zeilensumme 257
Zenon *193* f
Zenonsches Paradoxon 193
Zerfallskonstante 64
Zerlegung einer Folge 147
— eines Intervalls 448
Zerlegungsnullfolge 449
Zerlegungssatz für Polynome 399
Zielmenge einer Funktion 104
Ziffer 161
Zugkraft 298
zunehmende Funktion 115
zunehmendes Netz 253
zweiter Hauptsatz der Differential- und Integralrechnung 462
— Mittelwertsatz der Integralrechnung 477
— — für RS-Integrale 502
Zwischenpunkte einer Zerlegung 448
Zwischensumme 449
Zwischenvektor 449
Zwischenwertsatz für Ableitungen 285
— von Bolzano 223

Weitere Titel bei Teubner

Lehn/Wegmann
**Einführung
in die Statistik**

3. Aufl. 2000. II, 206 S. Br. € 19,00
ISBN 3-519-22071-7

Lehn/Wegmann/Rettig
**Aufgabensammlung
zur Einführung
in die Statistik**

3., überarb. Aufl. 2001.
II, 258 S. Br. € 28,00
ISBN 3-519-22075-X

Inhalt: Glossar - Aufgaben: Beschreibende Statistik - Laplace-Wahrscheinlichkeit - Bedingte Wahrscheinlichkeit und Unabhängigkeit - Zufallsvariablen und ihre Verteilungen - Erwartungswert und Varianz - Mehrdimensionale Zufallsvariablen - Normalverteilung und ihre Anwendungen - Grenzwertsätze - Schätzer und ihre Eigenschaften - Maximum-Likelihood-Methode - Konfidenzintervalle - Tests bei Normalverteilungsannahmen - Anpassungstests - Unabhängigkeitstests - Verteilungsunabhängige Tests - Einfache Varianzanalyse - Einfache lineare Regression - Lösungen - Tabellen

Lehn/Müller-Gronbach/
Rettig
**Einführung in die
Deskriptive Statistik**

2000. 135 S. Br. € 16,00
ISBN 3-519-02392-X

B. G. Teubner
Abraham-Lincoln-Straße 46
65189 Wiesbaden
Fax 0611.7878-400
www.teubner.de

Stand 1.10.2001. Änderungen vorbehalten.
Erhältlich im Buchhandel oder im Verlag.

Teubner

Weitere Titel bei Teubner

Burg/Haf/Wille
Höhere Mathematik für Ingenieure
Band 1: Analysis

5., durchges. Aufl. 2001.
XVI, 616 S. Br. € 36,00
ISBN 3-519-42955-1

Burg/Haf/Wille
Höhere Mathematik für Ingenieure
Bd. 2: Lineare Algebra

3., durchges. Aufl. 1992.
XVI, 398 S. 124 Abb. Br. € 26,00
ISBN 3-519-22956-0

Burg/Haf/Wille
Höhere Mathematik für Ingenieure
Bd. 3: Gewöhnliche Differentialgleichungen, Distributionen, Integraltransformationen

3., durchges. u. erw. Aufl. 1993.
XIV, 415 S. mit 126 Abb. Br. € 26,00
ISBN 3-519-22957-9

Burg/Haf/Wille
Höhere Mathematik für Ingenieure
Bd. 4: Vektoranalysis und Funktionentheorie

2., durchges. Aufl. 1994.
XVI, 587 S. mit 256 Abb. Br. € 31,00
ISBN 3-519-12958-2

Burg/Haf/Wille
Höhere Mathematik für Ingenieure
Bd. 5: Funktionalanalysis und Partielle Differentialgleichungen

2., durchges. Aufl. 1993. XVIII, 443 S. mit 49 Abb. Br. € 29,90
ISBN 3-519-12965-5

B. G. Teubner
Abraham-Lincoln-Straße 46
65189 Wiesbaden
Fax 0611.7878-400
www.teubner.de

Stand 1.10.2001. Änderungen vorbehalten.
Erhältlich im Buchhandel oder im Verlag.

Leibniz, G. W. *203,* 269, 381, 435
Leibnizsche Formel 272
— Regel 203
Leibnizsches Kriterium für gleichmäßige Konvergenz 558
Leonardo von Pisa *377*
Lightfoot, J. 173
Limes einer Zahlenfolge 144
Limes inferior 180, 186
Limes superior 180, 186
lineare Abbildung 131
— Differentialgleichung 414, 422, 426, 520
— Funktion 111
— Interpolation 292, 531
linearer Raum 118
— —, komplexer 122
— —, reeller 119
— — über **C** 122
— — über **R** 119
Linearfaktor 122
linksseitige Ableitung 261
linksseitiger Grenzwert 238
linksseitig stetig 214
Lipschitz, R. *212*
Lipschitz-stetig 212
logarithmische Ableitung 273
Logarithmus 165
Logarithmusfunktion 166
—, Ableitung der 274
Logarithmusreihe 359 f, 370, 380 f
logistische Differentialgleichung 314
— Funktion 314
lokales Extremum 266
— Maximum 266, 281, 357
— Minimum 266, 281, 357
Lösungsbahn 316
Lotto 69

Majorante 204
Majorantenkriterium für gleichmäßige Konvergenz uneigentlicher Integrale 576
— — Reihen 204
— — uneigentliche Integrale 482, 487
—, Weierstraßsches 555
Malthusianische Bevölkerungstheorie 376
Malthus, Th. R. *376*
Mascheroni, L. *185*
Materialverschleiß einer Armee 312
Maximalstelle 116
Maximum einer Funktion 116
— — Menge 49
—, globales 266
—, lokales 266, 281, 357
Mehrheitsbildung 69
Menge 17

—, abgeschlossene 221, 237, 242
—, abzählbare 138
—, äquivalente 110, 137
—, beschränkte 70, 85
—, geordnete 39, 54
—, gerichtete 249
—, kompakte 225
—, leere 18
—, nach oben beschränkte 70
—, nach unten beschränkte 70
—, obere Schranke einer 70
—, offene 217
—, relativ abgeschlossene 224
—, relativ offene 218
—, überabzählbare 139
—, untere Schranke einer 70
— vom Maß 0 470
—, X-abgeschlossene 224
—, X-offene 218
Mercator, N. *460*
Mertens, D. *299*
Methode der kleinsten Quadrate 308
— — Variation der Konstanten 310, 522, 525
— des Koeffizientenvergleichs 124, 373
Metrik 85
— des französischen Eisenbahnsystems 99
—, diskrete 87
—, euklidische 98
metrische Axiome 81
metrischer Raum 85
Minimalstelle 116
Minimum einer Funktion 116
— — Menge 49
—, lokales 266, 281, 357
Minkowski, H. *97*
Minkowskische Ungleichung 97, 348
— — für Integrale 475
— — für Reihen 210, 211, 351
Minorante 204
Minorantenkriterium für Reihen 204
— — uneigentliche Integrale 482, 487
Mittel, arithmetisches 47
—, arithmetisch-geometrisches 160
—, geometrisches 96
—, gewichtetes arithmetisches 95
—, gewichtetes, geometrisches 347
—, gewichtetes harmonisches 349
—, gewichtetes t-ter Ordnung 348
—, harmonisches 349
Mittelpunkt einer Potenzreihe 362
— eines Intervalls 84
Mittelwert einer Funktion 476
Mittelwertsatz der Differentialrechnung 279
— — —, verallgemeinerter 284
— — Integralrechnung, erster 476

kanonische Produktdarstellung eines Polynoms 399, 400
Kant, I. 5, *30*
Kemeny, J. 406
Kepler, J. 326, 379, *532*
Keplersche Faßregel 532
Kettenlinie 296
Kettenregel 271
kinetische Energie 534
kleinste obere Schranke 72
Kline, M. 13
kommutative Algebra 119
Kommutativgesetze 35
kompakte Menge 225
— Schachtelung 230
kompaktes Intervall 225
Komplement 20
Komplementierungsregeln 20 f
komplexe Algebra 122
— Folgenalgebra 122
— Funktion 121
— Funktionenalgebra 122
komplexer Folgenraum 122
— Funktionenraum 122
— linearer Raum 122
komplexe Zahl 42
— Zahlenebene 42
komponentenweise Konvergenz 538
Kompositum 108
konfinale Folge 254
konjugierte Zahl 43
konkave Funktion 282
Konstante der Erdbeschleunigung 263
konstante Funktion 109
kontrahierende Funktion 221, 281
Kontraktionskonstante 221
Kontraktionssatz 221, 224 (A 35.10), 286 (A 49.10)
konvergente Reihe 189
— Zahlenfolge 144
Konvergenz, absolute 192
—, — einer Doppelreihe 257
—, — eines uneigentlichen Integrals 482, 486
Konvergenzabszisse 558
Konvergenz einer Doppelfolge 251, 255
— — Doppelreihe 257
— — Funktion 235, 243 f
— — Zahlenfolge 144
— — Zahlenreihe 189
— eines Netzes 251
— — uneigentlichen Integrals 480, 485 f
— fast überall 579
—, gleichmäßige einer Funktionenfolge 545
—, — — Funktionenreihe 545
—, — eines Netzes 571

—, — — uneigentlichen Integrals 575 f
—, monotone einer Funktionenfolge 578
—, punktweise einer Funktionenfolge 538
—, — — Funktionenreihe 539
—, quadratische 407
Konvergenzintervall 363, 559
Konvergenzkreis 363
Konvergenzkriterium, Abelsches 208
—, — für gleichmäßige Konvergenz 556
—, Cauchysches 157, 191, 237, 238, 244, 253, 481, 487, 546, 555, 576
—, Dirichletsches 208
—, — für gleichmäßige Konvergenz 557
— für Funktionen 237, 238, 239, 244
— — Funktionenfolgen 546, 578
— — Funktionenreihen 362, 364, 555-558
— — Netze 253, 254, 571
— — uneigentliche Integrale 481, 482, 487, 576
— — Zahlenfolgen 155, 157, 181
— — Zahlenreihen 191, 193, 203-210, 385, 484, 485
Konvergenzradius 362 f
Konvergenzsatz für Potenzreihen 362
konvexe Funktion 282
Körper 38
—, angeordneter 38
—, ordnungsvollständiger 38
Körperaxiome 35
Kosinus (cos x) 274 f, 336 f, 339, 358, 391 f
—, Ableitung des 276
—, Additionstheorem des 274
—, im Komplexen 394 f
Kotangens (cot x) 340, 392, 411
—, Ableitung des 340
Kraftfeld 533
Kreisfrequenz 339
Kronecker, L. *33*
Kronecker-Symbol 129
künstliche Ernährung 321
Küppers, B.-O. 379

Lanchester, F. W. *346*
Lagrange, J. L. 5, *95*, 279, 310
Lagrangesche Identität 95
Lagrangesches Interpolationspolynom 129
— Polynom 129
— Restglied 355
Länge eines Intervalls 84
Läusepopulation 172
Lebesgue, H. *470*
Lebesguesches Integrabilitätskriterium 471
leere Menge 18
leeres Produkt 94
leere Summe 90 f

Namen- und Sachverzeichnis

Kursiv gedruckte Zahlen geben die Seiten an, auf denen die Lebensdaten der aufgeführten Personen zu finden sind.

abbilden auf 106
Abbildung 104
Abel, N. H. *91*, 211, 537
Abelsche partielle Summation 91
— Reihen 485
— Summierung 385
Abelscher Grenzwertsatz für Dirichletsche Reihen 559
— — — Potenzreihen 379, 385 (A 65.7, A 65.10), 558 (A 105.5)
— — — —, verallgemeinerter 385
Abelsches Konvergenzkriterium 208
— Kriterium für gleichmäßige Konvergenz 556
Abfallminimierung 304
abgeschlossene Menge 221, 237, 242
abgeschlossenes Intervall 84
Ableitung 261, 268
— der Exponentialfunktion 274
— — Logarithmusfunktion 274
— — Potenzfunktion 274
— — Wurzelfunktion 274
— einer reellen Funktion 261
— eines Polynoms 273
—, linksseitige 261
—, logarithmische 273
—, rechtsseitige 261
— von arccos x 340
— — arccot x 341
— — arcsin x 339
— — arctan x 341
— — Arcosh x 300
— — Arcoth x 302
— — Arsinh x 301
— — Artanh x 302
— — cosh x 296
— — cos x 276
— — coth x 301
— — cot x 340
— — sinh x 296
— — sin x 276
— — tanh x 301
— — tan x 340
— — x^α 274
— — x^n 273
Abnahmeprozesse 64, 168 f, 263 f
abnehmende Funktion 115
abnehmendes Netz 253
absolut konvergente Doppelreihe 257
absolut konvergente Reihe 192
— konvergentes uneigentliches Integral 482, 486
Absolutteilsumme 193
Absorption 321, 520
Abstand komplexer Zahlen 100
— reeller Zahlen 81
— zwischen Punkten eines metrischen Raumes 85
Abszisse absoluter Konvergenz 559
abzählbare Menge 138
Abzähltheorem 53
Additionstheorem der Exponentialfunktion 366
— — — im Komplexen 395
Additionstheoreme des Sinus und Kosinus 274
— — — — im Komplexen 396
affine Funktion 111
Aischylos 17
d'Alembert, J. B. le Rond *205*
Algebra 118
—, kommutative 119
—, komplexe 122
—, reelle 119
— über **C** 122
— — **R** 119
Alkoholabbau 312
allgemeine Potenz 165
alternierende Reihe 203
Altersbestimmung von Fossilien 173
Amplitude 339
Änderungsrate 279
Anfangsbedingung 311, 325
Anfangswertproblem 320
angeordneter Körper 38
Antinomien der Mengenlehre 25
Apollonios von Perge *329*
äquivalent 24

äquivalente Mengen 110, 137
Äquivalenzklasse 25
Äquivalenzrelation 24
Arbeit 457
Archimedes *29,* 73, 190, 459, 465
archimedisch angeordnet 51, 73
Arcus cosinus (arccos x) 340, 392
— —, Ableitung von 340
Arcus cotangens (arccot x) 341, 392
— —, Ableitung von 341
Arcus sinus (arcsin x) 339, 381 f, 392
— —, Ableitung von 339
Arcus tangens (arctan x) 341, 381, 392
— —, Ableitung von 341
Area cosinus hyperbolicus (Arcosh x) 300
— — —, Ableitung von 300
Area cotangens hyperbolicus (Arcoth x) 302
— — —, Ableitung von 302
Area sinus hyperbolicus (Arsinh x) 300 f, 384
— — —, Ableitung von 301
Area tangens hyperbolicus (Artanh x) 302, 374 (A 64.3)
— — —, Ableitung von 302
Argument einer Funktion 107
— — komplexen Zahl 100, 395
Aristoteles *137,* 193, 326
arithmetisches Mittel 47, 95
arithmetische Summenformel 68
arithmetisch-geometrisches Mittel 160
Arzelà, C. *563*
ärztliche Kunstfehler 176
Ascoli, G. *563*
Assoziativgesetze 35
asymptotisch gleich 505
Aufschlaggeschwindigkeit 535
Ausschußware 175
äußere Funktion 108
Auswahlprinzip von Bolzano-Weierstraß 156
autokatalytischer Prozeß 312
Auto 333, 460, 536

Baire, L. *551*
Bakterienpopulation 64, 172, 519, 523
ballistische Kurve 334
barometrische Höhenformel 321
Bauchspeicheldrüse 174
Becker, O. 141
bedingt konvergente Reihe 197
Benedikt von Nursia 480
Bernoulliexperiment 174
Bernoulli, Jakob *61,* 211, 411, 504
Bernoullische Differentialgleichung 524
— Polynome 413
— Ungleichung 61 f, 68

— Zahlen 411
Beschleunigung 263
beschränkte Funktion 116, 121
— Menge 70, 84 f
beschränktes Netz 252
Bessel, F. W. *375*
Besselsche Differentialgleichung 375
beständig konvergente Potenzreihe 363
bestimmtes Integral 453
bestimmt divergente Folgen 183
Betrag einer Funktion 114
— — komplexen Zahl 100
— — reellen Zahl 82
Betragsfunktion 111
Betragssatz 152
Bevölkerungsexplosion 173
Bewegungsenergie 534
Bewertung 89
Bijektion 106
bijektiv 106
Bild 104, 106
Bildbereich 106
Bildraum einer linearen Abbildung 135
Binomialkoeffizient 55
Binomialreihe 360, 382 f, 384
Binomialverteilung 174
binomische Reihe 360, 382 f, 384
binomischer Satz 57
Boas, R. P. 290
Bogenmaß 274
Boltzmann, L. *307*
Bolzano, B. *26,* 138
Borel, E. *228*
Brechungsgesetz 306 f
Bremsweg 333
Brennschlußgeschwindigkeit 331
Brennschlußhöhe 331

Cajori, F. 194
Cantor, G. *25* f, 137 ff, 141
Cantorsches Diagonalverfahren 140
Cardano, G. *41,* 504
cartesisches Produkt 55
Cauchy, A. L. *96,* 269, 279, 321, 374, 537
Cauchybedingung 157
Cauchyfolge 156
Cauchykriterium für Funktionen 237, 238, 244 f
— — gleichmäßige Konvergenz uneigentlicher Integrale 576
— — — von Funktionenfolgen 546
— — — — Funktionenreihen 555
Cauchykriterium für Netze 253
— — uneigentliche Integrale 481, 487
— — Zahlenfolgen 157
— — Zahlenreihen 191

Cauchynetz 253
Cauchyprodukt 201, 202 (Aufgaben 8,9), 383, 385 (A 65.9b)
Cauchyreihe 191
Cauchysche Relationen 130
Cauchyscher Doppelreihensatz 258
— Grenzwertsatz 177
— Verdichtungssatz 203
Cauchysches Diagonalverfahren 138
— Integrabilitätskriterium 454
— Konvergenzkriterium 157, 191, 237 f, 244, 253, 481, 487, 546, 555, 576
— Konvergenzprinzip 157
— Restglied 357
Cauchy-Schwarzsche Ungleichung 96, 98
— — — für Reihen 207, 210 f
charakteristische Funktion 113, 140
charakteristisches Polynom 423
Clausewitz C. von *346*
cosinus hyperbolicus (cosh x) 296, 361
— —, Ableitung von 296
cotangens hyperbolicus (coth x) 301
— —, Ableitung von 301
Coulombsches Gesetz 102

Dante, 326
Darboux, G. *464*
Darbouxnetze 468
Darbouxsche Integrale 467
Dedekind, R. *29* ff, 137, 141
Dedekindscher Schnitt 30, 36
Definition durch vollständige Induktion 52
Definitionsbereich einer Funktion 104
Definitionsmenge einer Funktion 104
dehnungsbeschränkte Funktion 136, 280
Dehnungsschranke 136
Demokrit *15*
Descartes, R. 3, 406
destruktiver Prozeß 344 f
Dezimalbruch 162
Diagonalverfahren, Cantorsches 140
—, Cauchysches 138
dicht liegen 454
Differential 269
Differentialgleichung 264, 319
— Bernoullische 524
— erster Ordnung 325
—, homogene 518
—, lineare 414, 422, 426, 520
—, logistische 314
— mit getrennten Veränderlichen 515
— zweiter Ordnung 325
Differentialquotient 269
Differentiation der Umkehrfunktion 272
Differentiationsoperator 268
Differenzenfolge 131, 132

Differenzenoperator 131
Differenzenquotient 260
Differenzenschema 133
differenzierbare reelle Funktion 261, 268
Differenzierbarkeitssatz für Potenzreihen 368
Dini, U. *578*
Diogenes Laertios 194
Dirichlet, P. G. Lejeune- *113*
Dirichletsche Funktion 113
— Reihen 558
Dirichletsches Konvergenzkriterium 208
— Kriterium für gleichmäßige Konvergenz 557
disjunkt 19
diskrete Metrik 87
Diskriminante 80
Distanz reller Zahlen 81
— zwischen Punkten eines metrischen Raumes 85
Distributivgesetz 35
divergente Reihe 190
— Zahlenfolge 145
Divergenz einer Funktion 246
— eines Netzes 251
— gegen $\pm \infty$ 183, 246, 251
— uneigentlicher Integrale 480, 486
Division mit Rest bei Polynomen 125
— — — — Zahlen 51
Divisionssatz für Polynome 125
Doppelfolge 251
Doppelreihe 256
—, absolut konvergente 257
—, konvergente 257
Doppelwertzeit 173
Down-Syndrom 176
Dreiecksungleichung des Abstands 81, 85
— — Betrags 83
— für Integrale 475
—, verschärfte 86, 89
Durchmesser einer Menge 230
Durchschnitt 19
dyadischer Bruch 163

e 143, 149 f, 172, 361
echter Teiler 51
echt gebrochene rationale Funktion 126
e-Funktion 171
Eigenfrequenz 430
einfache Nullstelle 124
Einheitswurzeln 80, 397
Einschnürungssatz 152
Einschränkung einer Funktion 106
einseitige Ableitung 261
einseitiger Grenzwert 238
Einselement einer Algebra 119
endliche Überdeckung 228

Endstück einer Folge 145
Energiesatz 535
Engels, F. *376*
Entasis 299
Epidemie 315
ε-Approximation 542
ε-Streifen 542
erster Hauptsatz der Differential- und Integralrechnung 450
Eudoxos von Knidos *29*, 33, 73
Euklid *34*
euklidische Metrik 98
Euler, L. 5, *41*, 143, 150, 172 f, 187, 336, 353, 418
Euler-Mascheronische Konstante 185, 485, 510
Eulersche Formel 41, 395, 396
Eulersche φ-Funktion 560
Eulersche Summenformel 506 f, 509
Eulersche Zahl 150; s. auch e
Exponentialfunktion 165, 171, 358, 396 f
—, Ableitung der 274
— im Komplexen 394 f, 396 f
Exponentialprozeß 310
Exponentialreihe 359
Extremalsatz 225
Extremum, globales 266
—, lokales 266

Fakultät 55
fallende Funktion (Folge) 115 f, 281
fallendes Netz 253
Fall, freier 263, 325 f
Fallgeschwindigkeit 326, 535
Fallgesetz 325 f
Fall mit Luftreibung 327
Fallschirmspringer 334
Faltung 202
Familie von Funktionen 562
Fassungsvermögen, maximales 305
fast alle 145
— immer 152
— überall differenzierbar 471
— — gleich 474
— — stetig 471
Fechner, G. Th. *318*
Fehlerintegral 530
Feinheitsmaß 448
Fermat, P. de *306*, 321
Fermatsches Prinzip 306
Fibonacci 377
Fibonaccizahlen 377 f
Fixpunkt 159
Flächeninhalt 458, 466
Fluchtgeschwindigkeit 332
Folge 109

—, abnehmende 115 f
—, divergente 145
—, fallende 115 f
— (Funktion), beschränkte 116
— —, monotone 115
—, konfinale 254
— konvergente 144
—, verallgemeinerte 250
—, wachsende 115
—, zunehmende 115
Folgenalgebra 119
—, komplexe 122
Folgenmischung 233
Folgenraum 119
—, komplexer 122
Fortsetzung einer Funktion 106
Fraenkel, A. 26
Fränkel H. 194
fremd 19
fremdbestimmte Veränderungsprozesse 518 f
Fundamentalsatz der Algebra 398
Fundamentalungleichung für R-Integrale 462
— — RS-Integrale 494
Funktion 104 f
Funktion, abnehmende 115
—, affine 111
—, äußere 108
—, beschränkte 116, 121
—, charakteristische 113, 140
—, dehnungsbeschränkte 136, 280
—, differenzierbare 261, 268
—, Dirichletsche 113
—, divergente 246
—, Einschränkung einer 106
—, fallende 115 f, 281
—, Fortsetzung einer 106
—, ganzrationale 111
—, gerade 117
—, gleichmäßig stetige 226
—, gleichstetige 567
—, halbstetige 242, 581 f
—, innere 108
—, integrierbare 450
—, inverse 106
—, komplexe 121
—, konkave 282
—, konstante 109
—, kontrahierende 221
—, konvergente 235, 243 f
—, konvexe 282
—, lineare 111
—, Lipschitz-stetige 212
—, logistische 314
—, monotone 115
—, nach oben beschränkte 116